ISBN 978-0-364-84343-7
PIBN 11277895

BERICHTE

DER

DEUTSCHEN

BOTANISCHEN GESELLSCHAFT.

GEGRÜNDET AM 17. SEPTEMBER 1882.

EINUNDDREISSIGSTER JAHRGANG.

BAND XXXI

MIT 24 TAFELN, EINER BILDNISTAFEL UND 73 TEXTABBILDUNGEN
IN 108 EINZELFIGUREN.

BERLIN,

GEBRÜDER BORNTRAEGER,

W 35 Schöneberger Ufer 12a

1913

Sitzung vom 31. Januar 1913.

Vorsitzender: Herr G. HABERLANDT.

———

Der Vorsitzende macht Mitteilung von dem Ableben zweier ordentlicher Mitglieder, der Herren

Dr. **Julius Müller** in Ziegenhals, gest. am 5. Dezember 1912,

Dr. **W. Mitlacher**, Prof. der Pharmakognosie in Wien, gest. am 15. Januar 1913.

Die Anwesenden erheben sich, um das Andenken an die Verstorbenen zu ehren, von ihren Plätzen.

———

Als ordentliche Mitglieder werden vorgeschlagen Fräulein

Babiy, Johanna in **Mödling** bei Wien (durch H. MOLISCH und O. RICHTER),

die Herren:

Heidmann, Anton in **Wien III**, Neulinggasse 24 (durch H. MOLISCH und O. RICHTER),

Klein, Gustav, stud. phil. in **Wien I**, Universität (durch H. MOLISCH und O. RICHTER),

Bremerkamp, Dr. **C. E. B.** in **Pasuruan** auf Java (durch F. A. F. C. WENT und A. ENGLER),

Burgeff, Dr. **Hans** in **München**, Pflanzenphysiolog. Institut (durch K. V. GOEBEL und O. RENNER),

Günthart, Dr. **August** in **Leipzig**, Poststr. 3 (durch R. V. WETTSTEIN und C. SCHRÖTER),

Rippel, Dr. **August**, Assistent an der Großh. Badischen Landw. Versuchsanstalt in **Augustenburg** bei Durlach (durch K. MÜLLER und C. VON WAHL).

———

Als ordentliche Mitglieder werden proklamiert die Herren:

Gilbert, Edward M., Professor in **Madison,**

Gerö, Arpad, k. ung. Oberrealschulprofessor, z. Z. in **Charlottenburg.**

Von Herrn Professor GRAFEN H. ZU SOLMS-LAUBACH ist folgendes Dankschreiben auf die ihm zu seinem 70. Geburtstage übersandte Adresse an Herrn Geh. Rat SCHWENDENER eingelaufen:

Arnsburg bei Lich, 28. 12. 1912.

Hochverehrter Herr Geheimrath!

Die Adresse, die mir die D. botanische Gesellschaft freundlichst gewidmet hat, hat mich sehr erfreut, aber auch geradezu beschämt. Denn ich bin mir sehr wohl bewußt, wie sehr dasjenige, was ich im Lauf meines Lebens habe leisten können, einer milden und nachsichtigen Beurtheilung bedarf. Immerhin darf ich wohl aus dieser Adresse entnehmen, daß mein Lebenswerk nicht als ganz vergeblich erfunden wird. Und diese daraus gewonnene Überzeugung ist geeignet mich mit lebhafter Freude zu erfüllen. Ich bringe also der D. botanischen Gesellschaft meinen tiefgefühlten Dank für die mir gewordene Ehrung dar, indem ich Sie, hochverehrter Herr Geheimrath, bitte, denselben der Gesellschaft gütigst übermitteln zu wollen.

Indem ich mich, hochverehrter Herr Geheimrath, aufs beste empfehle,

bin ich Ihr ganz ergebener

H. GRAF SOLMS.

Mitteilungen.

1. E. Bachmann: Der Thallus der Kalkflechten.

II. Flechten mit Chroolepusgonidien.

(Mit Tafel I.)

(Vorläufige Mitteilung.)

(Eingegangen am 5. Januar 1913.)

Die Botaniker, die sich mit der Untersuchung von Kalkflechten beschäftigt und dabei nicht ausschließlich oder doch hauptsächlich die Fettabscheidungen, sondern den Bau des ganzen Thallus gleichmäßig berücksichtigt haben, diese Botaniker haben vorwiegend Flechten mit grünen *Palmella*- oder *Cystococcus*gonidien untersucht. Nur von STEINER[1]), ZUKAL[2]) und FÜNFSTÜCK[3]) ist auch eine Flechte mit *Scytonema*gonidien beschrieben worden, nämlich *Petractis exanthematica* Fr., von FÜNFSTÜCK[4]), BACHMANN[5]), ganz kurz sogar schon durch ZUKAL die *chroolepus*führende Gattung *Jonaspis* in einigen Arten. Niemandem ist ein wesentlicher Unterschied im Bau der Flechten mit den letzteren Gonidien aufgefallen.

---

1) STEINER, Dr. JULIUS, *Verrucaria calciseda*. *Petractis exanthematica*. Ein Beitrag zur Kenntnis des Baues und der Entwickelung der Krustenflechten. Klagenfurt 1881.

2) ZUKAL, H., Flechtenstudien. Denkschr. d. math.-naturw. Klasse der Kaiserl. Akad. d. Wiss. Bd. 48. Wien 1884.

3) FÜNFSTÜCK, M., Weitere Untersuchungen über die Fettabscheidungen der Kalkflechten. Sonderabdruck aus der Festschrift für SCHWENDENER. Berlin 1899. S. 346 ff.

4) Derselbe, Die Fettabscheidungen der Kalkflechten. Separatabdruck aus FÜNFSTÜCKs Beiträgen zur wissenschaftl. Botanik. Bd. I, 1. Stuttgart 1895. Derselbe, Die Fettabscheidungen der Kalkflechten (Nachtrag). Sonderabdruck aus Beiträgen z. wiss. Botanik, Bd. I, 2. Stuttgart 1896.

5) BACHMANN, E, Der Thallus der Kalkflechten. (Vorläufige Mitteilung.) Ber. der Dtsch. Botan. Gesellsch. Bd. X, S. 30—37. Berlin 1892. Derselbe, Der Thallus der Kalkflechten. Wissensch. Beilage zu dem Programm der städt. Realschule zu Plauen i. V. 1892.

Die Untersuchung von Kalkflechten mit *Chroolepus*gonidien in größerem Umfange aufzunehmen, veranlaßte mich ein eigenartiger Fund: Während eines Aufenthaltes in der Ostschweiz fand ich auf dem Kalk des Leistkamms am Nordrand des Walensees und sodann am „Durchschlägi" am Wege von Amden nach dem Speer (Kanton St. Gallen) einige Stellen mit einem goldgelben Geflecht von *Chroolepus*fäden bewachsen. Diese wiesen, mikroskopisch betrachtet, nichts Besonderes auf, waren aber, wie man schon mit bloßem Auge erkennen konnte, auch in den Kalk hineingewachsen und erfüllten ihn in Form von kleinen kugeligen Nestern oder zarten verzweigten Fäden. Diese Fundstücke schienen mir den geeignetsten Ausgangspunkt für die später vorzunehmende Untersuchung von Kalkflechten mit *Chroolepus*gonidien zu bilden.

Ihre Untersuchung wurde nach der früher beschriebenen Methode der Dünnschliffe ausgeführt. Für die entkalkten Präparate habe ich lange Zeit nach einem Färbungsmittel gesucht, das eine differente Färbung der Algenfäden und der Pilzhyphen herbeiführt. Nach vielen Versuchen mit allerlei Anilinfarben, unter denen eine 1 prozentige Safraninlösung noch am besten wirkte, ging ich zu Jodpräparaten über und bin schließlich bei der MANGINschen Chlorkalzium-Jodlösung[1]) stehen geblieben. In ihr nehmen die *Chroolepus*fäden eine mehr oder weniger tief malven- bis weinrote Färbung an, während alle übrigen Flechtenbestandteile gelb bis braun werden, aber ohne jeden Stich ins Rote. Die Färbung hält sich tage-, ja wochenlang, kann durch Auswaschen mit Wasser beseitigt, durch neuerliches Zufließenlassen der Jodlösung jederzeit wieder hervorgerufen werden. Zuweilen nehmen die Zellwände der *Chroolepus*zellen auch violette Färbung an, unter welchen Bedingungen, habe ich nicht näher untersucht. Die freudiggrünen Gonidien der Palmellaceen und verwandten Gattungen werden gelb bis braun gefärbt.

Querschliffe durch den algenbewohnten Kalk werden durch Abbildung 1 und 2 veranschaulicht. Von ihnen ist besonders das zweite Präparat interessant, weil der große, völlig klare Kristall, welcher die übrige dichte, trüb aussehende Kalkmasse unterbricht, von Algenfäden durchwachsen und weil der Dünnschliff so glücklich getroffen worden ist, daß man den Verlauf der Fäden und bei stärkerer Vergrößerung (Abb. 3) sogar jede einzelne Zelle erkennen kann. In der Umgebung des mittleren Fadens hebt sich

---

1) ZIMMERMANN, Dr. A., Die botanische Mikrotechnik. Tübingen 1892. S. 188.

sogar der Rand der Kalkhöhle deutlich von der Kontur der Zellen ab. In beiden Dünnschliffen bildet die Gonidienzone eine zusammenhängende Schicht von der Oberfläche bis in etwa 200 μ Tiefe, im ersten sind vereinzelte *Chroolepus*fäden bis 350 μ tief in den Kalk vorgedrungen und erscheinen hier in Form rundlicher Nester oder kurzer, geschlängelter Linien. Von Hyphen ist nichts zu sehen, auch nicht bei weit geöffneter Blende, nicht einmal in dem durchsichtigen Kristall des zweiten Präparates, wodurch ich in der anfangs gewonnenen Ansicht bestärkt wurde, daß hier ein Fall vorliege, wo Kalk von einer reinen Alge zerfressen worden ist und bewohnt werde.

Ganz anders war das Bild nach Entkalkung der Dünnschliffe: alle Algenfäden erwiesen sich von Pilzhyphen umsponnen, die Lücken zwischen jenen waren von einem Netz zarter Hyphen erfüllt; das sich außerdem als Rhizoidenzone noch bis in eine Tiefe von 913 μ beim ersten, von 500 μ beim zweiten Dünnschliff erstreckte. Kurz, ein echter Kalkflechtenthallus, aber ohne Apothecien, darum nicht bestimmbar.

Der Thallus zeigte folgende mikroskopische Eigentümlichkeiten: Eine Rinde oder auch nur die Andeutung einer solchen fehlt ganz. Die *Chroolepus*fäden gehen bis unmittelbar an die Oberfläche des Kalkes heran und senden sogar noch Fortsätze über diese hinaus, eben jene goldgelben Fäden, die als lockeres Geflecht den Kalk bedecken und meine Aufmerksamkeit auf diesen gelenkt hatten. Bei der Prozedur des Schleifens sind natürlich nur die untersten Anfänge dieser frei endigenden Fäden übrig geblieben und ragen wie kurze Hörner über die Gonidienschicht hinaus. Wie Abbildung 7 erkennen läßt, sind ihre tiefsten Zellen von Pilzhyphen mehr oder weniger umsponnen, haben aber normale Form und Größe behalten, während die in den Kalk hineingewachsenen Gonidienfäden mannigfache Veränderungen erfahren haben, um so stärkere, je älter sie sind oder, was dasselbe ist, je näher sie der Oberfläche des Steins liegen.

Ehe ich jedoch auf diese Einzelheiten näher eingehe, dürfte es sich empfehlen, an den beiden Abbildungen 4 und 5 einen Überblick über den entkalkten Thallus zu geben. Jene, von einem älteren, diese, von einem jüngeren Thallus stammend, zeigen übereinstimmend, daß von der zusammenhängenden Gonidienzone einzelne *Chroolepus*fäden viel tiefer in den Kalk eingedrungen sind, als die Dünnschliffe erkennen ließen, nämlich in dem älteren Thallus 876 und 747 μ, in dem jüngeren 483 μ, daß sie demnach nur 37, 166 und 17 μ hinter der äußersten Tiefengrenze der Rhizoiden-

zone zurückbleiben. Allerdings ist das nicht in der ganzen Ausbreitung des Thallus der Fall, sondern nur an gewissen Punkten,
von denen einige für die Zeichnungen ausgewählt worden sind.
An diesen Stellen aber ist ein scharfer Gegensatz zwischen Gonidien-
und Rhizoidenzone überhaupt nicht vorhanden, beide gehen ineinander über, der Thallus ist homöomer. Diese Tatsache fällt
noch mehr ins Auge, wenn man damit das Lager einer Kalkflechte
mit grünen *Pelmella-* oder *Pleurococcus*gonidien, etwa einer *Verrucaria calciseda* D. C. vergleicht. An einem zur Kontrolle bereit
gehaltenen entkalkten Dünnschliff dieser Flechte aus Torbole am
Gardasee ist die Gonidienzone von der Rhizoidenzone ganz scharf
geschieden: jene bildet eine dichte, lückenarme Schicht von 216—
324 μ Dicke, diese ein 6480 μ mächtiges Gewebe zarter Hyphen
mit vielen Sphäroidzellen aber ohne alle Gonidien; das ist ein
deutlich heteromerer Thallus.

Die Gonidienfäden verlaufen in der innersten Region, wie
besonders Abb. 4 erkennen läßt, fast genau senkrecht zur Gesteins-
oberfläche, sind wenig oder noch gar nicht verzweigt und erfüllen
enge, schachtartige Höhlungen, die sie selbst in den Kalkstein
hineingefressen haben. Das geht unzweifelhaft aus Abbildung 5
hervor, der bei 770facher Vergrößerung gezeichneten Fadenspitze
A aus Abbildung 4. Ihre fünf Zellen sind durch Schlankheit ausgezeichnet, besonders die jüngste, die 17 μ lang, im Maximum 5 μ
dick ist und sich nach dem Ende zu verjüngt. Dem lebhaften
Längenwachstum derselben haben die Hyphen nicht folgen können,
darum ist die Fadenspitze auf eine Länge von 55,5 μ noch völlig
nackt, erst an der viertjüngsten Zelle fängt die Hyphenbekleidung
an, und nur die fünfte ist reichlich mit Pilzfäden umsponnen. Das
ist neu und sehr bemerkenswert; denn daraus geht hervor, daß
die *Chroolepus*fäden die Fähigkeit besitzen, Kalk selbständig auf-
zulösen, wozu nach den bisherigen Forschungen die freudiggrünen
Gonidien nicht fähig sind. Sie wirken nur in Verbindung mit
den Pilzhyphen auflösend, und da die Gonidien von den Hyphen
allseitig bedeckt sind, muß das kalklösende Stoffwechselprodukt
von diesen ausgeschieden werden. Ob es auch von ihnen bereitet
wird, ist zweifelhaft. Die *Chroolepus*gonidien aber können die
kalklösende Säure erzeugen und abscheiden.

Die Zweige, die von den jüngsten *Chroolepus*fäden entspringen,
haben die Neigung, rechtwinklig zur Richtung des Mutterfadens
weiter zu wachsen, wodurch die älteren Gonidiengruppen der Ge-
steinsoberfläche vorwiegend parallel angeordnet erscheinen (vgl.
Abb. 2, 3, 4, 8). Die Höhlungen können mit den vom Schacht

ausgehenden Förderstrecken der Bergwerke verglichen werden. Dadurch wird das Gestein nach allen Richtungen zerklüftet, und durch eine eingenartige Wachstumsweise der Algenfäden erreicht diese Zerklüftung einen ungemein hohen Grad. Wie nämlich Abb. 6 aus der Region B des in Abb. 4 dargestellten Thallus erkennen läßt, wachsen die *Chroolepus*zellen später durch interkalares Wachstum bedeutend in die Länge, aber noch mehr in Richtung der Breite. Ganz augenfällig wird das, wenn man die betreffenden Zellen mit denen in Abb. 5 und 7 vergleicht und dabei die ungleiche Vergrößerung der drei Zeichnungen nicht außer acht läßt. Findet die Erweiterung in der Mitte oder an den beiden Enden der Zellen statt, so entstehen tonnen- oder knöchelförmige Gestalten (a in Abb. 6); die mittleren Erweiterungen können zu gestielten Auswüchsen werden, wie in den Zellen b und b¹, derartige Seitenauswüchse können selbst wieder noch kleinere Fortsätze erzeugen (Zelle c), kurz, es tritt an den *Chroolepus*fäden eine Wachstumsweise ein, die sich nur mit der Sprossung der Hefezellen vergleichen läßt und ihre Grenze bloß in der Beschränkung des Raumes durch benachbarte Fäden findet. Zeitlich fällt dieses rapide Wachstum mit der Besiedelung der *Chroolepus*zellen durch Hyphen zusammen, die in Abbildung 6 nicht mit eingezeichnet worden sind. Die mit l bezeichneten Lücken zwischen den Algenzellen muß man sich mit Hyphengeflecht ganz erfüllt, die Zellen selbst mit einem Hyphennetz von solcher Zartheit überzogen denken, daß man durch dasselbe hindurch jede Gonidienzelle mit ihren Scheidewänden und sogar die ungleiche Dicke ihrer Membranen an verschiedenen Stellen deutlich erkennen kann.

Diese Beobachtungen aus der mittleren Zone des Thallus (die Region B liegt 430 μ außerhalb der Region A) sind in folgenden Hinsichten bedeutungsvoll: Erstens zeigen sie, daß in dem Konsortium *Chroolepus*zelle-Pilzhyphe letztere auf das Wachstum der ersteren anregend und fördernd, nicht hemmend wirkt. Zweitens legen sie die Vermutung nahe, daß der Rohstoff für das rapide Wachstum der Algenzellen in der mit der Auflösung des Kalks Hand in Hand gehenden vermehrten Kohlendioxydabscheidung geliefert wird.

Drittens zwingen sie zu der Annahme, daß die schwammartige Durchlöcherung des Kalks infolge der beschriebenen Wachstumsvorgänge für die Flechte selbst eine hohe biologische Bedeutung hat. Welche, darauf werde ich zurückkommen, nachdem ich die Hyphen und die weiteren Veränderungen der Thalluskomponenten in seiner äußersten Zone kurz beschrieben habe.

Die hier befindlichen Gonidiengruppen sind zunächst durch
völlige Undurchsichtigkeit ausgezeichnet; die einzelnen Zellen in
ihrer gegenseitigen Abgrenzung zu erkennen, ist nicht möglich,
weil sie von einer zu dichten Hyphenhülle bedeckt sind, was bei
den Hyphenknäueln mit grünen Gonidien (z. B. *Lecidea caerulea*
Kmphl.) nie der Fall ist. Sie gleichen darin den Kokons
der Seidenraupe, und, wie diese von dem lockeren Geflecht
des „Puppenbetts" umgeben sind, so liegt (Abb. 10) die kokonähn-
liche *Chroolepus*kette in einem losen Gewirr feinster Hyphen eingebettet. Die äußere Form ist selten zylindrisch, oft unregelmäßig gewunden, mit Verengerungen und Anschwellungen, so daß
dickdarmartige Gebilde entstehen (Abb. 7). Der Dickendurch-
messer der in Abb. 10 dargestellten *Chroolepus*kokons beträgt bei
a 15,7 μ, bei c 14,2 μ, der des wurstförmigen Kokons steigt bis
20 μ, wogegen die normale Dicke der *Chroolepus*zellen 8 μ nicht
übersteigt, meist dahinter zurückbleibt. Das Plus kommt wenigstens da, wo eine einfache Gonidienkette vorliegt wie in Abb. 10,
auf Rechnung der Gonidienanschwellung und der Hyphenumhüllung,
und das ist um so auffallender, als die Hyphen bei der in Rede
stehenden Flechte von ungewöhnlicher Dünne sind.

Die Hyphen übersteigen die Dicke von 2 μ nicht, sind oft
nur 1 μ dick, verlaufen nie auf längere Strecken geradlinig wie
die der Rhizoidenzone von *Verrucaria calciseda* DC., sondern sind
aufs zierlichste gewunden, geschlängelt, sehr reichlich anastomo-
siert (Abb. 13), nie zu Sphäroidzellen erweitert und führen meist
einen schwach lichtbrechenden, durch Jodlösung gelb werdenden
protoplasmatischen Inhalt. Seltener finden sich in den tieferen
Teilen des Thallus solche mit stärker lichtbrechendem Inhalt, der
in einzelne länglichrunde Tröpfchen zerteilt ist (Abb. 11), nicht
einen zusammenhängenden Faden bildet; hier hat man es trotz
ihrer geringen Dicke von 1,57 μ wohl mit Ölhyphen zu tun. In
dem äußeren Teil des Thallus, in der Nachbarschaft der Gonidien,
erfahren sie noch andere Umwandlungen: besonders gern entstehen
an ihnen kleine kugelige Anschwellungen nach allen Richtungen
des Raumes, die aber keinen aufgeblasenen, sondern engen Innen-
raum haben, zusammen zarte Korallenbäumchen bilden mit stark
oder schwach lichtbrechendem Inhalt. Die Abbildungen 9 [h] und
12 veranschaulichen das, allerdings ohne die Orientierung der
kleinen Anschwellungen nach den drei Richtungen des Raumes
deutlich zu zeigen.

Es ist selbstverständlich, daß durch diese Gebilde und die
Hyphen im allgemeinen die Zerklüftung des Kalks an den goni-

dienfreien Stellen vollzogen und dadurch seine Überführung in einen schwammartig durchlöcherten Zustand vollendet wird. Dadurch erlangt der Kalk zwei für die Flechte sehr wichtige Eigenschaften: die Fähigkeit, verhältnismäßig große Mengen Wasser aufzunehmen und dieselben lange Zeit festzuhalten. Durch Versuche, über die an anderer Stelle ausführlicher berichtet werden wird, habe ich mich davon überzeugt: In der ersten Versuchsreihe benutzte ich zwei gleich schwere Würfel aus weißem Marmor (Gewicht 21,95 g), von denen der erste mit 5 parallel laufenden 11 mm tiefen, 4 mm weiten, zylindrischen Bohrlöchern versehen worden war. Diese fünf kleinen Schächte wurden mit lebendem Flechtenmaterial vollgestopft, darauf eine gleiche Gewichtsmenge derselben Flechte auf dem zweiten Marmorblock ausgebreitet. Beide sind dann gewogen worden a) mit Flechten im naturfeuchten und später im ausgetrockneten Zustand, b) nach künstlicher Befeuchtung und wiederum getrocknet. Wie zu erwarten, gingen die auf dem Marmorblock ausgebreiteten Flechten schneller in den lufttrockenen Zustand über als die in den 5 schachtartigen Vertiefungen.

Wichtiger und beweisender scheint mir die zweite Versuchsreihe zu sein, die ich mit einem Stück dichten, flechtenfreien Kalkes und einem mit *Jonaspis melanocarpa* (Krmphl.) bewachsenen durchgeführt habe. Jenes wog auf einem eisernen Ofen bei etwa 50 ° C getrocknet 78,215 g, dieses 60,525 g. Die Oberfläche beider war ungefähr gleich groß. Die Wägungen sind mit einer chemischen Analysenwage ausgeführt worden. Beide Kalkstücke wurden erstens mit Wasser befeuchtet; die Übertragung erfolgte mit einer Pipette oder einem Glasstabe, die Ausbreitung mit einem weichen Pinsel oder mit dem Finger. Der flechtenbewachsene Kalk nimmt vier- bis sechsmal mehr Wasser auf als der nackte; dieser hat alle Feuchtigkeit beim Liegen im Zimmer (t = 20 ° C) nach einer halben Stunde verloren, jener nach 12 Stunden noch einen kleinen Teil zurückbehalten. Die ersten Tropfen nimmt der flechtenbewachsene Kalk nur schwer an; sobald man sie aber erst ausgebreitet hat, werden weitere Tröpfchen, die man mit dem Glasstab überträgt, wie von Fließpapier schnell aufgesogen. Man sieht nicht nur, wie die Tropfen allmählich kleiner werden, sondern auch, wie um sie herum auf dem Thallus dunklere, immer breiter werdende Ringe entstehen. — Zweitens habe ich die Aufnahmefähigkeit von Kondenswasser geprüft, indem ich beide Kalkstücke zum Abkühlen vor das Fenster gelegt und dann schnell in einen dampfgesättigten Raum unter eine Glasglocke gebracht habe. Das

nackte Kalkstück war nach 10 Minuten über und über mit glänzenden Wassertröpfchen bedeckt, das flechtenbewohnte sah matt,
ganz trocken aus.   Jener hatte um 0,2, dieser um 0,259 g an
Gewicht zugenommen, jener verlor in der Zeit von 5 Minuten
0,15 g des adhärierenden Wassers, dieser hatte nach 15 Minuten
noch 0,15 g dazu aus der feuchten Luft des Zimmers in sich
aufgenommen.

Die ersten Versuche mit den beiden Kalkstücken veranschaulichen die Wirkung des Regens, die letzteren die des Taues auf
endolithische Kalkflechten.   Beide zusammen erklären das üppige
Gedeihen dieser eigenartigen Flechten in klimatisch so ungünstigen
Örtlichkeiten wie den Karstgebieten, aus denen mir die prächtig-
sten Exemplare vorliegen.

Auf fremdartige Mitbewohner des Thallus, bräunliche Hyphen
eines schmarotzenden Pilzes und gallertschalige Gruppen von
*Gloeocapsa*zellen kann hier nicht näher eingegangen werden. (Abb. 1,
die dunkelsten Stellen.)

In der Nachbarschaft der unbestimmbaren *Chroolepus*flechte
vom „Durchschlägi" wuchsen *Opegrapha gyrocarpa* Kbr. und *Gya-
lecta eupularis* Schaer., beide mit *Chroolepus*gonidien.   Die Vermutung lag nahe, daß die erste ein jugendliches, noch nicht frueh-
tendes Exemplar von einer der beiden letztgenannten Flechten sei.
Die Untersuchung hat diese Vermutung nicht bestätigt, ihr Thallus
ist ganz anders als bei *Jonaspis melanocarpa* (Kmph.) Arn. und
J. Prevostii (Fr.) Kmph   All diesen Flechten ist aber das gemein,
daß die *Chroolepus*gonidien die Neigung haben, aus der engbe-
grenzten Gonidienschicht in die Rhizoidenzone hinabzudringen und
einen homöomeren Thallus zu bilden [1]).   Das hängt zunächst
damit zusammen, daß es dieser Fadenalge infolge ihres lebhaften
Spitzenwachstums leicht wird, die Schranken der Gonidienzone
zu durchbrechen.   Aber außer dieser aktiven Wachtumsweise
kommt auch noch eine passive Verschleppung der Gonidien seitens
der Hyphen vor.   Wie, das lehrt unzweifelhaft Abbildung 14, ein
Gonidienfaden aus der Tiefe der Rhizoidenzone von *Opegrapha gyrocarpa* Kbr.: Die erste, äußerste und die letzte, innerste Zelle
sind von den drei mittleren durch Zwischendrängung lebhaft
wachsender Hyphen getrennt worden; dabei hat die erste ihren
Platz beibehalten, die drei mittleren sind um etwa 4 μ, die letzte

---

1) Dasselbe ist von FÜNFSTÜCK schon für *Petractis exanthematica* Körb.
mit *Seytonema*fäden nachgewiesen worden; s. FÜNFSTÜCK, M., Weitere Untersuchungen usw. a. a. O. S. 849.)

ist außerdem noch um 6 μ nach innen geschleppt worden, kalkeinwärts gewandert. Sie kann später den Ausgangspunkt für eine
Gruppe oder einen neuen Faden von *Chroolepus*zellen bilden. Das
gleiche Verhalten habe ich bei der unbestimmbaren *Chroolepus*flechte
gefunden und in Abbildung 9a fixiert. Die mit i bezeichnete
Gonidie stand vorher mit einer der beiden bei a befindlichen in
Zusammenhang, ist durch die zwischenliegenden Hyphen von
diesen getrennt und dabei um die entsprechende Strecke kalkeinwärts transportiert worden.

Zusammenfassung der Ergebnisse:

1. Die *Chroolepus*zellen sind imstande, Kalk selbständig aufzü-
   lösen.
2. Sobald sie von den Hyphen erfaßt worden sind, beginnen sie,
   lebhafter zu wachsen, zum Teil hefeartig zu sprossen und
   nehmen dabei oft sehr bizarre Form an.
3. Dadurch und durch das Wachstum der Hyphen wird der
   Kalk schwammartig durchlöchert und erlangt infolgedessen
   die Fähigkeit, die atmosphärische Feuchtigkeit reichlicher
   aufzunehmen und länger festzuhalten.
4. Infolge ihres Spitzenwachstums haben die *Chroolepus*fäden die
   Neigung, mehr oder weniger tief in die Rhizoidenzone hin-
   einzuwachsen und einen homöomeren Thallus zu bilden.
5. Die Gonidien können von den Hyphen auch passiv kalkeinwärts verschleppt werden.

Plauen i. V.

Erklärung der Tafel I.
I. Unbestimmbare *Chroolepus*flechte.

1. Querschliff durch Kalk mit *Chroolepus*gonidien und fremdartigen Eindring-
   lingen, letztere am dunkelsten gezeichnet.
2. Querschliff durch Kalk mit einem durchsichtigen Kristall.
3. Teil der rechten Seite dieses Kristalls bei stärkerer Vergrößerung und
   höchster Einstellung.
4. Entkalkter Querschliff eines älteren homöomeren Thallus.
5. Die Spitze A des *Chroolepus*fadens aus dem vorigen Präparat.
6. Drei Gonidienschnüre aus der mittleren Zone (B) desselben Präparats. Die
   Hyphen sind nicht mitgezeichnet
7. Kokonartige Gonidienschnur aus der äußersten Zone des Thallus mit dem
   Fuß eines frei in der Luft endenden *Chroolepus*fadens.
8. Entkalkter Querschliff eines jüngeren homöomeren Thallus. Nur die dunkelsten Stellen sind bei höchster Einstellung des Tubus deutlich
   sichtbar.

9. Hyphenumsponnene Gonidiengruppe aus der tiefsten Region desselben Thallus.

9 a. Eine ebensolche, von der die Zelle i durch Hyphenwachstum abgetrennt und kalkeinwärts verschleppt worden ist.

10. Kokonartige Gonidienschnur aus der äußersten Zone des jüngeren Thallus, zylindrisch, verzweigt, in lockeres Hyphengewebe eingebettet.

11. Ölhyphen aus der innersten Zone eines Thallus.

12. Korallenartiges Hyphenbäumchen aus der mittleren Zone desselben.

13. Zartes Hyphennetz aus der innersten Zone desselben.

II. *Opegrapha gyrocarpa* Kbr.

14. Hyphenumsponnener *Chroolepus*faden aus der innersten Zone des Thallus: die erste und letzte Zelle sind durch Hyphenwachstum von den drei mittleren abgetrennt worden.

---

2. Wilh. Pietsch: Trichoseptoria fructigena Maubl.

Eine für Deutschland neue Krankheit der Quitten und Äpfel.

(Vorläufige Mitteilung.)

(Eingegangen am 6. Januar 1913.)

Ende Oktober 1912 stellte ich an einigen Quitten, die mir vorlagen, die zuerst von M. A. MAUBLANC[1]) beschriebene *Trichoseptoria fructigena* fest. Eine daraufhin vorgenommene Durchsicht des ziemlich großen Quittensortiments der Königl. Lehranstalt für Obst- und Gartenbau zu Proskau ergab, daß etwa 95 pCt. aller Früchte der *Cydonia vulgaris* von diesem Pilz befallen waren; der größere Teil lag am Boden. Dagegen war *Cydonia japonica*, die zwischen den Quitten mit erkrankten Früchten stand, anscheinend von jeder Infektion mit *Trichosept. fr.* frei. Gleichzeitig fand ich auch bei der Durchsicht faulen Obstes, das mir von Schülern der Anstalt zur Bestimmung des Krankheitserregers vorgelegt war, einen Apfel, der mit Fäulnisflecken des genannten Pilzes bedeckt war. Allerdings war das äußere Krankheitsbild zunächst nicht genau dasselbe. (Über die Bestimmung der Identität werde ich später berichten.) Durch letzteren Fund veranlaßt, besichtigte ich den reich gefüllten Obstkeller der Anstalt, fand aber nur an

---

1) M. A. MAUBLANC *Trichoseptoria fructigena* nov. spec., Bulletin de la Société Mycol. de France, 1905, S. 95.

wenigen Äpfeln einiger Sorten schwachen Befall. Im Laufe des
November und Dezember stellte ich dann vereinzelt stärkere Erkrankung der Äpfel an *Trichosept. fr.* fest. Während MAUBLANC
den Pilz als Schädiger der Äpfel beschreibt und nebenbei einen
Fall erwähnt, bei dem er ihn an einer schon von *Gloeosporium
fructigenum* Berk. geschädigten Quitte beobachtet hat, möchte ich
nach den hier gesammelten Erfahrungen zu der Annahme neigen,
daß *Cydonia vulgaris* die hauptsächliche Nährpflanze ist. Die Äpfel
sind vielleicht erst sekundär auf dem Lager durch Sporen infiziert,
die mit kranken Quitten in den Obstkeller gelangt sind. Nach
meinen Beobachtungen beschränkt sich aber der Pilz nicht auf die
genannten Früchte, sondern hat vielleicht sogar eine ziemlich weitgehende Verbreitung. Hierbei ist es auffallend, daß er *Cydonia
vulgaris* und Äpfel befällt, während scheinbar *Cydonia japonica* gegen
ihn immun ist.

Soweit mir die Literatur zugänglich ist, findet sich seit
MAULBANC keine weitere Bemerkung über das Vorkommen des
Krankheitserregers; bisher ist er also nur für Frankreich als verhältnismäßig unschuldiger Parasit bekannt. Das geradezu epidemische
Auftreten an den Quitten in Proskau läßt es daher wünschenswert
erscheinen, zu erfahren, welche Verbreitung der Pilz in Deutschland hat, ob er augenblicklich in stark um sich greifender Ausdehnung begriffen oder schon längst weit verbreitet und nur bis
jetzt übersehen worden ist. Ich lasse daher eine vorläufige Beschreibung des Krankheitsbildes mit der Bitte um Mitteilung über
das Auftreten an anderen Orten folgen.

Ziemlich übereinstimmend mit MAUBLANC fand ich beim
Apfel die Fäulnisflecke blaß gelblichbraun, doch auch dunkler,
häufig mit dunkleren, ringförmigen Streifen. Bei der Quitte waren
die Flecke meist schokoladenbraun. Sie sind kreisrund, zunächst
linsen- bis pfenniggroß, beim Apfel meist nur schwach, bei der
Quitte dagegen stärker eingesunken. Bei günstigen Wachstumsbedingungen fließen die Flecke später zusammen und lassen zuweilen die ganze Frucht in Fäulnis übergehen. Um den Mittelpunkt der Flecke herum bilden sich meist in mehr oder weniger
ausgeprägt ringförmiger Anordnung zahlreiche Pykniden, die sich
häufig von der Form unterscheiden, die MAUBLANC beschreibt.
Man findet eingesenkte Pykniden, bei denen von einer Behaarung,
wie sie MAUBLANC beschreibt, nicht die Rede sein kann; hier
treten die Sporen in Form einer Ranke miteinander verklebt heraus. Daneben findet man die Form MAUBLANCs und noch weitere
Abweichungen. Auf die nähere Beschreibung de rPykniden werde

ich erst in einer späteren Arbeit eingehen. Die Sporen und deren
Keimung stimmen mit den Befunden MAUBLANCs überein. Die
Größe der Sporen wird von diesem mit 18—23×3—3,5 μ bezeichnet;
ich fand größere Schwankungen je nach dem Nährboden und
sonstigen Wachstumsbedingungen und zwar 8—25×2—4 μ. Was
Form und Keimung anbetrifft, so verweise ich auf die Zeichnungen
MAUBLANCs l. c. Abweichend von diesem fand ich nur bisher,
daß die Sporen bei beginnender Keimung fast regelmäßig eine
Querwand bildeten.

3. A. A. Sapĕhin: Untersuchungen über die Individualität der Plastide.

(2. vorläufige Mitteilung.)

(Mit einer Textfigur.)

(Eingegangen am 18. Januar 1913.)

In meiner ersten Mitteilung[1]) habe ich über das Verhalten
der Plastiden im sporogenen Gewebe kurz berichtet. Ich habe
gezeigt, daß wir zwei Typen des sporogenen Gewebes unterscheiden
müssen: den sozusagen „monoplastischen" (jede Archesporzelle mit
je einer Plastide) und den „polyplastischen" Typus (jede Zelle des
Archespors mit mehreren bis vielen Plastiden). Der erste Typus
ist wohl der interessanteste. Er kommt bei *Anthoceros*, den Laubmoosen, den Selaginellen und *Isoëtes* vor. Wie jede Archesporzelle,
so enthält hier auch die Sporenmutterzelle je eine Plastide.
Während der Prophase der heterotypischen Kernteilung teilt sich
die Plastide in vier Teile, welche sich zur Metaphase tetraedrisch
anordnen. Demzufolge bekommt jede junge Spore nach erfolgten
Kernteilungen je eine Plastide, die sich später vermehrt.

Im vorigen Jahre habe ich dasselbe Verhalten der Plastide
während der Sporogenese noch bei *Lycopodium* gefunden, so daß das
Archespor der *Lycopodiales* zu dem monoplastischen Typus gehört.

Somit haben die Biciliaten noch ein gemeinschaftliches Merkmal.

1) Diese „Berichte", 1911, XXIX, S. 491.

Analoge Untersuchungen habe ich noch über das meristematische Gewebe der Stengelspitze und über das gametogene Gewebe ausgedehnt und will jetzt über einige wichtigste Ergebnisse meiner diesbẽzüglichen Untersuchungen ganz kurz berichten.

Was das meristematische Gewebe betrifft, so können wir dieselben zwei Typen auch hier unterscheiden: 1. den monoplastischen und 2. den polyplastischen. So z. B. enthalten die Scheitelzelle und die Zellen des davon stammenden meristematischen Gewebes bei *Selaginella* nur je eine Plastide. Sie teilt sich während der Prophase der Kernteilung in zwei Teile, und jede der beiden jungen Plastiden stellt sich zur Metaphase an je einen Pol des Kerns. Demzufolge bekommt jede neugebildete Zelle nach erfolgter Teilung immer je eine Plastide.

Als ein Beispiel des zweiten Typus kann uns *Plagiothecium* dienen. Hier enthält die Scheitelzelle mehrere Plastiden, welche sich ununterbrochen vermehren. Während der Kernteilung stellen sie sich gewöhnlich an die Kernpole, und jede neugebildete Zelle bekommt immer mehrere Plastiden.

Wie die Plastiden sich während der Spermatogenese verhalten können, wird uns der Vorgang bei *Funaria* zeigen.

Das Trichom, welches zur Umwandlung in das Antheridium bestimmt ist, enthält mehrere Plastiden in seinen Zellen. Während der Zellteilungen, die zur Herausdifferenzierung der Wand und des spermatogenen Gewebes führen, vermehren die Plastiden sich nicht, während die Zellteilung fortschreitet. Demzufolge bekommt jede junge Zelle immer weniger Plastiden, da dieselben ohne sich zu vermehren auf eine sich fortwährend vergrößernde Zahl der Zellen verteilt werden. Es bleibt endlich nur eine einzige Plastide in jeder der neugebildeten Zellen, welche dadurch zu dem spermatogenen Gewebe geworden sind.

Der Vorgang ist also dem der Archesporbildung bei den Laubmoosen ganz gleich.

Während aller Zellteilungen im spermatogenen Gewebe teilt sich die Plastide immer in zwei Teile — und die neugebildeten Plastiden stellen sich zur Metaphase an je einen der beiden Pole des Kerns. Jede Plastide stammt also auch hier nur von einer anderen: die Plastide erhält ihre Individualität kontinuierlich.

Strahlungen habe ich dabei nicht bemerkt und alle die Gebilde, welche ALLEN[1]) als Blepharoblasten oder Zentrosomen nennt, sind sicherlich Plastiden.

1) Arch. f. Zellforsch. 1912, VIII, 1.

So geht es fort, bis die Spermatiden gebildet sind. Jetzt fängt der Kern an, sich an einer Seite einzudrücken, so daß er halbmondförmig wird. Die Plastide nimmt dabei die Mitte der Zelle ein. Der Kern wird immer dünner und länger, und sieht endlich fadenförmig aus. Jetzt zieht sich die Plastide zum Kern hin, schmiegt sich ihm dicht an und kommt endlich an sein hinteres Ende zu sitzen. Das fertige Spermatozoid besteht also aus dem fadenförmigen Kern, der an seinem vorderen Ende zwei dünne Zilien und an seinem hinteren Ende eine rundliche Plastide trägt (Fig. 1). Die Zilien sind am wahrscheinlichsten zytoplasmatischer Herkunft.

Fig. 1.   Spermatozoid von *Funaria hygrometrica*.   Schematisiert ca. 1500 ×.

Solche Organisation des Spermatozoids ist wohl auch in theoretischer Hinsicht sehr interessant.

Mit den anderen Pflanzengruppen bin ich noch nicht fertig, jedoch führe ich meine diesbezüglichen Untersuchungen fort und hoffe, eine ausführliche Arbeit hierüber in der nächsten Zeit zu veröffentlichen.

Odessa, Botan. Kabinett d. Universität, 2. (15.) Januar 1913.

4. H. W. Wollenweber: Pilzparasitäre Welkekrankheiten der Kulturpflanzen[1]).

(Eingegangen am 20. Januar 1913.)

Welkekrankheiten sind in der gemäßigten und auch in der heißen Zone sehr verbreitet und beeinträchtigen den Gewinn in weiten Zweigen des Ackerbaues.

Einige Typen von Welkekrankheiten werden von Bakterien verursacht, die Mehlzahl aber durch Pilze, in einigen Fällen durch Verticillien, meist aber durch Fusarien. Das Problem speziell gefäßparasitärer Welkekrankheiten ist also vorwiegend ein *Fusarium*-Problem.

Wollte man die Gesamtschädigung durch die Welkekrankheit als Ordinate zu den klimatischen Zonen als Abscisse kurvenmäßig darstellen, so würde jedenfalls das Maximum für *Fusarium* den wärmeren subtropischen Grenzgebieten näherliegend gefunden werden als das für *Verticillium*. Vergleicht man das statistische Material, so muß man annehmen, daß beispielsweise das deutsche Klima einem Befall durch *Verticillium* günstiger ist als dem durch *Fusarium*. Ebenso das der nördlichen Vereinigten Staaten von Nordamerika. Nur ausnahmsweise dringt die Verticilliose bis in Breiten unter 35° vor. Eine solche Ausnahme ist die Verticilliose des eßbaren Eibisches, *Hibiscus esculentus*, in Süd-Carolina, wobei in Betracht kommt, daß dieses Gebiet die nördliche Grenze des Anbaus dieser tropischen Pflanze darstellt. Andererseits verirrt sich die Fusariose nur selten in höhere Breiten und wird daselbst in den Grenzgebieten des Feldanbaus selbst empfänglicher Pflanzen nur ausnahmsweise gefunden. Eine solche Ausnahme bildet die Kopfkohl-Fusariose, die ein weites Gebiet umfaßt von Louisiana bis hinauf nach Wisconsin, so daß sie wahrscheinlich noch weiter nördlich zu erwarten ist. Diese Ausnahmestellung wird verständlich durch die Tatsache, daß der Erreger der Kopfkohl-Fusariose,

---

1) Im wesentlichen Vortrag, gehalten gelegentlich der Jahresversammlung der American Phytopathological Society in Cleveland in Ohio am 2. Januar 1913. Der Vortrag erscheint in Verbindung mit einem andern in „Phytopathology".

F. conglutinans n. sp., mit *F. orthoceras* App. u. Wr.[1]), einem wahrscheinlichen Schädiger des Wurzelsystems der Kartoffeln, nahe
verwandt ist und beide in der Gruppe gefäßparasitärer Fusarien
etwas für sich stehen. *F. orthoceras* wurde vom Verf. in Deutschland und Norwegen in Verbindung mit Schädigungen des Wurzelsystems der Kartoffel angetroffen; es ist in den Vereinigten Staaten
ebenfalls verbreitet und besonders mit gallertartigen Zersetzungs-
herden der Knolle vergesellschaftet gefunden.

Verticilliose und Fusariose der Gefäßbündel haben also im
allgemeinen getrennte geographische Verbreitungsgebiete, die nur
in der Mitte etwas ineinandergreifen.

Vergleichende Beobachtungen sprechen ferner dafür, daß die
Empfänglichkeit für die Welkekrankheit umgekehrt proportional
ist der Adaptation der Wirtspflanze an das ihr gebotene Klima
sowie die Hauptdefekte in der engeren Umgebung.

Die Adaptation kann individuell sein oder Varietäten und
Rassen einer Art umfassen oder auf besondere Genera oder Familien
oder höhere Gruppen des Pflanzenreichs beschränkt sein. Die
Adaptation innerhalb einer Species kann so verschieden sein, daß
Varietäten und Rassen von verschiedener relativer Resistenz aus-
gewählt oder gezüchtet werden können (ORTON).

Die relative Resistenz solcher Varietäten und Rassen ist nach
Ansicht des Verfassers nicht nur eine biologische, sondern auch
eine morphologische Funktion der Adaptation, nämlich auch abhängig von dem Bau der Gefäßbündel besonders im Übergangs-
gebiet des Gefäßsystems des Hypokotyls in das oberirdische Gebiet
der Hauptachse; ob auch mechanische Faktoren z. B. die Elastizi-
tät der Außenschichten die relative Resistenz erklären können,
bleibt abzuwarten.

Die Hypothese, daß die relative Resistenz stammverwandter
Pflanzensorten bis zu einem gewissen Grade auch ein morphologisches Problem ist, wurde durch vergleichende Studien des Holzkörpers in Verbindung mit Impfversuchen an zwei stammver-
wandten *Vigna-sinensis*-Sorten, „Brabham" und „Peerleß", nahe-
gelegt. *Fusarium tracheiphilum* Smith erzeugte in Parallelversuchen
hochgradige gefäßparasitäre Welkekrankheit bei Peerleß, nur vereinzelt bei Brabham, die aber in einigen Fällen fußkrank wurde.
Diese Fußkrankheit erstreckte sich vorwiegend auf das Hypokotyl

---

1) Übrigens nicht identisch mit *F. oxysporum* (Schlecht.) Smith u. Swingle,
welche Identität APPEL und WOLLENWEBER ursprünglich annahmen. *F. oxysporum* hat Sporodochien.

und führte oft schnell zum Tode der Pflanzen. Dieses waren Topfversuche. In größeren Töpfen fehlte übrigens die gefäßparasitäre Welkekrankheit bei Brabham, nicht bei Peerleß. Brabham wurde aber noch gelegentlich fußkrank. Bei reicher Ernährung infolge Auspflanzens in ein großes Beet, bei welchem Versuche Brabham praktisch resistent blieb, zeigte der anatomische Bau der kräftig wachsenden Brabhampflanzen-Unterschiede gegenüber Topfpflanzen. Die Anfälligkeit schien eine Funktion dieses Unterschieds, ebenso wie in Topfversuchen mit „Brabham" und „Peerleß" die Anfälligkeit eine Funktion des Unterschieds zwischen dem Bau dieser sein mag. Der Grad der Resistenz wäre damit eine Funktion der Konstanz gewisser Bauelemente der Pflanzen. Bewiesen ist das noch nicht.

Soweit bekannt, kommt die Welkekrankheit nur bei wenigen **Monokotyledonen,** dagegen bei zahlreichen **Dikotyledonen** vor. In ersteren bei Liliaceae(*Allium, Asparagus*), Bromeliaceae(*Ananas*) und Musaceae (*Musa* [Panama-Krankheit]). In Dikotyledonen bei 2 Familien der Tubifloren: Solanaceae (*Solanum* [Kartoffel, Tomate, Eierpflanze] und *Capsicum* [*Paprika*]) und Convolvulaceae (*Ipomoea*); in anderen Reihen der Dikotyledonen ist nur je eine Familie der Welkekrankheit unterworfen, so Leguminosae (*Lupinus, Medicago, Trifolium, Cassia, Ornithopus, Indigofera, Cicer, Vicia, Lathyrus, Pisum,* Glycine, *Phaseolus, Vigna, Cajanus)*; Malvaceae (*Gossypium, Hibiscus*); Linaceae(*Linum*); Cucurbitaceae (*Citrullus, Cucumis, Cucurbita*); Cruciferae (*Brassica*); Compositae (Aster), Araliaceae (*Panax* [Ginseng]); Caryophyllaceae (*Dianthus*) und Pedaliaceae (*Sesamum*).

Grundlegende Arbeiten über das Gebiet der durch Pilze verursachten Welkekrankheiten verdanken wir ERWIN F. SMITH (1899)[1] für die durch *Fusarium*, REINKE u. BERTHOLD (1879)[2] für die durch *Verticillium* verursachte Welkeerscheinung, während auf den Arbeiten W. A. ORTONs[3] seit 1900 die ersten wichtigen Erfolge

---

1) ERWIN F. SMITH, Wilt disease of cotton, watermelon and cowpea (*Neocosmospora* n. gen.). U. S. Dep. Agric. Washington. Bull. 17. 1899.

2) REINKE und BERTHOLD, Die Zersetzung der Kartoffel durch Pilze. Unters. Bot. Lab. Univ. Göttingen. Heft I. Berlin. 1879.

3) W. A. ORTON. Some diseases of the cowpea. U. S. Dep. Agric. Bur. Plant Ind. Bull. 17. 1902. — The wilt disease of cotton and its control. Bull. 27. 1900.

W. A. ORTON. Sea Island cotton. Farmers' Bull. 302. Washington. 1907.

W. A. ORTON. The development of farm crops resistant to disease. Yearbook Dep. Agric. for 1908. Washington 1909.

W. A. ORTON. American breeders association. Vol. I (1905); Vol. IV (1908) mit mehreren Schriften.

in der Bekämpfung beruhen, die auf Selektion resistenter Rassen
begründet ist.

Obgleich die Gesamtschädigung des Ackerbaus durch die
Welkekrankheiten in Europa gering ist im Vergleich zu Amerika,
hat sie mit steigender Ausnutzung des Bodens doch so zugenommen, daß ihre Bekämpfung zur Notwendigkeit geworden ist.

Damit trat zunächst die Ätiologie dieser Krankheiten in den
Vordergrund, ohne die eine Bekämpfung dem Zufall überlassen
bleibt. Ihr widmeten sich eine Reihe von Forschern: VAN HALL[1])
veröffentlichte im Jahre 1903 seine Beobachtungen über die St.-
Johannis-Krankheit der Erbsen, eine Fußkrankheit, die durch Infektion des Hypokotyls durch *Fusarium* zustande kommt. Wesentlich erweitert wurde das Problem der Welkekrankheiten in Deutschland durch O. APPEL[2]) und G. SCHIKORRA (1906)[3]), welche auch
andere Leguminosen, so *Lupinus* und *Vicia*, ferner Glycine, *Trifolium, Ornithopus* und *Lathyrus* welkekrank fanden, ihre Infektionsversuche aber im wesentlichen auf Erbse beschränkten. APPEL
zog auch die Kartoffelpflanze in den Kreis dieser Untersuchungen,
was besonders deswegen nahelag, da die von REINKE und BER-
THOLD studierte Kräuselkrankheit, soweit sie vorwiegend Gefäße
befällt, eine typische Welkekrankheit ist. APPEL hatte nun beim
Zurückgehen auf den Grundbegriff der Kräuselkrankheit erkannt,
daß dieser Begriff nicht einheitlich ist, sondern in typische
Kräuselkrankheit, Bakterienringkrankheit, Blattrollkrankheit und vielleicht noch mehr zerfalle. Die Welkekrankheit, die nicht eingeschlossen war, trat in der Folge scheinbar in
den Hintergrund des Interesses gegenüber der Blattrollkrankheit.
Dies ist deswegen nicht gleichgültig, weil APPEL mehrfach REINKE
und BERTHOLDs (1879) sowie SMITH und SWINGLEs (1904)[3]) Arbeiten über pilzparasitäre Kartoffelkrankheiten mit der Blattrollkrankheit[4]) in Verbindung bringt. Das · ist zwar erklärlich,
da die Diagnose dieser Krankheiten zum Teil recht verwickelt
scheint. Durch einen Vergleich der Beschreibungen mit zahl-

---

1) Die Sankt-Johannis-Krankheit der Erbsen, verursacht von *Fusarium
vasinfectum* Atk. (Ber. Deutsch. Bot. Ges. XXI, S. 2—5).

2) *Fusarium*-Krankheiten der Leguminosen. Arb. Kais. Biol. Anst.
Land- u. Forstw. V, S. 157—188 Berlin 1906.

3) The dry rot of potato due to *Fusarium oxysporum* U. S. Dep. Agric.
Bur. Plant Ind. Washington. Bull. 55. 1904.

4) APPEL und SCHLUMBERGER. Die Blattrollkrankheit der Kartoffel.
Arb. der Deutsch.-Landw. Ges. Heft 190. Berlin 1911. Mit Sammelreferat
über die Gesamtfrage.

reichen Typen echter Welkekrankheit in Amerika ist Verfasser dieser Arbeit indes zu dem abweichenden Schlusse gelangt, daß sowohl REINKE und BERTHOLD als auch SMITH und SWINGLE im wesentlichen die echte Welkekrankheit vor sich hatten, erstere eine Verticilliose durch *Verticillium albo-atrum*, letztere eine Fusariose durch *F. oxysporum*, das in Deutschland unbekannt ist und daß beide mit Blattrollkrankheit nicht zu verwechseln sind aus folgendem Grunde:

Bei der Welkekrankheit, zu der Verf. beiläufig auch die Bakterienringkrankheit der Kartoffel rechnet, ist die Welkerscheinung und das sie begleitende Absterben das Wesentliche, während bei der Blattrollkrankheit gerade diese Merkmale zurücktreten.

Aus diesem Grunde ist aus genannten Arbeiten eine Stütze der ohnehin zweifelhaften Pilztheorie APPELs, nach der *Fusarium* Ursache der Blattrollkrankheit sein soll, nicht herzuleiten. Durch diesen Analogieschluß war aber das Interesse für die Fusarien in erhöhtem Maße rege geworden. Bei der Suche nach dem mutmaßlieben Erreger der Blattrollkrankheit wurde eine Reihe verschiedener Arten isoliert und als Grundlage pathologischer Studien eine monographische Bearbeitung der Gattung *Fusarium* angebahnt (APPEL und WOLLENWEBER, 1910)[1]). Nach Beendigung dieser Vorarbeiten wurden sowohl mit dem verbreiteten Gefäßpilze *Verticillium albo-atrum* als mit einer Anzahl Fusarien Infektionsversuche an der wachsenden Kartoffelpflanze in großem Maßstabe im Versuchsfelde zu Friedenau bei Berlin vom Verf. unternommen. Ein der Blattrollkrankheit ähnliches Bild konnte, wie zu erwarten war, nicht erzielt werden. Zahlreiche Fälle prämaturen Absterbens konnten zwar, besonders in den mit *Verticillium* beimpften Versuchsreihen, notiert werden, aber wieder wie im Vorjahre verhinderte eine spontane Infektion des Versuchsfeldes durch *Verticillium*, sichere Schlüsse zu ziehen. Erst im Lichte positiver einwandsfreier Gewächshausversuche in Washington, 1912, ist es dem Verf. klar geworden, daß schon in Friedenau die echte Verticilliose, die typische Welkekrankheit, vorgelegen hat.

In Washington bot sich eine günstige Gelegenheit, zahlreiche Typen von Welkekrankheiten zu studieren. Zunächst richtete sich die Aufmerksamkeit auf die Krankheiten der Baumwolle,

---

1) Grundlagen einer Monographie der Gattung *Fusarium* (Link). Arb. der Kais. Biol. Anst. Land-Forstw. VIII, 1. Berlin 1910.

Wassermelone, *Vigna* und Tomate; auch Erbse, Viets-
bohne, Kartoffel, Eierpflanze und der eßbare Eibisch schlossen
sich an.

Die Arbeit wurde durch die Herren ERW. F. SMITH und
W. A. ORTON so tatkräftig unterstützt durch Beschaffung von
Feldmaterial und Reinkulturen der Pilze, daß neben der Pathologie
auch der Systematik genügende Aufmerksamkeit geschenkt werden
konnte. Der Gang der Untersuchung war folgender: Isolierung
der Gefäßpilze aus krankem Feldmaterial, Durchzüchtung auf
günstigen Nährböden, um die zur Bestimmung nötige höchste
Konidienform zu gewinnen, Erzielung der Krankheit durch künstliche Impfungen an Topfpflanzen im Gewächshause, teilweise auch
an im Freien befindlichen Versuchspflanzen, Reisolation des Pilzes
aus den krank gemachten Pflanzen, erneute Impfung mit diesem
parallel mit Folgekulturen des Originalstammes.

Die Versuche führten im wesentlichen zu einer Bestätigung
der SMITHschen Impfergebnisse, bewiesen aber auch, wie weiter
unten folgt, daß von ihm, auch gesprächsweise, geäußerte Zweifel
daran, daß *Neocosmospora* die Schlauchform des Gefäßparasiten sei,
berechtigt gewesen sind.

Ein kurzer Rückblick auf den Ausgangspunkt der Streitfrage
mag hier angebracht sein:

ERWIN F. SMITH (1899) erhielt die ersten überzeugenden Resultate in der Ätiologie der Welkekrankheit von Wassermelone,
indem er 500 erfolgreiche Infektionen der Pflanzen durch einfache
Bodenimpfung mit Reinkulturen des Gefäßparasiten ausführte.
Diesen Pilz und den der Vigna-Bohne hielt er für Varietäten der
Spezies, die die entsprechende Krankheit der Baumwollstaude
verursache. Die Spezies, *Fusarium vasinfectum* Atk. sowie ihre
2 Varietäten sind nach ihm hochadaptierte Parasiten, die im allgemeinen nur eine Wirtspflanze schädigen. Der Parasit der
Wassermelone sei z. B. nicht infektiös gegenüber Baumwolle und
Vigna, noch gegenüber Tomate und Kartoffel gewesen in Versuchen mittelst Bodeninfektion. SMITH fand ferner eine höchst
eigentümliche Tatsache. Eine Schlauchform (*Neocosmospora* Smith)
war häufig mit dem Parasiten vergesellschaftet, besonders an schon
getöteten Pflanzenteilen. In Reinkultur entwickelten alle Stadien
der *Neocosmospora* (Myzel, Konidien, Askosporen) wieder die
Schlauchform, die der Gefäßparasiten allerdings nicht in einem
einzigen Falle. *Neocosmospora* einerseits, die Gefäßparasiten andererseits hatten aber eine gewisse Ähnlichkeit in der niedrigsten Ent-

wicklungsstufe der Konidien, die durch im allgemeinen ellipsoidische einzellige Formen gekennzeichnet sind. Inokulationen der Vigna mit Askosporen der von Vigna isolierten *Neocosmospora* versagten zwar. Da dieses Mißlingen aber der Tatsache zugeschrieben werden könne, daß die natürliche Infektionsmethode nicht entdeckt worden sei, fühlte sich SMITH nicht berechtigt, es als Beweis des Saprophytismus der *Neocsomospora* gelten zu lassen. Daher wählte er die Hypothese, daß der Parasit die Konidienform von *Neocosmospora* sei. Man muß dieser Hypothese, so schwach sie begründet war, zugute halten, daß man damals zur morphologischen Unterscheidung dieser „fungi imperfecti" die Schlauchform nicht entbehren zu können glaubte. Das geht auch aus B. D. HALSTEDs (1891)[1]) Arbeit über die Stengelfäule der Eierpflanze hervor, nach der *Nectria ipomoeae* Hals.[2]) Erreger der genannten Krankheit an Süßkartoffel und Eierpflanze ist, eine Ansicht, die von L. L. HARTER[3]) jedenfalls für Süßkartoffel bereits widerlegt ist und auch für die Eierpflanze vom Verfasser angezweifelt wird auf Grund gelungener Impfversuche mit *Verticillium*, das eine typische Welkekrankheit vom Hypokotyl junger Pflanzen aus verursachte.

Die auf die Arbeiten von ERW. F. SMITH begründete weitere Literatur der Welkekrankheiten zeigt, daß der von SMITH nur gewissermaßen als Arbeitshypothese geäußerte Zusammenhang zwischen *Neocosmospora* und Gefäßparasiten bald als erwiesene Tatsache galt. REED (1905)[4]) ging sogar so weit, den Gefäßparasiten des Ginseng (*Panax quinquefolia*) *Neocosmospora* zu nennen, ohne die Schlauchform in Verbindung mit ihm gesehen zu haben. Daß dies durchaus nicht im Sinne SMITHs geschah, beweist die Polemik zwischen beiden Forschern[5]), auf die einzugehen hier nicht notwendig ist. Auch JACZEWSKI (1903), DELACROIX (1902—1903) MALKOFF (1906), VAN HALL (1905) bestimmten *Neocosmospora* nur nach der gefäßbewohnenden Konidienform.

Erst seit kurzem ist der Zusammenhang zwischen *Neocosmospora* und Gefäßparasiten aus der Gattung *Fusarium* angezweifelt

---

1) The Egg plant stem rot (*Nectria ipomoeae* Hals) 12. Annual report New Jersey Agr. Exp. Station. S. 281—283.

2) Übrigens nach Verfassers Ansicht eine *Hypomyces*, also *H. ipomoeae*. (Hals.) Wr.

3) Vortrag in der Jahresversammlung der American Phytopath. Society, Cleveland in Ohio, 2. Jan. 1913.

4) Three fungus diseases of the cultivated ginseng. Missouri Agric. Exp Station. Bull. 69. 1905.

5) Science, new series. vol. XXVI, 1907, p. 847 und p. 441.

worden. Von E. J. BUTLER (1903)[1]) und B. B. HIGGINS (1911)[2]). Beide betrachten *Neocosmospora* ferner als Saprophyten. BUTLER, weil er keine Welkekrankheit erhielt, wenn er *Cajanus, Cicer, Indigofera* und Baumwolle mit Askosporen inokulierte, dagegen leicht, wenn er mit dem von *Cajanus*-Wurzeln isolierten „imperfekten" Gefäßparasiten (*Fusarium udum* Butler) dieselbe Wirtspflanze künstlich infizierte. BUTLER benutzte für seine Versuche an Topf- und Freilandpflanzen vorwiegend Bodenimpfungen. *Neocosmospora*, wenn mit dem Gefäßparasiten gemischt für dieselbe Pflanze verwendet, erzeugte keine Änderung in der Intensität der mit dem Gefäßparasiten allein erzielten Welkeerscheinung. Da der Parasit keine Schlauchform bildete, *Neocosmospora* aber sehr leicht auf denselben Medien wuchs, so zieht BUTLER mit Recht den Schluß, daß er mit ihr auch nicht identisch sei und in Ermangelung von Beweisen für seine parasitische Natur besser als harmloser Bodenbewohner zu gelten habe. Der Gefäßparasit büßt gleichzeitig den Glorienschein eines höheren Pilzes ein. Um ihn sicher zu bestimmen, ist man mehr als bisher auf die Morphologie seiner Konidien und den Nachweis seiner parasitären Natur angewiesen. HIGGENS versucht nun mit gutem Erfolge, auch z. T. morphologisch zu beweisen, daß *Neocosmospora* und der Gefäßpilz, die er beide von *Vigna* isoliert, verschieden sind. Nun kommt *Neocosmospora* aber besonders in vorgeschrittenen Krankheitsstadien auch mit dem Gefäßparasiten vergesellschaftet vor. Wenn also auch HIGGENS' Versuche mit Reinkulturen scharf beweisen, daß seine 2 *Vigna*-Pilze verschieden sind, so begründen sie doch weder seine Annahme, daß *Neocosmospora* Saprophyt zu sein scheine, noch die, daß sein Gefäßpilz der wahrscheinliche Parasit sei, da er Infektionsversuche nicht angestellt hat.

Wir erhalten also folgendes Ergebnis von dem Stande der Streitfragen: *Neocosmospora* ist allen geprüften Pflanzen gegenüber Saprophyt; ein Gefäßpilz ohne bekannte Schlauchform dagegen ist in einigen Fällen, so an Wassermelone, Baumwolle und *Cajanus* als Erreger von Welkekrankheiten durch Impfversuche nachgewiesen. Die Gefäßpilze sind teilweise voneinander verschieden, auch sind sie von *Neocosmospora* verschieden, was aber bisher nicht überzeugend begründet ist, da Pathologie und Morphologie nicht genügend Hand in Hand gingen.

---

1) The wilt disease of pigeon pea and the parasitism of *Neocosmospora vasinfecta* Smith. — Memoirs Dep. Agric. India. Vol. II. 9. — 1910.

2) Is *Neocosmospora vasinfecta* (Atk.) Smith the perithecial stage of the *Fusarium* which causes cowpea wilt? 32. Annual report, North Carolina Exp. Station. — 1911.

Eigene Untersuchungen.

Soweit bekannt, haben mehr als 30 verschiedene Pflanzen eine pilzparasitäre Welkekrankheit, die bei einigen nur als Fusariose, bei anderen nur als Verticilliose oder je nach Bedingungen bei einer und derselben Wirtspflanze in einem Gebiete als Fusariose, in einem anderen als Verticilliose auftritt. Daß beide gemischt an einem Individuum vorkommen, ist auch denkbar, doch sicher nicht die Regel.

Das Untersuchungsmaterial wurde zum Teil auf dem Wege der Auskunftserteilung gewonnen. Pflanzen verschiedenster Provenienz gingen dem Untersuchungsamte in Washington zu, um auf ihre Krankheiten hin durchgesehen zu werden. Auch war es leicht, Pflanzen mit bestimmten Krankheiten direkt zu beschaffen, da die über die Vereinigten Staaten zerstreuten Versuchsstationen in erfreulicher Weise mit der in Washington zusammenarbeiten. Verfasser hat in den meisten Fällen das zu den Impfversuchen nötige Pilzmaterial selbst isoliert. Wertvolles Vergleichsmaterial ging ihm außerdem durch Dr. ERW. F. SMITH zu, der Reinkulturen einiger wichtiger Gefäßbündel-Fusarien, so von Tomate, Erbse, Kopfkohl, Wassermelone und Banane in liebenswürdiger Weise zur Verfügung stellte. Auch fühlt sich Verfasser dem Vorsteher der Abteilung für Baumwolle- und Gemüsekrankheiten, Herrn W. A. ORTON, für wertvolle Beihilfe bei der Versuchsanstellung zu Danke verpflichtet.

Von dem Gedanken ausgehend, daß die Morphologie der in Frage stehenden Pilzgruppe die beste Grundlage der Pathologie ist, galt es zunächst, die als Krankheitserreger verdächtigen Pilze zu sammeln und zu bestimmen. Mit der in Dahlem mit APPEL geübten Methode war dies an sich leicht getan, doch verzögerte sich die Bestimmung, als es sich herausstellte, daß die Gefäßpilze der Fusariosen einer einheitlichen Gruppe angehören, deren Unterscheidung eine besondere Methodik forderte. Diese Gruppe besitzt ihrer Verbreitung nach Heimatrecht in den Vereinigten Staaten, ist dagegen in Deutschland nur ausnahmsweise parasitär gefunden, so an Kiefernsämlingen (*F. blasticola* Rostr.). Ihre Konidien entstehen in ihrer höchsten Form, Sporodochien, als Belag halbkugeliger sklerotialer Myzelunterlagen, und erscheinen ocker- bis lachsfarbig in Masse. Da aber auch Arten mit fast farblosen Konidienmassen vorkommen, ist die Farbe ein Unterscheidungsmittel innerhalb der Gruppe. Feinere Konidienformenmerkmale finden sich ebenfalls (s. Zusammenfassung). Andere Merkmale liegen im Fehlen von sporodochien- oder pionnotesartigen Schleimen, sowie in besonderen Farben der sklerotialen Gebilde begründet. Wenn es auch Geschmacksache ist, ob man diesen Merkmalen Artwert verleiht oder nur einen Varietätswert beimißt, so steht fest, daß die Unterscheidbarkeit durch sie genügend gesichert ist, unabhängig von der Frage, ob eine Schlauchform existiert oder nicht. Der Umstand, daß wesentliche Unterschiede auch in der Form und Farbe der Myzelunterlagen bestehen, deutet im Sinne FRIES' und seiner Schule sogar auf mehr als einen Artwert. Denn das FRIESsche System beruht in hohem Grade auf einer starken Bewertung des Stromas, das unter den Begriff der Myzelunterlagen für die Fruktifikation fällt. Bei FRIES rücken Merkmale des Stromas sogar auf zu dem Range von Familienmerkmalen, worin nach Ansicht des Verfassers im Einklang mit E. F. SMITH, V. HÖHNEL, WEESE und anderen und im Gegensatz zu F. J. SEAVER[1]) eine starke Überwertung liegt. Es mag noch erwähnt sein, daß zwischen Stroma bei imperfekten Pilzen und dem entsprechenden bei Askomyzeten ein Unterschied in der Funktion nicht besteht, so daß die systematische Beurteilung beide Gruppen gleichmäßig trifft.

Den kurz berührten Unterscheidungsmerkmalen der einzelnen Gefäßparasiten ist, da sie unter normalen Kulturbedingungen hinreichend konstant blieben, vorläufig Artwert verliehen. In einem Vorversuche wurde noch die wichtige Entdeckung gemacht, daß die Parasiten sich im Verlaufe der künstlichen Impfversuche nicht veränderten, obgleich die verschiedensten Gelegenheiten dazu vorhanden waren. Denn die Versuche an einer Wirtspflanze, beispielsweise an Baumwolle, beschränken sich nicht auf eine Varietät der Pflanze, auch nicht auf Gewächshauspflanzen allein, sondern wurden in Verbindung mit Freilandversuchen an mehreren Sorten und Varietäten vorgenommen. Dennoch glich der aus künstlich krank gemachten Pflanzen reisolierte Pilz stets der Ausgangskultur. Auch in verschiedenen Wiederholungen der Versuchsanordnung trat diese Konstanz immer wieder hervor. An die Konstanz der morphologischen und biologischen Merkmale in Reinkultur reiht sich ferner an die Konstanz der Virulenz. Junge Folgekulturen eines 1 Jahr alten Stammes des *Vigna*-Prasiten *F. tracheiphilum* Smith waren ebenso virulent wie solche eben reisolierter Stämme. Doch war es nicht ganz gleichgültig, auf welchem Nährmedium der Pilz gewachsen war. Wenn auch die Virulenz eine gewisse

---

1) Mycologia 1909. The Hypocreales of North America.

Beständigkeit gegenüber verschiedenartigen Züchtungsbedingungen zeigte, so ist darauf nicht zu fest zu bauen. Starke Säure-, Basen-, Salz-, Zuckergaben, Agar- und Gelatineböden sind, falls sie die Lebensdauer des Pilzes herabsetzen, zu vermeiden. Zwar erwies sich *F. niveum* Smith als hoch virulent, nachdem es 1 Monat lang auf in 2proz. Zuckerwasser eintauchenden Fließpapier gezüchtet worden war, während gleichaltrige Kulturen auf gekochter Kartoffelknolle versagten. In solchen Fällen ist aber oft das relative Alter der Kulturen von Bedeutung. Die Kultur auf der nährstoffreichen Kartoffelknolle war gleichsam schon abgelebt, während die dürftigere Fliespapierkultur den Pilz künstlich jung, vegetativ, erhalten hatte. Eine junge Pilzkultur auf Kartoffelknolle konnte viel aktiver sein. Es ist dabei wiederum nicht gleichgültig, ob Sporodochienkonidien oder Myzel als Ausgangspunkt für die Überimpfung verwendet war, da im ersteren Falle oft eine schnelllebige Pionnotes entsteht, im letzten die Vegetationszeit des Pilzes verlängert wird. Die mehr vegetativen Wuchsformen, wozu noch die kleinen zerstreuten Konidien kommen, geben oft überraschend schnelle Resultate, Pionnotes und Sporodochienkonidien in der Jugend schnellere Resultate als im Alter. In den berührten Fällen ist aber von einem dauernden Verlust der Virulenz nicht die Rede. Häufig gaben scheinbar avirulente Kulturen positive Fälle von Welkekrankheit später als sonst, anstatt nach 17—30 Tagen erst nach 2—2½ Monaten, woraus hervorgeht, daß nur die Inkubationszeit verlangeŕt worden war. Der Pilz war zur Zeit der Impfung in einem Schwachezustande oder in Ruhe gewesen, so daß er erst eine spätere Gelegenheit zum Angriff ausnutzen konnte. Die Inkubatioszeit wiederum ist nicht nur vom Pilze, sondern auch von der Pflanze abhängig. Ältere Tomaten welkten erst 72 Tage, jüngere 30 Tage nach der Inokulation mit *F. lycopersici*. Topfpflanzen befielen leichter als ausgepflanzte Individuen unter sonst gleichen Bedingungen.

Ein weiterer in Betracht kommender Faktor ist der Boden, der die Pflanzen um so leichter zur Welkekrankheit disponiert macht, je sandiger er ist. Vermutlich besteht eine Beziehung zwischen dem Vorkommen der Welkekrankheit in mehr lockeren, poröseren, gut durchlüfteten Böden und dem hohen Sauerstoffbedürfnis der Fusarien. Während Typen der physiologischen Kräuselkrankheiten, sowie die zur selben Gruppe gehörige Rhizoctoniose oder Rosette, der Kartoffel zum Beispiel, durch saure und zur Verkrustung neigende Böden, durch mangelhafte Durchlüftung begünstigt werden, treten Welkekrankheiten auch in hoch-

kultivierten Böden mit Vorliebe auf, freilich in leichteren mehr als
in schweren.

Endlich sei noch die Impfmethodik berührt. Hypokotylin-
okulationen eben unter Bodenoberfläche gaben mit einer 14 Tage
(schon etwas zu alt) alten Pionnotes des *F. vasinfectum* Atk., gewachsen auf gekochter Kartoffelknolle, folgende positiven Fälle in
Freilandversuchen: Von 41 verschieden großen Baumwollestauden,
die schon über das Optimum der Empfänglichkeit hinaus waren
(Sorte *Trice*), wurden im September 20 nach 17, und 24 nach
30 Tagen welkekrank, in einer anderen Reihe von 27 Pflanzen 17,
in einer dritten von 30 Pflanzen nur 11. Das Feld kreuzte
schweren Boden einerseits und wurde der Hauptmasse nach von
einem Striche Sandbodens durchzogen. In letztem war die Dichte
des Befalls größer als in ersterem, der Pflanzenwuchs dürftiger.
Bodenimpfungen am unverletzten Hypokotyle von 29 Pflanzen vorgenommen, verliefen negativ. Stets, auch im Gewächshause, wurden
höchstens 10 pCt. der Pflanzen durch Bodenimpfungen krank,
während durch Hypokotylinokulation häufig 100 pCt. welkekrank
gemacht werden konnten. Verwundungen ohne Einführung des
Pilzes vernarbten glatt bei Tomate, Kartoffel, Eierpflanze, Baumwolle und *Vigna*, nur bei Wassermelone war die Heilung nicht
gleichmäßig zufriedenstellend, besonders im Gewächshause nicht,
wo die Temperatur während des Versuchs unter dem Optimum gehalten worden war mit Rücksicht auf Pflanzen mit tieferen Tempe-
ransprüchen. Impfungen der Pilze in oberirdische Teile hatten
einen guten Erfolg bei Baumwolle im Freien; wenige Stunden
nach der Impfung, die besonders in Astinsertionen vorgenommen
war, setzte feuchtes Wetter ein, so daß einer Austrocknung des
Impfmaterials vorgebeugt wurde. Ein späterer von anhaltend
trockenem Wetter begleiteter gleicher Versuch versagte.

Wir sehen also, daß der Erfolg von der Methodik und auch
von der Züchtungsweise der Pflanzen sowie vom Boden abhängig ist.
Die Konstanz der Ergebnisse ist eine Funktion der Konstanz der Bedingungen.

Auf die allgemeinen Bemerkungen beschränke ich mich, ohne
weitere Details zu geben. Daß die Zahl der positiven Fälle un-
wesentlicher ist als die Sorgfalt des Studiums weniger Fälle, ist im
Verlaufe dieser Arbeiten dem Verfasser klargeworden. Die für
die Versuche mit einer Wirtspflanze verwendete Zeit war gering
im Vergleich zu der für den Nachweis des Erregers notwendigen.
Um in Reisolationen des Pilzes aus künstlich mit ihm krank gemachten Pflanzen sofort bakterienfreie Nachweise zu erzielen, emp-

fiehlt sich die folgende Methode: Das erste Symptom einer beginnenden Welkekrankheit ist das meist partielle Abwelken der
unteren Blätter, die, besonders bei Hypokotylinfektionen, auch
zuerst absterben. Leicht kann man aus den in der Regel verfärbten
Gefäßen des Blattstieles den Pilz herauszüchten. Es empfiehlt
sich, bei Baumwolle die Schnittserien zur Übertragung auf Nährmedien aus der Übergangszone, wo die Blattspreite beginnt, zu
machen, da die Gefäße hier, von einer dickeren Außenschicht geschützt, am sichersten eine Reinkultur des Parasiten enthalten.
Mit fortschreitender Erkrankung nach oben werden immer höhere
Blätter welk unter Infektion, aus denen ebenfalls je früher desto
besser Reinkulturen des Pilzes zu erwarten sind. So sind Hunderte
von Kulturen gewonnen, mehrere von einer einzigen Pflanze. Der
Vergleich dieser, im Anfangsversuch mit Tomate- und Baumwolle-
Welkekrankheit, hatte die früher erwähnte ermutigende Tatsache
ergeben, daß der Parasit außerordentlich konstant ist. Mit Tomate
und Baumwolle war vorsichtshalber deswegen begonnen, weil der
Parasit ersterer farblose, der letzterer blaue sklerotiale
Körper hat und letzterer Pilz außerdem einen starken Syringengeruch besitzt in Kulturen auf Milch, Maisbrei usw. Die Konstanz dieser Merkmale war so überzeugend, daß mit leichter Mühe
folgende Fehlerquelle zu beseitigen war: Kreuzweise Übertragung
der genannten Pilze gelangen nicht, nur einmal trat in einer mit
F. vasinfectum geimpften Tomate Welkekrankheit auf; wie sich
aber durch Reinkultur aus Petiolenmycel herausstellte, war *F. lycopersici* spontan eingewandert. Der Grund lag darin, daß, wie Verfasser erfuhr, die Verpflanzung, die inzwischen einmal vorgenommen werden mußte, nicht sorgfältig steril ausgeführt worden
war. Noch eine Reihe von Merkmalen, wie die Vergallertung
alternder Myzelien sind für die Bestimmung von *F. lycopersici* her-
anzuziehen.

In ganz gleicher Weise wie die Fusariose ließ sich die Verticilliose nachweisen, die für die Eierpflanze und den eßbaren Eibisch noch nicht bekannt war. STEVENS und WILSON (1912)[1]
deuten die Welkekrankheit des Eibisches (Okra wilt) aber nach SMITH
als Fusariose. Beim Durchlesen ihrer Arbeit fällt aber auf, daß
Schwärzungen der Wände infizierter Gefäße, ferner schwarze scle-
rotiale Körper in der Kultur auftreten. Da dies ein Merkmal für

---

1) STEVENS und WILSON, Okra wilt (Fusariose) *Fusarium vasinfectum*,
and Clover Rhizoctoniose (North Carolina Agric. Exp Station. 34. ann. rep.
1910—11. — 1912.)

Verticillium albo-atrum ist gegenüber *Fusarium*, so . ist es möglich,
daß die beschriebene Krankheit Verticilliose gewesen ist und nicht
Fusarium vasinfectum.

Zum Schluß sei hinzugefügt, daß auch *Sclerotium Rolfsii* an
der Eierpflanze eine Welkekrankheit von Wunden des Hypokotyls
aus verursacht. Dieses war aber wie die Fusariose (*F. redolens* n. sp.)
der Erbse eine Fußkrankheit. Bei solchen faulen auch die peripheren Schichten des Hypokotyls so schnell, daß die Pflanzen
umfallen. Sie welken schnell und nicht partiell. Reinkulturen
von $1/_2$ jährigem Alter enthielten das benutzte Sclerotium in hoher
Virulenz, die also nicht immer vom Alter abhängig ist.

Vergleichende diagnostische wichtige Studien sind mit einigen
neuen Ergebnissen der Zusammenfassung der Ergebnisse einge-
gliedert. Darunter zwei neue Fruchtfäule erregende Wundparasiten, die zufällig den Weg kreuzten: *Rhizoctonia potoma-
censis* n. sp. und *Fusarium sclerotium* n. sp.; letzteres an halbreifen
Tomaten und Wassermelonen, erstere an grünen Tomaten (leg.
Potomac Flats, Washington, District of Columbia). Von *Rhizoctonia
solani*, die ebenfalls grüne Tomaten von Wunden aus zum Faulen
brachte, unterscheidet sich diese durch das Krankheitsbild an Tomate, das auffällige subepidermale konzentrische Myzelzonen zeigt,
die *Rh. solani* fehlen. *Fusarium sclerotium* hat blaue Kugelscle-
rotien ähnlich denen bei *F. metachroum* App. u. Wr., die äußerlich
Giberella-Perithecien ähneln, aber massiv sind wie echte Sclerotien.
Die Art gehört der Sectio *Gibbosum* an. Im Gegensatz zu ihr erzeugt *F. lycopersici* von Wunden aus nur 1 cm breite Fruchtflecken mit verschiedenen Färbungszonen, aber nicht Fruchtfäule,
auch nicht von Hypokotylinfektionen aus. Bei letzteren drang das
Myzel nur bis in den Kelch vor, schwärzte aber von dort aus den
Gefäßring der Früchte in der Weise wie *F. oxysporum* den der
Kartoffelknolle. Das Myzel von *F. oxysporum* ist aber auch unter
der Abschlußzone des Nabels zu finden, von wo aus es jedoch
keine Knollenfäule hervorruft im Gegensatz zu *F. coeruleum*, *F.
discolor* var. *sulphureum* und *F. trichothecioides* Wr.[1]).

Zusammenfassung.
Pathologische Ergebnisse.

Durch Inokulation folgender Pflanzen und Früchte mit Reinkulturen des von ihnen isolierten Pilzes wurden von künstlichen
Wunden aus erzeugt

---

1) JAMIESON und WOLLENWEBER, Journal of the Washington Academy
of Sciences. Vol. II, 6. 1912.

1. Gefäßparasitäre Welkekrankheiten mit

Fusarium vasinfectum Atk.[1])	an *Gossypium herbaceum* und
	„ *barbadense,*
„ *tracheiphilum* Erw. F. Smith	„ *Vigna sinensis,*
„ *lycopersici* (Sacc. s. var.	„ *Solanum lycopersicum*
„ *niveum* Erw. F. Smith	„ *Citrullus vulgaris,*
Verticillium albo-atrum Reink. u.	„ *Solanum tuberosum.*
Berth.	„ *melongena,*
	Hibiscus esculentus.

2. Fußkrankheiten (Hypokotylparasitosen) mit

Fusarium tracheiphilum Erw. F. Smith	an *Vigna sinensis*
	(Sorte Brabham),
„ *redolens* n. sp.	„ *Pisum sativum*
	(Sorte Alaska),
Sclerotium Rolfsii Sacc.	„ *Solanum melongena.*

3. Fruchtfäule mit

Fusarium sclerotium n. sp.	„ *Solanum lycopersicum*
	und *Citrullus vulgaris.*

4. Fruchtflecken mit

Fusarium lycopersici an *Solanum lycopersicum.*

Diagnostische Merkmale pilzparasitärer Welke-krankheiten.

5. Nachweis der Unterscheidbarkeit fünf wichtiger Typen der Welkekrankheit. Dazu Tabelle am Schlusse. Die Tabelle soll nur die Bestimmung erleichtern, nicht die Diagnosen ersetzen, die in einer besonderen Arbeit gesammelt sind[2]).

---

1) Eine zweite, im Gegensatz zu dieser geruchlose Form, *F. vasinfectum* var. *inodoratum* n. var., wurde ebenfalls als Erreger der Welkekrankheit nachgewiesen. *F. redolens* von Erbse hat übrigens mit *F. vasinfectum* den Syringengeruch gemein, hat aber bräunlichweiße, $4^1/_2 - 5^1/_2 \mu$ breite Konidien gegenüber $3^1/_4 - 3^1/_2 \mu$ breiten ockerfarbigen bei *F. vasinfectum.*

2) Erreger vom Verf. auf Pathogenität geprüft bis auf *F. conglutinans* n. sp., Erreger der Kopfkohlwelkekrankheit (leg. et col. ERW. F. SMITH, L. R. JONES, L. L. HARTER, entsprechend den Lokalitäten Distrikt Kolumbien, Wisconsin, Louisiana). *F. conglutinans* n. sp. ist mit *F. orthoceras* App. u. Wr. verwandt, von dem es sich aber durch geringere Konidienproduktion und Fehlen der weinroten Farbe auf Reis, sonst ein Merkmal der Sectio *Elegans,* unterscheidet. Beide Arten haben im Gegensatz zur Mehrzahl der Sectio eine schwächere Einschnürung des Scheitels, und reduzierte Fußzellenform der Kodienni; Sporodochien fehlen.

6. Alle bekannten gefäßparasitären Fusarien sind ihrer einheitlichen Konidiengestalt nach zu einer Sectio der Gattung *Fusarium* zu vereinigen, für die der Name *Elegans* vorgeschlagen wird. Die Sectio *Elegans* vereinigt dann Arten, deren höchster Konidientyp eine schwache Sichelform mit ellipsoidischen Krümmungskurven der Dorsale und Ventrale in Seitenansicht, flaschenhalsförmig zugespitzten Scheitel und fußzellige Basis hat. Alle Arten haben kleine einzellige und große meist dreiseptierte Konidien, zwischen denen Übergänge bestehen. Alle haben sowohl terminale als interkalare Chlamydosporen. Die Mehrzahl entwickelt im Gegensatz zu anderen Sectionen einen weinroten Farbstoff (saure Modifikation, auf gekochtem Reisbrei, die künstlich in die blaue basische überführbar ist) und *tubercularia*artige Sporodochien mit je nach Art blauen oder farblosen (auf gekochten Kartoffelknollen) sklerotialen Myzelunterlagen. Die Konidienfarbe ist ocker- bis lachsfarben, bei einigen Arten bräunlichweiß.

7. Die Sectio *Elegans* ist eine ausgesprochen gefäßparasitäre Sectio der Gattung *Fusarium*, also eine biologisch und morphologisch einheitliche Gruppe. Im allgemeinen sind ihre Arten hochadaptiert an eine Wirtspflanze, aber saprophytische Fruktifikationen auf mehr oder minder zersetzten Organen anderer ähneln ihnen oft bis zur Identität, die aber ohne Impfversuche nur dann beweisbar ist, wenn die Pilze nicht mit andern verwechselt werden können.

8. Die Sectio *Elegans* steht für sich gegenüber anderen Sektionen der Gattung *Fusarium*, wie *Roseum* und *Gibbosum*, die vorwiegend Wundparasiten der Früchte, und *Discolor*, die vorwiegend Wundparasiten an im Erdboden befindlichen, besonders Reservestoffe speichernden Organen enthalten. Morphologisch stehen die drei letzteren Sectionen in folgendem Gegensatze zu *Elegans*: Sectio *Discolor* hat breitlichere und derbhäutigere Konidien als *Elegans* und keine Terminal-Chlamydosporen; *Roseum* solche ohne halsartige Einschnürung des Scheitels, *Gibbosum* breitlichere und derbhäutigere Konidien als *Roseum* und hyperbolische bis parabolische anstatt ellipsoidischer Krümmungskurven. Näheres folgt in einer Spezialstudie.

9. Außer *Fusarium* verursacht auch *Verticillium* gefäßparasitäre Welkekrankheiten z. B. *V. albo-atrum*. Fusariose und Verticilliose erzeugen gleiche Krankheitsbilder, sind aber pilzmorphologisch unterscheidbar, da typische Verticillien nie septierte, geschweige denn Sichelkonidien hervorbringen.

10. *Neocosmospora* ist von allen bekannten gefäßparasitären Verticillien und Fusarien morphologisch unterschieden, da ihre übrigens nur ausnahmsweise dreiseptierten Konidien beidendig stumpfellipsoidisch sind. Diesem überzeugendsten Unterscheidungsfaktor schließen sich an: Das Fehlen echter Chlamydosporen, das Vorhandensein einer Schlauchform, die saprophytische Natur des Pilzes (in BUTLERs und Verfassers Versuchen) im Gegensatz zu den Fusarien und Verticillien der entsprechenden Wirtspflanzen. *Verticillium albo-atrum*, das auch gelegentlich mit *Neocosmospora* verwechselt worden ist, hat im Gegensatz zu letzterer begrenzte schwarze sklerotiale Myzelunterlagen und nie septierte Konidien; ihre entwickeltsten Konidienträger haben in mehrgliedrigen Wirteln angeordnete Seitenäste, die in Abständen wiederholt übereinander der Hauptachse inseriert sind.

11. Einige der Wundparasiten erregen vorwiegend Gefäßparasitosen (typische Welkekrankheiten) oberirdischer und zugleich unterirdischer Organe. Andere beschränken sich mehr auf die unterirdischen Organe, Fußkrankheiten erzeugend, wieder andere erregen je nach Bau und Resistenz der Wirtspflanze getrennt oder ineinandergreifend beide Formen der Welkekrankheit (*Vigna*-Fusariose, *Solanum*-Verticilliose). Die Fußkrankheit kann je nach Pilzart gefäßparasitär verlaufen oder nicht. Im letzteren Falle (Sklerotiose und Rhizoctoniose an *Solanum*) kann je nach Schwere des Angriffs, die auch vom Alter der Wirtspflanze abhängt, Welke- oder Kräuselkrankheit resultieren. So verschieden die einzelnen Krankheitsformen sind, so darf man doch bei einer schärfen Abgrenzung derselben nicht vergessen, daß einige in Versuchen mit einem und demselben Pilze ineinander überführbar sind, während andere sich ähneln, obgleich von ganz verschiedenen Pilzen oder anderen Organismen hervorgerufen.

U. S. Department of Agriculture, Bureau of Plant Industry, Washington, 8. Jan. 1913.

Schlüssel zur Diagnose einiger gefäßparasitärer Welkekrankheiten.
+ bedeutet „vorhanden", — „fehlend".

Pilzart	Fusarium vasinfectum Atkinson	Fusarium tracheiphilum Erw. F. Smith	Fusarium lycopersici Saccardo	Fusarium conglutinans nova species	Verticillium albo-atrum Reinke u. Berthold	Neocosmospora vasinfecta Erw. F. Smith
Krankheit	Welke-	Welke-	Welke-	Welke-	Welke- (Kräusel pro parte)	– ?
Wirtspflanze	(Baumwolle) Gossypium herbaceum „ barbadense	(Chin. Faselbohne) Vigna sinensis (L.) Endlicher	(Tomate) Solanum lycopersicum	(Kopfkohl) Brassica oleracea var. capitata	Sol. tuberosum „ melongena „ Hibiscus esculentus	Vigna, Cajanus, Cicer, Indigofera, Gossypium, Citrullus, Arachis usw.
Plectenchyme — Echte Terminalchlamydosporen (neben intercalaren)	+	+	+	+	—	—
unbegrenzte (thallöse) bräunlichweiß	+	+	+	+	+	+
blau	+	+	+	—	—	—
schwarz	—	—	—	—	+	—
Konidien — Sporodochien	+	+	+	+	+	+
Pionnotes	+	+	+	—	+ (sehr klein)	—
Farbe (im dlt)	ocker × adhs	ocker × lhs	ocker × lachs	ocker × lachs	bräunlichweiß	weiß
einzellige dm (Gestalt)	Ellipsoid	Ellipsoid	Ellipsoid	Ellipsoid	Ellipsoid	Ellipsoid
8-septiert Scheitel	flaschenhalsförmig spitz	förmig spitz	flaschenhalsförmig spitz	flaschenhalsförmig spitz	—	stumpfellipsoidisch
Basis	fußzellig	fußzellig	fußzellig	fußzellig	—	stumpfellipsoidisch
Maximal-Häufigkeit	100 %	100 %	100 %	25 %	—	unter 1 %
Perithecien	unbekannt	unbekannt	unbekannt	unbekannt	unbekannt	bekannt

5. Johanna Babiy: Über das angeblich konstante Vorkommen von Jod im Zellkern.

(Aus dem pflanzenphysiolog. Institut der k. k. Universität in Wien.
Nr. 52 der 2. Folge.)

(Eingegangen am 20. Januar 1913.)

Das Jod findet sich in der anorganischen Natur gewöhnlich nur an Metalle gebunden vor, in der organischen tritt es in verschiedener Form auf. Die Kenntnis von dem Vorkommen freien Jodes ist bisher auf zwei Fälle beschränkt: LOMAN[1]) fand solches in der aus den Analdrüsen ausgespritzten Flüssigkeit des auf Java einheimischen Käfers Cerapterus quattuormaculatus und GOLENKIN[2]) wies freies Jod in den Vacuolen gewisser Zellen der Rotalge *Bonnemaisonia asparagoides* nach.

Über die Bindung, in welcher das Element in den marinen Jodpflanzen vorkommt, ist man noch nicht ganz im Klaren. VAN ITALLIE (1889)[3]) nahm an, daß es als Jodid auftritt. HUNDESHAGEN[4]) ist dagegen der Ansicht, daß das Halogen an einen albuminoiden Körper gebunden sei (bei *Fucus* und *Laminaria*), und auch ESCHLE[5]) glaubt, daß das in *Laminaria digitata* und *Fucus vesiculosus* vorkommende Jod fast ausschließlich organisch gebunden sei, und zwar scheinen ihm bei *Laminaria dig.* verschiedene organische Jodverbindungen in Betracht zu kommen. — MOLISCH pflegt den Nachweis von Jod in *Laminaria dig.* in seinen Vorlesungen in folgender Weise zu demonstrieren: Dünne Späne der getrockneten Substanz werden in eine Glaskammer auf den Objektträger gebracht und mit einigen Tropfen konz. HCl befeuchtet. Die Glaskammer wird mit einem Deckgläschen bedeckt, auf dessen

1) Zitiert n. O. V. FÜRTH, Vergleichende chemische Physiologie d. niederen Tiere. 1903.

2) Zitiert n. E. ABDERHALDEN, Handbuch d. biochemischen Arbeitsmethoden. 1912, 5. Bd. II. Teil: A. B. MACALLUM, „Die Methoden der biolog. Mikrochemie."

3) Zitiert n. FR. CZAPEK, Biochemie der Pflanzen. II. S. 821.

4) F. HUNDESHAGEN, Über jodhaltige Spongien u. Jodospongin. Zeitschrift für angewandte Chemie. Jahrg. 1895.

5) ESCHLE, Über d. Jodgehalt einiger Algenarten. Zeitschr. f. physiol. Chemie, Bd. 23, 1897, S. 30.

Unterseite man in ein Tröpfchen Wasser Spuren von Stärke gebracht hat. Nach einigen Minuten färbt sich die Stärke durch das aus den Spänen in Dampfform aufsteigende Jod blau. — Diese Art der Jodamylum-Probe gelingt bei *Laminaria* schon bei sehr geringen Mengen vorzüglich, bei meinen diesbezüglichen Versuchen an *Fucus virsoides* und *Fucus vesiculosus* war das Resultat stets negativ. Das Element dürfte demnach in *Laminaria* in Form von leicht abzuspaltenden Ionen vorhanden sein, bei den *Fucus*-Arten wahrscheinlich in einer komplexen Verbindung.

Eingehender studiert sind einige Jodverbindungen, welche dem tierischen Organismus angehören, so das Spongin[1]) resp. das daraus dargestellte Jodospongin[1]), das Gorgonin[2]) und die in der Schilddrüse vorkommende Jodverbindung, resp. das Jodothyrin[3]). — Sie alle, sowie die künstlich hergestellten Jodeiweiß-Verbindungen[4]) haben die Eigenschaft, daß das Halogen nur sehr schwer abzuspalten ist.

---

1) F. HUNDESHAGEN, l. c.

E. HARNACK, Über jodhaltige eiweißartige Substanzen aus dem Badeschwamm. Zeitschr. f. physiolog. Chemie, Bd. 24, 1898.

ESCHLE, l. c.

O. v. FÜRTH, l. c. S. 445.

2) E. DRECHSEL, Beiträge zur Chemie einiger Seetiere. Zeitschr. f. Biologie, 33. Bd. 1896.

M. HENZE, Zur Chemie d. Gorgonins u. d. Jodgorgosäure. Zeitschr. f. phys. Chem., Bd. 38, 1903.

ABDERHALDEN-MACALLUM, l. c

3) E. BAUMANN, Über d. normale Vorkommen von Jod im Tierkörper. 1. Mitteilg. 21. Bd. d. Zeitschr. f. phys. Chem. 1895/96.

E. BAUMANN u. E. ROOS, Über d. normale Vorkommen von Jod im Tierkörper. 2 Mitteilg. 21. Bd. d. Zeitschr. f. phys. Chem. 1895/96.

E. ROOS, Untersuchungen über die Schilddrüse. 28. Bd. d. Zeitschr. f. phys. Chem. 1899.

J. JUSTUS, Über den physiolog. Jodgehalt d. Zelle. VIRCHOWs Archiv, Bd. 170, 1902.

J. JUSTUS, Über d. physiolog. Jodgehalt d. Zelle. 2. Mitteilg. VIRCHOWs Archiv, Bd. 176, 1904.

4) F. BLUM u. W. VAUBEL, Über Halogeneiweißderivate. Journal für prakt. Chemie, 1897, 56, S. 393, u. 1898, 57, S. 365.

F. HOFMEISTER, Über die Proteïnstoffe. Zeitschr. f. physiol. Chemie, 24. Bd. 1898.

D. KURAJEFF, Über Einführung von Jod in d. kristallisierte Serum- u. Eieralbumin. Zeitschr. f. physiol. Chem., 26. Bd, 1898/99.

AD. OSWALD, Die Eiweißkörper der Schilddrüse. Zeitschr. f. physiolog. Chem., 27. Bd. 1899.

Aber nicht nur über die Art der Bindung, sondern über das Auftreten dieses Elementes in der organischen Welt überhaupt, namentlich was die Quantität anbetrifft, ist man ziemlich im Unklaren. — Seit langem ist der hohe Jodgehalt gewisser Meeresalgen bekannt. Die differierenden Angaben über den Prozentgehalt dürften größtenteils auf die mehr oder minder günstigen Gewinnungsmethoden zurückzuführen sein. Auch wird in der Literatur immer wieder betont, daß in den verschiedenen Teilen ein und derselben Pflanzenart der Jodgehalt verschieden groß sei, daß dieser auch von dem Standort und der Temperatur abhänge.

Im Anschluß an die bekannte Tatsache des Jodgehaltes der Meeresalgen und des Meerwassers selbst, dürfte die Arbeit GAUTIERs „L'iode existe-t-il dans l'air[1]?" entstanden sein. Er fand, daß die Luft über dem Meere 13mal mehr Jod enthalte wie die Luft der Stadt und daß sich dieser Jodgehalt von den organischen Staubteilchen herleite.

Gestützt darauf, daß GAUTIER dann auch direkt in Süßwasseralgen und Flechten, BOURCET[2]) in der Ackererde, im Regenwasser und in vielen Landpflanzen Jod nachweisen konnte und es durch BAUMANNs Entdeckung eines jodhaltigen Eiweißstoffes in der menschlichen Schilddrüse wahrscheinlich geworden ist, daß jodhaltige Proteïnsubstanzen sehr verbreitet und Ursache des Jodgehaltes pflanzlicher und tierischer Organe und Gewebe seien, kann man wohl sagen, daß das Jod zu den in Spuren allverbreiteten Grundstoffen zu zählen sei.

In einer der neuesten Arbeiten auf diesem Gebiete, — „Über den physiologischen Jodgehalt der Zelle" von J. JUSTUS[3]), — wird nun die Behauptung ausgesprochen, daß sogar jeder Zellkern jodhaltig sei und daß dieser Jodgehalt stets nachgewiesen werden könne.

Ich habe mich damit beschäftigt, diese These von JUSTUS, oder vielmehr die Anwendbarkeit seines Verfahrens, mit welchem

---

1) Comptes rendus, 1899, 1, Bd. 128.

A. GAUTIER, Présence de l'iode en proportions notables dans tous les végétaux à chlorophylle de la classe des Algues et dans les Sulfuraires. Comptes rendus, 1899, 2, Bd. 129.

2) P. BOURCET, Sur l'absorption de l'iode par les végétaux. Comptes rendus 1899, 2, 129.

3) J. JUSTUS, Über d. physiolog. Jodgehalt d. Zelle. VIRCHOWs Archiv Bd. 170, 1902.

J. JUSTUS, Über d. physiolog. Jodgehalt der Zelle. VIRCHOWs Archiv Bd. 176, 1904.

er in jedem Zellkern Jod nachweisen zu können glaubt, an pflanzlichen Objekten zu überprüfen. — JUSTUS hat seine Versuche an
Organen des menschlichen und tierischen Organismus vorgenommen.
Von untersuchtem Pflanzenmaterial führt er nur die Knospen von
Fraxinus excelsior mit Namen an, sagt aber im übrigen: „Verschiedene Gewebe aus der Pflanzenwelt geben dasselbe Resultat,"
nämlich, „in den Zellkernen ist das Jod immer nachweisbar."

Seine Methode ist folgende:

Den in Alkohol fixierten und in Zelloidin eingebetteten Organen wird
in einer Schale Wasser der Alkoholgehalt vollständig entzogen. Um das in
einem Eiweißkomplex enthaltene Jod als Ion zu befreien, werden die Schnitte
1—2 Minuten der Einwirkung möglichst frisch bereiteten Chlorwassers ausgesetzt, allenfalls bis zur vollständigen Entfärbung. Mittelst Glas- oder Platin-
nadel werden die Schnitte in eine Lösung von $AgNO_3$ (am besten 1 cm³ einer
1proz. $AgNO_3$-Lösung auf 500 g Wasser — also eine 0,002proz. Lösung) übergeführt und verbleiben darin 2—3, auch bis 6 Stunden. Die gelbe Farbe des
gebildeten AgJ erreicht in dieser Zeit ihre volle Intensität. Hierauf kommen
die Schnitte in eine warme, gesättigte Kochsalzlösung, wo sie 1—2 Stunden,
manchmal auch viel längere Zeit (24 Stunden) verweilen müssen, um das
neben dem in NaCl-Lösung unlöslichen AgJ gebildete AgCl zu entfernen. Die
gelbe Farbe des AgJ ist auch noch nach 1—2 Tagen zu sehen. Dann werden
die Schnitte in destilliertem Wasser ausgewaschen, um das anhaftende NaCl
zu entfernen. (Denn dieses könnte mit dem gleich zu erwähnenden HgJ_2,
das sich bildet, ein leicht lösliches, ungefärbtes Doppelsalz geben). Das AgJ
wird durch Überführen der Schnitte in eine 3—5proz. $HgCl_2$-Lösung in das
rote HgJ_2 verwandelt. „Dieses ist in den Kernen bei guter Belichtung in
dickem Glyzerin noch nach 24 Stunden zu sehen."

TUNMANN[1]) wendete bei *Laminaria* die Methode von JUSTUS
an und nach einigen Abänderungen[2]) meint er zu guten Resultaten
zu kommen. „Die Zellwände sind farblos, die Zellinhalte ± rot,
bei anderen nur dunkelgelb bis braunrot. Namentlich die Chromatophoren und die Zellkerne — wenn noch vorhanden — zeigen
oft die schönsten Färbungen; weniger gut, aber noch immer deutlich, sind dieselben bei den ungeformten plasmatischen Resten.
Man kann daher mit großer Wahrscheinlichkeit annehmen, daß das
Jod nur in den Zellinhalten vorkommt." —

---

1) TUNMANN, Über das Jod u. d. Nachweis desselben in der *Laminaria*.
Pharmazeutische Zentralhalle f. Deutschland. Jahrg. 1907, Nr. 25.
2) TUNMANN dehnte das Verweilen der Schnitte in der Kochsalzlösung
bis zu einigen Tagen aus, unter öfterem Wechseln der Lösung; auch gibt
er an, JUSTUS habe eine 0,01 proz. $AgNO_3$-Lösung angewendet, und er
selbst arbeitete mit einer solchen, sowie mit einer höchstens 2proz. $HgCl_2$-
Lösung.

Ich habe nun auch zunächst meine Versuche mit *Laminaria* durchgeführt. Es wurde getrocknetes Material verwendet, das in Wasserleitungs- oder in Meerwasser nur eben so viel aufgeweicht wurde, daß man es schneiden konnte. Die Tabelle I zeigt die die Zeit und die Konzentration der Reagenzien betreffenden Variationen. Bei einigen Versuchen wurde von dem Einlegen der Schnitte in Chlorwasser abgesehen, da das Jod, wie die nach der Methode von MOLISCH ausgeführte Jodamylum-Probe erweist, in dieser Alge sich sehr leicht abspaltet und in Dampfform übergeht. — Auch ich sah alle Abstufungen von gelben bis braunroten Zellinhalten, doch war das ebenso an Schnitten zu konstatieren, welche nur einen Teil oder gar keine der Prozeduren der JUSTUSschen Methode durchgemacht hatten. Ebenso war es bei den anderen untersuchten Braunalgen, *Fucus virsoides* (frisch und Herbarmaterial) und *Fucus platycarpus* (Präparat in Formol). — Diese Färbungen rühren von dem postmortal hervortretenden Phycophaeïn[1] her. Sollte bei derlei Objekten eine Ausfällung von AgJ, resp. HgJ$_2$ durch entsprechende Behandlung stattfinden, so würde seine Farbe durch jene des Phycophaeïns gedeckt. Aus diesem Grunde ist die Methode von JUSTUS für Phaeophyten von vornherein nicht anwendbar.

Ich zog ferner in den Kreis meiner Untersuchungen folgende Pflanzen:

Diatoma sp.,
Cocconema sp.,
Ulva Lactuca,
Cladophora sp.
und noch einige andere Süßwasseralgen;
Zuckerrübe (*Beta* sp.) (Wurzel),
Rote Salatrübe (*Beta* sp.) (Wurzel),
Brassica Napus (Blattstiele),
Fraxinus excelsior (Knospen und Blattstiele),
Vallisneria spiralis,
Elodea canadensis,
Aloë vulgaris } (Blätter, mit besonderer Berücksichtigung
Aloë sp.   } der Riesenkerne der Sekretzellen),
Hartwegia comosa (Wurzel),

---

1) H. MOLISCH. Über den braunen Farbstoff der Phaeophyceen und Diatomeen. Botan. Ztg., Jahrg. 1905, S. 181.

Allium sativum (Zwiebel),
„   *Porrum* (Zwiebel und Blätter),
„   *Cepa* (Zwiebel),
Hyacinthus orientalis (Wurzeln und Blätter),
Tradescantia guianensis (Stengel und Blätter).

Diese Pflanzen zeichnen sich teils durch deutlich sichtbare
Kerne aus, teils ist bei ihnen makrochemisch Jod nachgewiesen
worden, so in Süßwasseralgen durch GAUTIER[1]), in *Allium sativum*,
A. Cepa, A. Porrum, Brassica Napus, Rote Salatrübe (*Beta rapa*)
durch BOURCET[2]). Beide Forscher konnten jedoch stets nur einen
sehr geringen Jodgehalt konstatieren. So berechnet GAUTIER den
Jodgehalt der Süßwasseralgen mit 0,25 mg bis 2,40 mg auf 100 g
Trockensubstanz; und BOURCET führt folgende Zahlen an:

	mg pro Kilogramm
Allium sativum	0,94
„ *cepa*	0,28
„ *porrum*	0,12
Brassica napus	0,24
Beta rapa	0,14

Die Methodik meiner Untersuchungen geht aus den Tabellen II—III hervor. Da für alle früher genannten Pflanzen in
derselben oder in ganz ähnlicher Weise die Variationen bezüglich
der Konzentration und Einwirkungsdauer der Reagenzien vorgenommen wurden, so sehe ich von einer weiteren Ausdehnung der
Tabellen durch eine Vorführung sämtlicher Versuche ab. — Die
Abänderungen in der Dauer der Einwirkung des Chlorwassers
wurden hauptsächlich durch eine Bemerkung MACALLUMs[3]) veranlaßt, in welcher er seinem Zweifel Ausdruck gibt, ob 1—2 Minuten
genügen, um eine nachweisbare Menge Jod aus den maskierten
Verbindungen freizumachen. — Auch arbeitete ich zumeist mit
lebendem Material, das erst durch die Einwirkung des Chlorwassers
getötet wurde.
Sämtliche Untersuchungen ergaben ein negatives Resultat: in
keinem einzigen Falle konnte man einen deutlichen,

---

1) A. GAUTIER, l. c.
2) P. BOURCET, l. c.
3) ABDERHALDEN-MACALLUM, l. c.

charakteristischen AgJ-, resp. HgJ$_2$-Niederschlag konstatieren. Auch bei der Kohl- und Zuckerrübe bewährte sich die
JUSTUSsche Methode nicht, obwohl diese Pflanzen von Strand-
pflanzen abstammen und in ihnen die Fähigkeit eines eventuellen
Jodspeicherungsvermögens erblich festgehalten sein könnte.

Bei allen genannten Pflanzen, außer den Diatomeen, von
denen mir eine zu geringe Menge zur Verfügung stand, wurde
auch mit der Asche — teils auch mit dem frischen Material —
die Jodamylum-Probe nach MOLISCHs Methode ausgeführt, auch
diese mit negativem Ergebnis.

Ich versuchte ferner auch, ob Pflanzen imstande wären, aus
einer Jodsalzlösung das Jod aufzunehmen[1]), und ob dieses sich durch
die JUSTUSsche Methode nachweisen ließe, wobei möglicherweise
der Kern ein höheres Speicherungsvermögen hätte zeigen können
als die anderen Zellbestandteile. — Es wurden zu diesen Versuchen herangezogen: *Cladophora* sp., *Diatoma* sp., *Cocconema* sp.,
Vallisneria spiralis, *Elodea canadensis*, *Aloë vulg.* und *Aloë* sp. (Blatt-
stücke und Schleim), *Hyacinthus orientalis*. — Diese Pflanzen wurden
in lebendem Zustande der Einwirkung von wässerigen JK-Lösungen
ausgesetzt. Vor Einleitung des JUSTUSschen Verfahrens wurden
die betreffenden Pflanzen selbstverständlich gut gewaschen, um das
äußerlich anhaftende Jod zu entfernen.

Bei den Versuchen mit *Hyacinthus orient.* wurde in folgender
Weise vorgegangen: Die Zwiebel, die in Wasserleitungswasser bereits wohlentwickelte Wurzeln gebildet hatte, wurde auf ein Glas
mit einer 0,05proz. JK-Lösung (Wasserleitungswasser) gesetzt.
Nach 24 Tagen waren zwar viele Wurzeln abgestorben, die Mehrzahl aber noch am Leben. Das Glas hatte sich bis zu diesem Zeitpunkt in einem halbdunklen Raume befunden. Die JK-Lösung
wurde nun wieder gegen reines Wasserleitungswasser vertauscht
und das Glas ans Fenster gestellt. Nach Ablauf von 24 Stunden
wurden Schnitte von den noch lebenden Wurzeln gemacht und

---

1) Nach Abschluß meiner diesbezüglichen Versuche lernte ich die Arbeit von F. GALLARD „Sur l'absorption de l'iode par la peau et sa localisation
dans certains organes", — Comptes rendus 128, (1), 1899, — kennen, aus
welcher hervorgeht, daß der tierische Körper imstande ist, aus wässerigen
Jod-Natrium-Bädern das Metalloid aufzunehmen und dieses speziell in Organen,
welche reich an Phosphor und Nuclein-Verbindungen sind (Gehirn, Drüsen
[glandes]), zu speichern, in welchen es GALLARD makrochemisch nachgewiesen hat.

das JUSTUSsche Verfahren eingeleitet. — In einem 2. Versuch
wirkte die JK-Lösung nur 3 Tage ein (das Glas stand am Fenster).
Sämtliche Wurzeln waren zu der Zeit noch am Leben. Es wurden
nun einzelne abgeschnitten, in reinem Wasser einige Male hin- und
hergeschwenkt und die hierauf hergestellten Schnitte nach der
JUSTUSschen Methode auf einen eventuellen Jodgehalt geprüft. —
Eine 0,1 proz. JK-Lösung wurde von Hyazinthenwurzeln nicht vertragen, während *Elodea canadensis* bei Einwirkung einer 0,1 proz.
JK-Lösung noch nach 28 Tagen lebte, in einem Fall auch bei
7 tägiger Einwirkung einer 0,5 proz. JK-Lösung. Die übrigen der
genannten Pflanzen, welche in JK-Lösungen gegeben wurden, verhielten sich verschieden; sie blieben auch bei Einwirkung von
schwachen Lösungen — z. B. 0,025 proz. JK — nur teilweise am
Leben. Es wurde sowohl an den lebenden als an den abgestorbenen
Pflanzen die JUSTUSsche Jodprobe durchgeführt, stets mit negativem Resultat. Es gelang auch bei diesen Experimenten nicht
in einziges Mal, einen AgJ- oder HgJ_2-Niederschlag festzustellen. —
Ein Teil dieser Versuche ist in Tabelle IV dargestellt.

JUSTUS wurde zu seinen Versuchen durch das Studium, ob
Jodsalze in ähnlicher Weise wie Hg-Salze auf syphilitisch erkrankte
Gewebepartien einwirken, veranlaßt und machte dabei die Beobachtung, daß sich Jod auch in den nicht erkrankten Geweben
nachweisen läßt. Er schloß daraus, daß dieser Jodgehalt entweder
von dem Blutstrom in jede Zelle geführt wird, oder daß er ein
physiologischer ist. Zunächst untersuchte er nun das typisch jodhaltige Organ: die Schilddrüse; aber auch fast alle anderen Organe
des Menschen und des Rindes prüfte er auf einen eventuellen Jodgehalt und er kommt zu dem bereits erwähnten Schluß, daß das
Jod in jedem Zellkern nachweisbar sei. Merkwürdigerweise aber
findet er in den nach seiner Methode behandelten Schnitten der
Schilddrüse, dem jodreichsten aller Organe, keine intensivere Färbung als in den anderen Organen, und er sagt unter anderem: „In
dem Follikelinhalt sind auch nur vereinzelte rote, beziehungsweise
gelbe Klümpchen zu bemerken." OSWALD[1] hat nachgewiesen,
daß alles in der Schilddrüse vorkommende Jod in dem kolloidalen
Sekretionsprodukt der Epithelzellen organisch gebunden ist, somit
gerade an einer Stelle, wo, wie JUSTUS selbst sagt, nach seiner
mikrochemischen Méthode kein oder nur sehr wenig Jod nach-

---

1) AD. OSWALD, Zur Chemie u. Physiologie des Kropfes. VIRCHOWs
Archiv Bd. 169, 1902.

weisbar erscheint. JUSTUS erklärt sich das so, daß das Element
hier in einer solchen chemischen Verbindung vorhanden sei, aus
welcher es das von ihm angewendete Chlorwasser nicht zu ver-
treiben vermöge. Immerhin scheint es mir aber doch bemerkenswert zu sein, daß der größte Jodgehalt im tierischen Organismus
gerade in einem Teile auftritt, der überhaupt kein Zellgewebe ist,
mithin auch keine Zellkerne enthält.

Wäre die Annahme richtig, daß jeder Zellkern Jod enthalte,
so würde wohl der Schluß nahe liegen, daß dem Jod auch im
Leben der Pflanze eine große Bedeutung zukomme. Sämtliche mit
großer Sorgfalt durchgeführten Ernährungsversuche sowohl an
höheren als an niederen Pflanzen sprechen aber entschieden gegen
diese Annahme. Denn bei der Kultur von Pflanzen hat man niemals Jod den Nährlösungen zugefügt.

Sollte aber das Jod in der Tat ein allverbreiteter Grundstoff
sein und sollte die Pflanze dieses Elementes auch stets bedürfen,
so muß man nach meinen Versuchen schließen, daß die Quantitäten
nur ganz minimale sind, die mittelst der JUSTUSschen Methode
nicht nachgewiesen werden können. Auch ist eine eventuelle Anhäufung von Jod durch künstliche Zufuhr des Elementes in die
lebenden Pflanzenkörper weder im Zellkern noch sonst im Gewebe
zu konstatieren.

Wenn man ferner bedenkt, daß die Analysen von GAUTIER
und BOURCET gezeigt haben, daß der Jodgehalt in den Pflanzen
der verschiedensten Familien den 100 000., resp. den 10 000 000. Teil
des zur makrochemischen Untersuchung herangezogenen Materials
ausmacht, so muß wohl die Wahrscheinlichkeit völlig schwinden,
daß das in so geringen Quantitäten vorhandene Element im Zellkern — also streng lokalisiert — in Form eines deutlich sichtbaren Salzes mikrochemisch nachgewiesen werden kann.

·

Zusammenfassung.

JUSTUS behauptete, es sei ihm gelungen, in den verschiedensten tierischen und pflanzlichen Organen Jod in den Zellkernen
dadurch nachzuweisen, daß er das Element aus seiner organischen
Bindung durch Einwirkung von Chlorwasser in Freiheit setzte,
durch Hinzufügen von Silbernitrat Silberjodid bildete und dieses
— der größeren Deutlichkeit wegen — durch Übertragen der
Schnitte in eine Quecksilberchlorid-Lösung in Quecksilberjodid um-

wandelte, nachdem er das neben dem AgJ gebildete Silberchlorid in konzentrierter Kochsalzlösung gelöst hatte. Das gebildete HgJ$_2$ verriet durch seine rote Farbe das Jod.

Obwohl er hauptsächlich tierische Gewebe geprüft hat und von untersuchten Pflanzen nur *Fraxinus excelsior* anführt, generalisiert er doch und behauptet, jeder Zellkern, sowohl der Tiere als der Pflanzen, enthalte Jod.

Meine mit vielen Pflanzen durchgeführten Versuche lehrten übereinstimmend, daß in keinem Falle Jod nach der Methode von JUSTUS nachzuweisen war, und daß man von einer Lokalisation des Jodes im Kerne nicht reden kann.

Ich untersuchte: *Laminaria digitata, Fucus virsoides, Fucus platycarpus, Diatoma* sp., *Cocconema* sp., *Ulva Lactuca, Cladophora* sp. und einige andere Süßwasseralgen; Zuckerrübe, Rote Salatrübe, *Brassica Napus, Fraxinus excelsior, Vallisneria spiralis, Elodea canadensis, Aloë vulgaris, Aloë* sp., *Hartwegia comosa, Allium sativum, A. Porrum, Allium Cepa, Hyacinthus orientalis, Tradescantia guianensis.*

Hätten die Zellkerne eine Vorliebe für Jod, so wäre es denkbar, daß Pflanzen, die für längere Zeit in Jodsalzlösungen eingelegt werden, nach sorgfältigem Waschen in reinem Wasser die JUSTUSsche Reaktion geben. Aber dies war niemals der Fall.

Eine genaue Überprüfung der JUSTUSschen Versuche an der Hand der Pflanze ergab demnach, daß der von JUSTUS aufgestellte Satz, der Zellkern der Pflanze enthalte stets Jod in nachweisbarer Menge, unrichtig ist.

Zum Schlusse sei es mir gestattet, meinem verehrten Lehrer, Herrn Prof. Dr. HANS MOLISCH, für die Zuweisung des Themas sowie für die vielfache Anregung, und den Herren Professor Dr. O. RICHTER und Dr. V. VOUK für die Unterstützung bei der Ausführung dieser Arbeit meinen verbindlichsten Dank auszusprechen.

Anhang.

Tabellen über die mikrochemischen Untersuchungen nach der JUSTUSschen Jodprobe.

I.[1])
Bei *Laminaria*.
(Vgl. Text auf Seite 39.)

Chlorwasser	Wässerige AgNO₃-Lösung		Teils warme, kz. NaCl-Lösg.	Wässerige HgCl₂-Lösung		Resultat:
Einwirkungsdauer	Konzentration	Einwirkungsdauer	Einwirkungsdauer	Konzentration	Einwirkungsdauer	
0 Min.	0.1 %	2.5 St.	45 St.	1.5 %	5 Min.	keines
„ „	„ „	„ „	„ „	5 „	15—45 „	„
„ „	0.5 „	„ „	„ „	„ „	5 „	„
„ „	0.01 „	„ „	„ „	„ „	„ „	„
2 „	„ „	4 „	2½ „	1.5 „	„ „	„
„ „	„ „	„ „	„ „	1 „	2—5 „	„
„ „	0 05 „	„ „	„ „	2%, 5%	1—10 „	„
5 „	0.01 „	„ „	„ „	1%, 2%	„, „ „	„
„ „	„ „	3½ „	3½ „	1, 2, 5%	5 St., 24 St.	„
10 „	0.002 „	3—4 „	2 Tge.	1 „	5 Min., 5 St.	„
„ „	„ „	„ „	5 St.	2 „	2—5 Min.	„
„ „	„ „	„ „		1 „	„ „	„

II.
(Vgl. Text auf Seite 40 ff.)

Versuchs-Objekte	Chlorwasser	Wässerige AgNO₃-Lösung		Teils warme, kz NaCl-Lösung	Wässerige HgCl₂-Lösung		Resultat
	Einwirkungsdauer	Konzentration	Einwirkungsdauer	Einwirkungsdauer	Konzentration	Einwirkungsdauer	
Cladophora sp.	2—5 Min.	0,05 %	5 St.	48 St.	1 %	1—5 Min.	keines
	„	„ „	„	„	0.5 „	„ „	„
	„	„ „	„	„	0.1 „	„ „	„
	„	0,01 „	„	„	1 „	„ „	„
	„	„ „	„	„	0.5 „	„ „	„
	„	„ „	„	„	0.1 „	„ „	„
	„	0,1 „	„	„	1 „	1—10 „	„
	„	„ „	„	„	0.5 „	„ „	„
	„	„ „	„	„	0.1 „	„ „	„
	1 Tg.	0,01 „	2 „	17 St.	1 „	„ „	„
	„	„ „	„ „	„ „	0 5 „	„ „	„
Zuckerrübe. Schnitte einer frischen Wurzel.	2, 5, 10, 30 Min.	0 01 %	2—4 St.	4, 36 St.	1 %	2—15 Min.	keines
	„ „ „ „	0.01 „	„ „	„ „ „	2.5 „	„ „	„
	„ „ „ „	0.05 „	„ „	„ „ „	1 „	„ „	„
	„ „ „ „	„ „	„ „	„ „ „	2.5 „	„ „	„
	„ „ „ „	0.1 „	„ „	„ „ „	1 „	„ „	„
	2, 8, 25	0.005 „	2 „	3½ St.	1, 2.5 „	„ „	„
	„ „ „	0.002 „	„ „	„ „	„ „ „	„ „	„

1) Für diese, wie für alle übrigen Tabellen gilt: Nach dem Aufenthalt in NaCl wurden die Schnitte stets in dest. Wasser gut gewaschen. — Zum Schluß in dickem Glycerin betrachtet.

III.

(Vgl. Text auf Seite 40 ff.)

Versuchs-Objekte	Chlorwasser Einwirkungsdauer	Wässerige AgNO₃-Lösung Konzentration	Einwirkungsdauer	Teils warme, kz. NaCl-Lösung Einwirkungsdauer	Wässerige HgCl₂-Lösung Konzentration	Einwirkungsdauer	Resultat
Fraxinus excelsior	2 Min.	0.1 %	5 St.	20 St.	1 %	1—5 Min.	keines
	„ „	„ „	„ „	„ „	0.5 „	„ „	„
Schnitte von	„ „	„ „	„ „	„ „	0.1 „	„ „	„
a) frischen,	2—5 „	0.01 „	2 „	3½ Tge.	2.5 „	2—5 „	„
b) dch Al-	„ „	„ „	„ „	„ „	1 „	„ „	„
kohol ge-	„ „	„ „	„ „	„ „	0. „	„ „	„
töteten	„ „	„ „	„ „	„ „	0.5 „	„ „	„
Stielen u.	„ „	0.002 „	2 „	6 St.	1 „	„ „	„
Knospen	„ „	„ „	„ „	„ „	2.5 „	2—15 „	„
	„ „	„ „	„ „	„ „	3 „		„
Aloë vulg.	4 „	0.1 „	4 „	42 St.	0.1 %	„ „	„
u.	„ „	„ „	„ „	„ „	0.5 „	„ „	„
Aloë sp.	„ „	0.05 „	„ „	„ „	1 %, 3 %	„ „	„
Schnitte von	„ „	„ „	„ „	„ „	0.1 %	„ „	„
a) frischen,	„ „	„ „	„ „	„ „	0.5 „	„ „	„
b) in Alko-	„ „	„ „	„ „	„ „	1 „	„ „	„
hol ge-	10 „	0.05 „	1.5 „	22 „	1 %, 0,1 %	„ „	„
töteten	„ „	„ „	„ „	„ „	0.5 %, 5 %	„ „	„
Blättern	„ „	0.01 „	„ „	„ „	„ „	„ „	„
Hyacin-thus	2 Min.	0.05 %	2½ St.	12 St.	1 %	1—10 Min.	keines
	5 „	„ „	„ „	„ „	1 %, 3 %	„ „	„
orientalis	20 „	0.1 „	„ „	„ „	1 %	2 St.	„
Blatt-	„ „	„ „	„ „	5 Tge.	„ „	8 „	„
schnitte	30 „	1 „	12 „		2 5 „	5 Min.	„
(lebend)	„ „	0.1 „	„ „	„ „	„ „	„ „	„
	„ „	0.5 „	„ „	2 „	5 „	„ „	„
	„ „	„ „	„ „	„ „	1 „	„ „	„
	„ „	„ „	2½ „	„ „	2.5 „	5—20 „	„
	„ „	1 „	4 „	2—3 „	1.5 „	1—5 „	„
	30—45 „	„ „	„ „	„ „	5 „	„ „	„
	„ „	0.1 „	„ „	„ „	1.5 „	„ „	„
	„ „	0.05 „	„ „	„ „	5 „	„ „	„
	„ „	0.02 „	„ „	„ „	1 %, 2 %	„ „	„
Wurzel-	2—5 Min.	0.1 %	2—4 St.	1½ Tge.	1 %, 2 5 %	2—15 „	keines
schnitte	„ „	0.05 „	„ „	„ „	„ „	„ „	„
(lebend)	„ „	0 01 „	„ „	„ „	„ „	„ „	„
	10—30 „	„ „	„ „	„ „	„ „	„ „	„
	„ „	0.5 „	„ „	„ „	„ „	„ „	„

IV.

Bei absichtlicher Jodzufuhr zu den Versuchsobjekten.

(Vgl. Text auf S. 42 ff.)

Versuchs-Objekte	Chlorwasser Einwirkungsdauer	Wässerige AgNO₃-Lösung Konzentration	Wässerige AgNO₃-Lösung Einwirkungsdauer	Teils warme, kz. NaCl-Lösung Einwirkungsdauer	Wässerige HgCl₂-Lösung Konzentration	Wässerige HgCl₂-Lösung Einwirkungsdauer	Resultat
Elodea canadensis. 5 Tage in 1 % KJ-Lösung (Wasserleitungswasser.) Tot.	2 Min. „ „ „ „	0.01 % „ „	5 St. „ „ „	1 St. 1½ Tge.	1 % „ „	2 Min. 15 „ 5—10 „	keines HgJ₂-Kristalle auf den Schnitten, aber nicht im Gewebe, geschweige denn in den Kernen.
5 Tage in 0.1 % KJ-Lösung. Lebend.	2 Min. „ „	0.01 % „ „	5 St. „ „	1 St. 1½ Tge.	1 % „ „	2 Min. 15 „ 5—10 „	keines „
7 Tage in 0.5 % KJ-Lösung. Lebend.	6 Min. „ „	0.05 0.01 0.002 Min. „ „	2½ St. „ „	40 St. „ „	1, 0.5, 0.1 % „ „	5—60 Min. „ „	„ „
Schnitte von lebenden *Hyazinthenwurzel* a): 24 Tage in 0.05 % KJ-Lösung, waren + 1 Tag in Chlor; b): 3 Tage in 0.05 KJ-Lösung u. lauf nur rasch in Wasser abgespült.	2, 5, 20 Min. „ „ „ „ „ „ „ „ „	0.05 0.01 0.002 0.05 0.01 0.002 0.05 0.01 0.002 % „ „ „ „ „ „ „ „	2—3 St. „ 6 „ „ „ „	3—7 St. „ 24 „ 48 „	1, 2.5, 5 % „ „ „ „ „ „ „	5—20 Min. „ „ „ „ „ „	„ „ „ „ „ „ „ „ „ „

6. August Rippel: Anatomische und physiologische Untersuchungen über die Wasserbahnen der Dicotylen-Laubblätter mit besonderer Berücksichtigung der handnervigen Blätter.

(Eingegangen am 20. Januar 1913.)

Das kürzlich in dieser Zeitschrift erschienene Referat von E. GERRESHEIM: „Über den anatomischen Bau und die damit zusammenhängende Wirkungsweise der Wasserbahnen in Fiederblättern der Dicotyledonen" behandelt kurz die Ergebnisse, die durch genaue Untersuchung des Leitbündelverlaufes einer Reihe von Fiederblättern und die physiologische Wirksamkeit ihrer Wasserbahnen erhalten wurden. Unter Leitung von Herrn Prof. ARTHUR MEYER war es meine spezielle Aufgabe, ähnliche anatomische und physiologische Untersuchungen an einer Reihe von handnervigen Blättern auszuführen und die Beziehungen zwischen der Morphologie und der physiologischen Leistung der Wasserbahnen weiter zu klären[1]).

Die bei GERRESHEIM zur genauen Charakterisierung eines Leitbündels und der Leitbündelgruppierung beim Fiederblatt eingeführte Nomenklatur konnte völlig auf die Verhältnisse von Leitbündelbau und Leitbündelgruppierung beim handnervigen Blatt angewandt werden. Ich benutzte auch dieselben anatomischen und physiologischen Methoden zur Untersuchung des Leitbündelverlaufs und der Wirksamkeit der Wasserbahnen, welche GERRESHEIM angewandt hat.

Auf Grund der morphologischen und physiologischen Untersuchungen zeigte sich ganz allgemein, daß man bei den typischen erwachsenen Laubblättern der Dicotyledonen das Leitbündelsystem in drei Abschnitte gliedern kann:

I. Direkte Leitungsbahnen. Sie vermitteln den durchgehenden Wassertransport von den Wasserbahnen der Achse bis in die der Blattspreite hinein.

---

1) Die Resultate meiner Untersuchung werden in einem Hefte der Bibliotheca botanica ausführlich dargestellt werden; hier mögen nur einige allgemeine Folgerungen, die aus den Untersuchungen gezogen werden konnten, mitgeteilt werden.

II. Verbindungsbahnen. Zwischen diesen direkten Leitungsbahnen vermitteln die Verbindungsbahnen den Wasserausgleich; und zwar vermitteln die Verbindungsbahnen vom Blattgrund aufwärts bis zur Spreitenbasis einschließlich (bzw. der Spindel und Spindelknoten beim Fiederblatt) einen allseitigen Wasserausgleich zwischen den direkten Leitungsbahnen, während die Verbindungsbahnen in der Spreite selbst nur lokale Bedeutung für den Wasserausgleich besitzen.

III. Verteilungsnetz. Innerhalb der von den direkten Leitungsbahnen und den Verbindungsbahnen in der Spreite gebildeten Maschen liegt das Verteilungsnetz der Spreite, dessen Tracheen die unmittelbare Wasserabgabe an das Assimilationsparenchym besorgen. Das Netz der Leitungs- und Verbindungsbahnen liegt meistens in Leisten mechanisch wirksamen Gewebes, welches die ganze Dicke des Blattes durchsetzt und die Leitungsbahnen in sich einschließt. Dieses mechanische Netz grenzt selbstverständlich Partien des Verteilungsnetzes ab und bildet zugleich die Grenze in sich zusammenhängender Partien des Interzellularraumsystems des Mesophylls. Man könnte jede dieser abgegrenzten Partien als „Interzellularkammer" bezeichnen. Im Blattstiel bedingen mechanische Anforderungen den Zusammenschluß der Leitbündel zu einem Bündelrohr, der um so enger ist, je stärker die mechanische Inanspruchnahme ist.

Nach der Art und Weise des Leitbündelverlaufes der untersuchten handnervigen Blätter lassen sich diese Blätter in zwei Gruppen sondern:

Die eine dieser beiden Gruppen ist ausgezeichnet durch Bündelverbindungen in jeder Höhe des Blattstiels, die in manchen Fällen (Ranunculaceen) bis in die Spreite hineinreichen können.

Die zweite Gruppe ist dadurch ausgezeichnet, daß die Bündelverbindungen auf bestimmte Stellen des Blattstiels lokalisiert sind. Diese Gruppe zerfällt wiederum in zwei Untergruppen, von denen die eine zwei solcher Bündelverbindungszonen, eine im Blattgrund und eine zweite in der Spreitenbasis, besitzt, während die andere nur eine einzige Bündelverbindungszone und zwar in der Spreitenbasis aufweist.

Ein Vergleich der von mir untersuchten handnervigen Blätter mit den von GERRESHEIM untersuchten Fiederblättern ergab, daß sich kein prinzipieller Unterschied im Leitbündelverlauf dieser beiden Blattformen feststellen ließ. Bei einigen Umbelliferen-Blättern konnte noch genauer verfolgt werden, wie ein allmählicher Übergang vom Leitbündelverlauf eines Fiederblattes mit seinen zahl-

reichen durch Bündelverbindungen charakterisierten Spindelknoten
bis zum typischen handnervigen Blatt stattfindet, das nur eine
einzige durch Bündelverbindungen charakterisierte Zone in der
Spreitenbasis besitzt. Dieser Übergang ergibt sich sowohl beim
Vergleich der Blätter verschiedener Arten als auch beim Vergleich
der Blätter ein und derselben Art; in letzterem Falle besitzen die
Primärblätter typisch handnervigen Bau; die späteren Blätter nähern
sich immer mehr dem Fiederblatt.

Der Leitbündelverlauf ist bei vielen Familien sehr einheitlich,
wie z. B. bei den Umbelliferen. Doch kommen innerhalb einer
Familie auch Verschiedenheiten vor, die eventuell für eine systematische Gliederung Wert haben könnten. So stehen bei den
Rosaceen das handnervige Blatt von *Alchemilla* und das Fiederblatt
von *Sorbus* durch ähnlichen Leitbündelverlauf dem handnervigen
Blatt von *Potentilla* und dem Fiederblatt von *Agrimonia* gegenüber,
die ihrerseits ähnlichen Leitbündelverlauf zeigen.

Ich habe weiter festzustellen versucht, wie die Verteilung
morphologisch offener Bahnen, also von echten Gefäßen, im Blatte
ist. Dabei konnte ich feststellen, daß bei einigen Pflanzen, die eine
Bündelverbindungszone im Blattgrund besitzen, an dieser Stelle
ein Schluß zwischen den Gefäßen der Achse und zwischen
den Gefäßen des Blattstieles besteht, der bei anderen Pflanzen,
die keine solche Bündelverbindungszone besitzen, fehlt. Dagegen zieht eine Anzahl Gefäße von den Leitbündeln des Blattstiels in die Leitbündel der Spreitennerven hinein bis in mindestens ein Drittel der Spreite. Es wäre nicht ausgeschlossen, daß sich bei
genauerer Kenntnis der Entwicklung der Leitungsbahnen im Blatte
die Ausbildung und Ausdehnung der Gefäße genauer feststellen
ließe. Die Gefäße scheinen bei der Entwicklung der Leitungsbahnen zuerst fertiggestellt zu werden und erst später durch kurze
Verbindungsbahnen aneinander geschlossen zu werden.

Zwischen den einzelnen Tracheensträngen, die den Tracheen-
teil eines Leitbündels zusammensetzen, sowie den Tracheenteilen
der einzelnen Leitbündel stellen diffuse Verbindungen und Bündel-
brücken (siehe GERRESHEIM) einen Zusammenhang her. Sie sind
nur als Zwischenglieder von beschränkter Länge ausgebildet. Daraus ergibt sich, daß ein Querschnitt durch eine solche Partie eine
größere Anzahl Tracheen zeigen muß als ein Querschnitt durch
eine solche Stelle, die keine oder nur wenig Verbindungsstellen besitzt. Das läßt sich in der Tat zahlenmäßig verfolgen. Die Zählungen ergaben nun: eine jede Blattspur hat während ihres Ver-
laufes in der Achse eine Minimalanzahl von Tracheen, deren Zahl

etwa der Zahl der direkten Leitungsbahnen, die den durchgehenden Wassertransport von Achse in Blattspreite vermitteln,
entsprechen dürfte. Sobald die Leitbündel dieser Blattspur
in Beziehung zueinander treten, erhöht sich selbstverständlich die
Zahl der Tracheen bedeutend infolge der hier auftretenden kurzen
Verbindungsbahnen. Es ist dies vor allem im Blattgrund und in
der Spreitenbasis der Fall. Wenn sich an diesen beiden Stellen
eine Bündelverbindungszone befindet, so sinkt von diesen beiden
Zonen an durch das Auskeilen der kurzen Verbindungsbahnen vom
Blattgrund aufwärts, von der Spreitenbasis abwärts die Anzahl der
Tracheen bis zur Mitte des Blattstiels. Weiterhin erhält man bedeutende Vermehrung der Tracheen beim Vergleich der Anzahl
der Tracheen der Primärnervenbündel, oberhalb der Spreitenbasis
mit der Anzahl der Tracheen in den Leitbündeln des Blattstiels
unterhalb der Spreitenbasis.

Auf Grund der physiologischen Versuche ergab sich, daß die
Wirkungsweise der Wasserbahnen in den handnervigen Blättern
genau die gleiche ist, wie es GERRESHEIM für die Wirkungsweise
der Wasserbahnen in den Fiederblättern gefunden hat. Ich habe
außerdem noch Versuche mit Lithiumchlorid-Lösung angestellt.
Das Resultat der physiologischen Versuche und ein Vergleich mit
den anatomischen Tatsachen berechtigten mich zu folgenden
Schlüssen.

Innerhalb eines typischen Dicotylen-Laubblattes gibt es eine
Anzahl Wasserbahnen, die als morphologisch offene Bahnen (also
echte Gefäße) von den Leitbündeln des Blattstiels bis in die Nerven-
bündel der Spreite hinein verlaufen. Jede dieser offenen Bahnen
versorgt ein bestimmtes Gebiet der Spreite, und bei gleichmäßiger Transpiration vollzieht sich die Leitung des Wassers und
der in ihm gelösten Nährsalze in ein gewisses Gebiet der Spreite
n u r durch diese morphologisch zugehörige offene Bahn. Wenn
eine solche Bahn den Bedarf der zugehörigen Spreitenpartie nicht
völlig zu decken vermag, so kann die Leitung auch durch die
Tüpfelschließhäute der Verbindungsbahnen aus den seitlich benachbarten offenen direkten Leitungsbahnen erfolgen. Die gleichmäßige
Verteilung der Nährsalze wird außerdem noch dadurch unterstützt,
daß sie außerordentlich leicht durch die Tüpfelschließhäute hindurch diffundieren und so durch die Seitenwände aller Tracheen
hindurch dringend sich jedem Wasserstrom beimischen können.

Infolge der Mitversorgung bestimmter Spreitenpartien im Be-
darfsfalle durch die morphologisch nicht zugehörigen direkten Leitungsbahnen vermittels der Verbindungsbahnen werden die einzel-

nen Spreitenteile ziemlich unabhängig von der ausschließlichen Versorgung durch ihre morphologisch zugehörige Bahn. Doch kann bei ausnahmsweise ungünstiger Wasserversorgung, wie es z. B. in dem äußerst trockenen Sommer 1911 der Fall war, die Abhängigkeit bestimmter Spreitenpartien von der morphologisch zugehörigen Bahn deutlich hervortreten.

Botanisches Institut der Universität Marburg, den 29. November 1912.

7. K. Linkola: Über die Thallusschuppen bei Peltigera lepidophora (Nyl.).

(Mit Tafel II.)

(Eingegangen am 21. Januar 1913.)

Wie bekannt, besitzen die Cephalodien der Flechten eine andere Art von Gonidien als der übrige Flechtenthallus, sind in ihrem Wachstum begrenzt und einer selbständigen Entwicklung unfähig. Vor einigen Jahren hat aber BITTER[1]) in diesen Berichten eine Mitteilung über eine andere, früher nicht bekannte Art von Cephalodien publiziert. Als solche betrachtet er die oberseitigen Thallusschuppen der *Peltigera lepidophora*, welche, obwohl nach seinen Untersuchungen durch Algeninfektion entstanden, Gonidien von derselben Art wie die Nostoc-führende Gonidienschicht des Hauptthallus besitzen und die in ihrem Wachstum nicht begrenzt sind und aller Wahrscheinlichkeit nach als vegetative Fortpflanzungsorgane dienen. BITTER schlägt vor, diese Cephalodien der *P. lepidophora* als cephalodia autosymbiontica den cephalodia vera oder heterosymbiontica anderer Flechten entgegenzustellen[2]).

1) G. BITTER: Peltigeren-Studien II. Das Verhalten der oberseitigen Thallusschuppen bei *Peltigera lepidophora* (Nyl.). (Ber. d. D. Bot. Ges. Bd. 22, 1904, S. 251—254, Taf. XIV, Fig. 6—8.)

2) BITTER hat diese Benennungen auch später gebraucht: Peltigeren-Studien III. *Peltigera nigripunctata* n. sp., eine verkannte Flechte mit heterosymbiontischen Cephalodien (Ber. d. D. Bot. Ges. Bd. 27, 1909, S. 186).

Der Verfasser dieser Notiz ist in der Lage gewesen, die Untersuchungen BITTERs nachzuprüfen und ist dabei zu einem von dem obengenannten abweichenden Resultat über die Entstehungsweise der fraglichen Gebilde gekommen.

Als erste Anfänge zu den Thallusschuppen der *P. lepidophora* sieht man auf Thallusquerschnitten Stellen, wo einige Gonidien sich von der regulären Gonidienschicht entfernt haben und zwischen den Zellen des Rindenparaplectenchyms hervorschreitend sich der Thallusoberfläche nähern. Als ein wenig spätere Stadien findet man Stellen, wo eine stark braungefärbte, einschichtige Rinde das Ende des nach oben sich streckenden schmalen Gonidienstranges nach außen umschließt (Fig. 1 und 2.) Es wird so ein winziges Knöpfchen gebildet, das sich anfangs ganz im Niveau der Thallusoberfläche befindet, allmählich aber wachsend sich bald als ein knopfförmiger, gonidienreicher Auswuchs von der Thallusfläche erhebt (Fig. 3 und 4). Die weitere Entwicklung stimmt mit derjenigen von BITTER für seine Cephalodien beschriebenen überein. Der annähernd kugelförmige Auswuchs beginnt ein Flächenwachstum und erscheint bald als ein der Thallusoberfläche anliegendes Schüppchen, welches gewöhnlich etwa in der Mitte mit einem Nabel, durch welchen der gonidiale Zusammenhang mit dem Mutterthallus vermittelt wird, am Thallus festhaftet. Auch anderswo ist die Schuppe oft mit dem Thallus mehr oder minder lose verwachsen. In älteren Schuppen kann man oft keinen deutlichen gonidienhaltigen Nabel mehr finden; der Zusammenhang mit dem Hauptthallus ist loser geworden und führt schließlich zu einer vollständigen Lostrennung. Die erwachsene Schuppe ist auf der Oberseite mit einer dunkelbraunen Rinde von 2—4 Zellschichten bedeckt und auf den Seiten und unten mit einschichtigem, hellerem Paraplectenchym umhüllt (Fig. 5 und 6). Anfangs ist der Auswuchs ganz von Gonidien erfüllt, in den älteren Schuppen aber bildet sich eine gonidienarme oder gonidienlose untere Schicht aus (Fig. 6).

Wie es aus der obigen Beschreibung und den mitfolgenden Figuren (1, 2, 3 und 4) deutlich hervorgehen dürfte, stehen die Gonidien der behandelten Bildungen tatsächlich in genetischer Beziehung zu der Gonidienschicht des Hauptthallus. Die Schuppen sind also als Isidien, nicht als Cephalodien zu betrachten. Die oben zitierten BITTERschen Cephalodienbenennungen sind demnach wenigstens vorläufig überflüssig.

Sehr bemerkenswert ist die enge Begrenzung des Gonidienstranges, der den gonidialen Zusammenhang zwischen Mutter- und

Miniaturthallus vermittelt.   Die fragliche gonidienhaltige Partie zwischen den Rindenzellen ist meistenteils so schmal, daß man sie nur auf sehr wenigen auch von ganz dünnen Serienschnitten durch ein und dasselbe Isidium sieht. (Die Mikrophotographien sind nach solchen von 3 μ Dicke gefertigt.) Haben die Schnitte die schmale gonidiale Zone des Nabels nicht getroffen, so bekommt man Bilder wie die Zeichnungen BITTERs und die Figuren 5 und 6 (auch 1 und 2 zum Teil) des Verfassers.

Das Untersuchungsmaterial stammt aus Finnland, wo die behandelte zierliche *Peltigera*-Art nicht zu den großen Seltenheiten gehört. Auch die *P. rufescens* Hoffm. var. *lepidophora* Nyl. der ARNOLDschen Exsiccaten, n. 1469 (aus Mittelfranken) ist berücksichtigt worden.

Helsingfors, Botanisches Institut, Dezember 1912.

Erklärung der Tafel II.

Querschnitte durch den Thallus von *Peltigera lepidophora* (Nyl.), die Entwicklung und den Bau der Isidien darstellend.

Fig. 1 u. 2: Ganz junge Isidienanlagen, teils durch die Mitte geschnitten, teils nicht in die Mitte getroffen. Vergr. 600.

Fig. 3 u. 4: Ein wenig ältere Stadien. Vergr. 300.

Fig. 5: Ein Stück des Thallus mit erwachsenen Isidien. Vergr. 100

Fig. 6: Erwachsenes Isidium. Vergr. 300.

8. V. Kasanowsky: Die Chlorophyllbänder und Verzweigung derselben bei Spirogyra Nawaschini (sp. nov.).

(Mit Tafel III.)

(Eingegangen am 21. Januar 1913.)

———

Im Frühling 1910 fand ich in Torfsümpfen bei Kiew (Swiatoschino) in kleiner Menge eine unbekannte Art von *Spirogyra*. Bei genauerer Untersuchung konnte man schon ihren Unterschied von den anderen Arten, die in DE TONIs (1889)[1]) „Sylloge algarum‘‘ in P. PETITs (1880)[2]) Monographie, in HANSGIRGs (1886—92)[3]) Prodromus, KIRCHNERs (1878)[4]) „Algen v. Schlesien" angeführt sind, bemerken.

Wie man aus Fig. 1, 2, 6, 7 sehen kann, gehört diese *Spirogyra*, da sie Querwände mit einer nach innen vorspringenden Ringleiste besitzt, zur Sektion *Salmacis Hansg.* Die im Freien schon angefangene Copulation schritt in der Zimmerkultur weiter fort; bald darauf konnte ich schon nicht nur reife, sondern auch keimende Zygosporen beobachten. Nach dem Bau des Mesospors soll die von mir gefundene *Spirogyra* den Arten *Sp. Calospora* Cleve., *Sp. reticulata* Nordst. und *Sp. areolata* Lagerh. beigefügt werden. Jedoch mit keiner der vorhandenen Diagnosen der oben genannten Arten stimmen die Merkmale meiner *Spirogyra* überein.

Die Zellen der vegetativen Fäden bilden große Mannigfaltigkeit: nach ihren Größen, nach der Form der Chlorophyllbänder, nach der Zahl der Chromatophoren und deren Windungenzahl. Meistenteils sind die vegetativen Zellen $29-31$ μ breit, es gibt aber auch solche, die $27-41$ μ breit sind. Die Länge der Zellen betrug $170-325$ μ. Alle vegetativen wie auch fruchtenden Zellen sind mit ringförmigen Einfaltungen versehen.

————

1) 1889. TONI. de G. B , Sylloge algarum omnium hucusque cognitarum, *I. Chlorophyceae*, Padua.

2) 1880. P. PETIT, *Spirogyra des enverons de Paris*, Paris.

3) 1886—1892. A. HANSGIRG, Prodromus der Algenflora von Böhmen.

4) 1878. KIRCHNER, O., Die Algen Schlesiens. Breslau (Kryptog.-Flora v. Schlesien II. 1).

Was die Zahl der Chlorophyllbänder und den Verlauf der
letzteren in der Zelle betrifft, so kann man folgendes konstatieren.
Meistens ist die Zelle mit zwei einzelnen voneinander unabhängigen
Chlorophyllbändern versehen, diese werden symmetrisch gerichtet,
indem sie meistens 5—5$^1/_2$--6 - 7 Umgänge bilden (vgl. Fig. 1,
Taf. III typische Zelle).

In demselben Faden kommen auch Zellen mit einem Chromatophor vor. Die Windungenzahl in solchen Zellen erreicht zuweilen bis 14—15—16.

Bemerkenswert ist folgender Umstand, der in der vorliegenden
Literatur noch nicht angezeigt ist. In den Kulturen meiner *Spirogyra* fand ich Fäden, deren Zellen verschiedene Chromatophorenzahl besaßen. An einem Ende des Fadens befanden sich die
Zellen mit einem Chlorophyllband, am anderen die Zellen mit zwei
typischen Bändern.

Es ist schon bekannt, daß die Zellen eines Fadens verschiedene Chromatophorenzahl besitzen können (z. B. *Sp. Grevilleana*
P. Petit — Fig. 1. Planche II). In unserem Falle ist das Vorkommen der Zellen bemerkenswert, die als Übergang zwischen
einbändigen und zweibändigen aufgefaßt werden
können. Die Chlorophyllbänder in solchen Zellen zeigen starkes
Wachstum und sehr große Mannigfaltigkeit in der Gestalt. Zuerst
betrachten wir eine gewöhnliche Zelle mit einem Band Das
Chlorophyllband, von einer Querwand beginnend, steigt in Rechtswindungen (in der Richtung des Uhrzeigers) und hört bei der
entgegengesetzten Querwand auf.

Nehmen wir jetzt eine der nächsten Zellen, so sehen wir, daß
ihr Chlorophyllband nicht frei an der Querwand endet, sondern
es krümmt sich und steigt in der entgegengesetzten Richtung
(links) ab. Das Chlorophyllband kann in verschiedenen Entfernungen
von der oberen Querwand aufhören.

In manchen Fällen kommt das freie Ende des Bandes zur
Stelle seines Ausgangspunktes zurück, und dann bekommt die
Zelle das Aussehen einer zweibändigen. Wenn ein solches
doppeltes Chlorophyllband an der Stelle der Krümmung quer-
geteilt wird, so entsteht eine typische Zelle mit zwei einzelnen
Chlorophyllbändern.

Nehmen wir die Länge des Chromatophoren in einer gewöhnlichen Zelle (von einer Querwand bis zur anderen) als Maß
an, so haben wir in den Zellen unseres Fadens sehr verschiedene
Chromatophorenlängen: von 1—2 und alle Zwischenstufen.

Die angegebenen Beispiele werden durch die vorkommenden Bifurkationen des Chlorophyllbandes, wie auch durch die Fähigkeit der Chromatophoren breiter zu werden, kompliziert. Fig. 7, Taf. III zeigt eine Zelle mit dem Chlorophyllband, das etwas länger als $1^3/_4$ ist. In der unteren Hälfte der Zelle teilt sich das Chlorophyllband gabelig. Ein Zweig (Ia, Figur 7, Taf. III) macht nur eine Umwindung nach unten und endet frei. Der andere Zweig (I) geht nach unten bis zur Querwand — b, krümmt sich um, macht dann an der Stelle der Bifurkation eine schwache Windung (die zweien normalen Windungen gleich ist), denen noch etwa $1^1/_2$ andere Windungen folgen und hört frei auf. An der Bifurkationsstelle hat die Zelle das Aussehen einer dreibändigen, besonders als wir eine solche Zelle mit Objekt. VI und Okul. III betrachten, mit welchen nur ein Teil der Zelle zu sehen möglich ist.

In dem anderem Falle, den Fig. 6 zeigt, wird die Chromatophorenordnung noch komplizierter. Bei der oberen Querwand (a), bei einer tieferen Einstellung des Mikroskops kann man eine dreieckige Chlorophyllplatte mit zwei Pyrenoiden sehen. Diese Platte sendet zwei Bänder aus (I und II). Das linke Band (I) geht nach unten in der dem Uhrzeiger entgegengesetzten Richtung, erreicht, nachdem es 6 Windungen durchgemacht hat, die untere Querwand (b) macht zwei steile Krümmungen ($c — c^1$) und steigt hinauf, wo es nach einer langen Windung frei endet. Das andere Band (II), das von der Chlorophyllplatte abgeht, geht zuerst in der axilen Richtung hinab, macht $^3/_4$ Windungen und an der Stelle „d" bildet es einen aufsteigenden Zweig (III), der bei der Querwand (a) aufhört. Diese dreieckige Platte ist kein Verschmelzungsprodukt zweier selbständigen Bänder (I + II), sondern stellt eine örtliche Erweiterung des einzelnen Bandes dar, was sehr leicht zu sehen ist.

Die angegebenen Beispiele illustrieren hinreichend ungewöhnliche Mannigfaltigkeit in der Gestalt der Chlorophyllbänder, verschiedene Unregelmäßigkeiten in dem Verlauf der letzteren, Bifurkationen, ungleiche Länge der Chlorophyllbänder, wie auch ihre Zahl.

In dieser Beziehung zeigt diese *Spirogyra* sehr große Ähnlichkeit mit der Desmidiee *Genicularia spirotaenia* de Bary, die auch einige Unregelmäßigkeiten im Chromatophorenverlauf und in ihren Bifurkationen darstellt (DE BARY 1858)[1] — Tafel IV, Fig. 1 und 3. Seine Fig. 3 hat mit unserer *Spirogyra* auffallende Ähnlichkeit, zeigt jedoch den wesentlichen Unterschied, auf den schon DE BARY

---

1) 1858. DE BARY, A., Untersuchungen über die Familie der Conjugaten, Leipzig.

(ibid. — S. 26, 77 und 84) aufmerksam gemacht hat: „daß ihre Spiralbänder konstant links gewunden sind, während sämtliche Spirogyren bekanntlich Rechtswindungen zeigen.'

Es ist merkwürdig, daß die Chlorophyllbänder bei *Spirogyra* immer die Tendenz haben, die Richtung nach rechts (im Sinne des Uhrzeigers) beizubehalten. Besonders deutlich wird diese Tendenz auf Fig. 6, Tafel III ausgedrückt: es wäre für das Chlorophyllband b viel leichter, beim Wachstum ohne etwaige schwere, steile Umbiegungen (wie c—c[1], Fig. 6) einfach vom Punkt c nach links (dem Uhrzeiger entgegengesetzt) im Plasma zu gleiten; jedoch macht es zwei Krümmungen, um seine typische Richtung zu bewahren und steigt hinauf.

Die Kopulation bei unserer *Spirogyra* ist leiterförmig, sie geht zwischen zwei verschiedenen Fäden vor sich. Die kopulierenden Zellen (weiblichen) sind entweder den sterilen gleich oder nur kaum angeschwollen, im Durchmesser haben sie gewöhnlich etwa 40—45 μ, sehr selten gibt es solche, die 49 μ haben.

Die Zygosporen sind in Form und Größe sehr verschieden: meistenteils sind sie elliptisch-zylindrisch (Fig. 5, 6), elliptisch (3, 5 e), fast kugelig (5 e), sehr selten dreieckig (5 d) oder bisquitförmig (5 a—5 b). Sie sind von 45—101 μ lang und 30—40 μ (öfters 38—45 μ) breit. Die reife Zygospore, gelbbraun mit etwas rosa Schattierung, läßt drei Hauptschichten der Zellmembran unterscheiden. Die Mittelhaut, was besonders gut an den keimenden Zygosporen zu sehen ist, ist mit der unregelmäßig netzförmigen Verdickung versehen. Diese Verdickung kann man auf den optischen Schnitten (Fig. 5 a—d) wie auch bei oberflächlicher Einstellung bei den stärkeren Vergrößerungen sehen (Fig. 4).

Die Keimung einiger Zygoten beobachtete ich im Frühling gleich nach der Reifung (Fig. 2) derselben.

Nach dem Bau des Mesophors ist meine *Spirogyra* zu einer in Brasilien gefundenen Art *Sp. reticulata* Nordst. und zur *S. calospora* Clev.[1]) hinzuzufügen. Sie unterscheidet sich jedoch durch die Zahl

---

1) DE TONI, l. c. S. 773, Nr. 68: „chlorophoro singulo, gracili et laxo, anfractibus 4—5" etc.

P. PETIT, l. c. S. 11, Nr. 8: spire unique . . .; la membrane moyenne est ponctuée, cu mieux scrobiculée. (PLANCK II, Fig. 13.)

A. TRÖNDLE, „Über die Reduktionsteilung in der . . . ." Zeitschrift für Botanik. S. 598: „Ein, bisweilen zwei Chromatophoren mit $4\frac{1}{2}$—9 Windungen. Die Länge der Zelle betrug 100—200 μ, ihre Breite 38—88 μ. Die Mittelhaut ist getüpfelt."

P. Cleve. 1868. De svenska Arterna af Algfamiljen Zygnemaceae. Pl. VIII, Fig 5.

der Bänder, die Anzahl der Windungen, Größe und Form der Zygoten und durch die Einzelheiten des Mesosporbaues.

Auf Grund der beschriebenen Merkmale erlaube ich mir, die gefundene *Spirogyra* für eine neue Art anzusehen und nach dem hochverdienten Herrn Prof. S. NAWASCHIN zu benennen.

Spirogyra Nawaschini sp. nov.

Die Querwände sind gefaltet. Zwei, seltener ein Chlorophyllband, zuweilen auch gabelig geteilte, mit 5—15 Windungen. Die Länge der Zellen betrug 325—190 μ, ihre Breite 27—41 μ (31—45!) μ. Weibliche Zellen nicht oder kaum merklich angeschwollen. Die Zygosporen haben eine Länge von 100—45 μ und eine Breite von 30—49 μ, und sind gelbbraun mit rosa Schattierung, mit dickem, unregelmäßig netzförmig verdicktem Mesospor, elliptisch-zylindrisch, elliptisch, fast kugelig, sehr selten dreieckig oder bisquitförmig.

a) Swiatoschino bei Kiew 24. April 1911 in Conjugation.

b) Golossejevsky-Wald bei Kiew 1911.

Zum Schluß vorliegender Arbeit möchte ich dem Herrn Studenten GALASCHEWSKY für die Ausführung meiner Zeichnungen meinen besten Dank aussprechen.

Kiew, Botan. Gart., 5. Januar 1913.

Erklärung der Tafel III.

Okul. III, Object. III und VI.

Fig. 1. Eine normale vegetative Zelle von *Spirogyra Nawaschini* (sp. nov.)

Fig. 2. Zwei kopulierte Zellenpaare. a) Keimende Zygospore.

Fig. 3. Zellenstück mit unreifer Zygospore.

Fig. 4. Mesospor und seine Verdickung.

Fig. 5. a—d Zygosporen in optischen Schnitten.

Fig. 6 u. 7. Zwei Zellen von demselben Faden.

9. Otto Schlumberger: Über einen eigenartigen Fall abnormer Wurzelbildung an Kartoffelknollen.

(Mit 2 Abb. im Text.)

(Eingegangen am 24. Januar 1913.)

VÖCHTING kommt bei seinen umfangreichen Versuchen über die „Einschaltung der Knolle in den Grundstock der Pflanze[1])" zu dem Schluß, daß die Kartoffelknolle unfähig ist, Wurzeln zu bilden. Nur ein einziges Mal beobachtete er das Auftreten einer zarten Wurzel an einer Knolle. (Leider macht VÖCHTING keine Angaben über den Entstehungsort der Wurzel.) Die Tatsache, daß bei den in ihrem ganzen Verhalten den Kartoffelknollen sehr ähnlichen Sproßknollen von *Oxalis crassicaulis* Zucc. eine Wurzelbildung mitunter, wenn auch selten, eintritt, während die Kartoffel hierzu nicht imstande ist, führt er darauf zurück, daß die Metamorphose vom Laubsproß zur Knolle sich bei der Kartoffel vollständiger vollzogen hat als bei *Oxalis*[2]). Angaben über Wurzelbildung an Kartoffelknollen habe ich sonst nirgends finden können.

Daß die Kartoffelknolle unter bestimmten Verhältnissen doch zur Wurzelbildung veranlaßt werden kann, mag folgender Einzelfall zeigen.

Bei Versuchen über die Vergrößerung der Mutterknollen bei der Keimung[3]) wurden Kartoffelknollen der Sorte „Magnum bonum" so ausgelegt, daß sie mit ihrem apicalen Ende (Kronenende) je nach Größe der Knollen 1—2 cm über die Erdoberfläche herausragten.

Daß durch diese Versuchsanordnung die in der Erde im Dunkeln befindlichen basalen Augen zuerst zum Austreiben veranlaßt werden, während die Entwicklung der am Lichte befindlichen Scheitelknospen gehemmt wird, geht aus den Versuchen von VÖCHTING schon zum Teil hervor, der seine Versuche allerdings mit vorgekeimten Knollen ausgeführt hat.

---

1) VÖCHTING, Zur Physiologie der Knollengewächse, Jahrbücher für wissenschaftl. Botanik, Bd. 34, 1900, S. 9.

2) l. c. S. 15.

3) Vgl APPEL und SCHLUMBERGER, Mitteilung der Kaiserl. Biolog. Anstalt Heft 11, 1911.

Um die Wurzelbildung an den austreibenden Sprossen zu verhindern, wurden diese jedesmal gleich nach dem Austreiben an der Basis von der Knolle abgetrennt. Nach etwa zwei Monaten war das Austreiben der in der Erde befindlichen Augen beendet. Erst jetzt begannen bei den Versuchspflanzen die Scheitelknospen ein intensiveres Wachstum. Bei den meisten Pflanzen entwickelten sich normal beblätterte, kräftig grüne Laubsprosse von durchschnittlich etwa 15—20 cm Länge. Die Bildung von Wurzelanlagen an der Basis der Laubtriebe war natürlich unterblieben, da sich die Sprosse vollständig über der Erde befanden. Auch die Zahl verkümmerter Wurzelanlagen, die sich als kleine Höckerchen bemerkbar machten, war eine sehr geringe. Die normal unterirdischen Ausläufersprosse entwickelten sich wie gewöhnlich unter dem Einfluß des Lichtes zu Laubsprossen.

Beim Abschluß des Versuches zeigten sich an dem in der Erde befindlichen Teil der Mutterknollen, die mit wenig Ausnahmen noch intakt waren, äußerlich keinerlei Neubildungen Nur eine einzige Knolle, deren Gipfelsproß eine Länge von ca. 45 cm hatte und kräftig entwickelt war, hatte an ihrem basalen Ende (Nabelende) ein kräftiges Wurzelsystem entwickelt, das aus der Verzweigung ursprünglich einer einzigen Wurzelanlage hervorgegangen war. (Abb. 1.)

Die Entstehung der Wurzeln scheint mir folgendermaßen vor sich gegangen zu sein. Jedenfalls ist durch irgendwelche, nicht mehr feststellbare Ursachen eine Verletzung des Nabels eingetreten, die eine Kallusbildung auslöste. Es bildete sich am Nabel ein mächtiger Kallushöcker, wie er auf der Photographie deutlich zu sehen ist. Unten rechts sieht man aus diesem eine kräftige Wurzel entspringen, die sich reich verzweigt.

Gewöhnlich treten am Nabel Neubildungen von Gewebe nicht mehr auf, nachdem sich bei der Abtrennung der Knolle vom Stolo die mehrere Zellagen starke Korktrennungsschicht gebildet hat.

Die Bedingungen für eine Wurzelbildung an Kartoffelknollen liegen also neben der Unterdrückung der normalen Wurzelbildung an der Basis der Sprosse in der Schaffung eines formativen Reizes, der im vorliegenden Fall durch Verletzung und dadurch veranlaßte Wundkallusbildung ausgelöst wird.

Die Vernachlässigung der letztgenannten Bedingung ist wohl der Grund, warum die Versuche nur in einem Fall zu einem positiven Resultat geführt haben.

Mit dieser Wurzelbildung gehen natürlich anatomische Veränderungen der Mutterknolle Hand in Hand. Diese entsprechen

den von VÖCHTING bei der Einschaltung der Knolle in den Grundstock angegebenen[1]). Sie bestehen in einer Vergrößerung des
Leitungssystems durch umfangreiche Neubildungen sekundärer

Abb. 1.

Holz- und Siebelemente. Entsprechend den drei Hauptgefäßbündel-
strängen findet dieses sekundäre Dickenwachstum überwiegend an

---

1) l. c.

drei Stellen statt. Innerhalb dieser erfolgt dieser Zuwachs teilweise auch durch Bildung eines interfascicularen Cambiums.

Über die Stärke der Gefäßbündelstränge bei der beschriebenen Knolle einerseits und bei einer gewöhnlichen Mutterknolle derselben Versuchsreihe andererseits gibt die schematische Abbildung 2 Aufschluß.

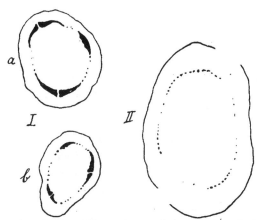

Abb. 2. Schematisierte Darstellung der Ausbildung des Leitungssystems: I. Bei der in den Grundstock der Pflanze eingeschalteten Mutterknolle a) Querschnitt am apicalen Ende, b) Querschnitt am basalen Ende. II. Bei einer gewöhnlichen Mutterknolle. Querschnitt durch die Mitte. Natürliche Größe.

Auf ein derartiges sekundäres Dickenwachstum wurde übrigens bereits von DE VRIES (1878) hingewiesen, der die Bildung eines sekundären Holzkörpers bei einer zufällig erhaltenen Einschaltung der Knolle in den Grundstock der Pflanze ebenfalls beobachtet hat[1]).

Berlin-Dahlem, Januar 1913.

---

1) DE VRIES, Wachstumsgeschichte der Kartoffelpflanze, Landwirtsch. Jahrbücher Bd. VII, S. 669 f., 1878.

10. F. Brand: Berichtigungen bezüglich der Algengruppen Stichococcus Näg. und Hormidium Kütz.

(Mit 2 Abbildungen im Text.)

(Eingegangen am 24. Januar 1913.)

Stichococcus Näg. Gatt. einzell. Algen 1849 S. 76.

Dieser Gattung schrieb der Autor nur die eine Art: _St. bacillaris_ mit den Formen _major_ und _minor_ zu. „Die Zellen sind 2,13 bis 4,6 μ dick, $1\frac{1}{2}$ bis 5 mal so lang, an den Enden abgerundet oder abgestutzt und liegen einzeln oder zu 2--4, selten mehrere aneinandergereiht. Sie besitzen eine sehr dünne Membran und ein entweder die ganze Zelle bedeckendes oder einseitig der Wand anliegendes Chlorophor. Ein Chlorophyllbläschen (i. e. Pyrenoid) hat der Autor nicht bemerkt, ebensowenig Zoosporen.“

Verfasser dieses hat diese Alge oft unter andern Luftalgen gefunden und ihre Zellen niemals zu größeren festen Fäden vereinigt, sondern immer nur einzeln, als Zwillinge oder in wenigzelligen Reihen locker zusammenhängend gesehen. Ferner konnte er ebensowenig wie NÄGELI und KLEBS[1]) jemals ein Pyrenoid erkennen noch durch Reagentien und Farbstoffe ein solches nachweisen.

Diese Feststellung ist nötig, weil GAY[2]) eine andere mit deutlichem Pyrenoid ausgestattete Alge (_Ulothrix_) für _St. bacillaris_ gehalten hat und durch diese Verwechselung verleitet worden ist, auch _Ulothrix_ (_Hormidium_) _flaccida_ Kütz. zu _Stichococcus_ zu ziehen.

Nachdem GAY dieser Gattung wenigstens nur Luftalgen zugerechnet hatte, ging KLERKER[3]), welcher ebenfalls pyrenoidführende dünne _Ulothrix_-Formen als _Stichococcus_ beschrieb, noch weiter, indem er diese Gattung auch durch hydrophile Formen bereicherte, und zwar auf Grund folgender Erwägung: „Die _Ulothrix_-

---

1) KLEBS, G., Die Bedingungen der Fortpflanzung bei einigen Algen und Pilzen. Jena 1896, S. 330 Anm.

2) GAY, F., Recherches sur le développement ec. Paris 1891. S. 77 f.

3) KLERKER, J , Über zwei Wasserformen von _Stichococcus_. Flora 1896. S. 90 f.

Arten zerfallen unter gewissen Kulturbedingungen in ihre einzelnen Zellen und sind deswegen sowie aus andern unten zu besprechenden Gründen der Pleurococcaceen-Gattung *Stichococcus* zuzuteilen." Als „anderer Grund" ist dann (l. c. S. 97) das Fehlen jeglicher Zoosporenbildung bei *Ulothrix flaccida* angegeben.

Fast gleichzeitig mit dieser Arbeit konstatierte aber KLEBS (l. c. S. 329—332), daß *U. flaccida* und *U. nitens* unter geeigneten Kulturverhältnissen Zoosporen produzieren können und macht (l. c. S. 405—406) darauf aufmerksam, daß „Zerfall bei der Mehrzahl der Fadenalgen unter allmählich ungünstig gewordenen Lebensverhältnissen eintreten kann[1]), ohne daß irgendein besonderer Wert darauf zu legen wäre".

Aus vorstehendem ergibt sich, daß KLERKERs systematische Auffassung schon aus rein sachlichen Gründen hinfällig ist, weil die Verhältnisse, welche sie stützen sollen, einesteils gar nicht existieren und andernteils ganz allgemeine biologische Vorgänge darstellen, welche keinesfalls als Gattungsmerkmale dienen können.

Sollte sich aber auch eine Übereinstimmung von NÄGELIs *Stichococcus* mit KÜTZINGs *Ulothrix* oder *Hormidium* herausstellen, so könnte doch nach den internationalen Regeln der botanischen Nomenklatur[2]) letztere nicht zu *Stichococcus* gezogen werden, sondern es müßte umgekehrt *Stichococcus* mit der älteren Gruppe KÜTZINGs vereinigt und als Gattung eingezogen werden. Da die botanischen Nomenklaturregeln bekanntlich rückwirkend sind, kann die beanstandete systematische Änderung also unter keinen Umständen aufrechterhalten werden, obgleich sich ihr bereits einige neuere Systematiker angeschlossen haben.

Abgesehen von den Warmhausalgen *Arthrogonium fragile* A. Braun Rabenh. Alg. N. 2470 (*Stichococcus fragilis* Gay) und

---

1) Schon STRASBURGER (Zellbildung u. Zellteilung 1876, S. 57) beschreibt, wie bei *Spirogyra* manchmal Zerfall ganzer Fäden in einzelnen Fällen auftritt. WILLE (Algolog. Mitteilungen in PRINGSHEIMs Jahrb. 1887, S. 463) zitiert eine Angabe von STRASBURGER, nach welcher dieser Zerfall besonders dann zu beobachten sei, wenn bestehende ungünstige Verhältnisse sich plötzlich zum Vorteile der Pflanzen änderten; dasselbe habe PRINGSHEIM bei dem Pilze *Achlya prolifera* beobachtet. Spontane Fragmentierung ist ferner an Grünalgen von FAMINTZIN, KLEBS, BENECKE (Conjugaten) und BRAND (Mesogerron) sowie an Rhodophyceen von TOBLER beschrieben, und bei den Cyanophyceen ist ein ähnlicher Vorgang als „Hormogonienbildung" schon längst bekannt und sehr verbreitet.

2) Internationale Regeln der botanischen Nomenklatur. Jena 1906. S. 65. Art. 44 u. 46.

Stichococcus mirabilis Lagerheim[1]), welche mir nur als Exsikkate
bekannt und in diesem Zustande ebensowenig zu beurteilen sind,
wie *Stichococcus minor* Rabenh. (Alg. N. 1545 und 2469) können wir
der Gattung nur die eine ursprüngliche Art *bacillaris* zugestehen,
und auch diese nur, solange der von BORZI[2]) angegebene gene-
tische Zusammenhang mit *Hormidium* nicht einwandfrei nachgewiesen ist.

　　Während NÄGELI als Wohnort feuchte schattige Erde und
feuchte Balken angibt, habe ich *St. bacillaris* meistens auf nahezu
oder ganz trockner Unterlage, von andern Algen geschützt, in
kleinen Nestern gefunden. Im Wasser und an Stellen, welche
früher überschwemmt waren, sowie in einem Kulturgefäße sah ich
dagegen öfters eine andere Art von ähnlicher Form und Größe,
welche aber ein Pyrenoid führte und der *Ulothrix subtilissima* Rabenh.
jedenfalls sehr nahesteht.

Hormidium Kütz. Phycol. general. 1843, S. 244.

(*Ulothrix* sectio *Hormid.* Kütz. Spec. Alg. p. 349, *Stichococcus* Gay
ex p. *Hormisica* Hansg. ex p.)

　　Diese ursprüngliche Gattung wurde in den Species Algar. zu
einer die Luftformen von *Ulothrix* umfassenden Sektion degra-
diert, welcher Auffassung wir uns hier anschließen. Die Gruppe
wurde lange Zeit hindurch für homogen gehalten, und ihre Formen
wurden bald als *Ulothrix*, bald als *Hormidium* bezeichnet. Erst
GAY[3]) zeigte, daß ein Teil dieser Algen, nämlich *U. parietina* und
radicans einschließlich der zugehörigen *U. delicatula*, *crassa* und
velutina zu *Ulothrix* in keiner Beziehung stehen, ja nicht einmal der
Ulothrichaceen-Familie angehöre, sondern das zentrale „sternförmige" Chlorophor der Prasiolaceen besitze (vgl. I u. III unserer
Abb. 1) und deshalb in die Gattung *Schizogonium* Kütz. versetzt
werden müsse[4]).

　　Somit blieben in der *Hormidium*-Gruppe nur solche Formen
zurück, welche ein der Zellwand anliegendes plattenförmiges Chlorophor besitzen, und nur diese durften fortan als *Hormidium* bezeichnet

---

　　1) In WITTROCK u. NORDSTEDT, Algae aq. dulc. Descript. systemat.
dispos. Lundae 1903. p. 22 u. Exsicc. N. 1087.

　　2) Zitiert von KLEBS, l. c.

　　3) GAY, F., Sur les *Ulothrix aëriens.* Bull. Soc. bot. de France 1888. p 65.

　　4) Diesen Arten haben wir noch *U. fragilis* Kütz. Spec. Alg. S. 349 beizufügen. Dagegen ist, wie im nächsten Abschnitte gezeigt werden soll,
U. crenulata kein *Schizogonium.*

werden [1]).   An diesen sind zwei erheblich verschiedene Typen zu unterscheiden.

1. *Ulothrix flaccida* Kütz. Spec. Alg. S. 349, ampl. GAY, l. c. 1891, S. 59.

Hier schließen wir uns an GAY an, welcher mit dieser Art „provisorisch" auch *U. nitens* Kütz.[2]) und *U. varia* Kütz. ex p. vereinigt. Nach Maßgabe der Beschreibung gehört ferner noch *Stichococcus dissectus* Gay (l. c. S. 78 u. Taf. X, Fig. 96 u. 97) zu dieser Art[3]).

Die hier vereinigten Formen bestehen alle aus zarten, ziemlich gleichmäßig zylindrischen Fäden von 6—11 μ Dicke, welche niemals eine merkliche Gallerthülle besitzen noch Rhizoide bilden. Ihre Zellen sind meistens ca. einen, seltener $1/_2$—2 Quermesser lang, enthalten ein unvollständig wandständiges Chlorophor mit deutlichem Pyrenoide und besitzen eine dünne Membran, wie unsere Abb. 1, I, zeigt.   Vermehrung erfolgt durch gelegentlichen Zerfall der Fäden; Zoosporenbildung ist durch Kultur von *U. flaccida* und *U. nitens* erzielt worden.

In bezug auf Dicke der Fäden, relative Zellänge und Neigung zur Dissociation sind sie wandelbarer, als gewöhnlich angenommen wird.   Hiervon kann man sich leicht überzeugen, wenn man eine genügende Anzahl Proben von verschiedenen Abschnitten

---

1) Diese einfache und klare Sachlage ist dann künstlich verschleiert worden, indem zunächst GAY, wie schon oben angegeben, diesen Rest der Gattung *Hormidium* zu *Stichococcus* ziehen wollte.   Fernerhin korrigierte HANS-GIRG (Die aërophilen Arten der Gattung *Hormidium* ec. Flora 1888 S. 259) die in seinem Prodromus bestehende Konfusion von *Hormidium*- und *Schizogonium*-Arten nicht folgerichtig, sondern vermehrte sie in unglaublicher Weise, indem er die von GAY mit unbezweifeltem Rechte aus der Gruppe ausgeschiedenen Arten neuerdings als *Hormidium* bezeichnete und dann die echten Hormidien als „*Hormiscia*" mit *U. zonata* etc. in einem Topf warf.   Eine unliebe Nachwirkung dieser Irrungen besteht darin, daß wir noch in der Neuzeit gelegentlich *Schizogonium*-Arten (z B. *Sch. parietinum*) als *Hormidium* zitiert finden und daß insbesondere der einfach fadenförmige Zustand von *Schizogonium* als *Hormidium*-Zustand bezeichnet wird.   Eine solche contradictio in adjecto ist geeignet, den alten Irrtum KÜTZINGs ewig jung zu erhalten.

2) KLEBS (l. c. S. 327) hält *U. nitens* für eine gute Art, da sie zwar unmittelbar nicht sicher von *U. flaccida* zu unterscheiden sei, sich aber in Kulturen different verhalte.

3) MIGULA, W. (Kryptogmenflora 1907, S. 732), welcher *Hormidium* im allgemeinen richtig auffaßt, schließt hier auch *Arthrogonium fragile* A. Braun als *Hormidium fragile* an.   Sollte das auch sachlich richtig sein, so ist doch zu bemerken, daß schon eine ältere *Ulothrix (Hormidium) fragilis* Kützing (Spec. Alg. S 849) existiert, welche jedoch tatsächlich zu *Schizogonium* gehört.

desselben Lagers untersucht oder auch von derselben Stelle zu
verschiedenen Zeiten und unter verschiedenen Witterungsverhält-
nissen einsammelt. Daß sich in den Kulturen mehrerer Autoren
eine größere Stabilität ergeben hat, erklärt sich wohl dadurch, daß
hier die Außenverhältnisse in allen Teilen gleichmäßiger und auch
im ganzen keinem so schroffen Wechsel unterworfen waren, wie
das in der freien Luft der Fall ist.

GAY (1896, Taf. XI, Fig. 104—106) schildert eine „forma
cellulis passim tumidis, fere sphaericis". Solche Zellen, welche
auch DE WILDEMAN[1]) gesehen hat, fand ich immer an Protoplasma
verarmt, so daß sie hydropisch entartet zu sein schienen. Seltener
ist eine andere Abnormität, bei welcher vergrößerte Zellen unregelmäßige Mehrteilungen eingehen, wie bei DE WILDEMAN (l. c.
Fig. 6) zu sehen ist. KLEBS (l. c. Taf. II, Fig. 27) hat ähnliche

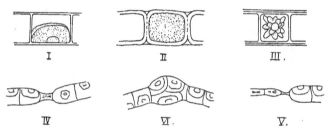

Abb. 1. I. Zellbau von *Ulothrix (Hormidium) flaccida.* II. Desgl. von *U.
(Hormid.) crenulata.* III. Desgl. von *Schizogonium parietinum* (früher irrig als
Hormidium par. bekannt). IV. u. V. *Ulothrix (Hormid.) flaccida.* Vergr. 600.
IV. Fadenstück mit einer abgestorbenen (Mitte) und zwei erkrankten Zellen
(rechts). V. Desgleichen in einem späteren Stadium (umgekehrt orientiert).

Teilungen bei Kultur in Kongorotlösung erhalten, während unsere
Abb. 1, VI, nach einem freilebenden Exemplare entworfen ist.
Eine weitere Entwicklung solcher Gebilde ist nicht bekannt.

Der spontane Zerfall der Fäden kann in direkter Weise durch
Spaltung der Scheidewände erfolgen; häufig aber vollzieht er sich
indirekt durch Absterben intercalarer Zellen oder Zellgruppen. Der
Inhalt solcher Zellen pflegt bald ausgelaugt zu werden; die leeren
Membranen fallen dann bisweilen schlauch-strangförmig zusammen,

---

1) DE WILDEMAN, E., In Bull. Soc. roy. bot. Belg. t. XXIX, Pl. I,
Fig. 1—5. Auch an der hydrophilen *U. subtilis* Kütz. sind von E. C. TEODO-
RESCO (Matériaux pour la flore algologique de la Roumanie. Bot. Zentralbl.
1907, S. 138, Fig. 12 u. 13) ähnliche Zellen abgebildet.

wie IV und V unserer Figur 1 zeigen. Zerreißt die Membran schließlich, so können ihre Reste wohl an der gesunden Nachbarzelle jene scheinbare Spitze bilden, welche GAIDUKOV[1]) als Kennzeichen seines „*Uronema*-Zustandes" auffaßt.

Auch der Inhalt der Zellen ist manchem Wechsel unterworfen. Während die Chlorophoren in der Regel nur beiläufig die eine Längshälfte der Zelle bedecken und nur dann größer zu sein scheinen, wenn sie sich in Frontalstellung präsentieren, sind sie bisweilen tatsächlich größer, wie HANSGIRG[2]) nach halbjähriger Wasserkultur gefunden und Verfasser dieses an einzelnen Zellen frischer Fäden öfters gesehen hat. In anderen Fällen sind die Chlorophoren außergewöhnlich klein oder auch unregelmäßig abgerundet und mehr oder weniger nach der Mitte zu verschoben (unsere Abb. 1 IV rechts). Durch Lebend - Schnellfärbung konnte ich feststellen, daß diese „cellules à chloroleucythes médians" (GAY 1891, Taf. XI, Fig. 102) hochgradig erkrankt oder abgestorben waren.

Unter verschiedenen ungünstigen Verhältnissen treten neben den Chlorophoren zahlreiche farblose Körnchen auf, oder es wandelt sich der ganze Inhalt in eine grobkörnige Masse um. Zellen letzterer Art bildet GAY (l. c. Taf. XI, Fig. 99 und 100) als „Hypnocysten" ab. Schließlich ist noch zu berichten, daß sich im Freien bisweilen einzelne Zellen finden, deren verarmter Inhalt 1 bis 2 orangerote Körner einschließt, welche dem in Formolkonservierung sich ausscheidenden Hypochlorin (nach KOHL: Karotin) zu entsprechen scheinen.

Die Zoosporen entstehen nur einzeln in jeder Zelle und verhalten sich überhaupt anders, wie bei *U. zonata.* Ihr Austritt vollzieht sich natürlich nur in flüssigen Medien und KLEBS sah die Alge in Nährlösungen längere Zeit hindurch gut vegetieren. HANSGIRG (1887 l. c) gibt an, daß sie sich in Wasser ebensogut wie in der Luft zu erhalten und zu vermehren vermöge. Hier wäre indes eine Prüfung des vitalen Zustandes durch Lebend-Schnellfärbung erforderlich, weil die oben erwähnte Vergrößerung der Chlorophoren auf abnorme Verhältnisse hindeutet.

Dagegen zerfiel die Alge in einer Wasserkultur von GAY (1901 l. c. S. 63) zu kurzen Stücken und auch nach GAIDUKOV

---

1) GAIDUKÓV, N., Über die Kulturen und den *Uronema*-Zustand ec. Ber. D. B. Ges. 1903, S. 522 f. Die Figuren machen sofort den Eindruck von Fadenstümpfen und nicht von normalen Enden. In der Spitze der letzten Figur rechts ist sogar durch einige Punkte der frühere Hohlraum des Membranrestes angedeutet.

2) HANSGIRG, A., Physiolog. u. algolog. Studien. Prag 1887, S. 83.

(l. c.) ging sie in Leitungswasser in den „Stichococcus-Zustand" über. Dem habe ich beizufügen, daß mir U. flaccida auch in feuchter Luft schließlich zerfallen ist.

Die einzelligen Teilstücke bildeten nach meiner Beobachtung niemals ein „Palmellastadium", noch zeigten sie tetradische Teilungen, sondern sie wuchsen bei günstiger Wendung der Verhältnisse immer durch einfache Querteilungen zu normalen Fäden aus.

Nicht nur kultivierte, sondern auch frei lebende Bestände sind selten intakt, sondern zeigen oft nebst Fragmentation verschiedenartige Degeneration einzelner Zellen. Die Alge findet sich in hiesiger Gegend überhaupt nicht so häufig und ist nie so kräftig entwickelt wie die makroskopisch ähnlichen Schizogoniumlager, welchen übrigens sehr häufig einzelne Fäden von U. flaccida beigesellt sind.

Ob dieser Fall vorliegt, läßt sich schon bei oberflächlicher Präparation mit schwacher Vergrößerung und ohne Deckglas durch Schnellfärbung mit $1/5$ proz. Methylenblaulösung leicht entscheiden. Hierbei färben sich die Sch.-Fäden schnell blau, während jene von U., abgesehen von einzelnen Inhaltskörnern, deutlich grün bleiben.

Im Freien habe ich U. flaccida bisher noch nicht auf ständig nasser, sondern nur auf leicht feuchter oder auch trockener, nur zeitweise befeuchteter aber vor absoluter Austrocknung geschützter Unterlage gefunden.

2. *Ulothrix crenulata Kütz.* Spec. Alg. S. 353 (Tabul. phycol. II. 97. fig. non sat aucta. — *Hormidium crenul.* Kütz. Phycol. german. S. 193. — *Schizogonium crenulat.* Gay. Recherches Tab. XIII, Fig. 131 ad specim. exsicc. delin.

Von dieser Art bringt HANSGIRGs Prodromus auf Grund etwas verschiedener Zelldimensionen drei Varietäten, nämlich α) *genuina* (Kütz.) Hansg., β) *corticola* Rabenh. et West und γ) *Neesii* (Kütz.) Hansg. Hierzu kann ich nicht mehr sagen, als daß die hiesige Alge bald mit der einen, bald mit der andern Diagnose und in der Hauptsache auch mit WITTROCK u. NORDSTEDTs Exsikkat: var. *corticola* N. 637 übereinstimmte, soweit das an Trockenmaterial zu beurteilen ist.

Die Alge bildete nur dünne Anflüge von 9—15 μ dicken krausen, etwas starren und immer rhizoidfreien Fäden, welche meist einreihig, seltener auf kurze Strecken zweireihig, aber niemals bandförmig waren. Die Zellen sind in der Regel ca. einen, aber auch $1/2$ bis 2 Quermesser lang und meist etwas aufgeblasen. Das parietale Chlorophor ist dicker und erheblich größer als bei U. flaccida, bedeckt immer die ganze Zellwand und enthält kein

Pyrenoid. (Unsere Abb. 1 II.) GAY glaubte, an Exsikkaten ein zentrales Chlorophor mit Pyrenoid zu erkennen und zog die Alge deshalb zu *Schizogonium*. Wegen der Dicke der Membran und der meist etwas körnigen oder marmorierten Struktur des Chlorophors ist selbst an lebenden Zellen älterer Fäden der Inhalt schwer zu beurteilen, und auch an jüngeren Zellen kann die als hellere Stelle durchscheinende Zentralvakuole leicht für ein Pyrenoid gehalten werden. Durch Behandlung frischer Fäden mit Reagentien und Farbstoffen konnte ich mich aber von der oben angegebenen Sachlage überzeugen.

Auch der Membranbau unserer Alge unterscheidet sich von jenem der *Schizogonium*-Arten dadurch, daß selbst an älteren Fäden keine scheidenartige Außenschicht vorhanden ist, sondern daß die

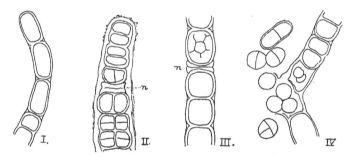

Abb. 2. *Ulothrix* (*Hormidium*) *crenulata*, n n Nekriden. Vergr. 600. I. Verschiedene Zellformen eines jüngeren Fadens. II. Altes Fadenstück mit verschiedenartigen vegetativen Teilungen und verschleimter Außenschicht III. Fadenstück mit einer in Sporangialteilung begriffenen Zelle. IV. Austritt und Keimung der Aplanosporen.

Verdickung fast ausschließlich die Innenschicht betrifft, während die Außenschicht bei trockenem Wetter nur wenig auffallend erscheint, bei andauernd feuchter Witterung aber als aufgequollene Gallertschicht den Faden überzieht.

Alte Septa neigen zur Spaltung, und wenn die Außenschicht verschleimt ist, lösen sich oft einzelne Fadenbestandteile ab, ja bisweilen geht der Zerfall so weit, daß unregelmäßige in Gallerte eingebettete Haufen vegetativer Zellen entstehen. Eine besondere Förderung erfährt die Fadenteilung noch durch das Absterben einzelner interkalarer Zellen. Diese gestalten sich aber nicht schlauchförmig, wie wir bei *Ulothrix flaccida* gesehen haben, sondern verwandeln sich — ähnlich wie die Spaltkörper der Cyanophyceen — in meniskusförmige ausdauernde Körper. (n n in II. u. III Abb. 2.)

Die Zellteilung erfolgt in der Regel nur in transversaler Richtung. Ausnahmsweise tritt jedoch an einzelnen Zellen Längsteilung ein, wodurch dann Tetradenbildung (Abb. 2, II) oder auch auf kurze Strecken Verdoppelung des Fadens entstehen kann. Noch seltener entstehen kurze Scheinäste, welche aber bald abzufallen scheinen.

Zoosporen waren nicht zu beobachten, dagegen sehr häufig kugelförmige Aplanosporen. Diese entstehen zu 8 oder mehreren in beliebigen Zellen. Sie erreichen eine Größe von 8--9 μ, werden durch Ruptur der Membran frei und keimen sofort. Die Aggregate, welche sie bilden, erinnern um so mehr an kleine *Pleurococcus*-Kolonien, als die Befähigung zu tetradischer Teilung bisweilen schon hier zutage tritt.

Unsere Alge ist demnach nicht nur von *Schizogonium*, sondern auch von *U. flaccida* wesentlich verschieden, stimmt mit letzterer aber wenigstens im parietalen Charakter des Chlorophors überein. Wenn mir nun auch keine andere *U.*-Art bekannt ist, bei welcher dieses, wie hier, die ganze Zellwand bedeckt, so möchte ich doch zunächst den alten Namen nicht ändern, sondern die Entscheidung der Frage, ob hier die Aufstellung einer neuen Gruppe nötig sei, lieber einem künftigen Monographen überlassen.

Der äußeren Form nach erinnert die Alge an die meines Wissens noch nicht genügend bekannte Sumpfalge *U. moniliformis* Kütz. (Spec. Alg. S. 347 = *Hormidium monil.*, Phycol. general. S. 244) und insbesondere an die Abbildung eines auf Spitzbergens Schnee gesammelten Exemplares dieser Art, welche wir BORGE[1]) verdanken.

U. crenulata habe ich nur einmal in guter Entwicklung gefunden und das ganze Jahr über beobachten können. Dieser Bestand saß bei Starnberg auf Buchenrinde, in Gesellschaft von *Gloeocystis Naegeliana* Artari und schien durch diese hygroskopische Alge vor allzustarker Austrocknung geschützt worden zu sein. Nebstdem fand sie sich in Spuren an einem andern tief beschatteten Buchenstamme und an einer Erle im Siebenquellengrunde unter *Trentepohlia*- und *Cystococcus*-Arten. Es erscheint deshalb fraglich, ob diese Form sowie das zitierte Exemplar aus WITTROCK und NORDSTEDTS Exsikkaten, welches von Fichtenrinde stammt mit jener an feuchten Warmhauswänden lebenden Alge, welcher KÜTZING zuerst den Namen gegeben hat, identisch sind.

---

1) BORGE, O., Die Süßwasseralgen Spitzbergens. Kristiania 1911. Fig. 17.

Sitzung vom 28. Februar 1913.

Vorsitzender: Herr G. HABERLANDT.

Als ordentliches Mitglied wird vorgeschlagen Herr
Löffler, Bruno, stud. rer. nat., z. Z. **Innsbruck,** Höttinger Gasse 35 X
(durch E. HEINRICHER und A. WAGNER).

Als ordentliche Mitglieder werden proklamiert Fräulein
Nothmann-Zuckerkandl, Dr. **Helene** in **Prag,**
die Herren:
Tanaka, Dr. **Ch.,** Professor in **Uyeda** (Japan),
Klenke, Dr. **Heinrich** in **Göttingen,**
Rawitscher, Dr. **F.** in **Freiburg i. B.,**
Noack, Konrad in **Freiburg i. B.,**
Noack, Dr. **Kurt** in **Tübingen.**

Herr VON GUTTENBERG hielt nach Erledigung der Referate
einen Vortrag „Über akropetale Reizleitung in der Koleoptile von
Avena".

Mitteilungen.

II. I. Ibele: Zur Chemie der Torfmoose (Sphagna).

(Vorläufige Mitteilung aus dem Chem. Laborat. der K. b. Moorkulturanstalt.)

(Eingegangen am 29. Januar 1913.)

Die chemische Erforschung der Torfmoose, wie der Laubmoose überhaupt, ist eine noch recht mangelhafte[1]). Die Methoden der organischen Chemie sind noch kaum angewandt. Zwei Wege sind es nur, die bis jetzt betreten wurden; aber auch hier sind die erhaltenen Verbindungen zum Teil nicht chemisch einwandfrei indentifiziert, andererseits ist ihre Konstitution nicht aufgeklärt.

Die ersten, die Sphagnen der Hydrolyse mit verdünnter Schwefelsäure unterwarfen, waren H. V. FEILITZEN und B. TOLLENS[2]), denen es gelang, durch darauffolgende Oxydation Schleimsäure zu isolieren. Scheinbar ohne Kenntnis dieser Arbeit gelangte später K. MÜLLER[3]) genau auf demselben Wege zur Zuckersäure. Er konnte außerdem Xylose als Bromcadmiumverbindung und Dextrose als Phenylhydrazon nachweisen.

Durch alkalische Hydrolyse gewann CZAPEK[4]) einen interessanten, phenolartigen Körper, das Sphagnol, das bei den Moosen weit verbreitet, leider aber noch nicht aufgeklärt ist.

Im folgenden soll der Versuch gemacht werden, auf einem andern Wege, dem der Oxydation mit Wasserstoffsuperoxyd, einen Beitrag zur Chemie der Sphagnen zu liefern. Obwohl die gewonnenen Resultate noch unbedeutende sind, sehe ich mich doch schon jetzt zu deren Veröffentlichung veranlaßt, da ein rasches Fortschreiten der Arbeit, die neben einer ausgedehnten Untersuchungstätigkeit ausgeführt werden muß, nicht zu erwarten ist.

Als Versuchsmaterial diente *Sphagnum papillosum* aus dem Kirchseeoner Moor bei München. Die von fremden Beimengungen sorgfältigst gereinigten Pflänzchen wurden naß durch eine Fleischhackmaschine getrieben, mit verdünnter Salzsäure (ca. $1/_{100}$ N.) einige

---

1) Eine Zusammenstellung der einschlägigen Literatur findet sich in v. SCHÖNAUs Laubmoosstudien: Flora, Bd. 105, S. 250.

2) Ber. d. D. Chem. Gesellsch. XXX, 2571 (1897).

3) Inaugural-Dissertation, Freiburg i. Br. Verlag von TRÜBNER, Straßburg.

4) Flora, LXXXVI, 361.

Stunden verrührt, filtriert und sorgfältigst mit Wasser gewaschen. Nach dem Trocknen an der Luft wurden sie gesiebt und der Rückstand abermals gemahlen und wieder gesiebt. Hernach wurden sie mehrere Wochen mit Alkohol, Äther, Benzol, Benzin, Chloroform, dann wieder mit Alkohol und Wasser erschöpfend extrahiert. Das an der Luft getrocknete Material diente zur Untersuchung.

Der mikroskopischen Untersuchung des Herrn Dr. PAUL zufolge ist durch die beschriebene Behandlungsweise der Zellinhalt noch nicht verschwunden. Es wird jedoch anzunehmen sein, daß Chlorophyll und Fett vollständig extrahiert sind. Eine Behandlung mit Natronlauge wollte ich vermeiden, da nach CZAPEK[1]) hierdurch Zellwandbestandteile gelöst werden. Nach Durchführung verschiedener Spaltungs- und anderer Versuche wird, so hoffe ich, die Spekulation, verbunden mit neuen Experimenten, imstande sein, ausfindig zu machen, was von Zellwand und was von Zellinhalt stammt.

Oxydation mit Wasserstoffsuperoxyd.

1 g Sphagnen wurden in einem geräumigen Kölbchen mit eingeschliffenem Kühler mit 20 ccm Wasser, 4 ccm 30proz. Wasserstoffsuperoxyd und einigen Tropfen Barythydratlösung gelinde erwärmt. Wenn die anfangs ziemlich stürmische Zersetzung beendet ist, was nach etwa 20 Minuten der Fall ist, werden weitere 2 ccm 30proz. Wasserstoffsuperoxyd zugegeben und nach $1/_4$ Stunde nochmals 2 ccm. Im ganzen wird das Reaktionsgemisch $1-1^1/_4$ Stunden in gelindem Sieden gehalten. Die ungelöste, verquollene Masse wurde sodann abgesaugt und mit Wasser sorgfältigst gewaschen. Der Gesamtrückstand betrug getrocknet 1 g aus 5 g Ausgangsmaterial.

Nach Dr. PAUL sind in ihr die Zellwände zum Teil noch gut erhalten, andere sind ganz verschleimt. Soweit die Chlorophyllzellen noch leidlich erhalten sind, kann man in ihnen stark lichtbrechende Kügelchen beobachten.

Noch feucht löst sich die Masse bis auf geringe Spuren in nicht zu verdünnter Natronlauge. Beim Einleiten von Kohlensäure fällt eine flockige Substanz aus. Der mit Salzsäure gefällte, filtrierte und bis zum Verschwinden der sauren Reaktion gewaschene Niederschlag stellt eine graulichweiße, schleimige Masse dar, die beim Trocknen hornartig wird und sich nicht mehr in Natronlauge löst. In den gewöhnlichen Lösungsmitteln ist die Substanz unlöslich. Mit Sphagnol hat sie den schwach sauren,

---

1) Biochemie der Pflanzen, S. 521.

phenolartigen Charakter gemeinsam, gibt aber im Unterschiede davon weder die MILLONsche noch die Eisenchloridreakrion. Interessant ist, daß der Körper neutralen Salzlösungen, wie Chlorkalium und Natriumacetat saure Reaktion verleiht, sich also verhält, wie es BAUMANN und GULLY[1]) für die Sphagnen dargetan haben.

Die bei der Oxydation erhaltene Lösung (Filtrat von 5 g Sphagnen) wurde bis zur Hälfte bei gewöhnlichem Luftdruck abdestilliert. Das weitere Einengen erfolgte im Vakuum bei 15 mm Druck und ca. 40 ⁰ C. Um die flüchtigen Säuren vollständig überzutreiben, ist es nötig, nach fast vollständigem Eindampfen mehrmals etwas Wasser zuzugeben.

Das Destillat wurde mit Barytwasser alkalisch gemacht und einige Male mit Äther extrahiert. Darauf wurde unter Kochen Kohlensäure eingeleitet, bis eine abfiltrierte Probe neutral reagierte. Sodann wurde abfiltriert, der Niederschlag mehrmals ausgekocht und das Filtrat zur Trockne eingedampft. Der kristallinische Rückstand wog 1,8 g und enthielt 58,10 pCt. Ba. Nach dreimaligem Umkristallisieren aus Weingeist gaben 0,1628 g bei 120—130 ⁰ ohne Wasserverlust getrocknetes Salz 0,1658 g Ba SO$_4$ = 59,88 pCt. Ba. Für ameisensauren Baryt (CHO$_2$)$_2$ Ba berechnet sich 60,35 pCt. Ba.

Mit dem Salz waren denn auch alle Reaktionen der Ameisensäure zu erhalten, wie Aufbrausen mit konzentrierter Schwefelsäure, Reduktion von Silbernitrat und Quecksilberchlorid.

Der Destillationsrückstand wurde mit Barytwasser alkalisch gemacht und mit Wasserdampf destilliert. Das nach Methylamin riechende Destillat wurde mit Salzsäure neutralisiert (4 ccm $^1/_{10}$ N. HCl) und eingedampft. Der farblose, zum Teil kristallinische Rückstand wurde zunächst mit Äther extrahiert, in wenig Wasser gelöst, ev. filtriert und mit Platinchloridlösung und einigen Tropfen verdünnter Salzsäure versetzt. Das nach einiger Zeit sich abscheidende Platinsalz wurde abgesaugt und nochmals aus Wasser umkristallisiert. Der Schmelzpunkt lag über 340 ⁰ C. Das Platinsalz von Monomethylamin zersetzt sich bei etwa 242 ⁰. Einige Zeit bei 130—140 ⁰ ohne Wasserverlust getrocknet, gaben 0,1097 g, 0,0484 g Pt, d. i. 44,12 pCt.; für (NH$_4$Cl)$_2$PtCl$_4$ berechnen sich 43,92 pCt. Pt. Es besteht somit kein Zweifel, daß Ammoniak vorliegt.

Aus dem Rückstand der Wasserdampfdestillation konnte bis jetzt kristallinisch nur eine geringe Menge einer bei 100 ⁰ schmelzenden Säure gewonnen werden.

---

1) Mitt. der K. B. Moorkulturanstalt, Heft 4 und 5. ULMER, Stuttgart.

Spaltung mit Salzsäure bei Gegenwart von Antimontrichlorid.

Nach einer Bemerkung von SCHWALBE[1]) entstehen beim Behandeln von Stroh mit Alkalien neben Ammoniak vielleicht auch Methylaminbasen. Der Geruch nach Methylamin, der bei der Wasserdampfdestillation besonders intensiv war, wenn bei der Oxydation statt Barytwasser einige Tropfen Eisenchloridlösung zugesetzt wurden, brachte mich auf die Vermutung, daß bei einer Spaltung ohne Oxydation solche Basen zu gewinnen sein müßten.

Als bestes Mittel hierzu schien mir Salzsäure. Hatte doch JODIDI[2]) beim Behandeln von Torf mit konzentrierter Salzsäure unter 5 Atmosphärendruck 67 pCt. des gesamten Stickstoffes in Lösung gebracht. Da mir aber ein geeigneter Autoclav nicht zur Verfügung stand, kam mir eine Beobachtung DEMINGs[3]) sehr erwünscht. DEMING fand nämlich, daß sich Zellulose in konzentrierter Salzsäure bei Gegenwart von Schwermetallhalogenen auflöst. Am leichtesten und schon in der Kälte geschieht dies bei Zusatz von Antimontrichlorid.

So wurden denn 5 g Sphagnen mit 75 ccm 30 g Antimontrichlorid enthaltenden Salzsäure übergossen und öfters durchgeschüttelt. Nach drei Stunden hatte sich fast alles gelöst. Nach weiterem 16 stündigen Stehen wurde die dunkel gefärbte Lösung in Wasser gegossen, mit Ätznatron stark alkalisch gemacht und der Wasserdampfdestillation unterworfen. Das Destillat wurde wie das obige behandelt und ein Platinsalz von denselben Eigenschaften erhalten.

0,0968 g gaben 0,0421 g Pt = 43,49 pCt., während sich für $(NH_4Cl)_2PtCl_4$ 43,92 pCt. berechnet. Methylamin konnte nicht nachgewiesen werden.

Ein weiterer quantitativer Versuch hatte ergeben, daß das überdestillierte Ammoniak von 5 g Sphagnen mit einem Stickstoffgehalt von 0,406 pCt. 4,02 ccm $1/_{10}$ N. Salzsäure entspricht. Vom Gesamtstickstoff werden somit 28 pCt. als Ammoniak abgespalten.

Die Versuche sollen auf Torf und Moorböden ausgedehnt werden.

---

1) Cellulose S. 887.
2) Journal of the Am. Chem. Society 32, 396 (1910).
3) Journal of the Am. Chem. Society 33, 1515 (1911).

12. Ernst Willy Schmidt: Der Kern der Siebröhre.

(Eingegangen am 5. Februar 1913.)

In der sonst vielfach so widerspruchsvollen Siebröhrenliteratur herrscht über eine Frage Einstimmigkeit, nämlich über das Fehlen des Kernes in der fertigen Siebröhre[1]). 1880 hatte WILHELM in seinen „Beiträgen zur Kenntnis des Siebröhrenapparates dicotyler Pflanzen" verschiedentlich darauf hingewiesen, daß bei *Vitis* und *Cucurbita* der Kern während der Entwicklung verschwindet. KALLER gab 1882 an (Flora 1882): „Bereits bei einer Länge von 0,03 mm hatten die Siebröhrenzellen ihren Kern verloren." E. SCHMIDT beschreibt das Schwinden des Kernes bei *Victoria regia* (Bot. Ztg. 1882). In seiner großen Arbeit über den Siebteil der Angiospermen berichtet LECOMTE (Ann. d. sc. 1889) eingehend über das Fehlen des Kernes in den aktiven Siebröhren, obwohl er auch einige Male den Kern gesehen hat. 1891 hat dann STRASBURGER in seinen „Leitungsbahnen" eine ganze Anzahl auf diese Frage hinzielender Bemerkungen gemacht, die sämtlich das Fehlen des Kernes in den Siebröhren betonen. Schließlich unternahm ZACHARIAS (Flora 1895) eine spezielle Untersuchung der Siebröhrenkerne von *Cucurbita*. Er kam zu dem Schlusse, daß den Siebröhren der Kern tatsächlich fehlt; er fügt aber doch noch hinzu: „Übrigens ist es sehr wohl möglich, daß die Siebröhrenkerne trotz der gegenteiligen Angabe der meisten Autoren allgemein erhalten bleiben." — So entstand schließlich als Dogma der Satz: die Siebröhren haben keinen Kern.

Ich unternahm es nun, so exakt wie möglich mit einer von den Autoren nicht benutzten Methode den Kernnachweis zu führen. Diese Methode besteht darin, daß die sorgfältig fixierten Objekte mit dem Mikrotom in Serienschnitte zerlegt wurden, und zwar in der Gestalt, daß jeweilig mehrere Glieder einer Siebröhre geschnitten wurden, ohne daß auch nur ein Schnitt verloren ging. Auf diese Weise erhält man von Siebplatte zu Siebplatte jedes

---

1) Bezüglich der Diskussion der Literatur muß auf meine demnächst erscheinende Arbeit „über den Bau und die Funktion der Siebröhre" verwiesen werden, die im botanischen Institute der Universität Marburg unter Leitung von Herrn Geh. Prof. ARTHUR MEYER angefertigt wurde. Ein Kapitel der Arbeit behandelt ausführlich die Frage nach dem Kern der Siebröhre.

einzelne Siebröhrenglied in Schnitte zerlegt; einer dieser Schnitte mußte dann, exakteste technische Ausführung und sorgfältige Durchmusterung eines jeden einzelnen Schnittes vorausgesetzt, den gesuchten Kern enthalten. Es waren allerdings je nach Länge der einzelnen Siebröhren Schnittserien von 500—3000 μ langen Stücken nötig bei vollständiger Durchschneidung etwa zweier Siebröhrenglieder. Infolgedessen waren im Maximum bei 10 μ Schnittdicke — es kamen bei weniger langen Siebröhren auch Schnitte von 5 μ zur Anwendung — 300 Schnitte zu durchmustern. Die Objekte — *Cucurbita Pepo, Victoria regia* und *Trapa natans* — wurden wenn angängig am Stamm fixiert (alles Nähere über Methodik usw. in meiner Arbeit) mit verschiedenen Fixierflüssigkeiten. Gefärbt wurden die Mikrotomschnitte hauptsächlich nach dem Dreifarbenverfahren mit der Modifikation, daß mit konzentrierten Färbegemischen sehr stark gefärbt wurde, um durch Alkohol- und ausgiebige Nelkenöldifferenzierung gute Kontrastwirkungen erzielen zu können. Diese Art der Tinktion hatte ich zuerst eingeschlagen bei *Curcurbita*, bei welcher wegen des „Schleimes" der Kern ohne weiteres nicht zu sehen ist. Bei der eben angegebenen Färbemethode aber tingiert sich der Nucleolus so stark, daß er bei glücklicher Nelkenöldifferenzierung aus dem ebenfalls aber doch ein wenig heller gefärbten Schleime herausleuchtet, während der Kern selbst verdeckt bleibt. Immerhin gelang es übrigens, auch des öfteren den vollständigen Kern zu Gesicht zu bekommen. Bei *Victoria* und *Trapa* bestanden naturgemäß diese Schwierigkeiten nicht wegen des fehlenden starken Schleiminhaltes, hier war infolgedessen der ganze Kern stets zu sehen. Die in Canadabalsam eingebetteten Schnitte wurden nun der Reihe nach durchmustert in der Weise, daß jeweilig immer nur eine einzelne Siebröhre zur Beobachtung gelangte. Von jedem Schnitte wurde die betreffende Siebröhre mit einigen der umliegenden Zellen mittelst Zeichenapparats in den Umrissen entworfen, um beim nächsten Schnitte durch Vergleich der Zeichnung mit der betreffenden Siebröhre sicher feststellen zu können, daß man auch dieselbe Siebröhre wieder vor sich hat. So wurde von Siebplatte zu Siebplatte vorgegangen, womit eine Siebröhre genau durchmustert war. Für diese Art der Untersuchung hat sich *Trapa natans* als das bequemste Objekt herausgestellt, weil die großen inneren Siebröhren isoliert liegen, so daß mit Leichtigkeit sämtliche Siebröhren gleichzeitig verfolgt werden können.

Auf diese Weise ist es gelungen, regelmäßig einen wohlausgebildeten Kern in den Siebröhren aufzufinden.

13. W. Palladin: Atmung der Pflanzen als hydrolytische Oxydation.

(Vorläufige Mitteilung.)

(Eingegangen am 6. Februar 1913.)

In meiner früheren Arbeit[1]) bin ich zu den nachstehenden Schlüssen gelangt:

1. Die anaërobe Oxydation (früher Zersetzung) der Glukose und die weitere Oxydation der Produkte des anaëroben Zerfalles der Glukose geht auf Kosten des Wassers vor sich und zwar in der Weise, daß der in der Glukose enthaltene Kohlenstoff zum Teil durch den in der Glukose enthaltenen Sauerstoff oxydiert wird, zum Teil aber durch den Sauerstoff des Wassers.

2. Der gesamte durch die Pflanzen aus der Luft absorbierte Sauerstoff wird ausschließlich auf die Oxydation des Wasserstoffes verwendet und zwar sowohl des in der Glukose enthalten gewesenen, wie auch des Wasserstoffes, welcher von dem Wasser zurückblieb war, nachdem der Kohlenstoff der Zerfallprodukte der Glukose durch dasselbe oxydiert worden war.

3. Die Entnahme des Wasserstoffs von den während der Anaërobiose gebildeten reduzierten Stoffen erfolgt unter Teilnahme der Atmungspigmente, welche dabei Chromogene (Leukokörper) ergeben. Die Chromogene geben ihren Wasserstoff an den Sauerstoff der Luft ab, indem sie gleichzeitig Wasser bilden.

$$R \cdot H_2 + O = R + H_2O$$

Ich habe nachstehendes Schema für die Atmung gegeben:
1. Anaërobes Stadium:

$$C_6H_{12}O_6 + 6\,H_2O + 12\,R = 6\,CO_2 + 12\,RH_2 \cdot$$

2. Aërobes Stadium:

$$12\,R \cdot H_2 + 6\,O_2 = 12\,H_2O + 12\,R.$$

Die hier von mir angeführten Schlußfolgerungen haben in den bald darauf erschienenen schönen Untersuchungen von H. WIELAND[2]) ihre Bestätigung gefunden. Dieser Autor bewies die Mög-

---

1) W. PALLADIN, Zeitschrift für Gärungsphysiologie. **1**, 91, 1912.

2) H. WIELAND, Berichte chem. Ges. **45**, 2606, 1912.

lichkeit einer Oxydation von Aldehyden bei Ausschluß von Sauerstoff zu der entsprechenden Säure mit Hilfe des Wassers. Dabei wird zuerst ein Hydrat gebildet

$$R \cdot COH + H_2O = R \cdot HC{\overset{OH}{\underset{OH}{\big<}}}$$

„Wenn man feuchten Aldehyd bei Ausschluß von Luft mit Palladiumschwarz schüttelt, so erhält man Säure und Wasserstoff, letzteren an Palladium gebunden:

$$R \cdot HC{\overset{OH}{\underset{OH}{\big<}}} \rightarrow R \cdot C{\overset{O}{\underset{OH}{\big<}}} + H_2$$

Läßt man jetzt Luft zutreten, so wird der Wasserstoff verbrannt und die Dehydrierung des Aldehydhydrats kann weiter gehen. Die Rolle des Luftsauerstoffs können hier auch Benzochinon, Methylenblau oder andere chinoide Verbindungen übernehmen."

Selbst die Verbrennung des Kohlenoxyds zu Kohlensäure[1]) geht über die Zwischenphase der Ameisensäure vor sich.

$$C : O \rightarrow {\overset{HO}{\underset{H}{\big>}}}C : O \rightarrow CO_2 + H_2$$

C. NEUBERG[2]) und seine Mitarbeiter haben in ihren bemerkenswerten Arbeiten darauf hingewiesen, daß bei der alkoholischen Gärung als Zwischenprodukte Brenztraubensäure und Acetaldehyd gebildet wird. KOSTYTSCHEW[3]) beobachtete die Vergärung von Acetaldehyd in Alkohol. Die Bildung des Aldehyds wird von einer Entziehung von Wasserstoff begleitet, welcher bei der Bildung von Alkohol wieder hinzugefügt wird. In Anwesenheit von Luft muß der gebildete Acetaldehyd dagegen durch das Wasser nach dem Schema von H. WIELAND oxydiert werden. Der gesamte, sowohl bei der Bildung des Acetaldehyds, wie auch bei dessen weiterer Oxydation durch Wasser erhaltene Wasserstoff hingegen tritt schließlich in Verbindung mit den Atmungspigmenten (wie auch bei den Versuchen von WIELAND mit chinoiden Verbindungen) und wird sodann durch den Sauerstoff der Luft zu Wasser oxydiert.

Der Prozeß der Sauerstoffabsorption durch die Pflanzen wird gegenwärtig zu den Vorgängen der langsamen Verbrennung oder der Autoxydation gerechnet. Die oxydierenden Reaktionen der

---

1) H. WIELAND, Berichte chem. Ges. **45**, 679, 1912.

2) C. NEUBERG und L. KARCZAG, Biochem. Zeitschrift **36**, 68, 76, 1911 und die darauffolgenden Bände.

3) S. KOSTYTSCHEW, Zeitschrift f. physiol. Chemie, **79**, 130, 359, 1912.

Pflanzen erfolgen im Innern des Protoplasmas. Da nun das Protoplasma eine alkalische Reaktion besitzt, so geht hieraus hervor, daß die physiologischen Reaktionen in einem alkalischen Medium vor sich gehen. Aus diesem Grunde haben wir in der vorliegenden Arbeit, — sie hat das Studium des Prozesses der Absorption von Sauerstoff durch die Atmungschromogene zur Aufgabe, — zu den Lösungen der Atmungschromogene stets beträchtliche Mengen von Alkalien hinzugefügt. Die Ergebnisse der vorliegenden Untersuchungen lassen sich wie nachstehend zusammenfassen:

1. Alkalische Lösungen der Atmungschromogene absorbieren gierig den Sauerstoff der Luft, indem sie dabei braunrote Pigmente bilden.

2. Während der alkoholischen Gärung (und daher auch während des ersten, anaëroben Stadiums der Atmung) werden Stoffe gebildet, die ihren Wasserstoff leicht an das Atmungspigment abgeben, von welchem er durch den Sauerstoff der Luft zu Wasser oxydiert wird.

3. Die Atmungschromogene ($R \cdot H_2$) geben gleich den Leukokörpern ihren Wasserstoff an den absorbierten Sauerstoff ab. Es resultiert ein Pigment und Wasser ($R + H_2O$). Der während der Atmung absorbierte Sauerstoff wird demnach, wie dies schon früher von mir nachgewiesen worden ist, auf die Entfernung des Wasserstoffes aus den Pflanzen verwendet.

4. Der Wasserstoff, welcher nach der hydrolytischen Oxydation der Glukose frei wird und bei den höheren Pflanzen unter Beihilfe des Atmungschromogens bis zu Wasser oxydiert oder bei der Hefe in Gestalt von Äthylalkohol ausgeschieden wird, geben die anaëroben Bakterien direkt an das sie umgebende gasförmige Medium ab. Als Schema für die Arbeit der anaëroben Bakterien kann die Reaktion von OSCAR LOEW[1]) dienen: aus einer alkalischen Lösung von Formaldehyd werden in Gegenwart von Kupferoxydul große Mengen von Wasserstoff ausgeschieden, wobei Ameisensäure gebildet wird.

Eine ausführliche Arbeit über die Sauerstoffabsorption durch die Atmungschromogene der Pflanzen, die gemeinsam mit Fräulein Z. TOLSTAJA ausgeführt ist, wird in der „Biochemischen Zeitschrift" erscheinen.

St. Petersburg, Botanisches Institut der Universität.

---

1) O. LOEW, Berichte chem. Ges. **20,** 144, 1887.

14. P. Magnus: Die Verbreitung der Puccinia Geranii Lev. in geographisch-biologischen Rassen.

(Mit Tafel IV.)

(Eingegangen am 12. Februar 1913.)

Bei uns in Europa kommt in den hohen Alpen und im Norden die ausschließlich auf *Geranium silvaticum* auftretende *Puccinia Geranii silvatici* G. Karst. vor. Sie gehört in die von J. SCHROETER begründete biologische Sektion *Micropuccinia*, die nur Teleutosporen bildet, die nach der Reife von ihrem Sterigma abfallen und erst nach überstandener Winterruhe im kommenden Frühjahre wieder auskeimen, also nur eine Generation von Teleutosporen im Jahre bilden.

LEVEILLÉ hatte 1846 in den Annales des sciences naturelles Botan. IIIme Série Bd. V p. 270 eine von C. GAY in Chile auf einem *Geranium*, das LEVEILLÉ fraglich als *Geranium dissectum* bezeichnete und das C. GAY nachher (1852) in der Historia fisica y politica de Chile. Botanica 8 p. 41 als *Geranium rotundifolium* erkannte, eine *Puccinia* beschrieben, die er *Puccinia Geranii* Lev. nannte. Sie bildet auch nur Teleutosporen, die denen der *Puccinia Geranii silvatici* Karst. sehr gleichen.

Weil es aber schon eine von CORDA früher aufgestellte und beschriebene *Puccinia Geranii* Cda. gab, hat MONTAGNE bei GAY l. c. ihren Namen in *Puccinia Leveilleï* Mont. umgeändert. HARROT legt im Tome VII der Société mycologique de France S. 189 nach Untersuchung des LEVEILLÉschen Originalmaterials scharf den Unterschied dieser Art von der von CORDA in Icones Fungorum IV p. 12 tab. 4 fig 36 beschriebenen und abgebildeten *Puccinia Geranii* Cda. dar. In SYDOW Uredineen I S. 456 sagen H. und P. SYDOW, daß die von CORDA l. c. abgebildete Wirtspflanze nicht *Geranium Robertianum* ist, wie sie CORDA bestimmt hat, sondern wahrscheinlich eine *Artemisia* ist, und daß die abgebildeten Sporen genau mit *Puccinia Absinthii* DC. übereinstimmen. Sie weisen darauf hin, daß, da *Puccinia Geranii* Lev., wie bekannt, der *Puccinia Geranii silvatici* Karst. gleicht, diese letztere eigentlich

Puccinia Geranii Lev. heißen müßte, sagen aber, daß, da ein
authentisches Exemplar von CORDA nicht zu haben ist, sie den
KARSTENschen Namen für die bekannte *Puccinia* beibehalten.
Hingegen nennt K. FALCK in seinem Bidrag till Kännedomen om
Härjedalens Parasititsvampflora (Arkiv för Botanik utgivet af
K. Svenska · vetenskapsakademien, Stockholm Bd. XII Nr. 5)
S. 11 diese Art *P. Geranii* Lev. und führt *Puccinia Geranii silvatici*
Karst. als Synonym an und hebt ihre Ausbreitung in Europa
(Alpen und Norden), in den Chilenischen Anden und in Simla in
Ostindien hervor. An letzterem Orte hat sie A. BARCLAY auf
Geranium nepalense Sweet gesammelt und ihre sehr nahe Verwandt-
schaft zu *Puccinia Geranii silvatici* Karst. hervorgehoben, so daß
er ihr nicht eine neue Artbezeichnung gab; doch will er diese
Bestimmung der *Puccinia* auf *Geranium nepalense* von Simla nur
provisorisch gelten lassen, da es möglicherweise eine neue Art sein
könne. Schließlich habe ich noch eine *Puccinia* auf *Geranium crenophilum* Boiss. als *Puccinia Saniensis* P. Magn. beschrieben[1]) und
deren Ähnlichkeit und relative Verschiedenheit von *Puccinia Geranii
silvatici* Karst. hervorgehoben und erörtert.

Durch K. FALCKs zitierte Benennung der *Pucc. Geranii sil-
vatici* Karst. und das Interesse an mehr oder minder spezialisierten
Formen der Arten, wurde ich daher veranlaßt, die der *Puccinia
Geranii silvatici* Karst. so nahestehende LEVEILLÉsche Art zu
untersuchen und andere amerikanische auf anderen *Geranium*-Arten
wachsende und als *Puccinia Geranii silvatici* Karst. bestimmte
Formen hinzuzuziehen. Ich wandte mich daher an Herrn Dr. K.
HARIOT mit der Bitte, mir LEVEILLÉsches Originalmaterial der
Puccinia Geranii Lev. zur vergleichenden Untersuchung zu senden,
was er mit größter Liebenswürdigkeit sofort tat, wofür ich ihm
auch hier meinen besten Dank ausspreche. Die Untersuchung ergab, daß ich keinen Unterschied der Teleutosporen von denen
unserer europäischen Art finden konnte. Sie stimmen mit ihr in
der Größe überein (22 μ breit, 34 μ lang); sie sind starkwandig,
auf der Scheidewand nicht eingezogen, mit Wärzchen auf der
Membran versehen, die, wie bei der europäischen *Puccinia*, auf der
Wandung der unteren Zelle weit geringer ausgebildet sind, so daß
WINTER das untere Fach der *Puccinia Geranii silvatici* Karst. als

---

1) P. MAGNUS: G. BORNMÜLLER, Iter Syriacum 1897, Fungi. In Verhandlungen der K. K. Zoologisch-botanischen Gesellschaft in Wien (Jahrg.
1900) S. 438.

fast glattwandig beschreibt; sie fallen oben vom Stiele ab, so daß nur eine kleine Narbe desselben an der abgefallenen Spore geblieben ist (s. die Fig. 2—7); der Keimporus der oberen Zelle liegt am Scheitel und die von ihm durchsetzte Wandung ist nicht oder nur ganz wenig verdickt; der Keimporus der unteren Zelle liegt frei auf der Seitenwandung von der Scheidewand abgerückt, der basilären Stielnarbe oder dem Stielansatz meistens genähert. In allen diesen Beziehungen gleicht sie genau der europäischen *Puccinia Geranii silvatici* Karst., so daß ich, wie gesagt, keinen Unterschied finden kann. Ich gebe zum Vergleiche anbei die Figuren des einen LEVEILLÉschen Exemplars, die Frl. A. LOEWINSOHN bei mir nach der Natur gezeichnet hat (s. Fig. 1—7).

Dasselbe gilt von der von A. O. GARRETT auf den Blättern von *Geranium Richardsoni* Fish. u. Traut. bei Utah, Salt Lake Co. in Nordamerika gesammelten *Puccinia* (s. Fig. 16—22), die ich aus Vestergren Micromycetes rariores selecti Nr. 965 untersuchen konnte. Sie gleicht genau der *Puccinia Geranii silvatici* Karst., wie sie GARRETT bestimmt hatte. Die Warzen sind wieder weit schöner und kräftiger auf der oberen Zelle entwickelt als auf der unteren, deren Wandung manchmal fast glatt ist. Bemerkenswert ist, daß ich in dem untersuchten Rasen nicht wenige einzellige Teleutosporen traf.

A. O. GARRETT sammelte auch in derselben Salt Lake Co. bei Red Batte Caryon eine *Puccinia* auf *Geranium venosum* Rydb., die er ebenfalls als *Puccinia Geranii silvatici* Karst. bestimmt hat, und in den von ihm herausgegebenen Fungi Utahenses Nr. 88 ausgegeben hat. Beide hat er in größerer Höhe gefunden. Die auf *Geranium Richardsoni* Fish. u. Traut. traf er auf den Big-Cottonwood Caryon in 8750 Fuß Höhe; die auf *Geranium venosum* auf dem Red Batte Caryon in 6000 Fuß Höhe, wie auch unsere *Puccinia Geranii silvatici* Karst. in größerer Höhe auftritt[1]).

Hingegen geben P. DIETEL und F. W. NEGER in Uredineae Chilenses III (ENGLERs Botanische Jahrbücher, 27. Band 1899) S. 4, die *Puccinia Geranii silvatici* Karst. auf den Blättern von

---

1) DE TONI gibt irrtümlich in Saccardo.Sylloge Fungorum omnium hucusque cognitorum Vol. VII S. 682: *Puccinia Geranii silvatici* Karst. „et in Rhenogovia Germaniae" an. Er ist dazu verführt durch die von FUCKEL in Symbolae mycologicae Dritter Nachtrag S. 12 beschriebene *Pucc. semireticulata* Fckl., welchen Namen er richtig als Synonym der *Puccinia silvatica* Karst. beifügt. FUCKEL stellt sie aber nur auf Exemplaren von St. Moritz im Ober-Engadin auf, welchen Standort DE TONI auch angibt.

Geranium sessiliflorum auf den Valdivischen Anden an. Diese *Puccinia* gehört nicht zur *Puccinia Geranii silvatici* Karst. Neger hat sie in Rabenhorst-Pazschke, Fungi europaeï et extraeuropaeï Nr. 4417 ausgegeben und außerdem mir eine Probe gütigst mitgeteilt. Sie tritt an den von mir gesehenen Exemplaren in kleinen Häufchen an den Blättern auf (s. Fig. 8). Sie weicht schon dadurch sehr ab, daß sie *Uredo-* und *Puccinia* bildet, und das häufig in denselben Rasen. Die Uredosporen (Fig. 9—13) sind länglichoval 24,6—27,4 : 29,13—35,7 μ. Ihre Membran trägt, wie bei fast allen Uredosporen, kleine Stachelchen; sie haben zwei gegenüberliegende Keimporen. Die *Puccinia*-sporen (Fig. 14—17) sind im Gegensatze zur *Puccinia Geranii silvatici* Karst. mit glatter Wandung versehen, und in der Mitte meist deutlich eingeschnürt. Ihre Membran ist über den Keimporen stark verdickt und springt papillenartig vor, so namentlich am scheitelständigen Keimporus der oberen Zelle. Der Keimporus der unteren Zelle liegt dicht unter der Scheidewand. Sie sind 24,6 bis 27,4 μ breit und 41,1—54,8 μ hoch. Ich glaubte anfangs, als ich ihre Verschiedenheit von der *Puccinia Geranii* Lev. erkannte, es mit einer neuen Art zu tun zu haben. Aber Neger hat in den Annales de la Universidad, Tomo XCIII (Santjago de Chile 1896) S. 777, die *Puccinia Callaquensis* auf *Geranium Berteoranum* beschrieben, die ich aus dem Berliner Botanischen Museum und an einer mir von Herrn Prof. Neger gütigst mitgeteilten Probe untersuchen konnte. Ihr steht jedenfalls sehr nahe die eben von *Geranium sessiliflorum* beschriebene *Puccinia*, die ich daher als *Puccinia Callaquensis* Neger vel. mult. aff. bezeichne. Die Uredosporen der *Puccinia Callaquensis* Neger auf *Geranium Berteoranum* haben ebenfalls nur zwei Keimporen an den Seiten; die Teleutosporen sind glattwandig an der Scheidewand meist eingeschnürt mit starker Papille über den Keimporen, und dem Keimporus der unteren Zelle dicht unter der Scheidewand.

Ich komme nun zurück auf die *Puccinia Geranii* Lev., von der ich in Übereinstimmung mit anderen Autoren die *Puccinia Geranii silvatici* Karst. nicht unterscheiden kann. Diese *Puccinia* tritt in Europa ausschließlich auf *Geranium silvaticum* und auf keiner anderen *Geranium*-Art, soviel ich weiß, auf, namentlich nicht auf *Geranium rotundifolium*. Sie ist daher eine bei uns streng an eine Wirtspflanze gebundene Art. Sie tritt in Europa an vielen weit voneinander getrennten Verbreitungsbezirken in den Alpen und im Norden auf. Diese Art (im weiteren Sinne) oder geographische biologische Rassen derselben, die morphologisch nicht von ihr zu unterscheiden sind, tritt nun in Nordamerika auf *Geranium Richardsoni* und *Ger. venosum* Rydb. auf Gebirgen in Salt Lake Co. auf und in Südamerika, auf den Chilenischen Anden auf *Geranium rotundifolium* auf. Aus Asien beschreibt A. BARCLAY, wie gesagt, eine so ähnliche *Puccinia* auf *Geranium nepalense* Sweet aus Simla, daß er sie nicht von *Puccinia Geranii silvatici* Karst. zu trennen wagt. Letzterer schließt sich meine schon einige Unterschiede zeigende *Puccinia Saniensis* P. Magn. auf *Geranium crenophilum* Boiss. vom Libanon an.

Wir sehen also in *Puccinia Geranii* Lev. eine morphologisch wohl charakterisierte Art, deren Vertreter weit in Amerika, Europa und Asien verbreitet sind und in den einzelnen Gebieten konstant auf bestimmten Wirtspflanzen auftreten. So ist es wenigstens für die europäische Art, die nur auf *Geranium silvaticum* auftritt. Diese morphologische Art bildet geographisch-biologische Rassen, die ich als geographische Gewohnheitsrassen bezeichnen könnte. Nur in dem südlichen Asien treten schon kleine morphologische Differenzen auf. Die morphologische Konstanz dieser Art in so weit entlegenen Gebieten, wie Chile, Salt Lake Co. und Europa könnte damit zusammenhängen, daß sie in jedem Jahre nur eine Generation von Sporen bildet, was wieder, wie ich schon früher erörtert habe, einer Anpassung an die klimatischen Verhältnisse der hohen Standorte entspricht. Wahrscheinlich würden Kulturversuche ergeben, daß sie von der Wirtspflanze der einen Gebiete nicht auf die Wirtspflanze der anderen Gebiete übergeimpft werden kann, wie sie ja bei uns nie auf *Geranium rotundifolium* auftritt. Somit sind dann eben die in den verschiedenen geographischen Bezirken auf den verschiedenen Wirtspflanzen auftretenden *Puccinia Geranii* Lev. als biologische Arten oder Rassen derselben auseinanderzuhalten.

Diesem Verhalten möchte ich an die Seite stellen, daß die spezialisierten Rassen unserer Getreideroste in verschiedenen Gebieten sich etwas verschiedenen Gruppen von Wirtspflanzen angepaßt haben, wie dies namentlich aus den Untersuchungen des Nordamerikaners CARLETON u. a. hervorgeht.

Die beigegebenen Figuren hat Frl. A. LOEWINSOHN bei mir nach der Natur gezeichnet.

Erklärung der Tafel IV.

Fig. 1. *Puccinia Geranii* Lev. auf *Geranium rotundifolium* ex Mus. Paris. Natürl. Gr.

Fig. 2—7. Teleutosporen derselben. Vergr. 420.

Fig. 8. *Puccinia callaquensis* Neger auf *Geranium sessiliflorum* von den Anden. Natürl. Gr.

Fig. 9—13. Uredosporen derselben. Vergr. 420. In Fig. 9 ist dieselbe Uredospore a) in der Längsansicht und b) von oben dargestellt.

Fig. 14—17. *Puccinia*sporen derselben. Vergr. 420.

Fig. 18—22. *Puccinia*sporen von *Pucc. Geranii* Lev. auf *Geranium Richardsonii* aus Utah. Vergr. 420.

---

15. Th. M. Porodko: Vergleichende Untersuchungen über die Tropismen.

IV. Mitteilung.

Die Gültigkeit des Energiemengegesetzes für den negativen Chemotropismus der Pflanzenwurzeln.

(Mit 3 Textfiguren.)

(Eingegangen am 19. Februar 1913.)

In meiner ersten[1]) Mitteilung wies ich auf Bedingungen hin, welche für den Eintritt negativchemotroper Wurzelkrümmungen ausschlaggebend sind. Speziell ging ich auf die Reizstärke ein und suchte dieselbe auf ihre Komponenten zurückzuführen. Die Bedeutung der einzelnen Komponenten wurde richtig gewürdigt, ihre gegenseitigen Beziehungen konnten jedoch nicht formuliert werden.

Vorliegende Untersuchungen bezwecken nun, diese Lücke auszufüllen. Es handelt sich also um die genaue Formulierung des Zusammenhanges zwischen der Konzentration des Chemotropikums und seiner Berührungsdauer mit der

---

1) PORODKO, Diese Berichte Bd. 30, S. 19 u. ff.

Wurzelspitze, denn die Stärke des chemotropen Reizes ist bloß eine Funktion dieser zwei[1]) Variablen.

Die mitzuteilenden Versuche wurden mit den ca. 10—20 mm langen Keimwurzeln von *Lupinus albus* und *Helianthus annuus* ausgeführt. Die Versuchsanordnung war im allgemeinen mit der in meinen früheren[2]) Mitteilungen beschriebenen identisch. Es sei deshalb nur auf einige Details des Reizungsverfahrens aufmerksam gemacht.

Die chemotrope Reizung führte ich unter Zuhilfenahme sowohl der Agar- als Papierstückchenmethode aus. Die erstere Methode ist aber der letzteren entschieden vorzuziehen. Wenn man für die in Rede stehenden quantitativen Untersuchungen die Papierstückchen benutzt, so hat man stets mit zwei Fehlerquellen zu rechnen. Einerseits muß man vor dem Aufsetzen des Stückchens den Überschuß der befeuchtenden Lösung entfernen, was jedoch nicht immer im gleichen Grade zu machen gelingt. Zuweilen entfernt man mehr, zuweilen weniger, so daß die Stoffmenge schon in Erwägung gezogen werden muß. Andererseits findet nicht allein die Diffusion der Lösung am Berührungsort der Wurzel mit dem Papierstückchen statt — wie dies für das Agarstückchen wohl der Fall ist —, sondern auch eine Benetzung. Reizt man unter solchen Umständen kurz und mit einer langsam diffundierenden Lösung, so bleibt ein Teil derselben selbst nach dem Entfernen des Papierstückchens doch in Berührung mit der Wurzelspitze. Die beiden angeführten Fehler der Papierstückchenmethode beeinflussen die Reizstärke in einer schwer kontrollierbaren Weise und machen somit manche Versuche unvergleichbar.

Die Dauer der Reizung wurde mittels eines Metronomes oder einer Kontrolluhr gemessen. Die zu prüfenden Konzentrationen wurden meistens so gewählt, daß die nötige Reizdauer zwischen 1 und 300 Sekunden schwankte. Ich hielt an diesen Grenzen aus folgenden Gründen fest. Die Reizdauer, die weniger als 1 Sekunde beträgt, läßt sich schon nicht genau bestimmen. Dauert die Reizung dagegen mehr als 300 Sekunden, so dürfte sich die im

---

1) Vgl. PORODKO, a. a. O. S. 20. Dort ist überdies von der Stoffmenge die Rede, weil meine damaligen Versuche mit den Papier- bzw. Agarstückchen schwankender Dimensionen ausgeführt wurden. Jetzt benutzte ich hingegen tunlichst gleichgroße Stückchen, wodurch der Einfluß der Stoffmenge eliminiert wurde.

2) PORODKO, a. a. O. S. 17—19 und 306—307.

Stückchen vorhandene Stoffmenge schon merklich vermindern bzw. erschöpfen. Durch das Wechseln der Stückchen könnte man freilich diese Gefahr vermeiden, dann aber würde die Reizung

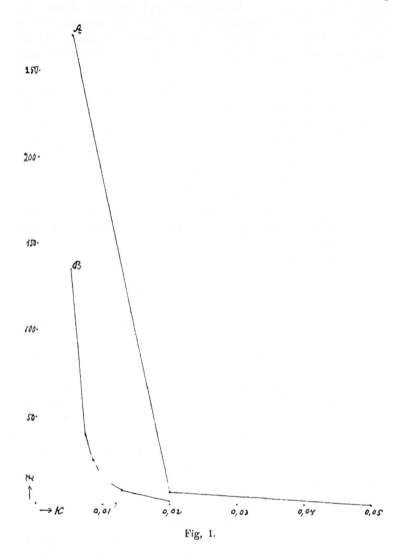

Fig, 1.

unterbrochen und möglicherweise z. T. verschoben, insofern als das neue Stückchen nicht genau auf seinen früheren Platz aufgesetzt werden könnte.

Jeder Stoff wurde in mehreren Konzentrationen geprüft. Jeder Konzentration widmete ich eine Reihe der Versuche, die sich nur durch die variierende Berührungsdauer voneinander unterschieden. Auf diese Weise suchte ich die Präsentationszeit für negativchemotrope Wurzelkrümmungen zu ermitteln. In Anbetracht individueller Verschiedenheiten im Verhalten einzelner Wurzeln mußte jeder Versuch mehrmals wiederholt werden. Aus Räumlichkeitsgründen führe ich aber fernerhin nur die gewonnenen Resultate an, und zwar in tabellarischer Zusammenstellung. Die hierbei benutzten Zeichen haben folgende Bedeutung: Z ist die Berührungsdauer in Sekunden, K die Konzentration in Grammäquivalenten bzw. Molen; 0, × und ×× zeigen, daß die Krümmung nicht eingetreten bzw. schwach bzw. stark ist.

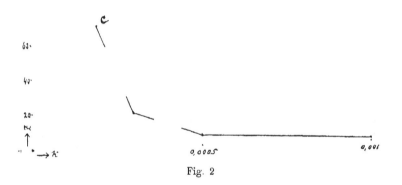

Fig. 2

Tabelle Nr. 1.

Versuchspflanze — *Helianthus annuus*.
Reizstoff — Aluminiumsulfat.
Reizungsweise — Aufsetzen der Papierstückchen.

K in Gr.-Äq. \ Z	1	2	3	6	8	12	15	20	25	30	40	60	130	135	150
0,02	0	×	××												
0,013				0	×										
0,01						0	××	×							
0,00875							××	0	×						
0,0075									0	×					
0,005												0	×	××	

7*

Tabelle Nr. 2.

Versuchspflanze — *Helianthus annuus.*
Reizstoff — Rosanilinazetat.
Reizungsweise — Aufsetzen der Agarstückchen.

K in Mol. / Z	$^1/_2$—1	5	6	7	9	240	270	360
0,05	×	××						
0,02			0	×	××			
0,005						0	×	××

Tabelle Nr. 3.

Versuchspflanze — *Lupinus albus.*
Reizstoff — Uranylnitrat.
Reizungsweise — Aufsetzen der Agarstückchen.

K in Gr.-Äq. / Z	1	5	6	17	20	60	70	90
0,001	×	××						
0,0005		0	×					
0,0003				0	×			
0,0002						0	×	××

In den angeführten Tabellen sind für uns diejenigen Z-Werte wichtig, welche dem Zeichen × entsprechen, weil sie die gesuchten Präsentationszeiten vorstellen. Die letzteren geben nun in Verbindung mit ihren K-Werten jene Reizstärke ab, welche der Schwelle für negativchemotrope Wurzelkrümmungen entspricht.

Diese Reizschwellen liegen somit:

A) für Rosanilinazetat   bei 0,05   Mol. und etwa $^3/_4$ Sekunden,
           „   0,02   „   „   7   „   ,
           „   0.005   „   „   270   „   ;

B) für Aluminiumsulfat   bei 0,02   Gr.-Äq. und 2 Sekunden,
           „   0,013   „   „   8   „   .
           „   0,01   „   „   15   „   .
           „   0,00875   „   „   25   „   ,
           „   0,0075   „   „   40   „   .
           „   0,005   „   „   135   „   ;

C) für Uranylnitrat   bei 0,001   Gr.-Äq. und 1 Sekunde,
           „   0,0005   „   „   6   „   ,
           „   0,0003   „   „   20   „   ,
           „   0,0002   „   „   70   „   .

Wir haben also eine Reihe der korrespondierenden reiz-schwelligen K- und Z-Werte vor uns. Suchen wir nunmehr den Zusammenhang zwischen ihnen zu formulieren.

Tragen wir in ein rechtwinkliges Koordinatensystem die obigen K- und Z-Werte ein, so erhalten wir für jeden geprüften Stoff eine Kurve. (Fig. 1 und 2. A bezieht sich auf Rosanilin-azetat, B auf Aluminiumsulfat und C auf Uranylnitrat.)

Jede dieser Kurven entspricht der Formel einer Hyperbel

$$Z_k = \frac{Z_K K^n}{k^n} \qquad (1).$$

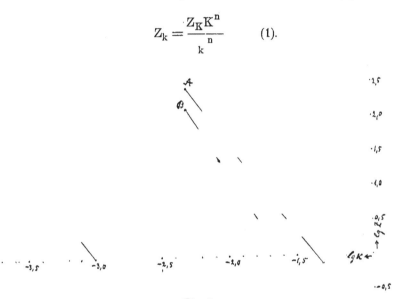

Fig. 3.

Denn legt man der graphischen Darstellung die Logarithmen unserer K- und Z-Werte zugrunde, so ergeben die Verbindungs-linien der Schnittpunkte drei Gerade. (Fig. 3. Die Buchstaben haben dieselbe Bedeutung wie in Fig. 1 und 2.)

Die Gleichung jeder dieser Geraden ist:

$$\lg Z_k = \lg Z_K + n\,(\lg K - \lg k) \qquad (2).$$

Hieraus kann man den Wert von n für jede Gerade be-rechnen. Im Durchschnitt ist er für A und C 2,63, für B gleich 2,98. Führt man diese n-Werte in die Formel (2) ein, so kann man aus der einen empirisch gefundenen Präsentationszeit (Z_K) bei der Konzentration K die Präsentationszeiten bei allen[1]) möglichen Konzentrationen des nämlichen Stoffes berechnen.

Führt man endlich die gefundenen n-Werte in die Formel (1) ein, so erhält man für die Rosanilinazetat- und Uranylnitratkurve die Gleichung

$$Z_k k^{2,63} = Z_K K^{2,63} \qquad (3\ A),$$

für die Aluminiumsulfatkurve dagegen

$$Z_k k^{2,98} = Z_K K^{2,98} \qquad (3\ B).$$

In dieser Form dargestellt zeigen die beiden Gleichungen sofort, daß für den Eintritt der negativchemotropen Wurzelkrümmung die Menge der chemischen Energie maßgebend ist. Denn $Z_k k^n$ stellt ein Produkt aus der Konzentration und der Berührungsdauer vor. Der letzteren Größe ist indessen die Menge des in die Wurzelspitze eingedrungenen Stoffes proportional. Hieraus ergibt sich also, daß das Energiemengegesetz auch für den negativen Chemotropismus der Pflanzenwurzeln gültig ist.

Odessa, Botanisches Laboratorium der Universität, den 17. Februar 1913.

---

1) Ob die Formel außerhalb der geprüften Kontrationen gilt, habe ich noch nicht untersucht.

Sitzung vom 28. März 1913.

Vorsitzender: Herr L. WITTMACK.

Der Vorsitzende macht zunächst Mitteilung von dem schweren Verlust, den die Gesellschaft durch das am 6. März d. J. erfolgte Ableben ihres ordentlichen Mitgliedes Herrn Geh. Regierungsrat Prof. Dr.

Paul Ascherson

erlitten hat.

Um das Andenken an den Verstorbenen zu ehren, erhoben sich die Anwesenden von ihren Plätzen.

Als ordentliche Mitglieder werden vorgeschlagen die Herren

Knudson, Dr. **Lewis,** Assistant Professor of Plant Physiology an dem New York State College of Agriculture der Cornell University in **Ithaca,** New York (vorgeschlagen durch B. M. DUGGAR und H. V. SCHRENK),

Schulow, Iwan, Privatdozent an der weiblichen Landwirtschaftl. Hochschule in **Moskau** (vorgeschlagen durch L. WITTMACK und F. DUYSEN),

Kurssanow, L., Privatdozent an der Universität in .**Moskau** (vorgeschlagen durch R. KOLKWITZ und A. ARTARI),

Meyer, K., Assistent am Botan. Institut der Universität in **Moskau** (vorgeschlagen durch R. KOLKWITZ und A. ARTARI),

Brenner, Dr. **W.** in **Basel,** Grenzacher Str. 71 (vorgeschlagen durch E. BUCHERER und CH. TERNETZ),

Gicklhorn, Josef, Assistent am Pflanzenphysiol. Institut der Universität in **Wien I,** Franzensring (vorgeschlagen durch H. MOLISCH und O. RICHTER),

Zikes, Dr. **Heinrich,** Privatdozent an der Universität und Direktorstellvertreter der Österreichischen Versuchsstation für Brauindustrie in **Wien XVIII/I,** Abt-Karl-Str. 25 (vorgeschlagen durch H. MOLISCH und O. RICHTER),

Levitzki, Gregorius, Assistent am Botan. Laboratorium des Polytechnikums in **Kiew** (vorgeschlagen durch S. NAWASCHIN und L. KNY),

96

Sitzung vom 28. März 1913.

Kasanovski, Victor, Privatdozent für Botanik an der K. Universität in **Kiew** (vorgeschlagen durch S. NAWASCHIN und L. KNY),

Finn, Vladimir, Konservator am Botanischen Garten der K. Universität in **Kiew** (vorgeschlagen durch S. NAWASCHIN und L. KNY),

Plaut, Dr. **Menko,** Assistent an der landw. Versuchsstation in **Halle a. S.** (vorgeschlagen durch O. VON KIRCHNER und O. APPEL).

Als ordentliche Mitglieder werden proklamiert Fräulein
Babiy, Johanna in **Mödling** b. Wien,
und die Herren
Heidmann, Anton in **Wien,**
Klein, Gustav in **Wien,**
Bremekamp, Dr. **C. E. B.** in **Pasuruan** (Java),
Burgeff, Dr. **Hans** in **München,**
Günthart, Dr. **August** in **Leipzig,**
Rippel, Dr. **August** in **Augustenberg** b. Durlach.

Die in den Voranschlag für das Jahr 1912 eingestellten 500 M. zur Unterstützung wissenschaftlicher Arbeiten sind Herrn Privatdozenten Dr. ERNST PRINGSHEIM in Halle a. S. bewilligt worden.

Herr L. WITTMACK demonstrierte ein Feuerzeug, dessen Lunte aus der wolligen Rindenschicht von *Gnaphalium saxatile* zusammengedreht ist. Diese Lunte wird durch ein Rohr von *Arundo Donax* gehalten.

Das Feuerzeug wird von Hirten auf der Madeira benachbarten Insel Porto Santo angefertigt und benutzt und wurde von Herrn Dr. OTTO KLEIN dem Museum der Landw. Hochschule geschenkt.

Mitteilungen.

16. Iw. Schulow: Versuche mit sterilen Kulturen höherer Pflanzen.

(Mit 2 Abbildungen im Text.)

(Eingegangen am 6. März 1913.)

1. Assimilation des Phosphors organischer Verbindungen.

Im Jahre 1911 nahm ich Gelegenheit, an dieser Stelle eine vorläufige Mitteilung über meine Methode steriler Kulturen höherer Pflanzen zu veröffentlichen[1]). Im Sommer 1912 prüfte ich die Methode in umfangreicheren Versuchen und erhielt gute Resultate: im vorigen Jahre gaben Wasserkulturen von Mais 75 pCt. absolut reiner Fälle, während jetzt Wasserkulturen von Erbsen (9 Gefäße) 89 pCt., von Gerste (7 Gefäße) 100 pCt. und von Mais (15 Gefäße) 100 pCt. Sterilität gaben.

Ich erlaube mir, hier an meine Methode zu erinnern in der Überzeugung, daß die Methodik der sterilen Kulturen (eben von dem Typus, bei welchem die oberirdischen Organe der Pflanze sich frei in der Luft entwickeln) noch weit davon entfernt ist, definitiv ausgearbeitet zu sein. Und doch ist die Lösung dieses Problems in hohem Grade wichtig und erwünscht. Die kolossalen Erfolge der Forschungen im Bereich der Mikrobiologie, die immer neue Seiten der Tätigkeit der Mikroorganismen und ihren Anteil am Kreislaufe aller Nährelemente enthüllen, erschüttern von Tag zu Tag die Positionen der verdienten einfachen (nicht sterilen) Sand- und Wasserkulturen.

Bei den vergleichenden Massenuntersuchungen, so auch zum Zwecke der Rekognoszierung werden diese einfachen Kulturen ihre große Bedeutung wahrscheinlich nie verlieren; die genaue Lösung einer jeden Frage der Physiologie der Ernährung höherer Pflanzen und sogar die aprioristische Lösung vieler Fragen (Assimilation örganischer Verbindungen, Wurzelausscheidungen, Ammoniakernäh-

---

1) Iw. Schulow, „Zur Methodik steriler Kulturen höherer Pflanzen." Berichte d. Deutsch. Botan. Ges. 1911, Bd. 29, 504.

rung u. a.) erheischen jedoch unstreitig streng sterile Versuchsbedingungen. Im Mißverhältnis zu dieser großen Bedeutung steht
die geringe Anzahl der bis jetzt bekannten sterilen Kulturen,
während ihre Methoden unzureichend sind. Die Hauptbedingung
des Erfolges bei sterilen Kulturen des besprochenen Typus ist
fortwährender, nicht einen Augenblick gestörter Schutz des Sub-
strats und des Wurzelsystems vor freier Luft, die nicht durch eine
genügende Schicht sterilisierter Watte filtriert ist. Damit ist natürlich die Manipulation des Versenkens des sterilisierten Samens und
die besonders langwierige Manipulation der Befreiung des Stengels
aus dem Bereich des Gefäßes in die Luft, mit einem Worte diejenigen Manipulationen, bei denen die Gefäße geöffnet werden und
deren Substrate mit der Luft nicht durch Watte, sondern frei in
Berührung kommen, gemeint. Die mir bekannten Methoden der
mich interessierenden Kulturtypen genügen nicht diesen An-
sprüchen: die Methode von Prof. KOSSOWITSCH[1]), die ausführlich
vom Autor beschrieben ist, gewährleistet nur Beseitigung des
Nitrifikationsprozesses; die Methode von MAZÉ[2]) (soweit man nach
der spärlichen Beschreibung urteilen kann); die Methode von
HUTCHINSON[3]) genügt nur, wenn ich nicht irre, zur Beseitigung
der nitrifizierenden Bakterien; die Methode von PANTANELLI[4]),
die meiner Meinung nach gleichfalls nur dieser Aufgabe dient,
endlich die neueste Methode von COMBES[5]).

Die beiden ersten Methoden sind lange vor meinen Versuchen,
die dritte fast gleichzeitig mit denselben, die beiden letzten nach
denselben vorgeschlagen worden. Die Autoren bezeugen gute Resultate der Sterilität, die sie durch ihre Methoden erzielt haben[6]),
erwähnen aber gar nicht (ausgenommen P. S. KOSSOWITSCH), wie

---

1) P. S. KOSSOWITSCH, Russisches Journal für experimentelle Landwirtschaft 1901 und 1904.

2) M. P. MAZÉ, Annales de l'Institut Pasteur 1900, 1904 und 1911.

3) H. B. HUTCHINSON and H. I. MILLER, „The direct assimilation of
inorganic and organic forms of nitrogen by higher plants." Centralblatt für
Bakteriologie 1912, Nr. 21—24.

4) E. PANTANELLI e G. SEVERINI, „Ulteriori esperienze sulla nutrizione
ammoniacale delle piante verdi." November 1911.

5) M. R COMBES, „Sur une méthode de culture des plantes supérieures
en milieux stériles." Comptes rendus etc. 1912.

6) MAZÉ, HUTCHINSON und PANTANELLI teilen nicht mit, ob sie die
Sterilität der Substrate vor Beendigung der Versuche prüfen. Ich tue es unbedingt: einen oder höchstens 3—4 Tage vor der Ernte der Pflanze bringe
ich kleine Portionen der Substrate in Fleischbouillon (mit Glukose, Asparagin
und Pepton) und in Substrat für nitrifizierende Bakterien.

groß der Abgang an infizierten Kulturen ist. Es ist möglich, daß ein solcher Abgang, und zwar in bedeutendem Grade stattfinden muß, und darum halte ich die benannten Methoden, die vielleicht nur sehr labile Resultate ergeben, für unzureichend. Eine streng durchdachte Methode muß im voraus einen hohen Prozentsatz von sterilen Kulturen versprechen und auch gewährleisten. Diese Betrachtungen waren es auch, die mich auf den Gedanken brachten zu versuchen, eine eigene Methode für sterile Kulturen auszuarbeiten. Sie entspricht vollkommen der erwähnten Hauptanforderung, daß weder bei der Sterilisation, beim Quellen und beim Versenken des Samens, noch bei der langwierigen Manipulation der Freimachung des Stengels (weil sie besondere Sorgfalt erheischt) das Substrat auch nur einen Augenblick mit der freien Luft in Berührung kommt, daß also selbst bei diesen Manipulationen die Luft in die Gefäße nur durch eine dichte Schicht sterilisierter Watte eindringt.

Ich sehe ein, daß der vorjährige kurze Bericht keinen vollen Überblick über die Methode gewährt. Leider kann ich auch jetzt weder eine eingehendere Beschreibung geben, noch über alle durch sie erhaltenen Resultate berichten[1]). Daher beschränke ich mich hier nur auf eine kurze Mitteilung der Hauptresultate einiger von mir im Jahre 1912 berichteten Fragen. Ich spreche hier von sterilen Wasserkulturen von Mais und Erbsen. Als Basis diente mir das Nährsubstrat von HELLRIEGEL; ich variierte aber die Quellen von N und P_2O_5; ich nahm $Ca(NO_3)_2$, NH_4NO_3, Asparagin und als Quellen von $P_2O_5 - KH_2PO_4$, Lecithin und Phytin (chemisch reine Präparate von MERCK). Alle Stickstoffquellen und auch alle Phosphate wurden in bestimmten Wassermengen vom allgemeinen Nährsubstrat gesondert sterilisiert und erst nach der Sterilisation hinzugefügt.

----

1) Die Resultate der vorjährigen Versuche sind als vorläufige Mitteilungen „Zur Frage über die Methodik der sterilen Kulturen höherer Pflanzen“, „Assimilation von Ammoniak und Nitratstickstoff“, „Die Anwesenheit von nitrifizierenden Bakterien in gewöhnlichen Sandkulturen“ und „Die Eiweißbildung durch höhere Pflanzen in der Dunkelheit (in sterilen Kulturen)“ im Russischen Journal für experimentelle Landwirtschaft (1911—1912) veröffentlicht worden. In meinem Werke, welches sich augenblicklich im Druck befindet und bald erscheinen soll (Berichte des Landwirtschaftlichen Instituts zu Moskau 1913, Lieferg. II), unter dem Titel „Untersuchungen im Bereich der Physiologie der Ernährung höherer Pflanzen durch Methoden isolierter Ernährung und steriler Kulturen“ werden sämtliche Resultate meiner in den Jahren 1911 und 1912 ausgeführten Versuche samt einer ausführlichen Beschreibung der ganzen Methodik enthalten sein.

Die beigegebenen Abbildungen 1 und 2 zeigen die Gesamtansicht der Erbsenkulturen (14 Tage vor der Ernte) und einige
von Maiskulturen (3—4 Tage vor der Ernte). Die Erbsenernte

Abbildung 1.

Nrn.	1	5	6	7	2	9	3
N- und P₂O₅-Quellen		Ca(NO₃)₂				NH₄NO₃	Ca(NO₃)₂
	KH₂PO₄	Lecithin		Phytin	KH₂PO₄	KH₂PO₄	
		steril	infiziert				

von zwei Gefäßen wurde früher abgenommen und konnte deshalb
nicht mit photographiert werden.

Abbildung 2.

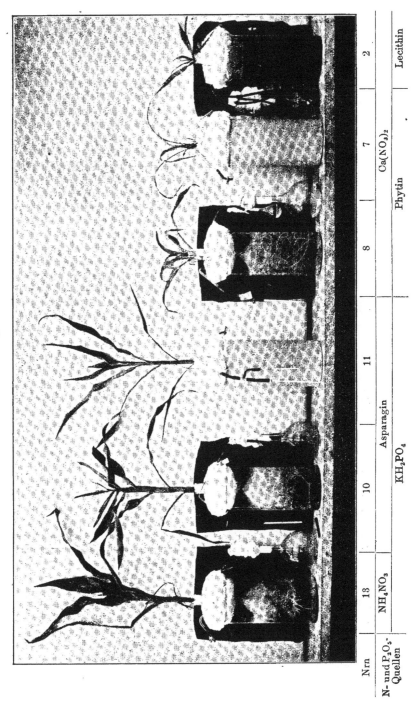

Nrn	13	10	11	8	7	2
N- und P₂O₅-Quellen	NH₄NO₃	Asparagin		Phytin	Ca(NO₃)₂	Lecithin
		KH₂PO₄				

Die nachstehenden Tabellen zeigen die Ernte der Kulturen.

Erbsen (Lufttrockensubstanz in g)

Nr. der Gefäße	N- u. P$_2$O$_5$- Quellen	Alter in Tagen	Samen	Übrige oberirdische Teile	Wurzeln	Allgemeines Gewicht der Ernte
1	Ca(NO$_3$)$_2$ KH$_2$PO$_4$	82	2,70	18,00	2,66	23,36
2	„	82	6,55	14,91	2,80	23,76
3	„	84	3,65	5,06	0,72	9,43
4	Ca(NO$_3$)$_2$ Lecithin	57	—	—	—	0,232
5	„	82	0,29	0,96	0,19	1,44
6	„	81	2,96	7,85	1,04	11,85
7	Ca(NO$_3$)$_2$ Phytin	80	1,68	11,16	1,88	14,72
8	NH$_4$NO$_3$ KH$_2$PO$_4$	34	—	—	—	0,358
9	„	80	9,51	8,42	0,77	18,70

Mais (Lufttrockensubstanz in g)

Nr. der Gefäße	N- und P$_2$O$_5$- Quellen	Alter in Tagen	Oberirdische Teile	Wurzeln	Allgemeines Gewicht der Ernte
1	Ca(NO$_3$)$_2$ KH$_2$PO$_4$	49	9,07	4,20	13,27
2	Ca(NO$_3$)$_2$ Lecithin	66	1,03	0,48	1,51
3	„	53	0,50	0,24	0,74
4	„	52	0,52	0,24	0,76
5	„	52	0,53	0,23	0,76
6	Ca(NO$_3$)$_2$ Lecithin + + KH$_2$PO$_4$	52	8,37	1,54	9,91
7	Ca(NO$_3$)$_2$ Phytin	62	2,84	1,40	4,24
8	„	62	3,49	1,38	4,87
9	„	54	1,64	0,49	2,13
10	Asparagin KH$_2$PO$_4$	62	24,07	6,78	30,85
11	„	62	12,81	3,56	16,37
12	NH$_4$NO$_3$ KH$_2$PO$_4$	34	2,51	0,83	3,34
13	„	60	17,87	5,55	23,42
14	„	58	5,63	0,86	6,49
15	„	52	10,55	0,95	11,50

Ich halte es für angebracht, darauf hinzuweisen, daß die Erbsenkulturen bis zum Früchtetragen, einige Exemplare sogar bis zur vollen Reife gebracht worden sind; es keimten, wie Keimungsversuche ergaben, z. B. die Samen von Nr. 1, 2, 7 und 9.

Nun gehe ich zur Mitteilung der Resultate der Versuche mit organischen Phosphaten über. Vorläufig sei bemerkt, daß

mir keine einzige Arbeit bekannt ist, die unter streng sterilen Bedingungen, wie sie zur Lösung dieser Frage unbedingt notwendig
sind, durchgeführt ist. Allerdings sagt STOKLASA[1]) in seiner
ersten Arbeit mit Phosphorverbindungen aus dem Jahre 1895,
nämlich in derjenigen mit Lecithin, daß diese Frage von ihm bestimmt gelöst ist, und schließt mit den Worten: „Der erste Beweis für die Assimilation von Phosphorsäure in organischer Form
durch Phanerogamen." Man kann sich damit kaum einverstanden
erklären. PEROTTI[2]) sagt unter anderem in seiner Arbeit vom
Jahre 1910: „Es wäre mein lebhafter Wunsch gewesen, den
übrigen Teilen dieser Arbeit auch denjenigen beizufügen, welcher
sich auf die Untersuchungen bezieht, die ausdrücklich zu dem
Zweck angestellt wurden, diesen Punkt (d. h. die Frage über die
Assimilation organischer Phosphate) aufzuklären, der unstreitig von
großer Bedeutung, aber bis jetzt, man kann sagen, noch vollständig
in Dunkel gehüllt ist. In der Tat besitzen wir nur die einzige
oben erwähnte Arbeit von STOKLASA, durch welche nachgewiesen
wurde, daß die Glyzerinphosphorsäure und das Lecithin von den
Wurzeln der Pflanzen aufgenommen werden können, aber man
kann den Zweifel nicht von der Hand weisen, daß diese
Tatsache der Mitwirkung bakterieller Tätigkeit zu verdanken sein könne, durch welche eine Abspaltung von
Phosphorsäure eingetreten sei (Sperrdruck von mir). Allein
STOKLASA[3]) wiederholt beharrlich in seiner Arbeit, welche ein
Jahr nach der zitierten Arbeit von PEROTTI fast unter demselben
Titel veröffentlicht worden ist, daß diese Frage von ihm im Jahre
1895 gelöst sei und weist schon ganz bestimmt auf das Fehlen
einer Mitwirkung von Mikroorganismen hin (siehe z. B. Seite 421).
Der Meinung von PEROTTI muß man sich unbedingt anschließen,
und man kann nicht umhin, zur Bestätigung der Annahme, daß
die Kulturen von STOKLASA nicht steril waren, folgende Erwägung
vorzubringen: Wenn vor 17 Jahren Versuche, höhere Pflanzen in
sterilem Milieu zu kultivieren, auch stattfanden, so bezog sich dies
nur auf Kulturen in geschlossenen Gefäßen und nicht auf diejenigen, mit denen es STOKLASA zu tun hatte. Seine Haferwasser-

---

1) J. STOKLASA, „Die Assimilation des Lecithins durch die Pflanze."
Sitzungsberichte der Akademie der Wissenschaften zu Wien 1895, B. 104.

2) R. PEROTTI, „Über den biochemischen Kreislauf der Phosphorsäure
im Ackerboden." Centralblatt für Bakteriologie 1910, Abt. 2, Bd. 25.

3) J. STOKLASA, „Biochemischer Kreislauf des Phosphat-Ions im Boden."
Centralblatt für Bakteriologie 1911, Abt. II, Bd. 29.

kultur muß man nur als erste unter den übrigen nichtsterilen Kulturen (Wasser-, Sand- und Bodenkulturen) in der berührten Frage betrachten.

Übrigens gibt es auch Versuche mit nichtsterilen Kulturen verhältnismäßig sehr wenige. Außer der erwähnten Arbeit von STOKLASA kann man noch auf folgende hinweisen: SUZUKI und TACAICHI [1]) beobachteten in Sand- und Bodenkulturen von Gerste einen sehr erheblichen Phytinverbrauch. MITSUTA [2]) erhielt einen Hinweis auf Lecithinassimilation, indem er Produkte von Heringguano den Sandkulturen von Gerste hinzufügte. ASO und JOCHIDA [3]) erhielten eine Maximalernte an Lecithin, zugleich aber auch eine ergiebige an Phytin, indem sie den Bodenkulturen von Gerste verschiedene Phosphate, darunter auch Lecithin und Phytin, hinzufügten. In einer anderen Reihe von Versuchen mit verschiedenen Pflanzen erhielten genannte Autoren den besten Lecithineffekt. M. A. JE-GOROW [4]) schloß bei Erforschung verschiedener Mistarten in die Sand- und Bodenkulturen von Hafer verschiedene organische Phosphate ein, die ihn interessierten. Im Resultat erhielt er eine große Ernte und eine bedeutende Assimilation von P_2O_5 seitens letzterer bei Phytin und einen geringeren Effekt bei Lecithin-Einschluß.

Es unterliegt keinem Zweifel, daß in allen diesen flüchtig beschriebenen nicht sterilen Kulturen die Pflanzen es nicht mit unveränderten organischen Phosphaten zu tun hatten, sondern mit irgendeinem von ihren Produkten, die unter dem Einflusse der Tätigkeit der Mikroorganismen entstanden sind, jedenfalls mit abgespaltener mineralisierter Phosphorsäure.

Nun wollen wir uns unseren eigenen Versuchen mit Lecithin und Phytin zuwenden. Ich wählte diese organischen Phosphorverbindungen aus demselben Grunde, der wahrscheinlich auch in den erwähnten Versuchen sie einzuschließen veranlaßte, und zwar weil sie in der Pflanze sowohl als auch im Boden sehr verbreitet sind und somit auch von wesentlicher Bedeutung in der allgemeinen Phosphorökonomie sind. Die chemisch reinen Präparate von MERCK,

---

1) U. SUZUKI and TACAICHI. Journal of Agricult. Society Japan Nr. 323.

2) R. MITSUTA. „On the availability of phosphoric acid in various forms in herring-guano." Journal of the College of agric., Tokio, 1909.

3) K. ASO and T. JOCHIDA. „On the manurial value of various organic phosphor compounds." Journal of the College of agricult., Tokio 1909 Vol. I Nr. 2.

4) M. A. JEGOROW. Russisches Journal für experimentelle Landwirtschaft, 1910—1911.

die ich zu den Versuchen verwendet habe, enthielten meinen Analysen nach an Phosphorsäure (P_2O_5): Phytin — 45,38 pCt. und Lecithin 8,15 pCt.[1]). ASO verwendete Präparate, die ihrer Zusammensetzung nach obigen nahestanden, nämlich ein eigenes Phytinpräparat (aus Reis) mit 45,86 pCt. und Lecithin (von KÖNIG) mit 7,75 proz. P_2O_5.

Um die Veränderungen im Charakter des Phosphors zu bestimmen, die bei der Sterilisation stattfinden können, unterwarf ich dieser Manipulation einzelne Proben (mit Wasser); dann wurde in den auf diese Weise bearbeiteten Präparaten, und zwar in 1proz. Essigsäure-Auszuge, in üblicher Weise (durch Molybdänlösung und Magnesiummischung) der P_2O_5-Gehalt bestimmt in der Absicht, auf solche Weise den durch Sterilisation abgespaltenen mineralisierten P_2O_5-Teil[2]) zu berechnen. Nach der Sterilisation erhielt ich im Phytin 13,3 pCt. des Gewichts vom Präparat, im Lecithin nur Spuren, die man ohne besondere Sicherheit in der Genauigkeit als 0,03 pCt. des Lecithingewichts bezeichnen kann. Außerdem wurde die P_2O_5-Abspaltung, die während des Versuchs ohne Mitwirkung der Pflanze vor sich ging, bestimmt. Zu diesem Zwecke dienten Gefäße, die zwar keine Pflanzen enthielten, sonst aber den Versuchsgefäßen vollkommen analog waren (Vorbereitung, Sterilisation, Quantität der Nährmischung, ihre Konzentration, Gewichtsproben der organischen Phosphate usw.). Diese Gefäße standen zusammen mit den Versuchsgefäßen im Glasvegetationshause, woselbst sie während des ganzen Versuchs verblieben. Wie durch diese, so wurde auch durch die Gefäße mit den Pflanzen täglich Luft durchgeblasen Nach Beendigung der Versuche wurde soviel starke Essigsäure hinzugefügt, daß eine 1 proz. Essigsäurelösung erhalten wurde; dann wurde der ganze Inhalt filtriert und im eingeengten Filtrat der P_2O_5-Gehalt bestimmt. Es ergab sich, daß in den Phytin enthaltenden Gefäßen im Verlauf der Vegetationsperiode zu den früheren 13,3 pCt. noch 2,9 pCt. hinzugekommen waren, während in den Lecithin enthaltenden Gefäßen dieselben Spuren vorhanden waren, die gleich nach der Sterilisation gefunden worden waren. Auf Grund aller dieser Daten, und von dem Phytin- und Lecithin-Gehalt in den Kulturen ausgehend, stellte ich fest, daß die Gefäße einen Vorrat von Phosphorsäure enthielten, die aus

---

1) Alle angegebenen Zahlen bilden das Mittel von paarigen, zuweilen auch von dreifachen nahestehenden Bestimmungen.

2) In nicht sterilisierten frischen Präparaten machte ich keine solche Bestimmungen, da sie an und für sich keine Bedeutung für die Versuche haben.

·essigsaurem Extrakt gefällt werden kann: bei Phytin 76,0 mg,
bei Lecithin nur ungefähr 0,8 mg. Mit diesen Zahlen wollen
wir ferner die von der Ernte assimilierte P_2O_5-Mengen vergleichen.

Die Entwicklung der Pflanzen war bei Anwendung des Lecithins
sehr gering. 10—14 Tage nach Beginn der Keimung wurden die
Blätter gelb, dann (bei Mais) bedeckten sie sich mit vereinzelten dunkelroten Streifen und blieben bis zu Ende: bei den Erbsen klein
und gelblich, beim Mais sehr schmal und · dunkelbraun. Das
Wurzelsystem blieb während der ganzen Zeit sehr spärlich und
zeigte nur wenige kurze Verzweigungen. Die Maisernte bei Lecithin (siehe Tabelle) war: bei 66 tägigen Exemplaren 1,51 g, bei
den übrigen drei (52—53 tägigen) 0,74, 0,76 und 0,76 gr.

Ein flüchtiger Vergleich dieser Ernten mit den Ernten mit
anorganischen Phosphaten genügt, um · mit großer¸ Bestimmtheit
völliges Fehlen von Lecithinassimilation seitens des Mais vorauszusetzen. ·Eine endgültige Lösung dieser Frage jedoch·ist nur nach
der Analyse der Ernten möglich. Diese Analysen wurden auch
ausgeführt, wobei· sie ergaben: · die Ernte der ältesten Pflanze
(Nr. 2) enthielt 1,2 mg, die übrigen drei 1,8 mg oder jede von
ihnen 0,6 mg P_2O_5. Andererseits wurde die P_2O_5-Quantität im
Saatkorn des Maises mit 0,64 mg [1]) berechnet. Wie ersichtlich, ist
also nur dieser Urvorrat von P_2O_5 in die 52—53 tägigen Pflanzen
übergegangen. Was aber den P_2O_5-Gehalt . im älteren Exemplar
(1,2 mg) betrifft, so entspricht er der Summe (1,24 mg) des Ur-
vorrats und den 0,8 mg P_2O_5, die ohne Mitwirken der Pflanze
aus dem Lecithin frei werden.

Nun fragt es sich, ob nicht ein schädlicher Einfluß auf die
Pflanze von seiten des angewandten Lecithinpräparats stattgefunden,
ein Einfluß, der eine spärliche Entwicklung und eine schlechte
Ausnutzung der Phosphorsäure mit sich bringen könnte. Keinesfalls. Es wurde in dem Versuch ein Gefäß mit vollen Lecithin-
und KH_2PO_4-Dosen, und zwar Nr. 6 eingeschaltet, und dennoch
war seine Ernte nahe der ihm gleichaltrigen Ernte von Nr. 15 und
sogar höher als diejenige von Nr. 14, obgleich diese beiden letzten
Gefäße nur Kaliumphosphat enthielten.

Die Schlußfolgerung dieser beiden Vergleiche liegt auf der
Hand. Der Mais ließ die Phosphorsäure des Lecithins
vollkommen unberührt und assimilierte ihn nicht im
geringsten.

---

1) In einer der Ernten mit KH_2PO_4, und zwar in Nr. 1, wurden
148,4 mg P_2O_5 gefunden.

Nun wollen wir die Erbsenkulturen betrachten. Wir haben
hier eine ungemein lehrreiche Illustration des mächtigen Lösungs-
vermögens der Mikroorganismen auf organische Phosphate. Mit
Lecithin hatte ich drei Gefäße: es enthielten, wie aus den Tabellen
ersichtlich, zwei von ihnen Ernten von 0,23 und 1,44 g, die Ernte
des dritten hingegen (Nr. 6) war kolossal: 11,85 g mit bedeutender
Samenbildung. Die vorstehende Abbildung läßt diesen Unterschied ganz ausgezeichnet hervortreten (Nr. 4 fehlt auf der Photographie, da sie früher fortgenommen wurde). Die P_2O_5-Quantitäten
der Ernten entsprechen gleichfalls diesem Unterschiede: indem die
Nrn. 4 und 5 je 1,1 mg enthielten (in einem Samenkorn waren es
sogar 2,0 mg), enthielt die Ernte von Nr. 6 58,9 mg P_2O_5[1]:
Also bei völlig fehlender Assimilation von Phosphorsäure des
Lecithins in Nr. 4 und 5 wurde sie von Nr. 6 in hohem Maße
ausgenutzt, und zwar: aus dem allgemeinen P_2O_5-Vorrat der Leci-
thindosis von 213 mg wurden 58,9 mg oder 27,6 pCt. assimiliert (der
P_2O_5-Verbrauch betrug in der normalen Kultur Nr. 1 76,1 pCt. des
ganzen Vorrats der in die Gefäße in einer Quantität von 213 mg
als KH_2PO_4 eingeführten Phosphorsäure). Was hat es nun damit
für eine Bewandtnis? Die Ursache ist sehr einfach: Nr. 6 war
das einzige Gefäß bei meinen Versuchen im Jahre 1912, dessen
Substrat zufällig bald nach dem Keimen des Samens infiziert
worden war (noch vor Befreiung des Stengels). Unter dem Mikroskop erkannte man im Substrat sowohl Bakterien (verschiedener Arten)
als auch starke Entwicklung eines Pilzes. Die zahlreichen Hyphen-
kolonien des letzteren bedeckten vollständig die Wurzeln der
Erbsenpflanze und lagerten auch auf dem Boden und an den
Wänden des Gefäßes. Die Infektion war stark und äußerte sich
rasch und auffällig durch Entwicklung der höheren Pflanze.

So mächtig ist der lösende Einfluß der Mikroorganismen auf organische Phosphate. Dies bestätigt noch einmal
den Satz, daß nicht sterile Kulturen in der reinen Frage der Assimilation des Phosphors organischer Verbindungen seitens höherer
Pflanzen gar keine Bedeutung haben. Es ist auch klar, daß
die Erbse in reinen Kulturen nicht im geringsten die
organischen Phosphorteile des Lecithins ausgenutzt hat.

Das Phytin war den höheren Pflanzen bei weitem
nicht so unzugänglich.

Der Mais hatte zu Anfang der Entwicklung bei diesem
Phosphat kein gutes Aussehen: er entwickelte sich langsam, hatte

---

1) Nr. 1 mit Kaliumphosphat zeigte 162,0 mg P_2O_5.

gelbe Blätter. Später erholte er sich sichtbar: die Blätter blieben allerdings gelb, hatten nur grüne Längsstreifen, das Wurzelsystem aber
entwickelte sich stark und hatte sehr lange, wenn auch nicht sehr
üppige Verzweigungen mit zahlreichen Wurzelhaaren. Die Ernte
ergab 2,13 g bei 54tägigen Exemplaren und 4,24—4,87 g bei
62tägigen Pflanzen; die zwei letzten Ernten enthielten 70,2 und
78,8 mg P_2O_5 (die Ernte von Nr. 9 wurde keiner Analyse unterzogen).

Wenn man Phosphorsäure in einem 1 prozentigen essigsauren
Phytinauszug bestimmt für eine Mineralart hält, so kann man nicht
entscheiden, ob der Mais die organischen Teile des Phosphors
berührt hat oder nicht, weil die in den Ernten gefundene P_2O_5-Quan-
tität fast vollkommen den 76 mg entsprach, die auch der essig-
saure Auszug der Gefäße ohne Pflanzen enthielt. Bei dieser Annahme wäre es richtiger, von der Unfähigkeit des Maises, die organischen Teile des Phytinphosphors zu assimilieren, zu sprechen,
da es natürlicher ist, anzunehmen, daß die Pflanzen in erster
Reihe die leichter zugänglichen Mineralteile ausgenutzt haben, die,
wie wir gesehen haben, vollkommen genügen, um die in den Ernten
gefundene Quantität zu decken. Ich wiederhole: dies ist natürlicher
anzunehmen als zu denken, daß diese 70,2 und 78,8 mg P_2O_5
der Ernten teils dem zugänglichen P_2O_5, teils der schwerer assi-
milierbaren organischen Form unternommen wurden. Ganz anders
ist es, wenn man das P_2O_5 des Phytins von einem anderen Standpunkt
aus betrachtet, nämlich von demjenigen aus, von dem auch der
Teil, der im essigsauren Auszug bestimmt wird, als organische
Form betrachtet wird: in diesem Falle muß man von den Daten
des Versuchs sagen, daß sie die Assimilation des Phytins vom
Mais konstatiert haben.

Die Erbsen lassen eine solche Erwägung nicht zu. Eine
Pflanze, welche sich normal entwickelte, Früchte trug, ein üppiges
Wurzelsystem besaß, ergab die hohe Ernte von 14,7 g; die Ernte
enthielt obendrein bedeutend mehr P_2O_5, und zwar 109 mg, im
Vergleich mit der Quantität (76 mg) der zweifelhaften Form P_2O_5,
die sich zu Ende der Vegetationsperiode in den Gefäßen ohne
Anteil der Pflanzen anhäufte und zu Diensten der letzteren stand.

Ich fasse die Ergebnisse in folgenden Sätzen zusammen:

1. Trotz der großen Wichtigkeit der sterilen Kulturen beim
Studium der Fragen der Physiologie der Ernährung höherer
Pflanzen besitzen wir bis heute noch keino Kulturmethoden, die
uns ein gutes Ergebnis an wirklich absolut reinen Fällen gewähr-

leisten könnten. Es ist hier von Kulturen mit frei in der Luft sich entwickelnden oberirdischen Organen die Rede.

2. In den Arbeiten vom Jahre 1911 und 1912 stellte sich der Autor dieses Aufsatzes die Aufgabe, einen der Wege zur Lösung dieses Problems anzugeben.

3· Die ausgearbeitete Methode wurde unter anderem auch angewandt, um die Frage der Assimilation der organischen Phosphate höherer Pflanzen zu ergründen, eine Frage, die bis jetzt, wenn ich nicht irre, nur an nicht sterilen Kulturen studiert worden ist.

4. Die Phosphorsäure des Lecithins wird von den vom Autor verwendeten Pflanzen (Mais und Erbsen) nicht assimiliert.

5. Beim Arbeiten mit Lecithin erhielt ich beiläufig eine sehr exakte Bestätigung des mächtigen lösenden Einflusses der Mikroorganismen auf die organischen Phosphate.

6. Durch die Versuche erhielt ich alle faktischen Daten über die Frage der Assimilation des Phytinphosphors seitens des Maises. Diese Frage wird auf Grund dieser Daten gelöst werden, sobald eine übereinstimmende Meinung über jenen Teil der Phosphorsäure dieser Verbindung, der auf die gewöhnliche Art in einem 1 prozentigen essigsauren Auszuge bestimmt wird, Platz greift.

7. Die Versuche zeigten, daß die Erbsen den organischen Teil der Phytinphosphorsäure assimilieren.

8. Somit haben die Versuche jedenfalls den Beweis erbracht, daß die höheren Pflanzen fähig sind, Phosphorsäure in organischer Form aufzunehmen.

------

2. Zur Frage nach den organischen Wurzelausscheidungen.

Die Frage der Wurzelausscheidungen, besonders der organischen, gehört zu denjenigen zahlreichen Fragen, deren Lösung streng steriles Milieu der Kulturen erheischt. Alles, was in den Wurzelausscheidungen erwartet wird, kann auch in großer Quantität von Mikroorganismen ausgeschieden werden; andererseits kann dies alles von Mikroorganismen teils bis zur Unkenntlichkeit verändert, teils konsumiert werden. So augenscheinlich dies ist, so kann man nichtsdestoweniger unter der gewaltigen Anzahl der einschlägigen Arbeiten nur in sehr wenigen das (am häufigsten nicht ganz genügende) Bestreben erblicken, Sterilität der Kulturen zu erreichen. So ist beispielsweise von den innerhalb einer relativ kurzen Zeit

erschienenen Arbeiten von MOLISCH[1]), CZAPEK[2]), KON[3]), KUNZE[4]),
DOJARENKO[5]),. LEMMERMANN[6]), SCHREINER und ·REED[7]), STOK-
LASA und ERNEST[8]), ABERSON[9]), POUGET und SCHUSCHAK[10]),
BROCQ-ROUSSEAU und GAIN[11]), PFEIFFER und BLANK[12]) und
schließlich von MAZÉ[13]) nur die Arbeit des letzteren Autors augenscheinlich unter vollständiger Beseitigung der Mikroorganismen
durchgeführt worden. Ich glaube, daß hauptsächlich durch die
Ignorierung oder umgekehrt durch die mehr oder minder vollkommene Erreichung von Sterilität der Kulturen die jedem, der
sich für die in Rede stehende Frage interessiert, sehr bekannte
gewaltige Amplitude in den Forschungsergebnissen der bezeichneten
Autoren, nämlich von vollständiger Negierung irgendwelcher
Wurzelausscheidungen überhaupt ·bis zur Auffindung
von verschiedenen freien Säuren, Fermenten und Zuckerarten in denselben bedingt wird.

Zum Zwecke der Untersuchung der organischen Wurzelausscheidungen verwendete ich einige Substrate derselben sterilen
Wasserkulturen von Erbsen und Mais aus dem Jahre 1912, von
denen im vorigen Kapitel die Rede ist. Ich möchte nicht ver-
schweigen, daß diese Untersuchungen, welche in meinem ursprünglichen Arbeitsplan nicht in Aussicht genommen waren, durch
die Arbeit von MAZÉ veranlaßt wurden: trotzdem ich schon seit
jeher geneigt war, das Vorhandensein von organischen Wurzelausscheidungen anzunehmen, brachte ich nichtsdestoweniger den Hinweisen des Autors auf die Ausscheidung von Zuckerarten ein gewisses Mißtrauen entgegen, und zwar um so mehr, als ich in diesem
Zweifel durch die autoritativen Ansichten von MOLISCH und
CZAPEK bekräftigt wurde. So äußert sich beispielsweise der erste

1) Sitzungsber. d. Academie d. Wiss., zu Wien 1887, B. 96.
2) Jahrbüch. f. wiss. Botanik, 1896, und Die Landw. Vers.-Stat. 1899,
B. 52, H. V und VI.
3) Die Landw. Vers.-St. 1899, B. 52, H. IV.
4) Jahrb. f. wiss. Bot. 1906, B. 42.
5) Mitteilung d. I. MENDELEJEWschen Kongresses zu St. Petersburg 1907.
Resümiert im Journal d. Russ. phys.-chem. Gesellsch. 1909, B. 41.
6) Die Landw. Vers.-St. 1907, B. 67.
7) Bied. Centralbl. 1910, B. 89.
8) Jahrb. f. wiss. Bot. 1909, B. 46.
9) Jahrb. f. wiss. Bot. 1910, B. 47.
10) Russisches Journ. f. experim. Landw. 1910.
11) Comptes rendus 1910 und Bied. Centralbl. 1911, B. 40.
12) Die Landw. Vers.-St. 1912.
13) Annales de l'institut PASTEUR 1911.

dieser Autoren in der kategorischsten Weise negativ in bezug auf diese Frage, indem er wörtlich folgendes sagt: „Es tritt nämlich, wie durch die Untersuchungen von DE VRIES und PFEFFER nachgewiesen wurde, und wie ich mich selbst sehr oft überzeugte, aus einer Wurzel überhaupt keine Spur von Zucker heraus[1]."

Das Mißtrauen erregte den Wunsch, die Angaben von MAZÉ nachzuprüfen, während die unerwartete Bestätigung und Ergänzung seiner Befunde in bezug auf Zucker mich veranlaßte, nach Säuren zu forschen. Auf diese Weise kam die Untersuchung zustande, deren Resultate im nachstehenden mitgeteilt werden sollen. Die Art der Bedingungen, unter denen ich meine Experimente ausführte, regte zu solchen Versuchen an. Ich glaube, daß diese Bedingungen günstiger waren als bei vielen der oben erwähnten Autoren. In der Tat verfügte ich über absolut sterile Substrate; außerdem hatte ich die Möglichkeit, nicht irgendein von den Pflanzen innerhalb mehrerer Stunden oder weniger Tage ausgeschiedenes Produkt, nicht ein Produkt entarteter Natur, wie es vielleicht von einer Pflanze erhalten wird, welche überhaupt nicht oder nur während der Beobachtungen ohne Ernährung blieb (wie beispielsweise bei MAZÉ bei seiner „Methode der unterbrochenen Ernährung"), auch nicht ein Produkt einer zu jungen oder, wenn auch reifen, so doch nur innerhalb einer kurzen Zeit beobachteten Pflanze zu untersuchen, sondern organische Ausscheidungen im Überrest desjenigen vollständigen Nährsubstrats, in dem die Pflanzen ohne Unterbrechung viele Wochen lang von frühester Jugend bis zur Ernte verblieben, in dem sie sich normal ernährten und, wie man annehmen kann, auch alle ihre anderen physiologischen Funktionen in natürlicher Weise verrichteten.

Was die Bestimmungen der Zuckerarten betrifft, so wurden diese in filtrierten und durch Verdampfung kondensierten Lösungen mittels FEHLINGscher Flüssigkeit bewerkstelligt. Diese Bestimmungen gaben einen Begriff von dem Gehalt an reduzierenden Zuckerarten in den Ausscheidungen. Trotz des bestimmten Hinweises von MAZÉ auf das Fehlen in den Ausscheidungen von Pflanzen (ebensolche wie bei meinen Versuchen) von nicht reduzierenden Zuckerarten, habe ich auch nach diesen gefahndet. Zu diesem Zwecke wurde ein Teil der Lösungen mit konzentrierter H_2SO_4 (2—3 Volumprozente der nicht kondensierten Lösung) so lange erhitzt, als es erfahrungsgemäß zur Invertierung der in den Ausscheidungen etwa vorhandenen Saccharosen erforderlich ist. Die Fahndungen haben

---

1) Siehe früher genanntes Werk von MOLISCH, Seite 93.

sich nicht als fruchtlos erwiesen: in allen Fällen ohne Ausnahme
steigerte diese Operation das Gewicht des reduzierten Kupfers und
wies folglich auf das Vorhandensein von nicht reduzierenden
Zuckerarten in den Wurzelausscheidungen hin. In der hier bei-
gefügten Tabelle sind die definitiven Durchschnittszahlen nach
Berechnung auf das ganze zurückgebliebene Substrat von einer
Pflanze angegeben (es sind Korrekturen in bezug auf die Reduktion von Cu_2O aus dem mit Wasser entsprechend verdünnten
Reagens selbst in Betracht gezogen). Die Nummern der Kulturen
entsprechen den im vorigen Kapitel mitgeteilten.

Nr. der Gefäße und N-Quellen	Alter in Tagen	Ernte in Gramm	Ohne Inversion		Nach der Inversion	
			Cu in mg	Dextrose in mg	Cu mg	Dextrose mg
E r b s e n						
1. Ca(NO₃)₂	82	28,36	64,6	33,1	116,2	59,2
8. Ca(NO₃)₂	84	9,48	20,4	11,2	68,9	82,7
9. NH₄NO₃	80	18,70	75,7	88,65	270,0	140,0
M a i s						
13. NH₄NO₃	60	28,42	183,5	93,8	Durch Verlust waren die Bestimmungen nicht beendet.	
10. Asparagin	62	80,85	6,4		66,0	88,8
15. NH₄NO₃	52	11,50	—	—	57,5	29,6

Von den mitgeteilten quantitativen Bestimmungen abgesehen,
nahm ich mit anderen Substraten auch qualitative Reaktionen vor.
Im ganzen habe ich 10 Substrate von verschiedenen Erbsen- und
Maisexemplaren geprüft und mit denselben 10 quantitative Bestimmungen sowie 5 qualitative Ergänzungsuntersuchungen ausgeführt, und zwar stets ohne Ausnahme mit stark positivem
Resultat.

Nun, sind Zuckerarten nachgewiesen? Ich glaube, daß ein
Zweifel darüber nicht bestehen kann. Mögen in den ohne H_2SO_4
kondensierten Lösungen nicht Zuckerarten die Bildung von Cu_2O
hervorgerufen haben, sondern etwas anderes, so fragt es sich doch,
weshalb überall nach der Verdampfung mit H_2SO_4 eine noch
stärkere Reduktion zutage tritt. Was könnte außer den Zuckerarten sich dermaßen verhalten? Das ist eins. Zweitens: Wenn
ich mit Phenylhydrazin, im Gegensatz zu Mazé, keine deutliche
Reaktion, sondern nur wegen augenscheinlich schwacher Lösungen
Andeutungen bekam, ergaben Resorzin plus konzentrierte H_2SO_4
in allen Fällen, wo diese Reaktion angewendet wurde, sowohl bei

Erbsen als auch bei Mais eine ausgezeichnete intensive violettrote Färbung. Diese Reaktion gelingt, wie die Vorversuche ergeben haben, ausgezeichnet sowohl mit Saccharosen als mit Glukosen, kommt aber überhaupt nicht zustande beispielsweise mit Peptonen, die man hätte befürchten können. Schließlich hebe ich den in allen Fällen konstanten deutlichen Parallelismus zwischen der Intensität der Reaktion mit Resorzin und den Ergebnissen der quantitativen Bestimmungen hervor.

Alles weist somit auf das Vorhandensein von Zuckerarten in den Substraten, und zwar sowohl reduzierenden als auch nicht reduzierenden hin. Die außerordentlich hohe Steigerung der Reduktion des Kupfers nach der Inversion spricht dafür, daß in den Ausscheidungen Zuckerarten vom Typus der Saccharosen vorwiegen. Darin liegt der Gegensatz zu den Angaben von MAZÉ, der nicht reduzierende Zuckerarten nicht nachweisen konnte. An der Hand der Tabelle kann man nicht bestimmt sagen, welche Pflanze mehr Zuckerarten ausschied. Die erwähnten qualitativen Reaktionen mit FEHLINGscher Lösung und Resorzin sprechen ziemlich bestimmt dafür, daß die Erbsen in besagter Beziehung die erste Stelle einnehmen. Sowohl aus den quantitativen als auch aus den qualitativen Bestimmungen geht deutlich hervor, daß bei NH_4NO_3 die Pflanzen mehr Zuckerarten ausscheiden als bei Ernährung derselben mit $Ca(NO_3)_2$.

Der Beschluß, die Substrate auf den Gehalt derselben an organischen Säuren zu untersuchen, kam zuletzt an die Reihe; infolgedessen wurde die vorangehende Vorbereitung (zunächst nur im Interesse der Zuckerbestimmung) nur so nebenbei gehandhabt, so daß einige Säuren (beispielsweise die Oxalsäure) beseitigt sein konnten. Aus einigen Substraten bzw. ihren einzelnen Teilen bereitete ich das Material zur Untersuchung der Säuren auf folgende Weise vor[1]): ich fällte mit Bleiessig, wusch den Niederschlag mit verdünntem Alkohol (bis zum Verschwinden der Reaktion auf Pb), zersetzte ihn mittels H_2S, filtrierte das PbS ab, ließ das Filtrat verdampfen bis zur Trockne (zur vollständigen Entfernung von H_2S) und löste den Rückstand in Wasser.

Die qualitativen Reaktionen[2]) auf Ameisen-, Essigsäure (für letztere war anderes Material da) und Zitronensäure ergaben in 6 Substraten diese Säure nicht. Aber in allen wurde mit absoluter

---

1) H. EULER, „Grundlagen und Ergebnisse der Pflanzenchemie". 1908, B. I, S. 21—22.

2) Nach EULER und auch nach ABDERHALDEN, „Handbuch der biochemischen Arbeitsmethoden". B. II.

Sicherheit Apfelsäure konstatiert, ohne daß jedoch die Frage gelöst werden konnte, ob die Apfelsäure in freiem oder gebundenem Zustande ausgeschieden wurde. Zum Zwecke des Nachweises der Apfelsäure wurde die vorzügliche Reaktion der Reduktion von Chlorpalladium beim Kochen verwendet[1]. Eine große Anzahl von Vorversuchen ergab, daß bei längerem Kochen einer mit Wasser verdünnten Lösung das Reagens per se, sowie auch das mit Saccharosen und Glukosen vermengte Reagens das Palladium auch nicht in minimalsten Quantitäten . zur Ausscheidung kommt. Und doch haben die in der beschriebenen Weise vorbereiteten Versuchslösungen ergeben: im Falle Erbsen Nr. 1 gute Reaktion nach 6—7 Minuten langem Kochen, im Falle Erbsen Nr. 9 sehr starke und rasche (1—1 1/2 M.) Reaktion, im Falle von Mais Nrn. 15 und 13 Reaktionen, die hinsichtlich der Schnelligkeit und Intensität mit den ersten beiden ähnlich sind. Wider Erwarten waren die Reaktionen reichlich, und man mußte bedauern, daß der größere Teil des Materials für qualitative Proben verbraucht wurde. Glücklicherweise waren jedoch noch Bleiniederschläge von Mais Nr. 10 (vollkommen intakt) und von den Erbsen Nr. 3 (etwas im Interesse anderer Bestimmungen verbraucht) angegriffen. Diese Niederschläge wurden in der angegebenen Weise bearbeitet und dann zu quantitativen Bestimmungen verwendet (1 g Apfelsäure = 0,294 g Pd). Es wurden bei Berechnung auf das ganze zurückgebliebene Substrat für den Mais Nr. 10 — 80,6 mg und für die Erbsen Nr. 3 — 59,1 mg Apfelsäure nachgewiesen. Letztere Zahl bedarf einer Korrektur: der ihr entsprechende Bleiniederschlag war, wie gesagt, etwas verbraucht. Außerdem gaben die Erbsen Nr. 3, die aus besonderen Gründen aus kleinem Samen gezogen worden waren, eine für das Experiment nicht typische geringe Ernte; wegen dieser beiden Ursachen mußte die entsprechende Zahl, wenn nicht größer, so jedenfalls nicht kleiner im Vergleich mit dem Resultat für Mais Nr. 10 sein.

Jedenfalls liegen nicht genügende Anhaltspunkte vor, um die Frage mit Bestimmtheit lösen zu können, welche Pflanze mehr Apfelsäure ausschied. Sofern man nach den qualitativen Reaktionen im Erbsenfalle urteilen darf, war die Säureausscheidung reichlicher bei NH_4NO_3 als bei $Ca(NO_3)_2$; jedoch war diese Tendenz hier weniger deutlich als in bezug auf die Zuckerarten.

MAZÉ hat nur die Ausscheidung von Apfelsäure durch den Mais nachgewiesen. Infolgedessen sind meine Bestimmungen auch

---

1) Abderhalden, B. II, S. 34.

in bezug auf die Säure, und nicht in bezug auf die Zuckerarten allein, derart, daß sie die Angaben MAZÉs nicht nur bestätigen, sondern auch ergänzen.

Zum Schluß möchte ich folgende drei Thesen aufstellen, die sich aus der soeben skizzierten Arbeit ergeben:

1. An der Hand steriler Kulturen habe ich die Ergebnisse der MAZÉschen Experimente bestätigt und ergänzt:

   a) indem ich bedeutende Ausscheidung von reduzierenden Zuckerarten durch Erbsen und Mais und von Apfelsäure durch Mais konstatierte, bestätige ich MAZÉ;

   b) indem ich im Gegensatz zu diesem Autor die Ausscheidung von nicht reduzierenden Zuckerarten und zwar eine weit reichlichere als von reduzierenden Zuckerarten, sowie die Ausscheidung von Apfelsäure durch Erbsen nachwies, habe ich neue Tatsachen vorgebracht.

2. Die quantitativen und qualitativen Bestimmungen der nachgewiesenen Verbindungen ließen nicht mit voller Bestimmtheit reichlichere Ausscheidungen der Erbsen im Vergleich zu Mais konstatieren; sie haben aber plastisch genug den ungleichen Einfluß der utilisierten Stickstoffquellen ergeben, und zwar den günstigeren Einfluß (besonders in bezug auf die Zuckerarten) des NH_4NO_3 im Vergleich zu $Ca(NO_3)_2$.

3. Die These von STOKLASA, wonach Pflanzen organische Säuren bei normaler, aërober Atmung der Wurzeln, nicht auszuscheiden vermögen, bestätigte sich augenscheinlich nicht: in meinen Kulturen mit täglicher Durchblasung von Luft durch die Substrate konnte man nicht annehmen, daß das Wurzelsystem wenig Sauerstoff zur Verfügung hatte, und trotzdem schied dasselbe organische Säure aus.

---

3. Erklärung des lösenden Einflusses von Ammoniumnitrat auf in Wasser unlösliche Phosphate.

Die feststehende Tatsache des günstigen Einflusses von NH_4NO_3 auf die Ausnutzung von schwer löslichen Phosphaten seitens der Pflanzen hat bis jetzt eine ausreichende Erklärung noch nicht gefunden. Diese Tatsache, die in den ersten Jahren unseres Jahrhunderts im Laboratorium von Herrn Prof. D. N. PRIANISCH-NIKOW zum erstenmal beobachtet wurde, wurde dann mehrmals

wieder beobachtet und bestätigt, und zwar sowohl in demselben
Laboratorium, als auch in zahlreichen anderen Laboratorien. Und
doch wurden zur Erklärung dieser Tatsache zehn Jahre lang lediglich verschiedene Hypothesen vorgebracht. Es ist also klar, daß
jeder Versuch, diese Tatsache zu erklären, der Beachtung wert ist.
Von diesem Standpunkte ausgehend, glaube ich berechtigt zu sein,
meine über die in Rede stehende Frage angestellten Untersuchungen
mitzuteilen.

Als langjähriger Mitarbeiter des Herrn Prof. PRIANISCHNIKOW
habe ich seit der Feststellung der erwähnten Tatsache und dann
während der ganzen 10 Jahre mehrere Male Beobachtungen mittels
gewöhnlicher Sandkulturen[1]) angestellt, während ich in den letzten
zwei Jahren jene Beobachtungen selbständig wiederholte und ergänzte,
und zwar in sterilem Milieu, welches, wie ich fest überzeugt bin,
für eine mehr oder minder zuverlässige Lösung der Frage unbedingt
erforderlich ist. Unter Entfernung der nitrifizierenden Bakterien, die
natürlich für den vorliegenden Fall besonders gefährlich sind, hat
Herr Prof. P. S. KOSSOWITSCH die lösende Wirkung des NH_4NO_3 zum
erstenmal bestätigt[2]). Im Jahre 1911 habe ich mittels vollkommen
steriler Kulturen, die von Mikroorganismen vollständig frei waren,
einen neuen klaren Beweis für diesen Einfluß des Ammoniumnitrats
erbracht[3]).

Früher wurde die Erklärung hierfür auf Grund folgender
Hypothesen von D. N. PRIANISCHNIKOW aufgebaut, welche ich
hier zitieren möchte[4]).

„1. Salpetersaures Ammonium wird vielleicht zum Teil nitrifiziert
(also seine Base in eine starke Säure umgewandelt), was die Auflösung von Phosphat auch in dem Falle verursachen kann, wenn
dieses Salz physiologisch-alkalische Eigenschaften besitzt.

---

1) Darüber teilt Prof. PRIANISCHNIKOW in seinem ersten Berichte
„Über d. Ausnutzung d. Phosphorsäure d. schwerlöslichen Phosphate durch
höhere Pflanzen" (diese Berichte, 1900, B. 18, H. 9) mit, sowie eine große
Reihe von Berichten seines Laboratoriums über die Resultate der Vegetations-
versuche.

2) P. S. KOSSOWITSCH „Über d. gegenseitige Einwirkung (Wechselwir-
kung) d. Nährsalze bei d. Aufnahme minerer. Nahrung durch d. Pflanzen"
Russ. Journ. f. experim. Landw. 1904, S. 598.

3) IW. SCHULOW „Sterile Kulturen einer höheren Pflanze. Assimilation von Ammoniak- und Nitrat-Stickstoff". Russ. Journ. f experim.
Landw. 1912.

4) D. N. PRIANISCHNIKOW „Über d. Einfluß von Ammoniumsalzen auf
d. Aufnahme von Phosphorsäure bei höheren Pflanzen". Ber. d. Deutsch.
botan. Gesell. 1905, B. 23, H. 1.

2. Oder als physiologisch-neutrales Salz ist salpetersaures Ammonium. kein Hindernis für die auflösende Einwirkung der Wurzelausscheidungen, zum Unterschied von anderen Stickstoff-Quellen, welche physiologisch-basische Eigenschaften besitzen, wie z. B. $NaNO_3$, zum Teil auch $Ca(NO_3)_2$.

3. Oder NH_4NO_3 kann direkte auflösende Wirkung auf Roh-phosphat ausüben, welche in keinem Zusammenhange mit der Assimilationstätigkeit der Pflanze steht.

4. Oder NH_4NO_3 besitzt vielleicht gegen alle Erwartungen physiologisch-saure Eigenschaften, die gewiß nicht so scharf aus-geprägt sind, wie in dem Falle von $(NH_4)_2SO_4$, oder wenigstens

5. Besitzt dieses Salz keine beständige physiologische Charakte-ristik und könnte als physiologisch-amphoter bezeichnet werden, in dem Sinne, daß je nach den verschiedenen Bedingungen die Pflanze entweder vorzugsweise die Säure oder vorzugsweise die Base oder auch beide gleichzeitig verbrauchen kann."

Indem er diese Hypothesen vorbringt, erörtert D. N. PRIA-NISCHNIKOW jede derselben für sich, wobei er die Mehrzahl der-selben verwirft, und zwar auf Grund der bis zum Jahre 1905 auf-gefundenen Tatsachen, unter denen sich auch einige befinden, die von mir entdeckt sind[1]). Auf diese Weise wurden unverzüglich die Punkte 1, 2 und 3 verworfen. Die Gründe hierfür möchte ich nicht wiederholen und nur die Argumente des Autors durch die von mir gemachten neue Beobachtungen ergänzen bzw. erhärten, die späteren Datums sind und infolgedessen in dem zitierten Aufsatz nicht verwertet werden konnten. Gerade in bezug auf den Punkt 1 möchte ich hinzufügen, daß trotz der vollen Möglichkeit einer Nitrifikation in gewöhnlichen Sandkulturen (wie ich im Jahre 1911 sicher nachgewiesen habe[2])) in sterilen Kulturen nichtsdesto-weniger der Einfluß von NH_4NO_3 in voller Kraft erhalten bleibt, wie dies aus der bereits erwähnten und in dem zitierten Aufsatz aufgenommenen Arbeit von KOSSOWITSCH, sowie aus meiner im zitierten Aufsatz nicht verwerteten Arbeit vom Jahre 1911 hervor-geht. Die Hypothesen 4 und 5 mußten auf entsprechendes Tat-sachenmaterial warten. Und selbstverständlich war es in erster Linie erwünscht, sich mit dem Studium dieser Hypothesen an der

---

1) IW. SCHULOW „Die auflösende Wirkung d. Ammoniaksalzen auf d Phosphorit" — Annal. d. Landw. Inst. Moskau, B. VIII; oder „Zur Frage über d. Löslichwerden d. Phosphorite unter d. Einfluß physiologisch-saurer Salze" — Russ. Journ. f. experim. Landw. 1902.

2) IW. SCHULOW „Die Anwesenheit von nitrifizierenden Bakterien in gewöhnlichen Sandkulturen" Russ. Journ. f. experim. Landw. 1912.

Hand steriler Kulturen zu befassen. Meine sterilen Wasserkulturen von $1^1/_2$ Monate altem Mais aus dem Jahre 1911 haben diese Hypothesen jedoch nicht bestätigt. Die Analyse der von den Pflanzen zurückgebliebenen Lösungen ergab stabile physiologische Neutralität oder eher sogar schwache physiologische Alkalinität des NH_4NO_3 derselben. Es war also klar, daß die Versuchsbedingungen noch mehr variiert werden mußten. In erster Linie war es für mich von Interesse, in Erfahrung zu bringen, ob sich nicht im Charakter der Ausnutzung des NH_4NO_3 seitens der Pflanzen in den verschiedenen Stadien ihrer Entwicklung ein Unterschied ergeben wird. Diese Variation wurde in diejenigen sterilen Mais- und Erbsenkulturen eingeschaltet, von denen in den Spalten dieser Zeitschrift in den beiden vorigen Kapiteln die Rede war. Die Hypothese in bezug auf den Einfluß des Alters der Pflanze hat sich als gerechtfertigt erwiesen. Hier die Resultate der Analyse der Lösungen, die nach Pflanzen verschiedenen Alters zurückgeblieben sind[1]).

Nr.	Quellen von P_2O_5	Alter in Tagen	Stickstoffzufuhr[2]) mg		Stickstoffrest in d. Substraten mg		Stickstoffverbrauch mg	
			Ammoniak-N	Nitrat-N	Ammoniak-N	Nitrat-N	Ammoniak-N	Nitrat-N
			M a i s					
12	KH_2PO_4	34	252,7	245,9	164,1	210,7	88,6	35,2
	$CaHPO_4$	45	"	"	167,2	157,3	85,5	88,6
	KH_2PO_4	45	"	"	27,7	15,9	225,0	230,0
15	KH_2PO_4	52	337,0	327,8	186,8	172,1	150,2	155,7
14	KH_2PO_4	58	"	"	249,6	186,1	87,4	141,7
			E r b s e n					
8	KH_2PO_4	34	252,7	245,9	248,8	245,9	8,9	0
9	KH_2PO_4	80	"	"	49,7	2,5	203,0	243,4

Ich glaube, die Bedeutung der vorgebrachten Daten nicht zu übertreiben, wenn ich sage, daß die Pflanzen je nach ihrem Alter in größerem Maße bald das Ammonium-N, bald das Nitrat-N kon-

---

1) Die numerierten Kulturen beziehen sich auf die Experimente aus dem Jahre 1912. Ihre Nummern entsprechen denjenigen in den vorigen Kapiteln. Die zwei mit Nummern nicht versehenen Kulturen rühren aus den Experimenten vom Jahre 1911 her.

2) In der Rubrik „Stickstoffzufuhr" sind die Daten für NH_4NO_3 angegeben, welches genau so sterilisiert wurde wie die Dosen desselben Salzes für die Kulturen. Das Ammonium-N wurde mittels Abdampfung mit Alkali bestimmt; das Nitrat-N mittels gleicher Abdampfung nach vorangegangener Reduktion der Nitrate durch Fe+Zn in alkalischer Lösung in der Kälte. Sämtliche Zahlen sind Durchschnittszahlen aus paarigen nahen Zahlen. Sämtliche Kulturen sind absolut steril.

sumierten, wodurch sich die physiologische Reaktion des NH_4NO_3 entsprechend änderte. Am Mais ist dies vollkommen klar: die junge Pflanze konsumierte bedeutend mehr Ammonium-N, und folglich war bei diesem Entwicklungsstadium der Pflanze das NH_4NO_3 bestimmt physiologisch sauer. Im weiteren Verlauf glich sich der Konsum der beiden Stickstoffarten aus, und das NH_4NO_3 war physiologisch neutral. Schließlich begann die noch reifere Pflanze den Vorzug in hohem Maße dem Nitrat-N zu geben, wodurch das NH_4NO_3 physiologisch alkalisch wurde. An den Erbsen bietet sich ein so vollständiges Bild nicht dar, und zwar, weil Kulturen mit Ammoniumnitrat fehlten und obendrein das Gefäß mit der jüngeren Pflanze vorzeitig geerntet werden mußte, weil die Pflanze zufällig verbrannt wurde. Die Pflanze wurde aber, wie es sich ergab, immerhin nicht zu früh geerntet: sie hatte noch Zeit gehabt, 8,9 mg Stickstoff zu absorbieren, und dieser Stickstoff war der Ammoniumstickstoff, während das NH_4NO_3 wie in den Fällen mit jungem Mais physiologisch sauer war. Reife Erbsen zeichnen sich, dem reifen Mais gleich, wegen größeren Konsums an Nitratstickstoff durch physiologische Alkalinität des NH_4NO_3 aus.

Ich glaube, daß beide Hypothesen von D. N. PRIANISCHNIKOW, nämlich die 4. und 5., eine faktische Bestätigung erfahren haben: das NH_4NO_3 kann physiologisch sauer sein (bei meinen Untersuchungen im frühen Entwicklungsstadium der Pflanze); es kann auch seine physiologische Reaktion je nach den verschiedenen Bedingungen ändern (bei meinen Experimenten je nach dem Alter der von ihm sich ernährenden Pflanze). Es ist klar, daß, wenn im Substrat irgendein schwer lösliches Phosphat enthalten ist, auf dasselbe diejenige Säure lösend wirken muß, welche bei überwiegender Ammoniakabsorption aus dem NH_4NO_3 frei wird und in das Substrat gelangt. Allerdings hat die Titrierung in den erörterten Fällen (bei jungen Pflanzen) die Neutralität der zurückgebliebenen Lösungen ergeben. Das beeinträchtigt jedoch die Sicherheit der physiologischen Azidität des NH_4NO_3 natürlich nicht. Jetzt ist dank den energischen Untersuchungen des Konsums an Basen und Säuren aus verschiedenen Salzen seitens der Pflanzen bekannt, daß junge Pflanzen in bezug auf viele derselben sich direkt entgegengesetzt verhalten; sie konsumieren in größerem Maße Säure[1]). Augenscheinlich können die freiwerdenden Basen

---

1) Z. B. E. PANTANELLI e M. SELLA „Assorbimento elettivo di ioni nelle radici" Rendiconti della R. Accademia dei Lincei, 1909.

J. G. MASCHHAUPT „Reactieverandering van den Bodem ten gevolge van plantergroei en bemesting" (mit deutsch. Resumé), 1911.

die Säuren neutralisieren, welche von den anders konsumierten anderen Salzen, darunter auch vom Ammoniumnitrat, zurückbleiben (genau so wie beispielsweise die Basen des Phosphorits die Salpetersäure gebunden hätten, die vom NH_4NO_3 frei wird).

In Ergänzung zu dem im Vorstehenden Gesagten, welches sich aus den mitgeteilten analytischen Befunden ergibt, möchte ich folgendes hinzufügen. Indem ich die organischen Wurzelausscheidungen in denselben sterilen Mais- und Erbsenkulturen untersuchte, bemerkte ich eine gewisse Tendenz zur bedeutenderen Ausscheidung von Apfelsäure bei NH_4NO_3 im Vergleich zu $Ca(NO_3)_2$, desgleichen vielleicht sogar eine etwas bestimmtere Tendenz im Sinne einer reichlicheren Ausscheidung von Zuckerarten bei derselben Stickstoffquelle[1]). Man erhält gleichsam einen Hinweis auf die Möglichkeit einer neuen ergänzenden Erklärung des in Rede stehenden Einflusses des NH_4NO_3 (der Hinweis erheischt natürlich weitere Bestätigungen).

Die Säure oder die Säuren steigern, indem sie sich bei dieser Stickstoffquelle in größeren Quantitäten ausscheiden, zugleich den Einfluß der ursprünglichen physiologischen Azidität derselben. Dieser Einfluß der größeren Säureausscheidung kann natürlich in gleicher Weise sowohl in sterilen als auch in nicht sterilen Kulturen von Bedeutung sein. Eine reichlichere Ausscheidung von Zuckerarten kann im Gegenteil ihren günstigen Einfluß in besagter Richtung nur in nicht sterilen künstlichen oder natürlichen Kulturen zur Geltung bringen. Wir wissen, wie energisch die verschiedenen Mikroorganismen an der Umwandlung der im Wasser unlöslichen mineralischen Phosphate in wasserlösliche beteiligt sind. Es genügt, auf die Arbeiten von STOKLASA [2]), GRACIA und CERZA [3]), SACKETT [4]), KRÖBER [5]), PEROTTI [6]) hinzuweisen. Aus den Arbeiten von PEROTTI und der späteren Arbeit von STOKLASA [7]) wissen

---

1) Siehe meinen vorigen Artikel über organische Wurzelausscheidungen.
2) J. STOKLASA „Über d. Einfluß d. Bact. auf d. Kuochenzersetzung" Centralbl. f. Bacter. 1900, B 6, Abt. II und Zeitschr. f. Biochemie 1902, H. 7—8
3) GRACIA und CERZA — Bied. Centr. 1908, H. 2.
4) SACKETT, PATTEN, BROWN — Centr. f. Bacteriologie 1908, B. 20, Abt. II.
5) E. KRÖBER „Ü. d. Löslichwerden d. Phosphorsäure aus wasserunlöslichen Verbindungen unter d. Einwirkung v. Bacterien und Hefen", Journ. f Landw. 1909, B. 57.
6) PEROTTI „Über d. biochemischen Kreislauf d. Phosphorsäure im Ackerboden", Centr. f. Bacteriologie 1910, B. 25, Abt. II.
7) STOKLASA „Biochem. Kreislauf d. Phosphat-Ions im Boden", Centr. f. Bact. 1911, B: 29, Abt. II.

wir bestimmt, wie stark die tangierte Tätigkeit der Mikroorganismen zunimmt, wenn im Nährsubstrat verschiedene Kohlenhydrate und speziell Zuckerarten enthalten sind. Aus all diesem dürfen wir die Folgerung ziehen, daß die reichlichere Ausscheidung von Zuckerarten durch die Wurzeln bei NH_4NO_3 in bedeutendem Grade die Erklärung des günstigen Einflusses dieser Stickstoffquelle auf die Verwertung der schwer löslichen Phosphate, beispielsweise der Phosphorite seitens der Pflanzen ergänzt.

Somit haben meine sterilen Kulturen in den Fragen der Natur der Verwertung des NH_4NO_3 und des Einflusses auf die organischen Wurzelausscheidungen, dann an der Hand des einen sowohl wie des anderen in der Frage der Erklärung des günstigen Einflusses des NH_4NO_3 auf die Assimilation schwer löslicher Phosphate durch höhere Pflanzen folgendes ergeben:

1. Junge Pflanzen konsumieren aus NH_4NO_3 den Ammoniumstickstoff in höherem Grade; in mittleren Entwicklungsstadien konsumieren die Pflanzen sowohl den Ammoniak- wie den Nitratstickstoff mehr oder minder gleichmäßig, noch später den Nitratstickstoff in größerem Maße.

Dementsprechend wird das NH_4NO_3, welches bei den ersten Entwicklungsstadien eine physiologisch saure Stickstoffquelle war, nach und nach physiologisch neutral und noch später physiologisch alkalisch.

2. Die festgestellte ursprüngliche physiologische Azidität des NH_4NO_3 spielt ohne Zweifel eine wesentliche Rolle in der Lösung und in der Verwertung der in Wasser unlöslichen Phosphate seitens höherer Pflanzen.

3. Die bei NH_4NO_3 wahrgenommene bedeutendere Ausscheidung von organischer Säure durch die Wurzeln und die mit größerer Bestimmtheit konstatierte reichlichere Ausscheidung von Zuckerarten, also diese beiden Umstände darf man gleichfalls (wenn auch vorläufig nur in Form einer sehr wahrscheinlichen Hypothese) zur Erklärung des lösenden Einflusses des NH_4NO_3 auf die schwer löslichen mineralischen Phosphate heranziehen.

17. Árpád Paál: Temperatur und Variabilität in der geotropischen Reaktionszeit.

(Vorläufige Mitteilung [1]).)

(Eingegangen am 7. März 1913.)

———

Als ich den Einfluß der Luftverdünnung auf die geotropische Reaktionszeit untersuchte, machte ich nebenbei die Beobachtung, daß die kleinste individuelle Reaktionszeit sich in verdünnter Luft gar nicht oder nur wenig verlängert, während die größte individuelle Reaktionszeit die mittlere Reaktionszeitverlängerung mehrfach überschreitet. Solcherart ist also der Variations-spielraum der geotropischen Reaktionszeit unter vermindertem Luftdrucke größer als unter normalem, was ich bereits in meiner Abhandlung: „Analyse des geotr. Reizvorgangs usw.“[2]) bemerkt habe. Diese Vergrößerung des Variationsspielraumes ging Hand in Hand mit der Reaktionszeitverlängerung. Der Zusammenhang dieser beiden Größen schien mir der näheren Ergründung wert. Da aber die Reaktionszeit auch von anderen äußeren Faktoren (so z. B., wie am bekanntesten, von der Temperatur) beeinflußt wird, so lag der Gedanke nahe, daß die individuellen Abweichungen in der Reaktionszeit (und in anderen Funktionen auch) den Einflüssen sämtlicher äußeren Umstände unterworfen sind, derart, daß dieselben unter den günstigsten Bedingungen am kleinsten werden. Meine bisherigen Versuche, betreffend die Abhängigkeit der individuellen Abweichungen in der geotropischen Reaktionszeit von der Temperatur, haben diese Erwartung bestätigt. (Als Versuchsobjekte bediente ich mich der Keimwurzeln von *Phaseolus vulgaris*.)

Zuerst stellte sich heraus, daß in niederer Temperatur die individuellen Abweichungen bedeutend größer sind, ist doch die Temperaturerniedrigung betreffs der Reaktionszeitbeeinflussung im großen und ganzen der Luftverdünnung entsprechend. Z. B. die

———

1) Die ausführliche Publikation wird in den „Mathem. Naturw. Berichten aus Ungarn“ erscheinen.

2) In den Jahrbüchern für wiss. Botanik, Bd. L, 1911, vgl. S 10.

kleinsten bzw. die größten individuellen Reaktionszeiten betrugen in einer Temperatur von 22—23 ° C 70 bzw. 180 Minuten; in einer solchen von 12—13 ° C 70 bzw. 300 Minuten.

Weiterhin konnte ich zeigen, daß die Abweichungen am kleinsten in optimaler Temperatur sind. Das Temperaturoptimum fand ich bei 30—32 ° C. In einer optimalen Temperatur war die Variationsbreite 60 Min.; die kleinste bzw. die größte individuelle Reaktionszeit 35 bzw. 95 Min. Die supraoptimale Temperatur ist bei weitem nachteiliger als die supraminimale. In einer Temperatur von 45 ° C reagierte bloß der $^2/_5$-Teil der benutzten Exemplare und auch diese mit einer sehr niedrigen Frequenz. Das entspricht dem bekannten Umstande, daß das Optimum für irgendeine Funktion dem Maximum näher liegt als dem Minimum.

Die Reaktion ist bekanntlich auch von den der Reaktion vorangegangenen Außenbedingungen abhängig und jene beeinflussen auch die individuellen Abweichungen. Befanden sich die Wurzeln 4—5 Stunden lang in optimaler Temperatur und erfolgte auch die Reaktion in einer solchen, so war sie noch viel gleichförmiger. Die kleinste individuelle Reaktionszeit betrug 20 Min. und in den

IV + V	VI + VII	VIII + IX	X + XI	fünf Minuten nach dem Exponieren trat die Krümmung ein bei
11,3	67,9	18,9	1,9	% der benutzten Exemplare.

Die Reaktion ist ferner abhängig von der Wachstumsgeschwindigkeit und diese Geschwindigkeit von der Länge der Wurzeln. Dementsprechend fand ich die individuellen Abweichungen in der Reaktionszeit der kürzeren (0,5 – 1, 1—1,5 mm) Wurzeln kleiner als in der der längeren (2—3,5 mm).

Wirken alle drei Faktoren, die die Reaktionszeit verkürzen und die individuellen Abweichungen vermindern, zusammen, ist nämlich die Temperatur sowohl vor, wie während des Versuches optimal und sind die Wurzeln schnellreagierend, kurz: so ist die Reaktion überhaupt am gleichförmigsten, der Variationsspielraum am engsten. Zur Illustration dient Folgendes:

In den III	IV	V	zehn Minuten nach dem Exponieren trat die Krümmung ein
bei 13,6	77,2	9,1	% der benutzten Exemplare.

Die Abweichungen der Reaktionszeiten sind bei 76—77 pCt. der Exemplare nicht größer als 10 Minuten. Dies ist ja ein nach dem sonst gewohnten auffallend gleichförmiges Verhalten bei der geotropischen Reaktion. Auf diese Art, durch das Einbringen der Versuchsobjekte unter die günstigsten Bedingungen, lassen sich die individuellen Abweichungen beträchtlich ermäßigen, wodurch die Genauigkeit der quantitativen Beobachtungen erhöht werden kann; und zwar wahrscheinlich nicht bloß in der geotropischen Reaktion, sondern auch in vielen anderen Funktionen, nicht bloß die Temperatur, sondern auch viele andere äußere Faktoren betreffend.

Will man vergleichbare und für sämtliche Individuen möglichst charakteristische Reaktionszeiten bestimmen, so muß man die individuellen Abweichungen in Betracht ziehen und entweder den auf Grund sämtlicher individuellen Reaktionszeiten berechneten Mittelwert oder die Zeit, die vom Anfange der Reizung bis zu der Hälfte jenes (z. B. 5 Min. langen) Beobachtungszeitraumes, in welcher die Krümmungen mit größter Frequenz eintreten, verfließt, als Reaktionszeit angeben.

Die individuellen Abweichungen sind von den äußeren Faktoren abhängig, sind am kleinsten, wenn jene am günstigsten sind. Dieser Satz ist in einem Falle, bezüglich des Zusammenhanges zwischen den individuellen Abweichungen in der geotropischen Reaktionszeit und der Temperatur, experimentell erwiesen, und ist für andere Fälle, in bezug auf den Zusammenhang zwischen den individuellen Abweichungen in irgendeiner physiologischen Funktion und irgendeinem äußeren Faktor, wahrscheinlich.

Budapest, Botanisches Institut der Universität im Februar 1913.

18. S. Kostytschew: Über das Wesen der anaeroben Atmung verschiedener Samenpflanzen.

(Eingegangen am 12. März 1913.)

Ich hatte schon längst dargetan, daß die anaerobe Atmung des Champignons ohne Alkoholbildung stattfindet[1]); die weitere Untersuchung ergab, daß der genannte Pilz nicht die geringste Menge von Zymase enthält, was auch durchaus begreiflich ist, da im Champignon keine Zuckerarten auftreten[2]). Hierdurch wurde zum ersten Male der Befund gemacht, daß das gesamte bei der anaeroben Atmung entwickelte Kohlendioxyd nicht durch die Zymasespaltung des Zuckers, sondern durch anderweitige Spaltungsvorgänge gebildet werden kann. Gleichzeitig haben PALLADIN und ich[3]) darauf hingewiesen, daß die anaerobe Atmung etiolierter Bohnenkeimlinge mit der typischen Alkoholgärung gar nicht identisch ist. Bei Sauerstoffabschluß findet zwar eine geringe Alkoholproduktion in Bohnenkeimlingen statt, doch wird gleichzeitig eine bedeutend größere Gewichtsmenge von CO_2 gebildet: das Verhältnis $CO_2 : C_2H_5OH$ schwankte in unseren Versuchen von $100 : 50$ bis $100 : 26$, während bei der echten alkoholischen Gärung ungefähr gleiche Mengen von Kohlendioxyd und Alkohol entstehen ($CO_2 : C_2H_5OH = 100 : 104$). Es liegt hier also ein „gemischter" Typus der anaeroben Atmung vor, und zwar ist mindestens die Hälfte der Gesamtmenge von CO_2 nicht auf alkoholische Gärung, sondern auf andere Spaltungsvorgänge zurückzuführen. Bereits früher hatten wir gefunden, daß $CO_2 : C_2H_5OH$ bei der anaeroben Atmung von Ricinussamen gleich $100 : 60$ ist[4]); es wird hier also der größte Teil von CO_2 durch die Zymasespaltung des Zuckers gebildet, doch bleibt der Unterschied von der Bilanz der echten alkoholischen Gärung immerhin sehr bedeutend.

Es ist also einleuchtend, daß CO_2 bei der anaeroben Atmung der Pflanzen durch verschiedenartige Spaltungsvorgänge entstehen kann. Trotzdem ist gegenwärtig noch die Ansicht vorherrschend, daß die vorstehend beschriebenen Fälle als einzelne seltene Aus-

---

1) S KOSTYTSCHEW, diese Berichte Bd. 25, S. 188 (1907).

2) S KOSTYTSCHEW, diese Berichte Bd. 26a, S. 167 (1908); Zeitschrift f. physiol. Chemie, Bd. 65, S. 350 (1910).

3) PALLADIN und KOSTYTSCHEW, diese Berichte Bd. 25, S. 51 (1907).

4) PALLADIN und KOSTYTSCHEW, Zeitschrift f. physiolog. Chemie, Bd. 48, S. 230 (1906).

nahmen anzusehen sind, da die anaerobe Atmung der meisten
Samenpflanzen mit der echten alkoholischen Gärung identisch sein
soll. Diese Anschauung wird z. B. im ausgezeichneten Handbuch
über Fermente von C. OPPENHEIMER[1]) entwickelt: die Übersicht
der einschlägigen Literatur faßt der Autor auf folgende Weise zusammen: „Die anaerobe Atmung ist tatsächlich eine Alkoholgärung,
bei der natürlich auch CO_2 entsteht."

Die älteren Untersuchungen von GODLEWSKI und POLZE-
NINSZ[2]), GODLEWSKI[3]) und NABOKICH[4]) zeigen in der Tat, daß
die anaerobe Atmung der Samen verschiedener Kulturpflanzen
mit der alkoholischen Gärung im wesentlichen identisch ist; andererseits hat STOKLASA[5]) dargetan, daß in Samenpflanzen Zymase
vorhanden ist. Die Untersuchungen der erstgenannten Forscher
beziehen sich jedoch merkwürdigerweise nur auf gequollene
Samen, welche sich überhaupt durch eine starke Gärtätigkeit auszeichnen. Was nun das Auftreten von Zymase in Samenpflanzen
anbelangt, so ist dies kein zwingender Grund zu der Annahme,
daß die anaerobe CO_2-Produktion von allen zymasehaltigen Pflanzen
ausschließlich oder gar zum größten Teil auf den Vorgang
der alkoholischen Gärung zurückzuführen ist: diese Streitfrage kann
nicht anders, als durch Bestimmungen der Bilanz der anaeroben
Atmung verschiedenartiger Pflanzen und Pflanzenteile beantwortet
werden.

Nun ist aus den in meinem Laboratorium ausgeführten Untersuchungen von Frl. E. HÜBBENET ersichtlich, daß gerade diejenigen
Fälle als Ausnahmen zu bezeichnen sind, wo die anaerobe Atmung
der Samenpflanzen mit der echten alkoholischen Gärung vollkommen identisch ist. Zu diesen Versuchen wurden lebende
Pflanzen verwendet. Von einer „aseptischen" Versuchsanordnung
(die bei Anwendung beträchtlicher Mengen des lebenden Materials
nichts anderes als Selbsttäuschung ist) wurde Abstand genommen;
die Mitwirkung der niederen Organismen kann jedoch als ausgeschlossen betrachtet werden, da sämtliche Versuche von kurzer
Dauer waren und mit vollkommen frischen Objekten ausgeführt
wurden. Die Alkoholbestimmungen wurden teils durch Ermittelung

1) C. OPPENHEIMER, Die Fermente und ihre Wirkungen, spezieller Teil,
S. 472 (1909).

2) GODLEWSKI und POLZENINSZ, Bullet. de l'Acad. des Sciences de
Craeovie 1901, S. 227.

8) GODLEWSKI, ebenda 1904, S. 115.

4) NABOKICH, diese Berichte, Bd. 21, S. 467 (1903)

5) STOKLASA und ČERNY, Chem. Berichte, Bd. 36, S. 622 (1903);
STOKLASA, JELINEK und VITEK, HOFMEIST. Beiträge, Bd. 3, S. 460 (1903);
STOKLASA, PFLÜGERs Archiv, Bd. 101, S. 311 (1904).

des spezifischen Gewichtes der Destillate, teils durch Titration der
aldehydfreien Destillate mit Chromsäure in schwefelsaurer Lösung
ausgeführt. Letztere Methode wurde von NICLOUX[1]) beschrieben;
in meinem Laboratorium sorgfältig nachgeprüft, erwies sie sich als
vollkommen sicher und namentlich für eine genaue Bestimmung
geringer Alkoholmengen wertvoll.

Eine ausführliche Beschreibung der Versuche wird später erfolgen; an dieser Stelle will ich nur die wichtigsten Resultate mitteilen und deren Sinn besprechen.

In folgender Tabelle sind die mit verschiedenen Objekten erhaltenen Ergebnisse zusammengefaßt:

Versuchs-material	Frisch-gewicht in g	Dauer der Anaero-biose in Stund.	CO_2 gebildet in mg	Alkohol gebildet in mg	$CO_2 : C_2H_5OH$	An-merkungen
Blüten v. *Acer platanoides*	200	12	736	786	100 : 107	
Wurzel v. *Daucus Carota*	500	7	318	324	100 : 102	zerstückt
Süße Äpfel „Si-nap"	470	16	379	301	100 : 80	geschält u. zerstückt
Apfelsinen	640	14	142	99	100 : 70	Fleisch
Keimlinge v. *Lepidium sativum*	290	20	487	277	100 : 57	
Blätter v. *Acer platanoides*	100	14	287	167	100 : 58	
Blätter v. *Syringa vulgaris*	80	20	308	171	100 : 56	
Blätter v. *Prunus Padus*	150	10	456	232	100 : 51	
Wurzel v. *Brassica Rapa*	600	8	230	114	100 : 49	zerstückt
Saure Äpfel „Anton"	475	16	277	117	100 : 42	geschält u. zerstückt
Kartoffelknollen „*Magn. bonum*"	350	14	256	90	100 : 35	Durch Kälte zuckerhaltig gemacht, dann trauma-tisch gereizt (2 Tage nach d. Reizung)
Kartoffelknollen „*Magn. bonum*"	350	14	213	60	100 : 28	Traumatisch gereizt (2 Tage nach d. Reizung)
Kartoffelknollen „*Magn. bonum*"	350	14	138	25	100 : 18	Durch Kälte zuckerhaltig gemacht
Kartoffelknollen „*Magn. bonum*"	350	14	90	6	100 : 7	ruhend
Kartoffelknollen „*Magn. bonum*"	350	14	96	0	100 : 0	sprossend

1) M. NICLOUX, Bullet. de la Soc. Chimique de Paris Ser. III, Bd. 35,
S. 330 (1906).

Mit je einem Objekt wurden selbstverständlich mehrere Versuche ausgeführt; die für obige Tabelle ausgewählten Quotienten sind also experimentell wohl begründet. Es ist ersichtlich, daß $CO_2 : C_2H_5OH$ bei verschiedenen Pflanzen von $100 : 100$ bis $100 : 0$ schwankt. Im allgemeinen ist die anaerobe Atmung der untersuchten Pflanzen mit der echten alkoholischen Gärung nicht identisch. Für Blätter scheint z. B. der Umstand typisch zu sein, daß etwa die Hälfte von CO_2 durch Zymasegärung entsteht, während die andere Hälfte auf anderweitige Spaltungsvorgänge zurückzuführen ist. Sehr merkwürdig ist das Verhalten der Kartoffelknollen. Dieses für die Spiritusindustrie so wichtige Material erwies sich als kaum fähig, Alkohol bei der anaeroben Atmung zu erzeugen. Nicht gereizte Kartoffeln bildeten gar keine oder nur verschwindend geringe Alkoholmengen; Kartoffeln gehören also zu derselben Kategorie wie Champignon. Ein prinzipiell wichtiger Unterschied zwischen den beiden Typen besteht aber darin, daß Kartoffelknollen eine beträchtliche Menge von Kohlenhydraten (in Form von Stärke) enthalten, während Champignon vollkommen kohlenhydratfrei ist. Es ist zwar bekannt, daß die Menge der löslichen Zuckerarten in Kartoffelknollen meistens nur gering bleibt[1]), doch ist dieser Umstand wahrscheinlich nur darauf zurückzuführen, daß die Produkte der Stärkehydrolyse sofort einer weiteren Verarbeitung anheimfallen. Die Prüfung der Knollen auf Amylase ergab in der Tat positives Resultat. Es scheint also, daß nicht Mangel an Gärmaterial, sondern Mangel an Zymase als Ursache der abnormen Größe von $CO_2 : C_2H_5OH$ anzusehen ist. Zugunsten dieser Auffassung sprechen außerdem folgende experimentelle Ergebnisse: 1. Direkte Analysen haben dargetan, daß der Zuckergehalt sämtlicher für die Versuche verwendeten Kartoffelknollen genügend groß war, um die anaerobe CO_2- und Alkoholproduktion zu unterhalten. 2. In einigen Versuchen wurde der Zuckergehalt der Kartoffelknollen durch Einwirkung niederer Temperatur noch erheblich gesteigert; hierbei ist das Verhältnis $CO_2 : C_2H_5OH$ beinahe unverändert geblieben. 3. Traumatische Reize, welche bekanntlich eine Neubildung von Fermenten hervorrufen[2]), bewirken eine Steigerung der Alkoholproduktion sowohl bei normalem, als bei gesteigertem Zuckergehalt der Kartoffelknollen. Es muß jedoch darauf aufmerksam gemacht werden, daß auch in diesem Falle eine beträchtliche Mehrproduktion von CO_2 wahrgenommen wurde. In

1) C. Wehmer, Die Pflanzenstoffe, S. 681 (1911).
2) Vgl. Krasnosselsky, diese Berichte, Bd. 28, S. 142 (1905).

keinem einzigen Versuche ist es gelungen, selbst das Verhältnis 100 : 50 zu erhalten. Die Versuche wurden im Winter ausgeführt; die Kürzung der Ruheperiode erfolgte durch die „Warmbad- methode" von H. MOLISCH[1]).

Auf Grund all dieser Ergebnisse bleibe ich bei meiner schon längst und mehrmals geäußerten Auffassung der anaeroben Atmung der Samenpflanzen: ich halte sie in der Mehrzahl der Fälle für nicht identisch mit der Zymasegärung und glaube annehmen zu dürfen, daß die nähere Untersuchung des Wesens der bei der anaeroben Atmung der Pflanzen stattfindenden Spaltungsvorgänge unsere Vorstellungen über die Atmung erweitern könnte. In den meisten Fällen finden allerdings gleichzeitig Zymasegärung und andere Spaltungen statt.

Die Untersuchungen über die anaerobe Atmung der Kartoffel- knollen werden fortgesetzt.

---

19. Ing. Vàclav Schuster und Vladimir Úlehla: Studien über Nektarorganismen.

(Vorläufige Mitteilung.)

(Mit Tafel V.)

(Eingegangen am 13. März 1913.)

An seinen Präparaten beobachtete Herr Prof. B. NĚMEC, daß die Narben von *Viola tricolor* regelmäßig eine Menge von kleinen Hefeorganismen in ihren Höhlungen führen. Er hat uns diese Er- scheinung zu weiterem Studium freundlich überlassen, wobei sich als nötig ergeben hatte, auch andere Blüten in bezug auf eine periodische Infektion zu untersuchen. Wir haben auf diese Weise die HANSENsche Frage nach dem Kreislauf der Hefen in der Natur berührt[2]).

Vor allem waren es die Blütennektarien, wo wir eine In- fektion zu erwarten hatten, destomehr, da schon von einigen Forschern eine ähnliche Infektion beobachtet wurde. BOUTROUX[3])

---

1) H. MOLISCH, Das Warmbad als Mittel zum Treiben der Pflanzen 1909.
2) Siehe LAPAR, Technische Mykologie. 1907, Bd. IV S. 151 u. folg.
3) BOUTROUX, Bull. de la Soc. Linn. de Norm. 1881 Tom. 6.

hat eine diesbezügliche Vermutung ausgesprochen, die von anderen Forschern aber nicht bestätigt wurde. LINDNER[1]) hat in seinem Atlas zwei typische Nektarhefen nach den Befunden REUKAUFS[2]) abgebildet.

Da wir diese Erscheinung in ihrer Allgemeingültigkeit erfassen wollten, war uns daran gelegen, eine möglichst große Anzahl blühender Pflanzenarten zu untersuchen, die darin enthaltenen Mikroorganismen zu isolieren, dieselben physiologisch-chemisch zu studieren und eventuelle Wechselbeziehungen zu der Wirtspflanze festzustellen. Wir haben in der Tat sehr viele Mikroorganismen aus dem Blütensaft isoliert. Im Laufe der Versuche gelang es, einige von den reingezüchteten Formen untereinander zu identifizieren, so daß sich die Zahl der isolierten Arten auf 8—10 Hefepilze, etwa 20 Bakterien und 2 oidiumähnliche Pilze reduzieren ließ. Wir sind jetzt damit beschäftigt, die isolierten Arten zu untersuchen und ihr physiologisches Verhalten näher klarzulegen. Die Ergebnisse dieser Studien sollen unter einer ausgiebigeren Berücksichtigung der vorhandenen Literatur in extenso veröffentlicht werden. An dieser Stelle soll nur kurz über die benutzten Arbeitsmethoden und einige wichtigeren Resultate biologischer Natur sowie über einige recht typische unter den reingezüchteten Organismen berichtet werden.

I. Material und Methodisches.

Die blühenden Pflanzenarten wurden teils der Prager Umgebung, teils auch in den Vororten und im botanischen Garten gesammelt. Zum Vergleich dienten einige Pflanzen, die uns Herr stud. rer. nat. V. MRÀZEK aus Ostböhmen freundlichst zugesandt hatte. Die zu untersuchenden Pflanzen wurden immer in einer größeren Menge (gesondert nach den Standorten) gesammelt und getrennt in Filtrierpapier eingewickelt. Die einzeln stehenden Blüten wurden auch in sterilisierten, mit Watte verschlossenen Röhrchen aufgehoben.

Im Laboratorium wurden die Pflanzen sofort in sterilisierte Glasgefäße mit sterilisiertem Wasser gestellt und die ganze Anordnung in sterilisierten HANSENschen Kästen aufbewahrt. Den einzelnen Blüten wurde der Blütennektar mittels Kapillaren entnommen und auf die Art und Zahl der Infektion mikroskopisch untersucht. Auf diese Weise wurden etwa 60 Pflanzenarten zu

---

1) LINDNER, Atlas der mikroskopischen Grundlagen der Gärungskunde 1910. 2. Aufl.

2) Siehe Referat in Ctrbl. f. Bacter. II A. 1912 Bd. 86.

der Untersuchung herangezogen. Wurde eine Infektion festgestellt, so wurde gleich mit Isolierungsversuchen angefangen. Wir haben uns eine Kapillarpipette konstruiert, die es ermöglichte, größere Mengen des Nektars steril aus dem manchmal im Sporn versteckten Nektarium zu gewinnen, ohne daß durch das Berühren mit anderen Blütenteilen eine Nebeninfektion herbeigeführt werden konnte. Größere Blütenpflanzen wurden mit der einen sterilisierten Hand am Stengel gefaßt, kleinere mit einer sterilisierten Pinzette. Mit der anderen Hand wurde dann die Pipette an ihrer Biegung gefaßt, in das Nektarium vorsichtig hineingeführt, wobei der Saft kapillar in die Pipette stieg. Die Blüte wurde weggeworfen und in dieselbe Pipette eine neue Probe aus der nächsten Blüte aufgenommen. Auf diese Weise wurden Nektarproben bei reichlicherer Infektion aus 10 bis 20 Blüten, bei geringerer Infektion aus 40 bis 50 Blüten in eine einzige Pipette aufgenommen. Der Inhalt der Pipette wurde dann sofort in ein Röhrchen, das sterilen, flüssig gemachten und bis auf 43 ⁰ C gekühlten Bierwürze- und Bouillonagar enthielt, langsam ausgeblasen, bis eben die ersten Luftbläschen aufzusteigen begannen; das Mundstück der Pipette mußte allerdings aus dem HANSENschen Kasten, in dem die ganze Isolierung ausgeführt wurde, herausgeholt werden. Die Konstruktion der Pipette sowie ein Wattebausch in deren oberer Mündung verhinderte eine aus dem Munde stammende Infektion. (Natürlich waren die Pipetten sterilisiert, sie wurden entweder einzeln in Filtrierpapier gewickelt oder mehrere zusammen in Blechbüchsen eingeschlossen, in einem Trockenschrank eine längere Zeit auf 150 ⁰ C erhitzt und erst direkt vor dem Gebrauch im HANSEN-Kasten aus der Hülle herausgenommen. Nach einmaligem Gebrauch wurden sie weggeworfen.) Nach zweifacher Verdünnung in demselben Agar wurden PETRI-Schalen gegossen, die dann bei 25 ⁰ C aufbewahrt wurden.

Sowohl aus dem direkten Mikroskopieren des Nektars als auch aus der Zahl der in den PETRI-Schalen gewachsenen Kolonien wurde auf die Größe und die Art der Infektion geschlossen. Die Kolonien wurden auf ihr Wachstum und ihr Verhalten hin beobachtet, mikroskopisch untersucht und dann in einige mit Bierwürze und Nährbouillon gefüllte FREUDENREICHsche Kölbchen übergeimpft. Sobald sich ein Wachstum wahrnehmen ließ, wurde abermals mikroskopiert. Um der Isolation der betreffenden Art sicher zu sein, wurden aus diesen Kölbchen von neuem PETRI-schalen gegossen. Die in diesen erwachsenen Kolonien wurden von neuem mikroskopisch durchsucht. Von Bakterien wurden auf

Bierwürze- und Bouillon-Agar Strichkulturen hergestellt; die gegewonnenen Hefen wurden von neuem in Freudenreichsche Kölbchen, die mit Bierwürze und Hefebouillon gefüllt waren, übergeführt.

Da sich das Material sehr angehäuft hatte, wurden die schon reingezüchteten Hefen, um eine häufige Überimpfung unterlassen zu können, nach dem Hansenschen Verfahren in eine reine, sterilisierte 10proz. Saccharoselösung übergeführt, wo sie ohne Veränderung für die weiteren Untersuchungen aufbewahrt werden konnten.

Mittels des geschilderten Verfahrens wurde der Nektar von folgenden 32 Pflanzenarten, die jedesmal aus verschiedenen Standorten stammten, bakteriologisch analysiert und als infiziert befunden:

1. *Lathyrus silvestris*
2. *Trifolium album*
3.   „   *pratense*
4. *Symphytum officinale*
5. *Galeopsis tetrahit*
6. *Epilobium angustifolium*
7.   „   *hirsutum*
8. *Borago officinalis*
9. *Lycium barbarum*
10. *Cytisus austriacus*
11. *Anthyllis vulneraria*
12. *Saponaria officinalis*
13. *Convolvulus arvensis*
14. *Colutea arborescens*
15. *Gladiolus sp.*
16. *Pisum sativum*
17. *Linaria vulgaris*
18. *Lamium album*
19. *Erica viridis*
20. *Dianthus deltoides*
21. *Thymus odoratus*
22. *Fritillaria regia*
23. *Delphinium consolida*
24. *Nuphar luteum*
25. *Nicotiana affinis*
26.   „   *tabacum*
27. *Tropaeolum majus*
28. *Phlox Drumondii*
29. *Scabiosa sp.*
30. *Tilia pubescens*
31. *Populus pyramidalis*
32. *Viola tricolor.*

II. Die reingezüchteten Organismen.

In den meisten Blüten wurden Hefezellen gefunden. Ohne Hefe-Infektion waren folgende Pflanzen: *Trifolium album, Symphytum officinale, Borago off., Lycium bar., Erica vir., Thymus od., Nicotiana aff., Nicot. tab., Populus pyr.*

1. Von diesen Hefezellen war es eine besonders eigentümliche Hefe, die beim Mikroskopieren der verschiedensten Pflanzen immer wiederkehrte. Wir haben sie besonders aus folgenden Pflanzen isoliert: *Lamium alb., Lathyrus silv., Galeopsis tetr., Cytisus austr., Anthyllis, Colutea, Pisum, Linaria, Tropaeolum, Scabiosa, Tilia.* Die

typische Form dieses Organismus, den wir vorläufig „Nektarhefe aus *Lamium* I" nennen wollen, zeigt das Mikrophotogramm Nr. 1. Sie ist durch eine charakteristische Kreuzform auffallend, die dadurch bedingt wird, daß die jungen Sproßzellen zu zweien auf dem dickeren Ende der keulenförmigen Mutterzelle entstehen. Später kommen manchmal noch weitere Sproßzellen dazu, so daß die Mutterzelle mit einer Krone von Tochterzellen umgeben erscheint. Dabei liegen alle diese Tochterzellen kreisförmig um das Ende der Mutterzelle. Die Mutterzelle kann sich bisquitförmig verlängern, in der Mitte ist sie dann durch eine Querwand septiert. Wie diese Wand entsteht, wird noch weiter untersucht. Manchmal schwillt die keulenförmige Mutterzelle stark an, ihr Inhalt weist dann einen einzigen großen Öltropfen auf. Ebenso können auch die Tochterzellen aufschwellen, sie sind dann typisch oval und trennen sich entweder vollkommen oder bleiben zu zweien durch einen engen Hals verbunden. Siehe Fig. 3.

Das sind die Typen, die man in den Blüten trifft. Um die Veränderungen, die durch künstliche Kultur hervorgerufen werden, zu studieren, haben wir folgende Nährlösungen angewandt:

1. Nährlösung nach HANSEN:

Pepton WITTE . . . . . 1,0 pCt.
KH_2PO_4 . . . . . . 0,3 „
$MgSO_4$ . . . . 0,5 „
H_2O . . . . 93,5 „

Diese Stammlösung wurde entweder allein benutzt, oder es wurden zu je 95 g der Lösung 5 g von 5 verschiedenen Zuckerarten (Dextrose, Laevulose, Saccharose, Maltose, Laktose) zugesetzt.

2. Nichtgehopfte Bierwürze.

Die mit diesen 7 diversen Nährlösungen gefüllten FREUDEN-REICHschen Kölbchen wurden im HANSEN-Kasten geimpft und im Thermostaten bei 25 ° bis 26 ° C aufbewahrt.

Am vorteilhaftesten erwies sich die HANSENsche Nährlösung mit Laevulose und Dextrose; noch immer gut war dieselbe mit Saccharose und Maltose und ebenso die Bierwürze. Die Nährlösung allein oder mit Laktose versetzt erwies sich für das Wachstum der Hefe als völlig ungünstig.

Eine in HANSEN-Flüssigkeit und Laevulose kultivierte Hefe zeigt die Fig. 2. Gleiches Bild bietet die Dextrosekultur. Die Zellen zeigen ein homogenes Plasma ohne Vacuolen (die körnige Struktur auf dem Bilde wurde erst durch die Ultraviolettphotographie sichtbar gemacht); die Sproßzellen entspringen entweder

zu zweien oder einzeln; dann entsteht eine typische Wegweiser-
form. Die Mutterzelle ist bisquitförmig, manchmal mit einer
Scheidewand in der Mitte. Es wurden andere Zellen beobachtet,
die zwei- bis dreimal in normaler Weise sprossen, so daß perl-
schnurartige Glieder entstehen, deren Grenzzellen erst wieder
kronenförmige Sproßzellen treiben.

Es gelang uns, die Form, sowie sie in den Blüten durch di-
rektes Mikroskopieren beobachtet wurde, genau wiederzubekommen
und zwar entweder in der schon erwähnten 10 proz. Saccharoselösung oder in Bierwürzekulturen, die ohne Überimpfung zwei
Monate hindurch im Laboratorium standen. Einer solchen Kultur
wurde auch die zur Mikrophotographie Fig. 1, 3 dienende Probe
entnommen.

Was das Gärungsvermögen dieses Organismus anbelangt, so
wurde Alkohol nach 7 Tagen nur in Laevulose-, Dextrose- und in
Bierwürzekulturen nachgewiesen (nach der PASTEURschen Tropfen-
methode und durch die LIEBENsche Reaktion). Diese gärungsphysiolo-
gischen Versuche werden in größeren Dimensionen fortgeführt.

In allen diesen Flüssigkeiten (nach 7 tägiger Kultur) bildet die
Hefe einen weißen Bodensatz, die Flüssigkeit bleibt klar, und am
oberen Rande entsteht ein breiter, weißer Ring.

Sporen wurden bis jetzt nicht beobachtet, doch sind in dieser
Richtung Versuche im Gange.

Im Laufe der Arbeit ist uns ein Artikel von Prof. Dr.
STOLZER zur Einsicht gelangt (Mikrokosmos 1911—12). Der
Verfasser hat in Nektarproben aus 18 verschiedenen Pflanzen-
arten, die er aus ganz Deutschland bezogen hat, eine mit unserer
Form ohne weiteres identifizierbare Hefe beobachtet. Die Art des
Isolierungsverfahrens (der Verfasser hat die Blütennektarien mit
Wasser ausgespült und die Flüssigkeit untersucht) ist von unserer
Methode abweichend, doch ist die von ihm festgestellte Tatsache
für unsere Schlußfolgerungen wertvoll. Reinkulturen hat STOLZE
nicht hergestellt, er hat die Sprossung direkt in einer BÖTTCHER-
schen Kammer beobachtet, wobei Wuchsformen, die an unsere
Laevulosekultur erinnern, wahrgenommen wurden.

2. Eine andere, im Nektar von verschiedenen Pflanzen typisch
wiederkehrende Form ist eine große, zylindrisch ovale Hefe, die
in ihrem Innern 3—4 Ölkugeln führt. Diese Form wird auch
in dem LINDNERschen Atlas abgebildet. Sie läßt sich leicht
kultivieren und bildet dann nach 2—3 Tagen bei 25 ⁰ C eine
Schleimhaut, deren Zellen sämtlich viel schmäler werden; sie sind
langgezogen, mit abgerundeten Enden und besitzen keine Öltropfen

mehr. Letztere findet man nur im Bodensatz in großen Zellen, die hier neben anderen kleineren, hefeartig sprossenden, vorkommen. Nach einer Woche entsteht am Rande der Flüssigkeit ein weißer Ring.

In der HANSENschen, mit verschiedenen Zuckerarten versetzten Nährlösung wird nur Dextrose und Laevulose vergoren; bei Saccharose, Maltose und Laktose (ebenso in der reinen HANSENschen Nährflüssigkeit) war nach 7 Tagen kein Alkohol nachweisbar. Die ungehopfte Bierwürze wird auch vergoren. Sporen wurden bis jetzt nicht erhalten.

Dieser Organismus, den wir vorläufig „Nektarhefe aus *Lamium* II" nennen wollen, wurde im Nektar folgender Pflanzen regelmäßig festgestellt: *Lathyrus silvestris, Epilobium ang., Ep. hirs., Cytisus austr., Anthyllis vuln., Gladiolus, Lamium alb., Delphinium Aj., Tropaeolum maj., Tilia pub.*

3. Außerdem wurden einige Hefe- und *Torula*-Arten, weiß, rot, violett und braun gefärbt, speziell aus dem Nektar von einzelnen Pflanzenarten rein gewonnen. *Torula*reich waren folgende Pflanzen: *Viola tric., Trif. prat., Epil. hirs., Pisum sat., Dianthus delt., Fritillaria reg., Delphin., Nuphar, Tilia.* Aus den Narbenhöhlen von *Viola tricolor* wurde nur eine kleine *Torula*-Art herabgezüchtet. (Vergleiche das am Anfang Gesagte.) Erst das weitere Studium kann zeigen, ob unter den gewonnenen Hefearten einige mit den Kulturformen sich identifizieren lassen; wahrscheinlich ist das nicht der Fall. Einige werden möglicherweise mit den schon bekannten wildwachsenden Formen identisch sein.

4. Was die gewöhnlichen, allgemein verbreiteten Schimmelpilze anbelangt, so wurden nur in ganz vereinzelten (2—3) Fällen *Mucor*- und *Penicillium*-Rasen erhalten, was bei der hohen Zahl der primär gegossenen PETRIschalen (etwa 300) nicht in Betracht kommen kann. Eine schwarze Schimmelart (*Oidium?*) wurde aus *Nuphar* und *Fritillaria* gewonnen.

Die Bakterieninfektion des Nektars schwankte in breiten Grenzen, es gab wohl Pflanzen, in denen immer Hefeformen überwogen, natürlich auch umgekehrt. Viel Mannigfaltigkeit boten diese Formen nicht. Jedoch wurden in den Blüten keinesfalls verschiedene Organismen beisammen angetroffen, sondern es waren immer nur einige Typen, auf die sich die sonst wohl unterscheidbaren etwa 20 Bakterienformen zurückführen ließen.

6. Aus vielen Pflanzen wurde massenhaft ein kleines, unbewegliches, etwa zweimal so langes wie breites Bakterium (nach MIGULAs Nomenklatur) gewonnen, das im Nektar mit Vorliebe zu

zweien verbunden. wuchs. In den Schalenkulturen bildete es kleine, gewölbte, glatte, runde, schleimig durchsichtige Kolonien von weiß-grauer Farbe. Gefunden wurde dieses Bakterium in folgenden Pflanzen: *Lathyrus, Epilobium h., Borago off., Saponaria, Colutea, Pisum, Erica, Thymus, Nicotiana aff.* und *tabacum.* Das Bakterium wächst, auf schrägem Bouillon-Agar sehr langsam, in der Bier-würze nicht.

7. Ein anderer Bazillus, der in seinem Wachstum in den Schalen dem vorhergehenden sehr ähnelt, aber peritrich bewimpert ist, läßt sich gut kultivieren. Er wurde gefunden in: *Saponaria, Delphinium, Symphytum, Scabiosa.* In Gelatine-Stichkulturen wächst er den ganzen Stich entlang und produziert Gase, ebenso in Bouillonkulturen.

8. Die Mehrzahl der Bakterien gehört zu den gelben, chromogenen Arten, alle sind sehr kleine und kurze Stäbchen, teils unbeweglich, teils peritrich bewimpert, die im Nektar zu Doppelstäbchen verbunden auftreten. Die Schalenkolonien sind mehr oder minder schleimig und intensiv hell ockergelb gefärbt. In ihren Wachstumsbedingungen zeigten alle eine große Ähnlichkeit, doch stellten sich bei weiterer Kultur charakteristische Unterschiede in der Struktur der Schalenkolonien, in Strich- und in Bouillonkulturen ein (verschiedene Schleimhautformen, Trübung usw.), aber es wurden bis jetzt keine Sporen erhalten; daher kann eine genaue Abgrenzung der Arten erst später ausgeführt werden. Gefunden wurden diese gelben Formen meist massenhaft in folgenden Pflanzen:

a) bewegliche in: *Epilobium h., Convolvulus arv., Dianthus, Thymus, Nicotiana aff. + tab.*

b) unbeweglich in: *Trifolium alb. + prat., Symphytum, Cytisus, Pisum, Linaria.*

9. Aus *Tropaeolum, Gladiolus* und *Tilia* wurden kurze Bakterien isoliert, welche Bouillon weinrot bis braun färben; während in Strich- und Stichkulturen eine Rosa- oder Braun-Verfärbung des Agars eintritt. Eine von diesen Formen (aus *Tropaeolum* isoliert und vorläufig als „Tro 2" bezeichnet) produziert den rosavioletten Farbstoff nur bei reichlichem Luftzutritt, daher erscheint in der Bouillonkultur die Schleimhaut gefärbt, die Flüssigkeit farbig angehaucht und der Bodensatz rein weiß.

10. Außerdem wurde aus *Epilobium a.* eine große *Sarcina* isoliert.

11. Einigemal haben wir mit dem Saft, der die jungen Pappelknospen feucht und schleimig macht, Agar infiziert und

gegossen. Immer wurde nur ein 2,9 μ langes und 1,3 μ breites Bakterium rein gewonnen. Dieses ist aërob, wächst in Agarbouillon- schalen in großen (nach 3 Tagen 2 cm Durchmesser), zäheschlei- migen, mattglänzenden, schmutzig gelblichweißen Kolonien, die einen glatten, nicht ganz rundlichen Rand und konzentrische, in Farbentönen wechselnde Zonen aufweisen. Auf schrägem Bouillon und Bierwürze-Agar entsteht ein zähschleimiger, rasch wachsender, weißlicher Überzug, der Falten bildet, in denen sich Kondenswasser ansammelt, und an der Glasseite der Wand entlang emporsteigt. In Kölbchen mit Bouillon bildet sich eine zottig gefaltete, dicke Schleim- haut, die irisblendenartig in die Mitte wächst. Zugleich entsteht ein dicker, weißer Bodensatz, und die Flüssigkeit wird getrübt. Beim Um- schütteln steigt der Bodensatz zopfartig auf; auch der Schrägagar- überzug ist viskos und fadenziehend.

Bei der Sporenbildung hat das Bakterium eine *Clostridium*form. Die Sporen sind oval, 1,8 μ lang und 1,2 μ breit. Das Mikro- photogramm Fig. 4 ist einer Bouillonkultur, die 24 Stunden alt und bei 30 ⁰ C gewachsen ist, entnommen worden.

Die bis jetzt erzielten Resultate hätten in einigen Punkten vollständiger ausfallen können, wäre nicht der verflossene Sommer regnerisch und daher diesen Untersuchungen recht ungünstig ge- wesen. Nach 2 bis 3 Regentagen sank die Nektarmenge sowie die Infektion recht erheblich. Bei diesbezüglichen mikroskopischen Untersuchungen an vielen Gartenpflanzen (*Verbena, Dianthus, Phlox, Balsamina, Nicotiana, Tropaeolum* u. v. a.) hat sich herausgestellt, daß die während des Regens oder an einem wolkigen Tage auf- gehenden Blüten steril blieben. Die Infektion trat nach einem Sonnentage wieder auf, und man könnte daher annehmen, daß sie durch die blütenbesuchenden Insekten verursacht würde. Exakt könnte man dies nur an isolierten Blüten nachweisen, was wir in dem nächsten Sommer ausführen wollen. In der letzten Zeit [1]) hat PEKLO eine Bakterie aus den an einem Ahorn lebenden Blatt- läusen isoliert, was für eine solche Übertragung sprechen würde. Nach einer mündlichen Mitteilung hat Herr CZARTKOWSKI im hie- sigen pflanzenphysiologischen Institut eine Bakterie von Blattläusen, die an jungen Pappelsprossen angetroffen wurden, gewonnen, die mit unserm Pappelbakterium vollständig übereinstimmte. Die Frage nach der Nektarinfektion durch Insekten wird jedoch zu einer er- schöpfenden Lösung einige Sommersaisonen brauchen.

1) J. PEKLO, Über symbiotische Bakterien der Aphiden. Diese Berichte 1912. Bd. 30, Hft. 7.

Ein kurzer Überblick über das jetzt Mitgeteilte zeigt uns, daß die Nektarinfektion durch Mikroorganismen nicht zufällig und regellos schwankt.

Vielmehr wurden die „Nektarhefen aus *Lamium* I u. II“, ebenfalls die chromogenen gelben Bakterien, in einer überwiegenden Anzahl der Blüten bei den meisten Spezies angetroffen. Sie sind eine allgemeine Erscheinung, ebenso wie in wenig prägnanter Weise die roten Hefen- und Torulaformen nebst den anderen angeführten Typen. Unter spezielleren Bedingungen, die wohl in dem Saft der Narbenhöhlen der *Viola tricolor* und in dem der schleimigen Pappelknospen realisiert werden, wird die Infektion nur durch eine einzige typische, immer anwesende Art (*Torula*, Pappelbakterium) bewirkt. Dieser Unterschied, sowie die Tatsache, daß die ubiquistischen Schimmelpilze, *Mucor, Penicillium, Aspergillus* usw. im Nektar nicht vorkommen, läßt uns schließen, daß der Nektar eine normale Wohnstätte von irgendwie angepaßten, differenzierten Bakterien- und Hefearten vorstellt. Zweifellos sind diese Mitbewohner der Blüten parasitisch nicht schädlich. Die Blüten von einigen Pflanzen, so z. B. von *Tilia pubescens*, waren insgesamt epidemieartig infiziert, und der getrübte Blütenhonig gärte im Nektarium; trotzdem wurden ganz regelmäßige Früchte angesetzt und entwickelt. Erst ein genaues ernährungsphysiologisches Studium der gewonnenen Organismen, mit deren Ausführung wir beschäftigt eind, wird es gestatten, über den Einfluß der Nektarflora auf die Pflanze etwas näheres feststellen zu können.

Die Isolierung der Arten wurde im Frühling und Sommer 1912 im pflanzenphysiologischen Institut d. böhm. Universität und im Institut für Gärungschemie und Mykologie der böhm. techn. Hochschule in Prag ausgeführt. Es sei uns erlaubt, zum Schlusse unserer Mitteilung den beiden Vorstehern der Institute, den Herren Professoren Dr. B. Némec und K. Kruis, für die freundliche Unterstützung während der Arbeit unseren Dank auszusprechen. Herrn Professor K. Kruis sei ferner herzlichst gedankt für seine Liebenswürdigkeit, die Mikrophotographien herzustellen.

Prag, den 5. November 1912.

20. Z. Kamerling: Kieselsäureplatten als Substrat für Keimungsversuche.

(Eingegangen am 13. März 1913.)

Für Keimungsversuche mit den Samen von Tillandsien wurden
von mir mit ausgezeichnetem Erfolge Kieselsäureplatten benutzt.
Die zahlreichen ausgelegten Samen keimten fast alle, nur einzelne
verschimmelten, die Keimpflanzen entwickelten sich ganz normal
und wären jedenfalls regelmäßig weiter gewachsen, wenn nicht
der Versuch fast zwei Monate nach der Aussaat abgebrochen
worden wäre.

Die Kieselsäureplatten werden sich jedenfalls auch für Versuche über die Keimung von anderen langsam keimenden kleinen
Samen und von Sporen der Moose und der Gefäßkryptogamen
mindestens ebensogut eignen wie die üblichen künstlichen Substrate.
Sie bieten den Vorteil der vollkommenen Klarheit und Durchsichtigkeit, sind praktisch steril und enthalten gar keine organische Substanz. Die zahlreichen saprophytischen und semiparasitischen
Schimmelpilze und Bakterien, welche die Entwicklung der Kulturen
von Moosen und Farnsporen oder von kleinen Samen bedrohen,
entwickeln sich nicht auf den Kieselsäureplatten. Ganz besonders
eignen die Platten sich auch zur Kultur von Diatomeen, wie ich
schon vor acht Jahren in meiner damaligen Stellung als Botaniker

der Versuchsstation für Zuckerrohr in West-Java zu beobachten
Gelegenheit hatte.

Ich bereite die Kieselsäureplatten aus der käuflichen Wasser-
glaslösung und starker Salzsäure, welche beide in dem Verhältnis
von 1 auf 4 mit Leitungswasser verdünnt werden. Diese verdünnten
Lösungen sollen in einem solchen Verhältnis rasch zusammenge-
gossen und gemischt werden, so daß die Mischung noch eine
deutliche alkalische Reaktion zeigt. Diese Mischung wird in eine
Kristallisierschale oder PETRIschale gegossen und erstarrt hier
sehr bald.

Die erstarrte Platte muß allerdings noch längere Zeit, 24 Stunden oder mehr, in fließendem Leitungswasser ausgewaschen werden,
um das überschüssige Natriumsilikat und das Kochsalz zu entfernen.
Erst wenn ein aufgelegtes rotes Lakmuspapier nach drei Stunden
gar keine Verfärbung mehr zeigt, darf man die Platte als praktisch
neutral und gebrauchsfertig betrachten.

Weil das Substrat an und für sich kein geeigneter Boden für
die Entwicklung von Schimmelpilzen und Bakterien darstellt, kann
man die meisten Aussaaten ohne besondere aseptische Sorgfalt vor-
nehmen.

Um dem Substrat irgendwelche anorganischen Nährstoffe
hinzuzufügen, streut man diese auf die Platte und läßt sie hineindiffundieren.

Falls man die Kulturen sehr lange Zeit fortzusetzen wünscht,
muß man um ein zu weit gehendes Eintrocknen zu verhindern, die
Platte ab und zu mit Leitungswasser befeuchten.

Rio de Janeiro, Februar 1913.

21. Sergius Lvoff: Zymase und Reduktase in ihren gegenseitigen Beziehungen.

(Aus dem Pflanzenphysiologischen Institut der Kaiserl. Universität zu
St. Petersburg.)

(Vorläufige Mitteilung[1]).

(Eingegangen am 14. März 1913.)

I.

In einer früheren, gemeinsam mit Professor W. PALLADIN
ausgeführten Arbeit[2]) ist von uns festgestellt worden, daß die bei
der Einführung in eine gärende Flüssigkeit infolge der Oxydation
durch den Sauerstoff der Luft aus Chromogenen entstehenden Pigmente auf die Alkoholgärung stark deprimierend wirken. Wir
konstatierten ferner, daß unter solchen Bedingungen in der Ausscheidung der beiden entstehenden Gärungskomponenten — der
Kohlensäure sowohl wie des Alkohols — eine bedeutende Abnahme
beobachtet wird und zwar in äquivalentem Verhältnis. Dieses Resultat waren wir dadurch zu erklären geneigt, daß die Pigmente
den für den normalen Verlauf des Gärungsprozesses notwendigen
Wasserstoff der gärenden Flüssigkeit entziehen, hierbei aber selbst
zu den ursprünglichen Leukoverbindungen — d. h. zu Chromogenen
reduziert werden.

R (Pigment) $+ 2 H = RH_2$ (Leukoverbindung). In der Tat
wird in anaëroben Verhältnissen (in einem Wasserstoffstrome) die
anfänglich schwarze Flüssigkeit im Verlaufe des Gärungsprozesses
entfärbt, was für die Reduktion der Pigmente in farblose Chromogene zeugt. In der Luft geht sehr rasch ein umgekehrter
Prozeß vonstatten — die Oxydation der Chromogene zu Pigmenten.
Wie sehr wir auch geneigt waren, gerade diese Vorstellung von
den Chromogenen und dem Charakter ihrer Einwirkung auf die
Alkoholgärung gelten zu lassen, — waren wir uns dennoch eines
hypothetischen Elements in unseren Betrachtungen ganz be-

---

1) Mitgeteilt am 5. März 1913 in der Sitzung der botanischen Abteilung
des St. Petersburger Naturforschervereins.

2) W. PALLADIN und S. LVOFF, Über Einwirkung der Atmungschromogene auf die alkoholische Gärung. (Zeitschrift f. Gärungsphysiologie.
Im Drucke.)

wußt: sind ja doch die Chromogene bis jetzt noch nicht in chemisch reinem Zustande hergestellt worden, und allen Behauptungen über ihre chemische Natur haftet noch immer ein ziemlich vager Charakter an. Ich hielt es daher für besonders wichtig, die von uns ausgeführten Experimente mit denjenigen chemisch untersuchten Verbindungen zu wiederholen, welchen wir die Chromogene zur Seite stellten. Unter diesen Verbindungen wählte ich zunächst Methylenblau.

Die beim Experimentieren mit diesem Farbstoff erzielten Resultate stimmten mit den früheren vollständig überein, und auch hier wurde beobachtet, daß die Mengen der sich dabei bildenden beiden Komponenten der Alkoholgärung in gleicher Weise, wie in den früheren Versuchen mit den Chromogenen, zurückgingen. Deshalb will ich bei diesen Versuchen nicht länger verweilen, sondern mich direkt meiner neuen Arbeit zuwenden.

II.

Im Laufe meiner Untersuchung wurde mein Interesse durch eine andere Frage erregt, die mit der Erforschung der bei der Alkoholgärung sich abspielenden chemischen Vorgänge unmittelbar zusammenhängt.

Die allerersten Versuche überzeugten mich schon, daß die in einer gärenden Flüssigkeit stattfindende Reduktion von Methylenblau zu Leukokörper auf die Alkoholgärung deprimierend wirkt, in dem sie die Mengen der ausgeschiedenen CO_2 und des Alkohols herabsetzt. Es unterliegt ja aber keinem Zweifel, daß die Reduktion von Methylenblau in einer gärenden Flüssigkeit fermentativen Charakter[1]) hat und gewöhnlich der Wirkung eines besonderen Ferments, der Reduktase, zugeschrieben wird.

Somit war es von vornherein einleuchtend, daß Zymase und Reduktase in einem gewissen engen Zusammenhang miteinander stehen, daß diese beiden Fermente unmittelbare Beziehungen zur Spaltung der Glykose in Alkohol und Kohlensäure haben.

Diesen Zusammenhang aufzuklären, habe ich mir zum Ziel gesetzt.

Der Gedanke, daß die Reduktase am Prozesse der Alkoholgärung sich aktiv beteiligt, ist nicht neu — und ist, als Hypothese, von verschiedenen Autoren[2]) (neuerdings mit besonderem Nach-

---

1) Buchner, Zymasegärung S. 341 und ff. (M. Hahn, Zur Kenntnis der reduzierenden Eigenschaften der Hefe).
2) Die diese Frage betreffende Literatur will ich im ausführlicheren Berichte anführen.

druck) vielfach ausgesprochen worden. Es ist auch zahlreichen Schemen, die in letzter Zeit zur Aufklärung des Prozesses der Alkoholgärung vorgeschlagen wurden, zugrunde gelegt worden. In meinen Versuchen stützte ich mich auf das von S. KOSTYTSCHEW[1] vor kurzem vorgeschlagene Schema, das bekanntlich folgendermaßen lautet:

$$C_6H_{12}O_6 = 2\ CH_3\ COCOOH + R \underset{\diagdown H}{\overset{\diagup H}{\underset{-H}{\overset{-H}{\Big|}}}} \quad (I.)$$

$$2\ CH_3COCOOH = 2\ CH_3COH + 2\ CO_2 \quad (II.)$$

$$2\ CH_3COH + R \underset{\diagdown H}{\overset{\diagup H}{\underset{-H}{\overset{-H}{\Big|}}}} = 2\ CH_3CH_2OH + R \quad (III.)$$

Die Grundidee, welche S. KOSTYTSCHEW zur Aufstellung dieses Schemas führte, nämlich die Idee von der Bedeutung der α-Ketonsäure und des Essigsäureanhydrids im Prozesse der Alkoholgärung ging mich nicht weiter an. Das Schema interessierte mich nur insofern, als es mir eine ungefähre Berechnung ermöglichte, welche quantitativen Verhältnisse ich bei meinen Versuchen zu erwarten hatte.

Aus der I. Gleichung, welche die Vorstellung des Autors über das Anfangsstadium der Alkoholgärung widergibt, folgte, daß unter der Einwirkung der Reduktase das Glykosemolekül 4 Atome Wasserstoff verliert, die später (Gleichung III) wieder zurückwandern, um die Spaltung der Glykose zu ihrem normalen Produkt — dem Alkohol — zu leiten. Gleichung II zeigt uns, daß die zweite Komponente — die Kohlensäure — zu ihrer endgültigen Abspaltung der Zurückwanderung der Wasserstoffatome nicht bedarf.

Sowohl durch meine ersten Versuche, wie auch durch die frühere Arbeit[2] war ich darauf vorbereitet, diesen von der Reduktase vorübergehend fixierten Wasserstoff für die normale Ausscheidung der beiden Komponenten und nicht des Alkohols allein als notwendig anzusehen. Indem ich meine Versuche begann und mich auf S. KOSTYTSCHEWs Schema stützte, legte ich meinen Berechnungen folgenden Gedankengang zugrunde: gelingt es, die zeitweise durch die Reduktase gebundenen vier Wasserstoffatome auszuschalten und ihre weitere Beteiligung am Gärungsprozeß zu

---

1) S. KOSTYTSCHEW, Zeitschrift f. physiol. Chemie 79, 143, 1912.
2) W. PALLADIN und S. LVOFF l. c.

verhindern, so wird dadurch ein Glykosemolekül, das bereits ins erste Gärungsstadium mithineingezogen war, vor weiterer Zersetzung bewahrt und die Gesamtsumme der ausgeschiedenen Kohlensäure und des Alkohols wird um zwei Moleküle der beiden vermindert. Ein derartiges Glykosemolekül, das das primäre Zersetzungsstadium nicht überschritten hat, will ich im folgenden der Kürze halber als ein inaktiviertes Molekül bezeichnen.

Indem ich also der gärenden Flüssigkeit vier Wasserstoff- atome entzog, hoffte ich, ein Glykosemolekül zu inaktivieren.

Die Entziehung des Wasserstoffs aus der gärenden Flüssigkeit oder vielmehr die Ablenkung desselben vom Gärungsprozeß wurde in meinen Versuchen mit Hilfe von Methylenblau rectificatum (nach EHRLICH) erreicht.

Der Versuch wurde in einem Wasserstoffstrom in durchaus anaëroben Verhältnissen ausgeführt. Es kamen jedesmal nicht weniger als zwei Portionen zum Versuche.

Alle Bedingungen waren für die eine sowie für die andere genau dieselben, nur erhielt die Versuchsportion zum Unterschied von der Kontrollportion einen gewissen Zusatz einer genau ab- gewogenen Menge Methylenblau. Der Versuch wurde bis zur vollständigen Entfärbung der Versuchsportion fortgesetzt und selbstverständlich für die beiden Portionen zu gleicher Zeit ab- gebrochen.

Der Unterschied zwischen der Versuchs- und Kontrollportion (der immer zugunsten der letzteren ausfiel) gab mir das nötige Ziffernmaterial in die Hand, um die Quantität der inaktivierten Glykose genau zu berechnen. Meine Berechnungen führte ich stets auf Grund der Kohlensäure aus, indem ich vom eingeführten Gewichtsquantum Methylenblau ausging, das in der Versuchsportion beim Eintreten der Entfärbung der Einwirkung der Reduktase ausgesetzt war.

Diesen Prozeß dachte ich mir folgendermaßen: 1 Molekül Methylenblau entzieht bei seiner Entfärbung der gärenden Flüssig- keit zwei Wasserstoffatome ($M + H_2 = MH_2$). Folglich werden zwei Moleküle 4 Wasserstoffatome entziehen, ein Glykosemolekül inaktivieren und im Vergleich zur Kontrollportion die Aus- scheidungsmenge von CO_2 in der Versuchsportion um 2 CO_2 ver- mindern.

Die Formel des Methylenblau ist: $C_{16}H_{18}N_3SCl$[1]); sein Mole- kulargewicht $= 319,8$. Folglich müssen $2 \times 319,8 = 639,6$ g

---

[1] Allen meinen Versuchen ist wasserfreies, bei 150° getrocknetes Methylenblau zugrunde gelegt.

Methylenblau die Ausscheidungsmenge von CO_2 um $2 \times 44 = 88$ g vermindern.

Die Umrechnung auf eine beliebige Quantität Methylenblau bietet nun keine Schwierigkeiten. So ist z. B. im Versuch I 500 mg Methylenblau genommen worden. Ich erwartete also in der Ausscheidungsmenge von CO_2 ein Defizit, daß sich aus der Proportion

$$639,6 : 88 = 500 : x$$

für x berechnen ließ: $x = 68,7$ mg. Ich erhielt aber statt dessen einen doppelt so großen Unterschied $= 133,5$. Weitere Versuche gaben ähnliche Resultate (vgl. die unten angeführte Tabelle, wo in der fünften Spalte die zwischen den in den beiden Portionen ausgeschiedenen Mengen von CO_2 beobachteten Unterschiede, in der sechsten Spalte die auf Grund der Molekularbeziehungen nach dem Vorbilde der obenstehenden Proportion berechneten aber noch verdoppelten Unterschiede angegeben sind). In allen Versuchen, wo auch der Alkohol bestimmt wurde, ließ sich eine äquivalente Abnahme der ausgeschiedenen Mengen von Alkohol und CO_2 beobachten. Besonders ist in dieser Beziehung der Versuch II charakteristisch, wo in der Kontrollportion 582 mg Alkohol, d. h. $CO_2 : CH_3CH_2OH = 100 : 98$, in der Versuchsportion, welche bloß 66,4 mg CO_2 ausschied, nur Spuren von Alkohol vorgefunden wurden. Die Reaktion mit fuchsinschwefliger Säure und mit Natriumnitroprussidlösung gab negative Resultate.

Nr. des Versuchs	Methylenblau in Gramm	CO_2 in der Kontrollportion	CO_2 in der Versuchsportion nach vollständiger Entfärbung	Beobachteter Unterschied	Berechneter Unterschied	Bezeichnung und Menge der Hefe	
1	2	3	4	5	6	7	
I	0,500	733 mg	600,5 mg	133,5	137,5	Dauerhefe	5 g
II	2,000	594,4	66,4	528	550	nach	5 g
III	1,000	465	198,6	266,4	275	LEBEDEW	8 g
IV	1,000	617,7	317,5	300,2	275		5 g
V	1,3180	1386.6	995,2	391,4	362,5	Macerations-	30 ccm
VI	1,9698	886,8	320,7	566,1	541,7	saft nach	30
VII	0,5085	786,8	625,5	161,3	140	LEBEDEW	30
VIII	0.2908	980,2	920,0	60,2	80		50

Der Umstand, daß die Ziffern in den Spalten 5 und 6 einander ziemlich nahekommen, beweist, wie mir scheint, daß mein Gedankengang im wesentlichen richtig war und daß meine ursprüngliche Annahme nur nach einer Richtung hin einer Änderung bedarf. Die Ergebnisse meiner Arbeit möchte ich folgendermaßen zusammenfassen:

Ein (und nicht zwei, wie ich früher annahm) Gramm-
Molekül Methylenblau entzieht der gärenden Flüssigkeit
ein Gramm-Molekül (d. h. zwei Grammatome) Wasserstoff
und inaktiviert dadurch ein Gramm-Molekül Glykose,
welches auf diese Weise vor weiterer Spaltung in Alkohol
und CO_2 bewahrt wird.

Aus dieser Hauptthese lassen sich, wie mich ·dünkt, folgende
Schlüsse ziehen.

1. Das erste oder eins von den ersten Stadien der Alkohol-
garung der Glykose besteht darin, daß dem Glykosemolekül zwei
Wasserstoffatome entzogen werden. Ohne die Frage zu erörtern,
was dabei mit der Glykose geschieht, will ich dieses Stadium durch
folgendes Schema darstellen:

$$C_6H_{12}O_6 + Red. = (C_6H_{12}O_6 - 2H) + Red.\Big\langle{H \atop H}$$

2. Der vorübergehend von der Reduktase gebundene Wasserstoff ist für den normalen Verlauf der Gärung notwendig, da die
beiden Komponenten — CO_2 sowie Alkohol — in gleichem Maße
der Mitwirkung dieses Wasserstoffs in dem weiteren Verlauf des
Gärungsprozesses bedürfen.

3. Auf Grund des Punktes 2 erscheint es sehr wahrscheinlich, obwohl nicht unbedingt daraus folgend, daß die bei der
Glykosespaltung erfolgende Ausscheidung der Kohlensäure und
eines anderen, uns zurzeit noch nicht bekannten x-Körpers, des
nächsten Vorgängers des Alkohols (als solcher erscheint in
S. KOSTYTSCHEWs Schema — CH_3COH), synchronisch, korrelativ
und einphasig verläuft.

4. Zwischen der Reduktions- und Gärungsenergie der Hefe
läßt sich offenbar ein genauer Parallelismus beobachten: indem wir
die Reduktionswirkung auf Methylenblau lenken, schwächen wir
eben dadurch in genau proportionalem (äquimolekularem) Verhältnis
die Gärungsenergie dieser Hefe. Mit anderen Worten: es läßt sich
die Reduktionsenergie der Hefe durch ihre Gärungsenergie messen.
Ein gegebenes Hefequantum ist (potentiell) imstande, eben soviele
Methylenblaumoleküle zu reduzieren, wie Glykosemoleküle in
gleichen Verhältnissen ein gleiches Hefequantum zu vergären vermag. Und daran knüpft sich die selbstverständliche Frage: existiert
denn überhaupt in der Hefe die Reduktase als ein selbständiges
individualisiertes Ferment? und gehören nicht vielmehr die Re-
duktionseigenschaften einem einzigen, wenn auch komplizierten
Gärungsapparat, den wir als Zymase zu bezeichnen pflegen?

Auf Grund der von mir ausgeführten Versuche bin ich sehr geneigt diese Auffassung anzunehmen, ohne die Frage als endgültig aufgeklärt zu betrachten. Wenn ich über die Reduktase spreche, so ist, wohl verstanden, diejenige damit gemeint, die sich am Gärungsprozeß aktiv beteiligt und mit Methylenblau reagiert. Andere in einer gärenden Flüssigkeit möglichen Reduktionserscheinungen zog ich nicht in Betracht. Die Untersuchung der aufgeworfenen Fragen wird fortgesetzt.

22. M. Möbius: Über Merulius sclerotiorum.

(Mit Tafel VI.)

(Eingegangen am 16. März 1913.)

Im Oktober des vorigen Jahres wurde ich in ein Haus gerufen, um festzustellen, ob in dem einen Parterrezimmer wirklich Schwamm vorhanden sei. Der Boden des Zimmers, in dem bereits Reparaturen zur Beseitigung der Feuchtigkeit ausgeführt worden waren, war mit Linoleum bedeckt. Als dieses aufgehoben wurde, ergab es sich, daß an einer Stelle die darunter liegende Pappe feucht und teilweise mit einem Pilzgeflecht überzogen war. Auch auf der darunterliegenden Holzdiele war ein solches Pilzgeflecht zu sehen. Es war von geringer Ausdehnung, zarter Beschaffenheit und lehmgelber Farbe, wie mir bei meinen früheren Schwammbesichtigungen es noch nicht vorgekommen war. Zwischen dem Geflecht und der Pappe fanden sich kleine schwarze Knöllchen, die eine gewisse Ähnlichkeit mit Mäuseexkrementen hatten, und deren Natur mir zunächst überhaupt fraglich war. Bei der darauf vorgenommenen mikroskopischen Untersuchung stellte es sich heraus, daß die Knöllchen Pilzsklerotien waren. Das Mycel auf der Pappe, in feuchter Kammer gehalten, wuchs etwas weiter, doch kam es nicht zu kräftiger Entwicklung, und auch die Sklerotien sind bis heute, obwohl sie abwechselnd feucht und trocken gehalten wurden, nicht ausgewachsen.

Als nun am Ende vorigen Jahres das sechste Heft der „Hausschwammforschungen" erschien, in dem FALCK die *Merulius*fäule des Bauholzes behandelt, fand ich meinen fraglichen Pilz darin als *Merulius sclerotiorum* beschrieben. Diese Art ist zum erstenmal

1907 von FALCK erwähnt worden (Hausschwammforschungen, Heft I, S. 92). In der neuen ausführlichen Arbeit über die Merulius̄fäule (1912 l. c.) wird von der neuen Art zwar keine zusammenhängende Diagnose gegeben, aber Fruchtkörper, Mycel und Sklerotien werden beschrieben und auf den Tafeln und im Text in zahlreichen Figuren abgebildet.

Wenn ich mir trotzdem erlaube, meine eigenen Beobachtungen zu veröffentlichen, so geschieht es, um in Wort und Bild noch einige Ergänzungen über die anatomische Struktur der Sklerotien und den Bau der Mycelstränge zu bringen. Zugleich möchte ich damit die Aufmerksamkeit der Fachgenossen, die mit Schwammuntersuchungen zu tun haben, auf diesen Pilz lenken, der vielleicht nicht so selten vorkommt, aber bisher manchmal verkannt sein mag. Es mögen auch die Sklerotien wirklich für Mäuseexkremente gehalten worden sein, obwohl sie bedeutend kleiner sind. Mir selbst ist im Jahre 1911 einmal ein Schwamm vorgekommen, den ich nicht bestimmen konnte, und den Herr Professor MEZ, als ich ihn um Rat fragte, nach der Ähnlichkeit der Stränge mit authentischem Material von *Merulius sclerotiorum* als diese Art diagnostiziert hat; Sklerotien waren damals nicht ausgebildet. Übrigens gehört nach FALCK (Hausschwammforschungen Heft I, S. 92) *Merulius sclerotiorum* zu den Schwammarten, die eine sehr geringe Zerstörungskraft besitzen wegen des langsamen Wachstums des Myceliums.

Die Diagnose von dem Mycelium faßt FALCK (Hausschwammforschungen, VI., S. 112) in folgende Worte zusammen: „Primäre Sprosse aus dem Faden, der Schnalle meist einseitig genähert. Mycel gelblich gefärbt, schwer auf Agar übergehend, bis in die Zuwachszone strangartig vereinigt." Ferner heißt es (l. c. S. 218) unter den Strangdiagnosen für unsere Art: „Stränge haardünn, lehmgelb bis braungelb. Gefäßhyphen englumig, mit Balken, schwer zu isolieren. Faserhyphen lehmgelb, 2 μ breit." Diese Eigenschaften fand ich auch an dem von mir untersuchten Material und ich möchte hinzufügen, daß mir außer der Neigung der Seitenzweige, sich dem Hauptast anzuschmiegen, und der dadurch hervorgerufenen Strangbildung besonders die Häufung von Schnallen an der Stelle, wo Seitenzweige abgehen, aufgefallen ist. So entsteht häufig an den Knoten eine so dichte Verflechtung, daß der entwicklungsgeschichtliche Zusammenhang gar nicht mehr genau zu verfolgen ist. In den Figuren 6, 7 und 8 habe ich diese Erscheinung darzustellen versucht, da die Bilder von FALCK (l. c. S. 68, Fig. 22, 1—9) nur einfache Fäden mit Schnallen und Seitenzweigen wiedergeben. Mehr als zwei Schnallen scheinen an einer

Querwand nicht gebildet zu werden, jedenfalls kommen keine solchen Schnallenkränze wie bei *Coniophora* vor. Das Auswachsen der Schnallen, das für *Merulius lacrymans* charakteristisch ist, findet sich auch hier, wie unsere Fig. 6 und FALCKs Fig. 22, 9 (l. c. S. 68) zeigt, ist aber ziemlich selten.

Die dicksten Stränge, die ich an meinem Material fand, hatten nur etwa 30 μ im Durchmesser. Ihre anatomische Differenzierung besteht nur darin, daß die inneren Hyphen stärker, 5—7 μ dick die äußeren schwächer sind, die dünnsten hatten etwa 2 μ im Durchmesser, was mit dem von FALCK angegebenen Maß übereinstimmt. Was die gelbe Farbe betrifft, so scheint mir die Membran nicht daran beteiligt zu sein, sondern es ist ein Stoff im Zelleninhalt, der die dickeren Hyphen mehr oder weniger erfüllt und die braungelbe Färbung besitzt, die schon äußerlich an dem Mycelium wahrzunehmen ist. *Merulius sclerotiorum* hat also ein spezifisch gut charakterisiertes Mycelium und ist vollends auch beim Fehlen der Fruchtkörper unverkennbar, wenn sich aus den Strängen die Sklerotien entwickelt haben, denn weder die andern *Merulius*-Arten noch überhaupt die andern in Gebäuden als Schwamm vorkommenden Pilzarten erzeugen solche Gebilde. Auf Taf. IV, Fig. 5, gibt FALCK eine photographische Abbildung von „Sklerotien von der Unterseite junger Fruchtkörper, meist noch in Verbindung mit den Strängen aus der vom Mycel durchwachsenen humosen Erdschicht, oben in traubenförmiger Anordnung an einem Strangende". Im Text werden die Sklerotien nicht näher beschrieben. Es wäre besonders noch zu ermitteln, unter welchen Umständen sie sich bilden. Wie schon erwähnt, fand ich sie an einem sehr schwach entwickelten Mycel, das zwischen Holz und Pappe unter Linoleum wuchs. Fig. 1 zeigt sie in natürlicher Größe, Fig. 2 einige von ihnen bei 12facher Vergrößerung. Die meist eiförmigen Körper sind 1—2 mm lang und von schwarzer Farbe, wenn sie trocken sind, aufgeweicht und in Glyzerin etwas aufgehellt sehen sie bei durchfallendem Licht schön gelbbraun aus. Im trockenen Zustand sind sie so hart, daß man mit dem Rasiermesser keinen Schnitt machen kann, während sie sich in feuchtem Zustand gut schneiden lassen. Der Querschnitt (Fig. 3) läßt vier Schichten unterscheiden: nämlich außen eine braune Rinde von pseudoparenchymatischem Gewebe, dann einen sehr dunklen Ring, der aber nur ein bis zwei Zellenlagen dick ist, darauf folgt ein helleres Hyphengeflecht, das nach innen in die vierte Schicht übergeht. In der letzten sind die Hyphen noch etwas lockerer als in der dritten Schicht und annähernd konzentrisch um die in der Mitte liegende Höhlung ver-

flochten. Fig. 4 zeigt die beiden äußeren und den Anfang der
dritten Schicht bei stärkerer Vergrößerung. Die braune und
schwärzliche Färbung der äußeren Schichten scheint mir auf den
gefärbten Zellmembranen zu beruhen. Jüngere Entwicklungszu-
stände habe ich nicht gefunden, und daß ich die Weiterentwicklung der alten nicht beobachten konnte, wurde schon eingangs erwähnt. Herr Prof. FALCK hatte aber die Güte, mir brieflich mitzuteilen, daß diese Sklerotien vegetativ auskeimen. Dies ist insofern
bemerkenswert, als der Regel nach die Sklerotien zu Fruchtträgern
oder Fruchtkörpern auskeimen (vgl. ZOPF, die Pilze, S. 18), was
sie auch bei andern Basidiomyceten, bei denen Sklerotienbildung
keine Seltenheit ist, tun, so bei *Coprinus*, *Typhula* und *Pistillaria*.
Über Sklerotien hat neuerdings K. KAVINA eine Arbeit veröffentlicht (PŘIRODA, X, S. 173, 1911/12), die aber böhmisch geschrieben
und im botanischen Centralblatt (Bd. 122, S. 98) so kurz referiert
ist, daß ich nicht weiß, welche Arten dort erwähnt sind.

––––

Erklärung der Tafel VI.

Alle Figuren beziehen sich auf *Merulius sclerotiorum* Falck.

1 Mycel mit Sklerotien, vom Fundort. Nat. Gr.
2. Mycel mit Sklerotien. 12:1.
3. Querschnitt durch ein Sklerotium. 30:1.
4. Äußere Partie des Querschnitts, stark vergr.
5. Hyphenverzweigung mit auswachsender Schnalle.
6—8. Strangbildung und Schnallenbildung an den Verzweigungsstellen.

23. W. Docters van Leeuwen: Über die Erneuerung der verbrannten alpinen Flora des Merbaboe-Gebirges in Zentral-Java.

(Mit 3 Abb. im Text.)

(Eingegangen am 17. März 1913.)

———

Das Merbaboe-Gebirge ist einer der höchsten Vulkane von Zentral-Java, er ist etwas mehr als 3100 m hoch. Seit einigen Jahrhunderten ist sein Feuer erloschen und nur hier und da spürt man an ausgeschiedenen Schwefelwasserstoffgasen und Schwefel, daß der Vulkan im Innern noch lebt. Dieses Gebirge liegt in der Nähe von Salatiga, einige Bahnstunden von Semarang. Von Salatiga aus und auch von anderen Orten ist dieses Gebirge ziemlich gut zu besteigen. Auf dem Gipfel findet man eine kleine Hütte, wo die Besucher übernachten können. Über ungefähr 2500 m findet man die von JUNGHUHN schon beschriebene alpine Flora. Speziell Wälder von *Anaphalis javanica* (Reinw.) Sch. und *Albizzia montanum* (Jungh.) Benth. untermischt mit verschiedenen *Vaccinium*-Arten und vielen krautartigen Pflanzen, bilden den Hauptbestandteil dieser Flora. An der nordöstlichen Seite findet man einen, ungefähr eine Stunde breiten Wald von obengenannter *Anaphalis*-Art. Im Sommer 1912 hat es nun stark auf dem Gipfel dieses Gebirges gebrannt, und viele Tage lang soll es von Salatiga aus einen sehr schönen Anblick gegeben haben. Während dieser Tage ist die alpine Flora fast gänzlich und auch die subalpine Flora teilweise verbrannt. Es war nun natürlich äußerst interessant zu untersuchen, auf welche Weise die hochalpinen Pflanzen, die nicht durch Samen von anderen Gebirgen angeführt werden können, sich wieder erneuert hatten.

Vor einigen Jahren hatte ich schon einmal eine Exkursion an der nordwestlichen Seite gemacht und damals die meisten alpinen Pflanzen gesammelt, nur die Gräser hatte ich leider nicht mitgenommen.

Ich fand dabei folgende Pflanzen, welche fast alle in meinem eigenen Herbarium oder in dem des Buitenzorgschen Gartens aufbewahrt worden sind.

1. *Albizzia montanum* (Jungh.) Benth.
2. *Alchimilla villosa* Jungh.
3. *Anaphalis javanica* (Reinw.) Sch.
4. *Calamintha umbrosa* Bth. (= *Satureia umbrosa* Scheele).
5. *Dicrocephala tanacetoides* Sch.
6. *Gaultheria nummularioides* Don.
7. *Galium rotundifolium* L.
8. *Gentiana quadrifaria* Bl.
9. *Geranium nepalense* Sweet (= *G. ardjunense* Zoll.).
10. *Gnaphalium involucratum* Forst.
11. *Habenaria tosariensis* J. J. S.
12. *Herminium angustifolium* Hook.
13. *Hypericum Hookerianum* W. et A. (= *H. Leschenaultii* Bl.).
14. *Lonicera Loureiri* DC. (= *L. oxylepis* Miq.).
15. *Swertia oxyphylla* (Miq.) Gilg. (= *Ophelia oxyphylla* Miq.).
16. *Pimpinella javana* DC.
17. *Plantago Hasskarlii* Decne.
18. *Polygonum chinense* L.
19. *Ranunculus diffusus* DC.
20. *Thalictrum javanicum* Bl.
21. *Thelymitra javanica* Bl.
22. *Vaccinium varingiifolium* (Bl) Miq.
23. *Viola serpens* Wall.
24. *Wahlenbergia gracilis* DC.

Ende Dezember 1912 machte ich nun wieder eine Exkursion und achtete dabei speziell auf das Aufkommen der neuen Flora. Ich stieg dazu an der nordöstlichen Seite hinauf bis an den etwa 3100 m hohen Gipfel, besuchte von dort aus einige in der Nähe liegende Gipfel und stieg nach einigen Tagen an der nordwestlichen Seite wieder hinunter.

Das Feuer hatte auf den von mir besuchten Abhängen fast alle Pflanzen getötet. Es war eine Wüste geworden, worin die verstümmelten und schwarzen *Albizzia-*, *Anaphalis-* und *Vaccinium*-Bäumchen einen sehr öden Anblick gewährten. Alle Graspolster waren gänzlich kahl gebrannt, und von der sehr häufigen *Festuca nubigena* Jungh., welche früher mit ihren glatten Polstern das Klettern sehr erschwerte, waren nur Reste vorhanden. Der ganze Boden war schwarz und kahl.

Der schon genannte Gipfel besteht aus einem einige Quadratmeter großen Plateau, worauf sich eine kleine Hütte eines Eingeborenen befindet. Merkwürdig war es mir nun zu sehen, daß alle Pflanzen bis an den Rand dieses Gipfels völlig tot gebrannt

waren, alle Pflanzen auf dem Gipfel selbst und auch die Hütte
jedoch von den Flammen verschont worden waren. Auf diesem
Gipfel waren nun eine Anzahl Pflanzen in üppiger Entwicklung
begriffen. Es versteht sich, daß diese Pflanzen von oben herab
die Abhänge wieder besetzen können, wie denn auch verschiedene
Keimpflanzen unterhalb dieser alten Pflanzen schon deutlich
zeigten, daß dies in Wirklichkeit schon stattgefunden hatte. Auf
diesem Gipfel fand ich nun folgende Pflanzen:

1. *Albizzia montanum* (Jungh.) Bth., zwei Bäume mit den
   großen Fungusgallen.
2. *Alchimilla villosa* Jungh., viele sehr kräftige Exemplare.
3. *Anaphalis javanica* (Reinw.) Sch., eine Pflanze mit Blüten.
4. *Calamintha umbrosa* Bth., viele kräftige Pflanzen.
5. *Festuca nubigena* Jungh., einige blühende Pflanzen.
6. *Gaultheria nummariodes* Don., wie die vorige.
7. *Galium rotundifolium* L., kleine nicht blühende Pflanzen.
8. *Galinsoga parviflora* Cav., einige kräftige, wahrscheinlich
   eingeschleppte Pflanzen.
9. *Gentiana quadrifaria* Bl., sowohl der kurzstengelige, wie
   der langstengelige Typus.
10. *Geranium nepalense* Sweet., sehr üppig entwickelte, blühende
    und fruchttragende Pflanzen.
11. *Gnaphalium involucratum* Forst., kleine, rosettenartige
    Pflanzen mit vielen Blüten und Stolonen.
12. *Habenaria tosariensis* J.J.S., drei ziemlich kräftige Pflanzen.
13. *Lonicera Loureiri* DC., blühende und fruchttragende Pflanzen.
14. *Lycopodium clavatum* L., var. *divaricatum* Wall., eine halb
    verbrannte, aber wieder austreibende Pflanze.
15. *Pimpinella javana* DC., kleine Pflanzen.
16. *Plantago Hasskarlii* Decne., sehr kräftig entwickelte, etwa
    60 cm hohe und reichlich blühende und fruchttragende
    Exemplare.
17. *Plantago incisa* Haßk., kleine Rosetten mit Blüten.
18. *Polygonum chinense* L., blühende und fruchttragende
    Pflanzen.
19. *Stellaria saxatilis* Hmlt., kräftig entwickelt.
20. *Wahlenbergia gracilis* DC., eine blühende Pflanze.

Auf den abgebrannten Abhängen von ± 2500—3100 m fand ich
nun verschiedene junge Pfanzen, die zeigten, daß die alpine Flora
in einiger Zeit wohl wieder ganz fertig dastehen wird. Auffallend war die üppige Entwicklung zweier *Plantago*-Arten, nämlich
Pl. incisa Haßk. und *P. Hasskarlii* Decne. Speziell letztere Pflanze

war an einigen Stellen bestandbildend, und zahlreiche große
Exemplare waren überall blühend und fruchttragend zu sehen.
Auch eine Crucifere war unter 2700 m, unter den toten Bäumchen
von *Anaphalis* und *Albizzia* in großer Zahl ausgeschlagen. Die
etwa 15—25 cm großen Rosetten blühten nur selten, und obschon
Früchte noch nicht vorhanden waren, wird es wohl eine *Brassica
juncea* (Linn.) Hook. et Thoms. gewesen sein.   Aber am merk-
würdigsten fand ich die ungeheure Anzahl von *Habenaria tosariensis*
J. J. S., Pflanzen, welche fast überall und oft in Hunderten von
Exemplaren beisammen standen. Diese Pflanze hatte ich früher
nur hier und da zwischen den Polstern von *Festuca nubigena* Jungh.
gefunden, und ich war daher erstaunt, sie nun auf dem kahlen
Boden überall zu sehen. Nur einige Exemplare zeigten Blütenknospen, die meisten waren leicht kenntlich an ihren charakteristisch rinnenförmig gefalteten Blättern.   An mehreren Stellen
zeigte der Boden aus der Ferne einen grünen Schimmer von dieser
Orchideen-Art.

Weiter fand ich noch folgende Pflanzen. Einige schlugen
aus ihren unterirdischen Teilen aus, andere entwickelten sich aus
Samen, und wieder andere bildeten neue Sprosse an der Basis des
Stammes.

1. Algen habe ich nirgends gesehen.

2. Fungi waren äußerst selten, einige höhere Pilze und ein
roter Myxomycet lebten auf dem abgebrannten Stamme, weiter auch
einige Parasiten.

3. Liehenen, einzelne gelbe Arten auf dem Boden und an
der Unterseite der Stämme.

4. Moose nur an einigen Stellen auf dem Boden wachsend.

5. Pteridophyten sind auf dieser Höhe immer selten.
Überall kamen aber, speziell unter 3000 m Pflanzen von *Pteridium
aquilinum* L. auf.

6. Phanerogamen.   Aus unterirdischen Teilen entwickelten sich:

Alchimilla villosa Jungh., an mehreren Stellen.

Gaultheria nummularioides Don., hier und da zu finden.

Festuca nubigena Jungh., die zarten jungen zusammengerollten
    Blätter ragten aus dem Zentrum der verbrannten Polster.

Geranium nepalense Sweet., an mehreren Stellen (siehe Fig. 1).

Habenaria tosariensis J. J. S., schon besprochen.

Herminium angustifolium Hook., nur eine Pflanze von mir gefunden.

Hypericum Hookerianum W. et A., eine Pflanze mit vielen kräftigen,
    neuen Sprossen.

Pimpinella javana DC., an mehreren Stellen.

Plantago incisa Haßk., und *Pl. Hasskarlii* Decne., siehe oben.

Polygonum chinense L., schlug überall wieder aus.

Rubus lineatus Reinw., eine kräftige Pflanze mit Wurzelsprossen.

Rubus spec., eine andere *R.*-Art mit gefiederten Blättern.

Fig. 1.

Aus einem Rhizom ausgeschlagene Pflanze von *Geranium nepalense*.
Nat. Größe.

Thelymitra javanica Bl. In vielen Exemplaren, aber nur eine Pflanze
blühend gefunden, die jungen Pflanzen sind aber schwer von
denen von *Habenaria* zu unterscheiden. Beachtenswert ist,
daß ich an einigen Exemplaren das von RACIBORSKI[1] beschriebene *Aecidium thelymitrae* Racib. fand, so daß auch das
Fortbestehen dieses Pilzes gesichert ist.

---

1) RACIBORSKI, M., Algen und Pilze von Java. III. Teil. Buitenzorg.
1900, S. 13.

Wahlenbergia gracilis DC., schlug überall wieder aus:

Keimpflanzen fand ich von:

Albizzia montana (Jungh.) Benth., überall in großer Zahl.

Verschiedene Grasarten waren überall zu sehen.   Auch von einigen
Pflanzen von *Dicrocephala tanacetoides* Sch. mit Aecidien.

Stellenweise häufig die jungen Pflanzen von *Brassica juncea* (Linn.)
Hook. et Thoms. und von *Plantago*-Arten.   Ganz junge Keimlinge fand ich von *Geranium nepalense* Sweet. (siehe Fig. 2),

Fig. 2.	Fig. 3.
Keimpflanze von *Geranium nepalense*.	Keimpflanze von *Pimpinella javana* DC.
Nat. Größe.	Nat. Größe.

Alchimilla vilosa Jungh., *Galium rotundifolium* L.,· *Pimpinella
javana* DC. (siehe Fig. 3), *Polygonum chinense* L. und unter
2700 m auch von *Ranunculus diffusus* DC.

Außerdem noch einige Keimlinge von Pflanzen, welche ich nicht
mit Sicherheit bestimmen konnte, u. a. solche, die wahrscheinlich zn *Anaphalis*- und *Gnaphalium*-Arten gehörten.

Mehrere Bäume und speziell *Vaccinium varingiifolium* (Bl.) Miq.
schlugen aus der Basis des Stammes wieder aus, und die
schön roten Blattbüschel boten einen hübschen Anblick.

Hier und da blühte noch eine *Anaphalis javanica* (Reinw.) Sch., und es war merkwürdig zu sehen, wie die weißen Blütenköpfchen aus den Gipfeln der weiter gänzlich verbrannten Bäume hinausragten. Auch einige *Albizzia*- und *Vaccinium*-Bäume lebten noch, obschon sie fast gänzlich geschwärzt waren.

Aus Obigem sieht man aber, daß fast alle früher von mir gefundenen Pflanzen als Keimlinge oder als Sprößlinge sich wieder vorfanden. Ob die Zahlenverhältnisse der Pflanzen sich dauernd ändern werden, kann natürlich nur durch neue Untersuchungen festgestellt werden. Mir wird dies aber vorläufig nicht mehr möglich sein. Vielleicht, daß diese kleine Mitteilung den Forschern, welche Java besuchen, eine Anregung geben wird, dieses sehr interessante Gebirge zu besuchen. Vom Hotel „Merbaboe" bei Salatiga aus ist es gut zu besteigen.

---

24. K. Koriba: Über die Drehung der Spiranthes-Ähre.

(Vorläufige Mitteilung.)

(Mit Tafel VII.)

(Eingegangen am 20. März 1913.)

Unter den zahlreichen Inflorescenzen bietet die *Spiranthes*-Ähre[1]) ihrer zierlichen Blütenspirale wegen ein sehr charakteristisches Bild dar. Ein bloßer Vergleich der Ähre mit einer noch jüngeren zeigt nun ohne weiteres, daß das gewundene Aussehen der Blütenreihe durch Auflösung der Grundspirale zustande kommt, indem die Blüten, die anfangs in einer dichtgedrängten Ähre angeordnet waren, infolge der Drehung der Inflorescenzachse um diese herum ihre kleine Divergenz mehr oder minder ausgleichen und in einer ziemlich geraden Linie übereinander zu stehen kommen, wie es schon von IRMISCH, PFITZER, VELENOVSKY, u. a.[2]) be-

---

1) In der vorliegenden Untersuchung handelt es sich ausschließlich um unseren einheimischen Drehling *Spiranthes australis* Lindl.

2) IRMISCH, T., Beiträge zur Biologie und Morphologie der Orchideen, 1853, S. 35; PFITZER, E., Grundzüge einer vergleichenden Morphologie der Orchideen, 1882, S. 144; VELENOVSKY, J., Vergleichende Morphologie der Pflanzen, 1910, S. 804.

schrieben worden ist. Die Drehung selbst betrachtet man aber
bloß als eine spezifische Eigenschaft der Pflanze.

Die Knospen dieser Pflanze zeigen in der jüngsten Phase
den Kontakt 2 und 3, und ihre Divergenz beträgt annähernd $^5/_{13}$
Der Auflösungsgrad der Spirale ist aber je nach der Ähre sehr
verschieden; bei der schwach aufgelösten ist die Divergenz succes-
siver Blüten ungefähr $^1/_3$—$^1/_4$ (Fig. 1), bei der stark aufgelösten
aber gehen die Knospen sogar in eine gerade Linie über (Fig. 4)
und winden sich bisweilen noch weiter, so daß eine antidrome .
Spirale die Folge ist (Fig. 5).

Es ist nun zunächst bemerkenswert, daß die Richtung der
Achsendrehung[1]) mit der der Grundspirale antidrom ist, wie bei
der Zwangsdrehung. Daß ferner die Torsionsgröße bei den quirl-
ständigen Ähren, die selten vorkommen, stets kleiner ausfällt
(Fig. 11), deutet ebenfalls auf Ähnlichkeit dieser beiden Drehungen
hin. Freilich gibt es hier bei der *Spiranthes*-Ähre kein äußerliches
Zeichen der spiraligen Verwachsung der Blattbasen, oder sie ist
keine eigentliche Zwangsdrehung im Sinne DE VRIES[2]), dennoch
bleibt es zu entscheiden, ob es ein bestimmtes schraubenwendiges
Resistenzgewebe gibt oder nicht; denn die Gürtelverbindungen und
dgl. bei den Zwangsdrehungen (DE VRIES, l. c.), oder die schrauben-
wendigen Gefäßbündel bei den meisten wachsenden Sprossen[3])
zwingen die Achse, sich bei der Streckung notwendigerweise in
der entgegengesetzten Richtung zu drehen. Anatomische Untersuchungen überzeugten mich aber deutlich davon, daß die Spur-
stränge, die hier gewissermaßen eine hemmende Wirkung ausüben
könnten, die 5er Zeilen entlang, also antidrom mit der Grundspirale, laufen, so daß sie bei der Achsendrehung immer schräger
werden müssen; mit anderen Worten, ein tangentialschiefer Verlauf der Gefäßbündel ist hier bei der *Spiranthes*-Ähre kein Anlaß
gebender Moment der Wachstumstorsion; werden sie doch bei der
Achsendrehung durch andere Kräfte passiv beeinflußt.

Es bleibt nun noch zu entscheiden, welche Rolle die Orientierungsbewegung der Blüten — die ursprünglich invers gestellte
dorsiventrale Lage wird hier bei *Spiranthes* durch einfaches Über-

---

1) Die Drehung ist nur auf die Inflorezcenzachse beschrankt und kommt
niemals bei den unteren Internodien des Stengels vor.

2) DE VRIES, H., Monographie der Zwangsdrehungen, Jahrb. f. wiss.
Bot. 23, 1892, S. 64 u. 83.

3) TEITZ, P., Über definitive Fixierung der Blattstellung durch die
Torsionswirkung der Leitstränge, Flora 46, 1888, S. 419.

nicken die Achse entlang ausgeglichen[1]) — bei der Torsion spielen
würde, denn diese beiden Vorgänge gehen stets gleichzeitig vor
sich und die Drehungsrichtung fällt mit der Wendungsrichtung
der Knospen gleichsinnig aus. Die Orientierungsbewegung ist
hier aber ausschließlich auf die Schwerkraft beschränkt. Ich stellte
daher die Ähren in verschiedenen Neigungslagen auf und konnte
dadurch bestätigen, daß das Verhalten der Blüten je nach der
Neigungslage der Achse verschieden ist und die Auflösungsweise
der Spirale dementsprechend auch modifiziert wird (siehe unten).
Gleichzeitig ließ es sich aber auch konstatieren, daß die Blüten-
bewegung nur ein modifizierender Faktor ist, der wahre Anlaß
der Drehung aber dadurch nie induziert wird.

Vorläufig war somit der Umstand noch nicht entschieden,
welche Faktoren dabei im Spiele seien. Beobachtet man nun aber
z. B. eine etwa halb aufgelöste Ähre, so ist es deutlich zu sehen,
daß sich die Wendungsrichtung der Blüten, mit welcher die nachherige Drehungsrichtung der Achse zusammenfällt, schon früh eine
tangentialschiefe Neigung bemerken läßt (Fig. 9 u. 16). Es sind
nämlich die Knospen bei der linksläufigen Spirale nach links und
bei der rechtsläufigen nach rechts geneigt[2]). Sehr selten gibt es
bei *Spiranthes* auch solche Ähren, deren Knospen in anderen Kon-
taktverhältnissen angeordnet sind. So gibt es nicht selten den
Kontakt 3 und 4, selten den 3 und 3 (dreizählige alternierende
Scheinquirle), und noch seltener den 3 und 5 und den 2 und 2
(scheinbar dekussierte Stellung). Die Wendungsvorgänge sind dabei je nach den Stellungsverhältnissen verschieden. Selbst bei den
Ähren mit gewöhnlicher Stellung begegnet man nicht selten auch
Exemplaren, die sich mit der Grundspirale homodrom drehen. Die
kleine Divergenz wird dabei vergrößert und die Blüten werden

---

1) NOLL, F., Über die normale Stellung zygomorpher Blüten und ihre
Orientierungsbewegungen zur Erreichung derselben, II, Arb. d. bot. Inst.
Würzb. III, 1888, S. 339.

2) Die Richtung der Spirale, rechts und links, wird hier im üblichen
botanischen Sinne gebraucht, d. h. linksläufig, wenn die Grundspirale in auf-
steigender Reihenfolge von Nord nach West usw. herumgeht (Fig. 1, 2 u. 3),
und umgekehrt. Bei der Drehungsrichtung der Achse ist es ebenso. Die
Wendungsrichtung der Blüte wird hingegen in der Blüte selbst angedeutet,
also ist sie linkswendig, wenn die Blüte in ihrer echten dorsiventralen Lage
von der ursprünglichen Medianebene die Achse entlang nach links vorbei-
rückt. Die Drehungs- und Wendungsrichtungen sind hiermit in umgekehrtem
Sinne ausgedrückt worden. Bei der Ähre mit der linksläufigen Spirale sind
z. B. die Blüten in der Vorderansicht von ihren Insertionsstellen nach links
geneigt, die Spirale ist aber nach rechts aufgestiegen (siehe z. B. Fig. 1—4)

dadurch, in zwei annähernd gerade aufsteigenden Spiralen angeordnet, gesehen (Fig. 15). Jedenfalls werden die Knospen, in
welcher Richtung die Ähre sich auch drehen würde, mehr oder minder
früh in die nämliche Richtung geneigt. All solche Verhältnisse
weisen ohne weiteres darauf hin, daß die Wendungs- und Drehungs-
richtungen nicht in notwendigem Zusammenhang mit der Grundspirale stehen, sondern daß die stereometrischen Kontaktverhältnisse der Knospen auch die Richtungen bedingen können. Die
nähere Untersuchung überzeugte mich deutlich davon, daß gegenseitiger Druck der Knospen, sofern sich die Ähre in normaler auf-
rechter Lage befindet, einen wichtigen Einfluß auf die Torsion
ausübt. Wir möchten hier also die obwaltenden mechanischen
Vorgänge der Kontaktkörper noch näher erörtern.

Zuerst zu bemerken ist hierbei der Umstand, daß die *Spiran-*
thes-Knospe ein eigentümliches Bestreben hat, vor dem Aufblühen
am oberen Teil des Fruchtknotens durch Konvexkrümmung der
Rückenseite scharf einzuknicken. In welcher Lage gegen den Zenith
sie sich auch befinden mag, so ändert sich doch die Knickung kaum,
so daß man die Knickung wohl als einen spezifischen Ausgestaltungs-
vorgang betrachten darf. Diese ist zwar nichts anderes als eine
hochdifferenzierte Nastie des dorsiventralen Organs[1]), da aber hier
die morphologische Unterseite der Knospe die physiologische Oberseite ist, wie bei den meisten Orchideen und dgl., so möchten wir
die vorliegende Nastie anstatt der Termini, Epi- oder Hyponastie,
als Dorsinastie bezeichnen, wie es schon von PFEFFER beiläufig
bemerkt wurde[2]). Bei der normalen aufrechten Lage der Ähre ist
somit die Knospe imstande, sich unmittelbar nach innen zu richten
und damit auch ihre Spitze achsenwärts zu drücken. Ein kräftiger
Druck kommt aber nur unter Stützung des Deckblattes zustande,
denn sonst wird sie dabei, wegen der Schlankheit ihres Stiels,
leicht nach außen herausgeschoben (Fig. 10). Das Deckblatt ist
ja mit seiner breiten Basis in die Achse eingefügt, bedeckt die
Knospe dicht von außen und zwingt dadurch die letztere, beim
Wachsen und Knicken sich stets nach innen hineinzudrängen. Bei
tangentialer Richtung wird hingegen die Knospe mitsamt ihrem
Deckblatt und Polster leicht geneigt.

---

1) Bei horizontaler Rotation am Klinostaten wird der Knickungsgrad,
anders als bei den gewöhnlichen dorsiventralen Organen, kaum vergrößert
(Fig. 20), bei der abwärts gezwungenen Lage, wie sie bei der invers gestellten
Ähre zustande kommt, wird er auch nicht viel vermindert (Fig. 19), was ohne
weiteres auf ihre Spezialität hindeutet.

2) PFEFFER, W., Pflanzenphysiologie, II, 1904, S. 356.

Die Deckblätter werden zuerst am Vegetationsscheitel der Ähre im Anschluß an die Stengelblätter im Kontakt 2 und 3 angelegt und dann auch gleich die Blütenknospen in der Achsel der letzteren. Das Deckblatt weist zu dieser Zeit schon eine kathodische Neigung auf, d. h. seine die Grundspirale entlang herablaufende Hälfte ist der Achse tiefer inseriert, im Gegensatz zum Stengelblatt, welches mit dem Kontakt 1 und 2 eine anodische Neigung zeigt. Beim Längenwachstum des Deckblattes wird diese Insertionsschiefe wohl beibehalten, und die Blütenknospe, als Achselprodukt des letzteren, weist auch dieselbe Neigung auf. Bei ihrer körperlichen Ausgestaltung als spindelförmiges Gebilde, neigt sich dann die Knospe, infolge Druckwirkung der äußeren Scheidenblätter, mitsamt dem Deckblatt radialschief nach oben und kommt dadurch mit der 5er oberen in innige Berührung. Ein stereometrischer Kontakt der 2er Knospen, die ursprünglich als echte Kontaktzeile fungiert hatten, ist hingegen nur auf den basalen Teil jeder Knospe beschränkt, oder ihre Kronen sind ganz voneinander entfernt, während bei den 3er Zeilen ein seitlicher Kontakt sukzessiver Knospen wohl beibehalten ist. Bei der eben hervorgesproßten Ähre, deren Achse noch sehr kurz ist, sind somit die zwei 2er Zeilen kaum als Kontaktzeilen zu bemerken, während die fünf 5er Zeilen als steil aufsteigende Parastichen am deutlichsten ins Auge fallen. Mit weiterer Entwicklung der Ähre fangen nun die Knospen an, infolge ihrer Vergrößerung und des gegenseitigen Drucks, nach einer bestimmten Richtung zu rücken. Die Verschiebungsrichtung ist aber je nach den Wachstumsverhältnissen der Achse und der Knospen, sowie dem Zeitumstand der nastischen Knickung verschieden und kann unter Umständen sogar dreimal wechseln.

Bei der Vergrößerung der Knospen drücken diese natürlich gegeneinander. Da aber die untere Knospe an der Berührungsstelle mit längerem Arm gegendrückt als die obere, so weicht sie leicht von der letzteren ab. Weil hierbei die Auswärtsrückung der Knospe, infolge des Stützens des Deckblattes, sehr erschwert ist, so gleitet sie, sofern die Raumausnutzung es gestattet, in eine tangentiale Richtung und paßt sich in der Lücke zwischen den oberen Knospen ein. Ist nun die Achsenstreckung noch nicht lebhaft, oder die Längenzunahme der Knospen relativ schneller, so wird der 5er Kontakt länger beibehalten; jede Knospe wird dann von der 5er oberen nach der 3er oberen verschoben und die ursprüngliche kathodische Neigung mehr oder minder anodisch umgeändert. (Fig. 6). Hat dabei die Knospe schon dorsinastisch zu

11*

knicken begonnen, so wendet sie sich mit weiterer Entwicklung
nach der nämlichen Seite der Achse (Fig. 6). Bei den meisten
Fällen, besonders bei den sich lebhaft streckenden, erlischt aber
der 5er Kontakt schon vor der Knickung (Fig. 8), oder er veranlaßt von Anfang an sogar keine Verschiebung (Fig. 9). Im Gegenteil wird die Knospe nun von der dicht seitlich darüberliegenden
3er oberen wieder kathodisch verschoben (Fig. 8). Bei den sich
schnell streckenden Achsen geht mithin die ursprüngliche kathodische Neigung der Knospe unmittelbar in diese Neigung über
(Fig. 9).

Inzwischen fängt nun die Knospe an, dorsinastisch umzuknicken
und mit ihrer Spitze die oberen Genossen zu drücken. Wenn sich
also die Knospenspitze zurzeit noch auf der anodischen Seite der
5er oberen befindet, so wendet sich die Knospe der letzteren als
seitliche Stütze nach der anodischen Seite und drückt gegen die
3er obere. Obwohl sie dabei mit einem längeren Arm einwirkt,
so kann sie doch durch dieses kräftige Knickungsbestreben die
3er obere in dieselbe Richtung bringen (Fig. 7). Der über der
drückenden Knospe befindliche Teil der Achse erfährt dadurch
auch eine anodische Drehung. Wenn sich aber die Spitze durch
die Druckwirkung der 3er oberen schon in der kathodischen Seite
der 5er oberen befindet, so wendet sie sich gleich kathodisch und
drückt die 2er obere in dieselbe Richtung (Fig. 9); die Achse wird
dadurch auch kathodisch gedreht. Knickungsbestreben, Drehbar-
keit der Achse, Form der Ähre usw. können hierbei verschiedenartig die Wendungsrichtung beeinflussen. Man kann auch durch
künstliche Veränderung der Kontaktverhältnisse die Richtung modifizieren. Bei der anodischen Wendung ordnen sich die Blüten
in zwei gerade oder steil aufsteigende Spiralen (Fig. 15).

Bei der Ähre mit dem Kontakt 3 und 4 kommt gewöhnlich
nur die kathodische Wendung und Drehung zustande, und somit
ist eine dicht zusammengedrängte Spirale die Folge (Fig. 12).
Beim Kontakt 3 und 5 ist die Wendungsrichtung, sofern ich
bisher beobachten konnte, stets anodisch und dadurch kommen
zweireihige Spiralen zustande (Fig. 16). Bei den Scheinquirlen
kommt gewöhnlich keine Verschiebung vor, und erst nach der
Knickung wenden sich die Knospen nach beliebiger Richtung.
Andere Umstände können aber auch diese Richtung beeinflussen
(Fig. 11). An den Übergangsstellen der beiden Wendungen wird
die Ähre öfters mit einigen nicht umgewandten Blüten gesehen; die
Drehung der Achse wird dabei auch nahezu verhindert (Fig. 7 u. 12).

Die Drehung der *Spiranthes*-Ähre ist aber nicht reine Druck-

drehung, die Achse ist ja von vornherein mehr oder minder dreh-
bar, und die Torsion kommt selbst bei denjenigen Ähren vor, deren
Knospen abgepflückt sind. Ihre Größe wird von dem Massen- und
Wachstumsverhältnis des Zentralzylinders und der Polster, sowie
von dem Arrangement der letzteren bedingt. Bei der stark dreh-
baren Achse sind die Polster, die stark wachsenden Gewebe, sehr
verdickt, übertreffen sogar die Achsenzylinder an Masse. Eine
starke Torsion kommt aber nur bei den spiraligen Blattstellungen,
in denen die Polster auch in spiraliger Reihenfolge sukzessiv einseitig verdickt sind, vor. Bei den Quirlstellungen kommt aber
dieser Zustand nicht vor, weil der Wachstumskontrast, infolge der
plastischen Dehnung des Zylinders nicht wohl beibehalten wird.
Die Torsionsrichtung der Achse ist, sofern man die Druckdrehung
außer Acht läßt, stets kathodisch. Dies beruht auf dem Arrangement der sukzessiven Polster um den Zylinder sowie auf ihrer ursprünglichen kathodischen Neigung. Dieses Bestreben, kathodisch
zu drehen, ist aber nicht sehr stark, wie die anodische Druckdrehung zeigt. Bei der künstlichen Verhinderung der Spitzen-
rotation der Ähre kommen ferner vielmalige Umwendungen der
Achsendrehung und Blütenwendung vor, was deutlich die korrelative Beeinflussung der Drehung und Wendung konstatieren läßt
Daß die Ähre sich meist kathodisch dreht, kommt also daher, daß
das eigene Drehungsbestreben von der Druckdrehung beeinflußt
und bestimmt worden ist.

Bei den schlanken Ähren mit zahlreichen Blüten kommt öfters
auch die Schraubenwendung der Achse vor. Ihre Richtung ist
stets homodrom mit der aufgelösten Blütenspirale (Fig. 3). Bei
der stark aufgelösten antidromen Spirale ist also die Achsenwen-
dung auch antidrom (Fig. 5), und bei der geraden Spirale ist die
Achse auch gerade und einfach geneigt (Fig. 6).

Der schon gedrehte, aber noch nicht stark verholzte Teil der
Achse dreht sich bei Wasserverlust, wie es bei der abgeschnittenen
Ähre stets vorkommt, in derselben Richtung weiter. Bei dem ursprünglich geraden Teil der Achse kommt aber solche Welkungs-
torsion nie zustande. Dies beruht ausschließlich auf der Verminderung des Querdurchmessers der langgestreckten, tangentialschief
geneigten Zellen beim Wasserverlust. Sie kommt auch beim
Welken und Trocknen der schon gedrehten zartwandigen Schlingpflanzen und dgl. stets vor.

So weit die Drehungsvorgänge der *Spiranthes*-Ähre! Wir
möchten aber über die Orientierungsbewegung dieser Blüte, die

unter den zahlreichen Orchideen eine der auffälligsten Typen vorstellt, noch etwas hinzufügen. Die Blüte ist, wie schon erwähnt, am oberen Teil des Fruchtknotens stark dorsinastisch, am unteren Stielteil desselben aber aber stark negativ geotropisch. Dieses Verhalten ist aber nur bei derjenigen Knospe konstatierbar, deren Deckblatt abgepflückt ist. Die so behandelte Knospe richtet sich, in welcher Lage sie sich auch befinden mag, mit dem Stiel stets aufwärts, jedoch nicht echt vertikal, sondern sie ist etwas nach vorn geneigt, was ohne weiteres als tonische Wirkung vom distalen Teil der Knospe zu betrachten ist. Nastische Knickung und Aufwärtsbewegung genügen hier mithin vollständig, um ihre Krone in horizontale Richtung zu bringen, wie es bei der invers gestellten Ähre deutlich zu sehen ist (Fig. 18). Bei der Flankenstellung führt aber die Knospe auch die geotortische Bewegung aus, ehe sie ausschließlich durch Krümmungen ihre Ruhelage erreicht. Bei der mit dem Zenithwinkel von 135 ⁰ bis 165 ⁰ geneigten Ähre werden die Blüten nicht nur einseitswendig, sondern auch akroskopwendig; das spiralige Aussehen wird damit gänzlich vernichtet (Fig. 17). Diese Akroskopwendigkeit der Krone wird aber mit der Verminderung des Zenithwinkels der Ähre immer zerstört (Fig. 14 u. 14'), im oberen Quadranten dann auch die Einseitswendigkeit. Das Bestreben, sich auswärts zu wenden, ist bei dieser Blüte, wenngleich es an der horizontalen Klinostatenachse wohl konstatierbar ist (Fig. 20), sehr schwach, im Vergleich zur geotropischen Anstrebung, wie die aufrecht stehende, entblätterte Blüte es deutlich sichtbar macht (Fig. 10). Jedenfalls wird bei der entblätterten Ähre die Achsendrehung, infolge der Verletzung sowie der Aufwärtswendung der Knospen, stark vermindert

Was nun die normalen unverletzten Ähren anbetrifft, so ist auch die Auflösungsweise je nach den Neigungslagen der Achse verschieden. Bei den horizontal gestellten wird z. B. die Drehung wegen unlebhafter Achsenstreckung ziemlich vermindert und die Blütenspirale infolge des Aufwärtsstrebens der Knospen mehr oder minder zergliedert. Solche Verminderung der Drehung sowie die Zergliederung der Spirale werden nun durch die Veränderung der Horizontallage immer geringer. Bei inverser Lage fällt aber die Drehung stets kleiner aus als bei der aufrechten; die Blüten sind dabei kathodisch auswärts gewendet (Fig. 19). Bei der horizontalen Rotation wird die Achsendrehung kaum vermindert. Die Blüten sind dabei, trotz Stützwirkung des Deckblattes, kathodisch auswärts geneigt (Fig. 21). Jedenfalls ist die Drehungsrichtung, wegen des Erlöschens des wirksamen Kontaktes, stets kathodisch.

Nähere Untersuchungen, die hauptsächlich die Blattstellung, die Wachstumstorsion und die Orientierungsbewegung betreffen, möchte ich an anderer Stelle erörtern.

Tokio, Botanisches Institut der Kaiserl. Universität.

Erklärung der Tafel VII.

Fig. 1—5. Ähren mit verschiedenen Auflösungsgraden; bei 1 ist er am geringsten. Alle linksläufig, am oberen Teil der Ähre 5 ist aber die Blütenspirale antidrom geworden. Bei 3, 4 und 5 ist die Achse deutlich gewunden (1 u. 2 $\times$ $^8/_{11}$; 3—5 $\times$ $^5/_6$).

Fig. 6 - 9. Ähren, in denen die Verschiebung und Wendung eben im Gang ist. Bei 6 (linksläufig) ist die anodische Verschiebung unmittelbar in dieselbe Wendung übergegangen; bei 7 (rechtsläufig) ist die Wendungsrichtung erst kathodisch, dann aber nach oben anodisch umgeändert worden; bei 8 (linksläufig) ist die anodische Verschiebung wieder kathodisch umgeändert worden; bei 9 (linksläufig) ist die Verschiebung und Wendung von Anfang an gleich kathodisch ($\times$ $^1/_1$).

Fig. 10. Eine Ähre mit entblätterten Knospen. Die Knospen werden bei ihrer dorsinastischen Knickung erst stark rückwärts verschoben ($\times$ $^9/_{10}$).

Fig. 11. Eine Ähre mit dreizähligen alternierenden Scheinquirlen ($\times$ $^1/_1$).

Fig. 12. Eine Ähre, deren oberer Teil zur jüngeren Phase den Kontakt 3 und 4 aufwies. Die linksläufige Spirale ist nach oben rechtsläufig geworden.

Fig. 13 u. 14. Horizontal gestellte Ähren; Seitenansicht; 14 ist entblättert. 13' und 14' Obenansicht derselben ($\times$ $^9/_{10}$).

Fig. 15. Eine anodisch aufgelöste Ähre. ($\times$ $^4/_5$).

Fig. 16. Eine Ähre mit dem Kontakt 3 und 5, der aber nach oben in den Kontakt 3 und 4 übergegangen ist ($\times$ $^9/_{10}$).

Fig. 17. Eine entblätterte Ähre mit Zenithwinkel von 150°. Die Blüten sind stark einseitswendig geworden ($\times$ $^1/_1$).

Fig. 18 u. 19. Inversgestellte Ähren; 18 ist entblättert ($\times$ $^1/_1$).

Fig. 20 u. 21. Ähren an horizontaler Klinostatenachse; 20 ist entblättert ($\times$ $^9/_{10}$).

25. Theo J. Stomps: Das Cruciata-Merkmal.

(Eingegangen am 28. März 1913.)

Bekanntlich kommt es bei einigen Pflanzenarten nicht zu der normalen Ausbildung der Blütenblätter, welche man bei den nächsten Verwandten der betreffenden Arten zu sehen gewohnt ist. Ich erinnere z. B. an die *Oenothera biennis cruciata* de V., welche im August 1900 zum ersten Male und zwar von ERNST DE VRIES in den Dünen unweit Santpoort in Holland in einem Exemplare gefunden wurde[1]). Die Pflanze wuchs inmitten der gewöhnlichen Stammform der *O. biennis,* und man ist wohl berechtigt anzunehmen, daß sie aus dieser durch Mutation entstanden war. Sie glich in jeder Hinsicht der reinen *O. biennis* bis auf die Blütenblätter. Diese waren nämlich linealisch, mehr oder weniger verkümmert und nicht so rein gelb gefärbt wie bei *O. biennis,* sondern mehr grünlich. Es lag hier ein Fall von Sepalodie der Kronblätter vor. In den nächsten Generationen erwies die neue Form sich als völlig konstant. Eine derartige Rasse nennt man eine cruciate Rasse, und unter Cruciata-Merkmal wird ganz im allgemeinen die Eigenschaft verstanden, nur cruciate Blumen hervorzubringen.

Von großer Wichtigkeit ist die Frage, auf welchem inneren Vorgang das Entstehen einer cruciaten Rasse aus einer Stammform mit breiten Petalen beruht. Ist es mit dem Auftreten einer sogenannten retrogressiven Mutation vergleichbar? Bleibt somit in der cruciaten Form eine Eigenschaft[2]) einfach inaktiv, während sie in der normalen Form zur Entfaltung gelangt? Beruht weiter die Sepalodie der Kronenblätter immer auf derselben inneren Ursache oder bestehen hier vielleicht verschiedene Möglichkeiten in verschiedenen Fällen? Um auf diese Fragen eine Antwort zu bekommen, habe ich im Sommer 1909 mit zwei cruciaten Arten zu

---

1) DE VRIES, Mutationstheorie II, S. 599.
2) Oder ein Komplex von Eigenschaften?

experimentieren angefangen. Über diese Versuche, und namentlich über die Resultate, welche ich bei der einen dieser beiden erzielte, will ich hier berichten.

Ich arbeitete mit der oben genannten *Oenothera biennis cruciata* de V. und zweitens mit einer cruciaten Rasse von *Epilobium hirsutum*. Auch über die letztere teilt DE VRIES einiges mit[1]). Sie wurde von Herrn JOHN RASOR in Woolpit, Bury St. Edmunds in England, gefunden und zwar an einer einzigen Stelle. Dort wuchsen dicht beisammen ungefähr zwölf Exemplare des in jener Gegend gemeinen *Epilobium hirsutum*, „welche in allen ihren Blüten nur schmale verkümmerte, grünlichrote Kronenblätter hatten. Sie verhielten sich genau wie die cruciaten Formen der oben beschriebenen Oenotheren, müssen aber offenbar unabhängig von diesen, also durch eine eigene Mutation, entstanden sein". Nicht unwahrscheinlich ist es, im Zusammenhang hiermit, daß die bei Woolpit gefundenen Exemplare nur einem Individuum angehörten, das sich durch Stolonenbildung vermehrt hatte. Herr RASOR hatte die Gefälligkeit, Blütenstände mit reifen Früchten an Herrn Professor DE VRIES zu schicken, und aus den Samen gingen im Versuchsgarten in Amsterdam ausschließlich cruciate Pflanzen hervor. Der neue Typus, *Epilobium hirsutum cruciatum* de V., erwies sich demnach als konstant.

Im Sommer 1909 hatte ich außer Kulturen von *Oenothera biennis cruciata* und *Epilobium hirsutum cruciatum* auch noch solche von *Oenothera biennis* und *Epilobium hirsutum* selbst. Die Samen, aus denen meine Pflanzen hervorgingen, verdankte ich Herrn Professor DE VRIES. Alle *Oenothera-biennis-cruciata*-Individuen stammten von dem einen oben erwähnten von ERNST DE VRIES bei Santpoort gefundenen Exemplar, alle *Epilobium-hirsutum-cruciatum*-Pflanzen aus den von Herrn RASOR geschickten Früchten. Samen von reiner *Oenothera biennis* und von *Epilobium hirsutum* kann man in unseren Gegenden leicht im Freien sammeln.

Einige Pflanzen in jeder Kultur wurden geselbstet und ihre Infloreszenzen mit einem Pergaminbeutel umgeben. Die *Biennis*- und auch die *Biennis cruciata*-Pflanzen kann man dabei bekanntlich sich selbst überlassen, da die Narbe schon vor dem Öffnen der

---

1) DE VRIES, Mutationstheorie II, S. 601.

Blute mit Pollen bedeckt ist. Bei der Gattung *Epilobium* ist der Griffel länger als die Staubfäden und muß die Selbstbestäubung künstlich vorgenommen werden, was mit dem Pollen derselben Blüte gelingt. Außerdem führte ich eine Anzahl Kreuzungen aus und zwar stellte ich die folgenden Verbindungen dar: *Oenothera biennis* × *O. biennis cruciata, O. biennis cruciata* × *O. biennis, Epilobium hirsutum* × *E. hirsutum cruciatum* und *E. hirsutum cruciatum* × *E. hirsutum*. Auch hierzu wurden die Infloreszenzen mehrerer Pflanzen isoliert, es war aber außerdem notwendig, die Blüten in jugendlichen Stadien zu kastrieren. Bei allen für Kreuzungen bestimmten Individuen wurden die Knospen geöffnet, die Staubfäden weggenommen und in allen Fällen die Narbe genau mit der Lupe untersucht. Daß diese Methode zuverlässig ist, zeigte sich im nächsten Jahre.

Bevor ich aber zur Mitteilung der Resultate schreite, welche ich in den folgenden Generationen aus diesen Bestäubungen erhielt, möchte ich einen Vergleich anstellen zwischen meinen beiden cruciaten Rassen untereinander und mit den entsprechenden Ausgangstypen.

Oben habe ich schon auf die Unterschiede zwischen *Oenothera biennis* und *O. biennis cruciata* hingewiesen. Ich mache jetzt noch darauf aufmerksam, daß man bei letzterer zwar von einer Sepalodie der Petalen redet, daß aber in diesem Beispiele die Blütenblätter durchaus nicht vollständig die Gestalt der Kelchblätter angenommen haben. Sie sind immer noch mehr oder weniger kronblattartig, sogar gelb gefärbt, und sie stellen sozusagen eine Mittelbildung zwischen Kronblatt und Kelchblatt dar[1]). Dadurch erinnern sie an jene kleinen Kartoffeln, welche man an Stelle von Stengeln bekommt, wenn man eine Kartoffel im Lichte keimen läßt, und die durch ihre grüne Farbe zu gleicher Zeit eine Stengelnatur verraten, kurz an die Erscheinung der Dichogenie[2]).

Ganz anders liegen die Verhältnisse in unserem zweiten Beispiele, bei *Epilobium hirsutum cruciatum*. In den vegetativen Or-

---

1) Siehe für genauere Angaben: H. Th. A. HUS. Sepalodie in de bloemen van *Oenothera*, Botanisch Jaarboek, Gent, 1908.

2) Siehe auch: THEO J. STOMPS. Etudes topographiques sur la variabilité des *Fucus vesiculosus* L., *platycarpus* Thur. et *ceranoides* L. Recueil de l'Institut botanique Léo Errera, Tome VIII, 1911.

ganen habe ich auch hier keinen Unterschied mit *E. hirsutum*
finden können. Sogar die Blütenknospen haben dieselbe Gestalt.
Nur ist zu bemerken, daß bei der cruciaten Rasse die Knospen
eine große Neigung haben, frühzeitig zu vertrocknen und abzusterben. Vielfach kann man eine cruciate Pflanze schon mit Sicherheit
an den zahlreichen dürren Knospen in den Blattachseln erkennen, noch
bevor die Blüten sich geöffnet haben. Übrigens besteht der einzige
Unterschied zwischen der sepalodischen Form und der Mutterart
in der verschiedenen Ausbildung der Blütenblätter. Im Gegensatz
zu dem, was wir bei *Oenothera* gesehen haben, sind sie hier schwach
entwickelten Kelchblättern sehr ähnlich und lassen nichts von einer
Kronblattnatur spüren. Die Petalen sind bekanntlich bei *E. hirsutum*
groß, umgekehrt herzförmig, lilafarbig und länger als der Kelch.
Bei *E. hirsutum cruciatum* finden wir an ihrer Stelle kleine grünlich
gefärbte Schüppchen, die etwas kürzer sind als die Kelchblätter
und oben zugespitzt wie diese. Man könnte nun vielleicht meinen,
daß diese Schüppchen doch als Petalen aufzufassen sind, die in
einem jugendlichen Stadium der Entwickelung stehen geblieben
sind. Allein, daß dies nicht erlaubt ist, lehrt uns die Untersuchung
ganz junger Blütenknospen von *Epilobium hirsutum*, in denen die
Petalen kleiner sind als die Kronschüppchen unserer cruciaten
Rasse. Solche, noch farblose, Kronblattanlagen haben doch schon
die für die vollständig entwickelten Petalen charakteristische breite
umgekehrt herzförmige Gestalt. So sehen wir, daß wir in unserem
zweiten Beispiele wirklich mit einem Fall von reiner Sepalodie der
Krone zu tun haben.

Da also zwischen unseren beiden cruciaten Rassen ein deutlicher morphologischer Unterschied vorhanden ist, fragt es sich,
ob sich dies auch in einem verschiedenen Verhalten der durch
Kreuzungen mit den zugehörigen Mutterarten gewonnenen Bastarde
äußern wird. Betrachten wir deshalb die Ergebnisse der im Jahre
1909 ausgeführten Bestäubungen.

Im Sommer 1910 kultivierte ich außer den ursprünglichen
Typen zahlreiche Bastardpflanzen aus den reciproken Kreuzungen
von *O. biennis* und *O. biennis cruciata* und von *E. hirsutum* und
E. hirsutum cruciatum. Alle *Oenothera*-Bastarde hatten ausschließlich
Biennis-Blüten, alle *Epilobium*-Bastarde die großen violetten Blüten-
blätter von *E. hirsutum*. Dies zeigt, daß die Kreuzungen im vorigen
Jahre vollständig rein ausgeführt worden waren, denn jedes Pollen-
korn der Mutter, das in Kreuzungen von *O. biennis cruciata* mit

O. biennis oder *E. hirsutum cruciatum* mit *E. hirsutum* auf der Narbe zurückgeblieben wäre, hätte natürlich in der nächsten Generation ein cruciates Individuum geben müssen. Zu gleicher Zeit ist es klar, daß das Merkmal „normalblühend" vollständig über das Cruciata-Merkmal dominiert in den beiden untersuchten Fällen.

In diesem Jahre (1910) habe ich nun je sechs Pflanzen der gewonnenen Bastardtypen, also im ganzen 24 Individuen, entweder der Selbstbestäubung überlassen oder künstlich geselbstet. Außerdem kreuzte ich noch je ein Exemplar aus den Kulturen von *Oenothera biennis* × *biennis cruciata* und *O. biennis cruciata* × *biennis* mit *O. biennis* und ebenso je ein Individuum aus den Kreuzungen *Epilobium hirsutum* × *E. hirsutum cruciatum* und *E. hirsutum cruciatum* × *hirsutum* mit *E. hirsutum*.

Jetzt komme ich zu der Mitteilung der Ergebnisse der Aussaat vom Jahre 1911. Ich beschränke mich dabei hauptsächlich auf die reciproken Kreuzungen zwischen *Epilobium hirsutum* und *E. hirsutum cruciatum*, da ich die Untersuchungen mit diesen Pflanzen als abgeschlossen betrachte, diejenige mit den Oenctheren aber nicht.

Ich kann mich kurz fassen. Ich säte die Samen von drei geselbsteten Individuen aus der Kreuzung *E. hirsutum cruciatum* × *E. hirsutum* aus und ebenso von drei der mit sich selbst bestäubten Exemplare aus der Verbindung *E. hirsutum* × *E. hirsutum cruciatum*. Die zweite Generation des Hybriden *E. hirsutum cruciatum* × *E. hirsutum* zählte 323 Individuen. Es trat eine Spaltung auf in cruciate und nicht cruciate Pflanzen und zwar waren 245 Individuen *E. hirsutum* und 78 *E. hirsutum cruciatum*. Die zweite Generation der Kreuzung *E. hirsutum* × *E. hirsutum cruciatum* spaltete gleichfalls. Auf 177 Individuen waren 130 *E. hirsutum*, 46 *E. hirsutum cruciatum*, während ein Exemplar nicht zur Blüte gelangte. Eben deshalb möchte ich es aber auch für eine cruciate Pflanze halten und somit die Spaltungszahlen auf 130 und 47 feststellen. Es ist ohne weiteres klar, daß hier eine MENDEL-spaltung nach dem gewöhnlichen Verhältnis 3 : 1 stattfindet, in der das Merkmal „normal blühend" über das Cruciata-Merkmal dominiert. Wenn wir die Gesamtzahl der Individuen in der zweiten Generation beider reciproken Kreuzungen von *E. hirsutum* mit *E. hirsutum cruciatum* betrachten, so finden wir sogar die ganz genau stimmenden Zahlen: 375 *Hirsutum*-Individuen auf 125 cruciaten

Pflanzen. Dazu kommt, daß die im vorigen Jahre mit *E. hirsutum* bestäubten *Hirsutum- × hirsutum-cruciatum-* und *Hirsutum-cruciatum-* und *hirsutum*-Pflanzen im Sommer 1911 nur wieder *E. hirsutum* gaben, wie es das MENDELsche Spaltungsgesetz fordert. Und so glaube ich, bewiesen zu haben, daß in diesem Falle das Cruciata-Merkmal als einfache mendelnde Eigenschaft zu betrachten ist. Man kann das wohl auch so ausdrücken, indem man sagt: *Epilobium hirsutum cruciatum* ist aufzufassen als retrogressive Mutation, in der die Anlage für normale Petalen inaktiv geworden ist.

Was nun meine *Oenothera*-Kulturen in diesem Sommer betrifft, so kann ich daran erinnern, daß in diesen Kulturen die beiden Mutanten auftraten, über die ich an andrer Stelle berichtet habe[1]). Die Verbindungen (*O. biennis × O. biennis cruciata*) × *O. biennis* und (*O. biennis cruciata × O. biennis*) × *O. biennis* gaben ausschließlich *Biennis*-Individuen. Das kann nicht wundernehmen nach den Mitteilungen von DE VRIES in seiner Arbeit über doppelt-reciproke Bastarde[2]). Jedenfalls gibt es hier noch eine äußere Übereinstimmung mit den gleichnamigen *Epilobium*-Bastarden. Ebenso wie bei den Epilobien trat auch hier in der zweiten Generation beider reciproken Kreuzungen Spaltung auf in cruciate und nicht cruciate Individuen. Aber die Spaltungszahlen waren so eigentümliche, daß hier offenbar keine gewöhnliche MENDEL-spaltung vorliegen kann. War bei der Kreuzung *O. biennis* der Vater gewesen, so waren die überwiegende Mehrzahl der Pflanzen der zweiten Generation *Biennis*-Individuen. War jedoch *O. biennis cruciata* der Vater, so bildeten auch die cruciaten Pflanzen bei weitem die Mehrheit in der zweiten Generation. Es scheint mir, daß wir es hier mit einem ganz neuen Bastardtypus zu tun haben. Die Untersuchungen müssen aber fortgesetzt werden, um über diesen Punkt Klarheit zu erlangen.

Fassen wir das in dieser Mitteilung Gesagte kurz zusammen, so haben wir gesehen:

1. Das Auftreten des Cruciata-Merkmales beruht in den beiden untersuchten Fällen (*Oenothera biennis cruciata* und *Epilobium*

---

1) THEO. J. STOMPS, Mutation bei *Oenothera biennis*, Biol. Centralbl., Bd. XXXII, 1912, S. 521.

2) HUGO DE VRIES, Über doppeltreciproke Bastarde von *Oenothera biennis* L. und *O. muricata* L., Biol. Centralbl, Bd. 31, 1911, S. 97.

hirsutum cruciatum) auf verschiedenen inneren Umwandlungen; die Sepalodie bei *Epilobium hirsutum cruciatum* ist vollkommen; jene von *Oenothera biennis cruciata* aber unvollständig.

2. Die reine Sepalodie bei *Epilobium hirsutum cruciatum* benimmt sich bei Kreuzungen wie eine einfache mendelnde Eigenschaft.

3. Die unvollkommene Sepalodie von *Oenothera biennis cruciata* spaltet zwar auch in der zweiten Generation ihrer Bastarde mit der reinen *Oenothera biennis*, aber in einer andren noch aufzuklärenden Weise.

Sitzung vom 25. April 1913.

Vorsitzender: Herr G. HABERLANDT.

———

Der Vorsitzende macht zunächst Mitteilung von dem am 27. März in Leipzig erfolgten Ableben unseres ord. Mitgliedes Herrn Prof. Dr.

Alfred Fischer

und widmet dem Verstorbenen einen kurzen Nachruf. Um das Andenken an den Dahingeschiedenen zu ehren, erheben sich die Anwesenden von ihren Plätzen.

———

Als ordentl. Mitglied wird vorgeschlagen Herr **Gustav Pfeiffer,** cand. phil., Assistent am botan. Institut der Universität in **Innsbruck** (vorgeschlagen durch die Herren E. HEINRICHER und A. WAGNER).

———

Als ordentl. Mitglied wird proklamiert Herr **Löffler, Bruno in Innsbruck.**

———

Am Schluß der Sitzung besprach Herr L. WITTMACK die neuen Untersuchungen über *Solanum*, die GEORG BITTER (Bremen) in FEDDEs Repertorium X (1912) S. 529, XI (1912 u. 13), S. 1, 202, 241, 349, 431, 481, 561, XII (1913) S. 1 u. 49 unter dem Titel Solana nova vel minus cognita I—X veröffentlicht hat. BITTER gebührt das Verdienst, neue Merkmale zur Unterscheidung der Arten in der so überaus schwierigen Gattung *Solanum* gefunden zu haben. Nachdem er schon früher auf die „Steinzellkonkretionen im Fruchtfleisch Beeren tragender Solaneen und deren systematische Bedeutung" in ENGLERs Bot. Jahrb. Bd. 45 (1911) S. 483 hingewiesen, die freilich nach seiner eigenen Angabe in den Beeren der knollentragenden *Solanum* (Sect. *Tuberarium*) fehlen, macht er jetzt auf die verschiedenen Arten von Haaren aufmerksam, die manche Arten auf den Blättern, am Stengel und Blütenstiel etc. haben. Eine ganze Gruppe hat sog. Bajonetthaare (aus zwei ungleich langen Zellen zusammengesetzt), und B. ist geneigt, diese Gruppe von der Sektion *Tuberarium* trotz der Ähnlichkeit im

Habitus abzutrennen. Weiter entdeckte er Haare auf der Innenseite der Kelchzipfel und Papillen an der Basis der Griffel bei
vielen Arten. Solche Papillen hat, wie WITTMACK fand, auch
Solanum tuberosum und, wie schon B. angegeben, *S. Maglia.* Auch
die Form der Staubgefäße hat B. berücksichtigt und konnte unter
Berücksichtigung aller dieser und anderer Merkmale eine Menge
neuer Arten aufstellen. — Ferner besprach L. WITTMACK die
Unterschiede zwischen *Solanum Commersonii*, welches u. a. tief
geteilte Blumenkronen, kurze Kelchzipfel und kahle Griffel besitzt,
und *S. tuberosum*, welches radförmige Blumenkronen, lange Kelchzipfel und papillöse Griffel hat. Einen Übergang der einen Art
in die andere, wie ihn J. LABERGERIE, Verrières (Vienne) und
LOUIS PLANEBORN, Montpellier gefunden, haben er und andere,
z. B. BERTHAULT, noch nicht beobachtet

Mitteilungen.

26. A. Korschikoff: Spermatozopsis exsultans nov. Gen. et Sp. aus der Gruppe der Volvocales.

(Mit Taf. VIII.)

(Eingegangen am 27. März 1913)

Der Organismus, der hier unter diesem Namen beschrieben wird,
gehört nicht zu den allgemein verbreiteten und entging bis jetzt,
dank seiner Seltenheit, der Aufmerksamkeit der wenigen Forscher,
welche sich mit dem Studium der einheimischen Mikroflora beschäftigen. Ich fand ihn einmal in einem Glase mit alter Algen-
kultur, das ungefähr ein Jahr im Treibhause gestanden hatte; ein
anderes Mal im Wasser, welches sich in einer Wagenspur nach dem
Regen gesammelt hatte. Das erste Mal habe ich *Spermatozopsis*
beim Durchsehen hängender Tropfen vom oben erwähnten Material
bemerkt. Es ist das einzig mögliche Mittel, einen so winzigen und
seltenen Organismus zu beobachten. In der Regel befestigte ich
das Deckglas, indem ich von den entgegengesetzten Winkeln etwas
Wasser unter dasselbe hineinließ, und nur im Fall, daß ich das Präparat für weitere Beobachtungen behalten wollte, klebte ich das

Deckglas mit Paraffin an. Auf diese Weise, einen Tropfen Osmiumsäure hineinlassend, war es mir möglich, Exemplare der
Spermatozopsis, welche sich auf der Fensterseite oder auf der entgegengesetzten Seite gesammelt hatten, zu fixieren[1]. Dieselben in
den nach gewöhnlicher Art vorbereiteten Präparaten zu suchen, ist
fast hoffnungslos.

    Spermatozopsis hat eine höchst eigenartige Form, welche durch
den vom Prof. ARNOLDI vorgeschlagenen, sehr treffenden Namen
vollkommen charakterisiert wird. Der lange, von den Seiten etwas
zusammengepreßte Körper ist derartig gebogen, daß er fast eine
ganze Windung einer stark auseinander gezogenen Spirale bildet
(Abb. 1). In dieser Beziehung hat *Spermatozopsis* einige Ähnlichkeit mit den Spermatozoïden der Charen, Farne u. and., nur daß
dieselben eine bedeutend größere Zahl von Windungen haben. Die
Größe der *Spermatozopsis* schwankt zwischen 7—9 μ. Mittelst vier
oder zwei Geißeln (über diese interessante Tatsache siehe weiter unten)
kann die *Spermatozopsis* den Platz ändern, bald mit langsamen und unregelmäßigen, bald mit raschen, gleitenden Bewegungen, welche sich
ihrer Körperform gemäß nach einer Spirale richten. Das geißel-
tragende Ende des Körpers ist dabei immer nach vorne gewendet.
Diese Bewegungen werden oft durch einen jähen Rücksprung
unterbrochen, wobei der Körper seine Richtung nicht ändert und
sich also mit den Geißeln hinten bewegt. Es kommt vor, daß der
Organismus für einige Augenblicke still hält, um dann wieder nach
dieser oder jener Seite zu springen. Wegen dieser Sprünge, welche
das Objekt oft in eine bedeutende Entfernung versetzen, ist das
Beobachten desselben Individuums, selbst mit mittelstarken Ob-
jektiven ziemlich schwer, so daß man, um seine innere Organisation
beobachten zu können, so lange warten muß, bis der Tropfen teilweise ausgetrocknet ist und die in ihren Bewegungen eingeengten
Organismen etwas ruhiger werden.

    Der Körper der *Spermatozopsis* ist weder mit einer Kohlen-
hydrat- noch mit irgend einer anderen Membran bedeckt. Dies zeigen
die Veränderungen seiner Form, welche beim allmählichen Austrocknen eines hängenden nicht eingeklebten Tropfens oder beim
Vergiften der Organismen mit Gasen stattfinden. Läßt man eine
unbedeutende Quantität einer schwachen Ammoniaklösung unter das
Deckglas einfließen, so fangen die Organismen an, sich unruhig zu ge-
bärden, aber schon in wenigen Augenblicken tritt Erstarrung ein,

---

1) Vgl. V. CHMIELEWSKY, Über Phototaxis und die physikalischen
Eigenschaften der Kulturtropfen. Beihefte zum bot. Zentralbl. 1904, S. 53.

wobei sich die Geißeln meistens nach vorn richten und gerade werden. Dieser Zustand dauert ziemlich lange und wird von Zeit zu Zeit durch scharfe, stürmische Bewegungen unterbrochen. Weiter fangen fast alle Individuen an, die Geißeln abzuwerfen, jedoch ohne vorhergegangene Aggregation derselben, wie es bei *Chlamydomonas* und *Polytoma*[1]) unter dem Einfluß des Ammoniaks stattfindet. Es kommt aber selten vor, daß alle Geißeln abgeworfen werden; eine oder zwei derselben bleiben gewöhnlich zurück, und diese bewegen sich von Zeit zu Zeit energisch. Ungefähr um diese Zeit fängt der Körper an, sich langsam zusammenzuziehen und abzurunden (Abb. 14), wobei sich im Protoplasma mehrere Vacuolen bilden, jede mit einem winzigen Körperchen darin, welche sich in einer raschen BROWNschen Bewegung befinden, wie das oft in Vacuolen vorkommt. Das Chromatophor rundet sich auch und zwar unabhängig vom ganzen Körper ab, und es geschieht oft, daß sich dasselbe schon zu einer Kugel zusammengezogen hat, während bei dem Körper die alte Form noch erkennbar ist. In zwei bis drei Minuten wird der Körper ganz rund, wobei die Größe der Vacuolen im Protoplasma zunimmt. Dasselbe hat jetzt einen bedeutend größeren Umfang als die Masse des Chromatophors, während im normalen Zustand die Verhältnisse gerade umgekehrt sind (Abb. 14). Das Stigma bleibt im Innern des Aggregats auf dem Chromatophor liegen, auch die pulsierenden Vacuolen verschwinden, wie es scheint, zu Anfang des ganzen Vorganges, indem sie vielleicht zu den oben erwähnten uncontractilen Vacuolen umgewandelt werden.

Ein solcher vacuolisierter Klumpen des Protoplasmas mit BROWNscher Bewegung der Teilchen im Innern, mit grob hervortretendem Kern und ohne pulsierende Vacuolen — macht vollkommen den Eindruck eines toten Körpers. Doch plötzlich fangen die zurückgebliebenen Geißeln ein tolles Herumschlagen an, was jeden Gedanken an den Tod des Organismus ausschließen muß. In einigen Augenblicken stockt die Bewegung ebenso plötzlich wieder, der Körper erstarrt für zwei bis drei Minuten, nach welcher Zeit die Bewegungen der Geißeln sich mit derselben Kraft wiederholen. Ich habe solche Exemplare während ungefähr zehn Minuten beobachtet und überzeugte mich an den Bewegungen der Geißeln, daß sie noch lebten. In dieser Zeit können eine bis zwei Geißeln abfallen und die eine, welche zurückbleibt, wiederholt ihre krampfhaften Be-

---

1) V. Chmielewsky, Materiaux pour servir à la morphologie et physiologie des algues vertés p. 211. Varsowie 1904.

wegungen. Endlich fällt auch diese letzte Geißel ab, und der Organismus stirbt augenscheinlich. Solche Erscheinungen hervor-zurufen gelang mir mehrmals und jedes Mal mit unverändertem Erfolg.·

Einen anderen Fall des Metabolismus bei einem lebenden Organismus habe ich beim Austrocknen eines Tropfens mit *Spermatozopsis* beobachtet. Der Körper der letzteren klebte sich an die untere Fläche des Deckglases an, zerfloß ein wenig und nahm die Form eines Halbmondes an (Abb. 3). Schon dabei konnte man sich überzeugen, daß da keine Membran vorhanden ist. Weiter blieb der größte, das Chromatophor enthaltende Teil des Protoplasten unverändert; das vordere farblose Ende aber fing allmählich an, sich gleich einem Pseudopodium auszuziehen (Abb. 2). Zum Schluß kroch ein kleiner Teil Protoplasma mit pulsierenden Vacuolen und Geißeln in eine ziemliche Entfernung fort, indem er mit der Hauptmasse des Körpers nur durch einem schmalen Streifen des farblosen homogenen Protoplasmas verbunden blieb (Abb. 6, 5). Der genannte Teil des Protoplasmas veränderte langsam, doch un-unterbrochen seinen Umriß und seine Lage, wobei die Vacuolen zu pulsieren und die Geißeln sich zu bewegen nicht aufhörten. Was die letzten betrifft, so wurden sie kürzer, besonders eine derselben, und, ihre normale Dicke an den Enden behaltend, schienen sie bei der Basis an dem Glase zu zerfließen, unmerkbar in Protoplasma selbst übergehend. Eine der Geißeln, eben die weniger verkürzte, kroch jetzt vom vorigen Befestigungspunkt fort, ebenso wie vordem der ihn tragende Teil des Protoplasmas vom Ganzen weggekrochen war, so daß jetzt die Länge des Auswuchses „a" (Abb. 5) die frühere Länge der Geißeln übertraf. Die beiden Geißeln veränderten dabei ihre Lage, wie das aus den Abb. 5 u. 6 zu ersehen ist, welche von einem und demselben Exemplar im Laufe weniger Minuten gemacht wurden. Die Fortsetzung dieser Veränderungen habe ich nicht beobachtet, es ist jedoch unzweifelhaft, daß sie noch vor dem endgültigen Austrocknen des Tropfens mit der Zerstörung des Protoplasten endigten, wie das bei den wiederholten Versuchen stattfand.

Diese Versuche wollten mir lange nicht gelingen, so daß der Gedanke, die beschriebenen Veränderungen wären nicht durch das Austrocknen, sondern durch andere, näher nicht zu bestimmende Ursachen hervorgerufen, mir nahe lag. Jedoch später habe ich diese Erscheinungen in denselben Verhältnissen, wenn auch in einer etwas einfacheren Form, beobachtet. Oft zog sich der Protoplast einfach in eine Kugel zusammen, welche auf dem Glase etwas

zerfloß und dann zugrunde ging. Im selben Präparat, in dem ich
einen solchen Metabolismus zum ·ersten Male beobachtete, fand ich
ein Individuum, das sich zwar frei bewegte und also dem Einfluß
des Austrocknens nicht unterworfen war, aber dennoch ein sonderbares
Aussehen hatte (Abb. 8); namentlich waren seine Geißeln vom
vorderen Ende zur Mitte gerückt, wo der Befestigungsstelle eine
sichtbare Erhöhung des farblosen Protoplasmas entsprach. Das
Chromatophor blieb unverändert. Was aus diesem Individuum
weiter wurde, habe ich nicht abwarten können. Es ist möglich,
daß die Formen, welche · bereits rund geworden sind ˙ und unverändert bleiben, die Geißeln aber nicht abgeworfen haben, das Ende
der Deformation vorstellen (Abb. 9).

Wie aus Obengesagtem folgt, ist die Fähigkeit der *Spermatozopsis*, bei offenbar unnormalen Verhältnissen ihre Form willkürlich oder unwillkürlich zu verändern, sehr groß, was nur dadurch
zu erklären ist, daß keine Membran oder überhaupt kein diffe-
renzierter Periplast vorhanden ist. Um so merkwürdiger wird dadurch der Umstand, daß *Spermatozopsis* unter normalen Umständen
keinen Metabolismus aufweist und beständig ihre eigenartige Form
behält, die weit entfernt ist von der runden, dem nackten Organismen natürlichen Form, welche *Spermatozopsis* selbst beim
Sterben einnimmt.

Der größte Teil des Körpers des betreffenden Organismus
wird vom Chromatophor eingenommen. Dieses zieht sich der
convexen Seite entlang, vom hinteren Ende zum vorderen und
endigt fast bei der Basis der Geißeln. Das farblose Protoplasma
liegt umgekehrt: es bildet das vordere Ende, deckt mit einer
fast gleichen Schicht die concave Seite des Chromatophors und
verschwindet in der Nähe des hinteren Endes, welches fast
ausschließlich aus einem grünen Stoff besteht (Abb. 3). Eine dünne
Schicht davon deckt selbstverständlich das Chromatophor auch
von der äußeren Seite. Manchmal bemerkte ich eine Anzahl kleiner
Körnchen, welche dem Chromatophor entlang eine regelmäßige
Reihe bildeten. Die Natur dieser Körnchen blieb unbekannt. Der
Körper des Organismus ist gewöhnlich, wie es schon erwähnt
wurde, an den Seiten gedrückt. Sein Querschnitt hat die Form
eines gleichschenkeligen spitzwinkeligen Dreiecks, an dessen Basis
das Chromatophor liegt und dessen Spitze vom Protoplasma eingenommen ist. Bei den erwachsenen Formen ist der Körper abgerundet oder sogar in der zur vorigen perpendiculären Richtung
gedrückt. Das hintere Ende ist zugespitzt.

Ungefähr in der Mitte des Körpers, wo das Chromatophor

manchmal eine kleine Vertiefung bildet, liegt ein winziger, nach dem allen Volvocales gemeinsamen Typus gebildeter Kern. Es gelang mir nicht, den Kern unter gewöhnlichen Umständen zu unterscheiden; läßt man aber den Tropfen etwas eintrocknen, so drückt sich der Protoplast zusammen und im hervorspringenden farblosen Protoplasma kann man den Kern mit den Kernkörperchen im Zentrum sehr· gut betrachten und auch die Zahl der pulsierenden Vacuolen bestimmen (Abb. 5, 6). Der *Spermatozopsis* fehlt es an einem Pyrenoïd. Das Stigma liegt am vorderen Ende des Chromatophors an der äußeren Seite des Körpers und hat die Form eines kleinen kurzen Stäbchens (Abb. 1, 2). Die oben erwähnten pulsierenden Vacuolen, zwei an der Zahl, befinden sich auch hier. Sie ziehen sich abwechselnd zusammen und sind ungemein klein; daher kann man sie unter normalen Bedingungen nur schwer unterscheiden (Abb. 7).

Das Protoplasma enthält Körnchen von verschiedener Größe, deren Lichtbrechung größer ist als die des sie einschließenden Protoplasmas. Mit Jod behandelt, werden diese Körnchen nicht blau, Neutralrot färbt sie intensiv rot, auf diese Weise eine Analogie mit dem volutinosen „roten Körper" der übrigen Volvocales vorstellend[1]).

Gewöhnlich trägt das vordere Ende der *Spermatozopsis* vier Geißeln, wie es Abbildung 1 zeigt; jedoch wurden mehrmals Exemplare beobachtet, welche etwas weniger gebogen und nur mit zwei Geißeln versehen waren (Abb. 2). Das Verhältnis dieser zwei Formen zueinander ist rätselhaft. Wie weiter unten gesagt wird, bilden sich bei der Teilung vier neue Geißeln, so daß die Vermutung, die erwähnten zwei Geißeln tragenden Formen wären Tochterindividuen mit der halben Zahl Geißeln, wegfallen muß. Man könnte glauben, daß bei diesen Formen zwei Geißeln abgefallen sind, doch folgende Umstände widersprechen dieser Vermutung: die Bedingungen waren scheinbar normal; weiter entsteht die Frage, warum weder drei noch eine sondern gerade zwei Geißeln abfallen mußten; und endlich, wären die Geißeln abgefallen, so würden an ihrer Stelle kurze Ansätze stehen bleiben, da, soviel ich bis jetzt bei Ammoniakvergiftung und anderen Umständen beobachtet habe, die Geißeln niemals knapp an der

---

1) ART. MEYER, Orientierende Untersuchungen über Verbreitung, Morphologie und Chemie des Volutins. 1904, Bot. Ztg., Bd 62.

MERTON, Über den Bau und Fortpflanzung von *Pleodorina illinoisensis* Zeitschr. f. wiss. Zoologie, Bd. 90, 1908.

Basis abfallen und zwar nicht allein bei *Spermatozopsis*, sondern auch bei anderen Volvocales.

Ungeachtet ihrer Zahl haben alle Geißeln immer die gleiche Länge, welche die Länge des Körpers fast zweimal übertrifft; sie sind sehr fein und sitzen streng kreuzweise, wie bei *Carteria* (Abb. 4) oder einander gegenüber in einer Fläche wie bei *Chlamydomonas*, falls es zwei an der Zahl sind. Durch die LÖFFLERsche Färbung konnte man in den Geißeln die Anwesenheit von Endabteilungen in Form ungemein feiner kurzer Fäden entdecken, welche fast gleich in die eigentlichen, vier- bis fünfmal längeren „Stiele" übergehen (Abb. 10). Ich habe sowohl Präparate, welche vorerst mit Osmiumsäure fixiert waren, als auch solche, die einfach in möglichst kurzer Zeit ausgetrocknet und dann durch die Flamme gezogen waren, gefärbt und in beiden Fällen waren die Resultate gleich. Also gehören die Geißeln der *Spermatozopsis* zum Typus von FISCHERs „Peitschengeißel" [1]). In den kurz dauernden Bewegungspausen hält sich *Spermatozopsis* mit allen vier Geißeln an der unteren Fläche des Deckglases fest oder liegt einfach auf der Seite, die zurückgeworfenen Geißeln unbeweglich haltend. Im ersten Fall berühren die Geißeln das Glas nicht mit ihren Enden, welche sich frei zurückbiegen, sondern mit den mittleren Teilen.

Die vegetative Vermehrung bei *Spermatozopsis* vollzieht sich nach dem Typus *Pyramimonas* und besteht in Längsteilung des mütterlichen in zwei Tochterorganismen, ohne Übergang in den Ruhezustand. Den Anfang der Teilung habe ich niemals beobachten können; ich fand immer nur Individuen, welche schon die doppelte Zahl gleich langer Geißeln hatten, während auf dem Körper, sich von einem Ende bis zum anderen entlang ziehend, eine Längsfurche soeben entstand und, sich vertiefend, das Chromatophor in zwei Streifen spaltete (Abb. 11). Auf den vorderen Enden der Tochterchromatophoren befand sich je ein Stigma. Obgleich ich es nicht unmittelbar beobachtet habe, ist es mir dennoch unzweifelhaft, daß diese beiden Stigmen aus dem Mutterstigma durch Teilung entstanden sind, wie es bei Flagellaten und einigen nackten Volvocales stattfindet. Die Teilung scheint bei *Spermatozopsis* sehr langsam vor sich zu gehen wie bei *Pyramimonas* und anderen. Vom, beschriebenen Stadium angefangen, beobachtete ich diesen Vorgang während 20—30 Minuten und er war kaum vor-

---

1) A. FISCHER, Über die Geißeln einiger Flagellaten. PRINGSH. Jahrb. 1894. 26.

geschritten. Das Ende der Teilung bietet nichts bemerkenswertes; ich fand einmal zwei Tochterindividuen, welche nur noch mit einem schmalen Band verbunden waren, das sich fast an der Mitte beider Körper befand und sie nicht hinderte, sich gegeneinander zu wenden, wie es bei *Pyramimonas* (Dill) und *Dunaliella* beschrieben wurde[1]). Nach ungefähr einer Stunde zerriß das Band, und die Tochterindividuen gingen sofort auseinander. Sie sahen vollkommen normal aus, nur waren sie selbstverständlich schmäler und stark an den Seiten gepreßt, während die erwachsenen zur Teilung reifen Individuen gewöhnlich mehr oder weniger abgerundet sind.

Die Teilung an gefärbten Objekten zu studieren, war mir nicht möglich, dazu hatte ich zu wenig Material bei der Hand.

Der Übergang in den Ruhezustand und der sexuelle Prozeß wurden nicht beobachtet.

Was die systematische Stellung der *Spermatozopsis* betrifft, so läßt sie sich infolge ihres grünen Chromatophors und der vier gleichen Geißeln zu den Volvocales rechnen, durch die Abwesenheit der Membran aber nähert sie sich der Familie der Polyblepharidaceae. Die Körperform zeigt zwar eine bedeutende Abweichung vom symmetrischen Typus der Polyblepharidaceae, doch wird diese Symmetrie eigentlich nur durch die eigenartige Biegung des Körpers überschritten, welcher sich als zweiseitig symmetrisch, mit einem seitlich liegenden Chromatophor, erweist, wie es bei mehreren Chlamydomonaden, z. B. bei *Chl. media* Klebs, oder bei *Chl. parietaria* Dill stattfindet. Das vordere Ende mit den Geißeln aber behält vollkommen seine Symmetrie.

Als bedeutendere Eigentümlichkeit kann vielleicht der oben beschriebene Bau der Geißeln erscheinen. Nach FISCHER sind die Geißeln der *Polytoma* und *Chlorogonium* mit langen Endabteilungen („Schnüre") versehen, welche allmählich in die „Stiele" übergehen. Meine eigenen Färbungen gaben abweichende Resultate. Die Geißeln der *Polytoma* haben so kurze Endabteilungen, daß diese kaum einer besonderen Benennung wert sind, so daß man einfach von zugespitzten Geißelenden reden könnte. Die Geißeln des *Chlorogonium* erwiesen sich als von Anfang bis zum Ende gleich dick, ohne jegliche Spur von Anhängseln. Ebenso einfach zeigten sich die Geißeln der verschiedenen Arten von *Chlamy-*

---

1) CLARA HAMBURGER, Zur Kenntnis der *Dunaliella salina*. Archiv für Hydrobiologie Bd. VI, H. I, 1905.
O. E. DILL, Die Gattung *Chlamydomonas* und ihre nächsten Verwandten. PRINGSH. Jahrb., 28.

domonas, Carteria, Gonium, Pandorina, Eudorina, Spondylomorum.
Wegen Materialmangels gelang es mir nicht, die übrigen Volvocales
zu untersuchen, unter den oben erwähnten aber erscheint *Spermatozopsis* als die einzige ihrer Art. Was aber Zahl und Anordnung
der Geißeln (und Vacuolen) betrifft, so erinnert *Spermatozopsis* vollkommen an *Pyramimonas.*

Die Abwesenheit von Pyrenoïden ist wahrscheinlich ein ebenso
sekundäres, abgeleitetes Merkmal, wie auch bei *Chloromonas*, und so
steht *Spermatozopsis* scheinbar in derselben Beziehung zu *Pyramimonas* wie *Chloromonas* zu *Chlamydomonas.*

Es ist nicht uninteressant, daß es mir nicht gelungen ist, den
Übergang der *Spermatozopsis* in den Ruhezustand zu beobachten.
In den Kulturen vegetiert sie monatelang, ungeachtet des manchmal ziemlich jähen Temperatur- und Beleuchtungwechsels. Ebenso
widerstandsfähig erweist sich *Spermatozopsis* in den hängenden
Tropfen, in welchen alle zum Ruhezustand oder zum Palmell-
zustand fähigen Organismen in denselben sehr bald übergehen.
Auf diese Weise erscheint uns *Spermatozopsis* als der *Pyramimonas*
entgegengesetzt, welche gerade zu solchen Organismen gehört,
und noch mehr steht es im Gegensatz zu den den Polyblepharidaceae nahestehenden Prasinocladaceae, bei denen das unbewegliche Stadium das bewegliche völlig unterdrückt hat.

Auf diese Weise, einerseits viele Ähnlichkeiten mit den
Polyblepharidaceae aufweisend, andererseits von dem typischen Vertreter dieser Familie abweichend, erscheint uns *Spermatozopsis* als
ein Seitenzweig des Hauptstammes, welcher zu den Chlamydomonada-
ceae leitet. Die Armut an Kenntnissen über den Bestand der uns interessierenden Gruppe wie auch die äußerste Mangelhaftigkeit der
Angaben über die schon bekannten Formen macht jedes um-
ständlichere Studium der Wechselbeziehungen derselben zueinander unmöglich und zwingt uns, uns nur auf diese Erwägungen,
trotz ihrer Allgemeinheit und Zweifelhaftigkeit, zu beschränken.

Zum Schluß halte ich es für eine angenehme Pflicht, dem
Herrn Prof. W. M. ARNOLDI, der mir bei meiner Arbeit mit Rat
und Tat an die Hand gegangen war, meinen aufrichtigen Dank
auszudrücken.

Erklärung der Tafel VIII.

Die Abbildungen 2, 3, 4, 5, 8, 9, 10 sind mit Hilfe des ABBEschen
Zeichenapparates gezeichnet; die Abbildungen 1, 6, 7, 11, 12, 13, 14 aus freier
Hand; c. v. bedeutet contractile Vacuole, st. Stigma, chr. Chromatophor,
k Kern.

Abb. 1. Allgemeines Aussehen von *Spermatozopsis exsultans*; nach lebendem Objekte. Ap. 2 mm, comp. Oc. 12.

Abb. 2. Beginnende Deformation unter der Wirkung des Austrocknens. Ap. 2 mm, comp. Oc. 12.

Abb. 3. Dasselbe Individuum, ein etwas weiteres Stadium.

Abb. 4, 5. Anderes Individuum; die Deformation ist noch weiter fortgeschritten. Dieselbe Vergr.

Abb. 6. Ein Individuum von oben gesehen. Ap. 2 mm, comp. Oc. 12.

Abb. 7. Das vordere Ende des Körpers; etwas schematisiert.

Abb. 8. Ein freischwimmendes, beim Austrocknen des Tropfens deformiertes Individuum von *Spermatozopsis*. Hom. Immers. $^1/_{12}$, comp. Oc. 12

Abb. 9. Ein totes Individuum aus demselben Tropfen.

Abb. 10. Geißeln von *Spermatozopsis exsultans*; a = „Schnur", b = „Stiel" — LÖFFLERsche Färbung. Ap 2 mm, comp. Oc. 18.

Abb. 11. Beginn der Teilung. Ap. 2 mm, comp. Oc. 8.

Abb. 12. Ende der Teilung. Dieselbe Vergr.

Abb. 13. Beginn der Deformation unter der Wirkung des Ammoniaks.

Abb. 14. Weiteres Stadium; eine der Geißeln ist abgeworfen. Ap. 2 mm, comp. Oc. 12. Dieselbe Vergr.

Aus dem botanischen Institut der Univ. Charkow.

---

27. H. Bachmann: Planktonproben aus Spanien, gesammelt von Prof. Dr. Halbfaß.

(Mit 8 Textfiguren.)

(Eingegangen am 10. April 1913)

Nördlich von der Nordostecke Portugals, bei 42 ° n. Br. und 6 ° 45 ' w. Lg., im Flußgebiet des Pera, westlich begrenzt von der Sierra Segindera, nördlich von der Peña Prevínca liegt das Seegebiet, welches Herr Prof. Dr. HALBFASS im Sommer 1912 zum Gegenstand seiner Studien gemacht hat. Von diesen Seen hat er einige Planktonproben mitgebracht, deren Durchsicht folgende Resultate, was das Phytoplankton betrifft, ergeben hat.

1. Castañedasee.

1000 m ü. M. 3 km², 50 m tief; klares Wasser. Durchsichtigkeit im Sept. 6 m.

Es ist eine geringe Menge Phytoplankton vorhanden. Darin herrschen folgende 2 Desmidiaceen vor:

Staurastrum annatinum Cooke et Wills var. *longibrachiatum* W. & G. S. West. — *cuspidatum* Bréb.

Das erstgenannte *Staurastrum* stimmt sehr gut mit der Figur, welche G. S. WEST in der Arbeit: The Freshwaterplankton of the Scottish Lochs Tafel VII Fig. 8 abbildet (Trans. Roy. Soc. Edin. Vol. 41, part III).

Er sagt über die Art: „This is one of the most characteristic Desmids of both the Scottish and Irish plancton."

Daneben ist noch eine häufige Erscheinung das *Staurastrum Arctiscon* (Ehrenb.) Lund., das in den vorliegenden Planktonproben überhaupt eine charakteristische Form ist.

Ein sehr häufiger Planktont ist auch ein *Chlorangium*, auf Krustern, das leider nicht zu bestimmen war.

In etwas geringerer Zahl, aber doch in jeder Probe war ein hübsches *Dictyosphaerium* vorhanden, das durch seine kleinen eiförmigen Zellen (3 μ breit, 5 μ lang) und die regelmäßige Anordnung der Verbindungsfäden auffallend und von den bisher bekannten Arten verschieden ist. Leider sind durch die ungünstige Konservierung die Chromatophoren total unkenntlich. Ich nenne diese Art: **Dictyosphaerium elegans** nov. spec.

Ganz vereinzelt waren vorhanden:

Ceratium hirundinella O. F. Müller,
Peridinium sp.
Fragilaria crotonensis (Edw.) Kitton,
Tabellaria fenestrata (Lyngb.) Kütz.,
Melosira crenulata (Ehr.) Kütz.,
M. distans Kütz.,
Dinobryon sociale Ehrenb.,
Staurastrum denticulatum (Näg.) Arch.,
St. spec., nahe verwandt mit *St. subnudibrachiatum* G. & W. West.

2. Lacillossee.

Karrsee, 1800 m über Meer, 40 ha, 12 m tief.

Bei außerordentlich reichem Rotatorien- (Anurea-) Material sind die Planktophyten ärmlich vertreten. Der Teichsee-Charakter ist hier deutlich ausgesprochen durch die 4 dominierenden Arten:

Dinobryon sociale Ehrenb.,
Anabaena Halbfassi mihi,
Sphaerozosma excavatum var. *spinulosum* (Delp.) Hansg.,
Staurastrum Arctiscon (Ehrenb.) Lund.

Als besondere Form erschien die Gattung *Anabaena*. Die Fäden sind gerade oder schwach gekrümmt. Die vegetativen Zellen sind länglich, elliptisch von 6 μ Länge und 3,5 μ Breite. Die Grenzzellen sind ebenfalls elliptisch von 6 μ Länge und 4,5 μ Breite. Die Dauerzellen liegen nicht in bestimmten Beziehungen zu den Grenzzellen, sind zylindrisch mit 5 μ Breite und bis 18 μ Länge. Der Faden ist in einen hyalinen Schleim eingebettet. Die vorliegende Art stimmt mit keiner der bekannten Arten überein. Am nächsten steht sie der *A. delicatula* Lemm. Wenn man die Diagnosen der *Anabaena*-Arten durchgeht, so kann man sich des Eindruckes nicht entschlagen, daß die Revision der Arten dringend nötig wäre. So wird häufig der Ausdruck gebraucht „Vegetative Zellen kugelig" oder „elliptisch", ohne daß man darauf Rücksicht nimmt, ob man ausgewachsene Zellstadien vor sich hat oder nicht. Hat man von der vorliegenden Art Fäden, deren Zellen erst sich geteilt haben, so sind alle Zellen kugelig, während die ausgewachsenen Zellen deutlich elliptisch sind. Da wir diese Art mit keiner der bekannten Arten identifizieren können, nennen wir sie *A. Halbfassi* mihi zu Ehren des Herrn Prof. HALBFASS, dem ich die Proben verdanke.

Als nicht seltene Planktonten verzeichne ich:

Aphanothece microscopica Näg.,
Merismopedia tenuissima Lemm,
Coelosphaerium Kützingianum Näg.,
Microcystis flos aquae (Wittr.) Kirchn.,
Pleurotaenium Ehrenbergii (Raefs) Delp.,
Tabellaria fenestrata (Lyngb.) Kütz.

Als vereinzelt notiere ich:

Peridinium Willei Hnith.-K.,
    „   *cinctum* (Müll.) Ehrenb.,
    „   *minimum* Schill.,
Euastrum denticulatum (Kirchn.) Gay.,
Cosmarium Corbula Bréb.,
Penium Cucurbitum Biss.,
Xanthidium antilopaeum Kütz.,
Spirogyra-Fäden,
Dictyosphaerium pulchellum Wood.,
Tabellaria flocculosa (Roth.) Kütz.,
Eunotia flexuosa Kütz.,
Gomphonema acuminatum var. *coronatum* Grun.,
    „   *capitatum* Ehrb.,
Cymbella amphicephala Näg.,
Pinnularia parva Greg.,

Melosira granulata Raefs,
Dinobryon divergens Imh.,
„   *Sertularia* Stein

Dinobryon hispanicum nov. spec. Leider traf ich von dieser offenbar bis jetzt noch nicht beschriebenen Spezies nur die vereinzelten Becher. Ein einziges Mal waren 2 Becher zusammenhängend, so daß ich nicht entscheiden kann, ob diese Form zu den kolonienbildenden Arten zu rechnen ist oder nicht. Der Becher ist ausgesprochen vasenförmig mit plötzlicher und scharf ausgezogener Spitze. Die Becherwand ist bis an die Mündung, namentlich am untern etwas breitern Teile, stark gewellt. Die Länge beträgt 40 μ, die Breite an der breiteren Stelle 8 μ.

3. Barandonessee.

Sehr fischreicher See von 30 ha, 1700 m über Meer, 6—8 m tief.

Die Probe ist, was das Zooplankton anbetrifft, sehr reichlich. Dagegen tritt das Phytoplankton stark in den Hintergrund, so daß es in dieser Beziehung eher als ärmlich bezeichnet werden muß.

Da dominieren die zwei Desmidiaceen:

Staurastrum Arctiscon (Ehrenb.) Lnd.,
Sphaerozosma excavatum var. *spinulosum* (Delp.) Hansg.,

also die beiden Arten, die auch im vorhergenannten See die Hauptrolle spielten.

Häufig vertreten waren:

Xanthidium antilopaeum var. *polymazum* Nordst., von der W. u. G. S. WEST in ihrer Monograph of the British Desmidiaceae sagen: „This is a rare variety in the British Islands and one that we found only in the plancton."
Xanthidium antilopaeum Kütz.,
Tabellaria fenestrata (Lyngb.) Kütz.,
„   *flocculosa* (Roth) Kütz.

Vereinzelt waren vorhanden:

Anabaena sp.,
Dinobryon Sertularia Stein,
Peridinium Willei Smith.·K.,
Pleurotaenium Ehrenbergii (Raefs) Delp.,
Hyalotheca dissiliens (Smith) Breb.,
Gymnozyga moniliformis Ehrb.,
Desmidium Swartzii Ag.,

Staurastrum Pseudosebaldii Wille,

„   *furcigerum* Bréb.,

„   *annotinum* var. *longibrachiatum* W. u. G. S. West,

„   *paradoxum* var. *longipes forma permagna* W. u. G. S. West,

Cosmarium pyramidatum Bréb.,

Oocystis solitaria Wittr.,

Dictyosphaerium pulchellum Wood,

Botryococcus Braunii Ktz.,

Eudorina elegans Ehrenb.

Zygnema. Oedogonium undulatum Al. Br.

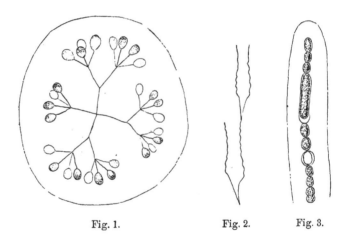

Fig. 1.   Fig. 2.   Fig. 3.

Diagnosen der neuen Formen:

1. *Dictyosphaerium elegans* mihi. Fig. 1.

Zellen eiförmig, Länge 5 μ, größte Breite 3 μ. Verbindungs-fäden regelmäßig zu 2 oder 4 von einem Punkte ausgehend, einmal oder zweimal geteilt. Gemeinsame Gallerthülle mit einem Durch-messer von 85 μ. Fundort: Castañedasee (Spanien).

2. *Anabaena Halbfassi* mihi. Fig. 3.

Fäden gerade, mit einer weiten Gallerthülle. Zellen mit Pseudovakuolen, elliptisch, 6 μ lang und 3,5 μ breit. Grenzzellen elliptisch, 6 μ lang und 4,5 μ breit, mit eigenem Gallerthof. Dauer-zellen zylindrisch, 5 μ breit und 18 μ lang, mit farblosem Epispor; Lage der Dauerzellen von der Grenzzelle unabhängig. Unterscheidet sich von *A. delicatula* Lemm. durch die ausgesprochen elliptischen Grenzzellen und die schmälern Dauersporen. Fundort: Lacillossee (Spanien).

3. *Dinobryon hispanicum* mihi. Fig. 2.

Becher einzeln oder zu zweien (?), ausgesprochen vasenförmig, mit plötzlicher und scharf ausgezogener Spitze. Becherwand bis an die Mündung und namentlich am untern breiten Teile stark gewellt. Länge des Bechers 40 μ, größte Breite 8 μ. Fundort: Lacillossee (Spanien).

Charakteristik der untersuchten Seen.

Die geringe Planktonmenge reicht nicht aus, das Phytoplankton der obengenannten spanischen Seen zu charakterisieren. Mir scheinen folgende Momente wichtig zu sein:

1. Das fast vollständige Fehlen von *Ceratium hirundinella*.
2. Das gänzliche Fehlen der typischen Planktondiatomeen: *Asterionella* und *Fragilaria*.
3. Das häufige Vorkommen von Desmidiaceen.

Es wäre sehr zu wünschen, daß diese spanischen Seen während eines größeren Zeitraumes abgefischt und untersucht werden könnten, oder wenn das nicht möglich ist, daß sie wenigstens zu zwei verschiedenen Jahreszeiten besucht werden könnten.

Luzern, im April 1913.

28. G. Hinze: Beiträge zur Kenntnis der farblosen Schwefelbakterien.

(Mit Tafel IX.)

(Eingegangen~am 16. April 1913.)

Die farblosen einzelligen Organismen, welche in Gesellschaft der marinen Schwefelbakterien angetroffen wurden und wie diese stark lichtbrechende Körper enthalten, ähneln sich untereinander in ihrer Form und Größe. Seitdem sie von COHN [1]) (1867), WARMING [2]) (1875) und ENGLER [3]) (1883) beschrieben wurden, sind sie indes noch nicht wieder untersucht worden. Auch die Frage, ob sie einer Gattung als verschiedene Arten angehören oder mehrere Gattungen bilden, ist nicht gelöst. Ja, man hat diese Frage damals gar nicht aufgeworfen, und so kommt es, daß man sich aus jenen wenigen überhaupt vorliegenden Notizen über diese Organismen kein klares Bild machen kann; darum hat sie wohl auch MIGULA [4]) in seinem System der Bakterien nur teilweise berücksichtigt.

Über ein neues, ebenfalls in diesen Formenkreis zu ziehendes Schwefelbakterium, *Thiophysa volutans*, das ich im Golf von Neapel fand, habe ich an dieser Stelle eingehend berichtet [5]). In Neapel stand mir auch reichliches Material von jenen größeren Schwefelorganismen zur Verfügung; infolge allerlei äußerer Hindernisse hat sich jedoch die Zusammenstellung der damals nahezu abgeschlossenen Untersuchungen bis heute verzögert.

Die Präparate wurden in ähnlicher Weise hergestellt, wie ich das bei *Thiophysa* S. 310 angegeben habe, ich bemerke jedoch,

---

. 1) COHN, Beiträge zur Physiologie der Phycochromaceen und Florideen. M. SCHULTZEs Archiv für mikroskopische Anatomie. 3. Band. 1867.

2) WARMING, Om nogle ved Danmarks Kyster levende Bakterier. Videnskabelige Meddelelser fra den naturhistoriske Forening in Kj benhavn. 1875.

3) ENGLER, Über die Pilzvegatation des weißen oder toten Grundes in der Kieler Bucht. IV. Bericht der Kieler Kommission zur wissenschaftlichen Untersuchung der deutschen Meere in Kiel. VII.—IX. Jahrg. 1884.

4) MIGULA, System der Bakterien, 2. Band. Jena 1900.

5) HINZE, *Thiophysa volutans*, ein neues Schwefelbakterium. Ber. d. Deutsch. Bot. Gesellsch. 1903. Band XXI, Heft 6.

daß die Beobachtung des lebenden Objektes bei manchen aus
später ersichtlichen Gründen ausgeschlossen ist. Um so sorgfältiger muß man sich der zwar sehr zeitraubenden, aber allein zu
günstigen Resultaten führenden Mühe unterziehen, die empfindlichen Objekte aus den verschiedenen Flüssigkeiten langsam unter
dem Deckglase bis in Canadabalsam oder Glyzerin zu überführen.

I. *Monas Mülleri* Warming.

WARMING fand *Monas Mülleri* an der Küste von Kopenhagen
und Roskilde an denselben Stellen, wo auch *Beggiatoa mirabilis* und
die „Beggiatoenkeime" vorkamen. Er gibt davon eine genaue
Beschreibung und meint, sie sei vielleicht identisch mit O. F.
MÜLLERs *Volvox punctum*. ENGLER will sie ebenfalls in der
Kieler Bucht beobachtet haben, doch geht schon aus dem Text,
noch deutlicher aus den Abbildungen hervor, daß er den von
WARMING, Tab. X. Fig. 2, abgebildeten Organismus oder einen
diesem sehr ähnlichen für *Monas Mülleri* gehalten hat. Denn die
Monas Mülleri WARMINGs ist in der typischen Form elliptisch
oder eirund, der ENGLERsche Organismus fast kugelig, an dem
einen oder an beiden Enden etwas abgeplattet, *Monas Mülleri*
WARMINGs teilt sich in der Richtung der Längsachse von dem
einen Pole aus, der ENGLERsche Organismus nimmt bei der Teilung
zylindrische Gestalt an und schnürt sich biskuitförmig ein. Ich
werde weiterhin auf diese ENGLERsche „*Monas Mülleri*" zurückkommen. — Außer einer gelegentlichen Erwähnung bei MOLISCH[1])
sind mir über *Monas Mülleri* Warm. keine weiteren Literaturangaben
bekannt geworden. MIGULA[2]) glaubt, sie auf Grund der WAR-
MINGschen Arbeit zu der Gattung *Achromatium* Schewiakoff als
Achromatium Mülleri (Warming) Mig. stellen zu sollen; auch darauf
wird noch näher einzugehen sein.

Im Golf von Neapel habe ich *Monas Mülleri* regelmäßig und
zahlreich in der Nähe der Loggetta an der Via Caracciolo da
angetroffen, wo die Beggiatoen, namentlich *Beggiatoa mirabilis* Cohn,
den Schlickboden mit einem weißen Rasen bedeckten. Wenn Glas-
häfen mit solchem Material beschickt wurden, waren die Monaden
bald auch makroskopisch zu erkennen, indem sie dichte milchige
Schleier bildeten. Diese breiteten sich jedoch zumeist nicht unmittelbar an der Oberfläche in der dort ausgespannten Bakterien,

---

1) MOLISCH, Neue farblose Schwefelbakterien. Centralbl. für Bakter.
usw. II. Abt., Bd. 33. 1912.

2) l. c. S. 1038.

kahmhaut aus, wie es WARMING angibt, sondern tummelten sich
unter dieser Kahmhaut in der ganzen, etwa 5 cm hohen Wasserschicht. Auf einer Kultur, die ungestört in der Nähe des Fensters
stand, habe ich eine außerordentlich regelmäßige Verteilung solcher
durch das Wasser wie Kulissen hindurchgespannten Schwärme
beobachtet. Diese Platten waren in dem runden Gefäß streng
radial angeordnet, sie zogen sich vom Rande bis etwa nach der
Mitte hin, bogen dort schleifenförmig um und verliefen dann parallel miteinander nach der Wandung des Glashafens zurück, wo
sie divergierten und sich auflösten. Die Dicke der Kulissen betrug 1 mm, der Abstand zwischen zwei parallel laufenden Radien
2—3 mm. Es waren dies also „Bakterienplatten", wie sie JEGUNOFF[1])
von anderen Bakterien, auch Schwefelbakterien, beschreibt. In
diesen Kulturen hielt sich *Monas Mülleri* meist nur einige Tage
bis zu 2 Wochen, dann aber findet man in der Kahmhaut an der
Oberfläche viele unbewegliche abgestorbene Exemplare.

Charakteristisch für die Zellen der *Monas Mülleri* ist die
Eiform (Taf. IX, Fig. 1, 2), seltener sind sie elliptisch oder rund.
Der Längsdurchmesser der Ovale schwankt zwischen 6,3 und
12,8 μ, der Querdurchmesser zwischen 4,9 und 10,2 μ. Nach
WARMING beträgt die Dicke 5,6—15 μ „und wenn sie in Teilung
sind, können sie noch etwas länger werden". Ich habe auch derartige große Zellen gesehen, glaube indes nicht, daß sie noch zu
Monas Mülleri gehören, wie ich denn auch die drei Abbildungen
d—e auf WARMINGs Tab. X, 1, nicht mehr in diesen Formenkreis
ziehen möchte, sie vielmehr für das unten zu beschreibende *Thiovulum* halte. Denn was die *Monas Mülleri* ganz besonders scharf
kennzeichnet, ist ihr mit der elliptischen Form zusammenhängender
polarer Bau, den jene großen rundlichen Organismen nicht mehr
besitzen. Es dürfte sich demnach empfehlen, nur die ovalen bis
ovalrunden Formen von 4,9 bis 12,8 μ Durchmesser *Monas Mülleri*
zu nennen, wobei erstere Zahl den kleinsten Quer-, letztere den
größten Längsdurchmesser angibt.

Die von einer sehr zarten Membran umkleidete Zelle wird
von Protoplasmasträngen durchzogen. Häufig jedoch befindet sich
im Innern eine ovale Vakuole und an dem dickeren Ende eine
Protoplasmaanhäufung (Fig. 3a, 3b).

Im Protoplasma liegen die an Zahl und Größe verschiedenen,
stark lichtbrechenden Körner (Figg. 1—4), deren Identität mit den

---

1) JEGUNOFF, Bakterien-Gesellschaften. Centralbl. für Bakter. usw.
II. Abt., Bd. 2, 1896. Bd. 3, 1897, Bd. 4, 1898.

in *Beggiatoa mirabilis* vorkommenden schon WARMING feststellte,
wenn er sie auch bei beiden noch nicht als Schwefeltropfen ansprechen mochte. Da sie jedoch in ihrem Aussehen und ihrer
Löslichkeit in absolutem (langsamer lösen sie sich in 90 proz.) Alkohol mit den zweifellos als Schwefeltropfen anzusehenden Gebilden in den Beggiatoen übereinstimmen, so sind sie sicherlich als
Schwefel zu betrachten. So hat sich auch MOLISCH[1]) „überzeugt,
daß die Körncheneinschlüsse aus Schwefel bestehen wie bei typischen Schwefelbakterien". In einem mit Osmiumsäuredämpfen
fixierten und 10 Tage in Wasser liegenden Präparat war der
Schwefel aus manchen Zellen in Pyramiden und Prismen auskristallisiert ähnlich wie bei Beggiatoen (Fig. 6).

Fast immer sammelt sich der Schwefel an dem einen Pole
des Ovals an. Dies kann nun bald das Vorderende (Fig. 1), bald
das Hinterende (Fig. 2) sein. An derselben Stelle einer Kultur
entnommenes Material enthält allermeist nur einheitlich gebaute
Formen, bei denen der Schwefel am gleichen Pole lagert, beide
Formen können jedoch auf derselben Kultur in verschiedenen
Platten vorkommen. Es ist das eine höchst merkwürdige Erscheinung, die man fast als Rasseneigentümlichkeit ansehen könnte:
jede Tochterzelle lagert den Schwefel stets an dem Pole weiter ab,
der auch bei der Mutterzelle der Schwefelpol war. Interessant
wäre es, durch Kulturen diese Konstanz im Auftreten des Schwefels
genau festzustellen; leider hat sich das bisher nicht ermöglichen
lassen.

Der Beantwortung der Frage, ob die Schwefeltropfen nur zufällige Einlagerungen oder wesentliche Stoffwechselprodukte wie bei
den Beggiatoen sind, stellen sich bislang unüberwindbare Hindernisse entgegen. Denn nur in Kulturen auf dem Objektträger oder
im hängenden Tropfen könnte an dem Verschwinden der Schwefeltropfen die Verbrennung des Schwefels zur Schwefelsäure direkt
nachgewiesen werden. Aber bei allen derartigen Versuchen kommen
die Monaden bald zur Ruhe und sterben ab, ohne daß in der Menge
des Schwefels eine Veränderung eintritt Indessen scheint mir ein
Analogieschluß mit *Beggiatoa mirabilis* zu einem Ergebnis führen
zu können. Man beobachtet nämlich nicht selten zwischen mit
Schwefeltropfen reichlich beladenen Monaden auch solche, die nur
wenige oder kleine Kügelchen führen. Bei diesen treten nun im
schwefelfreien protoplasmatischen Wandbelag Anhäufungen von
bald mehr bald weniger, ungleich großen, schwach graugrün und

---

1) l. c. S. 56.

stumpf aussehenden Gebilden auf, die außerordentlich vergänglich
sind (Fig. 4). Sie verschwinden beim Fixieren mit Jodjodkali und
FLEMMINGscher Lösung und lassen dann das Protoplasma vakuolig
erscheinen. Bei vorsichtigem Fixieren mit Osmiumsäuredämpfen
kann man sie einige Minuten noch erhalten, aber schon ein geringer Druck auf das Deckglas, etwa bei Anwendung der Immersion,
genügt, um sie zu zerstören. Ich möchte diese Klümpchen für
einen Reservestoff halten, dessen Natur allerdings unbekannt ist.
Nun habe ich bei *Beggiatoa mirabilis* zeigen können[1]), daß sie bei
Schwefelwasserstoffhunger große Mengen des als Amylin bezeichneten Kohlehydrates speichert. Ähnlich dürfte auch *Monas Mülleri*
bei Mangel an Schwefelwasserstoff dieses rätselhafte Reserveprodukt
ansammeln, und so indirekt der Schluß erlaubt sein, daß der
Schwefelwasserstoff für *Monas Mülleri* auch eine Energiequelle bedeutet. Diese Annahme findet eine weitere Bestätigung in dem
Vorkommen der *Monas Mülleri*, das sich eben nur auf nach
Schwefelwasserstoff riechendem Schlamm beschränkt.

Wenn man bei verschiedener Fixierung der Zellen sie unter
Deckglas mit Hämalaun oder DELAFIELDschem Hämatoxylin färbt
und nachher in Glyzerin oder Canadabalsam einschließt, so sieht
man in wohlgelungenen Präparaten und entsprechend differenzierten
Zellen einen meist an einem Pol liegenden typischen Zellkern. Er
hebt sich von dem blaßviolett gefärbten Protoplasma als ein farbloser, scharf umschriebener heller Hof ab, in dem ein intensiv gefärbter Nukleolus auffällt (Figg. 7—12). Die Figur 7 zeigt die
Aufsicht auf eine Zelle bei hoher und mittlerer Einstellung, in der
der Zellkern die Teilung nahezu vollendet hat. Aufeinander
folgende Teilungsstadien habe ich ebensowenig wie Teilungsfiguren
auffinden können, es scheint aber der Nukleolus vor der Teilung
(Fig. 8) in einzelne (in der Fig. 3) Stücke zu zerfallen; einmal
wurde auch eine biskuitförmige Einschnürung beobachtet. Außer
dem Zellkern färben sich im Protoplasma mit „Kernfarbstoffen"
an Zahl, Anordnung und Größe recht verschiedene Körnchen
intensiv, die wohl zum Teil auch Reservestoffe sind (Figg. 10, 12).

Der Kernteilung folgt die Zellteilung in der Längsrichtung
des Ovals (Figg. 1, 2, 3, 4, 9). Es tritt dabei stets zuerst an dem
hinteren Pol der Zelle eine Einschnürung auf, die tiefer und tiefer
in das Innere eindringt (Fig. 3b), bis die Tochterzellen sich trennen.

---

1) HINZE, Über den Bau der Zellen von *Beggiatoa mirabilis* Cohn. Ber.
d. Deutsch. Bot. Gesellsch. 1901, Band XIX, Heft 6, und ausführlicher: Untersuchungen über den Bau von *Beggiatoa mirabilis* Cohn. Wissenschaftliche
Meeresuntersuchungen, Abteilung Kiel. Neue Folge, Band 6, 1902.

· Die Bewegung der *Monas Mülleri* ist eine derartig schnelle, daß eine eingehende Lebendbeobachtung unmöglich ist. In unregelmäßigem Zickzack schießen die Monaden durch das Gesichtsfeld, wobei sie sich lebhaft um die Längsachse drehen. Die Richtung dieser Rotation wechselt häufig, und dadurch wird dann noch mehr der Eindruck erweckt, als seien die Monaden in einem ständigen Wirbeln begriffen. Es wurde bereits oben erwähnt, daß man zwei Formen unterscheiden kann, je nachdem der Schwefel im vorderen oder hinteren Pole abgelagert wird. Dies tritt ganz besonders deutlich in die Erscheinung bei der Bewegung, indem dabei eine Monade von der Gruppe, wie sie Fig 1 angibt, einen ganz anderen Anblick bietet als eine solche der Fig. 2. Man wird vielleicht zunächst vermuten, es seien diese Bilder nur dadurch vorgetäuscht, daß die Bewegungsrichtung bei derselben Zelle wechselt, indem der Schwefelpol bald vorn, bald hinten ist Doch wäre dies ein Irrtum, denn eine Zelle bewegt sich stets in derselben Weise, und wenn die Richtung verändert werden soll, so geschieht dies durch Umkehren der Monade.

Durch Schmutzpartikelchen und andere Fremdkörper kann die Bewegung aufgehalten werden; dann wirbelt die Zelle in tollem Tanze herum, bis sie sich wieder befreit hat. In solchen Fällen glaubt man wohl, wie dies auch WARMING beschreibt, an dem vorderen Ende bei starker Abblendung des Lichtes Geißeln zu sehen. Indes ist es mir trotz verschiedenster Fixierung (Jodjodkali, Jod in Seewasser, Sublimateisessig, MERKELsche Lösung, FLEMMINGsche Lösung) und Färbung (Beizung nach LÖFFLER, FISCHER, GEMELLI) nicht gelungen, über die Zahl und Stellung der Geißeln Aufschluß zu bekommen. Zweifellos sind am vorderen Pole eine oder mehrere Geißeln vorhanden; aber nur gelegentlich ließen sich Reste davon sichtbar machen. So zeigt Fig. 5 eine mit LANGscher Mischung fixierte Zelle, bei der durch Überfärben mit Methylviolett am vorderen, schwefelführenden Ende Geißelstümpfe zu erkennen sind.

MIGULA[1]) stellt in seinem System der Bakterien *Monas Mülleri* zu *Achromatium* Schewiakoff als *Achromatium Mülleri* (Warming) Mig., sagt aber: „Es ist zweifelhaft, ob dieser Organismus zu *Achromatium* gehört oder zu den Schwefelbakterien." Wie nun aus meinen Untersuchungen hervorgeht, hat *Monas Mülleri* mit *Achromatium* nichts zu tun. Die typische Längsteilung, der polare Bau, die Begeißelung am Vorderende und der bläschenförmige

1) l. c.

Kern kennzeichnen sie vielmehr als einen Flagellaten, der mit vollem Recht den Gattungsnamen *Monas* weiterführen kann. Wir haben in *Monas Mülleri* einen Organismus vor uns, der morphologisch zu den Flagellaten, physiologisch zu den Schwefelbakterien in nahen Beziehungen steht. Inwieweit daraus Schlüsse auf die Verwandtschaft beider Gruppen gezogen werden können, müßte späteren Untersuchungen zur Entscheidung vorbehalten sein, die sich namentlich auf die Begeißelung, die Membran (eine typische Zellwand scheint nicht vorhanden zu sein), · kontraktile Vakuolen sowie andererseits auf den Stoffwechsel zu erstrecken hätten.

II. *Thiovulum* nov. gen.

Auf der Oberfläche des Wassers über Schlickkulturen aus dem Golf von Neapel zeigten sich außerordentlich zierliche, gekräuselte, perlschnurartig angeordnete, weißgraue Häute. Diese wurden von einer großen Zahl eines bisher nicht beschriebenen Schwefelbakteriums gebildet, das ich nach seinem Schwefelgehalt und der eiförmigen Form *Thiovulum* nenne.

Die Zellen sind gewöhnlich ellipsoid (Fig. 13), manche sind an einem Ende etwas zugespitzt, nicht selten ist auch die eine Seite ziemlich stark abgeflacht (Fig. 14). Die Größe schwankt zwischen 11 × 9 μ und 18 × 17 μ; diese Form mag als *Thiovulum majus* Hinze bezeichnet werden. Bei einer kleineren Art, die sonst in ihrem Bau mit *Thiovulum majus* übereinstimmt, *Thiovulum minus* Hinze (Fig. 17) betragen die Durchmesser der Ovale 9,6 × 7,2 μ bis 11 × 9 μ; sie nähert sich zuweilen der Kugelgestalt. Während *Thiovulum majus* an der Oberfläche der Kulturen sich ansammelt, bevorzugt *Thiovulum minus* die Wasserschichten unter der Oberfläche und erscheint hier, wenn sie in Massen auftritt, dem bloßen Auge als leichte weißliche Flocken.

Fast regelmäßig ist *Thiovulum* mit *Monas Mülleri* vergesellschaftet, und doch sind sie örtlich getrennt und schon makroskopisch unterscheidbar: *Thiovulum majus* an der Oberfläche in Perlschnurnetzen, *Thiovulum minus* etwas tiefer in Flocken, *Monas Mülleri* von der Oberfläche bis zum Schlick hinab in Platten.

Eine scharf begrenzte Membran umschließt die Zelle von *Thiovulum*. Mit verdünntem DELAFIELDschen Hämatoxylin färbt sie sich dunkelblau, intensiv rot, jedoch nicht orangerot, mit Safranin in Wasser, ebenso mit Fuchsin in Wasser und Formolfuchsin. Jod und Schwefelsäure sowie Chlorzinkjod geben keine charakteristische Reaktion, ebensowenig wird Rutheniumrot gespeichert. Durch konzentrierte Magnesiumsulfatlösung läßt sich eine teilweise Plasmolyse der Zelle erzielen, bei Anwendung von verdunntem und konzentriertem Glyzerin jedoch nur eine Schrumpfung in der Längsrichtung.

Das Protoplasma erstreckt sich bald in zarten Strängen durch die ganze Zelle (Figg. 14, 16, 22), bald liegt es in größeren Massen an dem einen Ende des Ovals, so daß das Innere von einer großen Vakuole eingenommen wird (Figg. 20, 23).

Im Protoplasma finden sich nun Einschlüsse verschiedener Art, von denen die auffälligsten die Schwefeltropfen sind. Ihre Lage ist wechselnd, bald sind sie gleichmäßig im Wandbelag der Zelle verteilt (Fig. 13), bald sammeln sie sich in größerer Zahl an dem plasmareichen Ende (Figg, 13, 14, 16). Je nach der Form der Plasmawaben können die Schwefeleinschlüsse rund, oval, auch zugespitzt sein. Sie haben den charakteristischen schwarzen Rand der Schwefeltropfen in den Beggiatoen, während das Innere gelblich bis rötlich erscheint. In 90proz. Alkohol lösen sie sich allmählich, momentan in absolutem Alkohol, ferner sind sie unlöslich in verdünnter und konzentrierter Salzsäure, Salpetersäure und Essigsäure. Nun hat CORSINI[1]) gezeigt, daß bei *Beggiatoa* und *Thiothrix* der Schwefel durch konzentrierte Essigsäure herausgelöst wird und dann auskristallisiert. Da mir seine Arbeit erst bekannt wurde, als diese Untersuchungen schon abgeschlossen waren, so habe ich seine Methodik nicht mehr auf *Thiovulum* anwenden können. Aber auch wenn der Schwefel in konzentrierter Essigsäure nicht verschwinden sollte, so beweist doch weiterhin das Verhalten der Einschlüsse gegenüber Schwefelkohlenstoff, das dem bei *Beggiatoa mirabilis* gleicht, daß es sich um Schwefel handelt. Ferner tritt beim Zerquetschen der Zellen der Schwefel aus und wird bei stärkerem Druck abgeflacht, behält aber noch seinen charakteristischen schwarzen Rand. — Die physiologische Rolle des Schwefels ließ sich aus den bei *Monas Mülleri* angegebenen Gründen experimentell nicht prüfen; es scheint jedoch auch hier aus dem auf die Schwefelwasserstoffatmosphäre beschränkten Vorkommen hervorzugehen, daß *Thiovulum* ein typischer Schwefelorganismus ist.

Eine zweite Gruppe von Protoplasmaeinschlüssen ist leicht von den Schwefeltropfen zu unterscheiden. Vielfach sieht man nämlich im Wandbelag und im Innern der Zellen mattgrünliche, runde oder ovale, zuweilen auch etwas eckige Platten, die ver-

---

1) CORSINI, Über die sogenannten „Schwefelkörnchen", die man bei der Familie der *Beggiatoaceae* antrifft. Centralbl. f. Bakt. usw., II. Abt., Bd. 14. 1905.

schiedene Größe besitzen können. So zeigen Fig. 18 und Fig. 19 nach mit Jodjodkali fixierten und mit DELAFIELDschem Hämatoxylin gefärbten Präparaten auch recht ansehnliche Scheiben, die unter Umständen die Größe der Schwefeltropfen noch übertreffen (Fig. 14). Die größte beobachtete Platte von 5,1 μ Durchmesser lagerte in einer Zelle von den Maßen 14,4 $\mu \times 12,7$ μ. Sie finden sich nicht in jedem Exemplar des *Thiovulum*, können jedoch bei beiden Arten vorkommen, bei *Thiovulum minus* scheinen sie das schwefelfreie, häufig zugespitze Ende der Zelle zu bevorzugen. Je ärmer an Schwefel eine Zelle ist, um so zahlreicher sind im allgemeinen diese grünlichen Gebilde. Schon daraus ist zu entnehmen, daß sie wohl einen Reservestoff darstellen. Sie erinnern in ihrem Aussehen etwas an die oben beschriebenen Einschlüsse bei *Monas Mülleri*, jedoch sind jene stumpf-, diese mehr glänzendgrünlich, auch unterscheiden sie sich wesentlich in ihrer Beständigkeit und ihrem Verhalten gegenüber Reagentien von jenen vergänglichen Einschlüssen in *Monas Mülleri*. Beim Zerplatzen einer Zelle durch Druck treten sie heraus und behalten ihr Aussehen und ihre Formen, sie müssen also feste Gebilde sein.

Die grünlichen Gebilde in *Thiovulum* färben sich nicht mit Sudan III und Dimethylamidoazobenzol, auch nicht mit Jodlösungen (wie denn überhaupt diese Stoffe von keinem Zellbestandteil gespeichert werden), ebenso nicht mit Methylgrünessigsäure und Methylenblaulösungen. Dagegen tingieren sie sich zwar langsam, aber intensiv blauviolett mit Hämalaun (Fig. 20) und DELAFIELDschem Hämatoxylin (Figg. 18, 19). Sie lösen sich leicht in 1 proz. Salzsäure (auch noch aus mit Jodjodkali fixierten Präparaten), 1 proz. Salpetersäure, 1 proz. Schwefelsäure, 1 proz. Kalilauge, konzentrierter Magnesiumsulfatlösung, destilliertem Wasser (nach Fixierung nicht mehr), sind jedoch unlöslich in allen Konzentrationen von Essigsäure. Aus diesem ihren Verhalten gegenüber den angeführten Reagentien folgt weiterhin, daß wir in den grünlichen Gebilden einen Reservestoff, allerdings unbekannter Natur, erblicken müssen, der infolge wesentlich abweichender Reaktionen (z. B. leichte Löslichkeit in 1 proz. Mineralsäuren, Unlöslichkeit in Essigsäure) nicht mit dem „Volutin"[1]) anderer Bakterien identifiziert werden kann.

Sind diese grünlichen Gebilde aus mit Jodjodkali fixierten Zellen durch 3—5 Minuten lange Einwirkung von 1 proz. Salz-

---

1) Vgl. ·GRIMME, Die wichtigsten Methoden der Bakterienfärbung usw. Centralbl. f. Bakt. usw., I. Abt., Bd. 82, 1902, und A. MEYER, Die Zelle der Bakterien. Jena 1912.

saure herausgelöst, so färben sich mit Hämalaun oder DELAFIELD-
schem Hämatoxylin mehr oder weniger zahlreiche kleine Körnchen.
Diese liegen in den Maschen des Protoplasmas, in dem die Waben, die
Schwefel oder grünliche Gebilde enthielten, nun deutlich hervortreten und einen schaumigen Eindruck erwecken (Figg. 22, 23).
Da sie in verschiedener Zahl und Größe erscheinen, sind sie wohl
kaum als Zellkerne anzusprechen, mögen vielmehr als „Chromatin-
körner" gelten in dem Sinne, wie ich das bei *Beggiatoa mirabilis*[1])
und *Thiophysa volutans*[2]) genauer beschrieben habe.

. Die Bewegung von *Thiovulum* ist eine sehr lebhafte. Die Zellen
rollen, indem sie sich um ihre Längsachse drehen, schnell und
wackelnd dahin. Im Gegensatz zu der unbestimmten Zickzackbe-
wegung von *Monas Mülleri* jedoch erfolgt ihre Bewegung in fortschreitender Richtung sicherer, wenn sie auch nicht geradlinig ist;
die Schnelligkeit ist bei *Thiovulum* und *Monas* nahezu die gleiche.
In einigen Fällen habe ich um die lebende Zelle herum einen
Wimpernsaum beobachten können. Reste von peritricher Begeißelung sind in nach verschiedenen Methoden fixierten und gefärbten
Präparaten gelegentlich zu sehen, . meist jedoch waren die Geißeln
abgeworfen. Nach mannigfachen Fehlschlägen ist es mir endlich
gelungen, bei folgender Versuchsanordnung die Geißeln sichtbar zu
machen. Das in Wasser auf dem Objektträger liegende Material
wird durch starke FLEMMINGsche Lösung $^1/_4$ Stunde lang fixiert,
in Seewasser ausgewaschen, mit der FISCHERschen Beize[2]) versetzt,
wieder ausgewaschen, mit konzentrierter wässeriger Fuchsinlösung
gefärbt und dann beobachtet. Die Geißeln (Fig. 21) stehen peritrich, sind etwa $^1/_3$ so lang wie die Zelle und sehr zart; bei einer
Zelle von den Maßen $9,8 \times 11,2 \mu$ waren sie $0,7 \mu$ dick.

Die Teilung von *Thiovulum* beginnt mit einer senkrecht zur
Längsachse auftretenden Einschnürung (Figg. 15, 17, 18a, 20), die
tiefer eindringt und die Zelle in zwei Tochterzellen zerlegt. Eine
besondere Gruppierung der grünlichen Gebilde (Fig. 18a) oder des
Chromatins (Fig. 23) ist dabei nicht zu erkennen. Bei solchen
Zellen, die ein zugespitztes schwefelfreies Ende haben (Fig. 16)
scheint eine Längsspaltung, ähnlich wie bei *Monas Mülleri*, vorzu-
kommen, doch wird diese Analogie nur durch die einseitige Lagerung des Schwefels vorgetäuscht; denn *Thiovulum* hat keinen po-

---

1) l. c.

2) A. FISCHER, Untersuchungen über Bakterien. PRINGSHEIMs Jahrb.
f. wiss. Botanik, Bd. 27, 1895, S. 82.

laren Bau, also auch keine feststehende Achse. Nicht selten auch beginnt und schreitet die Einschnürung auf einer Seite schneller fort als auf der anderen (Fig. 15).

III.

COHN[1]) beobachtete als erster in seinem Seewasseraquarium zwischen den Fäden von *Beggiatoa mirabilis* kugelige oder ovale Organismen mit stark lichtbrechenden Kugeln, die zweifellos aus Schwefel bestehen. Ihre Größe betrug 80—20—30 μ, sie bewegten sich langsam wälzend und taumelnd längs der *Beggiatoa mirabilis* hin, in deren Entwickelungskreis sie COHN stellen möchte. Diese sind dann später auch von WARMING[2]) an der dänischen Küste gefunden worden; sie stimmten in allen wesentlichen Punkten mit COHNs Beschreibung überein, das größte Exemplar war ein Zylinder von 26 × 85 μ. Die Schwefeltropfen — auch WARMING hält ihre Natur noch für zweifelhaft — liegen sowohl im Wandbelag als auch im Innern; mit Chlorzinkjod erfolgte eine teilweise Plasmolyse. Die Teilung vollzieht sich durch Einschnürung und Durchschnürung der Zellen. Wie COHN möchte auch WARMING einen Zusammenhang dieser „Beggiatoenkeime" (germes de *Beggiatoa*), wie er sie vorläufig nennen will, mit *Beggiatoa mirabilis* annehmen. Endlich hat ENGLER[3]) als *Monas Mülleri* Warm. einen Organismus beschrieben, den er für denselben wie die oben von COHN und WARMING untersuchten hält. Eingangs wurde bereits erwähnt, daß hier eine Namenverwechselung vorliegt; nach den WARMINGschen und meinen Ausführungen ist dies offensichtlich. Der ENGLERsche Organismus stimmt in seinen Formen — seine Abbildungen sind denen COHNs außerordentlich ähnlich — mit den „Beggiatoenkeimen" überein, abweichend ist sein Vorkommen und die Bewegung. Er steigt nämlich „in den Gefäßen immer an die Oberfläche". „Immer bewegen sich diese Zellen wie *Beggiatoa* um ihre Längsachse, doch ist diese rotierende Bewegung eine viel raschere." Danach scheint es, als ob dieser ENGLERsche Organismus doch nicht derselbe ist wie die von COHN und WARMING beschriebenen, er dürfte vielmehr nach Auftreten und Bewegung als *Thiovulum majus* bzw., da er wesentlich größer als dieses ist, als *Thiovulum maximum* bezeichnet werden müssen. ENGLER lehnt einen Zusammenhang dieser Organismen mit *Beggiatoa* ab, „da die

---

1) l. c.
2) l. c.
3) l. c.

Tochterzellen sich immer isolieren und unter der großen Menge
von einzelligen und zweizelligen zur Trennung der Zellen schreiten-
den Pflänzchen nie drei- oder mehrzellige gefunden wurden".

Ich habe bereits früher[1]) einen Vergleich des COHNschen
Organismus mit *Thiophysa volutans* Hinze gezogen und es zweifelhaft gelassen, ob sie identisch sind. Die WARMINGsche Beschreibung war mir damals nicht zugänglich, deshalb sei hier nochmals
hervorgehoben, daß die beiden Organismen COHNs und WARMINGs
im Habitus der Zellen und in der Bewegung mit *Thiophysa* übereinstimmen. Dagegen enthält diese den Schwefel stets nur im Wandbelag und ist nicht plasmolysierbar. Vor der Teilung ferner streckt
sich *Thiophysa* nicht so in die Länge wie jene „Beggiatoenkeime",
aus der Teilung gehen bei *Thiophysa* Kalotten hervor, bei den
„Beggiatoenkeimen" Kugeln. Und endlich differieren sie in der
Größe: Maximum von *Thiophysa* 18 μ, Minimum der „Beggiatoenkeime" 20 μ. Ich habe leider diese „Beggiatoenkeime" nicht zu
Gesicht bekommen, sie auch in Kiel nicht auffinden können. Eine
eingehendere Untersuchung würde erst völlige Klarheit in ihre
systematische Einreihung bringen; zweifellos aber stehen sie der
Thiophysa recht nahe. Soviel dürfte indes schon jetzt mit Sicherheit behauptet werden können, daß die von COHN und WARMING
vermuteten Beziehungen dieser Organismen zu *Beggiatoa* aus den
schon von ENGLER angegebenen Gründen nicht bestehen.

Bei oberflächlichem Vergleich scheint auch eine große Ähnlichkeit zwischen *Thiophysa* und *Thiovulum* vorhanden zu sein.
Jedoch sind die Abweichungen in der Beschaffenheit der Zellwand,
dem Auftreten der grünlichen Gebilde, der Bewegung und Begeißelung so bedeutend, daß es untunlich ist, beide zu einer Gattung zu vereinigen.

Die systematische Stellung des *Achromatium oxaliferum* Schewiakoff[2]), das oben bei *Monas Mülleri* erwähnt wurde, scheint jetzt
durch VIRIEUX[3]) und MOLISCH[4]) aufgeklärt zu sein. MOLISCH
sagt: „*Achromatium oxaliferum* Schewiakoff ist gleichfalls ein
Schwefelorganismus und auf den ersten Blick von *Achromatium
Mülleri* zu unterscheiden"; er stellt eine ausführlichere Arbeit
darüber in Aussicht. VIRIEUX beschreibt zwei Arten von Zell-

---

1) l. c. *Thiophysa*, S 315.

2) SCHEWIAKOFF, Über einen neuen bakterienähnlichen Organismus des
Süßwassers. Habilitationsschrift, Heidelberg 1893.

3) VIRIEUX, Sur l'*Achromatium oxaliferum* Schew. Comptes rendus,
t. 154, p. 716. 1912.

4) l. c.

einschlüssen, von denen die „globules" eine Kalziumverbindung, die „corpuscules" Schwefeltropfen seien; er ist geneigt, es in die Nähe von *Chromatium* und *Thiophysa* zu stellen.

Damit ist die Zahl der genauer untersuchten ovalen größeren Schwefelbakterien um ein weiteres vermehrt worden, und es dürfte nun an der Zeit sein, das System dieser farblosen Schwefelbakterien (im Sinne WINOGRADSKYs)[1]) eingehender zu gliedern, als es bisher geschehen ist; ich gedenke, demnächst darauf zurückzukommen.

Erklärung der Tafel IX.

Fig. 1. *Monas Mülleri* Warm. Verschiedene Formen der Zellen mit Schwefeltropfen am vorderen Pol, z. T. in Teilung begriffen. Die Pfeile geben die Richtung der Bewegung an. Vergr. 950.

Fig. 2. *Monas Mülleri* Warm. Verschiedene Formen der Zellen mit Schwefeltropfen am hinteren Pol. z. T. in Teilung begriffen. Die Pfeile geben die Richtung der Bewegung an. Vergr. 950.

Fig. 3. *Monas Mülleri* Warm. Optischer Schnitt durch in Teilung begriffene schwefelführende Zellen; bei a Beginn der Teilung, bei b fortgeschrittene Teilung. Vergr. 950.

Fig. 4. *Monas Mülleri* Warm. In Teilung begriffene Zelle mit vielen mattgrünlich aussehenden Einschlüssen und einigen Schwefeltropfen. Vergr. 950.

Fig. 5. *Monas Mülleri* Warm. Zelle mit Geißelstümpfen Fix: LANGsche Mischung, Färb.: Methylviolett. Vergr. 950.

Fig. 6. *Monas Mülleri* Warm. Beginn der Kristallisation des Schwefels auf einer mit Osmiumsäuredämpfen fixierten, seit 10 Tagen in Wasser liegenden Zelle. Vergr. 950.

Fig. 7. *Monas Mülleri* Warm. Beginn der Kernteilung. *Fig.* 7a Aufsicht auf eine Zelle, Fig. 7b dieselbe Zelle bei mittlerer Einstellung. Fix.: Jodjodkali, Färb.: Hämalaun; Glyzerin Vergr. 1200.

Fig. 8. *Monas Mülleri* Warm. Aufsicht auf eine Zelle. Der Nukleolus ist in drei ungleich große Stücke zerfallen. Fix.: Jodjodkali, Färb.: Hämalaun; Glyzerin. Vergr. 1200.

Fig. 9. *Monas Mülleri* Warm. Aufsicht auf eine in Teilung stehende Zelle, in der sich der Kern bereits geteilt hat. Fix.: Jodjodkali, Färb.: Hämalaun; Glyzerin. Vergr. 1200.

Fig. 10. *Monas Mülleri* Warm. Optischer Schnitt durch eine Zelle. Zellkern, „Chromatin", Schwefeltropfen. Fix.: Jodjodkali, Färb.: Hämalaun; Glyzerin. Vergr. 1200.

---

1) WINOGRADSKY, Über Schwefelbakterien. Botanische Zeitung, 45. Jahrgang, 1887.

Fig. 11. Wie Fig. 10.

Fig. 12. *Monas Mülleri* Warm, Dieselbe Zelle, bei a in der Aufsicht, bei b im optischen Schnitt. Zellkern, „Chromatin". Fix.: Jodjodkali, Färb.: DELA-FIELDsches Hämatoxylin; Canadabalsam. Vergr. 1200.

Fig. 13. *Thiovulum majus* Hinze. Zellen verschiedener Größe mit Schwefeltropfen und je einem grünlichen Gebilde in der Aufsicht. Vergr. 950.

Fig. 14. *Thiovulum majus* Hinze. Zellen im optischen Schnitt mit Protoplasmasträngen, Schwefeltropfen und zwei grünlichen. Gebilden. Vergr. 1200.

Fig. 15. *Thiovulum majus* Hinze. Zellen in verschiedenen Stadien der Teilung· Vergr. 950.

Fig. 16. *Thiovulum majus* Hinze. Zelle bei Beginn der Teilung im optischen Schnitt. Vergr. 1200.

Fig. 17. *Thiovulum minus* Hinze in Teilung. Vergr. 950.

Fig. 18. *Thiovulum majus* Hinze. Zellen in der Aufsicht, bei a in Teilung, mit grünlichen Gebilden, die sich mit DELAFIELDschem Hämatoxylin intensiv gefärbt haben. Fix.: Jodjodkali; Canadabalsam. Vergr. 950.

Fig. 19. *Thiovulum majus* Hinze. In die Umrisse der mit Jodjodkali fixierten und in Canadabalsam eingeschlossenen Zelle sind alle mit DELAFIELD-schem Hämatoxylin intensiv gefärbten Einschlüsse eingetragen. Vergr. 950.

Fig. 20. *Thiovulum majus* Hinze. Sich teilende Zelle im optischen Schnitt. Sonst wie Fig. 18.

Fig. 21. *Thiovulum majus* Hinze. Zelle mit peritricher Begeißelung. Präp.: Starke FLEMMINGsche Lösung, Seewasser, FISCHERsche Beize, konz. Fuchsin in Wasser. Vergr. 950.

Fig. 22. *Thiovulum majus* Hinze. Optischer Schnitt durch eine entschwefelte Zelle, aus der nach Fixierung mit Jodjodkali durch 3 Minuten lange Behandlung mit 1 proz. Salzsäure die grünlichen Gebilde herausgelöst sind. Mit verd. Hämalaun hat sich das „Chromatin" gefärbt. Canadabalsam. Vergr. 1200.

Fig. 23. *Thiovulum majus* Hinze. Optischer Schnitt durch eine sich teilende Zelle. Präp.: Jodjodkali, 1 proz. Salzsäure 4 Min., DELAFIELDsches Hämatoxylin, Canadabalsam. „Chromatin". Vergr. 1200.

29. A. M. Löwschin: „Myelinformen" und Chondriosomen.

(Eingegangen am 16. April 1913.)

Unter dem Namen „Myelinformen" versteht man bekanntlich von VIRCHOW beschriebene und später von QUINCKE und andern eingehend studierte Emulsionsformen, welche sich bei Einwirkung von emulgierenden Stoffen auf die Fettsäuren usw. bilden[1].

Als ich zufällig Bildung von Myelinformen aus dem Lecithin in einem mikroskopischen Präparat beobachtete, fiel es mir auf, daß sie ganz den Chondriosomen ähnlich waren.

Das regte mich an, weitere Beobachtungen und Untersuchungen in dieser Richtung zu unternehmen.

Ich benutzte das käufliche Lecithin (Lécithine pure de l'oeuf 98/99 Procédé Poulenc Frères) und stellte daraus Myelinformen her, welche ich in Wasser, in verschiedenen Salz- und Albuminlösungen unter den Bedingungen, die zur Bildung des Lecithalbumins führten[2], untersuchte.

Ich konnte folgende Tatsache konstatieren[3]:

1. Es bilden sich die Körner, Stäbchen, bisquitförmige Figuren („Diplosomen"), „Hanteln", Fäden, körnige Fäden, spermatozoid- und rosenkranzförmige Gebilde usw.

Man erhält also absolut alle für die Chondriosomen charakteristischen Formen.

2. In bezug auf die Größe wechseln die Myelinformen sehr bedeutend: man erhält einerseits Formen, welche schon mit Objektiv 3 von LEITZ sichtbar sind, andererseits Formen, die man nur mit Ölimmersionssystem beobachten kann.

3. Ihre Größe hängt ceteris paribus von der Menge der benutzten Stoffe, der Feinheit ihrer Verteilung und den physikalisch-chemischen Eigenschaften des umgebenden Mediums ab.

---

1) Vgl. QUINCKE, Ann. Phys. u. Ch. N. F. Bd. 53 (1894); auch FREUND-LICH „Kapillarchemie", 1909, 473.

2) Vgl. O. HIESTAND, „Historische Entwicklung unserer Kenntnisse über die Phosphatide", Zürich 1906, 70 ff., 162 ff.

3) In bezug auf die Myelinformen und ihr Verhalten stellen diese Tatsachen nichts Neues vor.

4. Die Gestalt der Myelinformen hängt auch von ihrer Zusammensetzung, Variation der Oberflächenspannung, physikalisch-chemischen Eigenschaften des umgebenden Mediums und seinem Ruhe- oder Bewegungszustand ab. Die langen Fäden, Spermatozoidformen und dergleichen bilden sich, wenn in der umgebenden Flüssigkeit Ströme existieren; die Ursache dieser Ströme mag verschieden sein.

5. Die Struktur der Myelinformen ist ganz der der Chondriosomen ähnlich. Man beobachtet einerseits homogene Formen, andererseits Gebilde von feinerer Struktur. Im letzteren Fall unterscheidet man äußere Membran und inneren Teil, der manchmal aus einigen Teilkörnern oder Kammern zusammengesetzt ist [1]), manchmal aber einen geschichteten Bau zeigt.

Die äußere Membran mag flüssig oder fest sein.

Die feste Membran platzt häufig und sitzt dann dem heraustretenden quellenden inneren Teil als eine „Calotte" an [2]).

Oftmals beobachtet man, daß die Myelinformen Längsspaltungsvorgänge aufweisen, welche ganz den von LEWITSKY [3]) für die Chondriosomen beschriebenen ähnlich sind.

6. Die Myelinformen entstehen, „entwickeln sich" und gehen zugrunde.

Das letztere geschieht auf verschiedene Weise. Das steht im Zusammenhang mit ihrer Zusammensetzung, Struktur und den physikalisch-chemischen Eigenschaften des umgebenden Mediums. Bald quellen sie und zerfließen endlich, bald zeigen sie kompliziertere Vorgänge, wie z. B.: aus homogenen Fäden („Chondriokonten") entstehen körnige Fäden („Chondriomiten"), die letzteren zerfallen in einzelne Körner („Mitochondrien"). Die Spermatozoidformen zerfallen auch in Granulationen.

Die einzelnen Körner haben umgekehrt die Tendenz, sich in kleinen Ketten anzusammeln („Fadenkörner = Mitochondrien").

7. Man kann Bildung von „Diplosomen" und ihre Zerteilung in zwei Körner direkt beobachten.

---

1) Vgl. auch GUILLIERMONDs Abbildungen (Arch. d'anat. microsc. T. XIV, Pl. XIII, Fig. 12, 17 und andere). Sehr bemerkenswert ist es, daß diese Formen mit Jod-Jodkaliumlösungen die Farbreaktionen geben, welche GUILLIERMOND als charakteristisch für transitorische Stärke beschrieben hat (l. c. p. 337 ff. und Tafeln).

2) Vgl. FAURÉ-FREMIET (Arch. d'anat. microsc. T. XI, 1909—1910). p. 529 ff., Fig XXXV und Pl. XIX, Fig. 2.

3) Ber. Deut. Bot. Ges. 1911, Bd. XXIX.

Dabei entstehen Teilungsbilder, welche ganz den von einigen Autoren für die Mitochondrien beschriebenen ähnlich sind.

8. Die Myelinformen sind gegen Wirkung der chemischen Agentien sehr empfindlich. Behandelt man dieselben unvorsichtig, z. B. mit nicht genug verdünnter Lösung von kohlensaurem Kali, so zerfallen sie in Granulationen, wie die Chondriosomen[1]).

9. Die Myelinformen haben Gleichgewichtszustände, die durch quantitative Verhältnisse der das System zusammensetzenden Stoffe wohl definiert werden.

In dicht verschlossenen Tropfen werden einige Formen dauerhaft erhalten (oder sich sehr langsam verändernd). Fügt man aber dazu etwas Alkali oder reines Wasser, so erwachen sie zur neuen Tätigkeit.

10. Die Myelinformen werden durch Formol, Osmiumsäure und Chromsäure fixiert.

Fixiert man sie jedoch einfach in wäßrigen Tropfen, so erhält man eine netz- oder wabenartige Masse; nur selten bleiben die einzelnen Formen hier und da intakt[2]).

11. Die Essigsäure desorganisiert die Myelinformen.

Man sieht also, daß die Myelinformen alle charakteristischen Chondriosomenmerkmale haben.

Trotzdem bin ich mir wohl bewußt, daß die einfache Analogie keinen großen Wert hat. Man erinnere sich an die LEHMANNschen flüssigen Kristalle, die von GAD, QUINCKE, BÜTSCHLI beschriebenen Ölamöben, auch an die RHUMBLERschen Chloroform-, BERN-STEINschen Quecksilberamöben, endlich an die LEDUCschen künstlichen Zellen, die BUTLER-BURKEschen Radioben usw.

Weit entfernt, bloß auf Grund meiner oben dargelegten Beobachtungen zu behaupten, daß die Chondriosomen nichts anderes als Myelinformen seien, gestatte ich mir, doch in dieser Abhandlung die Fachgenossen darauf aufmerksam zu machen, daß zwischen den Chondriosomen und Myelinformen oftmals weitgehende Analogien existieren.

Über die Form- und Strukturanalogien habe ich genug gesagt. Die Ähnlichkeit ist hier so groß, daß ich glaube, daß die äußere Gestalt und innere Struktur der Chondriosomen als Kriterium zur Unterscheidung derselben von den Myelinformen nicht benutzt werden kann.

---

1) Vgl. DUESBERG, Ergebn. d. Anat. u. Entw.-Gesch., Bd. XX, 1912, 608.

2) Es fragt sich, ob die von MISLAWSKY beobachteten und von HOVEN bestrittenen Bilder nicht mit ähnlichen Verhältnissen im Zusammenhang stehen? (Vgl. HOVEN, Arch. f. Zellforsch., Bd. VIII, 1912, 602.)

Die chemische Zusammensetzung der Chondriosomen untersuchten REGAUD, MAWAS, POLICARD, FAURÉ-FREMIET, MAYER
und SCHAEFFER. „Ihre Schlüsse sind die gleichen: Die Plastosomen[1]) sind aus zwei Substanzen gebildet, einer albuminoiden oder protoplasmatischen Grundlage, gebunden
(durch Kombination oder Adsorption) mit einer lipoiden
Substanz[2]).“

Dadurch werden die mikrochemischen Verhältnisse der Chondriosomen bestimmt.

„Der gleiche Autor“ (FAURÉ-FREMIET) — sagt weiter DUES-
BERG — „hat unter Mitarbeiterschaft von MAYER und SCHAEFFER
Untersuchungen in vitro unternommen. Sie konnten so konstatieren, daß die zur Konservierung der Plastosomen gewöhnlich benützten Fixierungsmittel (die auf Osmiumsäure, Chromsalzen oder
Formol basierten Flüssigkeiten) die Lipoide und im allgemeinen
die Fettkörper unlöslich machen in den fettlösenden Substanzen,
die im Verlauf der histologischen Manipulationen gebraucht werden
(Alkohol, Xylol usw.). Läßt man auf die so fixierten Körper die
Färbemethoden der Plastosomen einwirken, so konstatiert man, daß
sie sich ebenso wie die Plastosomen färben.“

„. . . nous avons montré d'autre part“ — sagt FAURÉ-FREMIET
selbst[3]) — „MAYER, SCHAEFFER et moi, que toutes les méthodes
specifiques pour les mitochondries colorent les acides gras et la
lécithine.“

„Les Chondriosomes des Protozoaires et des cellules mâles“ —
sagt er weiter — „présentent en un mot des réactions d'acides gras,
tandis que ceux de la cellule femelle présenteraient plutôt des
caractères d'ovolécithine. N'oublions pas que dans un cas comme
dans l'autre le corps gras supposé doit toujours être considéré
comme associé ä une substance albuminoïde[4]).“

„La meilleure manière d'interpréter chimiquement la nature
des mitochondries est donc de les considérer comme combinaisons
d'adsorption d'acides gras ou de phosphatides et d'albumine[5]).“

Man sieht also, daß hier schon die Analogie zwischen den Chondriosomen und meinen aus Lecithin in Albuminlösung dargestellten
Myelinformen sehr weit geht.

---

1) = Chondriosomen.
2) DUESBERG l. c., 609.
3) Arch. d'anat. microse, T. XI, p. 506.
4) l. c. 625.
5) l. c. 506.

„De toute manière" — sagt Fauré-Fremiet noch weiter —
„et quand bien même nous aurions quelque certitude sur la nature
chimique des mitochondries, il serait encore impossibl₃ de donner
de ces éléments une définition purement chimique; car les éléments
deutoplasmiques qui resultent de leur transformation et bien d'autres
inclusions cytoplasmiques peut-être, sont constitués par les mêmes
corps[1])."

Wenn also sich die Myelinformen aus Phosphatid-
proteinen im Innern der Zelle bilden[2]), so kann man sie
von den Chondriosomen (und umgekehrt) nicht unterscheiden, da sie dieselbe Größe, Gestalt und Struktur
haben und durch dieselben Reagentien fixiert und durch
dieselben Färbemethoden, wie die Chondriosomen, gefärbt werden.

In der oben zitierten Abhandlung von Fauré-Fremiet findet
man einen interessanten Absatz: „Nous avons dit que leur (des
mitochondries) coloration vital par le kresylblau ou le violet dahlia
indique précisement une réaction plutôt acide. Lorsque les sphero-
plastes sont gonflés, au contraire le Brillantkresylblau donne une
réaction nettement alcaline pour l'intérieur, mais encore acide pour
la paroi[3])."

Vergleicht man die Arbeit von Quincke „Über freiwillige
Bildung von hohlen Blasen, Schäume und Myelinformen usw.", so
wird man überzeugt, daß die einzelnen Teile der Myelinformen
dieselben chemischen Verhältnisse, wie die von Fauré-Fremiet
an den Mitochondrien und Sphäroplasten beobachteten, zeigen[4]).

Fauré-Fremiet macht weiter darauf aufmerksam, daß sich
die Mitochondrien in Myelinformen sehr leicht verwandeln lassen[5]).
Aber er ist nicht geneigt dieser Tatsache einen Wert beizulegen:
„Quant au gonflement expérimental il semble difficile actuellement
d'en tirer quelque conclusion relative à la nature des mitochondries.

---

1) l. c. 625.

2) Aber sie bilden sich so oft, als sich die Phosphatide, Phosphatid-
proteine und Produkte ihrer Hydrolyse im Protoplasma in freiem Zustand
befinden.

3) l. c. 506.

4) Vgl. Quincke, Ann. Phys. u. Ch. N. F. Bd. 53, S. 601 ff., § 3—4
(S. 603) Taf. VIII, Fig. 8 (ohne Nicols).

5) Fauré-Fremiet, wie es scheint, unterscheidet die Gestalt der Chondriosomen von der der „Myelinformen". Ich halte sie demgegenüber für
identisch: die Chondriosomenform ist schon Myelinform.

Si l'on admet la présence d'acides gras dans ces granulations, il
est facile de faire d'inutiles hypothèses sur la formation de savons
en milieu alcalin, lesquels, plus ou moins solubles, feraient varier
la tension superficielle de ces éléments[1])."

Ich glaube demgegenüber, daß diese Tatsachen großen Wert
haben und eine ernsthafte Beachtung verdienen.

Sind die Mitochondrien bloße Myelinformen, so stellen ihre
Veranderungen bei Einwirkung von Wasser oder Alkalien ganz
natürliche und selbstverständliche Vorgänge vor.

Im vorstehenden habe ich eine Anzahl der Analogien zwischen
den Myelinformen und Chondriosomen angeführt.

Es ist kaum denkbar, daß sie bloß zufällig seien.

Was den Vorgang der mit der Kernteilung synchro-
nischen Chondriosomenteilung (FAURÉ-FREMIET, GIGLIO-
TOS), ebenso die sogenannte progressive Metamorphose
der Chondriosomen bei Entwicklung der verschiedenen
Zellstrukturen (Muskelfibrillen usw., „Schwanzmanschet-
ten" u. dgl. in den Spermatozoiden, Plastiden in den
Pflanzen) betrifft, woraus man postuliert, daß das Chon-
driom ein permanentes, kontinuierlich existierendes
(omne mitochondrium e mitochondrio) aktives Zellorgan
desselben Ranges, wie der Zellkern, sei, so ist es nicht
schwer zu sehen, daß sich alle diese Vorgänge auch vom
entgegengesetzten Gesichtspunkte aus ungezwungen erklären lassen; man kann sich Chondriosomen vorstellen
als bloße Emulsionsformen der myelinogenen Substanzen,
welche plastisches Material darstellen und sich ganz
passiv bei diesen merkwürdigen Entwicklungsprozessen
verhalten.

Ich bin um so mehr berechtigt, das zu glauben, als ich
nirgends die Formel „omne mitochondrium e mitochondrio" als
eine eindeutige bewiesen finde.

In dieser Hinsicht erinnere man sich des Hinweises von
RUSSO, der die Zunahme der Mitochondrien in den Kaninchen-
oocyten sah, nachdem er die Versuchstiere mit Lecithin injiziert
hatte[2]).

Sehr interessant sind auch die Beobachtungen von THULIN über
das Schicksal der Chondriosomen in den Muskeln der erwachsenen

1) l. c. 628.
2) Arch. f. Zellforsch., Bd. VIII, Heft 2.

Insekten vor und nach der Arbeit: im letzteren Fall wird ihre Zahl stark vermindert[1]).

Dasselbe beobachtet man auch in den sekretorischen Zellen nach der Sekretion.

Andererseits ist es eine wohl bekannte Tatsache, daß die myelinogenen Substanzen in Zellen sehr verbreitet sind und bei vielen Lebensprozessen eine hervorragende Rolle spielen.

Auf der sechsten Tagung der Deutschen Pathologischen Gesellschaft — gehalten in Kassel vom 21.—25. September 1903 — hat ALBRECHT die myelinogenen Stoffe so charakterisiert: „Weit entfernt, bloßes Brenn- und Reservematerial zu sein, sind diese Stoffe bei allen wesentlichen morphologisch beobachtbaren Lebensprozessen und in fast allen protoplasmatischen Bildungen so konstant anzutreffen, daß ihnen schon deswegen eine hervorragende Rolle bei ihrem Zustandekommen vindiziert werden muß. Wie ich bei verschiedenen Gelegenheiten zu zeigen versucht habe, sind sie außerdem für ein Verständnis physikalischer Vorgänge an und in Zellen so unentbehrlich, daß sie erfunden werden müßten, wenn sie nicht gefunden worden wären . . .[2])“

Schließlich ist zu bemerken, daß die Vorstellung über die Chondriosomen als Myelinformen eine große physiologische Tragweite hätte.

Kiew, Botanisches Institut der Universität den 16./29. März 1913.

---

1) Ich zitiere nach PRENANT (Journ. de l'anat. et de la physiol. XLVI Anné 1910 Nr. 3).
2) Verh. d. Deut. Path. Ges. Jena 1904, 95.

30. C. Wehmer: Selbstvergiftung in Penicillium-Kulturen als Folge der Stickstoff-Ernährung.

(Mit 8 Abb. im Text.)

(Eingegangen am 17. April 1918.)

———

Ein instruktives Beispiel für die Tatsache, daß ein Micro-
organismus durch eigne Tätigkeit seinen Nährboden nicht nur unbrauchbar machen, sondern selbst in solchem Grade verändern
kann, daß er auf demselben alsbald abstirbt, lernte ich kürzlich
in einem *Penicillium* kennen, das ich zunächst mit Rücksicht auf
bestimmte andere Punkte (Pigmentbildung)[1]) in Kultur verfolgte.
Bietet man diesem Pilz — es handelt sich um eine gewöhnliche
grüne Schimmelform vom Typus des alten „*Penicillium glaucum*"
— neben Zucker schwefelsaures Ammoniak als Stickstoff-
Quelle, so zeigen seine Kulturen nach kaum einer Woche bereits
ein fremdartiges Bild. Sie bleiben auf halbem Wege ihrer Entwicklung stehen, anstatt vollständiger grüner Schimmeldecken erhält man nur isolierte charakteristisch verkrümmte sterile Polster von
heller grauweißer oder gelblicher Farbe, bis über 1 cm im Dm.,
deren Unterseite sich gleich der Nährlösung allmählich schmutzig
braun verfärbt. Nach einigen Wochen ist die Nährlösung in dicker
Schicht tiefbraun geworden, die in deutlichem Absterben begriffenen verfärbten Mycelpolster sinken teilweise zu Boden.[2]) Das
ganze Bild deutet auf die Wirkung einer durch die Tätigkeit des
Pilzes selbst entstehenden schädlichen Substanz.

Allein Ammonsulfat als Stickstoff-Quelle hat hier diese
eigenartige Wirkung. Ersetzt man es durch Kaliumnitrat, Ammonnitrat, Ammonchlorid, -Malat, -Citrat, -Tartrat u. a.,
Asparagin, Pepton, so erhält man innerhalb 1—2 Wochen (20 [°])
stets normale Kulturen mit voller grüner, reichlich conidienbilden-
der Schimmeldecke. Die Erscheinung des Kümmerns und Absterbens nach anfänglich guter vegetativer Entwicklung muß
also Folge der Verarbeitung gerade jenes Salzes sein.

————

1) Über Variabilität und Speciesbestimmung bei *Penicillium*
(Mycologisches Centralblatt 1913, 2. 195).

2) Auf die blasigen Anschwellungen der Hyphen unter der Säurewirkung komme ich bei anderer Gelegenheit zurück.

Bei genauerem Verfolg der Nährlösung läßt sich leicht feststellen, daß in dieser sich eine freie Säure in größerer Menge
ansammelt, die Acidität wächst rasch; die ursprüngliche Nährlösung verändert Congorot nicht, sobald der Pilz ca. 1 Woche
darauf gewachsen ist, färbt ein Tropfen derselben Congopapier
intensiv blau. Solche freie Säure erscheint auch in Kulturen
des gleichen Pilzes mit Salmiak oder Ammonnitrat, nicht dagegen bei Verwendung von Kaliumnitrat als Stickstoff-Quelle,

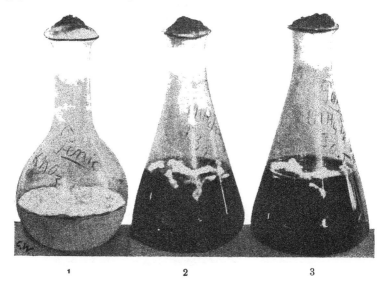

1   2   3

Abb. 1.
Gleichaltrige Kulturen von *Penicillium variabile* auf Rohrzuckernähr-
lösung mit Salpeter (1) und Ammonsulfat (2, 3) als Stickstoffquelle.
Gleichmäßige Deckenbildung auf Salpeter-N., in der Entwicklung gehemmte
verkrümmte, teils abgestorbene untersinkende Polster auf der dunkel gefärbten
Ammonsulfat-N.
(Photogr. auf ca. $^3/_4$ verkl.)

•

wo rotes Congo dauernd unverändert bleibt. Nach Lage der Sache
kann es sich hier nur um die durch Assimilation des Ammoniaks
notwendig disponibel werdenden Mineralsäuren handeln, in unserem
Falle also um freie Schwefelsäure. Gegenüber der bei Verwendung von Ammonnitrat mehrfach erscheinenden freien Salpetersäure — die nachweislich später wieder verschwindet — kann die
Schwefelsäure naturgemäß bei weitem nicht in demselben Umfange
verarbeitet werden, sie häuft sich gleich der (hier harmlosen)

Salzsäure in erheblichem Maße an. Immerhin kann ihre Konzentration in der Nährlösung nur Bruchteil eines Prozents sein, so
daß sie als solche etwas schwer zu fassen ist; qualitative Reaktionen (mit Chlorbarium usw.) geben natürlich auch Sulfate. In
den Ammoniaksalzen der genannten organischen Säuren werden
beide Salzbestandteile konsumiert, ebensowenig sammelt sich bei
Verwendung von Asparagin oder Pepton als Stickstoffquelle Säure
in besonderer Menge an.

Durch Titrieren stellt man in alten Versuchen auf Ammonsulfat-Nährlösung einen Gehalt an freier Säure von gegen 0,2 pCt.

2   3
Abb 2.

Gleichaltrige Kulturen auf Rohrzuckernährlösung mit Ammon-
nitrat (1) und Ammonsulfat (2, 3) als Stickstoffquelle. In 1 normale
Deckenbildung, in 2 und 3 die gleiche Erscheinung wie in Abb. 1 oben.
(Photogr auf ca. $^1/_2$ verkl.)

fest (5 cc verlangen ca. 2—3 cc $^1/_{10}$ N. N. bei Congo, 3,8—4,0 cc
$^1/_{10}$ N. N. bei Phenolphtalein als Indicator), die sterilen Mycelpolster solcher Versuche sind gleich der Flüssigkeit braun verfärbt, teilweise untergesunken. Titriert man ca. 4 Wochen früher,
wo die Verfärbung in der ca. 1—2 Wochen alten Kultur erst begonnen hat, so erhält man bemerkenswerterweise ungefähr ganz
dieselben Zahlen, das heißt also, nennenswerte weitere Säurezu-
nahme findet nicht statt, die Vegetation stagniert bereits. Tatsächlich ändert sich der Entwicklungszustand auch weiterhin nicht
mehr, es kommt nie zur vollen Deckenbildung. Bei Phenolphtalein

als Indicator[1]) verbraucht man (bis zum Alkalischwerden) entsprechend mehr an Lauge; hier wurden z. B. erhalten:

Nährlösung	Verbrauchte $^1/_{10}$ N.-N.-Lauge
(ca. 7 Wochen alte Kultur)	
1. Kultur . . 5 cc	3,8 cc
2. „ . . 5 „	3,9 „
(3 Wochen alte Kultur)	
1. Kultur . . 5 cc	3,8 „
2. „ . . 5 „	4,0 „

Gleichalte Kulturen auf Nährlösung mit NH_4NO_3 oder KNO_3 reagierten mit Congo oder Methylorange überhaupt nicht, verlangen auf Grund ihres Gehaltes an absättigbaren Salzen aber einen gewissen Laugenverbrauch. Es ist von Interesse, daß dieser gerade bei der alten KNO_3-Nährlösung ein außerordentlich hoher sein kann:

Nährlösung	Verbrauchte $^1/_{10}$ N.-N.-Lauge (Phenolphtalein)
mit KNO_3 als N-Quelle	
5 cc	10,6 cc; 9,2 cc
5 „	11,4 „ ; 10,2 „
mit NH_4NO_3 als N-Quelle	
5 cc	1,4 cc
5 „	1,4 „

---

1) Phenolphtalein als Indicator hat den Vorteil, daß wenigstens das Auftreten der roten Färbung ziemlich genau und gut zu bestimmen ist (Alkalischwerden), mit ihm ist aber gleich wie mit Lackmus nur die Summe von Säure plus alkalibindenden Salzen bez. Substanzen zu bestimmen, was für Vergleichszwecke von Wert sein kann. Über Vorhandensein freier Säure gibt es keine Auskunft, diese ist in solchen Gemengen überhaupt nur annähernd bestimmbar, da die Farbenumschläge von Congo (blau in rot bez. rot in blau = Farbe der freien Congosäure), Methylorange (gelb in rot) u. a. kaum genügend scharf sind, selbst wo diese Substanzen noch Bruchteile von Prozenten anzeigen. Subjektives Ermessen spielt also mit. Dem Congorot gebe ich auf Grund einiger bezüglicher Versuche (s. Chem.-Ztg. 1913, Nr. 4, S. 37) hier den Vorzug, wenn auch in gewissen Fällen das von RITTER (l. c. s. unten) benutzte Methylorange ganz brauchbar sein mag. Auch bei Congo geht die Farbe aus blau über grauviolett in rot über, was die Genauigkeit der Zahlen beeinträchtigt; diese schwanken also etwas. Alle Titrierungen fanden nach Erwärmen auf den Siedepunkt statt, Absättigen der freien Säure sehe ich bei Violettwerden des Congo. — Als Indicator ist Congorot verhältnismäßig wenig bekannt (cf. E. KÜSTER, Kultur der Mikroorganismen, 2. Aufl. 1913, S. 83).

Die vom Pilz verbrauchte Nährlösung mit Salpeter war also (mit Phenolphtalein titriert) ungefähr dreimal so „sauer" als die mit Ammonsulfat, trotzdem diese freie Schwefelsäure, jene aber überhaupt keine Säure in freiem Zustande enthält. Offenbar kommt in jener (neben dem Monokaliumphosphat) saures Kaliumsalz einer organischen Säure in Frage, entstanden aus dem Salpeter nach Konsum oder Zersetzung seiner Säure; die ursprüngliche Nährlösung (vor Pilzaussaat) verbrauchte nur rund 1 cc $^1/_{10}$ N. N. In einem der obigen Versuche (50 cc) berechnete sich der Totalgehalt an Schwefelsäure als Salz auf 0,2015 g (0,333 g Ammonsulfat); da rund 0,1 g an freier Säure vorhanden war, wurde also ungefähr die Hälfte des Ammonsalzes zersetzt.

Nur die Assimilation des Ammoniaks im Ammonsulfat liefert die schädigende Substanz. Die Erscheinung ist schon deshalb von Interesse, weil sie die große Empfindlichkeit dieses Pilzes gegenüber jener Säure dokumentiert, andere Species verhalten sich bekanntlich keineswegs stets ebenso. So hat z. B. *Aspergillus niger* ganz die gleiche Wirkung auf eben dieselbe Nährflüssigkeit mit Ammonsulfat, er säuert sie unter intensiver Bläuung von Congo alsbald an, wird dadurch aber — wie ich nochmals durch Parallelversuche feststellte — nicht nennenswert in seiner Entwicklung (abgesehen von spärlicherer Konidienbildung) beeinflußt, sondern bildet üppige vollständige Decken ohne jede Absterbeerscheinung. Unter solchen Bedingungen wird durch den wachsenden Pilz, wie ich früher zeigte, keine Oxalsäure — an die man zunächst denken könnte — erzeugt.

An sich geringfügige Einzelheiten in der Nährlösungszusammensetzung müssen auf den Vorgang natürlich von Bedeutung sein, schon das gegenseitige Mengenverhältnis der Bestandteile kann Einfluß haben. Eine klare Sachlage ergibt sich bei Darbietung nur der notwendigsten Stoffe:

1. Stickstoff-Verbindung (KNO_3 oder $(NH_4)_2SO_4$, NH_4Cl, NH_4NO_3, Asparagin usw.) . . . . 1 Teil
2. Kaliumphosphat (KH_2PO_4) . . . . 0,5 „
3. Magnesiumsulfat ($MgSO_4$, 7 H_2O) . . . . . . 0,25 „

Auf 100 cc Nährlösung wurden bei 3—10 pCt. Rohrzucker meist rund 0,7 pCt. dieses Nährsalzgemisches gegeben. Nach Sterilisieren unter Wattepfropf Impfung mittelst Platinöse. Wachstumstemperatur 20 Grad.

Diese Lösung rötet blaues Lakmus, ist aber auf Congorot ohne Wirkung. Freie Säure kann sich in ihr unter Wirkung eines (nicht organische Säuren erzeugenden) Pilzes nur bei Konsum bestimmter Stickstoff-Verbindungen ansammeln.

Solches Verhalten einer Pilzart wird man innerhalb einer

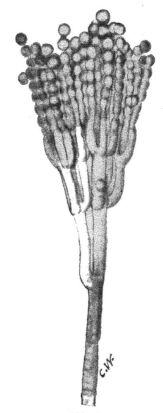

Abb. 3.

Oonidienträ'ger, von einer Decke auf Zuckerlösung in Wasser präpariert. Vergr. ca. 1000. (Photographie mit geringfügigen Handkorrekturen des Abzuges.)

schwierigen Gruppe, wie es die Penicillien sind, voraussichtlich zu ihrer Charakterisierung und Unterscheidung mit verwenden können, meine bisherigen Versuche sind bislang alle gleichsinnig ausgefallen. Vorliegende Species habe ich nach ihren morphologischen Merkmalen (Fig. 3) ohne nennenswerten Erfolg mit den bereits be-

schriebenen verglichen, in der Erzeugung eines eigenartigen gelb-
roten Pigments — das durch eine Spur Alkali entfärbt, durch
Ansäuern aber regeneriert wird — besitzt sie aber ein weiteres
physiologisches Kennzeichen[1]). Es ist derselbe Pilz, dessen Coremien-
bildungsbedingungen kürzlich von MUNK[2]) näher verfolgt sind,
anscheinend ist er sehr verbreitet, so fand ich z. B. große Flächen
einer Zimmertapete mit seinen grünen Anflügen bedeckt; auf Grund
der veränderlichen Farbe seiner Deckenunterseite ist er vorläufig
als *Penicillium variabile* bezeichnet.

		Ver- suchs- Nr.	1. KNO_3 als N-Quelle		2. $(NH_4)_2SO_4$ als N-Quelle	
			Pilzvegetation	Nähr- lösung	Pilzvegetation	Nähr- lösung
Penicilli- um variabile	nach 7 Tagen	1 2 3 4 5	grüne weiß umrandete Polster	farblos neutral[3])	gelbliche verkrümmte Polster	gelb sauer[3])
	14 Tagen	1 2 3 4 5	volle grüne Decken	farblos neutral	wie vorher gelbliche Polster ohne merklichen Fortschritt	hellbraun sauer
	30 Tagen	1 2 3 4 5	volle Decken mit üppiger Konidien- bildung	gelblich neutral	gelbl. Polster mit brauner Unterseite, z. T. untersinkend und abgestorben	braun sauer
Asper- gillus niger	nach 7 Tagen	1 2	volle braun- schwarze Decke	farblos neutral	weiße volle üppige Decke (Konidien spär- lich)	farblos sauer
	30 Tagen	1 2	ebenso	gelblich neutral	ebenso (üppig und gesund) Konidien spärlich	farblos sauer

Bemerkenswert im vorliegenden Falle scheint mir nicht bloß
die Empfindlichkeit dieses *Penicillium* speziell gegen Schwefelsäure

---

1) Diese Merkmale des Pilzes habe ich schon an anderer Stelle beschrieben (Mycolog. Centralbl. 1913, 2., 197—198); die damals verunglückte
Reproduktion eines stärker vergrößerten Konidienträgers gebe ich hier (Fig. 3.)

2) Bedingungen der Coremienbildung bei *Penicillium* (Mycolog.
Centralblatt 1912, 1., Heft 12, S. 387.

3) „sauer" heißt: enthält freie Säure (Bestimmung mit Congo), neutral:
ohne solche.

(Anion), mehr noch die Tatsache, daß es trotzdem zu einer reichlichen Ansammlung derselben kommt, der Pilz also seine Tätigkeit
ungestört bis zur Selbstvernichtung fortsetzt. Tatsächlich vegetiert
er nicht etwa in kümmerlicher Weise später noch weiter, sondern
es sinken — wie schon hervorgehoben — die sich braun verfärbenden[1]) vorher flott herangewachsenen Mycelpolster alsbald
unter die Flüssigkeitsoberfläche, der größere Teil liegt schon nach
ca. 8—10 Wochen abgestorben am Boden des Kolbens. (S Abb.
1 u. 2.) Dem Absterben geht vielfach starke Anschwellung der
Hyphenzellen voraus (Riesenzellenbildung).

Mit anderen Vorgängen, wo Stoffwechseltätigkeit oder enzymatische Wirkungen zu einer Selbstschädigung führen (Alkohol-,
Milchsäure-, Essiggärung u. a.) hat der Vorgang immerhin eine
gewisse Ähnlichkeit, bei diesen wird aber organisches Material abgebaut, gewöhnlich hemmt der Prozeß sich selbst alsbald; in
unserem Falle wird die als solche fertig vorhandene schädliche
Substanz durch Verarbeitung eines anorganischen Nährstoffs (Ammoniak) disponibel, sein Umsatz geht trotz wachsender Anhäufung
jener zunächst ungestört weiter, es wird so ein biochemischer
Prozeß von fundamentaler Bedeutung (Eiweißbildung) trotz sonst
normaler Bedingungen und bei gutem Nährmaterial — das sind
Ammoniaksalze im allgemeinen, neben Zucker, für diesen Pilz —
verhängnisvoll, weil das sich ergebende Nebenprodukt nicht durch
Neutralisation beseitigt werden kann. „Zweckmäßiger" wäre es
zweifelsohne, wenn der Pilz die Sulfatverarbeitung nicht in diesem
Umfange so intensiv durchführte, vielmehr in solchem Falle in bescheidenen Grenzen hielte, d. h. das entstehende Produkt den
Prozeß der Bildung beizeiten hemmte.

Neutralisation der frei werdenden Säure verhindert natürlich
die nachteilige Wirkung, bei Kalkgegenwart (Kreide) ist auch für
dies *Penicillium* Ammonsulfat ebenso gut wie andere Ammoniaksalze; also nur wo für Abstumpfung der Säure gesorgt ist, gedeiht
es auf Böden mit dieser Stickstoffquelle. Ob der Pilz bei gleichzeitiger Darbietung mehrerer Ammoniaksalze das „zweckmäßigere"
auswählt, steht noch dahin, sicher scheint es mir nicht.

---

1) Solche Braunfärbung von Pilz und Lösung findet man auf anderen
Nährflüssigkeiten nur in monatealten im Absterben begriffenen Kulturen;
hier ist die Lösung intensiv braun gefärbt (Ammonnitrat-Nährlösung), bei
obigen Versuchen tritt die dunkle Färbung nur in dickeren Schichten deutlich hervor.

Die Tatsache der Ansäuerung von Pilzkulturen bei Darbietung von Ammoniaksalzen anorganischer Säuren[1]) in ihrem Einfluß auf das Wachstum von Pilzen, ist erst in neuerer Zeit gebührend gewürdigt. Das Erntegewicht hängt von der Art der Säure und der wechselnden Empfindlichkeit der einzelnen Spezies gegen dieselbe ab, das ist entscheidend über den Nährwert der verschiedenen Ammoniaksalze[2]). Solche Bestimmungen liegen von BUTKEWITSCH, NIKITINSKI, CZAPEK und neuerdings besonders von BRENNER und RITTER vor[3]). In dem schlechten Wachstum meines *Penicilliums* auf der schwefelsauer werdenden Kulturflüssigkeit, das es mit manchen anderen Arten teilt, liegt also nach dieser Richtung prinzipiell nichts Neues. Es zeigt der vorliegende Fall aber, daß die Sache durchaus nicht so harmlos ist, nicht bloße Entwicklungshemmung durch die wachsende Acidität ist die Folge, sondern ein tatsächliches Absterben; die gleiche Annahme liegt dann für manche andere Fälle nahe, wo empfindliche Pilze auf Nährlösungen mit Ammonsulfat u. a. als Stickstoffquelle nur geringfügige Ernten gaben. Wenn in der Literatur auch von Schädigung und „Giftwirkung" der Säuren gesprochen wird, so ist das Maß derselben, soweit ich sehe, doch für keinen Fall durch

---

1) LAURENT (l. c.) verglich bei dem verschiedenartigen Erfolg mit Ammoniaksalzen und Nitraten das Ammoniak mit der Salpetersäure, daß aber der Konsum des Ammoniaks notwendig freie Säure schaffen muß, betonte ich bereits bei Verfolg der Oxalsäurebildung in *Aspergillus-niger*-Kulturen (Botan. Ztg. 1891, **49**, 338—339).

2) Vgl. z. B. JOST, Vorlesungen über Pflanzenphysiologie 2. Aufl., 1908, S. 208; W. BENECKE in LAFARs Handb. d. Techn. Mycologie. Bd. 1, 1907, S. 403

3) G. E. RITTER, Ammoniak und Nitrate als Stickstoffquelle für Schimmelpilze. Ber. d. D. Botan. Gesellschaft 1911, **29**, 570—577 1909, **27**, 582—588. — Derselbe, Die giftige und formative Wirkung der Säuren auf die Mucoraceen und ihre Beziehung zur Mucorhefebildung. Jahrb. Wissensch. Botan. 1913, 351—403. — W. BRENNER, Untersuchungen über die Stickstoffernährung des *Aspergillus niger* und deren Verwertung. Vorl. Mitt. Ber. Deutsch. Botan. Ges. 1911, **29**, 479—483. — E. LAURENT, Annal. Instit PASTEUR 1888, **2**, 593; 1889, **3**, 362: — BUTKEWITSCH, Jahrb. Wissensch. Botan. 1902, **38**, 212; Biochem. Zeitschr. 1901, **16**, 439. — NIKITINSKY, Jahrb. Wissensch. Botan. 1904, **40**, 12. — RACIBORSKI, Über die Assimilation der Stickstoffverbindungen durch Pilze, Bull Acad. Sc. Cracovie, Cl. Sc. Math. et Nat. 1900, 747; Flora 1896, **82**, 107. — COHN und CZAPEK, Beitr. z. Chem. Physiol u. Path. 1906, 8, 302. — Man vgl. auch unten sowie CZAPEK, Biochemie der Pflanzen II. 1905, S. 105.

besondere Prüfung des gewachsenen Mycels festgestellt. Mehrfach ist allerdings die schädliche Wirkung von Säuren auf die S p o r e n untersucht[1]), es ist auch von RITTER (l. c. 1909 S. 585) gezeigt, daß bei Salmiak als Stickstoffnahrung eine über die Sporenkeimungsgrenze hinausgehende Ansammlung von Salzsäure stattfinden kann. Im allgemeinen scheint man aber der Ansicht, daß die Acidität ein für den vegetativen Teil der Pilze noch erträgliches Maximum nicht überschreitet[2]), gegenteilige Angaben finde ich in der Literatur jedenfalls nicht, sehe auch den Fall nirgends erörtert.

Für jeden Einzelfall hängt die Wirkung natürlich von der Art der Säure wie der des Pilzes ab. Es gilt das aber in gleicher Weise für organische Säuren, soweit sie ausgesprochen pilzschädlich sind, also auch für die niederen Glieder der Fettsäurereihe (Ameisen-, Essig-, Butter-, Valerian-Säure u. a.), welche als direkte „Pilzgifte" die Mineralsäuren darin oft an Schädlichkeit übertreffen[3]).

Von anorganischen Säuren ist Phosphorsäure meist am harmlosesten, in Frage kommen da hauptsächlich HCl, HNO_3, besonders aber H_2SO_4, systematisch einander ganz nahe verwandte Pilze können sich aber völlig verschieden verhalten, Beispiel dafür sind *Aspergillus glaucus* und *A. niger*. Ersterer lieferte bei A m m o n s u l f a t als Stickstoffquelle (nach RITTER[4])) nur 14—18 mg Ernte,

---

1) So von CLARK, STEVENS, BEAUVERIE, BESSEY, KIESEL u. a., bei RITTER l. c. (1913) S. 358 zitiert.

2) Auf die Annahme einer R e g u l i e r u n g durch den wachsenden Pilz deutet auch eine Bemerkung RITTERS (l. c. 1913 S. 360, Anm.), derzufolge die Menge der freiwerdenden Säure desto größer ist, je „schwächer" (ungiftiger) die Säure und je widerstandsfähiger der Pilz ist. Das scheint für meinen Fall also nicht zuzutreffen.

3) Ihre Ammoniaksalze sind für viele Pilze wohl deshalb überhaupt keine oder doch sehr schlechte N-Quellen, in Bruchteilen von Prozenten wirken diese Säuren bereits vegetationshemmend. (Vgl. meine Angaben in Zeitschr. f. Spiritusind. 1901 Nr. 14—16 und Chem.-Ztg. 1901, 25, Nr. 5.) Keineswegs möchte ich mit CZAPEK ihre Unbrauchbarkeit mit dem geringen Dissociationsvermögen in Verbindung bringen. CZAPEK, U n t e r s u c h u n g e n ü b e r S t i c k s t o f f g e w i n n u n g u n d E i w e i ß b i l d u n g d e r S c h i m m e l p i l z e (Beitr. z. Chem. Phys. u. Path. 1912, 2, 581); auch Z u r K e n n t n i s d e r S t i c k s t o f f v e r s o r g u n g u n d E i w e i ß b i l d u n g b e i *Aspergillus niger* (Ber. D. Botan. Ges. 1901, 19, Generalvers.-H. I, [137]). Vgl. auch W. PFEFFER (Pflanzenphysiologie, 2. Aufl, Bd. 2, S. 851), wo sich die angegebene geringere Giftigkeit von Essig- und Propionsäure gegenüber der Salz-, Schwefel- und Salpetersäure aber wohl nicht speziell auf Pilze beziehen soll.

4) l. c. (1909) 586.

bei Ammonphosphat 270—272 mg, bei Ammonnitrat aber 340
bis 360 mg, ähnlich übrigens *Mucor racemosus*; dagegen erzeugt
A. niger, wie ich schon früher feststellte[1]) und auch von anderen[2])
Seiten bestätigt wurde, gerade auf Ammonsulfat und -chlorid
die höchsten Ernten[3]), wobei allerdings der Minderertrag auf
NH_4NO_3 durch Erhöhung der Wachstemperatur (Optimum) oder
Zusatz einer Spur von Eisensalzen fast ausgeglichen werden
konnte[4]). Bei diesem Pilz äußert sich der Einfluß der sich an-
sammelnden H_2SO_4 lediglich in Richtung einer spärlicheren Conidien-
bildung, die Decken neigen zum Sterilbleiben. Das ist die Wirkung
freier Säuren auf Pilze überhaupt.

Daß Phanerogamen sich aus gleichem Grunde gegen Dün-
gung mit Ammonsulfat usw. verschieden verhalten, liegt nur
nahe, bei Verarbeitung von Nitraten dagegen wird die Basis
durch Oxalsäure abgesättigt. Gelöste Oxalate können von Pilzen
unter Umständen zwar zu Carbonaten oxydiert werden[5]). —

Praktisch entgeht man derartigen Schwierigkeiten bei der
Kultur — wenn nicht natürliche Gemische wie Würze u. a. vor-
gezogen werden — natürlich am leichtesten durch Zugabe des
Stickstoffs in organischer Form, zumal als Amidokörper oder Pepton; daß aber auch bei Verwendung anorganischer Stickstoffverbindung der spezielle Ausgang noch von Menge und Art der überhaupt vorhandenen Salze abhängen muß, ist nur selbstverständlich.

---

1) Entstehung der Oxalsäure im Stoffwechsel einiger Pilze.
Botan. Ztg. 1891, **49**, 471, Tab. II, auch Note 5.

2) LAURENT, BUTKEWITSCH, NIKITINSKY, BRENNER l. c.

3) CZAPEK, welcher die Dissociationsverhältnisse betont, läßt Cl schädlicher wirken als SO_4, übrigens *A. niger* besser mit KNO_3 als mit $(NH_4)_2SO_4$
wachsen (l. c. 105) Salmiak als N-Quelle ergab ihm kein Wachstum, bei
Ammonsulfat war die Ernte dürftig (l. c. 1902, S. 581); das kann sicher nur
in irgendwelchen schwer aufklärbaren Zufälligkeiten seinen Grund haben.
Ebenso stellt BRENNER (l. c. S. 481) unter den NH_3-Salzen anorganischer
Säuren für *A. niger* Sulfat und Chlorid hinsichtlich der Brauchbarkeit
obenan. Für Cyanophyceen ist aber das Sulfat giftiger als das Chlorid,
zwischen beiden steht das Nitrat. BORESCH, Jahrb. f. Wissensch. Botanik
1913, 185.

4) Ber. D. Botan. Ges. 1891, **9**, Heft 6, 168 (Tabelle). — Bedeutung
von Eisenverbindungen für Pilze. (Beiträge z. Kenntnis einheim. Pilze
II, 1895, 166.)

5) l. c. Bot. Ztg. 1891, 327. — Zersetzung der Oxalsäure durch.
Licht- und Stoffwechselwirkung. (Ber. Botan. Ges. 1891, **9**, Heft 7,
218—220.)

Man wird deshalb auch schwer einen näheren Einblick in die inneren Umsatzmöglichkeiten und dementsprechende Wirkungsart von Nährlösungen gewinnen, die neben Ammoniumnitrat, -phosphat, -sulfat noch Kaliumcarbonat, Magnesiumcarbonat und überdies freie Weinsäure enthalten (RAULINsche Nährlösung) oder die das gegenseitige Mengenverhältnis der drei wesentlichen Salze in beliebiger Weise nach Gutdünken verschieben, beispielsweise auf 1 Teil der Stickstoffverbindung sogar 2 Teile Kaliumphosphat oder 1 Teil Magnesiumsulfat bieten usw. Die Frage der günstigsten Ernährungsbedingungen ist auch für Pilze nicht gleichgültig. Da der Stickstoff mit rund 15 pCt. an der Eiweißzusammensetzung teilnimmt, die meist nur wenige Prozent (3—5 pCt.)[1] ausmachende Asche zu mindestens $3/4$ aus Kaliumphosphat besteht, darf auch das Magnesiumsulfat in der Mineralsalzzusammensetzung stark zurücktreten, natürlich nicht minder Kaliumphosphat gegen das Stickstoffsalz. Kalksalze sind natürlich überflüssig[2]. Man kommt also zu einem Verhältnis etwa von 4 : 2 : 1, d. h. 1 Teil N-Verbindung auf 0,5 Teile K-Phosphat (KH_4PO_4) und 0,25 Magnesium· sulfat (krist.), wobei erstere zweckmäßig ihrem besonderen Stickstoffgehalt entsprechend geändert wird. Ob man von diesem Gemenge 1 pCt. oder selbst 1,75 pCt. (das entspräche also 1 pCt. der N-Verbindung) auf das Flüssigkeitsvolumen gibt, macht nicht viel aus, neuerdings bin ich bis auf 0,5—0,3 pCt. heruntergegangen, es ist das immer noch reichlich, da man ohne Schaden die Salzkonzentration von 1,75 pCt. auf $1/10$, d. h. auf 0,175 pCt. herabsetzen kann, das deckte bei Ammonnitrat noch den Stickstoffbedarf für Verarbeitung von 1,5 g Zucker durch *Aspergillus niger* zu ca. 200—300 mg Trockengewicht[3]); aus 5 g Dextrose wurde mit $1/10$ jener Salzkonzentration allerdings nur ungefähr die Hälfte der bei 1,75 pCt. erhaltenen Ernte erzielt, noch mehr herunter darf man also wohl kaum gehen. Die beste Auskunft gibt hier jedenfalls Analyse einer Pilzdecke.

Ähnliche Verhältnisse haben auch neuere Bearbeiter ein-

---

1) Nur auf phosphorsäurereicher Nährlösung fand ich bis 22 pCt. (l. c. Botan. Ztg. 1891).

2) Die Zwecklosigkeit eines Zusatzes von Kalkverbindungen für die untersuchten Pilze wies ich an der Hand zahlreicher Kulturen schon früher nach (l. c. 1891), ist seitdem auch wiederholt gezeigt.

3) l. c. Bot. Ztg. 1891. Mit Nachprüfung dieser Punkte bin ich beschäftigt.

gehalten, W. BRENNER[1]) verwendet bei 5 pCt. Zucker 0,5 pCt. der
N-Verbindung (genauer äquivalent 0,5 Salmiak), 0,25 Kaliumphosphat, 0,125 Magnesiumsulfat; G. RITTER[2]) 1 pCt. Ammonsulfat
(oder äquivalente Menge sonstiger N-Salze), 0,1 pCt. und 0,05 pCt.
der beiden anderen Salze. Für Bearbeitung dieser Fragen dürfte
sich vielleicht Einigung über eine ganz bestimmse Zusammensetzung der mineralischen Nährlösung als Grundlage empfehlen.

Gerade die Stickstoffverbindung macht hier aber
Schwierigkeiten, glatt 1 pCt. gleichmäßig von jeder ist für genaue
Vergleiche natürlich nicht zulässig, auch im molekularen Verhältnis angewandt, hat man etwas ungleiche Bedingungen, gibt
man aber lediglich gleiche Stickstoffmengen, so kommen
andere Einwände. 0,4 g Ammonsulfat (0,4 pCt.) hat denselben
N-Gehalt wie 0,242 g NH_4NO_3, 0,324 g NH_4Cl oder 0,612 g
KNO_3.

	Molek.-Gew.	Von genannten Salzen haben gleichen N-Gehalt	Salz enth. $^0/_0$ N.	Gleiche N-Menge ist in g der Salze	Verrechnet auf 100
$(NH_4)_2SO_4$	132,2	132,2 g	21 $^0/_0$	0,400 g	100 g
NH_4NO_3	80,1	80,1	35	0,242	60,5
NH_4Cl	53,5	107,0	26,4	0,324	81
KNO_3	101,2	202,4	13,9	0,612	153
$Ca(NO_3)_2$ (+4H_2O)	236,2	236,2	12,8	—	—

Unter alleiniger Berücksichtigung des N-Gehaltes sollte man
bei ausreichender Zuckernahrung und gleicher Menge der Stickstoffverbindung für *Aspergillus niger* die besten Ernten aus NH_4NO_3
erwarten, was bekanntlich — und sonderbarerweise — nicht zutrifft, Ammonsulfat und- chlorid stehen obenan; die etwas schlechtere
Ernte aus KNO_3 ihnen gegenüber ist aber verständlich. Vielleicht
geht beim NH_4NO_3 ein Teil des N (etwa die Salpetersäure) direkt
verloren. Ähnliches zeigt freilich die Verarbeitung von Ca- und
Na-Nitrat. Mit zu berücksichtigen sind da aber wohl die recht
verschiedenartigen Bedingungen, welche innerhalb der Nährflüssigkeiten erst durch partiellen Konsum der einzelnen Stickstoffverbindungen geschaffen werden, es mag davon die oft ungleiche
Ausnutzung ein und derselben Zuckermenge seitens des Pilzes abhängen, bei den Nitraten ist der „Nutzungswert", wie ich früher

---

1) l. c. S. 478.
2) l. c. 1909 u. 1911.

zu zeigen versuchte[1]), erheblich geringer; die gleichen Zucker-
mengen (100) lieferten an Pilzernte (*A. niger*) bei Darbietung von:

Ammonchlorid
(u. -sulfat). . 28,4 % Ernte (N-Gehalt des Salzes 26 bzw. 21 %)
Kaliumnitrat . . 22,8 % „ („ „ „ 13,9 %)
Ammoniumnitrat 14,6 % „ („ „ „ 35 %)
Natriumnitrat . 12,0 % „ („ „ „ 16,5 %)
Calciumnitrat . 9,9 % „ („ „ „ 12,3 %)

Diese Zahlen haben selbstverständlich nur relativen Wert,
machen auch auf besondere Genauigkeit keinen Anspruch. Da
nur in den mit Ammoniaksalzen angesetzten Kulturen durch Kongo-
rot nachweisbare freie Säure auftritt, das Ammonnitrat aber eine
schlechtere Ernte gab, kann man die Säure an sich für den günstigeren Ausfall nicht verantwortlich machen, dem widerspricht
auch schon die außergewöhnlich günstige Wirkung von Pepton
z. B. als Stickstoffquelle; bei der Minderwertigkeit des NH_4NO_3
spielt vielleicht aber die Art der Säure eine Rolle. Die mit Phenolphtalein gemessene Gesamtacidität ist bei *Aspergillus niger* in
der KNO_3-Nährlösung am geringsten, wie das folgende kürzlich
ausgeführte Bestimmungen zeigen ($\pm$ 20 °):

10 cc der Kulturflüssigkeit verlangten nach 4 Wochen an
$^1/_{10}$ N. N.:
$(NH_4)_2SO_4$ als Stickstoffquelle . . 9, 8—11,8 (i. M. 11,2) cc
NH_4NO_3 „   „   . . 10,1—10,4 cc
KNO_3 „   „   . . 3,6—4,6 cc (i. M. 3,8 cc)

Mit Congorot reagierten nur die ersten beiden, bemerkenswerterweise aber die Ammonnitrat-Nährlösung am stärksten
(4—6 cc des $^1/_{10}$ N. N. kommen hier auf freie Säure, bei der
Ammonsulfatlösung-Nährlösung höchstens bis 4); ob bei *Aspergillus*
neben Oxalsäure auch freie Salpetersäure vorhanden ist, wäre einmal sicher festzustellen, für die Minderwertigkeit dieser N.-Ver-
bindung könnte das mit in Frage kommen. Die Verhältnisse sind
aber schwer übersehbar, sicher spielt da noch anderes mit, schon
die Zuckerkonzentration scheint nicht ohne Einfluß. Daß NH_4- und
NH_2-Gruppen für diesen Pilz am geeignetsten sind, steht lange
fest, ihre Formierung aus Nitraten (Reduktion) scheint demnach
hier auf einige Schwierigkeiten zu stoßen; man darf ihn wohl den

---

1) Nährfähigkeit von Natriumsalzen für Pilze (l. c. Note 5, 1895
S. 140), auch Note 1 (1891), Seite 220.

Ammoniak-Organismen bez. -Pilzen zurechnen[1]), wenn man solche Unterscheidung machen will.

Wie verschiedenartig aber die Wirkung der Stickstoff-Assimilation auf die allgemeine Zusammensetzung der Nährlösung bei den einzelnen Pilzarten sein kann, sei hier durch einige Titrierversuche mit Kulturflüssigkeiten obengenannten *Penicilliums* belegt. An $^1/_{10}$ N. N. wurden auf je 10 cc verbraucht (Phenolphtalein als Indicator):

1. In NH_4NO_3-Nährlösung: Nach   3 Wochen   2,8 cc,
                                                    nach 12 Wochen   5,4—7,2 cc.

2. „ KNO_3-   ..   Nach 3 Wochen 22,8—21,2 cc,
                                                    nach 4 Wochen 14,4—17,4 cc.

3. „ $(NH_4)_2SO_4$- „   Nach 4 Wochen 6,4—8,0 cc,
                                                    nach 8 Wochen 6,6—7 cc.

4. „ NH_4-Tartrat- „   Nach 4 Wochen 4,6 cc (2 Bestimmungen).

5. „ NH_4-Citrat- „   Nach 4 Wochen 16,6—16,8 cc.

Lediglich in der Kulturflüssigkeit mit $(NH_4)_2SO_4$ war freie Säure (nach 4 Wochen) nachweisbar, somit nicht wie bei *Aspergillus* in der erstgenannten (mit NH_4NO_3), wo bei diesem Pilz die maximale Acidität war (20 °). Der Unterschied geht aber noch weiter. Bei *Aspergillus* nahm gerade in der Ammonsulfat-Nährlösung die freie Säure in den nächsten Wochen nachweislich wieder ab (wohl infolge Abspaltung basischer Gruppen aus dem Eiweiß nach Verzehr des Zuckers), bei dem absterbenden *Penicillium* bleibt sie erhalten, wie das ja auch vorauszusehen ist. Hier lagen überdies die Zahlen für verbrauchte Lauge bei Phenolphtalein und Congo als Indicator meist nahe beieinander:

Die Flüssigkeit von 5 verschiedenen *Penicillium*-Kulturen (je 2 Titrierungen) verlangte auf je 10 cc an $^1/_{10}$ N. N.:

	mit Phenolph-talein	mit Congo
Nach 4 Wochen	6,4—6,8 cc	5,4—6,0 cc (5,4; 5,6; 5,8; 6 cc).
„ 8 „	6,6—7,0 cc	6,0—6,2 cc (6,0; 6,2 cc).
„ 10 „	6,0—7,0 cc	4,0—5,8 cc (4; 4,8; 5,2; 5,8 cc).
„ 11 „	7,8 cc	5,0 cc
„ 13 „	6,1—7,0 cc	4,8—5,0 cc

---

[1] JOST, Vorlesungen über Pflanzenphysiologie, 2. Aufl., 1908. 208. S. auch LAURENT l. c.

Den geringen Differenzen ist bei der an sich nicht allzu exakten Methode (s. oben) zur Bestimmung der freien Säure[1]) keine Bedeutung beizulegen.

Eine spätere Änderung der Zusammensetzung unserer Kultur-flüssigkeit hat also, nachdem schon sehr frühzeitig ein Acidität-Maximum erreicht ist, unter Einfluß des toten Pilzes begreiflicher-weise nicht mehr statt. Die Zahlen können als direkter Beweis für den nach Absterben sistierten Stoffwechsel genommen werden.

Diese Feststellungen legen als Konsequenz natürlich eine gewisse Vorsicht bei Wahl der einem Pilze in physiologischen Versuchen gebotenen Stickstoffverbindung[2]), nicht minder bei Deutung der Resultate, nahe.

Hannover, Technische Hochschule, Bakter. Laborat. des Techn. Chem. Instituts.

---

1) Als Säuremaximum fand RITTER (l. c.) bei dem wenig säureempfind-lichen *Rhizopus nigricans* (bei Methylorange als Indikator) 8,5 cc $^1/_{10}$ N. K. auf 10 cc der Nährflüssigkeit, meist lag die Acidität aber ganz erheblich niedriger.

2) cf. W. BENECKE, Bau und Leben der Bakterien, Leipzig 1912, S. 36, auch l. c. 1907 (Note 2, Seite 218), S. 464. Es gilt das natürlich ebenso für Bakterien wie für höhere Pflanzen.

31. A. Schulz: Über eine neue spontane Eutriticumform: Triticum dicoccoides Kcke. forma Straußiana.

(Mit Tafel X.)

(Eingegangen am 17. April 1913.)

Aus der *Triticum*-Sektion *Eutriticum*, zu der der W e i z e n gehört, sind[1]) bisher nur zwei spontan entstandene Arten: *Triticum aegilopoides* Link[2]) (erw.) und *Tr. dicoccoides* Kcke.[3]) bekannt geworden.

Triticum aegilopoides zerfällt in zwei Unterarten, eine europäische und eine asiatische[4]).

Die europäische Unterart, das eigentliche *Triticum aegilopoides* Link, die jetzt meist nach BOISSIERs Vorgange *Tr. boeoticum* genannt wird, scheint nur auf der Balkanhalbinsel zu wachsen, wo sie im nördlichen Teile des Peloponneses — hier hat sie LINK im Jahre 1833 entdeckt —, in Boeotien, in Thessalien, in Südbulgarien (Ostrumelien) und in Serbien beobachtet worden ist.

Die asiatische Unterart, die von REUTER nach ihrem türkischen Namen T h a o u d a r *Tr. Thaoudar* genannt worden ist, ist in Kleinasien, wo sie BALANSA im Jahre 1854 in Lydien entdeckt hat, in Syrien, in Mesopotamien, in Assyrien und in Westpersien (Kurdistan) beobachtet worden. Die Einkornformen stammen m. E. teils von *Tr. aegilopoides Thaoudar*, teils — die meisten der heutigen — von *Tr. aegilopoides boeoticum* ab.

Triticum dicoccoides ist im Jahre 1855 von TH. KOTSCHY in Syrien im Hermon entdeckt und vor wenigen Jahren von A. AARONSOHN in diesem Gebirge wiedergefunden und in einigen anderen Strichen

---

1) Vgl. hierzu SCHULZ, Die Geschichte des Weizens, Zeitschr. f. Naturwissenschaften Bd. 83 (1911) S. 1—68.

2) Von LINK als *Crithodium aegilopoides* beschrieben.

3) Von KOERNICKE als *Triticum vulgare* Vill. var. *dicoccoides* beschrieben.

4) Betreffs der Unterschiede zwischen beiden Unterarten vgl. SCHULZ, Die Abstammung des Einkorns (*Triticum monococcum* L.), Mitteilungen der Naturforschenden Gesellschaft zu Halle a. d. S. Bd. 2, 1912 (1913) S. 12—16.

Syriens neu aufgefunden worden[1]). Mit ihm zusammen kommt der Bastard *Tr. aegilopoides Thaoudar* × *dicoccoides*[2]) vor, der stellenweise häufiger als *Tr. dicoccoides* zu sein scheint. Der Bastard, der von AARONSOHN nicht scharf von *Tr. dicoccoides* unterschieden worden ist, ist in europäischen Gärten mehrfach aus von AARORSOHN übersandten Früchten — zum Teil allein, ohne *Tr. dicoccoides* — als „*Tr. dicoccoides* Kcke." gezogen worden.

Da es sehr unwahrscheinlich war, daß *Triticum dicoccoides* nur in Syrien und nicht wie *Tr. aegilopoides Thaoudar* auch in weiter östlich gelegenen Strichen Vorderasiens vorkäme, so wies der Kustos des Herbariums Haußknecht in Weimar, Herr J. BORN-MÜLLER, den leider unterdessen verstorbenen englischen Vize-konsul in Sultanabad in Persien, TH. STRAUSS, dem die botanische Wissenschaft die Entdeckung zahlreicher interessanter neuer Pflanzenarten in Persien verdankt, auf diese Art hin und er-munterte ihn, ihrem Vorkommen in Persien nachzuspüren. STRAUSS ist es nun auch am 14. Mai 1910 gelungen, in dem Noa-Kuh, einem Teile des schwer zugänglichen, bisher wenig durchforschten Grenzgebirges bei der an der Karawanenstraße Kermanschah—Bagdad gelegenen westpersischen Stadt Kerind, eine spontane *Eutriticum*form aufzufinden, die in den Formenkreis von *Triticum dicoccoides* gehört. Leider wurde STRAUSS durch ein schweres Leberleiden, das im folgenden Jahre (am 28. Dezember 1911) seinen Tod herbeiführte, gehindert, die weitere Verbreitung dieser Form in Persien zu untersuchen. Er hat nur wenige vollständige Individuen und ährentragende Halme an BORNMÜLLER gesandt, die mir dieser in liebenswürdiger Weise zur Bearbeitung über-geben hat.

Die persische Pflanze[3]) ist hapaxanthisch. Die schwache Wurzel trägt meist nur einen Halm. Die Halme sind dünn und oben weit hinab mit Mark gefüllt. Ihre Knoten sind mehr oder weniger dicht mit kurzen Haaren besetzt. Die längsten der vor-

---

1) Vgl. hierzu SCHWEINFURTH, Über die von A. AARONSOHN aus-geführten Nachforschungen nach dem wilden Emmer (*Triticum dicoccoides* Kcke.), Berichte d. Deutschen Botanischen Gesellschaft Bd. 26a (1908) S. 309 bis 324; AARONSOHN, Über die in Palästina und Syrien wildwachsende auf-gefundenen Getreidearten, Verhandlungen der K. K. zoologisch-botanischen Gesellschaft in Wien, Bd. 59, 1909 (1910) S. 485—509; SCHULZ, Geschichte des Weizens, a. a. O. S. 12—14.

2) Vgl. betreffs dieses Bastardes SCHULZ, *Triticum aegilopoides Thaoudar* × *dicoccoides*. Mitteilungen d. Naturf. Gesellschaft zu Halle a. d. S. Bd. 2, 1912 (1913) S. 17—20.

3) Vgl. Tafel X Figur 1

liegenden Halme haben eine Länge von ungefähr 70 cm. Die
Blätter sind schmal, auf beiden Seiten in wechselnder Dichte mit
sehr kurzen Haaren besetzt oder kahl und graugrün oder ganz
schwach bläulich bereift. Die vorliegenden Ähren, die sämtlich
noch jung sind — in den meisten der untersuchten Ährchen enthielten die Antheren noch reichlich Pollen — haben ohne die
Grannen eine Länge bis zu 7 cm. Sie sind leider zum Teil so
stark gepreßt, daß sie ihre natürliche Gestalt eingebüßt haben. Die
wenig gepreßten Ähren[1]) lassen aber deutlich erkennen, daß —
wie bei dem syrischen *Tr. dicoccoides* und bei *Tr. dicoccum* — die
Hüllspelzen so gedreht sind, daß die vorderen, größeren Partien
aller Hüllspelzen auf jeder der beiden zweizeiligen Ährenseiten ungefähr in einer Ebene liegen. Die Gestalt der Hüllspelze weicht
etwas von der der Hüllspelze des syrischen *Tr. dicoccoides*[2]) ab. Der
Kiel der Hüllspelze der syrischen Pflanze ist, namentlich am Zahn,
konvex gebogen, so daß die Spitze des meist ungefähr 1 mm
langen Kielzahnes manchmal vollständig über den dicht an der
Basis dieses Zahnes stehenden, meist recht winzigen Zahn der
vorderen Partie der Hüllspelze hinwegragt. Der in den Zahn der
vorderen Partie auslaufende Längsnerv, der sich, konvex gekrümmt, oben und unten dem Kiele nähert, tritt sehr deutlich —
leistenartig — hervor. Bei der persischen Pflanze ist der im
unteren Teile konvexe Kiel dicht unter seinem Zahne schwach
ausgebuchtet[3]). Die Längsachse des meist 1 bis 2 mm langen
Kielzahnes, der ungefähr die Gestalt eines gleichschenkligen Dreiecks hat, läuft entweder mit der Längsachse der Hüllspelze
parallel oder ist ein wenig nach außen geneigt; in diesem Falle ist
also die Spitze des Zahnes ein wenig nach der Ährenachse hin
gerichtet. Der an der Basis des Kielzahnes stehende Zahn der
Vorderseite ist winzig[4]), der in ihn auslaufende Nerv, der nur
schwach konvex gebogen ist, tritt manchmal nur wenig hervor.
Die Hüllspelze gleicht manchen der in der Ausbildung ihres oberen

---

1) Vgl. Tafel X Figur 3.

2) Von diesem — vgl. Taf. X Figur 2 und 4 — kenne ich nur Individuen, die ich aus mir von Herrn Prof. M. KOERNICKE in Bonn freundlichst überlassenen im Poppelsdorfer Botanischen Garten geernteten Früchten
im Botanischen Garten in Halle gezogen habe.

3) Ganz schwach ist diese Ausbuchtung auch an einzelnen Hüllspelzen der — von mir kultivierten — Individuen der syrischen Pflanze ausgebildet.

4) Manchmal tritt der Zahn aus dem von der Basis des Kielzahnes
konvex herablaufenden oberen Rande der Spelze fast gar nicht hervor.

Randes sehr variierenden Hüllspelzen von *Triticum aegilopoides Thaoudar* × *dicoccoides*.

Das Ährchen enthält offenbar wie bei der syrischen Pflanze zwei normal ausgebildete fruchtbare Blüten, deren Deckspelzen bis 15 cm lange, kräftige Grannen tragen. Meist ist auch noch eine dritte Blüte vorhanden, doch ist sie stets verkümmert.

Bei den kultivierten Individuen des syrischen *Tr. dicoccoides* sind die Glieder der Ährenachse nur an den Kanten, namentlich oben, und vorne in der Mitte dicht unter der Insertion der Ährchen behaart, bei der persischen Pflanze dagegen reicht die Behaarung unter der Insertion der Ährchen von einer Kante zur anderen und ist hier in der Mitte, sowie an den Kanten länger und dichter als bei der syrischen Pflanze. Vielleicht ist die Behaarung der Achsenglieder der — kultivierten — syrischen Pflanze aber erst durch die mehrjährige Kultur in den botanischen Gärten so schwach geworden.

Trotz des abweichenden Baus der Hüllspelze kann man die persische Pflanze nicht als selbständige Art von der syrischen trennen. Beide sind vielmehr Formen eines Formenkreises — *Triticum dicoccoides* —, von dem wahrscheinlich noch weitere Formen in anderen Gegenden Vorderasiens bestehen[1]). Die syrische Form kann man *Triticum dicoccoides* Kcke. form. *Kotschyana*, die persische Form kann man *Tr. dicoccoides* Kcke. form. *Straussiana* nennen.

Es stammen wahrscheinlich von beiden Formen — und wahrscheinlich auch noch von anderen, heute noch nicht aufgefundenen oder gar nicht mehr existierenden Formen — von *Tr. dicoccoides* Formen des Emmers, *Tr. dicoccum* ab. Bei den meisten Emmerformen gleicht die Hüllspelze der der syrischen Form von *Tr. dicoccoides* oder ist ihr sehr ähnlich. Doch dürfte der Emmer wohl hauptsächlich östlich von Syrien, im Euphrat-Tigrisgebiete — in der Kultur — entstanden sein.

Aus *Triticum dicoccum* sind die Nacktweizenformen der Emmerreihe: *Triticum durum*, *Tr. polonicum* und *Tr. turgidum* hervorgegangen[2]).

---

1) In ähnlicher Weise dürfte *Secale anatolicum* Boissier (erw.), von dem der Roggen, *Secale cereale* L., abstammt, in eine Anzahl Formen zerfallen. Vgl. hierzu SCHULZ, Beiträge z. Kenntnis der kultivierten Getreide und ihrer Geschichte I. Die Abstammung des Roggens, Zeitschrift f. Naturwissenschaften Bd. 84 (1913).

2) Vgl. hierzu SCHULZ, Geschichte d. Weizens, a. a. O. S 18, und Ders., Abstammung und Heimat des Weizens, 39. Jahresbericht d. Westfälischen Provinzial-Vereins f. Wissenschaft und Kunst für 1910/1911 (1911), S. 147 bis 152 (151).

Eine spontane *Eutriticum*art, die man als Stammart der Weizen der Dinkelreihe, also des Dinkels, *Triticum Spelta*, selbst, und der von diesem abstammenden drei Nacktweizenformengruppen *Tr. compactum*, *Tr. vulgare* und *Tr. capitatum* ansehen könnte, ist bisher noch nicht bekannt geworden. *Aegilops cylindrica*, die STAPF[1]) als Stammart wenigstens des Dinkels[2]) ansieht, kann wegen des vollständig abweichenden Baus ihrer Ähre als Stammart dieser Reihe nicht in Frage kommen[3]). Ich bin aber überzeugt, daß die Stammart auch dieser Reihe noch heute existiert und noch aufgefunden werden wird.

Erklärung der Tafel X.

Fig. 1. Ein Individuum von *Triticum dicoccoides* forma *Straussiana* ($^1/_2$ natürliche Gr.).

Fig. 2. Der obere Teil eines Halmes eines kultivierten Individuums von *Triticum dicoccoides* forma *Kotschyana* ($^1/_2$ nat. Gr.).

Fig. 3. Eine Ähre von *Tr. dicoccoides* form. *Straussiana* (natürl. Gr., der obere Teil der Grannen ist weggelassen).

Fig. 4. Eine Ähre von *Tr. dicoccoides* form. *Kotschyana* (natürl. Gr., der obere Teil der Grannen ist weggelassen).

---

1) STAPF, The history of the wheats, Report of the 79. meeting of the British association for the advancement of science, Winnipeg: 1909 (1910), S. 799—808 (805).

2) Die Nacktweizen dieser Reihe leitet STAPF von einer „still unknown species" ab.

3) Vgl. hierzu SCHULZ, Beiträge zur Kenntnis der kultivierten Getreide und ihrer Geschichte. II. Die Abstammung des Weizens, Zeitschrift f. Naturwissenschaften Bd. 84 (1913).

Einladung
zur
Generalversammlung
der
Deutschen Botanischen Gesellschaft.

Die Mitglieder der Deutschen Botanischen Gesellschaft werden hiermit zur Teilnahme an der am

Montag, dem 6. Oktober, vormittags 9 Uhr, in Berlin-Dahlem
im
Hörsaal des Kgl. Botanischen Museums,
(Königin-Luise-Straße 6—8)

stattfindenden Generalversammlung eingeladen. Die Tagesordnung ist durch §§ 15 und 16 der Geschäftsordnung gegeben. Gleichzeitig werden in Dahlem die Freie Vereinigung für Pflanzengeographie und systematische Botanik und die Vereinigung für angewandte Botanik ihre Versammlungen abhalten.

R. v. Wettstein,
z. Z. Präsident der Gesellschaft.

Sitzung vom 30. Mai 1913.
Vorsitzender: Herr G. HABERLANDT.

Der Vorsitzende macht zunächst Mitteilung von dem am 27. Mai erfolgten Ableben unseres ordentlichen Mitgliedes Herrn Dr.
Hermann Sommerstorff,
Assistenten am Bot. Garten und Institut der k. k. Universität in Wien. Die Anwesenden ehren das Andenken an den Verstorbenen durch Erheben von ihren Sitzen.

Als ordentliche Mitglieder werden vorgeschlagen die Herren
Irmscher, Dr. **E.,** Assistent am Kgl. Botan. Museum zu **Dahlem** (durch G. LINDAU und TH. LOESENER),
Tiegs, Dr. **E.** in **Berlin-Friedenau,** Niedstr. 29 (durch P. CLAUSSEN und R. KOLKWITZ), und Fräulein
v. Ubisch, Dr. **Gerta** in **Berlin-Lichterfelde,** Marienstr. 7a (durch E. BAUR und W. WÄCHTER).

Als ordentliche Mitglieder werden proklamiert die Herren
Knudson, Dr. **Lewis,** Assistent Professor in **Ithaca** N. Y.,
Schulow, Iwan, Privatdozent in **Moskau,**
Kurssanow, L., Privatdozent in **Moskau,**
Meyer, K., Assistent in **Moskau,**
Brenner, Dr. **W.** in **Basel,**
Gicklhorn, Josef, Assistent in **Wien,**
Zikes, Dr. **Heinrich,** Privatdozent in **Wien,**
Levitzki, Gregorius, Assistent in **Kiew,**
Kasanovski, Victor, Privatdozent in **Kiew,**
Plaut, Dr. **Menko,** Assistent in **Halle a. S.**

Der Vorsitzende teilt mit, daß er Herrn Geh.-Rat Prof. Dr. LUERSSEN in Zoppot zu seinem 70. Geburtstage am 6. Mai d. J. im Namen der Gesellschaft ein Glückwunschtelegramm gesandt hat. Herr Geh.-Rat LUERSSEN hat dem Vorsitzenden telegraphisch gedankt.

Ferner wird zur Kenntnis gebracht, daß der Vorsitzende Herrn
Geh.-Rat Prof. L. Kny im Namen der Gesellschaft zu seinem
50 jährigen Doktorjubiläum ein Glückwunschschreiben übersandt
hat, das der Jubilar mit einem Dankschreiben an den Vorsitzenden
beantwortete.

Mitteilungen.

32. Marie S. de Vries: Die phototropische Empfindlichkeit des Segerhafers bei extremen Temperaturen.

(Mit 3 Textfiguren.)

(Eingegangen am 13. Mai 1913.)

In diesen Berichten, Jahrgang 1912, Band 30, erschien eine
Arbeit von Torsten Nybergh: „Studien über die Einwirkung
der Temperatur auf die tropistische Reizbarkeit etiolierter *Avena*-Keimlinge."

Ich möchte hier einige Bemerkungen über diese Arbeit machen.

Nybergh ist der Meinung, die phototropische Präsentationszeit werde nicht meßbar von der Temperatur beeinflußt.

Er gründet seine Meinung auf Versuche bei extremen Temperaturen, namentlich bei 0° bis -4° C und bei 40° bis $47,3^\circ$ C.

Für die „phototropische Schwelle der normalen, d. h. bei
Zimmertemperatur befindlichen Keimlinge" erhielt er den Wert
15 MKS, also eine eben merkbare Krümmung der Koleoptilen veranlassend. Um die optimale Reaktion zu beobachten, wurde mit
einer Lichtmenge von 240 MKS gereizt.

Bei 0° und -3° C reagierten die Pflanzen „energisch auf
die optimale Belichtung und auch deutlich bei der phototropischen
Schwelle normaler *Avena*-Koleoptilen". Bei den hohen Temperaturen 40° bis $47,3^\circ$ C fand er, daß die phototropische Perzeptionsfähigkeit ungeschwächt fortdauerte.

Untersuchungen, welche ich angestellt, haben aber zu einer
ganz anderen Meinung geführt. Die ausführliche Arbeit wird
später erscheinen; eine vorläufige Mitteilung erschien in den

17*

„Proceedings of the Royal Academy of Sciences, Amsterdam, January 1913"; ich brauche also die Versuche hier nicht zu beschreiben. Nur möchte ich darauf aufmerksam machen, daß, wie die gefundenen Lichtmengen, welche bei verschiedenen Temperaturen eine Krümmung bestimmter Größe der Koleoptile verursachen, zeigen, die phototropische Perzeption in starker Abhängigkeit von der Temperatur steht. Die Kurve, welche den Einfluß der Temperatur auf die phototropische Perzeption darstellt, ist eine Optimumkurve.

Woher der große Unterschied der Ergebnisse von NYBERGH und von mir? Vielleicht wäre der Unterschied damit zu erklären, daß NYBERGH mit Svalöfs Segerhafer arbeitete, während ich den mehr benutzten, gewöhnlichen Hafer des Handels gebrauchte, da ich damals nicht über eine genügende Menge Hafers einer reinen Linie verfügen konnte. Es wäre möglich gewesen, daß der Segerhafer sich bei verschiedenen Temperaturen ganz anders benahm wie der von mir gebrauchte Hafer. Ich habe also die Versuche bei extremen Temperaturen noch einmal gemacht, nun aber mit Segerhafer. Nebenbei möge bemerkt werden, daß, wie Versuche bei 15 °, 20 °, 30 °, 35 ° und 37 ° zeigten, die phototropische Empfindlichkeit des Segerhafers der des gewöhnlichen Hafers des Handels gleich ist.

Zuerst habe ich die Versuche bei niedrigen Temperaturen mit Segerhafer wiederholt, kam aber zu dem Schluß, daß beim Segerhafer, ganz wie beim gewöhnlichen Hafer, eine Krümmung, welche bei 20 ° C von 20 MKS veranlaßt, bei 0 ° erst von 160 MKS induziert wurde. Die Reaktionszeit betrug, ganz wie bei NYBERGHs Versuchen, zwei Stunden. NYBERGH gibt an, daß Keimlinge, die 6 bis 12 Stunden in einer Temperatur von unter 0 ° C gestanden haben, deutlich reagierten bei der phototropischen Schwelle normaler Keimlinge, also bei 15 MKS. Es ist mir nicht gelungen, diese Krümmungen zu beobachten; die Koleoptilen reagierten bei 0 ° und unter 0 ° gar nicht auf eine Lichtmenge von 15 MKS. Auf die optimale Belichtung (240 MKS) reagierten die Pflanzen bei 0 ° und — 2 ° C gut.

Die phototropische Perzeptionsfähigkeit dauert also bei niedrigen Temperaturen zwar fort, aber nicht, wie NYBERGH sagt, ungeschwächt; es ist hier eine viel größere Energiemenge dazu nötig, dieselbe Krümmung der Koleoptilen zu verursachen, welche bei 20 ° schon von 20 MKS ausgelöst wird.

Zweitens sollten die Versuche bei hohen Temperaturen noch einmal mit Segerhafer gemacht werden. FITTING hat als Tötungs-

temperatur der Koleoptilen von *Avena sativa* 43 ° C angegeben[1]).
Weiter fand er, daß die phototropische Reizleitung bei 39—41 ° C
gehemmt wird.   Auch der früher von mir gebrauchte Hafer starb
bei 43 ° C.   Bei 39 ° C war die Reizleitung noch nicht gehemmt

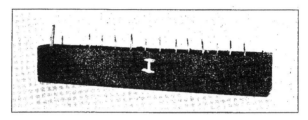

Fig. 1. Keimlinge eine Stunde bei 39 ° vorerwärmt.   Belichtung 1 MK während
120 " = 120 MKS.   Keimlinge gekrümmt.

Fig. 2. Keimlinge eine Stunde bei 40 ° vorerwärmt. Lichtmenge 1600 MK
Keimlinge gekrümmt. (Bel. 4 MK während 400 ".)

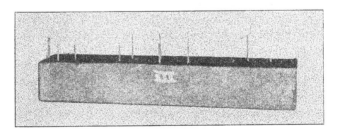

Fig. 3. Keimlinge eine Stunde bei 40 ° vorerwärmt. Bel. 1 MK während
40 " = 40 MKS.   Keimlinge nicht gekrümmt.

(Fig. 1); nach einer Stunde Aufenthalt bei 40 ° C reagierten die
Pflanzen nur noch auf eine sehr große Lichtmenge, etwa 1600 MKS[2]);

1) FITTING, „Die Leitung tropistischer Reize in parallelotropen Pflanzenteilen", Jahrb. f. wissensch. Botanik 44, 1907.
2) Die Reaktionszeit betrug 2,5 bis 3 Stunden.

nach mehreren Stunden bei 40 ° C waren gar keine Krümmungen
(Fig. 2) zu sehen. Die Erklärung der Unterschiede konnte nicht
sein, daß die Zeit der Beobachtung zu kurz wäre, denn auch nach
3, 4 bis 8 Stunden traten keine Krümmungen auf. Bei 41 ° reagierten die Koleoptilen nicht mehr auf die Belichtung.

Der Segerhafer erträgt nach NYBERGH wenigstens den zwölf-
stündigen Aufenthalt bei 47,3 ° C; die phototropische Reizleitung
sei noch nicht gehemmt. Zwar fand ich, daß die Koleoptilen des
Segerhafers bei 43 ° C noch nicht starben, allein sie waren ziemlich
stark beschädigt. Wurden die Pflanzen nach einigen Stunden
Aufenthalt bei 43 ° C in das Gewächshaus gebracht (also so günstig
wie möglich), so war der Zuwachs bei einigen Pflanzen sehr gering,
während andere nach einigen Tagen starben.

Auch kann ich mich nicht der Meinung NYBERGHs anschließen, daß nach 13stündigem Aufenthalt bei 42 ° C der mittlere
Zuwachs der Keimlinge demjenigen bei Zimmertemperatur gleich
ist; ich fand bei 42 ° einen viel geringeren Zuwachs als bei 20 °.
Wenn die Pflanzen einige Stunden bei 42 ° vorerwärmt waren und
dann in das Gewächshaus gebracht wurden, war auch dann der
Zuwachs viel geringer als bei Pflanzen, die bei 20 ° gezogen
wurden. Übrigens ist das Wachstum der Koleoptilen bei 37 °, 38 °
und 39 ° C schon viel geringer als bei Zimmertemperatur.

Die Länge · der von NYBERGH bei Versuchen mit hohen
Temperaturen benutzten *Avena*-Koleoptilen betrug 0,5--1,5 cm;
höhere Keimlinge eigneten sich nicht für Versuche mit hohen
Temperaturen, da sie namentlich auffallend schwächer reagierten.
Ich nahm also für die Versuche bei 40—47 ° C Koleoptilen von
0,5—1,5 cm Höhe, daneben aber auch von 2,5 cm Höhe, wie zu
den anderen Versuchen, sah aber keinen Unterschied; weder die
Keimlinge von 0,5—1,5 cm Höhe, noch die von 2,5 cm reagierten
auf die Belichtung bei Temperaturen über 40 ° C. Auch hier
wurde, wenn die Koleoptilen zwei Stunden nach der Belichtung
sich nicht gekrümmt hatten, in jeder weiteren Stunde kontrolliert,
ob Krümmungen auftraten, aber vergebens. Die Keimlinge reagierten
weder auf den Schwellenwert noch auf „optimale“ und sehr lange
Belichtung.

47 ° wurde nicht von den Pflanzen ertragen; nach zwei- bis
vierstündigem Aufenthalt starben sie. Ebenso, wenn die Pflanzen
nach zweistündigem Aufenthalt bei 47 ° in das Gewächshaus gebracht wurden.

Die von mir bei extremen Temperaturen mit Segerhafer gemachten Versuche deuten also, ganz wie die mit gewöhnlichem

Hafer, auf eine starke Abhängigkeit der Perzeption von der Temperatur.

Von 0 ° — 30 ° folgt die Perzeption der VAN 'T HOFFschen Regel. Die Temperatur-Koëffizienten bleiben bis 30 ° fast konstant; nachher sinken sie, ganz wie bei anderen Lebensprozessen. Der durchschnittliche Temperatur-Koëffizient ist 2,6. Der Temperatur-Koëffizient liegt bekanntlich bei chemischen Reaktionsgeschwindigkeiten meistens zwischen 2 und 3; ich möchte aber aus den gefundenen Werten nicht folgern, daß die Perzeption nur mit chemischen Reaktionen zusammenhänge, ebensowenig wie man aus der Meinung NYBERGHs, daß die Präsentationszeit nicht meßbar von der Temperatur beeinflußt wird, schließen darf, die Perzeption sei nur mit photochemischen Prozessen verknüpft. Der Temperatur-Koëffizient kann uns nichts über die Natur der Perzeption lehren. Denn der Reizvorgang besteht wohl aus einer ganzen Reihe von Prozessen, welche auf verschiedene Weisen von der Temperatur beeinflußt werden können. Der Koëffizient 2,6 beweist also nichts gegen die Meinung, daß die Perzeption mit photochemischen Prozessen zusammenhänge, ebensowenig wie der Koëffizient 1—1,4 dafür spricht.

Die phototropische Perzeption steht also, ganz wie die geotropische[1]), in starker Abhängigkeit von der Temperatur und damit verschwindet der von NYBERGH in dieser Hinsicht behauptete große Unterschied zwischen Photo- und Geotropismus.

Utrecht, Botanisches Institut der Universität, April 1913.

---

1) A. A. L. RUTGERS, The influence of temperature on the geotropic presentation-time, Recueil des Trav. Botan. Néerlandais, Vol. IX, 1912.

33. E. Heinricher: Einige Bemerkungen zur Rhinantheen-Gattung Striga.

(Mit 2 Textfiguren.)

(Eingegangen am 16. Mai 1913.)

Zu diesen Zeilen regt mich eine Mitteilung von EDITH L. STEPHENS „The structure and development of the haustorium of *Striga lutea*"[1]) an, in der, wie der Titel besagt, das Haustorium der genannten Pflanze behandelt wird. Man ersieht aus der Arbeit, daß die Haustorien typisch den Charakter der Rhinantheen-Saugorgane aufweisen. Neues ist in der Abhandlung kaum geboten, doch fällt es auf, daß der Verfasserin die ganze deutsche Literatur im Gegenstande unbekannt scheint. Weder SOLMS-LAUBACHs[2]) noch KOCHs[3]) Abhandlungen, noch meine einer jüngeren Periode angehörigen Arbeiten[4]), noch die Abhandlungen von SPERLICH[5]) und anderen sind erwähnt.

---

1) Annals of Botany, Vol. XXVI, Okt. 1912, 10 p., 1 Taf. Auf einige mir nicht zutreffend erscheinende Ansichten und Deutungen gehe ich hier nicht ein.

2) „Über den Bau und die Entwicklung der Ernährungsorgane parasitischer Phanerogamen." PRINGSHEIMs Jahrb., Bd. VI, 1863.

3) „Zur Entwicklungsgeschichte der Rhinanthaceen," Jahrb. f. wiss. Botanik, Bd. XX, 1889, und Bd. XXII, 1891

4) E. HEINRICHER, „Biologische Studien an der Gattung *Lathraea*", Ber. der Deutsch. Botan. Ges., Bd. XI, 1893.

—, „Anatomischer Bau und Leistung der Saugorgane der Schuppenwurz-Arten (*Lathraea Clandestina* Lam. und *L. Squamaria* L)" in COHNs Beiträgen zur Biologie der Pflanzen, Bd. VII, 1895.

—, „Die Keimung von *Lathraea*," Ber. der Deutsch. Botan. Ges , Bd. XII, 1894.

—, „Notiz über die Keimung von *Lathraea Squamaria* L.," ebendort Bd. XVI, 1898.

—, „Die grünen Halbschmarotzer I. *Odontites, Euphrasia* und *Orthantha*. Jahrb. f. wiss. Botanik, Bd. XXXI, 1897.

—, —. II. *Euphrasia, Alectorolophus* und *Odontites*. Ebendort, Bd. XXXII, 1898.

—, —. III. *Bartschia* und *Tozzia*. Ebendort Bd. XXXVI, 1901.

—, —· IV. Nachträge zu *Euphrasia, Odontites* und *Alectorolophus*. Ebendort, Bd. XXXVII, 1902.

—, —· V. *Melampyrum*. Ebendort, Bd. XLVI, 1909.

—, —· Zur Frage nach der assimilatorischen Leistungsfähigkeit der grünen, parasitischen Rhinanthaceen. Ebendort, Bd. XLVII, 1910.

5) SPERLICH, „Beiträge zur Kenntnis der Inhaltsstoffe in den Saugorganen der grünen Rhinanthaceen " Botan. Centralblatt, Beihefte Bd. XI, 1902.

Mein Interesse wurde durch einige nebenhergehende Angaben der Verfasserin geweckt. So wird bemerkt, daß *Striga* einen Teil ihres Lebenslaufes unterirdisch, in der Form eines weißen Triebes durchläuft, der Schuppen, Blätter und zahlreiche Adventivwurzeln hervorbringt. Das ergäbe also eine Parallele zu unserer so sehr interessanten *Tozzia alpina* und wieder einen Vertreter, bei dem der halbparasitischen Lebensperiode eine rein parasitische vorausgeht. Es erscheint mir darum zweifelhaft, daß die vorausgehende Angabe über die Pflanze „is a semiparasitic annual" richtig ist. Sicher wird die Pflanze, wie *Tozzia* nur einmal blühen; daß sie aber den Lebenslauf in einer einzigen Jahresperiode vollendet, erscheint recht fraglich. Ich möchte das Gegenteil vermuten, und da die Verfasserin mitteilt, daß ihr Lehrer, Professor PEARSEN, die Lebensgeschichte der Pflanze studiert, dürfte sich bald Gelegenheit geben zu erfahren, ob meine Vermutung zutrifft. Nach den Erfahrungen an *Tozzia* ist ferner vorauszusagen, daß die Keimung unterirdisch erfolgt, ohne über den Boden hervortretende Kotyledonen und wahrscheinlich Abhängigkeit der Keimung von der Reizung durch eine Nährwurzel vorliegen wird.

Um *Striga* etwas besser kennen zu lernen, erbat ich mir vom k. k. Naturhistorischen Hofmuseum in Wien die Einsendung der hierzu gehörigen Arten. Herr Kollege Dr. ZAHLBRUCKNER entsprach bereitwilligst meinem Wunsche, wofür ich auch hier noch bestens danke. Das Genus *Striga* umfaßt etwa 23 Arten, deren Hauptmasse afrikanisch ist; von Afrika dringen einzelne nach Indien vor und sind daselbst auch eigene Arten vertreten; einige weist Australien auf und eine Art ist auf Timor und Java beheimatet.

Das sehr schöne und reiche Material des Wiener Hofmuseums umfaßt die überwiegende Zahl der Arten. Ich habe speziell nach Exemplaren gefahndet, die wenigstens Bruchstücke des unterirdischen, schuppentragenden Sprosses enthalten. Tatsächlich dürfte ein solcher Sproß der Mehrzahl, wenn nicht allen Arten, zukommen. Ich sah Teile eines solchen bei *S. elegans, S. hermonthica. S. lutea, S. multiflora, S. orobanchoides, S. pubiflora, S. senegalensis, S. Thunbergii.* Daß diese Sprosse habituell einigermaßen an die Schuppensprosse von *Lathraea* erinnern, wird die beigegebene Abbildung (photographische Aufnahme nach Herbar-Material) erweisen. In Fig. a liegt ein kleines Pflänzchen von *Striga hermonthica*, in nicht ganz $^1/_2$ natürlicher Größe, vor. Das basal befindliche Stückchen des unterirdischen Sprosses ist in b, in fast natürlicher Größe, aufgenommen. Eine bedeutende Länge durfte dieser schuppenbesetzte Sproß nie besitzen. Bei einem Exemplar von *Striga hirsuta* (*lutea*) von 16 cm Höhe ist der vorhandene schuppenbesetzte Teil 2,5 cm lang. An einem Exemplar von *Striga multiflora*, von den Philippinen, das 16 cm Höhe hat und oben in 3 belaubte und mit Infloreszenz endende Triebe ausgeht, sieht man, daß diese unten von einem

(Erklärung im Text.)

einfachen schuppenbesetzten Sprosse ausgehen, resp. zwei Äste eines schuppenbesetzten Hauptsprosses sind und Hauptsproß wie Seitenäste basal zunächst noch Schuppen tragen. Die Schuppen sind ziemlich dick, haben zwar keine Höhlungen wie *Lathraea* oder *Tozzia*, aber größere Intercellularen durchsetzen das großzellige Parenchym, das reichlich stärkeführend gefunden wurde. Bei vielen *Striga*-Arten scheint eine sehr reiche Verkieselung vorhanden zu sein[1]). Besonders an den Laubblättern ist eine Art Pflasterung der Oberseite schon dem freien Auge auffallend. So bei *Striga hermonthica*, ferner sehr auffällig bei *Striga senegalensis*. Wahrscheinlich kommt bei vielen Arten Verkieselung vor. Für *Striga hermonthica* wurde nachgewiesen, daß jene weißen Flecken — die wie eine Pflasterung auf der Oberseite des Blattes (Herbarmaterial) erscheinen, Schollen verkieselter Zellkomplexe umfassen, die auch unter die Epidermis hinabreichen. Mittelpunkt jeder solchen Scholle scheint eine Trichom- oder Papillenzelle zu sein[2]). Auch den unterirdischen Schuppenblättern kommt partielle Verkieselung zu.

Sehr kennzeichnend für die Parasitennatur ist der starke Wechsel in der Größe bei Pflanzen derselben Art. Von *Striga hermonthica* lagen neben Riesenexemplaren von 60 cm Höhe solche von nur 20 cm vor; von *Striga lutea* Hungerpflanzen von 6 cm Höhe neben starken mit 40 cm und desgleichen, von *Striga euphrasioides* Kümmerlinge, nur 5,5 cm hoch, während kräftige Pflanzen 40 cm erreichen.

Von besonderem Interesse ist aber, daß bei *Striga* innerhalb der einen Gattung neben dem Gros der halbparasitischen Arten in *Striga orobanchoides* auch eine ganz parasitische vorliegt. Auch dürften die ersteren in der Ausprägung des Parasitismus ziemlich weitgehende Übergänge aufweisen. *Striga hermonthica* scheint bei kräftigen Exemplaren ein starkes, grünes Laubwerk zu entwickeln. Bei anderen, so bei *Striga Thunbergii*, sind die Blätter auffallend schmal. Die meisten halbparasitischen Arten scheinen vorwiegend auf Gräsern, darunter von Kulturpflanzen auf: *Zea, Sorghum, Saccharum*, zu schmarotzen. Bezeichnenderweise werden aber für die ganzparasitische *Striga orobanchoides* holzige Pflanzen als Wirte genannt, besonders häufig *Indigofera*-Arten. Ein sehr instruktives Exemplar dieses Parasiten ist unter Nr. 2035 in der genannten Sammlung enthalten. Es ist von HILDEBRANDT auf der Insel Mombassa im August 1877 gesammelt. Der knollig verdickte Basalteil erinnert einigermaßen an *Lathraea*, doch ist oberhalb der knolligen Partie nur ein kurzer, schuppenbesetzter Sproßabschnitt vorhanden. An diesem Exem-

---

1) Von E. STEPHENS wurde in den Annals of Botany (Vol. XXVI, Okt. 1912) auch eine „Note on the anatomy of *Striga lutea* Lour", umfassend 2 Seiten, gegeben. Von Verkieselung der Zellen ist nichts erwähnt.

2) Die Präparate, auf denen die kleinen anatom. Bemerkungen basieren, hat auf meine Anregung Herr stud. phil. BRUNO LÖFFLER gemacht und mir vorgewiesen.

plar sind auch Wurzeln des Parasiten, die Nährwurzeln aufsitzen, vorhanden und entspricht die Befestigung mittels Haustorien vollends dem, was wir von den Rhinanthaceen kennen, obgleich — wie der Artname besagt — im übrigen das Aussehen der Pflanze mehr an eine Orobanche gemahnt. Die Blätter am oberirdischen Sprosse sind schuppenförmig und durch gestreckte Internodien voneinander entfernt. Die ganze Pflanze erscheint schwarz, wie dies ja auch bei ohne Vorbehandlung[1]) gepreßten Lathraeen der Fall ist.

Nach dem Gesagten ist nicht zu zweifeln, daß in der Gattung *Striga*, in Hinsicht auf den Parasitismus, eine der interessantesten Rhinantheen vorliegt. Was bei unseren einheimischen Rhinantheen in der ganzen Gruppe zu verfolgen ist — ein Übergang von parasitisch anspruchsloseren Vertretern zu solchen mit sich steigernder Ausprägung des Parasitismus und zu einem Endgliede, das absoluter Parasit ist — läßt sich bei *Striga*, wie es scheint, innerhalb der Arten einer Gattung tun. Nur erscheint es fraglich, ob auch die Anfangsstufen des Parasitismus durch Arten von *Striga* so gut veranschaulicht werden, wie dies etwa durch unsere *Odontites verna* geschieht. Der Parasitismus dürfte bei den meisten Arten (vielleicht allen Arten) schon schärfer ausgeprägt sein.

Zweck dieser Zeilen war es, auf diese Verhältnisse aufmerksam zu machen und für diejenigen, denen das Material zugänglich ist, die Anregung zu geben, durch die Kultur einiger Arten die Verhältnisse näher aufzuschließen. Dann wird es sich auch erweisen, ob die Vermutungen, die ich auf Grund der eingehenderen Kenntnis unserer einheimischen Rhinantheen ausgesprochen, sich bewahrheiten oder nicht. Soviel Wahrscheinlichkeit mir im ersteren Sinne vorzuliegen scheint, immer bleibt doch die tatsächliche Bestätigung durch den Versuch zu erbringen.

Innsbruck, Botanisches Institut, im Mai 1913.

---

1) HEINRICHER, „Über das Konservieren von chlorophyllfreien, phanerogamen Parasiten und Saprophyten" (Zeitschr. f. wiss. Mikroskopie, Bd. IX, 1892).

34. G. Lindau: Uber Medusomyces Gisevii, eine neue Gattung und Art der Hefepilze.

(Mit Tafel XI.)

(Eingegangen am 17. Mai 1913.)

Im September 1912 zeigte mir Herr Dr. GISEVIUS einen merkwürdigen Organismus und fragte mich um mein Urteil, wohin er wohl gehören könnte. In einer Büchse befand sich eine schwimmende graue hautartige Masse, die sehr zäh und fest war. Während die Oberfläche ziemlich glatt war, sah man von der Unterseite fluktuierende Zotten in die Flüssigkeit hineinreichen. Auf den ersten Blick schien mir der Organismus nichts Pilzliches an sich zu haben, so daß mich erst die mikroskopische Untersuchung belehrte, daß hier eine äußerst interessante Hefe vorlag.

Da ich ursprünglich nicht die Absicht hatte, mich mit dem Pilze weiter zu beschäftigen, so warf ich die Präparate in eine Schale mit Wasser. Als ich am nächsten Morgen die Präparate liegen sah, kam mir plötzlich der Gedanke, ob es wohl möglich sei, aus diesen Bruchstücken wieder ein so großes Gebilde zu züchten. Ich nahm also die Stückchen unter den Deckgläsern hervor und tat sie in eine Schale, die mit gesüßtem Tee beschickt war. Hierin entwickelte sich der Pilz äußerst langsam, aber nach etwa 3 Wochen füllte die Haut die Schale aus, so daß ich gezwungen war, neue Schalen zu beschicken. Ich habe den Pilz jetzt über ein halbes Jahr in Kultur und besitze Kulturen sehr verschiedenen Alters. Die älteste ist auf Fig. 2 abgebildet und mißt 14 cm im Durchmesser und ohne Zotten ca. 2 cm in der Dicke.

Bevor ich auf die Bildung der Häute und auf die Morphologie eingehe, will ich nähere Mitteilungen über die Herkunft des Pilzes machen.

In der Gegend von Mitau in Kurland wird der Pilz vielfach vom Dienstpersonal als Hausmittel gebraucht. Man züchtet ihn, indem man ein Stück der Pilzdecke in kalten, gesüßten Tee wirft. Diese Kulturflüssigkeit duftet schon nach Verlauf von wenigen Stunden eigenartig aromatisch und wird getrunken als Heilmittel

gegen alle möglichen Leiden. Aus einer Information von Prof.
BUCHOLTZ in Jurjew geht hervor, daß auch ihm der Organismus
bekannt ist. Er schreibt: „Der bewußte Pilz auf Teeaufguß ist
mir besonders aus Mitau bekannt, woselbst die Köchinnen und
Dienstmädchen ihn züchten und (fast alle?) Krankheiten heilen.
Er wird regelrecht übergeimpft, d. h. in nachgebliebenen süßen
Tee ein Stückchen dieser eigentümlichen gelatinösen Decke getan.
Er wächst sehr rasch.“

Nach dieser Schilderung unterliegt es keinem Zweifel, daß
den russischen Botanikern der Pilz nicht unbekannt geblieben ist.
Man sollte also glauben, daß Kurland oder vielleicht die Ostseeprovinzen seine Heimat wären. Das scheint aber nicht der Fall
zu sein, denn der Herr, welcher Dr. GISEVIUS das erste Exemplar
des Pilzes überbrachte, gibt ausdrücklich an, daß er durch
Schiffer zuerst nach Mitau gebracht worden sei. Daraus geht
augenscheinlich hervor, daß er zu Schiff, vielleicht von einem
überseeischen Lande eingeführt worden ist. Daß die Einführung
vor nicht gar langer Zeit erfolgt sein muß, schließe ich daraus,
daß seine Anwendung bisher nur auf einen kleinen Bezirk begrenzt geblieben und die Kunde von seiner Einführung durch
Schiffer noch nicht erloschen ist. Aber er könnte ja immer noch
aus der Nähe stammen, obwohl in Nordeuropa etwas ähnliches bisher nicht bekannt geworden ist. Dagegen spricht, daß er nur bei
Zimmertemperatur oder besser noch bei etwas höherer Temperatur
gut wächst. Ich bin geneigt, daraus den Schluß zu ziehen, daß
der Organismus einem Lande mit höherem Jahresmittel entstammt. Meine Nachfragen für Java, Neu-Guinea, Samoainseln,
Marianen, tropisch Deutsch-Afrika, Südafrika, Argentinien sind
aber erfolglos gewesen; ob überhaupt ein tropisches Land in
Frage kommt, scheint mir fraglich, möglich, daß vielleicht die
südlicheren Teile von Nordamerika in Betracht gezogen werden
müssen.

Zur Kultur des Organismus habe ich mich ausschließlich des
gesüßten, verdünnten Teeaufgusses bedient, weil darin das Wachstum außerordentlich charakteristisch ist. Die Untersuchungen seines
Verhaltens auf anderen Nährsubstraten, besonders auch die Einzel-
kultur der Zelle bleiben noch vorzunehmen. Wenn ich mich diesen
Fragen nicht zugewendet habe, so liegt dies daran, daß ich mit
anderen Arbeiten überlastet bin und daß ein weiteres Eingehen auf
die Physiologie des interessanten Organismus mit den mir zur Verfügung stehenden Mitteln nicht möglich ist.

Die Erneuerung der Nährflüssigkeit geschah zweimal in der

Woche, das Ansetzen neuer Kulturen erfolgte durch Abschneiden kleiner Stücke der Häute.

Wenn ein kleines Stück einer älteren Kultur in frische Nährlösung gebracht wird, so sinkt es zu Boden und bleibt vorläufig dort liegen. Man bemerkt dann, namentlich bei leichtem Schütteln der Schale, daß von dem Stück Pilzhaut aus schleimartige, ganz unregelmäßig gestaltete, durchsichtige Partien sich in der Flüssigkeit verbreiten. Diese werden größer und erreichen die Oberfläche der Flüssigkeit. So weit geht die Entwicklung in 2—3 Wochen vor sich. Von nun an beginnt die Ausbildung der charakteristischen Hautform. Es bildet sich eine emportauchende farblose Haut, welche zuerst ein wenig feuchtstaubig erscheint und einen matten Glanz hat. Hebt man die Schicht empor, so sieht man, daß es keine einfache Kahmhaut ist, sondern eine feste elastische Decke, die etwa 2—5 mm in die Flüssigkeit hineinreicht. In der Flüssigkeit besitzt sie die Konsistenz einer gallertartigen, aber sehr zähen Masse, die sich mit Nadeln nicht zerreißen, sondern nur mit Schere oder Messer schneiden läßt.

In diesen jüngeren Stadien entströmt der Flüssigkeit ein feiner, aromatischer, an Fruchtessenz erinnernder Duft, der aber bei älteren Kulturen oder bei zu selten erfolgender Erneuerung der Nährflüssigkeit einem stechenden essigartigen Geruch Platz macht.

Beim Erneuern des Teeaufgusses ist es unvermeidlich, daß die ganze Decke oder Teile davon unter Flüssigkeit kommen. Es bildet sich dann von der ersten Decke aus eine zweite Oberflächenschicht. Auf diese Weise lagern bei älteren Kulturen viele Decken übereinander, so daß die älteste zu unterst liegt und die oberste die jüngste, noch gallertigen Charakter zeigende ist. Dabei schwimmt das Ganze an der Oberfläche. Im Laufe der Zeit werden die Decken dünner und zeigen schon dem bloßen Auge, daß sie noch fester und zäher geworden sind. Man kann nur mit der Schere aus dem fast zähknorpligen Überzuge ein Stück heraustrennen. Die Decken hängen fest zusammen und lassen sich nicht immer voneinander trennen. An der Oberfläche erscheinen sie jetzt ganz glatt mit mattem, feuchtem Glanz und etwas gelbbräunlich gefärbt. Diese Färbung rührt von der bräunlichen Farbe des Teeaufgusses her, der durch den Pilz fast vollständig entfärbt wird. Dazu finden sich in der Haut häufig die charakteristischen, spitzen Haare der Teeblätter vor, die von dem Schleim erfaßt und eingeschlossen werden.

Wenn eine schon erwachsene Haut in ein größeres Gefäß übergeführt wird, so erfolgt das periphere Wachstum genau kon-

zentrisch, so daß die Kultur schon nach wenigen Tagen den
Durchmesser des neuen Gefäßes erreicht hat. Dabei bekommen
dann die neu zugewachsenen Partien entsprechend weniger übereinander liegende Häute als die des älteren Teiles der Kultur.

Es kommt nun häufig vor, daß sich unter eine Haut am
Rande eine Luftblase setzt. Dann werden die neu angelegten
Oberflächenhäute durch die Luftblase an der betreffenden Stelle
hochgehoben und fallen nun zu beiden Seiten vorhangartig herab.
Auf Fig. 1 ist eine solche Stelle dargestellt, und man sieht die
Grenzen der Häute bogig herablaufen.

Auf der Fig. 2 sind an der unteren Fläche der Decken
braune Fetzen zu sehen, die in die Flüssigkeit hineinhängen und
dem Pilz eine entfernte Ähnlichkeit mit einer schwimmenden
Qualle verleihen. Diese Fetzen rühren von abgestorbenen und
zerrissenen Häuten her, die sich teilweise lösen und in der Flüssigkeit flottieren.

Wenn man nun eine junge Haut mikroskopisch untersucht,
so sieht man in einer farblosen, zähen Masse, die sich an der
Grenze gegen das umgebende Wasser nur schwach abhebt, eine
Unzahl von rundlichen bis länglichen, kleinen Zellen ganz regellos
zerstreut. Die Zellen sind außerordentlich zart und zeigen keine
besonders scharfe Begrenzung nach außen. Von irgendeiner Regel
bei ihrer Verteilung ist nichts zu sehen. Man bemerkt an einzelnen Stellen große Klumpen dicht aneinander liegender Zellen,
die meist rundlich sind. Dann finden sich durch breite Lücken
getrennt einzelne Zellen, Sproßverbände, alles regellos durcheinander. Als ich das erste Mal diese Verhältnisse durchmusterte,
glaubte ich, verschiedene Organismen vor mir zu haben und zwar
einen mit mehr kugligen oder schwach ellipsoidischen Zellen und
einen andern mit Zellen, die etwa 3—5mal so lang wie breit sind.
Als ich dann Übergänge in der Größe fand und die Sprossung
studierte, da erhielt ich mehr und mehr die Überzeugung, daß nur
ein einheitlicher Organismus vorliegt, der allerdings in seiner
Form variiert, und zwar stellen die sprossenden Kolonien die
etwas längeren Zellformen dar und die nicht sprossenden die mehr
kugligen.

Ich habe folgende Maße gefunden. Die Länge der ruhenden
Zellen beträgt etwa 5,5—8,5 μ, die Breite wechselt von 1,5—3,8 μ,
im Durchschnitt beträgt sie etwa 2,8 μ. Bei den Sproßzellen
wechselt die Länge, doch kann man etwa 7—11 μ als Regel
und 11—14 μ als Ausnahme betrachten; die Breite ist dieselbe
wie oben.

Der Inhalt der Zellen ist nicht besonders deutlich. Meist läßt sich ein größerer öliger Tropfen unterscheiden, der in der Mitte oder nach einem Pol hin liegen kann. Häufig finden sich auch zwei, aber dann kleinere Tropfen, von denen jeder in der Nähe eines Pols liegt. Außerdem findet sich bisweilen, aber nicht immer, eine kleine Vakuole und dann weiter sehr undeutlich ein etwas körniges Plasma. In der Figur 3, welche sowohl einzeln wie in Haufen liegende Zellen und sprossende Zellen vorstellt, ist der Inhalt fortgelassen, da er sich in seiner Zartheit nicht natürlich wiedergeben ließ.

Die Sprossung beginnt bei einzeln liegenden Zellen an einem Pol oder an beiden und zwar immer in der Richtung der Achse. Sie bietet außer dem etwas ungewöhnlichen morphologischen Ort nichts besonderes. Bei der weiteren Vergrößerung der Kolonien kommt eine mehr seitliche Aussprossung dadurch zustande, daß mehrere Zellen an einem Scheitel hervorsprossen. Es entstehen oft große Kolonien, von denen eine mit recht unregelmäßiger Sprossung in Fig. 3 wiedergegeben ist.

Die Verteilung dieser sprossenden Kolonien innerhalb des Schleimes ist sehr unregelmäßig. Im Gesichtsfeld finden wir ruhende und sprossende Zellen regellos durcheinander, vielfach überwiegen sogar die ruhenden an Zahl.

Die Frage nach der Bildung des Schleimes bleibt noch zu untersuchen. Wahrscheinlich werden auch hier, wie bei den Bakterien, die äußeren Membranschichten verschleimen und gewaltig aufquellen. Bei den lebenden Zellen ist die vorhandene Membran unmeßbar dünn und von irgendwelchen verquellenden äußeren Lagen läßt sich keine Spur sehen.

Wenn auch die Untersuchung des Organismus das nähere Resultat ergeben hat, daß es sich hier um eine Hefe handelt, so bleibt doch zur vollständigen Aufklärung der Physiologie, sowie der Sporenbildung beinahe alles zu tun übrig. Damit man aber von diesem Pilze, der nach vielen Richtungen hin bemerkenswert ist, reden kann, schlage ich die Benennung *Medusomyces Gisevii* nov. gen. et nov. spec. vor.

Das charakteristische Merkmal des Pilzes bilden die eigenartigen Oberflächenhäute, die sich von den gewöhnlichen Kahmhäuten wesentlich unterscheiden. Bei den von der Gattung *Mycoderma* erzeugten Kahmhäuten findet sich niemals ein so dichter Zusammenhang, der die Haut elastisch und zähe erscheinen läßt, ferner schichten sich die Häute niemals in so charakteristischer

Weise wie bei *Medusomyces* übereinander. Dieses eigenartige
Wachstum im Teeaufguß erscheint so abweichend von allen kahm-
hautbildenden Hefen, daß ich den Organismus nicht zu *Mycoderma*
stellen möchte, sondern ihn deswegen als Typus einer neuen
Gattung ansehe, die allerdings wohl in die Nähe von *Mycoderma*
gehört.

Erklärung der Tafel XI.

Fig. 1. Große, ältere Kultur mit bräunlichen Zotten unterseits und Schichtbildung, ca. $^1/_2$.

Fig. 2. Kleinere Kultur mehr von oben gesehen, mit Luftblasen und deutlicher Schichtbildung, ca. $^7/_{10}$.

Fig. 3. Einzelzellen, Zellhaufen und Sproßverbände, ca. $^{750}/_1$.

  Die beiden Photographien hat Herr Dr. BRANDT aufgenommen, die
Zeichnungen der Zellen Herr POHL nach meinen Skizzen angefertigt.

----

35. Th. M. Porodko: Vergleichende Untersuchungen über die Tropismen.

V. Mitteilung.

Das mikroskopische Aussehen der tropistisch gereizten Pflanzenwurzeln.

(Eingegangen am 22. Mai 1913.)

In meinen früheren[1]) Mitteilungen bin ich zu den folgenden
Schlüssen gekommen. 1. Die Erregungen der negativchemotrop,
negativthermotrop und traumatrop gereizten Wurzelspitzen sind
prinzipiell ähnlich insofern, als sie überall in einer Koagulation des
plasmatischen Eiweißes bestehen. 2. Die negativthermotropen und
thermotraumatropen bzw. negativchemotropen und chemotrauma-
tropen Erregungen unterscheiden sich voneinander nur je nach
Intensität und Stabilität der sie bedingenden Eiweißkoagulation.

----

1) PORODKO, Diese Berichte Bd. 30 S. 16, 305, 630.

Beide Schlüsse wurden auf dem indirekten Wege der Analogieführung gezogen. Es schien mir deshalb an der Zeit, sie auf dem direkten Wege der mikroskopischen Untersuchung der entsprechend gereizten Wurzeln zu kontrollieren.

Methodisches.

Es war von vornherein klar, daß eine derartige mikroskopische Untersuchung nach zwei Richtungen hin geführt werden mußte, und zwar einerseits an den fixierten und andererseits an den lebenden Wurzeln. Die erstere Methode, wo man beliebig dünne Schnitte herstellen und dieselben entsprechend färben kann, ist wohl geeignet, um die etwaigen feineren Plasmaänderungen in den affizierten Zellen zu entdecken, hingegen vermag diese Methode nicht, die eben supponierten koagulativen Plasmaänderungen festzustellen. Denn die Fixierflüssigkeiten enthalten bekanntlich[1] stets eiweißkoagulierende Stoffe und können somit irgendwelche lokale Plasmakoagulation alsbald verdecken. Danach leuchtet es ein, daß ich noch zur zweiten Methode greifen mußte, wo die Wurzeln im lebenden Zustande mikroskopisch untersucht würden.

Die mitzuteilenden Versuche wurden nach beiden Methoden angestellt. Als Versuchsmaterial dienten mir größtenteils die Keimwurzeln von *Lupinus albus* und nur selten die von *Helianthus annuus*. Die Versuche nach der ersten Methode wurden genau in der früher[2] beschriebenen Art ausgeführt. Zu den Versuchen nach der zweiten Methode verwendete ich ca. 20—30 mm lange Wurzeln, die in feuchten Sägespänen gekeimt und unmittelbar vor der Reizung herausgenommen wurden. Nachdem sie mittels eines trockenen Pinsels von den Sägespänen leise gereinigt waren, befestigte ich sie an den Kotyledonen mit Nadeln vertikal in einer dunklen und feuchten Kammer.

Die Temperatur der Versuche schwankte zwischen 15 ° und 19 ° C.

Die Wurzeln wurden in der früheren[2] Weise tropistisch gereizt, und zwar durch chemische, thermische und mechanische Energie. Die Reizintensität variierte ich von der Schwelle an bis zur traumagenen Stufe hinauf. Desgleichen variierte ich auch den

---

1) COHNHEIM, Chemie der Eiweißkörper, III. Aufl. S. 159.
2) PORODKO, a a O.

Zeitpunkt, an dem die Fixierung bzw. das Schneiden vorgenommen wurde. So geschah dies bald unmittelbar nach der Reizung, bald zu den verschiedenen Zeiten (am Anfang, am Maximum, am Ende) der Krümmungsreaktion, bald erst 24 Stunden nach der Reizung. Durch diese Variationen suchte ich nicht nur die Intensität der supponierten Plasmaänderungen, sondern auch deren eventuelle Reversion hervortreten zu lassen.

Als Fixierflüssigkeit benutzte ich teils Chromeisessig (0,5 g Chromsäure + 1 g Eisessig + 100 ccm Wasser), teils das Gemisch nach REGAUD (4 Teile 3proz. Kalibichromatlösung + 1 Teil käufl. Formaldehyd), teils das nach CARNOY (60 ccm absol. Alkohol + 30 ccm Chloroform + 10 ccm Eisessig). Im ersten Falle wurde etwa 24 Stunden fixiert, dann ebensolang mit Wasser ausgewaschen und durch Alkohol von 30 pCt., 50 pCt., 75 pCt., 96 pCt. und absoluten entwässert. Im zweiten Falle wurde etwa 4 Tage fixiert, dann in 3proz. Kalibichromatlösung übertragen und nach 7 Tagen mit Wasser ausgewaschen und ebenso wie oben entwässert. Im dritten Fall wurde etwa 24 Stunden fixiert und dann in absoluten Alkohol übertragen. Als Vorharz benutzte ich überall Chloroform in üblicher Weise, wonach das Material in Paraffin vom Schmelzpunkt 52 ° eingebettet wurde. Ich schnitt die Wurzeln meistens quer und nur in einzelnen Fällen längs. Die Schnittdicke betrug 5—15 μ. Die Färbung geschah nach dem HEIDENHAINschen Verfahren (mit Eisenhämatoxylin).

Das Schneiden der lebenden Wurzeln muß unbedingt unter Zuhilfenahme eines Mikrotomes stattfinden. Denn man darf den Schnitt nur dann gebrauchen, wenn er 1. die ganze zu schneidende Wurzelfläche ergreift und 2. überall eine streng gleiche Dicke besitzt. Sonst wird der Vergleich zwischen den affizierten und ungereizten Wurzelteilen unmöglich oder unsicher. Unter diesen Umständen hätten die Freihandschnitte natürlich wenig Wert.

Ich benutzte ein Schlittenmikrotom, an dem ich ein gewöhnliches Rasiermesser derart befestigte, daß es etwas nach unten und sehr schräg gegen die Wurzel gerichtet war. Der Messerklotz wurde mit der Hand frei geführt, und zwar sehr rasch. Die Befestigung der Wurzel geschah zwischen zwei Hollundermarklamellen. Die Dicke der Schnitte betrug meistens 40—50 μ, was für die Beurteilung gröberer Verhältnisse wohl zureichend war. Die Wurzeln wurden z. T. quer, meistens aber längs geschnitten. Im letzteren Falle orientierte ich die Wurzel so, daß die Schnittebene parallel der Fläche stand, in der sich der Reiz verbreitete. Auf diese Weise erhält man Wurzelschnitte, deren eine Seite affi-

ziert, die andere dagegen ungereizt war.. Der Vergleich zwischen
den beiden Seiten ist dann sehr leicht und sicher, besonders wenn
man die medianen oder die unweit von der Wurzelachse geführten
Schnitte untersucht.

Die Länge des zu schneidenden Spitzenteils sowohl der lebenden als fixierten Wurzeln betrug bei den Querschnitten 1—1$^1/_2$ mm,
bei den Längsschnitten 3—7 mm.

Ergebnisse der Versuche.

Zunächst mögen die Protokolle der ausgewählten Versuche in
aller Kürze angeführt werden. Die Versuche mit den fixierten
Wurzeln befinden sich in der Tabelle I, die mit den lebenden —
in der Tabelle II. Versuchspflanze ist überall *Lupinus albus*.

Tabelle I.

Nr. des Versuchs.	Reizung	Wann und in welchem Stadium der Krümmungs-reaktion fixiert wurde?	Fixier-flüssig-keit	Richtung und Dicke der Schnitte	Resultate der mikro-skopischen Untersuchung
1.	Orthotoluidin, unverdünnt	Nach 22 St. Krümmung — < 45 ⁰	Chrom-eisessig	Quer 15 μ	In den basalen Schnitten sind nur wenige periphere Zellen affiziert. In den letzten apikalen Schnitten nehmen diese Zellen bereits $^3/_4$ des Querschnitts ein. Die intermediären Schnitte stellen alle Über-gänge zwischen diesen Extremen vor. Die Grenze zwischen den affizierten und intakten Zellen läuft äußerst scharf. Die erste-ren Zellen sind kleiner, mit einem geschrumpften und stark gefärbten In-halt; Kerne unsichtbar. Intakte Zellen sind volu-minöser, mit dem schwach gefärbten Plasma und einem stark tingierten Kern.
2.	0,02 g Ä. Uranyl-nitrat	nach 2$^1/_2$ St. — < 30 ⁰	Chrom-eisessig	Längs 15 μ	Kein Unterschied zwi-schen den affizierten und intakten Zellen.
3.	0,02 g Ä. Uranyl-nitrat während 15 Sekunden	nach 1$^1/_2$ St. — < 15 ⁰	CARNOY	Quer 5 μ	Kein Unterschied.

Nr. des Versuchs	Reizung	Wann und in welchem Stadium der Krümmungsreaktion fixiert wurde?	Fixierflüssigkeit	Richtung und Dicke der Schnitte	Resultate der mikroskopischen Untersuchung
4.	0,02 g Ä. Uranylnitrat während 15 Sekunden	nach 1¾ St. — < 20°	REGAUD	Quer 10 μ	Kein Unterschied.
5.	dto.	nach 18 St. — < 120°	dto.	dto.	dto.
6.	0,1 g Ä. Aluminiumsulfat	nach 1¾ St — < 25°	dto.	dto.	dto.
7.	0,1 n Essigsäure	nach 1¾ St. — < 50°	dto.	dto.	dto.
8.	dto.	nach 18 St — < 20°	dto.	dto.	dto.
9.	Berührung mit rotgeglühtem Glasstäbchen	nach 1¾ St. — < 15°	dto.	dto.	Die Unterschiede stellen sich im allgemeinen ebenso dar, wie im Versuch Nr. 1.
10.	dto.	nach 18 St. — < 45°	dto.	dto.	
11.	70° C während 5 Sekunden	sogleich	Chromeisessig	Quer 7—10μ	Kein Unterschied.
12.	70° C während 15 Sekunden	dto.	dto.	Quer 5 μ	dto.
13.	70° C während 40 Sekunden	dto.	dto.	dto.	dto.
14.	Anschnitt mit Rasiermesser, tief	nach 1¾ St. — < 40°	REGAUD	Quer 10 μ	An den sämtlichen Schnitten sieht man die Wundstelle in Form einer flachen oder minder in die Tiefe gehenden Kerbe. Die Zellen, welche der Wunde direkt anliegen, unterscheiden sich jedoch von den übrigen Zellen in keiner Beziehung Die Wundränder allein sind mit einem engen, stark tingierten Streifen besäumt.
15.	dto.	nach 18 St. — < 30°	dto.	dto.	
16.	dto.	nach 1¼ St. — < 20°	CARNOY	Quer 5 μ	
17.	dto., mitteltief	sogleich	dto.	Quer 7 μ	
18.	dto.	nach 2 St. — < 20°	dto.	Quer 10 μ	
19.	dto.	nach 4½ St. als die Krümmung eben ausgeglichen wurde	dto.	dto.	

Im Anschluß an die obige Tabelle sei erwähnt, daß jene Präparate, wo keine Unterschiede zwischen den affizierten und intakten Zellen konstatiert wurden, nochmals unter Anwendung der stärksten Systeme (Apochromat 2 mm, Kompensationsokular Nr. 12, REICHERT) untersucht wurden. Irgendwelche feine Änderungen im affizierten Plasma konnten jedoch nicht wahrgenommen werden. Im speziellen zeigen die nach REGAUD fixierten Wurzeln gute Chondriosomen. Die Vergleichung dieser Gebilde in den affizierten und intakten Zellen zeigte jedoch bestimmt, daß die gesuchten feineren Unterschiede im Plasma wohl überall fehlen.

Tabelle II.

Nr. des Versuchs	Reizung	Wann und in welchem Stadium der Krümmungs reaktion geschnitten wurde?	Richtung und Dicke der Schnitte	Resultate der mikroskopischen Untersuchung
1.	0,01 g Ä. Silber-nitrat, während 30 Minuten	nach 24 St. — < 180 °	Längs 50 μ	Die affizierten Zellen sind schwarz geworden und heben sich von den intakten sehr scharf ab. In den medianen Schnitten beginnt die Grenzlinie etwa auf der Höhe der Pleromabwölbung[1]) und läuft dann schräg gegen die Spitze zu. Die affizierten Zellen nehmen somit nur die peripherischen Teile der Haube ein.
2.	0,001 g Ä Silber-nitrat, während 30 Minuten	nach 2¹/₂ St.	Quer 40–50 μ	Die affizierten Zellen sind schwach gebräunt. In den apikalen Schnitten nehmen sie etwa ¹/₃ des Quer-schnitts ein.
3.	dto., während 60 Sekunden	nach 2 St. — < 20 °	Quer 40 μ	Kein Unterschied.
4.	0,1 g Ä. Aluminium-sulfat	nach 24 St. — < 360 °	Längs 50 μ	Die affizierten Zellen nehmen 2—3 periherische Schichten in der Haube ein. Sie sind gebräunt und zeigen einen grobkörnigen Inhalt. Die ihnen anliegenden in-takten Zellen sind farblos und be-sitzen wässrigen Inhalt.
5.	0,02 g Ä. Alumi-niumsulfat	nach 2 St.	dto.	Kein Unterschied.
6.	dto.	nach 4¹/₂ St. — < 60 °	dto.	dto.
7.	dto.	nach 24 St. — < 45 °	dto.	dto.
8.	0,1 g Ä. Uranyl-nitrat	nach 2 St. — < 10 °	dto.	Die affizierten Zellen sind gelb gefärbt. Sie sind im allgemeinen ebenso lokalisiert wie im Versuch Nr. 1, nehmen aber außerdem noch die zentralen Teile der Haube und die Periblemendigungen ein.
9	dto.	nach 23 St. — < 120 °	dto.	
10.	dto.	nach 23 St. + < 100 ° an der Spitze selbst	dto.	dto. Allein die affizierten Zellen ergreifen überdies 1. etwa 2—3 mm im oberhalb der Pleromabwölbung gelegenen Haubenteil und 2. die peripherischen Haubenteile der un-gereizten Seite bis zur Plerom-abwölbung hinauf.
11.	0,02 g Ä. Uranyl-nitrat	nach 24 St. — < 270 °	dto.	Ebenso wie im Versuch Nr. 4.
12.	0,01 g Ä. Uranyl-nitrat, während 20 Sekunden	nach 1 St.	dto.	Kein Unterschied.

1) Vgl. JOST, Zeitschr. f. Bot., IV. Jahrg. S. 179.

Nr. des Versuchs	Reizung	Wann und in welchem Stadium der Krümmungsreaktion geschnitten wurde?	Richtung und Dicke der Schnitte	Resultate der mikroskopischen Untersuchung
13.	0,01 g Ä. Uranylnitrat, während 20 Sekunden	nach 4 St. — < 80°	Längs 50 μ	Kein Unterschied.
14.	dto.	nach 24 St. 1. — < 270° 2. — < 45°	dto.	dto.
15.	1 n Essigsäure	nach 24 St. — < 180°	dto.	Die affizierten Zellen sind dunkel geworden. Sie sind ebenso lokalisiert wie im Versuch Nr. 9.
16.	0,1 n Essigsäure	nach 2 St.	dto.	Die affizierten Zellen sind schwach dunkel gefärbt und ebenso wie im Versuch Nr. 4 lokalisiert.
17.	dto.	nach 24 St. — < 75°	dto.	
18.	Berührung mit einem dünnen rotgeglühten Glasstäbchen	nach 24 St. — < 75°	dto.	Die affizierten Zellen sind dunkelgelb gefärbt und ebenso wie im Versuch Nr. 9 lokalisiert.
19.	70° C während 10 Sekunden	nach 2 St.	dto.	Die schwach verdunkelten affizierten Zellen sind ebenso wie im Versuch Nr. 1 lokalisiert.
20.	60° C während 20 Sekunden	nach 25 St. — < 45°	dto.	dto.
21.	Anschnitt mit Rasiermesser, tief	nach 24 St. — < 50°	dto. und quer 45—50 μ	Die der Wunde direkt anliegenden Zellen sehen normal aus. Die Wundränder sind mit einer schwach verdunkelten grobkörnigen Plasmaschicht bedeckt.

Im Anschluß an die Tabelle II müssen noch einige ergänzende Beobachtungen Erwähnung finden. Aus mehreren Gründen war es für mich wichtig zu erfahren, ob und welche Teile der gereizten Wurzelspitze tot sind. Zu diesem Zwecke verwendete ich zwei Verfahren: entweder plasmolysierte ich die fertigen Schnitte oder ich bearbeitete die gereizten Wurzeln mit den Lösungen entsprechender Farbstoffe und ging erst dann zum Schneiden. Als geeignet erwiesen sich jene sauren Farbstoffe, welche in die lebenden Zellen nicht eindringen[1]), in den toten dagegen stark gespeichert werden. Im speziellen verwendete ich 0,05 prozentige Lösungen von Indulin und Azoblau. Ich befestigte die eben gereizten Wurzeln derart, daß ihre Spitzen 10 mm in die Lösung eingetaucht waren. Die Färbung dauerte etwa 24 Stunden. Die

---

1) Ruhland, Jahrb. f. wissenschaftl. Bot. Bd. 51, S. 383.

Wurzeln verhalten sich dabei in bezug auf die Krümmungsfähigkeit ganz normal. Nimmt man dann die Wurzeln heraus und spült sie mit Wasser ab, so erweist sich die Reizungsstelle allein als gefärbt, aber nur im Falle der traumatropen Reize. In der Tat zeigen auch die betr. Schnitte, daß die gefärbten Zellen ein körniges und unplasmolysierbares Plasma besitzen, also abgetötet sind.

Die beiden in Rede stehenden Verfahren — Plasmolyse und Färbung — haben nun übereinstimmend gezeigt: 1. daß nur jene affizierten Zellen, welche in dem oben angegebenen Sinne verändert erscheinen, tot sind; 2. daß die unveränderten den Traumen direkt anliegenden Zellen lebend sind; 3. daß die affizierten Zellen in jenen Versuchen, wo kein mikroskopischer Unterschied konstatiert wurde, lebend sind.

Schlußfolgerungen.

Auf Grund der angeführten Versuchsergebnisse sehe ich mich zu den folgenden Schlüssen berechtigt.

1. Feinere morphologische Änderungen finden in dem tropistisch affizierten Plasma nicht statt.

2. Mikroskopisch sichtbare Änderungen im affizierten Wurzelteil kommen nur im Falle des Traumatropismus zustande und sind immer mit dem Tode der betr. Zellen verbunden.

3. Der Begriff des Traumatropismus ist dahin zu erweitern, daß man hierher alle die Krümmungen einzuzählen hat, welche durch eine einseitige — mag sie äußerlich auch unsichtbar bleiben — Gewebeabtötung der Wurzelspitze eingeleitet werden. Das einfache Mittel, über die ev. traumatrope Natur des Reizes zu entscheiden, gibt die Färbung der Wurzel mit einer hochkolloidalen Lösung eines sauren Farbstoffes ab.

4. Die heftigsten traumatropen Reize bewirken wahrscheinlich eine tiefere chemische Veränderung des Plasmas und rufen eine völlige Desorganisation des Zelleninhaltes hervor. Dies folgt daraus, daß die in diesem Grade affizierten Zellen keine Kerne mehr zeigen und sich von den durch Fixation wohl koagulierten Zellen sehr scharf abheben.

5. Mildere traumatrope Reize rufen nur die Plasmakoagulation hervor, wobei die Zahl der affizierten Zellen mit der Verminderung der Reizintensität entsprechend sinkt. Die koagulative Natur der fraglichen Veränderungen ergibt sich 1. daraus, daß das affizierte Plasma der lebenden Wurzeln körnig, mitunter trübe erscheint, und 2. daraus, daß diese Eigentümlichkeit durch Fixation der betr. Wurzeln schon für die sämtlichen Zellen gemeinsam wird.

6. Es erhebt sich die Frage, ob und welche Änderungen in jenen Wurzelspitzen vorgekommen sind, welche bei der mikroskopischen Untersuchung keine Unterschiede zwischen den affizierten und intakten Zellen erkennen lassen. Für die richtige Beurteilung der Sachlage vergleiche man Versuche Nr. 2 und 3, bzw. 4 und 5, bzw. 11 und 12 der Tabelle II untereinander. Man sieht dann alsbald, daß eine relativ unbedeutende Verminderung der Reizintensität genügt, um die traumatropen Erregungsänderungen verschwinden zu lassen. Angesichts dieser Verhältnisse drängt sich die Annahme auf, daß auch in den lebenden negativtropistisch gereizten Zellen eine schwache Plasmakoagulation stattfinden dürfte. Dieselbe bleibt aber eine innere und bezieht sich lediglich auf die Erniedrigung des Dispersitätsgrades der plasmatischen Eiweißsole[1]).

Diese Annahme steht sowohl mit meinen beiden anfangs angeführten Schlüssen als mit den bekannten Erfahrungen der Kolloidchemie[1]) in gutem Einklange. Meine nächste Aufgabe wird es sein, eine experimentelle Prüfung dieser Annahme vorzunehmen. Diesbezügliche Versuche sind schon im Gange.

Zum Schluß der vorliegenden Mitteilung danke ich meinem Kollegen Herrn Privatdozenten Dr. A. A. SAPÉHIN für die freundliche Beihilfe bei der Untersuchung der fixierten Wurzeln.

Odessa, den 19. Mai 1913.

Botanisches Laboratorium der Universität.

---

1) WO. OSTWALD, Grundriß der Kolloidchemie, I. Aufl., S. 325 u. ff.

36. C. Wehmer: Übergang älterer Vegetationen von Aspergillus fumigatus in „Riesenzellen" unter Wirkung angehäufter Säure.

(Mit 7 Figuren im Text)

(Eingegangen am 24. Mai 1913.)

In älteren Culturen von *Aspergillus fumigatus* Fres. auf Zuckerlösung mit anorganischen Nährsalzen (Ammonnitrat als Stickstoffquelle) beobachtet man bisweilen die eigenartige Erscheinung, daß die gesamte oberflächliche Conidiendecke innerhalb weniger Tage unter das Flüssigkeitsniveau sinkt, von der klaren Nährlösung bedeckt, bleibt sie dann ohne sichtbare Weiterentwicklung am Boden des Culturkolbens liegen. Kurz vorher hat sich ihr Aussehen schon merklich verändert, die aus dicht verwebten Hyphen bestehende, vordem glatte graugrüne, oberflächlich staubig-trockene Decke begann unter Lockerung ihres Gefüges und sichtbarer Volumzunahme wellige Falten zu werfen und nahm trübgrünes feuchtes Aussehen an, nicht ganz unähnlich einer gefalteten Fetthaut; die vordem nicht benetzbare Oberfläche durchtränkt sich mit der Culturflüssigkeit und wird völlig von ihr überdeckt (Fig. 1 u. 2), eine neue Pilzdecke auf dieser erscheint auch nach Wochen nicht.

Es handelt sich keineswegs um eine normalerweise eintretende einfache Absterbeerscheinung; schon das abweichende Verhalten anderer gleichalter Culturen dieses Pilzes, in denen die trockenen Decken trotz beginnenden Zerfalls ihre Lage auf der Flüssigkeitsoberfläche behalten, zeigt das ohne weiteres. Bei näherem Verfolg der Erscheinung stellt man vielmehr zwei besondere Punkte fest: Sie tritt nur auf Nährlösungen ein, welche deutlich sauer sind, also nachträglich noch eine hohe Acidität angenommen haben, weiterhin erweist sich eine solche untersinkende Pilzdecke auch in ihrem microscopischen Aussehen völlig verändert, sie ist fast ganz in ein lockeres Haufwerk großer Kugeln übergegangen. Offenbar handelt es sich um einen Fall umfangreicher Chemomorphose[1]), veranlaßt durch die freie Säure der Culturflüssigkeit. Diese läßt kein oberflächliches Mycelwachstum mehr aufkommen, es findet nur noch submerses Kugelzellwachstum statt[2]). Daß die

1   2

Fig. 1. Normale Conidiendecke von *Aspergillus fumigatus* (20°). Cultur-flüssigkeit ohne freie Säure. Vergr. ca. ³/₄.

Fig. 2. Untergesunkene faltige Decke desselben Pilzes (20°). Cultur. flüssigkeit ist stark sauer. Vergr. ca. ³/₄.

untersinkenden Pilzteile nicht etwa insgesamt abgestorben sind, zeigt die Übertragung einer Impföse in neue Nährlösung, wo sich

1) Vgl. RACIBORSKI, Einige Chemomorphosen bei *Aspergillus niger* (Bull. Intern. Acad. Scienc. Cracovie, 1905, 777).

—, Über den Einfluß äußerer Bedingungen auf die Wachstumsweise des *Basidiobolus ranarum* (Flora 1896, 32, 112).

RITTER, Über Riesenzellen und Kugelhefe bei einigen Mucoraceen (Ber. D. Botan. Gesellsch. 1907, 25, 255).

—, Die giftige und formative Wirkung der Säuren auf die Mucoraceen und ihre Beziehung zur Kugelhefebildung (Jahrb. Wissensch. Botan. 1913, 52, 351).

2) Eine Neubesiedelung der Oberfläche kann jedoch bei Infection durch *Aspergillus niger* stattfinden.

alsbald üppige normale grüne Decken bilden, wenn auch das microscopische Bild zumal der größeren Kugelzellen mit stark kontrahiertem Plasma eine jedenfalls an diesen bereits eingetretene Schädigung andeutet.

Auffällig ist das wenig gleichmäßige Eintreten der Erscheinung; selbst auf ganz gleich zusammengesetzten Nährlösungen begegnet man ihr nur hin und wieder. So trat sie beispielsweise nur in einer von 6 Culturen nach ca. 5 Wochen auf (ERLENMEYER-Kolben mit je 100 cc Rohrzuckerlösung von 10 pCt., 1 pCt. Mineralsalze, 20 ° und 34 °), diese Culturflüssigkeit färbte aber rotes Congopapier indigblau, während die der übrigen auf Congo von kaum merklicher oder sehr schwacher Wirkung waren; 10 cc von jener verlangten beim Titrieren nicht weniger als 6 cc $^1/_{10}$ N. N. bis zum Verschwinden der blauen Farbe des Congo, der Gehalt an notorischer freier Säure war also recht erheblich (ca. 0,378 pCt. auf Oxalsäure berechnet). Es handelt sich offenbar um eine vom Pilz selbst gebildete, in wechselnden Mengen sich ansammelnde fixe organische Säure[1] von deutlicher physiologischer Wirkung. Etwa aus dem Ammonnitrat abgespaltene Mineralsäure müßte gerade in jungen üppigen Culturen bereits nachweisbar sein. Gewöhnlich säuert *Aspergillus fumigatus* die benutzte Culturflüssigkeit kaum merklich an.

Der Unterschied im Aussehen der Präparate aus einer derart veränderten und einer normalen Decke des Pilzes ergibt sich aus beistehenden Bildern (Fig. 3—5); die untersinkende Vegetation besteht fast ausschließlich aus einer dichten Masse solcher isolierter großer farbloser Zellen („Riesenzellen"), zwischen ihnen liegen freie Conidienträger neben unveränderten Conidien, Hyphen sind nur noch spärlich nachweisbar. An Größe übertreffen die Riesenzellen nicht selten den ganzen Kopf des Conidienträgers noch erheblich, meist messen sie 20—30 μ, bis zum doppelten (60 μ und darüber), herunter bis auf 4—5 μ; in der Hauptsache dürften sie wohl aus den Conidien (2—3 μ) hervorgehen.

In unserem Falle geht also unter den natürlichen Verhältnissen die gesamte Pilzvegetation fast restlos in eine Masse zu

---

1) Die Natur dieser Säure steht noch nicht sicher, vorläufig konnte ich nur einige microchemische Reactionen mit dem Rückstand einer Probe der eingedunsteten Culturflüssigkeit (5 cc), welche neben Ammoniak- auch noch Nitrat-Reaction gibt, anstellen. Unter Deckglas entwickelte er mit Calciumcarbonat Kohlensäurebläschen; das nach Tagen in schönen tafelförmigen Kristallen abgeschiedene Kalksalz ist kein Calciumoxalat.

Boden sinkender Riesenzellen über, der Vorgang stellt sich, wenn auch unregelmäßig, so doch von selbst, im natürlichen Verlauf der Dinge, ein. Die blasigen Zellen zeigen sonst kaum etwas von den gleichen anderer Pilze Abweichendes, zarte Wand, dünner farbloser mehr oder minder körniger Plasmabelag, große Vacuole, Kugelform ist die Regel. Experimentell sind diese sonderbaren Gebilde bekanntlich schon wiederholt hervorgerufen, meist durch Zusatz von Säuren zur Nährlösung aus den eingesäeten Sporen; nach BREFELD[1])

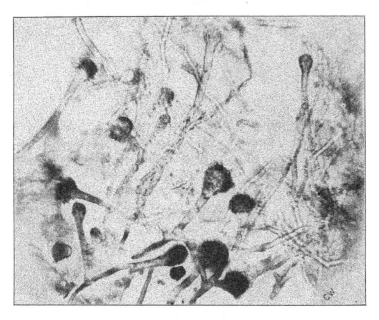

Fig. 3. Micr. Präparat der Decke von Fig. 1. Die charakteristischen Conidienträger (in der Entwicklung) neben Hyphen. Vergr. ca. 400 (WINKEL, Obj. 7, Ocul. 4 u. Microphot. Camera).

haben sich besonders KLEBS[2]) und kürzlich RITTER[3]) wieder eingehend mit ihnen beschäftigt, dieser hat auch die ausschlaggebende Rolle der freien Säuren (Wasserstoff-Ionen) bei ihrer Entstehung

1) BREFELD, O., *Mucor racemosus* und Hefe (Flora 1873, 391).

2) KLEBS, G., Die Bedingungen der Fortpflanzung bei einigen Algen und Pilzen, 1896, 516.

3) l. c., wo auch weitere Literatur aufgeführt und besprochen ist.

genauer verfolgt. Meist sind solche bislang von Mucorineen bekannt geworden: *Mucor Mucedo* (BREFELD), *M. racemosus* (KLEBS),
M. spinosus (BEAUVERIE), *M. spinosus, Thamnidium, Rhizopus*
(RITTER), doch fehlen sie auch bei anderen Pilzen nicht: *Aspergillus niger, Citromyces* (RITTER), *Botrytis* (BEAUVERIE), *Nectria*
(WERNER), *Aspergillus niger, Basidiobolus* (RACIBORSKI); bei *Penicillium variabile* fand ich sie unter Wirkung der aus dem Ammonsulfat abgespaltenen Schwefelsäure[1]), gleich auffällig und massen-

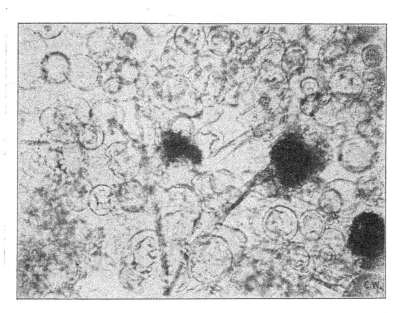

Fig 4. Micr. Präparat der Decke von Fig. 2 (frisch, ohne Färbung usw.).
Neben isolierten Conidienträgern fast nur „Riesenzellen" verschiedener
Größe (mehrfach mit contrahiertem Plasma); Conidien, spärliche Hyphen.
Vergr. ca. 420 (WINKEL, wie vorher).

haft wie bei *Aspergillus fumigatus* dürften sie vielleicht selten beobachtet werden. Da bei diesem Pilz ebenso wie bei *Penicillium
variabile* und den vorher genannten auch die Hyphen unter Wirkung freier Säuren entsprechend reagieren, erklären sich die schon
früher in seinen älteren Culturen beobachteten und abgebildeten

---

1) Selbstvergiftung in *Penicillium* - Culturen als Folge der
Stickstoff-Ernährung (Ber. D. Botan. Gesellsch. 1913, **31,** 210).

blasigen Anschwellungen[1]) ungezwungen. Der ganze Vorgang verdient vom physiologischen Standpunkte aus sicher ein größeres
Interesse, als man ihm bislang geschenkt hat.

Anstoßgebend für die Bildung ist offenbar auch hier der
durch die freie Säure (Wasserstoff-Ionen) auf die reifen Conidien
ausgeübte chemische Reiz, die bis dahin ruhenden Organe beginnen zu verquellen und sogleich in ein enormes Wachstum ein·

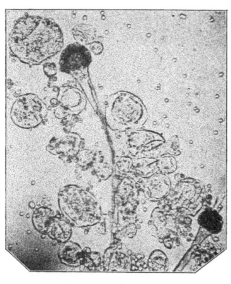 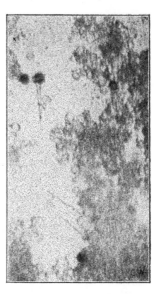

5   6

Fig. 5. Präparat wie Fig. 4, die Teile durch Präparieren etwas mehr isoliert.
„Riesenzellen" in· allen Dimensionen neben Conidien und charakteristischen Conidienträgern. Vergr. ca. 320 (WINKEL, wie vorher).
Fig. 6. Präparat aus der Decke von Fig. 2, schwächer vergrößert (ca. 100),
die dichten Massen der „Riesenzellen" zeigend.

zutreten, welches ihren Durchmesser in wenigen Tagen um das
10- bis 20fache vergrößert; ohne eine ergiebige Neubildung von
Zellhaut- und Plasmasubstanz ist das schlechterdings nicht möglich.
In Culturen ohne derartige stärkere Säureanhäufung bleibt die Beschaffenheit der fädigen Pilzdecke dagegen unverändert, auch die

---

1) Früher kurz als „Mißbildungen" von mir aufgeführt. Die Pilzgattung *Aspergillus* (Mém. Soc. Phys. et d'Hist. Nat. de Genève, 1901, **33**,
2. part. nr. 4), Taf. IV.

reifen Conidien verharren hier im Ruhestande. Schwerer verständlich als die so unvermittelt einsetzende lebhafte Plasmatätigkeit ist sicher die Tatsache, daß es zu keiner einseitigen lokalisierten Keimschlauchbildung, sondern zu einer stetig wachsenden allseitigen Volumzunahme, einem gleichmäßigen intercalaren Wachstum kommt, für das doch nach allem die freie Säure in irgendeiner Weise verantwortlich gemacht werden muß. RITTER, welcher die bislang noch nicht erörterte Mechanik der Riesenzellenbildung aufzuklären versuchte (l. c.), sieht die Säurewirkung in einer übermäßig gesteigerten Dehnbarkeit der Zellwand, und sicher trifft das einen Teil der Erscheinung[1]); die Tatsache der fortgesetzten gleichmäßigen Dehnung deutet schon darauf, das Wachstum solcher Blasenzellen scheint im Princip unbegrenzt (bis 800 μ ist von demselben gemessen, l. c.), es dauert an, solange die lebende Zelle chemisch durch Neubildung von Wandsubstanz und osmotisch wirksamer Stoffe tätig ist[2]). Der ganze sonst in der Form eines gegliederten verzweigten Mycels erscheinende Pilzkörper entwickelt sich gleichsam als einzellige Blase von riesenhafter Größe, er bleibt, ohne zur Bildung von Reproductionsorganen zu schreiten, auf dem Stadium einer vielkernigen Zelle stehen; da dieser Zustand sicher nicht der normale ist, mag man darin immerhin eine pathologische Erscheinung sehen. Die Volumenzunahme der Zellen übersteigt das Tausendfache, genau genommen wird also durch die Säurewirkung das Wachstum in eine verkehrte oder wohl richtiger in eine andere Bahn geleitet. Trotz des enormen Flächenwachstums behält die Haut mindestens ihre ursprüngliche Dicke.

Wie erklärt sich aber das auffällige Verhalten der Zellhaut? RITTER denkt sich ihr anormales Flächenwachstum als Folge einer

---

1) Wenn auch der tatsächliche osmotische Druck in solchen Blasenzellen nach den Bestimmungen RITTERs (l. c. 1903, S. 385) kein besonders hoher ist — bei der leichten Dehnbarkeit der Wand kann es kaum anders sein —, so würde doch wohl ohne fortgesetzte Production osmotisch wirksamer Substanz die beobachtete Wirkung ausbleiben müssen. Dieser Druck scheint mir also wesentlich.

2) Der chemische Reiz freier Säure würde also nicht für Teilungsvorgänge, sondern lediglich für verstärktes Wachstum der Zellen in Frage kommen; trotz lebhafter Stoffbildung unterbleibt vielmehr die Anlage neuer Zellwände. Nach RITTER finden in den Riesenzellen auch ergiebige Kernteilungen statt (l. c. 1913, S. 373). Zur Zellteilung s. HABERLANDT (S.-Ber. Kgl. Preuß. Acad. Wissensch. 1913, Math.-Phys. Cl. 16, 27), übrigens auch RACIBORSKI, l. c. 1896.

Störung der Regulation der osmotischen Verhältnisse und auch der
Zellwanddehnbarkeit durch die Einwirkung der Wasserstoffionen
auf die Hautschicht des Plasmas, gibt diese Meinung aber mit aller
Reserve. Man kann die Sache vielleicht auch mehr chemisch betrachten, die geringere Festigkeit der Haut also auf abweichende
stoffliche Qualität zurückzuführen versuchen, welche ihrerseits eine
Folge der veränderten Bildungsbedingungen wäre. Die größere
oder geringere Dehnbarkeit hängt immerhin von der Art der Substanz mit ab, auch kann sie wohl durch Fehlen oder Neuhinzu-
kommen gewisser chemischer Stoffe modificiert werden. Tatsächlich ist nun das Material der Blasenwände von der normaler Hyphen, Conidienträger und Conidien des *Aspergillus*

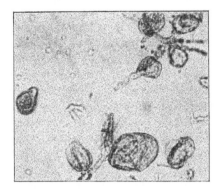

Fig. 7. „Riesenzellen" von *Penicillium variabile* aus Cultur mit Ammonsulfat
als Stickstoffquelle. Vergr. ca. 350.

fumigatus merklich verschieden, es ist minder widerstandsfähig
und gibt auffälligerweise reine Cellulosereaction.

Schon mit Jodalcohol färbt sich ein erheblicher Anteil der
Riesenzellen des *Aspergillus* rein blau, mit Chlorzinkjod werden
sie sämtlich sogleich violett, mit Jod plus Schwefelsäure indigblau; die Farbe ist so intensiv, daß die Zellmassen macroscopisch
blauschwarz erscheinen. Microscopisch hebt sich die blaue Zell-
wandfärbung scharf von der gelbbraunen des Plasmas ab. Teile
normaler Decken färben sich mit den Jodreagentien nur braungelb
(Plasmafärbung), diese Farbe zeigen auch die zwischen den Riesenzellen verstreuten Conidienträger, Conidien und noch unverändert
erhaltenen Hyphen. Schwefelsäure löst die Blasenwände gutenteils,
auch diese Lösung färbt sich in den microscopischen Präparaten

mit Jod mehrfach rein indigblau. Das gilt aber nicht nur für *Aspergillus fumigatus*, Riesenzellen anderer Pilze verhalten sich ähnlich; besonders auffällig ist die Jodreaction bei den blasig angeschwollenen Hyphen des oben genannten *Penicillium variabile* (Fig. 7) in Nährlösung mit Ammonsulfat als Stickstoffquelle, die sämtlich direct „Stärkereaction" geben, sich also schon mit Jod-alcohol macroscopisch schwarzblau, microscopisch schön violett bis blau färben, indes das normale Mycel natürlich auch hier keine solche Wandfärbung sondern die bekannte Gelbbraunfärbung zeigt. Um was für kohlenhydratartige Substanzen es sich dabei handelt, muß die macrochemische Untersuchung lehren.

Stofflich liegt in dem Material der Wandsubstanz unserer Riesenzellen hiernach also offenkundig etwas besonderes, von dem der gewöhnlichen Pilzzellwände[1]) Abweichendes vor; nach ihren Reactionen erscheint sie auch minder resistent, so daß die chemische Natur dieser Wände für ihr Verhalten vielleicht doch mit in Anschlag gebracht werden darf. Jedenfalls zeigen die Tatsachen aber, daß die in sauren Medien gebildete Wandsubstanz von Pilzzellen merklich abweichender Art sein kann, dieselbe somit in ihrer chemischen Beschaffenheit offenkundig unter dem bestimmenden Einfluß der Natur des Mediums steht. Der unter abgeänderten Bedingungen verlaufende Prozeß liefert ein stofflich verändertes Produkt. Es ist das in anderer Beziehung noch von Interesse („Cellulose-Vorkommen"); dürfte auch wohl für Organismen sonstiger systematischer Gruppen (Bacterien u. a.) zu erweisen sein. Vereinzelte Beobachtungen über sich mit Jod bläuende Pilzmembranen liegen bekanntlich für Vertreter verschiedener Abteilungen der Pilze vor (DE BARY, l. c. S. 8).

Dem Untersinken der alten *Aspergillus-fumigatus-*Decke in der sauren Culturflüssigkeit entspricht also ein Übergang fast aller Teile derselben in morphologisch sowohl wie chemisch veränderte Elemente, es handelt sich nicht nur um eine bloße Chemomorphose[2]).

---

1) Pilzcellulose von DE BARY. (Vergleichende Morphologie und Biologie der Pilze, 1884, S. 9.)

2) Genau genommen wäre die Erscheinung, wenn man dafür einen Namen sucht, als „Chemo-Morphochemose" (Chemokemose wäre auch nicht besser) zu bezeichnen; wesentlicher erscheint es mir, zunächst einmal festzustellen, ob es sich da um eine solche von allgemeiner Verbreitung handelt.

Nach dem was wir heute über die Gestalt bestimmende Wirkung freier organischer und anorganischer Säuren auf Sporen und Hyphen von Pilzen wissen, ergibt sich schließlich noch die Frage, ob solche nun ganz allgemein besteht, auch ausschließlich auf das Conto der Säurewirkung (Wasserstoff-Ionen) zu setzen ist und ob ähnliche gestaltliche Veränderungen von Zellen in den meisten Fällen so erklärt werden dürfen. Keiner dieser Punkte — am wenigsten der letzte — ist wohl unbedingt zu bejahen, jedenfalls sind die Hyphen mancher Pilze gegen die reizende Wirkung selbst erheblicher Säureconcentrationen wenig empfindlich, andererseits lassen sich Form- und Größenänderungen pflanzlicher Zellen bekanntlich auch durch andere Einflüsse erzielen[1). . Manche der vielfach beobachteten und als zufällige Mißbildungen in Pilzculturen beschriebenen blasigen bis tonnenförmigen Auftreibungen von Hyphen wird man aber wohl dahin rechnen dürfen, auch in Culturen von *Aspergillus Oryzae*, *A. minimus*, *A. Ostianus* u. a. finden sich solche z. B. nicht selten[2)], man darf hier wohl ohne großen Fehler den Rückschluß auf mitwirkende, also in der Cultur vorhandene Säure — nächstliegende bleibt immer die verbreitete Oxalsäure — machen. Ob das selbst für die eigenartige „Blasenhülle" mancher Ascusfrüchte gilt, wäre jedenfalls noch zu zeigen; am bekanntesten ist die bei *Asp. nidulans* und *A. Rehmii* von EIDAM[3)] und ZUKAL[4)] beschriebene aus angeschwollenen Hyphen bestehende Hülle, wie sie immerhin durch eine Säureausscheidung seitens des sich entwickelnden Fruchtkörpers wohl erklärlich wäre.

---

1) Vgl. JOST, Vorlesungen über Pflanzenphysiologie, 2. Aufl. 1908, Vorlesung 25, S. 375 u. f. Von anderen chemischen Stoffen läßt Äther nach GERASSIMOFF *Spirogyra*-Zellen tonnenförmig anschwellen, Jod veranfaßte nach RACIBORSKI Riesenzellenbildung von *Aspergillus niger;* außer „Giften" sollen auch besondere Ernährungsverhältnisse, Concentrationsänderungen usw. in ähnlichem Sinne wirken können. Nicht alle früheren Angaben erscheinen jedoch unter der neuerdings von RITTER (l. c.) gegebenen Beleuchtung stichhaltig. Hierher gehört u. a. auch der von E. KÜSTER (Gallen der Pflanzen, 1911, 280, Fig. 139) abgebildete instructive Fall, wo tierische Excremente ebenso wirkten. Durch die Annahme, daß störende chemische Einwirkungen zu einer Säureansammlung innerhalb der Zelle führen, könnte man alles das vielleicht unter einen gemeinsamen Gesichtspunkt bringen. Die Wirkung wäre also indirect.

2) Schon früher von mir abgebildet (Pilzgattung *Aspergillus*, Tafel I und II), hier auch Reproduction der Bilder von EIDAM und ZUKAL (Taf. III)

3) COHNs Beitr. z. Biologie d. Pflanzen. 1883, **3**, 377.

4) Österr. Bot. Ztschrft. 1893, Nr. 3.

Auch die sogenannten „Sphäroidzellen" der Flechten kämen da vielleicht in Betracht, sehr verschiedenartige Producte sauren Characters sind bei Lichenen bekanntlich verbreitet. Zweifelsohne werden besondere chemische Natur und Concentration der Säuren neben der specifischen Verschiedenheit des Organismus Unterschiede bedingen; der formbestimmende Einfluß könnte aber selbst bei der Ausgestaltung von Organen, die ganz normalerweise im Entwicklungsgang einer Species auftreten, mitwirken, so wenig Sicheres darüber zurzeit auch angegeben werden kann[1]). Immerhin darf man Mitspielen des gleichen Reizes auch bei Phanerogamen wohl da annehmen, wo in gewissen Organen rasches Wachstum und besondere Größe von Zellen in Verbindung mit Auftreten freier Säuren[2]) beobachtet werden (saftreiche Früchte der Obstarten, Gallen usw.). Der bestimmte Nachweis wird hier allerdings durch die größere Empfindlichkeit der Zellen höherer Gewächse gegenüber experimentellen Eingriffen wesentlich erschwert. In dieser Hinsicht zu prüfen blieben auch die mancherlei Fälle, wo Mitwirkung chemischer Reize bei physiologischen Vorgängen so gut wie sicher ist (keimungsauslösender Reiz bei Sporen, Pollenkörnern und Samen; Hypertrophien, Gallenbildung usw.); freie Säuren sind notorisch zumal in lebhaft atmenden Geweben verbreitet, wenn auch bei geringen Mengen nicht immer sicher bestimmbar. Da übrigens ihre Entstehung und somit die besondere Wirkung, mit Oxydationsvorgängen innerhalb der Zelle zusammenhängt, müssen in letzter Linie die mancherlei auf eben diese einwirkenden Factoren den besonderen Reizerfolg beeinflussen also ev. hervorrufen. So findet Umwandlung der alten *Aspergillus fumigatus-*

---

1) Über Chemomorphosen: s. KÜSTER, E., Die Gallen der Pflanzen, 1911, 281; s. auch HABERLANDT, l. c, sowie Physiologische Pflanzenanatomie, 2. Aufl., 1907, S. 3; PFEFFER, Pflanzenphysiologie, 2. Aufl., 2. Bd., 1901, 133; KÜSTER, Pathologische Pflanzenanatomie, 1903, 281.

2) Der Gehalt solcher Fruchtsäfte an freien Säuren erreicht und überschreitet gewöhnlich 1 pCt.; nach den Erfahrungen mit Pilzzellen kann diese Concentration kaum ohne mitbestimmenden Einfluß auf die Entwicklung der Fruchtzellen sein. Wenn hier auch die Abspaltung organischer Säuren obenan steht, so sind doch angesichts der lebhaften Stoffbildung in der wachsenden Frucht Spuren anorganischer Säuren keineswegs ganz ausgeschlossen. Es zeigen die reifen Zellen des Fruchtfleisches vom Apfel, *Symphoricarpus* u. a. — wennschon das allein für sich nichts beweist — sowohl morphologisch wie hinsichtlich der chemischen Beschaffenheit ihrer Wandsubstanz (Hemicellulosen) eine große Ähnlichkeit mit den unter der Säurewirkung aus den winzigen Conidien von *Aspergillus fumigatus* heranwachsenden Kugelzellen.

Decken in Riesenzellen auch nur dann statt, wenn die Säureansammlung aus irgendeinem Grunde (verzögerte Weiterzersetzung,
beschleunigte Bildung) ein gewisses Maß überschreitet, dafür können
aber von vornherein sowohl äußere wie innere Bedingungen be-
stimmend sein, mit deren näherem Verfolg ich beschäftigt bin.

Hannover, Mai 1913.

Bacter. Laborat. des Techn.-Chem. Instituts, Technische Hochschule.

---

37. Reinhold Lange: Über den lippenförmigen Anhang an der Narbenöffnung von Viola tricolor.

(Vorläufige Mitteilung.)

(Mit Tafel XII und einer Textfigur.)

(Eingegangen am 25. Mai 1913.)

Vor mehr als zwanzig Jahren hatte Herr Prof. CORRENS bei
Gelegenheit seiner Untersuchungen über die biologische Anatomie
einiger Blüten (1891) auch begonnen, Bau und Funktion des
lippenförmigen Anhanges an der Narbenöffnung von *Viola tricolor*
zu studieren und die Entwicklungsgeschichte in der Hauptsache
ermittelt. Er war jedoch wegen anderer Arbeiten nicht zum Abschluß gekommen und stellte mir deshalb die Aufgabe, das Thema
aufzunehmen und das merkwürdige Organ einer genauen Untersuchung zu unterziehen.

Im folgenden gebe ich einen kurzen Bericht über meine bisherigen Ergebnisse. Ich werde später mit Berücksichtigung anderer
Veilchenarten eine ausführlichere Mitteilung machen, die auch der
biologischen Bedeutung des Organs gerecht werden soll.

Zur Orientierung diene nebenstehende Figur. Sie stellt einen
Längsschnitt durch eine Blüte von *Viola tricolor vulgaris* in ihrer
Symmetrieebene dar. Auf dem Fruchtknoten frk sitzt der knie-
förmig gebogene Griffel g, der am Ende den Narbenkopf nk mit der
gegen das untere Kronblatt ub gelegenen Narbenöffnung nö trägt,
bei l der lippenförmige Anhang (Lippe); der Pfeil deutet die Rich-

tung an, in der ein Insektenrüssel ins Innere der Blüte eintritt. Es bedeuten ferner stb das eine der beiden unteren Staubblätter mit dem in den Sporn hineinragenden Nektarium ne.

Obwohl in der blütenbiologischen Literatur bei *Viola tricolor* ständig auch von dem lippenförmigen Anhang an der Öffnung des Narbenkopfes die Rede ist, fehlt bis jetzt eine genaue anatomische und entwickelungsgeschichtliche Untersuchung derselben. Ja, es herrschen auch über seine biologische Bedeutung noch verschiedene Meinungen. Die älteren Autoren, so HILDEBRAND 1867, S. 53—56, H. MÜLLER 1873, S. 145, schreiben der Lippe eine wesentliche Bedeutung für das Zustandekommen der Kreuzbefruchtung zu. Sie soll beim Eindringen eines Insektenrüssels ins Innere der Blüte

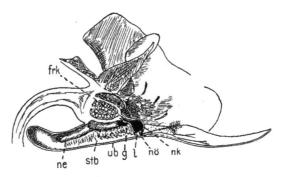

Fig. 1. Längsschnitt durch eine Blüte von *Viola tricolor vulgaris*. Erklärung der Buchstaben im Text.

(s. die Textfigur) den von einer anderen Veilchenblüte mitgebrachten Pollen von diesem abstreifen; beim Herausziehen des Rüssels soll sich die Lippe gegen die Narbenöffnung (s. Textfigur bei nö) drücken, dadurch den fremden Pollen in dieselbe befördern und, indem sie so zugleich die Öffnung zum Teil verdeckt, Selbstbefruchtung verhindern.

Im Jahre 1897 beschreibt B. WITTROCK diese Lippe nach ihrem morphologischen Habitus etwas genauer. Auf Grund seiner Ansicht, daß sie keinen nennenswerten Grad von Biegsamkeit besitze, kommt er zu dem Schluß, daß sie „höchstens eine untergeordnete Bedeutung bei der Befruchtung von *Viola tricolor* haben könne". Die meisten Autoren haben immer nur die Gesamtansicht der Lippe von vorne und von der Seite abgebildet und beschrieben. Das einzige Bild eines in der Symmetrieebene gemachten Längs-

schnittes durch den Narbenkopf, das ich gefunden habe, stammt
von H. KRÄMER (1897, S. 45, Taf. V, Figur 66 u. 67). Es ist
aber unzutreffend.

Meine vorläufige Mitteilung bezieht sich auf Entwickelungsgeschichte und Bau der Lippen von *Viola tricolor var. arvensis* und
var. dunensis.

Bei sagittalen Schnitten durch sehr junge Blütenknospen kann
man leicht ein Stadium treffen, in dem der Stempel noch nicht bis
zur Bildung des Narbenkopfes fortgeschritten ist. Der Griffel
gleicht dann einem auf den Fruchtknoten aufgesetzten, schief abgeschnittenen Rohr, an dem die morphologisch untere Kante die
längere ist. Betrachtet man den äußersten Rand des Griffels in
solchem Stadium, so sieht man zunächst keinen Unterschied zwischen
der morphologischen Ober- und Unterseite. Auf etwas älteren
Stadien aber stellt sich ein solcher heraus. Fig. 1 Taf. XII zeigt
einen vertikalen Längsschnitt durch die Zellen des unteren Randes
auf diesem Stadium. Die obersten Zellen der Epidermis der Außenseite (a) haben sich in die Länge gestreckt, und zwar die obersten
weniger, die darauf folgenden stärker, die weiter unten gelegenen
ablaufend schwächer (sz). Der Kern ist stark vergrößert, das
Plasma reich an Vakuolen. Deutlicher werden diese Verhältnisse
auf einem etwas älteren Stadium, wie es Fig. 2 Taf. XII zeigt.
Die betreffenden Epidermiszellen (sz) haben sich stark schlauchförmig verlängert, die Veränderungen in Kern und Plasma sind
noch größer geworden. Der Zelleib hat sich, jedenfalls durch die
Vorbehandlung, die durch das Einbetten in Paraffin nötig wurde,
etwas von den Wänden zurückgezogen. Die Kutikula ist etwas
stärker geworden.

In den nun folgenden Entwickelungsstadien erleidet das ganze
Zellgewebe des unteren Randes der Narbenöffnung weitgehende
Veränderungen (Fig. 3 Taf. XII). Wir werden später sehen, daß
auch der gesamte übrige Rand der Öffnung von solchen Änderungen getroffen wird. Die Kutikula der Schlauchzellen und der
nach abwärts folgenden Zellen ist stark verdickt (acl, Fig. 3). Die
Kutinisierung erstreckt sich jedoch nicht nur auf die Außenwände der Epidermis, auch ihre antiklinalen (Seiten-) Wände
haben sich durch Anlage von kutinisierter Substanz verstärkt
und zwar in höchst eigenartiger Weise. Die Kutinisierung
schreitet nämlich nicht an allen Stellen gleichstark nach innen
fort, sondern eilt dort etwas voraus, wo die Zellen aneinander
stoßen und ist dort auch am stärksten. Nach innen zu
wird diese kutinisierte Eckenverdickung immer geringer und ge-

ringer; sie läuft schließlich in eine Art Borste aus, deren Spitze vielfach sehr scharf ist (b, Fig. 3). Bei Chlorzinkjodbehandlung heben sich die Kanten infolge ihrer Kutinisierung als fast schwarzbraune Streifen deutlich hervor. In Fig. 3 ncw sieht man die nicht verdickten inneren Enden der Seitenwände und die unverdickten Innenwände der Schlauchzellen als dünne, sich mit Chlorzinkjod blau färbende Linien. Die kutinisierten Außenwände haben kleine Ausstülpungen mit zahlreichen Runzeln und Höckern bekommen (h, Fig. 3 und 5, Taf. XII), wie sie auch WITTROCK, S. 19, beschreibt und auf Tafel 1, Fig. 19 und 20 abbildet. Gleichzeitig ist mit den angrenzenden Zellen, die die Innenseite des Griffelrandes bilden, eine andere Veränderung vor sich gegangen. In Chlorzinkjod erscheint diese ganze Partie jetzt auffallend blau, deshalb, weil das Plasma im Innern der betreffenden Zellen in Degeneration begriffen ist und dafür die blaue Membranfärbung deutlich hervortritt. Dies ist der Anfang einer Verschleimung, die die gesamten Zellen hinter der Lippe und noch weiter hinab trifft (dg, Fig. 3). (Der Schnitt hat vor der Behandlung mit Chlorzinkjod in verdünnter Eau de Javelle gelegen, die das Plasma zum Teil zerstört hat; man sieht deutlich die Grenze der degenerierenden und normalen Zellen (zwischen +···+), die wenig angegriffen sind). Hierbei wird die Kutikula abgehoben, die außerdem sich noch von der ganzen Innenfläche des Narbenkopfes und des Griffelrohres ablöst; wohl durch noch näher zu verfolgende Sekretion der epithelartig ausgebildeten inneren Epidermis. Sie erscheint dann als zusammengefalteter Schlauch im Lumen des Griffels und wird später durch die herabwachsenden Pollenschläuche an die Wand gedrückt (siehe Fig. 4, Taf. XII, bei cl). Zu dieser Zeit hat der Narbenkopf seine definitive Form erhalten und zeigt wie in der fertigen Blüte eine ovale Öffnung gegen das untere Blütenblatt, an deren unterem Rande sich die Schlauchzellen befinden.

Das weitere Schicksal der beschriebenen Zellen läßt sich leicht aus Fig. 4, Taf. XII, ersehen. Sie stellt, wie Fig. 1, 2 und 3, einen in der Symmetrieebene gemachten Schnitt durch den Griffel einer befruchteten Blüte von *Viola tricolor arvensis* dar. Die Wände der Schlauchzellen sind, soweit sie nicht kutinisiert waren, verschwunden; sie sind wie die hinter ihnen liegenden Zellen völlig desorganisiert. Hierdurch werden die kutinisierten Membranen freigelegt; sie bilden die Lippe, die durch einen wenige Zellen breiten, ebenfalls kutinisierten Membranstreifen mit der Narbenöffnung zusammenhängt (c, Fig. 4 und 5). Dieser Streifen kann

als Gelenk funktionieren. Die Lippe sieht besonders bei starker
Vergrößerung im Längsschnitt (Fig. 5), und noch mehr in der
Aufsicht von innen, wie eine scharfe Bürste aus.

Wie schon oben angedeutet, erleidet auch der Teil des
Randes, der nicht von der Lippe eingenommen wird, eine Veränderung. Die Verschleimung trifft nämlich nicht nur das hinter
der Lippe gelegene Zellgewebe, sondern zeigt sich in etwas geringerer Ausdehnung auch am ganzen übrigen Rand der Narbenöffnung. Auch werden auf einer ringförmigen Zone rund um die
Öffnung des Narbenkopfes nahe dem Rande die Außen- und
zum Teil auch die Seitenwände der Epidermiszellen stark kutinisiert, so daß auch sie erhalten bleiben, wenn, wie wir sahen, der
übrige Rand desorganisiert. Dabei wird Form und Größe der
Epidermiszellen im Gegensatz zu denen, die die Lippe bilden,
nicht wesentlich geändert. Fig. 7 Taf. XII zeigt ein Entwickelungsstadium vom oberen der Lippe gegenüberliegenden Rand der
Narbenöffnung; cw sind die kutinisierten Wände, dg die degenerierenden Zellen. So entsteht am Rande der Narbenöffnung ein
Schleimring, der nach außen durch einen kragenförmigen Saum
aus kutinisierten Membranresten begrenzt wird (co Fig. 4 Taf. XII).
Man kann sich vorstellen, wie daraus durch weitergehende Anpassung die eigentliche Lippe entstanden ist.

Ein Gebilde von ähnlicher Entwickelung ist mir bei Blütenpflanzen nicht bekannt. Es erinnert aber stark an das Peristom
der Laubmooskapsel und könnte auch so genannt werden.

Da die kutinisierten Partien im fertigen Zustand und zum
Teil schon früher bei der Behandlung, die dem Einbetten in Paraffin vorausgeht, sehr spröde werden und deshalb sehr leicht
beim Schneiden brechen, bedarf es besonderer Einbettungsmethoden,
über die ich später berichten werde.

Zum Schluß möchte ich noch einmal auf Fig. 5 u. 6 Taf. XII
hinweisen. Bei genauerer Betrachtung von Fig. 5 fällt eine Eigentümlichkeit auf: Die Einbuchtung zwischen den Borsten setzt sich
bei e in eine feine Linie fort. Sie entstand so, daß beim Über-
greifen der Kutinisierung auf die Seitenwände der Schlauchzellen
ein schmaler Streifen, eventuell eine Reihe inselförmiger Flecke,
längs der Mitte nicht kutinisiert wurde. Diese Linie dient wohl
als Aufrißlinie, durch die der Zwischenraum zwischen den Borsten
erweitert werden kann, wodurch dann eine größere Schmiegsamkeit
der „Bürste" erreicht wird. Fig. 6 endlich zeigt einen Querschnitt
durch mehrere Borsten der „Bürste"; sie erinnert auffallend an
einen Querschnitt durch Eckenkollenchym.

Der soeben beschriebene Bau des Anhängsels an der Narben-öffnung von *Viola tricolor* macht es wahrscheinlich, daß die älteren Autoren in ihrer Deutung der Lippe im Rechte waren, daß sie wirklich dem Zweck dient, den HILDEBRAND ihr unterlegte. Besondere Versuche, die seinerzeit schon CORRENS angestellt hat, haben auch ergeben, daß die Lippe wirklich in der Weise funktionieren kann, daß sie von der Oberfläche eines eingeführten Insektenrüssels die Pollenkörner abkratzt und beim Zurückziehen des Rüssels wenigstens zum größeren Teil in die verquollene, offenbar als Keimbett dienende Masse bringt.

Eigene Untersuchungen über diese Frage sowie weitere Einzelheiten des Baus und der Entwickelung der Narbenöffnung nicht nur bei *Viola tricolor* sondern auch bei anderen Arten der Gattung *Viola* werde ich später veröffentlichen.

Münster i. W., Botanisches Institut der Universität.

Literatur.

CORRENS, C., Beiträge zur biologischen Anatomie der *Aristolochia*-Blüte, zur Biologie und Anatomie der Salvienblüte, zur Biologie und Anatomie der Calceolarienblüte. PRINGSH. Jahrb. 1891, Bd. 22, S. 161—252 und Taf. 4—8.

HILDEBRAND, F., Die Geschlechterverteilung bei den Pflanzen. Leipzig 1867.

KRÄMER, H., *Viola tricolor* L. in morphologischer anatomischer und biologischer Beziehung. Diss. Marburg 1897.

MÜLLER, HERM., Die Befruchtung der Blumen durch Insekten und die gegenseitige Anpassung beider. Leipzig 1873.

WITTROCK, B., Viola Studier I. Morfologisk-biologiska och systematiska Studier öfver *Viola tricolor*. Stockholm 1897.

Erklärung der Tafel XII.

Fig. 1. Radialer Längsschnitt durch den unteren Rand der Narbenöffnung einer sehr jungen Knospe von *Viola tricolor dunensis*. a äußere, i innere Epidermis, sz schlauchförmig verlängerte Epidermiszellen. Vergr. 600.

Fig. 2. Der gleiche Rand auf einem etwas älteren Stadium. sz Schlauchzellen, acl äußere, verstärkte Kutikula. Vergr. 400.

Fig. 3. Noch älteres Stadium nach Behandlung mit verdünnter Eau de Javelle und Chlorzinkjod. Borstenbildung. b Borsten, h Höcker, teilweise in Flächenansicht, ncw nicht kutinisierte Wände der Schlauchzellen sz, acl stark verdickte äußere Kutikula, cl sich loslösende innere Kutikula, dg degenerierende Zellschicht, $+ +$ Grenze des degenerierenden und normalen Zellgewebes. Vergr. 200.

Fig. 4. Vertikaler Längsschnitt durch den Griffel einer befruchteten Blüte von *Viola tricolor arvensis*. l Lippe, b deren Borsten, c Gelenkleiste aus kutinisierten Membranresten, cl losgelöste innere Kutikula, pk Pollenkörner, ps Pollenschläuche, ep epithelartig ausgebildete innere Epidermis, co kragenförmiger Saum aus kutinisierten Membranresten, darunter Reste von verschleimten Zellen. Vergr. 60.

Fig. 5. Längsschnitt durch die Lippe einer befruchteten Blüte von *Viola tricolor dunensis*; h Höcker, e Aufrißlinie in der Seitenwand einer Lippenzelle, bei e' aufgerissen, c Gelenkleiste aus kutinisierten Membranresten. Das ganze über $+$ gelegene Gebilde besteht aus solchen kutinisierten Membranresten. Vergr. 200.

Fig. 6. Querschnitt durch mehrere Borsten von *Viola dunensis*. Vergr. 400.

Fig. 7. Entwickelungsstadium des oberen Randes der Narbenöffnung gegenüber der Lippe von *Viola tricolor arvensis*. cw kutinisierte, erhalten bleibende Zellwände, dg degenerierendes Zellgewebe. Vergr. 214.

Sitzung vom 27. Juni 1913.

Vorsitzender: Herr G. HABERLANDT.

Der Vorsitzende macht zunächst Mitteilung von dem am 29. März d. J. erfolgten Ableben unseres Ehrenmitgliedes Herrn Professor Dr.

Th. M. Fries

in Uppsala. Die Anwesenden ehren das Andenken an den Verstorbenen durch Erheben von ihren Sitzen.

Als ordentliches Mitglied wird vorgeschlagen Herr **Schubert, Dr. Otto in Bonn** (durch M. KOERNICKE u. H. FITTING).

Als ordentliche Mitglieder werden proklamiert die Herren **Finn, Vladimir in Kiew.**
Pfeiffer, Gustav in Innsbruck.

Herr LINDNER legte eine Reihe von Mikrophotogrammen vor, die bei Vergrößerungen von 250- bzw. 500fach nur einer Expositionszeit von $1/90$ bzw. $1/45$ Sekunde bedurft hatten. Die Bilder bezogen sich auf Hefen aus Peruanischem Chichabier, sowie auf den unlängst aus chinesischer Hefe von SAITO in Dairen (Mandschurei) isolierten *Endomyces Lindneri* und eine auf Pferden in Abszessen der Haut vorkommende Hefeart mit außerordentlich verdickten Zellwandungen. Dann wurden noch eine Kultur von *Penicillium luteum*, sowie davon gefertigte photographische Aufnahmen und direkte Kopien mittels Gaslichtpapiers vorgezeigt, die von Herrn GLAUBITZ angefertigt und mit den nötigen Wachstumsvermerken versehen waren. Auf jeden Tag kam ein Tagesring, mit Ausnahme einer Periode, in welcher das Gefäß im Dunkeln aufbewahrt worden · war. Der nunmehr folgende Tagesring war durch einen besonders kräftigen Sporenrasen ausgezeichnet, anscheinend aus dem Grunde, weil am Tag zuvor während 3 Stunden die Kultur dem direkten Sonnenlicht ausgesetzt worden war. Einige Zeichnungen von dem Pilz bezogen sich auf Adhäsionskulturen.

Antrag an die Generalversammlung:

Die Unterzeichneten beantragen, daß der Vorstand der Deutschen Botanischen Gesellschaft ermächtigt werde, Spezial-gelehrte der verschiedenen Disziplinen der Botanik und ihrer Grenzgebiete aufzufordern, die Ergebnisse ihrer Arbeiten in den wissenschaftlichen Monatssitzungen vorzutragen. Zu diesem Zwecke wäre der Vorstand zu ermächtigen, auf Wunsch dem Vortragenden die Reisekosten zu ersetzen. Die Vorträge müßten vorher ange-kündigt werden, so daß es auch auswärts wohnenden Mitgliedern, die sich besonders für das Thema interessieren, ermöglicht wäre, zu den Vorträgen zu kommen. Sie wären als Beilagen zu den Berichten zu veröffentlichen.

Die Finanzlage unserer Gesellschaft gestattet die Ausführung dieses Planes.

Berlin-Dahlem, den 15. Juni 1913.

APPEL.   GILG.

Den Antrag unterstützen: BEHRENS, BENECKE, CLAUSSEN, FISCHER, FUCHS, GRÄBNER, HARMS, HERRIG, HIERONYMUS, IRMSCHER, KRAUSE, KRÜGER, LINDAU, MILDBRAED, MUSCHLER, PILGER, REINHARDT, RIEHM, SCHLUMBERGER, ULBRICH, VOLKENS, WERTH, WITTMACK.

Mitteilungen.

38. F. C. von Faber: Über Transpiration und osmotischen Druck bei den Mangroven.

(Vorläufige Mitteilung.)

(Eingegangen am 2. Juni 1913.)

Das ausgezeichnete Werk SCHIMPERs über die indo-malayische Strandflora birgt eine Fülle von Anregungen zu weiteren Studien über diese interessanten Pflanzenvereine. Wenn wir gleichwohl noch weit davon entfernt sind, die Ökologie dieser Pflanzen in ihren Einzelheiten gut zu begreifen, so mag dies wohl hauptsächlich daran liegen, daß eingehende experimentell physiologische Untersuchungen an diesen Pflanzen bisher so gut wie gar nicht ausgeführt worden sind.

Als Beispiel führe ich hier einen der auffallendsten Vertreter dieser tropischen Strandflora, die Mangroven, an.

SCHIMPER weist in obengenanntem Werk speziell darauf hin, daß die Mangroven, obwohl im Wasser wachsend, dennoch als Xerophyten zu betrachten sind. Auf diese Xerophytennatur baut er nun eine Theorie auf, die uns erklären muß, weshalb diese im Wasser stehenden Pflanzen des Transpirationsschutzes bedürfen. Nach ihm könnte die Transpiration leicht eine schädliche Anhäufung von Salz in den Zellen hervorrufen, und um dies zu vermeiden, setzt die Pflanze die Transpiration durch verschiedene Schutzmittel herab.

Diese SCHIMPERsche Theorie, die nicht an Ort und Stelle durch eingehende Experimente begründet wurde, ist teils ohne Widerspruch, teils mit Zweifel in verschiedenen Werken zitiert worden. Neuerdings hat FITTING[1]) an der Hand von Experimenten und Beobachtungen die Unhaltbarkeit der SCHIMPERschen Auffassung an Wüstenpflanzen gezeigt und die Vermutung ausgesprochen, daß sie wahrscheinlich auch für die Strandgewächse aufgegeben werden muß. Eine Entscheidung konnte nur die experimentelle Untersuchung bringen, womit ich mir die Aufgabe stellte, die Frage der Wasserversorgung, Transpiration und überhaupt der Ökologie eingehend zu behandeln.

---

1) Zeitschrift für Botanik, 1911, S. 209 ff.

Da meine Untersuchungen noch lange nicht abgeschlossen sind, kann über sie erst später eingehend berichtet werden, doch sei im folgenden kurz einiges über die Transpiration und den osmotischen Druck mitgeteilt.

SCHIMPER[1]) und KARSTEN[2]) wiesen schon auf den xerophytischen Bau der Mangrovenblätter hin, der jedem auffällt, der in die Mangrovenwälder kommt und diesen Pflanzen etwas charakteristisches verleiht. Wie sich bei näherer Untersuchung herausstellt, kommt diese xerophylle Struktur nicht bei allen Arten ausgesprochen zum Ausdruck und kann auch bei ein und derselben Pflanze in den verschiedenen Blättern sehr variieren. Auch der Umstand, daß abgeschnittene Sprosse bei verschiedenen Arten verhältnismäßig schnell welken, läßt auf eine intensivere Transpiration schließen, als man bisher wohl allgemein angenommen hat.

Transpirationsversuche sind meines Wissens in kleinem Maßstabe nur von HOLTERMANN[3]) und KAMERLING[4]) an Mangroven ausgeführt worden. Da solche Versuche von großer Bedeutung für die weitere Beurteilung der Ökologie sind, habe ich ihnen daher besondere Aufmerksamkeit gewidmet[5]). Ich fand z. B. folgende Werte:

Name	Länge des Zweiges Anzahl der Blätter a) ausgewachsen b) jung unausgewachsen	Wasserverlust in Grammen		Zeit
		im Schatten	in der Sonne	
				h h
Rhizophora mucronata .	30 cm, 4 a, 8 j.	0.9	1,7	9,10—11,10
„ *conjugata* . .	40 „ 4 a, 5 j.	0,7	1,8	9,10—11,10
Avicennia officinalis . .	35 „ 6 a, 4 j.	0,6	1,2	10,20—12,20
„ *alba*	20 „ 6 a, 2 j.	1,2	2,0	9,10—11,10
Sonneratia alba	80 „ 5 a, 4 j.	1,6	2,6	10,15—12,15
Bruguiera gymnorhiza .	40 „ 6 a, 5 j.	0,8	1,4	10,15—12.15
„ *caryophylloides*	35 „ 6 a, 3 j.	1,5	2,4	9—11
Aegiceras majus . . .	25 „ 6 a, 3 j.	0,4	0,9	9—11

1) Indo-malayische Strandflora Botan. Mitt. aus den Tropen. Heft 3.

2) Mangrove-Vegetation im Malayischen Archipel. Biblioth. botan. XXII, 1891.

3) Der Einfluß des Klimas auf den Bau der Pflanzengewebe. Leipzig 1907. Diese Arbeit stand mir hier nicht zur Verfügung, weshalb sie vorläufig unberücksichtigt bleibt.

4) Is de Mangrove xerophyt? Natuurkundig Tijdschrift voor Ned. Indie LXXI, 1912. Gegen die Arbeit KAMERLINGs sind, wie meine ausführliche Mitteilung zeigen wird, sehr schwere Einwände zu erheben.

5) Die Versuche wurden mittels Potetometers angestellt, für nähere Einzelheiten verweise ich auf die ausführliche Arbeit.

Hieraus geht schon hervor, daß die Transpiration nicht gering und bei manchen Arten (*Rhizophora mucronata, Avicennia alba, Sonneratia alba, Bruguiera caryophylloides*), sowohl im Schatten als besonders in der Sonne eine beträchtliche sein kann.

Viele von diesen Mangroven sind Bäume mit ausgebildeten Laubkronen, die bis 8 Meter und mehr hoch werden können, auf den Koralleninseln an von der Sonne stark durchglühten Stellen wachsend, wo die Temperatur nicht selten die Höhe von 40—45 ⁰ C erreicht und der Seewind sie ständig bestreichen kann. Zieht man nun alle diese Momente in Betracht, so kann man sich von der Größe der Transpiration und somit auch von dem Wasserbedürfnis dieser Pflanzen einen ungefähren Begriff machen.

Diese Quantitäten Wasser können die im reinen Salzwasser stehenden Mangroven nur dann an sich reißen, wenn sie über genügend hohe Saugkräfte (osmotischen Druck) verfügen.

Dieser osmotische Druck wurde an einer Anzahl von Pflanzen der bei den Korallenriffen wachsenden Mangroven bestimmt, mit dem Resultat, daß viele von ihnen ganz gewaltige Druckkräfte in ihren Zellen besitzen. Die nach der üblichen plasmolytischen Methode ermittelten Werte seien hier an einigen Beispielen angegeben:

Name	Osmotischer Druck in den Epidermiszellen der Blätter in Atmosphären ausgedrückt
Rhizophora mucronata .	72
„ *conjugata* . .	58
Avicennia alba	68
„ *officinalis* . .	52
Sonneratia alba	64
Bruguiera gymnorhiza .	84
Ceriops Candolleana . .	82
Aegiceras majus . . .	29
Acanthus ilicifolius . .	24
Lumnitzera racemosa . .	80

Diese Zahlen zeigen, wie der osmotische Druck den der auf salzfreiem Boden stehenden Landpflanzen außerordentlich übersteigt. Meist ist dieser Druck in den Epidermiszellen etwas höher als im Mesophyll[1]. Die Untersuchung der osmotischen Druckverhältnisse in den Wurzeln zeigt, daß hier bedeutend geringere Druckwerte existieren, bei vielen um die Hälfte geringer als in den Blättern,

---

1) Fitting fand bei Wüstenpflanzen das Umgekehrte.

was den Schluß zuläßt, daß ein ansehnliches Potentialgefälle vorhanden ist[1]).

Der hohe osmotische Druck in den in Wasser lebenden Mangroven mag anfangs etwas befremden, wird aber erklärlich, wenn
man die Verhältnisse berücksichtigt, worunter viele dieser Pflanzen
wachsen. Die Konzentration des Substrates an Kochsalz erreicht
doch nicht selten eine beträchtliche Höhe durch Verdunstung des
Wassers. Dies ist besonders an den seichten Stellen in der Nähe
der Koralleninseln der Fall. Solche Stellen werden bei Ebbe ganz
trocken gelegt und man sieht nicht selten, wie das Salz an den
Stelzwurzeln der Mangroven und auf dem Schlamm auskristallisiert.
Wahrscheinlich erhöhen die in dem dunklen Schlamm vorhandenen
Säuren die „physiologische Trockenheit" der Mangrovenstandorte.

Die Beobachtung lehrt, daß besonders die sich am meisten
ins Meer hinauswagenden Arten auch die höchsten osmotischen
Druckkräfte entwickeln. Sie sind es auch, die vorwiegend auf den
Koralleninseln und an dem äußersten nach dem Meere gekehrten
Saum des Mangrovenwaldes angetroffen werden.

Die Mangrove an der Küste ist häufig einem schnell eintretenden Wechsel in der Konzentration des Substrates unterworfen,
da hier in der Nähe der größeren Flüsse eine Aussüßung des
Wassers stattfindet. Das süße Wasser wird bei Ebbe dem Meere
zugetragen und die an diesen Stellen wachsenden Pflanzen stehen
in brackigem, oft ganz süßem Wasser. Die steigende Flut drängt
das Süßwasser teilweise wieder zurück, womit die Konzentration
des Wassers wieder erheblich steigt[2]). Die Fähigkeit solche schnelle
Wechsel der Substratkonzentration gut zu vertragen, setzt eine Regulation des osmotischen Druckes voraus, den die Mangroven in
hohem Maße besitzen. So findet man *Rhizophora mucronata* und
Avicennia alba sowohl in reinem Seewasser bei den Koralleninseln,
als im Innern des Mangrovenwaldes der Küste, wo der Salzgehalt
des Wassers nur sehr gering ist. So lassen sich in Buitenzorg
eine Anzahl von sonst im Meere wachsenden Mangroven auf salzfreiem Boden in süßem Wasser züchten. Es gelingt sehr gut,
Rhizophora mucronata z. B. direkt aus dem Meere in Süßwasser

---

1) Dasselbe wurde auch von HANNIG an einer Reihe von Land- und
Wasserpflanzen in Europa nachgewiesen. Vgl. hierzu diese Berichte, 30. Jahrg.,
Bd. XXX, 1912.

2) Für nähere Einzelheiten über Verdünnung des Meerwassers durch
Flüsse, verweise ich auf SUPAN, Grundzüge der physikalischen Erdkunde.
Leipzig 1908, S. 280.

überzubringen, ohne daß die Pflanzen dabei zugrunde gehen. Es zeigt sich dabei, daß eine Regulation des osmotischen Druckes innerhalb sehr kurzer Zeit stattgefunden hat. Solche in süßem Wasser stehenden Rhizophoren besitzen in ihren Geweben einen osmotischen Druck, der den der anderen stets auf salzfreiem Boden vorkommenden Pflanzen nur wenig übersteigt.

Der hohe osmotische Druck in den Zellen der Mangroven wird bei vielen durch starke Salzspeicherung bewirkt, was schon durch den salzigen Geschmack der Blätter angedeutet wird. Verschiedene Arten stellen den hohen osmotischen Druck durch andere, stark osmotisch wirksame Stoffe, wahrscheinlich Gerbstoffe her. Es sei hier im voraus mitgeteilt, daß die Salzspeicherung eine spezifische Eigenschaft bestimmter Mangrovenpflanzen darstellt. Meine bisherigen Untersuchungen haben jetzt schon deutlich gezeigt, daß nicht die Transpiration über die Salzspeicherung entscheidet, wie SCHIMPER glaubte, sondern durch die spezifische Eigenart der Pflanze bedingt wird, wie dies schon FITTING bei den Wüstenpflanzen nachgewiesen hat.

Diese und andere Fragen über die Ökologie der Mangroven erfahren erst später in meiner ausführlichen Arbeit eingehend Berücksichtigung.

Buitenzorg, Mai 1913, Botanische Laboratorien 's Lands-Platentuin.

39. F. C. von Faber: Biophytum apodiscias, eine neue sensitive Pflanze auf Java.

(Vorläufige Mitteilung.)

(Eingegangen am 2. Juni 1918.)

Seit langem, hat sich eine große Anzahl von Forschern mit den auffallenden Variationsbewegungen von *Mimosa pudica* beschäftigt, sodaß wir über manches von der Reizphysiologie dieser klassischen Pflanze recht gut unterrichtet sind. Stiefmütterlich sind in dieser Beziehung die ebenfalls sehr sensitiven Biophyten behandelt worden, was vielleicht dem Umstande zuzuschreiben ist, daß diese Pflanzen viel zarter sind als *Mimosa pudica* und daher in den Warmhäusern nicht so recht gedeihen wollen. Sie entwickeln sich zwar ab und'zu anscheinend recht kräftig, sind jedoch, was ihre Empfindlichkeit für Stoß- und Wundreize betrifft, nicht mit ihren Brüdern in den Tropen zu vergleichen. Das mir hier auf Java zur Verfügung stehende ausgezeichnete Material lockte mich an, über die Reizphysiologie der Biophyten zu arbeiten.

Ich habe dies im verflossenen Jahr getan und werde daher in einiger Zeit in der Lage sein, hierüber ausführlich zu berichten

Vorläufig will ich hier einiges über eine für Java neue Art der Gattung *Biophytum* mitteilen, nämlich über *Biophytum apodiscias*, eine Pflanze, die in manchem von den beiden anderen, hier vorkommenden Arten abweicht und ein ausgezeichnetes Objekt für reizphysiologische Untersuchungen abgibt. Was ihre „Empfindlichkeit" für Stoß- und Wundreize anbelangt, ist sie den anderen Arten mindestens ebenbürtig, übertrifft sie jedoch in mancher anderen Beziehung. *Biophytum apodiscias* wurde auf Java zuerst von Molisch[1]) bei den Tempelruinen von Bårâboedoer beobachtet, er machte auf diese eigenartige Pflanze aufmerksam, doch fehlte ihm die Zeit, sie näher zu untersuchen. Die Bestimmung ergab, daß wir es mit einem für Java noch nicht bekannten Vertreter der Biophyten zu tun haben.

Während die beiden anderen, hier ebenfalls vorkommenden Vertreter *B. sensitivum* und *B. Reinwardtii* nach einem Stoß- oder

---

1) Ber. d. D. Botan. Ges. 1904, Bd. XXII, S. 376, Fußnote 1.

Wundreiz nur die Teilblättchen bewegen, ist bei *B. apodiscias* auch die Blattspindel selbst imstande, eine schnelle Variationsbewegung auszuführen.

Wird von einem Blatt eines der Endblättchen verletzt, so hebt sich kurz darauf die ganze Spindel in die Höhe und pflanzt den Reiz schnell auch über die anderen Spindeln fort, die sich ebenfalls heben. Auf diese Weise gehen nach einem Wundreiz sämtliche Spindeln in die Höhe und die Blattrosette schließt sich oben ganz zusammen, die Blüte zwischen sich haltend und bedeckend. Nach einiger Zeit senken sich die Blattspindeln wieder, um zuletzt in die alte Reizlage überzugehen.

Die Blattspindeln von *B. apodiscias* führen also gerade die umgekehrte Bewegung aus, wie die primären Blattstiele von *Mimosa pudica*. Wie die Untersuchung lehrt, erschlaffen die reizbaren Spindelpolster nach einer Reizung auf ihrer Oberhälfte, während sich die untere Hälfte ausdehnt, das ganze Gelenk nimmt an Biegungsfestigkeit zu. Es verhält sich also die Spannungsänderung der antagonistischen Gelenkhälften nach einer Reizung gerade umgekehrt wie bei *Mimosa pudica*.

Die photo- und thermonastischen Bewegungen der Blattspindeln sind ebenfalls charakteristisch. Die paratonischen photo- und thermonastischen Bewegungen der Blattspindeln bei *B. apodiscias* beruhen auf einer gleichsinnigen, gleichgerichteten, aber ungleich großen Turgordruckänderung in den antagonistischen Gelenkhälften.

Die Schlafstellung der Blätter besteht darin, daß sämtliche Blattspindeln nach oben gerichtet sind und so die Blattrosette sich oben schließt, wodurch sie so dem Stand der Blätter nach einem Stoß- oder Wundreiz ähnelt.

Die Pflanze ist sehr empfindlich für Feuchtigkeitsunterschiede der Luft und reagiert darauf mit einer schnellen Variationsbewegung der Blätter. Über diese, sowie die durch andere Faktoren ausgelösten Bewegungen der Blattspindeln werde ich später ausführlich berichten.

Wichtig ist die Beobachtung, daß die Schlafbewegung im hohen Grade von der Schwerkraft beeinflußt wird. Es gelingt, die Schlafbewegung nach der Angriffsrichtung der Schwerkraft zu richten, so kann durch Umkehren der Pflanze auch die Schlafbewegung umgekehrt werden. Die Schlafbewegungen erlöschen beim Rotieren am Klinostat in sehr kurzer Zeit.

Über die Reizleitung habe ich eingehende Untersuchungen angestellt, da wir über sie bei den Biophyten noch so gut wie gar nicht unterrichtet sind. In der Literatur existieren darüber nur zwei kurze Notizen von HABERLANDT[1]) und MAC DOUGAL[2]), die bei ihren Versuchen gerade entgegengesetzte Resultate erhielten. HABERLANDT berichtet, daß bei *B. sensitivum* Reize über tote Strecken der Blattspindel nicht geleitet werden, während MAC DOUGAL bei derselben Pflanze fand, daß sie wohl über solche getötete Strecken geleitet werden. Ich habe an einer großen Anzahl von Pflanzen solche Abtötungsversuche ausgeführt und kann die Angabe von MAC DOUGAL nicht allein für *B. sensitivum* und *B. Reinwardtii*, sondern auch für *B. apodiscias* bestätigen.

Die Untersuchung der Reizleitungsgeschwindigkeit, die ich nach der HELMHOLTZschen Methode bestimmte, lieferte interessante Resultate und stellte sich als bedeutend größer heraus als HABERLANDT und MAC DOUGAL[3]) angegeben haben. Nach Verwundung durch Entzweischneiden eines der beiden Endblättchen der Spindel fand ich für *B. sensitivum* eine durchschnittliche Reizleitungsgeschwindigkeit von 17—20 mm und für *B. apodiscias* eine solche von 20—25 mm pro Sekunde. In der Blütenachse dieser Pflanze wird ein Wundreiz mit einer Geschwindigkeit von 5—7 mm pro Sekunde geleitet, während er sich in den Wurzeln mit einer solchen von 5—8 cm pro Minute fortpflanzt.

Die ungleich schnelle Reizleitungsgeschwindigkeit in basifugaler und basipetaler Richtung ist besonders bei *B. apodiscias* auffallend. Bei einer Reizung durch Entzweischneiden eines Fiederblättchens ist die Geschwindigkeit der Reizleitung in basipetaler fast doppelt so groß als die in basifugaler Richtung.

Zum Schlusse möchte ich hier auf die elektrischen Potentialschwankungen hinweisen, die sich in den Blattspindeln nach einer Reizung bemerkbar machen. Ich habe diesem Punkt der Untersuchung besondere Aufmerksamkeit gewidmet, da diese elektromotorischen Erscheinungen einiges Licht auf die Reizleitung werfen.

Stoß- und Wundreize rufen in den Blattspindeln elektrische Potentialdifferenzen hervor, die sich mit großer Geschwindigkeit über ausgedehnte Strecken ausbreiten. Die Intensität der Spannungsänderung ist von der Größe des Reizes und außerdem in hohem Maße von äußeren Einflüssen abhängig. Sie unterbleibt bei dunkel- und wärmestarren sowie narkotisierten Pflanzen. Die

---

1) Ann. du Jardin Bot. de Buitenzorg, Suppl. 2. 33.

2) Botan. Centralbl., Bd. 77, 1899, S. 297.

3) Die Angaben von HABERLANDT und MAC DOUGAL stimmen auch hierin nicht miteinander überein. Leider geben beide Forscher nicht an, wie die Werte ermittelt worden sind.

elektrischen Spannungsänderungen zeigen sich damit als Begleiterscheinungen physiologischer Vorgänge. Sie sind wahrscheinlich mit der Erregung des Plasmas in Verbindung zu bringen und besonders deshalb lehrreich, weil sie zeigen, daß diese Erregung mit viel größerer Geschwindigkeit geleitet wird, als die Reaktion es vermuten läßt; die Erregung eilt der Reizreaktion weit voran. Wie die elektrischen Potentialschwankungen weiter lehren, findet auch an denjenigen Stellen eine Erregung durch Reizung statt, wo keine Reaktion mehr diese Erregung anzeigt. Will man der auffallenden Bewegung der Blätter von *B. apodiscias* eine ökologische Bedeutung zumessen, so wäre eine solche vielleicht darin zu erblicken, daß sich die Blattspindeln nach Reizung (z. B. durch Regen) heben und so die Blüten schützen.

Buitenzorg, April 1913, Botanische Laboratorien 's Lands Plantentuin.

---

40. Arno Viehoever: Botanische Untersuchung harnstoffspaltender Bakterien mit besonderer Berücksichtigung der speziesdiagnostisch verwertbaren Merkmale und des Vermögens der Harnstoffspaltung.

(Eingegangen am 19. Juni 1913.)

In der sehr umfassenden, von recht verschiedenartig vorgebildeten Forschern herrührenden Bakterienliteratur sind eine ungemein große Anzahl von Bakterien mit ungenügenden Diagnosen aufgeführt: Diagnosen, die es unmöglich machen, eine der Formen wieder zu erkennen, welche der Beschreibung zugrunde lag. Die Folge davon ist, daß häufig ganz verschiedene Bakterienspezies, die nach diesen unvollkommenen Diagnosen als gleich erscheinen, von den Autoren auch wirklich als zu einer Spezies gehörig betrachtet werden. Andererseits läuft die gleiche Art oft unter sehr verschiedenen Speziesnamen. Diese Tatsache bringt es auch mit sich, daß die Resultate der morphologischen und physiologischen Untersuchungen über Bakterien sehr oft nicht nachgeprüft werden können, weil eben nicht sicher erkannt werden kann, welche Spezies zur Untersuchung benutzt wurde. Ferner sind Angaben über die physiologische Leistung einer Art oft deshalb unrichtig, weil sie aus Beobachtungen über in der Tat verschiedenartige Formen kombiniert wurden.

Es muß deshalb eine umfassende Revision der bisher aufgestellten Spezies und eine sorgfältige Bearbeitung der Diagnosen
durchgeführt werden, wenn die Bakteriensystematik einigermaßen
auf den Stand der Systematik der höheren Pflanzen gebracht
werden soll.

Den Anfang einer derartigen exakten Durcharbeitung machte,
unter Benutzung der im Botanischen Institute zu Marburg vorhandenen Sammlung sichergestellter Spezies und ihrer diagnostischen
Merkmale, eine Arbeit über buttersäurebildende Bakterien. Diese,
unter Leitung von Herrn Prof. ARTHUR MEYER durch BREDEMANN
(1909) ausgeführten, eingehenden Untersuchungen über die Butter-
säurebakterien hatten unter anderem auch das Resultat ergeben,
daß eine größere Anzahl von Buttersäure bildenden Formen, die
als verschiedene Spezies aufgefaßt worden waren, zu einer einzigen
Spezies „*Bac. amylobacter* A. M. et Bredemann" zusammengezogen
werden müssen.

Im Anschluß an diese Untersuchungen veranlaßte mich Herr
Prof MEYER, unter seiner Leitung die Bearbeitung der sporenbildenden Bakterienspezies vorzunehmen, die den Harnstoff in Ammoniak und Kohlensäure zu zerlegen vermögen. Die Arbeit, die
ich in der Zeit von 1909—1913 ausführte, wird demnächst als Dissertation und im Zentralblatt für Bakteriologie erscheinen; sie umfaßt einmal die ausführliche Beschreibung eines von mir isolierten
Stammes (einer reinen Linie), dessen Eigenart auf Grund einer
großen Anzahl differentialdiagnostischer Merkmale, unter Berücksichtigung ihrer Variation, festgelegt wurde; sie enthält ferner den
eingehenden morphologischen wie physiologischen Vergleich meines
Stammes mit den harnstoffspaltenden Stämmen anderer Forscher
und behandelt schließlich noch besonders ausführlich die Frage der
Harnstoffspaltung.

Die hauptsächlichsten Resultate meiner Arbeit sind nun die
folgenden: ·

Nach meinen Untersuchungen sind bestimmt zu der jetzt von
uns „*Bacillus probatus* A. M. et Viehoever" genannten Spezies
folgende Formen zu rechnen:

1. *Urobacillus Pasteurii* (Miquel) Beijerinck.
2. *Urobacillus leubei* Beijerinck.
3. *Bacillus Pasteuri* (Miquel) Migula, Stamm B_3 Löhnis.

Zu unserer Spezies *Bacillus probatus* gehören wahrscheinlich
die folgenden, nicht mehr in Originalkulturen zu erhaltenden
Formen, welche wenigstens eine Anzahl von diagnostischen, für
die Zugehörigkeit zu unserer Spezies sprechenden Merkmale, da-

gegen kein wesentlich davon abweichendes Merkmal besitzen. Die
Spezies sind nicht genügend genau beschrieben und deshalb zu streichen.

1. *Bacillus ureae* α = *Urobacillus Madoxii* Miquel.
2. „   „   γ =   „   *Freudenreichii* Miquel.
3. „   „   β =   „   *Duclauxii* Miquel.
4. „   „   ϱ =   „   *Pasteurii* Miquel.
5. „   „   δ =   „   δ Miquel.
6. „   „   ε =   „   ε Miquel.
7. „   „   Stamm II Burri.
8. „   „   Stamm III Burri.
9. *Bacterium ureae* = *Bacillus ureae* (Leube) Günther.
10. Die sporenbildenden Harnstoff spaltenden Bakterien von Rochaix
                                                    et Dufourt.

Die Spezies *Bacillus probatus* A. M. et Viehoever zeigte unter
anderem die nachfolgenden Eigenschaften, deren Mitteilung uns an
dieser Stelle wünschenswert erscheint.

Harnstoffspaltungsvermögen: Gehen wir von 10 Millionen
Sporen der verschiedenen Stämme unserer Spezies aus, als
Impfmaterial in 20 ccm Bouillon mit 1 pCt. Pepton und 2 pCt.
Harnstoff, und lassen wir die Kulturen 20—50 Stunden bei 28 °
stehen, so ist die Größe der Harnstoffspaltung annähernd proportional der gefundenen Oidienzahl (der Zählung der Oiden wurde
möglichst die durchschnittliche Sporangiengröße zugrunde gelegt[1]):

Stäbchenzahl in Millionen	Gespaltene Harnstoffmenge in g
2076	0,0
2877	0,075
3165	0,084
3618	0,144
3782	0,168
4586	0,327

Die Vermehrungs- und Spaltungsgröße in 20 ccm 2proz. Harn-
stoffbouillon ist also folgende:

Bei rund 2100 Millionen Stäbchen sind gespalten rund   0 pCt.
 „   „ 2900   „   „   „   „   „   „   19 „
 „   „ 3200   „   „   „   „   „   „   21 „
 „   „ 3600   „   „   „   „   „   „   36 „
 „   „ 3800   „   „   „   „   „.   „   42 „
 „   „ 4600   „   „   „   „   „   „   82 „
                                  des zugesetzten Harnstoffs.

---

1) Die Zählung der Sporen und Stäbchen wurde nach einer besonders
ausgearbeiteten Methode vorgenommen.

Daraus geht hervor, daß die Harnstoffspaltung erst nachweisbar wird, wenn mehr als 2000 Millionen Stäbchen in 20 ccm Bouillon gebildet sind. Nehmen wir an, daß bei 2500 Stäbchen eben Ammoniak nachzuweisen ist, so finden wir für weitere je 500 Millionen Stäbchen etwa 20 pCt. des zugesetzten Harnstoffs zersetzt: bei 3000 = 20 pCt., bei 3500 = 40 pCt., bei 4500 = 80 pCt. des zugesetzten Harnstoffs.

Das Verhältnis der Stäbchenzahl zur Harnstoffspaltungsgröße konnte weder durch längere Fortzüchtung auf harnstofffreiem oder harnstoffhaltigem Nährboden, noch bei Durchführung der Spaltung in verschiedenen Nährböden beträchtlich verschoben werden. Auch vorbehandelnde Züchtung bei der für die Sporenbildung maximalen Temperatur oder die Vornahme der Gärung bei dieser Temperatur konnten das Verhältnis der Stäbchenzahl zur Harnstoffspaltungsgröße nicht merklich verändern.

Alle Verminderungen oder Vermehrungen der Ammoniakproduktion aus Harnstoff ließen sich auf die verschieden große Schnelligkeit der Odienvermehrung zurückführen.

Auch die folgenden Beobachtungen, welche die Spezies als wahrscheinlich autotroph erscheinen lassen, sind von Wichtigkeit: Die Spezies kann zu den Nitritbakterien gerechnet werden, denn sie vermag Ammoniak in Nitrit zu verwandeln. Die Spezies kann anscheinend in stickstofffreier mineralischer Nährlösung noch wachsen, wenn diese als Stickstoffquelle nur Ammoniumkarbonat enthält, und demnach ihren Kohlenstoffbedarf zur Not aus dem Ammonkarbonat decken. Die Spezies wächst sicher kräftiger als autotroph saprophytisch mit Ammoniak und Asparagin und noch viel besser mit Ammoniak und Pepton, kann jedoch in mineralischer M-Nährlösung nicht wachsen, wenn diese nur unzersetzten Harnstoff enthält oder die Stoffe: Glycocoll, Leuzin, Azetamid, Oxamid, Succinimid, Harnsäure, Urethan, Kreatinin, Kreatin, Guanidin, Thioharnstoff.

Besondere Aufmerksamkeit wurde auch der Frage zugewandt, ob es möglich sei, den dauernden Verlust des Sporenbildungsvermögens bei Erhaltung der vegetativen Entwicklungsmöglichkeit herbeizuführen. Zu diesem Zwecke züchtete ich das Bakterienmaterial meines Originalstammes lange Zeit auf künstlichen Nährböden, impfte es dabei in verschieden langen Abständen über, immer ohne es vorher abzukochen; die Kulturen wurden bei günstigen und ungünstigen, zum Teil maximalen Temperaturen gehalten. In anderen Versuchen wurden dem Nährboden Gifte, Soda, Ammonkarbonat oder Harnstoff in verschieden großen Mengen zugesetzt. Es gelang jedoch in keinem Falle, den dauernden Verlust des Sporenbildungsvermögens herbeizuführen: entweder trat eine so starke allgemeine Schwächung ein, daß auch das Entwicklungsvermögen dauernd aufgehoben wurde, oder es gelang nachträglich, durch Züchtung bei optimalen Bedingungen wieder Sporen zu erhalten.

Interessant ist auch das Ergebnis, daß bei häufiger Überimpfung nicht abgekochten Materials, unter optimalen Kulturbedingungen eine allgemeine Stärkung der Stämme eintrat.

Schließlich erwähne ich noch kurz die Versuche, welche ich über die Widerstandsfähigkeit der Sporen gegen Gifte (Zinksulfat und Kaliumdichromat) und gegen Säuren (Salzsäure und Schwefelsäure) gemacht habe. Ich benutzte dabei folgende einfache Methode, bei der eine Wachstumshemmung, durch etwa im Sporenmateriale zurückgebliebene Gift- oder Säurereste hervorgerufen, kaum in Betracht kam, wenn dieses sorgfältig genug ausgewaschen war: Das ausgereifte Sporenmaterial wurde in Spitzgläschen mit bestimmten Mengen der Säure oder der Giftlösung bekannter Konzentration zusammengebracht, zur gleichmäßigen Verteilung öfters geschüttelt und die Mischung nach bestimmten Zeitabständen bis zur völligen Klärung zentrifugiert. Nach Entfernung der Giftlösung wurde der Sporenrest mehrere Male unter Zuhilfenahme der Zentrifuge mit sterilem Wasser ausgewaschen, bis im Waschwasser auf chemischem Wege nichts mehr von den Zusätzen nachweisbar war, eine Öse des Sporenmaterials dann in optimale Kulturbedingungen übertragen und auf dem Nährboden schließlich der Eintritt der Sporenkeimung oder des sichtbaren Wachstums verfolgt.

Es stellte sich dabei heraus, daß die Sporen getötet waren, als sie 105 Minuten mit 16 proz. Schwefelsäure und 40 Minuten mit 25 proz. Salzsäure bei 28 ⁰ in Berührung waren; dagegen blieben die Sporen noch entwicklungsfähig nach einer Einwirkung von 16 proz. Schwefelsäure während 50 Minuten bei 28 ⁰, von 16 proz. Salzsäure während 10 Minuten bei 28 ⁰, von nahezu 30 proz. Zinksulfatlösung während 8 Stunden bei 28 ⁰, während 3 Wochen bei ca. 17 ⁰ und von nahezu 15 proz. Kaliumdichromatlösung während 8 Tagen bei 28 ⁰ C.

Botanisches Institut der Universität Marburg, 14. Juni 1913.

41. Werner Magnus: Über zellenförmige Selbstdifferenzierung aus flüssiger Materie.

(Mit Doppeltafel XIII.)

(Eingegangen am 19. Juni 1918)

Bei der Ausgestaltung der Formen der Organismen tritt häufig folgender Vorgang in Erscheinung. Aus der anscheinend form losen mehr oder weniger flüssigen protoplasmatischen Grundsub stanz werden feste Bestandteile ausgeschieden, die oft höchst regel mäßige und dabei komplizierte Anordnung und Form besitzen. Ich denke hierbei namentlich an Membranskulpturen der Diato meen und Peridineen, der Sporen vieler Thallophyten und Gefäß kryptogamen und an manche andere Zellwandverdickungen der Pflanzen. Weiter an die Gerüstsubstanz vieler tierischer Formen, wie an den Schalenbau der Foraminiferen und Radiolarien, der Nadelbildung der Schwämme besonders der Hexactinelliden u. a. Auch wäre zu erinnern an die Erscheinungen der freien Zellbil dung etwa im Embryosack der Pflanzen oder bei den Furchungen tierischer Eier, wenn auch hier die Verteilung der Kerne im Proto plasma als formregelnder Faktor mitzuwirken vermag.

Alle diese Bildungsprozesse haben das Gemeinsame, daß un gefähr gleichzeitig in ungefähr gleichen Abständen ungefähr gleiche Formelemente sich aus der anscheinend ungeformten Grundsubstanz herausdifferenzieren. Die Formen selbst können auch bei nahe ver wandten Organismen von sehr verschiedenartiger Natur sein. Es treten auf Stacheln, Leisten, Poren und besonders häufig netzartige Formen und Wabenbildungen, die bei den Abgrenzungen der Proto plasten in der freien Zellbildung die Regel sind.

Eine Zurückführung einer in so regelmäßigen Abständen er folgenden, gleichartigen und gleichmäßigen Formbildung auf die Mit wirkung physikalischer Gesetze erscheint recht schwierig, besonders da, wie bekannt, sich die mehr oder weniger flüssige protoplasmatische Grundsubstanz vielfach in ständiger Bewegung befindet. Mehr Aussicht für eine physikalische Ausdeutung bieten die dabei auf tretenden Strukturen. Da die netz- und kammerartigen Abgren zungen oft auffallend den PLATEAUschen Minimalflächen in Schäumen ähneln, wurde wiederholt auf ihre Bildung entsprechend erstarrenden Schaumwänden geschlossen. (BERTHOLD[1]), BÜTSCHLI[2]), DREYER[3]) u. a.) Mit Recht wurde aber von anderer Seite immer wieder hingewiesen, daß bemerkenswerte Abweichungen vom PLATEAUschen Schema auftreten, die eine physikalische Deutung in dieser Richtung nicht zulassen. Eine andere physikalische Deutung wurde versucht von LEDUC[4]) und LIESEGANG[5]) durch das Studium der Grenzen von Diffusionsfeldern[6]), wobei aber gerade der wesentlichste Punkt einer Selbstdifferenzierung, die gleichmäßige Größe und Anordnung der Felder, dem Willen des Experimentators überlassen bleibt.

Die folgenden Versuche über die Bildung regelmäßiger, in regelmäßigen Abständen entstehender Formen aus flüssiger Materie beabsichtigen den Nachweis zu führen, daß solche periodischen Bildungen aus unorganisierter Materie möglich sind und in ihrer Größe bestimmten Gesetzen gehorchen. Es wird zu zeigen sein, daß die auftretenden Bildungen in der Tat auch formale Ähnlichkeit mit gewissen Formbildungen der Organismen besitzen. Es wird schließlich die Frage erörtert, inwieweit die zur Formbildung in der unorganisierten flüssigen Materie führenden physikalischen Vorgänge bei den Formbildungen aus dem Protoplasma der Organismen mitwirken dürften.

Versuche.

1. **Erstarrendes Paraffin.** Auf Quecksilber, das in einer Schale auf, über 78 ° C erhitzt wird, wird geschmolzenes Paraffinum solidum (Schmelzpunkt etwa 74 °) gegossen und bei Zimmertemperatur langsam zum Erkalten gebracht. Das zuerst erstarrende Paraffin, das sich durch seine weiße Farbe scharf abhebt, bildet sich am Rande der Schale. Von ihm aus entwickeln sich in ganz regelmäßigen Abständen mit breiter Basis aufsitzende, parabelförmige Ausstülpungen, die radiär innerhalb der Paraffinoberfläche in das Innere des Gefäßes hineinragen. Bald treten, gleichfalls radiär, zwischen ihnen je eine weiße Linie auf. Nunmehr werden auf der Oberfläche der Flüssigkeit hier und dort scharf begrenzte dreistrahlige Gebilde sichtbar, deren Strahlen sich rasch verlängern.

---

1) BERTHOLD, Studien über Protoplasmamechanik, 1886.

2) BÜTSCHLI, Mikroskopische Schäume usw. 1892.

3) DREYER, Gerüstbildungsmechanik, 1892.

4) LEDUC, Physikal. Zeitschrift, 1905, S. 793—795.

5) LIESEGANG, Archiv f. Entwicklungsmechanik, 33, 1911.

6) Meinen Standpunkt zu den entsprechenden Anschauungen KÜSTERs: „Zonenbildung" usw., 1913 gedenke ich an anderer Stelle darzulegen.

Fig. 1. Sie wachsen auf die Strahlen benachbarter Dreistrahler zu und vereinigen sich mit ihnen. Auf diese Weise überzieht sich die Oberfläche mit einem soliden Netzwerk, in dessen sich immer weiter abrundenden Maschen sich das noch flüssige Paraffin befindet. Fig. 2. Nunmehr wachsen die Löcher diaphragmaartig zusammen, und schließlich ist die ganze Oberfläche erstarrt. — Die festgewordene Paraffinschicht besitzt an ihrer Oberfläche eine durch Einbuchtungen und Anschwellungen entstehende Zeichnung, die deutlich die Entstehungsart der Maschen wiedergibt. Die zuerst entstandenen Maschenwände markieren sich als eingesenkte Linien, und auch der innerste Teil der Maschen zeigt in einer mehr oder weniger runden Einsenkung die zuletzt erstarrte Paraffinschicht, während der dazwischenliegende Paraffinring leicht hervorgewölbt ist. Diese Oberflächenstruktur des Paraffins ist von überraschender Regelmäßigkeit. Fig. 3. Die Wände aller Randmaschen stehen genau radiär und in so regelmäßigen Abständen voneinander, daß alle Maschen oft fast genau die gleiche Größe besitzen. Ihre Breite entspricht dem Durchmesser der Mittelkammern, die nicht weniger regelmäßig angeordnet sind. Sie haben häufig die Gestalt von Sechsecken, doch gibt es auch 4-, 5- und 7-Ecke. Ihre Winkel betragen oft 120 °, vielfach auch 90 °. Spitze Winkel kommen im allgemeinen nicht vor. Oft läßt sich deutlich erkennen, daß eine Kammer, die etwas größer, als der Durchschnitt angelegt war, sich noch nachträglich geteilt hat, wie dies auch direkt bei der Entstehung zu beobachten ist. In diesen Fällen wachsen zwei zugespitzte Fortsätze, die sich senkrecht an die schon gebildeten Maschenwände ansetzen, aufeinander zu und trennen so die ursprüngliche Kammer. In der festgewordenen Paraffinschicht sind die später gebildeten Kammern dadurch zu erkennen, daß die mittleren Einsenkungen einander genähert sind. Die Größe der Kammern ist hauptsächlich eine Funktion der Dicke der Paraffinschicht. Je dünner sie ist, desto kleiner sind die Kammern, Fig. 4, je dicker, desto größer werden sie. Mit ihrer Größe nimmt die Regelmäßigkeit ab. Ebenso sind die Kammern sehr viel unregelmäßiger, falls die Erstarrung in einem Gefäß mit festem Boden erfolgt. Die Bestimmung der Schichtdicke wurde mit der Schublehre vorgenommen. Der Durchmesser der Kammer betrug bei einer Höhe von 0,35 mm = 0,9 mm, von 0,9 = 2,4, von 1,55 = 4,8 , von 2,8 = 8,1. Auf der dem Quecksilber zugekehrten Seite der erstarrten Paraffinlamelle lassen sich zumeist die gleichen Abgrenzungen wie auf der Oberseite, nur weniger scharf, erkennen. — Die Kammerung des Paraffins ist schon vor der Erstarrung vor-

handen. Bei geeigneter Seitenbeleuchtung lassen sich auf dem
spiegelnden Quecksilber sehr bald nach dem Aufbringen des Paraffins durch Lichtbrechung unterschiedene, schachbrettähnlich erscheinende Abgrenzungen erkennen. — Auf der Oberfläche des
Quecksilbers bilden sich, wenn das Paraffin nicht schnell erstarrt,
in regelmäßigen Abständen dunkle Flecke. Es sind Staubteilchen,
die sich an den Stellen zusammenballen, wo sich die Mittelachse
einer Kammer befindet. Nach dem Erstarren der Lamelle finden
sie sich als dunkle Punkte auf ihrer Rückseite, genau die Mitte
der Masche einnehmend. Diese Erscheinungen können durch Vermischen des flüssigen Paraffins mit fein verteilten Körpern, wie
Ruß, Ultramarin, Sporen von *Lycopodium* oder *Lycoperdon*, Fig. 6 u.
7, sehr verstärkt werden, doch wird dadurch der ganze Verlauf der Erscheinung oft etwas unregelmäßig. — Paraffine mit
niederem Schmelzpunkt zeigen bei dem Erstarren keine Kammerbildung, obgleich sie in geschmolzenem Zustand durch Lichtbrechung die Abgrenzungen-anzeigen. — Sehr schöne feste Strukturen gibt, neben anderem Material, Bienenwachs. Da hier die
anfänglich ähnlich wie im Paraffin angelegten, festen Strahlen sich
auf der erstarrten Oberfläche nur wenig durch Einprägungen markieren, hingegen die zuletzt entstehenden runden Innenräume der
Kammern sich tief einprägen, kann die erstarrte Wachslamelle fast
gleich große regelmäßige kreisrunde Einsenkungen neben sehr
regelmäßigen Randalveolen zeigen. Fig. 5. Im flüssigen Wachs
läßt sich die Kammerbildung besonders deutlich nach Untermischung mit Graphitpulver erkennen. — In einem anderen
Paraffinum solidum ging die Erstarrung nach der Bildung der
Kammerwände ziemlich gleichmäßig durch die ganze Kammer vor
sich, wobei jede Kammer von einer strahlenähnlichen Figur ausgefüllt wird.

2. Zuckerlösung. Zu einer conc. Traubenzuckerlösung
(1 : 2 dest. Wasser) werden einige Tropfen einer wässerigen Lösung
kolloidalen Silbers (Coargol) zugesetzt, so daß eine etwa 1 mm
starke Schicht im durchfallenden Licht mattrotbraun erscheint.
Beim Umschütteln scheidet sich das kolloidale Silber in sehr feinen
Körnchen ab. Die Flüssigkeit wird in dünner Schicht in eine
flache Schale mit möglichst ebenem Boden gegossen (Spiegel-
scheibe); sie besitzt Zimmertemperatur. Nach einiger Zeit werden
in ziemlich regelmäßiger Verteilung weiße Strahlen, Zwickel und
Linien auf dunklem Grunde sichtbar, die sich mehr und mehr
zu einem Netzwerk vereinigen, das aber vielfach offene Maschen
besitzt. Nach etwa 5 Minuten wird dieses Netzwerk wieder un-

deutlich und dafür tritt, und zwar am Boden des Gefäßes, ein
dunkleres Maschenwerk immer deutlicher hervor, das mit dem ursprünglichen hellem auf dunklem Grunde alterniert und zwar so,
daß die Ecken der dunklen Maschen immer etwa im Zentrum der
von den hellen Maschen umschlossenen Kammern liegen. Das
untere dunkle Netz besitzt zumeist weniger offene Maschen, wie
das ursprüngliche helle, und ist überhaupt regelmäßiger gebaut.
Beim vorsichtigen Abheben der oberen Schicht bleibt es als fester
Belag dem Boden des Gefäßes aufgelagert. — Der Bildung des
hellen Netzwerks kann ein weiteres Stadium vorangehen. Wird
die Zuckerlösung unmittelbar nach der Vermischung mit der Lösung des kolloidalen Silbers beobachtet, so sieht man sich die
Silberkörnchen in mehr oder weniger runde, in sehr regelmäßigen
Abständen angeordnete, braune Flecke sondern, die von einem
hellen Hof umgeben sind. Dieser Hof wird immer kleiner und an
der Berührungsstelle der braunen Flecke entsteht ein dunkelbraunes
feines Netzwerk. In der Mitte der Flecke wird jetzt ein heller
Punkt sichtbar mit sternförmigen Ausstrahlungen. Fig. 8. Diese
formen sich zu weißen Zwickeln um, und durch ihre Vereinigung
entsteht das unregelmäßige helle Maschenwerk auf dunklem Grunde,
von dem oben ausgegangen wurde. — Die Maschenweite aller dieser
verschiedenen Bildungen ist von der Dicke der Flüssigkeitsschicht
abhängig. Das läßt sich besonders deutlich bei schräg gestellten
Gefäßen zeigen, in denen die Dicke der Schicht kontinuierlich zunimmt. Die genaue Bestimmung der einzelnen Maschengrößen ist
durch die auftretenden Unregelmäßigkeiten erschwert, die bei
dickeren Schichten sehr zunehmen. — Die Abgrenzung in der
Zuckerlösung ist nicht von der Gegenwart kolloidalen Silbers
abhängig. Bei geeigneter Beleuchtung lassen sich auf der Oberfläche der unvermischten Zuckerlösung das Licht stark brechende
Zeichnungen erkennen, die dem zuerst erwähnten unregelmäßigen
hellen Maschenwerk etwa entsprechen. Sie liegen also in der Mitte der
sogleich nach dem Vermischen mit kolloidalem Silber beobachteten
regelmäßigen dunklen Silberansammlungen. — Eine 15 proz. Zuckerlösung zeigt, wenn auch langsamer die gleichen Erscheinungen,
eine vierprozentige nicht mehr, doch unterblieb in ihr eine Ausfällung des Coargols. Als jedoch dasselbe zur Coagulation gebracht
wurde, zeigten sich auch in ihr Anfänge der Abgrenzung. — Alle
diese beschriebenen Erscheinungen unterbleiben, wenn die Zuckerlösung in eine dampfgesättigte Atmosphäre gebracht wird.

Sehr regelmäßige Abgrenzungen wurden auch in Zuckerlösung mit Ultramarin und in vielen anderen Lösungen beobachtet,

wie in Alkoholwasser mit kolloidalem Silber, mit Gummigut oder
anderen feinsuspendierten Körpern, in Phenolwasser mit Ultra-
marin, in Kochsalzlösungen mit kolloidalem Silber und mit ge-
färbtem Eieralbumin, in dreibasischem Natriumphosphat und
Ultramarin (Fig. 9) in Kaliwasserglas mit kolloidalem Silber u. a.
Von den dabei auftretenden Erscheinungen sei besonders auf die
Randbildung in flachen Tropfen oder am Gefäßrande hingewiesen.
Vgl. Fig. 11. Sie entspricht im allgemeinen der regelmäßigen
radiären Anordnung der parabelartigen Gebilde des erstarrenden
Paraffins, doch können auch ihre Spiegelbilder auftreten. Bei
Phenolwasser mit Ultramarin erscheinen die Parabelflächen ultra-
marinfrei, während die dazwischenliegenden Partien gefärbt waren,
so daß ein sehr regelmäßig gezackter Rand entsteht.

3. Kochsalzlösung. Auf eine 20 proz. Lösung von Koch-
salz in dest. Wasser, die in dünner Schicht in einer flachen
Schale ausgebreitet ist, wird mittels eines hohlen Glasfadens ein
Tuschetropfen (unverdünnte Burritusche, Pelikantusche von
GÜNTHER WAGNER Nr. 541) gebracht. Sie breitet sich momentan zu einer dünnen Schicht auf der Oberfläche aus. Nach kurzer
Zeit, etwa nach 1 bis 2 Minuten, werden dicht unter der Oberfläche dunkle Schlieren sichtbar, die sich zu scharfen schwarzen
Linien und Maschen zusammenziehen. Fig. 12. Die Maschen sind
sehr häufig offen. Die Entfernung der einzelnen Wände voneinander ist sehr regelmäßig. Die Zeichnung im einzelnen läßt in
gewisser Beziehung die Art der Ausbreitung des Tropfens erkennen,
indem eine konzentrische und radiäre Hauptrichtung der Wände
überwiegen kann. Dennoch läßt sich auch dann noch die Tendenz
zu regelmäßigen polyedrischen Abgrenzungen deutlich erkennen
durch dunklere feinere Zacken, welche auf den Linien in der Breite
der Abstände der Wände angeordnet sind. — Die polyedrische
Abgrenzung tritt gleich anfangs deutlich hervor, wenn ihre Bildung erst einige Zeit nach der Ausbreitung der Tusche erfolgt.
Das kann dadurch bewirkt werden, daß anfänglich die Salzlösung
in dampfgesättigte Atmosphäre gebracht wird, in der die Erscheinung nicht auftritt, und erst dann nach Öffnung der feuchten
Kammer die Bildung der Abgrenzungen beginnt. — Von den scharf
abgegrenzten Maschen wachsen dünne Wände nach dem Boden
der Flüssigkeit, so daß die ganze Flüssigkeit wie gekammert erscheint. Dort angelangt, schwellen sie vom Boden aus an, so daß
der zwischen ihnen und den benachbarten Wänden gelegene helle
Zwischenraum immer kleiner wird. In diesem Stadium ähnelt
das Bild sehr der bei Vermischung von Zuckerlösung mit kolloi-

dalem Silber anfänglich eintretenden Bildung brauner Flecke, nur
daß die einzelnen Abgrenzungen häufig viel länger gestreckt sind.
Schließlich verschwindet der freie Raum ganz, die Wände berühren
sich und an der Berührungsstelle tritt eine dunkle Linie auf, die
immer dicker und breiter wird, während gleichzeitig die ursprünglichen dunklen Maschenwände immer düner werden. So entsteht
am Boden des Gefäßes ein sekundäres Maschenwerk, das häufig
deutlicher die polyedrischen Abgrenzungen zeigt, als das anfäng-.
lich gebildete. Es haftet ziemlich fest dem Boden an. Jetzt wird
das Bild immer undeutlicher und verschwindet schließlich. — Bei
geringerer Konzentration der Salzlösung verläuft die Erscheinung
langsamer, doch lassen sich dann die einzelnen Stadien leichter
auseinanderhalten. Das Minimum liegt etwa bei 2 pCt. Hier ist
das sekundäre Netzwerk besonders deutlich sichtbar. — Teilweise
schon hier, immer bei noch schwächeren Salzlösungen und bei
dest. Wasser, auch im Exsikkator oder bei Erwärmung, tritt keine
Kammerbildung auf. Vielmehr zerfällt die Tuscheschicht in ein
feinkörniges Gerinnsel, aus dem sich dünne, die Flüssigkeit nach
allen Richtungen durchsetzende Schlieren entwickeln. Das gleiche
geschieht bei Einbringung der Kochsalzlösung in feuchten Raum
oder bei einem zu großen zugesetzten Tropfen der Tuschelösung.
Die Beschreibung der hierbei auftretenden mannigfachen Formen
würde an dieser Stelle zu weit führen.

Auch hier ist die Maschengröße von der Dicke der Schicht
abhängig und die Anordnung der Wände wird mit zunehmender
Schichtdicke unregelmäßiger. Bei einer Schichtdicke von 1 mm
betrug die Entfernung 1,8 mm, bei 3 mm 3, bei 4,5 mm 3,8.

Die Burritusche enthält hauptsächlich Ruß und Gummi. Der
Tuschelösung ganz entsprechende Bilder gibt anfangs auf Kochsalzlösung ein mit Gentianaviolett gefärbter Tropfen Gummi
arabicum. Doch färbt sich sehr bald die ganze Flüssigkeit gleichmäßig. Bei Vermischung von Salzlösung mit Gummi arabicum—
Ultramarin oder Gelatine—Ultramarin entstehen Bilder, die an die
von Zuckerlösung mit kolloidalem Silber erinnern. Fig. 10 u. 11.
— Andere von mir geprüfte Salzlösungen zeigen mit Tusche ein
ähnliches Verhalten.

Physikalische Deutung und Literatur.

Aus den angeführten Beispielen ergibt sich, daß mehr oder
weniger regelmäßige zumeist polyedrische Abgrenzungen in dünnen
Schichten sehr verschieden gearteter Flüssigkeiten auftreten können.
Um so auffälliger erscheint es, daß sie nur sehr selten beobachtet

wurden, während die Ausscheidung fester Substanzen in regelmäßigen polyedrischen Abgrenzungen, wie in Versuch 1, anscheinend überhaupt noch nicht beschrieben wurde. — Polyedrische
Abgrenzungen in Flüssigkeiten wurden zuerst beobachtet 1855 von
E. H. WEBER[1]) im mikroskopischen Bilde bei einem Gemisch von
Alkohol und Wasser in einem flach ausgebreiteten Tropfen, in
dem feine Gummigutteilchen suspendiert waren. Er erkannte bereits, daß die Bewegung zustande kommt durch eine Rotation der
Flüssigkeitsteilchen jeder Abteilung um eine horizontale Achse, die
in jeder Abteilung eine in sich selbst rücklaufende Linie bildet.
Seine genaue Beschreibung dieser Bewegung ist jedoch nicht ganz
zutreffend. — Während QUINCKE[2]) diese Erscheinung vergeblich
zu wiederholen versucht und, soweit ich ersehen kann, in den folgenden höchst eingehenden, verwandte Probleme behandelnden
Untersuchungen dieser Erscheinung nicht mehr gedenkt, gibt
LEHMANN[3]), wohl ohne die Beobachtung selbst zu wiederholen,
folgende Erklärung: An den der Verdunstung ausgesetzten Teilen
der Oberfläche kühlt sich die Flüssigkeit durch Verdunstung ab
und sinkt zu Boden, wärmere Teile steigen von unten nach oben
auf, breiten sich auf der kälteren Oberfläche aus (durch Herabsetzung der Oberflächenspannung), um bald mit ihr gleichartig zu
werden. Neue Mengen drängen nach, um denselben Verlauf zu
vollenden und so zerfällt die ganze Flüssigkeit in eine Menge auf-
und absteigender Partien, erstere immer in der Mitte der letzteren,
so daß sich dieselbe, von oben betrachtet, anscheinend in eine
Menge polygonaler Felder teilt, innerhalb deren eine kontinuierliche Strömung von der Mitte nach dem Umfang stattfindet. —
Ähnliche polyedrische Abgrenzungen beobachtete SACHS[4]) bei Einwirkung des Lichtes auf Schwärmsporen in Schalen mit flachem
Wasser. Da eine Emulsion gefärbten Öls in Alkoholwassergemisch
gleiche Figuren ergab, glaubte er irrtümlicherweise, die Heliotaxis
auf diesen rein physikalischen Vorgang zurückführen zu sollen.
Diesen erklärt er gleichfalls durch Wirbelbewegungen, indem die
bewegende Kraft in der Differenz des spez. Gewichts gesehen
wird, die in den verschiedenen Teilen der Emulsion infolge der
ungleichmäßigen Erwärmung auftreten muß. BERTHOLD[5]) wendet

---

1) WEBER, E. H., POGGENDORF-Annal. 54, S. 457, 1855.
2) QUINCKE, WIEDEMANN-Annal. 35, 1888.
3) LEHMANN, O., Molecularphysik 1888.
4) SACHS, J., Flora 1876.
5) l. c.

dagegen ein, daß diese Kräfte kaum ausreichend seien, vielmehr die molekularen Kräfte, die in der Oberfläche ihren Sitz haben, als bewegende Kräfte anzusehen sind. Die einzige Arbeit von physikalischer Seite über unseren Gegenstand und zugleich die letzte zieht gleichfalls nur die Unterschiede im spez. Gewicht der wärmeren und kälteren Flüssigkeitsschichten, also die Schwerkraft, als bewegende Kraft in Betracht. BÉNARD[1]) untersuchte die permanenten Flüssigkeitswirbel in einseitig in flachen Schichten erwärmtem Spermazetum. Mittelst der Schlierenmethode und durch Eintragen fein verteilter Körper konnte er die regelmäßige Abgrenzung der Flüssigkeit in Polyeder und im extremen Fall in ganz regelmäßige Sechsecke beobachten und eine genaue Beschreibung der Bewegung liefern. Die polyedrischen Erstarrungsformen blieben ihm unbekannt. Die Untersuchung befaßt sich hauptsächlich mit der Abhängigkeit der Polyedergröße von der Schichtdicke, deren Verhältnis annähernd konstant ist. Über die Ursache der Polyederbildung stellt er keine Betrachtungen an. Er meint, daß jede Flüssigkeit zu der Polyederbildung befähigt ist.

Unzweifelhaft werden die in unseren Versuchen auftretenden Kammerbildungen und sonstigen regelmäßigen Abgrenzungen gleichfalls durch eine regelmäßige Bewegung innerhalb der Flüssigkeiten hervorgerufen. Gegen SACHS, LEHMANN und BÉNARD teile ich die Meinung von BERTHOLD, daß die bewegenden Kräfte in den Modifikationen der Oberflächenspannung zu sehen sind. Es ist mir aber ebensowenig zweifelhaft, daß diese durch verschiedene Umstände hervorgerufen werden können. Nicht nur wärmere und kältere, sondern besonders salzreiche und salzarme Schichten, kolloidreiche und kolloidärmere Schichten besitzen, wie QUINCKE[2]) zeigte, eine Oberflächenspannung. Da nun meine Untersuchungen im Gegensatz zu den Angaben BÉNARDs ergeben, daß nur inhomogene Flüssigkeiten imstande sind, solche regelmäßigen Abgrenzungen zu erzeugen, muß ich dies vorläufig als ausschlaggebend ansehen. Nur dort scheint also die Bildung regelmäßiger Abgrenzungen möglich zu sein, wo, um QUINCKEs Ausdruck zu gebrauchen, die Bildung flüssigen Schaumes mit flüssigen Schaumwänden stattfinden kann. — Eine sichere Analyse und Theorie der Erscheinung wird erst die genaue Messung der Beziehungen zwischen Schichtdicke und Größe der Abgrenzungen unter verschiedenen

---

1) BÉNARD, Thèse, Paris 1901.
2) QUINCKE, Ann. d. Phys., 4. Folge, Bd. 9, 1902.

äußeren Bedingungen ermöglichen, die, wie sich schon aus den obigen Versuchen ergibt, für die einzelnen Flüssigkeiten sehr verschiedene Werte annimmt, und bei der die innere Reibung der Flüssigkeit vermutlich eine größere Rolle spielt. Dann wird es auch erst möglich sein über die Entstehung der verschiedenartigen Figuren ein sicheres Urteil zu gewinnen. — Auf einige der theoretisch wichtigen Punkte der oben beschriebenen Versuche mag nur kurz hingewiesen sein. Paraffin, Bienenwachs, Spermazetum und ähnliche Stoffe bestehen, wie schon aus ihrem ganzen physikalischen Verhalten folgt, gleichfalls aus einem Gemenge verschiedener Substanzen. — Die bei der Erstarrung des Paraffins anfänglich auftretenden radiären Randgebilde nehmen das marginale Ende von Randkammern ein, ebenso wie die bei Phenolwasser-Ultramarin auftretenden ultramarinfreien Stellen. Da die Strömung in jeder Randkammer der Strömung eines Einzeltropfens entspricht, an deren einem Ende sich ein Ausbreitungszentrum befindet, so können für die nähere Erklärung der Strömung die hierüber vorliegenden Untersuchungen von QUINCKE, LEHMANN und BÜTSCHLI benutzt werden. BÜTSCHLI[1]) konnte nun zeigen, daß es von der Natur der suspendierten Teile, Ruß oder feine Flüssigkeitstropfen, im Öltropfen abhängt, ob sie sich in dem der Ausbreitungsstelle zunächst gelegenen, sich bewegenden Teil des Tropfens ansammeln oder an dem der Ausbreitungsstelle entgegengesetzten ruhenden Teil des Flüssigkeitstropfens zur Ablagerung gelangen. — In gleicher Weise entsprechen die punktförmigen Ablagerungen auf der Unterseite des flüssigen Paraffins den ruhenden, von der Ausbreitungsstelle entfernt gelegenen Teilen eines strömenden Tropfens. Die deutlichen Strukturen im erhärtenden Paraffin erklären sich aus seiner Eigenschaft, beim Erkalten sich stark zu kontrahieren. Inwieweit überhaupt solche Kontraktion bei der Erscheinung eine Rolle spielt, mag vorläufig dahingestellt bleiben. — Obgleich sich das durch die Abgrenzung entstehende Netzwerk weitgehend den PLATEAUschen Minimalflächen annähert und besonders der Alveolarrand (BÜTSCHLI) scharf hervortritt, treten doch sehr prägnante Verschiedenheiten auf, die gleichfalls späterhin noch eine eingehende Analyse erfordern.

Weiter sei hingewiesen auf die Beziehungen zu den Oberflächenfaltungen gelatinierender Kolloide (QUINCKE). Zu untersuchen bleibt, ob etwa in gewisser Beziehung die Konfiguration der gelösten Moleküle auf die Kammerbildung von Einfluß ist

---

1) BÜTSCHLI, l. c. S. 42 ff.

(LEHMANN: Flüssige Kristalle). Auf die Einzelheiten der, zumeist
sehr langsamen, zur Abgrenzung der Maschen führenden Bewegungen
soll hier nicht eingegangen werden. Für die Sichtbarkeit der Abgrenzungen spielt die „staubfreie" Schicht in strömenden Flüssigkeiten eine gewisse Rolle.

Die bei der Kochsalzlösung mit Gummi anfänglich auftretenden regelmäßig nahe der Oberfläche gelegenen Abgrenzungen
haben nichts zu tun mit dem Ausbreitungsvorgang des Tusche-
tropfens als solchem und den bei solchen Erscheinungen auftretenden Ausbreitungs- oder Cohäsionsfiguren[1]. Sie entstehen vielmehr bei ganz gleichmäßiger Diffusion der Tuschelösung in das
Innere der Kochsalzlösung von der ganzen Fläche her. Hier
werden sie dann durch Oberflächenkräfte im Innern der Flüssigkeit anfänglich zu den regelmäßigen Abgrenzungen zusammen-
geführt, während die Oberfläche der Flüssigkeit, wie die darauf-
gestreuten Lycopodium-Sporen zeigen, völlig in Ruhe verharrt. Die
weiteren Erscheinungen entsprechen im wesentlichen den in anderen
Flüssigkeiten.

Die bei mangelnder Verdunstung eintretenden Zusammen-
ballungen und Fädenbildung der Tusche sind ganz anderer Natur.
Hierher gehören die Beobachtungen von LEDUC[2] über die Erscheinungen bei Einbringung von Tuschetropfen in Salzlösung und
den dabei auftretenden „Kernteilungsfiguren" (!). Bei seinen Versuchen hat er in seltenen Fällen eine Segmentierung beobachtet,
die vielleicht dem Endentwicklungsstadium unserer sekundären
Kammerbildung entsprechen dürfte. Daß ihm aber das wesentliche
der Erscheinung entgangen ist, dürfte aus seiner Beschreibung zu
entnehmen sein: Die Segmentierung der Flüssigkeit bei langsamer
Diffusionsbewegung ist durch den Unterschied der Kohäsion
zwischen den verschiedenen Molekülen der Lösung erklärbar.
Die Moleküle, welche einander am stärksten anziehen, ziehen
sich zusammen zu kleinen Kügelchen, die anderen bilden die
Wände.

Zusammenfassend halte ich also als das wesentlichste für das
Zustandekommen von regelmäßigen Abgrenzungen in Flüssigkeiten,
daß einseitig an einer dünnen Lamelle eines (vielfach kolloidalen)
Flüssigkeitsgemisches durch irgendwelche Faktoren wie Wärme,
Verdunstung, chemische Umsetzungen, sich Differenzen der Ober-
flächenspannung zwischen einzelnen Flüssigkeitsschichten bilden.

1) Vgl. LEHMANN, O., l. c. S. 260.
2) l. c.

Die hierdurch entstehenden, oft sehr langsamen Bewegungen sind u. a. abhängig von der Dicke der Schicht und der Natur der Medien. Durch die Bewegung können feste Strukturen mannigfacher Art ausgeschieden werden, sei es wie bei Paraffin durch Ablagerung erstarrender Teile, sei es durch Ablagerung feiner in der Flüssigkeit suspendierter fremder Körperchen in Form von Punkten, Netzen oder regelmäßigen Leisten.

Formaler Vergleich zu organischen Bildungen.

Es kann wohl keinem Zweifel unterliegen, daß die bei der Abgrenzung in Flüssigkeiten auftretenden Formbildungen formal eine weitgehende Ähnlichkeit mit den . im organischen Reich auftretenden Gestaltungen besitzen. Seit BERTHOLD und BÜTSCHLI ist auf die Ähnlichkeit zahlreicher organischer Formen mit den Strukturen der Schäume hingewiesen worden, ohne daß es gelungen wäre, in regelmäßiger Anordnung künstlich feste Ablagerungen zu erzielen. Solange dies aber nicht gelang, war es nicht möglich, auch nur über die formale Seite der Frage sichere Schlüsse zu. ziehen. Die formale Ähnlichkeit zwischen einer Paraffinlamelle mit größeren Kammerwänden und dem Zellnetz einer höheren Pflanze ist frappant, Fig. 3, nicht minder der mit kleineren Kammern und den Wandskulpturen vieler Peridineen und Diatomeen, Fig. 4. Alle die Abweichungen, die in dem Bau des Netzwerks von dem PLATEAUschen Schema so oft angeführt wurden, finden wir hier wiederholt. — Die primär auftretenden radialen Randgebilde bei der Erstarrung des Paraffins sind für die Schalenstruktur zahlreicher Diatomeen sehr charakteristisch. — F: E. SCHULZE[1]) und DREYER[2]) deuten die kompliziert gebauten Nadeln der Hexactinelliden als Ablagerungen in den Ecken von Schaumwänden. Die anfänglich bei der Erstarrung des Paraffins auftretenden Dreistrahler und Doppeldreistrahler ähneln ihnen nun in der Tat auf das weitgehendste. — Das Maschenwerk des Paraffins kurz vor der vollständigen Erstarrung gleicht dem Gerüst vieler Radiolarien, deren Bau DREYER gleichfalls aus den Schaumstrukturen ableiten wollte. — Die beim Beginn des Furchungsprozesses der tierischen Eier und im Embryosack auftretenden Abweichungen vom PLATEAUschen Schema werden in der Kammerbildung des Paraffins wieder gefunden. — Die regelmäßige Verteilung der Stacheln und Leisten auf Mem-

---

1) F. E. SCHULZE, Rep. of voy. Challenger XXI (Hexactinelliden).
2) l. c.

branen der Sporen ähneln zum Teil weitgehend den Bildern der
Ablagerungen aus den Flüssigkeitsgemischen, in denen feine
Körnchen suspendiert sind. — Die wenigen Beispiele mögen ge-
nügen, um zu zeigen, daß formal in der Tat eine weitgehende
Übereinstimmung herrscht.

Sind nun diese Ähnlichkeiten rein formaler Natur oder wirken
bei der Formbildung im organischen Reich wirklich gleiche oder
ähnliche physikalische Kräfte mit? Mein Standpunkt über die Be-
rechtigung einer solchen Fragestellung und zur „synthetischen
Biologie" überhaupt deckt sich durchaus mit dem von ROUX[1])
eingenommenen, auf dessen klare Ausführungen hier verwiesen
sein mag. Insbesondere bin ich mir aller Fehlerquellen einer
solchen Betrachtung bewußt, solange nicht für jedes zu vergleichende Objekt die eingehendsten Analysen vorliegen. — Dennoch glaube ich schon heute auf einige wesentliche Punkte hinweisen zu dürfen, die in der Tat auf die Mitwirkung ähnlicher Kräfte
bei der Bildung von Abgrenzungen und Ablagerungen aus gleichmäßig verteilten flüssigen Medien mit organisierter Struktur hinweisen.
— Das Studium der Protoplasmabewegung hat eine weitgehende
Ähnlichkeit mit den Bewegungen in Flüssigkeitstropfen aufgedeckt,
die durch lokale Veränderung in der Oberflächenspannung hervorgerufen werden. — Regelmäßige Protoplasmaströme im Innern der
Zellen wurden nun in der Tat beobachtet bei der Anlage der
ring-, spiraligen und netzförmigen Wandverdickungen der Kapsel-
wand und Schleuderzellen der Lebermoose und der Tracheiden
(DIPPEL)[2]). — Auf die bei der Zellteilung auftretenden regelmäßigen wirbelartigen Strömungen hat besonders BÜTSCHLI[3]) auf
Grund der VON ERLANGERschen Untersuchungen über die ersten
Furchungsteilungen in den lebenden Eiern kleiner Nematoden hingewiesen. Er sagt: „Die Richtung der Strömung ist von dem
Spindelpol nach dem Äquator des Eies, und die Strömungen erfolgen selbst, abwechselnd in der einen oder anderen Eihälfte
(Längshälfte). Nun tritt plötzlich auf der einen Seite des Äquators
die erste Teilungsfurche auf, wobei deutlich beobachtet werden
kann, wie die Strömung von dem Spindelpol nach dem Äquator
(auf der Zelloberfläche) verläuft und nach den Polen (im Innern
der Zelle) zurückkehrt." Es wären dies also Strömungen, die den

1) ROUX, W., Programm- u. Forschungsmethoden, 1897, auch Archiv f.
Entwicklungsmechanik Bd. V.

2) DIPPEL, L., Das Microscop 2. Aufl. II, S. 557 ff.

3) BÜTSCHLI, Archiv f. Entwicklungsmechanik X. 1900.

zur Kammerung in unorganisierten Flüssigkeit führenden. sehr wohl an die Seite zu stellen sind.

Eingehende Untersuchung jedes einzelnen zum Vergleich heranzuziehenden Objekts wird zu zeigen haben, inwieweit ähnlich wie in unorganisierten Flüssigkeiten Bewegungserscheinungen im Protoplasma zu Abgrenzungen und Strukturbildungen führen und inwieweit sie beim realen Geschehen der Formbildung mitwirken [1]).

Jedenfalls glaube ich schon heute den Nachweis erbracht zu haben, daß aus sich bewegenden flüssigen Medien durch physikalische Kräfte sehr regelmäßige feste Strukturen ausgebildet werden können, die formal den aus organisierten Medien entstehenden Strukturen ähneln.

Ihre ausführliche Behandlung nach physikalischer und physiologischer Richtung behalte ich mir für die nächste Zeit vor.

Berlin, Botanisches Institut der Landwirtschaftlichen Hochschule.

Erklärung der Taf. XIII.

1—4. Paraffinum solidum.

1. Auf Quecksilber erstarrendes Paraffin. Bildung der Dreistrahler.
2. Die Strahlen haben sich zu einem Netz vereinigt Rechts oben am Rande eine nachträgliche Teilung einer Kammer.
8. Erstarrtes Paraffin in dickerer Schicht.
4. Erstarrtes Paraffin in dünner Schicht.

5—7. Bienenwachs.

5. Auf Quecksilber erstarrtes Bienenwachs.
6. Desgleichen nach Untermischung mit *Lycoperdon*sporen, die auf der Unterseite in regelmäßiger Form abgelagert sind.
7. Desgleichen, dickere Lamelle.
8. Zuckerlösung (1 : 2) vermischt mit colloidalem Silber.
9. Dreibasisches Natriumphosphat (20 pCt) mit Ultramarin.

10—11. Kochsalz (10 pCt.) in Gelatine 10 pCt. (flüssig) mit Ultramarin.

10. Beginn der Kammerung.
11. Vorgeschrittenes Stadium.
12. Kochsalz (20 pCt.) auf dem ein Tropfen Burritusche ausgebreitet ist.

Die Photographien sind in natürlicher Größe aufgenommen, 1—7 mit auffallendem, 8—12 mit durchfallendem Licht. Sie sind nicht retouchiert. Herrn Prof. ZETTNOW, Berlin, danke ich für freundliche Ratschläge über das Aufnahmeverfahren.

----

1) O. MÜLLER zeigte, wie kompliziert sich z. B. die reale Strukturbildung bei den Diatomeen gestalten kann. Ber. d. d. bot. Ges. 19, 1901.

42. W. Ruhland: Zur Kenntnis der Rolle des elektrischen Ladungssinnes bei der Kolloidaufnahme durch die Plasmahaut.

(Eingegangen am 22. Juni 1913.)

————

Bekanntlich kann man mit Hilfe des elektrischen Stromes aus der Richtung der elektrophoretischen Wanderung wie bei einer Suspension den Ladungssinn der kolloiden Phase eines Sols be-stimmen. Erfolgt im Potentialgefälle eine kathodische Wanderung, so sind die Teilchen gegen Wasser positiv, bei anodischer Konvek-tion negativ geladen. Auch durch „Kapillarisieren" mit Fließpapier läßt sich der Ladungssinn, wenigstens der höher dispersen Kollo-ide, meist leicht feststellen, indem negative Kolloide mit ihrem Dispersionsmittel und nach Maßgabe ihrer Dispersion mehr oder weniger gleichzeitig sich ausbreiten, während positiv geladene in-folge der elektromotorischen Kraft der Filtration sofort an der Eintauchszone ausgefällt werden, so daß dann das Dispersionsmittel allein wandert.

Ich habe bei meinen diosmotischen Studien[1]), welche u. a. das Ergebnis hatten, daß die Plasmahaut bei der Aufnahme von Kollo-iden sich wie ein Ultrafilter verhält, eine große Zahl sowohl positiv (basischer) wie negativ (saurer) geladener Farbstoffkolloide berücksichtigt, und fand die Regel, daß für ihre Aufnahme ledig-lich die Größe der dispersen Teilchen, gemessen an ihrer Aus-breitungsfähigkeit in Gelen, maßgebend ist, bei beiden Kategorien ausnahmslos gültig.

Es ließ sich demgemäß nach einem entsprechenden einfachen physikalischen Versuch bereits voraussagen, ob eine Aufnahme durch lebende Pflanzenzellen stattfinden werde oder nicht, und im ersteren Falle, ob sie schnell oder langsam erfolgen werde. Auch an zelleignen, ungefärbten Kolloiden (Enzymen usw.) bewährte sich die Ultrafilterlehre[2]).

Trotzdem klaffte zwischen den Farbsolen mit positiv und denen mit negativ geladener disperser Phase insofern noch eine gewisse Lücke, als die ersteren regelmäßig mit weit größerer Ge-

————

1) Jahrb. f. wiss. Botan. Bd. 51, 1912, 376—431.
2) W. Ruhland „Zur chemischen Organisation der Zelle", Biol. Centralbl. Bd. 33 (1913) 337—351.

schwindigkeit — meist schon nach wenigen Minuten — in den Zellen sichtbar wurden, während dazu bei gleich dispersen Säurefarbstoffe im günstigsten Falle einige Stunden erforderlich waren, so daß hinsichtlich der absoluten Aufnahmegeschwindigkeit nur Glieder einer und derselben Kategorie, also nur die positiv geladenen basischen oder aber die negativ geladenen sauren Farbstoffe untereinander vergleichbar waren.

An Schnitten durch lebende Gewebe, Algen usw., die in Lösungen basischer Farbstoffe diese, wenn überhaupt, sogleich oder in kürzester Frist, speichern, sind mit sauren Farbstoffen unter denselben Bedingungen bisher nur sehr selten und erst nach viel längerer Versuchsdauer Speicherungen beobachtet worden. PFEFFER[1]) berichtete über Versuche mit Methylorange, die 20 Stunden und solche mit Tropäolin 000, die zwei Tage dauerten und nur zu schwachen Speicherungen im Plasma bzw. im Zellsaft der Versuchspflanzen führten, ich selber[2]) beobachtete einmal eine Speicherung von Säurefuchsin durch einen Dematiumartigen Pilz nach mehrtägigem Aufenthalt in der Lösung, und KÜSTER[3]) gibt von demselben Farbstoff an, daß in Stücken der Internodien von *Tropaeolum* die an die Leitbündel grenzenden Parenchymzellen nach drei Tagen Verweilens in den 2 %/₀₀igen Lösungen Speicherung eingetreten war. Palatinscharlach wurde in einem andern Versuch von mir[4]) in Blattstielzellen von *Primula sinensis* aus sehr verdünnter Lösung erst nach 4 Tagen deutlich gespeichert. Mit diesen wenigen Beispielen dürften die sicher beobachteten Fälle erschöpft sein.

Nun konnte man aber schon aus den Studien GOPPELSROEDERs[5]), der ganze beblätterte Sprosse in die Lösungen mit der unteren Schnittfläche stellte, entnehmen, daß offenbar eine viel größere Zahl von sauren Farbstoffen, als man bisher angenommen hatte, in lebende Pflanzenzellen aufgenommen werden und in der Tat zeigte KÜSTER (a. a. O.), der kurz darauf und unabhängig von GOPPELSROEDER in derselben Weise verfuhr, auf mikroskopischem Wege, daß nach einigen bis 24 und mehr Stunden eine ganze Reihe Farbstoffe aufgenommen waren. Er schreibt der Transpiration „einen großen Einfluß auf das Tempo der Vitalfarb-

---

1) Tübing. Untersuch. Bd. II, S. 266 ff.
2) „Beiträge zur Kenntnis der Permeabilität der Plasmahaut", Jahrb. f. wiss. Bot. 46, 1908, S. 30.
3) Ebendort, Bd. 50, 1911, S. 286.
4) Jahrb. f. wiss. Bot., Bd. 51, 1912, S. 384 f.
5) Kolloidzeitschrift, Bd. 6, 1910, S. 111—122.

aufnahme" zu, aber denkt doch wohl auch noch an andere Faktoren, die vielleicht mit dem Intaktbleiben der Pflanzenorgane bei dieser Methode zusammenhängen (a. a. O. S. 286).

Ich habe aus meinen Erfahrungen, speziell mit Pflanzenteilen, die ich ganz in die Farblösungen einbrachte und dann wiederholt an der Luft leicht welken ließ, geschlossen, daß lediglich die durch die Transpiration freiwerdenden osmotischen Saugkräfte im Spiele seien, und daß durch sie nichts erreicht werde, was nicht auch ohne sie bei längerer Versuchsdauer möglich sei. Allerdings scheitern derartige längere Versuche dann fast stets an der Giftwirkung der Lösungen.

Es blieb nun aber zu erklären, weshalb auch mit der Transpirationsmethode die Resultate bei Säurefarbstoffen erst so außerordentlich viel später als bei basischen erzielt werden.

Ich gab darauf (S. 385 ff.) die Antwort, daß vermutlich hierfür nicht ein allgemein langsameres Permeieren der Säurefarbstoffe der Grund sei, sondern lediglich die Art der Speicherung in der Zelle, die schon wegen der abweichenden chemischen Konstitution selbstverständlich eine andere als bei den basischen Farbstoffen sein müsse. Während diese ihrer chemischen Natur als Hydrochloride, Sulfate usw. der Farbbasen durch eine rasch verlaufende Ionenreaktion an hochmolekulare, indiffusible Säuren, wie Gerbsäure usw., des Zellinnern gebunden werden, und dadurch sogleich das anfängliche, den Nachstrom ermöglichende Concentrationsgefälle nach der Außenlösung hin wieder hergestellt wird, werden die sauren Farbstoffe, meist Natriumsalze der Farbsulfosäuren, bei denen also der Farbbestandteil das Anion bildet, selbstverständlich durch einen andersartigen, und zwar nach meiner Annahme durch eine langsam unter Dispersionsverminderung verlaufende Kolloidreaktion gespeichert. Ich gab für diese Annahme auf S. 385 ff. einige Argumente an, die ich hier nicht wiederholen will.

Es stand auf jeden Fall fest, daß die Ultrafilterlehre hierdurch nicht berührt wurde, denn da die Teilchengröße überall gleichsinnig ausschlaggebend war, so konnte es sich bei den sauren Farbstoffen nur um einen sekundären, retardierenden Faktor handeln.

Nun hat jüngst R. Höber mit einem seiner Mitarbeiter[1] meine, wie erwähnt, auch an zelleignen Kolloiden bewährte Ultrafilterlehre

---

[1] R. Höber und O. Nast „Weitere Beiträge zur Theorie der Vitalfärbung", Biochem. Zeitschr., Bd. 50, 1913, S. 418.

zugunsten der OVERTONschen Theorie von der Lipoidnatur der Plasmahaut zu bekämpfen versucht, freilich ohne ein stichhaltiges Argument gegen mein Beweismaterial beibringen zu können. Seine Ausführungen werden von mir Punkt für Punkt in der Biochemischen Zeitschrift widerlegt werden.

In dieser Abhandlung findet sich nun auch die unbewiesene Behauptung, die Plasmahaut sei für die Säurefarbstoffe viel weniger permeabel, diese würden überhaupt nur gleichsam ausnahmsweise aufgenommen, und zwar, da sie meist lipoidunlöslich sind, durch eine mysteriöse „physiologische" Permeabilität im Gegensatz zu den allgemein und „physikalisch" aufnehmbaren meist lipoidlöslichen basischen Farbstoffen. Es scheint aber, als ob der Verfasser, trotz gegenteiliger Versicherungen, zu der Lipoidlöslichkeit kein rechtes Vertrauen mehr hat[1]), denn er führt noch die elektronegative Ladung der Säurefarbstoffe ins Treffen und „rechnet weiter mit der Möglichkeit", daß für die schwere oder fehlende vitale Aufnehmbarkeit derselben „die elektrischen Eigenschaften des Protoplasten als maßgebend erkannt werden".

Bezüglich der „Lipoidlöslichkeit" soll hier kein Wort weiter verloren werden; in der Biochem. Zeitschrift stelle ich mein Beweismaterial gegen die Theorie OVERTONs nochmals kurz zusammen, das, wie ich glaube, einen unvoreingenommenen Beurteiler überzeugen muß. Was die Bemerkung bezüglich der „nur unter bestimmten Verhältnissen" erfolgenden Aufnahme der Säurefarbstoffe betrifft, so ist sie ebenso unhaltbar. Mir ist wenigstens bisher keine höhere Pflanze bekannt, in die es nicht gelänge, die höher dispersen sauren Farbstoffe ebenso allgemein oder noch allgemeiner als die basischen einzuführen.

Es bleibt demnach die Frage nach der Bedeutung der elektrischen Ladung oder überhaupt nach der Ursache des verzögerten Eintrittes der Säurefarbstoffe. Ich kann nun auf überraschend einfache Weise den Beweis erbringen, daß meine erwähnte Auffassung die richtige war, und in der Tat diese Verzögerung nur eine sekundäre, auf dem besonderen Speicherungsvorgang beruhende ist, daß dagegen die Geschwindigkeit des Durchtritts durch die Plasmahaut lediglich, gemäß der Ultrafilterlehre, durch den Dispersionsgrad des Sols bestimmt wird.

HÖBER glaubt vor allem auf Grund der Tatsache, daß in Rohrzucker- oder gewissen Neutralsalzlösungen suspendierte Zellen

---

1) a. a. O. S. 436.

(Blutkörperchen, Hefezellen, Bakterien) ebenso wie meist Eiweiß usw. zur Anode wandern, auf eine negative Ladung der Plasmahaut-Kolloide schließen zu sollen. Das mag richtig· sein oder nicht, für den Durchtritt der Farbsole haben die elektrischen Ladungsverhältnisse keine erkennbare Bedeutung. Vielmehr dringen die höher dispersen, elektronegativen Säurefarbstoffe mit der gleichen Geschwindigkeit durch dieselben hindurch wie die positiven basischen von gleicher Dispersion.

Wenn man z. B. Schnitte durch die Zwiebelschalen von *Allium Cepa* oder durch das Mark eines Stengels (z. B. von *Helianthus annuus*) oder sonst ein geeignetes nicht zu kleinzelliges, farbloses Gewebe in ungefähr 1—3 $^0/_{00}$ ige, also tiefgefärbte Lösungen eines in Gelen leicht beweglichen Säurefarbstoffs bringt (z. B. in Cyanol, Erioglaucin, Säurefuchsin usw.[1]) und nach einigen Minuten den Schnitt, nach flüchtigem Abspülen oder besser ohne solches unmittelbar auf den Objektträger in eine sehr stark hypertonische Salz- oder Zucker-Lösung überträgt, so erkennt man an der tiefroten, blauen usw. Färbung der durch Plasmolyse stark verkleinerten und concentrierten Vakuolen günstig gelegener Zellen[2]), daß der Farbstoff mit großer Geschwindigkeit eingedrungen ist.

Bei weiterer Beobachtung sieht man aber alsbald die Vakuolen blasser und blasser werden, der aufgenommene Farbstoff diosmiert ebenso schnell wie er eingedrungen war wieder nach außen. Bei hinreichend schnellem Operieren kann man aber immerhin unter Umständen eine Plasmolyse rückgängig machen und nochmals hervorrufen, ohne daß schon aller Farbstoff entwichen wäre. ·

In der Tat dringt der saure elektronegative Farbstoff sehr geschwind, aber nur bis annähernd zum Concentrationsgleichgewicht mit der Außenlösung ein. Die Färbung dieser und der Zellen vor der Plasmolyse ist etwa die gleiche, wie unter dem Mikroskop festzustellen. Eine annähernd kugelige Zelle von *Allium Cepa* vom Radius $r = 90\,\mu$ hatte z. B. 10 Minuten in einer 2 $^0/_{00}$ Erioglaucinlösung verweilt und ergab bei der Plasmolyse eine kugelige Kontraktion auf $r_1 = 30\,\mu$, so daß der Zellsaft $\left(\dfrac{r^3}{r_1{}^3} = 9\right)$ auf das Neunfache concentriert wurde. Trotz gleichzeitiger Exosmose entsprach die Färbungsintensität etwa der einer 1,5 proz. Lösung.

---

1) Vgl. meine Liste a. a. O. S. 404 ff.

2) Meist in der Mitte nicht zu dünner Schnitte. Die unmittelbar an die hypertonische Außenlösung stoßenden Zellen geben den Farbstoff meist zu schnell wieder ab.

Eine Speicherung ist noch nicht erfolgt, und erfolgt auch bei mehrstündigem, ja meist selbst nach 1- bis 2tägigem Verweilen in der Lösung nicht. Solche Zellen dagegen, die den sauren Farbstoff gespeichert haben, und zwar mit Hilfe der Transpirations-Saugung, geben ihn, wie schon KÜSTER feststellte, selbst bei tage- und wochenlangem Verweilen in Wasser nicht merklich wieder ab.

Unsere Versuche erbringen also den zwingenden Beweis dafür, daß in der Tat das Eindringen überaus rasch, die Speicherung dagegen sich nur sehr langsam vollzieht. Erwägt man, daß die Speicherung der elektropositiven Farbbasen ebenfalls mehrere Minuten dauert, und daß ihre Diosmose durch die sofortige chemische Umsetzung im Zellinnern sich auf der anfänglichen Höhe erhält, während sie natürlich bei mangelnder Speicherung sehr bald sich bedeutend verlangsamt, so ist in der Tat die Aufnahmegeschwindigkeit gleich disperser Glieder beider Kolloidreihen dieselbe. Auf Einzelheiten soll indessen hier nicht weiter eingegangen werden.

Nur ein paar Bemerkungen bezüglich der Form der Speicherung mögen noch folgen. Es ist öfter von PFEFFER und auch von mir beobachtet worden, daß die durch Ionenreaktion, z. B. im Zellsaft, gespeicherten basischen Farbstoffe bei längerem Verweilen der Zellen in Wasser exosmieren, allerdings nur äußerst langsam, ev. erst nach mehreren Tagen. Ich habe seinerzeit[1]) darauf aufmerksam gemacht, daß hierzu außer der von PFEFFER erörterten Möglichkeit — Bildung von freier Säure durch die Zelle — auch spontane hydrolytische Dissoziation der intracellulären Farbverbindung unter allmählicher Exosmose der freien Farbbase führen könne und hierfür die Erscheinung ins Treffen geführt, daß in sehr verdünnten Lösungen der Farbstoffe die Speicherung nur bis zu einem gewissen Punkte vorschreitet, aber weitergeht beim Übertragen desselben Objektes in eine stärkere Lösung. Es hört das weitere Eindringen offenbar dann auf, wenn im Zellinnern der Betrag der durch Hydrolyse abgespaltenen Base mit ihrer Außen-Konzentration übereinstimmt, wie OVERTON dies für Alkaloïde[2]) ausgeführt hat.

Daß derartige exosmotische Vorgänge an Zellen, die Säurefarbstoffe gespeichert hatten, bisher nicht beobachtet werden konnten, dürfte jedenfalls für meine Annahme einer Kolloidreaktion,

---

1) Jahrb. f. wiss. Botan. Bd. 46, 1908, S. 17.
2) Ztschr. f. physikal. Chemie 22, 1897, 189.

also einer reinen Ober- und Grenzflächenerscheinung sprechen.
Und die Beschleunigung der Speicherung durch die osmotische
Saugung würde vielleicht den Erfahrungen über den Einfluß der
Geschwindigkeit des „Zusetzens" bei der Dispersionsverringerung
und Ausflockung in vitro entsprechen, wie ich das bereits a. a. O.
auseinandergesetzt habe.

Zusammenfassung:

Es wurde bewiesen, daß die elektronegativen hoch-
dispersen Säurefarbstoffe unter denselben Bedingungen
mit derselben großen Geschwindigkeit wie die gleich
dispersen positiven Basen die lebende Plasmahaut permeieren. Es ist lediglich die Speicherung, welche bei
jenen erheblich länger als bei diesen dauert und im allgemeinen ihr Sichtbarwerden in der Zelle entsprechend
verzögert Wahrscheinlich erfolgt sie im ersten Falle als
reine Grenzflächenerscheinung, im letzteren als Ionenreaktion.   .

Für den raschen Durchtritt durch die Plasmahaut
ist also die saugende Mitwirkung der Transpiration nicht
erforderlich und die elektrische Aufladung der dispersen
Teilchen spielt hierbei keine erkennbare Rolle. Die verschiedensten Pflanzen verhalten sich ganz gleich.

Diese Feststellungen stehen in unvereinbarem Widerspruch zur Lipoidhypothese der Plasmahaut und bestätigen deren Ultrafilternatur.

43. C. Wehmer: Keimungsversuche mit Merulius-Sporen.

(Eingegangen am 23. Juni 1913.)

Daß Sporen des *Merulius lacrymans* im allgemeinen schlecht zum Keimen zu bringen sind, ist seit langem anerkannte Tatsache, die meisten der früheren Untersucher verzeichneten negative Resultate, und erst neuerdings sind verläßliche Angaben über sicher beobachtete Keimung solcher Sporen gemacht; es handelte sich dabei um künstliche Medien, auf gesundem Holz ist bislang von keinem Beobachter Keimung gesehen.

Völlig unerklärt ist bislang der Grund dieser immerhin eigenartigen Tatsache. Anscheinend sind viele der abgeworfenen Sporen überhaupt nicht entwicklungsfähig, darauf deutet schon das Resultat positiv verlaufener Keimversuche, vielleicht liefern auch manche Fruchtkörper nur solche; man könnte sich ja vorstellen, daß dabei irgendwelche Bedingungen, so auch das Substrat — also die Ernährungsverhältnisse — mitsprechen. Es sei das dahingestellt, hier möchte ich zunächst nur das Ergebnis einer Zahl von in den letzten Jahren ausgeführten Versuchen kurz mitteilen, das sich völlig mit den Erfahrungen früherer Beobachter deckt[1].

Die dazu verwendeten Sporen entstammten den in meinem Versuchskeller gebildeten Fruchtkörpern, sie wurden denselben sowohl direkt mit steriler Nadel entnommen wie auch auf Glasgefäßen u. a. aus der Luft aufgefangen; ausgesäet wurde in verschiedene Flüssigkeiten, auf Würze-Agar-Schalen und auf Holz, dies sowohl im Laboratorium (große feuchte Kammer) wie im Keller selbst; in einigen Versuchen wurde weiter gesundes und krankes (trockenfaules) Fichtenholz nebst anderen feuchten Vegetabilien im Versuchskeller der Luftinfection ausgesetzt, die Verbreitung durch Luftbewegung war hier so reichlich,

---

1) Nach den Angaben bei FALCK (Die *Merulius*-Fäule des Bauholzes 1912, Hausschwammforschungen, Heft 6), muß Keimung ausgesäeter *Merulius*-Sporen jedem Leser eigentlich als etwas Selbstverständliches erscheinen. Ich bin außerstande, den Grund der einander diametral gegenüberstehenden Resultate aufzuklären, stelle aber gern Fruchtkörper und Sporen meines Pilzes den sich für eine Nachprüfung Interessierenden zur Verfügung.

daß sich die Objecte mit einem feinen bräunlichen Staub bedeckten. Die Beobachtung der nunmehr fast drei Jahre lang fortgesetzten Versuche war überall eine continuierliche, sodaß ein etwaiger Erfolg nicht übersehen werden konnte.

Trotz dieser verschiedenertigen Bemühungen konnte in nicht einem Falle weder microscopisch eine Keimung, noch macroscopisch die Entwicklung von *Merulius*-Mycelien constatiert werden. Es ist der microscopische Verfolg des Sporenverhaltens zumal in Doppelschalen mit Würze-Agar außerordentlich leicht, übrigens auch nicht schwieriger bei Herausfischen aus den flüssigen Medien oder vorsichtigem Abheben von dem besäeten Holz; die Organe erwiesen sich stets als unverändert, es wurden zu keiner Zeit Keimschläuche oder junge *Merulius*-Mycelien (dagegen stets keimende Sporen und junge Mycelien von „Schimmelpilzen") gefunden. Nur in einem Falle erhält man auf den angelegten Platten gelegentlich *Merulius*-Räschen, nämlich dann, wenn Sporen von jungen Fruchtkörpern mittelst Nadel entnommen werden; microscopisch stellt man da unschwer fest, daß hier die Entwicklung von mitübertragenen zarten Teilen des Hymeniums ausgeht. Aus dieser Tatsache ergibt sich das Geeignetsein meines Substrates für den Pilz, sie entkräftet also vorweg etwaige Einwürfe nach dieser Seite.

Ich beschränke mich hier auf bloße Aufzählung der angesetzten und verfolgten Versuchsreihen. Die Aussaaten erfolgten mit:

1. Jungen soeben gereiften Sporen in PETRI-Schalen (Würzeagar). Von jungem Fruchtkörper im Keller entnommen, Aufstellung in gr. feuchter Kammer im Laboratorium (Mai 1911);

2. älteren Sporen (ca. 4wöchig), sonst wie bei Nr. 1 (Dezember 1910);

3. älteren Sporen auf feuchte Fichtenholzstücke, sonst wie Nr. 1 (Dezember 1910);

4. frischen Sporen auf Würzeagar in Culturröhrchen, direct im Keller von jungem Fruchtkörper, Versuch verblieb im Keller (Mai 1911);

5. älteren Sporen von reifem Fruchtkörper auf Fichtenholzstücke, in Glasschale liegend; im Keller verbleibend (Dezember 1911);

6. frischen Sporen von reifem Fruchtkörper in kleine
ERLENMEYER-Kolben mit sterilem Malzauszug und Bierwürze unter Watte, ohne oder mit besonderen Zusätzen
von Kaliumphosphat oder Citronensäure (September 1911);

7. getrockneten Sporen gleicher Herkunft aus der Luft
aufgefangen (4 Wochen in Papier eingeschlagen aufbewahrt)
sonst ganz wie in Nr. 6 (September 1911);

8. Sporen gleicher Art wie 7 in Salzlösungen (Kaliumphosphat) verschiedener Concentration, ERLENMEYER-
Kolben wie vorher (September 1911);

9. Auffangen verstäubender Sporen im Keller auf
Stücken gesunden und trockenfaulen Fichtenholzes,
Papier, getrockneten Pflanzen, gesunden und faulenden
Äpfeln (1911—1912).

Die Versuchstemperatur bewegte sich im Laboratorium um
20 ⁰ herum, im Keller schwankte sie im Verlauf des Jahres
zwischen 4 bis 16 ⁰ ¹), höhere Wärmegrade im Thermostaten habe
ich nicht geprüft, für natürliche Verhältnisse kommen sie auch
nicht in Frage. Der Lichtzutritt war im Keller mäßig (kleines
Fenster), für das Laboratorium gilt zerstreutes Tageslicht.

Angesichts dieser zahlreichen rein negativen Resultate wäre
es jetzt Aufgabe, festzustellen, welche ganz bestimmten Umstände
für den von anderen beobachteten positiven Erfolg verantwortlich
zu machen sind²). Zufälligkeiten können bei meinen Experimenten,
wie solche mit anderen Pilzen in ähnlicher Weise fast täglich angestellt werden, nicht im Spiele sein. Der Versuchspilz ist ein
echter *Merulius lacrymans,* er wurde im Herbst 1909 von dem

1) Diese Daten über Verfolg der Temperatur und Luftfeuchtigkeit des
Kellerraumes habe ich a. a. O bereits ausführlich mitgeteilt (Ansteckungsversuche mit verschiedenen Holzarten durch *Merulius*-Mycel, Mycolog. Centralbl. 1913, 2, 331—340). — Im gleichen Keller wurden zahlreiche
positive Ansteckungsversuche mit Mycel gemacht.

2) Bei horizontal aufsitzenden Fruchtkörpern (Oberflächenform) sollen
nach FALCK die Sporen vom Hymenium überwachsen werden; hierdurch wie
durch die später eintretende Schimmelbildung soll die Keimfähigkeit der Sporen
vernichtet werden (l. c. 259). Die beiden ersteren Erscheinungen sah ich bei
meinen Fruchtkörpern nur ausnahmsweise, ihr angeblicher Einfluß kommt hier
also nicht in Frage.

stark zerstörten Holzwerk einer Badeanstalt (Lauterberg a. H.) aufgenommen, seitdem wird er auf Holz weitercultiviert. Übrigens
hatte ich mit mit Sporen anderer Herkunft gleiche Resultate.

Wenn *Merulius*-Sporen gleich denen anderer Pilze ohne
weiteres zum Keimen zu bringen wären, würden die diesbezüglichen Angaben schwerlich kaum so spärlich sein; tatsächlich
herrscht nicht einmal Einigkeit unter den verschiedenen Forschern
über die erforderlichen Bedingungen, ebensowenig sind die
früheren positiven Versuche bis zur Erlangung größerer Culturen
durchgeführt. Ich verweise hier nur kurz auf die Angaben bei
HARTIG, BREFELD, VON TUBEUF, ALFR. MÖLLER, MEZ, R. FALCK.
Unter mehr natürlichen Verhältnissen will allein letzterer Keimung
und Entwicklung, und zwar auf trockenfaulem Holz, gesehen
haben. Da er aber hierfür eine freie organische Säure verantwortlich macht[1]), die allem Anschein nach gar nicht vorhanden,
jedenfalls nicht nachgewiesen ist, darf man dieser Annahme mit
einiger Reserve gegenüberstehen, zumal ja auch andere seiner Ergebnisse nicht immer zutreffen (so z. B. das gelbe Pigment als
„Hemmungsfarbe“). Es wäre denn doch der Beweis, daß Sporenkeimung auf trockenfaulem Holz flott stattfinden kann, ohne com-
plicierte Versuchsanordnung in sehr einfacher überzeugender Weise
zu führen. In meinen Versuchen im Keller blieb sie aber aus[2]).

Die Sporen meines *Merulius* zeigten jedenfalls unter den ein-
gehaltenen Versuchsbedingungen weder in künstlichen Medien noch
auf gesundem oder trockenfaulem Holz, oder auf anderen Vegetabilien des Versuchskellers, eine Weiterentwicklung; die Ausbreitung
dieses Pilzes findet hier unter seinen natürlichen Wachstumsbedingungen ausschließlich rein vegativ durch auswachsende Mycelien,
also nur durch directe Berührung, nicht durch Vermittlung der
Luft, statt, nie erscheint er an anderen, von seinem localisierten

---

1) l. c. 276 u. f.

2) Erwähnenswert erscheint mir, daß in der Literatur eigentlich nirgend
eine klare Wiedergabe der Keimungsdetails sich findet. So sieht man auch
bei FALCK (l. c. 255 und 267) in den Abbildungen keinen Durchtritt des
Keimschlauches durch die Wand, derselbe setzt einfach außen an die
Contourlinie der Sporen an, während das Plasma im Inneren gleichzeitig
contrahiert gezeichnet ist (der Raum zwischen ihm und Wand wird in den
Legenden als „Vacuole“ bezeichnet). Auskeimende Sporen sollten doch einen
gespannten Protoplast zeigen, Vacuolen würde man im Inneren desselben
suchen. Gegen diese Bilder, wenn sie eine genaue Wiedergabe des Gesehenen
sein sollen, sind allerdings Bedenken zu erheben.

Wachstumsheerde abgelegenen Stellen, auch wo ihm solche gleich-
günstige Entwicklungsbedingungen bieten. Es geht das aus allen
Beobachtungen während der nunmehr fast 3jährigen Dauer dieser
Experimente mit genügender Deutlichkeit hervor. Räume, in denen
es zur Ausbildung von Fruchtkörpern kommt, weisen bekanntlich
eine außerordentlich starke Verstäubung der Sporen auf, in weitem
Umkreis kommt es auch auf den im Keller befindlichen Gegen-
ständen verschiedenster Art zum Absatz eines vielfach mit bloßem
Auge schon wahrnehmbaren gelblichbraunen Staubes; wenn die
Möglichkeit der Keimung unter natürlichen Verhätnissen allgemein
Tatsache wäre, so müßte die Entstehung neuer Merulius-Heerde
ohne weiteres festzustellen sein; ich brauche kaum an die Ver-
seuchung von Räumen zu erinnern, in denen an irgendeiner Stelle
der Conidienrasen eines „Schimmelpilzes" vegetiert, derselbe Pilz
— wenn auch nicht direct mit Merulius vergleichbar — erscheint
alsbald auf allen Materialien dieses Raumes, soweit sie ihm einen
geeigneten Boden bieten. Übrigens habe ich durch besondere Versuche gleichzeitig festgestellt, daß trocknes oder feuchtes Holz im
Keller durch bloße Übertragung lebender Mycelflocken
von Merulius aus bestimmten Gründen überhaupt nicht ange-
steckt werden kann. Damit würde also selbst eine factische
Keimung der Sporen ohne Erfolg sein.

Wenn Ansteckung durch Sporen unter natürlichen Verhältnissen nicht einmal im gleichen Raume stattfindet, so hat sie
offenbar ebensowenig von Raum zu Raum statt, noch viel weniger vermag ein krankes Haus ein anderes in dieser
Weise anzustecken, wie das ohne jede tatsächliche Unterlage
früher schon schlankweg behauptet ist. Derartige Sporenansteckung
ist bei nüchterner objectiver Beurteilung der Tatsachen ein Mythus,
lediglich geeignet zur Beunruhigung der beteiligten Kreise.

Alte verfallene Fruchtkörper des Merulius bedecken sich
im Keller nach einiger Zeit mit zarten weißen Mycelien, wie solche
ähnlich aus den Strängen hervorwachsen, die so neue Vegeta-
tionen des Pilzes liefern. Meine Vermutung, daß auf jenen vielleicht Keimungsbedingungen für die Sporen vorhanden sind, ließ
sich bislang nicht bestätigen, diese Mycelien gehörten anderen
Pilzen an, Sporenkeimung konnte so auch nicht bei Verfolg in der
großen feuchten Kammer beobachtet werden.

Schließlich machte ich noch den Versuch, leidlich festes
trockenfaules Fichtenholz durch Bewachsenlassen mit Merulius-
Mycel im Keller völlig zu zerstören, mit negativem Erfolge. Die

Stücke hatten nach Verfall der *Merulius*-Vegetation ihre Beschaffen-
heit nicht merklich geändert. — Einzelheiten der hier angedeuteten
Versuche gebe ich in einer bereits abgeschlossenen ausführlichen
Arbeit.

Hannover, Juni 1913, Bact. Laborat. des Tech.·Chem. Instituts.

44. P. Lindner und Glaubitz: Verlust der Zygosporen-bildung bei anhaltender Kultur des +- und —-Stammes von Phycomyces nitens.

(Eingegangen am 27. Juni 1913.)

Seit Jahren wurden im Institut für Gärungsgewerbe die beiden
BLAKESLEEschen *Phycomyces*stämme in der Schausammlung geführt, um die Zygosporenbildung an den Grenzlinien ihrer Mycelien
zu zeigen. Als Kulturboden diente Würzegelatine mit Agar vermischt, der in den bekannten Pilzgläsern nach LINDNER in dünner
Schicht an deren Innenwand ausgerollt war. In der letzten Zeit
fiel das Ausbleiben der schwarzen Zygosporenlinien wiederholt auf,
so daß Zweifel an der Reinheit der beiden Stämme auftauchten.
Noch im vorigen Jahre hatte LINDNER die beiden Stämme zu er-
nährungsphysiologischen Versuchen benutzt und erhebliche Verschiedenheiten in der Fähigkeit, die eine oder andere Zuckerart zu
assimilieren festgestellt. Es war vor allem aufgefallen, daß die
—-Kultur fast durchweg üppigere Mycelien und Lufthyphen mit
Sporangien bildete. Die Kulturen wurden photographisch aufgenommen und kamen ihre Bilder in der Wochenschrift für
Brauerei 1912 Nr. 20 zur Veröffentlichung.

Für Lehrzwecke wurde dieser Assimilationsversuch später
noch einmal wiederholt. Dabei ergab sich eine deutliche Abschwächung der Tendenz zur Bildung von Sporangienträgern, auch
die Mycelmassen innerhalb der Flüssigkeit waren nicht mehr so
üppig entwickelt. Diese Beobachtung gab Veranlassung zu einer
nochmaligen Nachprüfung der beiden Stämme, die Herrn GLAUBITZ
übertragen wurde.

Zunächst wurde versucht, die Erscheinung der Zygosporenbildung mikroskopisch zu verfolgen mit Hilfe der sog. Tröpfchenkultur. Es wurden in größeren Abständen ca. 2 mm lange Strichtröpfchen mit der Zeichenfeder angelegt, in denen je 2—3 Sporen des einen Stammes verteilt waren und dazwischen kleine runde Tröpfchen mit der nämlichen Zahl Sporen des anderen Stammes. Die Sporen keimten sehr gut aus und es bildeten sich auch Mycelien und Sporangien, aber eine Zygosporenbildung blieb aus. Eine 60malige Wiederholung desselben Versuchs brachte keine Änderung. Mittlerweile waren auch die beiden Stämme auf festem Nährboden in PETRIschalen, Vierkantfläschchen und in den LINDNERschen Pilzkulturgläsern für sich und nebeneinander ausgesät worden.

In allen Fällen wuchsen die Kulturen auf der Würzegelatine kräftig und bildeten einen starken Wald von Sporangienträgern, doch trat nirgends Zygosporenbildung auf. Das raschere Wachstum des —·Stammes und die üppigere Bildung von Sporangienträgern jedoch lehrte, daß eine Vermischung der Stämme durch Versehen beim Überimpfen der Kulturen nicht vorgekommen war.

Während die +·Kultur etwa am 4. Tage noch ein hellgraues, watteähnliches niedriges Luftmycel bildete, zeigte die —·Kultur schon die olivgrünen Sporangienträger mit daraufsitzenden leuchtend orangefarbenen Köpfchen, welche sehr bald über Hellbraun in tiefes Dunkelbraun übergingen. 8 Tage nach Anlage der Kulturen in zwei ERLENMEYER-Kolben erreichten die Sporangienträger der Minuskultur fast den Wattepfropf, während die Pluskultur nur einen dichten kurzen gelbgrünen Rasen bildete, der noch keine Sporangien aufwies.

Zur Ergänzung dieser Versuche wurde noch eine Wiederholung des früheren Versuches von LINDNER in verschiedenen Zuckerarten angestellt. Je 10 ccm HAYDUCKscher Nährlösung (0,025 % $MgSO_4$, 0,5 % KH_2PO_4, 0,5 % $(NH_4)_2SO_4$), die mit 5% Zucker versetzt war, wurden in Vierkantfläschchen gefüllt und mit möglichst gleicher Menge von Sporen je eines Stammes geimpft. In den Fläschchen blieb ein genügend großer Luftraum, etwa $^3/_4$ des Inhalts zur Entwicklung des Sporangiumträgers frei. Zur Verwendung gelangten folgende Zuckerarten: Dextrose, Lävulose, Galaktose, Mannose, Saccharose, Laktose, Raffinose, außerdem Dextrin und lösliche Stärke.

Auch bei diesen Versuchen zeigte sich, daß wohl in allen Fällen das Wachstum der Minuskultur stärker war als das der

Pluskultur. Die Bildung von Luftmycel trat aber nur bei den Kulturen in Maltose und Stärke ein. Am weitaus kräftigsten war das Wachstum in Maltose. Im Gegensatz zu dem früheren LINDNER-schen Versuch bildeten die beiden Stämme in den anderen Zucker-lösungen kein Luftmycel, was auf eine Schwächung der Kulturen hindeutet. Die nach 4 Wochen photographierten Kulturen blieben in den nächsten 4 Wochen unverändert.

Ob die Aufbewahrung der Stammkulturen im Kühlschrank bis ca. 8 ° die allmähliche Schwächung verschuldet hat, bleibt noch zu untersuchen.

Biologisches Laboratorium des Instituts für Gärungsgewerbe
Berlin.

Sitzung vom 25. Juli 1913.
Vorsitzender: Herr L. WITTMACK.

Als ordentliche Mitglieder werden vorgeschlagen die Herren
Funk, Dr. Georg in Neapel, Zoolog. Station (durch A. HANSEN und
W. BRUCK),
Schindler, Dr. Bruno in **Grünberg i. Schl.** (durch W. MAGNUS und
W. WÄCHTER).

Als ordentliche Mitglieder werden proklamiert die Herren
Irmscher, Dr. E. in **Dahlem,**
Tiegs, Dr. E. in **Berlin-Friedenau,**
    und Fräulein
v. Ubisch, Dr. Gerta in **Berlin-Lichterfelde.**

Herr R. KOLKWITZ berichtete über die in St. Petersburg
veranstaltete Jubiläumsfeier zum Andenken an das 200jährige
Bestehen des im Jahre 1713 durch Peter den Großen dort ge-
gründeten Botanischen Gartens.
Die festliche Feier fand am 24. Juni 1913 im Beisein in- und
ausländischer Vertreter statt.

L. WITTMACK zeigt eine ältere Abbildung, darstellend
Felsen aus der Baffinsbai, vor, die mit rotem Schnee bedeckt
sind. Diese Abbildung ist eingeheftet in einem Exsikkatenwerk
ohne Titel, von dem WITTMACK nur die Nr. 576 (*Gymnostomum
tortile*) bis 705 (*Puccinia Bistortae* Dec.) besitzt.
Nach diesen Nummern ergibt sich, daß es sich um FUNCK,
„Kryptogamische Gewächse des Fichtelgebirges" handelt. (Leipzig,
1806—1838, 42 Fascikel, 840 Exemplare.)
Die eingeheftete Farbentafel trägt in deutscher und franzö-

sischer Sprache die Überschrift: Verm. Gegenstände CCXLIX, Band IX, Nr. 91. (Mélanges CCXLIX usw.) Der Text lautet: „Rotgefärbter Schnee. — Im Jahre 1816 sah der Kapitän ROSS auf seiner Reise zur Entdeckung einer nordwestlichen Durchfahrt nach Amerika, hoch in der Baffinsbai, die Klippen des Ufers eine weite Strecke entlang mit karmoisiertem Schnee bedeckt, welcher, wie sich aus nebenstehender Abbildung ergibt, einen gar sonderbaren Anblick gewährte" usw. Man nahm etwas davon mit und fand „durch Untersuchung mit guten Mikroskopen, daß die roten Körperchen kleine Schwämmchen waren, von denen ein ausgewachsenes Stück nur den sechzehnhundersten Teil eines Zolles im Durchmesser hielt, und dem man den Namen *Uredo nivalis* gegeben hat".

Jetzt heißt die Alge, die eine Zeitlang den Namen *Sphaerella nivalis* führte, *Chlamydomonas nivalis (Volvocaceae)*.

Ferner legte L. WITTMACK ein schönes Aquarell einer blühenden wilden Kartoffel, *Solanum Neoweberbaueri*, vor, das Herr Prof. Dr. LOUIS PLANCHON in Montpellier ihm zur Ansicht geschickt hatte. Die Knollen hatte Prof. WEBERBAUER in Lima am Berge Morro Solar bei Chorillos in Peru gesammelt und an WITTMACK geschickt. Dieser hatte sie an verschiedene Anstalten verteilt. Die Art (WEBERBAUERs Nr. 5689) zeichnet sich durch ganz außerordentlich große Blumen aus, die 4. ja in einzelnen Fällen, so bei Reverend AIKMAN PATON in Soulseat, Castle Kennedy, Schottland, 5 cm Durchmesser erreichen. Die radförmige Krone ist hellviolett mit 5 weißen, violett geaderten Längsstreifen auf jedem der 5 Lappen und zahlreichen Drüsenhaaren auf diesen Streifen nahe ihrer Spitze versehen. Unter dem 15. August übersandte Herr PLANCHON auch abgeschnittene frische Blumen.

———

Der im vorigen Heft abgedruckte Antrag APPEL - GILG wird weiterhin unterstützt durch die Herren CONWENTZ, DRUDE, V. WETTSTEIN.

Mitteilungen.

45. A. A. Sapěhin: Ein Beweis der Individualität der Plastide.

(3. vorläufige Mitteilung.)

(Mit Tafel XIV.)

(Eingegangen am 7. Juli 1913.)

Die SCHIMPER-MEYERsche Lehre von der Individualität der Plastide, ist bekanntlich von seiten vieler Botaniker in den letzten Jahren sehr stark angegriffen worden. Man hat nämlich Gebilde in pflanzlichen Zellen gefunden, welche man mit den tierischen Chondriosomen identifiziert und von denen man die Plastiden ab-leiten will.   Übrigens ist keine Einigung über die Meinungen von der Beziehung zwischen Plastiden und Chondriosomen bis jetzt erreicht: es sind hier drei scharf begrenzte Hypothesen vor-handen. LEWITSKY, GUILLIERMOND, FORENBACHER u. a. m. sehen in den meristematischen Geweben nur Chondriosomen, von denen die Plastiden der ausgewachsenen Zellen abstammen; nach der Meinung von SCHMIDT sollen die Chondriosomen nichts anderes als besonders geformte Plastiden sein; endlich, nach RUDOLPH, sollen die entsprechenden Gebilde des Urmeristems teilweise Chondriosomen und teilweise Plastiden, nur etwa in der Größenordnung der Chon-driosomen sein.

Alle diese Meinungen sind bis jetzt nur als Hypothesen an-zusehen: keine von ihnen ist klar genug bewiesen.

Als ich vor zwei Jahren auf das Plastidenproblem gekommen war, sah ich nur einen Weg, die Frage nach der Individualität der Plastiden zu entscheiden: man müßte das Verhalten der Plastiden durch die ganze Ontogenie einer Pflanze, vom Embryo bis zum Embryo, verfolgen, um zu sehen, ob die Plastide immer von einer anderen stammt; wäre das der Fall, und hätte dabei die Pflanze auch Chondriosomen, so wäre die Unabhängigkeit der Plastiden von den letzteren ganz klar.

Die höheren Pflanzen taugten dazu nicht, weil man — nach den literarischen Angaben — entsprechende Gebilde in ihrem Meristem nur in einer Größe findet, so daß hier alle drei ange-führten Hypothesen Platz haben können.   Darum wandte ich

mich den Bryophyten und Pteridophyten, besonders den Laubmoosen zu, bei denen ich das eigentümliche Verhalten der Plastiden
im Archesporium gerade damals entdeckt hatte [1]).

Ich verfolgte das Verhalten der Plastiden teils an lebendigem,
teils an fixiertem Material in der Spore, dem Protonema, der
Scheitelzelle des jungen und älteren Stengels, während der Ovo-
und Spermatogenese, im Embryo und seiner Scheitelzelle, im
Archesporium und wieder in der Spore. Überall finde ich, daß
jede Plastide nur aus einer anderen durch Teilung stammt.

Die Spore (Fig. 1) hat mehrere Plastiden, aus denen die
Plastiden des Protonemas (Fig. 2) hervorgehen. Von diesen
letzteren stammen die Plastiden der Scheitelzelle des Stengels
(Fig. 3) ab, die sich durch Teilung vermehren und von
denen alle Plastiden des Stengels stammen. Von den Plastiden der oberen Zellen des Stengels stammen die Plastiden
der haarähnlichen Gebilde ab, welche sich in Archegonien und
Antheridien umwandeln. Und während die Zellen, welche an
der Ovogenese teilnehmen, immer mehrere Plastiden enthalten, so
daß auch das Ei mehrere bis viele besitzt (Fig. 5), führen die
ersten Teilungen in der Spermatogenese in von mir schon ge-
zeigter Weise [2]) dazu, daß nur je eine Plastide in den spermatogenen
Zellen bleibt (Fig. 4), so daß auch das Spermatozoid nur eine
Plastide enthält.

Von den Plastiden der Zygote stammen diejenigen der
Scheitelzelle des Embryos (Fig. 6) und von diesen die des Sporogons ab.

Die Zellen des Sporogons, welche zur Umwandlung in das
Archesporium bestimmt sind, enthalten mehrere Plastiden, doch
führen die Teilungen während der Archesporbildung dazu, daß
jede seiner Zellen nur je eine Plastide enthält (Fig. 8); darüber
habe ich schon eine Mitteilung gemacht [3]). Diese Plastide gibt den
Anfang derjenigen der Spore; später vermehrt sich diese Plastide,
so daß die Spore ihrer mehrere enthält.

Somit ist der ganze Zyklus geschlossen und die Individualität der Plastide ganz klar demonstriert.

Wie steht es ferner mit den Chondriosomen?

RUDOLPH [4]), der die Chondriosomen bei *Mnium* suchte, konnte
sie dort nicht finden. Vielleicht versagte ihm hier die von ihm

1) Ber. d. D. Bot. Ges. 1911, S. 491.
2) Ibid. 1918, S. 14.
3) Ibid. 1911, S. 491.
4) Ibid. 1912, S. 605.

benutzte Fixierflüssigkeit: „REGAUD" und „FLEMMING stark"
fixieren diese Gebilde auch bei Moosen ganz gut. Ich habe die
Chondriosomen in allen von mir bis jetzt untersuchten Laubmoosen
(*Polytrichum, Funaria, Bryum, Mnium*) in einer Unzahl gefunden.
In fast allen Zellen des Gameto- wie des Sporophyts und in erster
Linie in den Zellen des Protonemas (Fig. 2), in der Scheitelzelle
des Stengels (Fig. 3), in den ovo- und spermatogenen Geweben
(Fig. 5), in der Scheitelzelle des Embryos (Fig. 6), im Sporogon
(Fig. 7), in den Archesporzellen (Fig. 8) und in der Spore —
überall finden sich auch Chondriosomen hauptsächlich in der Form
von Mitochondrien, doch oft auch als Chondriokonten oder Chondriomiten.

Es steht also die Sache so, daß die Chondriosomen bei un-
zweifelhafter Individualität der Plastiden doch in allen Zellen vorhanden sind — und dieses Faktum beweist ganz klar, daß die
Plastiden und die Chondriosomen voneinander ganz unabhängig sind.

Man könnte vielleicht glauben (obschon das ganz unwahrscheinlich ist), daß die Verhältnisse bei den höheren Pflanzen doch
so sind, daß die Plastiden von den Chondriosomen des Urmeristems
abstammen. Ich habe aber jetzt eine solche Blütenpflanze gefunden, bei der die Plastiden auch in den Zellen des Urmeristems beträchtlich größer als die Chondriosomen sind und sehr
schöne Teilungsfiguren aufweisen. Da meine diesbezüglichen Untersuchungen noch im Gange sind, will ich hier nur das hier Angeführte erwähnen.

———

Meine Untersuchungen haben auch nebenbei gezeigt, daß die
Gebilde, welche man als Zentrosomen und Blepharoplasten bezeichnet, wenigstens bei Characeen, den Bryophyten und den Pteridophyten (ich glaube auch bei den Algen und Cycadaceen) nichts
anderes als Plastiden sind. Das haben mir meine Untersuchungen
an Moosen ganz sicher gezeigt; was die Characeen und die Pteridophyten betrifft, bestärken mich einige Zeichnungen von
METTENIUS[1]), MOTTIER[2]) und SHARP[3]) in meiner Ansicht. Vorläufig kann ich aber nichts mehr darüber sagen.

20. Juni (3. Juli) 1913. Botanisches Kabinett der Universität
      Odessa.

———

1) Bot. Zeit. 1845.
2) Ann. of Bot. 1904.
3) Bot. Gaz. 1912.

Erklärung der Tafel XIV.

Fig. 1. Junge Spore von *Funaria hygrometrica*, lebend; die Chloroplasten sind dunkel gezeichnet, graue und weiße Kügelchen sind Öltropfen. Apochr. von ZEISS 2 mm, Ok. 4.

Fig. 2. Vordere Zelle des Protonemas von *Funaria hygrometrica*, mit „FLEMMING stark" fixiert und Hämatoxylin gefärbt; es sind Chloroplasten und Chondriosomen zu sehen. Apochr. von REICHERT 4 mm, Comp.-Ok. 12.

Fig. 3. Scheitelzelle des Stengels von *Polytrichum piliferum*, mit „REGAUD" fixiert und Hämatoxylin gefärbt; es sind der Kern, Plastiden und Chondriosomen zu sehen. Apochr. von REICHERT 2 mm, Comp.-Ok. 12.

Fig. 4. Spermatide von *Funaria hygrometrica*, mit „FLEMMING stark" fixiert und Hämatoxylin gefärbt; ein Leukoplast am Kerne liegend; Chondriosomen sind nicht eingezeichnet. Apoch. von REICHERT 2 mm, Comp.-Ok. 12.

Fig. 5. Ei von *Bryum sp.*, mit „REGAUD" fixiert und Hämatoxylin gefärbt; es sind der Kern, Plastiden und Chondriosomen zu sehen. Apoch. u. Ok. wie in Fig. 4.

Fig. 6. Scheitelzelle des Embryos von *Funaria hygrometrica*, mit „FLEMMING stark" fixiert und Hämatoxylin gefärbt; der Kern, Plastiden und Chondriosomen. Apochr. von REICHERT 4 mm, Comp.-Ok. 12.

Fig. 7. Ein Teil einer Zelle aus dem Sporogon von *Funaria hygrometrica*, mit „REGAUD" fixiert und Hämatoxylin gefärbt; Chloroplasten und Chondriosomen. Apochr. von REICHERT 2 mm, Comp.-Ok. 12.

Fig. 8. Archesporzelle von *Funaria hygrometrica*, mit „REGAUD" fixiert und Hämatoxylin gefärbt; der Kern, zwei junge Chloroplasten und Chondriosomen. Apochr. von REICHERT 2 mm, Comp.-Ok. 12.

---

46. Z. Kamerling: Zur Frage des periodischen Laubabfalles in den Tropen.

(Mit einer Textfigur.)

(Eingegangen am 9. Juli 1918.)

Eine der auffälligsten Erscheinungen der brasilianischen Flora bilden wohl die riesigen, vereinzelt in der mit Gestrüpp und Gras bewachsenen Ebene zerstreuten Bombaceen. Diese Bäume sind meistens reichlich mit Tillandsien bewachsen und häufig an den dicken horizontalen Ästen mit den eigentümlichen aus Lehm zusammengesetzten Vogelnestern des „Joao de barra" oder mit den großen, aus einer papierartigen Masse erbauten Nestern irgendeiner Termitenart ausgestattet.

Während eines großen Teil des Jahres stehen diese Bäume blattlos und machen dann einen ganz sonderbaren Eindruck.

Es gibt in der brasilianischen Flora noch sehr zahlreiche andere Arten, welche während der trockenen Zeit blattlos sind, z. B. die in Gärten und im Freien sehr häufige *Genipapa americana*.

Auf Java beobachtet man das periodische Kahlstehen in allen Gegenden mit einigermaßen prononcierter Trockenzeit an dem sehr häufigen Kapok- (*Eriodendron anfractuosum*) und dem Djatibaum (*Tectona grandis*).

Auch die, nicht nur auf Java, sondern auch in Brasilien häufig kultivierte *Poinciana regia* und *Cassia fistula*, *Melia Azedarach*. verschiedene *Erythrina*-Arten und *Spathodea campanulata* zeigen dieselbe Erscheinung.

Die meisten anderen tropischen Bäume verhalten sich bekanntlich ganz anders.

In meinem Garten in Batavia ließen *Cassia fistula*, *Poinciana regia* und *Melia Azedarach* in der trockenen Zeit die Blätter fallen, während die *Citrus*-Arten, *Carica Papaya*, *Anona squamosa*, *Averrhoa Bilimbi*, *Pisonia alba*, *Ficus elastica*, *Cassia florida*, *Mangifera indica*, *Garcinia mangostana* usw. nicht in solch auffälliger Weise auf den Monsunwechsel reagierten. *Eriodendron anfractuosum* und die brasilianischen Bombaceen stehen in der trockenen Zeit blattlos, und der auf Java und in Brasilien häufig kultivierte *Artocarpus integrifolia* behält seine Blätter. Die *Erythrina*-Arten werfen ihr Laub ab, während der Kaffee, der darunter wächst, es nicht tut. Hier in dem schmalen Dünenstrich am Strande bei Rio fand ich nebeneinander den verwilderten *Mimusops coriacia* voll belaubt und eine *Bombax* (wahrscheinlich *Bombax Munguba*) im Begriff, die Blätter abzuwerfen.

Es wurden einige Versuche angestellt, um ein Urteil zu gewinnen über eventuelle Unterschiede in der Verdunstungsgröße und der Verdunstungsregulierung der periodisch kahlstehenden und der fortwährend belaubten tropischen Bäume.

Zu diesem Versuche benutzte ich eine Methode, welche sich schon bei einigen Untersuchungen über die Wasserökonomie der Indomalayischen Strandflora bewährt hat. Es werden abgeschnittene beblätterte Zweige sofort nach dem Abschneiden und nachher wiederholt, nach kurzen bestimmten Zwischenperioden gewogen. Man kann in dieser Weise eine Vorstellung bekommen von der Verdunstungsgröße unmittelbar nach dem Abschneiden, wenn die

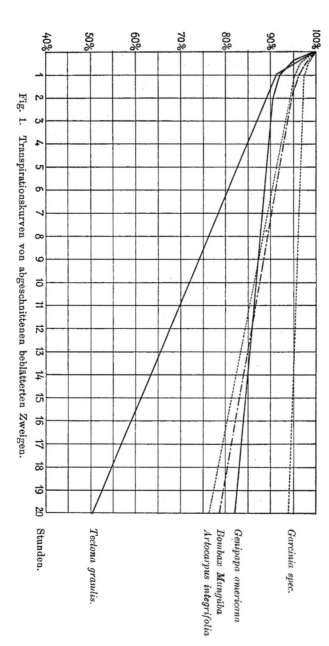

Fig. 1. Transpirationskurven von abgeschnittenen beblätterten Zweigen.

verdunstenden Gewebe sich noch in demselben wassergetränkten Zustande wie an der intakten Pflanze befinden und zugleich ein Urteil darüber gewinnen, wie die Verdunstung sich ändert unter dem Einfluß des sich nach und nach steigernden Wassermangels.

Wenn man die Zeitpunkte der Wägungen auf einer horizontalen und das jeweilige Gewicht auf einer vertikalen Achse andeutet, kann man eine Verdunstungskurve des abgeschnittenen belaubten Zweiges konstruieren. Diese Kurve zeigt, wie groß die Verdunstung beim Anfang des Versuches war und wie die Pflanze die Verdunstung reguliert, durch Spaltenverschluß und eventuell durch andere verdunstungverringernde Einflüsse (siehe vorige Seite).

Zum ersten Versuch wurden Zweige von drei periodisch kahlstehenden Bäumen verwendet und zwar von *Tectona grandis*, *Cassia fistula* und einer nicht näher bestimmten *Bombax*-Art aus dem hiesigen botanischen Garten.

Der Versuch wurde vorgenommen am 6. Mai, einem ziemlich kühlen Tage, bei einigermaßen bedeckter Luft. Die Versuchszweige wurden im Laboratorium aufgehängt.

Die abgelesenen Gewichte waren folgende:

	Tectona grandis	*Cassia fistula*	*Bombax spec.*
6. Mai 12.35—12.45	86 Gramm	104 Gramm	59,5 Gramm
12.50— 1.0	84,5 „	101 „	58,8 „
1.5 — 1.15	82,5 „	98,8 „	58,2 „
1.20— 1.30	80,5 „	96,8 „	57,8 „
1.35— 1.45	79,0 „	95.2 „	57,5 „
8.10— 8.20	72,0 „	87,5 „	56,5 „
7. Mai 8.55— 9 5	43,5 „	68,5 „	51,4 „
10.30	Die Blätter sind	Die Blätter sind	51,1 „
8.0	ganz vertrocknet,	fast vertrocknet,	49,9 „
8. Mai 8.0	der Versuch wird	der Versuch wird	46,0 „
1.50	abgebrochen.	abgebrochen.	44,0 „
			Die Blätter sind ziemlich trocken und fangen an abzusterben.

Eine zweite Versuchsreihe wurde am 8. Mai vorgenommen mit drei immergrünen Arten, alle mit derben, lederigen Blättern und

zwar *Mangifera indica*, *Artocarpus integrifolia* und eine *Garcinia* aus
dem hiesigen botanischen Garten.

Das Wetter war ähnlich wie am sechsten.

	Garcinia spec.	*Artocarpus integrifolia*	*Mangifera indica*
8. Mai 2.0 — 2.10	155,5 Gramm	55,10 Gramm	48,8 Gramm
2.15— 2.25	154,5 „	54,0 „	48,35 „
2.30— 2.40	153,2 „	53,25 „	48,1 „
2.45— 2.55	152,1 „	52,95 „	48,0 „
3.0 — 3.10	151,5 „	52,60 „	47,85 „
3.15— 3.25	150,85 „	52,3 „	47,80 „
9. Mai 8.20— 8.30	146,5 „	43,2 „	44,90 „
12.0 —12.10	145,2 „	41,0 „	44,05 „
2.20— 2.30	144,5 „	39,5 „	43,5 „
10. Mai 9.0 — 9.10	140,0 „	33,5 „	40,3 „
11. Mai 9.0 — 9.10	135,0 „	ziemlich trocken	36,8 „
12. Mai 8.30— 8.40	128,0 „	und fast ganz	32,35 „
13. Mai 9.0	123,2 „	abgestorben.	fängt an zu ver-
14 Mai 8.40	119,0 „		trocknen.
	das älteste Blatt fängt an zu vertrocknen, der Versuch wird abgebrochen.		

Eine dritte Versuchsreihe wurde angestellt mit *Mimusops
coriacea* und *Bombax Mungúba*, welche in den Dünen nebeneinander
angetroffen wurden, die eine voll belaubt, die andere im Begriff,
die Blätter zu verlieren. Die gesammelten Äste wurden sofort in
die Botanisierbüchse gesteckt und zum nicht weit entfernten Laboratorium gebracht. Das Wetter war ähnlich wie am 6. und
8. Mai.

	Bombax Mungúba	*Mimusops coriacea*
12. Mai 12.35—12.40	87,2 Gramm	157,2 Gramm
1.5 — 1.10	85,2 „	157,1 „
2.10— 2.15	83,0 „	156,1 „
3.0 — 3.5	81,45 „	155,3 „
4.0 — 4.5	80,0 „	154,7 „
13 Mai 9.0 — 9.5	68,7 „	147,5 „
3.15— 3.20	65,5 „	144,5 „
	der Versuch abgebrochen, obzwar die Blätter noch nicht zu vertrocknen anfangen	

Schließlich wurde noch eine letzte Versuchsreihe angestellt
mit der groß- und sehr zartblätterigen *Genipapa americana* und
zwei beliebten immergrünen Gartensträuchern, *Hibiscus rosa sinensis*
und einer rotblätterigen *Acalypha*.

	Genipapa americana	Hibiscus rosa sinensis	Acalypha spec.
21. Mai 10.55	91,7 Gramm		
11.10 —11 15	88,4 "	16,0 Gramm	38,8 Gramm
11.25—11.30	86,6 "	15,5 "	87,8 "
12 0 —12.5	84,5 "	15,2 "	86,7 "
12 55— 1.0	82,95 "	15,0 "	35,55 "
1.25— 1.30	82,2 "	14,9 "	85,0 "
2.25— 2.30	81,2 "	14,7 "	84,0 "
22. Mai 9.30— 9.35	75,20 "	12,55 "	23,45 "
23. Mai 9.30— 9.35	70,2 "	10,0 "	15,4 "
	einigermaßen welk, jedoch noch gar nicht trocken.	stark gewelkt, jedoch noch gar nicht trocken.	fast ganz vertrocknet.

Wir können die Resultate von allen diesen Versuchen in der folgenden Tabelle zusammenstellen, umgerechnet in Prozenten von dem Gewichte, das die benutzten Äste beim Anfang des Versuches zeigten:

Gewichte in Prozenten von dem Anfangsgewicht	Tectona grandis	Cassia fistula	Bombax spec.	Bombax Munguba	Genipapa americana	Garcinia spec.	Mangifera indica	Artocarpus integrifolia	Mimusops coriacea	Hibiscus rosa sinensis	Acalypha spec.
	pCt.	pCt.	pCt.	pCt.	pCt.	pCt.	pCt.	pCt.	pCt.	pCt.	pCt.
nach 15 Minuten	98	97,1	98,8	—	96,4	99,8	99,1	98,0	—	96,9	97,4
» 30 "	95,7	95,0	97,8	97,7	94,4	98,5	98,6	96,6	99,9	95,9	95,9
» einer Stunde	91,6	91,5	96,6	96,4	92,1	97,4	98,0	95,5	99,6	94,1	94,0
» zwei Stunden	—	—	—	94,3	90,4	—	—	—	99,1	93,4	90,8
» drei Stunden	—	—	—	—	—	—	—	—	—	—	—
» ungefähr 20 Stunden	50,5	65,7	86,4	78,8	82,0	93,9	91,4	76,6	93,8	78,3	60,4
» » 44 "			77,3		76,5	90,0	82,6	60 8		62,5	39,7
» » 68 "						86,8		5,4			
» » 92 "						82,3	66,3				
» » 116 "						79,2					
» » 140 "						76,5					
	ganz vertrocknet	fast ganz vertrocknet	ziemlich lange, fangen an abzusterben	Blätter noch frisch, Versuch nicht fortgesetzt	Blätter welk, jedoch noch gar nicht	das Blatt fängt an zu vertrocknen	fängt an zu vertrocknen	ziemlich trocken und fast ganz abgestorben	Blätter noch frisch, noch nicht fortgesetzt	Blätter stark gewelkt, jedoch noch gar nicht	Blätter fast ganz vertrocknet

Auffällig ist in diesen Zahlenreihen z. B. der Unterschied zwischen *Hibiscus rosa sinensis* und *Acalypha* spec., wovon erstere im Anfang stärker verdunstet, nachher jedoch durch Spaltenverschluß die Verdunstung sehr erheblich einschränkt. Beide Pflanzen

wurden schon von mir in Batavia beim Unterricht in der Pflanzenphysiologie, bei der Demonstration der Kobaltpapierprobe benutzt,
um den Gegensatz zu zeigen zwischen verschlußfähigen und ver-
schlußunfähigen Spaltöffnungen. In der Kultur ist *Hibiscus rosa
sinensis* ziemlich resistent und kommt auch bei mangelnder Pflege
und an ziemlich trockenen Stellen fort, während die *Acalypha* bedeutend empfindlicher ist.

Auf unserer Figur sind für *Tectona grandis, Bombax Mungúba,
Genipapa americana, Garcinia* spec. und *Artocarpus integrifolia* die
Verdunstungskurven konstruiert.

Wenn man nur die extremen Fälle betrachtet, *Tectona grandis*
und *Cassia fistula* einer-, *Mangifera, Garcinia* und *Mimusops* andererseits, scheint die Frage des periodischen Laubabfalles in den
Tropen schon gelöst zu sein. Daß ein Baum mit einer Verdunstungskurve wie die von *Tectona grandis* in der trockenen Zeit
die Bläter fallen läßt und ein Baum mit einer Kurve wie die von
Garcinia spec. die Blätter behält, ist ja ohne weiteres verständlich.

Ziehen wir jedoch auch die weniger extremen Fälle —
Genipapa americana, die *Bombax*-Arten und *Artocarpus integrifolia* —
mit in die Betrachtung hinein, dann stellt es sich heraus, daß die
Sache doch nicht so einfach ist. *Genipapa americana* zeigt allerdings eine sehr starke Verdunstung im Anfang, reguliert jedoch in
vorzüglicher Weise und ist im Vergleich zu dem immer belaubten
Artocarpus integrifolia — welcher zwar im Anfang weniger stark
verdunstet, aber entweder die Spaltöffnungen nur unvollständig
verschließt oder eine außergewöhnlich starke kutikuläre Verdunstung zeigt — entschieden im Vorteil.

Unsere Transpirationskurven erklären zwar, warum *Garcinia,
Mimusops* und *Mangifera* ihr Laub in der trockenen Zeit behalten.
Tectona grandis und *Cassia fistula* es verlieren, sie erklären jedoch
nicht, warum *Artocarpus integrifolia* das Laub behält und *Genipapa*
und die *Bombax*-Arten es fallen lassen[1]).

---

1) Ein nachträglicher Versuch mit einer *Erythrina* ergab die folgenden
Resultate:

1. Juni	nachmittags	5.45	Uhr	78,6	g	100	pCt.
	„	6.10	„	78,1	„	99,3	„
	„	8.30	„	75,2	„	95,7	„
2. Juni	vormittags	6.30	„	68,5	„	87,1	„
	„ nachmittags	4.30	„	62,7	„	79,7	„
3. Juni	vormittags	6.45	„	55,1	„	70,1	„
	„ nachmittags	2.00	„	50,5	„	64,2	„

Die Blätter fangen an abzusterben und zu
vertrocknen, der Versuch wird abgebrochen.

Es werden jedenfalls noch andere Factoren mit in die Betrachtung hineingezogen werden müssen, Factoren welche einer experimentellen Behandlung vielleicht vorläufig noch nicht zugänglich sind.

Bei *Terminalia Catappa* z. B. und einzelnen *Ficus*-Arten vollzieht sich der Laubabfall innerhalb weniger Tage in so vollständiger Weise, daß der Baum schließlich ganz kahl steht. Sofort nach dem Laubabfall entwickeln sich jedoch die neuen Blätter und wenige Tage, nachdem die alten Blätter herunterfielen, steht der Baum wieder vollbelaubt da. Hier steht offenbar der periodische Laubfall in keiner Beziehung zur Verdunstung.

Im allgemeinen beobachtet man das periodische Kahlstehen in der trockenen Zeit nicht bei denjenigen tropischen Bäumen, deren Blätter sehr fest gebaut sind und lederartige Konsistenz haben. Solche Blätter halten mehrere Jahre aus. Beobachtungen an *Ficus elastica* haben mir gezeigt, daß die Lebensdauer der Blätter vier Jahre überschreiten kann und bei *Garcinia Mangostana* und anderen *Garcinia*-Arten, bei *Mimusops Balata* und *Mimusops Coriacea* ist vielleicht die durchschnittliche Lebensdauer des Blattes auf fünf bis sechs Jahre zu veranschlagen. Aus der langen Lebensdauer solcher festen lederartigen Blätter erklärt sich auch die außerordentlich starke Entwicklung von epiphyllen Flechten und Lebermoosen, welche man hier häufig beobachtet. Auch die eigentümliche geringe Verzweigung von vielen Tropenbäumen hängt gleichfalls teilweise mit der Langlebigkeit der Blätter zusammen.

Die Bäume, welche in den Tropen periodisch das Laub wechseln, gehören nicht zu den Arten mit sehr fest gebauten, lederartigen Blättern. Es gibt jedoch unter den Bäumen mit zarten Blättern auch zahlreiche Arten, welche ihr Laub nicht periodisch wechseln, wie z. B. *Pisonia alba*, die *Averrhoa*-Arten, *Ricinus communis*, *Carica Papaya*, *Hibiscus tiliaceus* usw.

Bei allen Arten mit periodischem Blattwechsel, nicht nur bei denjenigen, welche während der Trockenzeit kahl stehen, wie *Tectona grandis*, sondern auch bei denjenigen, welche sich nach dem Laubabfall sofort wieder neu belauben, wie *Terminalia Catappa*, verlaufen, unter den normalen Wachstumsbedingungen, die Vegetationsvorgänge im ganzen Organismus in derselben rhythmischen

---

Es ergibt sich aus diesem Versuche, daß die untersuchte, periodisch kahl stehende *Erythrina* sich ähnlich verhält wie *Artocarpus integrifolia* und die untersuchten *Bombax*-Arten; die Verdunstung ist im Anfang nicht sehr stark, wird jedoch beim eintretenden Wassermangel kaum eingeschränkt.

Weise. Diese Rhythmik offenbart sich bekanntlich nicht nur in dem Laubabfall und der Laubentwicklung, sondern auch in der Bildung von Blüten und Früchten.

Unter den Arten mit langlebigen Blättern gibt es solche, bei denen man im ganzen Organismus deutlich einen ähnlichen Rhythmus beobachtet, z. B. bei *Mangifera indica* und *Coffea arabica*, andere bei denen dieser Rhythmus viel weniger ausgeprägt ist, wie z. B. bei *Artocarpus integrifolia*.

Die fortwährend belaubten Arten mit zarten, kurzlebigen Blättern zeigen meistens den Rhythmus nicht oder kaum. z. B. *Pisonia alba*, die *Averrhoa*-Arten, *Hibiscus rosa senensis, Hibiscus schizopetalus, Hibiscus tiliaceus, Carica papaya, Ricinus communis* usw.

Es scheint fast daß man einander Arten gegenüberstellen könnte, deren Vegetationsprozesse starke Neigung zum rhythmischen Verlauf zeigen und andere Arten, bei denen diese Prozesse sich in einem mehr gleichmäßigen Tempo abspielen.

Diejenigen Arten mit kurzlebigen Blättern, bei denen die Neigung zum rhythmischen Verlauf der Vegetationsprozesse sehr ausgeprägt ist, werden, wenn die Verdunstung einigermaßen beträchtlich und (oder) die Verdunstungsregulierung nicht sehr vollkommen ist, in der Trockenzeit kahl stehen.

Über die von KLEBS gestellte Frage[1]), ob die Rhythmik von äußeren Einflüssen bedingt oder im Wesen des Organismus begründet sei, wage ich mich einstweilen nicht zu entscheiden. Am wahrscheinlichsten scheint es mir allerdings, daß, was die periodischen Erscheinungen in der tropischen Flora betrifft, die Wahrheit in der Mitte liegt zwischen der von SCHIMPER verteidigten Auffassung einer von äußeren Einflüssen unabhängigen Periodicität und der von KLEBS vertretenen Anschauung, daß die periodischen Erscheinungen in den Tropen ausschließlich durch die Periodicität des Klimas bestimmt sein sollen.

Wir können die Resultate unserer Untersuchung in folgender Weise zusammenfassen:

Von den in der Trockenzeit kahl stehenden tropischen Bäumen verdunsten *Tectona grandis* und *Cassia fistula* sehr stark und regulieren die Verdunstung kaum.

---

1) KLEBS, Über die Rhythmik in der Entwicklung der Pflanzen. Heidelberg 1911.

Die in der Trockenzeit gleichfalls kahl stehende *Genipapa americana* verdunstet gleichfalls sehr stark, reguliert jedoch die Verdunstung bei Wassermangel in vorzüglicher Weise.

Die zwei untersuchten Bombaceen zeigen ein übereinstimmendes Verhalten: beim Anfang des Versuches eine ziemlich geringe Verdunstung, welche noch einigermaßen, allerdings nur in geringem Grade, eingeschränkt wird.

Von den in der trockenen Zeit nicht kahl stehenden tropischen Bäumen zeigt *Mimusops coriacea* schon beim Anfang des Versuches eine außerordentlich geringe Verdunstung, welche nicht weiter verringert wird. Die untersuchte *Garciania* spec. und *Mangifera indica* zeigen beim Anfang eine mäßige Verdunstung, die schon sehr bald bis auf ein Minimum herabgedrückt wird.

Artocarpus integrifolia zeigt beim Anfang eine ziemlich starke Verdunstung, welche einigermaßen, allerdings nicht erheblich, eingeschränkt wird.

Die zwei untersuchten, nicht periodisch laubabwerfenden Sträucher zeigen beide beim Anfang eine sehr starke Verdunstung, welche bei *Hibiscus rosa sinensis* sehr deutlich, bei der rotblätterigen *Acalypha* kaum reguliert wird.

Die Versuchsresultate deuten darauf hin, daß zwar durchschnittlich die periodisch kahl stehenden eine stärkere Verdunstung und (oder) weniger ergiebige Verdunstungsregulierung zeigen, als die unter gleichen Bedingungen wachsenden, in der Trockenzeit belaubten tropischen Bäume, daß jedoch diese Unterschiede nicht zur völligen Erklärung des periodischen Laubabfalles in den Tropen ausreichen.

Rio de Janeiro, Mai 1913.

47. O. Renner: Über die angebliche Merogonie der Oenotherabastarde.

(Vorläufige Mitteilung.)
(Eingegangen am 16. Juli 1913.)

Im vergangenen Jahr hat R. GOLDSCHMIDT[1]) mitgeteilt, daß bei Bestäubung der *Oenothera biennis* mit dem Pollen von *Oe. muricata* nicht der Eikern mit dem artfremden Spermakern verschmilzt, sondern Merogonie stattfindet. Im befruchteten Ei soll der Eikern zugrunde gehen und allein der väterliche *muricata*-Kern mit dem mütterlichen *biennis*-Plasma zusammen dem Embryo die Entstehung geben. Der Bastardembryo soll dementsprechend ziemlich lange in seinen Kernen die haploide Chromosomenzahl 7 zeigen, und erst in einem ziemlich weit vorgerückten Zustand soll die Chromosomenzahl regulativ verdoppelt werden. Auch im Endosperm der Bastardsamen sollen haploide Kerne vorkommen; bei normaler Endospermbildung müßte die Chromosomenzahl diploid sein, nicht triploid, weil nur ein Polkern vorhanden ist.

Dieses ungewöhnliche cytologische Verhalten würde nicht nur die merkwürdigen Vererbungsverhältnisse, die DE VRIES bei der Kreuzung einiger *Oenothera*-Arten ermittelt hat, mit einem Schlag verständlich machen, sondern es wäre, wie GOLDSCHMIDT auseinandergesetzt hat, auch in allgemeinerem Sinn vom höchsten Interesse. Herr Professor GOLDSCHMIDT hielt die Ausfüllung gewisser Lücken in seinen Beobachtungen selber für wünschenswert, und im Einvernehmen mit ihm habe ich einmal die Kreuzung *Oenothera biennis* ♀ × *muricata* ♂ nachgeprüft, wobei mir außer neuem Material auch die sämtlichen GOLDSCHMIDTschen Präparate zur Verfügung standen, und weiterhin einige andere Kreuzungen untersucht, bei denen nach den Angaben von DE VRIES übereinstimmende cytologische Verhältnisse zu erwarten waren, nämlich *Oe. muricata* × *biennis*, *Oe. biennis* × *Lamarckiana* und *Oe. Lamarckiana* × *biennis*.

Ich habe dabei die Befunde GOLDSCHMIDTs nicht bestätigen können. Bei allen Kreuzungen findet normale doppelte

---

1) R. G., Die Merogonie der *Oenothera*bastarde und die doppeltreziproken Bastarde von DE VRIES, Archiv f. Zellforsch. 1912, 9, p. 331.

Befruchtung statt, und Embryo wie Endosperm haben in ihren Kernen die diploide Chromosomenzahl. Am sichersten sind die Chromosomenzählungen in sehr frühen Stadien der Embryoentwicklung bis jetzt bei dem Bastard *Oe. biennis* × *Lamarckiana* geglückt; die Zahl ist von der zweiten Mitose an sicher 14. Bei der Kreuzung *Oe. biennis* × *muricata* ist die erste Teilung des befruchteten Eies in verschiedenen Stadien beobachtet worden; eine Ausstoßung von Chromatinmaterial erfolgt bei der Spindelbildung nicht, es treten also mütterliche und väterliche Chromosomen in die Mitose ein und ihre Gesamtzahl kann kaum kleiner sein als 14. Dasselbe gilt von der oft gefundenen zweiten Mitose im Embryo. In älteren, schon zweilappigen Embryonen und vor allem in den Wurzelspitzen von Keimlingen des Bastardes wurden viele Male mit Sicherheit 14 Chromosomen gezählt. Ein Kern, dem man mit einiger Wahrscheinlichkeit 7 Chromosomen zusprechen könnte, ist mir nirgends zu Gesicht gekommen, auch in GOLDSCHMIDTs Präparaten nicht. Von einer Trennung der väterlichen und mütterlichen Kernanteile kann demnach schwerlich die Rede sein.

Eine etwas ausführlichere, durch Figuren belegte Mitteilung wird demnächst erscheinen. Für Nachuntersucher, die ja kaum ausbleiben werden, sei hervorgehoben, daß die Samenanlagen der Oenotheren von den FLEMMINGschen Gemischen schlecht fixiert werden, gut von einem im Zoologischen Institut in München gebräuchlichen Gemisch von der folgenden Zusammensetzung: 40 proz. Alkohol 500 ccm, Eisessig 90 ccm, reine Salpetersäure 10 ccm, Sublimat bis zur Sättigung; fixiert wird damit höchstens 12 Stunden, ausgewaschen wird mit Jodalkohol.

München, Pflanzenphysiologisches Institut, 8. Juli 1913.

---

48. J. Broili und W. Schikorra: Beiträge zur Biologie des Gerstenflugbrandes (Ustilago hordei nuda Jen).

(Vorläufige Mitteilung.)

(Mit einer Textfigur.)

(Eingegangen am 18. Juli 1913.)

Bei Züchtungsversuchen mit Brandinfektion in den Jahren 1908—11 zur Erzielung brandfreier Gerstenstämme hatte BROILI[1]) das überwinterte Mycel des Gerstenflugbrandes im Gewebe des ruhenden Samens der Gerste nach künstlicher Infektion erhalten und im Bilde gebracht. Bei Weizen hat die Anwesenheit des ruhenden Mycels im Korn bereits BREFELD[2]) nachgewiesen und gibt für Gerste dieselben Verhältnisse an. HECKE[3]) hat den Pilz bei Gerste im Keimling nach 44 stündiger Quellung nachgewiesen.

Durch die Berufung BROILIs an das Kaiser-Wilhelms-Institut für Landwirtschaft in Bromberg wurde eine Weiterführung der Züchtungsversuche einstweilen unmöglich gemacht. Dagegen wurde die in Jena begonnene Untersuchung der Biologie des Flugbrandpilzes in Bromberg unter Mitarbeit von W. SCHIKORRA in breiterem Rahmen weitergeführt, weil nach Feststellung des Pilzes im Korn die Möglichkeit gegeben ist, auch die für die Landwirtschaft so wichtigen Fragen der Brandbekämpfung an ihm selbst studieren zu können. Vorerst jedoch galten die Untersuchungen der Biologie des Pilzes, seiner Entwicklung aus dem ruhenden zum aktiven Mycel und seiner Kultur auf Nährböden, ferner den Fragen, die sich während der Arbeit ergaben.

Die Feststellung des Pilzes im Embryo geschah an Handschnitten, die mit Chloralhydrat aufgehellt wurden, und ist Sache weniger Minuten. Es wurden im ganzen untersucht 409 Körner,

1) J. BROILI, Versuche mit Brandinfektion zur Erzielung brandfreier Gerstenstämme. Naturw. Zeitschr. f. Forst- u. Landw. 8. Jahrg. 1910, S. 335 u. 9. Jahrg. 1911 S. 53.

Ferner in:

K. v. TUBEUF, Die Brandkrankheiten des Getreides. Stuttgart 1910, S. 42.

2) O. BREFELD, Untersuchungen aus dem Gesamtgebiete der Mycologie. XIII. Heft. 1905, S. 35.

3) L. HECKE, Zur Theorie der Blüteninfektion des Getreides durch Flugbrand. Ber. d. Deutsch. Bot. Ges. Bd. 23, 1905, S. 248—250.

die von Ähren stammten, welche künstlich infiziert worden waren. In 162 von diesen Körnern wurde Mycel gefunden, und zwar das Mycel, wie es von BROILI zuerst gezeigt wurde, das dem von LANG[1]) festgestellten bei Weizenflugbrand vollständig entspricht.

Schon in früheren Jahren war es BROILI aufgefallen, daß bei künstlich infizierten Körnern die Spelzen öfters nur locker das Korn umgeben. Mit Rücksicht auf diese Beobachtung wurde in diesem Jahre eine Anzahl von Körnern, die brandverdächtig waren, in sterilisierte Erde ausgesät und die Anzahl der brandkranken Pflanzen festgestellt. Es haben von 21 Pflanzen sich 13 als

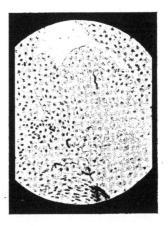

Fig. 1. Längsschnitt durch den Vegetationskegel eines Gerstenembryos mit Mycel von *Ustilago Hordei nuda*. Mikrophoto.

brandkrank erwiesen. Bei Saatgut des Handels war es möglich, mit Hilfe dieser Diagnose den Brandgehalt von 2,3 pCt. auf 1,6 pCt. herabzudrücken, wie Feldversuche in diesem Jahre zeigten.

Die Verteilung des Mycels im Samenkorn und Keimling wurde an Mikrotomschnitten festgestellt. Über die dabei ange-wandte Methodik werden später genaue Angaben gemacht, jetzt sei nur soviel erwähnt, daß durch Färbung der Schnitte mit Gentianaviolett und Orange ausgezeichnete Bilder erzielt wurden, bei denen sich das Mycel gegen das Gewebe des Wirtes scharf abhob. Bei der Untersuchung sowohl ruhender, wie gekeimter

---

1) W. LANG, Die Blüteninfektion bei Weizenflugbrand. Centralbl. f. Bacteriol., Par. u. Infkr. 2. Abt. 25. Bd., S. 86—101.

Samen zeigte sich, daß das Mycel am reichlichsten im Scutellum enthalten ist, aber auch sonst an den verschiedensten Stellen im Embryo angetroffen wird (s. Fig. 1)[1]) und zwar im Sproßkegel manchmal schon in nächster Nähe der Spitze, in den Blattanlagen und Anlagen von Seitensprossen, im Hypocotyl, in der Cotyledonarscheide, ja sogar in der Wurzelanlage.

Zur Aktivierung des ruhenden Mycels im Korn auf Nährböden wurde aus dem Embryo etwas Gewebe, das Mycel enthielt, möglichst steril entnommen und teils auf Kartoffel, teils auf Nähragar oder Gelatine übertragen. Auf allen Nährböden wurden Reinkulturen erhalten. Die aus verschiedenen Körnern hergestellten Kulturen ergaben hinsichtlich der charakteristischen Wachstumsweise des Pilzes das gleiche Bild. Zum Beweise, daß der in Kultur befindliche Pilz tatsächlich identisch mit dem Gerstenflugbrandpilz ist, wurden Infektionsversuche an Pflanzen vorgenommen, deren Saatgut auf Pilzfreiheit untersucht worden war. Die Infektionen geschahen an verschiedenen Stellen des schossenden Halmes und an den Narben während des Blühens mit Mycel, das in allen Fällen aus Kartoffelkulturen stammte. Über diese Versuche, die noch nicht abgeschlossen sind, soll später eingehend berichtet werden. Daß der in Kultur befindliche Pilz mit dem in der Pflanze parasitierenden Brandpilz identisch ist, dürfte auch aus der Beobachtung der Zellkernverhältnisse hervorgehen, welche den von RAWITSCHER[2]) für *Ustilago Maydis* gebrachten Bildern entsprechen.

Mit Bestimmtheit haben wir den im ruhenden Korn gefundenen Pilz als Gerstenflugbrand festgestellt, dadurch, daß es mit Leichtigkeit gelang, von Körnern, bei denen in Handschnitten das Mycel gefunden war, Pflanzen zu erhalten, die in typischer Weise Brandähren brachten.

Betreffs der Lebensdauer des Pilzes hat sich gegenüber früheren Feststellungen nichts geändert. Der Brandbefall betrug bei der in diesem Jahre hier angebauten Gerste Bethge II, die aus 1908 geerntetem Saatgut stammte, wieder wie im Jahre 1909 2,3 pCt. Eine kleine Menge des Saatgutes von 1908 wird für dieselben Feststellungen in späteren Jahren aufbewahrt.

Die bereits in Angriff genommenen und weiteren Arbeiten befassen sich mit der gesamten Entwicklungsgeschichte des Pilzes

---

1) Die mikrophotographische Aufnahme verdanken wir der Liebenswürdigkeit des Herrn Dr. WOLFF, Bromberg.

2) F. RAWITSCHER, Beiträge zur Kenntnis der Ustilagineen. Zeitschr. f. Bot., Bd. 4, S. 686.

unter besonderer Berücksichtigung der Sexualitäts- und Kernver-
hältnisse.

Da es, wie oben gezeigt wurde, möglich ist, den Pilz unter
Benutzung des ruhenden Mycels im Korne zu kultivieren, so haben
wir ein Mittel, die Empfindlichkeit des Kornmycels bei Brandbekämpfung zu prüfen. Es würde sich um die Frage handeln, ob
bei dem üblichen Bekämpfungsmethoden Hemmung oder Abtötung
des Mycels eintritt.

Bromberg, Kaiser-Wilhelms-Institut für Landwirtschaft.

49. Ernst Küster: Über die Schichtung der Stärke-körner.

(Eingegangen am 18. Juli 1913.)

Über die Entstehung der in Stärkekörnern sichtbaren Schichtungen und über die Ursachen der Schichtenbildung hat namentlich
ARTHUR MEYER eingehende Untersuchungen angestellt[1]). Wichtig
vor allem sind seine Beobachtungen an *Pellionia*-Stärkekörnern, über
die sich MEYER folgendermaßen äußert: „Als ich Stecklinge von
Pellionia . . . aushungerte, so daß die Stärkekörner alle so weit
gelöst waren, daß nur offene Schichten an ihnen zu sehen waren,
hierauf abwartete, bis die erste Anlagerung begann, und dann an
Stärkekörnern, deren Chromatophor sich verschoben hatte, die
größte Zahl der im Laufe weiterer Tage entstehenden Schichten
feststellte, fand ich, daß jedem Tage eine dicke dichte, jeder Nacht
eine dünne lockere Schicht entsprach. Die Grenze des mit offenen
Schichten versehenen Kornes wurde durch eine schwach lichtbrechende Schicht gebildet. Am Tage assimiliert das Blatt des
Stecklings und sendet reichlich Zucker zu den Chromatophoren;
die Folge davon ist, daß das Chromatophor reichlich Stärkesubstanzen bildet, das Wachstum der Schicht regelmäßig fortschreitet; es entsteht so eine dicke, dichte Schicht. Des Nachts
tritt Mangel an Zucker ein; wenn nicht partielle Lösung der Schicht

---

1) MEYER, A., Untersuchungen über die Stärkekörner. Jena 1895,
S. 242 ff.

erfolgt, so erfolgt doch jedenfalls unregelmäßigeres, schwaches Wachstum der Trichite; es entsteht eine Schicht und diese wird locker und dünn."

Die Erscheinung, daß in dem heranwachsenden Stärkekorn abwechselnd dichte und lockere Zonen gebildet werden, ist also nach A. MEYER als die Folge äußerer Einwirkungen, als die Wirkung eines äußeren Rhythmus zu betrachten.

Auch die Qualität der Schichtung wird, wie A. MEYER zeigt, durch äußere Bedingungen beeinflußt: „Die primären Stärkekörner der jungen Speichersprosse von *Adoxa moschatellina*, welche ungefähr im Juni heranwachsen, sind relativ grob geschichtet . . . . Diese grobe Schichtung entspricht den ielativ groben biologischen Schwankungen, welche in den stärkebildenden Zellen herrschen müssen . . . . Läßt man jedoch die Stärkekörner der Speicherschuppen von *Adoxa* unter Verhältnissen heranwachsen, welche zu einer schwachen Zufuhr und zu einem schwachen Wechsel der Zufuhr von Zucker oder Bildung der Stärkesubstanzen in dem Chromatophor führen, so erhalten diese Stärkekörner eine zarte und gleichmäßige Schichtung[1]."

Die Zonen eines grobgeschichteten Stärkekorns erinnern mit ihrem Wechsel von dichten und lockeren Schichten außerordentlich lebhaft an sphärokristallinische Gebilde oder an geschichtete Kristallisationsprodukte anderer Art, die man in vitro an sehr vielen Substanzen gewinnen kann. Wie A. MEYER hat namentlich LEITGEB mit der Erforschung dieser Gebilde vom Standpunkt des Botanikers sich befaßt[2]. Von dem letzteren wird die Auffassung vertreten, daß auch ohne alle rhythmische Beeinflussung durch die Außenwelt — allein durch den Wachstumsvorgang selbst — Zonen zustande kommen können. A. MEYER hält eine solche Art der Schichtenbildung nicht für wahrscheinlich[3]) und kann daher LEITGEBs Annahme bei der Erklärung der Stärkekörnerschichtung nicht verweiten.

Inzwischen haben die Beobachtungen zahlreicher Chemiker und Physiker erwiesen, daß bei chemisch-physikalischen Prozessen eine Rhythmik in Erscheinung treten kann, die mit dem rhythmischen Wechsel äußerer Bedingungen nichts zu tun hat und nur durch die im System selbst liegenden Faktoren verursacht wird. Die Wirkungen dieser „inneren Rhythmen" kann man bei der

---

1) MEYER, A., a. a. O. S. 243.
2) LEITGEB, H., Über Sphärite (Mitt. bot. Iust. Graz, Heft 2).
3) MEYER, A., a. a. O. S. 115.

Kristallisation vieler Substanzen, bei Ausfällungsprozessen verschiedenster Art leicht demonstrieren.

Die weite Verbreitung derartiger Erscheinungen macht es nötig zu erwägen, ob auch beim Zustandekommen geschichteter Stärkekörner „innere Rhythmen" ursächlich beteiligt sein können. Auch A. MEYERs Beobachtungen und Experimente machen eine derartige Erwägung keineswegs überflüssig; denn es wäre gar wohl vorstellbar, daß Schichtungen, die in einem Falle auf gröbliche Schwankungen in den Stärkeproduktionsbedingungen zurückzuführen sind, in andern Fällen auch ohne derartige äußere „biologische" Beeinflussungen nach Art der LIESEGANGschen Kristallisationszonen zustande kämen. Ich habe unlängst bereits auf diese Erklärungsmöglichkeit hingewiesen [1]).

Eine definitive experimentelle Lösung der Frage, ob die LIESEGANGschen Rhythmen zur Erklärung der Stärkekornschichten herangezogen werden dürfen oder nicht, wäre nur auf dem Wege zu liefern, daß man alle Schwankungen in den die Stärkeproduktion beeinflussenden Bedingungen von einer mit stärkebauenden Chromatophoren versehenen Zelle fernhielte. Da auch die in der Zelle selbst im Chromatophoren herrschenden Bedingungen konstant gehalten werden müßten, läßt sich an die Verwirklichung des geforderten Experimentes kaum denken. Wohl aber lassen sich die groben, in den biologischen Verhältnissen der stärkeführenden Gewächse begründeten Schwankungen bei geeigneten Versuchspflanzen leicht ausschalten.

In diesem Sinne ist schon wiederholt gearbeitet worden.

Mit demselben Objekt wie A. MEYER hat SALTER gearbeitet [2]), der junge stärkefreie Blätter seiner Versuchspflanzen in Zuckerlösung brachte und auch hiernach normal geschichtete Stärkekörner entstehen sah.

H. FISCHER [3]) verfuhr ähnlich wie A. MEYER, ließ seine Versuchspflanzen eine Zeitlang im Dunkeln hungern und dann beim konstanten Licht eines Querbrenners die Assimilation wieder aufnehmen. Unter den Stärkekörnern seines Materials fand FISCHER dieselben Strukturbilder wie A. MEYER in dem seinigen; FISCHER

---

1) KÜSTER, E., Über Zonenbildung in kolloidalen Medien. Jena 1913, S. 80 ff.

2) SALTER, J. N, Zur näheren Kenntnis der Stärkekörner (Jahrb. f. wiss Bot. Bd. XXXII, 1898, S. 117, 151).

3) FISCHER, H., Über Stärke und Inulin (Beih. z. botan Zentralbl. 1902, Bd. XII, S. 226)

folgert hieraus, daß MEYERs Erklärung für das Zustandekommen der Schichten nicht zutreffend sein kann.

Das Ziel meiner eigenen Untersuchungen war, Material, das bei Beginn des Versuchs stärkefrei war, unter konstanten Außenbedingungen zur Stärkekornbildung zu bringen und für die während des Versuchs entstandenen Stärkekörner die Zahl der Tage, die seit Beginn des Versuchs verflossen waren, mit der Zahl der entstandenen Schichten in Beziehung zu setzen.

Auch ich begann meine Versuche mit *Pellionia* und versuchte Blätter und Sproßstücke, die hinreichend lange verdunkelt gewesen waren, im Thermostaten auf Zuckerlösung zur Stärkebildung zu bringen. Die Versuche schlugen sämtlich fehl. Ein widerstandsfähigeres, sehr viel geeigneteres Material fand ich in der Kartoffel.

Bei den Versuchen, die ich im folgenden näher schildern will, verfuhr ich folgendermaßen.

Reife Knollen der Kartoffel wurden in Leitungswasser zum Keimen gebracht. Da die Versuche teils im Dunkeln, teils bei sehr schwachem Tageslicht gehalten wurden, entwickelten sich die bekannten langgestreckten Triebe. Mit diesen verfuhr ich in der Weise, daß Stücke von 5 bis 20 cm Länge herausgeschnitten und in Leitungswasser oder 5 proz. Glukoselösung eingestellt wurden. Von jetzt ab ließ ich alle Objekte bei völligem Lichtabschluß — im Dunkelzimmer oder in einem Dunkelkasten — sich entwickeln; namentlich in letzterem blieb die Temperatur während der Versuchsdauer nahezu konstant (16 °C).

An den Zweigstücken trat sehr bald Knollenbildung ein: in den Achseln der Blättchen entwickelten sich Seitenäste, die an ihrer Spitze zu Knollen anschwollen, oder sitzende Knollen. Schon 2 mal 24 Stunden nach Beginn des Versuchs sah ich deutliche Anfänge der Knollenbildung.

Bei einem meiner Versuche verfuhr ich in der Weise, daß die Triebstücke neun Tage lang im Dunkelschrank gehalten und dann aller Knollen beraubt wurden, die sich an ihnen gebildet hatten. Nach weiterem dreitägigem Aufenthalt im Dunkelschrank waren einige neue, kleine Knöllchen sichtbar geworden, die auf ihre Stärkekörner hin untersucht wurden. Die größten Körner hatten etwa 22—24 μ Länge, 14—17 μ Breite. Die Schichtung war überall sehr deutlich; auffallend ist die sehr große Zahl der mit zwei oder drei Bildungszentren ausgestatteten Körner. Zahlreiche Körner werden auf die Zahl ihrer Schichten hin geprüft: Viele lassen vier, fünf oder sechs Zonen [1]) erkennen, einige Male wurden sieben Zonen gezählt.

Nach drei weiteren Tagen, welche die Versuchspflanzen im Dunkeln verbracht hatten, wurden abermals Knollen geerntet, deren Alter keinesfalls mehr als 6 mal 24 Stunden betragen konnte. Die größten Stärkekörner maßen dieses Mal 30—33 μ Länge, 21 bis 24 μ Breite; die höchste Zahl von Schichtungen, die ich konstatierte, betrug 9.

Eine dritte Serie von Knollen wurde von denselben Exemplaren 11 Tage nach Beginn des Versuchs abgenommen. Die größten Stärkekörner maßen 40 : 30 μ; ihre Schichtung war meist sehr deutlich; in den größten Körnern konnten 14 und 15 Schichten sehr oft, einige Male auch 16 Schichten gezählt werden.

Die hier erwähnten Versuche wurden mehrfach variiert, namentlich in der Weise, daß ich die jüngeren Knöllchen in verschiedenen Medien — in Luft, unter Erde, in verschiedenen Flüssigkeiten -- sich entwickeln ließ. Auf die Ergebnisse dieser Versuchsvarianten hier einzugehen, liegt keine Veranlassung vor. Ich beschränke mich darauf mitzuteilen, daß niemals ungeschichtete Stärke entstand; wohl aber habe ich mehr als einmal Knollen zu untersuchen gehabt, deren Stärkekörner nur undeutliche Schichtung erkennen ließen.

Meine Versuchsanstellung gestattete es, Knollen von genau bekanntem Alter zu erzielen.

Da die Vegetationspunkte und die unmittelbar hinter ihnen liegenden Sproßteile, aus welchen sich die Knöllchen entwickeln, entweder gar keine Stärke besitzen oder doch nur ganz kleine Körnchen, an welchen von Schichtung nichts wahrzunehmen ist, so ist auf dem beschriebenen Wege für die Bestimmung der Zeit, in welcher die Stärkekörner entstehen, oder zum mindesten für die Bestimmung des Zeitpunktes, zu welchem die Schichtenbildung

----

1) Jede „Zone" besteht aus einer hellen und einer dunklen (einer dichten und einer lockeren) Lage. — Bei der Schwierigkeit, welche die Zählung feiner Zonenbildungen oft macht, habe ich es sehr begrüßt, daß Herr Dr. CL. MÜLLER in Bonn sich bereit erklärte, meine Zählungen nachzuprüfen. In der vorliegenden Mitteilung wird nur auf Zählungen eingegangen werden, die von Herrrn Dr. CL. MÜLLER und mir übereinstimmend gewonnen wurden. Herrn Dr. CL. MÜLLER sage ich für seine freundliche Hilfe bei der mühevollen Arbeit besten Dank.

einsetzt, ein terminus post quem gewonnen: die Knollen, die drei
Tage alt waren, enthielten nur Stärkekörner, deren Schichtung
frühestens vor dreimal vierundzwanzig Stunden sich zu bilden angefangen hatte usf.

Die Untersuchung der im Dunkelraum entstandenen Knollen
und Stärkekörner führt zu folgenden Schlüssen:

1. Alle Unterschiede in der Zufuhr von Assimilaten zum
stärkekornbauenden Chromatophoren, wie sie unter normalen Entwicklungsbedingungen der Wechsel von Tag und Nacht mit sich
bringen mag, kommen während der Entstehung unserer Kartoffel-
knöllchen nicht in Betracht, da die Objekte ununterbrochen im
Dunkelschrank gehalten wurden; überdies fehlten den meisten Objekten alle zur Kohlenstoffassimilation geeigneten Organe, und
Chlorophyll dürfte in vielen von ihnen nur spurenweise vorhanden
gewesen sein. Ebensowenig kann von den Wirkungen rhythmisch
steigenden und fallenden Kohlehydrateverbrauchs in den Versuchsobjekten die Rede sein. Wir folgern, daß geschichtete Stärkekörner auch dann zustande kommen, wenn von der stärkeführenden Pflanze keine in ihrer Biologie begründeten rhythmischen Beeinflussungen ausgehen und auch die Bedingungen der Außenwelt
keinen rhythmischen Wechsel durchmachen.

2. Zu der Annahme, daß eine Nachwirkung des Rhythmus,
der in dem täglichen Wechsel von Belichtung und Verdunkelung
für die unter normalen Bedingungen sich entwickelnden Pflanzenteile liegt, irgendwie einen rhythmischen Wechsel in der Intensität
des den stärkebauenden Chromatophoren zufließenden Assimilate-
stromes und auf diesem Wege die Schichtung der unter konstanten
Außenbedingungen entstandenen Stärkekörner bedinge, liegt kein
Anlaß vor — zumal an den größeren Stärkekörnern unserer Knollen
mehr Schichten wahrgenommen werden, als Tage seit ihrer Entstehung (oder seit Entstehung ihres geschichteten Teiles) verflossen sind.

Wenn in Knollen, die nicht älter als drei Tage sein können,
Körner gefunden werden, an welchen sechs oder sogar sieben
Schichten wahrnehmbar sind, so geht daraus hervor, daß binnen
24 Stunden auch zwei, vielleicht noch mehr Schichten gebildet
werden können. Bei diesen Körnern entfallen durchschnittlich auf jeden Tag 2 bis $2^{1}/_{3}$ Schichten; da es aber keineswegs
erwiesen ist, daß unmittelbar bei Versuchsbeginn auch schon die
Bildung der nach dreitägiger Versuchsdauer gezählten Schichten
beginnt, entfallen wahrscheinlich auf je 24 Stunden tatsächlichen

Stärkekornwachstums noch mehr als 2 bis 2¹/₃ Schichten im Durchschnitt[1]).

3. Trotz der Konstanz der Bedingungen, welche während
der Ausbildung der kleinen Knöllchen wirksam blieben, ist die
Schichtung der in diesen enthaltenen Stärkekörner keineswegs eine
besonders regelmäßige. Viele Male beobachtete ich Stärkekörner
mit so feiner und so regelmäßiger Schichtung, wie sie mir an
Stärkörnern, die unter natürlichen Bedingungen erwachsen sind,
niemals begegnet sind. In denselben Präparaten findet man neben
diesen zahlreiche andere Stärkekörner mit breiten und kräftig voneinander abgesetzten Zonen. Die Kristallisationsbedingungen,
welche auf die Qualität der Schichten Einfluß haben, wechseln
offenbar von Zelle zu Zelle und scheinen sogar in den stärkebauenden Chromatophoren der nämlichen Zelle verschieden sein zu
können.

Alle hier mitgeteilten Beobachtungen lassen sich mit der Annahme, daß die in lebenden Chromatophoren heranwachsenden
Stärkesphärokristalle LIESEGANGsche Zonen, d. h. durch „inneren"
Rhythmus zustande gekommene Schichten aufweisen, unschwer
vereinigen.

Die soeben mitgeteilten Unterschiede in der Schichtung verschiedener Stärkekörner einer Zelle oder mehrerer benachbarter
Zellen spricht gegen diese Deutung keineswegs: von sehr zahlreichen Kristallisationsversuchen, die ich mit Trinatriumphosphat
und anderen Substanzen angestellt habe, ist mir der sehr sinn-
fällige Einfluß, welchen sehr geringe Differenzen in den Kristallisationsbedingungen auf die Qualität der Zonen haben können, die
an sich völlig unabhängig von etwaigen „äußeren Rhythmen" sind,
oft genug klar geworden. Andererseits ist es wohlbekannt, daß

---

1) Aus den oben mitgeteilten Zählungsergebnissen geht hervor, daß
auch bei den Knollen, welche älter als drei Tage sind, die Zahl der Schichten
ihrer Stärkekörner die Zahl der Tage, während welcher die Körner gewachsen sind, übertreffen kann. Bei den oben geschilderten Versuchen
übertrifft

a) die Höchstzahl der Schichten (7) die der Wachstumstage (3) um   138 pCt.
b)   „   „   9   „   6 um   50 „
c)   „   „   15   „   11 um ca. 36 „

Schlüsse über das Wachstum der Stärkekörner werden aus dieser Progression
nicht gezogen werden dürfen: wir wissen nicht, ob die Stärkekörner, die in
elftägigen Knollen besonders schichtenreich waren, auch schon acht Tage vorher zu den schichtenreichsten der erst dreitägigen Knolle gehörten. Der
Schluß, daß in den späteren Tagen des Wachstums nicht mehr zwei und mehr
Schichten gebildet werden können, wäre unzulässig.

bei denselben Kristallisationsvorgängen rhythmisch wechselnde Außenbedingungen deutlich wahrnehmbare Schichten entstehen lassen; ich darf hinzufügen, daß gewisse grobe Struktureigentümlichkeiten den durch „inneren Rhythmus" entstandenen LIESEGANGschen Zonen und den durch rhythmischen Wechsel der Außenbedingungen hervorgerufenen gemeinsam sein können — eine wichtige Parallele, auf die ich in anderem Zusammenhang näher eingehen will Unter diesen Umständen scheint mir mein Versuch, die Schichtung der von mir gewonnenen Stärkekörner mit den LIESE-GANGschen Zonenbildnern auch hinsichtlich ihrer Entstehungsursachen zu vergleichen, nicht unbedingt einen Widerspruch mit A. MEYERs Beobachtungen und Deutungen in sich zu schließen, der die Stärkekörner von *Pellionia* jeden Tag eine Schicht bilden sah und den rhythmischen Wechsel in der Zuckerzufuhr ursächlich mit den Kristallisationszonen des Stärkekornes in unmittelbaren Zusammenhang bringt.

Bonn, Juli 1913.

50. E. Werth: Dulichium vespiforme aus der Provinz Brandenburg.
(Mit einer Abb. im Text)
(Eingegangen am 21. Juli 1913.)

Als N. HARTZ im Jahre 1904 die amerikanische Cyperacee *Dulichium spathaceum* Pers. aus dem (jüngeren) Interglazial Dänemarks beschrieb[1]), war es ihm nicht zweifelhaft, daß *Dulichium*, gleichwie die auch damals schon aus dem Tertiär Europas bekannte *Brasenia*, eine alte zirkumpolare tertiäre Form ist und nicht etwa für Europa eine jüngere Neueinwanderung aus Amerika. Es war daher sehr interessant, daß wenige Jahre später (1908) CL. und EL. REID[2]) eine *Dulichium*-Art aus dem für jüngstes Tertiär (Ober-

---

1) N. HARTZ, *Dulichium spathaceum*, en nordamerikansk Cyperace i danske interglaciale Moser. Meddelelser fra Dansk Geologisk Forening, Nr. 10, 1904, S. 13—22.

. 2) CL. REID and EL. M. REID, On *Dulichium vespiforme* sp. nov. from the brick-earth of Tegelen. Verslag van de Gewone Vergadering der Wis-en Natuurkundige Afdeeling van 24. April 1908. Koninklijke Akademie van Wetenschappen te Amsterdam, 1908.

pliocän) gehaltenen Ziegelton von Tegelen in Holland bekannt machten, die, wenn sie auch eine eigene Art: *Dulichium vespiforme* Cl. et El. Reid repräsentierte, doch zu zeigen schien, daß tatsächlich die heute monotypische Gattung im jüngeren Tertiär bei uns nicht fehlte und daher in die große Reihe tertiärer Pflanzengattungen zu stellen ist, die wie *Liquidambar, Sassafras, Aralia, Nyssa, Vitis, Magnolia, Liriodendron, Taxodium* u. a. jetzt nicht mehr im temperierten Europa vorkommen, sich dagegen im (östlichen) Nordamerika lebend erhalten haben.

Neuerdings[1]) werden nun die Tegelener Tone, und zwar wohl mit gutem Recht, in das ältere (älteste) Interglazial, also in das Diluvium, versetzt. Dadurch wurde die Frage nach dem Vorkommen von *Dulichium* im europäischen Tertiär von neuem eine offene. Und es darf daher ein letzthin gemachter Fund aus der Provinz Brandenburg vielleicht auf einiges Interesse rechnen. In Ziegeltonen der Gegend von Sommerfeld, die wahrscheinlich dem obersten Tertiär (Pliocän) angehören, fand sich eine *Dulichium* spec.[2]) in einer Pflanzengesellschaft (*Taxodium, Chamaecyparis, Pinus* wahrscheinlich *Laricio, Carya, Vitis* usw.), die für Norddeutschland schwerlich als eine diluviale angesehen werden kann, zumal auch die petrographischen und Lagerungsverhältnisse der einschließenden Schichten den Gedanken an Diluvium gar nicht aufkommen lassen.

Das *Dulichium* von Sommerfeld, in ca. 20 mehr oder weniger gut erhaltenen, z. T. noch mit Borstenkranz versehenen Früchten vorliegend, zeigt recht gute Übereinstimmung mit der Art von Tegelen. Die Frucht ist ca. $2^1/_2$ mal so lang als breit, spindelförmig, etwa wie die Fig. 5 bei REID gestaltet, höchstens ganz wenig eiförmig (nicht so ausgesprochen wie beispielsweise die Fig. 2 der REIDschen Arbeit). Von den Borsten sind im günstigsten Falle 7 erhalten; wie bei REID beschrieben, sind sie der Länge nach riefig-furchig, ebenso ist die netzig-grubige Skulptur der Nüßchenoberfläche an den Exemplaren von Sommerfeld vorhanden. CL. und EL. M. REID geben die Länge des Nüßchens

---

1) G. FLIEGEL und J. STOLLER, Jungtertiäre und altdiluviale pflanzenführende Ablagerungen im Niederrheingebiet. Jahrbuch der Königl. Preuß. Geologischen Landesanstalt für 1910, Band XXXI, Teil I, Heft 2, Berlin 1910, S. 227 bis 257.

2) Herrn Dr. N. HARTZ in Kopenhagen, welcher so liebenswürdig war, einige meiner Fundstücke einer Untersuchung zu unterziehen und mir zu bestätigen, daß darin zweifellos eine *Dulichium* spec. vorliegt, sei an dieser Stelle mein herzlichster Dank ausgesprochen.

zu 2 bis 2,5, die Breite zu 1 mm an. Als gut damit übereinstimmendes Mittelder Maße von 15 Exemplaren von Sommerfeld erhielt
ich die Zahlen: Länge 1,95 bis 2,41 mm (je nachdem die stielartige Ver-
schmälerung des Nüßchens mitgemessen wurde oder nicht) und
Breite 0,98 mm. Dagegen ist das Nüßchen bei *D. spathaceum* nach
den Angaben der HARTZschen Arbeit ca. 3,75 mm lang. Nach
REID ist es aber doppelt so lang · als dasjenige von *D. vespiforme*,
hat also mindestens 4 mm Länge, was auch mit den beigegebenen
Photographieen übereinstimmt. STOLLER[1]) gibt folgende Maße für
die Nüßchen (incl. Stiel) der beiden Arten: *D. spathaceum* 3,4 bis

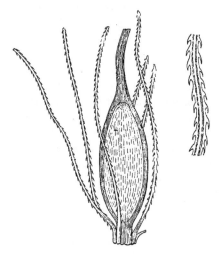

Frucht von *Dulichium vespiforme* (bei durchfallendem Licht gesehen), 15fache
natürl. Größe. Daneben Teil einer Borste, stärker vergrößert.

4,0 × 0,8 bis 0,85 mm, *D. vespiforme* 2,2 bis 2,75 × 0,75 bis
0,92 mm. Auch hiernach fällt die Frucht von Sommerfeld zu
D. vespiforme. Das von STOLLER sowohl im jüngeren Diluvium
(von Lauenburg) wie im älteren Interglazial der Berliner Gegend
(Friedrichshagen) gefundene *Dulichium* stellt nach ihm möglicherweise eine besondere Art dar, wenn er es auch vorläufig als *D.
cf. vespiforme* bezeichnet.

---

i) J. STOLLER, Über das fossile Vorkommen der Gattung *Dulichium* in
Europa. Jahrb. der Preuß. Geologischen Landesanstalt für 1909, XXX, 1,
S. 157 bis 164.

Nach dem geologischen Alter der Fundschichten vermittelt *D. vespiforme* den Übergang vom Tertiär zum Diluvium, *D. spathaceum* seinerseits denjenigen vom Diluvium zur Jetztzeit, während die Form *D. cf. vespiforme* vom Alt- zum Jung-Diluvium überleitet:

$$
\left.
\begin{array}{l}
\text{Jungtertiär} \\
\text{Alt-Diluvium} \\
\text{Jung-Diluvium} \\
\text{Jetztzeit}
\end{array}
\right\}
\begin{array}{l}
\textit{Dulichium vespiforme} \\
\textit{Dulichium cfr. vespiforme} \\
\textit{Dulichium spathaceum,}
\end{array}
$$

womit natürlich nicht gesagt sein soll, daß die Formen sich in dieser Reihenfolge auseinander entwickelt haben müssen.

---

51. W. Zaleski: Über die Verbreitung der Carboxylase in den Pflanzen.

(Aus dem pflanzenphysiologischen Institut der Universität Charkow.)

(Eingegangen am 21. Juli 1913.)

Vor kurzem habe ich in Gemeinschaft mit Fräulein E. Marx[1]) gezeigt, daß einige Samen das von Neuberg[2]) in der Hefe entdeckte Ferment, die Carboxylase, enthalten, das Brenztraubensäure in Kohlendioxyd und Acetaldehyd spaltet. Jetzt will ich diesen Bericht in mancher Beziehung erweitern.

Meine Versuche wurden mit den abgetöteten und lebenden Objekten ausgeführt. Im ersten Falle wurden die Objekte im Thermostaten getrocknet und dann gepulvert. Die Samen wurden mit Sublimat sterilisiert, mit Wasser gut ausgewaschen, getrocknet und dann zermahlen. Die zerriebenen Objekte wurden mit Wasser und parallel hierzu mit 0,2proz. Brenztraubensäure, aber in den meisten Fällen mit 1proz. Lösung von brenztraubensaurem Natrium befeuchtet. In diesem Falle wurde eine bestimmte Menge der Brenztraubensäure im Wasser gelöst und dann mit einer verdünnten Natriumhydroxydlösung bis zu schwach saurer Reaktion versetzt. Die Lösungen, die zum Befeuchten des Pulvers dienten, wurden mit Toluol (4 pCt.) versetzt und außerdem wurde noch eine Toluol-

---

1) W. Zaleski und E. Marx, Biochem. Zeitschrift 47, 185 und 48, 175. 1912.

2) Neuberg und Karczag, ibid., 36, 60, 68 und 76.

wasser enthaltende Drechselsflasche zwischen den Rezipienten und den Natronkalkröhren eingeschaltet. Die von den Objekten ausgeschiedene Kohlensäure wurde in Drechselsflaschen, die mit Baryumhydroxydlösung gefüllt waren, absorbiert und in üblicher Weise bestimmt. Die Versuche wurden in der Luft sowie im Vakuum ausgeführt. In diesem Falle wurde das befeuchtete Mehl auf dem Boden des Rezipienten verteilt, und dann wurden die Gefäße bis auf 10 mm evacuiert und dann luftdicht geschlossen. Nach Ablauf des Versuches wurde Phosphor- oder Schwefelsäure in die Gefäße eingeführt und die von den Objekten gebildete Kohlensäure bestimmt. Die Versuche mit den lebenden Objekten, wie Erbsensamen und Weizenkeime, wurden ohne Toluolzusatz angestellt und waren daher von kurzer Dauer, um die Mitwirkung der niederen Organismen auszuschließen. Die gekeimten Samen, sowie die Weizenkeime wurden vor den Versuchen gut mit destilliertem Wasser ausgewaschen. Man muß aber zugestehen, daß es schwer zu bestimmen ist, ob die Weizenkeime tatsächlich lebend waren.

Versuch 1.

Zwei Portionen der gut mit Wasser ausgewaschenen Weizenkeime zu je 30 g wurden 2 Stunden lang in 1. destilliertem Wasser und 2. 1proz. Lösung von brenztraubensaurem Natrium eingeweicht.

CO_2 in Milligramm

Dauer des Versuches in Stunden	Wasser	Brenztraubensaures Natrium
$1^1/_2$	19,5	29,5
1	14,0	21,5
$2^1/_2$	33,5	51,0

Versuche 2 bis 3.

Die ausgewaschenen Weizenkeime zu je 30 g wurden mit 60 ccm 1. destilliertem Wasser, 2. Brenztraubensäure 0,2 pCt. übergegossen

CO_2 pro $2^1/_2$ Stunden in Milligramm

Wasser	11	11,5
Brenztraubensäure 0,2 pCt.	19	20,0

Wir haben in diesen Versuchen die Flüssigkeit von den Weizenkeimen abfiltriert und nur in der Versuchsportion die Anwesenheit von Acetaldehyd nachgewiesen. Diese wird mit einer Lösung von Nitroprussidnatrium und Diäthylamin blau gefärbt und diese

Färbung verschwindet nach Essigsäurezusatz nicht. Auch allgemeine Aldehydreaktionen fallen positiv aus. Die Weizenkeime
spalten also die Brenztraubensäure in Kohlendioxyd und Acetaldehyd.

Versuche 4 bis 5.

Die Erbsensamen wurden 24 Stunden lang in destilliertem
Wasser eingeweicht, entschält, gut mit sterilem Wasser ausgewaschen und dann zu den Versuchen genommen. Zwei Portionen
der Samen zu je 50 Stück wurden mit 50 ccm 1. destilliertem
Wasser, 2. 0,2proz. Lösung von Brenztraubensäure übergossen.

	CO_2 pro $2^1/_2$ Stunden in Milligramm	
Wasser	10,0	10,1
Brenztraubensäure 0,2 pCt.	19,2	20,0

Auch in diesen Versuchen haben wir Acetaldehyd in der
Lösung der Versuchsportion nachgewiesen.

Versuche 6 bis 8.

CO_2 für 2 g Pulver der unreifen Samen von Erbsen pro
20 Stunden in Milligramm

	in der Luft	im Vacuum	
Wasser	19,0	12,9	12,9
Brenztraubensaures Natrium 1 pCt.	20,0	21,6	21,0

Versuche 9 bis 10.

CO_2 für 10 g Pulver von Weizensamen in Milligramm

	in der Luft	im Vacuum
Dauer des Versuches in Stunden .	7	20
Wasser	4,0	2,0
Brenztraubensaures Natrium 1 pCt.	21,0	21,5

Versuche 11 bis 13.

CO_2 für 10 g Pulver der 3 tägigen Weizenkeimlinge in Milligramm

	in der Luft	im Vacuum	
Dauer des Versuches in Stunden .	5	20	20
Wasser	5,5	6,5	6,0
Brenztraubensaures Natrium 1 pCt.	32,5	38,0	32,5

Versuche 14 bis 15.

CO_2 für 5 g Pulver der 25 tägigen etiolierten Keimpflanzen
von Weizen pro 20 Stunden in Milligramm

	in der Luft	im Vacuum
Wasser	8,0	4,5
Brenztraubensaures Natrium 1 pCt.	15,0	13,5

Versuche 16 bis 20.

CO_2 für 3—3,5 g Pulver der Stengelspitzen der etiolierten Keimpflanzen von *Vicia Faba* Windsor pro 20 Stunden in Milligramm

	in der Luft		im Vacuum		
Wasser	38,0	38,0	6,0	7,0	10,5
Brenztraubensaures Natrium 1 pCt. .	37,0	39,0	12,0	19,0	21,5

Versuch 21.

Pulver der Stengelspitzen der etiolierten Keimpflanzen von *Vicia Faba* würde im Verlaufe von zwei Tagen mit Methylalkohol extrahiert, abfiltriert, mit Äther ausgewaschen, getrocknet und dann zu den Versuchen benutzt. Zwei Portionen des Pulvers zu je 3,5 g wurden mit Wasser und mit einer entsprechenden Menge von brenztraubensaurem Natrium versetzt

	CO_2 pro 20 Stunden in Milligramm
Wasser	17,5
Brenztraubensaures Natrium . 1 pCt.	23,0

Versuche 22 bis 23.

Zwei Portionen des Pulvers der Stengelspitzen der etiolierten Keimpflanzen von *Vicia Faba* wurden mit destilliertem Wasser befeuchtet. Nach Verlauf von zwei Stunden wurde eine Portion mit Wasser, die andere aber mit einer entsprechenden Menge von brenztraubensaurem Natrium (2 pCt.)[1] befeuchtet. Dann wurden die Gefäße evacuiert.

	CO_2 pro 20 Stunden in Milligramm	
Wasser	5,5	5,5
Brenztraubensaures Natrium 1 pCt.	9,5	9,0

Versuche 24 bis 26.

CO_2 für 3 g Pulver des Mycels von *Aspergillus niger* pro 20 Stunden in Milligramm

	im Vacuum		
Wasser	3,0	2,5	2,0
Brenztraubensaures Natrium 1 pCt.	10,5	10,5	9,0

Die vorliegenden sowie die früheren unserer Versuche[2] zeigen, daß die Carboxylase in den Pflanzen verbreitet ist. So haben wir dieses Ferment in den Samen verschiedener Pflanzen wie Erbse,

---

1) Um 1 pCt. zu bekommen.
2) W. ZALESKI und E. MARX, l. c.

Lupinus, Vicia Faba, Weizen und Mais gefunden. Die etiolierten Keimpflanzen von verschiedenem Alter sind reich an Carboxylase. Auch die niederen Pflanzen z. B. die Schimmelpilze enthalten die Carboxylase, die noch früher in der Hefe von NEUBERG entdeckt wurde. Die lebenden, sowie die abgetöteten Objekte zersetzen die Brenztraubensäure und noch energischer die alkalischen Salze derselben. Wir haben schon früher nachgewiesen, daß einige Objekte die freie Brenztraubensäure nicht zersetzen.

Obgleich die Carboxylase zu den anaerob wirkenden Fermenten gehört, wirkt sie dennoch auch in Anwesenheit von Sauerstoff. So zersetzen einige Objekte die Brenztraubensäure mit der gleichen Energie in der Luft, wie im Wasserstoff. Einige Objekte, wie die reifenden Erbsensamen, sowie die Stengelspitzen der etiolierten Keimpflanzen von *Vicia Faba* zersetzen in der Luft die Brenztraubensäure nicht, während sie durch diese Objekte im Vacuum sehr energisch vergoren wird. Die Oxydationsprozesse hemmen also die Tätigkeit der Carboxylase. Es werden demnach durch Oxydationsprozesse die Stoffe gebildet, die die Arbeit der Carboxylase zum Stillstand bringen (Versuche 22 und 23). Nach dem Extrahieren der Stengelspitzen von *Vicia Faba* mit Methylalkohol konnten wir die Wirkung der Carboxylase auch in der Luft beobachten (Versuch 21). Es ist sehr wohl möglich, daß der Methylalkohol aus diesem Objekte solche Stoffe extrahiert, deren Oxydationsprodukte die Arbeit der Carboxylase hemmen.

Der bei der Zersetzung der Brenztraubensäure durch die Carboxylase in den Pflanzen auftretende Acetaldehyd wird je nach den Bedingungen zu Alkohol reduciert[1]) oder weiter oxydiert. In der Tat haben wir nachgewiesen, daß der zum Preßsafte (100 ccm) der etiolierten Keimpflanzen zugesetzte Acetaldehyd (125 mg) schnell verschwindet. Ob die Oxydasen den Acetaldehyd oxydieren, oder ob dieser in einer anderen Weise z. B. nach WIELANDs Schema mit Hilfe des Wassers bei Sauerstoffabschluß oxydiert wird, das müssen künftige Untersuchungen entscheiden.

---

1) W. ZALESKI und E. MARX, l. c.

52. W. Zaleski: Beiträge zur Kenntnis der Pflanzenatmung.

(Vorläufige Mitteilung.)

(Aus dem pflanzenphysiologischen Institut der Universität Charkow.)

(Eingegangen am 22. Juli 1913.)

———

KOSTYTSCHEW[1]) hat nachgewiesen, daß die durch Zymin vergorenen Zuckerlösungen die CO_2-Produktion der vorher in diesen eingeweichten Weizenkeime bedeutend stimulieren. Aus diesen Versuchen hat der Verfasser geschlossen, daß die vergorenen Zuckerlösungen die Zwischenprodukte der Alkoholgärung enthalten, die durch die Weizenkeime zu den Endprodukten der Atmung oxydiert werden. Man kann vermuten, daß auch die höheren Pflanzen beim Abbau der Kohlenhydrate, der nach den herrschenden Anschauungen in den ersten Stadien anaerob verläuft, dieselben intermediären Stoffe bilden, die dann durch die Oxydationsfermente oxydiert werden. Zur Bestätigung dieser Vermutung wäre es aber nötig zu beweisen, daß die vergorenen Zuckerlösungen tatsächlich die aerobe Atmung der Weizenkeime stimulieren, wie es KOSTYTSCHEW behauptete. Dennoch hat KOSTYTSCHEW bisher keine zwingenden Argumente zugunsten dieser Vermutung geliefert.

Die Weizenkeime sind reich an Gärungsfermenten, da sie in Sauerstoffabwesenheit eine bedeutende CO_2-Menge ausscheiden und dabei eine entsprechende Alkoholquantität bilden. Weiter muß man bemerken, daß die abgetöteten Weizenkeime nur die anaerobe Atmung haben, wie PALLADIN[2]) gezeigt hat. Mit solchen Weizenkeimen hat KOSTYTSCHEW seine Versuche ausgeführt, da die Atmung derselben sehr gering und dabei schwächer war, als diese in den Versuchen anderer Forscher[3]), die mit diesem Objekte experimentierten. Also kann man vermuten, daß die durch Zymin vergorenen Zuckerlösungen nur die anaerobe

———

1) KOSTYTSCHEW, Biochem. Zeitschr., 15, 164, 1908, und 23, 137, 1909.

2) PALLADIN, Bull. Acad. d. sc. St. Petersbourg, 1911.

3) W. ZALESKI, Biochem. Zeitschr., 31, 196, 1911; W. ZALESKI und A. REINHARD, ibid., 35, 240, 1911.

CO_2-Produktion und nicht die aerobe Atmung der Weizenkeime, wie KOSTYTSCHEW behauptet, stimulieren.

In der Tat haben wir gezeigt[1]), daß die vergorenen Zuckerlösungen die CO_2-Produktion auch anderer Objekte, wie die zerriebenen Erbsen- und Weizensamen befördern. Die abgetöteten Erbsensamen gehören aber zu den streng anaeroben Objekten, wie das L. IWANOFF[2]) und ich[3]) gezeigt haben. Neuerdings hat L. IWANOFF diese Tatsache festgestellt[4]).

Weiter haben wir gezeigt[5]), daß nicht nur die durch Zymin vergorenen Zuckerlösungen, sondern auch die aus Zymin und Hefanol bereiteten Extrakte die CO_2-Produktion der Weizenkeime und der abgetöteten Erbsensamen befördert, was KOSTYTSCHEW[6]) und etwas später IWANOFF[7]) bestätigten. Diese Stimulation der CO_2-Bildung haben wir nicht nur in der Luft, sondern auch im Wasserstoff nachgewiesen. L. IWANOFF hat sogar gezeigt, daß die Stimulation der CO_2-Produktion der Weizenkeime durch die Zyminextrakte ohne die geringste Steigerung der Sauerstoffabsorption vor sich geht und von einer gesteigerten Alkoholbildung begleitet wird. Außerdem hat L. IWANOFF nachgewiesen, daß die Zwischenprodukte der Alkoholgärung von KOSTYTSCHEW keine Steigerung der Sauerstoffabsorption der in diesen vorher eingeweichten Weizenkeimen bewirken.

Also kann man zurzeit als bewiesen betrachten, daß die Behauptung von KOSTYTSCHEW, daß die durch Zymin vergorenen Zuckerlösungen die aerobe Atmung der Weizenkeime stimulieren, ganz unrichtig ist, was schon früher L. IWANOFF[8]) und wir[9]) vermuteten.

Es fragt sich also, welche Stoffe in den Zymin- und Hefanolextrakten, sowie in den vergorenen Lösungen vorhanden sind, durch die die anaerobe CO_2-Produktion der Weizenkeime und der Erbsensamen so stark gefördert wird?

L. IWANOFF[10]) hat die Meinung ausgesprochen, daß die Sti-

---

1) ZALESKI und REINHARD, l. c.
2) L. IWANOFF, Biochem. Zeitschr., 25, 171, 1910.
3) ZALESKI und REINHARD, l. c.
4) L. IWANOFF, Diese Berichte, 29, 563, 1911.
5) ZALESKI und REINHARD, l. c.
6) KOSTYTSCHEW und SCHELOUMOW, Jahrb. wiss. Botanik, 50, 157, 1911.
7) L. IWANOFF, Diese Berichte, l. c.
8) L. IWANOFF, Biochem. Zeitschr., 25 171, 1910 und 29, 347, 1910.
9) ZALESKI und REINHARD, l. c.
10) L. IWANOFF, l. c.

mulation der CO_2-Produktion der Weizenkeime durch die vergorenen Zuckerlösungen auf die Anwesenheit von anorganischen
und organischen Phosphaten zurückzuführen ist. In der Tat haben
verschiedene Forscher[1]) nachgewiesen, daß anorganische Phosphate
stark die CO_2-Produktion der Weizenkeime, sowie diejenige der
anderen Pflanzen in der Luft und im Wasserstoff fördern. Dadurch
wurde die Behauptung von KOSTYTSCHEW[2]), daß die anorganischen
Phosphate die Atmung der Weizenkeime nicht stimulieren können,
widerlegt. Dennoch haben wir gezeigt[3]), daß nur die sekundären
Phosphate und nicht die primären sauer reagierenden, wie IWANOFF
behauptete, die CO_2-Produktion der oben erwähnten Objekte stimulieren. Unsere Versuche wurden durch die Arbeit von KOSTY-
TSCHEW und SCHELOUMOW[4]) bestätigt. KOSTYTSCHEW behauptet
sogar, daß die Einwirkung sekundärer Phosphate auf die Atmung
der Weizenkeime zum größeren Teil auf die Förderung der CO_2-
Produktion durch alkalische Reaktion der Lösung zurückzuführen
ist. Ob dem so ist[5]), das müssen künftige Untersuchungen entscheiden, dennoch ist es klar, daß die Phosphate, die in den
durch Zymin vergorenen Zuckerlösungen, sowie in den Zymin- und
Hefanolextrakten vorhanden sind, keine Stimulation der CO_2-Bil-
dung der Weizenkeime und Erbsensamen bewirken können, da
diese Lösungen keine alkalische Reaktion haben und sogar sauer
reagieren.

Die andere Vermutung von L. IWANOFF[6]), daß die Zuckerphosphorsäure die CO_2-Produktion der Weizenkeime und Erbsensamen stimulieren kann, die auch wir ausgesprochen haben, kann
ich noch nicht als bewiesen betrachten. Wenn IWANOFF beobachtete, daß die Zuckerphosphorsäure stark die CO_2-Bildung der
Weizenkeime und Erbsensamen stimuliert, so konnte KOSTYTSCHEW[7])
in diesem Falle keine Stimulation konstatieren. Auch wir haben
bisher keine bestimmten Resultate bekommen und gedenken, über
diese Frage später zu berichten.

---

1) L. IWANOFF, Biochem. Zeitschr., 25, 171, 1910; ZALESKI und REIN-
HARD, ibid., 27, 1910; N. IWANOFF, ibid., 32, 1911.

2) KOSTYTSCHEW, ibid., 23, 137, 1909.

3) ZALESKI und REINHARD, ibid., 27, 1910; ZALESKI und MARX, ibid.,
43, 1, 1912.

4) KOSTYTSCHEW und SCHELOUMOW, l. c.

5) ZALESKI und MARX, l. c.

6) L. IWANOFF, Biochem. Zeitschr., 25, 171, 1910.

7) KOSTYTSCHEW, ibid., 23, 137, 1909.

Es ist also zurzeit eine offene Frage, welche Stoffe der Zymin- und Hefanolextrakte, sowie die der durch Zymin vergorenen Zuckerlösungen die CO_2-Produktion der oben erwähnten Objekte stimulieren.

Wir haben uns die Aufgabe gestellt, die Wirkung der Hefanolextrakte auf die CO_2-Produktion verschiedener abgetöteter pflanzlicher Objekte zu untersuchen. Unsere weitere Aufgabe besteht in dem Studium der chemischen Natur dieser Stoffe.

Zu unseren Versuchen haben wir Samen, Keimpflanzen, sowie das Mycel von *Aspergillus niger* genommen. Die Samen wurden vorher mit Sublimat sterilisiert, mit Wasser ausgewaschen, im Thermostaten getrocknet und dann fein zermahlen. Die anderen Objekte wurden im Thermostaten getrocknet und dann auch gepulvert. Eine bestimmte Menge der pulverisierten Objekte wurde mit destilliertem Wasser und parallel hiezu mit einer entsprechenden Menge des Hefanolextraktes befeuchtet. Zur Darstellung des Extraktes haben wir jedesmal 10 g Hefanol mit 100 ccm Wasser bis zum Kochen erhitzt, und dann wurde die Flüssigkeit abfiltriert. Um eine stärkere Konzentration des Extraktes zu bekommen, haben wir die Flüssigkeit auf dem Wasserbade bis zu 10—20 ccm eingedampft. Diese Extrakte wurden direkt zu den Versuchen genommen oder nach Zusatz von Natriumhydroxydlösung bis zur schwach sauren Reaktion. Die Lösungen, die zum Befeuchten des Pulvers dienten, wurden mit Toluol (4 pCt.) versetzt. Die Versuche wurden in der Luft und im Vacuum ausgeführt[1].

Versuche 1 bis 2.

CO_2 für 10 g Weizensamenpulver in Milligramm

	in der Luft	im Vacuum
Dauer des Versuches in Stunden .	7	20
Wasser	5,0	2,0
Hefanolextrakt (konzentriert) . . .	21,5	21,0

Versuche 3 bis 4.

CO_2 für 10 g Pulver der gekeimten Weizensamen (3tägige)

	in der Luft	im Vacuum
Dauer des Versuches in Stunden .	6	20
Wasser	7,0	6,5
Hefanolextrakt (konzentriert) . . .	21,5	20,5

---

[1] Die Beschreibung der Methodik ist in einer anderen Mitteilung (dieses Heft) gegeben.

Versuche 5 bis 8.

CO_2 für 10 g Pulver der Samen von *Lupinus luteus*

	in der Luft		im Vacuum	
Dauer des Versuches in Stunden .	5	5	20	20
Wasser	6,0	8,0	4,0	4,0
Hefanolextrakt	13,2	—	—	—
„ (konzentriert) . .	—	22,5	20,0	19,5

Versuche 9 bis 10.

CO_2 für 5 g Pulver der 25 tägigen etiolierten Keimpflanzen von Weizen pro 20 Stunden in Milligramm

	in der Luft	im Vacuum
Wasser	8,0	4,5
Hafenolextrakt (konzentriert) . . .	15,0	13,5

Versuche 11 bis 12.

CO_2 für 5 g Pulver der Achsenteile der 20 tägigen Keimpflanzen von *Lupinus luteus* pro 13—20 Stunden in Milligramm

	in der Luft	im Vacuum
Wasser	6,2	4,5
Hefanolextrakt (konzentriert) . . .	23,4	19,0

Versuche 13 bis 16.

CO_2 für 3—3,5 g Pulver der Stengelspitzen der etiolierten Keimpflanzen von *Vicia Faba* Windsor pro 20 Stunden in Milligramm

	in der Luft		im Vacuum	
Wasser	38,0	38,5	10,5	10,5
Hefanolextrakt (konzentriert . .	37,5	39,0	19,0	17,5

Versuche 17 bis 18.

CO_2 für 3 g Pulver des Mycels von *Aspergillus niger* pro 20 Stunden in Milligramm

	im Vacuum	
Wasser	2,0	2,5
Hefanolextrakt (konzentriert) .	17,5	17,5

Unsere vorliegenden, sowie die früheren[1]) Versuche zeigen, daß die CO_2-Produktion verschiedener abgetöteter pflanzlicher Objekte stark durch das Hefanolextrakt stimuliert wird. So befördert das

---

1) Zaleski und Reinhard, Biochem. Zeitschr., 35, 228, 1911.

Hefanolextrakt die CO_2-Bildung der abgetöteten Samen von Erbsen, *Lupinus luteus* und Weizen, sowie die der Weizenkeime. Weiter steigert das Hefanolextrakt die CO_2-Produktion der etiolierten Keimpflanzen von Weizen, der Stengelspitzen von *Vicia Faba*, sowie die des Mycels von *Aspergillus niger*. In den meisten Fällen wurde diese Stimulation nicht nur im Vacuum, sondern auch in der Luft beobachtet. Nur in den Versuchen mit den Stengelspitzen der Keimpflanzen von *Vicia Faba* konnten wir in der Luft keine Stimulation der CO_2-Bildung durch das Hefanolextrakt nachweisen. Es ist schwer zu entscheiden, ob die Oxydationsprozesse eine stimulierende Wirkung des Hefanolextraktes hemmen, oder ob in diesem Falle die CO_2-Bildung so stark ist, daß das Hefanolextrakt die Energie derselben nicht steigern kann.

Es ist klar, daß die Hefanolextrakte nur die anaerobe CO_2-Produktion der oben erwähnten Objekte stimulieren, und daß die Meinung von KOSTYTSCHEW, daß die vergorenen Zuckerlösungen die Oxydationsprozesse der Weizenkeime fördern, unrichtig ist.

Dennoch bleibt es unbekannt, ob das Hefanolextrakt die Stoffe enthält, die die Wirkung der Gärungsfermente, wie das z. B. das Koenzym tut, stimulieren, oder ob in diesem die Substanzen vorhanden sind, die durch die oben genannten Objekte vergoren werden.

Es ist sehr interessant, daß zwischen der Stimulation der CO_2-Produktion verschiedener Pflanzen durch die Hefanolextrakte und der Vergärung der Brenztraubensäure durch diese Objekte[1] ein gewisser Parallelismus besteht. So wird die CO_2-Produktion der Pflanzen, die Brenztraubensäure vergären, unter denselben Bedingungen auch durch die Hefanolextrakte stimuliert.

Da während der Zuckergärung, wie die neueren Untersuchungen es wahrscheinlich machen, sich die Brenztraubensäure intermediär bildet, und da die Carboxylase, die diese Säure vergärt, ein Teilferment des Zymasekomplexes darstellt, so kann man vermuten, daß in dem Hefanolextrakte eine Vorstufe der Brenztraubensäure vorhanden ist. Dennoch konnten wir keine Brenztraubensäure in den Hefanolextrakten nachweisen. In derselben Weise ist es uns nicht gelungen, die Bildung von Acetaldehyd in den Objekten, die mit Hefanolextrakten befeuchtet wurden, nachzuweisen.

Um eine ungefähre Vorstellung über die chemische Natur der Stoffe des Hefanolextraktes, die die CO_2-Produktion der oben ge-

---

1) ZALESKI, Mitteilung in diesen Berichten (dieses Heft).

nannten Objekte stimulieren, zu gewinnen, haben wir einige vorläufige Versuche angestellt.

Versuch 19.

Es wurde das Pulver der Samen von *Lupinus luteus* mit destilliertem Wasser und parallel hiezu mit einer gleichen Menge des in der unten beschriebenen Weise dargestellten Hefanolextraktes befeuchtet. Es wurden 10 g Hefanol genommen und mit 200 ccm destilliertem Wasser zum Kochen erhitzt. Die Flüssigkeit wurde abfiltriert und auf dem Wasserbade bis zu 50 ccm eingeengt. Darauf wurde die Flüssigkeit nochmals abfiltriert, mit dem gleichen Volum von Aceton versetzt und geschüttelt. Auf dem Boden des Gefäßes bildete sich ein Niederschlag, der die Zuckerphosphorsäure enthält. Der Niederschlag wurde von der Flüssigkeit vorsichtig abgeschieden, mit Aceton ausgewaschen und darauf in 20 ccm destilliertem Wasser gelöst. Das Filtrat wurde auf dem Wasserbade bis zu 20 ccm eingedampft und, wie der im Wasser gelöste Niederschlag, zu den Versuchen genommen.

CO_2 für 10 g Pulver pro 6 Stunden

	in Milligramm
Wasser (Kontrollportion)	8,5
Niederschlag im Wasser gelöst . . .	14,5
Filtrat	23,5

Versuch 20.

Es wurde das Pulver der Samen von *Lupinus luteus* und das der Stengelspitzen der Keimpflanzen von *Vicia Faba* Windsor mit destilliertem Wasser und parallel hiezu mit einer gleichen Menge des in der unten beschriebenen Weise dargestellten Hefanolextraktes versetzt. Zu diesem Zweck wurden 50 g Hefanol mit 350 ccm Methylalkohol bis zum Kochen erhitzt, und darauf wurde die Flüssigkeit abfiltriert und auf dem Wasserbade eingeengt. Dann wurde zu dieser Lösung eine gewisse Menge destillierten Wassers hinzugefügt, und darauf wurde die Flüssigkeit bis zu 50 ccm auf dem Wasserbade eingedampft. Die Versuche wurden im Vacuum ausgeführt.

CO_2 pro 20 Stunden in Milligramm

	Wasser	Hefanolextrakt
Pulver der Samen von *Lupinus luteus*		
10 g	4,0	16,0
Pulver der Stengelspitzen 3,5 g . .	10,5	19,5

Versuch 21.

CO_2 für 10 g Pulver der Samen von *Lupinus luteus* pro
10 Stunden in Milligramm

	in der Luft
Wasser	8,0
Hefanol mit Methylalkohol extrahiert	28,0

Wir sehen, daß die in 50 proz. Aceton löslichen Stoffe des
Hefanols die CO_2-Produktion der Samen von *Lupinus luteus* stimulieren. Da in 50 proz. Acetonlösung nach LEBEDEW die Zuckerphosphorsäure unlöslich ist, so kann man daraus schließen, daß
diese die CO_2-Produktion der Samen nicht stimuliert. Wenn aber
der von uns erhaltene Niederschlag (Versuch 19), in dem die ver-
mutliche Zuckerphosphorsäure vorhanden ist, nach dem Auflösen
derselben im Wasser dennoch die CO_2-Produktion der *Lupinus-*
samen befördert, so wird das dadurch erklärt, daß dieser Niederschlag andere Stoffe enthält, die die Atmung stimulieren. Wir
sehen weiter, daß der Methylalkohol aus dem Hefanol die Stoffe
extrahiert, durch die die CO_2-Produktion der abgetöteten Samen
von *Lupinus luteus* und diejenige der Stengelspitzen von *Vicia Faba*
bedeutend stimuliert wird (Versuche 20 und 21).

Aus diesen Versuchen ist zu ersehen, daß nicht die Zuckerphosphorsäure, sondern die anderen Stoffe des Hefanols die anaerobe CO_2-Produktion der oben erwähnten Objekte stimulieren. Der
chemische Charakter dieser Stoffe ist nur zurzeit unbekannt, und
ich gedenke, diese Frage später zu erforschen.

53. E. Zettnow: Uber die abgeschwächte Zygosporen- bildung der Lindnerschen Phycomyces-Stämme.

(Mit 3 Figuren im Text.)

(Eingegangen am 25. Juli 1913.)

———

Herr Professor LINDNER hat am 27. 6. in der Juni-Sitzung der Botanischen Gesellschaft mitgeteilt, daß die *Phycomyces*-+- und ·—-Stämme, welche im Institut für Gärungsgewerbe auf Würze-Agar gezogen werden, ihre Fähigkeit eingebüßt hätten, Zygosporen zu bilden. Ich kann diese Beobachtung nicht völlig bestätigen; das Vermögen Zygosporen zu bilden ist ein sehr geringes; doch gelingt es bei Verwendung anderen Agars deutlich den Anfang der Zygosporenbildung zu beobachten, hin und wieder auch eine ausgebildete dunkle Zygospore zu sehen. Die beiden Stämme haben nicht gleichmäßig die Fähigkeit der Zygosporenbildung verloren. Es bildet der —-Stamm mit dem —-Stamm von CLAUSSEN gute Reihen von Zygosporen; er ist also wohl eigentlich ein +-Stamm; diese Reihen sind bei Benutzung der CLAUSSENschen Stämme bedeutend stärker, 3,5—4 mm breit.

Als Nährboden habe ich einen Agar benutzt, welcher bereitet war aus

1000 Hefewasser (1 : 10),
0,5 g Magnesiumsulfat,
0,5 Calciumsulfat,
1,0 Caliumphosphat,
1,0 Pepton,
20 Invertzucker,
20 Agar.

Auf diesem Nährboden gezogen, bildet *Phycomyces* viele Chlamydosporen mit rötlichem Inhalt, so daß der Nährboden sich ziemlich kräftig bläulichrosa färbt; die Färbung ist nicht beständig.

Verzweigungen von Sporangienträgern habe ich bei *Phycomyces* bei einem Versuch gesehen: Um Zygosporen auf nahrhaftem Boden zur Keimung zu bringen, waren eine Anzahl unter dem

Präpariermikroskop nach Möglichkeit vom Mycel befreit, dann dreimal mit viel sterilem Wasser gewaschen und hierauf auf die

Fig. 1.

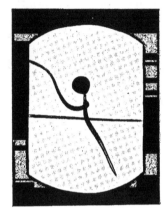

Fig. 2.

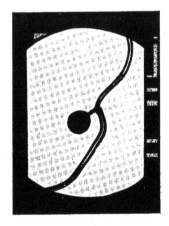

Fig. 3.

Phycomyces nitens mit verzweigten Sporangienträgern 10fach vergrößert. (Photogramme)

Oberfläche des Nährbodens gelegt. Schon 24 Stunden später zeigte sich Mycel, nach weiteren 36 Stunden die Anlage von neuen Zygosporen; zugleich war ein überaus kräftiger Sporangien-

träger, etwa 4 cm hoch, entstanden, welcher an kurzer Verzweigung ein neues Sporangium trug (Fig. 1), am nächsten Tage
wurden mehrere derartige Verzweigungen beobachtet (Fig. 2 u. 3).
Vor den Aufnahmen zeigte eine genaue Beobachtung mit Lupe,
daß es sich wirklich um Verzweigungen und nicht um Anlagerung. verschiedener Sporangienträger handelte. Da die Aufnahmen
bei durchfallendem Licht in Luft vor sich gingen, erscheint das
Mycel sehr dick conturiert, die Sporangien als Silhouetten.

(In der Sitzung wurden 3 frische und eine getrocknete Kultur
vorgezeigt.)

---

54. P. Lindner: Die vermeintliche neue Hefe Medusomyces Gisevii.

(Mit Doppeltafel XV.)

(Eingegangen am 25. Juli 1913.)

Herr Professor LINDAU hatte die Güte, mir von dem Cur-
ländischen Material der von ihm vorläufig als *Medusomyces Gisevii*
benannten Hefe (Heft 5 dieser Berichte) etwas zur Überprüfung zu
senden. Bei dem Anblick der dicken lederartigen Haut wurde ich
sofort an die eigentümlichen Gebilde erinnert, die das *Bacterium
xylinum* erzeugt, und die im Gärungsgewerbe, speciell aber in der
Weinessigfabrikation, nach dem sog. Orleansverfahren eine große Rolle
spielen. Verfasser dieses hat in seiner „Mikroskopischen Betriebs-
kontrolle", 5. Auflage Seite 553 ein Bild gebracht von einem finger-
ähnlichen Gebilde, das von Prof. Dr. REINKE an dem locker aufgesetzten Korken einer Weißbierflasche angewachsen vorgefunden
worden ist. Wer die interessante Erzählung von THEODOR STORM,
„Im Brauerhause" liest, findet unschwer heraus, daß die Ursache
des hier geschilderten tragischen Falles keine andere gewesen ist,
als ein solches *Bacterium-xylinum*-Gebilde, das in dieser Geschichte
von den Bauern als der abgeschnittene Finger eines Geräderten,

von dem Apotheker HENNINGS aber als verhärtete Gest- und Hefenmasse gedeutet wurde.

Das *Bacterium xylinum* gibt die Zellulosereaktion mit Jod und conc. Schwefelsäure. Diese Reaktion trat auch bei dem LINDAUschen Material ein. Der mikroskopische Anblick der zunächst mit Jod behandelten zäben Haut entsprach dem Bilde 1. Die Haut ungefärbt betrachtet erwies sich als eine Zooglöe von Stäbchenbakterien mit schleimigen Wänden, in der ganze Nester von Hefen eingesprengt lagen. Die Art der Hefen wechselt vielfach, doch finden wir vorwiegend die Mycodermaform, die auch in Abbildung II vertreten ist. Abbildung III zeigt uns eine andere Stelle mit *Torula* und elliptischen Hefen. Abbildung IV zeigt uns noch *exiguus*artige Formen und die sehr großen Zellen von *Saccharomycodes Ludwigii*. Es ist natürlich leicht, bei der verschiedenen Größe der Zellen der einzelnen Arten alle Übergangsstufen herauszufinden, man wird jedoch sofort über die Anwesenheit verschiedener Arten von Hefen klar, wenn man ein Stückchen Haut mit ein wenig Bierwürze in ein Vaselineinschlußpräparat bettet. Die Figur III stammt von einem solchen Vaselineinschlußpräparat, das erst 24 Stunden bei Zimmertemperatur gestanden hatte.

Ich fand keine Zeit, sofort an die Isolation der einzelnen Arten zu gehen, sondern begnügte mich zunächst mit dem Versuch einen Teeaufguß „anzustellen" und die Erscheinungen bei der Entwicklung der Vegetation zu verfolgen. In den nächsten Tagen breitete sich von dem zu Boden gesunkenen Hautstück ein weißer staubiger Bodensatz von *Torula*hefen aus, der über die ganze Fläche der Glasschale zog (Abb. 6). An der Oberfläche der Flüssigkeit trat jedoch eine Kahmhefe auf, die zunächst vereinzelte Inselchen von trocknem Aussehen bildete (Abb. 5). Ganz unvermerkt schob sich auch das *Bacterium xylinum* unter diese Inseln und bildete in den Zwischenräumen derselben eine fast glasklare Masse, deren Anwesenheit eigentlich erst beim Eintauchen eines Glasstäbchens wahrgenommen wurde. Abb. 7 zeigt uns eine mit Teeaufguß beschickte Glasschale in $^1/_3$ nat. Größe mit einem Metallplättchen, das an einer solchen durchsichtigen Stelle der Haut von dieser getragen wurde. Das *Bacterium xylinum* hatte inzwischen Gelegenheit, infolge der Alkoholbildung durch die Bodensatzhefen Essigsäure zu bilden. Der erste Ansatz des gezuckerten Teeaufgusses hatte nach 2—3 Wochen eine sehr starke Säurung ergeben, der zweite Ansatz, der von der Haut des ersten ausging, zeichnete sich in den nächsten 8 Tagen durch eine noch durchsichtigere Hautbildung an der Oberfläche aus. Infolge der zu starken Säurung des ersten Ansatzes waren offenbar nur wenig Hefen zur Aussaat gelangt, was eine verspätete Alkohol- und Säurebildung nach sich zog. Die Flüssigkeit schmeckte nach 10 Tagen nur schwach sauer (4 ccm $^1/_{10}$ norm. N. auf 20). Mit diesem 2. Ansatz zugleich war eine Schale geimpft worden, für die der Impfstoff aus Berliner Material stammte. Vor einigen Wochen hatte im hygienischen Institut der tierärztlichen Hochschule eine Beamtin die Wahrnehmung gemacht, daß in einem Glas stehengebliebenen Tees eine dicke braune Haut sich gebildet hatte. Geheimrat FROSCH machte mich bei einem gelegentlichen Besuch seines Instituts auf diesen Fund aufmerksam, ohne jedoch von der LINDAU-schen Mitteilung etwas gewußt zu haben, und sandte mir das betreffende Material zu. Beide Ansätze — Curland und Berlin — zeigten ein fast identisches Bild der Entwicklung. Die Vegetation des Berliner Materials war sogar noch etwas reichhaltiger, indem auch noch *Apiculatus*formen auftraten. Ich bemerkte auch auf der ursprünglichen Haut prächtige Zellen von *Sacch. Ludwigii* mit reichlicher Sporenbildung.

Einer Mitteilung LINDAUs zufolge wird zurzeit von den Botanikern in den russischen Ostseeprovinzen auf ähnliche Vorkommnisse gefahndet und der Verbreitung dieser Hausindustrie nachgeforscht. Vor etwa 10 Jahren wurden wir durch Herrn VON BOLTENSTERN, ehemaligem Assistenten am Institut für Gärungsgewerbe, darauf aufmerksam gemacht, daß in Ost- und Westpreußen nach ähnlichem Recept wie es die Curländer Köchinnen anwenden, Essig für den Haushalt bereitet wird. Die von meinem Kollegen HENNEBERG untersuchten Proben zeigten neben dem *Bacterium xylinum* die afrikanische Spalthefe *Schizosaccharomyces Pombe.*

Nach alten Überlieferungen soll aus England diese Essigbereitung eingeführt sein. Da der Gärungserreger eine tropische Hefe ist, erscheint die Annahme plausibel, daß das Verfahren aus tropischen Kolonien übernommen ist.

Der Medusentee — so möge das Getränk der Kürze halber und um die treffende Charakterstik der äußeren Erscheinung durch LINDAU festzuhalten, benannt werden — verdankt aber der einheimischen Flora seine Gärungserreger. Der gärende Schleimfluß der Eichen, ein Standort des *Sacch. Ludwigii*, weist auf diesen als Ursprung hin. Verf. hat diese Hefe auch massenhaft in bosnischen Pflaumenmaischen angetroffen, aber im großen Garten der tierärztlichen Hochschule und im Curland kommen Pflaumengärungen nicht vor.

In Bild 9 und 10 sind im ganzen 5 verschiedene Hefen aus dem Berliner Material dargestellt und zwar in Kolonien, die in Tröpfchenkulturen herangewachsen. Eine genauere Kennzeichnung der einzelnen Arten folgt später.

Zum Schluß noch die Bemerkung, daß die Durchführung einer Medusenteegärung wohl zu den interessantesten Versuchen im biologischen Schullaboratorium zählen dürfte.

Biologisches Laboratorium des Instituts für Gärungsgewerbe.

Erklärung der Tafel XV.

Abb. 1—7 beziehen sich auf das LINDAUsche Material aus Kurland, 8—10 auf das aus Berlin.

Abb 1. Mit Jod behandelte Teehaut von dem LINDAUschen Material, das aus Kurland stammt. Die Schleimmassen des *Bacterium xylinum* färben sich nicht oder nur schwach gelblich, während die Hefenester sich dunkelbraun färbten. 125 fach.

Abb. 2. In derselben, aber noch ungefärbten Haut ist das *Bacterium xylinum* und die Mycodermahefe in 500 facher Vergrößerung wiedergegeben.

Abb. 3. Ein Stückchen der Teehaut wurde mit etwas Bierwürze vermischt zwischen Objektträger, Deckglas und Vaselinring eingeschlossen (sog. Vaselineinschlußpräparat). Nach 24 stündigem Stehenlassen bei Zimmertemperatur zeigten sich die verschiedenen Hefen bereits in voller Sprossung. Wir sehen neben meist schon geschrumpften Mycodermazellen (diese können den Luftabschluß nicht vertragen), *Torula*- und elliptische Hefen. 500 fach. $^1/_{30}$ Sekunde.

Abb. 4. Aus der dünnen Randpartie einer Teehaut. Große Zellen von *Saccharomycodes Ludwigii* links unten. Oben *Torula*-, elliptische und exiguusartige Hefeformen. 500 fach. $^1/_{30}$ Sekunde.

Abb. 5. Mycodermainsel auf einer frischen Haut des *Bacterium xylinum*. 500 fach. $^1/_{30}$ Sekunde.

Abb 6. Aus dem Bodensatz eines mehrere Tage alten geimpften Teeaufgusses. Vorwiegend *Torula*-Hefe. 500 fach. $^1/_{30}$ Sekunde.

Abb. 7. Mit Kurländer Material geimpfter Teeaufguß, der vom 15.—23. Juli
eine durchsichtige Schleimdecke von *Bacterium xylinum* angesetzt hatte,
die stellenweise von Mycodermainseln überdeckt ist. Um die Tragfestig-
keit der Schleimhaut zu kennzeichnen, ist an einer Stelle derselben ein
Metallplättchen aufgelegt worden. $^1/_3$ nat. Größe.

Abb. 8. Hefennest aus einer Berliner Teehaut. Viele große Zellen von
Saccharomycodes Ludwigii mit Sporen. . *Torula, Mycoderma.* 500fach.
$^1/_{30}$ Sekunde.

Abb. 9. Aus einer Tröpfchenkultur von der Berliner Teehaut. Oben elliptische Hefe, unten *S. Ludwigii.* 250fach $^1/_{90}$ Sekunde.

Abb. 10. Aus einer Tröpfchenkultur von der Berliner Teehaut. In der Mitte
eine *Torula,* oben und unten *Mycoderma*-artige Hefenkolonien. 500fach.
$^1/_{30}$ Sekunde.

Sitzung vom 31. Oktober 1913.

Vorsitzender: Herr G. HABERLANDT.

Der Vorsitzende macht der Gesellschaft Mitteilung von dem Ableben unserer ordentlichen Mitglieder, der Herren Prof. Dr.

Bengt Lidforss,

verstorben in Lund am 23. September 1913, und Geh. Bergrat Prof. Dr.

Henry Potonié,

verstorben in Berlin-Lichterfelde am 28. Oktober 1913.

Die Anwesenden ehrten das Andenken an die Verstorbenen durch Erheben von ihren Sitzen.

Als ordentliche Mitglieder werden vorgeschlagen die Herren

Fahrenholtz, Dr. **H.** in **Münster i. W.** (durch J. REINKE und .M. NORDHAUSEN),

Tjebbes, Dr. **K.** in **Saebyholm** (Schweden) (durch H. NILSSON-EHLE und E. BAUR),

Bredemann, Dr. **G.,** in **Berlin-Südende,** Lichterfelder Straße 39, III (durch H. FISCHER und W. WÄCHTER).

Als ordentliche Mitglieder werden proklamiert die Herren

Funck, Dr. **Georg** in **Neapel,**

Schindler, Dr. **Bruno** in **Grünberg i. Schl.,**

Schubert, Dr. **Otto** in **Geisenheim.**

Laut § 23 der Satzungen fanden die Wahlen des Berliner Vorstandes, der Redaktionskommission und der Kommission zur Vorbereitung der Generalversammlung usw. für das Jahr 1913 statt.

Das Ergebnis war folgendes:

Vorsitzender: Herr L. WITTMACK.

Erster Stellvertreter: Herr H. CONWENTZ.

Zweiter Stellvertreter: Herr G. HABERLANDT.

Erster Schriftführer: Herr P. CLAUSSEN.

Zweiter Schriftführer: Herr W. BENECKE.

Dritter Schriftführer: Herr R. KOLKWITZ.

Schatzmeister: Herr O. APPEL.

Die Redaktionskommission besteht nach § 19, I. der Satzungen aus dem Vorsitzenden, den drei Schriftführern und drei gewählten Mitgliedern. Gewählt wurden die Herren A. ENGLER, P. GRAEBNER, H. V. GUTTENBERG. In die Kommission zur Vorbereitung der Generalversammlung usw. wurden gewählt die Herren H. HARMS, G. LINDAU, R. PILGER, A. WEISSE und C. OSTERWALD.

Die Geschäfte der Gesellschaft wird in bisheriger Weise Herr W. WÄCHTER fortführen.

———

Als Ort der Sitzungen in den Wintermonaten wurde das Pflanzenphysiol. Institut der Universität in **Dahlem**, Königin-Luise-Straße 1, gewählt.

———

Mitteilungen.

———

55. Jaroslav Peklo: Über die Zusammensetzung der sogenannten Aleuronschicht.

(Mit Doppeltafel XVI.)

(Eingegangen am 25. Juli 1913.)

Eine gelegentliche Untersuchung der Früchte von *Lolium temulentum* brachten den Unterzeichneten auf die Idee, ob nicht die Aleuronschicht der Getreidearten pilzartiger Herkunft sein könnte. Auf einigen Präparaten, welche von jungen, noch weichen Körnern des Taumellolches mittels gewöhnlicher Paraffinmethoden hergestellt wurden, war zu sehen, wie der bekannte, sonst intercellulär verlaufende symbiotische Pilz stellenweise in das Innere der Aleuronzellen eindringt. Ob dies regelmäßig und in einem größeren Umfange geschieht, konnte nicht festgestellt werden. Übrigens befriedigten die Präparate den Referenten nicht vollkommen, es wurde daher die weitere Verfolgung der Beobachtung auf das nächste Jahr verschoben. Nichtsdestoweniger war der Gedanke, daß die Pilzsymbiose bei Getreidekörnern viel verbreiteter sein könnte, so verführerisch, daß der Referent sich entschloß, trotz der ursprünglichen Skepsis, welche die sonst ziemlich exotisch klingende Frage in ihm erweckte, diese Frage entweder im po- sitiven oder im negativen Sinne zu beantworten. Und es zeigte sich in der Tat, daß seine Vermutung gar nicht auf einer falschen Vorstellung beruhte. Bald wurde es indessen dem Verfasser klar, daß es sich um eine Frage handelt, die einige wichtige Probleme der Biologie der Getreidearten tief zu berühren scheint. Es mußten folglich umfangreichere Untersuchungen angestellt werden, als es ursprünglich im Plane der Arbeit lag. Es galt selbstverständlich zunächst die cytologische Seite des Problems wenigstens zum Teil zu beleuchten. Die Hauptresultate dieser Untersuchungen sollen in der vorliegenden Mitteilung in der Kürze referiert werden.

Als Arbeitsmaterial dienten vorläufig *Secale*, *Hordeum* und *Triticum*. Wegen der möglichen Gefahr, daß ERIKSSON's myko- plasmatische Pilze mit den eventuell von der Aleuronschicht in das Endosperm eingehenden Hyphen verwechselt werden könnten, wurde bei dem Weizen ein Svalöfer Kreuzungs-Produkt zum Vergleich herangezogen, welches sich in Kulturen dieser Anstalt als sehr resistent gegen Gelbrost erweist, nämlich *Kotte* × *Grenadier II*[1]). Denn es liegt jedenfalls die Möglichkeit nahe, daß bei dieser Sorte, wenn sie sich so resistent gegen das Auftreten des Gelbrostes zeigt, im Innern der Körner die Rostpilze in einer geringeren Menge zu erwarten seien als bei anderen nicht so resistenten Sorten. Außer- dem wurde eine böhmische Sommerweizensorte und von dem bekannten, stark glasigen *Triticum durum* eine Abart, welche *Kubanka* heißt und hauptsächlich in Rußland kultuviert wird, studiert, von *Secale* eine auffallend blaukörnige, in Böhmen gebaute Abart *Saturnus*, von der Gerste endlich eine Sorte, welche ohne eine genauere Bezeichnung von dem Samenhändler bezogen wurde.

Die Samen wurden entweder gleich nach zwei- bis dreitägigem (bei *Kubanka*) Aufquellen im Wasser oder nach zwei- und sechs- tägiger Keimung abgeschält, die Aleuronschicht nebst anhaftenden

---

1) Ich verdanke diese Sorte der Liebenswürdigkeit des Herrn H. NILSSON-EHLE; die in Böhmen gebauten Sorten hat mir größtenteils Herr Doc. Dr. VILIKOVSKY, Tábor, in freundlicher Weise überliefert.

Fruchtschalenresten, sowie die Embryonen von dem Endosperm
befreit und in verschiedenen Fixierungs-Flüssigkeiten, von welchen
sich am besten die mittelstarke FLEMMINGsche Lösung bewährte.
fixiert. Von den benutzten Färbemitteln gaben die möglichst
einfachen die besten Resultate, so HEINDENHAINs Hämatoxylin
mit event. schwacher Nachfärbung mittels Anilinwasser-
Safranin oder Orange G. Bald zeigte es sich indessen, daß die Zusammensetzung der Aleuronschichten in erwachsenen Samen im
Sinne der Ideen des Referenten sehr schwer zu eruieren ist.
Es wurde mit dem Studium derselben nicht viel gewonnen. Sie
zeigten bloß die üblichen Aleuronkörner und Vakuolen, Zellkerne
usw. Zum Ausgangsmaterial eigneten sie sich jedenfalls nicht.
Glücklicherweise war ich aus früheren Jahren im Besitze éines
größeren, in Paraffin eingebetteten Materials von jungen, noch
weichen Sommerweizenkörnern. Und auf Grund von aus diesem
Material hergestellten Schnitten gelang es mir, den Beweis zu
führen, daß die Zellen, welche die Aleuronschicht zusammensetzen.
von Pilzfäden erfüllt sind, und daß die sogenannten Aleuronkörper
Produkte dieser Hyphen vorstellen.

Es ist allerdings nicht in einer jeden Zelle dieser Zusammenhang klar zu sehen. Ich mußte sehr viele Präparate durchmustern,
bevor ich solche Stellen traf, wo in den Zellen die Pilzfäden so
locker verliefen, daß sich der Zelleninhalt als von ihnen gebildet
zeigte. Und erst als mir eine größere Menge von solchen Stellen
zusammenzubringen gelang, arbeitete ich mich in das Thema allmählich ein und fand, daß diese Tatsache von einer allgemeinen
Geltung ist, und daß alle Zellen der Aleuronschicht in derselben
Weise zusammengesetzt sind. An anderen glücklich getroffenen
Stellen gelang es mir wieder, die pilzliche Herkunft der Aleuronkörner zu eruieren. Und obzwar ich infolge der Feinheit der
Details nicht imstande war, in allen Fällen den Zusammenhang
zwischen den Hyphen und Aleuronkörnern klar zu sehen, fühle
ich mich doch berechtigt zu behaupten, daß in den meisten Fällen
die Aleuronkörner Aussprossungen von Pilzfäden vorstellen.

Zuerst erweckte die in vielen Zellen der Aleuronschicht zu-
tage tretende reihenförmige Anordnung der Körner den Verdacht.
Es wurde an dünne Hyphen gedacht, an deren Oberfläche diese
Gebilde sitzen könnten. Tatsächlich aber wurde fast nur in einigen
Ausnahmefällen das Vorkommen von dünnen Hyphen in den
Aleuronzellen konstatiert. Sie verliefen ziemlich parallel im Innern
der Zellen, waren unsegmentiert und schienen keine derbe Mem-
branen zu besitzen. Kleine — in diesem Stadium — Aleuronkörner

saßen an ihrer Oberfläche. (Fig. 1.[1]).) Meistens sind es jedoch dicke, bisweilen sehr dicke Hyphen, welche ganze Zellen ausfüllen. (Fig. 2—7.)

Einzelne Aleuronzellen serienartig in Etagen zu zerlegen, gelang mir zwar nicht, so daß ich nicht angeben kann, welche Anzahl von Fäden in einer jeden Zelle vorkommt. Doch war es meistens auch an sehr dünnen Schnitten zu sehen, daß sich mehr als eine Hyphe durch das Lumen der Aleuronzelle schlängelte. Meistens folgen die Fäden dem Verlauf der Zellwände. (Fig. 2, 3 usw.) Infolgedessen rollen sie sich kreisförmig ein und legen sich oft in ihrem Verlauf übereinander. Oft entstehen auf diese Weise turbanartige Gebilde. Sehr wahrscheinlich besitzen diese Hyphen keine „gewöhnlichen" Membranen, durch welche sich die üblichen Pilzfäden auszeichnen. Wenigstens erschienen sie in meinen Präparaten nackt. Und da sie sich eng aneinander anschließen, lassen sich bisweilen auch in dünnen Schnitten nur ihre Konturen verfolgen. (Fig. 7.) Vielleicht sind sie infolge des Platzmangels ein wenig zusammengedrückt. Öfters sieht man sie in der Nähe des Zellkernes verlaufen (Fig. 2); in einigen Fällen wurden zwei Kerne — wohl durch die Tätigkeit des Pilzes amitotisch entstanden — in den Aleuronzellen konstatiert. (Fig. 13, junge Gerste.) Was den Inhalt der Pilzfäden betrifft, so waren in den meisten Zellen bloß grobe Vakuolen in ihrem Innern zu sehen. Auch diese folgten, wenn sie längsgestreckt waren, dem Verlauf der Fäden, und öfters kreuzten sie sich in ihrer Richtung, wenn ein Fadenstück sich über ein anderes zog. (Fig. 4.) Einige körnchenartige, öfters zu zweien angeordnete und sich entsprechend färbende Einschlüsse schienen in jüngeren Fäden auf Kerne zu deuten. Den strikten Beweis dafür zu führen, ist jedoch bisher mißlungen. Dagegen war es bei dieser Weizensorte möglich, alle Zwischenstadien der Entwickelung der Aleuronkörner von kleinen Körnchen bis zu großen Warzen, welche die Oberfläche der Fäden bedeckten, zu verfolgen. (Fig. 1—6.)

Die Hyphen aus erwachsenen, dickwandigen Aleuronzellen mit feinen Skalpellen, Präpariernadeln und ähnlichem herauszupräparieren, ist mir nur teilweise gelungen. Dagegen erwiesen sich zu diesem Zwecke als sehr vorteilhaft ganz junge, noch im milchigen Zustande gesammelte Gerstenfrüchte, die mit einem Alkohol-Formalingemisch konserviert waren. Ich präparierte die dünn-

---

1) Alle Figuren wurden mit Hilfe des Zeichenapparats entworfen. Vergrößerung ZEISS hom. Imm. $^1/_{12}$, Ok. 4, Kompens.-Ok. 4 u. 12, Tubuslänge 160.

wandigen Aleuronschichten, welche hier bekanntlich mehrere Etagen einnehmen, ab und legte sie auf eine kurze Zeit in eine starke Kalilauge. Nach gründlichem Auswaschen rieb ich dann den Zellinhalt mit einem feinen Pinsel heraus und färbte ihn mit verdünntem LÖFFLER-Methylenblau. In einigen Fällen zeigte sich das Fadengeflecht noch von Membranresten umgeben. (Fig. 8, 9.) Auf diese Weise kamen öfters Verbände von mehreren Zellen zum Vorschein, deren Lumina von schneckenartig eingerollten, dicken, mucorähnlichen Hyphen ausgefüllt waren. (Fig. 10.) Es ist klar, daß das, was in den Aleuronschichten von früheren Autoren als dichtes Plasma erklärt wurde, eigentlich größtenteils zum Plasma der dicken Hyphen gehört, deren Verlauf und Konturen allerdings bisher übersehen worden sind. Die Kerne der Aleuronzellen er-scheinen meistens von den Schlingen der Pilzfäden umschlossen. (Fig. 9, 10.) In mehreren Fällen gelang es mir, bloß eine oder wenige Windungen der Fäden herauszupräparieren. Der Zellkern fiel dabei öfters aus der Mitte einer solchen Schlinge heraus und hinterließ eine Öffnung in dem Knäuel. (Fig. 11.) Doch wurden auch solche Fälle angetroffen, wo eine Hyphe sich fest dem Zellkern anschmiegte und infolgedessen samt demselben bei der Präparation herausgerissen wurde. (Fig. 12.)

Übrigens war nicht einmal diese Art des Präparierens, obzwar die tangential ausgestreckten Aleuronschichten nach der Maceration mit einem kleinen Pinsel überstrichen wurden, fein genug, um nicht einzelne Hyphen durchzureißen. Nichtsdestoweniger kamen auch in diesem Falle die Fadenstücke, in dem Plasma der Aleuron-zellen eingebettet, klar zum Vorschein. (Fig. 14.)

Am interessantesten war zu sehen, wenn der Zellkern, uhr-federartig von dem Pilze umschlossen, in dem Präparate frei-liegend zur Beobachtung kam. Weil die Dimensionen der Objekte ziemlich klein waren, geschah es öfter, daß die Hyphen- und Kern-Vergesellschaftung unter dem Deckglas infolge des Druck-wechsels sich bewegte, wobei die heterogene Zusammensetzung dieses Klumpens, der Verlauf der Fäden usw. in einigen Lagen leicht zu eruieren war.

Es braucht wohl nicht näher erörtert zu werden, daß nicht die geschilderten Fälle mißdeutet wurden etwa in der Weise, daß sich gelegentlich in den Aleuronzellen eine parasitische Mucorinee angesiedelt hätte, die das ganze Zelllumen eingenommen hätte, worauf auch in dem intakt gebliebenen Plasma anderer Zellen Hyphen und anderes „gesehen" wurde, wo in Wirklichkeit nichts Ähnliches vorkam. Im Gegenteil, es kann behauptet werden, daß

der hier vorgetragenen Art der Zusammensetzung der Aleuronschicht eine allgemeine Geltung zukommt.

Nicht selten gelang es, einzelne Fäden aus den Aleuronzellen
beim Präparieren herauszuwinden. Sie lagen dann in den Präparaten entweder geradegestreckt oder noch in losen Schlingen
vor. (Ein solches kurzes Fadenstück ist auf der Fig. 15.zu sehen.)
Über ihre Pilznatur konnte man nicht den geringsten Zweifel
hegen, eine Täuschung .mit dem etwa langausgezogenen Schleim
der Plasmamassen liegt also nicht vor.

Schon in diesem jungen Entwickelungsstadium der Gersten-
früchtc waren die Aleuronkörner bemerkbar. Sie saßen wieder als
ganz kleine, warzenartige Körnchen an der Oberfläche der Hyphen.
(Fig. 9.) Bei einer starken Vergrößerung (Imm. h. $^1/_{12}$, Kompens.-
Okul. 12) wurde in einigen Fällen deutlich gesehen, daß sie den
aus den Fäden hervorragenden stielartigen Fortsätzen entspringen.
(Fig. 16.) Allerdings erschienen sie in vielen Fällen durch die
Wirkung der Lauge verschrumpft, und die Oberfläche der Fäden
nahm durch sie nur ein rauhes Aussehen an.

Hat man also anzunehmen, daß die Zellen der Aleuronschicht
von Pilzfäden erfüllt sind, so muß die Frage gestellt werden, ob
die Hyphen der Nachbarzellen miteinander in Verbindung stehen.
Denn die Zellwände der alten Aleuronzellen zeichnen sich bekanntlich
durch eine beträchtliche Dicke aus. In dieser Richtung untersuchte
Radialschnitte zeigten in der Tat mehrmals radiale Wände von
vereinzelten Fäden durchbrochen. Diese Tatsache wurde ebenso
für Weizen wie für Roggen und Gerste festgestellt.

Außerdem war aber nicht selten zu sehen, .daß die aleuron-
haltigen Pilzmassen sich über den Umfang von zwei und mehreren
Zellen erstreckten, in radialer Richtung in der Höhe der
ganzen Radialwände im Zusammenhang stehend. Die nähere
Verfolgung der Sache wurde weiteren Studien vorbehalten, weil
es sich bei der Gerste zeigte (erwachsene, noch nicht gekeimte
Früchte; Paraffinschnitte), daß ausgedehnte Lager von dünn-
wandigen Hyphen auch zwischen den Aleuronzellen vorkommen.
Sie bestehen aus Elementen, die den intercellularen sehr ähnlich
sind, nur weniger Inhalt haben; Aleuron wurde an ihnen nicht
gesehen. Mit den intracellularen Hyphen wurden sie in Verbindung
gesehen. Bei der Gerste war es übrigens an den in tangentialer
Richtung durch die Aleuronschichten geführten Schnitten gar nicht
selten zu beobachten, wie die Wände der Aleuronzellen von
mehreren Hyphen gleichzeitig durchbrochen werden. (Fig. 17, 18.)
Die Pilzfäden verengerten sich dabei meistens beträchtlich; die Ver-

bindungskanälchen waren offenbar ziemlich eng. Eine Verbindung zwischen zwei Aleuronzellen mittels einer (Fig. 19) oder mehrerer dicken Hyphen gehörte auf meinen Präparaten zu den Seltenheiten.

Der Pilz in den Körnern bleibt jedoch nicht auf die Aleuron-schichten beschränkt. Auf den aus diesen Gebilden hergestellten Längsschnitten kann man klar sehen, „daß die Aleuronschicht sich ununterbrochen über den Rand des Scutellums fortsetzt, wobei ihre Zellen kleiner, dünnwandiger und vor allem bedeutend niedriger werden. Die der Randfläche des Scutellums angrenzenden Kleber-(Aleuron-)Zellen sind mit der Epidermis des genannten Organs innig verwachsen." (HABERLANDT, Fig. 45[1]).) Dieser Umstand, sowie die Tatsache, daß in mehreren Gewebearten des jungen Getreide-Embryos die Aleuronkörner konstant vorkommen[2]), zwang zum näheren Untersuchen der Embryonen auch in dieser Richtung, in der Erwartung, daß auch hier der Pilz gefunden werden würde. Und wirklich war in diesen Geweben der Zusammenhang zwischen den Aleuronkörnern und den Pilzfäden manchmal leichter . aufzufinden als in der Aleuronschicht.

Überall, wo die Aleuronkörner gefunden wurden, wurde auch das Vorkommen von mucorähnlichen Hyphen festgestellt. So in dem Scutellum und in den anliegenden Geweben, zum Teil in Übereinstimmung mit den Angaben GUILLIERMONDs, welcher auch in diesen Partien das Vorkommen der Aleuronkörner festgestellt hatte.

Im Skutellum läßt sich das Vorhandensein des Pilzes in allen Zellen, welche Aleuronkörner enthalten, nachweisen. Die Pilzfäden laufen hier sehr oft quer durch die Zellenlumina (Fig. 20), selten rollen sie sich in ähnlicher Weise wie in den Aleuronzellen ein. Auch sind sie meistens dünner als in der letztgenannten Schicht. (Fig. 21.) Nur selten sieht man in ihnen eine Querwand (Fig. 22.) Leichter als in der Aleuronschicht läßt sich hier die Herkunft der Aleuronkörner eruieren; das günstigste Material dafür lieferte wieder der schon genannte Sommerweizen. Man sieht in einem der jüngeren Stadien sich knopfartige Verdickungen an der Peripherie resp. der Oberfläche der Hyphen erheben, die sich

---

1) HABERLANDT, G., Die Kleberschicht des Grasendosperms als Diastase ausscheidendes Drüsengewebe. (Berichte der deutschen botan. Gesellschaft 1890, VIII, S. 40 seq.)

2) Über die Lokalisation des Aleurons in den Embryonen der Getreide-körner vergleiche man die inhaltsreiche Arbeit A. GUILLIERMONDs: Recherches cytologiques sur la germination des graines de quelques Graminées et contribution al'ètude des grains d'aleurone. (Archives d'anatomie micro-scopiques. Tome X, 1908, Pg. 141 seq.)

tief und homogenschwarz mit HEIDENHAIN färben lassen (Fig. 21, 22, 23.) In älteren Stadien erscheinen diese Körperchen blässer (Fig. 24), auch eine feine Granulation läßt sich in ihnen ab und zu beobachten. Manchmal sitzen sie an ziemlich dünnen Stielen (Fig. 20, 25, 26, 27.) Trotzdem sie in einigen Fällen wie eingesenkt in die Fäden und infolgedessen wie in ihrem Innern liegend aussehen (Fig. 28, 29), ist in anderen, auch dann, wenn sie sich mit einer breiten Basis der Oberfläche des Fadens anlegen, klar, daß sie Hervorsprossungen aus den Fäden vorstellen (Fig. 30, 31.) Der Inhalt der Hyphen, welche auch in diesen Partien ziemlich grob und voluminös aussehen, zeichnet sich durch eine grobe und regelmäßige Vakuolisierung aus. Der Zellkern der „Wirts-Zellen" sieht manchmal wie verschrumpft aus. (Fig. 25.)

Recht eigentümlich ist manchmal die Gestalt der Aleuronkörner. Bei dem Sommerweizen wurden in einigen Präparaten birnenförmige Körner gesehen, beim *Saturnus* auch unregelmäßig gelappte, ziemlich umfangreiche Gebilde. Bei der letztgenannten Getreideart kommen die Aleuronkörner auch in verschiedenartiger Gruppierung vor (Fig. 32), deren Ursache vielleicht in der partiellen Verschrumpfung des sie tragenden Fadenstückes zu suchen ist. Der Pilz erfüllt das ganze Skutellargewebe, er läßt nicht einmal seine palissadenartig geordnete Epidermis aus. Erfreulicherweise war es gerade das Epithel der Gerste, wo sich die Pilzfäden ohne große Schwierigkeit auffinden ließen. In der ersten Reihe wurden ruhende, noch nicht keimende Embryonen in dieser Richtung untersucht. Auffallend war es, wie in den langen, palissadenartig gestreckten Epithelzellen ihrer ganzen Länge nach schlauchförmige, am Ende keulenförmig angeschwollene Hyphen verliefen (Fig. 33). Wahrscheinlich waren sie nicht in Einzahl in diesen Zellen vorhanden; irgendwelche Beziehungen zu den Zellkernen zeigten sie nicht. In dem Maße, wie nach den Seiten des Skutellums die epithelialen Zellen niedriger wurden, erschienen auch die Hyphen entprechend kürzer (Fig. 34). In den niedrigen und breiten „Palissaden" wurden auch bogenförmig verlaufende Hyphen wahrgenommen, die einigemal auch mehrere Zellen durchquerten (Fig. 35). Nur in seltenen Fällen, so bei *Kotte* $\times$ *Grenadier*, wurden an den Hyphen Aleuronkörner beobachtet.

Die Menge der in dem Skutellargewebe vorhandenen Aleuronkörner und Pilzfäden ist eine außerordentlich große. Selbstverständlich kann nicht mit voller Sicherheit behauptet werden, ob eine jede Zelle diese Elemente enthält. Es wurden jedoch mehrere Beobachtungen in dieser Richtung ausgeführt, und es kann gesagt

werden, daß z. B. in dem Epithel ganze Strecken von Zellen gezählt wurden, ohne daß in einer einzigen von ihnen eine, meistens
schlauchartig verlängerte Hyphe vermißt wurde. In einigen Epi-
thelialzellen wurden die Hyphen knopfartig am Ende angeschwollen
gefunden.

Zur Ergänzung dieser Bilder sei noch bemerkt, daß beim
Saturnus in der Aleuronschicht auch spitzovale Aleuronkörner vorkommen, durch welche die Oberfläche der dicken Pilzfäden fast
wie mit niedrigen Stacheln bedeckt erscheint (Fig. 36, 37).

Solche Verhältnisse herrschen in ruhenden, nur mit Wasser
eingeweichten Aleuronschichten und Embryonen.

Bekanntlich erfahren jedoch die aleurontragenden Gewebe
bei der Keimung eine durchgreifende Veränderung. Es ist nicht
ausgeschlossen, daß schon durch die Einwirkung des Wassers einige
Substanzen der Aleuronkörner bei der Quellung gelöst werden und
so auf den Paraffinpräparaten der Beobachtung entgehen. Noch
größer ist die Gefahr, wenn bei der Fixierung Säuren enthaltende
Mittel benützt werden müssen. So wurde schon a priori auf die
Eruierung der feinsten Details verzichtet, z. B. auf die Verfolgung
der Veränderungen, welche Globoide erleiden und ähnliches. Indessen
wurden im ganzen übereinstimmende Resultate mit den Angaben
der Autoren, die dasselbe Thema behandelt haben, erreicht. Kurz
kann man die bei der Keimung der Körner zutage tretenden
Erscheinungen in dem Satze zusammenfassen, daß sowohl die
Aleuronkörner, als auch dieselben tragenden Substanzen allmählich
verschwinden. An *Kotte* wurde z. B. Folgendes beobachtet: Die
Aleuronkörner blähen sich zum Teil auf, teils nehmen sie gelappte,
verzerrte und ähnliche Gestalten an, viele kleine Körnchen erscheinen eventuell in ihnen, andere verkleinern sich usw. Bei den
Früchten von *Kotte*, die zwei Tage lang gekeimt haben, wurden
in den Aleuronkörnern der Aleuronschicht runde, scharf konturierte,
homogene Körnchen, in Einzahl in jedem Aleuronkorn, wahrgenommen. Sie färbten sich intensiv mit Safranin, wie dies öfters
und charakteristisch bei manchen Kernen der Pilze zu sehen ist.
Die Grund-Substanz der Zellen wurde im weiteren Verlaufe der
Keimung noch ausgeprägter vakuolisiert, die Konturen der Hyphen
verschwanden und anstatt derselben erschien in den Zellen eine
ziemlich homogene, grobvakuolige Grundsubstanz. Endlich — so
etwa nach einwöchiger Keimung — verschwanden die Aleuronkörner sowie auch die wabigen Massen mehr oder weniger vollständig. Sie sind zerflossen, wurden aufgelöst, jedenfalls hinter-
ließen sie keine chitin- resp. cellulosehaltigen Rückstände, wie

man es öfters z. B. in Mykorrhizen beobachtet. In allen Stadien wurden nichtsdestoweniger in einzelnen Zellen sowohl in der Aleuronschicht, als auch in den Embryonen intakte, noch nicht veränderte Pilzfäden, sowie auch Aleuronkörner beobachtet. Schließlich erschienen alle diese Zellen wie entleert, diejenigen der Aleuronschicht außerdem aber auch wie degeneriert, weil nicht einmal die Kerne in ihnen nach einiger Zeit das normale Aussehen behielten. Eine Ausnahme machten hier bloß die Palissadenzellen des Skutellums, in welchem noch in sehr vorgeschrittenen Stadien, während welcher in den übrigen Zellen die Pilzbestandteile schon verschwunden waren, die schlauchförmigen Hyphen zu beobachten waren; ja dieselben traten da noch deutlicher zum Vorschein als vorher.

Durch neuere Untersuchungen ist zweifellos festgestellt worden, daß sowohl die Aleuronschicht, als auch das Skutellum des Embryos nicht nur Diastase (samt anderen Enzymen) zu produzieren imstande sind, sondern daß überhaupt der größte Teil der zur Auflösung und Verdauung der Endospermstärke nötigen Enzyme von diesen Geweben herrührt (STOWARD, GRÜSS).[1])

Unsere Untersuchungen zeigen nun, daß die Früchte der Gramineen diese Fähigkeit sehr wahrscheinlich dem symbiotischen Pilze verdanken. Denn ein solcher Pilz ist konstant in der Aleuronschicht und in dem Skutellum vorhanden, und verschwindet, oder besser gesagt, wird zerstört eben in der Zeit, wo die größte Menge Diastase seitens dieser Gewebe produziert wird. Wahrscheinlich werden gerade durch die Zerstörung seiner Elemente die diesbezüglichen Enzyme freigemacht. Ob dies durch die Veränderung, welche die Aleuronkörner oder die Hyphen selbst erfahren, geschieht, darüber geben unsere Untersuchungen keine nähere Auskunft; dies muß auf experimentellem Wege entschieden werden. Jedenfalls ergibt sich aber aus diesen Beobachtungen die weitere Tatsache, daß auch die amylolytischen Enzyme, wie ihre Bildung in der Brauerei bei der Bereitung der Bierwürze erstrebt wird, in der Tätigkeit des symbiotischen Pilzes des Gerstenkornes ihren Ursprung nehmen.

Die Sache hat allerdings ein praktisches Interesse: es wäre z. B. denkbar, daß durch die Isolierung des Pilzes die Herstellung

---

1) F. STOWARD, A Research in to amyloclastic secretory Capacities of the Embryo and aleurone Layer of *Hordeum* wich special Reference to the Question of the Vitality and Autodepletion of the Endosperm. (Annals of Botany 1911, Vol. XXV.)

J. GRÜSS, Biologie und Kapillaranalyse der Enzyme. 1912, l. c.

der diastatischen Produkte erleichtert werden könnte. Indessen ist
hier nicht zu vergessen, daß die Potenzen des symbiotischen Pilzes
in Reinkulturen in einem viel geringeren Grade auftreten könnten
als in den Körnern, wie wir ähnliches auch bei der Assimilation
des Luftstickstoffs seitens der Knöllchenbakterien und anderer
Organismen beobachten.

Bei dem Nachdenken über die Divergenzen, welche zwischen
den Angaben verschiedener Autoren über die Fähigkeit der von der
Aleuronschicht und dem Embryo befreiten Endosperme zur Selbst-
verdauung herrschen, — man vergleiche nur die von HANSTEEN
und PURIEWITSCH festgestellten Tatsachen[1]), nach denen sich
die in der erwähnten Weise präparierten Gramineen-Endosperme,
wenn sie auf Gipssäulchen kultiviert wurden, von selbst ganz ent-
leeren konnten, und die Angabe von STOWARD (l. c. S. 841), nach
welcher die Gerstenendosperme nur zu einem gewissen Grade befähigt sind, die Diastase zu produzieren — tauchte dem Referenten
der Gedanke auf, ob nicht die Pilzfäden, von der Aleuronschicht
ausgehend, noch weiter nach unten in die Endospermzellen eindringen und ob dies bei einzelnen Getreidesorten nicht in einem
verschiedenen Grade geschieht, wodurch die erwähnten experimentellen Unterschiede wenigstens zum Teil erklärt werden dürften·
Obzwar mir kein so umfangreiches Beobachtungsmaterial vorlag,
um mich in eine Entscheidung dieser Frage einlassen zu können,
bin ich doch imstande, einige Daten mitzuteilen, die auf andere
Erscheinungen ein Licht zu werfen scheinen.

Es wurde schon einmal in dieser Abhandlung *Saturnus*
erwähnt, eine jener Kornsorten, deren Früchte mehr oder
weniger blau gefärbt sind. Diese Erscheinung ist bei
einigen Getreidearten sehr bekannt (vgl. z. B. TH. WAAGE[2]); beim
Saturnus ist sie zum Teil durch die blaue Färbung der Aleuronkörner bedingt. Außerdem zeigt auch das Plasma der Aleuronzellen, d. h. der Inhalt der Pilzfäden, einen Stich ins Bläuliche.
Diese blaue Farbe ergreift aber auch einige peripherische Schichten
des Endosperms. Somit ist es nicht unwahrscheinlich, daß auch

---

1) B. HANSTEEN, Über die Ursachen der Entleerung der Reservestoffe
aus Samen. (Flora, 1894, 79. Bd, S. 419 seq.)

K. PURIEWITSCH, Physiologische Untersuchungen über die Entleerung
der Reservestoffbehälter. (PRINGSHEIMs Jahrbücher f. w. Botanik 1898, Bd. 31
S. 1 seq.)

2) TH. WAAGE, Blaues Getreide (Chemisches Centralblatt 1898, LXIV. Jhg.
S. 611).

diese Erscheinung durch das Vorhandensein des Pilzes in den oberen
Endospermzellen hervorgerufen wird. Nun wurde durch die Untersuchung STOWARDs (l. c. pg. 1202) gezeigt, daß die enzymatische
Tätigkeit der Aleuronschicht bei der Gerste durch Narkotika gehemmt werden kann, daß infolgedessen diese Schicht lebendige
Elemente enthalten muß. Dagegen üben diese Verbindungen auf
die amylolytische — übrigens schwache — Tätigkeit des inneren
Endosperms so gut wie gar keine Wirkung aus. Daraus muß geschlossen werden, daß in dem inneren, (d. h. der Aleuronschicht
beraubten) Endosperm die enzymatischen Substanzen in einer
anderen Form enthalten sind, als es in der Aleuronschicht der Fall
ist. Auch GRÜSS (l. c. S. 34) charakterisiert das Endosperm der
Gerste als ein totes Gewebe. Für unsere Auffassung der Aleuronschicht ergibt sich daraus die Möglichkeit, daß in dem Endosperm
der Pilz entweder abgestorben ist oder sich daselbst nur in einem
degenerierten, jedenfalls stark veränderten Zustande befinden kann:
Es wurden also von diesem Standpunkt aus die Endosperme
untersucht.

Bei *Triticum sativum* hat GUILLIERMOND (l. c. pag. 174) im
Albumen Proteïnkörper gefunden, welche sich „exactement comme
les grains de protéine de l'aleuron" färben lassen. Der Referent
hat nun sowohl bei der Gerste, als auch beim Weizen (*Kotte*)
in demselben Organ vereinzelte Pilzfäden gesehen. Sein Wunsch,
die Subaleuronschichten (Kleberzellen) von diesen Getreidearten
genauer zu untersuchen, war jedoch an dem Umstand gescheitert,
daß sich die reifen Endosperme — nicht einmal bei dem benützten
Sommerweizen — mittels der gewöhnlichen Paraffinmethoden nicht
mit der erwünschten Verläßlichkeit studieren ließen. In der
früh blühenden Grasart *Sesleria coerulea* fand jedoch der Verfasser
ein günstiges Material für solche Untersuchungen. Und da war
er imstande, zahlreiche Aleuronkörner in jungem Endosperm festzustellen. In vielen Fällen wurde nun konstatiert, daß diese Aleuronkörner an Hyphen saßen.

Mit dem Wunsche, die anatomischen Grundlagen der Glasig-
keit einiger Weizensorten zu erklären, studierte nun der Verfasser
die Weizensorte *Kubanka*. Die Körner von dieser eiweißreichen
Abart lassen sich ziemlich gut in Paraffin schneiden. Und da war
der Referent überrascht zu sehen, daß ganze Pilzstränge die
peripherischen Schichten des Endosperms durchziehen. Sie ver-
zweigen sich in der gewöhnlichen Weise, ihr Inhalt besteht aus
einer mit Hämatoxylin sich intensiv schwarz färbenden Substanz;
an einigen Stellen waren an ihnen kleine Aleuronkörner zu sehen.

Meistens wurden die Massen (es wurden ruhende, auf einige Tage
ins Wasser gelegte Körner untersucht) stark verquollen gefunden,
einige von ihnen tingierten sich zwar schwächer, doch war auch
in diesem Zustande ihre Pilznatur noch erkennbar; auch wurden
sogar an einigen von diesen degenerierten Fadenresten noch
Aleuronkörner sichtbar. Es ist sehr wahrscheinlich, daß diese
Schleimmassen einen größeren Teil des Klebergehaltes bei dieser
Weizensorte bilden. Bis zu welchem Grade dies stattfindet, ob
eventl. nicht der ganze Kleber von ihnen gebildet wird, wäre
selbstverständlich nur mittels einer genauen chemischen resp.
mikrochemischen Untersuchung möglich zu entscheiden. Wenn
diese Prüfung einen positiven Erfolg haben sollte, so würde
das heißen, daß auch der nahrhafteste Teil des Korns von dieser
leider nur wenig ertragreichen und zu harten Getreideart auf dem
symbiotischen Pilze beruhen dürfte. Und falls sich dies auch für
andere Getreidearten feststellen ließe, so würde daraus hervorgehen, daß auch die wertvollsten Eigenschaften des Mehles, des
Brotes usw. auf derselben oder wenigstens auf einer ähnlichen
Grundlage beruhten. Zum Studium dieser wichtigen
Frage hat der Referent schon im vorigen Jahre umfangreiche
Kulturen von verschiedenartig chemisch charakterisierten Getreidearten angelegt, im laufenden Jahre dann außerdem von diesem
Standpunkt aus Kreuzungen ausgeführt.

Die geschilderte Art der Pilzverbreitung setzt natürlich
eine weitgehende Infektion der Getreidepflanze durch den Pilz voraus; sonst müßte man eventl. an seine Übertragung durch den Pollen
denken. Die in dieser Richtung geführten Untersuchungen des
Referenten sind noch nicht abgeschlossen. Hier mag nur bemerkt
werden, daß z. B. GUILLIERMOND (l. c. p. 164, Fig. 3) Aleuronkörner knapp unter dem Vegetationspunkte des Stengels des Gerstenembryos zeichnet.

Es fragt sich nun, was für ein Pilz es sein könnte, der die
geschilderten symbiotischen Beziehungen eingeht. Der Habitus
der intracellular verlaufenden Fäden scheint auf eine Mucorinee
hinzuweisen. Beim Nachdenken über die Sache kam also selbstverständlich *Mucor Rouxianus* Wehmer = *Amylomyces Rouxii* Cal-
mette in erster Reihe in Betracht, eine Pilzart, deren Fähigkeit, Stärke zu verarbeiten, allgemein bekannt ist. Die weitere
Aufgabe lautete nun näher zu untersuchen, ob diese Spezies auch
dazu befähigt ist, „Aleuronkörner" zu bilden. Und in der Tat ist
es dem Referenten geglückt, Gebilde zu finden, welche sehr wahrscheinlich identisch sind mit den Aleuronkörnern aus den Aleuron-

schichten, sowie aus den Embryonen. Sie kommen in etwa einen
Monat alten Reiskulturen von *Mucor Rouxii* zum Vorschein, dagegen
nicht z. B. in Medien mit 2 % löslicher Stärke (es wurde Ammonnitrat als Stickstoffquelle benutzt). Die die verkleisterten Stärke-
massen durchwühlenden Pilzfäden zeigen sich mehr oder weniger
reichlich von runden Körnchen bedeckt, welche sich leicht mit
LÖFFLERs Methylenblau färben lassen. Sie stellen Aussprossungen
aus Hyphen dar, die in ihren ersten Stadien an die epinöse Kör-
nelung der Konidienträger z. B. von Aspergillen oder Penicillien erinnern. Von diesen sowie von den Kriställchen, welche
an der Oberfläche verschiedener Pilze bekanntlich erscheinen, unterscheiden sie sich jedoch schon dadurch, daß ihr Inhalt sehr oft
durch Jodlösungen blau gefärbt wird. (Am besten und bequemsten
werden diese Körnchen dadurch sichtbar gemacht, daß man die
gut ausgewaschenen, äußerst kleinen Fadenstücke zuerst mit 1 proz.
Neutralrot, dann mit Jodjodkalium färbt; sie werden dann tief
bläulichbraun gefärbt.) Manchmal wird auch der Inhalt der Hyphen
mit Jodlösungen blau, unter Umständen violett gefärbt. Vielleicht
wird in diesen Fällen die Reisstärke erst durch die Fähigkeit der
Pilzfäden gelöst, als solche aufgenommen und erst dann weiter gespalten. Ob sich auch die in den Getreidekörnern vorkommenden
Aleuronkörner unter Umständen mit Jod blau färben lassen, hat
der Referent bisher nicht näher untersucht. Außer der morphologischen zeigt sich nichtsdestoweniger die weitere Ähnlichkeit
zwischen beiden Gebilden darin, daß sich die „Aleuron"körner von
Amylomyces auch mit HEIDENSHAINs Hämatoxylin gut färben
lassen. Man kann die Kleistermassen samt Pilzfäden z. B. mit
Flemming fixieren und nach dieser Methode tingieren: Die Ähnlichkeit der Bilder kommt sehr deutlich zum Vorschein, nur sind
die Körnchen von *Mucor* kleiner als diejenigen aus erwachsenen
Aleuronschichten.

Diese Tatsachen beweisen allerdings gar nicht, daß der symbiotische Pilz der Getreidefrüchte eine *Amylomyces*-Art sein müßte.
Bekanntlich kommt mehreren Schimmelpilzen die Fähigkeit zu,
die Stärke zu verdauen. Bei *Aspergillus Oryzae*, welcher Pilz
auch auf „Aleuron"körner untersucht wurde, hat der Referent
ähnliche Gebilde mit Sicherheit noch nicht festgestellt. Jedenfalls
sprechen die an *Amylomyces* gemachten Befunde entschieden dafür,
daß die Aleuronkörner keineswegs Gebilde vorstellen, die für die Zellen
der Getreidefrüchte und ähnliche Pflanzen spezifisch wären. Was
für eine Bedeutung ihnen zukommt, muß allerdings vorläufig dahingestellt werden. Bemerkenswert sind die Angaben GUILLIERMONDs

(l. c. pg. 208), nach welchen „incontestables" Analogien zwischen den mikrochemischen Eigenschaften der Globoide von Getreidefrüchten und denjenigen des pilzlichen Volutins herrschen.

An der Vertiefung und Erweiterung[1]) des Problems wird weiter gearbeitet.

Prag, pflanzenphysiologisches Institut der böhmischen Universität.

———

Erklärung der Tafel XVI
im Text.

———

56. Eduard Brick: Die Anatomie der Knospenschuppen in ihrer Beziehung zur Anatomie der Laubblätter[2]).

(Eingegangen am 30. Juli 1913.)

———

Die Knospenschuppen sind, wie Herr Professor ARTHUR MEYER die Tatsache hypothesenfrei ausdrückt, „laubblattähnliche" Organe. Meine Aufgabe war, eine vergleichende Untersuchung der Anatomie der Knospenschuppen in ihrer Beziehung zur Anatomie der sich entwickelnden Laubblätter zu liefern unter Berücksichtigung der im hiesigen botanischen Institut gewonnenen neuen anatomischen Erfahrungen und der von GOEBEL (Beitr. zur Morph. u. Physiol. des Blattes. Botan. Ztg. 1880) zuerst exakt klargelegten morphologischen Verhältnisse der Knospenschuppen.

Speziell über die Anatomie der Knospenschuppen liegen in der Literatur Arbeiten vor von: ARECHOUG (1871), MIKOSCH (1876), ADLERZ (1881), GRÜSS (1885), CADURA (1886), SCHUMANN (1889). Diese Autoren haben indes fast lediglich die äußersten am stärksten veränderten Schuppen der Knospen untersucht, ohne auf eine Vergleichung der einzelnen Schuppen einer Knospe untereinander, noch der Schuppen mit den Laubblättern einzugehen.

In morphologischer Beziehung unterscheidet GOEBEL drei Kategorien von Knospenschuppen, je nachdem ob diese dem ganzen

———

1) Leguminosen, Ricinus ?

2) Kurze Mitteilung über eine unter der Leitung von Herrn Professor ARTHUR MEYER im Botan. Institut der Universität Marburg angefertigte Arbeit.

Laubblatte oder dem Blattgrund oder endlich den (getrennt entwickelten) Nebenblättern entsprechen. Wir wollen, indem wir im
übrigen die Einteilung GOEBELs beibehalten, die zweite Kategorie
in zwei Gruppen aufspalten und unterscheiden also — ähnlich
haben dies auch frühere Autoren schon getan — folgende vier
morphologische Gruppen von Knospenschuppen:

1. Die Knospenschuppen sind entstanden aus der Anlage
eines ganzen Blattes.

2. Die Knospenschuppen sind entstanden aus der Anlage
eines Blattgrundes.

3. Die Knospenschuppen sind entstanden aus der Anlage
eines Blattgrundes, der die Nebenblätter bereits zu differenzieren
begann, ohne sie jedoch völlig auszugestalten.

4. Die Knospenschuppen sind entstanden aus der Anlage der
vom Blattgrunde völlig differenzierten Nebenblätter.

Von diesen vier Gruppen wurden von mir nur die ersten drei
einer eingehenden Untersuchung unterzogen. Die Hauptergebnisse
der vergleichend anatomischen Untersuchungen lassen sich kurz
folgendermaßen zusammenfassen:

Die Knospenschuppen sind „laubblattähnliche" Organe, nicht
nur in bezug auf den Ort ihrer Entstehung, sondern auch in
bezug auf ihre morphologische und anatomische Entwicklungsgeschichte und ihre definitive Ausgestaltung. Die älteste, äußerste
Laubblattanlage der Winterknospe zeigt sich morphologisch und anatomisch fast vollkommen gleich gebaut, wie die auf sie nach
außen zu folgende jüngste Knospenschuppe, so daß man also
berechtigt wäre, diese innersten Knospenschuppen als einfache
„Hemmungsbildungen des Laubblattes" zu bezeichnen. Untersuchen
wir aber die weiter nach außen zu folgenden Knospenschuppen
und vergleichen wir sie mit den ungefähr entsprechenden Entwicklungsstadien der Laubblätter, so finden wir, daß diese
Knospenschuppen nicht mehr reine Hemmungsbildungen genannt
werden dürfen, da sich bei ihrer Entwicklung Vorgänge einstellen,
welche von den Entwicklungsvorgängen der Laubblätter verschiedenartig sind; diese äußeren Knospenschuppen sind also wohl auch
laubblattähnliche aber von den Laubblättern doch divergent
entwickelte Organe.

Der fast reine Hemmungscharakter der innersten Schuppen
zeigt sich nicht allein in der gleichartigen quantitativen Ausbildung
des Mesophylls und der Leitbündel, sondern auch in der bei allen
Typen gefundenen mehr oder weniger weitgehend übereinstimmenden

qualitativen Ausgestaltung der Gewebe bei diesen Schuppen und
bei den in der Knospe auf sie folgenden ersten Laubblättern; dies
bezieht sich z. B. auf die gleichartige Form, Größe und mikrochemische Struktur der Epidermiszellen sowie der Mesophyllzellen,
die Größe und Verteilung der Interzellularen usw. Die äußeren
Knospenschuppen sind auf einem noch früheren Entwicklungsstadium gehemmt als die inneren und haben nachher eine in
quantitativer und vorzüglich qualitativer Beziehung stärkere
Andersentwicklung erfahren.

Die Andersentwicklung der äußeren Knospenschuppen erfolgt
nach verschiedenen Typen. Es hat sich bei der anatomischen
Untersuchung weiter ergeben, daß sich innerhalb der von mir
ausführlich untersuchten drei morphologischen Gruppen von Knospenschuppen in qualitativer Beziehung ähnliche anatomische Typen
finden. Die einzelnen Typen unterscheiden sich voneinander durch
das Vorhandensein oder Fehlen von: Periderm (vgl. MYLIUS 1912,
Diss. Marburg), Metakutis (MÜLLER 1906, Diss. Marburg), Metaderm
(KRÖMER 1903, RUMPF 1904, BÄSECKE 1908, sämtl. Diss. Marburg),
Schleimzellen, Parenchym, Kollenchym, Drüsenzotten, Sklerenchym.
Manche dieser die Knospenschuppen charakterisierenden Merkmale sind in vielen Fällen ihnen nicht allein eigentümlich,
sondern es sind Merkmale, die wir in mehr oder weniger stark
ausgeprägtem Maße auch bei den Laubblättern vorfinden. Dies gilt
in erster Linie von den Drüsenzotten, die zuweilen sogar in größerer
Anzahl auf den jungen, in der Knospe eingeschlossenen Laubblättern,
als auf den Knospenschuppen derselben Spezies vorhanden sein
können (*Syringa, Rheum* u. a.). Für die Knospenschuppen mancher
*Crataegus*arten ist außer einer starken Hypodermbildung an der
Unterseite die Ausbildung eines mehrschichtigen Schleimzellen-
gewebes im Mesophyll charakteristisch. Die Schleimzellen besitzen
einseitig angelagerte Schleimlamellen und mit diesen abwechselnde
Zelluloselamellen und sind von diesem Typus hier also zum ersten
Male auch im Innern des Pflanzenkörpers gefunden; derartige
Schleimzellen treten auch bei den Laubblättern, allerdings auf die
Epidermen beschränkt, auf. Bei den Polygoneen findet in gleicher
Weise wie bei den Knospenschuppen, bei den nach der Vegetationsperiode stehen bleibenden Laubblattgründen starke Metadermisierung
des Gewebes statt. In noch weitergehenderem Maße stimmen natür-
lich die kollenchymatischen und sklerenchymatischen, also die
qualitativ nur wenig veränderten Knospenschuppen in anatomischer
Beziehung mit denjenigen Teilen des Laubblättes, denen sie
morphologisch entsprechen, überein.

Die Verteilung der mit Suberinlamellen versehenen Gewebe an
Knospen ist gewöhnlich derart, daß um das Knospeninnere eine
einfache oder mehrfache geschlossene Hülle verkorkter Zellen gebildet wird; ein besonders günstiger Abschluß kommt dann zustande,
wenn der Randsaum der Knospenschuppen metakutisiert (*Syringa,
Liquidambar*) oder metadermisiert (*Evonymus*) ist und infolge der
doppelten Krümmung der Schuppen fest gegen die nach innen zu
folgenden Blätter gepreßt wird.   Die an den Knospenschuppen
ziemlich häufig vorkommende „tote Metakutis" bildet ein physiologisches Zwischenglied zwischen Kork und Metakutis.   Häufig
findet in der Nähe eines Periderms Metakutisierung des angrenzenden Gewebes statt, andererseits auch vor der Metakutisierung
Kammerung der betreffenden Zellen durch parallele Scheidewände.

Die flächenförmige Ausbildung mancher Knospenschuppen hat
zuweilen eine den Laubblättern gegenüber andersartige und kompliziertere Ausbildung des Leitbündelverlaufs zur Folge (*Viburnum,
Fraxinus, Aesculus*).

Bezüglich der quantitativen Ausbildung der Knospenschuppen
und Laubblätter hatten wir schon oben erwähnt, daß diese eine
bei beiden Organen um so übereinstimmendere ist, je näher sie an
der Knospenachse zusammenstehen; die vorzüglich für die ältesten
Schuppen und die Laubblätter gekennzeichnete Divergenz wird durch
die Weiterentwicklung der Laubblätter noch verstärkt.

Die Leitbündel sind in ihrem anatomischen Aufbau in den
Knospenschuppen aller untersuchten Spezies den Laubblättern gegenüber stark reduziert.   Bei den weiter nach außen zu an der
Knospe stehenden Schuppen sind die Leitbündel nicht nur in allen
Fällen bezüglich ihrer Verzweigung, sondern in den meisten Fällen
auch in ihrem anatomischen Aufbau stärker reduziert als bei den
inneren Schuppen.   Nur *Viburnum dentatum* macht hiervon eine
Ausnahme.   Bei dieser Spezies sind die Tracheen in den äußersten
fleischigen Schuppen in bedeutend größerer Anzahl entwickelt als
bei den inneren Schuppen.   Die Reduktion der Leitbündel betrifft
den Siebteil gewöhnlich in noch stärkerem Maße als den Tracheen-
teil; nur bei *Aesculus*arten sind in den Knospenschuppen zahlreiche
weitlumige Siebröhren vorhanden.

In Übereinstimmung mit zahlreichen Autoren konnte ich die
Tatsache feststellen, daß den Nebenblättern eine wichtige Rolle für
den Schutz der Knospe zukommt.   Ich fand in allen Fällen, in
denen die Laubblätter Nebenblätter besitzen, die Nebenblätter an
dem Aufbau der Knospenschuppen der betreffenden Spezies beteiligt, indem sie entweder allein oder mit dem Blattgrunde ver-

eint die Knospenschuppen bildeten, auch dann, wenn die an den Laubblättern ausgebildeten Nebenblätter nur von vorübergehender Dauer sind.

Als Abschnitte des ausgewachsenen Laubblattes schützen die Nebenblätter auch häufig die in der Achsel des Laubblattes stehende Knospe. Dieser Schutz für die Knospe als Ganzes kann bekanntermaßen auch von anderen Abschnitten des Laubblattes geleistet werden, vorzüglich vom Blattgrunde während der Vegetationsperiode oder noch darüber hinaus — wir sprechen in den Fällen nach WIESNER von Artikularschuppen — und schließlich auch von der Achse, indem der Vegetationspunkt in sie hinein versenkt wird. Letztere Knospen wollen wir als „intraachsiale" Knospen bezeichnen, im Gegensatz zu den in Höhlungen des Blattgrundes verborgenen, seit BENJAMIN als „intrapetiolar" bezeichneten Knospen. In anatomisch-qualitativer Beziehung finden wir bei diesen Schutzeinrichtungen für die Knospe als Ganzes ähnliche Ausgestaltungen, wie sie für die Knospenschuppen charakteristisch sind (Drüsenzotten, Haarbildungen), speziell z. B. bei Artikularschuppen, Metadermisierung (Polygonen) und Metakutisierung (Smilax) des Gewebes.

Marburg, Botanisches Institut der Universität,
10. Mai 1913.

---

57. A. Ursprung: Zur Demonstration der Flüssigkeits-Kohäsion.

(Mit 1 Textfigur.)
(Eingegangen am 11. September 1913.)

Bei verschiedenen Gelegenheiten ergibt sich in der Pflanzenphysiologie die Notwendigkeit, von der Kohäsion der Flüssigkeiten zu sprechen; sei es, daß die Kohäsion nach dem jetzigen Stande unserer Kenntnis wirklich eine wichtige Rolle spielt, sei es, daß ihr von mehreren Autoren eine ausschlaggebende Bedeutung zugeschrieben wird.

Da das Vorhandensein einer bedeutenden Kohäsion in Flüssigkeiten durchaus nicht selbstverständlich ist, und in den elementaren physikalischen Lehrbüchern und Anfängervorlesungen meines

Wissens nicht genügend berücksichtigt wird, so dürfte in der Vorlesung über Pflanzenphysiologie auch heute noch ein überzeugendes Experiment wohl am Platze sein

Die übliche Versuchsanordnung nach ASKENASY, die auch DETMER etwas abgeändert in sein „Praktikum" aufgenommen hat, besitzt verschiedene Nachteile „Viele angefangene Versuche sind mir freilich auch mißglückt" sagt ASKENASY, und die gleiche Erfahrung werden andere ebenfalls gemacht haben. Soll jedoch das Experiment nicht nur eine Vorstellung von der Methode geben, sondern wirklich die Kohäsion demonstrieren, so muß das Quecksilber natürlich über Barometerhöhe steigen. Zweitens nimmt der Versuch viele Stunden ev. sogar mehrere Tage in Anspruch, so daß nur selten das Überschreiten des Barometerstandes mit der Zeit der Vorlesung zusammenfallen wird. Drittens sah ASKENASY auch im günstigsten Falle das Quecksilber nur 14 cm über das Barometerniveau steigen, ein Wert, der doch sehr bescheiden ist.

Bis zu 37,7 cm über den Stand des Barometers gelangte HULETT[1]) als er den Trichter statt mit Gips mit einer Porzellanplatte verschloß, in die eine Scheidewand aus Ferrocyankupfer eingelagert war. Zur Demonstration der Kohäsion hat diese Methode, soweit mir bekannt ist, keinen Eingang gefunden, woran wohl die Herstellung des Apparates die Schuld tragen wird.

Ein einfacherer Weg war schon 1846 von DONNY und nach ihm von HELMHOLTZ, LEHMANN, REYNOLDS und zuletzt von LEDUC und SACERDOTE[2]) eingeschlagen worden; doch haben wir es hier mit ruhenden Flüssigkeiten zu tun, während gerade für das Problem des Saftsteigens das Verhalten sich bewegender Flüssigkeitssäulen bekannt sein sollte. Nur auf ruhende Flüssigkeiten ist auch die von BERTHELOT angegebene, von DIXON und JOLY benutzte und von JULIUS MEYER[3]) neuerdings verbesserte Methode anwendbar. Das gleiche gilt für die Experimente WORTHINGTONs und für die Versuche, die OSBORNE REYNOLDS mit dem Zentrifugalapparat ausführte. STEIN-

1) HULETT, Beziehung zwischen negativem Druck und osmotischem Druck. Zeitschr. f. physik. Chem., Bd 42, S. 353; 1903. Er schreibt S. 360: „Die erlangte Maximalhöhe betrug 1111 mm (Quecksilber) bei einer Barometerhöhe von 744, was einen negativen Druck von 377 mm bedeutet." Die Differenz des angeführten Quecksilberniveaus beträgt nicht 377 sondern 367 mm.

2) LEDUC et SACERDOTE, Sur la cohésion des liquides. Compt. rend. Paris, T. 134, p. 589; 1902.

3) JULIUS MEYER, Zur Kenntnis des negativen Druckes in Flüssigkeiten. Abh. d. deutsch. BUNSEN-Ges. Nr. 6; 1911.

BRINCKs[1]) Überheber erlaubt zwar das Studium bewegter Wassersäulen, ist aber für unsern Zweck zu kompliziert.

Am leichtesten schien mir zum Ziele zu führen eine Modifikation des ASKENASY-HULETTschen Verfahrens, das zudem noch
am ehesten mit den Verhältnissen in der Pflanze sich vergleichen läßt.

Nach zahlreichen Vorversuchen behielt ich zuletzt die im
folgenden beschriebene Anordnung bei, die sich in Dutzenden von
Experimenten als brauchbar erwiesen hat.

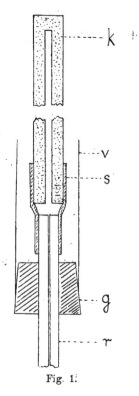

Fig. 1.

Als poröses Material dienen die bekannten Filterkerzen nach
KITASATO. Das Ende der Kerze k wird mittelst eines 5—6 cm
langen, dickwandigen Kautschukschlauches s mit einem dickwandigen
1¹/₂ Meter langen Kapillarrohr r aus Glas verbunden, das an beiden

---

1) STEINBRINCK, Unters über die Kohäsion strömender Flüssigkeiten.
Jahrb. f. wiss. Bot., Bd. 42, S. 579; 1906.

Enden offen und rundgeschmolzen ist[1]). Zur Erzielung eines dichten Verschlusses empfiehlt sich das Anbringen von Ligaturen aus Bindfaden. Daß Rohr, Schlauch und Kerze vorher gereinigt werden müssen, wobei speziell aus Schlauch und Kerze schon zur Vermeidung von Verstopfungen alle festen Partikelchen zu entfernen sind, versteht sich von selbst. Den Schlauch wird man am besten unter fließendem Wasser mit einer feinen Bürste ausreiben, das gleiche empfiehlt sich für die Kerze, die dann noch, die Öffnung nach unten, mit einem kräftigen Wasserstrahle auszuspülen ist. Auch den zur Herstellung des Quecksilberverschlusses dienenden Gummistopfen g kann man gleich jetzt in seine Lage bringen.

Die einzige Schwierigkeit besteht darin, die Kerze vollständig mit luftfreiem Wasser zu füllen. Unter den verschiedenen Verfahren, die ich ausprobierte, lieferte mir das folgende die besten Resultate. Das kerzentragende Ende des Apparates wird in ein Gefäß mit siedendem Alkohol gestellt, aus dem durch längeres Kochen alle Luft entfernt ist[2]). Das freie Ende des Kapillarrohres verbindet man mit Hilfe eines dickwandigen Schlauches mit der Wasserstrahlpumpe. Das Durchsaugen von siedendem Alkohol muß mindestens so lange geschehen, bis keine Luft mehr mitgerissen wird. Je länger man diese Operation fortsetzt, um so besser pflegt der Versuch unter sonst gleichen Umständen zu gelingen. Hierauf wird die Pumpe abgestellt und das kerzentragende Ende möglichst rasch in ein zweites Gefäß übertragen, das siedendes destilliertes Wasser enthält, welches seit einigen Stunden kocht[3]). Man setzt nun die Pumpe wieder in Tätigkeit und saugt so lange kochendes Wasser durch, bis aller Alkohol aus dem Apparat entfernt ist. Zum Schlusse kühlt man durch Einstellen des Gefäßes in kaltes Wasser möglichst rasch ab, um das Eindringen von gelöster Luft zu verhindern, ferner überzeugt man

---

1) Sollten Schlauch und Glasrohr nicht zusammenpassen, so ist durch Ausweiten des Rohrendes oder Anblasen eines entsprechenden Verbindungsstückes leicht abzuhelfen, doch läßt sich dies bei richtiger Auswahl der Schlauchdimensionen umgehen.

2) Ich verwende ein zylindrisches Blechgefäß von 5 dcm Höhe und 1 dcm Weite, das oben einen engeren Hals hat, der mit einem doppelt durchbohrten Stopfen verschlossen wird. Durch die eine Bohrung geht das Kapillarrohr, die andere weitere Bohrung trägt einen Rückflußkühler. Das Erhitzen erfolgt auf dem Wasserbade.

3) Um jede Berührung mit Luft zu vermeiden, bewerkstelligte ich anfänglich das Übertragen der Kerze in einem mit siedendem Alkohol gefüllten Reagenzglas; doch ist diese Vorsichtsmaßregel nicht nötig, wenn das Übertragen rasch und nach Abstellen der Pumpe erfolgt.

sich durch anhaltendes, energisches Klopfen des Kapillarrohres mit
einem metallenen Gegenstand, daß auch bei voller Tätigkeit der
Pumpe keine Luftblasen mehr mitgerissen werden[1]).

Zunächst wird jetzt der Schlauch in der Nähe des Rohrendes
mit einem Quetschhahn verschlossen, wobei darauf zu achten ist,
daß das betreffende Schlauchstück nur luftfreies Wasser führt[2]).
Dann nimmt man den Apparat aus dem Wasser, überdeckt die
Kerze zur Vermeidung von Verdunstung mit einem leeren Reagenzglas und taucht das Rohrende mit dem Schlauchverschluß in Quecksilber. Nachdem das Rohr v aufgesetzt und mit Quecksilber gefüllt ist, wird der Apparat in senkrechter Stellung, die Kerze nach
oben, an einem Stativ befestigt. Nun wird der Schlauchverschluß
unter Quecksilber abgestreift und das Reagenzglas entfernt, worauf
das Quecksilber im Kapillarrohr alsbald zu steigen beginnt. Ein
neben dem Rohr aufgestellter Maßstab erlaubt, die Steighöhe abzulesen. Gewöhnlich hat sich in v über dem Quecksilber etwas
Wasser angesammelt, das vor Abheben des Reagenzglases mit
Filtrierpapier zu entfernen ist.

Bevor ich die Resultate anführe, sollen noch kurz einige
Details der Versuchsanordnung begründet werden. Was zunächst
die völlige Durchtränkung der Kerze mit luftfreiem Wasser betrifft, so gibt es hierzu verschiedene Wege. Das Auskochen der
Kerze bei gewöhnlichem Luftdruck führt nicht zum Ziel; auch
das Auskochen im verdünnten Raume hat nicht den gewünschten
Erfolg. Dagegen ist ein brauchbares Resultat dadurch zu erhalten,
daß man die Kerze in kochendes destilliertes Wasser tauchen und
gleichzeitig die Wasserstrahlpumpe am freien Rohrende saugen
läßt, wobei ein Strom luftfreien Wassers durch die Poren geführt
wird. Nach einer derartigen Zubereitung der Kerze sah ich zwar
das Quecksilber im Steigrohr einmal bis über 150 cm sich erheben;
trotzdem kann ich diesen Weg nicht empfehlen, da oft nach tagelangem Kochen und Saugen die Kerzenwand noch Luft enthält.
Dieses hartnäckige Festhalten der Luft beruht offenbar auf dem
Vorhandensein schwer verschiebbarer JAMINscher Ketten, deren
Bildung bei der erwähnten Versuchsanordnung nicht zu vermeiden
ist. Sollen keine JAMINschen Ketten entstehen, so müßte die
trockene Kerze vollständig von Luft befreit und darauf mit luft-

---

1) Diese Prüfung auf den Luftgehalt des Apparates habe ich anfänglich
auch vor dem Übertragen in Wasser vorgenommen, später aber unterlassen,
da nach genügend langem Kochen in Alkohol die Luft stets ausreichend entfernt war.

2) Durch Einschalten eines Glasrohres läßt sich das leicht feststellen.

freiem Wasser gefüllt werden, was keine besonders einfache Operation ist und mit den Hilfsmitteln kleiner botanischer Institute
in der Regel sich nicht erreichen läßt. Um ohne Quecksilberpumpe zum Ziele zu kommen, habe ich daher nach einer Flüssigkeit gesucht, die mit Wasser gut mischbar ist und eine relativ
leichte Verschiebung der JAMINschen Ketten erlaubt. Eine leichte
Verschiebbarkeit der JAMINschen Ketten glaubte ich bei einer
Flüssigkeit erwarten zu dürfen, die geringe Kapillaritätskonstanten
und geringe Viskosität besitzt und der nach der Anschauung
PLATEAUS eine geringe „Oberflächenzähigkeit" zukommt. Für
Steighöhe und Oberflächenspannung sind diese Bedingungen beim
Alkohol erfüllt, wie aus der nachstehenden Zusammenstellung her-
vorgeht, welche abgerundete Mittelwerte für Zimmertemperatur
enthält.

	Wasser	Äthylalkohol
Steighöhe in Kapillaren von 1 mm Radius	14,9	5,8
Oberflächenspannung	78,8	22,5
Viskosität	0,010	0,012

Bei den im Versuch auftretenden höheren Temperaturen
bleibt das gegenseitige Verhalten von Wasser und Alkohol annähernd dasselbe. Die Unterschiede in der Viskosität sind gering,
dagegen gehört Alkohol wieder zu jenen Flüssigkeiten die nach
PLATEAU eine verminderte „Oberflächenviskosität" besitzen. während dem Wasser nach demselben Autor eine erhöhte „Oberflächenviskosität" zukommt. Zu untersuchen, welchem Faktor die Hauptrolle zufällt, ob und wie diese fragliche „Oberflächenviskosität"
eingreift, ist eine physikalische Aufgabe, die ich nicht verfolgt
habe; für mich genügte es, eine Flüssigkeit gefunden zu haben, die
mit Wasser mischbar ist und das Austreiben der Luft aus den
Kerzenporen ermöglicht. Die relativ leichte Verschiebbarkeit von
Luft-Alkohol-Ketten in Glaskapillaren hat übrigens schon 1883
ZIMMERMANN[1]) nachgewiesen; die größte Anzahl von Luftblasen
bei der noch eine Verschiebung beobachtet wurde, betrug für
Luft-Wasser-Ketten 9, für Luft-Alkohol-Ketten 131.

Der Quecksilberverschluß an der Verbindungsstelle von Kerze
und Glasrohr soll einen Eintritt von Luft zwischen Schlauch und
Kerze oder Rohr sowie eine ev. Diffusion von Gas durch die

---

1) ZIMMERMANN, Über die JAMINsche Kette. Ber. d. Deutsch. Bot. Ges.
1883, S. 884.

Schlauchwand verhindern. Nun ist ja allerdings ein gutes Resultat auch ohne diese Vorsichtsmaßregel nicht ausgeschlossen[1]), doch gewährt erfahrungsgemäß die Verbindung ohne Quecksilberverschluß nicht stets die erforderliche Sicherheit.

Die Geschwindigkeit des Quecksilberaufstieges im Kapillarrohr läßt sich durch Veränderung der Rohrweite und der Verdunstung an der Kerzenoberfläche in bedeutenden Grenzen variieren. Ich verwendete gewöhnlich Kapillaren von ca. $\frac{1}{2}$ mm innerem Durchmesser; noch engere Röhren sind im allgemeinen wegen der Verstopfungsgefahr weniger zweckmäßig. Die Verdunstung beschleunigte ich mit Hilfe eines kleinen elektrisch betriebenen Ventilators. Auf diese Weise konnte das Quecksilber in 10 Minuten leicht über 1 Meter gehoben werden, was für unseren Zweck durchaus genügt.

Zur Illustration seien aus den zahlreichen Versuchen einige Beispiele angeführt. Unter „Korrektion" ist die Summe aus der Kapillardepression des Quecksilbers im Steigrohr und der über dem Quecksilbermeniskus befindlichen Wassersäule verstanden; beide Größen sind in Zentimeter-Quecksilber ausgedrückt und müssen zu der direkt abgelesenen Steighöhe addiert werden, wodurch man die „Gesamtsteighöhe" erhält.

	Versuch			
	a	b	c[2])	d[2])
Hebung des Quecksilbers im Steigrohr (in cm)	114,0	125,6	über 150	über 151
Korrektion (in cm Hg)	6,2	5,0		
Gesamtsteighöhe (in cm)	120,2	130,6		
Barometerstand (in cm)	71,7	71,8	70,1	70,2
Hebung über das Barometerniveau (in cm)	48,5	58,8	über 79,9	über 80,8

Vergleichen wir diese Zahlen mit den maximalen von ASKENASY und HULETT erreichten Werten (14 cm und 37,7 cm), so leuchtet die Brauchbarkeit der Methode ein. Fehlversuche hatte ich bei Befolgung der angeführten Regeln nicht zu verzeichnen; zudem wird man ja stets vor dem Demonstrationsexperiment einen Vorversuch machen, durch den man die Zuverlässigkeit des Apparates prüft.

Um zu zeigen, wie rasch das Steigen erfolgt, sei ein Versuch angeführt, bei dem die Erhebung des Quecksilbers in 10 Minuten

---

1) Ich erhielt auf diese Weise Steighöhen von über 145 cm.

2) In c und d war das Quecksilber bis in den Verschluß oder die Kerze gestiegen, so daß der Meniskus nicht mehr abgelesen werden konnte.

126 cm betrug. Geschwindigkeiten, wie sie nach SACHS in der
intakten Pflanze vorkommen sollen, sind daher durch Modifikation
der Verdunstungsgröße und Steigrohrweite leicht zu erhalten.
Einige wenige nebenbei angestellte Versuche machten es wahrscheinlich, daß die Steiggeschwindigkeit des Quecksilbers mit zunehmender Steighöhe etwas abnimmt, was mit theoretischen und
experimentellen Angaben HULETTs übereinstimmen würde; allerdings war die Abnahme nur gering (bei maximaler Steighöhe von
123 cm Hg) und die Erhebung der Quecksilbersäule pro $\frac{1}{4}$ Minute
zeigte bedeutende Unregelmäßigkeiten, die übrigens auch in der
Tabelle HULETTS vorkommen.

Für die Bedeutung von Erschütterungen haben einige Versuche Interesse, bei denen das Steigrohr in regelmäßigen Inter-
vallen angeschlagen wurde. Der Riß trat in der Wassersäule auf,
einige Zentimeter über dem Quecksilbermeniskus.

Steighöhe des Quecksilbers ohne Erschütterung 125,6 cm
      „   „   „   mit   „   69,0 „
      „   „   „   ohne   „   141,0 „
      „   „   „   mit   „   69,0 „

Daß die Gefahr des Reißens bei Erschütterungen wächst,
haben schon früher mit andern Methoden HELMHOLTZ, LEHMANN,
BERTHELOT, LEDUC und SACERDOTE, STEINBRINCK und zuletzt
JULIUS MEYER gezeigt.

Von besonderer Wichtigkeit ist der Einfluß des Luftgehaltes
auf die Kohäsion des Wassers. Um diesen Einfluß kennen zu
lernen, wurde der mit luftfreiem Wasser durchtränkte Apparat
nicht aus dem Kochgefäß gehoben, sondern am Rohrende mit einer
Flasche verbunden, die gestandenes destilliertes Wasser enthielt[1].
Das gestandene Wasser, das zwar vollkommen blasenfrei war, aber
gelöste Luft enthielt, ließ man so lange durch den Apparat filtrieren, bis es das luftfreie Wasser vollständig verdrängt hatte.
Um direkt vergleichbare Zahlen zu erhalten, füllte ich abwechselnd, nach genau gleicher Vorbehandlung, den Apparat das
eine Mal mit gestandenem, das andere Mal mit ausgekochtem luftfreiem Wasser.

---

1) Um die Verbindung zwischen Flasche und Kapillarrohr völlig luftfrei
zu erhalten, wurde ein T-Stück aus Glas eingeschaltet, dessen Enden Schlauch
ansätze trugen, welche mit Quetschhähnen verschlossen werden konnten.
Durch längeres Saugen an dem einen Schenkel des T-Stückes ließ sich bei
entsprechender Hahnstellung alle Luft entfernen.

Das benutzte Wasser war vor 3—4 Tagen destilliert worden und stand
seitdem in einer mit einem Korkstopfen lose verschlossenen Flasche.

Steighöhe des Quecksilbers für ausgekochtes Wasser 141,0 cm

„   „   „   „ gestandenes   „   58,4 „

„   „   „   „ ausgekochtes   „   142,0 „

„   „   „   „ gestandenos   „   58,8 „

Der Barometerstand schwankte während dieser Versuche zwischen 69,6 und 70,3 cm. Die große Bedeutung gelöster Luft für die Kohäsion bewegter Wassersäulen ist durch diese Resultate deutlich illustriert.

Daß in den Fällen, wo nur geringes Steigen erfolgte, nicht etwa Luftblasen von außen durch die Kerze gedrungen waren, beweist das hohe Steigen im gleichen Apparat bei Verwendung von ausgekochtem Wasser. Für die Undurchlässigkeit der Kerze für Luft in Blasenform spricht auch der Umstand, daß nach dem Reißen des Wasserfadens das Quecksilber nur wenig unter den Barometerstand sinkt, um längere Zeit stationär zu bleiben.

Daß die Kohäsion in ruhendem, lufthaltigem Wasser geringer ist als in ruhendem, luftfreiem Wasser, hat schon DONNY[1]) (1846) angegeben. Nach HELMHOLTZ[2]) hält Wasser, auch wenn es nicht „absolut luftfrei" ist, einen Zug von etwa 1 Atmosphäre aus. Allerdings war der Luftgehalt in dem betr. Experiment, wie aus der Beschreibung von HELMHOLTZ hervorgeht, äußerst gering. Autoren wie LEHMANN[3]), LEDUC und SACERDOTE heben ausdrücklich hervor, daß ihre Versuche mit luftfreiem Wasser ausgeführt wurden.

STEINBRINCK, der mit strömenden Wassersäulen experimentierte, gibt an, daß die Betriebsfähigkeit der langen Heber „von einem sehr hohen Grade ihrer Entlüftung" abhängt.

ASKENASY[4]) beschreibt einen Versuch mit lufthaltigem Wasser (das Wasser war vorher ausgekocht worden, blieb dann aber einen Tag lang in einer off$_e$n$_e$n, nur mit Fließpapier verdeckten Kochflasche stehen), in welchem das Quecksilber 5,8 cm über den Barometerstand sich erhob. Bei einem anderen Experiment, das die maximale Steighöhe von 14 cm über das Barometerniveau ergab, war das benutzte Wasser „vor dem Versuch einigemal aufgekocht worden". HULETT, der nach ähnlicher Methode arbeitete, verwendete „luftfreies" Wasser. BÖHM weist bei ana-

1) DONNY, Ann. Chim. Phys. 16, 1846 p. 167.

2) HELMHOLTZ, Wissenschaftl. Abh. Bd. III, S. 264.

3) LEHMANN, Molekularphysik I, S. 244.

4) ASKENASY, Verh. d. naturhist.-med. Ver. zu Heidelberg 1896 S. 3

logen Versuchen darauf hin, daß nur mit „möglichst luftfreiem"
Wasser operiert werden dürfe. In „Capillarität und Saftsteigen"
verwendete er Wasser, das „seit mindestens 10 Stunden" gekocht
hatte. Dagegen wollen BERTHELOT[1]) und nach ihm DIXON und
JOLY in lufthaltigem Wasser eine hohe Kohäsion gefunden haben.
BERTHELOT·spricht von 50 Atmosphären, macht jedoch keine Angaben über die Größe des Luftgehaltes. DIXON und JOLY fanden
mit der gleichen Methode „that the presence of dissolved air did
not interfere with the attainment of high tensions". „Air-free
water gave no better results, nor (whether from chance or not)
gave results quite so good"[2]). Die Kohäsion von mit Luft beinahe
gesättigtem Wasser geben sie auf 7 Atmosphären an; später spricht
DIXON[3]) sogar von 150 Atmosphären für Wasser, das mit Luft gesättigt ist. Die neuesten und exaktesten, auf dem gleichen Prinzip
basierenden Versuche stammen von JULIUS MEYER, welcher die
BERTHELOTsche Methode „nicht einmal zur Schätzung der Zug-
werte geeignet" hält. „Die BERTHELOTsche Methode, aus der
Größe der nach dem Zerreißen der Flüssigkeit auftretenden Blase
einen Schluß auf die Größe des negativen Druckes zu machen,
leidet an dem großen Fehler, daß die nicht unbeträchtliche Vo-
lumenänderung des Glasgefäßes selbst nicht berücksichtigt wird
und daß sie den experimentell nicht bestimmten Dilatations-
koeffizienten ohne weiteren Beleg gleich dem Kompressions-
koeffizienten setzt, ein Verfahren, das durchaus nicht immer
berechtigt ist"[4]). Brauchbare Werte erhielt MEYER mit Apparaten,
die er Flüssigkeitstonometer nannte und die in zahlreichen Vorversuchen auf ihre Empfindlichkeit geprüft worden waren. Auf
die große Bedeutung des Luftgehaltes weist MEYER an verschiedenen Stellen ausdrücklich hin. Er bemerkt, daß bei der Herstellung des Tonometers Glasröhren unbedingt vermieden werden
mußten, welche Luftröhrchen oder Luftfäden besitzen, die mit
dem Innern in Verbindung stehen. Um die Zufälligkeiten, welche

---

1) BERTHELOT, Ann. Chim. Phys. **30**, 1850 p. 232.

2) DIXON and JOLY, On the ascent of sap. Phil. Trans. Roy. Soc.
London Vol. 186 (1895) B. p. 568.

3) Vgl. DIXON, Transpiration and the ascent of sap. Progr. rei bot.
Bd. 3, 1909, p. 39; sowie Notes from the Botanical School of Trinity College,
Dublin. 1909 p. 38. In der Formel, nach welcher DIXON diese Werte berechnete, sind auch die Koeffizienten für die Veränderung des Glases
enthalten.

4) Einen weiteren hier in Betracht·fallenden Punkt hoffe ich später bei
einer anderen Gelegenheit besprechen zu können.

das spontane Zerreißen der Flüssigkeit in den geeichten Tonometern bedingen, möglichst auszuschalten und den so erreichten
negativen Druck möglichst zu steigern, mußte folgendes Verfahren,
eingehalten werden. „Die untersuchten Flüssigkeiten werden sehr
sorgfältig filtriert und 2 Stunden am Rückflußkühler ausgekocht.
Besonders bei organischen Flüssigkeiten ist ein längeres Auskochen
unumgänglich, weil diese die gelöste Luft sehr hartnäckig festhalten[1]). Das Abschmelzen des gefüllten Tonometers erfolgte stets
so, daß ein möglichst kleines Luftbläschen eingeschlossen war."
Und an anderer Stelle schreibt er: „Je kleiner das eintretende
Luftbläschen ist, ... desto größer sind die zu erreichenden negativen Drucke, wie sich im besondern beim Wasser ergeben wird."

· Aus den mitgeteilten Angaben scheint mir jedenfalls so viel
mit ausreichender Zuverlässigkeit hervorzugehen, daß die Kohäsion
ruhenden und bewegten Wassers mit zunehmendem Gehalt an gelöster Luft abnimmt.

Für eine eventuelle Beteiligung der Kohäsion beim Wassertransport wird somit der Luftgehalt des Saftes wesentlich in Betracht fallen und ich hielt es daher für wünschenswert, mit meinem
Apparat die Kohäsion des Blutungssaftes zu ermitteln. Ich verfuhr hierbei auf folgende Weise. Ein Stahlrohr mit seitlichen
Bohrungen und massiver Spitze wurde in die Basis eines Stammes
von *Carpinus Betulus* getrieben und der austretende Blutungssaft
mittelst Gummischlauches in eine Flasche geleitet. Die Flasche war
mit einem doppelt durchbohrten Stopfen verschlossen, der ein
langes, bis auf den Boden reichendes, und ein kurzes, mit dem
unteren Stopfenende abschließendes Glasrohr trug; das lange Rohr
diente zum Einleiten des Saftes, das kurze zum Entweichen der Luft.
Das Einleiten erfolgte so lange bis etwa $1/_2$ Flasche übergelaufen
war, bis also bei Blutungssaft und Flascheninhalt der gleiche Luftgehalt angenommen werden konnte. Hierauf wurden die Rohr-
enden luftdicht verschlossen. Das Füllen des mit luftfreiem
Wasser durchtränkten Kerzenapparates mit Blutungssaft geschah in
ähnlicher Weise wie das früher beschriebene Füllen mit gestandenem
Wasser. Die Flasche wurde in umgekehrter Stellung über dem
Apparat befestigt und ihr kurzes Rohr unter Einschalten eines
T-Stückes mit dem kapillaren Steigrohr verbunden. Zur Zurückhaltung ev. Unreinigkeiten fügte ich einen luftfreien Wattebausch
in die Leitung ein. Nachdem die Verbindung zwischen Steigrohr
und Saftflasche mit luftfreiem Wasser gefüllt war, öffnete ich das

---

1) J. MEYER, Zeitschr. physik. Chem. Bd. 72, S. 225 (1910).

auf den Boden der Saftflasche reichende Rohr und ließ Blutungssaft durch den Apparat filtrieren. Da der Apparat nur ein geringes Flüssigkeitsvolumen faßt und die Flasche ca. 20 cm hoch
ist, so kann der Luftgehalt der ersten Füllung dem des normalen
Blutungssaftes annähernd gleich gesetzt werden; später nimmt dann
allerdings der Luftgehalt zu, besonders wenn die Flasche, wie in
unserem Falle, nicht erschütterungsfrei aufgestellt ist. Zur Kontrolle füllte ich den in gleicher Weise vorbereiteten Apparat nach
derselben Methode mit ausgekochtem, luftfreiem Wasser.

Steighöhe des Quecksilbers für ausgekochtes Wasser 126,0 cm
     ,,   ,,   ,,   ,, Blutungssaft (I. Füllung) 62,0 ,,
     ..   ..   ..   ,, ausgekochtes (wie stark?)
                              Wasser 92,0 ,,
          ,,   ,, Blutungssaft (IV. Füllung) 58,0 ,,
          ,, ausgekochtes Wasser 144,0 ,,
          ,, Blutungssaft (V. Füllung) 56,0 ,,
          ,, ausgekochtes Wasser 113,0 ,,
   ::   ,,   ,,   ,,   ,, Blutungssaft (VI. Füllung) 59,0 ,,

Der Barometerstand schwankte während dieser Versuche
zwischen 69,8 und 71,0 cm[1]).

Es ist wohl kaum nötig, hinzuzufügen, daß die angeführten
Zahlen nicht den Wert physikalischer Konstanten beanspruchen

---

1) Es soll nicht unerwähnt bleiben, daß bei Füllung II und III das
Quecksilber auf 73,0 (Barom. 70,0) und 88,0 (Barom. 69,9) cm stieg, doch hatte
ich in diesen Fällen unterlassen, die Menge des filtrierten Saftes zu messen
und da die Filtration nur ganz kurze Zeit dauerte, so war offenbar die Kerze
noch mit Wasser gefüllt, das keine Luft oder nur Spuren aus dem Blutungssaft hineindiffundierter Luft enthielt.
In einer anderen Versuchsreihe, in welcher ich den Blutungssaft nicht
durch das freie Ende des Steigrohres sondern durch die Kerze in den Apparat filtrieren ließ, stieg das Quecksilber bis auf 120,0 cm (Barom. 70,4). Da
aber poröse Körper Gase bekanntlich energisch adsorbieren, so erscheint es mir
fraglich, ob in diesem Falle nennenswerte Luftmengen in das Lumen des
Apparates gelangt waren. Um diese Fehlerquelle auszuschließen, habe ich
die Filtration später stets durch das freie Ende des Steigrohres vorgenommen.
ASKENASY (l. c. S. 14) gibt für lufthaltiges Wasser eine Steighöhe des Hg
von 5,8 cm über Barometerniveau an. Vielleicht spielte hier, da der Apparat
oft durch den Gips hindurch gefüllt wurde, die gleiche Fehlerquelle mit, doch
läßt sich dies aus der Beschreibung von ASKENASY nicht mit Sicherheit entnehmen.
Der Wunsch, den Blutungssaft unter Quecksilberdruck ohne jegliche
Berührung mit Luft zu filtrieren, konnte nicht mehr zur Ausführung gelangen,
da die Blutungsperiode zu Ende war.

wollen. Mein Zweck ging ja nur dahin, eine brauchbare Methode für einen Demonstrationsversuch zu finden. Dagegen verdienen die Verhältniszahlen Beachtung, weil alle Versuche nach der gleichen Methode erfolgten. Bei Verwendung längerer Steigröhren muß man, wie aus meinen Angaben folgt, noch weiter kommen; auch wird sich die Methode durch den Gebrauch von feinerporigem Material, oder durch Dichtung der Kerzen mit Kieselsäuregallerte oder andern gelatinösen Massen verbessern lassen. Ferner läßt sich das Auftreten von Kernen im Apparat, die zur Blasenbildung Anlaß geben können, noch besser vermeiden und auch die Entfernung der Luft noch weiter treiben.

Zur überzeugenden Demonstration der Kohäsion bewegter Wassersäulen ist jedoch unsere Versuchsanordnung durchaus ausreichend.

Für ruhendes luftfreies Wasser konnte MEYER in seinen Tonometern eine Kohäsion bis zu 34 Atm., für Äthylalkohol bis zu 39,5 Atm., für Athyläther sogar bis zu 72 Atm. nachweisen, ohne daß ein Grenzwert, der der Zugfestigkeit der untersuchten Flüssigkeit entspricht, erreicht worden wäre. Eine Eigentümlichkeit, die allen Methoden anhaftet, ist die Unregelmäßigkeit der, unter scheinbar gleichen Bedingungen erhaltenen Kohäsionswerte. Die Zahlen, welche MEYER für Wasser anführt, schwanken zwischen 21,0 und 34,0 Atm., und auch in meinen Versuchen kommen ähnliche Differenzen vor.

58. A. Ursprung: Über die Bedeutung der Kohäsion für das Saftsteigen.

(Mit 2 Textfiguren.)

(Eingegangen am 11· September 1918.)

Im Anschluß an meinen Aufsatz „Zur Demonstration der Flüssigkeitskohäsion"[1]) sollen im folgenden Versuche· und Überlegungen mitgeteilt werden über die Bedeutung der Kohäsion für das Saftsteigen.

Eine Flüssigkeit muß, um ihre kohäsiven Eigenschaften entfalten zu können, in ein Gefäß eingeschlossen sein. Solange nun die Form des Gefäßes, die Natur seiner Wand und die Beschaffenheit der Flüssigkeit mit den Verhältnissen in lebenden Pflanzen nicht übereinstimmen, werden sich die physikalischen Daten auf das Problem des Saftsteigens nicht direkt übertragen lassen.

Von allen physikalischen Versuchsanordnungen nähert sich die Methode von ASKENASY, HULETT und mir am meisten den natürlichen· Bedingungen. Bei Verwendung von ausgekochtem destilliertem Wasser betrug die maximale Steighöhe des Quecksilbers über 151 cm, bei Verwendung von Blutungssaft 62 cm. Der Inhalt der Leitungsbahnen hat somit für die sog. Kohäsionstheorie weit weniger günstige Eigenschaften als das zu den Kohäsionsversuchen meist verwendete ausgekochte Wasser. Auch ist bekannt, daß gelöste Luft das Sieden des Wassers erleichtert, während ganz luftfreies Wasser nur schwer, nach GROVE sogar überhaupt nicht siedet.

Das Material des Gefäßes spielt schon deshalb eine Rolle, weil der Siedepunkt um so höher liegt, je besser die Flüssigkeit die Gefäßwand benetzt. So siedet das Wasser nach GAY-LUSSAC in gläsernen Behältern schwerer als in metallenen und in ersteren bekanntlich wieder um so schwerer, je sorgfältiger sie gereinigt sind.

Hinsichtlich der Form des Gefäßes sei auf einen Versuch NÄGELIs hingewiesen, nach welchem das Wasser in einer engen Kapillare weit weniger leicht siedet als in einem Reagenzglas. DUFOUR brachte Wassertropfen von 1—2 mm Durchmesser in· einer

---

1) Ber. d. Deutsch. Bot. Ges., dieses Heft, voriger Aufsatz

Mischung von Nelkenöl und Leinöl von gleichem spez. Gewicht selbst bei 175 ⁰ nicht zum Sieden, wobei mehrere Umstände mitgespielt haben mögen. In engen Kapillaren ist auch, wie schon MOUSSON zeigte, die Wirkung von Erschütterungen viel geringer.

Es sprechen somit mehrere Momente dafür, daß in den Leitungsbahnen eine Blasenbildung schwerer erfolgt als in den physikalischen Apparaten: Kapillare Dimensionen, starke Adhäsion des Saftes an den Wänden, allseitiger Abschluß der Bahnen, der ein Eindringen fester „Kerne" für die Blasenbildung verhindert. Es erleichtern die Blasenbildung: der Luftgehalt des Saftes, die Durchlässigkeit der Wände für gelöste Luft, hierher gehört auch die starke Steigerung des Filtrationswiderstandes in den Leitungsbahnen verglichen mit den Steigröhren der physikalischen Apparate.

Auf die Frage nach dem Vorhandensein und der Größe der Kohäsion des Saftes in den Leitbahnen können daher die vorliegenden physikalischen Erfahrungen keine befriedigende Antwort geben.

I.

Eine gewisse Orientierung schien mir durch folgende Versuchsanordnung möglich. Der Apparat besteht aus Glasröhren und Gummistopfen (siehe Figur 1) und ist mit ausgekochtem Wasser gefüllt. z = belaubter *Thuja*-Zweig, innerhalb und unterhalb des Gummistopfens entrindet; st = kapillares Steigrohr, das unten in ein mit Baumwolle (zur Zurückhaltung von Unreinigkeiten) verschlossenes Reagensrohr r ragt. Die untere Partie des Steigrohres taucht in ein hohes zylindrisches Blechgefäß, in dem seit längerer Zeit dest. Wasser gekocht wurde. Zur Sicherheit sind die Quecksilberverschlüsse Hg_1 und Hg_2 angebracht. Durch Saugen bei p mit der Wasserstrahlpumpe lassen sich alle Blasen ohne Schwierigkeit entfernen. Hierauf wird das dickwandige Schlauchstück bei p mit einem Quetschhahn verschlossen und unter Quecksilber (Hg_3) getaucht. Auch in das Reagenzglas wird etwas Quecksilber gegossen. Man entfernt nun die nassen Tücher, in die der Zweig bis jetzt eingewickelt war, worauf das Steigen des Quecksilbers beginnt, das durch Steigerung der Transpiration mit Hilfe eines Ventilators leicht beschleunigt werden kann.

Der am Stamm befindliche Versuchszweig wurde frühmorgens in nasse Tücher eingehüllt und nach einigen Stunden unter ausgekochtem dest. Wasser abgeschnitten. Das Entfernen des Rindenringes, das Anstecken des Kautschuckstopfens und die Erneuerung der Schnittfläche mit dem Rasiermesser erfolgte ebenfalls unter Wasser; nur bei dem Übertragen in den mit ausgekochtem Wasser gefüllten Apparat hatte die Luft einen Moment Zutritt, konnte aber nicht in den Zweig eindringen.

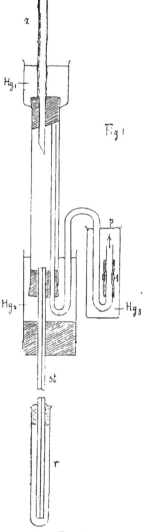

Fig. 1.

In den zahlreichen Versuchen stieg das Quecksilber oft bis auf ca. 67 cm, was bei Berücksichtigung der notwendigen Korrektionen (Kapillardepression, übergelagerte Wassersäule) dem Ba-

rometerstand annähernd gleichkommt. Häufig betrug die Steighöhe 74—75 cm (Barom. 70—71 cm). Besondere Erwähnung verdient ein Fall, wo das Quecksilber 90 cm hoch gestiegen war
(Barom. 71,0 cm), bis an das obere Ende des Steigrohres und wahrscheinlich eine noch größere Höhe erreicht hätte, wenn das Steigrohr länger gewesen wäre. Das Fallen der Quecksilbersäule war
verursacht durch eine Erschütterung des Zweiges, die das Auftreten einer Blase zwischen Zweig und Stopfen zur Folge hatte;
bei 67 cm blieb die Säule stehen.

Ähnliche Resultate wurden schon 1889 von BÖHM[1]) angegeben,
von STRASBURGER[2]) aber in Zweifel gezogen. Nach meinen Erfahrungen sind BÖHMs Erfolge durchaus glaubwürdig und mußten
bei der Ausdauer und Sorgfalt, mit der er experimentierte, auch
wohl erzielt werden. BÖHM kam 16,1 cm über den Barometerstand, ich selbst 19,0 cm. Ich habe die Versuche nicht weiter ausgedehnt, weil das von mir erstrebte Ziel auf diesem Wege doch
nicht zu erreichen war; noch weniger sind hierzu BÖHMs Experimente zu gebrauchen, da er seine Zweige ganz oder doch partiell
in Wasser kochte. Die Mißerfolge STRASBURGERs sind mir wohl
verständlich; sie waren durch die wenig zweckmäßige Wahl des
Apparates und der Versuchspflanzen bedingt. Auch mit *Thuja*
sind Fehlversuche nicht ausgeschlossen; es kann an demselben
Zweig die eine Schnittfläche ein gutes, die andere ein unbrauch-
bares (Blasenaustritt) Resultat geben; aus diesem Grunde ist die
Demonstration der Kohäsion mit lebenden Zweigen kaum zu
empfehlen.

Zu diesen Experimenten führte mich folgende Überlegung.
Sind die Voraussetzungen der Kohäsionstheorie erfüllt und grobe
Fehlerquellen (z. B. Blasenaustritt aus dem Zweig) ausgeschlossen,
dann muß bei meiner Versuchsanordnung das Quecksilber weit
über das Barometerniveau gehoben werden. Denn das Wasser im
Apparat reißt nach unseren früheren Erfahrungen bei diesem
Quecksilberstand nicht, und wenn dieses Wasser mit den ange-
nommenen kontinuierlichen Säulen im Zweig in direkter Verbindung steht, so muß ein Urteil über die Kohäsion des Saftes in
den Leitungsbahnen sich bilden lassen. Erfolgt der Riß unter
Barometerniveau im Apparat, so ist dies deutlich sichtbar und be-

1) BÖHM, Ursache des Saftsteigens. Ber. d. Deutsch. Bot. Ges. 1889,
Gen.-Vers. S. (46).

BÖHM, Capillarität u. Saftsteigen. Ber. d. Deutsch. Bot. Ges. 1893,
S. 203.

2) STRASBURGER, Leitungsbahnen. 1891, S. 784.

rechtigt zu keinen Schlüssen. Erfolgt dagegen der Riß im Zweige selbst, so ist zwar die Blase nicht direkt sichtbar, doch wird — je nachdem das Reißen in wenigen oder vielen Tracheiden stattfindet — das Quecksilberniveau nicht mehr mit bisheriger Geschwindigkeit steigen ev. sogar zeitweise stille stehen oder sinken, und wenn der Riß im Zweig vollständig ist und die Luftverdünnung ihr Maximum erreicht hat, wird das Quecksilberniveau längere Zeit konstant bleiben.

Diese Überlegung geht von der Annahme aus, daß die Leitungsbahnen tatsächlich während des Experimentes ihren natürlichen Inhalt besitzen. Nun hat aber schon BÖHM[1]) gezeigt, daß frisch abgeschnittene und in Wasser gestellte Thuja-Sprosse ihr Gewicht vergrößern, auch nachdem sie vor dem Abschneiden 24 Stunden lang in feuchte Tücher eingeschlossen waren; die Gewichtszunahme betrug in den gegen Verdunstung geschützten Zweigen ca. 15 pCt. in 12 Stunden. Es wird also bei unserer Versuchsanstellung ausgekochtes Wasser während des Abschneidens und der späteren Behandlung in den Zweig gelangt sein. Somit sind zu große Steighöhen zu erwarten und die Resultate auf normale Verhältnisse nicht übertragbar. Es verdient hervorgehoben zu werden, daß bereits BÖHM[2]) die Hebung des Quecksilbers über Barometerniveau der Kohäsion des Wassers zuschrieb; es geschah dies im Jahre 1893, also vor den Publikationen von DIXON und JOLY und ASKENASY.

Erlaubt die Höhe des Quecksilberaufstieges auch keinen Schluß, so bleibt doch die Art des Aufsteigens verwertbar. In einem bestimmten Falle stieg das Quecksilber ziemlich rasch und gleichmäßig bis 12 cm, fiel hierauf um 2—3 mm und blieb 1 bis 2 mm konstant; dann stieg es zuerst ganz langsam und später rascher bis zu einer Höhe von 74,0 cm (Barom. 71,0 cm), worauf aus der Schnittfläche eine Blase trat. Das Sinken bei 12 cm Steighöhe kann, wie die Untersuchung zeigte, weder auf Veränderung der äußeren Transpirationsbedingungen, noch auf Verstopfungen im Rohr oder an der Schnittfläche und selbstverständlich auch nicht auf Blasenauftritt im Apparat beruhen. Dagegen scheint mir die Annahme zulässig, es habe im Zweig selbst ein Riß stattgefunden, der aber, da das Quecksilber später über Barometerniveau stieg, nicht auf alle Wassersäulen sich erstrecken konnte. Bei einem andern Zweig stieg das Quecksilber bis 23 cm,

---

1) BÖHM, 1893, l. c. S. 211.
2) BÖHM, 1893, l. c. S. 210.

fiel hierauf bis auf $22^{1}/_{2}$ und blieb konstant. Da auch hier die Verhältnisse (Transpiration, Verstopfung, Blasenbildung betr.) wie oben lagen, so dürfte ein Reißen des Wassers innerhalb des Zweiges erfolgt sein, das sich allerdings auf alle eventuellen Wasserfäden erstreckt haben müßte. Als letztes Beispiel sei ein Zweig erwähnt, der das Quecksilber rasch und gleichmäßig bis 33 cm hob, worauf der Meniskus um wenige Millimeter sank, nach einigen Minuten aber ganz langsam weiterstieg. Auch hier wäre, da die Bedingungen dieselben waren, auf ein Reißen zu schließen; über dessen Ausdehnung läßt sich allerdings nichts angeben, weil schon bei 45 cm Steighöhe aus der Schnittfläche eine Blase trat.

Die Versuche wurden nicht weiter ausgedehnt, weil die Methode neben gewissen Vorzügen bedeutende Nachteile besitzt. So enthalten die Leitbahnen in ihrer untersten Partie ausgekochtes Wasser, was das Reißen natürlich schwieriger gestaltet als in der intakten Pflanze; ferner ist der Ort der Blasenbildung im Zweiginnern nicht bekannt und die Empfindlichkeit nicht groß genug, um das Auftreten einer einzelnen kleinen Blase konstatieren zu können.

II.

Ein Urteil über die Kohäsion des Saftes in den Leitungsbahnen ist auch auf anatomischem Wege zu gewinnen. Aus dem zweifellos konstatierten Vorkommen von Gasblasen in den Wasserleitungsbahnen nicht nur hoher Bäume sondern auch niedriger Krautpflanzen geht mit Sicherheit hervor, daß schon in handhohen Gewächsen die Kohäsion des Wassers tatsächlich überwunden wird. Denn wäre das nicht der Fall, so müßten die anfänglich blasenfreien Leitbahnen blasenfrei bleiben. Nach STRASBURGER[1]) ist nun allerdings der Luftgehalt in Stämmen in den peripheren Bahnen stets am geringsten, „er schwankt innerhalb der zulässigen Grenzen". Daß der Luftgehalt eines gesunden Baumes „zulässig" ist, liegt wohl auf der Hand. STRASBURGER wollte daher jedenfalls sagen, daß der Luftgehalt mit einem bestimmten Erklärungsversuch in Einklang stehe; dann hätte er aber die Pflicht gehabt, diesen Erklärungsversuch zu erwähnen und auszuführen, wie er sich den Mechanismus denkt. KOSTECKI[2]), dem wir die eingehendsten Untersuchungen verdanken, gelangt zu einem anderen Resultat. Wohl fand er die jüngeren Jahresringe in der Regel

---

1) STRASBURGER, Leitungsbahnen S. 688.
2) KOSTECKI, Unters. üb. d. Verteilg. d. Gasblasen usw., Inaug.-Diss. Freiburg (Schweiz) 1910.

ärmer an Gasblasen als die älteren, doch wies auch der jüngste Ring stets Blasen auf und enthielt manchmal sogar mehr als die älteren Ringe. Es ist also auch im jüngsten Jahresring die Kohäsion nicht groß genug, um ein Reißen zu verhindern. Angesichts dieser Tatsachen muß die Kohäsionstheorie die Annahme machen, daß in den vorausgesetzten zusammenhängenden Wassersäulen die Kohäsion sehr groß ist, obschon in benachbarten Wassersäulen bereits frühe Blasen auftreten. Oder mit anderen Worten: Es wird zugemutet zu glauben, daß der Inhalt benachbarter Tracheiden ganz enorme Kohäsionsunterschiede aufweist!

III.

Die Frage, ob bei einem stärkeren Blasengehalt des leitenden Holzes die vorausgesetzten zusammenhängenden Wassersäulen überhaupt vorhanden sind, ist keiner direkten Prüfung zugänglich, weil sich die Wasserfäden nicht mikroskopisch von der Wurzel bis ins Blatt verfolgen lassen. Wie wenig mit einem willkürlichen Schema gewonnen ist, zeigt die Figur von DIXON[1]), die bei 50 pCt. Wassergehalt zahlreiche kontinuierliche Säulen aufweist, während in SCHWENDENERS [2]) Figur bei 65 pCt. Wassergehalt die Kontinuität fehlt. DIXONs Schema verrät etwas zu leicht die Absicht des Verfassers, seine Vermutung zu stützen; aber auch aus dem Schema SCHWENDENERS läßt sich, wie dieser Autor selbst hervorhebt, nichts Sicheres schließen.

Das zuverlässigste Urteil über die Existenz eines zusammenhängenden Wassernetzes von hinreichender Größe und Beweglichkeit in den Wasserleitungsbahnen erlaubt der TH. HARTIGsche Tropfenversuch. Gegen die übliche Art der Ausführung, bei welcher das Sproßstück in Luft herausgeschnitten wird, lassen sich allerdings Bedenken erheben, indem der Luftdruck durch Verschiebung der Luftwassersäulen seitliche Zusammenhänge herstellen und unterbrechen kann und indem an der Schnittfläche durch Zurückdrängen der Menisken das Wasser des aufgesetzten Tropfens von dem der Leitungsbahnen getrennt werden kann. Das Frischbleiben beblätterter Zweige, die in Luft abgeschnitten und in Wasser gestellt wurden, zeigt jedoch, daß in diesen Fällen die genannten Veränderungen für das Saftsteigen bedeutungslos sind. Es schien

---

1) DIXON, Transpiration and the ascent of sap. Progr. rei Bot. III, 1909, p. 43.

2) SCHWENDENER, Unters. üb. d. Saftsteigen. Sitzber. d. Berl. Akad. 1866, S. 582

mir aber trotzdem wünschenswert, den Tropfenversuch so zu modifizieren, daß ich das Sproßstück ganz unter Wasser abschnitt,
wodurch es natürlich wasserreicher wurde. Sollte auch jetzt der
Versuch mißlingen, so müßte man um so mehr auf das Fehlen
eines solchen Wassernetzes in natura schließen. Ich habe derartige
Experimente im Monat August dieses Jahres mit *Quercus Robur,
Pinus silvestris* und *Robinia Pseudacacia* ausgeführt, vermochte aber
ein Gelingen des Versuches nur in seltenen Ausnahmefällen zu
verzeichnen. Das Resultat ist somit dasselbe wie bei SCHWENDE-
NERS[1]) nach der gewöhnlichen Methode ausgeführten Versuchen,
und wir dürfen daher mit ihm schließen, daß die Kontinuität der
Wasserfäden nicht zu den Bedingungen des Saftsteigens gehört.

An dieser Stelle sei auch auf DUFOURS[2]) Einkerbungsver-
suche hingewiesen, bei denen Zweige mit 2 und 3 Kerbschnitten
turgeszent blieben. Da der die Einkerbungen enthaltende Teil bei
Quercus pedunculata selbst unter einem Überdruck von 80 cm Hg
kein Wasser filtrieren ließ, so darf man noch mehr als beim
Tropfenversuch auf das Fehlen und daher auch auf die Bedeutungs-
losigkeit eines zusammenhängenden Wassernetzes von hinreichender Größe und Beweglichkeit schließen. Wollte man aber trotzdem an ein zusammenhängendes Wassernetz glauben, so müßte
man ihm einen enorm hohen Bewegungswiderstand zuschreiben.
Kann dieses Wassernetz durch eine von hinten wirkende Druck-
kraft nicht fortbewegt werden, so ist das noch viel weniger bei
einer von vorne wirkenden Zugkraft (Kohäsionstheorie) der Fall,
weil hier ja beständig eine Unterbrechung der Fäden durch Reißen
zu befürchten ist.

IV.

Einen Versuch, den Inhalt der Gefäße von *Quercus* auf das
Vorhandensein zusammenhängender Wasserfäden und die ev. Größe
ihrer Kohäsion zu prüfen, unternahm ich auf folgende Weise. Am
Baum befindliche Äste von *Quercus* wurden unter ausgekochtem
Wasser abgeschnitten, nach ca. $1/4$ Stunde die Schnittfläche er-
neuert und der Zweig derart in Quecksilber getaucht, daß die
Schnittfläche nie mit Luft in Berührung kam[3]). Infolge der Tran-

---

1) SCHWENDENER, Unters. üb. d. Saftsteigen. Sitzber. d. Berl. Akad.
1886, S. 582.

2) DUFOUR, Beiträge zur Imbibitionstheorie. Arb. d. bot. Inst. Würzburg, III, 1884, S. 49.

3) Beim Übertragen in Quecksilber tauchte die Schnittfläche in ein
kleines mit ausgekochtem Wasser gefülltes Schälchen, das erst unter Quecksilber entfernt wurde.

spiration wird nun offenbar das Quecksilber in den Gefäßen allmählich steigen, und wenn die Gefäße nicht verstopft und genügend lang sind und zusammenhängende Wasserfäden mit kohäsiven Eigenschaften besitzen, so wird auch das Steigen des Quecksilbers über die (korrigierte) Barometerhöhe hinaus erfolgen müssen.
Ich experimentierte im Monat August mit 12 beblätterten Ästen
von mindestens 1¹/₂ m Länge. In keinem Falle konnte bei be-
ginnendem Verdorren der Blätter das Quecksilber 60 cm über der
Astbasis nachgewiesen werden, obschon alle diese Aststücke unter
Druck Quecksilber aus zahlreichen Gefäßen filtrieren ließen und
somit viele offene Leitbahnen von genügender Länge besaßen.
Weil bei dem Abschneiden unter ausgekochtem Wasser die Bedingungen für die Kontinuität und Kohäsion der Wasserfäden
offenbar günstiger liegen als in natura, so habe ich das Abschneiden auch direkt unter Quecksilber besorgt. Hierbei ist jedoch,
wie mich entsprechende Versuche mit Glaskapillaren lehrten, das
Auftreten von Gasblasen zwischen Quecksilber und Gefäßinhalt
nicht ausgeschlossen, ein überzeugendes Resultat daher nicht zu
erwarten. Immerhin sei erwähnt, daß das Quecksilber ebenso hoch
stieg wie in den vorigen Experimenten. Man wird vielleicht einwenden, daß auch beim Abschneiden unter Wasser Blasen sich
gebildet hätten. Prüfen läßt sich dies nur schwer. Sicher aber
ist, daß das Abschneiden unter Wasser und das Erneuern der
Schnittfläche vorzügliche Mittel sind, um das Welken zu verhindern
und daß somit hierdurch das Saftsteigen nur günstig beeinflußt
wird. Zudem hat schon VON HÖHNEL[1] auch blutende Zweige
mit der Schnittfläche in Quecksilber gestellt; der Aufstieg erfolgte
jedoch nicht bis zum Barometerniveau, obschon hier die Verhältnisse besonders günstig lagen (möglichst große Kontinuität der
Wasserfäden, Fehlen von Blasenbildung beim Abschneiden).

Es fehlt daher entweder die Kontinuität der Wasserfäden in
den Gefäßen oder die Kohäsion oder beides zusammen.

V.

Noch auf einem andern Wege suchte ich die Kohäsionstheorie
zu prüfen.

Zur Erläuterung der Grundlagen diene folgender Versuch
(siehe Fig. 2). Das Steigrohr meines Apparates zur Demonstration

---

1) V. HÖHNEL, Beitr. z. Kenntnis d. Luft- und Saftbewegung in d. Pfl.
Jahrb. f. wiss. Bot. XII, 1879, S. 47.

der Kohäsion[1]) ist an dem einen Ende rechtwinkelig umgebogen und nach Füllung des Apparates mit luftfreiem Wasser in Quecksilber getaucht. Infolge der — möglichst gleichmäßig gehaltenen — Verdunstung an der Kerzenoberfläche bewegt sich der Quecksilbermeniskus im horizontalen Steigrohr mit annähernd derselben Geschwindigkeit. Läßt man nun bei s die Wasserstrahlpumpe mit voller Saugung einwirken, so wird die Geschwindigkeit nur um einen fast unmerklichen Betrag herabgesetzt; sie betrug nach wie vor im Mittel 90 mm in 6 Minuten[2]). Ersetzen wir die Saugkraft der Filterkerze durch die Saugkraft einer Wasserstrahlpumpe, so fällt der Meniskus sofort vollständig zurück, sobald bei s die Saugung einsetzt. Im ersten Falle wirkt die mehrere bis viele Atmosphären starke Imbibition feinporiger Körper zusammen mit der Kohäsion luftfreien Wassers, im zweiten Falle wirkt die im

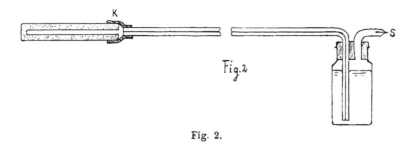

Fig. 2.

Maximum 1 Atm. starke Saugung der Pumpe und die Kohäsion kommt überhaupt nicht zur Geltung.

In hohen Bäumen wird zur Hebung der vorausgesetzten kontinuierlichen Wassersäulen zweifellos eine bedeutende Kraft erforderlich sein, da ja die Hebungskraft das Gewicht des Wassernetzes und den Filtrationswiderstand zu überwinden hat. Da man sich die Wasserfäden an den Blättern gleichsam aufgehängt zu denken hat, so repräsentieren Gewicht und Filtrationswiderstand dieser Fäden eine nach unten wirkende Zugkraft, die in hohen Bäumen sicherlich 1 Atm. bei weitem übersteigt.

Es wurden nun 2 möglichst gleich beschaffene Robinienäste unter Wasser abgeschnitten und jeder Ast mit dem basalen Ende

---

1) URSPRUNG, Zur Demonstration d. Flüssigkeitskohäsion. Ber. d. Deutsch. Bot. Ges., dieses Heft, voriger Aufsatz.

2) Die Ablesung darf natürlich erst einige Zeit nach dem Beginn bzw. Aufhören der Saugung erfolgen, weil die Volumveränderung der elastischen Kautschukverbindung k zuerst ausgeglichen sein muß.

in eine mit Wasser nahezu gefüllte Flasche gestellt. In der einen
Flasche wurde die Luft über dem Wasser verdünnt, in der anderen
blieb der Atmosphärendruck bestehen. Der mehrfach wiederholte
Versuch ergab stets dasselbe Resultat. Die Zweige, auf deren
Schnittfläche der Atmosphärendruck einwirkte, blieben turgeszent,
die anderen welkten ebenso rasch wie frei in Luft aufgehängte
Sprosse von gleichen Dimensionen. Vergleichen wir diese Experimente mit unserer physikalischen Versuchsanordnung, so entsprechen
die Blätter der Filterkerze und das vorausgesetzte zusammenhängende Wassernetz der Wassersäule im Steigrohr.

Gegen den Schluß, das Welken beweise die Unzulänglichkeit
der Kohäsionstheorie, wird man zunächst Bedenken haben. Es läßt
sich einwenden, daß Gefäßverstopfungen bei verminderter Spannung
vielleicht rascher sich bilden als unter Atmosphärendruck. Es
wurden daher 2 Zweigpaare anatomisch untersucht; ein Unterschied
war nicht aufzufinden. Die Zuverlässigkeit dieser anatomischen
Befunde kontrollierte ich bei anderen Zweigpaaren durch Filtrati-
onsversuche. Von den beiden Zweigen wurde vor Beginn des
Experimentes je ein 1 dm langes basales Stück unter Wasser abgeschnitten und auf den Filtrationswiderstand geprüft. Nachdem
die Blätter des einen Zweiges stark welk waren, wurde wieder je
ein gleich langes Stück abgetrennt und untersucht. Eine Steigerung
des Filtrationswiderstandes im welkenden Zweig hatte nicht stattgefunden[1]). Auf die Bemerkung, es seien die kontinuierlichen
Wassersäulen beim Abschneiden unter Wasser vielleicht durch
Blasen unterbrochen worden, ist zu erwidern, daß diese Operation
zu den besten Mitteln gehört, um einen ausreichenden Wassernach-
schub zu sichern, daß also eventuelle Veränderungen nur günstig
wirken können. Ferner schließen die unter I erwähnten Versuchs-
resultate eine nennenswerte Blasenbildung in den Leitungsbahnen
an der Schnittfläche aus. — Man könnte ev. auch einwenden, es
würden durch die Verminderung des Luftdruckes die Blasen in den
Gefäßen übernormal ausgedehnt und verschoben, was eine Unter-

---

1) Folgendes Beispiel diene zur Erläuterung:
Verhältnis der filtrierten Wassermengen.

	Versuchszweig (verminderte Spannung)	Kontrollzweig (Atmosphärendruck)
frisch vom Baum	92,5	100
nach Welken der Blätter am Versuchszweig . .	118,4	100

brechung des sonst zusammenhängenden Wassernetzes zur Folge habe. Nun erhielt aber JANSE[1]) mit Ginkgo-Zweigen dieselben Resultate, obschon hier die Gefäße fehlen und daher die Verschiebung und Ausdehnung der Blasen wesentlich beschränkt ist. Noch wichtiger ist der folgende Punkt. In meinen Saugversuchen mit Robinienästen war der Druck auf die Schnittfläche in der Regel so stark herabgesetzt, daß er nur noch 3—4 cm Hg betrug. Ich führte jedoch unter sonst gleichen Bedingungen auch Experimente aus, in denen der restierende Druck 40—50 cm Hg ausmachte. Das sind aber negative Spannungen die in turgeszenten Zweigen nicht nur erreicht, sondern bekanntlich bei weitem überschritten werden. Trotzdem erfolgte das Welken gleich rasch.

Auf die vorausgesetzten kontinuierlichen Wasserfäden unserer Versuchszweige wirkt nun, wie wir sahen, nach der Kohäsions-theorie im lebenden Baume nach unten eine Zugkraft von mehreren bis vielen Atmosphären. Ein Zug von $^1/_3$ Atm. könnte daher, auch wenn er das Saftsteigen etwas verlangsamen sollte, doch sicherlich niemals Welken verursachen[2]).

Wir kommen somit zum Schlusse: Das Welken der Robinienblätter beweist, daß die kontinuierlichen Wassersäulen mit den nötigen kohäsiven Eigenschaften entweder fehlen, oder nicht genügend zahlreich sind, oder keine ausreichende Verschiebbarkeit besitzen.

---

1) JANSE, Die Mitwirkung d. Markstrahlen bei der Wasserbewegung im Holze. Jahrb. f. wiss. Bot. XVIII.

2) Schon früher haben JANSE, SCHEIT und STRASBURGER ähnliche Versuche mit gleichem Resultate ausgeführt; sie waren jedoch für unsere Zwecke unbrauchbar, weil diese Autoren ihre Zweige in Luft abschnitten.

59. Arthur Tröndle: Ueber die geotropische Reaktionszeit.

(Vorläufige Mitteilung)

(Eingegangen am 2. Oktober 1913.)

Bei der Untersuchung des Einflusses des Lichtes auf die Änderung der Permeabilität der Plasmahaut fand ich als Ausdruck der Abhängigkeit der Reaktionszeiten dieses Prozesses von der Intensität des Lichtes die Formel: $i\,(t-k) = i'\,(t'-k)$. Nach den Zahlenangaben, die in der Literatur vorhanden waren, suchte ich damals zu prüfen, ob diese Formel auch für die Reaktionszeiten anderer Reizprozesse gültig sei. Für das Nähere verweise ich hier auf die Auseinandersetzungen und Berechnungen in meiner früheren Arbeit[1]) und beschränke mich, hier nur die Angaben der Tabelle 34 von BACH[2]) und die von mir schon früher daran geknüpften Berechnungen nochmals mitzuteilen. Die Bevorzugung dieser Tabelle ist nicht etwa willkürlich, sondern geschieht deshalb, weil zur Bestimmung der Reaktionszeiten, die darin mitgeteilt sind, nicht nur eine relativ größere Zahl von Versuchspflanzen diente, sondern weil diese Zahl auch wesentlich größer war als in den übrigen Tabellen. Wie unten noch näher auseinandergesetzt werden wird, bieten deshalb die Reaktionszeiten der Tabelle 34 eine größere Gewähr, richtig zu sein, als die der übrigen Tabellen.

BACH. Tabelle 34.

Vicia faba, Sprosse.   Temper. 20—25 ° C.

Zentrifugal- kraft = i	Reaktions- zeit = t	Zahl der Pflanzen	$i\,t$	d_m	d_i	$\dfrac{d_m}{d_i} = k$
g	Minuten					
0,14	128	127	17,92	22,08	0,26	84,9
0,40	100	61	40,00	17,00	0,2	85,0
0,60	95	72	57,0	6,7	0,1	67,0
0,70	91	58	63,7	23,8	0,3	77,7
1,0	87	76	87,0			

1) TRÖNDLE, A., Der Einfluß des Lichtes auf die Permeabilität der Plasmahaut. Jahrb. f. w. Bot. 1910, Bd. 48.

2) BACH, H, Über die Abhängigkeit der geotropischen Präsentations- und Reaktionszeit von verschiedenen Außenbedingungen. Jahrbüch f. wiss. Bot. 1907 Bd. 44.

Aus diesen Angaben leitet sich die Formel in folgender Weise her. Wir bilden die Produkte aus Reaktionszeit mal Zentrifugalkraft. Sie sind in der Tabelle unter i t angeführt. Hierauf bestimmen wir die Differenzen dieser Produkte (in der Tabelle unter d_m), ebenso die Differenzen der Zentrifugalkräfte (in der Tabelle unter d_i). Dividieren wir nun d_m durch d_i, so erhalten wir, wie aus der Tabelle ersichtlich, Zahlen, die nicht besonders stark voneinander abweichen. Sie schwanken um einen mittleren Wert von 78,6, aber so, daß die Schwankungen nicht in einer bestimmten Richtung erfolgen. Daraus wurde geschlossen, daß wir setzen dürfen $\frac{d_m}{d_i} = k$, d. h. konstant. Schreiben wir diese Formel anders, so ergibt sich $\frac{i\,t - i'\,t'}{i - i'} = k$, woraus wir durch Umstellung die schon oben mitgeteilte Form erhalten $i\,(t - k) = i'\,(t' - k)$, worin i die Intensität der Zentrifugalkraft, t die Reaktionszeit und k eine Konstante bezeichnet. Gehen wir von der Reaktionszeit für 0,14 g aus = 128 Min. und berechnen damit mit Hilfe der Formel die Reaktionszeiten für die übrigen Intensitäten, so finden wir:

Berechnet: 128 Min. 96,8; 91,2; 89,6; 86,7.
Gefunden: 128 Min. 100; 95; 91; 87.

Die graphische Darstellung der Abhängigkeit der Reaktionszeit von der Intensität der Zentrifugalkraft ergibt eine Kurve von Hyperbelgestalt. Daraus ist das Verhalten der Reaktionszeit ohne weiteres abzulesen: Schreiten wir von den geringern zu den höhern Intensitäten, so nimmt die Reaktionszeit erst sehr schnell, dann immer langsamer ab, und schließlich ist diese Abnahme so gering, daß die Reaktionszeit von einer gewissen Intensität an konstant erscheinen kann, wenn die Bestimmungen nicht sehr genau sind. Im Einklang damit steht, daß BACH bei Reizung mit Intensitäten zwischen 6,5 — 110 g eine Abnahme nicht mehr konstatieren konnte.

Schon früher versuchte ich die mitgeteilte Formel folgendermaßen zu interpretieren. Wir können uns vorstellen, daß die Reaktionszeit aus 2 Teilen besteht, einem konstanten Teil k, der durch das Objekt selbst bedingt wird und einem Teil t — k, der umgekehrt proportional geht der Intensität der Zentrifugalkraft. Da wir nun wissen, daß dasselbe gilt von der Präsentationszeit, so lag der Gedanke nahe, daß t — k identisch sei mit der Präsentationszeit. Wäre das der Fall, so müßte die Differenz zwischen Reaktionszeit und Präsentationszeit konstant sein und zwar gleich unserer Konstanten k. Nur für die Tabelle 34 von BACH läßt sich das verifizieren, da für die Intensitäten der übrigen Tabellen die Präsentationszeiten nicht bestimmt sind. Ich habe nun die entsprechenden Berechnungen schon früher gemacht, leider aber unterlassen, sie damals mitzuteilen. Das möge nun in der folgenden Tabelle nachgeholt sein.

Intensität der Zentrifugalkraft	Reaktionszeit (nach BACH)	Präsentationszeit (nach BACH)	Reaktionszeit minus Präsentationszeit
g	Minuten	Minuten	Minuten
0,14	128	50	78
0,4	100	30	70
0,6	95	25	70
0,7	91	10	81
1	87	8	79

Die Differenz zwischen Reaktions- und Präsentationszeit ist also annähernd immer gleich. Die erhaltenen Zahlen schwanken um einen mittleren Wert von 75,6 Min. Dieser Wert ist aber sehr wenig verschieden von dem Wert 78,6 Min., dem wir für k oben erhalten haben. Schon daraus dürfen wir entnehmen, daß unseren Anschauungen eine sehr große Wahrscheinlichkeit zukommt, richtig zu sein.

Aus den Angaben BACHs, wonach die Reaktionszeit bei 6 verschiedenen Objekten bei Dauerreizung nicht kürzer ist als bei Reizung während der Präsentationszeit wurde geschlossen, daß eine Reizung über die Präsentationszeit hinaus auf die Länge der Reaktionszeit keinen Einfluß hat. Wenn somit der Pflanze während der Präsentationszeit die zum Reaktionsbeginn nötige minimale Energiemenge (= Reizmenge) zugeführt ist, so beginnt die Reaktion nicht sogleich, sondern erst nach Ablauf einer konstanten Zeit k.

Gegen meine Formel sowohl wie gegen ihre von mir gegebene Deutung hat sich FITTING[1]) gewendet. Seine Einwände sind im wesentlichen folgende:

I. k ist „ganz offensichtlich nicht konstant". Das kann Bezug haben auf die Berechnungen, die ich mit den Reaktionszeiten von PEKELHARING angestellt habe, hat aber hier keine große Bedeutung, da diese Reaktionszeiten, wie die Autorin selbst sagt, nur ungefähr bestimmt wurden. Bei den Tabellen 33 und 32 von BACH ist der FITTINGsche Einwand ebenfalls nicht zu hoch anzuschlagen, da die Zahl der Versuchspflanzen relativ klein

---

1) FITTING, H., Tropismen, Handwörterbuch der Naturwissenschaft. Bd. 8, S. 234 ff. Jena (G. FISCHER) 1913.

war und daß er für die Tabelle 34 von BACH kaum gemacht
werden kann, haben wir oben gezeigt.

II. FITTING schreibt: „TRÖNDLE hat den Versuch gemacht,
die Hyperbelform der Reaktionszeitkurve anders, nämlich so zu
erklären, daß er annimmt, das Reizmengengesetz gälte auch für
die Reaktionszeiten". Diese Angabe FITTINGs beruht offenbar auf
einem Irrtum, denn ich habe das niemals behauptet. Allerdings
habe ich gesagt, daß das Reaktionszeitgesetz eine erweiterte Form
des Präsentationszeitgesetzes sei. Das heißt aber doch niemals,
daß für die Größe der Reaktionszeit einfach entscheidend sei die
Reizmenge oder die Präsentationszeit, während der die Reizmenge
zugeführt wird, sondern aus meiner Formel und aus meinen, schon
früher gegebenen Erläuterungen geht klar hervor, daß die Größe
der Reaktionszeit abhängt von 2 Dingen, einmal von der Präsentationszeit, das heißt der Zeit während der die Reizmenge zugeführt wird und zweitens von in der Natur des Objektes selbst gelegenen Faktoren, die in der Konstanten k zum Ausdruck kommen.
Wenn FITTING deshalb, mit vollem Recht, nachzuweisen bestrebt
ist, daß die Reaktionszeiten nicht einfach von der Reizmenge abhängen, so ist das für die Gültigkeit meiner Formel ohne Bedeutung.

III. Schreibt FITTING: „schließlich würde das TRÖNDLEsche
Gesetz auch für alle jene Objekte keine Gültigkeit beanspruchen
können, bei denen die Reaktionszeiten durch Reizung, die über
die Präsentationszeitdauer fortgesetzt wird, noch verkleinert werden.
Solche gibt es aber!" Auch für den Fall, daß das wirklich experimentell bewiesen wäre, wäre doch die Möglichkeit zu erwägen,
ob dann die Formel nicht doch gültig wäre, wenn bloß während
der Präsentationszeitdauer gereizt wird, und ob nicht die Verkürzung der Reaktionszeit, die bei Dauerreizung einträte, irgendwie mit einer Stimmungsänderung zusammenhinge. Solche Möglichkeiten werden von FITTING nicht erwähnt.

In einem Punkte hingegen scheint FITTING gleicher Meinung
zu sein mit mir, wenn er der Ansicht ist, daß die Reaktionszeitkurve Hyperbelform hat. Er schreibt darüber: „Reizt man bei
verschiedenen Massenbeschleunigungen so lange wie die Präsentationszeit beträgt, so erhält man für die Reaktionszeiten eine
Kurve, die annähernd Hyperbelgestalt hat, ähnlich wie die Präsen-
tationszeitkurve selbst." Es ist nun von Interesse zu sehen, wie
FITTING diese Kurvenform erklärt. Nach ihm wird die Reaktionszeit bedingt durch die in der Zeiteinheit zugeführte Reizmenge
(von ihm als Reizintensität bezeichnet). Je größer diese Reiz-

intensität ist, desto kleiner wird die Reaktionszeit. Das Klein-
werden geht aber nur bis zu einem bestimmten Punkt, da die
Reaktionszeit niemals unter einen bestimmten minimalen Betrag
hinabsinken kann. Von diesem Punkte an würde die Reaktionszeit trotz zunehmender Reizintensität konstant bleiben, und die
Kurve wäre in dieser Zone eine gerade Linie. Nehmen wir an,
was allerdings nicht zutrifft, daß dieses Konstantbleiben durch
die Versuche BACHs, wie FITTING meint, bewiesen sei, dann
könnte der bogig verlaufende Teil der Kurve nur dann Hyperbelgestalt haben, wenn die Verlängerungen der Reaktionszeiten über
das Minimum hinaus der Intensität der Zentrifugalkraft umgekehrt
proportional gingen. Dann aber könnten wir annehmen, daß im
bogig verlaufenden Kurventeil die Reaktionszeit aus 2 Teilen besteht, aus einem konstanten Teil, der dem Minimum entspricht,
und einem variablen Teil, der der Intensität der Zentrifugalkraft
umgekehrt proportional geht. Man sieht also, daß uns die
FITTINGschen Anschauungen zu einem Ergebnis führen können,
das eine große Ähnlichkeit mit dem von uns entwickelten aufweist.

Am Schluß seiner Kritik meiner Formel und ihrer Deutung
schreibt FITTING: „So steht also die Ableitung TRÖNDLEs, die
auf einer Verkennung des Wesens der Präsentationszeit beruht,
in der Luft. Man kann ja gar nicht vorsichtig genug in der Formulierung reizphysiologischer Gesetze vorgehen."

Die Experimente zur Belegung dieser schwerwiegenden
Sätze vermisse ich.

Das letzte Wort in dieser Frage muß ja zweifelsohne dem
Experiment verbleiben und da niemand neue Reaktionszeitbestim-
mungen gemacht hat, habe ich das nun selbst getan und will über
meine bisherigen Ergebnisse kurz berichten.

Versuchsort: verdunkeltes Gewächshaus, gasfrei. Objekt:
Avena, Koleoptilen. Montieren, zentrifugieren und ablesen in rotem
Licht, das heliotropisch unwirksam war.

Reizt man Koleoptilen in einer bestimmten Zetrifugalkraft-
intensität, so regieren sie, wie bekannt, verschieden rasch. Diese
individuelle Variabilität der Reaktionszeit einmal näher zu untersuchen, schien deshalb nötig, um Anhaltspunkte zu bekommen,
wieviel Keimlinge man nehmen muß, um einen zuverlässigen Mittelwert zu erhalten. Zu diesem Zwecke wurden 350 Koleoptilen in
einer Intensität von 3,46 g gereizt. In der obern Reihe der folgenden Tabelle sind die Ablesungszeiten angegeben, darunter stehen
die Zahlen der Koleoptilen, die während 2 Ablesungszeiten reagiert
haben.

14   21   28   35   42   49   Min. seit Beginn
der Reizung.

Es haben reagiert: 4   34   79   112   79   35   7 Koleoptilen.

Theoret. Binominal-

kurve 7   31   79   110   82   33   8

Die Verteilung der Varianten entspricht der theoretischen Binominal- oder idealen Variationskurve, wie aus einem Vergleich der Zahlen der dritten Reihe mit denen der zweiten hervorgeht. Als Gesamtausdruck einer solchen Kurve können wir, wie in den Lehrbüchern der Biometrie auseinandergesetzt ist, sowohl das arithmetische Mittel als auch die Mediane gebrauchen. Für unsere Kurve ergeben sich die folgenden Werte: Mittel 31,72 Minuten, Mediane 31,62 Minuten, Standardabweichung 8,63 Minuten, wahrscheinlicher Fehler des Mittels ± 0,31 Minuten.

Zentrifugieren wir also in den verschiedenen Intensitäten jeweilen 350 Koleoptilen, oder auch etwas weniger, da 250 auch schon genügen, so erhalten wir für die Reaktionszeiten genügend sichere Werte. In der folgenden Tabelle sind diese Werte mitgeteilt.

Temp. ^{0} Cels.	Intensität d. Zentrifugal- kraft $= i$	Zahl der Koleop- tilen	Reaktions- zeit $= t$	$i\,t$	d_i	d_m	$\dfrac{d_m}{d_i} = k$
21,4	3,460 g	350	31,74 Min.	109,820			30,69
21,9	0,959 „	250	34.46 „	33,047	2,501	76,773	30,92
22,0	0,512 „	250	37.55 „	19,225	0,447	13,822	31,19
22,2	0,227 „	250	45,53 „	10,335	0,285	8,890	30,78
21,7	0,156 „	325	52,24 „	8.149	0,071	2,186	30,78
22,8	0,106 „	350	62,86 „	6,610	0 050	1,539	

Die Werte für k weichen hier so wenig voneinander ab, daß wir behaupten dürfen, unsere Formel beschreibe den Sachverhalt richtig. (Es sei noch ausdrücklich bemerkt, daß die obigen Reaktionszeiten sich auf Dauerreizung beziehen.) Berechnen wir, ausgehend von der in der Intensität 0,106 g gefundenen Reaktionszeit und indem wir k = 30,87 Minuten setzen, die Reaktionszeiten für die übrigen Intensitäten, so ergibt sich:

Berechnet: 62,36 Minuten; 52,25; 45,56; 37,18; 34,34; 31,82.

Gefunden: 62,36 Minuten; 52,24; 45,53; 37,55; 34,46; 31,74.

Nun haben wir die Differenz Reaktionszeit minus Präsentationszeit zu untersuchen. Da die Gültigkeit des Reizmengengesetzes über allen Zweifel erhaben ist, so wurde nur eine Präsentationszeit möglichst genau bestimmt und daraus die übrigen berechnet. Für die Bestimmung dieser Präsentationszeit ergab sich das Folgende:

$$0,512 \text{ g}$$

Temp. ⁰ Cels.	Exposition	Es reagierten
23,1	4 Minuten	35,78 º/₀ v. 341 Koleoptilen
21,8	7 „ ·	52,97 „ „ 370 „
22,1	10 „	79,2 „ „ 250 „ ·
21,0	15 „	89,39 „ „ 245 „

Daraus ergibt sich:
50 pCt. haben reagiert nach 6,5 Min.
Reizmenge = 6,5 × 0,512 = 3,328 g Min.
Daraus sind die untenstehenden Präsentationszeiten berechnet.

Intensität der Zentrifugalkraft	Reaktionszeit	Präsentationszeit	Reaktionszeit minus Präsentationszeit = k
3,460 g	31,74 Min.	0,96 Min.	30,78 Min.
0,959 „	34,46 „	3,47 „	30,99 „
0,512 „	37.55 „	6,50 .,	31,05 „
0,227 „	45,53 „	14,66 ,.	30,87 „
0,156 „	52,24 „	21,33 „	30,91 „
0,106 „	62,36 „	31,39 „	30,97 „

Die Differenz der beiden Zeiten ist also konstant. Der Wert für k ist nach den beiden Berechnungsarten derselbe, denn oben erhielten wir dafür 30,86 Min. und hier 30,93 Min.

Es bleibt die Frage, ob die Reaktionszeit durch Reizung über die Präsentationszeit hinaus verkürzt wird. Darüber gibt die folgende Zusammenstellung Auskunft.

0,512 g	Mittlere Präsentationszeit = 6,5 Min.		
Exposition	Reaktionszeit	Zahl d. Coleoptilen	davon reagierten
4 Min.	33,76 Min.	341	122
7 „	35,16 „	370	196
10 „	34,91 „	250	198
15 „	37,16 „	245	219
dauernd	37,55 „	250	250

Die Reaktionszeit ist also bei Dauerreizung keineswegs kürzer als bei Reizung von Präsentationszeitdauer, ja es scheint sogar das Umgekehrte der Fall zu sein. Das ist aber bloß scheinbar und erklärt sich folgendermaßen. Die Präsentationszeit weist eine ähnliche individuelle Variabilität auf wie die Reaktionszeit. Es haben nun aber die Keimlinge mit kleinen Präsentationszeiten nicht etwa bloß kleine Reaktionszeiten, sondern die Reaktionszeitkurve solcher

29*

Keimlinge hat einen analogen Verlauf wie die der gesamten Keimlinge. Sondern wir die Keimlinge in Gruppen nach der Größe der Präsentationszeit, so erhalten wir für die Reaktionszeit dieser Gruppen ähnliche Kurven, die sich zwar größtenteils überdecken, aber doch nicht ganz. So liegt zum Beispiel der Gipfel der Reaktionszeitkurve der Keimlinge, deren Präsentationszeiten unter 7 Min. liegen, bei 35,16 Minuten, für Keimlinge hingegen, deren Präsentationszeit zwischen 7 und 15 Minuten liegt, bei 38,31 Minuten. Daraus geht hervor, daß die mittlere Reaktionszeit mit abnehmender Exposition kleiner wird. Mit der Dauerreizung ist deshalb direkt nur vergleichbar das Ergebnis einer Reizung, bei der die Präsentationszeit für alle oder doch fast alle Keimlinge erreicht wurde. In unserem Fall ist diese Forderung erfüllt bei einer Reizung von 15 Minuten, denn in dem Fall reagierten 89 pCt. der Keimlinge. Da nun hier die mittlere Reaktionszeit, wie aus der obigen Zusammenstellung ersichtlich ist, mit der bei Dauerreizung zusammenfällt, so ergibt sich mit voller Sicherheit, daß die Reaktionszeit bei Dauerreizung gleich groß ist wie bei Reizung von Präsentationszeitdauer.

Nach dem bisher Mitgeteilten können wir uns folgende Vorstellung des Reizprozesses machen. Während der Dauer der Präsentationszeit findet die Perzeption des Reizes statt (es sei nicht unterlassen zu betonen, daß wir vorerst bloß mit einer Reizung von Präsentationszeitdauer rechnen), das heißt, es tritt in der Pflanze eine Zustandsänderung irgendwelcher Art ein, die wir als Erregung bezeichnen können. Damit der Beginn einer Krümmung eintritt, muß diese Erregung eine bestimmte Höhe erreicht haben. Diese Höhe ist erreicht mit Ablauf der Präsentationszeit. Nun beginnt die Erregung ihrerseits eine Anzahl von Prozessen auszulösen, die für ihren Gesamtablauf die Zeit k benötigen und als deren Endergebnis nach Ablauf der Zeit k die Krümmung beginnt. Welcher Art diese Prozesse sind, wissen wir bis jetzt nicht, wir haben aber Gründe zu vermuten, daß das Endglied dieser Prozesse in einer Turgoränderung besteht, daß vorher die Prozesse ablaufen, die diese Änderung bewirken und daß während eines Teiles der Zeit k oder vielleicht während ihrer ganzen Dauer regulative und korrelative Prozesse zwischen den einzelnen Zellen stattfinden. Reizen wir nun über die Präsentationszeit hinaus dauernd, so steigt die Erregung nach Schluß der Präsentationszeit weiter an, und das hat zur Folge, daß auch die Auslösung der während der Zeit k ablaufenden Prozesse weitergeführt wird, was seinerseits zur Folge hat, daß die Krümmung weiterschreitet.

Die Richtigkeit dieser Vorstellung wäre nun weiter experimentell zu prüfen. Einen Anfang dazu habe ich mit Hilfe der intermittierenden Reizung gemacht. Beginnt nämlich die Auslösung der Prozesse, die in der Zeit k ablaufen, erst nach Ablauf der Präsentationszeit, so müßte bei intermittierender Reizung die Reaktionszeit um die Summe der Pausen verlängert sein, die in die Präsentationszeit eingeschaltet sind. Die intermittierender Reizung wurde nach dem folgenden Schema ausgeführt.

Exposition: 2 2 2 2 2 = 10 Min.
Pausen 2 2 2 2 = 8 „

Es reagierten 198 Koleoptilen = 80,81 pCt. von 245, Reaktionszeit 38,94 Minuten.

Entsprechende normale Reizung, Exposition 10 Minuten. Es reagierten 198 Koleoptilen = 79,2 pCt. von 250, Reaktionszeit = 34,91 Min.

Es ist somit bei unserer intermittierenden Reizung die Reaktionszeit länger als bei Dauerreizung und zwar 4 Minuten. Man sollte meinen, daß der Unterschied 8 Minuten betragen müßte, das kann aber wie aus dem folgenden hervorgeht, nicht der Fall sein.

Die Keimlinge, deren Präsentationszeit kleiner ist als 2 Minuten, beginnen ihre Reaktion zu normaler Zeit. Die Keimlinge, deren Präsentationszeit 4 Minuten beträgt, beginnen ihre Reaktien um 2 Minuten später, da in ihre Präsentationszeit eine Pause von 2 Minuten eingeschaltet ist. In analoger Weise beginnen die Keimlinge, deren Präsentationszeit zwischen 4 und 6 Minuten liegt, ihre Reaktion 4 Minuten später usw. Auf die Weise würden wir 5 Reaktionszeitkurven bekommen, deren Scheitel jeweilen um 2 Minuten weiter auseinanderliegen als bei normaler Reizung. Diese 5 Kurven summieren sich zu einer Gesamtkurve, deren Anfang zwar mit dem Anfang der Kurve bei normaler Reizung zusammenfällt, deren Ende aber 8 Minuten weiter hinausgeschoben ist, so daß ihr Gipfel um 4 Minuten verschoben sein muß. Die Versuche mit intermittierender Reizung beweisen also, daß die Reaktionszeit um die Summe der Pausen verlängert ist, die in der Präsentationszeit eingeschaltet sind. Während so dieses Ergebnis mit meiner Vorstellung im Einklang steht, so kann es sie aber doch andererseits, wie ich hier nicht näher auseinandersetzen will, nicht beweisen. Dazu sind noch Experimente anderer Art nötig, die intermittierende Reizung allein tut es nicht.

Die Versuche werden weiter fortgesetzt.

60. S. Kostytschew und A. Scheloumoff: Über Alkoholbildung durch Weizenkeime.

(Eingegangen am 8. Oktober 1913.)

————

Einer von uns hatte schon längst dargetan, daß verschiedene in Wasser gelöste Stoffe von den Weizenkeimen aufgenommen werden und auf den Atmungsvorgang der Keime unter Umständen einen bedeutenden Einfluß haben können[1]. Besonders beachtenswert war die Einwirkung der durch Dauerhefe vergorenen Zuckerlösungen, welche einen äußerst starken Aufschwung der CO_2-Produktion hervorriefen[2]. Dagegen übten Phosphate, welche bekanntlich die Zymasegärung stark steigern, gar keinen Einfluß auf die Sauerstoffatmung der Keime aus.

Späterhin haben N. Iwanoff[3] und nach ihm L. Iwanoff[4] und W. Zaleski[5] die Frage nach der Einwirkung der Phosphate auf die CO_2-Produktion der Weizenkeime eingehend untersucht. Diese Forscher haben gefunden, daß sekundäre Phosphate die CO_2-Produktion der Weizenkeime stark stimulieren. Ohne eine einzige Alkoholbestimmung ausgeführt zu haben, äußerte L. Iwanoff die Ansicht, daß hier nichts anderes, als eine Beförderung der alkoholischen Gärung vorliegt. Der genannte Forscher nimmt an, daß Weizenkeime selbst bei ausgezeichneter Aeration nicht normal· atmen, sondern nur alkoholische Gärung entwickeln. Diese eigenartige Ansicht stützt sich auf die übereilte Voraussetzung, daß käufliche Keime „immer ein abgetötetes Material vorstellen"[6]. Eine andere bedauernswerte Verwicklung der Frage bildete die fehlerhafte Schlußfolgerung L. Iwanoffs, daß vergorene Lösungen

————

1) S. Kostytschew, Biochem. Zeitschr. Bd. 15, S. 164 (1908); Bd. 23, S. 187 (1909).

2) Bezüglich der hiermit verbundenen theoretischen Auseinandersetzungen muß auf die soeben zitierten Publikationen hingewiesen werden.

3) N. Iwanoff, Bullet. de l'Acad. des sciences de St. Petersb. 1910, S. 303.

4) L. Iwanoff, Biochem. Zeitschr. Bd. 25, S. 171 (1910).

5) W. Zaleski und A. Reinhard, Biochem. Zeitschr. Bd. 27, S. 450 (1910). .

6) L. Iwanoff, Biochem. Zeitschr. Bd. 29, S. 348 (1910).

nur wegen ihres Gehalts an Phosphaten eine Steigerung der CO_2-Produktion der Weizenkeime hevorrufen.

Wir haben sodann nachgewiesen, daß die Einwirkung vergorener Lösung durchaus nicht von den Phosphaten abhängt[1]); unsere Ergebnisse zeigen außerdem, daß die Einwirkung sekundärer Phosphate auf die Atmung der nicht keimfähigen Weizenkeime auf eine Beförderung der CO_2-Produktion durch die alkalische Reaktion der Lösung zurückzuführen ist. Diese Resultate wurden neuerdings von W. ZALESKI und E. MARX[2]) in allen Einzelheiten bestätigt. Auch L. IWANOFF selbst[3]) hat nunmehr seine ursprüngliche Meinung gründlich verändert: er nimmt jetzt an, daß in gegorenen Lösungen neben den Phosphaten noch ein anderes Koferment der Zymase enthalten ist. Da diese Erklärung bisweilen ganz hypothetisch bleibt, so wollen wir darauf nicht näher eingehen.

Es muß noch bemerkt werden, daß in dieser Arbeit L. IWA-NOFFs schließlich doch Alkoholbestimmungen ausgeführt worden waren. Es ergab sich, daß Weizenkeime bei „vorzüglicher Durchlüftung" Alkohol bilden. Aus den nachstehenden Versuchen wird jedoch ersichtlich werden, daß die Aeration in diesen Versuchen L. IWANOFFs eine sehr mangelhafte war.

W. ZALESKI und A. REINHARD[4]) kamen in ihrer ersten Arbeit zu dem Schluß, daß Phosphate sowohl die Sauerstoffatmung als die anaerobe Atmung (Alkoholgärung) der Weizenkeime steigern. In den darauffolgenden Publikationen behauptet W. ZALESKI einstimmig mit L. IWANOFF (und ebenfalls ohne Alkoholbestimmungen mit Weizenkeimen auszuführen), daß durch sekundäre Phosphate und gegorene Zuckerlösungen nur die alkoholische Gärung der Weizenkeime gesteigert wird[5]). Die Steigerung der normalen Atmung durch vergorene Zuckerlösungen hält ZALESKI von vornherein für unwahrscheinlich, „da alle diese Objekte Zymase enthalten"[6]). Diese Beweisführung ist uns vollkommen unbegreif-

---

1) S. KOSTYTSCHEW und A. SCHELOUMOFF, Jahrb. f. wissensch. Botanik, Bd. 50, S. 157 (1911).

2) W. ZALESKI und E. MARX, Biochem. Zeitschr. Bd. 43, S. 1 (1912).

3) L. IWANOFF. Diese Berichte, Bd. 29, S. 563 (1911).

4) W. ZELESKI und A. REINHARD, Biochem. Zeitschr. Bd. 27, S. 450 (1910).

5) W. ZALESKI und A. REINHARD, Biochem. Zeitschr. Bd. 35, S. 228 (1911). W. ZALESKI und E. MARX, Biochem. Zeitschr. Bd. 43, S. 1 (1912).

6) W. ZALESKI und A. REINHARD, Bioch. Zeitschr. Bd. 35, S. 243 (1911).

lich. Die Vorstellung ZALESKIs von der Anaerobiose unterscheidet
sich übrigens von den laufenden Anschauungen, da er Erbsensamen als „typisch anaerobe Objekte" bezeichnet [1]).

Die zu den Versuchen ZALESKIs und seiner Mitarbeiter verwendeten Weizenkeime waren abgetötet, wie es die Verfasser selbst
betonen. Nun haben W. PALLADIN und S. KOSTYTSCHEW[2]) schon
längst dargetan, daß bei vielen Pflanzen Oxydationsvorgänge durch
Abtötung stark beeinträchtigt werden, während die Zymase tätig
bleibt. Die Versuche ZALESKIs und seiner Mitarbeiter sind also
mit denjenigen S. KOSTYTSCHEWs[3]) nicht direkt vergleichbar.
ZALESKI meint jedoch, daß die beiden Arbeiten von S. KOSTY-
TSCHEW „sehr wahrscheinlich" mit abgetöteten Keimen, die nur
anaerob atmen, ausgeführt worden waren[4]); daß es in den Versuchen unserer ersten Arbeit[5]) der Fall war, scheint ZALESKI gar
nicht zu bezweifeln, und zwar aus dem Grunde, weil die von uns
benutzten Keime nicht keimfähig waren. Dies ist aber eine sehr
gewagte Voraussetzung: es wird in der Tat nachstehend dargetan
werden, daß nicht keimfähige Weizenkeime bei Sauerstoffzutritt
normal atmen können.

Es ist also ersichtlich, daß die Frage nach der Einwirkung
verschiedener Stoffe auf die CO_2-Produktion der Weizenkeime sich
wieder dadurch verwickelt hat, daß verschiedene experimentell
nicht begründete Voraussetzungen ausgesprochen wurden.

Nun wollen wir neue Tatsachen beschreiben, die eine Aufklärung der Frage herbeiführen sollen. L. IWANOFF und
W. ZALESKI setzen voraus, daß Weizenkeime nicht normal atmen,
sondern alkoholische Gärung erzeugen. Die genannten Forscher
nehmen außerdem an, daß durch gegorene Zuckerlösungen nicht
Oxydationsvorgänge, sondern nur Zymasegärung beeinflußt wird.
In der vorliegenden Mitteilung werden also die Bedingungen der
Alkoholbildung durch keimfähige und nicht keimfähige Weizenkeime erläutert. In der nachstehenden Mitteilung wird die Einwirkung verschiedener Stoffe auf die normale Atmung und die

---

1) W. ZALESKI und A. REINHARD, Biochem. Zeitschr. Bd. 35,
S 286 (1911).

2) W. PALLADIN und S. KOSTYTSCHEW, Zeitschr. f. physiol. Chemie,
Bd. 48, S. 214 (1906).

3) S. KOSTYTSCHEW, Biochem. Zeitschr. Bd. 15, S. 164 (1908) u. Bd. 23,
S. 187 (1909).

4) Daß ich schon damals direkte Alkoholbestimmungen und zwar mit
durchaus negativem Resultate ausführte, hat ZALESKI nicht beachtet. (S. K.)

5) S. KOSTYTSCHEW und A. SCHELOUMOFF l. c.

alkoholische Gärung der Keime wiederum untersucht. Durch all diese Versuche sind die ursprünglichen Ergebnisse von S. KOSTY-TSCHEW bestätigt worden; die widersprechenden Voraussetzungen von L. IWANOFF und W. ZALESKI erwiesen sich als nicht stichhaltig. Wir verfügen über ein sehr beträchtliches Versuchsmaterial, da aber die Resultate ganz gut übereinstimmen, so soll hier nur ein Teil der Versuche wiedergegeben werden.

I. Versuche mit keimfähigen Weizenkeimen.

Daß, den Ausführungen L. IWANOFFs zuwider, lebende Keime existieren, konnten wir von vornherein aus dem einfachen Grunde kaum bezweifeln, da die Untersuchungen des einen von uns, die noch lange vor dem Erscheinen der Publikationen IWANOFFs abgeschlossen sind[1]), mit keimfähigen Weizenkeimen ausgeführt worden waren. Eben solche Keime haben wir auch für die nachstehend beschriebenen Versuche verwendet. Die Keimfähigkeit dieser Keime war eine sehr beträchtliche, wie sie bei den ganzen Weizensamen nicht oft anzutreffen ist, da die einzelnen nicht keimenden Exemplare schwer zu finden waren.

A. Kurzdauernde Versuche bei vollkommener Aeration ohne Toluol.

Lufttrockene Keime wurden in Wasser bzw. Lösung verschiedener Stoffe im Verlaufe von 1 Stunde eingeweicht, dann abfiltriert, auf Streifen von JOSEPHpapier aufgetragen, die Papierstreifen in geräumigen U-Röhren locker verteilt und im Luftstrome belassen.

Eben dieselbe Methode wurde in den Arbeiten von S. KOSTY-TSCHEW (l. c.) verwendet.

Versuch 1.

Portion A. 20 g Keime und 100 ccm Wasser.

Portion B. 20 g Keime und 100 ccm 1proz. Lösung von Na_2HPO_4.

Luftstrom. Versuchsdauer 6 Stunden.

A. $C_2H_5OH = 0$ mg. B. $C_2H_5OH = 0$ mg[2]).

---

1) S. KOSTYTSCHEW, l. c.

2) Bezüglich der Methoden der Alkoholbestimmung vgl. S. KOSTYTSCHEW und E. HÜBBENET, Zeitschr. f. physiol. Chemie Bd. 79, S. 361 (1912). Die Destillate enthielten immer eine geringe Menge von Acetaldehyd. In je einem Versuche wurde auch der Alkoholgehalt der eingeweichten Kontrollportion ermittelt. Diese Zahlen sind der Kürze wegen nicht angeführt.

Versuch 2.

Portion A. 20 g Keime und 100 ccm Wasser.

Portion B. 20 g Keime und 100 ccm 1proz. Lösung von Na_2HPO_4.

Luftstrom. Versuchsdauer 6 Stunden.
A. $C_2H_5OH = 0$ mg.
B. $C_2H_5OH = 0$ mg.

Versuch 3.

Portion A. 20 g Keime und 100 ccm Wasser.

Portion B. 20 g Keime und 100 ccm 1proz. Na_2HPO_4-Lösung.

Luftstrom. Versuchsdauer 6 Stunden.
A. $CO_2 = 256$ mg. $C_2H_5OH = 0$ mg.
B. $CO_2 = 278$ mg. $C_2H_5OH = 0$ mg.

Versuch 4.

20 g Keime und 100 ccm Wasser. Versuchsdauer 6 Stunden Wasserstoffstrom.

$CO_2 = 204$ mg, $C_2H_5OH = 203$ mg, $CO_2 : C_2H_5OH = 100 : 100$.

Dieser Versuch beweist, daß lebende Keime bei Sauerstoff-abschluß eine echte alkoholische Gärung entwickeln.

Versuch 5.

Portion A. 20 g Keime und 100 ccm 1proz. Na_2HPO_4-Lösung. Luftstrom.

Portion B. 20 g Keime und 100 ccm 1proz. Na_2HPO_4-Lösung. Wasserstoffstrom. Versuchsdauer 6 Stunden.

A. $CO_2 = 265$ mg. C_2H_5OH-Spur (15 mg)[1]).
B. $CO_2 = 229$ mg. $C_2H_5OH = 213$ mg. $CO_2 : C_2H_5OH = 100 : 93$.

Versuch 6.

Drei Portionen A, B und C zu je 15 g wurden in je 75 ccm gegorener Zuckerlösung (2 g Traubenzucker, 4 g Zymin, 100 ccm Wasser; Dauer der Gärung 5 Stunden) eingeweicht. Luftstrom.

A. (Versuchsdauer 3 St.) $CO_2 = 140$ mg, C_2H_5OH-Spur (16 mg).
B. (Versuchsdauer 3 St.) $CO_2 = 136$ mg. C_2H_5OH-Spur (8 mg).
C. (Versuchsdauer 6 St.) $CO_2 = 274$ mg, C_2H_5OH-Spur (3 mg).

---

1) Diese Zahl liegt innerhalb der Fehlergrenzen der pyknometrischen Alkoholbestimmungen.

Versuch 7.

20 g Keime und 100 ccm konzentrierte gegorene Lösung (wie in unseren früheren Versuchen: 5 g Zucker, 10 g Zymin, 100 ccm Wasser; Dauer der Gärung 5 Stunden). Luftstrom; Versuchsdauer 6 Stunden.

$$CO_2 = 298 \text{ mg } C_2H_5OH\text{-Spur (5 mg)}$$

Versuch 8.

20 g Keime und 100 ccm gegorene Lösung (wie im vorstehenden Versuche): Wasserstoffstrom. Versuchsdauer 6 Std.

$$CO_2 = 304 \text{ mg, } C_2H_5OH = 299 \text{ mg, } CO_2 : C_2H_5OH = 100 : 98.$$

Eine gleichzeitig im Luftstrome belassene Portion hat 368 mg CO_2 gebildet. Lebende Weizenkeime scheiden immer mehr CO_2 in der Luft als im Wasserstoff aus.

Obige Versuche zeigen, daß lebende Weizenkeime bei ungehinderter Aeration nicht die geringste Menge von Alkohol produzieren (Spuren von Alkohol waren auch in Kontrollportionen vorhanden). Ein anderes Resultat war auch von vornherein nicht zu erwarten, da alle bisher untersuchten Samenpflanzen bei genügendem Sauerstoffzutritt ganz normal atmen. Bei Sauerstoffabschluß wird dagegen eine echte alkoholische Gärung in lebenden Keimen eingeleitet.

B. Länger dauernde Versuche bei vollkommener Aeration mit Toluol.

Die Methodik war genau dieselbe wie in der vorstehenden Versuchsserie, nur wurde in die Versuchsröhren ein mit Toluol getränkter Wattepfropfen eingeführt; außerdem wurden die vor den Versuchsgefäßen befindlichen Waschflaschen mit Wasser ebenfalls mit etwas Toluol versetzt. Der Luftstrom war also mit Toluoldampf gesättigt.

Versuch 9.

20 g Keime und 100 ccm Wasser. Luftstrom. Versuchsdauer 48 Stunden.

$$CO_2 \text{ in } 6 \text{ Stunden } 241 \text{ mg}$$
$$\text{„ „ } 18 \text{ „ } 910 \text{ „}$$
$$\text{„ „ } 24 \text{ „ } 1383 \text{ „}$$

Summe in 48 Stunden 2534 mg

$$C_2H_5OH = 75 \text{ mg; } CO_2 : C_2H_5OH = 100 : 3.$$

Versuch 10.

20 g Keime und 100 ccm 1proz. Lösung von Na_2HPO_4. Luftstrom. Versuchsdauer 48 Stunden.

CO_2 in   6 Stunden   232 mg
„   „ 18   „   808 „
„   „ 24   „   826 „
Summe in 48 Stunden 1866 mg

$C_2H_5OH = 75$ mg; $CO_2 : C_2H_5OH = 100 : 4$.

Versuch 11.

Portion A. 20 g Keime und 100 ccm Wasser.
Portion B. 20 g Keime und 100 ccm 1 proz. Na_2HPO_4-Lösung.
Luftstrom. Versuchsdauer 24 Stunden.

A. Wasser CO_2 in   6 Std. $= 222$ mg
„   „ 18   „ $= 566$ „
Summe in 24 Std. $= 788$ mg
$C_2H_5OH = 93$ mg
$CO_2 : C_2H_5OH = 100 : 12$.

B. Phosphat CO_2 in 6 Std.   225 mg
„   „ 18   „   882 „
Summe in 24 Std. 1107 mg
$C_2H_5OH = 153$ mg
$CO_2 : C_2H_5OH = 100 : 13$.

Trotz Gegenwart von Toluol ist also die Alkoholproduktion der Keime äußerst gering. Das Verhältnis $CO_2 : C_2H_5OH$ zeigt, daß auch in diesen lange dauernden Versuchen die CO_2-Produktion beinahe ausschließlich auf den Vorgang der Sauerstoffatmung zurückzuführen ist. Die Lösung der Frage, ob die Keime in diesen Versuchen als „lebend", „abgetötet" oder nur „beschädigt" zu bezeichnen sind, wollen wir anderen überlassen. Wichtiger scheint es uns, darauf aufmerksam zu machen, daß die Keime im Toluoldampf ihre Keimfähigkeit vollkommen eingebüßt haben, aber trotzdem zum größten Teil normal atmeten. Die Annahme ZALESKIs[1]), daß nicht keimfähige Keime bei vollkommenem Luftzutritt nur anaerobe Atmung zeigen, hat sich also nicht bestätigt.

C. Versuche bei mangelhafter Aeration ohne Toluol.

Nun wollen wir einen für die Methodik der Bestimmung der Pflanzenatmung äußerst wichtigen und lehrreichen Umstand hervorheben. Hätte nämlich L. IWANOFF mit den für obige Versuche verwendeten Keimen experimentiert, so würde er seine früheren Ergebnisse wenigstens teilweise bestätigen können. IWANOFF hatte

---

[1]) W, ZALESKI und E. MARX, Biochem. Zeitschr., Bd. 43, S. 3 (1912).

die Keime in einen Kolben mit großer Bodenoberfläche hineingetan und mit der entsprechenden Flüssigkeit übergossen. Die Menge der Flüssigkeit war zweimal größer als das Gewicht der Keime; es bildete sich ein Brei, da die ganze Flüssigkeit von den Keimen sogleich aufgenommen wurde. Eben dieselbe Methodik haben wir in den nachstehend beschriebenen Versuchen verwendet. Als Versuchsgefäße dienten die etwa 2 Liter fassenden flachen FERNBACHschen Kolben mit sehr großer Bodenoberfläche.

Versuch 12.

20 g Keime und 40 ccm Wasser, Luftstrom. Versuchsdauer 6 Stunden.

$CO_2 = 215$ mg, $C_2H_5OH = 108$ mg; $CO_2 : C_2H_5OH = 100 : 50$.

Versuch 13.

20 g Keime und 40 ccm 1 proz. Na_2HPO_4-Lösung. Luftstrom. Versuchsdauer 6 Stunden.

$CO_2 = 162$ mg, $C_2H_5OH = 107$ mg, $CO_2 : C_2H_5OH = 100 : 66$.

Versuch 14.

Portion A. 20 g Keime und 40 ccm Wasser.

Portion B. 20 g Keime und 40 ccm 1 proz. Na_2HPO_4-Lösung. Luftstrom. Versuchsdauer 6 Stunden.

A. $CO_2 = 241$ mg, $C_2H_5OH = 105$ mg, $CO_2 : C_2H_5OH = 100 : 43$.

B. $CO_2 = 234$ mg, $C_2H_5OH = 122$ mg, $CO_2 : C_2H_5OH = 100 : 52$.

Versuch 15.

20 g Keime und 40 ccm vergorene Zuckerlösung (wie im Versuch 6). Luftstrom. Versuchsdauer 6 Stunden.

$CO_2 = 367$ mg, $C_2H_5OH = 198$ mg, $CO_2 : C_2H_5OH = 100 : 54$.

Versuch 16.

Portion A. 20 g Keime und 40 ccm 2 proz. Traubenzuckerlösung.

Portion B. 20 g Keime und 40 ccm vergorene Zuckerlösung (wie im Versuch 6). Luftstrom. Versuchsdauer 6 Stunden.

A. $CO_2 = 239$ mg, $C_2H_5OH = 124$ mg, $CO_2 : C_2H_5OH = 100 : 52$.

B. $CO_2 = 324$ mg, $C_2H_5OH = 193$ mg, $CO_2 : C_2H_5OH = 100 : 59$.

In all diesen Versuchen wurde also mindestens die Hälfte von CO_2 im Vorgange der alkoholischen Gärung gebildet, da die der Meinung IWANOFFs nach „vorzügliche Durchlüftung" in der Tat eine mangelhafte war. Während bei guter Aeration sogar Toluol nicht imstande war, die Oxydationsvorgänge der Keime merklich

herabzusetzen, wurde dies durch eine scheinbar unwesentliche
Hemmung des Luftzutritts erreicht. Obschon in unseren Versuchen die Keime in ganz dünner Schicht und im lebhaften Luftstrome auf dem Boden lagen, konnte jedoch der gebildete Brei
den Sauerstoff nur mit seiner oberen Oberfläche aufnehmen.

.Auch in den Versuchen ZALESKIs und seiner Mitarbeiter
dürfte die Aeration unserer Meinung nach meistens nicht einwandfrei sein. Überhaupt ist bei Untersuchungen über die Pflanzenatmung immer die Gefahr sehr groß, daß eine künstlich bewirkte
Hemmung des Sauerstoffzutritts zustande kommt; dies kann aber
unter Umständen zu ganz verkehrten Resultaten führen. Besonders
beim Arbeiten mit befeuchteten Objekten ist große Vorsicht geboten.

II. Versuche mit nicht keimfähigen Weizenkeimen.

Die Atmungsenergie dieser Keime war bedeutend geringer,
als diejenige der für unsere früher veröffentlichten Versuche[1]) verwendeten ebenfalls nicht keimfähigen Keime. Die Aeration war in
allen Versuchen eine vollkommene: die Keime wurden auf Streifen
von JOSEPHpapier aufgetragen und in geräumigen U-Röhren locker
verteilt. Das Einweichen der Keime dauerte 1 Stunde.

Versuch 17.

100 g Keime und 500 ccm Wasser. Versuchsdauer 5 Stunden.
Luftstrom.

$CO_2 = 84$ mg, $C_2H_5OH = 23$ mg, $CO_2 : C_2H_5OH = 100 : 27$.

Versuch 18.

100 g Keime und 500 ccm 5 proz. Traubenzuckerlösung unter
Zusatz von 15 g Na_2HPO_4. Versuchsdauer 5 Stunden. Luftstrom.

$CO_2 = 165$ mg, $C_2H_5OH = 93$ mg, $CO_2 : C_2H_5OH = 100 : 55$.

Versuch 19.

100 g Keime und 500 ccm vergorene Zuckerlösung (wie im
Versuch 7). Versuchsdauer 5 Stunden. Luftstrom.

$CO_2 = 337$ mg, $C_2H_5OH = 138$, $CO_2 : C_2H_5OH = 100 : 41$.

Es ergab sich also, daß diese sehr schwach atmenden Keime
etwa die Hälfte des abgeschiedenen CO_2 im Vorgange der alkoholischen Gärung erzeugen. Die andere Hälfte von CO_2 ist auf die
Sauerstoffatmung zurückzuführen. Nach den Ergebnissen des einen

---

1) S. KOSTYTSCHEW und A. SCHELOUMOFF, Jahrb. f. wissensch. Botan.
Bd. 50, S. 157 (1911).

von uns findet bei Luftzutritt kein Alkoholverbrauch in Weizenkeimen statt[1]); auf Grund dieser Erfahrung kann nur die dem Alkohol äquivalente CO_2-Menge auf den Gärungsvorgang bezogen werden. Es kann also auch in diesem Falle nicht ausschließlich von der anaeroben Atmung die Rede sein. Folgender Versuch zeigt, daß die anaerobe Atmung von nicht keimenden Keimen ebenso wie diejenige der lebenden Keime mit der alkoholischen Gärung vollkommen identisch ist.

Versuch 20.

100 g Keime und 200 ccm vergorene Zuckerlösung (wie im Versuch 7). Versuchsdauer 5 Stunden. Wasserstoffstrom.

$CO_2 = 358$ mg, $C_2H_5OH = 348$ mg, $CO_2 : C_2H_5OH = 100 : 97$.

Zusammenfassung der wichtigsten Resultate.

1. Lebende Weizenkeime bilden bei vollkommener Aeration nicht die geringste Menge von Alkohol; selbst in Gegenwart von Toluol ist die Alkoholproduktion äußerst schwach ($CO_2 : C_2H_5OH = 100 : 3$).

2. Lebende Weizenkeime bilden bei nicht vollkommener Aeration (Methode von L. IWANOFF) beträchtliche Alkoholmengen ($CO_2 : C_2H_5OH = 100 : 50$).

3. Nicht keimfähige, schwach atmende Keime produzieren selbst bei vollkommener Aeration nicht zu unterschätzende Alkoholmengen ($CO_2 : C_2H_5OH = 100 : 50$).

4. Bei lebenden Weizenkeimen ist die Gesamtmenge, bei nicht keimfähigen mindestens die Hälfte von gebildetem CO_2 auf die normale Atmung zurückzuführen.

5. Bei Untersuchungen über die Pflanzenatmung ist auch die geringste Hemmung von Luftzutritt unzulässig.

St. Petersburg, Botanisches Laboratorium der höheren Frauenkurse.

---

1) S. KOSTYTSCHEW, Biochem. Zeitschr. Bd. 15, S. 181—182 (1908).

6I. S. Kostytschew, W. Brilliant und A. Scheloumoff: Über die Atmung lebender und getöteter Weizenkeime.

(Eingegangen am 8. Oktober 1913.)

In der vorstehenden Mitteilung wurde dargetan, daß keimfähige Weizenkeime bei guter Aeration nur Sauerstoffatmung zeigen und nicht die geringste Menge von Alkohol bilden, während nicht keimfähige Keime den Alkohol selbst bei vorzüglicher Aeration erzeugen. Jetzt wollen wir noch andere Eigentümlichkeiten der Atmung derselben Präparate von keimfähigen und nicht keimfähigen Weizenkeimen beschreiben. Dies ist um so notwendiger, als die Frage nach der Einwirkung verschiedener Stoffe auf die CO_2-Produktion der Weizenkeime Gegenstand von Meinungsverschiedenheiten geworden ist, die in der vorstehenden Mitteilung ausführlich dargelegt sind. Hier sei nur daran erinnert, daß S. KOSTYTSCHEW[1]) folgende Resultate erhielt: 1. Keimfähige Keime atmen normal. 2. Die CO_2-Produktion dieser Keime wird durch Phosphate nicht gesteigert; vergorene Zuckerlösungen bewirken aber einen Aufschwung der CO_2-Ausscheidung, der auf die normale Atmung zurückzuführen ist.

L. IWANOFF[2]) und W. ZALESKI mit seinen Mitarbeitern[3]), die späterhin mit nicht keimfähigen Keimen experimentiert haben, kamen zu folgenden Schlußfolgerungen: 1. Weizenkeime zeigen nur anaerobe Atmung (alkoholische Gärung). 2. Die CO_2-Produktion der Keime wird sowohl durch Phosphate, als durch vergorene Zuckerlösungen gesteigert. Diese Steigerung der CO_2-Produktion wird von einer Steigerung der O_2-Aufnahme nicht begleitet. Gärungsprodukte bewirken vielmehr eine Zunahme der CO_2- und Alkoholbildung.

Die Untersuchungen der genannten Forscher waren übrigens unter mangelhafter Aeration ausgeführt, was um so mehr zu bedauern ist, als namentlich die Fragen nach der Energie der

---

1) S. KOSTYTSCHEW, Biochem. Zeitschr. Bd. 15, S. 164 (1908); Bd. 23, S. 137 (1909); vgl. auch S. KOSTYTSCHEW und A. SCHELOUMOFF, Jahrb. f. wissensch. Bot., Bd. 50, S. 157 (1911).

2) L IWANOFF, Biochem. Zeitsch. Bd. 25, S. 171 (1910); diese Berichte, Bd. 29, S. 563 (1911).

3) W. ZALESKI und A. REINHARD, Biochem. Zeitschr. Bd. 27, S. 450 (1910); Bd. 35, S. 228 (1911); W. ZALESKI und E. MARX, Biochem. Zeitschr. Bd. 43, S. 1 (1912); W. ZALESKI, diese Berichte, Bd. 33, S. 354 (1913).

O_2-Aufnahme und nach dem Wesen der CO_2-Bildung erläutert wurden. In der vorstehenden Mitteilung wurde dargetan, daß bei Anwendung der IWANOFFschen Methodik. (die auch von ZALESKI benutzt wurde) eine Alkoholbildung durch lebende Keime im Luftstrome wahrgenommen wird. Da dieser Umstand den mit den Eigentümlichkeiten der Pflanzenatmung weniger Vertrauten sehr merkwürdig erscheinen könnte, so wollen wir noch zeigen, daß die O_2-Aufnahme in den nach dem Verfahren von L. IWANOFF und W. ZALESKI ausgeführten Versuchen eine unvollkommene ist.

Die vollkommene Aeration wird nach S. KOSTYTSCHEW[1]) dadurch erzielt, daß die vorher eingeweichten Keime auf Streifen von JOSEPHpapier aufgetragen und im Versuchsgefäß locker verteilt werden. Bei mangelhafter Aeration ließen wir die eingeweichten Keime in nur einer Schicht (ohne sich gegenseitig zu decken) auf dem Boden des Kolbens liegen, wie es auch in den Versuchen von L. IWANOFF und W. ZALESKI der Fall war. Nach einer lebhaften Luftdurchleitung wurde der 250 ccm fassende Versuchskolben luftdicht abgesperrt[2]); die alsdann entnommene Gasprobe wurde im Apparate von POLOWZOW-RICHTER[3]) analysiert.

A. Lebende Keime.
Versuch 1.

Zwei Portionen zu je 3 g Keime und 6 ccm Wasser. Portion A vollkommene Aeration, Portion B mangelhafte Aeration. Versuchsdauer 3 Stunden.

A. $\quad CO_2 = 6{,}50 \%$, $O_2 = 15{,}54 \%$. $N_2 = 77{,}96 \%$;

$$\frac{CO_2}{O_2} = 1{,}33^4); \quad O_2 \text{ absorb. } 4{,}89 \%.$$

B. $\quad CO_2 = 7{,}21 \%$, $O_2 = 16{,}73 \%$, $N_2 = 76{,}06 \%$;

$$\frac{CO_2}{O_2} = 2{,}22; \quad O_2 \text{ abs. } 3{,}25 \%.$$

Versuch 2.

Wiederholung des Vorstehenden; die Versuchsdauer betrug aber $1\frac{1}{2}$ Std.

---

1) S. KOSTYTSCHEW, l c.

2) W. PALLADIN und S. KOSTYTSCHEW, Handbuch der biochem. Arbeitsmethoden von E. ABDERHALDEN, Bd. 3, S. 502 (1910).

3) W. PALLADIN und S. KOSTYTSCHEW, l. c. S. 491.

4) Die Berechnung von $\dfrac{CO_2}{O_2}$ und der Menge des absorbierten Sauerstoffs geschah auf Grund der bekannten Formel $\dfrac{79{,}20 \cdot CO_2}{20{,}80 \cdot N_2 - 79{,}20 \cdot O_2}$ (der Sauerstoffgehalt der Laboratoriumsluft war gleich 20,80 %).

A. $CO_2 = 3,98$ %, $O_2 = 17,73$ %. $N_2 = 78,29$ %;

$\dfrac{CO_2}{O_2} = 1,4$; O_2 absorb. $2,84$ %.

B. $CO_2 = 4,12$ %, $O_2 = 18,47$ %, $N_2 = 77,41$ %;

$\dfrac{CO_2}{O_2} = 2,22$; O_2 abs. $1,86$ %.

B. Getötete Keime.

Versuch 3.

Zwei Portionen zu je 12 g Keime und 24 ccm Wasser. Portion A vollkommene Aeration, Portion B mangelhafte Aeration.

I. 1 Stunde mit Luft abgesperrt.

A. $CO_2 = 2,20$ %, $O_2 = 18,11$ %, $N_2 = 79,69$ %;

$\dfrac{CO_2}{O_2} = 0,78$; O_2 absorb. $2,82$ %.

B. $CO_2 = 2,55$ %, $O_2 = 19,78$ %, $N_2 = 77,67$ %;

$\dfrac{CO_2}{O_2} = 4,09$; O_2 abs. $0,62$ %.

II. 1 Stunde im Luftstrome, dann für 1 Stunde abgesperrt.

A. $CO_2 = 1,43$ %, $O_2 = 19,96$ %, $N_2 = 78,61$ %;

$\dfrac{CO_2}{O_2} = 2,09$; O_2 absorb. $0,68$ %.

B. $CO_2 = 1,92$ %, $O_2 = 20,18$ %, $N_2 = 77,90$ %;

$\dfrac{CO_2}{O_2} = 6,80$; O_2 abs. $0,28$ %.

Versuch 4.

Wiederholung des vorstehenden Versuchs.

I. 1 Stunde mit Luft abgesperrt.

A. $CO_2 = 2,15$ %, $O_2 = 18,30$ %, $N_2 = 79,55$ %;

$\dfrac{CO_2}{O_2} = 0,83$; O_2 abs. $2,59.$ %.

B. $CO_2 = 2,39$ %, $O_2 = 19,89$ %, $N_2 = 77,72$ %;

$\dfrac{CO_2}{O_2} = 4,6$; O_2 abs. $0,52$ %.

II. 1 Stunde im Luftstrome, dann für 1 Stunde abgesperrt.

A. $CO_2 = 1,50$ %, $O_2 = 19,91$ %, $N_2 = 78,59$ %;

$\dfrac{CO_2}{O_2} = 2,04$; O_2 abs. $0,73$ %.

B. $CO_2 = 2,05$ %, $O_2 = 20,24$ %, $N_2 = 77,71$ %;

$\dfrac{CO_2}{O_2} = 12,22$; O_2 abs. $0,17$ %.

Versuch 5.

Wiederholung der beiden vorstehenden.

I. 1 Stunde mit Luft abgesperrt.

A. $CO_2 = 1,94\ \%$, $O_2 = 18,56\ \%$, $N_2 = 79,50\ \%$;
$$\frac{CO_2}{O_2} = 0,84;\ O_2\ \text{absorb.}\ 2,31\ \%.$$

B. $CO_2 = 2,27\ \%$, $O_2 = 19,94\ \%$, $N_2 = 77,79\ \%$;
$$\frac{CO_2}{O_2} = 4,66;\ O_2\ \text{abs.}\ 0,49\ \%.$$

II. 1 Stunde im Luftstrome, dann für 1 Stunde abgesperrt.

A. $CO_2 = 1,31\ \%$, $O_2 = 20,06\ \%$, $N_2 = 78,63\ \%$;
$$\frac{CO_2}{O_2} = 2,22;\ O_2\ \text{abs.}\ 0,59\ \%.$$

B. $CO_2 = 2,03\ \%$, $O_2 = 20,15\ \%$, $N_2 = 77,82\ \%$;
$$\frac{CO_2}{O_2} = 7,00;\ O_2\ \text{abs.}\ 0,29\ \%.$$

III. 1 Stunde im Luftstrome, dann für 1 Stunde abgesperrt.

A. $CO_2 = 0,98\ \%$, $O_2 = 20,37\ \%$, $N_2 = 78,65\ \%$;
$$\frac{CO_2}{O_2} = 3,4;\ O_2\ \text{absorb.}\ 0,29\ \%.$$

B. $CO_2 = 1,63\ \%$, $O_2 = 20,31\ \%$, $N_2 = 78,06\ \%$;
$$\frac{CO_2}{O_2} = 8,4;\ O_2\ \text{abs.}\ 0,19\ \%.$$

Die Resultate von diesen Versuchen bedürfen kaum einer Erörterung: bei den nach L. IWANOFF behandelten Keimen war die
O_2-Aufnahme immer stark gehemmt; der genannte Forscher hat
aber die Energie der O_2-Aufnahme der Weizenkeime gemessen[1]
und ZALESKI[2] äußerte sich darüber folgendermaßen: „Außerdem
hat L. IWANOFF nachgewiesen, daß die Zwischenprodukte der
Alkoholgärung von KOSTYTSCHEW keine Steigerung der Sauerstoffabsorption bewirken"[3]. Wir behaupten dagegen, daß die bei
unzureichender Aeration ausgeführten Versuche dies nicht beweisen
können, und daß die Versuche von ZALESKI selbst einer Nachprüfung unter besseren Aerationsverhältnissen bedürfen.

---

1) L. IWANOFF, diese Berichte, Bd. 29, S. 570 (1911).

2) W. ZALESKI, diese Berichte, Bd. 31, S 355 (1913).

3) Bei der Beurteilung der Atmungsenergie der für die erste Arbeit
von S. KOSTYTSCHEW verwendeten Weizenkeime, die er in derselben Publikation erscheinen ließ, übersieht ZALESKI offenbar, daß die Gewichtsangaben
von KOSTYTSCHEW sich auf nasse, mit Wasser imbibierte, eingeweichte Keime
beziehen.

Merkwürdig ist der Umstand, daß bei guter Aeration auch nicht keimfähige Keime während der ersten Stunde normal atmen. Die Energie der CO_2-Bildung, und namentlich der O_2-Aufnahme dieser Keime sinkt aber überraschend schnell; danach sind diese Keime wohl als getötete zu betrachten.

Die Einwirkung der Phosphate auf lebende Weizenkeime.

Unsere zahlreichen Versuche zeigen deutlich, daß sekundäre Phosphate gar keine Steigerung der CO_2-Produktion lebender Weizenkeime hervorrufen, was mit den früheren Angaben von S. KOSTYTSCHEW (l. c.) übereinstimmt. Hier kann nur ein Teil der Versuche wiedergegeben werden. Die Resultate der mit lebenden Keimen ausgeführten Untersuchungen sind der Kürze wegen in der Tabelle I zusammengefaßt. Für je eine Versuchsportion wurden 3 g Keime verwendet.

Tabelle I. Einwirkung der Phosphate auf lebende Keime.

Nr. der Versuche	Zeit in Stund.	Wasser	Na₂HPO₄ 1%	Na₂HPO₄ 3%
6 vollkommene Aeration	2	14,4	12,6	10,0
	2	13,6	14,0	12,2
	2	14,0	14,4	11,6
Summe	6	42,0	41,0	33,8
7 vollkommene Aeration	2	Luft 12,8 / H₂ 12,0	14,0	10,8
	2	14,0 / 12,0	14,0	11,6
	2	17,2 / 10,0	15,6	18,2
Summe	6	44,0 / 34,0	43,6	35,6
8 vollkommene Aeration	2	13,6	12,8	
	2	13,6	15,2	
	2	16,4	13,6	
Summe	6	43,6	41,6	
9 vollkommene Aeration	2	16,0	A 15,2 / B 15,4	
	2	16,0	16,0 / 16,0	
	2	17,8	16,0 / 16,0	
Summe	6	49,8	47,2 / 47,4	
10 vollkommene Aeration	2	18,2		10,8
	2	14,0		11,2
	2	11,8		11,6
Summe	6	89,0		33,6

Nr. der Versuche	Zeit in Stund.	Wasser	Na₂HPO₄ 1%	Na₂HP 8%
11 vollkomme Aeratic				
Summ				
12 mangehafte Aeratic				
Summe	6			
13 mangelhafte Aeration	2	14,8	14,8	
	2	15,6	17,0	
	2	15,6	15,6	
Summ				
14 mangehafte Aeratic				
Summe	6	45,6	42,8	
15 mangelhafte Aeration	2	14,2	11,0	8
	2	14,8	18,2	12
	2	15,4	17,4	18
Summe	6	44,4	46,8	34,6

Aus der Tabelle I ist ersichtlich, daß sowohl die nach der Methode von S. KOSTYTSCHEW, als nach derjenigen von L. IWANOFF und · W. ZALESKI ausgeführten Versuche durchaus negative Resultate ergaben. Eine 3 proz. Lösung von basischem Phosphat hat sogar die CO_2-Produktion der Keime herabgesetzt. Wenn L. IWANOFF[1]) und W. ZALESKI[2]) meinen, daß ihre Ergebnisse denjenigen von S. KOSTYTSCHEW widersprechen, so ist dies nur eine voreilige Verallgemeinerung der mit abgetöteten Keimen erhaltenen Resultate: das Verhalten lebender Keime ist ein ganz anderes.

Wir haben uns außerdem vergewissert, daß auch die NaHO-Lösungen von gleicher Alkaleszenz[3]) und neutral gemachte Phosphatlösungen gar keine Steigerung der CO_2-Produktion lebender Keime hervorrufen. Auf Grund der Ergebnisse der Versuche mit sekundären Phosphaten sind die soeben erwähnten Resultate als selbstverständlich zu betrachten, und wir werden also hier keine einschlägigen experimentellen Angaben mitteilen.

Folgende Gasanalysen zeigen, daß $\dfrac{CO_2}{O_2}$ lebender Keime in Gegenwart von Phosphat unverändert bleibt; das Wesen der CO_2-Produktion wird also durch Phosphate nicht beeinflußt.

Lebende Keime.

Für je einen Versuch wurden 3 g Keime verwendet. Aeration vollkommen. Nach 5 stündiger Luftdurchleitung wurde der Versuchskolben für 1 Stunde abgesperrt.

Versuch 16

Wasser. $CO_2 = 3{,}49\ \%$, $O_2 = 17{,}72\ \%$, $N_2 = 78{,}79\ \%$;
$\dfrac{CO_2}{O_2} = 1{,}18$; O_2 abs. 2,96 %.

Versuch 17.

Wasser. $CO_2 = 3{,}48\ \%$, $O_2 = 17{,}82\ \%$, $N_2 = 78{,}70\ \%$.
$\dfrac{CO_2}{O_2} = 1{,}22$; O_2 abs. 2,85 %.

Versuch 18.

1 % Na_2HPO_4. $CO_2 = 3{,}50\ \%$, $O_2 = 17{,}81\ \%$, $N_2 = 78{,}69\ \%$;
$\dfrac{CO_2}{O_2} = 1{,}22$; O_2 abs. 2,87 %.

---

1) L. IWANOFF, Biochemische Zeitschr., Bd. 25, S. 178 (1910).
2) W. ZALESKI, diese Berichte, Bd. 31' S. 356 (1913).
3) Vgl. S. KOSTYTSCHEW und A. SCHELOUMOFF, l. c. S. 181.

Versuch 19.

3% Na_2HPO_4. $CO_2 = 2,04\%$, $O_2 = 19,14\%$, $N_2 = 78,82\%$;

$\dfrac{CO_2}{O_2} = 1,31$; O_2 abs. $1,56\%$.

Wir erinnern noch daran, daß die in Phosphatlösungen eingeweichten Keime keine Alkoholbildung bei vollkommener Aeration zeigen (vgl. die vorstehende Mitteilung).

Die Einwirkung vergorener Zuckerlösungen auf die CO_2-Produktion lebender und getöteter Weizenkeime.

In Übereinstimmung mit den Ergebnissen der ersten Arbeit von S. Kostytschew[1]) haben wir gefunden, daß Traubenzuckerlösungen die CO_2-Produktion lebender Keime steigern. Da dies aber keine Streitfrage bildet, so halten wir die Wiedergabe der einschlägigen Versuche für überflüssig. Viel interessanter ist es, die Einwirkung der Zuckerlösungen mit derjenigen der gegorenen Lösungen zu vergleichen.

In der vorstehenden Mitteilung sind bereits CO_2-Bestimmungen angegeben, welche zeigen, daß vergorene Zuckerlösungen die Atmung lebender Weizenkeime steigern. Diese Tatsache wird nunmehr ausführlicher erläutert. Die Versuchsergebnisse sind in der Tabelle II

Tabelle II. Einwirkung der vergorenen Lösungen auf lebende Weizenkeime.

Nr. der Versuche	Zeit in Stund.	CO_2 in mg		Nr. der Versuche	Zeit in Stund.	CO_2 in mg	
		Zuckerlösung	vergorene Zuckerlösung			Zuckerlösung	vergorene Zuckerlösung
20 Aeration vollkommen	2 2 2	2 % 17,2 17,2 18,8	2 % 25,4 20,0 19,6	23 Aeration vollkommen	2 2 2	2 % 18,4 16,0 14,8	2 % 21,0 20,4 18,2
Summe	6	53,2	65,0	Summe	6	49,2	59,6
21 Aeration vollkommen	2 2 2	5 %. 18,4 19,2 21,0	5 % 25,6 25,0 22,4	24 Aeration vollkommen	2 2 2	5 % 17,6 15,2 17,2	5 % 28,2 22,4 21,8
Summe	6	58,6	78,0	Summe	6	50,0	67,4
22 Aeration vollkommen	2 2 2	5 %,0 18,6 15,2 14,8	5 % 22,8 21,6 20,2	25 Aeration vollkommen	2 2 2	5 % 15,6 16,0 15,6	5 % 22,0 20,8 19,0
Summe	6	48,6	64,6	Summe	6	47,2	61,8

1) S. Kostytschew, Bioch. Zeitschr., Bd. 15, S. 175 (1908).

zusammengefaßt. Zu je einer Versuchsportion wurden 3 g Keime verwendet. Die vergorenen Lösungen (2 oder 5 g Traubenzucker, 4 oder 10 g Zymin und 100 ccm Wasser, Dauer der Gärung 5 Stunden) wurden vor dem Gebrauch in üblicher Weise von Alkohol und Zymin befreit und neutral gemacht. Der „Zyminextrakt" wurde auf folgende Weise dargestellt: 10 g Zymin wurde mit 100 ccm Wasser gekocht, filtriert, das Filtrat mit 5 g Traubenzucker versetzt und neutral gemacht.

In allen Versuchen haben vergorene Zuckerlösungen eine Steigerung der CO_2-Bildung hervorgerufen; diese ist allerdings nicht so beträchtlich, wie bei getöteten Keimen. Auch Zyminextrakt bewirkt einen Aufschwung der CO_2-Produktion lebender Weizenkeime.

Versuch 26.
3 Portionen zu je 3 g. Aeration mangelhaft.

Zeit in Stunden	CO_2 in mg		
	Zuckerlösung	vergorene Zuckerlösung	Zyminextrakt mit Zucker
3	26,2	29,0	25,6
2	18,4	23,4	22,8
2	16.8	26,4	24,8
7	61,4	78,8	73,2

Aus dem Vergleich der Versuchstabellen I und II ist sofort ersichtlich, daß die Wirkung vergorener Zuckerlösungen mit derjenigen der Phosphate nichts zu tun hat. Auch von einer Einwirkung der Kofermente der Zymase kann in unserem Falle nicht die Rede sein, denn einerseits üben die bisher bekannten Kofermente nur auf getötete Objekte eine Wirkung aus, andrerseits bilden aber lebende Keime nicht die geringste Menge von Alkohol bei guter Aeration (vgl. die vorstehende Mitteilung). Nun wollen wir auch zeigen, daß die von L. IWANOFF und W. ZALESKI so stark bezweifelte Steigerung der O_2-Aufnahme durch gegorene Lösungen bei wirklich guter Aeration in der Tat stattfindet.

Versuch 27.
3 g lebender Keime wurden in 5 proz. vergorener Zuckerlösung eingeweicht. Aeration vollkommen. 5 Stunden im Luftstrome, dann für 1 Stunde abgesperrt.

$CO_2 = 4,57\,°/_0$, $O_2 = 16,95\,°/_0$, $N_2 = 78,48\,°/_0$; $\dfrac{CO_2}{O_2} = 1,25$; O_2 absorb. $3,66\,°/_0$.

Ein Vergleich dieser Zahlen mit denjenigen der Versuche 16, 17 und 18 ergibt, daß durch vergorene Zuckerlösungen sowohl die CO_2-Ausscheidung, als die O_2-Absorption im gleichen Maße gesteigert werden: die Größe von $\dfrac{CO_2}{O_2}$ bleibt unverändert.

Nicht so verhalten sich getötete Weizenkeime. Bei diesen wird die Sauerstoffaufnahme durch vergorene Zuckerlösungen nicht merklich gesteigert; infolgedessen findet eine gewaltige Zunahme der Größe von $\dfrac{CO_2}{O_2}$ selbst bei vollkommener Aeration statt.

Versuch 28.

6 g getöteter Weizenkeime wurden in 5 proz. vergorener Zuckerlösung eingeweicht. Aeration vollkommen.

I. 20 Min. im Luftstrome, dann für 1 Stunde abgesperrt.

$$CO_2 = 2{,}63\ \%,\ O_2 = 19{,}46\ \%,\ N_2 = 77{,}91\ \%;\ \frac{CO_2}{O_2} = 2{,}62;$$

O_2 abs. 1,0 %.

II. 1 Stunde im Luftstrome, dann für 1 Stunde abgesperrt.

$$CO_2 = 2{,}15\ \%,\ O_2 = 20{,}22\ \%,\ N_2 = 77{,}63\ \%;\ \frac{CO_2}{O_2} = 13{,}2;$$

O_2 abs. 0,16 %.

Versuch 29.

Wiederholung des Vorstehenden.

I. 20 Min. im Luftstrome, dann für 1 Stunde abgesperrt.

$$CO_2 = 3{,}01\ \%,\ O_2 = 19{,}04\ \%,\ N_2 = 77{,}95\ \%;\ \frac{CO_2}{O_2} = 2{,}11;$$

O_2 abs. 1,43 %.

II. 1 Stunde im Luftstrome, dann für 1 Stunde abgesperrt.

$$CO_2 = 2{,}73\ \%.\ O_2 = 20{,}00\ \%,\ N_2 = 77{,}27\ \%;\ \frac{CO_2}{O_2} = 9{,}27;$$

O_2 abs. 0,29 %.

III. 1 Stunde im Luftstrome, dann für 2 Stunden abgesperrt.

$$CO_2 = 2{,}31\ \%,\ O_2 = 20{,}16\ \%,\ N_2 = 77{,}53\ \%;\ \frac{CO_2}{O_2} = 11{,}3;$$

O_2 abs. 0,2 %.

Dieses Präparat der Keime hat eine so schwache Atmung, daß dieselbe trotz Gegenwart vergorener Zuckerlösung nach Ablauf von 3 Stunden mit großer Geschwindigkeit erlischt.

Zusammenfassung der wichtigsten Resultate.

1. Durch scheinbar geringe Hemmung von Luftzutritt wird die O_2-Aufnahme lebender und getöteter Weizenkeime stark herabgesetzt.

2. Sekundäre Phosphate üben gar keine Wirkung auf die CO_2-Produktion und O_2-Aufnahme lebender Weizenkeime aus.

3. Vergorene Zuckerlösungen bewirken eine Steigerung der CO_2-Produktion und der O_2-Aufnahme lebender Weizenkeime. $\dfrac{CO_2}{O_2}$ wird nicht verändert.

4. Bei getöteten Weizenkeimen wird selbst unter tadellosen Aerationsverhältnissen nur die CO_2-Produktion durch vergorene Zuckerlösungen stimuliert. Hierbei findet also eine bedeutende Zunahme der Größe von $\dfrac{CO_2}{O_2}$ statt.

St. Petersburg. Botanisches Laboratorium der höheren Frauenkurse.

---

62. K. M e y e r : Über die Microspora amoena (Kütz.) Rab.
(Mit Tafel XVII.)
(Eingegangen am 9. Oktober 1913)

Die Entwickelungsgeschichte der von THURET im Jahre 1851 festgestellten Gattung *Microspora*, wurde zuerst von G. LAGERHEIM im Detail studiert. Seine Schrift[1]) erscheint bis jetzt für *Microspora* grundlegend. Alle in Floren und Lehrbüchern angeführten Angaben über diese Alge gehen auf die Abhandlung LAGERHEIMs als Quelle zurück. LAGERHEIM studierte die *Microspora Willeana* Lag., unsere Untersuchung hat zum Gegenstande die *Microspora amoena* (Kütz.) Rab., die zuerst im Jahre 1908 bei dem Dorfe Kolomenskoje bei Moskau gefunden wurde. Hier entwickelt sich *M. amoena* jährlich in großer Menge in einem in den Moskaufluß mündenden Bache. Die Beobachtungen haben gezeigt, daß der Entwickelungscyklus der *M. amoena*, obwohl im allgemeinen dem Entwickelungscyklus der *M. Willeana* ähnlich, dennoch in Einzelnheiten bedeutende Unterschiede aufweist.

---

1) G. LAGERHEIM, Studien über die Gattung *Conferva* und *Microspora*. Flora 1889.

M. amoena bildet lange unverzweigte Fäden von 23—24 μ Dicke, welche aus kurzen Zellen bestehen, deren Länge gleich der Breite ist oder sie um das Anderthalbfache übertrifft (in Ausnahmefällen um das Zweifache). Die Zellwand, wie schon von N. WILLE und später von K. BOHLIN[1]) gezeigt wurde, besteht aus Zellulose und ist (in der Projektion) aus H-förmigen ineinander eingeschobenen Teilen gebildet. Die Zellwände sind ziemlich dick und zeigen Schichtenbildung, die Querwände sind oft verdickt. Beobachtet man diesen H-förmigen Teil zur Zeit der Zoosporenbildung, wenn sie aufschwellen und verschleimen, so kann man sehen, daß ein jedes solches H aus zwei Teilen besteht: einem äußeren zylinderförmigen und einem inneren eigentlich H-förmigen, in den äußeren Zylinder eingeschobenen Teile. Hinter der Zellwand liegt ein ziemlich dicker protoplasmatischer Wandbelag mit einem Chromatophor; der Mittelpunkt der Zelle wird von einer Vakuole von Zellsaft eingenommen, in welcher an Protoplasmafäden der in der lebenden Zelle ohne jede Färbung sehr gut sichtbare Zellkern hängt (Fig. 1). Der Chromatophor hat die Form einer die Zelle rings umgebenden und mit zahlreichen unregelmäßigen kleinen Öffnungen durchlöcherten Platte. In alten Zellen sind diese Oeffnungen breiter und der Chromatophor scheint dann in einzelne Scheiben zu zerfallen. In Wirklichkeit jedoch sind diese Scheiben immer durch dünne Fäden verbunden (Fig. 2). In den Chromatophoren wurden kleine Stärkekörner abgelagert. Ein Pyrenoid fehlt Ganz ebenso beschreibt auch N. WILLE den Chromatophor bei *M. amoena* (Al. Mit., p. 439). Und LAGERHEIM sagt über den Chromatophor der *M. Willeana*: in den Zellen „befanden sich mehrere Chromatophoren, welche die Form einfacher oder verzweigter Bänder mit welligen Rändern hatten. Gewöhnlich gingen diese Bänder quer über die Zellen, bisweilen aber erstreckten sie sich längs derselben" (p. 188). Ein solcher Unterschied in der Beschreibung der Chromatophoren erklärt sich dadurch, daß ich und WILLE es mit *M. amoena* zu tun hatten, LAGERHEIM aber mit *M. Willeana* Die ziemlich zahlreichen jetzt zu einer Gattung vereinigten Arten der *Microspora* kann man in zwei deutlich unterschiedene Gruppe einteilen: die eine hat einen gitterförmigen Chromatophor, d. h. einen aus einer mit zahlreichen kleinen Öffnungen durchlöcherten Platte bestehenden; bei der zweiten besteht der Chromatophor aus rundlichen zu rosenkranz-

---

1) N. WILLE, Alg.-Mit., Jahrb. f. w. Bot., Bd. XVIII; K. BOHLIN, Bih. t. Sv. Vet.-Ak. Hand. 23, 1897.

förmigen Bändern vereinigten Scheiben. Als Repräsentant der
ersteh Gruppe kann dienen *M. amoena* und *M. floccosa*, als Repräsentant der zweiten — *M. Willeana*. Also sind *Microspora* Thuret
und *Microspora* (Thur.) Lagerheim keine Synonyme. In Zukunft,
bis die Entwickelungsgeschichte der verschiedenen *Microspora*arten
genauer als jetzt erforscht sein wird, werden diese beiden Gruppen
wahrscheinlich als selbständige Gattungen ausgeschieden werden
müssen. Solchen Eindruck habe ich bei Beobachtungen von ziemlich zahlreichen in der Umgegend von Moskau anzutreffenden
Arten der *Microspora* empfangen. Der Unterschied zwischen beiden
angeführten Gruppen der *Microspora* betrifft übrigens nicht nur
die Chromatophoren allein, sondern erstreckt sich auf den ganzen
Entwickelungscyklus, wie aus der weiteren Darstellung ersichtlich
sein wird.

Der Kern der *M. amoena* ist groß mit deutlich ausgeprägter
Wand, einem großen Nucleolus und zahlreichen Chromatinkörnchen
im Kerngerüst (Fig. 3). Die Zellteilung bei *M. amoena* wurde genau erforscht und beschrieben von N. WILLE. Seiner Beschreibung
kann man bloß hinzufügen, daß die Zellteilung mit der Kernteilung
beginnt, welche mitotisch vor sich geht. Die Tochterkerne gehen
nach der Teilung nicht auseinander, sondern liegen dicht nebeneinander. Um diese Zeit scheidet der Protoplast um sich herum, also unmittelbar unterhalb der Zellwand den an beiden Enden offenen
Zellulosezylinder aus (Verlängerungsschicht WILLE). Dieser Zylinder ist der Anfang des künftigen H. Zur selben Zeit teilt sich
der Chromatophor, und gleich darauf wächst aus dem mittleren Teile des oben erwähnten Zylinders ein ringförmiger
Wulst, welcher allmählich sich vergrößernd den Zelleninhalt in der
Mitte teilt. Die neue Wand geht gerade zwischen zwei Kernen
hindurch, welche anfangs neben der neuen Wand liegen, und sich
dann nach der Mitte der Zelle zu entfernen (Fig. 1). Die neugebildeten
Zellen wachsen und drängen die alten H-förmigen Wandteile auseinander; in den Zwischenraum stellt sich das neue H (WILLE,
Tab. XVII, Fig. 15—22). Also sind die H-förmigen Teile der die
Zelle bekleidenden Wand immer von verschiedenem Alter, der eine
(innere) jünger, der andere (äußere) älter.

Bildung der Zoosporen. Die Zoosporen bei *M. amoena*
bilden sich zu 2, 4, 8 oder 16 in jeder Zelle; am häufigsten zu 4
und 8. Ihre Bildung erfolgt succedan, in der Weise, daß der Kern
und nach ihm der ganze Protoplast sich in zwei Teile teilt; beide
Tochterkerne teilen sich gleichzeitig ihrerseits wieder, worauf auch
beide Protoplasten sich teilen; es entstehen vier Tochterzellen,

welche, falls sich mehr als 4 Zoosporen gebildet haben, sich von
neuem teilen (Fig. 4). Die Teilung des Kernes erfolgt karyokine-
tisch. Die Ebene der ersten Teilung steht senkrecht zur Länge
des Fadens, die Ebene der zweiten Teilung senkrecht zur Ebene
der ersten, und sie können entweder zusammenfallen oder senkrecht zueinander stehen (Fig. 4). Nachdem sich der Protoplast
der Mutterzelle in die entsprechende Anzahl von Teilen geteilt
hat, beginnen die letzteren sich abzurunden und gleichzeitig die
Wand der Mutterzelle anzuschwellen, schleimig zu werden und zu
zerfließen (Fig. 6, 7); die Verschleimung erfolgt hauptsächlich bei
dem inneren (also jüngeren) H-förmigen Teile, welcher fast ganz
zerstört wird, von ihm bleibt nur der mittlere Teil der Querwand
übrig (Fig. 6). Im äußeren H-förmigen Teile verschleimen bloß
die inneren Schichten. Die protoplasmatischen Teile, in welche
der Inhalt der Mutterzelle zerfallen ist, verwandeln sich in Zoosporen; sie nehmen eine längliche Form an, der Chromatophor
setzt sich an dem einen Ende an und am zweiten farblosen Ende
erscheinen zwei Geißeln, mit deren Hilfe die Zoospore sich schwach
zu bewegen anfängt. Zu diesem Momente hat sich das innere H
schon vollständig verschleimt, und unter der Einwirkung des An-
schwellens des gebildeten Schleimes und zum Teils infolge der
Bewegung der Zoosporen krümmt sich der Algenfaden leicht, die
Enden der ganz gebliebenen H-förmigen Teile gehen auseinander
und neben der halbzerstörten Querwand des inneren H bildet sich
eine Öffnung, durch welche die Zoosporen heraustreten, indem
sie den sie umgebenden Schleim durchbrechen (Fig. 6). Dieser
Schleim ist manchmal so dicht, daß die Zoosporen nicht imstande
sind, in ihm eine breite Öffnung zu bilden, und sich langsam und
mit Mühe durchdrängen, die Form von Hanteln annehmend (Fig. 7).
In anderen Fällen reißen die Zoosporen beim Heraustreten aus der
Mutterzellenwand den Schleim mit sich, so daß sie sich die erste
Zeit in demselben bewegen, bis der Schleim im Wasser zerfließt.
Die Krümmung des Algenfadens während des Heraustretens der
Zoosporen, die schon Thuret für *M. floccosa* beschrieben hatte,
erfolgt, wenn die Enden der äußeren H-förmigen Teile einander
nahe kommen, d. h. mit anderen Worten, wenn sich die Zoosporen
in unlängst geteilten Zellen bilden; in Fällen, wenn die Zoosporenbildung in lange nicht geteilten Zellen erfolgt, in welchen das
junge H die älteren schon weit auseinandergeschoben hat, wird
die Fadenkrümmung nicht beobachtet; dabei geschieht es nicht
selten, daß das Heraustreten der Zoosporen an zwei Seiten des
Fadens erfolgt — es bilden sich zwei Austrittsöffnungen (Fig. 8).

Das Heraustreten der Zoosporen erfolgt stets langsam; die Zoosporen verlassen allmählich, eine nach der andern, die Mutterzelle. Die Bildung der Zoosporen konnte gewöhnlich nach 7 bis 10 Tagen nach der Heimbringung der *M. amoena* von der Excursion beobachtet werden; sie kann etwas beschleunigt werden, wenn man die Alge ins Finstere stellt. Einmal begonnen, erfolgt sie immer ohne Unterbrechung und man kann ganze Fäden in Zoosporen zerfallen sehen.

Die Zoosporen selbst haben eine birnförmige oder eine längliche Form mit abgerundeten Enden, sind kahl mit ununterbrochenem plattenförmigen, die Zelle nicht ganz bedeckendem Chromatophor und mit einem Kerne; am vorderen farblosen Ende befinden sich zwei pulsierende Vakuolen, und von ihm gehen zwei kurze Geißeln aus, die sehr oft etwas seitwärts vom spitzen Ende der Zoospore stehen. Die Geißeln sind kurz und infolgedessen die Bewegung der Zoosporen langsam und träge. Wie groß ihre Anzahl auch sei, ihre Struktur ist immer dieselbe und sie unterscheiden sich nur durch ihre Größe. Ganz ebenso wie bei *M. amoena* erfolgt die Zoosporenbildung auch bei *M. floccosa*, soweit man nach THURETs Zeichnungen darüber urteilen kann. Bei *M. Willeana* bilden sich, nach LAGERHEIM, die Zoosporen bloß in der Anzahl von 1 oder 2. Außer den zweigeißeligen, den oben beschriebenen ähnlichen Zoosporen, zeigt *M. Willeana* noch viergeißelige, mit rotem Augenfleck. Solche Zoosporen habe ich bei *M. amoena* nie bemerkt, obwohl die Beobachtungen seit dem Jahre 1908 alljährlich und zu verschiedenen Jahreszeiten, im Sommer und im Herbste, vorgenommen worden waren. Wie es scheint, hat *M. amoena* entweder die Fähigkeit, viergeißelige Zoosporen zu entwickeln, vollständig eingebüßt oder entwickelt sie sehr selten, so daß sie in ihrem Entwickelungscyklus keine Rolle spielen.

Nachdem sie einige Zeit im Wasser geschwommen, bleiben die Zoosporen stehen und verwandeln sich in Aplanosporen, d. h. runden sich ab, verlieren die Geißeln und bekleiden sich mit einer dünnen Wand. Man findet bei ihnen bereits einen netzartigen Chromatophor und einen Kern. Nicht selten bilden sich übrigens die Aplanosporen im Innern der Mutterzellwand; in solchen Fällen entwickeln sich die Zoosporen gar nicht; die Teile, in welche der Inhalt der Mutterzelle zerfallen ist, runden sich ab, bekleiden sich mit einer Zellwand und bleiben innerhalb derselben liegen (Fig. 10). Die Aplanosporen entwickeln sich stets zugleich mit den Zoosporen; manchmal werden nur Aplanosporen allein beobachtet und Zoosporen bilden sich gar nicht. Die Aplanosporen bilden sich ebenso,

wie die Zoosporen, in der Anzahl von 2 bis 16, in sehr seltenen
Fällen jedoch kann sich in der Zelle nur eine große Aplanospore
bilden. Eine starke Schleimbildung, wie sie bei der Entwickelung
der Zoosporen beobachtet wird, findet hier nicht statt.

Nach einer Periode der Ruhe, während welcher die Aplanospore sich bloß an Umfang vergrößert, fängt sie zu keimen
an; sie teilt sich in zwei ungleiche Zellen, von denen die kleinere
— man kann sie Basalzelle nennen — sich nicht weiter teilt und
an der Bildung des Algenfadens keinen Anteil nimmt. Es ist sehr
möglich, daß dieselbe ein Rudiment des Rhizoids darstellt; denn,
obgleich wirkliche Rhizoiden bei *M. amoena* niemals sich entwickeln,
so kann man doch oft beobachten, daß die Zoosporen an alten
Fäden stehen bleiben und die Keime an dieselben sich schwach
anheften (Fig. 14). Die größere Zelle bildet den Anfang des
ganzen Fadens. Zuerst wächst der junge Keim in die Länge, wobei hauptsächlich die obere größere Zelle wächst (Fig. 12). Nach
Erreichung einer gewissen Größe beginnt sie sich zu teilen, ganz
so wie eine gewöhnliche vegetative Zelle. Zuerst bildet sich, unmittelbar unter der Zellwand ein an beiden Enden offener Zellulosezylinder, der den Zellinhalt gürtelartig umgibt. Die Zelle
verlängert sich unterdessen weiter, und an ihrer Wand bildet sich
ein ringförmiger Spalt, gerade oberhalb des Zellulosezylinders.
Durch diesen Spalt zerfällt die Wand in zwei Teile, welche infolge
des fortgesetzten Wachstums auseinandergehen, und in den Zwischenraum schiebt sich der neugebildete Zylinder ein (Fig. 13). Gleich
darauf erfolgt schon die Teilung des Protoplasten, in der Mitte des
Zylinders bildet sich in Form eines ringförmigen, später im Zentrum sich schließenden Wulstes eine Querwand, welche die Zelle
entzwei teilt (Fig. 14) Auf diese Weise entsteht das erste H, und
die bisher massive Wand des Keimes bekommt die für *Microspora*
charakteristische Struktur.

Akineten. Beim Eintritt ungünstiger Bedingungen kann
M. amoena Akineten bilden, die bei ihr den Ruhezustand darstellen
Im einfachsten Falle geschieht das in der Weise, daß der Protoplast um sich herum neue Schichten von Zellulose ausscheidet und
sich mit einer dicken Wand überzieht, der Zellinhalt wird dichter
und durchsichtig. Auf diese Weise gehen ganze Fäden in den
Ruhezustand über. Manchmal teilen sich die Zellen bei der Ver-
wandlung in Akineten, aber die neugebildeten H-förmigen Teile
schieben die alten H nicht auseinander, sondern bleiben zwischen
denselben eingeschoben: in diesem Falle entstehen Synakineten.
Eine andere Bildungsart der Akineten, ebenso wie die Bildung von

Zoosporen, wird von der Zerstörung der H-förmigen Teile der Wand begleitet, wobei das innere H verschleimt und vollständig zerfließt; das äußere erfährt ebenfalls eine ziemlich starke Zerstörung; von ihm bleibt nur der äußere Zylinder und die Querwand übrig (Fig. 15). Der Zellinhalt schwillt an, nimmt eine kugelförmige oder ovale Form an und scheidet um sich herum eine Wand aus, worauf die Akineten aus dem alten H austreten. Auf diese Weise zerfällt der ganze Faden in einzelne Akineten und verwandelt sich in eine beträchtliche Menge von großen grünen Zellen, welche zwischen den halbzerstörten H-förmigen Teilen der alten Wände liegen. Manchmal werden Übergänge zwischen der ersten und der zweiten Art der Bildung der Akineten beobachtet: letztere treten, nach Zerstörung des inneren H, nicht aus den äußeren, sondern bleiben innerhalb derselben (Fig. 16). Nicht selten werden auch Synakineten angetroffen. Die Akineten sind, wie sie sich auch gebildet haben mögen, vielkernig, und erhalten 2, 4, 8 oder 16 Kerne, an häufigsten sind die vier- und acht-kernigen; einkernige bilden eine Ausnahme; auch 16kernige werden verhältnismäßig selten angetroffen (Fig. 17—19). Beim Keimen der Akineten bilden sich in ihnen Zoosporen, ganz gleiche wie in gewöhnliche Zellen (Fig. 20)[1]. Dabei erscheint in dem Protoplasma der Akinete ein Spalt, der ihren Inhalt in zwei vielkernige Teile teilt (Fig. 21); darauf teilt sich jeder dieser Teile so lange weiter (Fig. 22), bis er in einkernige Teile zerfällt (Fig. 23). Jeder von diesen letzteren verwandelt sich dann in eine Zoospore. Die Akinetenwand wird zu dieser Zeit bedeutend schleimig und dünn. Die Zoosporen beginnen sich in ihrem Innern zu bewegen und zerdehnen sie, bis sie dieselbe endlich durchbrechen und sich zerstreuen.

Moskau, Labor. d. Bot. Gartens d. K. Univers., 23. September (6. Oktober) 1913.

Erklärung der Tafel XVII.

Fig. 1. Zwei junge Zellen. Vergr. 745.

Fig. 2. Ein Teil des Chromatophors. Vergr. 745.

Fig. 3. Mit Hämatoxylin gefärbte Zelle. Vergr. 575.

---

[1] Auf dieser Zeichnung ist ein seltener anormaler Fall abgebildet, wo aus einer vierkernigen Akinete drei Zoosporen entstanden; die mittlere von ihnen ist zweikernig.

Fig. 5—8. Bildung und Ausscheidung der Zoosporen. Vergr. 5—7—550;
   8—350.
Fig. 9. Zoospore. Vergr. 745.
Fig. 10. Aplanosporenbildung. Vergr. 550.
Fig. 11—14 Aplanospore und ihre Keimung. Vergr. 745.
Fig. 15—16. Akinetenbildung. Vergr 15—550; 16—453.
Fig. 17—19. Mit Hämatoxylin gefärbte Akineten. Vergr. 575.
Fig. 20—23. Akinetenkeimung Vergr. 20—445; 21—23—575.

63. C. Steinbrinck: Bemerkungen zu Schips' Veröffentlichung: „Zur Öffnungsmechanik der Antheren."

(Eingegangen am 17. Oktober 1913.)

Der leidige Streit über die physikalische Ursache des Aufspringens der Antheren, der seit 1898. schwebte, aber 1910 durch HANNIG[1]) erledigt schien, ist kürzlich durch eine Dissertation von SCHIPS[2]), die aus dem botanischen Institut von Freiburg i. d. Schweiz hervorgegangen ist, von neuem aufgenommen worden. Es ist dies schon die vierte Promotionsschrift, die gegen die sog. Kohäsionstheorie der Antheren ins Feld zieht. Vergleicht man ihre Ergebnisse miteinander, so läßt sich in ihnen allerdings eine zunehmende Milderung dieser Gegnerschaft erkennen. Während nämlich BRODTMANN 1898 das Vorhandensein eines Kohäsionsmechanismus in den Antheren noch für physikalisch unannehmbar erklärte, mußte COLLING 1905 die Wirksamkeit eines solchen (oder doch seine Mitwirkung) wenigstens für einige wenige Arten zugestehn. Auch SCHNEIDER beobachtete 1908 Kohäsionsvorgänge an Staubbeuteln der Tulpe, schätzte sie aber als bedeutungslos ein. SCHIPS endlich gibt als denkbar „eine nennenswerte Beteiligung der Kohäsion an der Öffnungsbewegung" „bis zur Geradestreckung der Klappen" (allerdings als äußerstes, S. 29) zu. Sein endgültiges Urteil lautet aber trotzdem wieder (S. 86): „Die Öffnung der Antheren beruht auf Schrumpfung und nicht auf Kohäsion. Die Leistungsfähigkeit der letzteren ist zu gering, um die Öffnung zu verursachen. Sie ist vor allem nicht notwendig."

1) Jahrb. f. wiss. Bot. XLVII, Heft 2, S. 186—218.
2) Zur Öffnungsmechanik der Antheren. Beihefte z. Bot. Zentralblatt. XXXI. Abt. 1, Heft 2, 1913.

Gegen die Arbeiten von SCHIPS' letzten Vorgängern habe ich nun früher den Vorwurf erhoben, daß sie die Bekämpfung der Kohäsionstheorie in höchst einseitiger Weise unternommen hätten, indem sie wichtige Untersuchungsmethoden, die ich eröffnet habe, unbenutzt ließen. Der vorliegenden Publikation meines jüngsten Gegners muß ich dagegen die Anerkennung zuteil werden lassen, daß er sich in dieser Beziehung weit mehr bemüht hat.

Wenn er trotzdem in die Irre geraten ist, so rührt dies wahrscheinlich von verschiedenen Ursachen her. Erstlich sind die Hilfsmittel seiner Untersuchung z. T. nicht ausreichende gewesen. 2. Die Zahl seiner Beobachtungen hat trotz ihrer scheinbaren Fülle nicht ausgereicht. 3. Über wichtige Bedenken, die ihm selbst aufgestoßen sind, ist er zu oberflächlich hinweggegangen. 4. Bezüglich der gegnerischen Darstellung sind ihm Mißverständnisse untergelaufen. Da nun wohl der vielseitige Wunsch besteht, mit dem Öffnungsproblem der Staubbeutel endlich zum Abschluß zu gelangen, ich selbst aber durch mein Augenleiden behindert bin, mich noch auf weitere Untersuchungen einzulassen, so möchte ich zum Abschluß der Diskussion wenigstens dadurch noch einmal beitragen, daß ich aus meiner langjährigen Erfahrung heraus auf Mängel hinweise, die in der Arbeit von SCHIPS im einzelnen besonders auffällig hervortreten.

Meine Darlegungen sollen mit den Untersuchungen über die Schrumpfungsfähigkeit der Antheren-Membranen beginnen, soweit sie sich durch Luftpumpenversuche und durch die Prüfung dünner Schnitte beurteilen läßt. Daran mögen sich Bemerkungen über das Wesen der Kohäsionsfaltung, sowie über den tatsächlichen Luft- und Wassergehalt des fibrösen Gewebes während des Öffnungsvorganges knüpfen.

I. Die Ergebnisse der Luftpumpenversuche.

Zur physikalischen Erforschung von Bewegungsvorgängen, die an pflanzlichen Organen infolge von Änderungen ihres Wassergehaltes auftreten, ist die Luftpumpe wohl zuerst auf meinen Vorschlag im Dezember 1896 und Januar 1897 von KOLKWITZ bei einem Moosperistom und von KOLKWITZ und SCHRODT bei Farnsporangien in Anwendung gebracht worden. Es handelt sich dabei um die Beobachtung der betreffenden Objekte in einem möglichst vollkommenen Vakuum, mit der Absicht, die Unabhängigkeit ihrer Bewegungen vom Luftdruck festzustellen. Dieselbe Aufgabe trat nun seit 1899 an mich heran; und zwar bezüglich der Antheren und verschiedener Sporangien, sowie des Kompositenpappus, der

Moosblätter und anderer schrumpfelnder Organe. Ich habe dann aber die Luftpumpe vielfach ferner benutzt, um noch andere Fragen zu lösen, wie die nach der Luftdurchlässigkeit von Zellmembranen, nach den Ursachen der Kohäsionsunterbrechung usw.

Ich habe infolgedessen eine ganze Reihe von Jahren mit der Luftpumpe gearbeitet und dabei die Antheren entweder als Haupt- oder als Vergleichsobjekte in Untersuchung genommen. Im Verlaufe dieser Experimente haben sich nun z. T. nebenbei die Untersuchungsmethoden herausgebildet, bei welchen die Luftpumpe zur Widerlegung der „Schrumpfungstheorie" der Antheren zur Anwendung gelangen kann. Dieselben beruhen also auf so langjähriger und vielbestätigter Erfahrung, daß darin ein Irrtum meinerseits völlig ausgeschlossen ist. Sie sind ferner darum von ausschlaggebender Bedeutung, weil sie für das wahre Schrumpfungsmaß der Antherenmembranen höchst augenfällige, zweifelfreie, mikroskopische Demonstrationsobjekte liefern, die alle minutiösen Messungen an winzigen Membranstückchen mit ihren Fehlerquellen überflüssig machen[1]). SCHIPS ist der erste meiner Gegner, der diese Methoden verwendet und über ihre Ergebnisse ausführlich berichtet hat. Merkwürdigerweise ist aber das Urteil, zu dem er durch sie geleitet ist, dem meinigen ganz entgegengesetzt.

Wie ist dies zugegangen? Teilweise beruht sein Irrtum sicherlich auf einer unrichtigen Interpretation einer seiner Versuchsreihen, wobei zugleich ein wichtiger Kontrollversuch ganz unterblieben ist. Vermutlich ist aber ferner an dem Fehlschlagen anderer Versuche ein unzureichendes Vakuum seines Apparates schuld gewesen.

Suchen wir dies im einzelnen nachzuweisen:

1. Beobachtungen an reifen, aber ungeöffneten Antheren, die in absolutem Alkohol eingelegt waren.

SCHIPS muß zugestehn (s. S. 48, Tab 27), daß ausgereifte Antheren, die man im Vakuum aus alc. abs. austrocknen läßt, sich weder öffnen, noch merklich verkürzen. Ich habe diese Tatsache als Beweis benutzt, daß die Schrumpfungsfähigkeit der Antherenmembranen viel zu gering ist, um die starke Deformation der natürlichen getrockneten Antheren zu erklären. Das Ausbleiben

---

1) SCHIPS sucht sich über das Schrumpfungsmaß durch Messungen an kleinen Membranpartien zu orientieren, die von 2 benachbarten Verdickungsfasern eingeschlossen sind. Wie sehr kann aber eine unmerkliche Krümmung solcher Stückchen beim Austrocknen die Messung fälschen und eine starke Schrumpfung vortäuschen!

derselben bei unserem Versuch rührt nämlich nach meiner Auffassung vom Ausschluß des Kohäsionszuges durch das vorzeitige
Verdampfen der Flüssigkeit her, wie ich es auch in manchen
anderen Fällen festgestellt habe. Von SCHIPS wird diese Ansicht
aber (S. 44—46) mit ganz unzulänglichen Einwürfen bemängelt.
Ihm gilt als Haupthindernis der Kontraktion in diesem Falle die
Pollenfüllung jener Antheren! (s. z. B. S. 51 Nr. 6). Soll aber
etwa der schwache Widerstand der feinen Blütenstaubmasse hin-
reichen, um die starken Molekularkräfte zu überwinden, die sich
bei der Membranschrumpfung betätigen? Warum macht sich dieser
Widerstand denn in der freien Natur nicht in gleicher Weise
geltend? Und wie findet sich SCHIPS mit einem seiner eigenen
Ergebnisse ab, das mit dieser Auffassung im Widerspruch steht?
Nach S. 50 hat er nämlich bei der weißen Lilie das Ausbleiben
der Verkürzung auch in dem Falle beobachtet, daß kein Pollen im
Wege war.

SCHIPS sucht einen Ausweg, indem er (S. 51 Nr. 7) als
sekundäres Hindernis die Härtung der Membranen durch den
Alkohol anführt. Dabei muß er aber selbst (S. 44) eingestehn, daß
er bei seinen hygroskopischen Beobachtungen an isolierten Antheren-
Faserzellen einen solchen Einfluß des Alkohols auf die Schrumpfungsfähigkeit ihrer Membranen nicht gefunden habe. Allerdings macht
ihm dies keine erheblichen Bedenken. Es könnte ja sein, so
meint er, daß auch bei diesen isolierten Zellstücken die Schrumpfung
unterdrückt worden wäre, wenn er sie der Einwirkung des
alc. abs. tagelang statt stundenlang unterworfen hätte. Warum hat
er diese Probe denn nicht ausgeführt?

Aus dieser Darlegung geht wohl schon hervor, auf wie schwachen
Füßen die Dialektik meines Gegners in diesem Streitpunkte steht.
Vollkommen hinfällig wird SCHIPS Beweisführung aber durch
eine Tatsache, auf die ich in dies. Ber. zuletzt i. J. 1909 (S. 5)
nachdrücklich hingewiesen habe und die dort nochmals ausführlich
besprochen ist. Es bedarf nämlich bei jenen trocknen, ungeöffnet
und fast unverkürzt gebliebenen Antheren nur einer kurzen Benetzung mit Wasser, um ihre starren Membranen wieder völlig ge-
schmeidig zu machen. Dabei werden die Antheren weich und biegsam,
ihre Härtung durch den Alkohol ist somit vollkommen aufgehoben, und ihre Membranen sind mit Wasser getränkt. Trotzdem ist das Resultat beim Austrocknen, sei es im Vakuum, sei es
im Freien, kein anderes als vorher: das Aufspringen bleibt wiederum aus, die Verkürzung ist fast Null. Leider vermißt man diesen
Kontrollversuch bei SCHIPS aber gänzlich.

2. Versuche an trockenen Antheren, die in normaler Weise aufgesprungen und verkürzt sind.

Auch für ältere Antheren habe ich Versuchsanordnungen mittels der Luftpumpe angegeben, die die eben besprochenen an frischen Staubbeuteln gewonnenen Erfahrungen ergänzen. Von diesen ist namentlich eine Anordnung von durchschlagender Beweiskraft, weil bei ihr die Antheren mit Alkohol überhaupt nicht in Berührung kommen und ihre Öffnung und Verkürzung beim Austrocknen dennoch wiederum fast gänzlich unterdrückt ist. SCHIPS hat zwar beide von mir vorgeschlagenen Wege beschritten, diesmal haben aber bereits seine Versuche selbst zu Resultaten geführt, die von den meinigen durchaus abweichen. Denn er will dabei normale Dehiszenz und Kontraktion gefunden haben, obwohl er sich, wie er S. 46 verzeichnet, genau an meine Vorschrift gehalten habe. Hierbei hat er jedoch übersehen, daß die von ihm angezogene Stelle meiner Mitteilungen von 1909 (diese Ber. S. 6) sich nur auf den soeben unter Nr. 1 besprochenen Versuch bezieht. In jenem Passus habe ich nämlich meine Opponenten dazu aufgefordert, „endlich einmal" jenen Versuch nachzumachen, und habe, um ihnen die Anstellung desselben näher zu legen und zu erleichtern, hinzugefügt, daß man, anstatt meinen wiederholt beschriebenen ganzen Apparat in Verbindung mit einer Quecksilberpumpe zu benutzen, „auch wohl mit einer Wasserluftpumpe auskommen könne, falls der Wasserdruck groß genug ist". Die Richtigkeit dieser Angabe hat der Ausfall des vorher besprochenen Versuchs bei SCHIPS auch voll bestätigt.

Bezüglich der älteren normalverkürzten Antheren habe ich aber hervorgehoben, daß die Versuchsresultate oft nicht „so glatte" wären (l. c. S. 7). Daher habe ich auch für sie die Verwendung einer Wasserluftpumpe nicht empfohlen. Denn während die mit P_2O_5 beschickte Quecksilberpumpe ein trocknes Vakuum von annähernd 0 mm Quecksilber hervorbringt, erzeugt die Wasserluftpumpe nur ein mit Wasserdämpfen beladenes „Vakuum" von 15—20 mm. Das macht aber, wo es sich darum handelt, zur Verhinderung des Kohäsionszuges eine möglichst beschleunigte Dampfbildung in den Antherenzellen zu erzielen, einen beträchtlichen Unterschied. In dem Vakuum einer guten Quecksilberluftpumpe würde SCHIPS jedenfalls Resultate erlangt haben, die mit den meinigen weit mehr übereinstimmten.

Der Umstand, daß es auch mit der Quecksilberpumpe nicht immer gelingt, den Kohäsionszug bei den älteren Antheren in dem vollen Maße auszuschließen wie bei den frischen des ersten Versuchs (so daß die älteren Objekte etwas mehr verkürzt und geöffnet werden als die frischen), fällt gar wenig ins Gewicht. Denn wir wissen aus zahlreichen physikalischen Versuchen, wie veränderlich die Kohäsionsfestigkeit von Flüssigkeiten auftreten kann. Zunächst fand ich diese „Launenhaftigkeit" der Kohäsionsunterbrechung bei meinen Heberversuchen (s. Phys. Ztschr. 1905, Jahrg. 6, S. 913, und Jahrb. f. wiss. Bot. 1906, XLII, S. 612 und 613). Dann haben E. RAMSTEDT[1]) und JUL. MEYER[2]) bei ihren Versuchen mit ganz anderen Apparaten dieselbe Erfahrung gemacht. Daß bei unseren Vakuum-Experimenten die Antherenverkürzung und -öffnung nicht immer gleichmäßig vermindert wird, ist für die Kohäsionstheorie also nicht auffällig und hinsichtlich des Hauptproblems zunächst noch nebensächlich. Die Hauptsache ist, daß wir überhaupt willkürlich die normale Kontraktion und Dehiszenz der Antheren in so hohem Maße herabzusetzen vermögen. Einer solchen Abschwächung steht die Schrumpfungstheorie dagegen ganz ratlos gegenüber; sie widerspricht allen unseren sonstigen Erfahrungen über die Schrumpfungsvorgänge pflanzlicher Membranen.

II. Das Verhalten dünner Antherenschnitte.

Die Kohäsionskontraktion kann auch ohne Vakuum unmöglich gemacht werden; z. B. an Schnittpräparaten einfach dadurch, daß alle Zellen des Schnittes durch das Messer angeschnitten, mithin weit geöffnet sind. Es muß daher nach der Kohäsionstheorie an mikroskopischen Antherenpräparaten beim Austrocknen ein starker Kontrast zwischen „dicken" und „dünnen" Schnitten zutage treten. In der Tat konnte ich einen solchen Unterschied schon bei meinen ersten Untersuchungen über diese Fragen im Jahre 1898 (s. dies. Ber. S. 100 und 101) und später bei erneuter Prüfung ausnahmslos jedesmal feststellen: bei den dünnen Querschnitten unterblieb beim Trocknen die Kontraktion und Krümmung fast vollständig, bei dicken Schnitten dagegen fand beides unvermindert statt, wie bei ganzen Antheren.

Gegen die Beweiskraft dieser Beobachtungen wendet SCHIPS zunächst ein, daß durch „Entfernung eines Teils der Zellwände auch ein Teil der hygroskopischen Kraft eliminiert" sei; namentlich seien an Schnitten, die unter jenen Umständen bewegungslos

---

1) Beiträge zur Kenntnis des Verhaltens gedehnter Flüssigkeiten, Arkiv för Matematik, Astronomi etc. 1908, IV. Nr. 16, und Om Vätskors Förhållande Vid Uttäning, Akademisk Afhandling, Upsala 1910.

2) Zur Kenntnis des negativen Druckes in Flüssigkeiten, Abhandlungen der Deutsch. BUNSEN-Ges. Nr. 6, Jahrg. 1911.

waren, die Membranen parallel zur Schnittfläche größtenteils beseitigt gewesen (s. S. 39 Nr. 2 und 3). Hierin irrt er aber ganz entschieden. Die erwähnte Erscheinung stellt sich auch an Schnitten ein, bei denen das Mikroskop die betreffenden mit Fasern besetzten Wände in ganzer Flucht unverletzt erkennen läßt. Und daß die „hygroskopische Kraft" (im Sinne von SCHIPS gesprochen!) an diesen Schnitten nicht eliminiert ist, ergibt ganz unzweideutig die Versuchsanordnung. Meine dünnen Schnitte stammen nämlich von ausgetrockneten und normalkontrahierten Antheren. Auf dem Objektträger präsentieren sich ihre Klappen also anfangs als 4 stark verkürzte, geradgestreckte oder auswärtsgebogene Seitenarme des Konnektivs. Sie strecken und krümmen sich aber blitzschnell zurück, sobald sie benetzt werden, lassen jedoch darauf bei erneutem Austrocknen, wie gesagt, die Rückkehr in die vorige Form vermissen. Für den Quellungsvorgang (im Sinne von SCHIPS) fehlt es den Schnitten mithin keineswegs an der nötigen „hygroskopischen Kraft". Warum sollte diese also für den Schrumpfungsvorgang nicht ausreichen? Es wird SCHIPS nichts anderes übrig bleiben, als sich wieder hinter den Einwand zurückzuziehen, ich hätte meine Schnitte vor dem Austrocknen mit alc. abs. betropft, daher wären ihre Membranen schrumpfungsunfähig geworden. Wir haben aber schon im vorigen Abschnitt unter I, 1 gesehen, wie unwahrscheinlich diese Erklärung ist.

Insbesondere wolle man beachten, daß meine fraglichen Schnitte mit alc. abs. nur wenige Sekunden lang in Berührung gekommen sind, und sich erinnern, daß SCHIPS selbst an den Antherenmembranen sogar nach einer Alkoholeinwirkung von mehreren Minuten (s. S. 44 ad 1), ja von Stunden (S. 50, Abs. 1 und 2) keine Verminderung ihrer Schrumpfungsfähigkeit finden konnte.

III. Das Auftreten von Kohäsionsfalten.

SCHIPS hat an den trockenen Membranen Falten gesehen, bezeichnet sie aber als seltene Ausnahmen und behauptet, daß sie unabhängig vom Wasserverlust vorkämen (S. 35). Merkwürdigerweise hält er seine „Versuche mit Schnitten nicht für beweisend" (S. 33) und legt mehr Gewicht auf die Untersuchung von Klappen in Flächenansichten. Es ist mir nicht verständlich, wie ein solches Verfahren zuverlässige Beobachtungen ermöglichen soll. Denn die Unterscheidung subtiler Einzelheiten an den Faserzellwänden wird durch die sie überlagernden, starkgefalteten Epidermiszellen ungemein erschwert.

Daß in meinen Schnitten durch trockne Antheren Membran-falten in großer Zahl und reichem Maße auftreten, ist von solchen, die sie durchgesehen haben, nie bestritten worden. Sie haben zwei-mal an Sitzungsabenden unserer Gesellschaft in verschiedenen Jahren vorgelegen. Sie sind auch im Bonner Institut i. J. 1901 eingehend geprüft worden und haben es veranlaßt, daß STRASBURGER in seinem bot. Praktikum und NOLL im Bonner Lehrbuch seit jener Zeit für die Kohäsionstheorie eingetreten sind[1]. Nun ist gegen meine Schnitte allerdings der Einwand vorgebracht worden, als Paraffinpräparate wären sie gar nicht maßgebend, weil ihre Zerknitterung durch die Paraffinbehandlung verursacht sein könne. Und es ist ja allerdings richtig, daß zarte Gewebe, wie z. B. Moos-blätter, beim Einschmelzen in Paraffin oft außerordentlich stark deformiert werden. Dieses Schrumpfeln ist aber lediglich eine Folge ihres Kohäsionszuges, der unter Wasserverlust erst bei der Temperatur des flüssigen Paraffins zur Geltung kommt, während vorher diese Gewebe die Form ihres turgeszenten Zustandes noch bewahrt hatten. Bei der Präparation meiner Antheren waren die Bedingungen aber ganz andere. Zur Einbettung kamen nur ganz ausgetrocknete und kontrahierte Antheren, an denen die Kohäsion ihre Arbeit schon vollständig geleistet hatte. Daher war an ihnen von einer nachträglichen Kontraktion, die dem Einbettungsver-fahren hätte zugeschrieben werden müssen, nichts wesentliches zu bemerken. Ohne eine solche nachträgliche Deformation hätte sich aber die Zerknitterung der Zellwände, wie sie auf Schnitten nachher zu konstatieren ist, im Paraffin unmöglich ausbilden können. Mithin ist klar, daß sie schon vor der Einbettung in den Antheren vorhanden war[2].

Gegen HANNIGs Befund und Figuren (s. HANNIG, S. 213, Fig. 5) wendet SCHIPS ein, daß die dargestellten Wandverbiegungen gar keine Kohäsionsfalten in meinem Sinne seien (S. 31), denn ich hätte „stark eingestülpte Quetschfalten zwischen den Zusammen-gepreßten Verdeckungsfasern" verlangt (S. 30). SCHIPS vergißt aber, daß sich diese meine Forderung nur auf ganz ausgetrocknete Staubbeutel bezogen hat, HANNIGs Figuren aber weit frühere

---

1) E. STRASBURGER, Bot. Prakt. f. Anfänger, 4. Aufl., 1902, S. 189 und Bonner Lehrbuch, 5. Aufl., 1902, S. 212.

2) Bei der Härte und Festigkeit der geprüften Antherenmembranen im trockenen Zustande ist es ja auch ausgeschlossen, daß die Falten erst durch das Schneiden oder durch Hin- und Herschieben auf dem Objektträger ent-standen sein konnten.

Dehiszenzstadien darstellen. Wenn er aber zudem S. 32 behaupten kann, in HANNIGs Figuren sei „von einer eigentlichen Faltung der ,dünnen Membran' selbst nicht die Rede", weil die „dünnen Membranen" zwischen den Fasern annähernd gerade verliefen, so ähnelt diese Darstellung doch sehr einem Sophismus. Auf einen so zugespitzten Wortstreit möchte ich mich nicht einlassen. SCHIPS wird doch zugeben, daß in HANNIGs Figur 5 II die ganze Membran wellig verbogen oder schlangenförmig verkrümmt ist (wenn er sie nicht gefältelt nennen will). Mithin ist sie für den Zellinhalt zu groß geworden und kann somit nicht selbst durch ihre Schrumpfung die Verkleinerung des Zellraumes bewirkt haben. Dies ist das punctum saliens! SCHIPS wird doch nicht annehmen wollen, daß die Wandfältelung der Fig. 5 von HANNIG schon im turgeszenten Zustande der Anthere bei prallgespannten Zellen Regel ist?

IV. Über Maß und Bedeutung des Luftgehaltes der Antheren während ihres Öffnuugsvorganges.

Über die Saftfüllung der fibrösen Antherenzellen während des Aufspringens möchte ich, nach meinen zahlreichen früheren Angaben in dieser Hinsicht, keine weiteren Worte verlieren. Wenn SCHIPS berichtet (S. 29), schon beim Reißen der Naht habe er stets über 10 % der Faserzellen lufthaltig gefunden, so muß ein seltsames Mißgeschick über seinen Beobachtungen gewaltet haben. Ich erinnere nur an die gegenteiligen Angaben HANNIGs. Nach ihm waren „die Faserzellen (oder auch nur eine größere Anzahl derselben) zu Beginn der Antherenöffnung niemals mit Luft bzw. Gasblasen erfüllt". Vielmehr waren „in einigen Fällen, nämlich bei allen untersuchten Lilienarten, bei *Butomus* usw. die Zellen noch tagelang, nachdem sich die Zellen im Freien geöffnet hatten, ganz mit Wasser gefüllt" (S. 212). SCHIPS erklärt allerdings HANNIGs Untersuchungsverfahren für irreführend, seine Kritik halte ich jedoch für verfehlt.

Nur einen Punkt in SCHIPS Darlegungen möchte ich hier zuletzt noch kurz berühren, nämlich die Bedingungen für eine Schrumpfungswirkung innerhalb eines Gewebes, das zum größten Teil noch saftgefüllt ist. Nach SCHIPS Tabelle 23 (S. 29) sollen nämlich bei der Tulpenanthere noch etwa 73,5 % der Faserzellen saftgefüllt sein, während der Öffnungsvorgang sein „erstes Stadium" durchläuft (d. h. nach S. 25, während noch gar keine merkliche Krümmung und Verkürzung eingetreten ist, die Naht aber bereits klafft). Trotzdem schreibt SCHIPS der Membranschrumpfung in solchen Geweben bereits denselben Wirkungsgrad zu wie der Kohäsion, um daraus weiter zu schließen, daß, wenn die Zahl der lufthaltigen Zellen den Betrag von etwa $^1/_4$ der Gesamtzahl weiter überschreitet, die Membranschrumpfung die überwiegende Arbeit leiste. Dabei teilt er S. 26 mit, daß die lufthaltigen Zellen ziemlich gleichmäßig verteilt gewesen wären.

Nun stelle man sich aber einmal ein Gewebe mit größtenteils dünnen und durchlässigen Wänden vor, dessen Zellmosaik auf je 3 safthaltige Elemente je 1 lufthaltiges eingesprengt enthält. Sollten die Wände dieser letzteren bei der unmittelbaren Nähe der ersteren so weit austrocknen können, daß ihre Schrumpfung eine bemerkenswerte mechanische Arbeit zu leisten imstande ist? Allerdings habe ich selbst in diesen Berichten (1910, S. 550 und 1911, S. 334 ff.) bei einigen Moosen und Selaginellen Fälle besprochen, wo Membranschrumpfung schon in lebenden Geweben zur Geltung zu kommen scheint. Dort geschieht es aber erst, wenn in den flüssigkeitsgefüllten Nachbargeweben der Kohäsionszug schon eine beträchtliche Kraft erreicht hat und in den Zellflüssigkeiten also eine erhebliche negative Spannung eingetreten ist, die auch auf eine Entwässerung der Membranen hinstrebt. Bei jenen Moosen liegt zudem der schrumpfende Membrankomplex für sich abgesondert, ganz exzentrisch, im Stämmchen. Ein Analogen zu den Verhältnissen bei den Antheren ist also durchaus nicht vorhanden. Mir erscheint vielmehr die Beurteilung des Antherenproblems durch SCHIPS auch in dieser Hinsicht allzusehr das Bemühen zu verraten, möglichst viel von dem Öffnungsmechanismus für die Schrumpfungstheorie zu retten.

64. K. Peche: Mikrochemischer Nachweis des Myrosins.

(Aus dem pflanzenphysiologischen Institute der k. k. Universität Wien Nr. 50
der 2. Folge.)

(Mit Tafel XVIII.)

(Eingegangen am 15. Oktober 1913.)

GUIGNARD, L.,[1])hat zu zeigen versucht, daß die vonHEINRICHER
beschriebenenEiweißzellen in denPflanzen derRhoeadalesdasEnzym
Myrosin enthalten und als Myrosinzellen aufzufassen seien. Um
dies nachzuweisen, brachte er die Perizykelelemente aus *Cheiranthus
Cheiri*-Zweigen, die besonders reich an solchen Zellen sind, in
Lösungen von myronsaurem Kali und er konnte das Auftreten von
Senfölgeruch konstatieren. Mit anderen Stengelpartien hatte er keinen
Erfolg. Er empfiehlt zum Nachweis des Myrosins die allgemein
gebräuchlichen Eiweißreagentien und Orcin-Salzsäure, mit der das
Ferment Violettfärbung gibt.

SPATZIER[2]) gibt außer den GUIGNARDschen Reagentien noch
eine verdünnte Lösung von p-Diazobenzolsulfosäure und anstatt der
Orcinsalzsäure, Orceïnsalzsäure an. Es ist nur zu bemerken, daß
das Orceïn hauptsächlich als Farbstoff und nicht als Reagens wirkt.

Die Schlußfolgerung GUIGNARDs, daß gerade aus den Eiweißzellen der Senfölgeruch herstammt, ist, wie die oben geschilderte
Methode beweist, nur auf Wahrscheinlichkeit beruhend, da jede
mikroskopische Kontrolle der Reaktion in den Schnitten unterblieb.

Geht man nun auf den lokalisierten Nachweis des Enzyms
aus, dann wird man sich wohl am besten an die Spaltungsprodukte
des zugehörigen Glykosides, des myronsauren Kalis halten müssen.
Könnte man diese direkt sehen, dann wäre der lokalisierte Nachweis verhältnismäßig leicht. Bei der Notwendigkeit des mikrochemischen Nachweises der Spaltungsprodukte ergeben sich nun noch
andere Schwierigkeiten. Der Nachweis des abgespaltenen Zuckers
mit den gebräuchlichen Reagentien ist hier aus noch später zu
erörternden Gründen völlig ausgeschlossen. Allylsenföl könnte
theoretisch mit Osmiumsäure nachgewiesen werden, wenn nicht das
myronsaure Kali der Reagenzflüssigkeit eben wegen seines Senföl-

---

1) GUIGNARD, L., Comptes rendus 1890, TCXI, p. 249.
2) SPATZIER, PRINGSHEIM Jahrb. f. w. Bot. 1898, Bd. 25, p. 89.

gehaltes fast momentan Osmiumsäure reduzieren würde. Das ausgeschiedene Senföl mittels Alkanna zu färben, ist nicht leicht möglich.
Es bleibt daher nur der Nachweis des abgespaltenen sauren schwefel-
sauren Kalis übrig.[1])

Da in der Wurzelrinde des Rettichs *(Raphanus sativus)* keine
Schwefelsäureanhäufung zu konstatieren ist, so erscheint es statt-
haft, anzunehmen, daß die mit den üblichen Schwefelsäurereagentien
nachgewiesene Säure die durch Spaltung des zugesetzten myronsauren
Kalis in den Myrosinzellen entstandene ist.

Zum mikrochemischen Nachweis des Myrosins legt man Schnitte
durch die Rinde von weißem oder besser schwarzem Rettich in eine
10 % ige Kaliummyronatlösung[2]), in der man bis zur Sättigung Barium-,
Strontium-, oder Calciumchlorid aufgelöst hat. Nach kurzer Zeit
sieht man bei Anwendung von Bariumchlorid den Inhalt einzelner,
aber nicht aller Eiweißschläuche mit weißen Kügelchen bedeckt (Fig. 1),
die einen anorganischen Niederschlag darzustellen scheinen, der dort,
wo aus angeschnittenen Myrosinzellen der Inhalt ausgeflossen ist,
die nächste Umgebung bedeckt. Der Niederschlag ist in Wasser,
Alkohol (sowohl kalt als heiß), Aether usw. unlöslich. Veraschungs-
präparate lassen nichts erkennen, da die Zahl der Zellen relativ
klein und der Niederschlag an Masse nicht stark ist. Der erste
Gedanke über die chemische Natur dieses Niederschlages ist natürlich
der, daß er aus Bariumsulfat besteht, und diese Vermutung wird
durch die Erfahrung gestützt, daß Bariumsulfat einen amorphen
oder kleinkörnig kristallinen Niederschlag bildet und daß die Reaktion
nur bei Gegenwart von myronsaurem Kali und nicht durch Einwirkung von Bariumchlorid allein entsteht.

Bei Verwendung von Strontiumchlorid wird der Niederschlag
grobkörniger, durchsetzt von mehr minder großen Kugeln.

Benutzt man Chlorkalzium, dann tritt zwar augenscheinlich
eine Spaltung des Glykosides ein, aber das gebildete Kalziumsulfat
fällt nicht sofort aus, sondern man bemerkt erst nach einiger Zeit
in und außerhalb der Schnitte die Bildung schöner Gipsnadeln.
Danach steht also fest, daß man mit der oben beschriebenen Reaktion
durch eine Niederschlagsbildung die Myrosinzellen sehr deutlich
machen kann. Myronsaures Kali allein reagiert mit Erdalkali-
chloriden nicht (siehe Fußnote 2).

---

1) $C_{10}H_{18}KNO_{10}S_2 = C_6H_{12}O_6 + KHSO_4 + C : S \cdot N \cdot CH : CH \cdot CH_3$ (Allylsenföl).

2) Die Lösung kann auch ein wenig verdünnt werden. Das angewendete
myronsaure Kali stammte von Merck, das mit Bariumchlorid versetzt nur eine
ganz schwache Trübung infolge Spuren freier Schwefelsäure zeigte.

Alle drei Fällungen sind bedingt durch die Einwirkung von Glykosid und Erdalkali zugleich, da ohne das myronsaure Kali keine Ausfällung, sondern nur Plasmolyse eintritt. Ob es sich bei den fraglichen Zellen um Eiweißzellen, die Myrosin enthalten, oder um Enzymzellen allein handelt, bleibt vorläufig zweifelhaft. Auffallend erscheint es aber jedenfalls, daß nicht alle, sondern nur einige der Eiweißzellen die neue Reaktion zeigen.

Auch mit der Lokalisation des Glykosides hat sich GUIGNARD beschäftigt. Er wäscht die Schnitte zur Entfernung der fetten Öle (?) und etwa vorhandenen Senföles mit kaltem Alkohol (!) aus, gibt sie dann in einen wässerigen Auszug von Senfsamen und weist das aus dem Glykoside stammende Senföl mittels Alkannafärbung nach. Man soll dann rot gefärbte Kügelchen finden. Da nun nur die wenigsten fetten Öle in Alkohol löslich sind und das Senföl sich in Alkannatinktur löst, so scheint diese Methode nicht überzeugend.

Zur Überprüfung des lokalisierten Vorkommens des Glykosides wurde zunächst versucht, den Isothiozyansäurerest nachzuweisen — leider ohne Erfolg. Die Schnitte wurden mit alkoholisch-ammoniakalischer Silbernitratlösung[1]) erhitzt; dabei wurden sie durch das Ammoniak sehr stark mazeriert. Es färbten sich viele, aber nicht alle Zellen, besonders aber in der Nähe der Gefäße schwarz, braun bis gelb, indem ein körniger Niederschlag ausfiel. Die Ausfällung ist aber nicht Silbersulfid, sondern Silber, das durch Reduktionswirkung des in den Zellen enthaltenen freien oder Glykosidzuckers ausfällt. Den Zucker mittels FEHLINGscher Lösung lokalisiert nachzuweisen, mißlang übrigens.

Legt man die Schnitte in kalte Osmiumsäure (1 %) ein, so macht sich eine langsam fortschreitende Schwärzung bemerkbar. Erhitzt man aber die in 1%iger Osmiumsäure liegenden Schnitte gelinde über einem Mikrobrenner bis zum Aufwallen, dann tritt rasch Reaktion ein, die in beiden Fällen lokalisiert ist. Bevor man aber die Schnitte in die Osmiumsäure legt, muß man sie in Wasser abspülen, da sonst die aus den angeschnittenen Zellen ausgetretene Flüssigkeit geschwärzt wird und das Bild verwischt.

Osmiumsäure reagiert nur mit doppelter Kohlenstoffbindung und phenolischem Hydroxyl. Da Gerbstoffe im Rettich nicht nachzuweisen sind, hat man nur fette[2]) oder andere ungesättigte

---

1) H. MEYER, Analyse und Konstitutionsermittelungen org. Verb. 1910. p. 930.

2) Zufolge Gehalt an Ölsäure.

Verbindungen für die Reaktion verantwortlich zu machen. Das Auftreten von Fetten und Ölen in der Rettichrinde ist unwahrscheinlich, da der ganze Zellsaft und nicht etwa einzelne Tropfen geschwärzt werden. Folglich hätte man nur noch an das Allyl des Senföles als Reaktionsursache zu denken; da andere Verbindungen mit doppelter C-Bindung hier nicht bekannt sind. Um sich von der Reduktionsfähigkeit der vermutlich das Glykosid enthaltenden Zellen zu überzeugen, wurden Schnitte in Soda-Kalipermanganatlösung getaucht, wobei sich eben dieselben Zellen, welche Osmiumsäure reduzieren, gelbbraun färben. Die Reaktion tritt momentan ein und ist sehr schön lokalisiert, leider aber nicht eindeutig. Die Schnitte dürfen nicht länger als $1/_2$ Minute in der Permanganatlösung verweilen, weil sonst das ganze Gewebe gebräunt wird. Die Reaktion zeigt nur, daß diese beschriebenen Zellen einen besonders leicht reduzierenden Körper mit doppelter (?) Kohlenstoffbindung enthalten[1]).

Der Nachweis des Kaliumbisulfates des Glykosides durch Kochen mit Kaliumchlorid-Salzsäure, eine Reaktion, die in der Eprouvette sehr gut gelingt, mißlang, da die Mengen des in den Geweben enthaltenen Sinigrins zu klein scheinen und eine schwache Ausfällung von Bariumsulfat durch die Körnung des Plasmas verdeckt wäre.

Mit Rücksicht auf die Tatsache nun, daß im Rettich Sinigrin (myronsaures Kali) nachgewiesen wurde und daß die Osmiumsäure-, Permanganat- und Silberreaktion vollends übereinstimmen, darf man vermuten, daß sich alle diese Reaktionen auf einen Körper beziehen dürften, der alle Reaktionen zusammen zeigt, auf das Sinigrin. Es ist dies allerdings nur ein Wahrscheinlichkeitsschluß, zu den man einstweilen Zuflucht nehmen muß.

Die Richtigkeit der Annahme vorausgesetzt, konnte also die Lokalisation des Glykosides an der Hand der besprochenen Reaktionen studiert werden. In der Rettichrinde finden sich die Glykosidzellen hauptsächlich in der Nähe der Gefäßbündel (Fig. 3, 4) und zwar enthalten nicht etwa alle Zellen den Stoff, sondern nur einzelne, die besonders am Querschnitte deutlich hervortreten. Die Rinde ist daran viel reicher als die anderen Gewebe, wie auch der Geschmack beweist. Außer in der Umgebung der Gefäße finden sich viele Glykosidzellgruppen in allen Geweben, besonders aber im Rindenparenchym. GUIGNARDs Anschauung über die Verteilung wäre, immer die obige Annahme als

---

1) H. MEYER l. c.

richtig vorausgesetzt, dahin abzuändern, daß nicht im ganzen Parenchym, sondern in „Idioblasten" Sinigrin vorkommt. Die Myrosinzellen liegen unter der Epidermis, zerstreut im Rindenparenchym, sehr zahlreich in den Gefäßbündelscheiden und da inmitten der Glykosidzellen, im Parenchym ebenfalls immer umgeben von solchen Zellen. Die Verteilung ist sehr leicht zu übersehen, sowohl bei der Osmiumsäure, als auch bei der Permanganat-Reaktion, da sich bei jener die Myrosinzellen graubraun, bei dieser hellgelb, entweder durch bereits enthaltene Spaltungsprodukte des Glykosides oder durch Hineindiffundieren derselben während der Reaktion färben.

Erklärung der Tafel XVIII.

Alle Figuren beziehen sich auf Schnitte durch die Wurzel von *Raphanus sativus.*

Fig. 1. Myrosinzellen (m) aus der Rinde vom weißen Rettich, nach Behandlung mit Kaliummyronat-Bariumchlorid. Die Körnchen sind ausgefallenes Bariumsulfat.

Fig. 2. Zwei Myrosinzellen (m), wovon aus einer der Inhalt ausgeflossen ist, umgeben von Zellen, die mit Osmiumsäure eine verschieden starke Schwärzung geben. Der Inhalt ist durch das Erhitzen geronnen.

Fig. 3. Querschnitt durch einen weißen Rettich; zeigt die Verteilung der mutmaßlichen Glykosidzellen.

Fig. 4. Längsschnitt; wie vorige Figur.

65. Kuno Peche: Über eine neue Gerbstoffreaktion und ihre Beziehung zu den Anthokyanen.

(Aus dem pflanzenphysiologischen Institute der k. k. Universität Wien Nr. 57 der 2. Folge.)

(Mit 2 Textfiguren.)

(Eingegangen am 15. Oktober 1913.)

Zwischen Anthokyanen und Gerbstoffen wird allgemein ein inniger Zusammenhang angenommen. Man hat auch versucht, aus Gerbstoffen sowie aus anderen Körpern Farbstoffe herzustellen, die den typischen Farbenumschlag mit Säure resp. mit Alkalien geben.

MALVEZIN[1]) ist es gelungen, durch Erhitzen mit 2 proz. Salzsäure unter Druck bei 120 ° während 30 Minuten von Bestandteilen
grüner Trauben eine prächtig weinrote Färbung zu erzielen.
Gleiche Resultate erhält man mit den Tannoïden vom Hopfen, von
Prunus domestica und *Pr. avium, Ampelopsis,* doch nicht mit denen
der Eiche. Gallotannin gibt mit 20 cm³ HCl und 5 ccm Formol,
dem Sonnenlicht ausgesetzt, einen rotvioletten Niederschlag, der
sich in alkoholhaltigem Wasser mit rotvioletter Farbe löst und sich
mit Ammoniak blaugrau und mit Lauge schmutziggrün färbt.

M. NIERENSTEIN und M. WHELDALE[2]) ist es gelungen,
durch Oxydation des Querzetins Farbstoffe zu erhalten, die den
Anthokyanen ähnlich sind.

COMBES[3]) zeigte, daß man aus den Blättern von *Ampelopsis
hederacea* einen gerbstoffartigen Körper darzustellen vermag, der
gut kristallisiert und dem in den herbstlich geröteten Blättern
dieser Pflanze ein gut kristallisierendes Anthokyan entspricht.
Sowohl der Gerbstoff der grünen als auch das Anthokyan der
roten Blätter besitzen gleiche Lokalisation.

Unabhängig von MALVEZINs Untersuchungen mit grünen
Trauben ist es gelungen, sowohl in Schnitten als auch in ganzen
Organen schönrote Farbentöne zu erzeugen, die mit Alkali in
Blaugrün, mit Ammoniak in Blau umgewandelt werden, voraus-
gesetzt, daß diese Organe bestimmte eisengrünende Gerbstoffe
enthalten.

Vornehmlich ist die Methode mikrochemisch geeignet. Schnitte
durch Blätter, Rinden usw. von Rosaceen, die eisengrünende Gerbstoffe enthalten, versetzt man auf dem Objektträger mit einem
Tropfen einer Mischung von 20 proz. Kalilauge und Formol, zu
gleichen Teilen, und erhitzt möglichst rasch über starker Flamme,
bis die Schnitte blaugrün werden. Man verwende möglichst starke

---

1) MALVEZIN: Sur l'origine de la couleur des raisins rouges. Comptes
rendus Bd. 147 (1908), S. 34, zitiert nach GRAFE: Studien über das Anthokyan
(III. Mitteilung). Sitzungsberichte der kaiserl. Akademie der Wissenschaften
in Wien. Mathem.-naturw. Klasse, Bd. CXX, Abt. 1. Juni 1911.

2) M. NIERENSTEIN und M. WHELDALE: Beiträge zur Kenntnis der
Anthozyanine I: Über ein anthocyaninartiges Oxydationsprodukt des Quer-
zetins. Berichte der deutschen chemischen Gesellschaft, Jahrgang XXXIV,
S. 3487.

3) R. COMBES: Recherches sur la formation des pigments anthocyaniques.
Comptes rendus, A. 153, S. 886 (1911).

R. COMBES: Recherches microchimiques sur les pigments anthocyaniques.
Comptes rendus de l'Association française pour l'Avancement des Sciences,
1911, S. 464.

Lauge und erhitze möglichst rasch, um einer Oxydation der alkalischen Gerbstofflösung vorzubeugen. Im Mikroskope sieht man, daß der Farbstoff streng lokalisiert ist und nur ganz wenig, z. B. in die Gefäßwände, diffundiert. Setzt man zu den blaugrünen Schnitten einen Tropfen Salz- oder Essigsäure hinzu, dann schlägt die Farbe in Zinnober- oder Karminrot um, unter gleichzeitigem starken Aufbrausen, welches aber nur von dem Freiwerden des Kohlendioxyds aus dem nebenbei gebildeten Karbonate stammt. Mit Ammoniak geben die roten Farbstoffe eine blaue bis blauschwarze Tönung. Der Farbenwechsel kann vielmals, wie bei den natürlich vorkommenden Anthokyanen, mit abnehmender Intensität wiederholt werden.

Denselben Effekt erzielt man, nur unsicherer, durch Erhitzen mit Salzsäure unter Formaldehydzusatz. Die Farben sind in diesem Falle weniger zinnoberrot als mehr purpurn.

Wenn man Schnitte, welche die neue Reaktion aufweisen, durch tropfenweises Versetzen mit schwacher Lauge langsam von saurer in alkalische Lösung überführt, bemerkt man einen allmählichen Farbenübergang von Zinnoberrot in Purpur, Violett, Himmelblau, Blaugrün, Gelbgrün.

M. MIYOSHI[1]) und GRAFE[2]) konnten konstatieren, daß die Anthokyane mit Aluminiumsalzen Verbindungen lackartiger Natur eingehen. Vielleicht ist die Tönungsänderung der künstlich gebildeten roten Farbstoffe durch Alaun, Barium- und Zinnsalze einer ähnlichen Ursache zuzuschreiben.

GRAFE zeigte, daß die Anthokyane zufolge ihrer Karbonylgruppen mit neutralem Natriumbisulfit kristalline, farblose Verbindungen bilden, aus denen die Farben durch Zusatz von Säure wieder in Freiheit gesetzt werden können. Künstlich gerötete Schnitte werden mit Natriumbisulfit farblos und nach Säurezusatz wieder rot.

Beim Versuche, die künstlich gebildeten roten Farbstoffe weiter zu untersuchen, stößt man auf die Unmöglichkeit, sie zu extrahieren. Weder Säuren, noch Alkohol, Benzol, Chloroform, Äther führen zum Ziel, was wohl mit der Formaldehydkondensation der Gerbstoffe zu unlöslichen Verbindungen zusammenhängt. Mispeln (*Mespilus germanica*, Früchte), die bekanntlich in ihrem

---

1) M. MIYOSHI: Über die künstliche Änderung der Blütenfarben. Botanisches Centralblatt, Bd. 83 (1900), S. 345.

2) V. GRAFE: Studien über das Anthokyan (III. Mitteilung). Sitzungsber. d. kais. Akad. der Wissenschaften in Wien. Mathem.-naturw. Klasse. Bd. CXX. Abt. I. Juni 1911.

Fruchtfleische niemals Rötung zeigen, also niemals Anthokyan darin entwickeln, zeigen eine intensiv schwarzblaue resp. zinnoberrote Formaldehydreaktion. Auch dieser Farbstoff ist unlöslich. Zerquetscht man aber das Fruchtfleisch unter Zusatz von Lauge, dann entsteht eine blaugrüne Lösung, die sich aber nicht unverändert von dem Gewebsbrei abfiltrieren läßt, sondern so rasch oxydiert, daß durch das Filter eine weinrote Flüssigkeit läuft, die sich mit Säuren gelb färbt.

Um einen löslichen Farbstoff zu erzeugen, wurden Mispelfrüchte ausgepreßt, der Preßsaft filtriert und mit Bleiazetat bis zur beginnenden Färbung des Niederschlages gefällt. Dieser wurde zur Entfernung des Zuckers mit Wasser mehrere Tage lang stehen gelassen, mehrmals dekantiert und schließlich mit heißem Wasser gewaschen und rasch abgesaugt. Hierauf wurde er mit verdünnter Salzsäure zerlegt, die Gerbstofflösung vom Bleichlorid abfiltriert und die überschüssige Salzsäure mit Lauge neutralisiert. Die Lösung war goldgelb und enthielt fast gar keinen Zucker, da die FEHLINGsche Probe nur ganz schwache Opaleszenz zeigte. Die Flüssigkeit gab sehr schön die Reaktion mit Formaldehyd und Lauge; nach Salzsäurezusatz fiel ein lichtroter unlöslicher Niederschlag aus. Wurde aber die mit konzentrierter Salzsäure zur Hälfte gemischte Gerbstofflösung etwa fünf bis zehn Minuten lang gekocht, dann färbte sich die Flüssigkeit intensiver rot und ließ nach dem Erkalten einen amorphen dunkelroten Niederschlag ausfallen, der in Wasser unlöslich, in Alkohol aber mit weinroter Farbe löslich ist. Die alkoholische Lösung färbt sich mit Eisenchlorid smaragdgrün und wird von neutralem Natriumbisulfit entfärbt. Die Bisulfitverbindung riecht vanilleähnlich, wie auch GRAFE[1]) für die analoge Verbindung des *Pelargonium*anthokyans einen anisähnlichen Geruch angibt. Mit Bleizucker gibt die alkoholische Lösung einen blauen Niederschlag und wechselt die Farbe mit Lauge in Blaugrün, mit Ammoniak in Graublau. Die fast vollkommen zuckerfreie Gerbstofflösung zeigt nach dem Kochen mit Salzsäure eine sehr starke Anreicherung von Zucker.

Diese Reaktionen machen es wahrscheinlich, daß der unter natürlichen Verhältnissen nicht auftretende, aber durch Säureeinwirkung hervorrufbare Farbstoff der Mispeln zu den Anthokyanen zu stellen sein dürfte. Dies ist auch nicht überraschend, da viele Pflanzengewebe mit Salzsäure befeuchtet Anthokyanrötung zeigen, obwohl unter natürlichen Verhältnissen nicht eine Spur zu bemerken

---

1) V. GRAFE. l. c. p. 21 des Separatums.

ist. Da der Mispelgerbstoff auch die Formaldehyd-Kalilaugenreaktion zeigt, so erscheint es wahrscheinlich, daß auch bei den übrigen Rosaceen die roten Farbstoffe zu den Anthokyanen zu zählen seien und daß die Formaldehydkondensation nur beständiger ist, so daß auch in alkalischer Lösung nicht sofort Oxydation eintritt. Die Ansicht, daß der Formaldehyd nur zum Oxydationsschutze dient, scheint sich auch durch folgenden Versuch bekräftigen zu lassen. L. GUIGNARD[1]) gibt an, daß die Gefäßbündelscheiden von *Prunus Laurocerasus* die Biuretreaktion zeigen, zufolge eines hohen Eiweiß-gehaltes. Es zeigt sich aber, daß in den meisten Fällen nur eine grüne oder kupferoxydulrote Färbung[2]) erzielt werden kann und nur manchmal eine Bläuung zu bemerken ist. Zu letzterer Reaktion aber ist das Kupfersulfat des Reagens ganz unnötig, da die Zellen der Gefäßbündelscheide mit Lauge allein bei günstiger Erwärmung blau werden. Dieser blaue Farbstoff aber ist sehr unbeständig und geht ähnlich dem der Mispeln in alkalischer Lösung sehr leicht in Weinrot über, weswegen man beim Erhitzen mit Lauge allein in den Gefäßbündelscheiden ·meist lila bis rote und nicht blaue Farbentönungen erhält. Paßt man aber den richtigen Zeitpunkt des Erhitzens ab, dann tritt Bläuung ein, die mit Säuren in dauernde Rötung umschlägt, da in saurer Lösung hier wie bei den Mispeln keine Oxydation zu befürchten ist. Der Formaldehyd hat also anscheinend nur.die Rolle, vor Oxydation zu schützen. Auf Grund dieser Versuche scheint es daher vielleicht nicht unwahr-scheinlich, daß die mikrochemisch erzeugten Farbentöne mit den Anthokyanen verwandt sind.

Gleich eingangs wurde erwähnt, daß nach MALVEZIN, mit dessen Reaktion die hier beschriebene in Beziehung steht, die Rötung nur mit den Gerbstoffen des Pflaumenbaumes *(Prunus domestica)*, des Kirschenbaumes *(Pr. avium)*, des Hopfens *(Humulus)* und der Traubenkerne zu erreichen ist, nicht aber mit denen der Eiche *(Quercus)*. Es fällt dabei auf, daß mit Ausnahme des Trauben-kerngerbstoffes und dem der Eiche makroskopisch alle eisenbläuend sind. Mikroskopisch aber sieht man, daß die Traubenkerne in ihrer Samenschale neben einem eisenbläuenden auch einen eisengrünenden Gerbstoff enthalten, so daß ein Extrakt aus Traubenkernen mit Eisenchlorid blautintig erscheint. Dies ließ vermuten, daß vielleicht

---

1) L. GUIGNARD, Sur la localisation des principes, qui fournissent l'acide cyanhydrique. Comptes rendus t. CX. p. 477.

2) K. PECHE: Mikrochemischer Nachweis der Cyanwasserstoffsäure in *Prunus Laurocerasus*. S. Sitzungsberichte der kais. Akademie der Wissen-schaften ·in Wien, Mathem.-Naturw. Klasse; Bd. CXXI. Abt. I. Januar 1912.

nur diejenigen Gerbstoffe die Formaldehyd-Kalilaugenreaktion zeigen, die sich mit Eisensalzen nicht bläuen. Um dies zu überprüfen, wurden die Häute von grünen Trauben, die einen eisengrünenden Gerbstoff enthalten, der neuen Reaktion unterworfen, worauf sie in der Tat eine deutliche, wenngleich schwache Rötung erkennen ließen. Rotwangige Äpfel, die an den gelben Stellen ebenfalls eisengrünende Tannoide führen, werden bei gleicher Behandlung so stark rot, daß die Intensität der künstlich gebildeten Farbe beinahe der des Anthokyans der roten Wangen gleichkam. Dies läßt vermuten, daß der Gerbstoff der Äpfel die Muttersubstanz des sonnseitig enstandenen Anthokyans ist und daß jene auch nach der Reife erhalten bleibt. Bei allen untersuchten Rosaceen, wie *Spiraea, Cotoneaster, Pirus, Sorbus, Mespilus, Crataegus, Filipendula, Alchemilla, Sanguisorba, Rosa* und vielen *Prunus*-Arten, zeigen niemals die eisenbläuenden Gerbstoffe die Formaldehydreaktion. Am besten sieht man das an solchen Stellen, wo beide Arten Gerbstoffe nebeneinander vorkommen, z. B. bei *Fragaria*, wo das Mesophyll einen eisenbläuenden und die Epidermis einen eisengrünenden Gerbstoff enthält; nur diese rötet sich bei der Reaktion. Bei *Pirus*, dessen Markstrahlen einen eisenbläuenden Gerbstoff führen, werden Rinde und Mark zufolge ihres Gehaltes an eisengrünenden Tannoiden durch Formaldehyd und Kalilauge rot, während die Markstrahlen vollkommen farblos bleiben. *Rubus Idaeus* enthält in seinem Innenperiderm Zellen mit nur eisenbläuendem, ferner solche mit nur eisengrünendem Inhalte und überdies noch Zellen, die beide Arten, also eisenbläuende und -grünende Gerbstoffe einschließen. Demgemäß fällt auch die Formaldehydreaktion aus. Die Zellen mit eisenbläuendem Inhalt geben keine roten Verbindungen, die mit eisengrünenden Tannoiden röten sich bei der Reaktion intensiv, und die Elemente mit beiden Gerbstoffarten als Inhalt zeigen eine orangerote Tönung. Es könnte behauptet werden, daß in diesem Falle *(Rubus)* aus den eisenbläuenden Gerbstoffen die roten Verbindungen entstehen, aber eine solche Annahme ist nach den allgemein bei den Rosaceen gemachten Erfahrnngen nicht recht haltbar. Solcher Beispiele ließen sich noch viele anführen, wie *Sorbus, Rosa, Filipendula* usw., die alle eisengrünende und -bläuende Tannoide in getrennter Lokalisation enthalten, und wo nur erstere sich in rote Farbstoffe verwandeln lassen.

Es ist nur die Frage, ob alle eisengrünenden Gerbstoffe die neue Reaktion zeigen. Nach einigen untersuchten Fällen kann aber davon nicht gesprochen werden. Die Tannoide der Kaffeebohnen, von *Ilex aquifolium* und *Eupatorium* sind zwar eisengrünend, können

32*

aber mit Hilfe von Kalilauge und Formaldehyd nicht in die besprochenen Farbstoffe übergeführt werden Andererseits aber geben *Acer*, *Populus*, *Echeveria* sehr schöne Reaktion. ·Letztere enthält anscheinend neben den eisengrünenden Gerbstoffen in ihren Idioblasten auch eisenbläuende.

MALVEZIN konnte konstatieren, daß das Gallotannin der Eiche *(Quercus)* mit Salzsäure unter Druck erhitzt keine den Anthokyanen ähnliche Körper gibt. Hingegen zeigen Schnitte durch die frische Rinde der Eiche ein anderes Verhalten, denn diese zeigen mit Salzsäure erhitzt oder Salzsäuredämpfen ausgesetzt eine braunrote Färbung, die mit Lauge schmutziggrün wird, während Tannin (Digallussäure) mit Salzsäure Eichenrot oder Eichenphlobaphen bildet, das sich in Lauge mit weinroter Farbe löst. Es scheint daher, daß in der Eichenrinde, wenigstens solange sie lebt, nicht nur Tannin, sondern auch ein davon verschiedenes Tannoid vorkommt. Anschließend an das Verhalten der Eichenrinde konzentrierter Salzsäure gegenüber sei an die Verfärbung des Holzes der Prunoideen bei Behandlung mit dieser Säure erinnert. Fichtenholz bleibt, mit Salzsäure allein befeuchtet, farblos, das Holz der Prunoideen aber färbt sich intensiv purpurrot, mit Lauge hernach befeuchtet gelbgrün wie bei der Anthokyanreaktion. Der ersten Vermutung nach könnte es sich um gleichzeitiges Vorkommen von Vanillin und Phlorogluzin bzw. Brenzkatechin handeln, da doch WIESNER zeigte, das man das Xylophilin HOEHNELS aus dem Kirschgummi durch letztere beide Substanzen ersetzen könne. Aber Vanillin und Phlorogluzin bzw. Brenzkatechin kondensieren sich bei Salzsäuregegenwart zu roten Farbstoffen, die sich mit Alkalien nicht blaugrün sondern lichtgelb umfärben. Die Rötung des Prunoideenholzes mit Salzsäure allein scheint daher nicht auf einem Gehalt an Phlorogluzin oder Brenzkatechin zu beruhen.

Es soll auch hier bemerkt werden, daß außer dem Formaldehyd weder Azet- noch Benz- und Protokatechualdehyd sowie Vanillin die blaugrün-zinnoberrote Färbung hervorzurufen vermögen. Die beiden letzteren Aldehyde geben nur rote Farben, die mit Laugen gelb werden. Es sei auch an dieser Stelle wieder darauf hingewiesen, daß Vanillin-Salzsäure kein eindeutiges Reagens auf Phlorogluzin ist, wie oftmals[1]) angenommen wurde, sondern daß auch andere Phenole, insbesondere Brenzkatechinderivate dieselbe Reaktion geben, wie die eisengrünenden Gerbstoffe der Prunoideen

---

· 1) WAAGE, TH., Über das Vorkommen und die Rolle des Phloroglucins in der Pflanze. Ber. der deutschen bot. Ges. 1890, Bd. VIII, p. 250.

zeigen, da diese nicht mit Vanillin-Salzsäure intensiv röten und als eisengrünende Phenole keinen Phloroglucinrest enthalten.

Es wurde der Vermutung Ausdruck gegeben, daß die Gerb-stoffe durch die Formaldehydreaktion in Farbstoffe umgewandelt werden können, die den Anthokyanen in ihren chromogenen Gruppen vielleicht ähnlich sind. Schon WIGAND[1] wies darauf hin, daß die Anthokyane aus gerbstoffähnlichen Chromogenen gebildet werden und stützte seine Meinung durch histochemische Untersuchungen an grünen und (herbstlich) geröteten Organen. Zu gleichen Be-funden gelangt man bei den Rosaceen mit der Besonderheit, daß bei diesen die Anthokyane ebenso wie die durch die Formaldehyd-reaktion geformten Farbstoffe aus eisengrünenden Gerbstoffen ihren Ursprung nehmen.

Wenn man Querschnitte der *Pirus*blätter nach der neuen Probe behandelt, erscheint die Lokalisation des gebildeten Farbstoffes ganz übereinstimmend mit der des natürlichen Anthokyans in herbstroten Blättern. Einzelne Zellen der oberen und unteren Epidermis, einzelne Palisadenzellen, besonders die obersten Schichten, und einzelne Schwammparenchymzellen enthalten den roten Farbstoff resp. das Anthokyan. Die künstliche Rötung ist nur stärker, weil mehr Zellen die Reaktion zeigen. Der Gerbstoff der Birnenblätter ist eisen-grünend. Ähnliches beobachtet man in den Blättern von *Sorbus aucuparia*, die eisengrünende und -bläuende Tannoïde in getrennten Zellen nebeneinander enthalten. Bei der herbstlichen Anthokyan-bildung wird anscheinend nur der eisengrünende Gerbstoff zur Pigmentbildung verwendet, da der eisenbläuende auch in den roten Blättern noch nachzuweisen ist. *Alchemilla* und *Fragaria* zeigen Herbströtung hauptsächlich in den Epidermiszellen, die einen eisen-grünenden Gerbstoff führen (siehe S. 467), während die Mesophyll-zellen Eisensalze bläuen. Ebenso werden auch nur die Epidermis-zellen bei der Formaldehydreaktion gerötet. *Prunus Padus* zeigt im Herbst eine ähnliche Anthokyanlokalisation in den Blättern wie *Pirus*. Ihr Gerbstoff ist ebenfalls eisengrün und gibt eine Formalde-hydreaktion, die mit den Anthokyanen derselben Pflanze in bezug auf Lokalisation vollkommen übereinstimmt (vgl. die beiden Text-figuren).

Rubus Idaeus weist an der sonnwendigen Seite des Stengels in der Epidermis Anthokyanbildung auf, an der Schattenseite einen eisengrünenden Gerbstoff. Alle anderen Gewebe mit Ausnahme

---

1) WIGAND, Einige Sätze über die physiologische Bedeutung der Gerb-stoffe und der Pflanzenfarben. Bot. Zeitung 1862, p. 122.

des Innenperiderms sind eisenbläuend. Ähnliches zeigt *Rubus fruti-cosus*, bei dem auch die unter der Epidermis gelegenen Rinden-zellen und einzelne Markzellen eisengrünende Tannoïde führen. Solche Verhältnisse finden sich auch bei *Rosa, Filipendula, Geum* usw. Nach den allgemeinen Erfahrungen erscheint es auch nicht ver-wunderlich, daß die Anthokyanbildung meist nur an der Peripherie und nicht auch im Innern vor sich geht, obwohl die Muttersubstanz

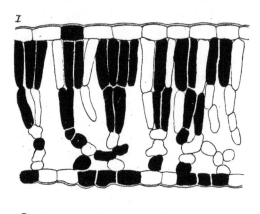

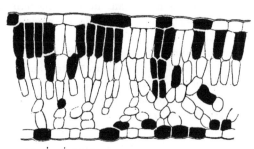

Abb. 1. Querschnitt durch Blätter von *Prunus Padus*. Die schwarzen Zellen stellen in I künstliche Farbstoffbildung, in II herbstliche Anthokyanrötung dar.

vorhanden wäre. Nur ein einziges Mal war Anthokyan in den den Bastfasern benachbarten Rindenzellen von *Prunus Laurocerasus* zu beobachten, obwohl diese Pflanze weder in den Blättern noch in den Zweigen normalerweise Anthokyan bildet.

Ob diese bei den Rosaceen aufgedeckten Verhältnisse auch bei anderen Familien anzutreffen sind, bleibt dahingestellt. Beob-achtet wurde nur, daß *Acer campestre* mit den Rosaceen vollkommen übereinstimmt, desgleichen *Populus* und *Vitis*.

Oben wurde bemerkt, daß nicht alle eisengrünenden Gerbstoffe künstlich in rote Farben übergeführt werden können. Es konnte aber bei *Evonymus europaeus* ein Fall konstatiert werden, wo in der Epidermis ein eisengrünender Gerbstoff vorkommt, dem ein Anthokyan ·in denselben Blättern entspricht, und doch nicht die Formaldehydreaktion zeigt.

Es scheint daher nicht unwahrscheinlich, daß das natürlich vorkommende Anthokyan sowie die künstlichen roten Farbstoffe wenigstens bei den Rosaceen ihren Ursprung eisengrünenden Gerbstoffen verdanken, und daß vielleicht auch die Anthokyane mit den künstlichen Pigmenten in den chromogenen Gruppen verwandt sind, daß es aber nur in günstigen Fällen gelingt, Gerbstoffe mittels der genannten Reaktion in solche Farbstoffe überzuführen.

Zusammenfassung.

Als ein neuer Beleg für den innigen Zusammenhang zwischen Gerbstoffen und Anthokyanen kann eine neue mikrochemische Reaktion gedeutet werden, da bei dieser Farben auftreten, die mit den Anthokyanen im Verhalten gegen verschiedene Reagentien viele Übereinstimmungen zeigen.

Werden Schnitte durch die Blätter oder die Rinde z. B. von *Prunus Laurocerasus* mit einer Mischung 20%iger Kalilauge und Formol (zu gleichen Teilen) schnell erhitzt, dann entsteht in den Zellen mit eisengrünendem Gerbstoff ein blaugrüner Farbstoff, der mit Säuren sich zinnoberrot umfärbt. Diese Farben zeigen mit Ausnahme der Löslichkeit den Anthokyanen ähnliche Reaktionen. Ein lösliches Pigment konnte aus dem Preßsafte von Mispelfrüchten (*Mespilus germanica*) hergestellt werden.

Ferner wird zu beweisen versucht, daß der Formaldehyd nicht die chromogene Gruppe einführt, sondern nur zum Schutze der phenolischen Hydroxyle gegen Oxydation dient.

Es wird dann auch gezeigt, daß die in der erwähnten Weise erzeugten Farbstoffe bei den Rosaceen nur aus eisengrünenden Gerbstoffen entstehen und in ihrer Lokalisation mit derjenigen der natürlichen Anthokyane übereinstimmen und daß letztere bei den Rosaceen ebenfalls aus jener Gruppe von Tannoiden gebildet werden.

66. B. Löffler: Über den Entwickelungsgang einer Banisteria chrysophylla Lam. und Regeneration des Gipfels bei Windepflanzen.

(Mit Tafel XIX.)

(Eingegangen am 18. Oktober 1913.)

Mit einem größeren Beitrage zur Anatomie der Lianen beschäftigt, mußte ein überraschender Vorgang mein Interesse erwecken, der plötzlich die wahre Natur einer Gewächshaus-
pflanze enthüllte und insofern an Beobachtungen NORDHAUSENs [1])
erinnert. Wenn ich ihn hier kurz mitteile, so geschieht das, weil
sich meines Wissens ein gleicher Fall in der Literatur nicht ausführlicher verzeichnet findet, vor allem aber, weil er zu einer Beobachtung Gelegenheit gab, die immerhin eine Lücke ausfüllt
und mich anregte, die aufgetauchten Fragen auch an anderen
Windepflanzen zu verfolgen und experimentell nachzuprüfen.

I. Eigenartiger Entwickelungsgang einer *Banisteria chrysophylla* Lam.

Der botanische Garten der Universität Innsbruck besitzt seit
1890 eine Malpighiacee *Banisteria chrysophylla* Lam. [2]). Doch gibt
das Pflanzeninventar dieses Jahres, in dem sie sich zuerst verzeichnet findet, keinen Aufschluß über die Art des Erwerbs, weshalb diese Angabe nur beiläufig das Alter der Pflanze bestimmt.
Bis zum Herbste 1909 befand sie sich in dem niedrigen, nicht mit
Warmwasserheizung versehenen Gewächshause des alten botanischen
Gartens. Dann wurde sie in das Gewächshaus des neuen botanischen Gartens in Hötting überführt, und zwar erhielt sie ihren
Platz in dem 14 m hohen Mittelbau, in dem bei einer mittleren
Temperatur von 18 ⁰ C und ausreichender Luftfeuchtigkeit besonders Palmen wie *Livistona*, ferner aber auch *Ceratozamia* u. a.
untergebracht sind. Sie erhielt also plötzlich wesentlich
günstigere Kulturbedingungen. Noch reichlich drei Jahre
behielt sie ihr früheres, äußerst langsames Wachstum bei und

---

1) NORDHAUSEN, Über kontraktile Luftwurzeln. Flora 1912, Band V,
1. Heft.

2) Nach Index Kewensis synonym mit *Heteropteris chrysophylla* H. B.

stellte sich im Herbste 1912, als sie der Verfasser zuerst sah, als ein durchaus nicht kümmerlicher, in Stamm und Krone gegliederter Baum von 2,5 m Höhe dar, dessen Stammdurchmesser dicht über dem Boden 3,5 cm, in 1,5 m Höhe noch etwa 2,5 cm betrug.

Da plötzlich Anfang Dezember 1912 wurde an der bisher langsam und 23 Jahre hindurch ausgesprochen baumförmig gewachsenen Pflanze ein Trieb bemerkt, der aus einer schlafenden Knospe eines der stärksten älteren Äste hervorgegangen war, nur rudimentäre, schuppenförmige Blätter trug und mit auffallend langgestreckten Internodien emporschoß, den Stamm einer *Carica* ergriff und umwand. Zu allgemeiner Überraschung entpuppte sich so unser *Banisteria*-Bäumchen auf einmal als eine Windepflanze, zeigte plötzlich an diesem Triebe die als erste Vorbedingung zum Winden geltende Fähigkeit zur beträchtlichen Streckung ihrer Internodien, die an den gewöhnlichen Zweigen der Krone nur 3 bis 10 cm, an dem jungen Lianentriebe aber durchschnittlich 22 cm maßen. Ferner trat auch sofort die extremste, für Malpighiaceen erwähnte Form des allen Kletterpflanzen typischen Vorauseilens der Stammentwickelung auf, bei der am windenden Langtrieb die Laubbildung gänzlich unterbleibt und nur schuppenförmige Niederblätter gebildet werden[1]).

Aus begreiflichen Gründen mußte aber der junge, schon 2 m lange Lianentrieb von der als Stütze erwählten *Carica* entfernt werden und wurde Mitte Dezember 1912 fast wagerecht nach einem vom *Banisteria*-Stamm etwa 2 m entfernten, an der Hinterwand des Gewächshauses emporführenden Leitungsrohre von etwa 5 cm Durchmesser geführt, das er auch gegen Weihnachten in einer flachen Windung umschlang.

Durch einen unglücklichen Zufall verlor er aber bei der nächsten wesentlich steileren Windung seinen Sproßgipfel., Nun trieb das jüngste, noch vorhandene Knospenpaar aus den Achseln schuppenförmiger Niederblätter aus, uud zwar sproßte aus der an der Stütze gelegenen Knospe ein neuer Langtrieb hervor, der sich in die Richtung des alten stellte und die Umschlingung des Rohres fortsetzte, während die von der Stütze abgewendete Knospe nur zu einem beblätterten Kurztrieb auswuchs.

Am ersten Knoten des regenerierenden Sprosses wurde an Stelle der Rudimente als letzter Rest der eigentlichen Kurztriebnatur ein Laubblattpaar gebildet. In seinem ersten, wenn auch schon gestreckten Internodium zeigte also der neue Langtrieb noch

---

1) H. SCHENK, Beiträge zur Biologie der Lianen. S. 13, 126, 127.

nicht ganz das typische Aussehen des Malpighiaceenlianensprosses, sondern wiederholte in seiner speziellen Entwickelung kurz noch einmal den Umbildungsprozeß, der einstmals mit den beblätterten, kurzgliederigen Ästen strauchiger Vorfahren vor sich gehen mußte.

Mit großer Schnelligkeit stieg hierauf der Ersatztrieb in steilen, linksläufigen Spiralen am Rohre empor, indem auch er nunmehr die Laubbildung gänzlich unterließ und auch nur niederblattartige Schuppen entwickelte, die mit der Zeit ganz trockenhäutig wurden und teilweise abfielen. Erst als er eine Länge von etwa 5 m erreicht hatte, trieben in dieser Höhe einige Achselknospen zu beblätterten Kurztrieben aus, worauf aber auch diese Art von Laubbildung wieder ganz unterblieb. Gegen Mitte März 1913 erreichte der Trieb den Boden der Gewächshausgalerie, durch den das Rohr hindurchführt, und wurde am 20. März durch ein Loch in demselben hindurchgezogen, wobei aber der Gipfel des bereits über 8 m langen Lianensprosses zum zweiten Male verloren ging. Auch jetzt wurde er sofort regeneriert. Es wuchs aber nur die der Stütze anliegende Knospe des jüngsten, noch vorhandenen, rudimentären Blattpaares zu einem neuen Langtrieb aus, während die von der Stütze abgewendete Knospe im Ruhezustande verblieb. Daß dieselbe vielleicht ebenfalls verletzt wurde, kann als ausgeschlossen gelten, da sich das betreffende Knospenpaar noch einige Zentimeter unter dem Galerieboden befand.

Noch etwa 2 m wuchs der Windetrieb nach der zweiten Regeneration oberhalb der Galerie am Rohre empor, nunmehr ein Sympodium aus drei verschiedenen, direkt voneinander abstammenden Achsen darstellend. Dann stellte er gegen den 10. Mai 1913, noch etwa 2 m vom Glasdache entfernt, sein Wachstum ein, und die Sproßspitze verdorrte und fiel ab. Er schien in eine Ruheperiode einzutreten; denn es wurde jetzt weder der Gipfel wie früher wiederholt regeneriert, noch ging weiterhin sonst irgendeine Veränderung mit ihm vor[1].

Anfang Februar 1913 erregte ein anderer Trieb desselben Baumes meine Aufmerksamkeit, da er schon damals wesentlich länger war als der aus seiner Schwesterknospe hervorgegangene Zweig. Er war zunächst durch drei Internodien nur mit Niederblättern besetzt, als ob er zum Lianentrieb bestimmt gewesen wäre, dann aber durch die folgenden acht regelmäßig dekussiert

---

1) Möglicherweise ist zu intensive Sonnenbestrahlung schuld, da zur damaligen Jahreszeit das Dach noch nicht genügend beschattet wurde.

beblättert, wie andere Äste der Baumkrone auch. Am 12. Knoten aber bildete der nunmehr gegen 1 m lange Ast plötzlich nur ein Blättchen aus und reduzierte das gegenüberstehende zu einem schuppenförmigen Niederblatt. Von nun an wurden überhaupt nur noch solche Rudimente an den Nodi gebildet. Die Internodien streckten sich noch mehr, und der Sproßgipfel begann überzuneigen und rotierende Nutationen auszuführen. Dieser Ast spiegelte also bei seiner Umbildung zum Lianentrieb, die erst nach mehrfachen Umstimmungen erfolgte, sehr deutlich den entsprechenden phylogenetischen Umwandlungsprozeß wieder.

Am 15. Februar 1913 erhielt dieser Sproß eine Stange als Stütze, die nach der Galerie des Gewächshauses emporführte, und in etwa 3 Monaten hatte er in steilen, linksläufigen Windungen die Höhe derselben erreicht und wurde nun ein Stück am Galeriegeländer hingezogen. Während er bis dahin nur einige beblätterte Kurztriebe trug, die Ende März ungefähr auf halber Höhe ausgetrieben waren, verhielt er sich oben am Geländer wie eine Liane, die die Kronen der Urwaldbäume erreicht hat. Er verlangsamte sein Wachstum, bildete wieder kürzere Internodien, und es entwickelten sich an vielen Knoten wieder die regulären Laubblätter, ein Zeichen, daß ihre Reduzierung zu Schuppen eine Anpassung an das Winden darstellt. Vor allem aber trieben alle nach der Lichtseite, nach der Glaswand zu gelegenen Achselknospen zu reich beblätterten und verzweigten Kurztrieben aus, ja aus den Blattwinkeln derselben brachen bereits Blütenzweige hervor. Die nach dem Inneren des Gewächshauses zu gelegenen Knospen verharrten dagegen im Ruhezustande. Der Gipfel des Sprosses führte noch einige freie Windungen aus und stellte dann, da er keine Stütze mehr fand, schon gegen den 1. Juli 1913 sein Wachstum ein.

Leider mußte aber der Baum, der mit seinen beiden aus der Krone entspringenden und bis in die Höhe des Gewächshauses emporsteigenden Lianentrieben einen ganz eigenartigen Eindruck machte, im Juli 1913 empfindlich in seiner Entwickelung gestört werden. Da das Gewächshaus einen Anstrich erhalten sollte und deshalb ausgeräumt werden mußte, wurden am 16. Juli die beiden windenden Triebe von ihren Stützen losgelöst und niedergelegt, wobei der reich, aber einseitig belaubte und schon Blütenknospen tragende Gipfel des zweiten Lianentriebes bedauerlicherweise abgeknickt wurde. Doch konnte bei der Gelegenheit die genaue Länge der beiden Lianensprosse festgestellt werden. Der ältere Trieb wies eine Gesamtlänge von 10,11 m auf. Da das

Rohr von ihm frühestens am 20. Dezember 1912 zuerst umschlungen
und seit dem 10. Mai 1913 spätestens kein Wachstum mehr beobachtet wurde, erreichte der Trieb die bedeutende Länge von
reichlich 8 m, die nach Abzug der 2 m zwischen Stamm und
Stütze verbleiben, in rund 140 Tagen, was einem täglichen Zuwachs
von fast 6 cm entspricht. Der jüngere Sproß hatte am 16. Juli
eine Länge von 8,24 m. Nach Abzug von reichlich 2 m für den
unteren anfangs aufrecht gewachsenen Sproßteil und den am
Galeriegeländer hingezogenen, langsam wachsenden, reich belaubten
Gipfel verbleibt für den mittleren, in seinem Wachstum beobachteten windenden Teil, dessen Internodien gewöhnlich 28 cm lang
waren, eine Länge von etwa 6 m, die in längstens 90 Tagen erreicht war. Auf einen Tag entfällt also ein Zuwachs von fast
7 cm, gewiß eine recht ansehnliche Leistung, die immerhin
eine Vorstellung tropischen Wachstums zu geben geeignet ist.

Nach Herabnahme der beiden Lianentriebe ließ sich auch
eine photographische Aufnahme herstellen, was vorher wegen der
anderen Gewächshauspflanzen und besonders der bedeutenden
Höhenausdehnung nicht möglich war. Die Abbildung 1 zeigt das
Bäumchen mit den aus seiner Krone hervorgehenden, jetzt aufge-
rollten Windesprossen und zwar (a) rechts oben den älteren längeren Trieb und (b) links unten den jüngeren, kürzeren, dessen einseitig reich beblätterter Gipfel, wie bereits erwähnt, abgeknickt
war und schon zu welken begonnen hat.

Beim Entfernen des Baumes von seinem Standorte, den er
fast 4 Jahre hindurch innegehabt hatte, war zu bemerken, daß die
Pflanze zahlreiche, zum Teil schon sehr starke Wurzeln durch
den schadhaften Boden des Kübels getrieben und ganze Büschel
feiner Saugwurzeln im feuchten Grunde des Gewächshauses ausgebreitet hatte. Beim Emporheben des Kübels war es unausbleib-
lich, daß diese verletzt und die Wasseraufnahme dadurch sehr
herabgemindert wurde. Die Pflanze litt dann auch offensichtlich
darunter. Am 8. August wurde sie am alten Platze ausgepflanzt.
Doch dürfte geraume Zeit vergehen, bis sie sich von dem rauhen
Eingriff in ihre Entwickelung erholt haben wird.

Wie ist nun das merkwürdige und anfangs überraschende
Verhalten dieser *Banisteria chrysophylla* Lam. zu erklären? Nun,
sie gehört zu der Familie der Malpighiaceen, die SCHENK mit in
der Liste der Familien[1] aufführt, deren Vertreter zum größten

----

1) SCHENK: l. c. S. 52.

Teile kletternde Lebensweise führen und innerhalb deren Übereinstimmung[1]) im Klettermodus herrscht, weshalb er annimmt, daß sie sich schon sehr früh zu Lianen entwickelt haben, noch ehe die Gattungscharaktere sich herausbildeten. Zu den wichtigsten Lianengattungen der Malpighiaceen rechnet er auch *Banisteria* und die nahe verwandte *Heteropteris*, zu der NIEDENZU unsere Pflanze als *Heteropteris chrysophylla* (Lam.) H. B. stellt[2]).

Es ist deshalb mit Gewißheit anzunehmen, daß auch sie unter natürlichen Verhältnissen eine windende Liane ist, wenn ich sie auch nicht als solche in der Literatur ausdrücklich erwähnt finde. Doch dürfte sie auch in ihrer tropischen Heimat in ihrer Ontogenie die Phylogenie der Windepflanzen deutlich widerspiegeln, also in der Jugend aufrecht wachsen, dann aber besonders im immergrünen Regenwalde, wo ihr reichlich Feuchtigkeit, aber nur gedämpftes Licht zur Verfügung steht, viel früher zu winden beginnen. Daß die allen Kletterpflanzen zukommende kurze, aufrechte Jugendperiode bei tropischen Windern manchmal dauert, bis die Pflanze kräftig genug geworden ist, um windende Triebe emporsenden zu können, bezeugt auch SCHENK, der eine diesbezügliche Beobachtung DARWINs[3]) in größerem Umfange bestätigt fand. Er berichtet[4]): „Interessant verhält sich nach DARWIN *Combretum argenteum*. Die Pflanze trieb anfangs kurze, nicht rotierende Sprosse, endlich aber sandte sie von dem unteren Teile eines der Hauptzweige einen dünnen 5—6 Fuß langen, kräftig windenden Sproß mit wenig entwickelten Blättern aus; sie entwickelt also zweierlei Sprosse, die windenden erst nach hinlänglicher Erstarkung, und ähnlich verhalten sich viele der tropischen Klettersträucher.“

Als erster Anstoß zur Bildung von Lianentrieben dürfte bei unserer *Banisteria* gewiß die Versetzung aus dem alten, niedrigen, nur mit Kanalheizung versehenen Gewächshause in das neue, hohe, mit Warmwasserheizung ausgestattete Palmenhaus zu betrachten sein, ferner der Umstand, daß sie sich hier reich bewurzelte, daß sie aber andere, üppiger emporgewachsene Gewächshauspflanzen wie die genannte *Carica* im Lichtgenuß beeinträchtigten. Sie befand sich also jetzt unter ähnlichen Bedingungen wie im tropi-

---

1) Die Lianengenera der Malpighiaceen sind sämtlich Linkswinder. SCHENK: l. c. S. 124.
2) NIEDENZU, ENGLERs Natürliche Pflanzenfamilien III, 4.
3) DARWIN, Die Bewegungen und Lebensweise der kletternden Pflanzen. Übers. Stuttgart 1876, S. 32.
4) SCHENK, l. c. S. 116.

schen Urwalde, und diese führten dazu, daß sie nach hinreichender Kräftigung die ererbte Fähigkeit zu winden, nachdem sie 23 Jahre als Baum gewachsen war, endlich betätigte und sich schnell hoch über den anderen Gewächshauspflanzen den vollen Lichtgenuß verschaffte.

II. Regeneration des Gipfels bei Windepflanzen.

So allgemein verbreitet der Vorgang der Regeneration des verloren gegangenen Gipfels im Pflanzenleben ist, so scheint er doch an Windepflanzen noch nie näher verfolgt worden zu sein. Wenigstens findet er sich weder in den bekannten physiologischen Werken von SACHS, PFEFFER, VÖCHTING, DETMER und JOST noch in dem pflanzenpathologischen FRANKs, weder in GÖBELs „Organographie" und seiner „Experimentellen Morphologie" noch in dem Lianenwerke SCHENKs oder in der umfangreichen Literatur zum Windeproblem für Schlingpflanzen erwähnt, noch in seinem Verlaufe näher beschrieben.

Schon deshalb erschienen mir die an *Banisteria chrysophylla* Lam. beobachteten Regenerationserscheinungen beachtenswert, besonders aber, weil mir auffiel, daß der Vorgang möglicherweise mit den herrschenden Anschauungen über Windepflanzen nicht im Einklang stehen könne.

Wie schon im ersten Teile kurz beschrieben, konnte ich an einem der Lianentriebe zwei etwas voneinander abweichende Modi von Regeneration beobachten.

Im ersten Falle wurde durch den Verlust der Sproßspitze das jüngste noch vorhandene Knospenpaar veranlaßt, auszutreiben. Es trat aber sofort eine Differenzierung der beiden entstehenden Triebe ein. Aus der von der Stütze abgewandten Knospe ging nämlich ein beblätterter Kurztrieb hervor. Der aus der der Stütze anliegenden Knospe austreibende Sproß, der seiner Stellung nach auch nur zu einem Kurztrieb bestimmt sein konnte, der sich in einen bestimmten Winkel zur Schwerkraft eingestellt hätte, wurde dagegen zum neuen Langtrieb und nahm die Eigenschaften und Funktionen des verloren gegangenen Gipfels an. Er unterließ die Laubbildung und bildete nur schuppenförmige Niederblätter aus, streckte seine Internodien, wurde negativ geotropisch und befähigt, rotierende Nutationen auszuführen. In der inneren Organisation mußten also Umstimmungen ausgelöst werden, die fast bedeutender erscheinen müssen als die bei der Regeneration eines Coniferengipfels, bei der es ebenfalls darauf ankommt, die Hauptachse wiederherzustellen.

Die Abbildung 2 zeigt das betreffende Stück des von der Stütze losgelösten Lianentriebes, und zwar von unten nach oben zunächst das oberste, noch intakte Stück des ursprünglichen Windesprosses mit der erwähnten flachen Windung (a), dann die interessante Verzweigungsstelle und zwar in der Mitte den verdorrten Überrest des abgebrochenen Gipfels (b), rechts den beblätterten Kurztrieb (c) und links den neuen Langtrieb (d), der bei e am ersten Knoten das bereits besprochene einzige Laubblattpaar trägt. In der Abbildung 1 ist die Verzweigungsstelle bei c sichtbar. Denkt man sich durch die Windungen die Stütze hineingeschoben, so wird klar, daß die Knospe, die den neuen Langtrieb (d) erzeugte, der Stütze anliegend gewesen sein muß.

Bei der zweiten Gipfelregeneration reagierte überhaupt nur die anliegende Knospe des obersten noch vorhandenen Paares auf den Verlust der Sproßspitze und wuchs zum neuen typischen Lianentrieb aus, während die der Stütze abgekehrte Knospe ganz im Ruhezustande verblieb.

In beiden Fällen verhielten sich also die Knospen des obersten Paares, auf die beim Verlust des Gipfels doch der gleiche Reiz wirkte und die ohne denselben vielleicht nie zum Austreiben gekommen wären, ganz grundverschieden, und es erschien mir sehr auffällig, daß in beiden Fällen gerade der aus der anliegenden Knospe hervorsprossende Trieb den Gipfel regenerierte und schnell und kräftig emporschoß, während die Schwesterknospe höchstens zu einem kurzen beblätterten Sprosse sich entwickelte.   •

Um zu erkennen, ob der Vorgang der Regeneration vielleicht gesetzmäßig so verlaufe, versuchte ich zunächst an Windepflanzen des botanischen Gartens Belegstücke zu finden, was mir auch in der Tat gelang. Dieselben deuteten ohne Ausnahme darauf hin, daß der Gipfelersatz auf die gleiche Weise erfolgt sein müsse. Besonders zuverlässig erschien mir ein Belegstück von *Periploca graeca* L.

Ich will mich aber hier darauf beschränken, noch einige in ihrem Zustandekommen verfolgte und deshalb sichere Fälle anzuführen. Trotz der vorgerückten Jahreszeit, in der Versuche an den bereits ausgewachsenen Pflanzen keinen Erfolg mehr haben konnten, hatte ein Experiment doch noch ein positives Ergebnis. Am 20. August 1913 dekapitierte ich einen noch kräftig vegetierenden Windesproß von *Dioscorea sativa* L. in einer Höhe von 1,06 m, worauf die beiden obersten Knospenpaare auszutreiben begannen, das untere nur schwach, kräftig dagegen das obere. Es

zeigte sich nun sehr bald, daß der aus der der Stütze anliegenden Knospe hervorgegangene Sproß vor dem anderen sofort im
Wachstum gefördert wurde. Am 5. September war er bereits
7 cm lang, während der aus der von der Stütze abgewandten
Knospe hervorgesproßte kaum 4 cm erreicht hatte. Leider aber
trat Mitte September, als sich der längere, anliegende Sproß eben
anschickte, die erste Windung auszuführen, kalte Witterung ein,
die das Wachstum sistierte und das Ende der Vegetationsperiode
herbeiführte. Die Abbildung 3 zeigt den Versuch so, wie er zum
Stillstand gekommen ist, und zwar bei a den Knoten, oberhalb
dessen der Windesproß dekapiert wurde und dessen Knospen auf
den gleichen Reiz verschieden reagierten, indem die der Stütze
abgekehrte Knospe den 6,4 cm lang gewordenen Kurztrieb b bildete, während, wie aus der Abbildung 3 deutlich ersichtlich ist,
die anliegende Knospe zum regenerierenden Langtrieb c auswuchs, der noch eine Länge von 11,8 cm erreichte. Bei d ist
zu erkennen, daß am zweitobersten Knoten in den Blattachseln
nur zwei ganz kurze Sprosse mit einigen Blättchen gebildet
wurden.

Besonders hervorheben möchte ich hier ferner noch einige
Beobachtungen an der Asclepiadee *Ceropegia Sandersoni* Decn., einem
Gewächs mit sukkulentem Stamm und sehr reduzierten Blättern,
das im Innsbrucker botanischen Garten etwa 2,5 m hoch an einer
Stange emporgewunden war. Als ich im August 1913 diese
Schlingpflanze näher ansah, um etwaige Belegstücke für statt-
gefundene Regenerationen aufzusuchen, fand ich sie in einem
traurigen Zustande. Der sukkulente Stamm war an zwei Stellen,
etwa in einer Höhe von 1 m und 1,5 m durchgeschnitten, so daß
über dem allein noch mit dem Erdboden in Verbindung stehenden
unteren Teile zwei Stammstücke isoliert waren, die vermöge ihrer
sukkulenten Beschaffenheit geraume Zeit weiterzuleben vermochten.
Beide erzeugten in ihrer unteren Region Adventivwurzeln, um mit
dem Erdboden in Verbindung zu treten. Das untere isolierte
Stück regenerierte außerdem den verlorenen Gipfel, indem nur die
an der Stütze gelegene Achselknospe des obersten rudimentären Blattpaares austrieb. An dem untersten, noch im Boden
wurzelnden Teile sind jedoch die drei obersten der Stütze anliegenden Knospen ausgewachsen, jedenfalls infolge des ihnen
nach der Abtrennung der größeren oberen Hälfte zukommenden,
bedeutend stärkeren Zustroms der Säfte. Es hat aber bisher nur
der unterste, der in bezug auf Saftzufuhr am günstigsten daran
ist, kräftig zu winden begonnen und jedenfalls wird nur´er zum

neuen Langtrieb. Das Auffallende aber ist, daß keine der der Stütze abgewandten Knospen zum Austreiben gekommen ist. Die Abbildung 4 stellt das betreffende Sproßstück von *Ceropegia* dar. Bei a ist der unterste, kräftigste Trieb aus einer anliegenden Knospe hervorgegangen. Sein Gipfel ist nach der ersten Windung bei b wieder sichtbar. Bei c erkennt man am besten, daß dort ebenfalls nur die anliegende Knospe zu dem hinter der Stütze versteckten, jungen Sprosse austrieb, und dasselbe ist bei d ersichtlich. Außerdem ist tiefer unten an derselben *Ceropegia* nachweisbar, daß schon früher einmal eine Regeneration auf diese Weise stattgefunden hat. Zu bemerken ist noch, daß die jungen *Ceropegia*-Triebe, wie auch die Abbildung 4 zeigt, gut entwickelte Blätter tragen, während sonst an den Nodi nur Rudimente gebildet sind.

Die angeführten, wenn auch noch vereinzelten, aber sicheren Fälle von Regeneration des Gipfels bei verschiedenen Windepflanzen mit gegenständigen Blättern stimmen also darin überein, daß stets die der Stütze anliegende Knospe des durch den Gipfelverlust gereizten Paares zum neuen, den Gipfel regenerierenden Langtrieb auswuchs, und es ist wohl die Vermutung berechtigt, daß der Vorgang, dessen Zweckmäßigkeit ohne weiteres einleuchtet, in dieser Weise bei Windern mit gegenständigen Blättern allgemein verbreitet ist und gesetzmäßig so verläuft. Dem Experiment muß es vorbehalten bleiben, das äußerst anziehende Problem zu lösen, warum in allen Fällen von zwei durch den Gipfelverlust gleich gereizten Knospen gerade die der Stütze anliegende entweder allein kräftig austrieb oder doch wenigstens den Sproß erzeugte, der sich sofort, noch ehe er wand, vor dem Schwestertrieb bedeutend im Wachstum gefördert erwies und den verlorenen Gipfel regenerierte, ob hier nicht, wie es scheint, ein von der Stütze ausgehender Reiz eine wichtige Rolle spielt und Windepflanzen entgegen der herrschenden Ansicht also doch nicht unempfindlich gegen Kontakt sind.

Experimentelle Untersuchungen, die die eben angedeuteten Fragen durch geeignete, reichvariierte Versuchsanstellung lösen wollen, wurden mit *Phaseolus multiflorus* Wld. und *Humulus Lupulus* L. teils bereits ausgeführt, teils sind sie noch im Gange und dürften beim Erscheinen dieser kleinen Mitteilung bereits abgeschlossen sein und unverzüglich veröffentlicht werden. Weitere Arbeiten mit der von mir angewendeten Fragestellung bitte ich mir vorbehalten zu dürfen, besonders eine im nächsten Sommer auszu-

führende Nachprüfung an einer größeren Anzahl von Windepflanzen. im Freiland, die auch auf solche mit zerstreuter Beblätte-
rung ausgedehnt werden soll.

Am Schlusse dieses bescheidenen Beitrages zur Kenntnis der
windenden Lianen sei es mir gestattet, meinem hochverehrten
Lehrer, Herrn Prof. Dr. HEINRICHER, für die wohlwollende Förderung auch dieser kleinen Mitteilung, sowie Herrn Prof. Dr. WAGNER
für die freundlichen Ratschläge, die er meinen photographischen
Arbeiten stets angedeihen läßt, meinen ergebensten Dank auszusprechen.

Innsbruck, botanisches Institut, im Oktober 1913.

Erklärung der Tafel XIX.

1. Baumförmige *Banisteria chrysophylla* Lam. mit zwei aus seiner Krone hervorgehenden Lianentrieben (a und b).
2. Sproßstück von *Banisteria chrysophylla* Lam.
   a) Ursprünglicher Windesproß,
   b) Überrest des abgebrochenen Gipfels,
   c) beblätterter Kurztrieb aus der der Stütze abgekehrten Knospe,
   d) neuer Langtrieb, aus der der Stütze anliegenden Knospe hervor-
      gegangen.
3. Windesproß von *Dioscorea sativa* L., der oberhalb a dekapitiert wurde,
   b) Kurztrieb aus der der Stütze abgewendeten,
   c) neuer Langtrieb aus der der Stütze anliegenden Knospe hervorgesproßt.
4. Sproßstück von *Ceropegia Sandersoni* Decn., aus dem bei a, c und d der
   Stütze anliegende Knospen ausgetrieben sind.

67. Z. Kamerling: Kleine Notizen.

(Mit 4 Figuren im Text.)

(Eingegangen am 18. Oktober 1913.)

I. Cobaltpapier.

Bei Untersuchungen über die Wasserökonomie von verschieden-artigen Vertretern der indomalayischen und brasiliánischen Flora wurde von mir Cobaltpapier verwendet.

Da das am häufigsten im Handel vorkommende Cobaltnitrat sich nicht ohne weiteres zur Herstellung des Cobaltpapieres eignet, stelle ich mir das Reagenzpapier in der Weise her, daß Cobalt-nitrat und Chlornatrium (oder Chlorkalium) in ungefähr gleicher Menge in Wasser gelöst und Filtrierpapier mit dieser Lösung ge-tränkt wird. Das Papier, welches also nebeneinander enthält: Cobaltnitrat, Chlorcobalt, Natriumnitrat und Chlornatrium, ist sehr empfindlich und zeigt die bekannte Reaktion in vorzüglicher Weise.

Man kann mit dem Cobaltpapier die Verdunstung in Grammen pro Quadratcentimeter annähernd bestimmen und in dieser Weise Resultate bekommen, welche ohne weiteres vergleichbar sind mit den Resultaten von direkten Wägungsversuchen. Hierzu braucht man nur ein Stück des benutzten Cobaltpapieres in trockenem Zu-stande zu wägen und dasselbe Stück von neuem zu wägen, wenn es sich an der Luft gerade verfärbt hat.

Das von mir in Rio de Janeiro benutzte Papier, welches in trockenem Zustande hellblau war, absorbierte während der Verfär-bung ± 0,5 mg Wasserdampf pro Quadratcentimeter, das von mir hier in Leiden benutzte Papier zeigt in trockenem Zustande eine dunkelblaue Farbe und absorbiert bei der Verfärbung ± 1,3 mg Wasserdampf pro Quadratcentimeter.

Man kann also anstatt der Angabe: „das der Unterseite des Blattes anliegende Cobaltpapier verfärbte sich in zehn Minuten", sofort den Schluß ziehen: „die Unterseite des Blattes verdunstete in zehn Minuten ± 0,5 oder ± 1,3 mg Wasser pro Quadratcenti-meter". Diese Zahlen haben selbstredend zwar nur einen an-nähernden Durchschnittswert, doch dürfte es beim Arbeiten mit Cobaltpapier im allgemeinen empfehlenswert sein, die Versuchs-resultate in dieser Weise anzugeben.

II. Das Infiltrationsverfahren.

Das von MOLISCH[1]), EMMY STEIN[2]) und NEGER[3]) beschriebene
Infiltrationsverfahren zur Veranschaulichung von Spaltöffnungs-
bewegungen wurde auch von mir in Rio de Janeiro versuchsweise
angewandt.

Für Versuche im Freien, im tiefen Walde, oder an heißen
Tagen, im Gebüsch oder an den fast kahlen Felsen war die ursprüngliche Methode jedoch weniger geeignet. Mit den von
MOLISCH und EMMY STEIN verwendeten, teilweise sehr flüchtigen
und keinen Rückstand zurücklassenden Flüssigkeiten bekommt man
auch keine dauerhaften Präparate, und eine nachherige Kontrolle
und Vergleich ist also ausgeschlossen. Die von NEGER verwendete Lösung von Jod in Äther gab mir keine befriedigenden
Resultate, weil der Äther in der Hitze zu schnell verdunstete
und weil die Methode zu sehr von dem wechselnden Stärkegehalt
der Blätter abhängig ist.

Schließlich verwendete ich eine Lösung von Fuchsin in Alkohol, brachte einen Tropfen dieser Flüssigkeit auf das Versuchs-
blatt, ließ eintrocknen und entfernte nachher, eventuell einige
Stunden später im Laboratorium, den dem Blatte äußerlich anhaftenden Farbstoff. Diese alkoholische Lösung von Fuchsin
dringt ungefähr gleich leicht ein wie Alkohol. Wenn eine Infil-
tration stattgefunden hat, zeigt sich, nach dem Abwaschen des
äußerlich anhaftenden Farbstoffes, ein roter Fleck oder vereinzelte
rote Punkte, welche sich nicht fortwaschen lassen. Die zum Versuch benutzten Blätter können getrocknet und aufgehoben werden,
eventuell auch in irgendeiner wässerigen Conservierungsflüssigkeit,
worin das Fuchsin sich nicht löst.

Durch die unverletzte Kutikula dringt der Farbstoff nicht
ein, bei geschlossenen Spalten bekommt man im Innern des Blattes
keine Färbung. Bei behaarten und beschuppten Blättern läßt sich
der zwischen den Haaren und Schuppen haftende Farbstoff schnell
und sicher unter dem Strahl der Wasserleitung entfernen. Dicke,
fleischige Blätter und solche mit Papillen oder weißlicher Unterseite zeigen die roten Flecke gleich deutlich, wie solche Blätter,
wobei diese Eigentümlichkeiten nicht zur Ausbildung gekommen sind.

1) MOLISCH, Zeitschrift für Botanik, IV, 2, S. 106.

2) EMMY STEIN, Bemerkungen zu der Arbeit usw. B. D. B. G. 1912, S. 66.
EMMY STEIN, Über Schwankungen stomatärer Öffnungsweite. Inaugural-
Dissertation der Universität Jena 1913.

3) NEGER, Eine abgekürzte Jodprobe. B. D. B. G. 1912, S. 93.

Als Demonstrations- und Vorlesungsversuch, um einen Verschluß der Spaltöffnungen bei Verdunkelung oder anfangendem Welken zu zeigen, ist das Infiltrationsverfahren mit alkoholischer Fuchsinlösung sehr empfehlenswert.

Für specielle Untersuchungen im Laboratorium oder Gewächshaus erlaubt die von EMMY STEIN benutzte Stufenleiter, Petroläther, Petroleum, Paraffinum liquidum, eine deutlichere Unterscheidung der feinen Abstufungen der Öffnungsweite, als der Fuchsinalkohol es vermag. Doch dürfte in vielen Fällen auch der Fuchsinalkohol als Infiltrationsflüssigkeit ein gewisser Wert zukommen.

III. *Polypodium lanceolatum* L. var. *serratum*.

Der in Fig. 1 abgebildete, epiphytisch lebende Farn kommt in Rio de Janeiro sehr häufig vor und wurde auch von mir bei Campos gefunden.

Wahrscheinlich ist diese Art identisch mit dem *Polypodium lanceolatum* L , das von CHRIST[1]) in der folgenden Weise beschrieben wird: „Rhizom weit kriechend, mit rötlichen, anliegenden, lanzettlichen Schuppen. Blattstiele reihenweise, etwas entfernt, 4 cm lang, Blatt 1 bis 2 dcm lang, schmal, lanzettlich, nach beiden Seiten verschmälert, kurz zugespitzt, oft stumpf, ganzrandig oder leicht gewellt, lederig, auf der oberen Seite dünn, auf der unteren Seite dichter mit kleinen, braunen, schildförmigen Schuppen bekleidet. Nerven verbogen, eine schmale Maschenreihe längs der Rippe, dann eine Reihe große, etwas inneres Netzwerk mit einzelnen freien Nervchen enthaltenden Maschen, dann gegen den Rand wieder kleine Maschen. Sori einreihig, groß, wenig zahlreich, braun, nicht zusammenfließend, rund oder parallel mit der Rippe verlängert bis länglichoval. (*Gymnogramme elongata* Sw. Hook.) Letztere Form besonders in Amerika.

Gemein im tropischen Amerika von Westindien und Guatemala bis Südchile und zu den Sandwichsinseln, und in Süd-, West- und Ostafrika bis St. Helena und zu den Mascarenen; seltener in Asien: Nilgherries."

Die Blätter von *Polypodium lanceolatum* sind ziemlich dick, lederartig und zeigen die Eigentümlichkeit, bei Wassermangel sehr rasch einzutrocknen und in einem Zustande latenten Lebens zu verbleiben bis sie von neuem befeuchtet werden. Ähnlich verhalten sich einige andere Arten, z. B. auch das gleichfalls in

---

1) CHRIST, Die Farnkräuter der Erde. Jena 1897.

Rio de Janeiro sehr häufige *Polypodium incanum* und *Pol. angustum.*
An anderer Stelle werde ich hierüber im Zusammenhang berichten.

An einer Stelle im botanischen Garten zu Rio de Janeiro fand
ich auf einem Baumstamm zwischen zahlreichen normalen *Pol.-
lanceolatum*-Pflanzen vier Exemplare, welche sich von der normalen
Form auf den ersten Blick in sehr auffälliger Weise durch den

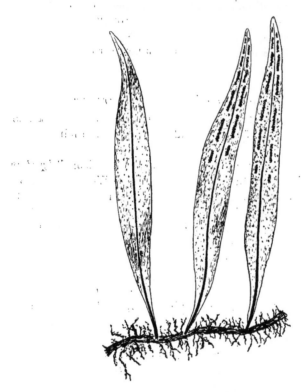

Fig. 1. *Polypodium lanceolatum* L. Normale Form. (Etwas verkleinert.)

grobgesägten Blattrand unterschieden, sonst jedoch mit der normalen Form vollkommen übereinstimmten.

In Fig. 2 ist ein Stück einer solchen Pflanze abgebildet.

Bei der mikroskopischen Untersuchung stellte es sich heraus,
daß beide Formen eine vollkommene Übereinstimmung zeigten. Die
Schuppenhaare am Blatte, die Epidermis der oberen und unteren
Seite, der Querschnitt des Blattes, der sehr eigentümliche Bau
des Palissadenparenchyms, der Querschnitt des Blattstiels, die Sporen

und Sporangien, das Rhizom und die Wurzel zeigten alle bei beiden Formen genau denselben Bau. Zweifellos ist die Form mit dem gesägten Blattrande nur als eine Abart des gewöhnlichen *P. lanceolatum* zu betrachten. Nur die Anzahl der Schuppenhaare zeigt

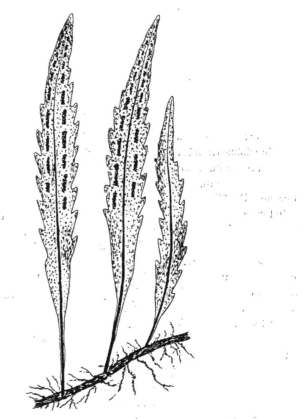

Fig. 2. *Polypodium lanceolatum* var. *serratum*. (Etwas verkleinert.)

vielleicht einen Unterschied, derart, daß die gesägtblättrige Form mehr Schuppenhaare am Blatte aufweist als die normale Form.

Beschrieben ist die neue Form m. W. noch nicht, ich habe sie nirgends erwähnt gefunden. Die neue Form wurde von mir auch nur an einer Fundstelle und in wenigen Exemplaren zwischen der normalen Form aufgefunden.

Das Resultat einer Kreuzung liegt wohl kaum vor, man könnte vielleicht denken an eine Kreuzung mit dem bei Rio gleichfalls sehr häufigen, dem *P. lanceolatum* in Blatt-Textur sehr ähnlichem *P. angustum*, aber bei dieser Art, die übrigens auch in anatomischer Hinsicht scharf von *P. lanceolatum* unterschieden werden kann, ist der Blattrand gleichfalls glatt.

Am wahrscheinlichsten kommt es mir vor, daß *Polypodium lanceolatum* var. *serratum*[1]) durch Mutation aus der normalen Form entstanden ist.

Eine biologische Bedeutung kommt der neuen Eigenschaft wohl nicht zu.

IV. Die Hydathoden an den Jugendblättern von *Ficus elastica*.

Ficus elastica wird zwar in Südostasien und in europäischen Gewächshäusern häufig kultiviert, jedoch fast immer aus Ablegern gezogen. Keimpflanzen bekommt man also nur relativ selten zu Gesicht. In einzelnen Gegenden von Sumatra zieht die einheimische Bevölkerung *Ficus elastica* aus Samen, und einzelne Förster auf Java haben vergleichende Versuche über die Kultur von *Ficus elastica* aus Samen und aus Ablegern angestellt.

Die Keimpflanzen zeigen, wie ich wiederholt auf Java und im botanischen Garten zu Rio de Janeiro zu beobachten Gelegenheit hatte, an der Stammbasis und an der Wurzel die eigentümliche von WENT[2]) näher studierte, knollenförmige, wasserspeichernde Verdickung und an der Oberseite der Blätter regellos zerstreute, hellgelbe Punkte. WENT erwähnt zwar diese hellgelben Punkte nicht, deutet sie jedoch einigermaßen an in seiner Fig. 17, die vielleicht eine Keimpflanze von *Ficus elastica* darstellt.

Bei einer mikroskopischen Untersuchung stellte sich heraus, daß diese hellgelben Punkte Hydathoden darstellen, deren Bau dem von HABERLANDT[3]) studierten Bau der normalen Hydathoden von *Conocephalus ovatus* Tréc. entspricht. Auch die Hydathoden von

---

1) Herr Dr. E. ROSENSTOCK, Gotha, hatte die Freundlichkeit, einige brasilianische Farne für mich zu bestimmen und meine Bestimmungen zu revidieren. Die normale, in Fig. 1 abgebildete Form wurde bestimmt als *Polypodium lanceolatum* L. var. *elongatum* Sw., die in Fig. 2 abgebildete, von mir als Mutation betrachtete Form als *Polypodium lanceolatum* L. var. *sinuata* Sim. — Hedwigia 46, 1906, pag. 46 (nachträgliche Bemerkung).

2) WENT, Annales du Jardin botanique de Buitenzorg. XII, 1895, S. 49.

3) HABERLANDT in SCHWENDENER-Festschrift. Hier auch eine Abbildung von einem Querschnitt durch eine normale Hydathode von *Conocephalus ovatus*.

Urtica urens und *Urtica dioica* zeigen nach VOLKENS[1]) einen ähnlichen Bau.

Für verschiedene andere *Ficus*-Arten wurden ähnliche Hydathoden schon erwähnt von MAGNUS[2]): „Mehrere *Ficus*-Arten zeigen den eben betrachteten" (bei *Crassula*) „genau entsprechende Bildungen;, nur liegen diese in den bekannten Fällen nicht über den Endigungen der Nerven. Bei *Ficus neriifolia* Reinw. sieht man auf den beiden seitlichen'Vierteln der glänzenden Oberseite des Blattes viele weiße und flache Grübchen. — Diese liegen innerhalb der Randmaschen stärkerer Nerven über einer breitfleckenartigen Anastomose eines von den

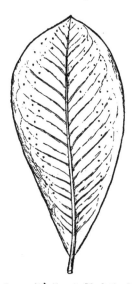

Fig. 3. *Ficus elastica*, Jugendblatt mit Hydathoden. (Natürliche Größe.)

Knoten dieser Maschen ausgehenden dünneren Nervennetzes. — Sie haben auf ihrer Epidermis zahlreiche Spaltöffnungen, während die Epidermis der Oberseite sonst derselben entbehrt. Bei *Ficus diversifolia* Blume sieht man auf der Oberseite rötliche Pünktchen über die ganze Blattfläche zerstreut. — Im wesentlichen ebenso wie *Ficus neriifolia* Reinw. verhalten sich *Ficus Porteana* Regel, *Ficus Cooperi* im Hort. bot. Berolin., *Ficus eriobotryoides* Kth. u. Bouch., *Ficus leucosticta* Spreng. u. a.

---

1) VOLKENS, Wasserausscheidung an' Blättern. Jahrbuch des botanischen Gartens, II.

2) MAGNUS, Botanische Zeitung 1871, S. 481.

Auf diese Bildungen weist METTENIUS hin in seinen Filices
horti Lipsiensis. Leipzig 1856.

„Diese Bildungen sind sicher Secretionsorgane, wie das auch
schon die älteren Anatomen erkannten."

Ob seit 1871 diese Hydathoden von *Ficus* nochmals ausführlich untersucht worden sind, habe ich der mir zur Verfügung
stehenden Literatur nicht entnehmen können. PRANTL[1]), NESTLER[2]),
SPANIER[3]) erwähnen alle die Hydathoden von *Ficus*, aber wohl
nur im Anschluß an die Angaben von MAGNUS. HABERLANDT[4])
hat in Buitenzorg vorwiegend mit *Conocephalus* experimentiert und nur
einen Versuch mit einer nicht näher bestimmten *Ficus*-Art durchgeführt.

Man findet die Hydathoden an den Jugendblättern von *Ficus
elastica* häufig ziemlich nahe am Rande, die Verteilung über die
Blattspreite ist in der nach einem frischen Blatte angefertigten
Textfigur angegeben. An Alkoholmaterial sind diese Organe viel
schwieriger aufzufinden als im frischen Zustande. Unterhalb jeder
Hydathode findet sich ein Knotenpunkt kleinerer Nerven. Die
Epidermis der Blattoberseite ist an dieser Stelle nur eine Zellschicht
dick und zeigt ungefähr zehn, unregelmäßig gebaute, mehr weniger
desorganisierte, teilweise wahrscheinlich abgestorbene Spaltöffnungen,
die etwas kleiner sind wie die normalen Stomata der Unterseite des
Blattes. Der eigentliche Körper der Hydathode besteht aus einer,
zahlreiche enge Intercellularen aufweisenden, parenchymatischen,
plasmareichen, blattgrünlosen Gewebemasse, welche den erweiterten
Gefäßbündelknoten aufsitzt. Das Palissadenparenchym fehlt an
dieser Stelle, der Drüsenkörper liegt unmittelbar unter der Epidermis. Wenn die Pflanze eine gewisse Größe erreicht hat, einer
Stammlänge von 1 bis 2 Decimeter entsprechend, kommen an den
neuen Blättern keine Hydathoden mehr zur Ausbildung. Dieser
Zeitpunkt fällt ungefähr zusammen mit dem Zeitpunkte, wo die
Pflanze unabhängig wird von dem knollenförmigem Wasserreservoir im Stamme und in der Wurzel.

---

1) PRANTL, Die Ergebnisse der neueren Untersuchungen über die Spaltöffnungen. Flora 1872.

2) NESTLER, Kritische Untersuchungen über die sogenannten Wasser-
spalten. 1892.

3) SPANIER, Untersuchungen über die Wasserapparate der Gefäßpflanzen.
Bot. Zeitung 1898.

4) HABERLANDT, Ber. Deutsche Bot. Gesellschaft. XII, 1894, S. 376.
HABERLANDT. Physiologische Pflanzenanatomie. 2. Auflage.
HABERLANDT, Sitzungsberichte der Wiener Akademie 1894, 1895.

Daß die Hydathoden an den Jugendblättern von *Ficus elastica*
eine bedeutende Rolle im Leben der Pflanze erfüllen, kommt mir
nicht sehr wahrscheinlich vor; ich möchte eher glauben, daß wir es
hier mit einem Organe zu tun haben, welches bei anderen *Ficus*-
Arten und bei *Conocephalus* auch an den späteren Blättern vorkommt und hier eine größere Bedeutung hat, bei *Ficus elastica*
jedoch rückgebildet ist und nur noch an den Jugendblättern als
gewissermaßen rudimentäres Organ zur Ausbildung kommt.

V. Gefüllte Blumen bei *Rubus* spec.

In der Umgebung von Rio de Janeiro kommt sehr häufig
eine *Rubus*-Art vor, welche in Wachstumsweise dem europäischen

Fig. 4. *Rubus* spec. mit gefüllten Blumen.

Rubus idaeus ziemlich ähnlich sieht. Einmal traf ich an einem
Waldweg ein Exemplar dieser nicht näher bestimmten *Rubus* spec.
mit stark gefüllten Blumen. Zwei dieser Blumen, in Alkohol
konserviert, lagen zur Untersuchung vor. Sie zeigen, wie die
Fig. 4 angibt, eine sehr große Anzahl Petalen. Die Staubfäden in

den geöffneten Blumen sehen teilweise fast normal aus und enthalten Pollen, zum größten Teil sehen sie jedoch aus, als ob sie
in einem früheren Entwicklungszustand stehen geblieben und nicht
zur richtigen Ausbildung gekommen wären.

Das Gynaecium zeigt keine auffällige Abnormalitäten, ist
jedoch auch kleiner wie in den normalen Blumen.

Fruchtbildung fand an der ziemlich großen Pflanze, welche
reichlich geblüht hatte, nicht statt.

Andere Exemplare dieser *Rubus*-Art mit gefüllten oder halb-
gefüllten Blumen habe ich nicht gesehen, in Kultur scheint diese
Art überhaupt nicht zu sein.

Äußere Faktoren, welche die Füllung der Blumen veranlassen
könnten, waren nicht nachzuweisen, die Pflanze wuchs zwischen
anderen, normalen Pflanzen derselben Art. Veranlassung, um an
eine Kreuzung zu denken, wodurch ein Anstoß zum Auftreten
dieser Mißbildung gegeben wäre, gibt es auch nicht, da diese
Rubus-Art die einzige häufig in der Gegend vorkommende ist.

Man kann, zwar nicht mit mathematischer Gewißheit, jedoch
mit sehr großer Wahrscheinlichkeit annehmen, daß hier ein Fall
von einer plötzlich aus irgendeinem inneren Grunde auftretenden
Füllung vorliegt.

VI. Die biologische Bedeutung der Adventivknospen
von *Bryophyllum calycinum* Salisb.

Bryophyllum calycinum Salisb. kommt in Brasilien in der Umgebung von Campos und Rio de Janeiro häufig vor. In der Umgebung von Campos bildet die Pflanze an Wegrändern häufig
dichtgedrängte Bestände, welche eine Oberfläche von vielen Vier-
kant-Metern bedecken. Die unteren drei oder vier Blattpaare
sind meistens einfach, d. h. hier kommt nur das unpaare Erd-
blättchen des gefiederten Blattes zur Ausbildung. Die oberen
Blattpaare sind zusammengesetzt, mit zwei Paaren Blättchen und
einem Endblättchen.

An exponierten Stellen bleibt *Bryophyllum calycinum* meistens
ziemlich niedrig, 3 bis 4 Decimeter hoch und schreitet nicht zur
Blüte. Ich habe blühende Exemplare nur selten und nur in wind-
freier Lage gesehen, in einem trockenen Graben und in einer
Felsspalte. Solche blühenden Exemplare werden ungefähr ein
Meter hoch.

Die Vermehrung bei *Bryophyllum calycinum* findet fast ausschließlich durch die Adventivknospen am Blattrande statt. Junge

Pflanzen, welche in dieser Weise entstanden sind, kann man im Freien sehr leicht in allen Entwicklungszuständen finden.

Diese vegetative Vermehrung wird sehr gefördert durch eine präformierte Bruchstelle, welche sich in dem Blattstielchen findet. Die Blättchen werden vom Winde sehr leicht von der Spindel abgerissen, wie ich wiederholt zu beobachten Gelegenheit hatte an *Bryophyllum*-Pflanzen, welche in Campos, für Verdunstungsversuche, in Töpfen gezogen waren.

Leiden, Botanisches Laboratorium, 18. Oktober, 1913.

68. Arth. Scherrer: Die Chromatophoren und Chondriosomen von Anthoceros.

(Vorläufige Mitteilung.)

(Mit Tafel XX.)

(Eingegangen am 24. Oktober 1913.)

Bei der allseitigen Anerkennung, welche die durch die Forschungen der achtziger Jahre aufgestellte Lehre von der Individualität der Chromatophoren gefunden, mußten die Versuche zahlreicher Autoren, die Chromatophoren als Differenzierungen von Chondriosomen zu postulieren, auf Widerstand stoßen. Es ist also verständlich, daß versucht wurde, Beweise gegen diese Auffassung zu erbringen. Aber auch bei diesen Bestrebungen sind, so gut wie bei den anderen, willkürliche Schlußfolgerungen vorgekommen. So ist SCHMIDT[1]) entschieden zu weit gegangen, wenn er bloß auf Grund der vorhandenen Tatsachen behaupten will, die pflanzlichen Chondriosomen stellten insgesamt nur „wechselnd gestaltete Chromatophoren in den verschiedensten Stadien ihrer Entwicklung" dar.

Neuere Arbeiten haben denn auch gegen diese Verallgemeinerung der LUNDEGÅRDschen Befunde Stellung genommen.

1) SCHMIDT, E. W., Neuere Arbeiten über pflanzliche Mitochondrien. Zeitschrift f. Botanik, 4. Jahrgang, 1912, S. 707.

Zunächst ist RUDOLPH[1]) bei der Nachuntersuchung der von LEWITSKY für Keimlinge und ältere Sprosse von *Asparagus officinalis* gemachten Angaben zum Schluß gekommen, daß die Chromatophoren weder als Derivate der Chondriosomen, noch die Chondriosomen als Entwicklungsstadien der Plastiden angesehen werden dürfen. Wenn RUDOLPH die Chromatophoren und Chondriosomen als Gebilde verschiedener Natur auffaßt, so lassen einige seiner Bilder allerdings diese Deutung zu. Andererseits ist aber der klare Beweis, daß in den jüngsten Meristemzellen keine entwicklungsgeschichtliche Beziehung der beiden fraglichen Gebilde vorhanden ist, RUDOLPH nicht gelungen. Im letzten Hefte dieser Berichte hat SAPÉHIN[2]) über Untersuchungen an *Polytrichum, Funaria, Bryum* und *Mnium* Ergebnisse veröffentlicht, die imstande sind, die Frage — wenigstens für die Laubmoose — einer endgültigen Lösung näherzubringen. In allen Zellen des Gameto- und Sporophyten fand SAPÉHIN Plastiden, die während der ganzen Entwicklung immer nur durch Teilung auseinander hervorgingen. War so einerseits „die Individualität der Plastide ganz klar demonstriert", so ließ andererseits die Existenz von Chondriosomen in fast sämtlichen Zellen auch den Schluß gerechtfertigt erscheinen, daß „die Plastiden und Chondriosomen voneinander ganz unabhängig sind".

Ich bin zu übereinstimmenden, in vielen Punkten aber noch beweiskräftigeren Feststellungen gelangt.

Meine Untersuchungen über die Entstehung und Vermehrung der Chromatophoren in Pflanzenzellen begannen anfangs der zweiten Hälfte des Wintersemesters 1910/11. Die Behandlung der Frage wurde auf die verschiedensten Vertreter des Pflanzenreichs ausgedehnt, bei den Lebermoosen beginnend, die Laubmoose, Pteridophyten, Gymnospermen und Angiospermen berücksichtigend.

Mit dem Erscheinen der ersten Arbeit von LEWITSKY (Februar 1911) nahmen die Untersuchungen insofern eine etwas andere Richtung, als die Möglichkeit einer genetischen Beziehung zwischen Chromatophoren und Chondriosomen in Betracht gezogen werden mußte und die Anwendung spezieller Fixierungs- und Färbungsmethoden nötig machte.

Die ersten Beobachtungen überzeugten mich von dem analogen färberischen Verhalten der Chromatophoren und Chondriosomen,

---

1) RUDOLPH, K., Chondriosomen und Chromatophoren. Ber. d. deutsch. bot. Ges., Bd. XXX, 1912, S. 605.

2) SAPÉHIN, A. A., Ein Beweis der Individualität der Plastide. Ber. d. deutsch. bot. Ges., 1913, Heft 7, S. 321.

ebenso von der Eigenschaft der ersteren, in Meristem- und Eizellen Größen- und Formverhältnisse anzunehmen, die eine Unterscheidung der Chromatophoren von Mitochondrien und kleinen Chondriokonten unmöglich machen. Ich schloß deshalb die höheren Pflanzen, als zu einer einwandfreien Lösung der gestellten Fragen nicht geeignet, von weiteren Untersuchungen vorerst aus.

Die Hauptschwierigkeit lag nun darin, ein Objekt ausfindig zu machen, das bei möglichst einfachem Bau, den mannigfachen technischen Behandlungen keine zu großen Schwierigkeiten entgegenstellte. Ich bin Herrn Prof. Dr. A. ERNST zu größtem Dank verpflichtet, mich auf *Anthoceros* aufmerksam gemacht zu haben. Dieses Lebermoos zeigt Verhältnisse, die sich während der Untersuchung als die denkbar günstigsten erwiesen. Der in Einzahl vorkommende Chromatophor, seine Größe und Gestalt und die Resistenzfähigkeit gegen Fixierungsflüssigkeiten, sind als besonders günstige Faktoren zu erwähnen. Ferner ermöglicht es die Organisation des Sporogons, auf einem Schnitte das Verhalten der Chromatophoren während der ganzen Sporogenese festzustellen. Die Durchsichtigkeit der Sporenmutterzellen bis nach der Tetradenteilung ist ein nicht zu unterschätzendes Moment für die Lebendbeobachtung. Das Fehlen von Ölkörpern und der fast gänzliche Mangel jeglicher Fettsubstanzen im ganzen Entwicklungsgang und für die Klarheit der Bilder von großer Bedeutung. Endlich bietet der zarte Bau von Thallus und Sporogon Gewähr für ein gutes Eindringen der Fixierungsflüssigkeiten in alle Gewebepartien, ohne besondere Manipulationen wie Zerschneiden oder Injektionen, die doch immer einen ziemlich gewaltsamen Eingriff bedeuten, nötig zu machen.

Das Material zu der Untersuchung wurde mir durch freundliche Vermittlung von Herrn Prof. Dr. A. ERNST in liebenswürdigster Weise von den Herren Dr. K. MÜLLER in Augustenberg, Baden, und Dr. A. NÄF in Neapel übermittelt. Von ersterem erhielt ich Material von *Anthoceros Husnoti*, von letzterem — nach gütiger Bestimmung durch Herrn Dr. K. MÜLLER — solches von *Anthoceros punctatus*.

Den folgenden Ausführungen liegen in der Hauptsache die Ergebnisse meiner Untersuchung an *Anthoceros Husnoti* zugrunde.

Beginnen wir mit dem Gametophyten. Das Wachstum des zarten, halbkreis- bis kreisförmigen, oft auch mehr bandartigen Thallus geschieht durch zahlreiche Scheitelzellen, welche in den Einbuchtungen des gekräuselten Außenrandes liegen. Die keilförmige Scheitelzelle enthält immer einen vollkommen ausgebildeten

Chromatophor. Größe und Gestalt sind aus Fig. 1 ersichtlich und stimmen völlig mit dem lebenden, grünen Chromatophor überein. Die Teilung erfolgt durch Einschnürung, wobei der Kern in der beginnenden Einfurchung Aufstellung nimmt (Fig. 2). Das ist eine Erscheinung, die sich bei jeder Chromatophorenteilung in auf- fallender Weise zu erkennen gibt. Nach erfolgter Teilung wan- dern die Tochterchromatophoren senkrecht zur Richtung der Teilungsebene auseinander und dienen bei beginnender Kernteilung der Spindel als Anhaftungsstellen (Fig. 3). Niemals, weder in der Scheitelzelle des jüngsten noch des ältesten Thallus, habe ich Chondriosomen in irgendeiner Form zur Darstellung bringen können. Mögliche Beziehungen zwischen Chromatophor und Chondriosomen in der Scheitelzelle fallen also von vornherein dahin.

Oft schon in den jüngsten dorsalen und ventralen Segmenten, oft aber erst in den Thalluszellen, wo die Grenzen der Segmente sich zu verwischen beginnen, treten die ersten Chondriosomen auf als äußerst zarte, kürzere Chondriokonten, untermischt mit ebenso feinen Mitochondrien. Mit fortschreitender Differenzierung des Thallus, d. h. mit der Bildung von Geschlechtsorganen und größeren Intercellularen, sind auch die Chondriosomen deutlicher sichtbar geworden und als derbere Stäbchen über das ganze Cytoplasma, ohne die mindeste Beziehung zum Chromatophor, verteilt. Das geht sehr klar aus Fig. 4 hervor; sie stellt die Grenzzelle dreier Interzellularräume dar und entstammt einem Thallus mit fast reifen Geschlechtsorganen. Auf diesem Stadium der Thallusentwicklung tritt zwischen den einzelnen Zellen kein Unterschied im Gehalt an Chondriosomen hervor.

Erst auf älteren Stadien, wenn die Entwicklung der Sporogone einsetzt und der Gametophyt deren Ernährung zu übernehmen hat, ist eine Anhäufung von Chondriosomen in besonders lokalisierten Zellen sehr auffallend. Es betrifft das die Thalluszellen, welche direkt an den Sporogonfuß grenzen (Fig. 6) oder in unmittelbarer Nähe desselben liegen. In weiter vom Fuß entfernten Zellen sind nur noch Spuren von Chondriosomen vor- handen. Fig. 6 illustriert ferner aufs schönste das zusammenhang- lose Nebeneinander der Chondriokonten und des in-Teilung be- griffenen Chromatophors.

Der Chondriosomenanhäufung in den erwähnten Zellen ent- spricht eine ebensolche in den Zellen des Sporogonfußes. Auch hier sind die Chondriosomen zu starken, manchmal außerordentlich langen, an den Enden hie und da verdickten Chondriokonten entwickelt (Fig. 17). Sie sind vollkommen homogen und gestatten nicht den geringsten Schluß auf ihre Genese.

Trotz der eben betonten Chondriosomenarmut der vom Sporogonfuß entfernteren, älteren Thalluszellen, sind deren Chromatophoren in nichts von denjenigen der ungefähr gleich alten Chondriosomen führenden Zellen verschieden, die in der Zone regsten Stoffwechsels liegen.

Ebenfalls eine lokale Vermehrung der Chondriosomen konstatierte ich in den einer *Nostoc*-Kolonie benachbarten Zellen (Fig. 5). Auch hier findet unzweifelhaft ein Stoffwechsel nach der einen oder anderen Richtung statt. (Auf eine Deutung des Verhältnisses der Fäden von *Nostoc lichenoides* zu dem *Anthoceros*thallus, wie sie mir im Laufe der Untersuchungen für wahrscheinlich erschienen ist, will ich mich hier nicht einlassen.)

Während der ganzen Entwicklung des Gametophyten sind dessen Zellen in charakteristischer Weise durch den Besitz eines einzelnen Chromatophors ausgezeichnet; mit Ausnahme der Scheitelzellen enthalten alle Zellen — zeitlich und örtlich mehr oder weniger — Chondriosomen.

Die Antheridien entwickeln sich endogen aus der inneren Zelle eines dorsalen Segments. Fig. 7 zeigt zwei Antheridiummutterzellen, nur die größere enthält sichtbar den kleinen halbmondförmig um den Kern geschlungenen Chromatophor. Beide Zellen weisen Chondriosomen auf.

Der um den Kern gebogene Chromatophor ist eine für gewisse Entwicklungsstadien äußerst konstante Erscheinung, wie ich mich durch das Studium des lebenden Materials hinlänglich überzeugen konnte.

Deutlicher sind sowohl Chromatophor als Chondriosomen in Fig. 8, in einem durch Sprossung aus dem Stiel eines fast reifen entstandenen jungen Antheridiums.

Bei der Spermiogenese lassen sich die Chondriosomen während mehrerer Teilungen deutlich verfolgen (Fig. 9); in den Spermatiden sind sie, wohl infolge der Kleinheit der Zellen und der relativen Größe der Kerne, nicht mehr wahrzunehmen. Das gilt keineswegs für die Wand- und Stielzellen, die bis zur völligen Reife des Antheridiums im Besitz von Chromatophoren und Chondriosomen sind[1]) (Fig. 10 und 11).

---

1) Das Verhalten der Chromatophoren im Laufe der Antheridiumentwicklung werde ich in meiner ausführlichen Arbeit schildern, desgleichen Bau und Verhalten der Pyrenoide bei der Teilung des Chromatophors.

Die Spermiogenese gibt nirgends einen Anhaltspunkt, der auf irgendwelche äußerlich sichtbare Abhängigkeit der Chromatophoren von den Chondriosomen schließen ließe.

Am schwierigsten, wohl aber auch am bedeutsamsten war der einwandfreie Nachweis von Chromatophor und Chondriosomen in der Zentral- und Eizelle (Fig. 12 und 13). Über die Identität des Chromatophors herrscht nicht der geringste Zweifel. In dem Chromatophor der Zentralzelle (Fig. 13) ist sogar das eigentümlich strukturierte Pyrenoid unverkennbar wahrzunehmen.

.. Bauchkanalzelle, Halskanal- und Deckelzellen sind ebenfalls durch den Besitz von Chromatophoren ausgezeichnet.

Nach diesen Befunden in der Eizelle ist es nicht auffallend, wenn ich in sämtlichen Zellen der jüngsten mir zu Gesicht gekommenen Embryonen, bei denen Archespor und Columella sich noch nicht erkennen ließen, neben den Chondriosomen, große, gewöhnlich etwas um den Kern gebogene, pyrenoidenführende Chromatophoren feststellte. Die Chromatophoren lassen sich so distinkt färben, daß es mir fast unerklärlich ist, warum sie DAVIS[1] nicht weiter zurück als bis zu den Sporenmutterzellen hat verfolgen können. In den Archesporzellen hat sie DAVIS nicht gefunden. Die in Aussicht gestellte, spätere Arbeit, in welcher DAVIS mit Hilfe lebenden Materials und spezieller Färbungsmethoden über diesen Punkt Aufschluß zu geben hoffte, ist bis heute nicht erschienen. Ich füge deshalb meiner Tafel zwei Figuren bei (Fig. 14 und 15), die eine Ergänzung der DAVISschen Bilder geben und zeigen sollen, daß die Chromatophoren in den jüngsten Archesporzellen bei BENDAscher Behandlungsweise deutlich sichtbar zu machen sind. Die Lebendbeobachtungen haben die Deutung der Bilder des nach BENDA behandelten Materials klar bestätigt.

In den Archesporzellen weist der Chromatophor meist die charakteristische Halbmondgestalt auf, die ihm manchmal in den Sporenmutterzellen noch zukommt (Fig. 16); hier nimmt er aber gewöhnlich die Form einer flachen Scheibe an.

In den Sporenmutterzellen lassen sich noch Chondriokonten nachweisen (Fig. 16). Ob die während der Tetradenteilung und in den fertig gebildeten Sporen auftretenden großen Körner und Ringe, die sich tinktoriell wie die Chondriosomen verhalten, mit diesen identisch, vielleicht als „Mitochondrienkörper" anzusprechen

---

1) DAVIS, B. M.; The spore-mother-cell of *Anthoceros.* Bot. Gazette, Vol. XXVIII, 1899, p. 90.

sind, scheint mir nicht wesentlich. Die Hauptsache ist, daß die jungen Sporen je einen Chromatophor erhalten, der während der Ausbildung der Exine farblos wird, um erst beim Keimen der Spore wieder in Funktion zu treten und zu ergrünen.

Die Zusammenfassung ergibt folgende Tatsachen:

1. Die Continuität des Chromatophors ist während der ganzen Entwicklung von *Anthoceros Husnoti* deutlich zu verfolgen.

2. *Anthoceros Husnoti* ist der erste Vertreter der Lebermoose, bei welchem Chondriosomen konstatiert werden konnten.

3. Wo im Verlauf der Ontogenese von *Anthoceros Husnoti* Chromatophoren und Chondriosomen nebeneinander vorkommen, sind nirgends morphologische Beziehungen zwischen ihnen erkennbar.

4. Die Chondriosomen treten bei *Anthoceros* weder zu histologischen noch zellulären Differenzierungen zusammen; dagegen läßt vielleicht die Anhäufung der Chondriosomen an Stellen regen Stoffwechsels — in den Zellen des Sporogonfußes und den diesen benachbarten Thalluszellen, in der Umgebung der *Nostoc*-Kolonien und in den Stiel- und Wandzellen der Antheridien usw. — eine ernährungsphysiologische Deutung zu.

Zürich, Institut für allgemeine Botanik der Universität, Oktober 1913.

Erklärung der Tafel XX.

Sämtliche Figuren wurden mit ZEISS-Immersion, achromat. $^1/_{12}''$ und Comp. Okular IV bei einer Tubuslänge von 170 mm gezeichnet. Vergr. 1 : 800.

Fixierung und Färbung ausschließlich nach BENDA. Alle Figuren beziehen sich auf *Anthoceros Husnoti*.

Die Bezeichnungen bedeuten: Chr Chromatophor, P Pyrenoid, chk Chondriokonten, n Zellkern, Nz *Nostoc*zellen.

Fig. 1—3. Scheitelzellen. Chromatophor in Ruhe, während und nach der Teilung.

Fig. 4. Zelle aus einem jungen Thallus, mit Kern, Chromatophor und Chondriosomen.

Fig. 5. Zellen aus der Nähe einer *Nostoc*-Kolonie.

Fig 6. Einem Sporogonfuß benachbarte Thalluszelle; die Chondriokonten sind groß und zahlreich ausgebildet. Chromatophor in Teilung.

Fig. 7. Antheridiummutterzellen; in der einen sind Kern, Chromatophor und Chondriosomen sichtbar.

Fig. 8. Junges Antheridium, durch Sprossung aus dem Stiel eines fast reifen Antheridiums entstanden.

34*

Fig. 9. Spermatogene Zellen mit Kernen und Chondriosomen.

Fig. 10. Stielzelle eines älteren Antheridiums.

Fig. 11. Wandzelle eines fast reifen Antheridiums.

Fig. 12. Centralzelle eines Archegoniums. Kern, Chromatophor mit Pyrenoid, im Plasma zahlreiche Chondriosomen.

Fig. 13. Fertig entwickeltes Archegonium Eizelle und Bauchkanalzelle mit sehr deutlichen Chromatophoren und Chondriosomen.

Fig. 14 und 15. Jüngste Archesporzellen eines Sporogons. Chromatophor.

Fig. 16. Sporenmutterzelle; sie zeigt den halbmondförmigen Chromatophor und schön ausgebildete Chondriokonten.

Fig. 17. Zellen aus dem Fuß eines völlig differenzierten Sporogons.

69. Friedrich Hildebrand: Über eine ungewöhnliche Blütenbildung bei Lilium giganteum.

(Mit einer Abbildung im Text.)

(Eingegangen am 25. Oktober 1913.)

Im Jahre 1909 machte ich in diesen Berichten S. 466 eine Mitteilung über das Blühen und Fruchten von *Lilium giganteum.* Jetzt habe ich Veranlassung, von dieser in vieler Beziehung interessanten Lilienart eine weitere Mitteilung über die Bildung von Blüten zu machen, welche an dem Grunde einer einen Blütenstand tragenden Pflanze dieser Art erschienen, nachdem dieser Blütenstand, ehe seine Blüten zur vollständigen Entwickelung kamen, abgebrochen war.

Ein besonders kräftiges Exemplar war bis Mitte Mai dieses Jahres in einen Blütenstand ausgegangen, und die ganze Achse desselben hatte damals schon eine Länge von 1,70 m. Dieselbe hätte, nach einem danebenstehenden etwas schwächeren Exemplar zu urteilen, aller Wahrscheinlichkeit nach eine Länge von mehr als 3 m erreicht, wenn sie nicht zu jener Zeit von einem Sturmwind in einer Höhe von 0,55 m abgebrochen worden wäre, und zwar derartig, daß ihr oberer Teil mit dem unteren nur noch durch einen dünnen Rindenstreifen zusammenhing, so daß er durch Anbinden nicht zu retten war. Der untere, stehengebliebene Teil des Stengels von 0,55 m Länge hatte an sich fünf sehr große Blätter und wuchs nun durch die Assimilationstätigkeit dieser derartig in die Dicke weiter, daß er schließlich einen Durchmesser von nicht weniger als 7 cm erreichte. Schon vor dem Abbrechen des

Blütenstandes hatten an der Basis der Pflanze unterhalb der hier hervortretenden fleischigen, starken Wurzeln — welche, wie bei anderen Exemplaren der Art neben der Aufnahme flüssiger

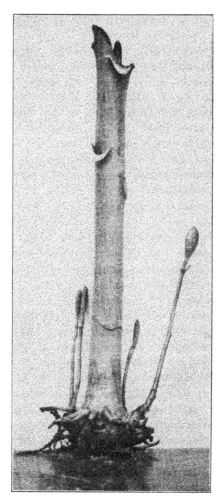

Abb. 1.

Nahrung die Funktion haben, der Pflanze einen Halt im Boden zu geben — sechs seitliche beblätterte Sprosse mit ungestreckter Achse angefangen sich zu bilden, welche nun in der Folgezeit sich sehr stark entwickelten, und an denen die pfeilförmigen Blattspreiten sehr groß wurden. Diese mit den großen Blattspreiten versehenen Brutsprosse blieben nun, da sie sehr stark bewurzelt waren, bei dem Ausreißen des Schaftes im Oktober im Erdboden stecken, so daß sie also nicht mit photographiert werden konnten, was übrigens auch die Übersichtlichkeit der Abbildung verhindert haben würde.

Nur zwei Brutpflanzen, welche keine Laubblattspreiten gebildet hatten und nur schwach bewurzelt waren, blieben bei dem Ausreißen der Pflanze an ihr stehen, von denen die eine größere auf der rechten Seite der Abbildung deutlich zu sehen ist, die andere kleinere auf der linken. Eine solche Bildung von Brutsprossen tritt ja auch überall bei den Exemplaren der Riesenlilie auf, welche in einen Blütenstand ausgehen, sie waren aber aller Wahrscheinlichkeit nach hier so kräftig, weil die in den an der Hauptachse stehengebliebenen riesigen fünf Laubblattspreiten assimilierten Stoffe ihnen alle zugeführt wurden, nachdem sie für den Blütenstand, nachdem derselbe abgebrochen war, nicht verwertet werden konnten.

Diese Erscheinungen waren ja nun nicht besonders merkwürdig und wären an sich daher einer Besprechung nicht wert; hingegen war es höchst bemerkenswert, daß zwischen diesen nur mit Laubblättern versehenen, nicht gestreckten Brutsprossen sich vier andere bildeten, welche alsbald sich zu strecken begannen, wobei sie an ihrem unteren Teil Schuppenblätter trugen, die schon mehr oder weniger weit voneinander entfernt waren, während sie weiter nach oben bis zu 5 cm voneinander entfernt standen und nun die letzte oder die letzten der Schuppen in ihrer Achsel eine Blüte trugen. Leider wurden diese Blüten, da sie nicht weit vom Erdboden entfernt waren, sehr von nackten Schnecken geschädigt, es blieben aber doch an jedem der vier Sprosse bei einer der Blüten die Geschlechtsteile derartig unversehrt, daß diese vier Blüten zum Fruchtansatz kamen, wie es die beifolgende Abbildung zeigt. Eine dieser Früchte, die auf der Abbildung rechts stehende, entwickelte sich nun fast ebenso stark wie die Früchte an einem normalen Blütenstande des *Lilium giganteum*, während die drei übrigen im Wachstum stark zurückblieben. Diese Früchte sehen auf der Abbildung wie endständig aus, sind es aber in Wirklichkeit nicht, denn nach ihrem ursprünglich seitlichen Ansatz an der Achse ist das eigentliche Ende derselben abgestorben und die Früchte haben sich nun senkrecht aufgerichtet. An der rechts stehenden großen Frucht ist oben rechts noch das eigentliche Ende der Sproßachse auf der Abbildung zu bemerken.

Das hauptsächlich Interessante an diesen Erscheinungen ist nun dies, daß nach dem Abbrechen der schon mit Blütenknospen am Ende versehenen Achse des in Rede stehenden Exemplars von *Lilium giganteum* einige der unten an der Pflanze befindlichen Brutsprosse sich nicht in ungestreckte Laubblattspreiten tragende Achsen ausbildeten, welche nach dem gewöhnlichen Lauf der Dinge, erst nach Jahren in einen Blütenstand ausgegangen sein würden, sondern daß an diesen Achsen die Bildung von Laubblättern ganz unterblieb und daß sie unter Streckung sogleich in einen Blütenstand übergingen. Es schien angezeigt, diese merkwürdige Erscheinung durch eine photographische Aufnahme nicht nur zur Anschauung zu bringen, sondern dadurch auch dieselbe als wirklich vorgekommen sicherzustellen, da sie sonst vielleicht manchem als kaum glaubwürdig erscheinen könnte.

Jedenfalls ist diese Erscheinung, welche an einer Pflanze von *Lilium giganteum* auftrat, nachdem ihre mit Blütenknospen versehene Achse abgebrochen war, ein bemerkenswertes Beispiel davon, daß in dem Fall, wo durch ungewöhnliche Verhältnisse es der Pflanze unmöglich geworden ist, an der normalen Stelle ihre Blüten zur Entwicklung zu bringen, sie dazu schreitet, die an ihr schon für diese Blüten vorgebildeten Stoffe an einer anderen Stelle und in anderer Weise zu verwerten. Hier geschah es in der Weise, daß Brutsprosse, welche erst nach Jahren in einen Blütenstand ausgegangen sein würden, dies nun, wie schon oben gesagt wurde, sogleich taten.

---

70. Friedrich Hildebrand: Über einen ungewöhnlichen Blütenstand von Eremurus robustus.

(Mit 2 Abbildungen im Text.)
(Eingegangen am 25. Oktober 1913.)

Eine Pflanze von *Eremurus robustus*, welche im Freiburger botanischen Garten mehrere Jahre hintereinander einen normalen Blütenstand, bestehend in einer reichhaltigen Traube, in Gesamtlänge von über zwei Meter gebildet hatte, wurde dort im Juli 1907 nach ihrer Blüte aus der Erde genommen, bis zum Herbst ganz trocken aufbewahrt und dann in meinem Privatgarten erst im Oktober an sonniger Stelle ausgepflanzt. Der Blütenstand, welchen

dieselbe nun im folgenden Frühjahr entwickelte, war nun ein so
ungewöhnlicher, daß ich es für angezeigt halte, denselben näher
zu beschreiben, nachdem ich ihn von Anfang seiner Bildung an
in den · verschiedenen aufeinanderfolgenden Entwicklungsstufen
genau beobachtete und in einigen dieser Stufen photographieren
ließ (Abb. 1 u. 2).

Als derselbe im April 1908, tief unten zwischen den Basen
zahlreicher Laubblätter geschützt liegend, sich beobachten ließ,
zeigte er gegenüber dem sonstigen Verhalten traubiger Blütenstände nicht eine einzelne einfache Spitze, sondern deren fünf,

Abb. 1.

nämlich eine endständige und vier um diese im Quadrat herum-
gestellte. Als nun der untere Teil des Blütenschaftes sich durch
Verlängerung aus dem Grunde der Blattrosette erhob, wuchsen
seine fünf, vorher ungefähr in gleicher Höhe endigenden Spitzen
in verschiedenem Maße in die Länge, wobei die mittlere bald zurückblieb, und die vier seitlichen dieselbe in verschiedenem Maße
überragten. Der untere Teil des Blütenstandes war nicht abweichend von einem normalen traubigen Blütenstande, bestand
nämlich in zahlreichen gestielten, in den Achseln von fadigen
Schuppenblättern stehenden Blütenknospen, und solche Blüten-

knospen fanden sich dann auch in großer Menge und in dichtem
Bestande an den fünf Enden des Blütenschaftes, so daß dieser
Büschel einen höchst eigentümlichen Anblick bot, welcher auch
dadurch hauptsächlich veranlaßt wurde, daß die an den fünf Enden
befindlichen Knospen noch dicht gedrängt standen, während die
unterhalb der Spitzen an der Blütenstandachse sitzenden sich durch
Streckung dieser schon mehr oder weniger weit voneinander entfernt hatten. Zu dieser Zeit, am 18. Mai, hatte der ganze Blütenschaft eine Länge von 1,20 m. Die Stiele der untersten Blütenknospen dieses Schaftes hatten schon angefangen, von der Achse

Abb. 2.

desselben, welcher sie früher dicht anlagen, sich zurückzubiegen,
und nachdem sie etwa in die horizontale Lage gekommen waren,
begannen sie am 22. Mai sich zu öffnen. Zu dieser Zeit hatte der
Blütenschaft eine Gesamtlänge von 1,90 m erreicht. Inzwischen
waren nun die vier um die mittlere Spitze des Blütenstandes herum-
liegenden Spitzen so stark in die Länge gewachsen, daß sie jene
mittlere Spitze ganz verdeckten, so daß dieselbe bei einer photographischen Aufnahme (Abb. 1) nicht zur Erscheinung gebracht
werden konnte. Zu dieser Zeit hatte der Blütenstand dadurch ein
sehr eigentümliches Aussehen, daß die Stiele der aufgegangenen

Blüten sich etwas mehr aufgerichtet hatten, während die Stiele der über ihnen stehenden Knospen horizontal standen, ebenso die Stiele der dem Abblühen sich nähernden tieferstehenden Blüten, welches Verhältnis bewirkte, daß, wie die Abb. 1 zeigt, der Blütenstand dort, wo die kürzlich aufgegangenen Blüten lagen, einen geringeren Durchmesser zeigte, als oberhalb und unterhalb dieser Stelle. Ein derartiges Verhalten zeigen übrigens auch die sonstigen normalen Blütenstände des *Eremurus robustus*. Zu dieser Zeit hatte die Achse des Blütenschaftes bis zum Ansatz seiner untersten Blüten die Länge von 1,30 m erreicht, von hier bis zur Spitze war sie 80 cm lang, der ganze Blütenschaft hatte also die starke Länge von 2,10 m erreicht. Von den fünf Spitzen des Blütenstandes war jetzt die mittlere in ihrer Streckung gegenüber den vier seitlichen noch mehr als früher zurückgeblieben.

Als in den folgenden Tagen die Temperatur eine sehr hohe war, so ging nun die weitere Entwicklung des Blütenstandes sehr schnell vor sich und es öffneten sich nun schnell die Blüten, welche an den fünf Spitzen des Blütenstandes waren, so daß das Gesamtende desselben einen dicken Schopf darstellte (Abb. 2), durch den es bewirkt wurde, daß bei dem leichtesten Luftzug der Gesamtblütenstand sich bewegte, was eine photographische scharfe Aufnahme sehr erschwerte. Bis zum 5. Juni waren die letzten Blüten an den fünf Enden des Blütenstandes aufgegangen und es hatte hierbei noch eine Streckung dieser Enden von 30 cm auf 35 cm stattgefunden. Der ganze Blütenschaft erreichte schließlich nach dem Verblühen eine Länge von 2,35 m.

Die vorstehende Mitteilung ist vielleicht dadurch zu entschuldigen, daß, soweit sich übersehen läßt, in der Abteilung der Monocotyledonen derartige abweichende Blütenstände eine Seltenheit sind. Interessanter wird aber vielleicht für manche die Mitteilung sein, daß die im vorhergehenden besprochene Teilung am Ende des Blütenstandes des in Rede stehenden Exemplars von *Eremurus robustus* der Vorläufer von der Bildung mehrerer, nicht wie gewöhnlich eines einzigen, neuen seitlichen Sprosse an der Basis der Pflanze war, deren Anzahl sich von Jahr zu Jahr steigerte. Es zeigten sich nämlich an ihr im Frühjahr 1909 zwei getrennte Sprosse, von denen jeder in einen normalen Blütenstand überging. Im Jahre 1910 erschienen im März vier ganz getrennte Sprosse, von denen drei in je einen normalen Blütenstand ausgingen, während der vierte sich in zwei Achsen teilte, von denen aber nur die eine in einen Blütenstand ausging; die Pflanze hatte also in diesem Jahre vier Sprosse. Hieran schlossen sich im

Jahre 1911 acht Sprosse, welche zwar alle in normale, aber nicht sehr kräftige Blütenstände ausgingen. Im Frühjahr 1912 waren deren fünfzehn vorhanden, von denen es aber leider unterlassen wurde, etwas über ihre Blütenstände zu notieren; soviel ich mich aber erinnern kann, traten dieselben nur an einigen der zahlreichen Sprosse und zwar sehr kümmerlich auf und starben vor ihrer vollständigen Entwickelung ab. Endlich waren in diesem Frühjahr, 1913, nicht weniger als siebzehn Sprosse vorhanden, von denen aber kein einziger in einen Blütenstand ausging; sie standen nun so dicht nebeneinander, daß sie getrennt und zur Kräftigung einzeln gepflanzt werden mußten. Diese in den einzelnen aufeinander folgenden Jahren stetig sich steigernde Anzahl der Sprosse erschien also, wie schon vorher gesagt wurde, als eine Steigerung der im Jahre 1908 am Ende des Blütenstandes der in Rede stehenden Pflanze auftretenden Verzweigung.

71. G. Gaßner und C. Grimme: Beiträge zur Frage der Frosthärte der Getreidepflanzen.

(Eingegangen am 31. Oktober 1913.)

Über die Frage, warum die einzelnen Getreidearten und -sorten gegen Kälte in verschiedenem Maße widerstandsfähig sind, liegen abschließende Untersuchungen bisher nicht vor. Am ausführlichsten sind die Arbeiten von BUHLERT[1]), der indes zu endgültigen Ergebnissen ebenfalls nicht gekommen ist. Daß die von BUHLERT zum Teil verantwortlich gemachten morphologischen Unterschiede eine Bedeutung für die Kälteresistenz nicht haben können, ist unlängst von SCHAFFNIT[2]) ausführlich nachgewiesen worden und geht im übrigen schon daraus hervor, daß gerade auch die Getreidepflanzen die Fähigkeit haben, ihren Erfrierpunkt je nach den besonderen vorher auf sie einwirkenden Temperaturverhältnissen zu verschieben, ohne daß sich dabei morphologisch

---

1) BUHLERT, Untersuchungen über das Auswintern des Getreides. Landw. Jahrb., 35. Bd., 1906, S. 837—888.

2) SCHAFFNIT, E., Studien über den Einfluß niederer Temperaturen auf die pflanzliche Zelle. Mitt. d. Kaiser-Wilhelms-Instituts f. Landw. in Bromberg, 3. Bd., 1910, S. 93—144.

feststellbare Veränderungen vollziehen. Schon FR. HABERLANDT[1])
hatte nachgewiesen — seine Ergebnisse sind neuerdings von
SCHAFFNIT[2]) bestätigt. auch sind wir selbst in eigenen Versuchen
zu den gleichen Feststellungen gekommen —, daß bestimmte Kälte-
grade die gleichen Getreidepflanzen nur dann abtöten, wenn diese
vorher warm, dagegen nicht, wenn sie vorher kühl gehalten
wurden. Ein ähnliches Verhalten ist ja schon seit GÖPPERT[3]) für
andere Pflanzen bekannt und neuerdings von REIN[4]) als eine Eigentümlichkeit der Pflanzen der gemäßigten Klimate überhaupt nachgewiesen worden.

Neben morphologischen Unterschieden hat BUHLERT dann
weiter die Beziehungen zwischen osmotischem Druck und Kälteresistenz der Getreidepflanzen untersucht und gewisse Unterschiede
in dem Sinne feststellen können, daß die Zellen der frosthärteren
Getreide wie Winterroggen etwas höhere osmotische Druckwerte
besitzen als diejenigen „weicherer" Getreidearten wie Wintergerste,
ja, „daß sogar die Sorten ein verschiedenes Verhalten zeigen".
Daß jedoch BUHLERT selbst diese an sich nicht großen Unterschiede der osmotischen Drucke nicht für ausschlaggebend hält,
geht aus dem dritten Teil seiner Arbeit hervor, in dem sein Mitarbeiter GORKE die chemische Seite der Frage der Kälteresistenz
behandelt. Im übrigen sei hier noch darauf hingewiesen, daß ja
bekanntlich der osmotische Druck noch in ganz anderer Weise für
die Ökologie der Pflanze — wir brauchen nur an die Wasserversorgung zu denken — von Bedeutung ist, daß also allgemein gültige Beziehungen zwischen osmotischem Druck und Kälteresistenz
gar nicht zu erwarten sind und, wie die Untersuchungen von
REIN[5]) zeigten, sich auch in der Tat nicht feststellen lassen. Es
kann sich höchstens darum handeln, bei gleichen oder sonst gleichartigen Pflanzen etwaige Druckdifferenzen mit der Kälteresistenz
in Verbindung zu bringen, wie das neuerdings von IRMSCHER[6])
mit Erfolg versucht wurde.

---

1) HABERLANDT, Fr., Wissenschaftlich-Praktische Untersuchungen auf
dem Gebiete des Pflanzenbaus. 1. Bd., 1875, S. 246.

2) SCHAFFNIT, l. c.

3) GÖPPERT, H. R., Über die Wärmeentwicklung in den Pflanzen,
deren Gefrieren und die Schutzmittel gegen dasselbe. Breslau 1830.

4) REIN, R., Untersuchungen über den Kältetod der Pflanzen. Zeitschr.
f. Naturwiss., 80. Bd., 1908, S. 1—38.

5) REIN, !. c.

6) IRMSCHER, E., Über die Resistenz der Laubmoose gegen Austrocknung und Kälte. Jahrb. f. Wiss. Bot., 50. Bd., 1912, S. 387—449.

Was die GORKEschen Untersuchungen anbetrifft, deren ausführliche Veröffentlichung von GORKE an anderer Stelle[1]) gegeben wurde, so sind vor allem seine Ausführungen über die Art des Kältetodes, das Aussalzen der Eiweißkörper durch Konzentrationssteigerung beim Gefrieren des Zellsaftes von Interesse; die verschiedene Widerstandsfähigkeit der einzelnen Getreidearten und -sorten wird auf Verschiedenheiten des Protoplasmabaus zurückgeführt, und da sich diese vorderhand noch nicht näher präzisieren lassen, eine wirkliche Klärung des Problems der Kälteresistenz in die weite Zukunft verschoben.

Die Frage der verschiedenen Frosthärte der Getreidearten und -sorten ist natürlich nur eine Teilfrage des allgemeinen Problems des Kältetodes der pflanzlichen Zelle überhaupt. Von einer Wiedergabe der älteren, längst überholten Anschauungen auf diesem Gebiete (DUHAMEL, SENEBIER, GÖPPERT, SACHS usw.) kann hier abgesehen werden, und von den neueren Arbeiten genügt es, auf diejenigen hinzuweisen, welche die Kälteresistenz einer bestimmten pflanzlichen Zelle nicht mit dem spezifischen Bau ihres Protoplasmas, sondern mit der Anwesenheit gewisser Schutzstoffe in Verbindung bringen. Anläufe in dieser Richtung finden wir bereits in älteren Arbeiten, so z. B. bei MÜLLER-THURGAU[2]), aber es bleibt das Verdienst von LIDFORSS[3]), die Bedeutung derartiger Schutzstoffe für die Pflanze als erster klar erkannt und den Nachweis erbracht zu haben, daß die gleiche Zelle bei Anwesenheit von Zucker gegen niedere Temperaturen ungleich widerstandsfähiger ist als ohne diesen Schutzstoff. In welcher Weise diese Schutzwirkung zustande kommt, sei hier nicht erörtert, es genüge die Feststellung der Tatsache, daß eine derartige Schutzwirkung des Zuckers vorliegt, und daß das Bestehen einer derartigen Schutzwirkung neuerdings durch MAXIMOW[4]) ausführlich bestätigt wurde, wenn auch die von LIDFORSS und MAXIMOW gegebenen Erklärungsversuche weit auseinandergehen.

Die LIDFORSSschen Feststellungen legten uns die Frage nahe, die Kälteresistenz der Getreidepflanzen mit der verschieden starken

---

1) GORKE, H., Über chemische Vorgänge beim Erfrieren der Pflanze. Landwirtsch. Versuchsstationen, 65. Bd., 1907, S. 149—160.

2) MÜLLER-THURGAU, H., Über das Gefrieren und Erfrieren der Pflanzen. Landw. Jahrb., 9. Bd., 1880, S. 133, ferner 15. Bd., 1886, S. 453.

3) LIDFORSS, B., Die wintergrüne Flora. Lunds Universitets Arsskrift. N. F., Bd. 2, Afd. 2, Nr. 13, S. 1—76, 1907.

4) MAXIMOW, N. A., Chemische Schutzmittel der Pflanzen gegen Erfrieren, I—III. Ber. D. B. G., Bd. 30, 1912, S 52, 293, 504.

Anwesenheit von Zucker als Schutzstoff in Verbindung zu bringen.
In Anlehnung an die LIDFORSSschen Versuche versuchten wir zunächst, die Kälteresistenz von Teilen junger Getreidepflanzen-
künstlich zu beeinflussen. Keimblätter von Getreidepflanzen wurden
zerschnitten und teils auf Wasser, teils auf 5—8 proz. Rohrzuckerlösung bestimmten Kältegraden ausgesetzt, nachdem die Präparate
vorher 4—5 Stunden auf den Lösungen gehalten und außerdem
durch Evakuieren unter der Luftpumpe für gleichmäßiges Eindringen der Zuckerlösung gesorgt war. Die Versuche wurden dann
später in der Weise vereinfacht, daß Flächenschnitte teils auf
Wasser, teils auf Rohrzuckerlösung der gleichen Kältewirkung
ausgesetzt wurden. Die gefrorenen Blatteile wurden im Wasser
von 0 ⁰ langsam aufgetaut und dann plasmolytisch untersucht.

Das Ergebnis konnte nach den Feststellungen von LIDFORSS
und MAXIMOW nicht überraschen; es ließ sich in der Tat durch
Zucker eine nennenswerte Steigerung der Kälteresistenz erzielen.
Wir beschränken uns auf die Wiedergabe einer Versuchsreihe:
Flächenschnitte von jungen Roggenblättern a) auf Wasser, b) auf
8 pCt. Rohrzucker einer 4 stündigen Kältewirkung ausgesetzt.
Temperatur zu Beginn der Kältewirkung — 11,4 ⁰, am Schluß
— 9,3 ⁰. Ergebnis: a) vollständig tot, b) größtenteils lebend.

Mit dieser Feststellung war die weitere Fragestellung gegeben: wenn Zucker künstlich imstande ist, die Frostwiderstands-
fähigkeit der Getreidepflanzen zu erhöhen, so beruht vielleicht
unter natürlichen Verhältnissen 1. die höhere Widerstandsfähigkeit
der kühl wachsenden Getreidepflanzen auf ihrem höheren Zuckergehalt gegenüber warm wachsenden, und es beruht vielleicht 2. die
höhere Widerstandsfähigkeit der kälteresistenteren Getreideformen
auf ihrem spezifisch höheren Zuckergehalt. Vergleichende Untersuchungen des Zuckergehaltes konnten die Möglichkeit einer entsprechenden Auskunft bieten.

Zu 1) ist noch zu erwähnen, daß SCHAFFNIT[1]) bereits einige
Unterschiede in dem angegebenen Sinne: höherer Zuckergehalt bei
kühl gehaltenen, niedrigerer bei warm wachsenden Pflanzen festgestellt hat, ohne aber diesem Befunde eine besondere Bedeutung
oder doch nicht die entsprechende Bedeutung zuzuerkennen.
SCHAFFNIT erklärt vielmehr den Einfluß der vorher auf die
Pflanze einwirkenden Temperaturen auf die Lage des Erfrierpunktes in der Weise, „daß von dem Protoplasma bei höheren
Temperaturen kompliziertere und gleichzeitig labilere, gegen äußere

---

1) SCHAFFNIT, l. c.

Agentien erheblich empfindlichere Eiweißstoffe produziert werden; mit dem Temperaturabfall werden diese, wenn der Pflanze genügend Zeit gelassen ist, in resistentere Verbindungen übergeführt".

Demgegenüber versuchten wir im Anschluß an die LIDFORSS-schen Untersuchungen von vornherein und bewußt die Kälteresistenz der Getreidepflanzen mit ihrem Zuckergehalt in Verbindung zu bringen. Unsere Versuche gehen ferner insoweit über die SCHAFFNITschen hinaus, als wir vor allem auch Kälteresistenz und Zuckergehalt von verschiedenen Getreidesorten miteinander verglichen, und sie unterscheiden sich von denen SCHAFFNITs auch noch darin, daß wir von der Untersuchung des Zuckergehaltes an älteren Pflanzen mit grünen Blättern absahen, um Schwankungen des Zuckergehaltes durch Verschiedenheiten der Assimilation oder Verschiebung des Verhältnisses zwischen Assimilation und Atmung je nach Temperatur und Jahreszeit aus dem Wege zu gehen. Wir beschränkten uns daher auf die Untersuchung junger, im Dunkeln bei konstanten Temperaturen herangezogener Keimlingsstadien.

Zunächst mußte natürlich festgestellt werden, ob auch bei derartig jugendlichen Stadien bereits Unterschiede der Frostempfindlichkeit je nach vorher einwirkender Temperatur und Sorte vorhanden sind. Das ist tatsächlich der Fall; so wurden z. B. Keimpflanzen des als winterhart bekannten Petkuser Winterroggens und des nicht winterharten Petkuser Sommerroggens, beide mit einer Keimblattlänge von ca. 6 cm und unter gleichen Verhältnissen herangezogen, einer gleichmäßigen Kältewirkung ausgesetzt, die bei einer Anfangstemperatur von — 9,8 ⁰ und einer Endtemperatur von -- 5,7 ⁰ 14 Stunden anhielt; von 10 Winterroggenpflänzchen blieben 9 lebend, während die 10 Sommerroggenpflänzchen ausnahmslos abgetötet wurden. Entsprechende Versuche ergaben die höhere Frostempfindlichkeit der bei + 28 ⁰ herangezogenen Keimpflanzen gegenüber den bei + 1 $\frac{1}{2}$ ⁰ gekeimten.

Zur Feststellung des Zuckergehaltes der Keimpflanzen wurden Körner der zu untersuchenden Getreidearten in angefeuchtetem Quarzsand bei konstanter Temperatur im dunklen Thermostaten zu Keimung ausgelegt und die entwickelten Keimblätter, nachdem sie eine Länge von ca. 5 cm erreicht hatten, von den vorher mit destilliertem Wasser gut gereinigten Pflänzchen abgeschnitten und zwischen Fließpapier schnell und vorsichtig abgetrocknet. Ein Teil der abgeschnittenen Keimblätter wurde bei 105 ⁰ zur Ermittlung des Wassergehalts getrocknet, der ganze Rest im Mörser zerquetscht, mit Wasser in einen graduierten Zylinder gespült und

die Flüssigkeit auf genau 100 ccm aufgefüllt. Nach 1stündiger
Schüttelung in einer Schüttelmaschine wurde durch ein glattes
Filter filtriert und in 25 ccm der klaren, nur ganz leicht gelben
Flüssigkeit der Zucker nach SOXHLET bestimmt. Weitere 25 ccm
wurden durch 1stündiges Erhitzen mit 10 ccm $^1/_2$-n-Salzsäure auf
dem Wasserbade invertiert, die Säure durch Kalilauge neutralisiert
und dann der Gesamtzucker bestimmt. Der Einheitlichkeit halber
wurden alle Resultate auf Glucose berechnet. Bei einigen Versuchen wurde der Zucker auch jodometrisch bestimmt, von der
weiteren Benutzung dieser Methode jedoch wegen ihrer sichtlichen
Unzulänglichkeit für unsere Zwecke abgesehen.

Die erhaltenen Ergebnisse stimmten nach einigen anfänglichen Mißerfolgen leidlich überein, wenn auch die noch vorhandenen Differenzen die angewandte Methodik noch verbesserungs-
dürftig erscheinen lassen. Bei den ersten, im folgenden nicht mitgeteilten Versuchsreihen waren ferner Unregelmäßigkeiten dadurch
eingetreten, daß die Verarbeitung der abgeschnittenen Keimblätter
nicht immer unmittelbar nach dem Abschneiden erfolgte, wodurch
verschieden hohe Zuckerverluste infolge Veratmung eintraten. Bei
den im folgenden mitgeteilten Versuchen wurde auf sofortige Verarbeitung und auch sonst möglichst gleichmäßige Durchführung
der chemischen Untersuchung besonders geachtet, so daß die erhaltenen Versuchsergebnisse zum mindesten richtige relative Werte
des Zuckergehaltes darstellen dürften.

Als Ausgangsmaterial für unsere Versuche wählten wir Petkuser Winter- und Sommerroggen, den ersteren als Typus einer
winterharten, den zweiten als einer nicht winterharten Roggen-
sorte. Der Petkuser Sommerroggen ist seinerzeit von V. LOCHOW aus
dem Petkuser Winterroggen umgezüchtet worden[1]); es sind also
äußerst nah verwandte Roggensorten, die sich nur darin unterscheiden, daß die eine den frostharten Wintertypus, die andere den
nicht winterharten Sommertypus darstellt. In Übereinstimmung
hiermit steht die Gleichmäßigkeit des Körnermaterials, sowohl was
Aussehen, als was chemische Zusammensetzung anbetrifft. Die
einzigen feststellbaren Unterschiede bestanden in schwachen Unterschieden des 1000-Korn-Gewichts; diese Unterschiede wurden in
unseren Versuchen außerdem durch entsprechende Körnerauswahl
ausgeglichen. Von der Gleichmäßigkeit der chemischen Zusammensetzung gibt das im folgenden mitgeteilte Ergebnis der chemischen
Analyse einen Begriff.

---

1) Vgl. HILLMANN, P., Die deutsche landwirtschaftliche Pflanzenzucht.
Arb. d. Deutsch. Landwirtsch.-Ges., Heft 168, 1910, S. 531.

Tabelle I.

Chemische Zusammensetzung der Körner des Petkuser Winter- und Sommerroggens (Ernte 1911).

	Petkuser Winterroggen		Petkuser Sommerroggen	
	Analyse vom April 1912	Analyse vom Oktober 1912	Analyse vom April 1912	Analyse vom Oktober 1912
Wasser . . . , . . .	10,74	9,86	10,61	10,22
Asche	1,80	1,83	1,85	1,87
Rohprotein.	8,74	8,80	10,05	10,14
Rohfett	1,12	1,15	1,22	1,23
Stickstofffreie Extrakt- stoffe	76,36	77,11	74,68	75,27
Rohfaser	1,22	1,25	1,29	1,27
Reinstärke (nach EWERS)	58,52	59,08	56.33	57,04
Gesamtzucker	0,80	0,82	0,85	0,86
Davon reduzierender Zucker	0,27	0,35	0,30	0,40
Nicht reduzierender Zucker . . . . , .	0,53	0,47	0,55	0,46

Von diesem gleichmäßigen Material wurden Körner teils bei 5—6 °, teils bei 28 ° zur Keimung ausgelegt und die Keimblätter der jungen Pflänzchen in der oben angegebenen Weise chemisch untersucht. Die Ergebnisse sind in folgenden Tabellen enthalten; der Zuckergehalt ist auf Prozente des Trockengewichts berechnet.

Tabelle IIa.

Petkuser Winterroggen, Zuckergehalt der Keimblätter.

Versuchs- reihe	Keimungstemperatur 5—6°			Keimungstemperatur 28°		
	Gesamt- zucker $\%$	Reduz. Zucker $\%$	Nicht reduz. Zucker $\%$	Gesamt- zucker $\%$	Reduz. Zucker $\%$	Nicht reduz. Zucker $\%$
I	42,19	34,93	7,26	40,92	32,56	8,36
II	43,14	35,86	7,28	39,79	31,14	8,65
III	41,92	34,84	7,08	39,13	31,08	8,05
IV	42,31	35,85	6,46	40,73	33,94	6,79
V	40,97	32,31	8,66	39,52	34,11	5,41

Tabelle IIb.

Petkuser Sommerroggen, Zuckergehalt der Keimblätter.

Versuchs- reihe	Keimungstemperatur 5—6°			Keimungstemperatur 28°		
	Gesamt- zucker $\%$	Reduz. Zucker $\%$	Nicht reduz Zucker $\%$	Gesamt- zucker $\%$	Reduz. Zucker $\%$	Nicht reduz. Zucker $\%$
I	36,58	29,41	7,17	31,57	27,13	4,44
II	37,08	30,57	6,51	33,26	26,58	4,68
III	35,39	30,41	4,98	32,59	26,81	5,78
IV	37,65	31,02	6,63	34,56	30,38	4,18
V	35,85	30,21	5,64	32,94	28,16	4,78

Aus den Versuchen folgt zunächst, daß die bei niederen
Temperaturen herangewachsenen und darum frostwiderstands-
fähigeren Keimpflanzen vor den bei höheren Temperaturen herangezogenen durch höheren Zuckergehalt ausgezeichnet sind.

Aus den Versuchen folgt weiter, daß die Keimpflanzen des
frostharten Petkuser Winterroggens höheren Zuckergehalt aufweisen als die des Petkuser Sommerroggens. Diese Unterschiede
sind vor allem auch deswegen bemerkenswert, weil die chemische
Zusammensetzung der Körner keine oder doch fast keine Unterschiede erkennen läßt, Unterschiede des Ausgangsmaterials also
nicht für die an den jungen Pflänzchen beobachteten Unterschiede
verantwortlich gemacht werden können.

Die Versuchsergebnisse stehen also in Übereinstimmung mit
der von Lidforss zuerst einwandfrei nachgewiesenen Bedeutung
des Zuckers als Schutzstoff, sie deuten darauf hin, daß auch bei
den Getreidepflanzen der Zuckergehalt die Frage der Frosthärte
bestimmt. Mehr läßt sich allerdings aus den erhaltenen Versuchs-
ergebnissen nicht schließen, insbesondere stellen diese keinen absoluten Beweis für die Kälteschutzwirkung des Zuckers dar. Bei
der Beurteilung der Ergebnisse sei im übrigen vor allem auf die
neueren Maximowschen Untersuchungen[1]) hingewiesen. Daß
hoher Zuckergehalt an sich noch nicht starke Kälteresistenz pflanzlicher Gewebe bewirkt, dafür gibt ja die Zuckerrübe ein längst
bekanntes Beispiel; es kommt eben nach Maximow alles darauf
an, wo der Zucker sitzt. Denn in anderen Fällen kann auch ein
relativ schwacher Zuckergehalt bzw. eine relativ geringe Änderung
der Konzentration des Kälteschutzstoffes eine ganz bedeutende
Verschiebung der Lage des Erfrierpunktes bedeuten. Nach
Maximow besteht nämlich eine Gesetzmäßigkeit in dem Sinne —
und eine ganze Reihe von anderen Beobachtungen lassen sich
ebenfalls am einfachsten dahin deuten, daß der Erfrierpunkt der
lebenden Zelle ungleich schneller sinkt, als der Gefrierpunkt
durch die Konzentrationssteigerung des Schutzstoffes herabgesetzt
wird. Wenn die Maximowschen Feststellungen in allen Einzelheiten den Tatsachen entsprechen, so können unzweifelhaft die in
unseren obigen Versuchen zutage tretenden Unterschiede des
Zuckergehältes die verschiedene Kälteresistenz der von uns untersuchten Objekte ursächlich bedingen.

Von unseren sonstigen Versuchen sei im folgenden noch eine
Versuchsreihe mit relativ frostharter Wintergerste einerseits und

---

1) Maximow, l. c.

sehr frostempfindlicher Sommergerste andererseits mitgeteilt, die in ähnlichem Maße Unterschiede des Zuckergehaltes, und zwar wiederum in entsprechendem Sinne: hoher Zuckergehalt bei der frostharten Form, geringer bei der frostempfindlichen Form erkennen läßt.

Tabelle III.

Zuckergehalt der Keimblätter von Gerste (berechnet auf Trockensubstanz).

	Keimungstemperatur 28 ⁰			
	Eckendorfer Wintergerste		Heines vierzeilige Sommergerste	
	Versuch I	Versuch II	Versuch I	Versuch II
Gesamtzucker	23,76	23,92	17,18	17,46
Reduz. Zucker	22,58	22,68	16,53	16,10
Nicht reduz. Zucker . .	1,18	1,24	0,60	1,86

Bei den bisherigen Versuchen hatten wir einerseits als frostharte Getreidesorte eine Wintergetreideform, als weniger kälteresistente eine sommerannuelle Form gewählt, an denen wir dann nicht unbedeutende Unterschiede des Zuckergehaltes der jungen Keimblätter feststellen konnten. Es ist nun weiter bekannt, daß die einzelnen Wintergetreidesorten sowohl unter sich, wie aber auch je nach den jeweiligen Anbauorten verschiedene Kälteresistenz aufweisen, daß z. B. unter den Winterweizen die Mehrzahl der Squareheadweizen besonders stark unter Frost leidet, und daß ferner ganz allgemein das in Westdeutschland gebaute Getreide frostempfindlicher ist als das der östlichen Provinzen. Wir mußten daher in weiteren Versuchen der Frage nähertreten, ob und inwieweit diese feineren Unterschiede der Frosthärte sich ebenfalls in Verschiedenheiten des Zuckergehaltes zum Ausdruck bringen. Diese weiteren Untersuchungen sind nun leider nicht zum Abschluß gekommen, sondern erfuhren durch den Fortgang des einen der beiden Verfasser von Hamburg einen vorzeitigen Schluß. Immerhin liegen einige viel versprechende Versuchsergebnisse in dem Sinne vor, daß den feineren Unterschieden der Frosthärte zwischen den einzelnen Wintergetreideformen in der Tat auch feinere Unterschiede des Zuckergehaltes parallel gehen. So zeigte z. B. der Buhlendorfer hellgelbkörnige Winterweizen, welcher laut freundlicher Mitteilung von Herrn Dr. BAUMANN, Rostock, im Winter 1912/13 durch Frost etwas gelitten hatte, also nicht absolut frosthart war, einen etwas geringeren Zuckergehalt als

Raeckes Squarehead, der den gleichen Winter ohne jeden Schaden überdauert hatte.

Weitere Versuche in dieser Richtung erscheinen uns jedoch notwendig; bei der Beurteilung der Ergebnisse wäre dann vor allem auch zu berücksichtigen, daß die schädigende Wirkung des winterlichen Klimas auf die Getreidepflanzen nicht nur in der eigentlichen Frostwirkung auf die pflanzliche Zelle und dem dadurch bedingten Kältetod besteht, sondern daß noch Schädigungen durch Volumänderungen des Bodens und dadurch verursachte Zerrungen und Zerreißungen der Pflanzen hinzukommen, die das sog. Auffrieren, Aufziehen oder Auswintern bewirken. Erfrieren und Auffrieren wirken bei Frostschäden des Getreides oft Hand in Hand, eine etwaige Schädigung der Getreidepflanzen durch klimatische Einwirkungen des Winters braucht daher durchaus nicht immer der eigentlichen Frosthärte parallel zu gehen. —

Die Feststellung des spezifischen Zuckergehaltes an jungen, gerade gekeimten Getreidepflanzen gibt uns anscheinend ein Mittel in die Hand, bestimmte Eigentümlichkeiten dieser Pflanzen, die wir als klimatische Anpassungserscheinungen deuten müssen, näm- lich Winterhärte und Wintertypus, in schnellerer Weise zu be- stimmen als das bisher möglich war. Petkuser Sommer- und Winterroggen lassen sich, um ein Beispiel zu wählen, an ihren Körnern nicht mit Sicherheit unterscheiden; im Zweifelsfalle mußte bisher die Frage nach dem Sommer- oder Wintertypus durch lang- dauernde Aussaatversuche entschieden werden. Die Bestimmung des Zuckergehaltes an jungen Keimlingen dagegen würde eine Be- antwortung der Frage, ob frosthart oder nicht, ob Winter- oder Sommertypus in wenigen Tagen ermöglichen. —

Die vorstehenden Untersuchungen sind im Sommer 1912 in den Hamburgischen Botanischen Staatsinstituten ausgeführt, der botanische Teil von dem ersten, der chemische von dem zweiten der beiden Verfasser.

Sitzung vom 28. November 1913.

Vorsitzender: Herr G. HABERLANDT.

Der Vorsitzende begrüßt die Anwesenden, die sich zum ersten Male im neuen Pflanzenphysiologischen Institut zur Sitzung eingefunden haben.

Als ordentliche Mitglieder werden vorgeschlagen die Herren

Sieber, Hubert, Techniker am Botan. Institute der Universität **Bonn** (durch E. KÜSTER und H. FITTING),

Wangerin, Dr. in **Danzig-Langfuhr**, Kastanienweg (durch A. ENGLER und E. GILG).

Mitteilungen.

72. G. L e w i t s k y: Die Chondriosomen als Sekretbildner bei den Pilzen.

(Mit Tafel XXI.)

(Vorläufige Mitteilung.)

(Eingegangen am 31. Oktober 1918.)

Die letzten Monate haben einige Veröffentlichungen gebracht, die trotz ihrer Kürze doch eine neue Periode im Studium des Cytoplasmas bei den niederen Gewächsen eröffnen. Es handelt sich nämlich um die Chondriosomen, die jetzt als unentbehrliche Bestandteile des Cytoplasmas der höheren Gewächse, namentlich der Samenpflanzen, allgemein anerkannt zu sein scheinen.

Schon im Jahre 1911 hat GUILLIERMOND[1]) in einigen Zeilen über die Chondriosomen bei *Pustularia vesiculosa* berichtet, sowie auch eine Abbildung der „Chondriokonten" in den Schläuchen des genannten Pilzes angegeben. In einer Notiz vom 15. März 1913 wurden von ihm[2]) die Chondriosomen desselben Pilzes ausführlicher beschrieben und abgebildet. Alle morphologischen Eigentümlichkeiten, welche für die Chondriosomen der höheren Pflanzen charakteristisch sind, sind auch bei diesem Pilze nachzuweisen. Besonders interessant erscheinen die bläschenförmigen Gestalten der Chondriosomen, die auf eine sekretorische Tätigkeit derselben hinzuweisen scheinen. Die Angaben von GUILLIERMOND wurden einen Monat später auch an *Pustularia vesiculosa* durch F. A. JANSSENS und E. VAN DE PUTTE völlig bestätigt[3]). Gleichzeitig beschreiben F. A. JANSSENS und J. HELSMORTEL[4]) verschiedene Chondriosomenformen auch bei den Hefen. In den vor kurzem erschienenen Notizen berichtet GUILLIERMOND[5]) über die Chondriosomen bei verschiedenen Pilzen, wo deren Nachweis ihm früher nicht gelungen war (*Penicillium*, *Endomyces*, *Botrytis*, verschiedene Autobasidiomycetes, Hefen), sowie „sur le rôle du chondriome dans l'élaboration des produits de réserve des Champignons". Von den „trois sortes de produits de réserve" in den Schläuchen von *Pustularia vesiculosa* „du glycogène, des globules de graisse et de corpuscules métachromatiques" glaubt der Verfasser, für die zuletzt genannten eine Entwicklung im Innern der Chondriosomen gezeigt zu haben[6]). Besonders anschaulich sollen die Verhältnisse in den Zellen des Periteciums sein. Da lassen sich „toutes les formes de transition entre les chondriocontes et les corpuscules métachromatiques"[7]) beobachten. „Les chondriocontes produisent ·de nombreuses vésicules de sécrétion. Celles-ci, très petites, apparaissent soit à l'une des extrémités du chondrioconte, soit à ses deux extrémités, soit en son milieu, soit enfin sur plusieurs points

---

1) Compt. rend. de l'Ac. d. Sc. t. 153, p. 199.

2) Compt. rend. de la Soc. de Biol. de Paris.

3) La Cellule. t. XXVIII, p. 448, 15. IV. 1913.

4) ibid. p. 451.

5) Compt. rend. de l'Ac. d. Sc. t. 156, p. 1781, 9. VI. 1913 und ibid. t. 157, p. 63, 7. VII. 1913.

6) „Ceci semble donc démontrer que les corpuscules métachromatiques sont élaborés au sein des chondriocontes." (Separ. S. 2.)

7) Von mir gesperrt.

·de son trajet. A coté de ces figures, on observe des vésicules ab-
·solument semblables et ·de même dimensions mais situées en dehors
·des chondriocontes: celles-ci sont soit dans le cytoplasme, soit dans
l'interieur des vacuoles" (Separ. S. 2). „On constate également la
·présence, cette fois uniquement dans les vacuoles[1]), de
·vésicules beaucoup plus grosses qui presentent tout ä fait l'aspect
·des corpuscules métachromatiques, et qui sont constituées,
·comme les petites vésicules, par un grain incolore en-
touré d'une mince écorce mitochondriale"[1]). — „Enfin, à
·côté de ces vésicules, on voit, dans les vacuoles, des grains beaucoup plus gros, sans écorce mitochondriale, absolument incolores,
mais se destinguant par leur réfringence particulière et qui sont
· des corpuscules métachromatiques parvenus au terme de leur
·croissance" (Separ. S. 2).

Diese Angaben des Verfassers lassen also bei den Chondrio-
·somen der Pilze ebensolche sekretorische Fähigkeiten vermuten,
wie sie für die ·Chondriosomen verschiedener Drüsenzellen bei den
Tieren· beschrieben worden sind[2]). Auch mit der Plastidentätigkeit lassen sich in den oben beschriebenen Prozessen einige Analogien ersehen, besonders wenn man bedenkt, daß die Plastiden
·auch mit den Chondriosomen, wenigstens bei den höheren Pflanzen,
·genetisch verbunden sind.

Bei meinen schon seit zwei Jahren fortgesetzten Studien
·über die Chondriosomen der Pilze bin ich beinahe zu denselben
·Schlüssen über ihre Rolle wie GUILLIERMOND gekommen. Da
meine Untersuchungen hauptsächlich an einem niederen Pilze,
nämlich *Albugo Bliti* ausgeführt worden sind, so scheint mir eine
kurze Mitteilung darüber nicht ohne Interesse zu sein. Eine ausführliche Arbeit über die Chondriosomen bei *Albugo Bliti* befindet
·sich in Vorbereitung. Da werde ich auch auf die bekannte Unter-
·suchung über diesen Pilz von STEVENS[3]) sowie auf die übrige
·einschlägige Literatur eingehen.

Auf Phot. 1 (Taf. XXI) ist eine Hyphe von *Albugo Bliti* dar-
·gestellt. In derselben bemerkt man außer zwei spindelförmigen

---

1) Von mir gesperrt.

2) Vgl. einige diesbezügliche neuere Arbeiten, z. B. v. H. HOVEN.
Arch. f. Zellforsch. B. VIII, 1912; G. ARNOLD, ibid., Die ältere Literatur s. in
DUESBERG. „Plastosomen, Apparato reticolare interno und Chromidialapparat".
Ergebn. der Anat. u. Entw. B. XX, 1911.

3) „The compound oosphere of *Albugo Bliti*." Bot. Gaz. v. XXVIII, 1899.

homogenen Kernen mit ihren Nucleolen zahlreiche tiefschwarz mit
Eisenhämatoxylin gefärbte rundliche und elliptische Körner. Derartige Körperchen im Plasma von *Albugo Bliti*, die bald rundlich,
bald stäbchen-, hantel- oder fadenförmig erscheinen, habe ich in
allen Stadien der Oogon- und Oosporenbildung sowie in den Conidien des Pilzes aufgefunden. Sie lassen sich nach den Fixiermitteln, die Osmiumsäure oder Formalin als Hauptbestandteile enthalten[1]), mit Eisenhämatoxylin färben; dagegen werden sie nach
den Flüssigkeiten mit zu viel Essigsäure oder Alkohol[2]) stark deformiert oder gar völlig zerstört und unkenntlich gemacht[3]). Auf
Grund solcher morphologischer und mikrochemischer Eigentümlichkeiten dieser Körperchen, welch letztere, wie aus ihrem Verhalten bei der Entwicklung zu sehen ist, auch keine einfachen
Reservestoffablagerungen sind, lassen sie sich ungezwungen zu den
bei den höheren Pflanzen und verschiedenen Tieren beschriebenen
Chondriosomen zurechnen. Zu den Kernen zeigen sie keine
genetischen Beziehungen und sind deswegen nicht als „Chro-
midien" zu deuten.

Phot. 2 stellt eine junge Oogoniumanlage dar. Nach unten
geht dieselbe in eine gewöhnliche Hyphe über. In dem dichten
Plasma der letzteren bemerkt man drei Kerne und zahlreiche
meistens elliptische Chondriosomen. Im oberen durch die hier
mächtig entwickelten Vakuolen erweiterten Teile, d. h. in der
Oogonanlage selbst, wird das Plasma auf dünne Lamellen zwischen
den Vakuolen reduciert. Hier in diesen Plasmalamellen, besonders
in den Ecken, lassen sich auch die Chondriosomen wahrnehmen.
Sie sind rundlich und ziemlich gleichmäßig groß — etwa
$0,4\,\mu$. Die Kerne sind homogen schwarz gefärbt, die Vakuolen vollkommen leer.

---

1) Von solchen wurden von mir die folgenden angewendet: 1. 10 pCt. Formalin, 2. $^1/_2$ pCt. Osmiumsäure, 3. Formalin-Chromsäure-Gemisch (10 pCt. Form.
— 85 ccm, 1 pCt. Chr. S. — 15 ccm), (nach allen diesen Fixiermitteln wurde
noch einige Tage mit schwach. Flemming-Gem. ohne Essigsäure nachgewirkt),
4. Bendasche Flüss., 5. schwach. Flemming-Gemisch.

2) So z. B. 1. Alcoh. abs., 2. Alcohol-Eisessig (Carnoy), 3. Alcohol-
Sublimat-Essigsäure (70 pCt. Alcoh. — 100 ccm, Eisess. — 5 ccm, Sublim.
— 5 g), 4. Chrom-Essigsäure ($^1/_2$ pCt. Chromsäure und 1 pCt. Essigsäure zu
gleichen Teilen).

3) Vgl. meine Angaben über die „chondriosomenerhaltenden" und
„chondriosomenzerstörenden" Fixiermittel in diesen Berichten. B. XXIX,
1911, S. 685.

Die Phot. 3 stellt das unmittelbar folgende Stadium der Oogonentwicklung dar. Die Oogonanlage erscheint etwas mehr angeschwollen, das Aussehen der Kerne uud die allgemeine Anordnung des Plasmas bleibt wie bei dem vorigen Stadium; in dem Chondriosomenbestande wird aber eine Veränderung schon merklich. Auf der Phot. 3 sieht man, daß die Größe der Chondriosomen hier schon erheblichen Schwankungen unterworfen ist, als ob einige Chondriosomen etwas ausgewachsen seien. Um eine nähere Einsicht in die Veränderungen, welche die Chondriosomen in diesem Stadium erleiden, zu gewinnen, habe ich einen Abschnitt etwa aus der Mitte des Bildes möglichst genau und in größerem Maßstabe gezeichnet (s. Fig. I). Aus der Zeichnung ersieht man, daß die Vergrößerung einiger Chondriosomen mit der Ansammlung einer helleren (gelblichen) Substanz im Innern verbunden ist. Die ursprünglich schwarz gefärbte Chondriosomensubstanz bleibt dabei nur als peripherische ringförmig erscheinende Hülle erhalten. Alle möglichen Übergänge von den gewöhnlichen rundlichen schwarzen Chondriosomen bis zu den schon vielmal größeren, von mir „gelbe Körner" genannten Formen sind zu beobachten. Auf derselben Zeichnung möchte ich noch auf einige stäbchen- und hantelförmig erscheinende Chondriosomen hinweisen. Solche manchmal in großer Menge auftretenden Chondriosomengestalten lassen sich, meines Erachtens, kaum anders als Teilungsstadien der Chondriosomen deuten [1]. — Das folgende häufig in den Präparaten auftretende Stadium ist sehr charakteristisch (Phot. 4). Das Plasma bleibt großvakuolig. Jedoch bemerkt man stellenweise zwischen den größeren Vakuolen auch sehr feinwabige oder schaumige Plasmabezirke. Die Körnchen im Plasma (Stäbchen kommen in diesem Stadium nur selten vor) sind von sehr verschiedener Größe, von etwa 0,2 μ (d. h. von der minimalen Größe der mikroskopischen Abbildung gefärbter Körper) bis ziemlich großen (etwa 0,8 μ). Von den größeren Körnern ist jedes wie in dem vorigen Stadium mit einem schwarzen Ringe berandet. Man findet die Körner jetzt auch in den Vakuolen (s. Phot.). Im Vergleich mit den im Plasma sich befindenden Körnchen erscheinen diese intravakuolären Körner meistens viel größer (bis etwa 1,7 μ). Sie sind auch in ein gelbes Mark und eine schwarze

1) Vgl. die analogen Gebilde in den Plasmaanhäufungen der Phot. 5 (s. d. Tafelerklärung).

Rinde sehr scharf differenziert[1]) und bleiben meistens an die Peripherie der Vakuolen dicht angeschmiegt, als ob sie daran ange-
klebt wären.

Im weiteren Verlaufe der Entwicklung des Oogoniums werden
die oben erwähnten feinschaumigen Bezirke des Plasmas immer
mehr zsammengehäuft, und in solcher Weise werden einige kern-
lose Inseln des feinschaumigen und regelmäßig vakuolisierten
Plasmas gebildet (Phot. 5). Außerhalb derselben bleibt das unverändert gebliebene Plasma des früheren Stadiums zurück. Die
Plasmaanhäufungen werden schließlich zu einer Oosporenanlage
vereinigt; die außerhalb gelegenen Teile werden zum Periplasma.
Wie im vorigen Stadium bemerkt man im Plasma und in den Vakuolen dieses künftigen Periplasmas Körner von sehr verschiedener
Größe; die kleineren sind tief schwarz gefärbt, mit der Größe
aber nimmt die Färbungsintensität ab, so daß die größten Körner
nur hellgelb erscheinen.

Das weitere Schicksal des Periplasmas ist aus der Phot. 6
ersichtlich, die ein Cogon mit einer schon befruchteten Oospore
zeigt. Um diese wird eben die primäre Hülle angelegt, wodurch
das Oo- und das Periplasma ganz scharf voneinander geschieden
werden. In dem letzteren bemerkt man die in dem Präparate rosa
gefärbten Kerne mit ihren Nucleolen (rechts), die schwarz gefärbten rundlichen Chondriosomen und die auf der Photographie heller
erscheinenden größeren schwarz berandeten „gelben Körner".
Dieselben sind mit den typischen kleineren durchaus schwarzen
Chondriosomen durch alle Übergänge verbunden. In den Vakuolen
— verschieden große, meist weit größere als die Mitochondrien,
(bis etwa 2,7 µ) — gelbe Sphären mit schwarzen peripherischen
Ringen, die auf der Phot. 6 deutlich sichtbar sind. Ihrem Aussehen nach bieten diese schon intravakuolären Körper keine
Unterschiede von den im Plasma befindlichen „gelben
Körnern" dar. Der gelbe Inhalt, die schwarze Rinde sind bei
diesen wie bei jenen vollkommen gleich; der Größe nach ist es
auch unmöglich, irgendeine Grenze zwischen beiden Sorten von
Bildungen zu ziehen.

---

1) Den Unterschied zwischen dem gelben Inhalt und der schwarzen
Hülle des Kornes auf der Photographie zu zeigen, gelingt (mit Hilfe des gelben
Lichtfilters) nur an den größeren Körnern, wie auch aus den Phot. 6 und 7
zu ersehen ist.

Was die Erklärung aller dieser, wie auch der gleichen oben beschriebenen Tatsachen anbetrifft, so erscheint mir nur die folgende ungezwungen zu sein: es findet im Inneren einiger Mitochondrien die Ausscheidung eines gelben Sekretes statt. Durch die Tätigkeit der als peripherische Hülle zurückbleibenden Mitochondrialsubstanz wird das weitere Anwachsen des Sekretes bewirkt. In solcher Weise werden solche „sekretbereitenden Mitochondrien" zu den „gelben Körnern" umgewandelt (Fig. I).

Ich kann nicht umhin, in diesen Verhältnissen eine gewisse Analogie mit der Plastidentätigkeit zu sehen. Jedoch werden schließlich die „gelben Körner" aus dem Plasma in die Vakuolen ausgestoßen, was schon eine wesentliche Abweichung von dem Verhalten der Plastiden darstellt[1]). Ob das weitere Wachstum der schon in den Vakuolen sich befindenden „gelben Körner" auch mit der Tätigkeit ihrer peripherischen Hülle verbunden ist oder in irgendeiner einfacheren Weise (z. B. durch Zusammenfließen mehrerer Körner) geschieht, muß dahingestellt bleiben.

Äußerst interessant scheint mir der Umstand zu sein, daß von diesem Stadium an, das die höchste Ausbildung der „gelben Körner" in den Vakuolen des Periplasmas zeigt, alle Mitochondrien in demselben sich als relativ groß erweisen; nur vereinzelt findet man die „kleinsten Körner" etwa von 0,3 μ Länge, die so zahlreich und charakteristisch für die vorhergehenden Stadien sind. Man kann das deutlich sehen aus dem Vergleiche der Phot. 6 mit den Phot. 4 u. 5. Von dem zuletzt beschriebenen Stadium an nehmen die „gelben Körner" im Periplasma an Zahl und Größe ab und zur Zeit der Exosporiumbildung verschwinden sie gänzlich. Wahrscheinlich werden sie bei dem Aufbau der Oosporenhüllen aufgebraucht. Wie wir schon gesehen haben, wird das massenhafte Auftreten der „kleinsten Körner" im Oogon zuerst unmittelbar nach dem Stadium der Phot. 3 (Zeichn. I) deutlich, d. h. nachdem schon viele Chondriosomen zu den „gelben Körnern" umgewandelt worden sind (Phot. 4). Sie erhalten sich im Periplasma in allen weiteren Stadien bis zu dem Zeitpunkte, wo das Auf-

---

1) Es scheint dagegen eine weitergehende Analogie zwischen unseren „gelben Körnern" und den von POLITIS (Atti R. Accad. Lincei XX, 1911, p. 828) beschriebenen „Cyanoplasten" zu bestehen; nach GUILLIERMOND (Compt. rend. de l'Ac. de Sc. t. 156, p. 1924) sollen dieselben auch aus den Chondriosomen intraplasmatisch entstehen, um schließlich in die Vakuolen ausgestoßen zu werden.

brauchen der aus den Mitochondrien entstandenen „gelben Körner“
eintritt (Phot. 6). Was sind diese „kleinsten Körner“? Von den
typischen Chondriosomen von *Albugo Bliti* unterscheiden sie sich
nur ihrer Größe nach, die auf 0,2—0,3 μ sinken kann; manchmal
sind sie auch etwas schwächer gefärbt, wahrscheinlich auch der
kleinen Dimensionen wegen. Jedenfalls sind sie mit den größeren
typischen Chondriosomen durch alle Übergänge verbunden.
Welchen Ursprung haben die „kleinsten Körner“? Entstehen sie
durch eine Zerstückelung größerer Chondriosomen oder tauchen
sie durch das Wachstum noch kleinerer Körperchen aus dem meta-
mikroskopischen Gebiete empor? Beides ist möglich. Daß sie
einfach Fixationsartefakte seien, scheint mir wenig wahrscheinlich;
bei verschiedenen Fixationsmitteln treten sie immer genau in denselben Stadien und mit demselben Aussehen auf. Einmal entstanden, wachsen sie wahrscheinlich zu der Größe der typischen
Mitochondrien heran und ersetzen so die zu „gelben Körnern“ gewordenen Mitochondrien, oder sie wandeln sich selbst von Anfang
an in die „gelben Körner“ um.

Den eben beschriebenen sehr ähnliche Vorgänge spielen sich
auch im Ooplasma ab. Nur werden sie hier durch Bildung des Fettes
etwas kompliziert. Das Fett tritt in Form äußerst kleiner dicht ge-
häufter Tröpfchen auf, und zwar schon in allerersten inselartigen
Plasmaanhäufungen, die das Oosporenplasma bilden sollen. Irgend
welche geformten Fettbildner, wie solche für die tierischen Zellen seit
ALTMANN[1]) oftmals angegeben worden waren, konnte ich nicht
nachweisen. Nach der Extraktion der den Fetttröpfchen entsprechenden Osmiumkörnchen bleiben an deren Stelle nur leere
Wäbchen bestehen. Das Fett erhält sich im Laufe der ganzen
Entwickelung der Oospore in Form von je nach dem Stadium verschieden großen Tropfen; dabei wird es immer durch das
ganze Oosporenplasma verteilt. Was die „gelben Körner“
anbetrifft, so beginnt eine ausgiebigere Bildung derselben im Ooplasma mit dem Stadium der Membranbildung um die Oospore,
welches annähernd unserer Phot. 6 entspricht. Hier kann
man alle Übergänge von den kleinsten Körnchen bis zu ziemlich großen ringförmigen „gelben Körnern“ beobachten. In den

----

1) Die Elementarorganismen, 1890. Weitere Literatur s. bei HEIDEN-
HAIN, Plasma und Zelle, B. I, S. 421. Vgl. noch die neueren Angaben von
DUBREUILL über die Mitochondrien als Fettbildner in Compt. r. de la soc. de
Biol. t. 70, p 264.

Vakuolen finden sich der Vakuolenwand immer angeschmiegte schwarz berandete große (bis etwa 1,8 μ) „gelbe Körner"; manche von ihnen scheinen eigentlich nur aus dem Plasma in die Vakuole hineinzuragen.

Wenn die Oospore schon mit Endo- und Exosporhüllen bekleidet ist, sind die „gelben Körner" in den Vakuolen schon beträchtlich herangewachsen, wie man das auf der Phot. 7 sieht. Hier füllen sie den größeren Teil des Volumens der betreffenden Vakuolen aus. Meistens sind sie an die Vakuolenwand angeschmiegt und sogar etwas linsenförmig abgeplattet (s. Phot.). Ihre schwarze Berandung erscheint hier sehr scharf und ist bei manchen auch auf der beigegebenen Phot. 7 deutlich sichtbar. Die kleinsten von diesen intravakuolären „gelben Körnern" nähern sich ihrem Umfange nach schon den größeren im Plasma befindlichen Mitochondrien, die auch in ihrem Innern eine vollkommen gleiche gelbliche Substanz zeigen. Im übrigen sind hier die Mitochondrien tiefschwarz gefärbt und ziemlich groß, bald rund, bald oval, bald doppelt. Die „kleinsten Körner" fehlen gänzlich (s. Phot.). Wie im Periplasma fällt der letzterwähnte Umstand mit der höchsten Ausbildung der „gelben Körner" zusammen[1]. Im Ooplasma aber werden sie in der weiteren Entwicklung nicht aufgebraucht, sondern fließen zu einigen großen Tropfen zusammen. Dieses Stadium ist auf der Phot. 8 zu sehen. Die so entstandenen „gelben[2] Sphären" färben sich jetzt etwas intensiver mit Hämatoxylin; sie sind bald wabig, bald völlig homogen — das letztere scheint der Wirklichkeit zu entsprechen. Auf dem Präparate waren die Kerne (s. Phot.) rosa, die Nucleolen und Chondriosomen schwarz gefärbt. Die letzteren sind alle rund und sehr groß (etwa 1—1,5 μ). — Auf der Phot. 9 ist eine ganz reife Oospore dargestellt. Alle durch das Zusammenfließen der „gelben Körner" entstandenen Sphären sind zu einer einzigen sehr großen „gelben Sphäre" im Zentrum der Oospore vereinigt. Man sieht noch auf der Phot. 9 die sehr deutlich sich abhebenden Kerne (auf dem Präparate rosa gefärbt), wie auch die hier meistens kurzstäbchenförmigen Chondriosomen.

Die Entwickelung des zentralen sphärischen Körpers der reifen Oosporen von *Albugo Bliti* habe ich von den allerersten

---

1) Vgl. Phot. 6 u. 7.

2) So sind sie nach der Fixierung, aber vor der Hämatoxylinbehandlung gefärbt.

Anlagen der „gelben Substanz" an in dem jungen Oogonium (Phot. 3
und Zeichn. I) und dann in der jungen Oospore (Phot. 6) durch
alle Übergangsstufen Schritt für Schritt verfolgt. In allen Stadien
zeigen diese oben wiederholt beschriebenen „gelben Körner" oder
„gelben Sphären" keine merkliche Osmiumwirkung. An den
durch die Osmium- und Chromsäure bei der Fixierung durchgeführten aber noch nicht gefärbten Präparaten bleiben sie immer
glänzendgelb bis höchstens braungelb. Bei dem Differenzieren
wird das Eisenhämatoxylin von den „gelben Körnern" viel rascher
als von den Mitochondrien und sogar Kernen abgegeben. Nur
gegen Ende der Reifung der Oospore behalten sie den Farbstoff
etwas stärker als in früheren Stadien. Die wahre chemische
Natur der großen Sphären, welche für die reifen Oosporen der
Peronsporeen und Saprolegniaceen so charakteristisch sind, scheint
bis jetzt nicht aufgeklärt zu sein. Die meisten Autoren bezeichnen
sie als Fetttropfen. Nach dem eben Mitgeteilten muß diese Annahme, wenigstens für *Albugo Bliti* in Abrede gestellt werden. Die
osmiumreducierende Substanz ist während der ganzen Oosporenent-
wickelung in den Waben des Plasmas leicht zu konstatieren.
In der ganz reifen Oospore ist sie äußerst fein durch das ganze
Plasma verteilt.

Noch einige Worte über die Chondriosomen in den Conidien
von *Albugo*. Besonders interessant erscheinen diesbezügliche Verhältnisse bei *Albugo candida* (Phot. 10 u. 11). Das betreffende
Präparat wurde mit Eisenhämatoxylin und Lichtgrün gefärbt. In
den aus einem Conidienträger entspringenden jungen Conidien
(links) ist das Plasma von großen Vakuolen durchzogen; die Kerne
sind grün, die Nucleolen entfärbt, die Chondriosomen alle rund,
solid und unregelmäßig durch das ganze Plasma verteilt. In den
unmittelbar darauffolgenden älteren Conidien wird das Plasma
vakuolenfrei und die Chondriosomen — alle ringförmig (eigentlich
bläschenförmig). Ihre Verteilung ist jetzt äußerst interessant: wie
aus der Phot. 10 u. 11 ersichtlich ist, bilden sie um jeden Kern
ein ziemlich regelmäßiges Kränzchen. Bei der Drehung der Mikro-
meterschraube sieht man, daß diese bläschenförmigen Chondriosomen den Kern eigentlich von allen Seiten (von oben und unten
auch) umgeben. Jedoch schließen sie sich nicht unmittelbar dem
Kerne an, sondern halten sich von ihm in einiger Entfernung,
die etwa dem Durchmesser einer Mitochondrie gleich ist (s. Phot. 10).
Bei *Albugo Bliti* sind die Verhältnisse in den Conidien den eben
beschriebenen ähnlich; nur bleiben hier · die Chondriosomen immer
kurzstäbchenförmig (Phot. 12).

Meinem lieben Kollegen Herrn Dr. W. KASONOWSKI möchte ich für seine freundliche Unterstützung bei der Verschaffung des Materials hier meinen innigsten Dank aussprechen.

Kijew, Botanisches Institut des Polytechnikums.

Erklärung der Tafel XXI.

Alle Photographien sind mit Oelimm.-Apochr. v. LEITZ 2 mm und verschiedenen Compens.-Ocul. aufgenommen. Von der Retouche sind sie vollkommen frei. Die Zeichnung I ist mit ABBEschem Zeichenapparat ausgeführt. Alle Präparaten wurden mit Eisenhämatoxylin gefärbt.

Albugo Bliti.

Phot. 1. Eine Hyphe mit zwei spindelförmigen Kernen und zahlreichen meist elliptischen Chondriosomen. Fix.: Schwach. FLEMM.-Gem. Nachfärb. mit Erytrosin. Comp.-Oc. 18. Vergr. 2100.

Phot. 2. Eine Oogoniumanlage, nach unten in eine gewöhnliche Hyphe übergehend. Die Kerne sind schwarz, homogen. Die Chondriosomen in der Oogoniumanlage rundlich, in der Hyphe meist elliptisch, dicht gedrängt. Fix. nach BENDA. Comp.-Oc. 8. Vergr. 750.

Phot. 8 und Fig. I (Abschnitt aus der Mitte der Phot. 8). Etwas späteres Stadium. Umwandlung einiger Chondriosomen in die „gelben Körner". Die Chondriosomen — teils rundlich teils stäbchen- oder hantelförmig. Fix.: Schwach. FLEMM.-Gem. Nachfärb. mit Erytros. Comp.-Oc. 8. Vergr. 750 und 1250.

Phot. 4. Abschnitt eines Oogoniums mit zwei Kernen. Noch späteres Stadium. Die Körner im Plasma von sehr verschiedener Größe: von den kleinsten ($0,2-0,3\ \mu$) bis ziemlich großen ($0,8\ \mu$); noch größere — in den Vakuolen. Fix.: Formalin-Chromsäuregemisch (F. 10 pt. — 85 Th. Chr.-S. 1 pt. — 15 Th.) — 3 Tage; nachfolgende Behandlung mit schwach. FLEMM.-Gemisch ohne Essigsäure — 9 Tage. Comp.-Ocul. 8. Vergr. 750. Gelbes Lichtfilter.

Phot. 5. Stadium der Accumulation des Plasmas in dem Oogonium. Oberhalb links — das Antheridium und der in das Oogonium eingedrungene Befruchtungsschlauch. In den Plasmaanhäufungen — Stäbchen und Hanteln; außerhalb — meist Körner von sehr verschiedener Größe. Die kleineren — schwarz homogen. Fix.: Schwach. FLEMM.-Gem. Comp.-Ocul. 8. Vergr. 750.

Phot. 6 Das Oogonium mit einer jungen schon befruchteten Oospore, die eben mit einer dünnen Membran bekleidet worden ist. Im Periplasma — homogene (auf dem Präparat rosa gefärbte) Kerne mit Nucleolen und große schwarze rundliche Chondriosomen; in den Vakuolen — sehr große gelbliche, schwarz berandete Körner. Im Ooplasma — schwarz gefärbte Kerne und auch schwarze Chondriosomen; in den Vakuolen, etwas größere als Chondriosomen — gelbliche Körner. Fix. wie bei Phot. 4. Nachfärb. mit Erytros. Comp.-Ocul. 8. Vergr. 750. Gelbes Lichtfilter.

Phot. 7. Eine Oospore mit schon ausgebildetem Endo- und Exosporium. In den Vakuolen — große gelbe Körner, von denen viele deutliche Berandung zeigen. Die Chondriosomen — groß, schwarz. Fix. wie bei Phot. 4. Comp.-Ocul. 8. Vergr. 750. Gelbes Lichtfilter.

Phot. 8. Fast reife Oospore. Die gelben Körner sind zu einigen großen mit Hämatoxylin gefärbten Sphären verschmolzen. Die Kerne — homogen (auf dem Präparat — rosa) mit schwarzen Nucleolen. Die Chondriosomen sehr groß (1—1,5 μ), rundlich. Fix.: Schwach. FLEMM.-Gem. Nachfärb. mit Erytros. Comp.-Ocul. 8. Vergr. 750.

Phot. 9. Ganz reife Oospore. Im Zentrum — eine einzige sehr große mit Hämatoxylin gefärbte Sphäre. In dem äußerst feinwabigen Plasma — die mit Erytrosin gefärbten Kerne und — meist kurzstäbchenförmige Chondriosomen. Endosporium sehr schwach gefärbt. Fix.: Schwach. FLEMM.-Gem. Nachfärb. mit Erytros. Comp.-Ocul. 8. Vergr. 750.

Albugo candida.

Phot. 10. Zwei Conidien. Das Plasma kontrahiert. Die Zellwände undeutlich. In der jüngeren (links) sind die Chondriosomen als runde solide unregelmäßig im Plasma verteilte Körner zu sehen. Zu den Kernen (links und oben) zeigen sie keine Beziehungen. In der älteren Conidie (rechts) sind die Chondriosomen bläschenförmig und häufen sich kranzförmig um die Kerne herum. Fix.: Formal. Chroms.-Gem. (wie bei Phot. 4), nachfolg. Behandl. mit BENDAscher Flüssigk. Nachfärb. m. Lichtgrün. Comp.-Ocul. 8. Vergr. 750.

Phot. 11. Dieselben Verhältnisse bei einer stärkeren Vergröß. Ocul. 18. Vergr. 2100. Fix. u. Färb. wie bei der vor.

Albugo Bliti.

Phot. 12. Conidien. Chondriosomen meist kurzstäbchenförmig um die Kerne gehäuft. Fix. n. BENDA. Nachfärbung m. Lichtgrün. Comp.-Ocul. 8. Vergr. 750.

73. C. Steinbrinck: Der Öffnungsapparat von Papilionaceen-Hülsen im Lichte der „Strukturtheorie" der Schrumpfungsmechanismen.

(Mit 1 Textfigur.)

(Eingegangen am 5. November 1913.)

Die Papilionaceen-Hülsen haben in der Geschichte der hygroskopischen Mechanismen eine wichtige Rolle gespielt. Denn erstlich sind sie es gewesen, die mir im Jahre 1872 das Verständnis dafür eröffneten, warum in den betreffenden Geweben die Längsachsen der Zellen so oft eine auffällige Orientierung zeigen, indem sie teils in derselben Zellschicht ihre Richtung wechseln, teils in benachbarten Schichten in gekreuzter Lage vorkommen. Die Hülsen gehören aber ferner zu den Gebilden, an denen 1881 und 1883 von A. ZIMMERMANN[1]) die hygroskopischen Krümmungen parallelfaseriger Gewebe anatomisch zuerst erklärt und insbesondere die Bedeutung der Porenlage und der optischen Reaktion ihrer Membranen im polarisierten Licht studiert wurde. In den späteren Jahrzehnten hat sich nun immer deutlicher erwiesen, daß die an den Hülsen aufgedeckten Verhältnisse eine sehr allgemeine Verbreitung haben.

Glaubte man nämlich früher, daß den hygroskopischen Bewegungen meist erhebliche Unterschiede der beteiligten Membranen in der Quellbarkeit — und zwar als Folge chemischer Differenzen — zugrunde liegen müßten, so stellte sich später heraus, daß es solcher starker Unterschiede prinzipiell gar nicht bedarf, und daß die Natur tatsächlich im allgemeinen ohne solche auskommt, indem sie die natürliche Anisotropie der Zellmembranen ausnutzt. Mit anderen Worten: die Natur erreicht die für die Pflanze ersprießlichen Schrumpfungs- und Quellungsbewegungen einfach dadurch, daß sie beim Aufbau der Membranen die Achsen ihrer Schrumpfungsellipsoide in geeigneter Weise orientiert und abmißt.

---

1) PRINGSH. Jahrb. 1881, XII, S. 562 ff. und Ber. d. Dtsch. Bot. Ges. I, Heft 10, Über d. Zusammenhg. zw. Quellungsfähigk. u. Doppelbr. S 5 unter *Caragana*.

Dieses Prinzip der Strukturtheorie ist in verschiedenen Zeitschriften wiederholt dargestellt, und auch an der speziellen Erörterung zahlreicher Beispiele hat es nicht gefehlt[1]). Zuletzt ist
diese Auffassung noch in der Flora von 1908, Bd. 98, S. 471 ff.
von Schinz und mir für mehrere Spezialfälle verteidigt worden.
Bei den Auseinandersetzungen der letzten Jahrzehnte sind aber die
Hülsen — als erledigtes Kapitel — nicht mehr in die Diskussion
hineingezogen worden. Nur in einer popularisierenden Mitteilung
des biol. Zentralbl. von 1906 habe ich S. 735 ihren Öffnungsvorgang in großen Zügen besprochen, habe dabei aber von Einzelheiten abgesehen. So mag es kommen, daß sich in einigen der
hervorragendsten botanischen Werke[2]) bis in die neueste Zeit hinein
eine Darstellung vom Hülsenmechanismus erhalten hat, die nicht
ganz zutreffend oder wenigstens unvollständig ist. Wahrscheinlich
rührt dies jedoch auch davon her, daß die zweite oben erwähnte
Mitteilung Zimmermanns ziemlich versteckt und daher von den
Verfassern übersehen, oder (weil Zimmermanns Darstellung der
optischen Beziehungen von der heute üblichen abweicht) nicht klar
gewürdigt worden ist.

Nun wäre ja eine solche geringe Ungenauigkeit gar nicht der
Erwähnung wert, wenn sie nicht zugleich mehr oder weniger eine
Ausnahme zu statuieren schiene. Ich komme daher in den
folgenden Zeilen auf den Hülsenmechanismus nur darum zurück,
damit sich nicht eine Auffassung davon festsetze, die das vorher
erwähnte „allgemeine Bauprinzip" der Schrumpfungsmechanismen
verdunkelt. Es scheint mir nämlich jetzt besonders an der Zeit,
dieses Bauprinzip nochmals in das rechte Licht zu rücken, weil
es mit dem submikroskopischen Bau der Zellmembranen in engstem
Zusammenhang steht und daher mit den neuesten Forschungen
der Ultramikroskopie in nächste Beziehung tritt. Scheinen diese
Forschungen doch die fast verlassene Mizellartheorie, auf deren
Boden unsere Erkenntnis der Schrumpfungsvorgänge großenteils
erwachsen ist, zu neuem Leben zu erwecken[3]). Im Sinne der
Mizellartheorie läßt sich ja unser Bauprinzip mit den Worten
präzisieren, daß sich die fraglichen Austrocknungs- und Quellungs-

---

1) Verhandlgg. der Naturhist. Ver. d. preuß. Rheinl. 1891, 47. Jahrg.,
S. 123, Nr. 5 — Flora 1891, Heft 3, S. 193 u. 194. — Bot. Jaarboek der Da-
donaea VII, 1895 S. 230 u. 231. — Biol. Zentralblatt, XXVI, 1906, S. 661 u.
662. — Naturwiss. Rundschau, 1911, S. 197.

2) S. Jost, Vorlesgg. üb. Pflanzenphysiologie 1913, S. 549 u. Haberlandt Physiol. Pflanzenanatomie, II. Aufl., 1896, S. 472.

3) Vgl. z. B. Zsigmondy, Über Gelstrukturen, Referat in „Die Naturwissenschaften" 1913, S. 1013.

bewegungen einfach auf die rationelle Anordnung der Membran-mizelle, resp. bei ungleicher Quellbarkeit auf Verschiedenheiten in den Dimensionen dieser Mizelle zurückführen lassen. In dieser Fassung ist das Prinzip tatsächlich zuerst ausgesprochen worden (siehe Verhandlgg. d. naturhist. Ver. d. Rheinl. 1891, S. 123), später wurde diese Formulierung aber fallen gelassen, um sie von hypothetischen Voraussetzungen unabhängig zu gestalten.

Der näheren Besprechung der Hülsenmechanik sei nun die Bemerkung vorausgeschickt, daß bezüglich derselben anfänglich ZIMMERMANN und ich verschiedene Auffassungen vorgetragen haben. Meine erste Ansicht darüber findet sich nun in HABER-LANDTs Physiol. Pflanzenanatomie (1896, S. 472) wiedergegeben, während JOST (1913, S. 549) die ursprüngliche Darstellung ZIMMERMANNs vorbringt. Nun haben aber sowohl ZIMMERMANN als ich unseren ersten Mitteilungen darüber eine zweite folgen lassen. Zunächst habe ich ZIMMERMANNs Darlegung als wenig-stens teilweise berechtigt anerkannt und beide Ansichten zu ver-einigen gesucht[1]). Darauf hat ZIMMERMANN sich hiermit einver-standen erklärt und zum vollen Verständnis des Mechanismus ein wesentliches anatomisch-physikalisches Moment hinzugefügt, indem er die Untersuchung im polarisierten Lichte einführte[2]). Mit dieser neuen Methode hat er nun ein außerordentlich bequemes und er-folgreiches Hilfsmittel für unsere Spezialuntersuchungen geschaffen. Es· hat sich ja bekanntermaßen durch zahlreiche Parallel-Unter-suchungen herausgestellt, daß die Achsen des Schrumpfungsellipsoides der pflanzlichen Zellmembranen mit den Achsen des optischen Ela-stizitätsellipsoides in Lage und Größenfolge durchweg überein-stimmen"[3]). Wir wollen diese (vom Standpunkte der Mizellar-theorie besonders leicht begreifliche) Übereinstimmung benutzen, um nunmehr den Hülsenmechanismus in möglichst kurzen Zügen an einem Beispiel zu erläutern. Wir wählen als solches die Hülse von *Caragana arborescens*, weil auch ZIMMERMANN seine letzte Auseinandersetzung an diese geknüpft hat. Übrigens stimmen *Lathyrus, Orobus, Lupinus, Lotus* im wesentlichen mit *Caragana* überein. Und da nach KRAUS (PRINGSH. Jahrb. V, 1866, S. 121) „der Bau der Hülsen für einen großen Teil der Gattungen sehr gleichförmig zu sein scheint", so gilt dies sicherlich auch für viele andere schraubig aufspringende Hülsen.

---

1) Diese Ber. 1883, Heft 6, S. 271.
2) Diese Ber. Heft 10, S. 5 des Sonderdrucks unter *Caragana*.
3) Vgl. Bot. Jaarboek der Dodonaea 1895, VII, S. 228, u. Biol. Zentralbl. 1906, S. 665.

Anatomische Darstellungen liegen nun hinsichtlich dieser
Früchte zur Genüge vor[1]). Mithin bedarf es für unseren Zweck
bloß eines Strukturschemas der Hülsenwandung, nach Art derjenigen, wie sie für andere hygroskopische Organe im biol. Zentralbl.
1906 (Fig. 7, S. 669 u. Fig. 22, S. 732), sowie in der Flora 1908.
(z. B. Fig. 1a, S. 479, Fig. 2a, S. 483 usw.) aufgestellt sind.

Unsere Figur stellt also ein Längsstreifchen aus der Hülsenwandung von *Caragana arborescens* mit seinen Hauptzonen vor.
Die hinterste Zone e bedeutet die äußere Epidermis mit einem
dickwandigen Hypoderma von etwa 3 Schichten. Darauf folgen
das dünnwandige und mechanisch bedeutungslose Parenchym p und

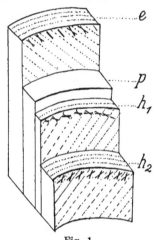

Fig. 1.

die aus verdickten und verholzten Fasern gebildete „Hartschicht" h,
die in der Figur in zwei Zonen h_1 und h_2 zerlegt ist. Die langen
schrägen Linien unserer Figur auf der Vorderfläche der Zonen e,
h_1 und h_2 sollen die Richtung der Längsachsen und Reihen ihrer
Zellen andeuten. Die gröberen, größtenteils gekreuzten Strichel
am oberen Ende dieser Schraffen mögen für die einzelnen Mem-
brankomplexe die Richtung der längsten Achsen des Schrumpfungsellipsoids (also der schwächsten Schrumpfung) markieren, wie sie
sich teils aus der Porenlage, teils aus der Reaktion im polarisierten
Lichte ergeben haben.

1) Vgl. Zimmermann, Pringsh. Jahrb., XII, 1881, Taf. 35, Fig. 15,
Taf. 36, Fig. 20 u. 21. — Leclere du Sablon, Recherches sur la déhiscence
des fruits 1884, Taf. 4, Fig. 8. — Haberlandt, Physiol. Pflanzenanatomie,
1896, S 472, Fig. 201.

Sehen wir von diesen, die Schrumpfungsmaße in tangentialer Richtung kennzeichnenden, Stricheln zunächst ab und berücksichtigen bloß die Radialschrumpfung der Membranen (senkrecht zu ihrer Fläche), so erhellt schon aus der schrägen und
annähernd rechtwinklig gekreuzten Lage der Zellen von e und h
die Notwendigkeit der schraubigen Einrollung, die von den trocknen
Hülsen bekannt ist. Denn da die Schrumpfung der Membranen
in radialer Richtung durchweg am stärksten ist, die Wände, deren
Radialkontraktion in die Richtung der Schrägreihen von e fällt,
in den Zonen h_1 und h_2 aber in weit größerer Zahl vertreten sind
als in Zone e, so muß die letztere Zone sich in dieser Richtung
weit weniger kontrahieren als die Zonenbezirke h_1 und h_2. Infolgedessen muß sich jede Hülsenklappe schief einrollen, so daß
die Epidermis e die konvexe und die Hartschicht h die konkave
Seite der entstandenen Schraubenform einnimmt. Andererseits gilt
für die Richtung, die senkrecht zu den Schrägreihen von e steht,
also mit dem Faserverlauf in h zusammenfällt, gerade das Umgekehrte. Es muß also an den trocknen Hülsen außerdem eine
Krümmung in der letztgenannten Richtung auftreten, die der
vorigen entgegengesetzt läuft. In der Tat kommt sie auch deutlich
zum Vorschein. Die Hauptkrümmung wird durch diese sekundäre
nicht beeinträchtigt, sondern sogar erleichtert. Denn die letztere
flacht die ursprüngliche Wirkung der Hülsenklappe ab und beseitigt damit ein Hindernis für ihre Einrollung.

Wenden wir nun, unter Hinweis auf die Strichelung unserer
Figur, unsere Aufmerksamkeit auch den Verhältnissen der Tangen-
tialschrumpfung zu und verweilen zunächst bei den Zonen h_1 und
h_2, so wird auffallen, daß die Elemente von h_2 ausgesprochene
„Steilstruktur“, die von h_1 dagegen weit mehr „Flach-“ oder „Querstruktur“ aufweisen[1]). Infolgedessen macht sich beim Austrocknen
der Klappe in der Hartschicht noch ein selbständiges Krüm-
mungsbestreben in demselben Sinne, wie das vorher geschilderte,
geltend[2]). Denn senkrecht zu den Faserreihen der Hartschicht

---

1) Mit den Ausdrücken Längsstruktur, Steil-, Flach- und Querstruktur
bezeichnen wir der Reihe nach die Fälle, wo die Richtung der größten Achse
des Schrumpfungsellipsoids (der längsten Mizellardurchmesser oder der Mizellar-
reihen) mit der Längsachse der Zelle den Winkel Null, kleiner als 45 °, größer
als 45 ° oder 90 ° bildet.

2) Daher rollt sich beim Austrocknen auch die isolierte Hartschicht für
sich ein, jedoch bei weitem nicht in dem Maße und mit der Intensität wie
die ganze Klappe (vgl. diese Ber. 1888, S. 273 u. Biol. Zentralbl. XXVI, 1906.
S. 735, Fig. 24).

bleibt ja das Schrumpfungsmaß der Zone h_1 beträchtlich hinter dem der Zone h_2 zurück. Der Schrumpfungsgegensatz zwischen der Außenzone e und der Hartschicht h wird somit durch den Antagonismus der beiden Hartschichtzonen h_1 und h_2 wesentlich unterstützt. Bestände der letztere nicht, so müßten ja beim Einrollen der Klappe innerhalb der dicken Hartschicht Druck- und Zugspannungen entstehen, die die Klappe zurückzudrehen strebten. In Wirklichkeit ist die der Einrollung förderliche Abstufung der Gegensätze zwischen h und e, wie ich (diese Ber. 1883, S. 274) gezeigt habe, eine noch allmählichere und vollkommnere. Diese feineren Übergänge mögen aber hier außer Betracht bleiben. Es sei nur noch auf die Strichel der sehr steilen Struktur der Elemente von Zone e aufmerksam gemacht. Durch diese steile Anordnung der Membranbausteine wird offenbar der anfänglich besprochene Gegensatz zwischen den Zonen e und h beträchtlich verschärft. Bei der Erörterung dieses Antagonismus haben wir ja bisher nur die Radialschrumpfung berücksichtigt. Die in der Figur eingetragenen Membranstrukturen bewirken aber, daß nach der Einrollungsrichtung auch die tangentialen Schrumpfungsmaße innerhalb der Außenzone e hinter denen von h_1 und noch stärker hinter denen von h_2 zurückbleiben.

Nunmehr nur noch einige Worte zur Begründung der eingetragenen Struktur-Strichelung. Der angegebene Strukturunterschied der Bezirke h_1 und h_2 tritt sehr scharf an schiefen Querschnitten hervor, die den Hartfasern parallel geführt sind. Im polarisierten Licht weisen nämlich die Elemente von h_1 großenteils scharf ausgeprägte Subtraktionsfarben auf, wenn diejenigen von h_2 Additionsfarben zeigen und umgekehrt. Auf Tangentialschnitten durch die Zone h_1 treten an den verschiedenen Zellen teils Additions-, teils Subtraktionsfarben (nebeneinander) auf. Dies weist darauf hin, daß die Strukturelemente ihrer Membranen großenteils annähernd unter 45 ° zur Zellachse verlaufen und dieses Maß bald übersteigen, bald darunter bleiben. Nach Ausweis der Porenmündungen laufen sie in manchen Zellen fast quer. Ja auf schiefen Radialschnitten, die zu den Fasern der Hartschicht parallel laufen, sieht man die Porenmündungen sogar allermeist nahezu quergestreckt. — Dieser Beschreibung scheint allerdings eine Figur in HABERLANDTs Phys. Pflanzenanatomie (S. 472 Fig. 201) einigermaßen zu widersprechen. Denn dort sind für *Lathyrus latifolius* in der äußersten Zellreihe der Hartschicht ebenso steile Poren eingetragen wie in der innersten. Ich habe mich jedoch an einer anderen *Lathyrus*-Spezies, nämlich *Lathyrus odoratus*, nochmals davon überzeugt, daß der oben angegebene Farbenkontrast im polarisierten Licht innerhalb der Hartschicht auch bei ihr vorhanden ist. Entweder stellt hiernach die Porenlage der angezogenen Figur auch für *L. latifolius* wahrscheinlich nur einen lokalen Ausnahmefall dar, oder wir haben es hier mit einer der Strukturvariationen zu tun, wie sie in der Flora von 1908, S. 483 bis 489 für die Hüllschuppen von *Centaurea* und *Geigeria* auseinandergesetzt worden sind. — Die Steilstruktur der Zellelemente von e tritt sowohl auf Tangentialschnitten, als auf schiefen Querschnitten, die senkrecht zu den Fasern der Hartschicht geführt sind, scharf ausgesprochen hervor.

Nachschrift 12. 11. 1913. In der vorzüglichen Dissertation von EICHHOLZ aus dem Jahre 1885 (s. PRINGSHEIMs Jahrb. XVII, Heft 4, S. 578 und Tafel 33, Fig. 9—16) findet sich eine anatomische Darstellung des Endokarps von *Hamamelis*, das in seinem Bau eine interessante Übereinstimmung mit den Hülsen bietet und wie diese einen Wurfapparat für die Samen bildet. Sein mechanisches Gewebe besteht ebenfalls aus 2 Zonen verdickter und gekreuzter Zellen. Die Elemente der einen Zone sollen ebenso wie die Zone a unserer Figur sehr steile Struktur besitzen. Die zweite Zone zerfällt nach Ausweis der Fig. 15, Taf. 33 von EICHHOLZ gleichfalls in 2 Schichten mit unterschiedlichem Membranaufbau, die unseren Schichten h_1 und h_2 entsprechen. Denn die äußere dieser Schichten hat auch bei *Hamamelis* sehr steile Poren, die andere (Übergangsschicht) dagegen wieder Poren, die etwa unter 45 ° zur Zellachse geneigt sind. Der Text enthält allerdings von diesen Strukturunterschieden nichts, da EICHHOLZ über ihren Einfluß nicht klar geworden ist. Um so lehrreicher ist die offenbar nach der Natur gezeichnete Figur, in der die charakteristische Porenlage, wenn auch ohne bewußte Absicht eingetragen, nunmehr eine deutliche Sprache redet.

Ich bemerke übrigens nachträglich außerdem bez. der Hülsen, daß auf die Bedeutung und den Nachweis der Strukturdifferenzen ihrer Hartschichten auch in der Flora von 1908, Bd. 98, S. 483 und 484 aufmerksam gemacht worden ist.

74. Karl Ludwigs: Über die Kroepoek-Krankheit des Tabaks in Kamerun.

(Mit 4 Abbildungen im Text.)

(Vorläufige Mitteilung.)

(Eingegangen am 15. November 1913.)

Seit etwa 3 Jahren hat der Anbau des Tabaks in Kamerun einen ungeahnten Aufschwung genommen, wenn auch schon früher Versuche angestellt wurden, Tabak zu bauen. Eine Anzahl Gesellschaften ist gegründet worden, um die Tabakkultur im großen unter fachmännischer Leitung zu betreiben. Die Resultate, die die ersten Ernten brachten, waren glänzende, die Bewertung der Blätter, die sich ganz vorzüglich zu Deckblättern eignen, eine solche, daß der Tabakbau reichen Gewinn abzuwerfen imstande ist.

Etwas getrübt wurde die Hoffnung, als im Frühjahr 1912 auf der Pflanzung Njombe eine Krankheit auftrat, die von den Pflanzern als Kräuselkrankheit bezeichnet wurde und noch wird. Im Frühjahr 1913 nahm die Krankheit bedeutenden Umfang an und ich wurde vom Kaiserlichen Gouvernement beauftragt, nach den Ursachen der Krankheitserscheinung zu forschen. Im Laufe dieses Jahres bin ich dreimal in dem Tabakgebiet gewesen, und möchte im folgenden meine Ansicht über die Krankheit darlegen. Leider steht mir eine umfangreiche Literatur über Tabakbau und -krankheiten nicht zur Verfügung; ich muß mich darauf beschränken, was PETERS in seiner Arbeit: „Krankheiten und Beschädigungen des Tabaks"[1]) sagt.

Zunächst sei hervorgehoben, daß es sich nicht um die eigentliche Kräuselkrankheit handelt, sondern um die „Kroepoek"-Krankheit, die auf den ersten Blick allerdings der Kräuselkankheit sehr ähnelt, sich von ihr aber wesentlich unterscheidet durch Wucherungen und lappenförmige Anhängsel an den Adern der Blatt-

---

1) PETERS und SCHWARTZ, Krankheiten und Beschädigungen des Tabaks. Mitt. a. d. Kais. Biol. Anstalt f. Land- und Forstwirtschaft. Heft 13. S. 63—64.

unterseite. Die Krankheit kommt nach PETERS „in Java, seltener in Sumatra und vermutlich auch in Ceylon (curled leaves) vor, ist aber wohl nicht mit der in Dalmatien beobachteten Grünnetzigkeit identisch, da bei dieser Gewebewucherungen fehlen. Ursache und Bekämpfung sind unbekannt“.

Das Krankheitsbild ist folgendes: Schon an jungen Pflanzen fällt auf, daß das Herzblatt sich nicht normal entwickelt, es steht nicht, wie bei gesunden Pflanzen, senkrecht nach oben, sondern neigt sich, teilweise unter Drehung in die Horizontale. Die Blatt-

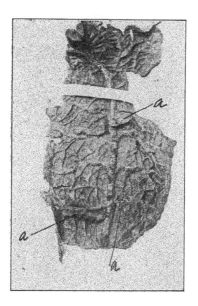

Abb. 1. Blatt einer an Kroepoek erkrankten Tabakpflanze (Alkoholmaterial.) Bei a lappenartige Anhängsel.

oberseite zeigt ein runzeliges Aussehen. Auf der Blattunterseite treten die Blattnerven besonders stark hervor, zeigen an den Rändern dunkelgrüne Gewebewucherungen, verlieren ihr normales Längenwachstum, machen vielmehr den Eindruck, als ob sie sich in sich selbst zusammenzögen. Sie erscheinen dadurch nicht gerade, sondern gewunden; daraus folgt, daß das dazwischenliegende Blattgewebe beulig nach oben getrieben wird. Bei älteren Blättern wachsen die Wucherungen zu lappenartigen Anhängseln aus von verschiedener Größe und Form, immer aber

in Verbindung mit der Haupt- oder den stärkeren Nebenadern
(Abb. 1).

Das Längenwachstum der ganzen Pflanze wird gestört, die
kranken Pflanzen bleiben klein, erreichen vielleicht ein Drittel der
normalen Höhe; ihre Blätter sind für den Pflanzer vollständig
wertlos (Abb. 2).

Abb. 2a. Kroepoekkranke Tabakpflanze aus Njombe (März 1913).

Die lappenartigen Anhängsel bestehen aus einem lockeren,
parenchymatischen Gewebe, die Zellen sind etwas größer als
die Zellen des Blattparenchyms. Spaltöffnungen werden zahlreich
ausgebildet, dagegen fehlen Wasserbahnen fast vollständig.

Um die Ursache festzustellen, wurde zunächst eine mikroskopische Untersuchung vorgenommen, ob etwa eine Bakterien-

krankheit vorlag, ob ein Pilz oder ein Insekt der Urheber der eigenartigen Erscheinung sei. Gleichzeitig wurden Versuche mit Kalidüngungen verschiedener Stärke gemacht; allein ohne jeglichen Erfolg. Die Ursache muß also eine andere sein. Der Boden, auf dem die Tabakpflanzungen liegen, ist ein verwitterter Basaltboden von großer Fruchtbarkeit. Das ganze, bis jetzt für den Tabakbau

Abb. 2b. Drei Tabakpflanzen, die rechte Pflanze ist gesund, ein Teil der Blätter ist abgeerntet; die mittlere ist vollständig krank, die linke wird an der Spitze krank, hat aber noch gesunde Blätter geliefert. (Njombe, März 1913.)

in Frage kommende Gebiet erstreckt sich südwestlich vom Kupegebirge nach dem Mungo zu bis etwa zu 62 km der Nordbahn, wo der Basaltboden plötzlich mit scharfer Linie aufhört und der Lateritboden anfängt. Auf diesem Gebiet haben wir fünf Tabakpflanzungen verschiedener Größe in einer Meereshöhe von 100 bis 250 m. Außerdem liegt eine große Pflanzung im Norden des

Kupeberges in Höhe von 1000 bis 1050 m. Für die Kroepoek-Krankheit kommen in Frage die fünf zuerst erwähnten Pflanzungen südwestlich des Kupegebirges, die Pflanzungen Mbanga, Djungo am Dia-dia-See, Njombe, Penja und Ebunje (Ebinse), von denen Njombe die älteste und somit größte Pflanzung ist.

Die erste Aussaat geschah im Herbst 1911 und brachte ein glänzendes Resultat. Es sollte versucht werden, ob es möglich ist, im Jahre zweimal zu ernten entgegen der Gewohnheit der Tabakpflanzer in Sumatra. Bei der Aussaat auf Boden, der noch nicht mit Tabak bebaut gewesen war, im Frühjahr 1912 nach der Trockenzeit trat die Kroepoek-Krankheit zum ersten Male auf; im Herbst 1912 wurde nach der Regenzeit auf dem gleichen Boden gesunder Tabak gezogen, während eine dritte Aussaat ebenfalls auf dem gleichen Boden Frühjahr 1913 wieder sehr stark unter der Krankheit zu leiden hatte. Die gleichen Erscheinungen traten in Mbanga und Ebunje auf; in Ebunje, das im Sommer 1912 angelegt wurde, hatte die erste Aussaat nach der Regenzeit 1912 einen außerordentlich günstigen Erfolg, während die zweite Aussaat nach der Trockenzeit Frühjahr 1913 vollständig versagte. Dieser Wechsel guter und schlechter Ernte, je nachdem nach der Regenzeit oder Trockenzeit gepflanzt wurde, stärkte in mir den Gedanken, daß Feuchtigkeitsverhältnisse des Bodens bei der Kroepoek-Krankheit eine Rolle spielen, mit anderen Worten, daß es sich um eine physiologische Krankheitserscheinung handle, um eine Krankheit, die auf Ernährungsstörungen beruht.

Wie kommt diese Störung zustande? Zunächst hängt m. E. die Erscheinung mit der eigenartigen Bodenstruktur zusammen. Der Untergrund der genannten Tabakpflanzungen südwestlich des Kupegebirges besteht aus mehr oder weniger mächtigen Felsblöcken, auf die eine Schicht feinerer vulkanischer Asche abgelagert ist, eine Schicht, die bis etwa 20 m Mächtigkeit haben kann, wie es z. B. in Penja der Fall ist. Diese Asche, die an und für sich sehr fruchtbar ist, hat den Nachteil, daß sie das Wasser außerordentlich leicht durchläßt. Die Quellen der Bäche in dem ganzen Gebiet liegen tief an Stellen, an denen die Felsblöcke zutage treten; sie führen das ganze Jahr hindurch reichlich Wasser. Es ist aber auf den Pflanzungen unmöglich, einen Brunnen zu graben wegen des felsigen Untergrundes. In Penja z. B. ist auf dem freigeschlagenen Plateau von 100 ha, das nach Westen zu von Bergen begrenzt wird, nicht eine einzige Quelle, diese liegen weit ab nach Osten, nach dem Mbome zu; 17 m tief

hat man gegraben, ohne auf Wasser zu kommen. Abb. 3 gebe
schematisch die Verhältnisse wieder.

Diese eigenartige Bodenstruktur macht es unmöglich, daß
Grundwasser kapillar nach oben steigen kann, wie es auf Sumatra
der Fall ist, wo man nach Angaben eines Pflanzers schon in einer
Tiefe von $^3/_4$ m auf Grundwasser stößt. Hinzu kommt noch die
Behandlung des Bodens vor dem Anbau des Tabaks. Das ganze
Gebiet ist mit mächtigem Urwald bestanden, der dem Boden eine
gewisse Feuchtigkeit bewahrt. Zur Anlage einer Tabakpflanzung
ist es erforderlich, den gesamten Urwald niederzulegen, den Boden
vollständig zu säubern und mehrere Male zu hacken. Daß der
Boden durch diese Behandlung zumal in der Trockenzeit den

Abb. 3. Schematische Darstellung des Bodens in Njombe. a. feinkörnige,
wasserdurchlässige Schicht, b. Schicht der Felsblöcke, c. Wasserader, d. un-
durchlässiger Untergrund; a und b jung vulkanischen Ursprungs.

größten Teil seines Wassers abgeben muß, ist leicht verständlich
für jeden, der Tropenhitze in der Trockenzeit miterlebt hat.
Ebenso bekannt ist es aber auch, daß trockne Erde schwer feucht
zu bekommen ist: gießt man einen Topf mit trockner Erde, so
fließt das Wasser aus dem Bodenloch heraus, ohne die Erde ge-
netzt zu haben, außer einer dünnen Schicht an der Oberfläche.
So liegen die Verhältnisse in den hiesigen Tabakdistrikten. Nach
dem ersten Buschschlag, der meist gegen Ende der Trockenzeit
erfolgte, hatte der Boden noch Feuchtigkeit genug, dazu kamen
die Niederschläge der Regenzeit, es gab eine gute Ernte. Dann
wurde der Boden der Sonne ausgesetzt, er gab das Wasser an die
Luft ab, konnte es aus dem Boden nicht ersetzen, die Folge waren
kranke Pflanzen.

Die Krankheitserscheinung selbst möchte ich mir folgendermaßen erklären: Die Tabakpflanze wird in Saatbeeten angezogen
und später auf das Feld ausgepflanzt. Um ein Anwachsen zu erleichtern, werden die ausgesetzten Pflanzen täglich gegossen,
können also ihr Wachstum fortsetzen und erreichen eine gewisse
Größe. Dann hört die künstliche Wasserzufuhr auf und die
Pflanze ist auf sich selbst angewiesen. Sie bildet in den Blättern
durch die Assimilationstätigkeit organische Substanzen, ist aber
nicht imstande, aus dem Boden Mineralstoffe aufzunehmen, da das
notwendige Wasser fehlt, infolgedessen können die Wasserbahnen
nicht normal entwickelt werden, die Blätter werden kraus, die
überschüssigen organischen Substanzen werden zum Aufbau der
Wucherungen und Anhängsel an den Blättern selbst verwandt.

Merkwürdig ist, daß eine einmal krank gewordene Pflanze
durch Wasserzufuhr nicht mehr zu normalem Wachstum angeregt
werden kann, wenigstens haben bis jetzt Versuche in dieser
Richtung ein negatives Resultat gehabt.

Nach den bisherigen Beobachtungen ist es ausgeschlossen,
daß auf den genannten Pflanzungen zweimal im Jahr geerntet
werden kann, und die Pflanzer haben sich mit dieser Tatsache ab-
gefunden. Trotzdem aber muß man nach Mitteln suchen, der
Krankheit entgegenzutreten. Die Regenzeit 1913 war relativ gelinde, die Feuchtigkeit des Bodens genügt nicht, einen gesunden
Tabak wachsen zu lassen. Bei meinem Besuch der Tabakpflanzungen Ende September, Anfang Oktober zeigte sich, daß kranke
Pflanzen in unerwünscht großer Zahl auftraten. Ob künstliche
Bewässerungsanlagen, an die gedacht wurde, sich bezahlt machen,
muß eine Berechnung und ein Versuch lehren. Ich habe vorgeschlagen und diesbezügliche Versuche eingeleitet, den Boden
nach dem Reinigen etwa $1/2$ m hoch mit abgeschlagenem Gras
zu bedenken; dieses Gras verrottet, bildet Humus und ist imstande, Feuchtigkeit lange zu halten. Die Resultate müssen ab-
gewartet werden. Jedenfalls wäre es töricht, den Tabakbau ganz
aufzugeben, selbst wenn nach dieser gelinden Regenzeit eine Miß-
ernte eintreten sollte.

Anders liegen die Verhältnisse auf der Tabakpflanzung in
Esosung, 1050—1100 m hoch nördlich des Kupegebirges gelegen.
Der Boden ist hier auch vulkanischer Natur, enthält aber Lehm,
vermag daher Wasser viel besser zu halten. Außerdem ist die
Luftfeuchtigkeit eine große, so daß eine Austrocknung des Bodens
nicht möglich ist. Wir sehen daher auch, daß die Koepoek-

Krankheit in Esosung fehlt, daß es hier angängig ist, zweimal im Jahre zu pflanzen.

Zum Schluß sei erwähnt, daß die Erscheinung der Kroepoek-Krankheit nicht auf den Tabak beschränkt ist, ich fand sie auf dem Marsch von Ebunje zur Nordbahn bei dem Dorfe Lum an Makabopflanzen (*Colocasia antiquorum*) in ausgeprägtem Maße. Das Makabofeld war auf trocknem Boden angelegt. Ohne Zweifel wird man die Krankheit auch noch an andern Pflanzen wahrnehmen können.

Versuchsanstalt für Landeskultur Victoria (Kamerun)
Oktober 1913.

---

75. G. v. Ubisch: Sterile Mooskulturen.

(Mit 10 Textfiguren.)

(Eingegangen am 21. November 1913.)

Im Winter 1912/13 und im darauffolgenden Sommer habe ich mich auf Anregung von Herrn Professor BAUR mit sterilen Mooskulturen beschäftigt in der Absicht, die Bedingungen für das Wachstum der Moose im Dunkeln festzustellen. Es ist mir nun nicht gelungen, die Moose im Dunkeln über das Protonemastadium hinauszubringen. Da somit meine Versuche in dieser Beziehung nichts prinzipiell Neues liefern, hätte ich sie nicht publiziert, wenn nicht kürzlich in den Ann. des sciensces nat. 9. Sér. T. XVII. p. 111—224 eine Arbeit von C. SERVETTAZ erschienen wäre, betitelt: Recherches expérimentales sur le développement et la nutrition des mousses en milieux stérilisés, zu der meine Versuche eine vielleicht willkommene Ergänzung liefern dürften, um so mehr, als meine Ergebnisse von denen des genannten Verfassers in einigen wesentlichen Punkten abweichen[1]).

---

1) Siehe auch das Referat von KNIEP über die Arbeit von SERVETTAZ in der Zeitschr. f. Bot. 1913 Heft 10 S. 784—85.

Material und Untersuchungsmethode.

Die Moose, mit denen ich gearbeitet habe, sind: *Funaria hygrometrica* L., *Mnium undulatum* L., *punctatum* L., *hornum* L., *Homalothecium sericeum* L., *Dicranum scoparium* Hedw., *Dicranella heteromalla* Schp., *Eurhynchium speciosum* Schp., *Pottia truncatula* Lindb., *Pogonatum aloides* Hedw., *urnigerum* L., *nanum* Neck., *Physcomitrium pyriforme* L., *Webera nutans* Hedw., *Ceratodon purpureus* L., *Buxbaumia aphylla* L.[1]), doch wurden umfangreichere Versuche nur mit *Funaria hygrometrica* angestellt, . da es sich herausstellte, daß diese ein ungemein geeignetes Versuchsobjekt ist.

Die Mooskapseln wurden in 1proz. Sublimatalkohol sterilisiert, dann abgewaschen, mit einer sterilen Pinzette geöffnet und die Sporen direkt in die Versuchsgefäße geschüttet oder erst in destilliertes Wasser, darauf auf die Nährböden geimpft. Diese Methode bietet bei einigen Moosen Schwierigkeiten, da man, um schnelle Keimung zu erzielen, möglichst reife Mooskapseln verwenden muß, diese aber meist nicht mehr so festgeschlossen sind, daß die Sporen nicht beim Sterilisieren verdürben. Daher begnügte ich mich später damit, die Kapseln schnell durch eine Bunsenflamme zu ziehen, mit einer sterilen Nadel zu öffnen, und den Inhalt direkt auf den Nährboden auszuschütten. Die Infektionsgefahr ist allerdings so größer, aber da man bei der langen Dauer der Versuche doch eine große Anzahl von Kulturen herstellen muß, so gelingt es leicht, eine genügende Anzahl keimfrei zu erhalten. Auch SERVETTAZ hat dieselbe Schwierigkeit beim Sterilisieren empfunden und dann eine der beschriebenen sehr ähnliche Methode angewandt. loc. cit. p. 123.

Für die Wahl der Nährböden war der Gesichtspunkt maßgebend, Wachstum der Moose im Dunkeln zu erzielen und die Entwicklung bei verschiedenen Ernährungsbedingungen zu vergleichen. Verwendet wurde hauptsächlich KNOPsche Nährsalzlösung, 0,2 pCt. (K.); Peptonglucose (PG) 2 pCt. und 1 pCt.; KNOP-Peptonglucose (nur daß statt der Nitrate der KNOPschen Lösung die entsprechenden Sulfate gesetzt waren, um anorganisch gebundenen Stickstoff auszuschließen (KPG—N); Abkochungen von Erde und Torf, sowie eine ganze Anzahl anderer Nährlösungen, auf die ich weiter unten zurückkommen werde. Allen diesen

---

1) Die Bestimmung der Moose war Herr Apotheker BAUR in Donaueschingen so liebenswürdig zu kontrollieren, wofür ich ihm auch an dieser Stelle meinen herzlichsten Dank ausspreche.

Lösungen wurde 1,5 pCt. Agar-Agar zugesetzt, weil sich darauf die Moose leicht und übersichtlich ziehen lassen. Der Agar war mehrere Tage gewässert, um wasserlösliche mineralische Bestandteile aus ihm zu entfernen. (SERVETTAZ hat ihn mit ganz besonderer Sorgfalt gereinigt, doch scheint mir diese Mühe vergeblich, wenn man nicht auch ganz besonders präparierte Glasgefäße und Chemikalien verwendet.) Zum Vergleich mit diesen künstlichen Nährböden wurden Kulturen auf sterilisiertem Gartenboden gezogen. Als Kulturgefäße wurden ERLENMEYER-Kölbchen, Reagenzgläser und zur mikroskopischen Untersuchung PETRI-Schalen verwendet; zur längeren Kultur eignen sich letztere nicht, da sie leicht infiziert werden und austrocknen.

Was Licht, Feuchtigkeit und Temperatur anbelangt, Faktoren, von denen die Entwicklung in hervorragender Weise abhängig ist, so hatte ich mit sehr ungünstigen Bedingungen zu rechnen: einen Teil der Zeit befanden sich die Kulturen an den Nord- und Ostfenstern zweier Laboratoriumsräume, wo die Luft durch die Zentralheizung trocken und verdorben war, im feuchteren Gewächshaus dagegen litten sie unter zu großer Hitze. Die Dunkelkulturen befanden sich in einem 75 cm langen, 50 cm hohen und 40 cm breiten absolut lichtdichten Blechkasten.

Keimung der Sporen im allgemeinen.

Die Keimung der Sporen auf den Hellkulturen trat bei allen oben genannten Moosen (mit Ausnahme von *Pogonatum nanum, urnigerum* und *aloides*) auf mehr oder weniger allen Nährböden nach einigen Tagen bis Wochen ein. Bei der Keimung spielt offenbar die Art des Nährbodens keine große Rolle, das Vorhandensein einer feuchten Unterlage genügt, um sie zu veranlassen. (Allerdings habe ich nicht den Versuch gemacht, sie auf destilliertem Wasser keimen zu lassen; nach den Versuchen von W. BENECKE[1]) mit den Brutknospen von *Lunularia cruciata* wäre es ja nicht ausgeschlossen, daß sie darauf nicht keimen.) Die Dauer bis zur Keimung ist wohl hauptsächlich von dem Reifezustand, in geringerem Maße von Licht und Wärme abhängig, daher kann sie innerhalb derselben Art sehr variieren. Dies hat auch SERVETTAZ (loc. cit. p. 124) beobachtet, trotzdem teilt er die Moose in Wintermoose, d. h. solche, die an eine längere Ruheperiode gewöhnt sind (wozu *Hypnum velutinum, purum*; *Polytrichum*

---

1) W. BENECKE, Über die Keimung der Brutknospen von *Lunularia cruciata* Bot. Zeit. 1903 S. 19—46.

juniperum, Atrichum undulatum, Brachythecium rutabulum gehören),
Keimungszeit 2—6 Monate; und in Frühlingsmoose mit schneller
Keimung ein. (*Phascum cuspidatum; Dicranella heteromalla; Grimmia
pulvinata; Orthotrichum pumilum, obtusifolium; Funaria hygrometrica*
und *Bartramia pomiformis.*) Dieser Einteilung kann ich mich nicht
anschließen. Von den bei meinen Versuchen verwendeten Moosen
haben *Funaria hygrometrica, Homalothecium sericeum, Eurhynchium
speciosum* und *Dicranum scoparium* im November resp. Dezember
reife Kapseln, müßten demnach, da sie dann nicht im Freien
keimen können, zu den Wintermoosen gehören; es keimte aber
Fun. hygr. in 3, *Homaloth. ser.* in 11, *Eurh. sp.* und *Dicr. scop.* in
6 Tagen.

Entwicklung von *Funaria hygrometrica*.

Da, wie oben erwähnt, die Untersuchungen hauptsächlich mit
Fun. hygr. angestellt wurden, so möchte ich jetzt speziell auf
dieses Moos eingehen und zum Schluß noch kurz über die anderen
Moose berichten. Die Sporen keimten fast gleichzeitig auf den
verschiedensten Nährböden, im Hellen und im Dunkeln, doch ist
das Aussehen der gekeimten Sporen sehr verschieden. Figur 1—4
zeigt sie im Alter von 8 Tagen und zwar auf KNOP-Agar im
Hellen Fig. 1, Peptonglucoseagar hell Fig. 2, KNOP-Agar dunkel
Fig. 3, Peptonglucoseagar dunkel Fig. 4. Normale Chlorophyllkörner zeigt nur KNOP hell. Bei KNOP dunkel sind die Zellen
übermäßig verlängert, Chlorophyllkörner sind vorhanden, aber von
kleiner unregelmäßiger Form. Bei PG hell und dunkel sind
die Zellen hypertrophiert, die Chlorophyllkörner große Massen.
Alle aber geben die Stärkereaktion, wobei sich bei PG erst große
Körner in den Chlorophyllkörnern, dann diese selbst blau färben,
bei KNOP nur kleine Pünktchen im Chlorophyll. Dieses Resultat
steht im Widerspruch zu dem von SERVETTAZ, der im Dunkeln
nie Stärke feststellen konnte.

Nach 14 Tagen sieht das Bild schon ganz anders aus. Fig. 5
KNOP hell ist etwa auf das Doppelte gewachsen; KNOP dunkel
Fig. 7 schickt einen langen weißen Faden mit grünlicher Spitze
aus dem Substrat in die Höhe, ebenso PG dunkel Fig. 8, bei
dem aber die ersten Zellen noch ebenso hypertrophiert aussehen
wie nach 8 Tagen, auf PG hell Fig. 6 haben wir ein kräftiges
Protonema erhalten. Die Dunkelkulturen kommen über das
Stadium, das sie mit 14 Tagen erreicht haben, nicht weiter her-
aus: ein Wald von etwa 1 cm langen weißen Fäden mit hellgrüner
Spitze ragt gerade in die Höhe, auf Zucker bräunen sich die

Fäden etwas. In diesem Zustand kann man sie beliebig lange verwahren. Nach 4 Monaten brachte ich sie ins Helle, worauf sie

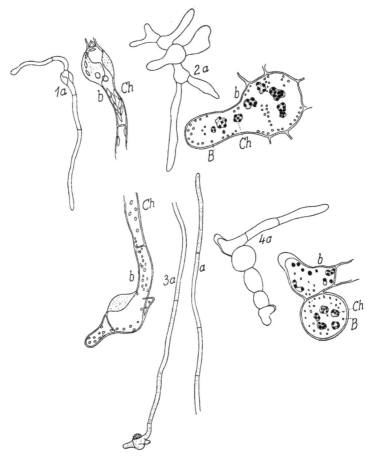

Fig. 1—4. *Funaria hygrometrica,* 8 Tage alt.
Die Figuren a sind mit 237facher, die Figuren b mit 772facher Vergrößerung gezeichnet und auf die Hälfte verkleinert.
Fig. 1 a, b. Kulturen auf KNOP-Agar im Hellen.
Fig. 2 a, b.   „   „ Peptonglucoseagar im Hellen.
Fig. 3 a, b.   „   „ KNOP-Agar im Dunkeln.
Fig. 4 a, b.   „   „ Peptonglucoseagar im Dunkeln.
Zeichenerklärung: Ch. = Chlorophyllkörper.
B. = farblose Bläschen.

ein grünes Protonema und später Sprosse bildeten wie normale Hellkulturen.

Um zu den Hellkulturen zurückzukehren, so zeigen diese
nach 42 Tagen folgendes Bild, Fig. 9—10. Die Rhizoiden auf PG
Fig. 10 haben sich stark gebräunt, während sie auf KNOP Fig. 9

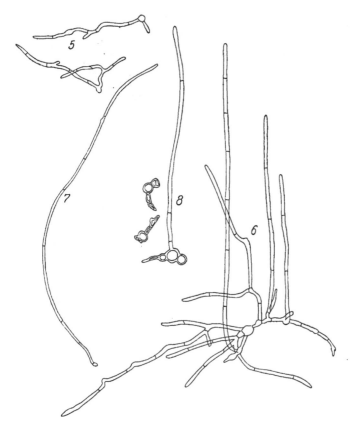

Figur 5—8. *Funaria hygrometrica*, 14 Tage alt.
Die Figuren sind mit 107facher Vergrößerung gezeichnet und auf die
Hälfte verkleinert.

Fig. 5. Kulturen auf KNOP-Agar im Hellen.
Fig. 6.   „   „   Peptonglucoseagar im Hellen.
Fig. 7.   „   „   KNOP-Agar im Dunkeln.
Fig. 8.   „   „   Peptonglucoseagar im Dunkeln.

ganz weiß und durchsichtig blieben. Nach 2½—3½ Monaten erhielt ich auf KNOP-, PG-, Erde- und Torfagar Sprosse und nach
6 Monaten zeigten sich in einigen Kulturen auf KNOP- und Erde-

agar Sexualorgane. SERVETTAZ hat nur auf einer der KNOPschen ähnlichen Nährlösung (nach MARCHAL) mit Zusatz von 2 °/oo Pepton Sexualorgane erhalten und hält Pepton für unerläßlich zu ihrer Bildung. Seine Versuche sind mit *Phascum cuspidatum* angestellt, das andere Bedürfnisse haben mag als *Fun.* Außer bei *Fun.* habe ich noch Sexualorgane bei *Webera nutans* ebenfalls auf KNOP und bei *Pottia truncatula* (die Kultur war aber infiziert) auf KNOP beobachtet.

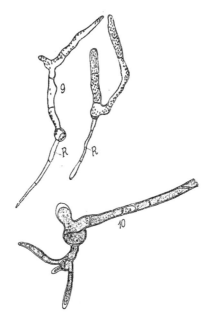

Fig. 9—10.   *Funaria hygrometrica,* 42 Tage alt.
Die Figuren sind mit 884facher Vergrößerung gezeichnet und auf ¹/₃ verkleinert.
Fig. 9. ·Kulturen auf KNOP-Agar im Hellen, die Rhizoide R farblos.
Fig. 10. Kulturen auf Peptonglucoseagar im Hellen, ein Rhizoid, dessen Farbe dunkelbraun ist, einzelne Teile der Membran und der Zellen heller.

Leider ist es mir nicht gelungen, reife Kapseln zu erhalten. Die Kulturen wurden wiederholt mit destilliertem Wasser begossen, um eine Beförderung der Spermatozoiden in den Archegonhals zu ermöglichen, aber wenn auch offenbar Befruchtung eingetreten war, da einige Kapseln zu wachsen begannen, so wurden doch regelmäßig die Kulturen braun und gingen zugrunde.

Ich machte noch den Versuch, Kulturen auf Erdeagar und PG, die im Hellen Sprosse gebildet hatten, ins Dunkle zu bringen, in der Hoffnung, daß sie dort weiterwachsen würden. Ich glaubte mich um so mehr zu dieser Annahme berechtigt, als nach Bittner[1]) Blätter von *Mnium rostratum* in 2 proz. Zuckerlösung im Dunkeln Moospflänzchen regenerieren sollen. Aber nach 14 Tagen waren die Sprosse gebräunt und verdorrt; ins Helle zurückgebracht, sproßte das Protonema neu aus, die Sprosse waren verdorben.

Es erschien mir einigermaßen erstaunlich, daß *Fun.* auf anorganischem Nährboden im Dunkeln keimt. Um daher festzustellen, an welchem Nährsalz es liegt, stellte ich Nährböden her, in denen außer dem Agar nur je ein Bestandteil des KNOP enthalten war in derselben Konzentration, wie sie in der 0,2 proz. Lösung enthalten sind, also 1. H_2KPO_4 0,025 $^0/_0$; 2. $Ca(NO_3)_2$ 0,1 $^0/_0$; 3. KNO_3 0,025 $^0/_0$; 4. $MgSO_4$ 0,075 $^0/_0$; 5. Agar allein. Auf allen diesen Nährböden keimten die Sporen mit Ausnahme von H_2KPO_4, allerdings erst nach 3 Monaten, während die Kontrollkulturen im Hellen nach 12 Tagen alle gekeimt waren. Daß die 5 Kulturen mit H_2KPO_4 nicht gekeimt sind, dürfte wohl nur auf einen Fehler bei der Aussaat zurückzuführen sein, da ja selbst die ohne alle Zusätze auf Agar allein keimten. Das scheint mir auch daraus hervorzugehen, daß diese Kulturen auch nachträglich ins Helle gebracht nicht keimten, was sonst alle Kulturen regelmäßig taten.

In allen entsprechenden Hellkulturen gelang es mir, Moosblätter zu erzielen, allerdings waren sie verschieden gut entwickelt: kräftige Pflanzen mit starken braunen Rhizoiden erhielt ich auf H_2KPO_4 und KNO_3, weniger kräftig auf $Ca(NO_3)_2$ und die schwächsten auf $MgSO_4$, wo die Rhizoiden farblos, die Sprosse lang und mager waren. (Wenn ich dies Resultat vielleicht auch nicht erzielt haben würde, wenn ich mit absolut chemisch indifferenten Gefäßen, einwandfrei gereinigtem Wasser, Chemikalien und Agar gearbeitet hätte, so ist es doch jedenfalls ein Beweis dafür, wie unendlich wenig Nährmaterial die Moose von außen brauchen, selbst um Sprosse zu bilden). Im Gegensatz hierzu hat Servettaz loc. cit. p. 175 gefunden, daß die Moose alles eher entbehren können als Magnesium, ohne Magnesium bilden sie bei ihm keine Blätter. Auch diese Diskrepanz ist vielleicht aus dem ver-

---

1) Bittner, Über Chlorophyllbildung im Finstern bei Kryptogamen. Oesterreich. bot. Zeitsch. 1905 Bd. 55.

schiedenen Pflanzenmaterial zu erklären, mit dem wir beide gearbeitet haben.

Versuchsergebnisse bei den übrigen Moosen.

Wie schon oben erwähnt, keimten alle von mir benutzten Moose im Hellen mit Ausnahme der Polytrichaceaen. Für diese gibt aber SERVETTAZ eine Keimungsdauer von 2—6 Monaten an, es ist daher leicht möglich, daß sie bei mir auch nach dieser Zeit gekeimt wären, wenn nicht durch die Ungunst der Temperatur- und Feuchtigkeitsverhältnisse meine Kulturen nach so langer Zeit zu ausgetrocknet gewesen wären, um eine Keimung zu ermöglichen. Bei der Gelegenheit möchte ich noch erwähnen, daß alle Kulturen alle 4 bis 8 Wochen wegen des Austrocknens auf neuen Nährboden überführt werden mußten.

Im Dunkeln keimten:

Dicranum scoparium	auf KNOP			
Homalothecium sericeum	„ KNOP			
Ceratodon purpureus	„	Erde, KPG—N		
Webera nutans		Erde, KPG—N, PG		
Mnium hornum		KPG—N,	Erde + G	
Buxbaumia aphylla	„	Erde.		

Im Hellen bildeten Blätter:

Dicranum scoparium	auf KNOP PG 2 %	Erde		
Homaloth. sericeum	„ KNOP PG 2 %		Torf	
Eurhynchium speciosum	„ KNOP PG 2 %	Erde	Torf	
Ceratodon purpureus	„ KNOP			
Webera nutans	„ KNOP	Erde		
Mnium hornum	„ KNOP	Erde	Erde+G	
Physcomitrium pyrif.	„ KNOP	Erde	Torf	

Sexualorgane wurden nur bei *Webera nutans* auf KNOP-Agar beobachtet, aber auch hier konnten keine reifen Kapseln erzielt werden. Trotzdem glaube ich, daß bei günstigen Bedingungen des Lichtes, der Temperatur und besonders der Feuchtigkeit sich unschwer die Bedingungen finden lassen werden, unter denen man reife Kapseln erhalten kann.

Berlin. Bot. Institut der landw. Hochschule.

Weitere Literatur.

P. BECQUEREL, Sur la germination des spores d'*Atrichum undulatum* et d'*Hypnum velutinum* et sur la nutrition de leur protonémas dans les milieux liquides stérilisés. C. R. 189. 1904. Bd. II, p. 745.

F. DE FOREST HEALD, Gametophytic regeneration as exhibited by mosses, and conditions for the germination of cryptogam spores. Leipzig. Diss. 1897.

P. JANZEN[1]), Die Jugendformen der Laubmoose und ihre Kultur. 35. Ber. des westpr. bot.-zool. Vereins 1912.

KLEBS, Über den Einfluß des Lichtes auf die Fortpflanzung der Gewächse. Biol. Centralbl. 1893, Bd. XIII.

E. MAMELI e G. POLLACI, Sul' assimilazione diretta dell' aboto atmosferico libero sui vegetali. Atti Istit. Bot. Pavia XV, p. 159—257.

Ú. et ÉM. MARCHAL, Aposporie et sexualité chez les Mousses, Bull. Acad. Royale de Belgique. Classe des sciences 1907, 1909, 1911, 1912.

PUGLISI e BOSELLI, Influenza di alcuni sali minerali sullo sviluppo e sul modo di propagazione di Funaria hygrometrica. Ann. di botanico IX, 1911.

O. TREBOUX, Die Keimung der Moossporen in ihrer Beziehung zum Lichte Ber. d. d. bot. Ges., Bd. 23, 1905.

K. SCHOENE, Beiträge zur Kenntnis der Keimung der Laubmoossporen und zur Biologie der Laubmoosrhizoiden. Flora 1906.

SCHULZ, Über die Einwirkung des Lichtes auf die Keimungsfähigkeit der Moose, Farne und Schachtelhalme. Beih. z. bot. Centralbl. Bd. X, p. 81.

---

1) Während der Drucklegung wurde ich von Herrn Prof. REINHARDT auf diese Arbeit aufmerksam gemacht. Da der Verfasser ausdrücklich betont, daß er auf Reinkulturen keinen Wert gelegt habe, erübrigt es, an dieser Stelle auf die Resultate einzugehen.

76. W. Ruhland: Weitere Untersuchungen zur chemischen Organisation der Zelle.

(Eingegangen am 25. November 1918.)

Im Anschluß an meine bisherigen Untersuchungen zur chemischen Organisation der Zelle habe ich inzwischen weitere Versuche angestellt, über welche ich in den nachstehenden Zeilen einiges vorläufig berichten möchte, da die ausführliche Veröffentlichung wegen mehrerer noch nicht abgeschlossener, und deshalb hier auch nicht erwähnter Fragen vermutlich noch etwas auf sich warten lassen wird.

Die neuen Untersuchungen bezogen sich vornehmlich auf das Verhalten der zelleigenen Kolloide, von denen ich bisher nur die Enzyme etwas eingehender behandelt habe[1]), und besonders der Säuren und Basen, und zwar auch nichtkolloider.

1. Die in den meisten Pflanzenzellen nachweisbare, auch in viel Wasser dauernd erhalten bleibende saure Reaktion des Zellsaftes läßt sich durch die Permeabilität der Oberflächenhäute des Protoplasmas nicht erklären, sondern steht im Widerspruch zu ihr, da diese für Säuren leicht durchlässig sind. PFEFFER[2]), der diese Schwierigkeit zuerst hervorhob, suchte ihr durch die Heranziehung der sauren Salze zu entgehen. Doch können auch diese den Widerspruch nicht beseitigen. Denn auch sie müssen dann $H^{\cdot}$-Ionen abspalten. Nehmen wir etwa das saure Salz einer zweibasischen Säure vom Typus des sauren Kaliumsulfats, so haben wir für hohe Verdünnungen das Dissoziationsschema: $KHSO_4 \rightleftarrows K^{\cdot} + HSO_4{}' \rightleftarrows K^{\cdot} + H^{\cdot} + SO''_4$. Die freien $H^{\cdot}$-Ionen müßten aber gemäß ihrer enormen Diffusionsgeschwindigkeit sogleich mit einer äquivalenten Menge irgendwelcher (z. B. organischer), stets im Zellsaft vorhandener Anionen, d. h. also unter Innehaltung des elektrochemischen Gleichgewichtes, in Form freier Säure exosmieren, und zwar müßte, gleiche Permeabilität vorausgesetzt, zunächst das Anion mit der größten Wanderungsgeschwindigkeit mit austreten.

---

1) „Zur chemischen Organisation der Zelle" (Biol. Centralbl. XXXIII, 1913, S. 337—851).

2) Vgl. z. B. Pflanzenphysiologie, 2. Aufl., I, S. 491.

Es ist ja aus der Elektrochemie bekannt, daß bei der gemeinsamen Diffusion zweier Elektrolyte, von denen das eine ein beweg-
licheres Anion, das andere ein schnelleres Kation hat, der Erfolg in
einer Trennung der ursprünglichen Salze und im Vorauswandern
der entsprechenden Komponenten besteht, woraus sich, z. B. bei
der Messung von Einzelpotentialen durch geeignete Wahl der
Bezugselektrode, eine einfache Methode zur Verminderung von
Flüssigkeitspotentialen ergibt.

Es braucht nicht ausgeführt zu werden, daß natürlich auch
hochkolloide saure Salze und Säuren hier nicht weiter helfen, da
es ja nur auf den abdissoziierten, iondispersen H˙ ankommt. Und
die analogen Überlegungen werden vice versa auch für alkalische
Zellsäfte zu gelten haben, wie sie in Siebröhren und manchen
anderen Zellen angetroffen werden, sofern dort mit irgendwelchen
Kationen entsprechende exosmierfähige freie Basen entstehen können.

Die Frage, ob auch andere Stoffe sich so verhalten, d. h. ob
die Zelle sie als solche, trotz bestehender Permeabilität, festzuhalten vermag, sei dahingestellt und muß einer eingehenderen Erörterung vorbehalten bleiben.

Jedenfalls haben wir mit, wie man sieht, zwingender Notwendigkeit solche Fähigkeiten anzunehmen. Welche Mittel für
diese dienen, darüber können vorläufig nur vage Hypothesen
bestehen. Daß ein Anlagerungsvermögen unbekannter Art bei
irgend welchen Vakuolenstoffen im Spiel ist, möchte plausibel
erscheinen; einfache chemische Bindung oder auch das, was man
bisher unter „Adsorption" verstand, käme nicht in Frage. Das
kann hier nur angedeutet werden; ebenso die Möglichkeit, daß
hier dem wohl nie fehlenden Vakuoleneiweiß (von dem wir nicht
wissen, ob es belebt oder unbelebt zu denken ist) eine Rolle zu-
fiele. Bemerkt werden muß dagegen noch, daß Verf. den Gedanken-
gängen von Moore und Roaf[1]), gleich der Mehrzahl der physikalischen Chemiker, ablehnend gegenübersteht, wie seinerzeit näher
zu begründen sein wird.

2. Es wurde versucht, über den Aciditätsgrad in bestimmten
Fällen durch Einführung von Indikatoren in die Zelle Näheres zu
ermitteln. Wegen des „Salzfehlers" und anderer vorläufig unüber-
windlicher Schwierigkeiten konnte indessen nur annähernd ein
Maximalwert der H˙-Konzentration bestimmt werden, der jeden-

---

1) Vgl. z. B. die ausführliche Zusammenfassung von Bottazzi in
H. Wintersteins Handbuch d. vergleichenden Physiologie, Bd. I, 1911,
S. 228 ff.

falls selbst in extremen Fällen nicht erreicht wird. Es betrug nach meinen Messungen diese Ionenconcentration ungefähr $c_H = 8 \cdot n \cdot 10^{-6}$. Die Alkalinitätsgrade dürften allgemein näher am Neutralpunkt $c_H = 0,85 \cdot 10^{-7}$ (18 ^{0} C) liegen.

3. Die Versuche über die Aufnahme einiger zelleigener Kolloide ergaben, daß sie sich der von mir aus dem Verhalten der Farbstoffe erschlossenen Ultrafilterregel fügen; so sind die in Gelatinegelen indiffusiblen Stoffe: Inulin, Glykogen, Dextrin, Kaffeegerbsäure usw. nicht aufnehmbar.

4. Dagegen vermögen entsprechend ihrer geringeren Teilchengröße z. B. Saponin, Protokatechusäure usw., sowie einige kolloide Alkaloide ebenso wie die früher von mir studierten Enzyme zu permeieren.

Das Verhalten der Alkaloide erwies sich als in mehrfacher Beziehung interessant und von den Löslichkeitsverhältnissen und Verteilungskoeffizienten weitgehend unabhängig. Da über die Dispersität ihrer Lösungen aus der Literatur nichts Näheres zu ermitteln war, wurden eigene Untersuchungen hierüber angestellt. Ohne auf meine Methoden hier einzugehen, erwähne ich nur, daß die freien Basen Curarin, Solanin, Bulbocapnin, Lycoctonin, Berberin, Veratrin, Brucin usw. sich durch niedrigere Dispersität auszeichnen. Die Salze verhalten sich meist anders, ihre wässerigen Lösungen enthalten nur insofern kolloide Teilchen, als sie hydrolytisch aufgespalten sind.

Für die Aufnahme in die Zelle kommen nur die hydrolytisch abgespaltenen Basenanteile in Frage. Ich habe die Salze verschieden starker Säuren untersucht und bei den einzelnen Basen den Hydrolysengrad der verschiedenen Verdünnungen aus den Affinitätskonstanten berechnet, wobei sich eine weitgehende Übereinstimmung mit den Versuchsresultaten ergab.

5. Dagegen ist die von OVERTON[1]) ausgesprochene These von der Bedeutung der Stärke der Basen irrig. Vielmehr ist ebenso, wie der Kolloidgrad auch die Aufnehmbarkeit von dieser unabhängig. So sind unter den oben genannten Alkaloiden u. a. das Curarin und Lycoctonin zweifellos Ammoniumbasen. Beide permeieren sehr rasch. Noch extremer liegt der Fall beim Spartein, ebenfalls einer quaternären Stickstoffbase. Ihre Affinitätskonstante muß, da kein Niederschlag mit $^n/_{10}$-Borax mehr erfolgt[2]), noch höher

---

1) Ztschr. f. physik. Chem., XXII, 1897, S. 189.
2) Vgl. E. VELEY, Journ. Chem. Soc. 95, 1909, 758.

als $10 \cdot 10^{-4}$ liegen, also noch wesentlich größer als die des Ammoniaks ($k = 2,7 \cdot 10^{-5}$ bei 15 ⁰ C) sein. Trotzdem permeiert die freie Base mit größter Geschwindigkeit. (Sofortiger Niederschlag in Spirogyren noch bei der Verdünnung $0,5 : 10^6$.) Das Sparteinhydrochlorid dagegen ergibt selbst in 0,1 proz. Lösung mit Spirogyren infolge der praktisch unmeßbar geringen Hydrolyse und trotz der außerordentlichen Reaktionsschärfe keinen Niederschlag mehr. Auch das Verhalten des Berberins könnte hier angeführt werden.

6. Auch mit Farbstoffen wurden noch einige Versuche, die meine früheren Mitteilungen ergänzen werden, durchgeführt, so besonders über sehr rasche Speicherungen sulfosaurer Salze und die Rolle der Zellhaut hierbei, die nur bei unkritischer Untersuchung die Ultrafilternatur der Plasmagrenzhäute verdecken kann.

Sitzung vom 30. Dezember 1913.

Vorsitzender: Herr G. HABERLANDT.

Als ordentliche Mitglieder werden vorgeschlagen die Herren
Lange, Reinhold aus Hagen, z. Z. Botan. Institut der Universität in
Münster i. W. (durch C. CORRENS und F. TOBLER),
Nilsson, Dr. Heribert in **Landskrona** (Schweden) (durch E. BAUR
und G. HABERLANDT),
van Iterson, Gr. G. in **Delft** (Holland) (durch M. W. BEIJERINCK
und S. SCHWENDENER),
Tokugawa, Dr. Y. Marquis in **Tokyo,** Azabu, Fujimicho 33 (durch
M. MIYOSHI und K. SHIBATA),
Schips, Dr. Martin in **Schwyz** (durch A. URSPRUNG und E. JAHN).

Als ordentliche Mitglieder werden proklamiert die Herren
Farenholtz, Dr. H. in **Münster i. W.,**
Tjebbes, Dr. K. in **Hilleshögs Nygård** b. Landskrona,
Bredemann, Dr. G. in **Berlin-Schöneberg.**

Der Vorsitzende macht Mitteilung von dem Resultat der
Wahlen für das Jahr 1914, die nach § 22 der Satzungen vor-
genommen waren. Im ganzen sind 245 gültige Stimmzettel ein-
gelaufen; die Öffnung· und Zählung der Stimmzettel war durch
Herrn P. CLAUSSEN und den Sekretär erfolgt. Auf die einzelnen
Herren fielen 235 bis 243 der abgegebenen Stimmen.

Ergebnis: Präsident: A. ENGLER-Berlin.
Stellvertreter des Präsidenten: K. V. GOEBEL-München.
Ausschußmitglieder:

H. AMBRONN-Jena.	M. MÖBIUS-Frankfurt a. M.
M. BÜSGEN-Hann.-Münden.	C. WEHMER-Hannover.
L. DIELS-Marburg a. L.	A. ZAHLBRUCKNER-Wien.
O. DRUDE-Dresden.	H. KLEBAHN-Hamburg.
FR. V. HÖHNEL-Wien.	C. MEZ-Königsberg.
E. FISCHER-Bern.	K. GIESENHAGEN-München.
G. BECK V. MANNAGETTA-Prag.	H. FITTING-Bonn.
H. DINGLER-Aschaffenburg.	

Herr LINDNER legte eine Anzahl Photogramme vor von
Querschnitten durch ein junges Gerstenkorn, in dem eben die Anlage der Aleuronschicht erfolgt war, um entgegen den Behauptungen PEKLOS in Heft 8 der Berichte, nach denen die Aleuronschicht durch Pilzwucherungen zustande kommen soll, auf die Abwesenheit jeder Spur eines Pilzes in den jungen Aleuronzellen
aufmerksam zu machen. Die Schnitte waren an frischem Material
mit dem Rasiermesser aus freier Hand gemacht worden.

Zum Vergleich war bei derselben Vergrößerung ein Bild
von *Lolium temulentum* mit der Pilzhülle um die Aleuronschicht angefertigt worden.

Andere Bilder bezogen sich auf ein eigenartiges Zusammenleben von Älchen, Pilzen und Bakterien in alten feucht gehaltenen Bierfilzen. Die Pilzmasse bestand zum großen Teil aus
Zellen der *Prototheca Zopfii* Krüger und einer nicht genauer bestimmten *Penicillium*-Art. Die *Prototheca*-Zellen waren in den
meisten Fällen ganz von einer Bakterienhülle umgeben, deren Elemente offenbar von den Stoffwechselprodukten der *Prototheca* sich
nähren. Durch mechanische Ursachen, wie durch die Älchen-
bewegungen werden oft die Hüllen abgestreift und erscheinen
dann wie leere Beutel im Präparat. Die *Prototheca*-Zellen nehmen
anscheinend von der auf ihr schmarotzenden Bakterie keinen
Schaden, denn sie sahen durchweg sehr gesund aus. Eine Anzahl
solcher Bilder sind in der Wochenschrift für Brauerei Nr. 41 1913
veröffentlicht. Die *Prototheca* und die Älchen stammen nicht aus
dem Bier, sondern sind wohl durch Insekten von gärenden
schleimflußkranken Bäumen auf die feuchten Bierfilze, die aus der
Greizer Waldgegend eingesandt waren, gelangt.

Schließlich wurden noch die eigenartigen dendritischen Bildungen, welche Älchen an Glasflächen erzeugen, an denen sie
hochklettern, durch Bilder demonstriert, die direkt auf Gaslichtpapier gewonnen waren. Über „Kletternde Älchen" hat F. LUDWIG,
Greiz, bereits in der Deutschen Entomologischen Nationalbibliothek
II, 1911, Nr. 6 eine kurze Mitteilung gebracht. Da die Älchen
sehr schnelle Bewegungen ausführen, kann nur eine Momentauf-
nahme scharfe Schattenbilder auf dem während der Aufnahme an
das Kulturgefäß angelegten Gaslichtpapier ergeben. Die vor-
gezeigten Bilder, die ohne photographischen Apparat bei einer
Einwirkung von Bogenlicht während der Zeitdauer von $1/90$ Sekunde hergestellt waren, zeichneten sich durch große Schärfe aus.
Vortragender wies darauf hin, wie man auch bei Oscillarien, Diatomeen, Schleimpilzen oder dgl., sofern sie an Glaswänden hoch-

kriechen, durch wiederholte Aufnahmen den Fortgang der Bewegung der Massen in der gleichen Weise leicht bildlich festlegen könnte.

Insbesondere sind solche Aufnahmen da angezeigt, wo es sich um krumme Glasflächen handelt, die auf der photographischen Platte nur in perspektivischen Größenverhältnissen erscheinen würden. Auf dem mit der Hand dem Gefäß angepreßten Gaslichtpapier erscheint dagegen die krumme Fläche auf eine Ebene projiziert.

Wie von Älchen hat Vortragender auch von Kornkäfern, Essigfliegen, Gerstenähren u. dgl. auf Gaslichtpapier sehr hübsche lehrreiche Schattenbilder bekommen, die er gleichfalls vorlegte.

Mitteilungen.

77. P. Boysen-Jensen: Über die Leitung des phototropischen Reizes in der Avenakoleoptile.

(Mit 6 Abbildungen im Text.)
(Eingegangen am 29. November 1913.)

Die ersten Versuche über die Reizleitungsbahnen in der Avenakoleoptile sind von ROTHERT[1]) angestellt worden. Er fand, daß die Reizleitung von der beleuchteten Spitze zu dem verdunkelten Basalteil nicht unterbrochen wird, selbst wenn die Gefäßbündel in der Koleoptile durchschnitten werden; er schloß daher, daß die Reizleitung sich in dem Parenchym des Grundgewebes fortpflanzen kann. Später hat FITTING[2]) sehr eingehend dieselbe Frage untersucht und dabei gefunden, daß die Reizleitung durch einen queren Einschnitt nicht aufgehoben wird, wie auch dieser Einschnitt im Verhältnis zur Lichtrichtung orientiert sein mag. FITTING folgerte aus seinen Versuchen, daß die Reizleitung sich allseitig in den lebenden Zellen fortpflanzt.

Als ich 1909 diese Versuche in dem botanischen Institut zu Leipzig wiederholte, kam ich zu einem etwas abweichenden Er-

1) ROTHERT, Über Heliotropismus. COHNs Beitr. z. Biol. d. Pfl. 7, 1896.
2) FITTING, Die Leitung tropistischer Reize in parallelotropen Pflanzenteilen, PRINGSHEIMs Jahrb. 44, 1907.

gebnis, indem ich fand, daß ein Einschnitt auf der Vorderseite
der Koleoptile (im Verhältnis zur Lichtrichtung) die Reizleitung
nicht verhinderte, während ein Einschnitt auf der Hinterseite
unter gewissen Bedingungen die Reizleitung aufheben konnte.
Ich folgerte daher, daß dio Reizleitung auf der Hinterseite der
Koleoptile stattfindet[1]). In den Versuchen von FITTING, wo der
Einschnitt auf der Hinterseite der Koleoptile angebracht war, hatte
nach meiner Meinung die Reizleitung sich über den Einschnitt
fortgepflanzt.

Dieser Ansicht ist später von VAN DER WOLK[2]) entgegen-
getreten worden. Leider ist seine Arbeit sehr wenig detailliert.
Einem Briefe an den Verfasser zufolge ist VAN DER WOLK durch
eine Berufung nach Buitenzorg an der Publikation einer ausführlichen Mitteilung verhindert worden.

Ich habe nun neue Versuche über diese Frage angestellt.
Die *Avena*keimpflanzen wurden wie früher einzeln in Präparaten-
gläsern bei 13–14° kultiviert (vgl. BOYSEN-JENSEN 1911 S. 8).
Die Verdunkelung des Basalteils wurde mit den an demselben
Ort beschriebenen Schirmen bewerkstelligt. Die Schirme waren
auch oben durch einen Deckel verschlossen, so daß nur die Spitze
der Koleoptile frei war.

Versuche mit Abschneiden und Aufsetzen der Spitze.

Ehe ich auf die Ansichten von VAN DER WOLK näher eingehe, möchte ich einige meiner Versuche, die VAN DER WOLK
nicht nachgemacht hat, besprechen. Ich hatte gefunden, daß man
die Spitze der Koleoptile abschneiden und wieder aufsetzen konnte
und dennoch durch einseitige Beleuchtung der Spitze eine positiv
phototropische Krümmung im Basalteile hervorrufen konnte. Diese
Versuche habe ich aufs neue wiederholt und zwar wieder mit positivem Ergebnis.

Fig. 1[3]) stellt eine solche Versuchsreihe dar. Bei 3 Pflanzen
wurde die Spitze abgeschnitten und wieder aufgesetzt. (Die Methodik bei dieser Operation ist in der zitierten Abhandlung beschrieben.) Die Pflanzen wurden bei einseitiger Spitzenbeleuchtung 6½ Stunden in dampfgesättigtem Raum (unter Glasglocke)

1) BOYSEN-JENSEN, La transmission de l'irritation phototropique dans
l'Avena. Acad. royale de Danemark. Bull. 1911.

2) VAN DER WOLK, Investigation of the transmission of light stimuli in
the seedlings of *Avena*. Kon. Akad. Wet. Amsterdam 1911.

3) Diese und die folgenden Figuren stellen immer ganze Versuchsreihen
dar; es sind keine Pflanzen entfernt worden.

hingestellt. Gleichzeitig wurde bei 2 Kontrollpflanzen die Spitze abgeschnitten und die Pflanzen (mit Schirmen) neben den Versuchspflanzen angebracht. Aus der Figur sieht man, daß die drei Versuchspflanzen alle unter der Operationsstelle positiv phototropisch gekrümmt sind; die Kontrollpflanzen dagegen sind ganz ge-

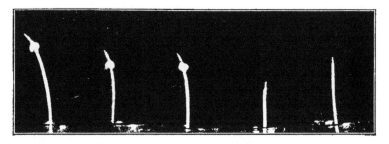

Fig. 1.

rade. (Die Operationsstelle ist durch den Ring von Kakaobutter, mit dem die Wunde umgeben wird, markiert.)

Auch bei der geotropischen Krümmung kann man in derselben Weise eine Reizleitung über eine Wunde hinweg konstatieren. Bei 2 Pflanzen wurde die Spitze abgeschnitten und wieder aufgesetzt, bei 2 Kontrollpflanzen wurde die Spitze nur abgeschnitten. Alle 4 Pflanzen wurden im Dunkelraum nebeneinander 7 Stunden

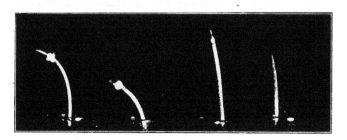

Fig. 2.

horizontal gelegt. Aus Fig. 2 geht hervor, daß die Kontrollpflanzen nur sehr schwach, die Versuchspflanzen aber sehr stark negativ geotropisch gekrümmt sind.

Die erwähnten Versuchsergebnisse lassen sich wohl nur so deuten, daß eine Reizleitung sich von der Spitze zum Basalteil fortpflanzen kann, selbst wenn die Spitze abgeschnitten und wieder

aufgesetzt ist. Der Reiz muß sich somit über eine Wunde fortpflanzen können. Wenn aber dieses richtig ist, so wird es einleuchtend, daß man bei den Einschnittsversuchen, die ich nun erwähnen werde, sehr vorsichtig sein muß, damit die Reizleitung nicht
über den Einschnitt hinweg stattfindet.

Einschnittsversuche in dampfgesättigtem Raum.

Wie schon gesagt, hatte ich gefunden, daß ein Einschnitt
auf der Vorderseite der Koleoptile die Reizleitung nicht verhindert,
während ein Einschnitt auf der Hinterseite die Reizleitung aufheben kann. In beiden Fällen müssen Glimmerplättchen in den
Einschnitten angebracht werden, um eine Reizleitung über die Wunde
zu verhindern. Ich folgerte daher, daß die phototropische Reizleitung sich auf der Hinterseite der Koleoptile fortpflanzt. In
Übereinstimmung mit FITTING behauptet nun VAN DER WOLK,
daß die Reizleitung sich durch alle lebenden Zellen fortpflanzen
kann. Wenn ich bei Einschnitten auf der Hinterseite der Koleoptile keine Reizleitung beobachten konnte, läßt sich dieses nach
VAN DER WOLK dadurch erklären, daß die positiv phototropische
Krümmung durch eine nach hinten gerichtete traumatotropische
Krümmung kompensiert wird und sich daher nicht manifes-
tieren kann.

Durch eine Abänderung meiner Versuchsmethodik versucht
nun VAN DER WOLK zu zeigen, daß eine Reizleitung stattfinden
kann, selbst wenn die Reizleitung auf der Hinterseite unterbrochen
wird. Der Einschnitt auf der Hinterseite wurde in seinen Versuchen nur durch die Koleoptile und nicht in das Laubblatt geführt, in dem Einschnitt wurde ein halbzirkelförmiges Stanniolblättchen angebracht. Bei einseitiger Beleuchtung der Spitze trat
dann eine positiv phototropische Krümmung im Basalteil ein.

Ich bezweifle nicht, daß VAN DER WOLK die positiven Krümmungen beobachtet hat, aber ich muß hinzufügen, daß seine Versuchsmethodik gar keine Garantie dafür gibt, daß die Reizleitung
auf der Hinterseite wirklich unterbrochen ist. In dampfgesättigtem
Raum werden die Einschnitte bald mit Wasser gefüllt. Werden
die Stanniolblättchen auch nur eine Kleinigkeit verschoben (und
das läßt sich nicht verhindern), so ist die Möglichkeit für eine
Reizleitung über die Wunde, die sich, wie schon gesagt, leicht bewerkstelligen läßt, gegeben. Nur wenn etwa $2/_3$ der Koleoptile
(und des Laubblattes) durchschnitten werden, so daß ein eingescho-
benes Glimmerplättchen über die Hälfte des Koleoptilenquerschnittes
bedeckt, ist eine Reizleitung über die Wunde ausgeschlossen. Und

daß. Einschnitte von dieser Tiefe die Krümmungsfähigkeit des Basalteiles nicht aufheben, sieht man daraus, daß man, wenn die Einschnitte auf der Vorderseite angebracht werden, schöne phototropische Krümmungen erhält. Dies geht aus dem folgenden Versuche hervor.

VAN DER WOLK legt stark Gewicht darauf, daß die verwundeten Pflanzen so wenig wie möglich in trockener Luft verweilen. Bei den folgenden Versuchen sind daher die Operationen in einem nicht geheizten Dunkelzimmer mit einer Feuchtigkeit von ca. 75 pCt. und einer Temperatur von 13—14 ⁰ ausgeführt. Gleich nach der Operation wurden die Pflanzen mit den allseitig verschlossenen Lichtschirmen umgeben, so daß der Basalteil mit der Wunde sich sehr bald in dampfgesättigtem Raum befand. Hinterher wurden die Pflanzen unter Glasglocken exponiert. In dieser Weise wurden 6 Pflanzen mit Einschnitten und Glimmerplättchen

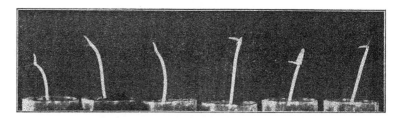

Fig. 3.

versehen. 3 wurden mit dem Einschnitte nach vorne, und 3 mit dem Einschnitt nach hinten exponiert. Fig. 3 stellt das Aussehen der Pflanzen nach 7 Stunden dar. Bei den Pflanzen mit dem Einschnitt auf der Vorderseite sind starke positiv phototropische Krümmungen im Basalteil eingetreten, bei den anderen dagegen nicht. Es geht aus der Abbildung hervor, daß die Spitze durch das Wachstum des Laubblattes ziemlich stark verschoben wird. Während der Exposition werden die Spitzen aber durch die Schirme in ungefähr normaler Weise erhalten. Erst wenn die Schirme entfernt werden, werden die Spitzen nach hinten resp. nach vorne verschoben.

Um dieses Ergebnis zu beurteilen, muß man die exponierten Pflanzen mit Kontrollpflanzen vergleichen. 5 Pflanzen wurden mit einem Einschnitte versehen und 7 Stunden lang in dampfgesättigtem Raum hingestellt. Fig. 4 ist eine Photographie dieser Pflanzen. Der Einschnitt befindet sich rechts. Ein Vergleich zwischen den Kontrollpflanzen und den Versuchspflanzen zeigt sofort, daß die schwache traumatropische Krümmung, die man bei den Kontrollpflanzen beobachtet, sich auch bei den hinten verwundeten Versuchspflanzen wieder findet, und daß man somit in diesem Falle keine Reizleitung beobachten kann. Bei den auf der Vorderseite verwundeten Versuchspflanzen kann man dagegen eine starke Reizleitung konstatieren.

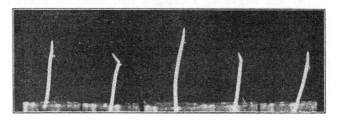

Fig. 4.

Daß der Basalteil der Koleoptile nicht durch den Einschnitt so geschädigt ist, daß er sich von dem Einschnitte nicht hinweg krümmen kann, geht aus Fig. 5 hervor. 6 Pflanzen wurden mit einem Einschnitte versehen, bei 3 wurde ein Glimmerplättchen in den Einschnitt geschoben; alle Pflanzen wurden mit dem Ein-

Fig. 5.

schnitt nach hinten exponiert. Aus der Figur geht hervor, daß die Pflanzen mit Glimmerplättchen sich nicht phototropisch gekrümmt haben, während die Pflanzen ohne Glimmerplättchen schöne phototropische Krümmungen aufweisen. Im letzteren Falle pflanzt sich der Reiz über die Wunde fort. Der Basalteil der Koleoptile ist somit krümmungsfähig; wenn er sich bei den Pflanzen mit Glimmerplättchen nicht krümmt, kann das nur darauf beruhen, daß er nicht gereizt wird.

Dasselbe läßt sich auch in einer andern Weise zeigen. Bei Pflanzen mit Einschnitten und Glimmerplättchen auf der Hinterseite tritt, wie Fig. 3 und 5 beweisen, bei einseitiger Spitzenbeleuchtung keine Krümmung im Basalteil auf. Werden aber die Pflanzen ohne Schirme einseitig beleuchtet, tritt eine positiv phototropische Krümmung im Basalteil ein, weil auch der Basalteil für phototropische Reize empfindlich ist. Es geht somit auch aus diesem Versuche hervor, daß der Basalteil sich krümmt, wenn er wirklich gereizt wird.

Einschnittsversuche in trockener Luft.

In trockener Luft verhalten sich die Avenakeimpflanzen in ganz derselben Weise; wenn der Einschnitt sich hinten befindet, findet keine Reizleitung statt, was immer der Fall ist, wenn der Einschnitt nach vorne zeigt. Es ist in trockener Luft meistens nicht notwendig, Glimmerplättchen zu gebrauchen. Die Einschnitte trocknen bald aus, wodurch eine Reizleitung über die Wunde unmöglich gemacht wird.

Wie der Verfasser findet auch VAN DER WOLK, daß Pflanzen mit Einschnitt auf der Hinterseite sich nicht phototropisch krümmen. In Übereinstimmung mit seiner Hypothese behauptet er, daß auch hier die positiv phototropische Krümmung durch eine nach hinten gerichtete traumatotropische Krümmung kompensiert wird. Er sucht dies durch den folgenden Versuch zu beweisen: Es wird ein Einschnitt auf der Vorderseite der Koleoptile angebracht, und die Pflanze wird 8 Stunden lang in dampfgesättigtem Raum hingestellt. Die Koleoptile, die sich anfangs krümmt, ist dann wieder gerade geworden. Dann wird die Pflanze mit einem Einschnitt auf der Hinterseite versehen und die Spitze einseitig beleuchtet. Nach VAN DER WOLK soll dann eine negative Krümmung im Basalteil eintreten, die durch den Einschnitt auf der Hinterseite verursacht wird, indem in diesem Falle die phototropische Reizleitung auf der Vorderseite durch den Einschnitt aufgehoben wird.

Ich möchte meinen, daß dieser Versuch zu verwickelt ist. Nach den Angaben von VAN DER WOLK sollte man bei diesem Versuche folgendes erwarten: 1. eine negative Krümmung, von traumatotropischer Natur, gegen den Einschnitt auf der Hinterseite gerichtet, 2. eine positive Krümmung, ebenfalls traumatotropischer Natur, weil die Pflanze aus dem dampfgesättigten Raum in Zimmeratmosphäre gestellt wird, gegen den Einschnitt auf der Vorderseite gerichtet und 3. eine positiv phototropische Krümmung, weil nach einem anderen Versuche der Reiz um 2 Einschnitte geleitet werden kann. Ich meine, daß man aus diesem Versuche nicht viel schließen kann.

Versuche mit 2 Einschnitten.

VAN DER WOLK hat weiter gefunden, daß der phototropische Reiz sich um 2 gegeneinander gerichtete Einschnitte fortpflanzen kann. Ich habe diesen Versuch wiederholt. Bei 4 Pflanzen wurden Einschnitte und Glimmerplättchen auf der vorderen und hinteren Seite angebracht. Die Pflanzen wurden 17 Stunden exponiert. Das Ergebnis geht aus Fig. 6 hervor: 1 ist gerade, 2 schwach negativ und 1 schwach positiv gekrümmt. Die Krüm-

Fig. 6.

mungen sind alle sehr schwach, wahrscheinlich traumatotropischer Natur. Von einer Reizleitung kann in keinem Falle gesprochen werden.

Das Ergebnis meiner Versuche ist dasselbe wie früher:

1. Die Reizleitung kann sich über eine Wunde fortpflanzen.
2. Für die Annahme, daß die Reizleitung sich allseitig fortpflanzen kann, sind noch keine Beweise vorhanden. Im Gegenteil spricht alles dafür, daß die Reizleitung in der *Avena*koleoptile lokalisiert ist.

Kopenhagen, Pflanzenphysiologisches Institut der Universität.

78. Bruno Kubart: Zur Frage der Perikaulomtheorie.

(Mit 2 Abbildungen im Text.)

(Eingegangen am 4. Dezember 1913.)

„Die Blätter der höheren Pflanzen sind im Laufe der Generationen aus Thallusstücken wie *Fucus* gegabelter Algen oder doch algenähnlicher Pflanzen hervorgegangen, dadurch, daß Gabeläste übergipfelt und die nunmehrigen Seitenzweige zu Blättern (im weiteren Sinne zunächst zu Urblättern) wurden. Die übergipfelnden Stücke werden zu Achsen (Urkaulomen, Zentralen)."[1])

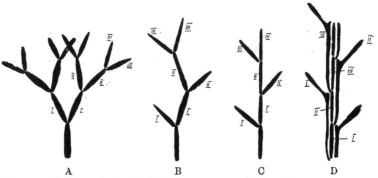

A   B   C   D

Abb. 1. Phylogenetische Entwicklung einer höheren Pflanze D aus einer Gabelalge A nach H. POTONIÉ.

Mit dieser Übergipfelungstheorie (Gabeltheorie) ist es POTONIÉ in ausgezeichneter und paläontologisch wohl zu begründender Weise gelungen, die Entwicklung einer höheren Pflanze, deren Differenzierung in Stamm und Blatt zu erklären. Die Figuren A—C in Abbild. 1 lassen diese Ausführungen noch klarer erscheinen.

POTONIÉ begnügte sich aber mit diesem Erklärungsversuche noch nicht, er ging weiter: „die Achsen der niederen Pflanzen (Algen) unterscheiden sich von denen der höheren da-

---

1) POTONIÉ H., Ein Blick in die Geschichte der botan. Morphologie und die Perikaulomtheorie. FISCHER, Jena, 1903.

durch, daß an dem morphologischen Aufbau der letzteren die Blattbasen teilnehmen"[1]), wodurch er die Perikaulomtheorie begründete (siehe Fig. D in Abbild. 1).

„Ein Perikaulom entsteht durch das Bedürfnis, einen festen Zylinder für die aufrechten Stengel der zum Luftleben gelangten Wasserpflanzen zu haben; das wird eben in Anknüpfung an das Gegebene am besten durch Verwachsung bzw. Zusammenaufwachsen der Blattbasen — oder ·genauer gesagt — zunächst der Urblattbasen, er. reicht. **Da aber dann diese basalen Teile die Leitung der Nahrung in Richtung der Stammlänge besorgen, wird das ursprüngliche Zentralbündel überflüssig,** dessen schließliches Verschwinden überdies dadurch unterstützt werden muß, daß die mechanische Konstruktion im Zentrum der Stengel fester Elemente, die bei den in Rede stehenden Pflanzen an die Leitbündel geknüpft sind, nicht bedarf[2])."

Läßt sich nun die Perikaulomtheorie paläontologisch ebenso stützen wie die Gabeltheorie?

Auf der heurigen Versammlung deutscher Naturforscher und Ärzte in Wien hatte ich Gelegenheit genommen, über eigene umfangreiche Stammstudien der beiden Cycadofilicineen *Heterangium* und *Lyginodendron* zu berichten. Meine dortigen Ausführungen erscheinen v o r Publikation der ganzen Arbeit an anderer Stelle[3]). Diese Untersuchungen ermöglichen es mir, den Stammbau der Gymnospermen in lückenloser Reihe bis auf die Protostele zurückzuverfolgen. Nicht nur bei tiefstehenden fossilen Formen finden wir Protostelenbau des Stammes, auch das Auftreten der Protostele in Keimlingen rezenter Farne deutet auf das Ursprüngliche dieser Konstruktion hin.

Die Protostele, das ursprüngliche Zentralbündel, wie POTONIÉ sagt, verschwindet nun im Laufe der Phylogenese. Es bildet sich zentral ein Mark aus, peripher differenzieren sich immer deutlicher die Primärbündel, welche die Blattspurstränge abgeben.[4]) Die Urprimärbündel sind ja ebenfalls Protostelen gewesen und nach der Gabeltheorie alle einander, d. h. in den einzelnen Gabeln gleichwertig. Infolge der Blattbildung haben diese so manche Umprägung erfahren müssen, aber im Blattstiele vieler Typen, z. B.

---

1) Ebendort.

2) POTONIÉ H., Grundlinien der Pflanzenmorphologie. FISCHER, Jena, 1912.

3) Österreichische bot. Zeitschrift, 1913/14.

4) Siehe meine unter 3 erwähnte Publikation.

Heterangium und *Lyginodendron*, nehmen sie noch immer „Proto-stelen"bau an.

Gleichen Schritt mit dieser Umbildung der Protostele finden wir nun bei jenen Farntypen, die zu Gymnospermen werden sollen, noch zwei weitere Umprägungen.

Vor allem wandert das Protoxylem von seiner ursprünglich wohl exarchen Lage nach innen, wir erhalten mesarchen und end-lich endarchen Bau der Primärbündel (Abbild. 2). Beim endarchen Typ ist das zentripetale Holz verschwunden, das zentrifugale Holz in Gestalt der Übergangszone (Netz-Leitertracheiden) bei Cor-daiten und Coniferen erhalten. Zugleich ist aber eine Neu-

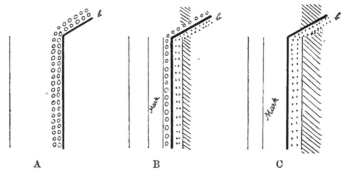

A   B   C

Abb. 2. Radialschnitt durch eine exarche Protostele (A), mesarche (B) und endarche (C) Siphonostele. Der Klarheit wegen ist jedesmal nur die eine Hälfte des Schnittes ausgezeichnet. Jede Stele gibt einen Blattspurstrang (b) ab. (Original.)

 zentripetales Holz, | Protoxylem, ⁺ᴸ zentrifugales Holz,

Sekundär-Holz.

bildung eingetreten, die Bildung des Sekundärholzes. Dieses hat die „Leitung der Nahrung in der Richtung der Stamm-länge" wie auch die mechanische Konstruktion des Stammes über-nommen.

Bei Farnen, die auch weiter Farn geblieben sind, besorgen die anastomosierenden Reste der Primärbündel die Nahrungs-leitung, die mechanische Konstruktion besorgen mechanische Mäntel im Rindenbau wie bei alten Typen (man denke nur an *Osmunda*).

Eine Funktion der Blattstielbasen, wie sie die Perikaulom-theorie erfordert, gibt es nicht und gab es nie, womit diese auch in sich selbst zusammenfällt. Wenn auch die Blattspurstränge — die einstigen Protostelen — nach ihrer Ablösung vom Primär-bündel einige Zeit in der Rinde ansteigen, bis sie in den freien Blattstiel übertreten, also der ursprüngliche Blattstiel auch ein Stück mit dem Stamme vereinigt sein mag, so haben diese basalen Blattstielteile nie jene Funktion besessen, die ihnen die Perikaulom-theorie zuschreibt.

Es besteht für mich kein Zweifel, daß diese Ausführungen auch für die *Equisetales* und *Lycopodiales* gelten. Ich will jedoch den Rahmen dieser Mitteilung nicht überschreiten, zumal ich in meiner Monographie, die mich zu diesen Gedanken angeregt hat, ohnedies hierauf zurückkommen werde. Immerhin glaube ich, be-reits hier genügend ausführlich darauf hingewiesen zu haben, daß die Perikaulomtheorie paläontologisch nicht haltbar ist, daß aber mit der Gabeltheorie (Abbild. 1, A—C) und den von mir angeschlossenen Ausführungen (Abbild. 2) eine völlig un-gekünstelte Erklärung der stattgefundenen Umwand-lungen des Urstammes möglich ist.

Graz, im November 1913.

Institut f. system. Botanik a. d. Universität.

---

79. Raoul Combes: Untersuchungen über den chemischen Prozeß der Bildung der Anthokyanpigmente.

(Erste Mitteilung: Experimentelle Darstellung eines Anthokyans, das mit dem sich im Herbst in den roten Blättern bildenden identisch ist, ausgehend von einer aus den grünen Blättern extrahierten Verbindung.)

(Eingegangen am 5. Dezember 1913.)

Seit den ersten Beobachtungen durch SENEBIER, vor mehr als hundertundzwanzig Jahren, über einen Farbstoff, der in der Epidermis der *Cyclamen*-Blätter enthalten ist, wurde eine be-deutende Zahl von Arbeiten veröffentlicht über den Mechanis-mus der Färbung der Blumen, Früchte, Blätter, Stengel und sogar selbst der Wurzeln durch das rote, violette oder blaue Pigment.

Die ersten Experimentatoren erforschten besonders den Einfluß der äußeren wirkenden Kräfte auf den Prozeß der Farbstoffbildung und konnten dadurch feststellen, welche äußeren Bedingungen zur Bildung des Pigments am günstigsten sind. Erst viel später wagten sich die Physiologen an ein Problem, zu dessen Lösung Methoden nötig waren, die sowohl schwer zu finden, als auch anzuwenden waren, und versuchten, ganz genau festzustellen, welche inneren Bedingungen die Pigmentbildung begünstigen. Diese neuartige Reihe Untersuchungen führte zum Studium der chemischen Umwandlungen, die in den Pflanzenzellen die Farbstoffbildung der Anthokyangruppe begleiten.

Allem Anschein nach sollte die Arbeitsart darüber Aufschluß geben, was in der Zelle selbst vor sich geht im Augenblicke des Entstehens des Pigments, und uns die Möglichkeit geben, in den innersten Mechanismus der Pigmentbildung einzudringen. Diese Studien über den Einfluß des Zuckers auf die Bildung anthokyanischer Pigmente, die mit den Untersuchungen OVERTONs (herausgegeben im Jahre 1899) beginnen, ergaben jedoch bis heute keinen einzigen unbestreitbaren Fall betreffs des chemischen Prozesses der Pigmentbildung. Zahlreiche Hypothesen wurden aufgestellt; doch keine Tatsache wurde festgestellt. Wir kennen eine gewisse Zahl von Umwandlungen, welche in der Zelle den Pigmentationsprozeß begleiten. KRAUS hat gezeigt, daß sich während des Prozesses die aromatischen Verbindungen in den Organen anhäufen, MIRANDE hat festgestellt, daß die Anzahl der Gerbstoffe, der Glukose, der Oxydasen in den gefärbten Geweben größer ist als in den anthokyanfreien. Ich selbst habe die Umwandlungen hervorgehoben, die in allen Kohlenhydraten entstehen, sowie die Modifikationen des Gas-Austausches.

Dies alles gibt uns über den Prozeß Aufschluß, welcher zugleich mit der Anthokyanbildung auftritt; nichts aber hat uns bis jetzt erlaubt, einen bestimmten Zusammenhang zwischen irgendeinem dieser Prozesse und der Pigmentation festzustellen. Man weiß zum Beispiel, daß sich beim Entstehen der Pigmente die löslichen Kohlenhydrate in den Geweben anhäufen und daß der Oxydationsprozeß heftiger wird; doch keine Tatsache kann angegeben werden, um die Behauptung zuzulassen, daß die Anlagerung der löslichen Kohlenhydrate oder die Beschleunigung der Oxydation einen integrierenden Teil der gesamten chemischen Umwandlungen bildet, aus denen sich der Pigmentationsprozeß zusammensetzt; es ist allerdings möglich, daß die in Frage stehende Anlagerung und Beschleunigung die Gesamtheit der Transformationen

hervorruft, oder auch nur die Farbstoffbildung begleitet, ohne daß
irgendein Zusammenhang zwischen diesen verschiedenen Prozessen
besteht.

Verschiedene Autoren sowie auch ich haben mehrere Hypothesen aufgestellt, welche auf den oben genannten Tatsachen basieren und einen Zusammenhang zwischen der Pigmentation und
den verschiedenen eben erwähnten Modifikationen der Chemie der
Zelle voraussetzen; aber ich hebe noch einmal hervor, daß es nur
lauter Hypothesen sind. Während wir dank den Arbeiten von
POLITIS, GUILLIERMOND und PENSA schon ganz genaue Kenntnis vom morphologischen Standpunkt aus über die Genesis des
roten, violetten und blauen Pigments besitzen, müssen wir uns hier
auf Hypothesen beschränken und können kein einziges rein positives Ergebnis anführen bezüglich des chemischen Mechanismus
dieser Bildung.

Nach meinen Untersuchungen[1]) über die Veränderungen der
Kohlenhydrate und über die Natur des Gasaustausches in den
Pflanzen im Laufe der Pigmentation wurde ich auf den Gedanken
gebracht, daß das Studium der Erscheinungen, welche die Bildung
des Anthokyanpigments begleiten, an sich wenig geeignet war,
um bis zur Entdeckung des Mechanismus dieser Bildung zu führen;
und ich versuchte, die Pigmentation selbst, nicht mehr die sie be-
gleitenden Erscheinungen zu studieren.

Meine ersten Untersuchungen betrafen die Blätter, insbesondere
die Blätter der „Ampelopsis hederacea", welche fast während des
ganzen Wachstums grün sind und sich im Herbst, bevor sie abfallen, rot färben.

Entweder ist die Farbstoffbildung in den Blättern das Resultat einer Modifikation des ununterbrochenen Prozesses, der in den
Blättern während der ganzen Dauer ihres Lebens stattfindet und zwar
der Modifikation, welche bestimmt wird, durch einen äußeren Einfluß
(wie Erniedrigung der Temperatur, Erhöhung der Beleuchtung),
oder durch einen inneren (wie Anhäufung löslicher Kohlenhydrate),
— oder die Bildung der Pigmente ist für das Blatt ein neuer Prozeß, der erst unter der Wirkung innerer und äußerer Einflüsse
entsteht, die ich eben anführte; dieser Prozeß würde dann mit
keinem andern im normal lebenden Organ verglichen werden
können.

---

1) RAOUL COMBES, Rapports entre les composés hydrocarbonés et la
formation de l'anthocyane (Annales des Sciences naturelles, 9e série. Botanique
Tome IX, pages 275—303, 1909).

Ist die Pigmentation das Resultat der Änderung eines kontinuierlichen Prozesses, so ist die Vermutung gestattet, daß, wenn der modifizierte Prozeß zur Bildung eines Anthokyanstoffes führt, der nicht modifizierte Prozeß während der ganzen Dauer des regelmäßigen Wachsens des Blattes zur Bildung eines anderen Stoffes führen muß, der vielleicht dem Anthokyan ähnlich ist. Folglich muß man in den normalen grünen Blättern im Inneren der Zellen, die später Anthokyan enthalten, eine Verbindung finden, die diesem Pigment ähnlich ist. Dagegen, wenn die Pigmentation für das Blatt ein neuer Prozeß ist, der mit keinem andern, unter normalen Lebensbedingungen auftretenden, verglichen werden kann, so wird man unmöglich in den grünen Blättern, im Innern der Zellen, die später das Anthokyan hervorbringen, eine Verbindung finden, die diesem letzten Pigment ähnlich ist. Ich gebrauchte die mikrochemischen Methoden zur Feststellung der Lokalisierung des Anthokyans in den roten Blättern der „*Ampelopsis hederacea*", und zur Untersuchung, ob in den Zellen der grünen Blätter eine dem Anthokyan ähnliche Verbindung vorhanden sei. Diese ersten Untersuchungen erlaubten mir, folgende Tatsachen hervorzuheben[1]):

1. In den roten (im Herbst gesammelten) Blättern der *Ampelopsis* ist das Anthokyan in bestimmten genau gelagerten Zellen enthalten; dieses Pigment kann durch Einwirkung von neutralem Bleiacetat als Niederschlag gewonnen werden in Form einer grünen Bleiverbindung.

2. In den grünen Blättern derselben Pflanze schließen die Zellen, welche denen entsprechen, die im Herbst das Anthokyan enthalten, einen nicht rot gefärbten Stoff ein, der sich durch neutrales Bleiacetat als gelbe Bleiverbindung niederschlägt.

Daraufhin habe ich die Extraktion vorgenommen:

1. des in den roten Blättern enthaltenen Anthokyanfarbstoffes, 2. der wahrscheinlich ähnlichen Verbindung, die vor dem Auftreten des Pigments die Anthokyanzellen in den grünen Blättern erfüllt.

Es gelang mir, beide Verbindungen zu extrahieren, und ich veröffentlichte (im Jahre 1911)[2]), daß ich folgendes isolieren konnte:

---

1) RAOUL COMBES, Recherches microchimiques sur les pigments anthocyaniques. (Comptes rendus de l'Association française pour l'avancement des Sciences. Congrés de Dijon. Pages 464—471, 1911.)

2) RAOUL COMBES, Recherches sur la formation des pigments anthocyaniques (Comptes rendus des séances de l'Académie des Sciences. Tome CLIII, pages 886—889, 1911).

1. aus den roten Blättern der „*Ampelopsis hederacea*": eine Verbindung, die in rosettenförmigen violettroten Nadeln auskristallisiert und sich durch Einwirkung von neutralem Bleiacetat als eine
grüngefärbte Bleiverbindung darstellt.

2. aus den grünen Blättern derselben Pflanzen: eine Verbindung,
die, wie letztere, rosettenförmige Kristallnadeln bildet, deren Farbe
aber gelbbraun ist. Durch Einwirkung von neutralem Bleiacetat
entsteht ein gelber Niederschlag.

Aus diesen Ergebnissen schließe ich, daß unter den zwei eben
erwähnten Hypothesen, bezüglich der Natur des Pigmentations-
prozesses, die erste richtig sein muß: Die Farbstoffbildung wäre
demnach das Resultat der Modifikation eines Prozesses, der im
Blatt, während der ganzen Dauer seines Lebens, kontinuierlich
auftritt, also kein neuer Prozeß, der nicht mit einem der Prozesse
verglichen werden könnte, die in den normal lebenden Blättern
auftreten. Unter normalen Bedingungen wäre das Resultat dieses
ununterbrochenen Prozesses die Bildung einer gelbbraunen Verbindung, die man leicht in den Geweben des Blattes nachweisen
kann, indem man sie durch Einwirkung von neutralem Bleiacetat
als gelbe Bleiverbindung gewinnt. Diese Verbindung, von schwacher
färbender Wirkung, befindet sich in einem chlorophyllreichen
Gewebe und nimmt an der Färbung des Blattes wenig Anteil,
das dank dem Chlorophyllpigment eine grüne Färbung annimmt.
Bei Änderung einiger äußeren oder inneren Bedingungen wird der
Prozeß modifiziert. Sein Resultat wäre nicht die Bildung der gelbbraunen Verbindung, sondern die eines rotfärbenden Stoffes, und
zwar des Anthokyans; dieses Pigment kann in der Zelle als grüne
Bleiverbindung niedergeschlagen sein. Außerdem, sobald die neuen
Bedingungen hergestellt sind, wird sich die gelbbraune Verbindung,
die im Blatt vor der Einwirkung dieser neuen Bedingungen auftrat, in das rote Produkt umwandeln.

Könnte diese Auffassung unbestritten festgestellt werden,
dann wäre in den Blättern der „*Ampelopsis hederacea*" der chemische
Mechanismus erklärt. Für die Untersuchung ergeben sich die vier
folgenden Aufgaben:

1. Die Verbindung, die nicht rot gefärbt ist und in den
grünen Blättern auftritt, rein isolieren.

2. Das Anthokyanpigment der roten Blätter rein isolieren.

3. Die Verschiedenheiten zwischen der chemischen Zusammensetzung und den Eigenschaften der zwei Körper feststellen. Wären
die Verschiedenheiten der zwei Körper bekannt, dann könnte man

erkennen, wie sich in chemischer Hinsicht der erste ändern müßte, um den zweiten zu bilden.

4. Zuletzt: von den chemischen Verschiedenheiten der zwei Körper ausgehend, die nicht rot gefärbte aus den grünen Blättern extrahierte Verbindung in Anthokyan umwandeln, welches mit dem Pigment der roten Blätter identisch ist.

Die künstliche Bildung des Anthokyans auf diese Art verwirklichen, indem man von der nicht rot gefärbten Verbindung der grünen Blätter ausgeht, hieße einen engeren Zusammenhang zwischen den zwei Körpern entscheidend beweisen. und infolgedessen auch zwischen den beiden physiologischen Prozessen, deren Resultat sie sind; es hieße also den Unterschied der Prozesse unbestreitbar hervorheben, und die Art, auf welche der erste modifiziert wird, damit der zweite aufträte. Es hieße also den chemischen Mechanismus der Anthokyanbildung klarstellen.

Teilweise hatte ich den ersten Punkt des Problems gelöst, da ich aus den grünen Blättern der *Ampelopsis* eine gelbbraune Verbindung in rosettenförmigen Nadeln extrahierte, die einige Eigenschaften des Anthokyans dieser Pflanze darbot und sich durch Einwirkung von neutralem Bleiacetat als gelber Niederschlag ergab. Es blieb aber definitiv zu beweisen, daß dies derjenige Stoff ist, der statt des Anthokyans auftritt, wenn das Blatt normal lebt, und wenn die für das Rotwerden notwendigen Bedingungen nicht erfüllt sind. Die Bestätigung, die noch fehlte, um diese Seite der Frage aufzuklären, könnte also erst festgestellt werden, wenn der vierte Punkt dieser Reihe Arbeiten selbst vollendet wäre (Umwandlung des aus den grünen Blättern extrahierten Stoffes in ein Anthokyan, das dem der roten Blätter identisch wäre).

Den zweiten Punkt (Extrahierung des Anthokyan-Pigments aus den roten Blättern) habe ich in meinen schon veröffentlichten Untersuchungen gelöst.

Der dritte Punkt blieb noch übrig (Festsetzung der Eigenschaften und der Zusammensetzung der zwei Körper), sowie der vierte (Umwandlung der aus den grünen Blättern extrahierten Verbindung in Anthokyan).

Seitdem die eben erwähnten Ergebnisse publiziert wurden, begann ich jedes Jahr mit der Darstellung der gelbbraunen Verbindung der grünen *Ampelopsis*-Blätter, so wie des Anthokyanpigments der roten Blätter. Beide Verbindungen verderben sehr leicht, und ich erhielt jedes Jahr nur viel zu geringe Mengen, um das Studium des dritten Teils des Plans zu unternehmen, von dem eben die Rede war. Erst in diesem Jahre, nachdem ich, auf

Grund meiner Versuche aus jedem Jahre, meine Extrahierungs-
und Reinigungsmethoden ununterbrochen geändert hatte, erhielt
ich von beiden Präparaten größere Mengen. Ich begann also mit
dem Studium der Eigenschaften der in gelbbraunen Nadeln kristalli-
sierenden Verbindung, und des in violettroten Nadeln kristallisieren-
den Anthokyanpigments. Unter den ersten Ergebnissen nenne ich
folgende:

Die Zerlegung der gelbbraunen Verbindung auf dem „Bloc Maquenne" beginnt gegen 182 ^{0}; das vollständige Schmelzen findet
bei 226—229 ^{0} statt. Dieser Körper ist in Wasser bei 100 ^{0} ziemlich
löslich, leicht in Alkohol, sehr wenig in kaltem Wasser. Die Farbe
der verdünnten hellgelben Lösungen ändert sich nach Zufügung
eines Tropfens Salzsäure gar nicht; nach Zufügung eines Alkalis,
wie Natronlauge oder Ammoniak, wird die hellgelbe Farbe sogleich dunkler. Barytwasser wirkt gleichfalls; so wie die Färbung
an Stärke gewinnt, trübt sich gleichzeitig die Lösung, und es entsteht ein orangegelber Niederschlag. Neutrales Bleiacetat färbt
die Lösung grellgelb und bewirkt dann einen kanariengelben Niederschlag. Basisches Bleiacetat färbt die Lösung dunkelgelb und gibt
dann einen orangegelben Niederschlag. Eisenchlorid veranlaßt
eine schwarzgrüne Färbung, Zinksulfat, Antipyrin und Kaffein
geben keinen Niederschlag. Nach Zufügung von Natriumbisulfit
bleibt die Lösung unverändert, das Ansäuern der Mischung mit
Schwefelsäure ändert die Farbe nicht.

Bei dem Studium der Eigenschaften dieser gelbbraunen
Verbindung kam ich, früher als ich es hoffen durfte, auf die
Lösung des vierten Teils vom Problem, das ich mir aufgegeben,
also auf die Umwandlung dieser gelbbraunen Verbindung, die in
den grünen Blättern enthalten ist, in eine rote, die mit dem Anthokyanpigment der roten Blätter identisch ist.

Die alkoholische Lösung der gelbbraunen Verbindung erhält durch Einwirkung von Salzsäure und des
auftretenden Wasserstoffes, den das Natriumamalgam
hervorbringt, allmählich eine violettrosa Farbe, die
immer dunkler wird. Die Lösung wird abfiltriert und
neutralisiert; nach der Verdunstung bleibt ein purpur-
roter Stoff zurück. Dieser Körper wird, wie das natürliche
aus den roten Blättern extrahierte Anthokyan, in rosettenförmigen
purpurroten Kristallnadeln gewonnen. Nach zweimaliger Kristalli-
sierung aus Alkohol und dreimaliger aus Wasser beginnt die Zerlegung des künstlichen Pigments, welches aus der natürlichen
gelben Verbindung gewonnen wurde, auf dem „Bloc Maquenne" bei

165 ^{0}; ebenso wie das des natürlichen Anthokyanpigments. Das vollständige Schmelzen findet bei 212 bis 215 ^{0} statt; dagegen fängt die gelbbraune Verbindung an sich bei 182 ^{0} zu zerlegen und schmilzt augenblicklich bei 226—229 ^{0}. Das artificielle und das natürliche rote Pigment sind wasserlöslicher als die gelbbraune Verbindung. Verdünnt man sie mit Alkohol, so färbt sich ihre Lösung ein wenig violettrosa, nach Zufügung eines Tropfens Salzsäure grellrosa; sie wird nach Alkalisierung durch Natron oder Ammoniak erst grün, dann gelbbraun und trübe. Bei Zusatz von Baryumoxyd tritt ein orangegelber Niederschlag auf, der dem gleich scheint, den man mit der gelbbraunen Verbindung erhält. Durch Einwirkung von neutralem Bleiacetat geben beide Körper einen grünen Niederschlag, durch Einwirkung von basischem Acetat einen gelbgrünen, durch Einwirkung von Eisenchlorid eine schwarzgrüne Färbung. Durch Zufügung von Zinksulfat, Antipyrin, und Kaffein entsteht kein Niederschlag. Löst man sie im Wasser oder in Alkohol, dann entstehen aus beiden Lösungen, die bei Zusatz von Natriumbisulfit ganz entfärbt werden; aber bei dem Ansäuern mit Schwefelsäure erscheint die rosa Färbung wieder.

Die Gleichheit des Zerlegungs- und Schmelzpunktes und die Gesamtheit der erhaltenen Reaktionen gestatten den Schluß, daß der purpurrote Stoff, der aus der gelbbraunen Verbindung der grünen Blätter erhalten wurde, mit dem Anthokyan der roten Blätter identisch ist. Das Studium der Zusammensetzung der zwei Körper würde diese Ergebnisse vervollständigen.

Das Resultat meiner Untersuchungen, die ich eben kurz beschrieben, ist folgendes:

1. In einigen genau lokalisierten Zellen der Blätter der „Ampelopsis hederacea" tritt, während die Organe tätig wachsen und grün gefärbt sind, eine gelbbraune Verbindung auf, die dem Anthokyanpigment der roten Blätter derselben Pflanze sehr ähnlich ist, da sich durch Einwirkung reduzierender Mittel die gelbbraune Verbindung in dieses Anthokyanpigment umwandelt.

2. Wenn im Herbst das Wachstum nachläßt, werden die Blätter rot. Die Zellen, aus denen während des tätigen Wachstums die gelbbraune Verbindung entstand, enthalten jetzt ein anthokyanartiges Pigment, und zwar den Körper, zu dem die gelbbraune Verbindung durch Einwirkung reduzierender Mittel Anlaß gibt.

3. Die experimentelle Darstellung eines Anthokyans außerhalb des Organismus darf als gelöst betrachtet

werden. Alle Hypothesen über den chemischen Mechanismus der Anthokyanbildung, die seit 1828 veröffentlicht wurden, sowohl diejenige, die dieses Pigment, aus dem Blattgrün entstehen als diejenige, die es aus der Umwandlung der Gerbstoffe, der Atmungschromogene oder aus Phenolverbindungen entstehen ließ (zu den letzteren zähle ich die, die ich selbst aufstellte), ließen die Pigmentation als einen Oxydationsprozeß erscheinen. Keine dieser Hypothesen ist mehr zu verteidigen, da es klar ist, daß das Anthokyan der roten Blätter durch Einwirkung des entstehenden Wasserstoffes, also durch Reduktion zustandekommt.

Die Ergebnisse, über die ich eben Rechenschaft gegeben habe, ändern also die bisherigen Ansichten über die Farbstoffbildung. Sie gestatten die Annahme einer baldigen Lösung des Problems bezüglich der Bildung des Anthokyanpigments, das seit 1791 aufgestellt und durch zahlreiche Physiologen untersucht wurde. Ich denke in einer folgenden Mitteilung einige neue Ergebnisse zu veröffentlichen und eine neue hypothesenfreie Theorie der Farbstoffbildung zu geben, welche nur auf Tatsachen basiert.

(Aus dem pflanzenbiologischen Laboratorium in Fontainebleau und aus dem Botan. Laboratorium an der Sorbonne.)

---

80. W. Ruhland: Zur Kenntnis der Wirkung einiger Ammoniumbasen und von Spartein auf die Zelle.

(Eingegangen am 19. Dezember 1918.)

Der folgende kurze Nachtrag zu meiner letzten Mitteilung[1]) soll nur einen Punkt etwas näher erläutern. Ich sprach dort in der fünften These im Gegensatz zur herrschenden Meinung auch den quaternären Basen (sog. Ammoniumbasen, deren Stärke bekanntlich ungefähr von der Größenordnung des Kaliumhydroxyds ist) die Fähigkeit zu, in die lebende Zelle einzudringen, und zwar z. T. mit ansehnlicher Geschwindigkeit.

In der Tat kann hieran kein Zweifel herrschen. Was zunächst das KOH und NaOH selbst betrifft, so habe ich bereits in

---

1) Diese Berichte, 1918, Nr. 76.

einer früheren Arbeit[1]) gezeigt, daß auch diese Stoffe, wenn auch
unverkennbar langsamer als Ammoniak, und zwar bei entsprechender Verdünnung ohne Schädigung eindringen. Dies entspricht
nur der von anderer Seite[2]) festgestellten Tatsache, daß dieselben
Kationen, an Säuren gebunden, ebenfalls anfänglich rasch in die
Zelle eindringen. Sehr bald freilich kommt der Import zum Stillstand und es ergibt sich bei ausreichender Konzentration Plasmolyse.

Sehr ähnlich wie KOH verhalten sich nun z. B. Tetramethyl-
ammoniumhydroxyd und Tetraäthylammoniumhydroxyd, welche ungefähr dieselbe molekulare Leitfähigkeit wie jenes besitzen und als
Beispiele der hierhergehörigen aliphatischen Basen dienen mögen.

Und nicht anders liegt die Sache auch für die entsprechenden aromatischen Körper. Unter ihnen eignen sich einige ganz
besonders zum Nachweis der Tatsache, daß das Eindringen nicht
durch eine Schädigung infolge der abgespaltenen OH'-Ionen
(OVERTON)[3]) verursacht ist. Das zeigt z. B. die Methylenblaubase,
die zweifellos die Konstitution eines Ammoniumhydroxydes hat,
gut wasserlöslich ist und etwa in 0,0001 proz. Lösung sogleich gespeichert wird, und ebenso steht es mit ähnlichen Stoffen wie
Methylengrün usw., die alle auch im Verhalten ihrer in verdünnter
Lösung völlig dissoziierten Salze (Hydrochloride, Zinkchlorid-
Doppelsalze usw.) mit den starken anorganischen Basen übereinstimmen.

In dem erwähnten Absatz meiner Mitteilung hatte ich einige
natürliche quaternäre Pflanzenbasen, so das Curarin und Berberin
(Hydroberberinmethylammoniumhydroxyd) angeführt, die nicht
langsamer als manche tertiäre Basen, z. B. das Lycoctonin[4]) permeieren.
Das Berberin hat nur den Nachteil, daß es durch die Kationen — nicht
etwa durch abgespaltenes OH, wie der Vergleich mit dem Sulfat zeigt
— ziemlich giftig wirkt. Dagegen kann das dort gleichfalls erwähnte
Spartein nicht ins Treffen geführt werden. Ich hatte daraus, daß
nach VELEY[5]) entsprechend dem Verhalten gegen Borax die Affinitätskonstante über dem Werte 10.10^{-4} liegen muß, und der weiteren
Tatsache, daß selbst die 0,1 proz. und noch stärkere Lösungen des
Hydrochlorids trotz der ganz außerordentlich hohen Empfindlich-

---

1) Jahrb. f. wiss. Bot., LI., 1912, S. 376.
2) Vgl. z. B. OSTERHOUT, Plant World, XVI., 1913, S. 129.
3) Ztschr. f. physik. Chem., XXII., 1897, S. 189.
4) E. BIERLING, Über die Alkaloide von *Aconitum Lycoctonum*. Dissert.
Halle, 1913.
5) Journ. Chem. Soc. 95 (1909) 758.

keit der Reaktion zwischen freier Base und Tannin keine intra-
cellulare Fällung in Spirogyren mehr erzeugen, geschlossen, daß
von dieser meßbare Mengen in der Lösung nicht enthalten sein
könnten, und diese eine quaternäre Base sein müsse. Dieses kleine
Versehen ist nun durch ein den Angaben von VELEY nicht entsprechendes, von MERCK frisch bezogenes Präparat des Hydrochlorids
entstanden. Es spaltet nämlich kurz nach dem Auflösen (wie ich
erst beim neuerlichen Arbeiten mit stärkeren Lösungen bemerkte)
viel Säure ab, was natürlich nicht der Fall sein dürfte, selbst wenn
die Affinitätskonstante nicht höher als 10^{-4} läge. Diese freie Säure,
die offenbar einem zweiten, weniger fest gebundenen Säureäquivalent
entstammt, hat allein das Ausbleiben des intracellularen Niederschlages verursacht. Spartein ist daher, wie ja auch die Bindung
von Jodmethyl lehrt, nur als relativ starke tertiäre Base anzusprechen.

---

81. Otto Porsch: Die Abstammung der Monokotylen und die Blütennektarien.

(Eingegangen am 19. Dezember 1913.)

Wenn wir im Kreise der Angiospermen Umschau halten, mit
welchen Mitteln die Blüte das Problem der Nektarienbildung löst, so
finden wir, daß sie sich hierzu entweder der Achse, der Blütenhülle
(Kelch oder Krone), der Staubblätter oder der Fruchtblätter bedient.
Vergegenwärtigt man sich die Formenfülle und unendliche Mannigfaltigkeit blütenbiologischer Anpassungen, so ist man im ersten
Augenblick geneigt, anzunehmen, daß die Art und Weise, wie das
Nektarium gebildet wird, in den verschiedenen Formenkreisen in
ihrer Abhängigkeit von den Bestäubungsverhältnissen regellos variieren dürfte. Dabei verbindet man mit dem Begriffe eines Nektariums
als geläufigste Vorstellung das aus der Achse hervorgegangene
Nektarium, wie es in Form verschieden gestalteter Schuppen,
Schwielen oder eines innerhalb oder außerhalb des Staubblattkreises
entwickelten Ringwulstes auftritt. Suchen wir einen Überblick zu
gewinnen, wie dieses Achsennektarium innerhalb der Dikotylen
verbreitet ist, so kommen wir zu dem interessanten Ergebnisse,
daß es, von einer bestimmten Organisationshöhe angefangen, den
Normaltypus darstellt, anderen Formenkreisen hingegen vollständig
fehlt. Ich gebe im folgenden eine Aufzählung der wichtigsten
Familienreihen, in denen das Nektarium aus der Achse hervor-

geht, wobei ich mich bloß auf Fälle beschränke, die als vollständig sicher gelten können. Die Aufzählung stützt sich sowohl auf die einschlägige Literatur (letztere bis 1905 bei KNUTH (6) zusammengefaßt) als auf eigene Nachuntersuchungen. Leider läßt uns die Literatur hier in vielen Fällen vollkommen im Stich, da die rein beschreibenden systematischen Arbeiten auf die Nektarienbildung vielfach überhaupt keine Rücksicht nehmen und die blütenbiologischen Angaben, welche ihr zwar Rechnung tragen, sich häufig auf die nichtssagende Erwähnung der Honigausscheidung im Blütengrunde oder an der Basis der Kron- und Staubblätter beschränken, welche die Frage nach der morphologischen Natur der Nektarien offen läßt. Trotz aller dieser Mängel ist jedoch das Ergebnis geradezu überraschend eindeutig.

Sichere Achsennektarien finden sich in folgenden Reihen: Rhoeadales, Parietales, Columniferae, Gruinales, Therebintales, Celastrales, Rhamnales, Rosales, Myrtales, Umbelliflorae und bei den meisten Sympetalen.

Reihenfolge und Benennung diente hierbei WETTSTEINs Handbuch (16) als Grundlage.

Bei dieser Aufzählung fällt uns auf den ersten Blick das Fehlen einer Entwicklungsreihe auf, die blütenbiologisch keineswegs einförmig genannt werden kann und die nach der Auffassung WETTSTEINs (16) nicht weniger als 23 Familien umfaßt, nämlich der *Polycarpicae*. Untersuchen wir aber, aus welchen Organen die *Polycarpicae* mit ihren vielfach ganz einseitigen blütenbiologischen Anpassungen (*Aconitum, Delphinium*) ihre Nektarien aufbauen, so zeigt sich, daß sie hierzu niemals die Achse, sondern in erster Linie das Androezeum respektive die aus diesem hervorgegangene (R. SCHRÖDINGER [15]) Korolle oder das Gynoezeum verwenden. Die *Polycarpicae* stellen sich demnach im Nektarienbau zur Mehrzahl der übrigen Dikotylen in grellen Gegensatz.

Diese isolierte Stellung der *Polycarpicae* wird noch interessanter, wenn wir die zweite große Entwicklungsreihe der Angiospermen, die Monokotylen, in die Nektarienfrage miteinbeziehen. Ein vergleichender Überblick liefert hier das überraschende Ergebnis, daß die Monokotylen in der Lösung des Nektarienproblems mit den *Polycarpicae* vollständig übereinstimmen. Dieses Ergebnis erfährt selbst durch die später zu erwähnenden Ausnahmen nur noch eine weitere Bekräftigung. Dem typischen Achsennektarium der Dikotylen steht das Blattnektarium der *Polycarpicae* und Monokotylen gegenüber. Die Übereinstimmung geht so weit, daß sich fast jedem einzelnen Nektarientypus der *Polycarpicae*

ein vollständig adäquater Parallelfall innerhalb der Monokotylen an
die Seite stellen läßt. Zur Begründung dessen mögen folgende
Beispiele dienen:

I. Die Nektarsekretion erfolgt an den Staubblättern.

	Polycarpicae	*Monocotyledones*
1. Honigabscheidung durch äußere Nektarien, die aus reduzierten Staubgefäßen hervorgegangen sind.	*Pulsatilla*	*Stratiotes aloides*
2. Honigabscheidung am Grunde der Filamente ohne grobmorphologische Ausgliederung eines eigentlichen Nektariums.	*Clematis Pitcheri* *Clematis viorna* *Isopyrum biternatum*	*Smilax aspera* ♂ *Romulea Maratti*
3. Nektarien in Form verschieden gestalteter Schwielen am Grunde der Filamente.	*Lauraceae* *Gomortegaceae* *Monimiaceae*	*Androcymbium leucanthum* *Colchicum* *Bulbocodium*

II. Die Nektarausscheidung erfolgt an den Blütenhüllblättern.

	Polycarpicae	*Monocotyledones*
4. Nektarien in Form von Gruben oder Längsfurchen am Grunde der Krone.	*Ranunculus spec.* *Batrachium* *Trollius* *Leontice* *Epimedium diphyllum*	*Uvularia grandiflora* *Lapageria rosea* *Melanthium virginicum* *Fritillaria* *Lilium*
5. Nektarium in Form eines durch eine Schuppe geschützten Grübchens.	*Ranunculus acer,* *R. lapponicus*	*Hydrocharis* *Ottelia*
6. Nektarium in Form einer Schwiele an der Basis der Krone.	*Ranunculus verticillatus*	*Lloydia serotina* *Erythronium dens canis* *Zygadenus elegans*
7. Nektarium in Form von zwei Schwielen am Grunde der Korolle.	*Berberis* *Mahonia*	*Chrysalidocarpus lutescens*
8. Nektarsekretion an der Basis der inneren Perigonblätter.	*Asimina triloba*	*Gagea, Streptopus, Iris pseudacorus Galaxia graminea Moraea tristis Ferraria undulata*

III. Nektarsekretion an den Fruchtblättern.

9. Honigabscheidung an der ganzen Oberfläche des Fruchtknotens.	*Sarracenia purpurea*	*Tofieldia palustris* *Licuala grandis*
10. Honigdrüsen in Form zweier flacher Vertiefungen zu beiden Seiten jedes aus einem Fruchtblatte bestehenden Fruchtknotens.	*Caltha palustris*	Am Grunde der Furchen des aus sechs Fruchtblättern gebildeten Gynoezeums. *Butomus*

Diese Zusammenstellung beschränkt sich absichtlich bloß auf Erwähnung weniger, vollkommen gesicherter Fälle, die ich zum großen Teil selbst nachzuuntersuchen Gelegenheit hatte. Ich glaube, daß selbst der größte Skeptiker zugeben muß, daß die einheitlich konsequente Ausbildung von Achsennektarien in den früher erwähnten Reihen und diese überraschende Parallelentwicklung zwischen den Nektarien der *Polycarpicae* und Monokotylen keineswegs auf Rechnung des Zufalls zu setzen ist, sondern nur in der Stammesgeschichte ihre Erklärung finden kann. Wir stehen vor einer neuen Stütze für die Auffassung der Abstammung der Monokotylen von *Polycarpicae*-ähnlichen Vorfahren, die uns durch so zahlreiche in den verschiedensten Disziplinen sich bewegenden Einzeluntersuchungen immer mehr aufgedrängt wird. (Vgl. FRITSCH u. LOTSY [1, 9].)

Dieses Ergebnis erschließt uns aber noch mehr. Es liefert uns gleichzeitig den Schlüssel zum phylogenetischen Verständnis eines Nektarientypus, der nach unseren derzeitigen Kenntnissen ein ausschließliches Besitztum der Monokotylen darstellt, nämlich des Septalnektariums. Im Gesamtbereiche der Liliifloren aber auch bei den Musaceen und anderen Scitamineen wird bekanntlich der Honig in den durch Verwachsung der Fruchtblätter gebildeten Scheidewänden, den Septen, des Fruchtknotens ausgeschieden. Das Verständnis dieses echt monokotylen Nektarientypus erschließt uns die Gattung *Tofieldia*. *Tofieldia palustris* stellt uns das phylogenetisch ältere Stadium dar. Hier scheidet nämlich noch die ganze Oberfläche des Fruchtknotens Honig ab. Bei *Tofieldia calyculata* hingegen erscheint die Honigabscheidung schon auf die hier meist noch vollkommen freien Wandfurchen beschränkt. Ausnahmsweise tritt schon hier gelegentlich teilweise Verwachsung zweier benachbarter Fruchtblätter auf. Und dieser so unscheinbare Vorgang bedeutet den ersten Entscheidungsschritt vom ursprünglich außen gelegenen Nektarium zum inneren Septalnektarium. Darauf hat bereits SCHNIEWIND-THIES hingewiesen (14).

Halten wir nun unter den Dikotylen Umschau nach einem Parallelfall zu diesem phylogenetischen Vorläuferstadium der Septalnektarien, so finden wir ihn wieder gerade unter den *Polycarpicae*. Das Nektarium von *Caltha palustris* ist bis heute dauernd auf dem Stadium stehen geblieben, das bei den Monokotylen durch Verwachsung mehrerer einblättriger Fruchtknoten zum Septalnektarium führen müßte. Stellen wir uns die freien Fruchtknoten der *Caltha*-Blüte mit ihren seitlichen Oberflächennektarien miteinander verwachsen vor, so haben wir eine Dikotyle mit Septalnektarien vor uns.

Ist das Blütennektarium bis heute ein Fingerzeig seiner Geschichte geblieben, dann ergeben sich daraus 3 weitere Forderungen:

1. Es muß uns die Beibehaltung seiner Vergangenheit ökologiseh verständlich sein.

2. Müssen sich auch die Ausnahmen entweder geschichtlich oder ökologisch als abgeleitet erklären lassen.

3. Wird sich das Nektarium selbst als heuristisches Merkmal verwerten lassen.

Alle diese Forderungen sind auch tatsächlich auf das glänzendste erfüllt.

Auf den ersten Blick erscheint wohl das Nektarium wenig dazu berufen, alte Organisationsmerkmale festzuhalten, denn die unendliche Mannigfaltigkeit der Aufgaben, welche der vielgestaltige Blütenbau in den Dienst der Fremdbestäubung stellt, muß auch die Nektarien notwendig in Mitleidenschaft ziehen. Und trotz alledem kann gerade das Nektarium wie kein zweites Organ der Blüte seine eigenen Wege gehen. Denn von ganz einseitigen Anpassungen abgesehen, kommt es bei aller Mannigfaltigkeit der Formen immer wieder nur darauf an, im Grunde der Blüte Honig zu liefern. Ob diese blütenbiologische Forderung auf dem gedrängten Raume des Blütengrundes an der Basis der Staubfäden, der Kronenblätter, des Fruchtknotens oder der Achse erfüllt wird, ist ökologisch gleichgültig. Und darum, und nur darum brauchte gerade das Blütennektarium auch im steten Wechsel der Blütenumbildung zugunsten der Fremdbestäubung seine eigene Geschichte am wenigsten zu verleugnen.

Auch die Ausnahmen erfüllen die an sie gestellten Bedingungen. Im Gesamtbereiche der Sympetalen mit ihren typischen Achsennektarien stehen die *Plumbaginales* vollständig isoliert da. Denn wie ich mich durch Nachuntersuchungen überzeugen konnte,

gehört ihr Nektarium dem Androezeum an. Es tritt hier in Form
von Schwielen an der Basis der Filamente auf. Dieser Unterschied im Nektarienbau stimmt geradezu glänzend mit der isolierten
Stellung überein, welche diese Familie auf Grund der übrigen
Organisationsmerkmale einnimmt. Spricht doch die Gesamtorganisation (Vorblätter, Fruchtknotenbau, Bau der Samenanlage Stengel-
anatomie usw.) deutlich dafür, daß sie einen sympetalen Typus der
Centrospermen darstellen. Untersuchen wir aber die Centrospermen
auf die Ausbildung ihrer Nektarien hin, so finden wir denselben
Typus bei den Polygonaceen, Portulaccaceen und ganz allgemein verbreitet bei den Caryophyllaceen wieder. Aber auch hier darf uns
dieses Vermächtnis der. *Polycarpicae* nicht überraschen, wenn wir
uns eine Familie wie die Phytolaccaceen vergegenwärtigen, die
noch heute unverkennbare Beziehungen zu den *Polycarpicae* verrät.
Ebenso interessant sind diesbezüglich die *Rhoeadales* und *Rosales*.
Unter den *Rhoeadales* stehen bekanntlich die Papaveraceen noch in
innigen Beziehungen zu den *Polycarpicae*, während die Capparida-
ceen und Resedaceen zu den *Parietales* hinüberleiten. In vollem
Einklang damit beteiligen sich bei ersteren -- soweit sie überhaupt.
Nektarien besitzen (z. B. *Corydalis, Fumaria, Dicentra* usw.) —
Staubblattkreis und Krone an der Nektarienbildung. Die letzteren
dagegen zeigen bereits typische Achsennektarien. Ganz dasselbe
gilt für die *Rosales*. Die den *Polycarpicae* zunächst stehenden
Crassulaceen haben noch vielfach dem Androezeum angehörende
Nektarien — ja selbst für zahlreiche Leguminosen wird Nektarab-
sonderung an der Basis der Filamente angegeben. Die abgeleiteten
Typen dagegen verwerten bereits die Achse zur Nektarienbildung.
Können die genannten Ausnahmen als geschichtlich begründet gelten, so finden andere wieder ihre Erklärung in ökologischen Anpassungen. So finden sich in dem normalerweise bloß
Achsennektarien führenden Kreise der *Rubiales* bei einigen Vale-
rianaceen Kronensporne. *Valeriana — Centranthus.*
In allen diesenFällen handelt es sich um zygomorphe, einseitig
angepaßte Blütentypen. Aber auch hier hätte vielfach erst die entwicklungsgeschichtliche Untersuchung die ausschließliche Beteiligung.
der Krone an der Bildung des Nektariums klarzustellen. Unter den
Monokotylen kommt bloß bei dem abgeleitetsten Blütentypus überhaupt, bei der Orchideenblüte ausnahmsweise Einbeziehung der Achse
in den Bereich der Nektarien vor. Aber selbst diese Fälle bedürfen vielfach eingehender entwicklungsgeschichtlicher Nachuntersuchungen,
da sich die Auffassung spornartiger Bildungen als Achsensporne
in der Regel bloß auf den fertigen Zustand stützt. Überdies ist ja

selbst heute die morphologische Natur des Orchideenlabellums noch immer strittig.

Die epigynen Drüsen der Zingiberaceen hat schon Rob. Browne für umgewandelte Staubblätter des inneren Kreises erklärt. Und neuerlich hat sich Schilbersky (13) auf Grund eingehender Untersuchung der *Hedychium*-Blüte dieser Auffassung angeschlossen. Ist sie richtig — und ich bin von ihrer Richtigkeit vollkommen überzeugt —, dann können wir sagen, daß selbst die so abgeleitete, dem Typus der Orchideenblüte bereits sehr nahe kommende *Hedychium*-Blüte bei der Bildung ihrer Nektarien ihre Monokotylennatur nicht verleugnen kann. Bei der Fülle von Übergängen, welche die rezenten Angiospermen vielfach miteinander verbinden, ist es selbstverständlich, daß wie die übrigen phyletischen Merkmale so auch das Blütennektarium dem jeweiligen Grade der Verwandtschaft mit den *Polycarpicae* keineswegs vollkommen parallel zu laufen braucht. Starre Grenzen sind auch hier nicht zu erwarten.

Schließlich können einige der genannten Fälle gleichzeitig als Beweis dafür dienen, daß die Art der Nektarienentwicklung auch als heuristisches Merkmal gute Dienste leistet. Ich verweise beispielsweise bloß auf das oben über die *Plumbaginales* Gesagte. Eine weitere hier zu erwähnende Familie sind die Gentianaceen, welche in manchen ihrer Vertreter verwandtschaftliche Beziehungen zu gewissen Centrospermen nahelegen. Speziell die Sileneen unter den Caryophyllaceen zeigen in ihrer Gesamtorganisation (Blattstellung, Blütenstand, Ligularbildung der Korolle, Fruchtknotenbau, interxyläres Phloem usw.) eine Reihe auffallender Übereinstimmungen, welche mir wenigstens nicht den Eindruck bloßer Konvergenz machen. Interessanterweise finden sich gerade wieder bei den Gentianaceen sowohl Achsennektarien (für einen Teil der *Gentiana*-Arten angegeben) als Kronblattnektarien (andere *Gentiana*-Arten, *Halenia*). Die Blüte von *Halenia* erinnert geradezu täuschend an *Aquilegia*.

Nach dem Vorhergegangenen darf ich wohl zusammenfassend sagen: Das Blütennektarium qualifiziert sich seiner morphologischen Herkunft nach als wertvolles phyletisches Merkmal. Die auch durch methodisch sehr verschiedenwertige Untersuchungen der jüngsten Zeit neuerdings bekräftigte Ableitung der Monokotylen von *Polycarpicae*-ähnlichen Vorfahren (Holmgren [3], Mez und Gohlke [10]) erscheint somit auf neuer Grundlage bestätigt. Die Art und Weise, wie sich die Monokotylenblüte ihr Nektarium baut, ist ihr heute noch vielfach durch ihre Geschichte vorgezeichnet. Die

Monokotylenblüte erweist sich auch nach dieser Richtung als Abkömmling der *Polycarpicae.* Die morphologische Wertigkeit des Blütennektariums gehört von nun an zum eisernen Bestande jeder eingehenden phyletischen Familiencharakteristik. Zahlreiche entwicklungsgeschichtliche Untersuchungen werden unter diesem neuen Gesichtswinkel einzusetzen haben, um uns über dieses Merkmal bei den einzelnen Familienreihen vollkommene Klarheit zu schaffen.

Es fragt sich nur noch, ob die gewonnenen Ergebnisse auch mit der Phylogenie des Nektariums in Einklang stehen. Auch diese Forderung ist erfüllt. Wenn wir im System herabsteigen, so finden wir die ältesten Nektarientypen bei den *Gnetales* unter den Gymnospermen. Von KARSTEN (4, 5) bereits für gewisse *Gnetum*-Arten vermutet, wurde innerhalb dieses Kreises die Entomophilie zuerst von PEARSON (11) für *Tumboa* und von mir (12) für *Ephedra campylopoda* unzweideutig nachgewiesen. Der dem Auffangen des pulverigen Pollens dienende Bestäubungstropfen der windblütigen Vorfahren ist hier durch reichliche Zuckereinlagerung zum Honigtropfen geworden. Für *Tumboa* hat PEARSON den Zuckergehalt dieses Nektartropfens nachgewiesen. Und mir gelang dasselbe später[1]) bei *Ephedra campylopoda*, wo der Zuckerreichtum so groß ist, daß der Nektartropfen dieser Pflanze ein ausgezeichnetes Laboratoriumobjekt für Zuckerreaktionen abgeben könnte.

Ein entscheidender Schritt in der Entwicklungsrichtung der Zwitterblüte auf dem Umwege über die Infloreszenz mit starker Reduktion der Einzelblüte war damit getan, ein Schritt, den ja bekanntlich die WETTSTEINsche Blütentheorie für den Werdegang der Angiospermen - Zwitterblüte geschichtlich voraussetzt. Ich lasse die Frage unentschieden, ob hier der Nucellus allein oder im Verein mit dem Integument die Nektarsekretion besorgt. Wesentlich ist, daß das älteste uns bekannte Nektarium dem Gynoezeum und nicht der Achse angehört. In ökologischer Beziehung ist dieser Nektarientypus noch als ziemlich tiefstehend zu betrachten. Dies geht klar aus dem Bestäubungsvorgang bei *Ephedra campylopoda* hervor. Die Körperstellung des Insektes beim Honigsaugen ist noch nicht geregelt, und es bleibt häufig dem Zufall überlassen, ob der aus der zwittrigen Infloreszenz stammende Pollen an die Spitze der weiblichen Blüte gelangt. Überdies fehlt hier dem Honig sowohl wie dem Pollen jeder Schutz gegen Benetzung. Diese Lösung der Nektarienfrage schließt keine weitergehenden

---

1) In meiner unter (12) zitinrten Arbeit noch nicht veröffentlicht.

Entwicklungsmöglichkeiten in sich. Sie bedeutet morphologisch
gewissermaßen eine Sackgasse. Denn die Nektarsekretion aus der
Samenanlage der weiblichen Blüte hatte die Einbuße der Sexualität zur Folge. Soll die Sexualität der „Zwitterblume" vom Typus der
Gnetales erhalten bleiben, dann muß die Nektarausscheidung einem
anderen Organe außerhalb der weiblichen Blüte übertragen werden.
Und das nächstliegende Organ sind die nunmehr zu „Staubblättern"
gewordenen männlichen Blüten, die ja in wechselnder Zahl zur Verfügung stehen. Damit sind wir aber schon im wesentlichen beim Typus
der *Polycarpicae* angelangt. Die nächste Forderung war ein Regen-
schutz durch Ausbildung von Hochblättern. Bedenken wir, daß
die Bildung des Pollens und die Ernährung des Embryos ein reichliches Zuströmen von Assimilaten voraussetzt, deren Maximalbe-
dürfnis erst durch den Eintritt der Befruchtung gegeben ist, so
wird häufig ein Überschuß von Assimilaten unvermeidlich gewesen
sein. Und dieser Überschuß kann in Anthokyan umgewandelt
worden sein, wofür wir, zahlreiche Parallelfälle kennen. Ich verweise bloß auf die Versuche von L. LINSBAUER (7), welche
zeigen, daß an beblätterten Sprossen durch Erschwerung der Ableitung der Assimilate sehr leicht Anthokyanbildung zu erzielen
ist. Ich erinnere an die herbstliche Laubverfärbung, wo die Bildung der Trennungsschicht indirekt denselben Vorgang induziert.
Vollständig im Einklang damit stände auch die chemische Zusammensetzung des Anthokyans als stickstofffreies Glykosid
MOLISCH [8], GRAFE [2]). So könnte die Entstehung von Anthokyan aus überschüssigen Assimilaten rein kausal die erste physiolo-
gisch-chemische Veranlassung zur Entwicklung eines Schauappa-
rates gebildet haben. Die Grundlage für die Weiterentwicklung desselben durch Auslese seitens des Insekts wäre damit gegeben
gewesen.

Zum Schlusse drängt sich uns nur noch die eine Frage auf,
warum die Dialypetalenblüte in ihrer Aufwärtsentwicklung bei der
Ausbildung der Nektarien Gynoezeum und Androezeum verließ
und zur Achse griff. Ich glaube, auch dies wird uns verständlich,
wenn wir uns vergegenwärtigen, von welchen Richtungslinien die
Aufwärtsentwicklung der Angiospermenblüte beherrscht wird.

Sie steht gewissermaßen im Zeichen der Verwachsung von
Kelch und Krone und der Verminderung der Frucht- und Staub-
blattzahl. Die Gamopetalie bedingt im Verein mit dem Cyklisch-
werden der Blüte ein Zusammendrängen der generativen Sphäre
auf einen engen Raum und damit eine Einschränkung der Ent-
faltungsmöglichkeit des Nektariums. Die Reduktion des Androezeums

bedeutet physiologisch eine Beschränkung desselben auf seine ur-
eigenste Funktion als pollenliefernder Organkomplex. In dieser Ge-
samtkonstallation der Angiospermenblüte stellt das Achsennektarium
als jüngste Neuerwerbung die ökonomischeste Lösung der Nektarienfrage bei maximalstem Nutzeffekt dar. So bedeutet auch hier gerade die einfachste und ökonomischeste Lösung nicht den Anfang,
sondern den Abschluß einer Entwicklungsrichtung. Wie wenig
Organe braucht der abgeleitetste Typus der Orchideenblüte, um in
einer einzigen Familie eine Formenfülle zu erschaffen, die alles
Raffinement übertrifft, das wir sonst im Bereiche der Blüte kennen.
Wie lange brauchte der Embryosack der Blütenpflanzen, um bei
dem einfachsten ökonomischen Schema, dem Normaltypus der
Angiospermen, anzugelangen, auf dem er bis heute stehenge-
blieben ist.

Ich bin am Schlusse meiner Darstellung und glaube mich
berechtigt, zusammenfassend zu sagen: Die morphologische
Wertigkeit des Blütennektariums erweist sich bei
kritischem Vergleiche nicht nur als wertvolles phyletisches Merkmal, sondern als neues Glied in der Beweis-
kette der Abstammung der Monokotylen von Dikotylen.

Literatur.

1. FRITSCH, K., Die Stellung der Monokotylen im Pflanzensystem. ENGLERS
     Jahrb., 34. Bd., 1905, Beibl. Nr. 79, S. 22 ff.
2. GRAFE, V., Studien über Anthokyan. III. Sitzungsber. der Wiener Aka-
     demie, Mathem.-naturwiss. Klasse, Bd. 120 (1911), Abt. 1, S. 760 ff.
3. HOLMGREN, I., Zur Entwicklungsgeschichte von *Butomus umbellatus*. Svensk
     botanisk Tidskrift, VII, 1913, S. 58.
4. KARSTEN, G., Beiträge zur Entwicklungsgeschichte einiger *Gnetum*-Arten.
     Bot. Zeit. 1892, S. 213.
5. —, Zur Entwicklungsgeschichte der [Gattung *Gnetum*. COHNS Beitr. z.
     Biologie der Pflanzen. VI (1893), S. 349.
   . KNUTH, P., Handbuch der Blütenbiologie 1898—1905.
7. LINSBAUER, L, Einige Bemerkungen über Anthokyanbildung. Österreich.
     bot. Zeitschr., 1901, S. 9.
8. MOLISCH, H., Über amorphes und krystallisiertes Anthokyan. Bot. Zeit.
     1905, 1. Abteil, S. 161.
9. LOTSY, I. P, Vorträge über botanische Stammesgeschichte. (1911). III., 1,
     S. 616 ff.
10. MEZ, C., und GOHLKE, K., Physiologisch-systematische Untersuchungen
     über die Verwandtschaften der Angiospermen. COHNS Beitr. z. Biologie
     d. Pflanzen. XII. (1913), S. 172.
11. PEARSON, H. H. W., Further observations on *Welwitschia*. Philosophic.
     Transact. of the Royal Soc. London. Ser. B. Vol. 200 (1908), S. 343.

12. PORSCH, O., *Ephedra campylopoda* C. A. Mey.' eine entomophile Gymno-
sperme. Ber. d. deutsch. bot. Gesellsch. XXVIII. (1910), S. 404 ff.
13. SCHILBERSKY, K., Zur Anatomie und Biologie der Blüte v. *Hedychium
Gardnerianum.* Mathem. u. naturwiss. Ber. aus Ungarn. XX, 1905.
S. 74 ff.
14. SCHNIEWIND-THIES, I, Beiträge zur Kenntnis der Septalnektarien. Jena
1897, S. 42
15. SCHRÖDINGER, R., Der Blütenbau der zygomorphen Ranunculaceen und
seine Bedeutung für die Stammesgeschichte der Helleboreen. Abhandl.
d. zoologisch-bot. Gesellsch., Wien. IV. Bd., Heft 8 (1909), S. 44 ff.
16. V. WETTSTEIN, R., Handbuch d. system. Botanik. 2. Aufl., 1911.

82. H. Brockmann-Jerosch: Die Trichome der Blatt-scheiden bei Gräsern.

(Mit Tafel XXII.)

(Eingegangen am 19. Dezember 1913.)

Die abgestorbenen Blattscheiden vieler Gräser zerfallen langsam. Sie verfilzen miteinander und bilden um die jungen
Scheiden herum einen meist gelben oder braunen Mantel, die
Strohtunika. Diese tritt gesetzmäßig auf, denn sie hat bei
der gleichen Art jeweils eine ganz bestimmte Gestalt, und die Zeit,
in welcher die Blattscheiden schließlich zerfallen, ist offenbar recht
unabhängig von den Bodenverhältnissen.

Die Ausbildung der Strohtunika geht im großen und ganzen
Hand in Han I mit ungünstigen klimatischen oder edaphischen Verhältnissen. Sie fehlt sozusagen völlig bei den Arten der immer-
grünen Wiesen, findet sich dagegen schon recht häufig bei den
Gräsern des mageren und trockenen Bodens und der Alpen und
in extremen Formen bei denen der Halbwüste und Wüste. Diese
Parallelisation der Trockenheit des Klimas oder des Bodens mit
der Ausbildung der Strohtunika wurde zuerst von HACKEL beob-
achtet[1]). Als Erster gab er im Jahre 1890 eine Erklärung dieser
Tatsache, indem er die Strohtunika als eine Anpassung an die
Trockenheit der Standorte deutete. Durch sie werden die jungen
Organe vor unnötiger Verdunstung und eventueller Vertrocknung

---

1) Über einige Eigentümlichkeiten der Gräser trockener Klimate. Verh.
d. k. k. zool.-bot. Ges., Wien 1890.

geschützt. Diese Deutung erscheint plausibel und fand, obschon die Funktion der Strohtunika nicht experimentell geprüft wurde, allgemeine Annahme.

Nun lehrten mich folgende Überlegungen, daß die HACKELsche Deutung nur bedingt richtig sein könne und daß die Funktion der Strohtunika vielleicht noch in etwas anderem bestehe als in der Herabsetzung der Verdunstung. Bei vielen Gräsern mit starker Strohtunika, z. B. bei *Festuca spadicea* L., sind die Scheiden völlig im Boden, wo doch die Verdunstungsgefahr recht gering ist. Die oberirdische Strohtunika ist zudem oft dünner und schmächtiger als die unterirdische. Es geht also die Ausbildung der Strohtunika nicht Hand in Hand mit der Verdunstungsgefahr.

Ein zweiter Gegengrund ergibt sich aus folgenden Beobachtungen. Im Gegensatze zu der Ebenenflora zeigt die alpine viel seltener eine Periodizität der Erscheinungen. Im Herbste läßt sie sich von den Frösten überraschen und im Frühjahr, sobald die Schneedecke dünn geworden ist, erwacht sie zu neuem Grünen und Blühen, oft unbekümmert um die zu erwartenden Kälterückfälle. Ja selbst im Winter gibt es Stellen, wo einzelne Arten fortwährend frische Blätter treiben, sobald nur der Schnee abrutscht oder schmilzt und eine dünne Erdkrume von 1—2 cm auftaut. Ein Vorteil erwächst durch dieses Aussprossen den Pflanzen nicht; im Gegenteil, die jungen Blätter erfrieren häufig genug, ja oft beinahe regelmäßig. Die sprossenden und nicht sprossenden Pflanzen unterscheiden sich im wesentlichen durch ihr Wurzelsystem. Pflanzen mit Pfahlwurzeln treiben, soweit ich hier Erfahrungen machen konnte, nie neue Blätter, die oberflächlich wurzelnden dagegen häufig. Die ersteren stehen im gefrorenen Boden, während die letzteren wenigstens teilweise Wurzeln in der aufgetauten Oberfläche besitzen. Ja hier kann man oft sehen, daß zu diesem Zwecke eigene, ganz oberflächlich verlaufende Würzelchen gebildet werden (z. B. bei *Thymus serpyllum*). Es steht also offenbar das Wachsen mit der Wasseraufnahme im Zusammenhang, insofern nur die oberflächlich, also im aufgetauten Boden wurzelnden Arten Blätter treiben.

Nun gehört auch *Festuca varia* Haenke zu den im Winter wachsenden Arten. Bei jeder guten Witterung stößt ein Teil des innersten Blattes der sterilen Sprosse aus der Scheide des nächst älteren Blattes vor, allerdings um beinahe ebenso häufig wieder zu erfrieren. Das Auffällige dieses Wachstums liegt darin, daß die dicken Polster dieses Grases nicht bis in das Wurzelsystem hinab auftauen. Daraus ergab sich die Frage, ob hier das Wasser zum

Wachsen nicht so nötig sei oder ob diese Gräser nicht eine andere Einrichtung zeigen, die ihnen erlaubt zu wachsen, ohne daß die Wurzeln Wasser aufnehmen. Ich begann die Frage aufzuwerfen, ob nicht durch die Blattscheiden das längs der Blätter herabrinnende Wasser, das von der Strohtunika aufgesogen wird, aufgenommen wird und ob sich hier nicht vielleicht dazu dienende Organe nachweisen lassen. Ich bekam auch bei dieser Gelegenheit Zweifel an der Bedeutung der Strohtunika, und es schien mir die Deutung, daß sie auch als Wass$_{erre}$s$_{er}$voi$_r$ dienen, zu dem das längs der Blätter herabrollende Wasser geführt wird, und von wo dann die Blattscheiden es wieder heraussaugen, ebenso berechtigt als die Hackelsche Erklärung. Aus diesem Gedanken heraus entstand die nachfolgende Untersuchung.

Schon bei dem ersten Herauspräparieren der Blattscheide fiel mir an der Basis der Scheide bei vielen Arten, die ich im Winter untersuchte, ein sammetiger Glanz auf, der sich beim Betrachten mit der Lupe als Behaarung erwies. Diese Haare treten regelmäßig bei den Gräsern mit einer Strohtunika auf, so daß in der Tat die Ansicht nahe liegt, es handle sich um wasseraufnehmende Organe.

Die Haare sind in der Regel abwärts, sehr selten aufwärts gerichtet und zwar immer in der Weise, daß die Haare derselben Stelle der Scheide eine gleiche Richtung einnehmen. Sie bekleiden meist nur den untersten Teil, nämlich das unterste Drittel der Scheide. Da nun, um vergleichbare Resultate zu erhalten, bei anatomischen Arbeiten der Gräser die Querschnitte meist etwa in halber Höhe gemacht wurden, so ist es trotz der vielen Untersuchungen möglich gewesen, daß die Trichome bis jetzt, soweit ich die Literatur zu übersehen mag, unbeachtet blieben.

Die Trichome entstehen an den jungen Blattscheiden aus den jungen kubischen Epidermiszellen durch Ausstülpung der Außenwand (Fig. 1). In diesem Stadium ist die Zellmembran überall gleich dick. Später zeigt die Haarzelle das meist nach abwärts gerichtete Haar und einen sich nach innen stark verbreiternden Fuß (siehe Tafel). Die Außenseite des Haares ist mit einer dünnen, hie und da fein gerippten Cuticula bedeckt. Die Zellmembran selbst ist stark verdickt. Sie zeigt im frischen Zustande recht auffällige, oft verästelte Poren gegen das Blattinnere und die andern Epidermiszellen. Das eigentliche Haar ist dagegen porenlos oder besitzt eine einzige Pore an der Biegungsstelle des Haares (Fig. 5). Die Verdickung des Haares setzt sich aus zweierlei Schichten, die beide aus hemizelluloseähnlichen Körpern bestehen.

Diese Haare kommen, wie gesagt, bei den Gräsern häufig vor. Sie finden sich aber nicht nur an der Blattscheide, sondern in einer etwas andern Form offenbar auch an den Rhizomen. Mikroskopisch habe ich diese Haare bis jetzt bei folgenden Arten wahrgenommen:

Stipa capillata L.,
Avena pratensis L.,
Sesleria coerulea (L.) Ard.,
Koeleria cristata (L.) Pers.,
Festuca spadicea L.,
    „   *ovina* L.,
    „   *varia* Haenke und
Bromus erectus Huds.

Makroskopisch ließen sie sich noch bei einer großen Zahl von Gräsern nachweisen, so vor allem bei den mehrjährigen *Stipa*-Arten.

Die Vermutung, daß die Blattscheiden bestimmte Organe besitzen, die die Wasseraufnahme aus der Strohtunika bewerkstelligen, schien sich nach diesem Befunde zu bestätigen. Es sprechen dafür die großen Poren, die, wie sich dies aus Fig. 5 ergibt, auch in der verdickten Epidermiswand vorkommen können. Es handelte sich nun darum, die Frage der Wasseraufnahme experimentell zu prüfen. Aus Mangel an Zeit konnte ich nur wenige Versuche einleiten, und diese ergaben kein klares Resultat. Gegen die Deutung als Wasserresorptionsorgane spricht nun aber die auffällige Verdickung der Zellmembran im Haare und der dortige Mangel an Poren. Trotzdem möchte ich an der oben genannten Deutung festhalten. Es zeigt sich nämlich, daß bei absterbenden Blättern, die Zellmembran der Haare aufgelöst wird, indem die Membran im Haare alveolenartig durchlöchert wird. Wenn die abgestorbenen Blattscheiden in Form der Strohtunika als Wasserreservoir dienen, aus denen die lebenden Blattscheiden Wasser aufnehmen, so kann dies nur bei den äußern, gealterten Scheiden geschehen, da ja nur diese die Strohtunika berühren. Vielleicht sind es gerade die alternden Scheiden mit den nun dünnen Zellmembranen, die das Wasser aufnehmen. Allein Klarheit können in diese Verhältnisse nur Versuche bringen. Leider fehlt mir die Zeit, mich den hier anschließenden Aufgaben zu widmen. Ich übergebe deshalb diese Arbeit, die bereits im Jahre 1907 die oben gebrachten Resultate zeitigte, der Öffentlichkeit. Wenn sich durch sie ein Kollege veranlaßt fühlt, die von mir begonnenen Untersuchungen zu Ende zu führen, so ist der Zweck dieser Zeilen erreicht.

Vorliegende Arbeit wurde im Laboratorium für allgemeine
Botanik und Pflanzenphysiologie der Universität Zürich ausgeführt.
Der Direktor dieses Institutes, Herr Prof. Dr. A. ERNST, nahm
an dem Fortgang dieser Arbeit regen Anteil und förderte sie in
liebenswürdiger Weise. Ich möchte deshalb ihm wie den Herren
Prof. Dr. HANS SCHINZ und Dr. A. VOLKART für Zuwendung von
Literatur und Pflanzenmaterial meinen herzlichen Dank aussprechen.

Erklärung der Tafel XXII.

Fig. 1. Junges Trichom bei *Bromus erectus.*
Fig. 2. Trichom an der Basis der Blattscheide von *Festuca spadicea* bei zirka
200facher Vergrößerung.
Fig. 3. Trichom bei *Avena pratensis.*
Fig. 4. Spitze eines Trichomes von *Sesleria coerulea.*
Fig. 5. Trichom von *Koeleria cristata* ssp. *gracilis.*
Fig. 6. Basis eines Trichomes bei *Sesleria coerulea,* ca. 325fache Vergrößerung.
Fig. 7 und 8. Zell-Lumen der Trichome alternder Scheiden mit begonnener
Korrosion bei *Sesleria coerulea.*
Alle hier abgebildeten Schnitte sind Längsschnitte.

83. Arthur Pieper: Die Diaphototaxis der Oscillarien.

Eingegangen am 21. Dezember 1913.

Eine phototaktische Reaktion der Oscillarien ist bereits vielfach konstatiert worden. Schon FAMINTZIN[1] beobachtete, daß
unter günstigen Bedingungen des Lichtes eine Bewegung der Oscillarien nach dem Lichte hin stattfand, daß dagegen bei starker
Intensität die Oscillarien sich als negativ phototaktisch erwiesen.
Eine spezielle Untersuchung der Bewegungen unter genauer Berücksichtigung der einzelnen Reizmomente wie der notwendigen
Lichtintensität, eines etwa vorhandenen Stimmungswechsels usw.
liegt nicht vor. Eine Aufklärung dieser Fragen erschien auch besonders mit Rücksicht auf die jüngst von W. MAGNUS und
B. SCHINDLER[2] erschlossene Fähigkeit der Oscillarien, die ihnen

1) FAMINTZIN, A, Über Wirkung des Lichtes auf Algen. Jahrb. für
wissensch. Bot. 1867—68, Band VI, S. 27.
2) W. MAGNUS und B. SCHINDLER, Über den Einfluß von Nährsalzen
auf die Färbung der Oscillarien. Ber. d. d bot. Ges. 1912, Bd. XXX., SCHINDLER,
Über den Farbenwechsel der Oscillarien. Zeitschr. f. Bot. 5, 1913.

am meisten zusagenden Farben des Spektrums aufsuchen zu können,
erforderlich. Seit einiger Zeit habe ich daher versucht, diese
Probleme der Lösung näher zu führen. — Über eine bei diesen
Untersuchungen hervorgetretene, bisher unbekannte Art der Reizbewegungen der Oscillarien gegen Licht soll im folgenden berichtet
werden.

Vorliegende Arbeit wurde auf Veranlassung und unter Leitung
des Herrn Prof. Dr. W. MAGNUS ausgeführt.

Sogleich bei Beginn der Versuche stellte sich heraus, daß,
ehe die eigentlichen Reizbewegungen untersucht werden konnten,
die Ursachen aufzudecken waren, welche die verschiedenen Be-
wegungsarten der Oscillarien beherrschen.

Als Substrat dienten Agar-Agar und Kieselgallerte, welche in
Petrischalen ausgegossen wurden. Impfte ich eine größere Anzahl
Fäden von *Oscillatoria formosa* Bory aus einer Stammkultur (sie
stammte aus den Schindlerschen Kulturen) in eine mit Agar und
Nährlösung versehene Petrischale über, so breiteten sich die Fäden
teils geradlinig, teils schleifen- und spiralförmig aus, und zwar
bildete letztere Anordnung der Fäden die Regel, während die
wenigen geradlinigen Fäden hauptsächlich in der Peripherie
der sich ausbreitenden Kolonie wanderten. Zwischen Impffleck und Peripherie pflegten die Fäden neben ihrer gewundenen
Form außerdem häufig sich zu größeren Massen dicht aneinander
zu schmiegen, welche ich als „Schweifbildung" bezeichnen möchte.
Diese Verhältnisse blieben dieselben als die Kolonien einseitig dem
diffusen Tageslicht ausgesetzt wurden. Da die zu Schweifen vereinigten Fäden sich notwendig in ihren Bewegungen gegenseitig
beeinflussen mußten, mithin die spezifische Reaktion des einzelnen
Fadens verwischt wurde, so mußten die Bedingungen aufgefunden
werden, welche die Schweifbildungen der Fäden ausschließen und
eine geradlinige Bewegung des einzelnen Fadens gestatten.

Da bei einer großen Zahl von Fäden die Schweifbildung wohl
infolge gegenseitiger Beeinflussung niemals zu beseitigen ist,
wurde der Impffleck möglichst klein gewählt. Völlig aufgehoben
wurde die Schweifbildung jedoch nur, wenn Kieselgallerte als
Substrat benutzt wurde.

Schwieriger war die Auffindung der Ursachen, welche die
teils geradlinige, teils schleifenförmige Bewegung der einzelnen
Fäden bedingen. Zahlreiche Versuche führten zu dem Resultat,
daß die verschiedenen Bewegungsformen der Oscillarien durch
physikalische und chemische Einflüsse bedingt sind.

Als physikalischer Faktor scheint besonders die Oberflächen-beschaffenheit des Substrates in Betracht zu kommen. Die Oberfläche der nach den Angaben von PRINGSHEIM[1]) hergestellten Kieselgallerte wurde bei der Sterilisation in viele kleine Partikelchen zerrissen. Wenn nun die Oscillarien, die, wie schon von anderer Seite[2]) aus der bekannten strahligen Ausbreitung der Kolonien geschlossen wurde, gegen Berührungsreize sehr empfindlich sind, bei ihren Bewegungen auf solche unebenen Stellen stoßen, so biegen sie, wie die mikroskopische Beobachtung ergab, sofort um, wodurch eine unregelmäßige Bewegung zustande kommt. Aber auch auf nicht sterilisierter Kieselgallerte bedeckte sich die Oberfläche nach tagelangem Wässern im Strome der Wasserleitung mit einer Schicht von Staubteilchen, die ebenfalls als mechanische Hindernisse wirkten. Schließlich gelang es mir, durch wiederholte Behandlung mit erwärmtem destill. Wasser und durch vorsichtiges Abspülen der Oberfläche des Substrates diese störende Oberhaut abzulösen und eine völlig glatte Fläche zu erzielen. Notwendig war ferner die Beachtung eines bestimmten Minimums der Feuchtigkeit, um eine zu starke Austrocknung der Gallerte zu verhüten, die sich durch Risse und Rauhigkeiten der Oberfläche verriet und daher ebenfalls eine gleichmäßige Bewegung der Oscillarien unmöglich machte.

Neben diesen physikalischen Einwirkungen mußten die chemischen Einflüsse berücksichtigt werden. Die Voraussetzung für eine geradlinige Bewegung scheint nämlich eine chemisch völlig gleichartige Natur des Mediums zu sein. Denn wurden eine Anzahl Fäden aus einer Stammkultur direkt auf eine Kieselplatte gebracht, so legten sich die Fäden in dichten schleifenförmigen Gruppen um den Impffleck herum, vermutlich deshalb, weil in dieser Zone optimale Ernährungsbedingungen vorhanden waren. Wurde dagegen der Impffleck vorher 3—4 Stunden lang in destilliertem Wasser gewässert, auf diese Weise also die den Fäden aus der Stammkultur anhaftenden Nährstoffe entfernt, so waren die chemischen Einwirkungen beseitigt, und die Bewegung der Fäden erfolgte jetzt völlig geradlinig.

Nachdem diese Bedingungen für die geradlinige Bewegung des Fadens erfüllt waren, konnte mit dem eigentlichen Thema begonnen werden.

---

1) PRINGSHEIM, Beiträge zur Physiologie d. Cyanophyceen III, COHNs Beiträge 1912.

2) NÄGELI, Beiträge zur wissenschaftl. Botanik 1860, Heft 2, S. 91.

Einer klaren phototaktischen Reaktion stellt sich aber ein weiteres Moment entgegen. Wie schon oben erwähnt, breiten sich die Oscillarien von dem Impffleck radienartig nach allen Seiten aus; es mag vorläufig dahingestellt sein, ob bei diesem Vorgang eine mehr thigmotaktische oder chemotaktische Reizbewegung vorliegt. Da eine starke Reizbarkeit der Oscillarien gegen Licht besonders zur Zeit dieser Ausbreitung vorhanden ist, so kombinieren sich zum Teil diese Bewegungen. Dazu kommt, daß bei allen Reizbewegungen der Oscillarien immer einzelne Fäden sich dem Reize nicht oder nur in schwächerem Maße unterzuordnen scheinen. Aus diesem Grunde war es nicht zu umgehen, mit einer größeren Anzahl von Fäden statt mit einzelnen Fäden zu arbeiten.

Alle diese Fehlerquellen waren bei der Deutung der einzelnen Bewegungsformen zu beachten, um die spezifisch phototaktischen Bewegungen konstatieren zu können.

Zunächst wurde mittelst lichtempfindlichen Papiers festgestellt, daß eine gleichmäßige Verteilung des Lichtes in den Petrischalen dann vorhanden war, wenn zur Bedeckung derselben Spiegelglasscheiben und sehr niedrige Schalen von ca. 0,5 cm Höhe benutzt wurden, womit auch die Brechung des Lichtes am Schalenrande ausgeschlossen war. Um besonders letzteres Ziel zu erreichen, ließ ich das diffuse Tageslicht und Tantallicht etwas schräg von oben, unter sehr kleinem Winkel gegen die Horizontale einfallen. Die Wärmewirkung der Lampen wurde stets durch einen beständigen Strom kalten Wassers in planparallelen Glasgefäßen aufgehoben.

Bei dieser Versuchsanordnung ergab sich bei diffusem Tageslicht, wenn die Kolonie in dem heliotropischen Kasten stand, eine scharfe positive Phototaxis, während die Oscillerien bei Bestrahlung mit Tantallicht deutlich negativ phototaktisch reagierten.

Es wurde nunmehr versucht, diejenige Intensität des Lichtes aufzufinden, welche an der Grenze dieser beiden Reaktionen gelegen ist. Bei diesen Versuchen ergab sich innerhalb einer bestimmten Intensitätsgrenze eine sehr eigentümliche Bewegungsart der Oscillarien. Von ihrer ursprünglich fast genau dem Lichte parallelen Stellung gingen sie zu einer gegen die einfallenden Lichtstrahlen immer stärker abweichenden Lage über, bis schließlich eine zu dem einfallenden Lichte mehr oder weniger genau senkrechte Stellung eingenommen war.

Es gelang mit ziemlicher Genauigkeit, diese für die Senkrechtstellung nötige Grenzen der Intensität festzustellen, indem der kreisrunde Spalt des heliotropischen Kastens, vor dem eine 50kerzige Tantallampe montiert war, variiert wurde. Der Spalt des heliotropischen Kastens und die Tantallampe lagen stets in derselben horizontalen Ebene; die Entfernung der Lampe vom Spalt betrug 9 cm, während die Kolonie von dem Spalte 28 cm entfernt war. Wenn nun der Spalt des Kastens geändert wurde, z. B. der Durchmesser desselben 2, 3, 4, 5 cm betrug, gelang es, nur bei einem Durchmesser von 3 cm, also bei ganz bestimmter Intensität, die typische Senkrechtstellung zu erhalten. Die Fäden wurden immer Stammkulturen entnommen, die dem diffusen Tageslicht ausgesetzt waren.

Wurden in bestimmten Zeitabständen drei zu gleicher Zeit angesetzte Versuche beobachtet, von denen der eine dem diffusen Tageslicht, der andere der Tantallampe ohne Abblendung und der dritte der für die Senkrechtstellung nötigen Intensität ausgesetzt war, so zeigte diese Kultur auf der dem Licht zugewandten Seite stets bei weitem die größte Ausbreitung. Die Fäden bewegten sich bedeutend schneller, um nach Verlauf von 5—7 Stunden nach Ansetzen des Versuches zum größten Teile in die typische Senkrechtstellung überzugehen.

Auch in diesen Kolonien laufen die Fäden in der Peripherie mit den Lichtstrahlen parallel und sind noch in voller Bewegung zum Licht hin begriffen. Weiter nach innen bilden die Fäden mit dem einfallenden Licht einen immermehr anschwellenden Winkel bis zu einer größeren Zone, wo er etwa 45 ^{0} beträgt; in diesem Teile ist die Bewegung bereits verlangsamt. Dann erfolgt weiteres Anwachsen des Winkels, bis die große Zone der typischen Senkrechtstellung erreicht ist, die fast bis zum Impffleck sich ausdehnt. In dieser Zone herrscht ein gewisser Ruhezustand; die mikroskopische Beobachtung eines senkrecht orientierten Fadens ergab, daß die Fäden sich in der senkrechten Lage ziemlich langsam hin- und herbewegen und bei dieser Bewegung sehr langsam der Lichtquelle sich nähern.

In dieser langsamen, senkrecht zum Licht verlaufenden Bewegung verbleiben die Fäden etwa 5–10 Stunden, dann gehen sie zum größten Teil in eine definitive Ruhelage über, die mit einer mehr oder weniger schleifenförmigen Aufrollung verknüpft ist.

Aus diesem ganzen Verhalten ist zu schließen, daß die Senkrechtstellung der Oscillarien gegenüber dem einfallenden Licht bei einer mittleren Intensität erfolgt, die zwischen den Intensitäten der positiven und der negativen Phototaxis gelegen ist. Es ist daher anzunehmen, daß diese Intensität als eine optimale aufzufassen ist, bei der für die Oscillarien keine Veranlassung vorliegt, das Licht aufzusuchen oder zu fliehen. Indem sie sich zum einfallenden Licht senkrecht stellen, bieten sie ihre volle Oberfläche dem Lichte dar — eine Stellung, in der sie die zur Verfügung stehende Lichtenergie voll ausnützen können. So erinnert diese Bewegung, die vielleicht als Diaphototaxis[1]) bezeichnet werden kann, an die Bewegungen, welche die Chlorophyllkörner vieler Pflanzen ausführen. Diese Tatsache erscheint auch deshalb von Interesse, weil, wie bekannt, die Chlorophyllkörner vielfach als ursprünglich in einem symbiotischen Verhältnis mit der übrigen Pflanzenzelle lebende Organismen angesehen werden. Eine ähnliche senkrechte Stellung einzelliger Organismen zum Licht dürfte vielleicht die von STAHL[2]) beobachtete Senkrechtstellung von *Closterium moniliferum* sein, von der er sagt, daß sie den Beginn der negativen Phototaxis darstellt.

Für die näheren Beschreibungen der Versuchsanordnungen und Kulturen verweise ich auf meine später erscheinende ausführliche Arbeit.

Botanisches Institut der Landwirtschaftlichen Hochschule in Berlin.

---

1) Passender wäre wohl die Bezeichnung Diastrophe; dieses Wort ist jedoch in der Literatur bereits in einem anderen Sinne gebraucht: s. SENN: Die Gestalts- und Lageveränderungen d. Pflanzenchromatophoren 1908, S. 67.

2) STAHL, Botanische Zeitung 1880, S. 297 flg.

84. D. Iwanowski: Über das Verhalten des lebenden Chlorophylls zum Lichte.

(Mit 1 Textfigur.)

(Eingegangen am 22. Dezember 1913.)

————

Schon SENEBIER hat bemerkt, daß die alkoholische Lösung von Chlorophyll im Lichte sich rasch entfärbt; dem berühmten Gelehrten entging auch nicht, daß für diese Entfärbung die Anwesenheit von Luft notwendig ist. Seitdem wurde diese Tatsache vielfach bestätigt und eingehend untersucht. Als nächste Aufgabe für die Physiologie des Assimilationsprozesses ergab sich dann die Frage zu erläutern, warum das lebende, das heißt in lebenden Chloroplasten enthaltene Chlorophyll sich als lichtfest erweist und seine Funktion im Lichte zu vollenden vermag. Aber diese Frage bleibt auch jetzt noch unbeantwortet, und die Untersuchung derselben beschränkt sich fast ausschließlich auf die bereits in den siebziger Jahren erschienene Arbeit von WIESNER[1]), dessen Ansicht auch jetzt vorzuherrschen scheint[2]), obgleich der Autor selbst zugestanden hatte, daß er zur Begründung seiner Theorie nur Hypothesen und Vermutungen anführen kann.

WIESNERs Ansicht zufolge ist die Beständigkeit des lebenden Chlorophylls im Lichte nur eine scheinbare, indem fortwährend sowohl eine Zerstörung, als auch eine Neubildung desselben stattfindet, und nur beim Gleichgewicht der beiden Prozesse bleibt die Totalmenge des Chlorophylls dieselbe. Da nun das gelöste Chlorophyll sich sehr rasch zersetzt, die Neubildung desselben in den Blättern nur langsam vor sich geht, so nahm WIESNER noch an, 1. daß das Chlorophyll in lebenden Blättern in fettem Öl gelöst sei, in welchem die Zersetzung überhaupt viel langsamer ist, und 2. daß die Konzentration dieser Lösung sehr hoch ist. Zum selben Zwecke des Chlorophyllschutzes

————

1) WIESNER, 1. Untersuchungen über d. Beziehung des Lichtes zum Chlorophylle, Sitzungsber. Wiener Akad. 1874, 327—385; 2. Die natürlichen Einrichtungen zum Schutze des Chlorophylls in den lebenden Pflanzen, 1876·

2) Vgl. CZAPEK, Biochemie der Pflanzen, 2. Aufl. Bd. I, S. 563; F. G. KOHL, Untersuchungen über das Carotin usw. 1902, S. 128 ff.

sollen auch verschiedene anatomische Einrichtungen, durch welche das auf die Blätter fallende Sonnenlicht gedämpft wird, bestimmt sein.

Dieser Theorie, welche jedenfalls einen zu großen Umsatz des Chlorophylls in der Pflanze voraussetzte, folgte dann eine andere, geradezu entgegengesetzte, welche von REINKE im Jahre 1886 entwickelt wurde[1]). REINKE fand, daß nicht nur das lebende Chlorophyll, sondern auch dasjenige in den durch vorsichtiges Behandeln mit Ätherdämpfen getöteten Zellen, gegen nicht konzentriertes Sonnenlicht vollkommen beständig ist. Er nimmt an, daß der Farbstoff in den Chloroplasten an Proteinkörper gebunden ist, mit denen er lichtfeste komplexe Verbindungen bildet; bei Einwirkung von Alkohol und anderen Lösungsmitteln werden diese Verbindungen zerspalten und in die Lösung geht nur der Farbstoff über.

Diese theoretisch jedenfalls sehr geistreich begründete Anschauung scheint wenig Anhänger gefunden zu haben, während sich zugunsten der WIESNERschen Theorie u. a. C. KRAUS, PFEFFER, TIMIRIASEF äußerten. In neuerer Zeit hat sich auch F. G. KOHL[2]) als entschiedener Anhänger dieser letzteren aus· gesprochen. Durch die WIESNERsche Theorie der fortwährenden Zersetzung und Neubildung des Chlorophylls scheint sich KOHL am besten die schon bekannten Erscheinungen des Pflanzenlebens zu erklären, wie z. B. die Gelbfärbung der Coniferennadeln im Winter, das Verblassen der bei stärkerer Beleuchtung sich entwickelnden Blätter im Vergleich mit denjenigen, welche bei gedämpftem Lichte wachsen, das Entfärben und Absterben der Süßwasser- und Meeresalgen bei Kultur in Aquarien usw. Da aber diese jedenfalls sehr komplizierten Erscheinungen auch anders erklärt werden können, so sucht KOHL die Theorie auch experimentell zu unterstützen, doch sind die wenigen von ihm mit Blättern von *Syringa Emodi* und Keimlingen von *Hordeum sativum* angestellten Versuche[3]) kaum geeignet, die Theorie besser zu begründen, als es bis jetzt der Fall war.

Damit erschöpft sich aber alles, was wir zum näheren Verständnis der Beziehung des lebenden Chlorophylls zum Lichte kennen gelernt haben; am allermeisten waren die Bemühungen der Forscher auf das Studium des gelösten Chlorophylls gerichtet. Die

---

1) REINKE, Botan. Zeitung, 1886.
2) F. G. KOHL, Untersuchungen über das Carotin und seine physiologische Bedeutung, 1902.
3) l. c. S. 106 und 112.

Frage·über das lebende Chlorophyll wird, wie Kohl richtig bemerkt, immerwährend verschwiegen.

Ich stellte mir die Aufgabe, zu ermitteln, ob es nicht gelingt, die auffallende Lichtfestigkeit des lebenden Chlorophylls aus
den schon bekannten Eigenschaften dieses Farbstoffs zu erklären.
Denn mit Rücksicht auf die sehr komplizierten chemischen Moleküle
des Chlorophylls schien es von vornherein wenig wahrscheinlich, daß
ein so großer Umsatz desselben, wie es die Wiesnersche Theorie
voraussetzt, fortwährend in der Pflanze vor sich geht; andererseits
aber kann man auch mit der Hypothese von besonderen komplexen
Verbindungen des Chlorophylls, ehe solche wirklich dargestellt
worden sind, nichts helfen resp. erklären.

Bei diesen Untersuchungen kommt es in erster Linie darauf
an, eine genauere Methode der quantitativen Bestimmung des
Chlorophylls zu benutzen. Mit Hinsicht darauf, daß die Fehler
der spektrophotometrischen Messungen selbst bei Anwendung von
weißem Licht 1 % nicht überschreiten, empfiehlt es sich von
selbst, das Chlorophyll spektrophotometrisch zu bestimmen und in
Extinktionskoëffizienten, als optischen Äquivalenten, auszudrücken,
denn diese letzteren sind bekanntlich der Menge der lichtabsor-
bierenden Substanz direkt proportional.

Die Extinktionskoëffizienten wurden an Stelle der maximalen
Lichtabsorption bei λ 665 unter Anwendung von sehr schmalem
Okularspalt und Kollimatorspalt = 0,1 mm ermittelt. Bei den Versuchen mit Blättern wurden genau gemessene Stücke derselben
mit zerriebenem Glas in gläsernem Mörser fein zerrieben, mit
starkem Alkohol vollständig ausgelaugt, das Extrakt bis zu einem
bestimmten Volumen verdünnt und in diesem der Extinktions-
koëffizient ermittelt. Die entsprechenden Kontrollversuche haben
gezeigt, daß die Fehler für alle Manipulationen des Extrahierens,
der Verdünnung und spektrophotometrischer Messung $\pm$ 2 % nicht
übertrafen.

Ich habe mit der Wiederholung der Wiesnerschen Versuche
über die Zerstörung des lebenden Chlorophylls begonnen und bin
zur Bestätigung seiner Resultate gekommen: bei den Pflanzen,
welche mit Chlorophyll mehr oder weniger tief gefärbt sind, erweist sich nach 5 bis 7 stündiger Belichtung entweder kein Verlust an Chlorophyll, oder nur ein geringer (3—4 %); die Pflanzen
aber, welche wenig Chlorophyll enthalten und gegen starke Beleuchtung nicht geschützt sind (*Elodea*), zeigten nach 5—9 Stunden
greller Besonnung bedeutende Abnahme des Chorophyllgehalts (bis
31 %). Sehr anschaulich tritt dieser Einfluß der Menge des Chloro-

phylls in nachstehenden zwei Versuchen hervor, in welchen die
Zerstörung des Chlorophylls vergleichend bei *El. canadensis* und
El. densa untersucht wurde; von diesen zwei Arten besaß die
letztere viel weniger Chlorophyll in der Flächeneinheit als die
erstere, nämlich im Verhältnis von 1 : 3.

		Dauer der Insolation	Verlust an Chlorophyll
1.	*El. canadensis*	7 Stunden	15,3 p. Z.
	El. densa . .	7 „	31,5 „
2.	*El. canadensis*	5 „	12,3 „
	El. densa . .	5 „	25,3 „

Die Pflänzchen von *Elodea* sind ein sehr geeignetes Material,
um auch den zweiten Teil der WIESNERschen Theorie zu prüfen,
nämlich daß das Chlorophyll in vollkommen erwachsenen Pflanzen
fortwährend neugebildet wird in dem Maße, als es sich infolge der
Licht- und Luftwirkung zersetzt. Zu diesem Zwecke wurden die
Blättchen zusammen mit einem kleinen Stückchen vom Stengel
abgeschnitten, und eine größere Zahl von solchen möglichst
gleichen Abschnitten in 3—4 gleiche Portionen geteilt; die eine
Portion diente zur Bestimmung des Gehaltes an Chlorophyll vor
dem Versuche, die anderen wurden der Wirkung der direkten
Sonnenstrahlen exponiert. Nach Verlauf von einigen Stunden resp.
Tagen wurde die zweite Portion auf den Chlorophyllgehalt untersucht; die Differenz zeigte nun den Verlust an Chlorophyll infolge der zu starken Beleuchtung. Die übriggebliebenen Portionen wurden jetzt in schwächeres zerstreutes Licht übertragen
und auf längere Zeit stehengelassen. Die nachherige dritte Bestimmung des Chlorophylls sollte nun eventuelle Neubildung derselben zeigen. In dieser Weise wurden 3 Versuche mit gleichem
Ergebnisse angestellt.

	Gehalt an Chlorophyll	Zersetzt
1. a) vor dem Versuch	0,250	
b) nach 5 Stunden Besonnung . .	0,198	20,8 %
c) nach 2 Tagen Verweilen . . .		
im zerstreuten Lichte	0,198	
2. a) vor dem Versuch	0,30507	
b) nach 2 Tagen Kultur im Sonnen-		28,5 %
lichte . ·	0,21778	

	Gehalt an Chlorophyll	Zersetzt
c) nach 3 Tagen im zerstreutem Lichte	0,19400	
d) nach 8 Tagen Verweilen im zerstreuten Lichte	0,2010	
3. a) vor dem Versuch	0,24220	
b) nach 5 Tagen Kultur im direkten Sonnenlichte	0,17513	27,7 %
c) nach 4 Tagen Verweilen im zerstreuten Lichte	0,15656	

Die Regeneration des Chlorophylls findet also in den erwachsenen Organen nicht statt, obgleich unter denselben Bedingungen bei längerer Kultur Seitensprosse gebildet werden, deren Blättchen deutlich tiefere Färbung zeigen als die insolierten. Ob es davon abhängt, daß die Chloroplasten in den erwachsenen Organen zur Chlorophyllbildung überhaupt unfähig sind, oder ob sie nur durch zu starke Belichtung geschädigt wurden, muß vorläufig dahingestellt bleiben. Jetzt interessiert uns hier nur die Frage, warum das Chlorophyll in lebenden Zellen zwar unter Umständen zerstört wird, aber weitaus langsamer als das gelöste.

Indem ich dieser Frage näherzutreten suchte, lenkte ich meine Aufmerksamkeit auf den kolloiden Zustand des Chlorophylls, den man z. B. durch starke Verdünnung der alkoholischen Lösung mit Wasser herstellen kann. Daß das Chlorophyll in den Chloroplasten sich in kolloidem Zustande befinde, ist schon an und für sich eine sehr plausible Vorstellung, die jetzt allgemeine Anerkennung zu finden scheint. Das kolloide Chlorophyll erweist sich aber im Lichte weit mehr beständig als das gelöste resp. adsorbierte. Der nachstehende Versuch mag diesen Unterschied veranschaulichen.

Es wurden fünf Lösungen von Chlorophyll derart hergestellt, daß alle fünf in gleichem Volumen gleiche Mengen von Farbstoff, aber verschiedene von Äthylalkohol enthielten, und zwar betrug der Gehalt an diesem letzteren 98, 80, 40, 20 und 10 p. Z.; die zwei ersteren Lösungen waren also molekulare, die drei letzteren aber kolloide Lösungen. Alle fünf wurden in gleichen Gefäßen der Wirkung der direkten Sonnenstrahlen exponiert, und die Zeit beobachtet, welche für die vollständige Zersetzung des Farbstoffs nötig war. Es erwies sich, daß dieselbe einem Zeitraum von 1

resp. 1—2, 8, 7 und $3^1/_2$ Stunden entsprach, d. h. in starkem
(98 proz.) Alkohol ist das Chlorophyll beständiger, als in ver-
dünnterem (80 proz.), aber bei weiterem Zusatz von Wasser, als
schon die Umwandlung der molekularen Dispersion in kolloide
geschieht, steigt die Widerstandsfähigkeit der Lichtwirkung gegenüber um 16 mal an. Bei noch stärkerer Verdünnung des Alkohols
vermindert sich wiederum die Lichtfestigkeit, aber schon un-
bedeutend.

Ehe nun zur Untersuchung der Frage geschritten werden
kann, ob nicht die Hypothese von dem kolloiden Zustande zum
Verständnis der Lichtfestigkeit des lebenden Chlorophylls allein
genügt, muß man natürlich die Chlorophyllmenge kennen lernen,
welche in der Einheit der Blattspreite verschiedener Pflanze enthalten ist, da natürlich die Schnelligkeit der Zerstörung von
der Anzahl der Farbstoffmoleküle abhängt, welchen der Lichtstrahl
auf seinem Wege begegnet. Indem ich die Menge des Chlorophylls in optischen Äquivalenten, wie oben erläutert, ausdrückte
und diese auf ein solches Volumen des Lösungsmittels berechnete,
daß dasselbe auf der extrahierten Blattoberfläche eine Schicht von
1 cm Dicke bilden würde (das sog. „flüssige Blatt"), erhielt ich
folgende Werte (Juli):

Begonia sp.	2,103
Lamium album	2,457
Ampelopsis hederacea	2,503
Robinia Pseudacacia	2,964
Aesculus Hippocastanum	5,047
Pyrus communis . ¯	5,772
Syringa vulgaris	5,990
Dahlia variabilis	6,062

Jetzt wurden die Versuche über den Einfluß d e r M e n g e
des Chlorophylls auf die Schnelligkeit der Zerstörung desselben
vorgenommen. Zu diesem Zwecke wurden aus einem und demselben alkoholischen Blattextrakte kolloide Lösungen von Chlorophyll hergestellt, welche verschiedene unten angegebene Werte
des Extinktionskoëffizienten besaßen, d. h. verschiedene Mengen
von Farbstoff in einer Schichtendicke von 1 cm enthielten, sonst
aber von gleicher Zusammensetzung waren. Zur Aufnahme
dieser Lösungen dienten die bei spektroskopischen Untersuchungen
gebräuchlichen Gefäße mit planparallelen Wänden und genau
1 cm Schichtendicke. Die Gefäße wurden von drei Seiten mit

schwarzem Papier bedeckt, damit das zerstreute Licht ausgeschaltet wird und die Lösung nur von einer Seite durchstrahlt werden kann.

Versuch I. Belichtung mit direkten Sonnenstrahlen während 5 Stunden.

Chlorophyllmenge		Zerstört	
vor dem Versuch	nach dem Versuch	absolut	p. Z.
0,614	0,143	0,471	77,1 %
1,216	0,352	0,868	71,1 „
2,442	0,927	1,515	62,0 „
4,884	2,758	2,126	43,5 „

Versuch 2. Belichtung bei bewölktem Himmel während 2 Tagen.

Chlorophyllmenge		Zerstört	
vor dem Versuch	nach dem Versuch	absolut	p. Z.
1,164	0,801	0,363	31,1 %
2,327	1,802	0,525	22,5 „
4,665	3,893	0,762	16,4 „
9,311	8,515	0,796	8,5 „

Wie zu erwarten war, erhält man bei geringerem Gehalt der Lösung an Farbstoff fast lineare Abhängigkeit, aber bei Vergrößerung desselben erreicht die absolute Menge des zerstörten Chlorophylls bald ihr Maximum, was durch Absorption des gesamten einfallenden Lichts bedingt wird, und bleibt alsdann beinahe beständig (0,762 und 0,796).

Die angeführten Versuche zeigen also, daß es unmöglich ist, allein durch den sehr hohen Gehalt an Chlorophyll die Lichtfestigkeit der grünen Farbe der Blätter zu erklären[1]), denn in diesem letzteren Falle beim Gehalt an Chlorophyll von 3—6 Einheiten, konnte nach Verlauf von 5—7 Stunden fast gar keine Zerstörung des Pigments wahrgenommen werden, während in den kolloiden Lösungen bei gleichem Farbstoffgehalt 20—40 % desselben zerstört wurde.

---

1) WIESNER (l. c.) spricht über den Einfluß der Konzentration, aber seine Versuchsanstellung fällt mit der oben angeführten zusammen und bezieht sich somit auf die Frage über den Einfluß der Menge des Chlorophylls in der Schichtendicke. Außerdem wurden die WIESNERschen Versuche mit dem molekular gelösten Farbstoff gemacht.

Es schien mir deshalb, als ob wir auch mit der Annahme von dem kolloiden Zustand des Chlorophylls nicht viel weiter kommen können, bis ich endlich auf die Tatsache aufmerksam wurde, daß in den oben angeführten Versuchen das kolloide Chlorophyll in einer Schicht von 1 cm Dicke belichtet worden war, während in den Blättern dieselbe Menge von Farbstoff in einer überaus dünnen Schicht lokalisiert ist. In der Tat variiert die Dicke der gewöhnlichen Blätter zwischen 0,1 und 0,3 mm, die dickeren davon erreichen 0,5 mm, die dünneren aber, wie z. B. die Schattenblätter, messen nur 0,1 und sogar 0,06 mm[1]). Dazu kommt noch, daß den größeren Teil von diesem Werte die beiden Epidermen, Intracellularen, Zellsaft usw. bilden, so daß auf die eigentlichen Behälter des Farbstoffes, die Chloroplasten, nur ein Bruchteil davon fällt. Die Konzentration des Farbstoffs in den Chloroplasten muß daher überaus hoch sein. Von den oben angeführten Beispielen von Pflanzen, für die ich den Gehalt an Chlorophyll bestimmt habe, besitzt z. B. *Aesculus Hippocastanum* Blätter von 0,18 mm Dicke; rechnet man nun davon 0,10 mm auf die Chloroplasten (was gewiß zu viel wäre), so ergibt sich der Extinktionskoeffizient der letzteren von 500, für die Blätter von *Syringa*, unter derselben Voraussetzung, erhält man den Wert 600 usw. Doch sind auch diese Zahlen gewiß noch zu niedrig berechnet.

Es wäre gewiß zu schwierig, mit so dünnen Schichten und so hohen Konzentrationen zu experimentieren, aber der Einfluß des in Rede stehenden Faktors kann natürlich auch mittels Versuche mit geringeren Konzentrationen und entsprechend dickeren Schichten festgestellt werden, wie es in nachstehenden Versuchen der Fall ist.

In diesen Versuchen wurden die kolloiden Chlorphyllösungen von verschiedener Konzentration, sonst aber gleicher Zusammensetzung, in eben solche Gefäße, wie früher, gegossen, aber die Schichtendicke war jetzt verschieden und zwar so gewählt, daß die Konzentration der Lösung durch die Schichtendicke derselben kompensiert wurde, weshalb der Lichtstrahl auf seinem Wege durch die Gefäße überall derselben Anzahl von kolloiden Chlorophyllgranula begegnete, aber die kontinuierliche Phase, d. h. die gegenseitige Entfernung der Granula, ungleich groß war. Im Vergleich mit den früher angeführten Versuchen

---

1) Eine größere Anzahl von solchen Bestimmungen ist bei URSPRUNG, Bibliotheca botanica, H. 60 (1903), S. 62, zu finden.

ist jetzt der Faktor der ungleichen Lichtabsorption ausgeschaltet
und allein der Einfluß der Konzentration, d. h. des Verhältnisses der dispersen zu der kontinuierlichen Phase, geltend geblieben.

Versuch 3. Kolloide Chlorophyllösungen wurden in Gefäße
von verschiedener Schichtendicke gegossen, und zwar betrug die
letztere in A: 10 mm, in B: 5 mm, in C: 2 mm. Die Menge des
Chlorophylls war in allen drei Gefäßen dieselbe, nämlich 2,0510
pro Schichtendicke. Da nun diese letztere ungleich groß war, so
betrug der Extinktionskoeffizient in A: 2,0510, in B: 4,1020, in

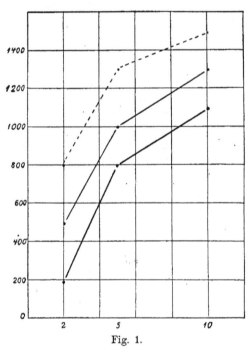

Fig. 1.

C: 10,2550. Der Gehalt an Alkohol (40 %) und farblosen Extraktiv-
stoffen war, in allen zu vergleichenden Lösungen derselbe. Belichtung während 4 Stunden teils im direkten Sonnenlichte, teils
bei bewölktem Himmel. (S. die Kurve Fig. 1.)

	Chlorophyll	Zerstört	
vor dem Versuch	nach dem Versuch	absolut	p. Z.
	A. 0,96003	1,09097	53,2 %
2,0510	B. 1,24380	0,80720	39,3 %
	C. 1,85240	0,19860	9,7 %

Versuch 4. Dieselben Gefäße. Die Menge des Chlorophylls pro Schichtendicke = 1,804. Extinktionskoeffizient in A: 1,804, in B: 3,608, in C: 9,020. Belichtung während 3 Stunden in direktem und grellem Sonnenlichte (Fig. 1).

Chlorophyll			Zerstört	
vor dem Versuch	nach dem Versuch		absolut	p. Z.
		A. 0,503	1,301	72,0 %
1,804	{	B. 0,804	1,000	55,0 %
		C. 1,302	1,502	27,3 %

Versuch 5. Drei Gefäße, wie in Versuch 4 bis 6. Die Menge des Chlorophylls pro Schichtendicke = 3,895. Extinktionskoeffizient in A: 3,895, in B: 7,790, in C: 19,475. Vier Stunden in direktem Sonnenlichte exponiert (s. Fig. 1).

Chlorophyll			Zerstört	
vor dem Versuch	nach dem Versuch		absolut	p. Z.
		A. 2,393	1,502	38,5 %
3,895	{	B. 2,578	1,317	33,6 %
		C. 3,100	0,795	20,4 %

Versuch 6. Zwei Gefäße, A: 10 mm, C: 2 mm. Die Menge des Chlorophylls = 2,875 pro Schichtendicke, Extinktionskoeffizient A: 2,875, C: 14,375. Vier Stunden in direktem Sonnenlichte:

Chlorophyll			Zerstört	
vor dem Versuch	nach dem Versuch		absolut	p. Z.
2,875	{	A. 1,570	1,305	45,4 %
		C. 2,072	0,803	28,0 %

Der Versuch wurde den anderen Tag fortgesetzt, nach 2 Stunden greller Belichtung:

A. 0,9195 } also zerstört   A. 1,955 resp. 68 %
C. 1,6466 }   C. 1,228 „ 42,7 %

Versuch 7. Zwei Gefäße A: 10 mm, C: 2 mm. Chlorophyllmenge 2,5250. Extinktionskoeffizient A: 1,5250, C: 12,625. Exponiert während 4 Stunden, 2 Stunden in direktem Sonnenlichte und 2 Stunden bei bewölktem Himmel.

Chlorophyll			Zerstört	
vor dem Versuch	nach dem Versuch		absolut	p. Z.
2,5250	{	A. 1,4310	1,0940	43,3 %
		C. 2,0436	0,4814	19,0 %

Versuch 8. Drei Gefäße, A: 10 mm, B: 5 mm, C: 2 mm. Chlorophyllmenge 1,768. Extinktionskoeffizient A: 1,768, B: 3,536, C: 8,840. Vier Stunden in direktem Sonnenlicht.

Chlorophyll		Zerstört	
vor dem Versuch	nach dem Versuch	absolut	p. Z.
	A. 0,7728	0,9952	56,2 %
1,768	B. 0,9089	0,8591	48,6 %
	C. 1,2695	0,4985	28,2 %

Die Versuche zeigen also, daß mit der Verminderung der Schichtendicke die Zerstörung derselben Menge des Chlorophylls im Lichte stark verlangsamt wird. Es ist jetzt begreiflich, daß bei den Konzentrationen von mehr als 500 bis 600 opt. Äquiv., wie es in den Chloroplasten der Fall sein soll, das Chlorophyll sich als lichtfest erweist.

Gegen diese Schlußfolgerung könnte man vielleicht einwenden, das erhaltene Resultat sei deshalb entstanden, weil die Zerstörung des Chorophylls ein Oxydationsprozeß ist und nicht durch Lichtwirkung allein, sondern durch kombinierte Licht- und Luftwirkung verursacht wird; mit der Verminderung der Schichtendicke vermindert sich aber auch der Luftzutritt, und darin vielleicht liege die Ursache der beobachteten Abnahme in der Zerstörung des Farbstoffs.

Diesen Einwand muß ich aber ablehnen. Der ungenügende Zutritt von Luft läßt sich sogleich durch die Schichtenbildung der Flüssigkeit bemerken, indem die Entfärbung sich jetzt in der oberen Schicht vollzieht, welche dann nach unten sinkt usw. Auf diese Weise verläuft z. B. die Zersetzung des Chlorophylls in 70 % Alkohol, wo sie sehr rasch geschieht und in wenigen Minuten vollendet wird. Daß in den angeführten Versuchen, wo die Zersetzung nur langsam vor sich ging, der größere oder kleinere Zutritt von Luft keine entscheidende Rolle gespielt haben konnte, geht schon daraus hervor, daß die molekularen Lösungen unter denselben Bedingungen keine solche Gesetzmäßigkeit aufweisen. Die Zerstörung des Chlorophylls vollzieht sich in ihnen vollkommen unabhängig von der Konzentration und, bei gleicher Menge von Chlorophyll in der Schichtendicke, innerhalb der Grenze der Versuchsfehler, in 10-mm-Schicht ebenso stark, wie in 2 mm dicker, ungeachtet dessen, daß in diesem Falle in derselben Zeit viel größere Quantitäten von Chlorophyll entfärbt werden als in kolloiden Lösungen.

Versuch 9. Lösung in Petroläther mit geringer Beimischung von Äthylalkohol. Drei Stunden in direktem Sonnenlicht. Schichtendicke in A. 10 mm, in C. 2 mm. Die Menge des Chlorophylls: A. 2,725, C. 2,541. Extinkt.-Koeff. — A. 2,725, C. 12,705.

Chloro	phyll	Zerstört	
vor dem Versuch	nach dem Versuch	absolut	p. Z.
A. 2,725	1,256	1,469	54,0 %
C. 2,541	1,152	1,389	55,0 %

Versuch 10. Gleicher Versuch, aber die Chlorophylllösung ist mehr konzentriert. Die Menge des Chlorophylls pro Schichtendicke: in A. 5,874, in C. 6,103. Extinkt.-Koeff. — A. 5,874, C. 30,515. Belichtung während $2^1/_2$ Stunden.

Chloro	phyll	Zerstört	
vor dem Versuch	nach dem Versuch	absolut	p. Z.
A. 5,874	2,976	2,898	49,3 %
C. 6,103	3,276	2,827	46,3 %

Die Tatsache ist an und für sich schon sehr interessant, als ein Beispiel von ungleichem Verlauf der Reaktion in heterogenem Medium, im Vergleich mit homogener molekularer Lösung. Die physikalischen Ursachen davon sind zurzeit nicht leicht zu ersehen. Am nächsten liegt aber der Gedauke, daß hier dieselben Umstände maßgebend sind, welche auch die erhöhte Widerstandsfähigkeit der kolloiden Lösung, im Vergleich mit der molekularen, bedingen d. h. Dispersion der Lichtstrahlen durch die kolloiden Granula, wodurch die eigentliche Lichtabsorption entsprechend vermindert wird[1].

Dazu bedarf es nur der Annahme, daß die Granula der dispersen Phase in konzentrierter Lösung größer wären als in verdünnterer; denn parallel mit dem Wachstum der Granula wächst auch die Lichtdispersion derselben und vermindert sich dementsprechend die Menge des von ihnen absorbierten Lichtes.

Und in der Tat finden wir in der Literatur über den kolloiden Zustand, daß eine solche Vergrößerung des Volumens der Granula infolge der Erhöhung der Konzentration von kolloider Lösung wirklich in zahlreichen Fällen und von verschiedenen Autoren festgestellt worden war. Umgekehrt, mit Verdünnung der kolloiden

---

[1] Vielleicht ist auch in diesem Zustande von größeren Molekülkomplexen das Chlorophyll überhaupt beständiger gegen die Lichtwirkung, als im Zustande von molekularer Dispersion. Vgl. LASAREW.· Die Entfärbung der Farbstoffe und Pigmente im sichtbaren Spektrum, 1911. S. 78 (Russisch).

Lösung vermindert sich das Volumen der Granula, d. h. es wächst
der Dispersitätsgrad des Stoffes an. Demzufolge ist auch die
BEERsche Regel auf die kolloiden Lösungen nicht anwendbar,
wie es O. SĆARPA nachgewiesen hat und wie ich mich selbst
überzeugen konnte, weshalb ich alle Bestimmungen der Extinktionskoeffizienten nur in molekularen Lösungen ausgeführt habe.

Andererseits muß man auch der Tatsache Rechnung tragen,
daß die kolloiden Lösungen in den oben angeführten Versuchen
nicht aus reinem Chlorophyll, sondern aus einem Blattextrakte
hergestellt worden waren. Dieser letztere enthält aber außer dem
Chlorophyll noch eine nicht unbeträchtliche Menge von Extraktiv-
stoffen, dazwischen auch Elektrolyte. Die absolute Menge dieser
letzteren, pro Schichtendicke, war in allen zu vergleichenden
Lösungen stets dieselbe und so gering, daß keine Koagulation
selbst in der am meisten konzentrierten Lösung eintrat, aber ihre
Konzentration war verschieden je nach der Schichtendicke und
variierte entsprechend der Konzentration des Chlorophylls. Es ist
nun aber ebenfalls schon festgestellt worden, daß die Elektrolyte
(wahrscheinlich gilt dasselbe auch für Nichtelektrolyte) unterhalb
der Elektrolytschwelle eine Veränderung des Dispersitätsgrades
der Kolloide herbeiführen.

Ob die eine oder die andere Ursache dabei wirksam war, kann
vorläufig dahingestellt bleiben, um so mehr, als die beiden Faktoren
in den Choroplasten verwirklicht werden können. Ich will jetzt
nur die Tatsache betonen, daß die auffallende Lichtfestigkeit
des lebenden Chlorophylls sich durch den kolloiden Zustand desselben in den Chloroplasten begreifen läßt.

Dadurch gewinnt aber auch die Hypothese von dem kolloiden
Zustand des lebenden Chlorophylls eine festere Grundlage, die
ihr bisher fehlte. Denn nur beim kolloiden Chlorophyll beobachteten wir die an den lebenden Pflanzen konstatierte Erscheinung,
daß die Lichtfestigkeit des Farbstoffs mit der Erhöhung der Konzentration desselben zunimmt. Das gelöste Chlorophyll, mag seine
Konzentration so hoch sein wie sie will, wird immer dieselbe Zer-
störbarkeit zeigen wie das oben erwähnte „flüssige Blatt".

85. D. Iwanowski: Über die Rolle der gelben Pigmente in den Chloroplasten.

(Eingegangen am 22. Dezember 1918.)

Die Tatsache, daß die Chloroplasten außer grünen fluorescierenden Pigmenten (Chlorophyllinen) stets beträchtliche Mengen von gelben enthalten, legt die Vermutung nahe, daß diesen letzteren irgendwelche event. auch sehr wichtige Rolle zukommt. Es gelang aber bisher nicht, dieselbe kennen zu lernen, obgleich es an Hypothesen und Vermutungen auch hier keineswegs fehlte.

Am meisten wurde die Frage über die Beteiligung der gelben Pigmente an der Zersetzung der Kohlensäure erörtert. Mit Rücksicht darauf, daß ENGELMANNs Untersuchungen über die Kohlensäureassimilation bei den Meeresalgen das Mitwirken aller Bestandteile der Chromophyllgruppe hervorgehoben hatten, schien es von vornherein sehr plausibel, daß auch bei den höheren Pflanzen der gesamte grüne Chlorophyllkomplex an der Zersetzung der Kohlensäure teilnimmt und daß dieser letztere Prozeß event. auch durch Vermittelung der gelben Pigmente allein stattfinden kann. ENGELMANN war der erste, welcher diesen Gedanken, zwar nicht ohne Vorbehalt, ausgesprochen hat, aber die Versuche, welche er zur Prüfung dieser Hypothese angestellt hatte, waren noch wenig beweisend: die gelben Blätter von *Sambucus nigra* var. *aurea,* nach der Bakterienmethode im Mikrospektrum untersucht, lockten die beweglichen Bakterien nicht nur in blauem, sondern auch in rotem Lichte an, obgleich in diesem letzteren die gelben Pigmente doch keine Absorption ausüben. Es schien also wahrscheinlich, daß diese Anlockung durch geringe Menge grünen Farbstoffs verursacht worden war, um so mehr, als nach eigenen Angaben des Autors[1]) das Absorptionsband des letzteren deutlich sichtbar war und die Lichtschwächung in demselben sogar 50 p. Z. erreichte.

Ebensowenig gelang es auch F. G. KOHL[2]) und' E. STAHL[3], welche sich später als Anhänger dieser Ansicht ausgesprochen haben, dieselbe experimentell zu begründen. MOLISCH[4]) und

---

1) ENGELMANN, Botan. Zeit. 1887.

2) F. G. KOHL, Untersuchungen über das Carotin usw. 1902 und Berichte d. d. botan. Gesellsch. 1906, S. 222.

3) E. STAHL, Zur Biologie des Chlorophylls, 1909, S. 39 (vgl. auch S. 21).

4) Congrès internat. de botanique Vienne 1905, p. 182.

IRVING[1]) erhielten bei ihren Versuchen mit etiolierten Pflanzen nur negative Resultate, und sogar in bezug auf die Meeresalgen sind in neuester Zeit gegen die ENGELMANNsche Theorie schwer-wiegende Bedenken durch die Untersuchungen von A. V. RICHTER[2]) und B. SCHINDLER[3]) hervorgehoben worden.

In noch höherem Grade, als die eben besprochene assimila-torische Leistung, erscheinen die anderen den gelben Pigmenten zugeschriebenen Funktionen als problematisch, so z. B. diejenige des Sauerstoffüberträgers im Atmungsprozeß der Pflanzen oder die des Enzymschutzes[4]).

In Erwägung dessen möchten die nachstehenden Versuche von Interesse sein, da sie eine unzweifelhafte und allem Anschein nach wichtige Rolle der genannten Pigmente zeigen. Dieselbe be-steht darin, daß die gelben Pigmente die Chlorophylline vor der zerstörenden Einwirkung des Lichtes schützen.

Der Gedanke selbst ist keineswegs neu; in der umfangreichen Literatur über das Chlorophyll finden wir ihn schon ausgesprochen und von F. G. KOHL in der zitierten Arbeit am heftigsten be-stritten und abgelehnt. F. KOHL führt folgende Argumente gegen diese Anschauung an:

1. In den ergrünenden Keimlingen und jungen, noch aus der Knospe hervorbrechenden und besonders schutzbedürftigen Blättern ist die Carotinmenge noch so gering, daß sie kaum imstande sein dürfte, ihre chlorophyllschützende Wirkung zu entwickeln;

2. das Carotin absorbiert gerade diejenigen Strahlen des Sonnenlichtes, welche auf das Chlorophyll am wenigsten oder gar nicht destruktiv wirken.

Was dieses letztere Argument anbetrifft, so liegt hier augen-scheinlich ein Mißverständnis vor, da wir seit REINKEs[5]) sehr aus-führlichen und genauen Untersuchungen schon wissen, daß die Zerstörung des Chlorophylls im blauen Lichte λ 50—46 immer noch 49—50 pCt. derjenigen, welche durch die am stärksten wirk-samen Strahlen λ 70—66 verursacht wird, beträgt; in violetten Strahlen λ 45—41 erreicht sie sogar 72 p. Z. KOHL verwirft diese Resultate unter Hinweis darauf, daß carotinfreies Chlorophyll, seiner Meinung nach, von der blauvioletten Hälfte des Spektrums

1) A. IRVING, Annals of Botany 1910, vol. 24, p. 705.
2) A. V. RICHTER, Berichte d. d. botan. Gesellsch. 1912, S. 280.
3) B. SCHINDLER, Zeitschr. f. Botanik 1913, S. 497.
4) F. G. KOHL, Das Carotin und seine physiol. Bedeutung, S. 19; Be-richte d. d. botan. Gesellsch. 1906, Generalvers.-Heft, S. 43.
5) REINKE, Botan. Zeitung 1885.

überhaupt nicht absorbiert und demzufolge durch diese letztere
auch nicht zerstört werden kann. Diese Meinung kann aber jetzt
kaum mehr verteidigt werden.

Ebensowenig begründet scheint mir auch das andere Argument von F. G. KOHL, welcher die Tatsache unbeachtet läßt, daß
die Bildung der gelben Pigmente derjenigen der grünen voran-
geht. Die Pflanzen bilden ja eine nicht unbeträchtliche Menge
der gelben Pigmente schon im Dunkeln, und nur der übrige, wenn
auch größere Teil, wird im Lichte mit den Chlorophyllinen parallel
gebildet. Mit vollem Rechte könnte man eine der KOHLschen
geradezu entgegengesetzte Meinung verteidigen, nämlich diejenige,
daß die zu beobachtende Aufeinanderfolge bei der Bildung von
einzelnen Bestandteilen der grünen Chromophyllgruppe auf die
chlorophyllschützende Rolle der gelben Pigmente hinweist.

Ich lasse aber die Protokolle der Versuche folgen, welche
diese chlorophyllschützende Wirkung der gelben Pigmente veranschaulichen.

In dem ersten von diesen Versuchen wurden zwei kolloide
Lösungen in ihrem Verhalten zum Lichte verglichen, nämlich:
a) die sogen Rohchlorophyllösung, d. h. das Gemisch aller Bestandteile des alkoholischen Extraktes von Blättern, und b) Chlorophyllin α, welches in diesem Versuche, wie auch in den nachfolgenden, nach der TSWETTschen Methode hergestellt wurde. Die
beiden Lösungen wurden in spektroskopischen Gefäßen mit planparallelen Wänden und genau 1 cm Schichtdicke der Wirkung
des Lichtes unterworfen, nachdem sie, behufs Ausschaltung des
Seitenlichtes, von drei Seiten mit schwarzem Papier bedeckt worden
waren. Die Chlorophyllmenge ist in optischen Äquivalenten
(Extinktionskoeffizienten in der Stelle der maximalen Lichtabsorption bei λ 665) ausgedrückt.

Versuch I. Zwei kolloide Lösungen: A. Rohchlorophyll,
B. Chlorophyllin α. Belichtung während 5 Stunden in direktem
Sonnenlichte.

	Chlorophyll		Zerstört	
	vor dem Versuch	nach dem Versuch	absolut	p. Z.
A.	3,480	2,742	0,738	20,7 %
	2,490	1,186	1,304	51,8 „

Da nun die Rohchlorophyllösung ein kompliziertes, größtenteils unbekanntes Gemisch von Stoffen darstellt, so wurde in nachstehenden Versuchen das grüne Chlorophyll künstlich durch Vermischung von blauem Chlorophyllin α mit den gelben Pigmenten

hergestellt.   Die gelben Pigmente wurden nach der Methode von
TIMIRIASEW, event. auch nach derjenigen von TSWETT, bereitet
und allmählich zum blauen Chlorophyllin bis zur Erhaltung von
grüner dem Blattextrakte gleicher Farbe zugesetzt.

Versuch 2. Zwei molekulare Lösungen in Alkohol: a) Chlorophyllin α, b) künstliches Chlorophyll. Belichtung in zerstreutem
Lichte.

Chlorophyll		Zerstört	
vor dem Versuch	nach dem Versuch	absolut	p. Z.
2,86420 {	a) 0,75868	2,10552	73,5 %
	b) 1,43962	1,42458	49,7 „

Versuch 3. Kolloide Lösungen: a) Chlorophyllin α, b) künstliches Chlorophyll. Belichtung während 2 Stunden im Sonnenlichte.

Chlorophyll		Zerstört	
vor dem Versuch	nach dem Versuch	absolut	p. Z.
2,85630 {	a) 1,99488	0,86142	30,2 %
	b) 2,48415	0,37215	13,0 „

Versuch 4.   Ebensolche kolloide Lösungen.   Belichtung
während 4 Stunden im Sonnenlichte.

Chlorophyll		Zerstört	
vor dem Versuch	nach dem Versuch	absolut	p. Z.
2,47698 {	a) 0,89756	1,57942	63,7 %
	b) 1,45870	1,01828	41,1 „

Im nachstehenden Versuche wurden zur selben Lösung von
Chlorophyllin α verschiedene Mengen von gelben Pigmenten zugesetzt, behufs Untersuchung des Einflusses der relativen Menge
dieser letzteren auf die Lichtbeständigkeit des Chlorophylls. Bekanntlich bleibt die grüne Farbe der Blätter nicht immer dieselbe,
sondern variiert, je nachdem größere oder kleinere Beimischungen
von gelbem Ton vorhanden sind. Dieser letztere ist am stärksten
bei Pflanzen von sonnigem Standort ausgeprägt, während die
Schattenpflanzen ein tieferes Grün besitzen. WILLSTÄTTER hat
neuerdings ermittelt, daß das Verhältnis der Chlorophylline (a + b)
zu den gelben Pigmenten bei Lichtblättern 3,07, bei Schatten-
blättern 4,68 und sogar bis 6 beträgt.

Varsuch 5.   Drei kolloide Lösungen des künstlichen Chlorophylls mit verschiedenem Gehalt an gelben Pigmenten, und zwar
a : b : c wie 1 : 2 : 4. Die Lösung a ist noch bläulich, die Lösung c
stark gelbgrün. Belichtung während 3 Stunden im Sonnenlichte.

| | Chlorophyll | | Zerstört | |
vor dem Versuch	nach dem Versuch		absolut	p. Z.
	0,59974		0,97486	62,0 %
1,57460	0,84690		0,72770	46,2 „
	1,03100		0,54360	34,5 „

Mit der Zunahme des relativen Gehalts an gelben
Pigmenten nimmt also auch die Lichtbeständigkeit des
Chlorophylls zu.

Es wurden auch Versuche mit einzelnen nach der Absorptions-
methode isolierten gelben Pigmenten angestellt, aber diese sind
noch nicht zum Abschluß gebracht worden. Aber so viel hat sich
jedenfalls herausgestellt, daß die chlorophyllschützende Wirkung
auch dem isolierten Carotin resp. Xanthophyll zukommt, nur
scheint das Gemisch von beiden besser zu wirken. Diese letzten
Versuche werden noch fortgesetzt, das allgemeine Resultat ist aber
sicher: die chlorophyllschützende Wirkung der gelben
Pigmente kann kaum mehr einem Zweifel unterliegen.
Dieselbe besteht wahrscheinlich darin, daß die gelben Pigmente
blaue und besonders violette Strahlen, deren chlorophyllzerstörende
Kraft sehr hoch ist, absorbieren. Ob auch die Sauerstoffabsorption
durch diese Pigmente hierbei eine Rolle spielt, muß vorläufig
noch dahingestellt bleiben.

86. F. Tobler: Zur Physiologie des Milchsaftes einiger Kautschukpflanzen[1]).

(Vorläufige Mitteilung.)

(Eingegangen am 25. Dezember 1913.)

Nach dem bisher Bekannten, vor allem auch auf Grund der
BERNARDschen Darlegungen (Ann. du jard. bot. de Buitenzorg,
1910, müssen wir annehmen, daß die physiologische Rolle des
Milchsaftes der Pflanzen eine nicht einheitliche ist. Weder hat
der Saft verschiedener Pflanzenarten die gleiche Funktion, noch
hat der Saft einer Pflanze nur eine bestimmte Bedeutung. Mancher
Widerspruch zwischen Angaben früherer Autoren wird auf diese

---

1) Auf d. Generalversammlung in Berlin vom Verfasser vorgetragen.

Weise ausgeglichen. Andrerseits bleibt an jedem Objekte aufs neue
noch eine Fülle von Fragen zu lösen.

Gelegentlich meines Aufenthaltes in Amani habe ich einige
Gruppen von Untersuchungen angestellt, die zu diesen Problemen
gehören. 1. Sollten die Beziehungen zwischen Stoffwechsel und
Zusammensetzung des Saftes beleuchtet werden durch Beobachtung
der Schwankungen von Art und Menge des Saftes unter verschiedenen Bedingungen, 2. sollte die Anatomie der Rinden experimentell untersucht werden auf die Veränderungen hin, die beim
Zapfen entstehen, 3. kam ich später in Fortsetzung von Versuchen, wie sie KNIEP (Flora 1905) früher in Europa begonnen
hatte, z. T. aber ausdrücklich als dort unlösbar bezeichnete, zu
Fütterungsversuchen mit Milchsaft führenden Blättern an Schnecken.

Die Untersuchungen der 2. Gruppe werden später gesondert
veröffentlicht werden, da ihre Ausarbeitung noch nicht vollendet
ist. Von den Resultaten der ersten dagegen mit Anschluß derer
der Gruppe 3 gebe ich hier eine kurze Darstellung; behalte mir
die Belege und die Verarbeitung mit dem bisher aus dem Gebiete
Bekannten für die größere Zusammenfassung vor, die in Kürze erscheinen wird.

I. Ich wählte als Objekt zunächst die *Mascarenhasia elastica*,
als in Ostafrika einheimische Pflanze, sowie als ein Objekt, bei
dem in hervorragender Weise auf mikroskopischem und mikro-
chemischem Wege Differenzen im Milchsaft wahrzunehmen sind.
In Wurzelschossen (auch frei stehenden bis zu gewisser Größe)
sowie jugendlichen Exemplaren zeigt die Pflanze nämlich statt des
Milchsaftes einen wasserhellen Saft, der viel Gummi, aber wenig
Kautschuk und Eiweißkörper enthält. Außerdem wird schon von
JUMELLE (Plantes a Caoutschouc 1903) berichtet, daß das Aussehen des Saftes der *Mascarenhasia anceps* (Madagaskar) periodisch
zu verschiedener Jahreszeit in demselben Organ im Aussehen
schwanke zwischen völliger Klarheit und starker Milchigkeit.
Diese anscheinend für beide *Mascarenhasia*-Arten identischen Eigenschaften hatte ich durch Beobachtung und Versuche, vor allem
auf dem Wege der Nährlösungskulturen, näher zu beleuchten
gedacht.

Der weniger feste Partikeln (vor allem auch Kautschuk
weniger) enthaltende Saft hat beim Anzapfen lebhafteren Fluß als
der milchige. In feuchten Perioden (auch in entsprechenden
Kulturbedingungen) nimmt der Gehalt des Saftes an festen Partikeln (vor allem auch an Kautschuk) zu. In länger besonnten
Blättern ist der Gehalt ferner größer als in beschatteten, in den

jüngeren größer als in älteren. Die Menge der im Saft vorkommenden festen Teilchen, sowie die Menge des bei Anzapfung ausfließenden Saftes überhaupt steigt im Laufe des Tages. Bei schlechtem Wachstum der Pflanze, speziell bei Mangel an N und P, sowie unterdrückter Assimilation läßt der Gehalt des Milchsaftes an Eiweißsubstanzen nach, der Kautschukgehalt dagegen nimmt bei N-Mangel eher zu, zeigt aber bei sehr schlechtem allgemeinen Wachstum schließlich auch Abnahme. Die im Saft der Milchröhren enthaltenen nicht festen Bestandteile gummiartiger Natur sind bei gut gedeihenden Kulturen reichlicher vorhanden als in schlecht wachsenden. Die Unterbrechung der in der Rinde gelegenen oder aller Leitungsbahnen durch Ringelung, Abschneiden usw. bringt in mit nichtmilchigen Saft versehenen Sprossen nahe unter der Schnittstelle Anhäufung von festeren Substanzen, Milchigwerden, hervor. Die infolge der Verletzung austreibenden Achselsprosse zeigen nahe den Assimilationsstellen und proportional deren Ausmaß milchigen Saft, auch wenn die Hauptachse frei davon ist. Die festen Bestandteile sind also von der Assimilation in ihrem Auftreten lokal abhängig. Sie werden von diesen Stellen aus in den Bahnen des Milchsaftes verbreitet.

II. Auch der Milchsaft von *Manihot Glaziovii* weist in bekannter Art verschiedene deutlich morphologisch trennbare Bestandteile auf: große Körper, die vielleicht Kerne sind, Stäbchen (Kautschuk) und kleinste Körnchen (Eiweiß) als Grundmasse.

Untersuchung der verschiedenen einer Wunde nacheinander entfließenden Tropfen und Tropfenteile ergibt, daß die sog. Kerne zuerst, die Stäbchen darnach nur kurze Zeit austreten und die Grundmasse allein den längeren Fluß der Zapfstelle liefert.

Untersuchung und morphologischer Vergleich des Saftes verschiedener Teile einer Pflanze ergibt, daß die lebhaft wachsenden oberirdischen Teile wie frische Blätter, Blüten, sehr junge Früchte usw. die normale Zusammensetzung des Saftes und den deutlichen Gehalt an Kautschukstäbchen und größeren Körpern, sowie größte Flüssigkeit erkennen lassen; schon im Stamm ist das Vorkommen der Stäbchen geringer. An jungen Pflanzen ist z. B. oft nur die Zusammensetzung des Milchsaftes der älteren Blätter die normale. Der Kautschuk ist demnach erst von einem gewissen Alter der Organe an und nur bis zu einer bestimmten Periode reichlich, sein Gehalt steigt bis zu einem in der lebhaftesten Wachstumperiode des Organs liegenden Maximum, um dann wieder abzunehmen.

Mit der Gunst der Ernährung (z. B. bei Mangel an N in der Kultur, bei Kultur in trockener Luft usw.) nahm auch ohne auf-fallende äußere Reduktion der Pflanze der Gehalt des Milchsaftes an Kautschukstäbchen ab. In einer übermäßig feuchten Kultur erwiesen sie sich als größer (länger und dünner) in ihrer Form Außerdem schwankte natürlich je nach dem Grad der Verdunstung die Menge des Saftes und seine Konsistenz, aber die Beobachtun-gen über die Menge und Art der Kautschukstäbchen waren unab-hängig davon. Hier sei angefügt, daß Beziehungen zwischen Assimilation und den Bestandteilen des Saftes sich nicht so kon-statieren ließen wie bei *Mascarenhasia*, auch an abgeschnittenen, iu Wasser stehenden Blättern war, solange noch Milchsaft auftrat, die Zusammensetzung nicht verändert zu sehen.

Bei Ringelungsversuchen (meist aber nicht vollständig um den Stamm geführten) trat allemal unterhalb der Unter-brechung der Leitungsbahnen eine Stauung des Inhaltes der Milchröhren ein, d. h. der Saft wurde dicklicher und reicher an Stäbchen. Doch zeigen sich darin komplizierte Unterschiede je nach Alter und Stärke des Stammes.

III. Zur Erweiterung früherer Versuche über Schneckenfraß an Milchsaftpflanzen wurden Fütterungsversuche mit den Blättern einer Reihe verschiedener Pflanzen, auch Apocynaceen usw., für die KNIEP (1905) die Entscheidung ausdrücklich offen gelassen hatte, an zwei Schneckenarten angestellt. Die Resultate waren alle positiv, d. h. die Blätter, und zwar auch frisch mil-chende am Baum und lang milchende wurden von den Schnecken gefressen. Eine einzige Ausnahme bildet *Mascarenhasia elastica*. Und zwar scheint hier in der Tat der Grund in einem im Milch-saft vorhandenen Stoff zu liegen, vielleicht sogar gerade in einem der in fester Form auftretenden, denn die mit nichtmilchigem Saft versehenen Blätter derselben Pflanze wurden gefressen, die anderen dagegen nicht. Im Zusammenhang mit den Resultaten der anderen Versuche aber, bei denen der Milchsaft die Tiere nicht abhält, zeigt auch der Fall der *Mascarenhasia* nur, daß eine Verallgemeinerung der Annahme, Milch- oder Kaut-schuksaft schütze vor Schneckenfraß, unstatthaft ist.

Münster (Westf.), Botanisches Institut d. Kgl. Universität.
Dezember 1913.

P. Ascherson

am 6. Oktober in Berlin stattgehabte abgehaltene

dreißigste Generalversammlung

Deutschen Botanischen Gesellschaft.

Am Sonntag ... Oktober bereits hatte sich eine große Anzahl Mitglieder ... um am 5. Oktober an der Exkursion nach dem Reservat des Plagefenns teilzunehmen. — Da auch in diesem Jahr ... der anderen botanischen Vereinigungen ihre Versammlungen zu gleicher Zeit mit unserer Gesellschaft abhielten, und da ferner eine erhebliche Mitgliederzahl in und bei Berlin ihren Wohnsitz hat, so ist es nicht zu verwundern, daß die Beteiligung eine recht große war. In die Präsenzliste hatten sich folgende Mitglieder eingetragen:

ANISITS-Berlin.
APPEL-Berlin.
BAUR-Berlin.
BEHRENS-Berlin.
BEYER-Berlin.
BOGEN-Berlin.
BUDER-Leipzig.
BURRET-Berlin.
BUSCALIONI-Catania.
BUSSE-Berlin.
CLAUSSEN-Berlin.
CONWENTZ-Berlin.
DIELS-Marburg a. d. L.
DINGLER-Aschaffenburg.
DRUDE-Dresden.
DUYSEN-Berlin.
EWERT-Proskau.
FEDDE-Berlin.

FISCHER ...
FUCHS ...
FÜNFSTÜCK ...
GILG-Berlin.
V. GUTTENBERG-Berlin
HILLMANN-Berlin.
HOCG-Berlin.
OSTERMANN-Berlin.
LINSBAUER-Berlin.
HAAS-Berlin.
KIENITZ-GERLOFF-Weilburg.
KLEBAHN-Hamburg.
KNISCHEWSKI-Flörsheim a. M.
KOEHNE-Berlin.
KOERNICKE-Bonn.
KOLKWITZ-Berlin.
KRAUSE-Berlin.
KRÖMER-Geisenheim a. Rh.

P. Ascherson

Bericht

über die

am 6. Oktober in Berlin-Dahlem abgehaltene

dreißigste Generalversammlung

der

Deutschen Botanischen Gesellschaft.

———

Am Sonnabend, dem 4. Oktober, bereits hatte sich eine große Anzahl Mitglieder eingefunden, um am 5. Oktober an der Exkursion nach dem Reservat des Plagefenns teilzunehmen. — Da auch in diesem Jahre die beiden anderen botanischen Vereinigungen ihre Versammlungen zu gleicher Zeit mit unserer Gesellschaft abhielten, und da ferner eine erhebliche Mitgliederzahl in Groß-Berlin ihren Wohnsitz hat, so ist es nicht zu verwundern, daß die Beteiligung eine recht große war. In die Präsenzliste hatten sich folgende Mitglieder eingetragen:

ANISITS-Berlin.
APPEL-Berlin.
BAUR-Berlin.
BEHRENS-Berlin.
BEYER-Berlin.
BOGEN-Berlin.
BUDER-Leipzig.
BURRET-Berlin.
BUSCALIONI-Catania.
BUSSE-Berlin.
CLAUSSEN-Berlin.
CONWENTZ-Berlin.
DIELS-Marburg a. d. L.
DINGLER-Aschaffenburg.
DRUDE-Dresden.
DUYSEN-Berlin.
EWERT-Proskau.
FEDDE-Berlin.

FISCHER-Berlin.
FUCHS-Berlin.
FÜNFSTÜCK-Stuttgart.
GILG-Berlin.
V. GUTTENBERG-Berlin.
HILLMANN-Berlin.
HÖCK-Berlin.
HÖSTERMANN-Berlin.
IRMSCHER-Berlin.
JAHN-Berlin.
KIENITZ-GERLOFF-Weilburg.
KLEBAHN-Hamburg.
KNISCHEWSKI-Flörsheim a. M.
KOEHNE-Berlin.
KOERNICKE-Bonn.
KOLKWITZ-Berlin.
KRAUSE-Berlin.
KRÖMER-Geisenheim a. Rh.

LAKOWITZ-Danzig.
LIESKE-Dresden.
LINDAU-Berlin.
LOESENER-Berlin.
P. MAGNUS-Berlin.
W. MAGNUS-Berlin.
MIYOSHI-Tokio.
MOEWES-Berlin.
MÜCKE-Erfurt.
MUNK-Heilbronn a. N.
MUTH-Oppenheim a. Rh.
NATHANSOHN-Leipzig.
NIENBURG-Frohnau (Mark)
ORTH-Berlin.
PETERS-Berlin.
PIETSCH-Halle a. S.
PILGER-Berlin.
PRINGSHEIM-Halle a. S.
PRITZEL-Berlin.
RIEHM-Berlin.
RÖSSLER-Berlin
RUHLAND-Halle a. S.
SCHIEMANN-Berlin.
SCHIKORRA-Berlin.
SCHLUMBERGER-Berlin.
SCHWEINFURTH-Berlin.
SCHWENDENER-Berlin.

SEELIGER-Berlin.
SHULL-Cold Spring Harbour
   (N. Y.).
SIMON-Dresden.
SIMON-Göttingen.
SNELL-Kairo.
STRAUSS-Berlin.
TESSENDORFF-Berlin.
THOMS-Berlin.
THOST-Berlin.
TISCHLER-Braunschweig.
TOBLER-Münster i. W.
TOBLER-WOLFF-Münster i. W.
V. UBISCH-Berlin.
ULBRICH-Berlin.
ULE-Berlin.
URBAN-Berlin.
VOIGT-Hamburg.
VOLKENS-Berlin.
WÄCHTER-Berlin.
WARBURG-Berlin.
WEHMER-Hannover.
WEISSE-Berlin.
WERTH-Berlin.
V. WETTSTEIN-Wien.
DE WILDEMAN-Brüssel.
WINKELMANN-Stettin.

WITTMACK-Berlin.

Als Gäste nahmen an den Verhandlungen teil die Herren: BRANDT, V. BEKE, FREUDENBERG, ROTHE, SWARTS, TORKA, WAGNER (Hildesheim), WERSCHBITZKI, WHETZEL und die Damen MC DOWELL und J. ZOPF.

Um 9 Uhr 20 Minuten eröffnete der Präsident R. V. WETT-STEIN die Versammlung im großen Hörsaal des Botanischen Museums, begrüßte den anwesenden Ehrenpräsidenten, Herrn S. SCHWENDENER, die Mitglieder und Gäste und erstattete einen kurzen Bericht über den Stand der Gesellschaft. Die Mitglieder-zahl hat wieder zugenommen, und die finanziellen Verhältnisse der Gesellschaft sind als günstig zu bezeichnen.

Der Präsident verliest darauf die Namen der seit der letzten Generalversammlung verstorbenen Mitglieder:

H. Graf ZU LUXBURG-Stettin, gest. am 26. Mai 1912,
G. HERPELL-St. Goar,   „   „   22. Juli 1912,
J. MÜLLER-Ziegenhals,   „   „   5. Dezbr. 1912,
W. MITLACHER-Wien,   „   „   15. Januar 1913,
P. ASCHERSON-Berlin,   „   „   6. März 1913,
A. FISCHER-Leipzig,   „   „   27. März 1913,
TH. M. FRIES-Uppsala,   „   „   29. März 1913,
H. SOMMERSTORF-Wien,   „   „   27. Mai 1913,
W. BLASIUS-Braunschweig,   „   „   31. Mai 1913,
B. LIDFORSS-Lund,   „   „   23. Septbr. 1913,

und spricht den Wunsch aus, daß bis zum Schluß des Jahres Nekrologe auf die Verstorbenen eingeliefert würden.

Die Anwesenden ehren das Andenken an die Verstorbenen durch Erheben von ihren Sitzen.

Hierauf erstattete der Schatzmeister, Herr O. APPEL, den Kassenbericht über das Jahr 1912 und teilte den Voranschlag für das Jahr 1913 mit (siehe Anlage I).

Eine Diskussion fand nicht statt, der Voranschlag wurde genehmigt und der Präsident sprach dem Schatzmeister den Dank der Gesellschaft für seine Mühewaltung aus und erteilte ihm Entlastung.

Der Vorsitzende berichtet sodann über den Antrag APPEL-GILG.

Der Antrag APPEL-GILG, dessen Wortlaut den Mitgliedern der Gesellschaft bekannt ist, wurde dem Ausschusse zur Beratung zugewiesen. Die Ausschußmitglieder haben sich der großen Mehrheit nach[1] für den Antrag günstig ausgesprochen, nur einzelne[2] derselben erhoben Bedenken wegen der sich eventuell ergebenden finanziellen Belastung der Gesellschaft und befürworten Beschränkung der geplanten Vorträge auf die Generalversammlung. Auf Grund der Äußerungen des Ausschusses und einer neuerlichen Beratung mit den Antragstellern wird der Antrag nunmehr in folgender Form zur Beratung gestellt:

Die Deutsche Botanische Gesellschaft wird bestrebt sein, zusammenfassende Vorträge über spezielle Forschungsrichtungen der Botanik sowie Vorträge über neue und wichtige Entdeckungen zu veranstalten. Von solchen Vorträgen sind zunächst etwa sechs im

---

1) BECK, BÜSGEN, CZAPEK, DIELS, DINGLER, DRUDE, E. FISCHER, KARSTEN, WEHMER.
2) MÖBIUS und WIELER.

Jahre in Aussicht genommmen, von welchen zwei bis drei für die Generalversammlung zu reservieren sind, während die anderen gelegentlich der Monatsversammlungen in Berlin oder der Versammlungen in Ortsgruppen gehalten werden. Die Vortragenden erhalten für diese Vorträge ein Honorar von je 100 M. Der Wortlaut dieser Vorträge wird in einer eigenen Publikation, betitelt „Vorträge aus dem Gesamtgebiete der Botanik, herausgegeben von der Deutschen Botanischen Gesellschaft" veröffentlicht. Der Vorstand der Gesellschaft wird ermächtigt, mit einem Verlagsbuchhändler einen Vertrag, betreffend die Veröffentlichung dieser Vorträge, zu schließen. Dieser Vertrag soll den Ersatz der Honorarkosten durch den Verleger, die Versendung der Vorträge an alle Mitglieder gegen Bezahlung eines Pauschalbetrages durch die Gesellschaft, sowie eine Anteilnahme der Gesellschaft an dem eventuellen Reingewinne vorsehen. In bezug auf die Durchführung des Beschlusses wird beantragt, daß alljährlich die Ausschußmitglieder eingeladen werden, Vorschläge wegen der abzuhaltenden Vorträge zu erstatten, die Auswahl der Vorträge erfolgt durch den Berliner Vorstand im Einvernehmen mit dem Präsidenten.

Der Antrag wurde mit allen gegen eine Stimme angenommen.

Ein Antrag JAHN, die zur Unterstützung wissenschaftlicher Arbeiten ausgesetzten 500 M. in Zukunft zu streichen, wurde nach kurzer Diskussion mit Stimmenmehrheit angenommen.

Darauf berichtet Herr APPEL über die Angelegenheit der in Freiburg (s. Ber. 1912 S. (3)) eingesetzten Kommission zur Prüfung unseres Vertrages mit der Verlagsbuchhandlung. Die Kommission besteht nach Ausscheiden des Herrn OLTMANNS, nach Ablehnung seitens des Herrn OTTO MÜLLER nunmehr aus den Herren V. WETTSTEIN, V. KIRCHNER, GILG, REINHARDT und APPEL, und beantragt, den Vertrag nicht abzuändern, da die Kommission der Ansicht ist, daß die pekuniären Interessen der Gesellschaft durch den bestehenden Vertrag gewahrt seien. Nach kurzer Diskussion, die sich hauptsächlich um die Höhe der Korrekturkosten drehte und an der sich die Herren P. MAGNUS, TISCHLER, ULE, DRUDE, FÜNFSTÜCK und LINDAU beteiligten, wurde nahezu einstimmig beschlossen, dem Antrag der Kommission Folge zu leisten. Die Tätigkeit der Kommission ist damit beendigt.

Ein Gegenantrag P. MAGNUS, mit dem Verleger über die Herabsetzung der Korrekturkosten zu verhandeln, wurde abgelehnt.

Herr DRUDE berichtet über die Ortsgruppe Dresden, die sich sehr gut bewährt und regt die Bildung weiterer Ortsgruppen an.

Von der Gesellschaft deutscher Naturforscher und Ärzte ist an die Vorstände der deutschen und deutsch-österreichischen naturwissenschaftlichen Vereine eine Anfrage ergangen, „ob es rätlich wäre, daß die oben gekennzeichneten Gesellschaften ihre Jahresversammlungen in je einem Jahre für sich allein, im zweiten Jahre aber in Gemeinschaft mit den anderen Gesellschaften auf der Versammlung deutscher Naturforscher und Ärzte abhielten". Der Präsident berichtet, daß er als Vertreter unserer Gesellschaft an einer Sitzung verschiedener Vereine in Wien teilgenommen hätte, in der dieser Gegenstand verhandelt wurde. Er regt an, den Vorschlag der Naturforscher-Gesellschaft auf die Tagesordnung unserer nächsten Generalversammlung zu setzen. Der Vorschlag wird angenommen und soll den Ausschußmitgliedern zur Äußerung übermittelt werden.

Als nächster Punkt steht auf der Tagesordnung die Wahl des Ortes und der Zeit der nächsten Generalversammlung. Herr J. BEHRENS bringt München in Vorschlag und als Zeit Anfang August, vorausgesetzt, daß der Vorschlag die Zustimmung der Münchener Kollegen findet. Der Vorstand wird deshalb ermächtigt, eventuell einen anderen Ort zu wählen. Dieser Vorschlag des Herrn J. BEHRENS wurde angenommen.

Schließlich erkundigte sich Herr DINGLER noch nach dem Stand der Denkmalsangelegenheiten. Herr BEHRENS beantwortet die Frage dahin, daß für die Denkmäler SPRENGELs und KOELREUTERs die privaten Sammlungen fortgesetzt werden.

Damit war der geschäftliche Teil der Generalversammlung erledigt und es konnte zu dem wissenschaftlichen Teil übergegangen werden.

Zunächst hielt Herr G. SHULL einen Vortrag „Über die Vererbung der Blattsorten bei *Melandrium*" und demonstrierte 24 Lumière-Lichtbilder (vgl. S. (40)). Dann sprach Herr L. WITTMACK über „Einige wilde knollentragende *Solanum*arten" (s. S. (10)) und unter Vorlegung von Originalabbildungen über „Klippen mit rotem Schnee in der Baffinsbai" und über „Die venetianische Traube oder den bunten Wein" (vgl. S.(35) und (38)).

Herr BUDER (Leipzig) berichtete über „*Chloronium mirabile*" (s. S. (80)) und Herr C. WEHMER über „Natürliche Diapositive von Microorganismen-Vegetationen." „Als „natürliche Diapositive" kann man eingetrocknete Agar- oder Gelatineplatten

bezeichnen; die von solchen entworfenen Lichtbilder[1]) geben
angetrocknete Kolonien von Bakterien, Hefen und Mycelpilzen
in der Regel gut wieder, so daß man nicht erst Photographien
anzufertigen braucht. Natürlich darf man keine mikroskopischen
Feinheiten erwarten, Hyphenverzweigung und Zygosporen bei
Mucorineen, Zonenbildung, Kristallabscheidungen (Oxalat), Ver-
flüssigungsringe z. B. kommen sehr schön und deutlich heraus.
Haltbar sind solche Objekte jahrelang. Agar- oder Gelatineschicht
müssen langsam eintrocknen, dürfen auch nicht zu dick sein, keine
überflüssigen Salze enthalten usw. Bei gelungener Herstellung
liegt das glasige Substrathäutchen samt der Vegetation der Glas-
platte fest an. Besonders empfiehlt sich die Methode zur Aufbewahrung instruktiver Platten, wie man sie gelegentlich beim
Arbeiten im Laboratorium erhält, durch Eintrocknen kann man
solche in jedem Entwicklungsstadium fixieren."

Schließlich machte Herr J. WINKELMANN (Stettin) eine Mitteilung über *Clathrus cancellatus* Tournf. in Pommern. „In der
letzten Septemberwoche wurde mir im Geschäftszimmer der städtischen Gartenverwaltung mitgeteilt, daß sich auf dem alten Fried-
hofe in Neutorney (einem westlichen Vororte von Stettin) ein eigen-
tümlicher Pilz befände. Der Friedhof stößt an die städtische
Gärtnerei, ist zum Teil eingegangen, und diese Stellen bilden mit
Bäumen bestandene Grasplätze. Auf einem von diesen fand ich
Clathrus cancellatus in allen Entwicklungsstufen: junge noch nicht
aufgebrochene Pilze, einem Bovist sehr ähnlich; andere schon
größer, halb aufgebrochen und das rote Gitter zeigend; ferner ganz
entwickelte in schöner roter Farbe, aber leicht zerfallend. (Diese
drei Zustände in Formalin aufbewahrt wurden der Versammlung
vorgezeigt.) Der starke üble Geruch, den dieser Pilz verbreitet,
ließ ihn leicht auffinden; sein durch dieselbe Eigenschaft sich aus-
zeichnender Vetter *Phallus impudicus* ist dort auch reichlich vorhanden. Zugleich wurde mir mitgeteilt, daß der *Clathrus* seit
einigen Jahren regelmäßig im warmen Spätsommer erscheint; man
wird ihm also das Bürgerrecht erteilen müssen. Über die Herkunft
des Pilzes konnte ich nichts erfahren."

Damit war das Programm erledigt, und der Präsident schloß
die Generalversammlung um 12 Uhr 10 Minuten. An den Vor-

---

1) Vorführung solcher mußte leider unterbleiben, weil die vom Vortragenden mitgebrachten Holzrahmen — mit kreisrundem Ausschnitt für die
PETRIschalen — für den Schlitz des Berliner Projektionsapparates zu breit
waren

sitzenden des Berliner Vorstandes, Herrn G. HABERLANDT, der durch Krankheit am Erscheinen auf der Versammlung verhindert war, sandte der Präsident ein Begrüßungstelegramm, das von Meran aus erwidert wurde.

Am Nachmittage fand unter Führung des K. Hofgartendirektors ZEININGER eine Besichtigung des Parkes von Sanssouci statt. Nach den Sitzungen der beiden anderen Vereinigungen in den nächsten Tagen hatten die Teilnehmer Gelegenheit, die Dahlemer Institute, den botanischen Garten und den Versuchsgarten des Herrn BAUR in Friedrichshagen zu besuchen. Die im gemeinsamen Programm vorgesehene Exkursion in den Spreewald mußte des schlechten Wetters wegen unterbleiben.

R. V. WETTSTEIN,   W. WÄCHTER,
Präsident.   Schriftführer.

Anlage I.

Rechnungsablage für das Jahr 1912.

	M.	Pf.	M.	Pf.
Vermögen am 1. Januar 1912	14 672	38		
Einnahmen:				
Mitgliederbeiträge.				
(Zu zahlen sind für 1912:				
568 Mitglieder à 20 M. . . . . . = 11 360 M.				
davon vorausbezahlt . . 122,05 M.				
1912 bezahlt . . . . . 11 237,95 „ 11 360 „(w.v.)				
Gezahlt wurden 1912:				
für 1912: a) Beiträge . . 11 237,95 M.				
b) Mehr-				
zahlungen 29,01 „				
„ frühere Jahre . . . 120,— „				
„ spätere Jahre . . . 114.55 „ 11 501,51 M.				
Zinsen aus dem Depot und Konto-				
korrent . . . . 662,50 „				
Gewinnanteil an Band XXX . . . . . 497,70 „	12 661	71	27 334	09
Ausgaben:				
Band XXX der Berichte, 582 Exemplare . . .	6 559	43		
Formulare und Drucksachen	459	05		
Honorare	1 780	—		
Ehrungen	66	40		
Wissenschaftliche Förderung , ...	500	—		
Porto:				
für Schriftwechsel . . . . 200,72 M.				
für Berichte . . . . 1 205,02 „	1 405	74		
Sonstiges	449	96	11 220	58
Vermögen am 31. Dezember 1912			16 113	51

Es haben betragen:

die Einnahmen aus den Beiträgen . . 11 501,51 M.

die Ausgaben . . . . 11 220,58 „

so daß die Einnahmen um . . . . . 280,93 M.

höher sind als die Ausgaben.

Bei 568 zahlenden Mitgliedern entfallen auf jedes Mitglied
20,25 M. Einnahmen, 19,75 M. Ausgaben.

	M.	Pf.	M.	Pf.
Voranschlag für 1913.				
Vermögen am 31. Dezember 1912	16 113	51		
Einnahmen:				
Beiträge (570 à 20 M.) . . . . . . 11 400,— M.				
Zinsen . . . . 670,— „				
Gewinnanteil . . . . 516,49 „	12 586	49	28 700	---
Ausgaben:				
Berichte	7 000	—		
Formulare und Drucksachen	500	—		
Honorare	2 000	—		
Ehrungen	150	—		
Wissenschaftliche Förderung . . . . . , . . .	1 000	—		
Porto	1 450	—		
Sonstiges	450	---	12 550	—
Vermögen am 31. Dezember 1913			16 150	—

Dahlem, den 23. Juni 1913.

Der Schatzmeister: O. APPEL.

Revidiert und richtig befunden.

Dahlem, den 23. Juli 1913.

M. O. REINHARDT.   G. LINDAU.

Mitteilungen.

87. L. Wittmack: Einige wilde knollentragende Solanum-Arten.

(Mit 4 Abbildungen im Text.)

(Eingegangen am 7. Januar 1914.)

Seitdem ich in THIELS „Landwirtschaftlichen Jahrbüchern" Band 38, Ergänzungsband 5 (1909), S. 551, eine ausführliche Arbeit über „Die Stammpflanze unserer Kartoffel" und in den „Berichten der Deutschen Botanischen Gesellschaft" Band 27 (1909) Seite (28) einen Auszug daraus, aber mit wichtigen Zusätzen, unter dem Titel „Studien über die Stammpflanze der Kartoffel" veröffentlicht habe, sind von verschiedenen Autoren wertvolle Arbeiten über den Gegenstand erschienen. Von mehreren Seiten sind auch weitere Kulturversuche mit wild wachsenden *Solanum*-Arten unternommen, und darum erscheint es mir angebracht, an dieser Stelle einen Überblick über das inzwischen Geleistete zu geben. Kurze Darstellungen habe ich bereits in der „Illustrierten landwirtschaftlichen Zeitung", Berlin 1911, Nr. 29, und 1913, Nr. 15 mit Abbildungen gebracht[1]). Für die ältere Literatur verweise ich auf meine beiden oben angeführten Arbeiten.

I. Die neuere Literatur.

1. Ich wende mich zunächst zu dem Artikel; den der inzwischen verstorbene Graf VON ARNIM-SCHLAGENTHIN (Berichte d. Deutsch. Bot. Ges. 1909 S. 547) mit Bezug auf meinen im gleichen Jahrgange S. (28) erschienenen Aufsatz veröffentlichte. Mir stehen zwar lange nicht so viele Erfahrungen mit Kartoffelsämlingen zur Seite, wie sie Graf VON ARNIM hatte; aber es erscheint mir seltsam, daß Geschwister von Kartoffeln mit radförmigen Blumen ganz sternförmige Blumen haben können. Ich glaube, daß V. ARNIM unter sternförmig etwas anderes verstand

---

l) Inzwischen ist auch ein Vortrag von mir: „Die Kartoffel und ihre wilden Verwandten" in „Nachrichten aus dem Klub der Landwirte" zu Berlin, Nr. 578, 15. Januar 1914, erschienen.

als ich. Es gibt bekanntlich sehr verschiedene Sternformen; ich verstehe unter einer sternförmigen Blumenkrone eine solche, die mindestens fünfteilig, d. h. bis über die Mitte in 5 Zipfel geteilt ist, mitunter noch tiefer.

Was den Kelch anbetrifft, so habe ich a. a. O. S. (30) selbst gesagt, daß auch bei unserer Kartoffel es einmal vorkommt, daß ein Kelchzipfel kürzer wird und umgekehrt bei *Solanum Commersonii* einmal etwas länger. Die zu letzterem Punkte abgebildeten Kelchzipfel von *S. Commersonii* sind übrigens etwas zu schmal gezeichnet. — Neuerdings fand ich auch eine Blüte von *S. Maglia*, an der einzelne Kelchzipfel kürzer waren als sonst.

Sehr interessant ist, was V. ARNIM über das Auftreten schwefelgelber „Leisten" auf den Blumenblättern sagt. Gelb ist eine seltene Farbe bei *Solanum*, aber *S. lycopersicum*, die Tomate, hat bekanntlich gelbe Blumen und neuerdings hat BITTER ein gelbes knollentragendes, dabei sogar epiphytisches *Solanum*, *S. morelliforme* Bitt. et Muench beschrieben, das in Astlöchern in Mexiko lebt (FEDDEs Repert. fasc. XII 1913 S. 154 m. Taf. II). — Die „Leisten" sind die Gefäßbündel, welche die Mitte der fünf Zipfel der Blumenkrone durchziehen; meist sind sie grünlich, mitunter auch etwas grünlichgelb, bei V. ARNIM wird das Grünliche also wohl noch mehr verschwunden sein.

2. ED. GRIFFON, Professor an der Ecole nationale d'Agriculture in Grignon und Direktor der Station de Pathologie végetale in Paris, der sich auch viel mit Variationsfragen beschäftigt, schrieb mir unter dem 4. Dezember 1909, daß er. in Grignon *Solanum Commersonii* kultiviert, aber keine Mutationen gefunden habe. Er teilte mir weiter mit, daß sein Assistent PIERRE BERTHAULT mit einer großen morphologischen und biologischen Arbeit über die knollentragenden *Solanum* beschäftigt sei. Als Vorläufer dieser Arbeit erschien schon nach einigen Wochen, am 3. Januar 1910, in den Comptes rendus von P. BERTHAULT eine kurze Übersicht: „Sur les types sauvages de la Pomme de terre cultivée" und ferner in Revue générale de Botanique Bd. XXII (1910) S. 345: „A propos de l'origine de la pomme de terre". Im Jahre 1911 erschien BERTHAULTs ausführliche Darstellung: „Recherches botaniques sur les variétés cultivées du *Solanum tuberosum* et les espèces sauvages de *Solanum tuberifères* voisins" in Annales de la Science agronomique française et étrangère Nancy, 1911, 8°, 211 S. mit 51 Textabbildungen und 9 Tafeln. BERTHAULT behandelt darin die Geschichte, die Biologie und die Anatomie der

Kartoffel, wobei er manches Neue bringt[1]). Leider sind ihm die
schönen Arbeiten von HUGO DE VRIES: Keimungsgeschichte der
Kartoffelsamen, Keimungsgeschichte der Kartoffelknollen und
Wachstumsgeschichte der Kartoffelpflanze, alle drei in den Land-
wirtschaftl. Jahrbüchern von V. NATHUSIUS und THIEL Band, 7,
Berlin 1878 erschienen, nicht bekannt gewesen.

In systematischer Hinsicht nimmt BERTHAULT dieselben vier
Hauptgruppen an, wie ich in diesen Berichten 1909 S. (30) getan.
Während ich aber bei den Kelchzipfeln nur lange und kurze unterschied, geht er darin noch weiter, wie sich aus seiner im folgenden kurz dargestellten Übersicht ergibt.

I. Krone radförmig.

1. Kelch mit weichspitzigen Zipfeln (sépales mucronées) (d. h.
   Kelchzipfel lang L. W.)
      a) Mucro lang zungenförmig (wie bei *S. tuberosum*),
      b)   „   ziemlich lang,
      c)   „   mittellang,
      d)   „   reduziert.
2. Kelch mit nicht weichspitzigen Zipfeln (d. h. Kelchzipfel
   kurz L. W.).
      a) Zipfel spitz,
      b)   „   abgerundet.

II. Krone sternförmig.

3. Kelch mit weichspitzigen Zipfeln.
4.   „   „   nicht weichspitzigen Zipfeln.

Ich fürchte, daß bei 1 die Unterschiede zwischen a bis d sich
oft schwer werden genau feststellen lassen.

3. Die wichtigsten systematischen Arbeiten sind die treff-
lichen Untersuchungen von GEORG BITTER, Direktor des Botanischen Gartens in Bremen. Wie ich bereits in Ber. d. Deutsch.
Bot. Ges. 1913 S. 173 darlegte, hat BITTER in FEDDEs Repertorium specierum novarum vom Fasc. X 1912 S. 529 ab in vielen
der folgenden Hefte höchst sorgfältige Diagnosen unter dem Titel:
„Solana nova vel minus cognita" (bis jetzt 13 Abhandlungen) veröffentlicht, darunter gegen 70 zur Gruppe *Tuberarium* zu rechnende,
während DUNAL s. Z. in DE CANDOLLEs Prodromus XIII, 1 nur
etwa 40 aufführte. Besonderen Wert legt BITTER u. a. auf die

---

1) Einiges davon habe ich in dem oben genannten Vortrage in „Nachrichten aus dem Klub der Landwirte zu Berlin", Nr. 578, S. 3, auch schon in
Ill. landw. Zeitung 1913 Nr. 15, mitgeteilt.

Haare. Ein Teil hat nach BITTER „Bajonetthaare". Darunter
muß man sich aber nicht Haare mit einem oben rechtwinklig abgesetzten Endgliede denken, wie es z. B. der Griffel von *Geum*
zeigt, sondern Haare, die nur aus zwei Zellen bestehen, von denen
die unterste größer und dickwandig, die obere kleiner, spitz und
dünnwandig ist. BITTER legt ferner großen Wert auf die Gliederung der Blütenstielchen. Diese ist allen Tuberarien eigen;
die Gliederung kann entweder nahe der Basis sein oder weiter
oben. Darnach unterscheidet BITTER die zwei Gruppen: *Basar-*
thrum und *Hyperbasarthrum*. Die erstere hat Bajonetthaare und
BITTER trennt sie jetzt ganz von der Sektion *Tuberarium* ab, weil
diese Arten wahrscheinliah nie Knollen tragen.

Die Gruppe *Hyperbasarthrum* ist eine sehr umfangreiche, die
Gliederung kann da unterhalb der Mitte, in der Mitte oder weiter.
oben bis nahe am Kelch sein. Zu bedenken ist dabei aber, daß
öfter die Blütenstielchen sich während des Abblühens oder des
Fruchttragens unterhalb der Gliederungsstelle verlängern, so daß
man zu verschiedenen Zeiten verschiedene Maße erhalten kann.
Häufig verdicken sich die Blütenstielchen während der Fruchtreife
oberhalb der Gliederung, was man auch bei gewöhnlichen Kartoffeln sieht. Die Art wie diese Verdickung erfolgt, wäre noch
näher zu untersuchen. Offenbar geschieht sie, um die schwere
Frucht besser tragen zu können. Aber warum verdickt sich dann
der untere Teil nicht?

Die interessanteste Entdeckung, die BITTER machte, sind die
Papillen am Griffel vieler wilder Arten. Ich selbst fand sie
auch an gewöhnlichen Kartoffeln. Von etwas oberhalb der Basis
bis etwa zur Mitte, selten noch höher hinauf, sind die Epidermiszellen zu kurzen, nur mikroskopisch oder unter starker Lupe, besonders nach dem Aufkochen der Herbarexemplare, sichtbaren
stumpflichen Papillen ausgezogen. Welchen Zweck mögen diese
haben? Da die *Solanum*-Arten keinen Honig absondern, können
sie nicht etwa dazu dienen, diesen aufzufangen, und den Blüten-
staub sollen sie doch wohl auch nicht aufnehmen. Man könnte
allerdings fast an den kürzlich von A. W. HILL in Ann. of Bot.
XXVII 1913 p. 479 m. Abb. (Referat in Bot. Zentralblatt 1913
Bd. 123 S. 659) bei *Sebaea* (Gentianaceae) beschriebenen Fall denken.
Sebaea ist, wie MARLOTH sich ausdrückt, „diplostigmatisch", d. h.
sie hat außer der eigentlichen Narbe entweder noch zwei im
rechten Winkel zu den beiden Narbenlappen sich von der Narbe
herabziehende Haarleisten, oder diese Leisten sind von der eigentlichen Narbe getrennt. In vielen Fällen sind aber statt der Leisten

an zwei Seiten des Griffels halbkugelige oder halbbirnenförmige Wülste, die mit Haaren besetzt sind. Hill schnitt die Narbe ab, bestäubte aber die Wülste und erntete reifen Samen, und zwar mehr, als wenn die eigentliche Narbe bestäubt wurde. *Sebaea* und ihre Verwandten sind aber protandrisch, die Kartoffel ist protogynisch. Vielleicht könnte man in diesen Griffelpapillen immerhin eine Annäherung der Solanaceen an die Gentianaceen sehen. Beide haben auch Leptomstränge im Innern des Xylems, also bikollaterale Gefäßbündel. Daß die Griffelpapillen bei *Solanum* doch vielleicht mit der Bestäubung zusammenhängen oder in früheren Formen damit zusammengehangen haben, dürfte aus dem Umstande zu folgern sein, daß die Papillen, wie ich fand, in d er Knospe noch nicht entwickelt sind, sondern erst in der auf-geblühten Blume[1]).

4. Auch E. Hassler hat in Feddes Repertorium ver-schiedentlich neue *Solanum*-Arten beschrieben, so besonders in Fasc. IX (1910/11) S. 115, ebenso Udo Dammer in Englers bot. Jahrbüchern usw.

5. Vererbungsfragen bei *Solanum*-Arten studierte Dr. med. Redcliffe N. Salaman in Barley bei Cambridge, England, den ich 1909 besuchte. Seine erste Arbeit im Journal Linnean Soc., Botany Bd. 39, Oktober, London 1910 S. 301 führt (übersetzt) den Titel: Männliche Sterilität bei Kartoffeln, ein dominierendes Mendelsches Merkmal, nebst Bemerkungen über die Form des Pollens bei wilden und domestizierten Varietäten. Die zweite größere Arbeit (im Journal of Genetics Bd. 1 Nr. 1 Nov. 18, 1910, Cambridge, mit 20 Taf., davon eine farbig) behandelt: „Die Vererbung von Farbe und anderen Charakteren bei der Kartoffel". Seine Ergebnisse sind:

1. Drehung des Blattes z. B. bei der Sorte Red fir apple (roter Tannenzapfen) ist ein rezessives Merkmal.

2. Bei den Knollen ist lang dominierend gegenüber rund.

3. Tiefe der Augen ist dominierend.

4. Purpurn dominiert bei Knollen über Rot.

5. Rot dominiert bei Knollen über Weiß, hängt aber von der Gegenwart zweier Faktoren und einem Chromogen ab.

6. *Solanum etuberosum* Sutton non Lindley (das jetzige *S. edinense* Berthault) ist nicht denselben Gesetzen der Prävalenz unter-worfen.

---

1) Herr Prof. Dr. Udo Dammer, ebenfalls ein trefflicher Kenner der Solanaceen, wies mir nach, daß auch in anderen Gruppen von *Solanum* Haare am Griffel vorkommen; das sind aber größere Haare, meist Sternhaare.

7. Unter den Sämlingen von *S. edinense* sind einige bis jetzt immun gegen *Phytophthora infestans.*

8. Diese Immunität ist bei *S. edinense* ein rezessiver Charakter.

9. *S. edinense* ist vielleicht ein Bastard. Wenn das der Fall, sind seine Eltern möglicherweise ursprüngliche Arten.

6. Einige knollentragende *Solanum*-Arten sind auch· in den von Fräulein Dr. J. PERKINS veröffentlichten „Beiträgen zur Flora von Bolivia" (ENGLER, Bot. Jahrb., Bd. 49, Heft 1, S. 215) aufgeführt. Was ich dort zögernd als *S. edinense* Berthault bestimmte (K. PFLANZ Nr. 95), hält BITTER eher für *S. acaule* Bitt. Nach PFLANZ wird diese Planze (Nr. 95) von den Eingeborenen nicht beachtet. Besonders wichtig aber ist das, was PFLANZ daselbst über Chuño und Tunta sagt.

II. Die Kulturversuche.

1. *Solanum Maglia.*
(Hierzu Abb. 1)

Zunächst habe ich Herrn Prof KARL REICHE, bis vor wenigen Jahren in Santiago de Chile, jetzt in der Hauptstadt Mexiko, herzliehst zu danken für zwei Sendungen Knollen von *Solanum Maglia.*

In seinem Briefe vom 5. November 1909, der gleichzeitig mit der ersten Sendung am 16. Dezember 1909 eintraf, schrieb er: „Die *Maglia*-Knollen stammen aus Viña del Mar bei Valparaiso und sind am 1. November vor meinen Augen ausgegraben worden. Sie müssen im deutschen Winter, vor Frost geschützt, in lockerer Erde aufbewahrt werden. Von Mai ab sind sie zu treiben, weil um diese Zeit die chilenischen Winterregen einsetzen. Die Pflanzen müssen reichlich Luft und Sonne haben, da die Mutterpflanzen an solchem Orte gewachsen sind."

REICHE hatte auch die Absicht, im Januar 1910 zu versuchen, aus den Cordilleren von Linares[1]) das echte *Solanum tuberosum* zu beschaffen, er habe es zwar trotz aller seiner Reisen noch nie am natürlichen Standort gesehen. Er hatte bereits von dem Direktor des Museums in Lima, PHILIPPI, die Genehmigung zu dieser Reise erhalten, da auch PHILIPPI daran lag, durch Beschaffung authentischen Materials zur Klärung der *Solanum*-Frage beizutragen; leider aber starb PHILIPPI bald darauf, die Reise nach den Cordilleren mußte unterbleiben und REICHE ging dann nach der Hauptstadt Mexiko.

Die erhaltenen Knollen von *Solanum Maglia* waren sehr klein,

---

1) Linares liegt südlich von Santiago, etwa auf 36 ⁰ s. Br. und 71 ⁰ westl. Länge am Greenwich. Da wäre also vielleicht weiter nachzusuchen.

meist kugelig. Die größte, etwas längliche war 2 cm lang und 1,5 cm dick, sie wog 3,5 g; die zweitgrößte maß 1,7×1,5 cm und wog 2,5 g; die meisten hatten nur etwa 1 cm Durchmesser und wogen auch nur ca. 1 g. Die Schale war grauviolett und glatt; Lentizellen waren wenig sichtbar und nur in Form kleiner matter Punkte, nicht erhabener Wärzchen vorhanden. Blattnarben und Augen traten auch wenig oder gar nicht hervor.

Trotz der Kleinheit enthielten die Knollen doch recht große Stärkekörner. Eine Knolle von nur 1 cm Durchmesser zeigte als Maximalmaß der Stärkekörner 85×39 μ. Die größeren Knollen mochte ich nicht zerschneiden. — Gewöhnliche Kartoffeln (Sorte Up to date von R. SUTTON & SONS in Reading, England), die ich 1913 untersuchte, ergaben an verschieden großen Knollen derselben Staude:

Knolle 1,3×1,2 cm, Stärkekörner im Maximum 44×22 μ
„ 3×2 cm „ „ „ 56×36 „
„ 7×5,5 cm „ „ „ 80×50 „

Man sieht, daß mit der Größe der Knollen die Größe der Stärkekörner zunimmt[1]), wenigstens dürfte das bis zu einem gewissen Grade der Fall sein. Übrigens scheint es auch etwas auf die Sorten anzukommen. Eine am 21. März 1910 gleichzeitig mit der Knolle von *S. Maglia* untersuchte gewöhnliche Kartoffel ohne Namen hatte bei nur 5 cm Durchmesser bis 93×50 μ große Stärkekörner. Im allgemeinen sind die Stärkekörner von *S. Maglia* etwas schmäler als bei *S. tuberosum*, wie ein Vergleich der herumgehenden Photographien ergibt.

Auch HERMANN SIERP kommt bei Kartoffeln zu dem Resultat, daß die kleinknollige Sorte „Blaue Mandel", die eine Zwergform darstellt, kleinere Stärkekörner hat als die großknollige Sorte „Expreß". Die Größe der Knollen änderte sich bei ihm in der Kultur sehr, die der Stärkekörner allerdings nur wenig[2]).

Nach BERTHAULT[3]) hat die Größe der Knollen keinen Einfluß auf die Größe der Stärkekörner, vorausgesetzt, daß man reife

1) Das fand auch KÜSTER bei seinen Untersuchungen über die Schichtung der Stärkekörner. Diese Berichte XXXI, 1913, S. 342 u. 343.

2) HERMANN SIERP, Über die Beziehungen zwischen Individuengröße, Organgröße und Zellengröße, mit besonderer Berücksichtigung des erblichen Zwergwuchses. Jahrb. f. Wiss. Bot., Bd. LIII, Heft 1, Leipzig 1913.

3) BERTHAULT, Recherches botaniques sur les variétés cultivées du *Solanum tuberosum* et les espèces sauvages de *Solanum* tubérifères voisins Nancy 1912 (Extrait des Annales de la Science agronomique française et étrangère) S. 85.

Abb. 1. *Solanum Maglia* Molina. Vom Versuchsfelde der Berliner Kgl. Landwirtschaftlichen Hochschule in Dahlem, 23. Juli 1912. Man beachte die locker stehenden, keine|n Kegel bildenden Staubbeutel.

Knollen vor sich hat. Dies trifft nach meinen obigen Messungen
nicht zu. Die untersuchten Knollen von Up to date wurden am
18. September 1913 herausgenommen, da waren die Pflanzen ober·
irdisch schon fast abgestorben. Die kleinste von 1,3 × 1,2 cm war
auch schon ganz prall voll von Stärke.

Beachtenswert ist aber BERTHAULTs Beobachtung, daß manche
Sorten mehr kleine Stärkekörner als große haben, und andere
Sorten wieder umgekehrt. Nach seinen Zählungen hat die wenig
stärkereiche Frühkartoffel „Marjolin“ (unsere lange Sechswochen-
kartoffel) 74 pCt. große und nur 26 pCt. kleine, dagegen die Futter-
und Industriekartoffel „Blaue Riesen“ nur 30 pCt. große und
70 pCt. kleine.

Um wieder auf *Solanum Maglia* zurückzukommen, so ist das
eine in der Kultur etwas veränderliche Pflanze.

Im ersten Jahre 1910 erwuchsen aus den so kleinen Knollen in
dem gut mit Rindermist gedüngten lockeren Boden des Gartens
der Landw. Hochschule riesige, bis $1\frac{1}{2}$ m lange Pflanzen, die wir
wegen ihrer Länge an Stöcke banden. Die Knollen waren am
20. Mai gelegt, die ersten Blüten erschienen am 4. Juli. Die
unteren Blätter waren außerordentlich groß, mit dem kurzen Stielteil 27 cm lang, das Endblättchen 13 cm lang und 7 cm breit, die
an der Basis sehr unsymmetrischen Seitenblättchen bis 10 cm lang,
5 cm breit. Die oberen Blätter wurden aber allmählich immer
kleiner, so daß die der obersten Zweige fast denen der gewöhnlichen Kartoffel, *S. tuberosum*, glichen. Charakteristisch ist für *S. Maglia*
der weinrot angelaufene Stengel und die ebenso gefärbte Blattspindel. Die Blütezeit dauerte vom Juli bis Ende September und
bei der Größe der schön weißen Blumen mit orangegelben Staubbeuteln gewährten die Pflanzen einen herrlichen Anblick. Die
Staubbeutel bilden keinen Kegel wie bei der Kartoffel, sondern
stehen einzeln um den Griffel. Leider setzten die Pflanzen gar keine
Beeren und vor allem auch gar keine Knollen an. Die bis $1\frac{1}{2}$ ja
2 m langen weißen Rhizome kamen schon während des Sommers
wieder über die Erde und entwickelten sich zu neuen Planzen, so
daß zuletzt ein dichtes Gebüsch entstand. Im Herbst fanden sich
auch noch keine Knollen, höchstens waren die Enden der im Boden
gebliebenen Rhizome zu kleinen erbsengroßen Knöllchen angeschwollen.

Über Winter wurden die erst sehr spät im Jahr oberirdisch
abgestorbenen Pflanzen mit Dünger bedeckt, in der Hoffnung, daß
vielleicht doch einige Rhizome oder deren Knöllchen überwintern
würden.

Diese Hoffnung hatte uns nicht getäuscht. Im Mai 1911 erschienen nicht nur einige, sondern eine ganze Anzahl Pflanzen
über der Erde. Diesmal wurden die Pflanzen nicht an Stöcke gebunden; sie sollten ungezwungener wachsen. Die langen reich
verzweigten Stengel lagen nun mehr oder weniger auf dem Boden
und bildeten ein noch stärkeres Dickicht als im Jahre vorher, zumal immer wieder neue Ausläufer in Gestalt grüner Pflanzen über
der Erde erschienen. Wir gruben Anfang Oktober den Boden auf,
fanden aber keine größeren Knöllchen als im Jahre vorher. Ende
Oktober oder Anfang November wurde wieder aufgegraben, da
zeigten sich wenigstens eine Anzahl Knöllchen bis zu Haselnuß-
größe.

Die Knollen sind in der Jugend weißlich, mit dem Alter
färben sie sich rötlichviolett und diese Farbe wird am Licht nach
einigen Tagen grauviolett. Das Fleisch ist weiß, aber violett marmoriert.

Die Blätter waren 1911 untereinander nicht mehr so verschieden wie im ersten Jahre. Solch große Blätter wie 1910
kamen überhaupt gar nicht mehr vor. Die oberen rollten sich oft
etwas zusammen, als wenn sie von der Blattrollkrankheit befallen
wären. Die Stengel und Blattstiele waren aber ganz gesund,
namentlich auch die Gefäße ohne Mycel im Innern.

Wiederum wurde das Beet im Winter mit Dünger bedeckt
und im Frühjahr 1912 noch oben auf mit Stalldünger gedüngt.
Abermals erschienen aus der Unterwelt eine Menge neuer Pflanzen,
aber auch ihre Blätter zeigten vielfach Einrollung. Ein Teil der
Pflanzen wurde im Juli mit Jauche begossen, ein anderer Teil mit
einem Aufguß von Hornspänen, ein dritter Teil erhielt keine
Kopfdüngung. Unterschiede in der Entwicklung waren nicht zu
sehen. Auffallenderweise erschienen im Jahre 1912 nur wenig
Blüten, während die noch zu besprechenden Pflanzen auf dem
Versuchsfelde der Landw. Hochschule in Dahlem herrlich blühten.
Ende Oktober wurde aufgegraben; aber die Rhizome hatten noch
keine Knöllchen angesetzt. Da das Kraut an manchen Stöcken
noch grün war, während das von S. tuberosum längst abgestorben,
konnte man die Hoffnung hegen, daß vielleicht sich doch noch
Knöllchen bilden würden. Mitte November 1912 wurde deswegen
noch einmal aufgegraben, natürlich immer an anderen, vorher noch
nicht ausgegrabenen Stöcken, aber fast vergebens. Es fanden sich
nur einige winzige Knöllchen, kaum von Erbsengröße. Es bestand
aber die Hoffnung, daß vielleicht doch noch im Laufe des Winters
die Reservestoffe der Rhizome in die an deren Enden sitzenden

Knöllchen wandern und diese vergrößern würden. Wir fanden nämlich stets im Frühjahr die Rhizome alle abgestorben. Die Rhizome gehen z. T. tief in den Boden, bis 1 m. Auffallend war es jedes Jahr, wie aus den kleinen im Boden gebliebenen Knollen große Pflanzen erwuchsen. Unsere Hoffnung hatte uns abermals nicht getäuscht, im Frühjahr 1913 erschien wieder eine ganze Anzahl Pflanzen. Da der Platz z. T. anderweitig gebraucht wurde, ließ Herr Prof. BAUR sie auf das Beet pflanzen, auf welchem schon eine Anzahl seit Jahren gestanden hatte. Sie blieben dies Jahr (1913) niedriger, waren nur 60 bis 80 cm lang und blühten Mitte Juli bis Ende September.

Ganz anders verhielten sich die von Prof. Dr. REICHE gesandten Knollen, die in dem schweren Lehmboden auf dem Versuchsfelde der Landw. Hochschule in Dahlem gebaut wurden, trotzdem sie doch von demselben Material herrührten. Hier machten sie bei weitem nicht so lange Ausläufer, setzten dafür aber einige Knollen an und blühten alljährlich reichlich. Im Jahre 1912 war aber der Knollenertrag nur gering. — Ganz herrlich blühten auch die *S. Maglia* in der Kaiserlichen Biologischen Anstalt für Land- und Forstwirtschaft in Dahlem[1]).

Nach alledem scheint es, als wenn in lockerem Boden die Rhizome in die Länge wachsen und bald wieder an die Oberfläche kommen, um sich zu neuen Pflanzen zu entwickeln, während auf schwerem Boden, wo die Rhizome mehr Widerstand finden, sie kürzer bleiben und dafür ihre Enden zu Knollen ausbilden.

Wir setzten deshalb im Garten der Landw. Hochschule einige Knollen in große Töpfe, und obwohl der Boden ebenso locker war wie auf dem Beet, hatten wir doch 1912 die Freude, wenigstens einige Knollen zu erhalten, und diese saßen meist an der Topfwandung. Am Boden des Topfes hatten sich die Rhizome kreisrund angeordnet, ohne dort Knollen zu bilden, während, wie gesagt, auf dem Beet keine einzige von nennenswerter Größe sich ausgebildet hatte.

Herr Prof. Dr. WEBERBAUER hatte mir im August 1911 geschrieben, daß die Knollenbildung des *S. Maglia* von C. REICHE im Garten wohl unterblieben sei, weil die Pflanzen begossen seien; im Vaterlande erhielten sie keinen Regen! Obwohl sich dies we-

---

1) Die Kaiserl. Biologische Anstalt f. Land- u. Forstwirtschaft in Dahlem hat gütigst die Weiterkultur meiner wilden Kartoffelarten übernommen, wofür ich ihr, wie allen übrigen, welche dieselben weiterbauen, herzlichst danke.

L. W.

niger auf *S. Maglia* in Chile als auf verwandte Arten in der Lomaformation in Peru bezieht, unterließen wir 1912 im Garten das Begießen, aber wie gesagt, ohne Erfolg. Im Nachsommer trat viel Regen ein. Da dieser aber auf dem Versuchsfelde in Dahlem, wo übrigens nie gegossen wurde, die Knollenbildung nicht verhindert hat, so dürfte der Hauptanlaß zur Knollenbildung in dem dichten Gefüge des Bodens liegen.

Leider wissen wir über die Ursachen der Knollenbildung trotz der schönen Untersuchungen VON VÖCHTINGs noch recht wenig, und erscheint es dringend wünschenswert, der Sache noch weiter auf den Grund zu gehen.

Ähnlich wie in der Landw. Hochschule ist es in der Kaiserlichen Biologischen Anstalt für Land- und Forstwirtschaft in Dahlem, der wir im Frühjahr 1910 Knollen von der REICHEschen Sendung übergaben, ergangen. Auch da haben die Rhizome von *Solanum Maglia* mehrere Jahre überwintert und im folgenden Jahre neue Pflanzen geliefert (sicherlich auch aus den Knöllchen). Im Jahre 1912 und 1913 blühten sie herrlich, wie ich mich unter Führung der Herren Geh. Regierungsrat Dr. APPEL und Dr. SCHLUMBERGER, die sie in Kultur genommen, überzeugen konnte; aber Knollen sind fast nicht angesetzt.

Herr Geh. Rat BEHRENS, Direktor der Biologischen Anstalt, hat die Güte gehabt, mehrere erst im September in Töpfe gesetzte Exemplare hierher bringen zu lassen, die im Kalthause gehalten wurden, um sie gegen ev. Nachtfröste zu schützen. Sie stehen heute, am 6. Oktober, noch in schönster Blüte.

Wir hatten 1912 auch selbstgeerntete Knollen (Ernte 1911) an die Biologische Anstalt abgegeben. Diese wurden in Töpfen kultiviert, haben aber trotzdem keine oder wenige Knollen gebracht.

Von Fruchtansatz war dort wie bei uns keine Spur zu sehen.

Im Kgl. botanischen Garten zu Dahlem wurden die uns von REICHE übersandten Knollen nur in Töpfen kultiviert und haben geringe Mengen Knollen ergeben.

Alle Knollen, die in den genannten Anstalten erhalten wurden, hatten keine bedeutende Größe, höchstens die eines Taubeneies. Ganz anders war es bei Herrn Prof. Dr. VON ECKENBRECHER, dem Leiter der Deutschen Kartoffelkulturstation in der Seestraße zu Berlin. Derselbe hatte die Knollen in einem in der Erde stehenden Zementkasten kultiviert und erhielt schon 1911 eine ziemlich reiche Ernte von z. T. recht ansehnlichen Knollen. In den folgenden Jahren wurden sie im freien Lande erzogen und brachten Knollen, die bis 8 cm lang und 4 cm dick waren, bei einem Gewicht von 40 g.

Im Jahre 1912 befruchtete der Gärtner Herr GOESE sie mit Pollen einer gewöhnlichen Kartoffel, und es wurden wenigstens einige halbreife Beeren erzielt.

Ähnlich große Knollen hatten schon Prof. HECKEL in Marseille und Herr J. LABERGERIE in Verrières (Dep. Vienne) und zwar durch Überernährung erzielt.

Bei Prof. VON ECKENBRECHER war normal gedüngter Boden verwendet worden, Stallmist mit der üblichen Zugabe von Kali und Phosphorsäure.

Möglicherweise haben unsere violettfleischigen Salatkartoffeln, die sog. Neger- oder Araukaner-Kartoffeln Blut von *S. Maglia* in sich, da die Knollen der letzteren im Innern, wie oben gesagt, violett mormoriert sind.

2. *Solanum*-Arten vom U. S. Department of Agriculture in Washington.

Dem Department of Agriculture verdanke ich eine Anzahl Kartoffelknollen, die mir der Vorsteher des Bureau of Plant Industry Herr FAIRSCHIELD durch Herrn R. A. YOUNG in Takoma Park bei Washington übersenden ließ. Dieselben stammen nach dem Bulletin Nr. 148 des Bureau of Plant Industry 1909 S. 25 aus dem südlichen Chile, wo sie Herr JOSÉ D. HUSBANDS in Limavida besorgte. Gefunden wurden sie nach diesem in dem Urbuschwerk (virgin bush) auf den Hügeln, Abhängen und Ebenen auf den Inseln des Archipelagus von Chiloé und Guaitecas. „Sie bilden die einzige Nahrung der Chilote-Indianer und anderer Eingeborener. Sie wachsen oft sehr tief im Boden. Sie vervollkommnen ihre Größe und Form nach fünfjährigem Anbau und sind alle gut zu essen." ... Ich muß gestehen, daß mir nach der hier nur im Auszuge wiedergegebenen Beschreibung scheint, als wenn dies gar keine wilden Kartoffeln sind. Die Knollen, die ich erhielt, waren schon in Nordamerika kultiviert worden und die bei uns daraus erwachsenen Pflanzen sind alles gewöhnliche Kartoffeln, aber verschiedene Sorten. Sie werden jetzt in der Kaiserlichen Biologischen Anstalt in Dahlem weiter gezogen. Manche haben leider im letzten Jahre kaum Knollen angesetzt.

3. Knollen aus Peru von Prof. Dr. WEBERBAUER.

Herr Prof. WEBERBAUER in Lima sandte mir freundlicherweise dreimal Knollen. Die erste Sendung vom 1. August 1910 bestand aus kleinen rundlichen roten Knollen von einer auf den

Amancaësbergen bei Lima, in der Lomaformation (200—360 m ü. M.) wild wachsenden Art „mit hell-lila Blüten und schmäleren, zahlreicheren Blattabschnitten als *S. tuberosum*". Leider kamen die Knollen, trotzdem sie in Holzkohle verpackt waren, verfault an. Wahrscheinlich war es *Solanum medians* Bitt.

Die 2. Sendung, vom 7. November 1910, war in Holzwolle verpackt in einem Kistchen mit Luftlöchern, und kam gut an. Es waren kleine runde glatte schön weiße (gelbliche) Knollen vom Berge „Morro Solar" bei Chorillos aus Steingeröll in der Lomaformation (200 m). „Auf diesem Berge fallen die Niederschläge nur als feine Nebel und nur von Mai bis September". Leider gelang es aber nur an wenigen Orten sie zur Blüte zu bringen. Das war u. a. der Fall bei Prof. Dr. LOUIS PLANCHON in Montpellier, wo sie auch einige wenige Knollen ansetzten, die aber in der 2. Generation eingingen, bei J. LABERGERIE in Verrières (Vienne) und bei dem schottischen Geistlichen Reverend AIKMAN PATON in Soulseat, Castle Kennedy. Dieser erzielte im Kalthause, da er die einzige Pflanze, die sich entwickelte, „gut gefüttert" hatte, Blumen von außerordentlicher Größe, bis 5 cm Durchmesser. Knollen und Beeren setzte sie nicht an.

Im März 1913 erhielt ich eine dritte Sendung von Prof. WEBERBAUER, wiederum, wie die zweite, vom Berge Morro Solar bei Chorillos in Peru, nahe der Küste. Ich verteilte sie wieder an Interessenten, sie blühte bei Herrn Prof. BAUR, bei R. SUTTON & SONS in Reading, bei Herrn J. LABERGERIE, früher in Verrières (Vienne), jetzt in Fontliasme (Dep. Vienne), bei VILMORIN, ANDRINUX & CIE. Paris, bei Prof. Dr. BITTER im Bot. Garten in Bremen und bei Rev. AIKMAN PATON. Bei letzterem waren die Blumen diesmal nicht so groß, weil er sie auf Anweisung WEBERBAUERs in magerem sandigen Boden gezogen hatte. Am besten aber wohl entwickelte sie sich bei Prof. LOUIS PLANCHON in Montpellier. Dieser ließ eine schöne farbige Zeichnung davon machen, die ich in der Juli-Sitzung 1913 der Dtsch. bot. Ges. vorlegte[1]). Ich habe durch Frl BARTUSCH eine Kopie davon anfertigen lassen und lege auch diese vor. Im August erhielt ich von L. PLANCHON sogar einen kleinen blühenden Zweig und konnte nun um so mehr feststellen, daß es sich wirklich um eine neue Art handelt, die ich bereits früher *S. Neoweberbaueri* benannt hatte. Der Name *S. Weberbaueri* ist schon von BITTER in FEDDEs Rep. XI, 365, für eine andere Art aufgestellt, die ich als *S. Maglia* abgebildet habe

---

1) Diese Berichte 1913 S. 320.

Abb. 2. *Solanum Commersonii* Dunal vom Versuchsfelde der Berliner Kgl. Landwirtschaftlichen Hochschule in Dahlem, 31. Juli 1912. Blumenkrone tief geteilt, sternförmig; Beere herzförmig.

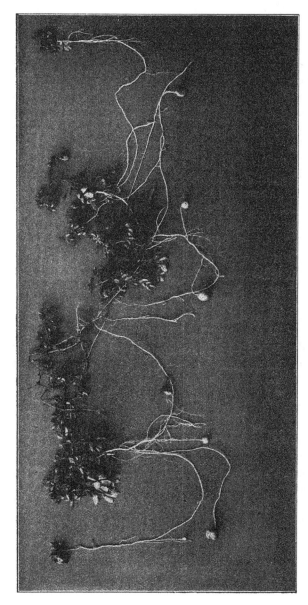

Abb. 3. *Solanum Commersonii* Dunal aus dem ökonomischen Garten der Kgl. Landwirtschaftlichen Hochschule in Berlin, 1911 (N. 2). Knollen birnförmig an langen Ausläufen. $^1/_{12}$ nat. Gr.

(THIELs Jahrb. 1909, Erg. Bd. 5, S. 560) weil WEBERBAUER sie
so bezeichnet hatte.

Sol. *Neoweberbaueri* zeichnet sich einmal dadurch aus, daß die
Blütenstielchen weit oberhalb der Mitte, etwa in $^4/_5$ ihrer Länge
gegliedert sind, während bei S. *tuberosum* die Gliederung meist nur
etwas über der Mitte liegt, ferner durch 5 schöne weiße Mittelstreifen auf der hellvioletten radförmigen Blumenkrone und
durch zahlreiche Drüsenhaare auf der Außenseite der Blumen-
kronenzipfel. Im übrigen hat sie einen Griffel mit zahlreichen,
erst unter dem Mikroskop sichtbaren Papillen von der Basis bis
über die Mitte, wie S. *tuberosum* und S. *Maglia*.

Ich werde diese Pflanze in ENGLERs Jahrbüchern näher beschreiben, daselbst auch einige Arten aus dem Herbar F. KURTZ
usw., die Prof. BITTER und ich gemeinsam benannt haben.

S. *Neoweberbaueri* hat in manchen Punkten viele Ähnlichkeit
mit unsern gewöhnlichen Kartoffeln; denn auch bei letzteren besitzen einige Sorten z. B. die „Dabersche“ und „Imperator“, einen
weißen Mittelstreifen auf den Blumenzipfeln, und Drüsenhaare auf der
Unterseite dieser Zipfel haben alle von mir untersuchten S. *tuberosum*-Sorten, wenn auch nicht so zahlreiche.

4. *Solanum Commersonii* und *Ohrondii* aus Montevideo von Prof.
Dr. GASSNER. Hierzu Abb. 2 u. 3.

Herr Prof. Dr. GASSNER brachte bei seiner Rückkehr einige
Knollen von S. *Commersonii* mit, von denen aber nur eine einzige
aufging, da sie viel zu spät gelegt waren. Diese hatte sehr tief
geteilte sternförmige Blumen von schöner lila Farbe, ging aber
nachher auch ein. GASSNER hat inzwischen in THIELS Landw.
Jahrb. 1910 S. 1011 einen Aufsatz: „Über *Solanum Commersonii*“
und „S. *Commersonii* violet“ in Uruguay veröffentlicht, mit
Tafel XXX, die sehr anschaulich das massenhafte wilde Vorkommen von S. *Commersonii* am sandigen Nordufer des La Plata
zeigt. Es kommen immer wieder neue Pflanzen mit langen Aus-
läufern hervor, wie auch bei uns (Abb. 3). Nach GASSNER blüht
S. *Commersonii* in Uruguay immer leicht violett (lila) und er sieht
das als die charakteristische Farbe an, während ich dagegen weiß
(mit nur leichtem Anflug von lila auf der Außenseite) für die Farbe
des echten S. *Commersonii* hielt. Die Blüten der GASSNERschen
Pflanze haben Papillen am Griffel, während diese bei S. *Commersonii*
fehlen.

Vielleicht könnte man für sie den Namen S. *Ohrondii* Carr.
(in Revue horticole, Paris 1883, 496), der sonst nur als Synonym

zu *S. Commersonii* gehört, wieder einführen. *S. Ohrondii* soll auch süße d. h. genießbare Knollen haben, keine bitteren wie *S. Commersonii*.

5. *Solanum chacoënse* Bitter in FEDDEs Rep. XI p. 18, syn. *S. guaraniticum* Haßl. non St. Hill; *S. Bitteri* Haßl.; *S. Pseudomaglia* Planchon. (Über die verwickelte Nomenklatur siehe FEDDEs Rep. IX, 115, XI, 18, 19, 190 und 467.) Hierzu Abb. 4.

Herr Prof. Dr. JUAN DOMINGUEZ, Direktor des pharmazeutischen Instituts in Buenos Aires, dem ich schon Proben von Calchaqui-Mais und Pinsingallo-Mais verdankte, sandte mir auch Knollen eines nur wenig bekannten *Solanum*, das er als *Solanum Caldasii* Kunth. bezeichnete, das aber wahrscheinlich *S. chacoënse* Bitter (*S. guaraniticum* Haßler in FEDDEs Rep. IX, S. 115, non A. ST. HIL. ist).

Die Knollen kamen am 8. April 1911 in einer mit Löchern versehenen Blechschachtel, in Holzwolle verpackt, sehr gut an. In seinem gleichzeitig eingetroffenen Briefe vom 15. März teilte mir Herr Prof. DOMINGUEZ mit, daß er diese Knollen auf seiner Estancia von Salto im Norden der Provinz Buenos Aires selbst gefunden habe.

Diese Knollen boten in mehrfacher Hinsicht großes Interesse. Sie hatten unterwegs ausgetrieben und auf 1—2,5 cm langen dünnen weißen Trieben wieder kleine Knöllchen gebildet. Bei uns kommt Knöllchenbildung auf dem Lager im Winter mitunter auch vor, dann aber bilden sich die Knöllchen meist unmittelbar auf der alten Knolle. Die übersandten Knollen haben eine längliche Birnenform, indem sie am Nabelende sehr zusammengezogen sind; sie sind weißgelb, haben viele Lentizellen und schwach ausgebildete Blattnarben und Augen, alles ähnlich wie bei *S. Commersonii*.

Eine Knolle von nur 29 mm Länge und 17 mm Dicke hatte schon ein Knöllchen von 3,5 mm Durchmesser auf ca. 5 mm langem Triebe gebildet. Andere Knollen sind größer, 5½ cm lang, 2,2 bis 2,7 cm Durchmesser, die allergrößte der 12 Knollen maß 6×3,3 cm.

Merkwürdigerweise enthielten die alten Knollen gar keine Stärke mehr oder nur vereinzelt in den Zellen hier und da ein Korn; dagegen waren die jungen, unterwegs gebildeten Knöllchen ganz voll von Stärke, von Form der gewöhnlichen Kartoffelstärke.

Die alten Knollen sahen infolge des Mangels an Stärke sehr glasig und wässerig aus. Jod färbte den Zellinhalt gelb, Boraxkarmin rot, EHRLICHs Triacid ebenso, Beweis also, daß stickstoffhaltige Substanzen vorhanden. Die Prüfung mittelst FEHLING-

Abb. 4. *Solanum ehaeoënse* Bitter. Blättchen gestielt, Blumenkrone tief geteilt, sternförmig; Beere kugelig.

scher Lösung ergab zwar auch Zucker, doch nicht so viel wie man erwarten sollte. Der Zellkern war ziemlich groß, mit sehr großem Nucellus, beide färbten sich mit Triacid blaurot.

Die Knollen wurden in Töpfe mit Erde gelegt, und nach einiger Zeit wurde bei einem Exemplar vorsichtig die Erde des Topfes abgeschüttelt, um zu sehen, ob es schon gekeimt habe.

Wie erstaunte ich da! Die alte Knolle hatte wiederum erst einige dünne weiße Triebe gebildet und daran gleich wieder kleine Knöllchen.

Zu einer Bildung grüner Stengel und Blätter ist es gar nicht gekommen. Die Knollen gingen schließlich zugrunde, müssen sich also doch wohl erschöpft gehabt haben.

Prof. PLANCHON in Montpellier hatte aus dem Botanischen Garten in Montevideo Knollen erhalten, die ihm als *S. Maglia* bezeichnet waren. Da die daraus erzogenen Pflanzen aber nicht mit *S. Maglia* übereinstimmten, so nannte PLANCHON sie provisorisch *S. Pseudomaglia.* Er war so freundlich, mir Knollen und eine farbige Abbildung zu schicken. Die Kultur ergab, daß es sich um *S. chacoënse* Bitt. handelt. Es ist dies eine Pflanze mit schön rahmfarbigen, tief sternförmigen Blumen und ganz kurzen dreieckigen Kelchzipfeln, noch kürzer als bei *S. Commersonii.* Von letzterer unterscheidet sie sich auch dadurch, daß die Blättchen länger gestielt sind, dabei die der oberen Blätter sehr schmal, ferner durch am Rande zurückgerollte Blumenzipfel, durch kugelige nicht herzförmige Beeren, und endlich dadurch, daß die Knollen dicht am Stamm sitzen. Sie sind weißlichgelb mit vielen Lentizellen, wie bei den Knollen des Herrn Prof. DOMINGUEZ.

Die Lentizellen sind sehr in die Quere gezogen, was sie von *S. Commersonii* unterscheidet. Die Stärkekörner, die ich allerdings erst im Frühjahr, am 4. April 1913, untersuchte, waren ganz auffallend platt, bis 60 μ lang, 20 μ breit und nur 4 μ dick. Die Schichtung war sehr deutlich; möglicherweise waren die Stärkekörner schon etwas abgebaut, aber gleichzeitig untersuchte Knollen von *S. Commersonii* waren nicht so dünn.

S. chacoënse ist bisher in den Herbarien argentinischer Pflanzen meist als *S. Caldasii glabrescens* bezeichnet worden; *S. Caldasii* ist aber eine ganz andere Pflanze aus Columbien.

6. Verschiedene andere *Solanum*-Arten.

Von Herrn Prof. PLANCHON, Montpellier, erhielt ich im Frühjahr 1910 auch Knollen von einer Kartoffel, die seiner Meinung nach durch Mutation aus *Solanum Commersonii* hervorgegangen ist, sowie im Herbst noch einmal solche. Die ersteren Knollen sahen ganz gewöhnlichen weißen Kartoffeln ähnlich. Sie ergaben nur kleine Pflanzen, die rot blühten, stark von der Phytophthorakrankheit befallen wurden und fast keine Knollen brachten. Unter den im Herbst 1910 erhaltenen waren die meisten zwar auch gewöhnlichen Kartoffeln ähnlich, aber einige waren etwas birnförmig und mit vielen Lentizellen besetzt, was beides für *S. Commersonii* charakteristisch ist. Das dünne Ende der birnförmigen Knollen ist bei *S. Commersonii* aber am Nabel; hier war es an der Spitze. Die Kultur ergab gewöhnliches *S. tuberosum*.

Herr Prof. Dr. VON LAGERHEIM in Stockholm sandte mir im August 1912 Knollen von *Solanum*-Arten, welche die Indianer am Titikaka-See, also in sehr bedeutender Höhe kultivieren. Sie waren von Prof. v. NORDENSKJÖLD mitgebracht worden. Die Knollen hatten schon ausgetrieben, wuchsen über Winter im Gewächshause zu geil und sind meist eingegangen. Einige aber entwickelten sich 1913 so weit, daß man nach den Blättern ungefähr die Spezies bestimmen konnte. Darnach dürften die meisten zu der erst neuerdings von BITTER in FEDDES' Repertorium XI, 391, aufgestellten Art *Solanum acaule* gehören, die andern vielleicht zu *S. tuberosum*. — Leider sind sie auch bei Herrn v. LAGERHEIM alle eingegangen.

Herr Prof. Dr. ED. HECKEL in Marseille sandte mutierte Knollen von *Solanum*-Arten, die Prof. Dr. CLAUDE VERNE aus Grenoble in Chile, Peru und Bolivien gesammelt hatte. Auch bekam ich von HECKEL kleine Knollen von *Solanum Maglia*, die statt violett weiß waren. In der Jugend sind die Knollen von *S. Maglia* immer weiß.

Ferner erhielt ich Anfang August 1913 von Herrn Prof. Dr. CLAUDE VERNE in Grenoble selber erstens einen blühenden Zweig einer von ihm und HECKEL als *Solanum tuberosum* bezeichneten Art, gesammelt von VERNE auf den Amancaës-Bergen in Peru, bei Lima, und zweitens einen blühenden und einen überreich Beeren tragenden Zweig eines in Bolivien bei Viacha, oberhalb La Paz in 4000 m ü. M. von ihm gesammelten *Solanum*. Ich erkannte in ersterem *S. medians* Bitter, in letzterem *S. acaule* Bitter. Prof. BITTER, der auf meine Veranlassung auch Exemplare erhielt, bestätigte das, nur erhob er die Pflanze aus Viacha wegen ihres in der Kultur länger gewordenen Stengels zu einer besonderen Varietät *S. acaule* var. *caulescens*.

CLAUDE VERNE hatte in Comptes Rendus Bd. 155, S. 505, Sitzg. v. 2. Sept. 1912 über seine Funde und die Kultur der

Knollen berichtet, damals aber beide noch als *S. tuberosum* bezeichnet. Nach BITTERs und meinen Untersuchungen muß es jetzt heißen:

Die Knollen von Viacha in Bolivia sind

Solanum acaule Bitt. in FEDDE Rep. XI, 392, var. *caulescens* Bitt. in FEDDE Rep. XII, (1913) 453.

Die Knollen aus Peru von den Amancaës-Bergen und von Chorillos sind

Solanum medians Bitt. in FEDDE Rep. XII, 149.

Herrn Prof. VERNE lag selber sehr daran, daß die richtigen Namen festgestellt würden, und Prof. BITTER und ich sind ihm sehr dankbar, daß er uns durch Zusendung blühender Zweige und Beeren in den Stand gesetzt hat, seinen Wunsch zu erfüllen.

Vor kurzem, am 22. September 1913, haben ED. HECKEL und CLAUDE VERNE gemeinsam in „Comptes rendus" tome 157 S. 484 über weitere Kulturen berichtet. CLAUDE VERNE, der auf eigene Kosten nach Südamerika gereist war, um, angeregt durch ED. HECKEL, die Stammpflanze der Kartoffel zu finden hatte nämlich außer *S. Maglia, acaule* und *medians* noch eine vierte Art mitgebracht, aus Chancay in Peru, im Norden von Lima. HECKEL und VERNE bestimmten diese als *Solanum immite* Dun. — Was übrigens DUNAL unter *S. immite* verstanden hat, wissen wir noch nicht sicher; da müßte man erst sein Originalexemplar, das im Herbar Boissier sein soll, einsehen. Die VERNEsche Pflanze aus Chancay erwies sich u. a. als sehr schnell in ihrer Entwickelung, die nur 97 Tage bis zur Reife der Knollen in Anspruch nahm.

Bei dieser Gelegenheit berichtigen sie auch ihre im Jahrgang 1912 der Comptes rendus gemachten Bestimmungen und sagen, daß die von VERNE in Peru gefundenen vermeintlichen *S. tuberosum, S. medians* Bitter, und die in Viacha gesammelten *S. acaule* var. *caulescens* Bitter seien. Aber sie meinen, daß *S. acaule* nur eine alpine Form von *S. tuberosum* sei; denn in gut gedüngtem Boden hätten bei ihnen die Pflanzen fast 1 m hohe. Pflanzen ergeben und zahlreiche Früchte getragen. *Solanum acaule* unterscheidet sich aber wesentlich von *S. tuberosum* dadurch, daß seine langen Blütenstielchen gar keine Gliederung aufweisen. Möglicherweise liegt die Gliederung, wie BITTER vermutet, unmittelbar unter dem Kelch. Bei *S. tuberosum* sind die Blütenstielchen in der Mitte gegliedert. Das *Solanum acaule* erwies sich bei VERNE und HECKEL als sehr ertragreich, früh, kräftig und auch widerstandsfähig gegen die Kartoffelkrankheit, *Phytophthora infestans.*

Ein Analogon zu *S. acaule* in Bolivien bildet *S. utile* Klotzsch in Mexiko. Auch dieses hat als Hochgebirgspflanze die diesen meist eigene Rosettenform. Von ihr schickte mir Prof. BITTER lebende Exemplare. Leider wächst sie aber nicht so üppig und auch die Kreuzungen, die KLOTZSCH bald nach 1849 zwischen ihm und *S. tuberosum* vornahm, haben nichts Hervorragendes ergeben; sie wurden ebenso von der Phytophthora befallen wie die gewöhnlichen Kartoffeln. BITTER will den Namen *S. utile* Klotzsch nicht gelten lassen, sondern die Art als eine Varietät des ein Jahr früher beschriebenen *S. demissum* Lindley (in Journ. Hortic. Soc. London 1848, S. 70, mit Abb. auf S. 69) ansehen, die er *S. demissum* var. *Klotzschii* Bitt. nennt (in FEDDE Rep. XI, S. 453 und XII (1913), S. 454). Ich meine, *S. utile* ist genügend verschieden und man sollte diesem bescheidenen Blauveilchen (die Blumen sind wirklich veilchenblau) seinen Namen lassen.

Ein weiterer Vertreter der Rosettenform findet sich in Argentinien, auf der Sierra Famatina. Es ist höchst nahe verwandt mit *S. utile* Klotzsch, BITTER und ich werden es als *S. aemulans* in ENGLERs Jahrbüchern beschreiben.

Aus allem Angeführten geht hervor, daß wir die Stammpflanze der Kartoffel noch immer nicht kennen. Es sind so viele knollentragende wilde *Solanum*-Arten vorhanden, daß man vor Überfülle die eigentliche Stammart nicht erkennt, oder vielleicht verkennt.

Es herrscht aber jetzt geradezu ein internationaler Wetteifer im Aufsuchen der Urform und hoffentlich wird der zum Ziele führen. Ganz besonders darf man auch auf die Veröffentlichungen des Herrn WILLIAM F. WIGHT, der im Auftrage des Department of Agriculture u. a. alle wichtigeren Herbarien Europas auf knollentragende *Solanum*-Arten durchgesehen hat, gespannt sein.

Übersicht der besprochenen Arten.

I. Blumenkrone radförmig.

A. Kelchzipfel lang.

1. Staubbeutel keinen Kegel bildend, Blume weiß   *Solanum Maglia*
2.   „   einen   „   „

§ 1. Höhere Pflanzen.

Gliederung der Blütenstielchen: Art

a) in der Mitte, Krone verschieden gefärbt, Griffel
   in der unteren Hälfte mit Papillen   *S. tuberosum*
   Krone violett, ohne Papillen   *S. Weberbaueri*

b) oberhalb der Mitte, violett, mit Papillen   *S. medians*
    „   „   „ , in $^3/_4$ der Länge, hell-
blau mit 5 dunkleren Streifen   *S. edinense*[1])
in $^7/_8$ der Länge, violett, mit 5 weißen
Streifen, mit Papillen   *S. Neoweberbaueri*

§ 2. Meist niedrige Rosettenpflanzen (Gebirgspflanzen).
    Gliederung in der Mitte, violett, mit Papillen   *S. demissum* (*utile*)
      „   „   „   „   „ fast ohne „   *S. aemulans*
    ganz oben? Blütenstielchen sehr lang, 5 cm
      scheinbar ungegliedert, violett, mit Pa-
      pillen, Beere herzförmig.   *S. acaule*
    B. Kelchzipfel kurz.
    Hierher das nicht besprochene echte *S. etuberosum* Lindley.

II. Blumenkrone sternförmig, d. h. tief fünfteilig.
    A. Kelchzipfel lang.
    Hierher das nicht besprochene *S. Jamesii*.
    B. Kelchzipfel kurz.

Krone	Griffel	Beere	Art
milchweiß, oft mit lila Anflug	ohne Papillen	herzförmig	*S. Commersonii*
lila	mit Papillen	?	*S. Ohrondii*
gelblichweiß, Ränder zurück- gerollt	ohne Papillen	kugelig	*chacoënse*

Die besprochenen Pflanzen wurden teils lebend, teils in Photographie, teils in Herbarform, teils in schönen farbigen Photographien (Lumière-Aufnahmen) vorgeführt. Die Lumière-Aufnahmen
verdanke ich der Kaiserlichen Biologischen Anstalt für Land- und
Forstwirtschaft in Dahlem, die sie durch den darin so geübten
Präparator Herrn VORWERK ausführen ließ.

Außerdem wurden Blätter von sog. Maltakartoffeln, d. h. im
Frühjahr aus Malta und den westlichen Mittelmeergegenden eingeführten Kartoffeln gezeigt. Die Knollen waren gleich wieder gelegt
worden, hatten also keine Ruheperiode durchgemacht und wohl
infolgedessen war das Endblättchen der ersten Blätter ganz ab-
norm groß und fast kreisrund geworden.

---

1) *Solanum edinense* Berthault ist *S. etuberosum* Sutton (non Lindley).
Seine Heimat ist unbekannt. Weil SUTTON & SONS es aus Edinburg erhalten
haben, nannte BERTHAULT es *S. edinense*.

Nachdem vorstehender Artikel gesetzt war, erhielt ich noch mehrere wichtige Arbeiten, die ich hier nur aufführen will, ohne für den Augenblick näher darauf eingehen zu können.

1. LOUIS PLANCHON, La pomme de terre et ses transformations. Extrait du Bulletin mensuel de l'Academie des Sciences et Lettres de Montpellier (Août—Décembre 1913) Montpellier 1914; S. 253—290.

2. ED. HECKEL et CLAUDE VERNE, Nouvelles Observations techniques sur les mutations gemmaires culturales des Solanum tuberifères, Extrait du Bulletin des Séances d'Octobre 1913 de la Société nationale d'Agriculture de France. Paris 1913, S. 1—18.

3. J. LABERGERIE, Handschriftliche Kopie seiner Mitteilungen vom 26. Nov. 1913 in der Soc. nat. d'Agriculture de France über den Einfluß der Nachbarschaft einer Kartoffelsorte auf eine andere daneben gelegte Sorte. Hier wird eine Symbiose angenommen. Der leider zu früh verstorbene NOËL BERNARD glaubte im Anschluß an seine Entdeckung, daß die Orchideenknollen sich nur bilden, wenn gewisse Pilze zugegen sind (*Fusarium, Rhizoctonia*), gefunden zu haben, daß bei Kartoffeln ebenfalls ein Fusarium die Knollenbildung veranlasse oder begünstige (Revue générale de Botanique, Bd. 4, Paris 1902, S. 139, 269 [1]). — Nach HECKEL ist Hühnermist besonders geeignet, die Größe der Knollen und die Mutation zu befördern, und man vermutet, daß mit diesem Mist vielleicht die betr. Pilze in die Erde gelangen. Das alles muß noch näher untersucht werden.

---

[1] Ich verdanke Herrn Reichsgrafen zu SOLMS-LAUBACH den Hinweis auf diese Stelle, siehe Zeitschrift für Botanik 1910, S. 107.
NOËL BERNARD erklärte aber noch in demselben Jahre, am 27. Okt. 1902, in den Comptes rendus (Bd. 135, S. 706), nachdem er den Versuch LAURENTs mit abgeschnittenen Kartoffelzweigen wiederholt hatte, aber die Zweige nicht nur, wie LAURENT in Glukose, sondern auch in Chlorkaliumlösung gestellt und dadurch oberirdische Knollen erzeugt hatte, daß die Knollenbildung auch abhängen könne von der Konzentration der Säfte in dem Organismus. Er meinte übrigens, auch der Symbiont bewirke durch seine Enzyme eine Konzentration des Saftes in der Wirtspflanze. — BLARINGHEM (Revue gén. de bot. t. 17 1905 S. 499) wies nach, daß auch durch Einschnitte am Stengel Luftknollen bei Kartoffeln erzeugt werden können, indem Stockung des Saftes eintritt. Ob wirklich ein *Fusarium* bei der Knollenbildung im Spiel ist, läßt sich meiner Ansicht nach nur dadurch mit Sicherheit nachweisen, daß Kartoffelpflanzen aus oberflächlich sterilisiertem Samen in sterilisiertem Boden unter Zusatz von Kali, Phosphorsäure und Stickstoff erzogen werden, wobei der einen Hälfte der Versuchspflanzen Reinkulturen von Fusarium zugefügt werden müßten, der andern nicht.

88. L. Wittmack: Vorlage der Original-Abbildung von Klippen mit rotem Schnee in der Baffinsbai.

Gemalt von Kapitän JOHN ROSS.

(Eingegangen am 7. Januar 1914.)

In der Sitzung der Deutschen botanischen Gesellschaft vom 25. Juli 1913 hatte ich eine ältere, lose Abbildung aus einem mir unbekannten Werke vorgelegt, welche Felsen in der Baffinsbai, mit rotem Schnee bedeckt, darstellte. — Kaum war das betr. Heft unserer Berichte (Heft 7, S. 339) am 10. September erschienen, so schrieb mir Herr Dr. BRUNN in Kiel: Ihre Abbildung ist aus BERTUCH, Bilderbuch für Kinder, 9. Bd., Taf. 91, Weimar 1816. — Und in der Tat, so war es. Nun fragte ich mich aber weiter: Aus welchem Werke mag BERTUCH die Abbildung kopiert haben? Doch offenbar aus dem Reisewerk von JOHN ROSS selbst. Und so war es auch. Dies Buch: A Voyage of discovery made in H. M. Ships Isabella and Alexandra—London 1819, wurde schon 1820 zu Leipzig in deutscher Übersetzung von P. A. NEMNICH herausgegeben (4⁰, ein Band Text, ein Band Tafeln).

In dieser deutschen Ausgabe, die ich in der Bibliothek der Gesellschaft für Erdkunde zu Berlin fand, zeigt im 2. Bande die Tafel XV die gesuchte Abbildung. Die Unterschrift lautet: „Crimson Cliffs. Ansicht des roten Schnees. Lat. 76⁰ 25' N. Long. 68⁰ W." In der unteren linken Ecke steht: „Capt. ROSS del." — Man ersieht schon aus dem Umstande, daß ROSS selber die Zeichnung machte, welchen Wert er der Sache beimaß. Die Abbildung ist übrigens größer als bei BERTUCH, die Bildfläche 39 cm breit und 16 cm hoch, bei BERTUCH nur 20×12,5 cm.

Der Text findet sich im 1. Bande S. 75. Nachdem die Entdeckung des Kaps York auf Grönland geschildert ist, heißt es daselbst:

Jetzt überraschte uns der Schnee oben auf den Klippen mit einem eben so neuen als merkwürdigen Anblick. Er war mit einer Substanz vermischt oder bedeckt, die ihm eine dunkle Karmesinfarbe gab. Mehrere Vermutungen wurden über die Ursache dieser Erscheinung angegeben; so viel war ausgemacht, daß sie

nicht von dem Kot der Vögel herrührte; denn Tausende von
ihnen von allerlei Arten sahen wir sich auf das Eis und den
Schnee setzen, ohne daß sie diese Wirkung hervorbrachten.

„Um 2 Uhr nachmittags trat beinahe Windstille ein, und ich
schickte ein Boot mit dem Seekadetten Herrn ROSS und dem
Chirurgen nebst einigen Matrosen ab, um von dem Schnee etwas
zu holen. . . . . Sie fanden, daß der Schnee, selbst den Fels herunter, an einigen Stellen bis zu einer Tiefe von 10 bis 12 Fuß,
von dem färbenden Stoff durchdrungen war und sich wahrscheinlich schon lange in dieser Lage befunden habe. Das Boot kam
um 7 Uhr (es war am 17. August 1818)[1]) mit einer Quantität Schnee)
nebst Proben von der Vegetation und von den Felsen zurück. Der
Schnee ward unverzüglich mit Hilfe eines 110 mal vergrößernden
Mikroskops untersucht und die Substanz schien aus gleich großen
Teilchen in der Gestalt sehr kleiner runder Samenkörnchen von
dunkelroter Farbe zu bestehen; auf einigen Körnchen sah man
auch einen kleinen dunklen Fleck. Die allgemeine Vermutung der
Offiziere, die es durch das Mikroskop sahen, ging dahin, es sei
ein vegetabilisches Produkt, und diese Meinung gewann dadurch
Stärke, daß der Schnee an den Seiten von ungefähr 600 Fuß hohen
Hügeln lag, auf deren Gipfeln man eine Vegetation von gelblich-
grünen und rotbraunen Farben gewahrte. Diese Klippen dehnten
sich acht (englische) Meilen weit aus; hinter ihnen sah man in beträchtlicher Ferne hohe Gebirge, aber der Schnee, der diese bedeckte, war nicht farbig. Während der Windstille nahm ich eine
Zeichnung von diesem merkwürdigem Lande auf. . . . Am Abend
ließ ich etwas von dem Schnee auflösen und auf Flaschen ziehen,
wo denn das Wasser wie trüber Portwein aussah. In wenigen
Stunden kam ein Bodensatz zum Vorschein, den wir mit dem
Mikroskop untersuchten. Einiges ward davon zerstoßen und es
fand sich, daß es durch und durch rot war. Auf Papier gab es
eine Farbe wie das indianische Rot. Es ward in einem dreifachen
Zustande aufbewahrt, nämlich aufgelöst und auf Flaschen gezogen,
das Sediment auf Flaschen und das Sediment getrocknet. Seit
unserer Rückkehr sind verschiedene Experimente damit angestellt
worden, aber Doktor WOLLASTON scheint unserer ersten Meinung
beizupflichten, daß es eine Substanz von Pflanzen ist, die auf dem
Berge unmittelbar darüber wachsen. Ein Erzeugnis des Meeres
kann es darum nicht sein, weil wir es an mehreren Stellen we-

---

[1]) Irrtümlich steht in Ber. d. Dtsch. bot. Ges. d. J. S. 820, 1816, es muß
1818 heißen.

nigstens sechs (englische) Meilen vom Meere sahen; immer war es aber auf dem Gipfel oder nahe am Fuß eines Gebirges."

Ich habe inzwischen aus dem alphabetischen Katalog der Königlichen Bibliothek in Berlin ersehen, daß es zu BERTUCHs Bilderbuch, das in Quartformat erschienen ist, noch einen von C. PH. FUNKE verfaßten „Ausführlichen Text zu BERTUCHs Bilderbuch für Kinder" in 8⁰ gibt[1]). Leider korrespondieren die Bände nicht mit den BERTUCHschen, auch scheint, ebenso wie bei BERTUCH selbst, das Titelblatt mit der Jahreszahl schon mit der Ausgabe des 1. Heftes des betr. Bandes gedruckt zu sein. Kapitän ROSS machte seine Reise 1818, BERTUCHs 9. Band, in welchem die Abbildung des roten Schnees, trägt aber die Jahreszahl 1816. Ähnlich ist es bei FUNKE. Seine Mitteilung über den roten Schnee findet sich in dem 18. Bande des „Ausführlichen Textes", Weimar 1818, S. 329—331. Er zitiert auch nicht den 9. Band von BERTUCH, sondern: 179. Heft, Taf. XCI. Der Text ist nicht viel länger als bei BERTUCH, FUNKE sagt aber ausdrücklich, daß die Tafel eine verkleinerte Kopie von ROSS' Zeichnung sei und fügt hinzu:

Durch die von Herrn FRANCIS BAUER angestellten mikroskopischen Untersuchungen ist es nun außer Zweifel gesetzt, daß diese färbenden Körper nichts sind als eine neue Art von Schwamm (*Uredo*), welcher auf dem Schnee wächst und welchem man den Namen *Uredo nivalis* gegeben hat (wer ist der Autor zu diesem Namen? L. W.). Diese Schwämmchen sind so klein, daß der Durchmesser des Kopfes eines völlig ausgewachsenen Individuums nur $^1/_{1600}$ eines Zolles beträgt, so daß es also 2560000 Schwämme bedarf, um einen einzigen Quadratzoll Oberfläche zu bedecken.

BERTUCHs Bilderbuch für Kinder ist übrigens eigentlich nur für große Kinder. Es enthält u. a. vorzügliche Abbildungen von in. und ausländischen Vögeln und wird deshalb auch von Ornithologen geschätzt.

Herr Dr. BRUNN machte mich aber noch auf einen anderen Gegenstand aufmerksam, auf die Abbildung eines bunten Weins in einem anderen Bande von BERTUCHs Bilderbuch und diese möchte ich im folgenden Artikel besprechen.

---

1) 24 Bände, Weimar 1798—1833.

89. L. Wittmack: Vorlage einer Abbildung der venetiani-schen Traube oder des bunten Weins.

Vitis vinifera bicolor.

(Eingegangen am 14. Januar 1914.)

————

Diese Traube ist abgebildet in BERTUCHs Bilderbuch für Kinder, 5. Band, Weimar 1805, Taf. 46, und Herr Dr. BRUNN schreibt mir, daß man diese merkwürdige Rebensorte vielleicht als einen Pfropfbastard oder eine Chimäre ansehen könne. — Der Text bei BERTUCH lautet:

„Dieser sonderbare Weinstock gehört unter die zurzeit noch seltenen schönen Zierpflanzen unserer Gärten, denn seine karmesin-rot und grün gescheckten Blätter geben an dem Espalier einer Wand den fröhlichsten Anblick. Noch sonderbarer aber sind im Herbste seine bunten Trauben, welche teils ganz blaue, teils ganz grüne, teils hellgrüne und hellblaue, teils blau und grün gestreifte Beeren haben. Man sollte glauben, die grünen Beeren wären noch nicht reif; allein dies ist nicht der Fall, und die grünen Beeren sind eben so reif und wohlschmeckend als die blauen.

Man hat diese schöne Spielart des Weinstockes die venetia-nische Traube deshalb betitelt, weil ein deutscher Gartenliebhaber die erste Pflanze davon aus einem Garten im venetianischen Ge-biete mitbrachte."

Mein verehrter Kollege Prof. Dr. ERWIN BAUR, dem ich die Abbildung vorlegte, ist der Meinung, daß es sich wohl eher um eine gestreifte Varietät als um einen Pfropfbastard handeln möge. Entscheiden läßt sich das natürlich nur, wenn man die Kerne aussäen könnte. Das dürfte aber schwer sein, denn die Varietät findet sich wohl kaum noch in unsern Gärten. In den neueren Werken wird sie nicht erwähnt[1]). Dagegen finde ich sie aufgeführt in GEORG LIEGEL (Apotheker zu Braunau am Inn), „Systematische Anleitung zur Kenntnis der vorzüglichsten Sorten des Kern-, Stein-, Schalen- und Beerenobstes", Wien 1825, S. 219, als venzianische bunte Traube. LIEGEL sagt von ihr: „Zei-

————

1) Siehe z. B. HERMANN GOETHE, Handbuch der Ampelographie, Berlin 1887, und das große Foliowerk: B C. CINCINNATO DA COSTA, Le Portugal vinicole, Lisbonne 1900.

tigt sehr spät. Die Beeren klein, die Rebe treibt nicht stark. Merkwürdig, da die Trauben und oft die Beeren von der nämlichen Traube und auch die Blätter verschiedene Farben annehmen. Ging ein und wünsche ich sie wieder zu erhalten."

Ausführlicher bespricht sie L. V. BABO, „Der Weinstock und seine Varietäten", Frankfurt a. M., 1844. Nachdem er S. 510 die Sorte „Morillon" beschrieben, führt er S. 513 die bunte Varietät desselben unter folgenden Namen auf: Zweifarbiger Morillon, Morillon panaché, bunter Venetianer, Schweizertraube, Raisin de Suisse, Raisin de Languedoc, Raisin d'Alp, Raisin d'Alepp, Uva Svizzera. — In Sammlungen. — In der genauen Beschreibung sagt BABO von der Beere sehr treffend „oft ballonartig gestreift".

S. 515 folgt eine Bemerkung: COLUMELLA gibt eine Vorschrift, nach welcher man, um gesprenkelte und mehrfarbige Trauben zu ziehen, mehrere Reben von verschiedener Farbe, in eine Tonröhre gesteckt, pflanzen solle. Wenn diese Reben Wurzeln schlagen und sich verdicken, müssen sie in einen einzigen Stamm zusammenwachsen und die Mischung dieser verschiedenartigen Bestandteile bringt die gewünschte Farbenzusammenstellung hervor. Es wäre möglich, daß der zweifarbige Morillon auf diese Art entstanden ist."

Morillon ist offenbar von Morus gebildet und soll maulbeerfarben heißen. „Morillon noir" ist unser blauer Burgunder.

Schwarz, aber nicht schön abgebildet ist der zweifarbige Morillon schon bei L. VON BABO und J. METZGER, die Wein- und Tafeltrauben der deutschen Weinberge und Gärten, Mannheim 1836, S. 169, und ATLAS, Heft IX, Taf. XLIX.

Vergebens habe ich mich bemüht zu ermitteln, aus welchem Werke BERTUCH seine schöne farbige Abbildung dieses bunten Weines kopiert hat. Oder sollte es ein Original sein? Er führt nie die Quellen an, was bei einem Bilderbuch für Kinder ja auch nicht nötig ist. Aber auch C. PH. FUNKE sagt in seinem ausführlichen Text zu BERTUCHs Bilderbuch für Kinder, 9. Band, Weimar 1805, S. 453—455, wo er die „venetianische Traube" oder den „bunten Wein" bespricht, nichts darüber. Es heißt da: Ihre Blätter färben sich nicht erst im Herbst rot, sondern sind das ganze Jahr hindurch rot und grün, „welches" diesen Weinstock zu einer der schönsten Zierpflanzen macht. — Dann folgt die Beschreibung der Beeren, die viererlei Art seien: ganz grüne, ganz blaue, halb grüne, halb blaue und grün und blau gestreifte. Am Schluß wird gesagt, man erzählt über ihren Ursprung ein Märchen: Ein venetianischer Gärtner habe von zwei nebeneinanderstehenden

Weinstöcken, einem blauen und einem weißen, zwei Reben der
Länge nach geteilt und sie so kopuliert, daß daraus nur ein e
fortwachsende Rebe entstanden sei und diese habe dann die sonderbare Spielart des bunten Weinstockes gegeben; wenn man aber
nur ein wenig mit der Physiologie der Pflanzen bekannt ist, so
sieht man leicht, daß solche Bastardprodukte auf diesem Wege
nicht zu erlangen sind.

Heute könnte man darüber vielleicht anders denken. Die
ganze Erzählung erinnert aber sehr an COLUMELLAs obigen Rat-
schlag zwei verschiedene Reben zusammenwachsen zu lassen.

---

90. George Harrison Shull: Über die Vererbung der Blattfarbe bei Melandrium [1]).

(Mit 2 Abbildungen im Text und Doppeltafel XXIII.)

(Eingegangen am 15. Januar 1914.)

Einleitung.

Gelegentlich haben diejenigen, die dem Mendelismus seine
große Bedeutung absprechen, betont, daß nur solche Merkmale
mendeln, die wenig oder nichts mit den wesentlichen Lebensprozessen zu tun haben. Sie kamen zu diesem Trugschluß, da anfänglich die große Mehrzahl genetischer Untersuchungen scheinbar
weniger wichtigen Eigenschaften der Pflanzen und Tiere galt, z. B.
den Pigmenten. Bei nicht grünen Pigmenten mag es sich um unwesentliche Merkmale handeln; keinesfalls gilt dies aber für die
grüne Färbung der Pflanzen, denn wir wissen, daß fast alle Algen,
Lebermoose, Laubmoose, Farnkräuter, Coniferen und Angiospermen
einer Reihe grüner Pigmente zum dauernden Leben bedürfen; sekundär hängt somit auch die Existenz aller hochorganisierten
Tiere von dem Chlorophyll der Pflanzen ab.

Unter dem Namen Chlorophyll faßt man die verschiedenen
grünen Pflanzenfarbstoffe zusammen. STOKES[2]) und SORBY[3]) unter-

---

1) Zum Schluß des Vortrages wurden 24 Lumière-Lichtbilder gezeigt.

2) STOKES, G. G., On the supposed identity of biliverdin with chlorophyll, with remarks on the constitution of chlorophyll. Proc. Roy. Soc. London, 13: S. 144, 1864.

3) SORBY, H. C., On comparative vegetable chromatology. Proc. Roy.
Soc. London, 21: S. 442—483, 1873.

scheiden drei verschiedene Chlorophylle, von denen zwei in jeder diesbezüglich untersuchten Landpflanze gefunden worden sind. Diese beiden sind das Allochlorophyll (MARCHLEWSKI)[1]) und das häufigere Neochlorophyll (JACOBSON und MARCHLEWSKI)[2]). Das Verhältnis, in dem diese Chlorophylle vorkommen, ist durchaus kein konstantes; es wechselt sogar in ein und derselben Pflanze[2]).

Außer den Chlorophyllen kennen wir bei den Pflanzen noch eine ganze Reihe von gelben, roten und blauen Pigmenten. Die zwei letztgenannten heißen Anthocyane; auf diese will ich nicht näher eingehen, da sie in keinem direkten Zusammenhang mit dieser Abhandlung stehen. Wir kennen schon eine ganze Anzahl von gelben Farbstoffen, von denen ich aber nur das Karotin und Xanthophyll erwähnen will. Diese beiden haben wir, genau wie das Chlorophyll, nur als Sammelbegriffe aufzufassen.

Fast alles, was wir über die Vererbung des Chlorophylls wissen, danken wir den wichtigen Untersuchungen von CORRENS[3]) und BAUR[3]) sowie den erst vor kurzem erschienenen Beiträgen von EMERSON[4]) und NILSSON-EHLE[5]). Da ich im folgenden über einige eigene, derartige Versuche berichten werde, brauche ich hier auf die Ergebnisse der früheren Forscher nicht einzugehen; zumal die meinen mit den ihrigen fast durchweg übereinstimmen.

Die gelben Pigmente wurden genetisch bisher relativ wenig untersucht. Dies mag auf zweierlei Gründe zurückzuführen sein: Erstens ist unser Auge für Gelb lange nicht so empfindlich wie z. B. für Rot oder Grün, und zweitens sind die gelben Pigmente durch das Chlorophyll oder Anthocyan sehr oft mehr oder weniger vollständig verdeckt und entziehen sich so meistens der genaueren Beobachtung. Ich beabsichtige, im folgenden einiges über die Be-

---

1) MARCHLEWSKI, L., Die Chemie der Chlorophylle und ihre Beziehung zur Chemie des Blutfarbstoffs. S. 187, 1909, Braunschweig, FRIEDRICH VIEWEG & SOHN.

2) JACOBSON, C. A., und MARCHLEWSKI, L., On the duality of chlorophyll and the variable ratio of the two constituents. Bull. de l'Acad. Sci. de Cracovie, Serie A, S. 28–40. 1912.

3) Siehe das Literaturverzeichnis am Ende der Abhandlung.

4) EMERSON, R. A., The inheritance of certain forms of chlorophyll reduction in corn leaves. Ann. Rep. Nebraska Agr. Exp. Sta. 25: S. 89 bis 105, 1912.

5) NILSSON-EHLE, H., Einige Beobachtungen über erbliche Variationen der Chlorophylleigenschaft bei den Getreidearten. Zeitschr. f. ind. Abstamm. u. Vererb. 9: S. 289–300, 1913.

schaffenheit und Vererbung der grünen und gelben Blattpigmente
mitzuteilen.

I. Untersuchungsmaterial.

Seit acht Jahren habe ich jährlich eine oder mehrere Rassen
von *Melandrium* (*Lychnis dioica* L.) auf den Versuchsfeldern der
Station for Experimental Evolution bei Cold Spring Harbor, New
York, großgezogen und ihre Merkmale und Verschiedenheiten sorgfältig beobachtet. Ich operierte mit folgenden Sippen:

1. „Cold Spring Harbor" oder abgekürzt „CSH" sind die
Nachkommen einer Kreuzung zwischen zwei wildwachsenden Individuen, die ich 1905 in der Nähe der Station for Experimental
Evolution vor dem Hörsaal des Marine Biologischen Laboratoriums
des Brooklyn Instituts gefunden habe.

2. „Harrisburg" — stammt von Samen, der mir im Jahre
1909 von dem Samenlaboratorium des U. S. Department of Agriculture zugeschickt worden war. Der Same war in der Nähe von
Harrisburg, Pennsylvania, gesammelt worden.

3. *„Melandrium album* Garcke"; den Samen verdanke ich
meinem Freund, Herrn Prof. Dr. BAUR, der ihn mir 1911 in
liebenswürdiger Weise geschickt hat.

4. *„Melandrium rubrum* Garcke" habe ich gleichzeitig mit
Melandrium album von Herrn Prof. Dr. BAUR erhalten. Die
Samen von 3. und 4. wurden in Deutschland und Norwegen ge-
sammelt.

Diese vier Sippen haben normal dunkelgrüne Blätter. Die
Unterschiede lassen sich nur schlecht beschreiben; sie sind aber
deutlich erkennbar, wenn die verschiedenen Rassen in größeren
Beständen nebeneinander wachsen. Ich habe die Blattfarbe dieser
vier Formen des öfteren mit den MAXWELLschen Farbenscheiben
gemessen. Ich habe den Farbenkreisel, wie ihn die Milton Bradley
Company, Springfield, Massachusetts, herstellt, benutzt. „Harrisburg" und *„Melandrium album"* zeigten beinahe die gleiche Intensität der Blattfarbe. Sie lassen sich auf dem Farbenkreisel mit
13,5 pCt. grün, 4,5 pCt. orangegelb und 82,0 pCt. schwarz wiedergeben. Die „CSH"-Sippe ist merklich heller mit 12,0 pCt. grün,
6,5 pCt. gelb und 81,5 pCt. schwarz. *Melandrium rubrum* ist etwas
dunkler mit 10,5 pCt. grün, 3,0 pCt. orangegelb und 86,5 pCt.
schwarz.

Zu diesen vier sattgrünen Sippen stehen zwei andere in auffallendem Gegensatz. Sie haben nur 57,0--62,0 pCt. schwarz;
diese sind:

5. „*Chlorina*", die 1911 in einem „Harrisburg"-Bestand auftrat, und

6. „*Pallida*", die ich 1911 aus Samen zog, den ich vom Samenlaboratorium des U. S. Department of Agriculture bekommen hatte. Weiter unten Näheres über die zwei hellgrünen Rassen.

II. Chloralbinismus[1]).

Vor drei Jahren hat BAUR[2]) bei *Melandrium album, Antirrhinum latifolium* und *A. rupestre* einen Faktor Z erkannt, der grundlegend für Chlorophyllbildung überhaupt ist. In Abwesenheit dieser Erbeinheit ist die Pflanze gänzlich chlorophyllfrei und nicht lebensfähig. Dasselbe Gen haben EMERSON[3]) und GERNERT[4]) bei Mais und NILSSON-EHLE[5]) bei Roggen und Gerste nachgewiesen.

Ich bin nun imstande, BAURs Beobachtungen über die Anwesenheit dieses Faktors bei *Melandrium* zu bestätigen. Im Frühjahr 1911 habe ich von BAUR Samen erhalten, der von zwei Kreuzungen seines ursprünglichen weißrandigen Exemplares *M. album* Nr. „M 1" mit einer schmalblättrigen Mutante derselben Rasse stammte. 200 Samen gaben mir 1911 (Saat Nr. 10244 und 10245) 154 grüne und 26 weiße Keimlinge. Zweifellos starben mehrere weiße Keimlinge unbeobachtet ab, da ich die Samenschalen nicht oft genug nachsah. Es ist wahrscheinlich, daß von den grünen Keimlingen nur sehr wenige eingingen, und daß die fehlenden Pflanzen meistens chlorophyllfrei waren. Von der Aussaat Nr. 10244 wurden zwei Pflanzen zu Stammpflanzen gemacht, und es stellte sich heraus, daß die eine homozygotisch, die andere heterozygotisch in bezug auf das Gen Z war. Die Kreuzung dieser zwei Pflanzen hatte also die Formel ZZ × Zz oder umgekehrt Zz × ZZ. Die aus dieser Kreuzung erhaltenen Samen gaben mir 1912 (Saat Nr. 11335) 50 grüne und 0 weiße Keimlinge. Alle 50 waren gleichmäßig dunkelgrün, da der Faktor Z in diesem Falle vollkommen dominierte. Wenn die genotypische Formulie-

---

1) Ich benutze das Wort „Chloralbinismus" und die davon abgeleiteten Worte „Chloralbinisten" und „chloralbinotisch", um das Fehlen der grünen Blattpigmente auszudrücken. Das Wort „Albinismus" halte ich für ungeeignet, da solche Blätter häufig nicht weiß sondern gelb sind.

2) Zeitschr. f. ind. Abstamm. u. Vererb. 4: S. 81, 1910.

3) Ann. Rep. Nebraska Agr. Exp. Sta. 25: S. 89, 1912.

4) GERNERT, W. B., The analysis of characters in corn and their behavior in transmission. S. 58, 1912. Herausgegeben von dem Verfasser, Champaign, Illinois.

5) Zeitschr. f ind. Abstamm. u. Vererb 9: S. 289, 1913.

rung der Eltern stimmt, dann müssen 50 pCt. der Nachkommen homozygotisch ZZ und 50 pCt. heterozygotisch Zz sein. Kreuzt man die Geschwisterpflanzen miteinander, so sollte man theoretisch zweierlei Nachkommenschaft erwarten: Erstens eine mit nur grünen Pflanzen, wenn der eine ev. beide Eltern homozygotisch waren und zweitens eine mit 75 pCt. grünen und 25 pCt. chloralbinotischen Pflanzen, wenn beide Eltern für diesen Faktor heterozygotisch waren. 1912 habe ich viele solche Geschwisterkreuzungen unter den Individuen von Saat Nr. 11335 ausgeführt und habe dieses Jahr 60 auf diese Art erzeugte Nachkommenschaften großgezogen. Wie sich herausstellte, hatte ich häufig Homozygoten miteinander oder mit Heterozygoten gekreuzt, denn ich erhielt viele reingrüne Nachkommenschaften. Da ja, wie schon erwähnt, die Heterozygoten von den Homozygoten nicht zu unterscheiden sind, war es mir nicht möglich, alle Pflanzen genetisch daraufhin zu prüfen. Deswegen kann ich nur von 27 Individuen der Aussaat Nr. 11335 mit Bestimmtheit sagen, ob sie hetero- oder homozygotisch für Z waren. Von diesen waren 13 heterozygotisch und 14 homozygotisch. Aus Tabelle I sind die Resultate der von mir ausgeführten Kreuzungen zwischen je zwei heterozygotischen Pflanzen zu ersehen.

Tabelle I.
Erbformel: XXZzYYNN × XXZzYYNN.

Eltern 11335	Saat Nr.	Keimlinge		pCt. grün
		grün	weiß	
(20) × (4)	12235	60	27	68,97
(24) × (8)	12238	69	22	75,82
(26) × (4)	12239	69	21	76,67
(29) × (4)	12241	40	12	76,92
(30) × (4)	12242	60	24	71,48
(32) × (8)	12244	65	15	81,25
(34) × (5)	12245	72	28	72,00
(47) × (4)	12255	69	27	71,87
(48) × (4)	12256	64	23	73,56
(50) × (4)	12259	77	21	78,57
Gefunden: Sa.		645	220	74.57
Theoretisch:		649	216	75,00

Aus dieser Tabelle geht hervor, daß die 10 Mutterpflanzen und 3 Vaterpflanzen Heterozygoten waren, und daß man eine Aufspaltung erhält, die das theoretisch zu erwartende Verhältnis 3 : 1 nahezu genau aufweist. Schon die einzelnen Familien kommen diesem Verhältnis sehr nahe. Zwei dieser 3 Vaterpflanzen wurden außerdem mit 13 anderen Schwesterpflanzen gekreuzt (Tabelle II).

Tabelle II.
Erbformel: X X ZZ Y Y N N × X X Zz Y Y N N.

Eltern 11835	Saat Nr.	Keimlinge	
		grün	weiß
(8) × (4)	12200	101	—
(19) × (3)	12225	97	—
(22) × (4)	12237	57	
(28) × (4)	12240	87	
(31) × (4)	12243	97	
(35) × (4)	12246	73	—
(36) × (4)	12247	98	—
(88) × (3)	12249	59	—.
(40) × (4)	12251	87	—
(42) × (3)	12252	95	
(43) × (3)	12253	96	
(45) × (3)	12254	55	—
(49) × (4)	12257	95	—
	Sa.	1092	—

Da die Vaterpflanzen geprüfte Heterozygoten waren, müssen alle Mutterpflanzen Homozygoten gewesen sein. Außerdem wurden 9 weitere Schwesterpflanzen mit einer Bruderpflanze gekreuzt, die ganz zweifellos homozygotisch war. Aus diesen Kreuzungen stammen 839 grüne Sämlinge und nur 1 weißer. Die Resultate sind in Tabelle III zusammengestellt.

Tabelle III.
Erbformeln: X X ZZ Y Y N N × X X ZZ Y Y N N und
X X Zz Y Y N N × X X ZZ Y Y N N.

Eltern 11835	Saat Nr.	Keimlinge	
		grün	weiß
(9) × (1)	12201	97	—
(11) × (1)	12202	91	
(12) × (1)	12203	87	
(13) × (1)	12204	101	—
(14) × (1)	12214	95	—
(17) × (1)	12224	87	1
(21) × (1)	12236	92	—
(87) × (1)	12248	99	—
(89) × (1)	12250	90	—
	Sa.	889	1

Der einzige weiße Keimling in Saat Nr. 12224 war sehr wahrscheinlich eine Mutante; denn wäre 11335(1) heterozygotisch gewesen, so hätte ungefähr die Hälfte der in Tabelle III ange-führten Kreuzungen 25 pCt. weiße Keimlinge liefern müssen. Leider habe ich die Mutterpflanze 11335(17) in keiner anderen Kreuzung verwendet, und deswegen kann ich nicht unbedingt sicher sagen, ob diese Pflanze heterozygotisch oder homozygotisch war.

III. Die „*chlorina*"-Sippen.

Im Jahre 1902 erwähnte CORRENS[1]) kurz eine samenbeständige, chlorophyllarme, gelbgrüne Sippe von *Mirabilis Jalapa*, die, wenn mit den dunkelgrünen *typica*-Sippen gekreuzt, nur einheitlich dunkelgrüne F_1-Pflanzen gibt; die F_1-Pflanzen waren aber merklich heller als ihre *typica*-Eltern. In einem späteren Bericht[2]) geht er ausführlicher auf die unvollkommene Dominanz des *typica*-Merkmals ein. Er gibt die Verhältniszahlen der F_2-Generation nicht an, doch glaubt er, daß es sich bei der gelbgrünen Färbung um eine mendelnde, rezessive Eigenschaft handelt. Diese Sippe war früher als *aurea* bezeichnet worden, vor kurzem aber hat CORRENS[3]) vorgeschlagen, alle die Sorten *chlorina* zu nennen, bei denen „die Quantität des Chlorophylls u n d des Xanthophylls sowie der Carotine abgenommen hat, ohne sehr auffällige Verschiebung im Verhältnis der grünen und gelben Bestandteile zueinander", und den *aurea*-Namen auf jene Sorten zu beschränken, „bei denen der alkoholische Blattauszug gegenüber dem der typischen Sorten relativ viel mehr Xanthophyll und Carotin enthält". CORRENS glaubt, daß sich auf diesem Wege wenigstens eine künstliche Grenze zwischen den zwei Rassen ziehen lasse, doch er hofft, daß auf Grund genetischer Untersuchungen eine schärfere und zugleich natürlichere Trennung zu erzielen sei, da, wie er meint, BAURs *aurea* dominiert, während seine eigene *chlorina* rezessiv ist. Hierin kann ich nicht mit CORRENS übereinstimmen, da es sich bei BAURs *aurea*-Sippe von *Antirrhinum* gar nicht um einen echten Fall von Dominanz handelt; denn bei vollkommener Dominanz eines positiven *aurea*-Merkmals wären nur die rezessiven, grünen Pflanzen lebensfähig, während die heterozygotischen *aurea*-Individuen genau wie die homozygotischen schon als ganz junge Sämlinge absterben müßten[4]). Außerdem dominiert die typisch grüne Form von *Mirabilis Jalapa* auch nicht vollkommen über die *chlorina*-Form, wie ja aus CORRENS' Versuchen zu ersehen ist. Meiner Meinung nach gibt es überhaupt keinen prinzipiellen Unterschied zwischen *aurea*- und *chlorina*-Sippen. Ich glaube, daß die gelben Pigmente in den meisten Fällen vollkommen unabhängig von den grünen vererbt

---

1) CORRENS, C., Über Bastardierungsversuche mit *Mirabilis*-Sippen. Ber. d. Deutsch. Bot. Gesell, **20**: S. 594—608, 1902.

2) CORRENS, C., Über die dominierenden Merkmale der Bastarde. Ber. d. Deutsch. Bot. Gesell., **21**: S. 133—147, 1908.

3) Zeitschr. f. ind. Abstamm. u. Vererb., **1**: S. 291, 1909.

4) BAUR, E, Einführung in die experimentelle Vererbungslehre. S. 293, 1911, Berlin, Gebr. BORNTRAEGER. Siehe S. 119.

werden, und daß auf diese Weise die verschiedene Färbung der Chloralbinisten und der chloralbinotischen Flecken zu erklären ist. Bei einem Blatt, das viel Chlorophyll führt, können wir nichts über die gelbe Unterfärbung aussagen; sie ist vollkommen verdeckt. Ist nun aber das Chlorophyll aus irgendeinem Grunde weniger oder gar nicht ausgebildet, dann kommen die vorher verdeckten, gelben Pigmente zum Vorschein. Als Beispiel hierfür sollen *M. album* und *M. rubrum* dienen, die in ihren ausgewachsenen Blättern fast die gleiche Menge Chlorophyll haben. Dennoch ist in der Blattfarbe ein Unterschied zwischen den beiden. Die Blätter von *M. rubrum* sind etwas dunkler grün als die von *M. album*. Dagegen ist der Unterschied in den jungen Blättern, in denen noch relativ wenig Chlorophyll gebildet ist, viel deutlicher; bei *M. rubrum* sind sie entschieden gelber als bei *M. album*. Verschwindet nun das Chlorophyll gänzlich, wie bei den chloralbinotischen Sämlingen oder den mosaikartig zusammengesetzten, grün-weißen Chimären, so erhält man von *M. album* gelblichweiße Sämlinge bzw. Blattteile; für *M. rubrum* nehme ich an, daß die chloralbinotischen Sämlinge oder Blattteile gelb sind; leider habe ich aber noch keine[1]).

Dasselbe gilt auch wohl für NILSSON-EHLEs[2]) chloralbinotische Roggensämlinge, die des öfteren weißlich und seltener gelb waren. NILSSON-EHLE glaubt daraus schließen zu müssen, daß Chlorophyllbildung überhaupt von zwei Faktoren abhängt. Ich glaube nicht, daß diese Folgerung nötig ist, da die gelbe Farbe ebenso gut durch Chlorophyll überdeckt sein kann wie die weißliche.

Den ersten sicheren Beweis, daß blaßgrüne Sippen in F_2 regelrecht aufmendeln, haben PRICE und DRINKARD[3]) mit Tomatenkreuzungen erbracht. CORRENS[4]) und BAUR[5]) haben dies für die *chlorina*-Sippen von *Mirabilis*, *Urtica*, *Antirrhinum* und *Aquilegia* bestätigt.

Ich kann nun dasselbe für *Melandrium* mitteilen. 1911 traten bei mir ganz unerwartet in drei verschiedenen Aussaaten von *Melandrium* in jeder etwa 25 pCt. *chlorina*-Pflanzen auf. In Tabelle IV sind die genauen Zahlen angeführt.

---

1) Das Aussehen von grün-weißen Chimären der Bastarde, (*M. album* × *rubrum* und reziprok) bestätigt diese Annahme. Siehe S. 62 und 65.

2) Zeitsch. f. ind. Abstamm. u. Vererb. 9: S. 298, 1913.

3) PRICE, H. L., und DRINKARD, A. W., Jr., Inheritance in tomato hybrids. Virginia Agr. Exp. Sta. Bull. Nr. 177. S. 17—53, 1908.

4) Zeitschr. f. ind. Abstamm. u. Vererb. 1: S. 291, 1909.

5) Zeitschr. f. ind. Abstamm. u. Vererb. 4: S. 81, 1910.

Tabelle IV.

Erbformel: XXZZYYNn × XXZZYYNn.

Eltern	Saat Nr.	Nachkommen	
		grün	chlorina
09255 × 09255	10191	75	20
09256 × 09256	10195	60	26
09260 × 09260	10199	71	24
	Gefunden: Sa	206	70
	Theoretisch:	207	69

Ich war erstaunt über das dreimalige, unerwartete Auftreten der *chlorina*-Pflanzen. Um das Rätsel aufzuklären, verfolgte ich den Stammbaum der drei Aussaaten und fand, daß alle drei Sippen die Enkelkinder einer weiblichen Pflanze aus der ersten Aussaat meiner HARRISBURGschen Sippe waren (siehe Fig. 1). Um die Aufspaltung zu verstehen, braucht man nur anzunehmen, daß die Pflanze 08248(2) heterozygotisch grün(×*chlorina*) war und ursprünglich nur von homozygotisch grünen Pflanzen befruchtet worden war. Die Nachkommen müssen dann zu etwa 50 pCt. Heterozygoten bzw. Homozygoten sein, die allerdings nicht zu unterscheiden sind. Verbastardiert man diese Geschwisterpflanzen miteinander, so wird dem Zufallsgesetz entsprechend jede vierte Kreuzung eine Heterozygotenkreuzung sein, deren Deszendenzen zu 25 pCt. rein rezessiv *chlorina* sind. Aussaaten 10191, 10195 und 10199 sind die Nachkommenschaften solcher Heterozygotenkreuzungen.

Die *chlorina*-Pflanzen sind als Sämlinge in bezug auf die Blattfarbe ziemlich einheitlich und sind in diesem Entwickelungsstadium sehr leicht von ihren dunkelgrünen Geschwisterpflanzen zu unterscheiden. Bei den ausgewachsenen *chlorina*-Pflanzen ist die gelbgrüne Blattfarbe keineswegs einheitlich, sie wechselt sogar an ein und derselben Pflanze. Allen *chlorina*-Blättern gemeinsam — den dunkelsten wie den hellsten — ist die Eigenschaft, im hellen Sonnenlicht zu bleichen. Ganz besonders stark bleichen die Blattmitten, was wohl mit der stärkeren Bestrahlung zusammenhängt. Diese Eigenschaft habe ich bei den typisch grünen Sippen nie wahrgenommen. Im Jahre 1912 habe ich die Farbenzusammensetzung der hellen und der dunklen *chlorina*-Blätter mit dem Farbenkreisel bestimmt. Die dunkelste Blattfarbe konnte mit 14 pCt. grün, 24 pCt. gelb, 62 pCt. schwarz, die hellste mit 45 pCt. grün, 20 pCt. orangegelb, 12 pCt. weiß, 23 pCt. schwarz annähernd wiedergegeben werden. Vergleicht man diese Resultate mit den oben für die dunkelgrünen Sippen mitgeteilten, so fällt dort der bedeutend höhere Prozentsatz an schwarz (81,5 bis 86,5 pCt.) auf.

Es ist keineswegs überraschend, daß die *chlorina*-Pflanzen viel weniger Chlorophyll als die typisch dunkelgrünen haben. Vergleicht man alkoholische Blattauszüge kolorimetrisch, so findet man, daß die dunkelsten Blattteile von *chlorina* nicht halb so viel Chlorophyll enthalten wie die Blätter von *M. rubrum*[1]).

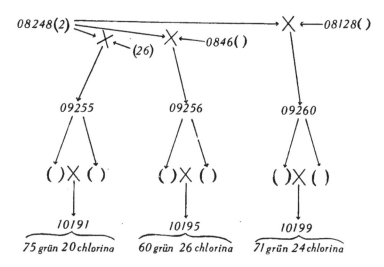

Fig. 1. Die Klammern bedeuten je ein Individuum aus der Saat, mit deren Nummer sie in direkter Verbindung stehen.

Die gemeinsame Großmutter meiner ersten *chlorina*-Familien stammte von einer wildwachsenden Pflanze ab. Ob *chlorina*-Formen von *Melandrium* wild vorkommen, weiß ich nicht. Es ist möglich, daß eine derartige Sippe im Kampf ums Dasein unterliegt, und dann könnte das *chlorina*-Merkmal nur mit Hilfe eines

---

1) Für die kolorimetrischen Messungen wurden gleiche Gewichtsteile frischer Blätter jeweils mit einer gleichen Menge Alkohol extrahiert. Die Extrakte wurden in einander gleiche Probiergläser gegossen und zwar immer so viel, bis sie bei gedämpftem Licht von oben gesehen alle die gleiche Farbendichte hatten. Die Menge der Flüssigkeit ist dann umgekehrt proportional dem Chlorophyllgehalt dieser Flüssigkeit.

heterozygotischen Ergänzungsfaktors, den ich N nennen will, potentiell existieren. Im Garten und unter anderen günstigen Bedingungen kann die *chlorina*-Form fortkommen.

Ich habe die ursprünglichen *chlorina*-Pflanzen miteinander gekreuzt und 9 Nachkommenschaften mit insgesamt 815 Individuen erhalten. Als Sämlinge waren sie alle gelbgrün; als ausgewachsene Pflanzen, wie schon oben erwähnt, von sehr verschiedener Intensität der Blattfarbe. Zwei der 815 Pflanzen waren in diesem Entwicklungsstadium von den dunkelgrünen Sippen nicht zu unterscheiden. Möglicherweise gibt es noch eine ganze Reihe bisher unbekannter Chlorophyllfaktoren, die diese Abstufungen hervorrufen. Ich habe Versuche eingeleitet, die hoffentlich zu einer befriedigenden Entscheidung dieser Frage führen werden.

Kreuzt man *chlorina* mit *typica*, so erhält man zwei verschiedene Nachkommenschaften, je nachdem, ob die typische Form homozygotisch oder heterozygotisch ist. Im ersten Falle sind alle unmittelbaren Nachkommen dunkelgrün (aus 14 solchen Kreuzungen erhielt ich insgesamt 874 dunkelgrüne Pflanzen); während im zweiten Falle annährend 50 pCt. dunkelgrün und 50 pCt. *chlorina*-farben sind. Die Resultate von fünf derartigen Kreuzungen sind in Tabelle V zusammengestellt. Mit Ausnahme von Saat Nr. 12294 stimmen die gefundenen Zahlenverhältnisse mit den theoretisch zu erwartenden recht gut überein.

Tabelle V.

Erbformel: XXZZYYnn × XXZZYYNn.

Eltern	Saat Nr.	Nachkommen		pCt. grün
		grün	*chlorina*	
10195(21) × 188 (4)	11220	24	21	53,33
11229(19) × 209 (36)	12288	48	44	52,17
11229(19) × 209 (36)	12289	40	41	49,38
11229(19) × 213 (2)	12292	41	49	45,56
11229(19) × 254 (2)	12294	56	30	65,12
	Gefunden: Sa. 209	185		53,05
	Theoretisch: **197**	**197**		**50,00**

Im Jahre 1911 entdeckte ich noch eine zweite blaßgrüne Form in meinem Versuchsgarten. Es handelt sich um zwei Pflanzen, die aus Samen gezogen worden waren, der mir vom Samenlaboratorium des U. S. Department of Agriculture, leider ohne nähere Angaben, zugeschickt worden war. Ich vermute, daß der Same von wildwachsenden Pflanzen stammt. Alle übrigen Individuen der gleichen Aussaat (Nr. 10208) waren dunkelgrün und glichen *M. album.* Die blaßgrünen Pflanzen hatten auffallend große Blüten, die Kelche waren gebauscht und die großen Samenkapseln lieferten sehr viel Samen. Glücklicherweise war eine Pflanze männlich und die andere weiblich. Die Nachkommenschaft war in bezug auf die blaßgrüne Blattfarbe völlig einheitlich, und gut von allen anderen Sippen zu unterscheiden. Nach der Definition von CORRENS gehören sie zu dem *chlorina*-Typus; um Verwirrung zu vermeiden, habe ich diese neue Sippe „*pallida*" genannt. Sie unterscheidet sich von meinen *chlorina*-Formen in der Intensität und besonders in der Verteilung der grünen Farbe. *Pallida* ist etwas dunkler grün als *chlorina* durchschnittlich ist. Die Farbe ist gleichmäßig über die Blattspreite verteilt, also nicht wie bei *chlorina*, deren Blattmitte heller ist als Basis und Spitze; das Bleichen im Sonnenlicht habe ich bei *pallida* nie bemerkt. Die Blattfarbe kann auf dem Farbenkreisel mit 30,5 pCt. grün, 12,0 pCt. orangegelb, 57,5 pCt. schwarz wiedergegeben werden. Um den Unterschied dieses Resultates mit den oben gefundenen zu erkennen, vergleicht man am besten nur den Prozentsatz an schwarz. Für die dunkelste *chlorina*-Farbe war 62 pCt. schwarz gefunden worden, für *typica* 81,5—86,5 pCt.

Pallida liefert, mit homozygotisch dunkelgrünen Pflanzen gekreuzt, ebenso wie *chlorina*, nur dunkelgrüne Nachkommen. Ich führte vier derartige Kreuzungen aus und erhielt 345 dunkelgrüne Pflanzen (F_1). Ich habe nur zwei Geschwisterkreuzungen unter den F_1-Individuen ausgeführt. Die F_2-Resultate sind in folgender Tabelle zusammengestellt.

Tabelle VI.

Erbformel: XXZZYyNN × XXZZYyNN.

Eltern	Saat Nr.	Nachkommen		pCt. grün
		grün	*pallida*	
11320(2) × (12)	12300	89	32	54,93
11351(53) × (30)	12329	63	27	70,00
	Gefunden: Sa.	102	59	63,85
	Theoretisch:	121	40	75,00

Die gefundenen Zahlen weichen hier ziemlich beträchtlich von den theoretisch erwarteten ab. Man darf aber darauf wegen der geringen Anzahl von Pflanzen keinen zu großen Wert legen.

Allerdings habe ich öfters einen deutlichen Überschuß von blaßgrünen Pflanzen erhalten, wie aus einigen der nachfolgenden
Tabellen ersichtlich ist. Diese Tatsache kann verschiedene Ursachen haben. So scheint mir als wahrscheinlich, daß Pflanzen,
die alle Erbeinheiten, die für dunkelgrüne Blattfarbe wesentlich
sind, enthalten, trotzdem gelbgrün oder blaßgrün sein können. Die
Gründe hierfür kennen wir heute noch nicht. CORRENS[1]) hat bei
Mirabilis Jalapa solche phaenotypisch blasse Pflanzen gefunden.
Mit Rücksicht auf die Blattfarbe variieren die verschiedenen homozygotischen *Melandrium*-Sippen mit Ausnahme der *chlorina*-Sippe
sehr wenig. Möglicherweise steht die phaenotypische Blässe der
Bastarde auch mit unvollkommener Dominanz in Zusammenhang.

Bei Rückkreuzungen von *typica* ($\times$ *pallida*) Heterozygoten mit
pallida werden die erwarteten 50 pCt. grün und 50 pCt. *pallida*
annähernd erreicht (Tabelle VII).

Tabelle VII.

Erbformeln: $XXZZYyNN \times XXZZyyNN$ und umgekehrt.

Eltern	Saat Nr.	Nachkommen		pCt. grün
		grün	*pallida*	
11320(2) $\times$ 324(34)	12301	48	51	48,48
11324(7) $\times$ 351(49)	12325	38	59	39,18
11851(53) $\times$ 324(34)	12332	42	40	51,22
	Sa. 128		150	46,04
	Theoretisch: 139		139	50,00

Wir sehen also, daß sich *chlorina* und *pallida* gegen *typica* in
gleicher Weise verhalten. Beide sind mendelnde Rezessiven und
stellen deshalb aller Wahrscheinlichkeit nach beide Verlustmutationen
dar. Da sie ganz zweifellos nicht identisch sind, ist es billig anzunehmen, daß jede Sippe ursprünglich einen verschiedenen Faktor
verloren hat. Wenn diese Vermutung zutrifft, so müßte eine
Kreuzung zwischen *pallida* und *chlorina* eine einheitlich dunkelgrüne F_1-Generation ergeben. Ich habe fünf solche Kreuzungen
ausgeführt, und alle gaben das gleiche Resultat. Ich erhielt insgesamt 432 F_1-Pflanzen, die alle ebenso dunkelgrün waren wie
normale *typica*-Pflanzen. Von drei dieser fünf F_1-Familien wurde
die Blattfarbe je einer typischen Pflanze mit dem Farbenkreisel
gemessen. In Tabelle VIII sind diese Messungen, sowie zum Vergleich einige schon erwähnte, zusammengestellt.

---

1) Zeitschr. f. ind. Abstamm. u. Vererb. 1: S. 293, 1909.

Tabelle VIII.

Saat Nr.			
11223	11,0 pCt. grün	2,6 pCt. orangegelb	86,4 pCt. schwarz
11321	12,0 pCt. grün	4,5 pCt. orangegelb	83,5 pCt. schwarz
11322	14,0 pCt. grün	5,0 pCt. orangegelb	81,0 pCt. schwarz

Zum Vergleich:

dunkel *chlorina*:	14,0 pCt. grün	24,0 pCt. gelb	62,0 pCt. schwarz
pallida:	30,5 pCt. grün	12,0 pCt. orangegelb	57,5 pCt. schwarz
hellste *typica*:	12,0 pCt. grün	6,5 pCt. gelb	81,5 pCt. schwarz
dunkelste *typica*:	10,5 pCt. grün	3,0 pCt. orangegelb	86,5 pCt. schwarz

Die kolorimetrische Bestimmung der alkoholischen Blattauszüge aus *chlorina*- und *pallida*-Pflanzen sowie aus deren Bastarden gab ein entsprechendes Ergebnis. Setzt man die für die F_1-Pflanzen gefundene Dichte des Blattauszuges gleich 100, so ergibt sich im Durchschnitt für *chlorina* 42,9, für *pallida* 64,7. Die Löslichkeit der Blattfarbstoffe ist auffallend verschieden. ·*Pallida* hat schon nach einstündigem Kochen in Alkohol alles Chlorophyll verloren, während man in *chlorina* und der Bastardform selbst nach vierstündigem Kochen noch Spuren von Chlorophyll in den Blättern finden kann.

Es fragt sich nun, wie sich diese dunkelgrünen F_1-Pflanzen verhalten, erstens wenn man sie untereinander kreuzt, und zweitens wenn man sie mit *pallida* und *chlorina* rückkreuzt. Die Voraussetzung, daß es sich um zwei unabhängig voneinander mendelnde Faktoren, und um vollkommene Dominanz der dunkelgrünen Farbe handelt, läßt uns die dihybriden Spaltungszahlen, 9 grün: 3 *chlorina* : 3 *pallida* : 1 ?? erwarten. Das Schachbrettschema (Fig. 2) macht dies ohne weiteres verständlich. Wie die Pflanzen, die für die Faktoren Y und N rezessiv sind, aussehen, läßt sich ohne weiteres nicht sagen, da ihr Aussehen von den Genen X und Z abhängt. Z ist der Grundfaktor für Chlorophyllbildung überhaupt und X ist die Bezeichnung[1]) für den noch nicht analysierten Rest des Genotypus. BAUR[2]) behauptet für *Melandrium* und *Antirrhinum*, daß alle XXzz-Pflanzen „rein weiß" sind und daß Z, ohne die Gegenwart eines der anderen Blattfarbenfaktoren, mit X gelbe Farbe bewirkt. In beiden Fällen sind die

---

1) JOHANNSEN, W,. Elemente der exakten Erblichkeitslehre, I. Auflage, 1909, S. 304; II. Auflage, 1913, S. 387.

2) Zeitschr. f. ind. Abstamm. u. Vererb. **4**: S. 89, 1910.

Pflanzen nicht selbständig lebensfähig. Wenn dies auch für meine *chlorina*- und *pallida*-Sippen richtig wäre, dann müßte ihre F_2-Generation Chloralbinisten liefern (je eine in 16). Dies ist aber nicht der Fall, denn unter mehr als 1000 F_2-Pflanzen trat kein einziger chloralbinotischer Sämling auf. Nach meiner Ansicht muß man aus diesem Resultat schließen, daß entweder bei alleiniger Gegenwart von X und Z überhaupt keine Keimlinge gebildet werden,

♂→ ♀↓	XZYN	XZYn	XZyN	XZyn
XZYN	XZYN XZYN grün	XZYn XZYN grün	XZyN XZYN grün	XZyn XZYN grün
XZYn	XZYN XZYn grün	XZYn XZYn *chlorina*	XZyN XZYn grün	XZyn XZYn *chlorina*
XZyN	XZYN XZyN grün	XZYn XZyN grün	XZyN XZyN *pallida*	XZyn XZyN *pallida*
XZyn	XZYN XZyn grün	XZYn XZyn *chlorina*	XZyN XZyu *pallida*	XZyn XZyn ???

Fig. 2.

óder aber, daß diese genügend Chlorophyll haben, um lebensfähig zu sein. Dann wäre dies eine neue *chlorina*-Form (XXZZyynn), die ich fernerhin als *subchlorina* bezeichnen werde. *Subchlorina* ist äußerlich wohl nur sehr schwer von *pallida* und *chlorina* zu unterscheiden; bei Verbastardierung müßte sich diese Form aber ganz anders als diese verhalten. Mit *pallida* und *chlorina* gekreuzt müßten alle Nachkommen blaßgrün sein; mit *typica* wäre eine einheitliche, dunkelgrüne F_1-Generation zu erwarten, während F_2 in 9

dunkelgrün zu 7 hellgrün aufspalten müßte. Die hellgrünen
Pflanzen wären zum Teil *pallida* (je 3), zum Teil *chlorina* (je 3)
und zum Teil *subchlorina* (je 1). Ich habe viele Kreuzungen ausgeführt, um eine *subchlorina*-Pflanze zu finden; doch man braucht
wenigstens noch die F_3-Generation, und diese habe ich noch nicht
gezogen. Ich konnte leicht feststellen, daß die zweite Generation
wenigstens aus drei verschiedenen Typen zusammengesetzt war, —
grün, *chlorina* und *pallida*. Da es aber nicht immer möglich
war *chlorina* und *pallida* absolut sicher zu unterscheiden, habe ich die
F_2-Generation nur in dunkelgrüne und blaßgrüne Pflanzen eingeteilt.
Je nachdem nun *subchlorina*-Individuen existieren oder nicht, muß
man die Spaltungszahlen 9 dunkelgrün zu 7 blaßgrün (3 *chlorina* +
3 *pallida* + 1 *subchlorina*) oder 9 dunkelgrün zu 6 blaßgrün (3 *chlorina*
+ 3 *pallida*) erwarten. Der schon oben erwähnte häufige Überschuß von blaßgrünen Pflanzen erschwert die Entscheidung, um
welche dieser beiden Spaltungsverhältnisse es sich handelt. Der
folgenden Tabelle habe ich das Verhältnis 9 : 7 als theoretisch zugrunde gelegt.

Tabelle IX.
Erbformel:　$XXZZYyNn \times XXZZYyNn$.

Eltern	Saat Nr	Nachkommen		pCt. dunkel-grün
		dunkelgrün	blaßgrün	
11223(5) × (7)	12285	45	35	56,25
11821(8) × (4)	12302	39	47	45,35
11321(8) × 223(7)	12304	41	55	42,71
11321(8) × 322(31)	12305	40	43	48,19
11322(8) × (8)*)	12307	59	43	57,84
11322(16) × (15)*)	12308	53	39	57,61
11322(40) × (40)*)	12309	51	43	54,26
11322(51) × (33)	12310	54	48	52,94
11322(51) × 223(7)	12311	44	59	42,72
11322(51) × 320(5)	12312	66	25	72,58
11322(51) × 321(2)	12313	48	50	48,98
	Gefunden: Sa.	540	487	52,58
	Theoretisch:	578	449	56,25

*) Selbstbefruchtete Hermaphroditen.

Bei Rückkreuzung der dunkelgrünen F_1-Individuen mit den
blaßgrünen Individuen ist es einerlei, ob man eine *pallida*- oder
chlorina-Pflanze benutzt, solange es sich nur um eine Unterscheidung zwischen dunkelgrün und blaßgrün handelt. In dem einen
Fall sind eben die 50 pCt. blaßgrünen Nachkommen *pallida*-Pflanzen,
im anderen Falle *chlorina*-Pflanzen. Zu den zwei ersten Kreuzungen
der Tabelle X wurde eine *chlorina*-Pflanze benutzt, zu den übrigen
drei verschiedene *pallida*-Pflanzen.

Tabelle X.

Erbformeln:　XXZZYyNn×XXZZYYnn, XXZZYyNn×
XXZZyyNN und XXZZyyNN×XXZZYyNn.

Eltern		Saat Nr.	Nachkommen		pCt. dunkel-grün
			dunkelgrün	blaßgrün	
11223 (5)	× 211 (81)	12286	42	47	47,19
11321 (3)	× 211 (81)	12303	42	45	48,28
11223(5)	× 324(84)	12287	42	36	53,85
11321(8)	× 324(34)	12306	42	46	47,78
11322(51)	× 324(81)	12314	84	48	41,46
11328(19)	× 324(84)	12316	48	38	59,26
11324(7)	× 223(7)	12321	46	42	52,27
11324(7)	× 821(4)	12322	38	58	39,58
11324(7)	× 322(40)	12323	43	52	45,26
		Sa.	877	407	48,09
		Theoretisch:	392	392	50,00

Aus dieser Tabelle ist abermals ein kleiner Überschuß von
blaßgrünen Pflanzen zu ersehen. Doch ist in dieser sowie in der
vorhergehenden Tabelle die Übereinstimmung der gefundenen mit
den theoretischen Zahlen wohl gut genug, um die Richtigkeit
meiner Annahme zu bestätigen. Besonders möchte ich auf die
Saat Nrn. 12286, 12287 und 12303, 12306 hinweisen; denn aus
ihnen ist klar zu ersehen, daß die F_1-Pflanzen für beide Genen
(Y und N) heterozygotisch waren, da in diesen Fällen die F_1-
Pflanzen sowohl mit *pallida* als auch mit *chlorina* gekreuzt worden
waren.

Das Verhalten der *chlorina*- und *pallida*-Pflanzen bei Vererbung
erinnert uns an zwei andere wohlbekannte Merkmalskategorien; als
Vertreter der ersten Kategorie seien die rote Kornfarbe des
Weizens (Nilsson-Ehle)[1] und die gelbe Endospermfarbe des Mais
(East)[2] angeführt. Die Blütenanthocyane mögen die zweite Kategorie repräsentieren. Wir haben schon gehört, daß die *typica*-
Pflanzen von *Melandrium* fast genau so viel Chlorophyll enthalten
wie *chlorina* und *pallida* zusammen, und deswegen könnte man vermuten, daß es sich um einen Fall der ersten Kategorie handelt.
Es wären also die Gene Y und N gleichsinnig, d. h. jedes Gen
für sich erzeugt schon Chlorophyll, und es tritt lediglich eine Ver-

---

1) Nilsson-Ehle, H., Kreuzungsuntersuchungen an Hafer und Weizen.
Lunds Universitets Årsskrift N. F. Afd. 2, Bd. 5, Nr. 2, S. 122, 1909.

2) East, E. M , A Mendelian interpretation of variation that is apparently
continuous. Amer. Nat. 44: S. 65—82, 1910.

mehrung des Chlorophylls ein, wenn die beiden Gene gemeinsam
vorhanden sind. Bei genauer Betrachtung wird man aber finden,
daß die Gene Y und N, obwohl sie schon beide allein etwas
Chlorophyll zu erzeugen scheinen, doch nicht gleichsinnig sein
können, denn dann müßten die Bastarde (XXZZYyNn) intermediär[1]) sein zwischen rein *chlorina* (XXZZYYnn) und rein *pallida*
(XXZZyyNN) und nicht dunkelgrün wie sie es tatsächlich sind.
Nach meiner Meinung handelt es sich bei der Erzeugung von
dunkelgrüner Blattfarbe um einen Fall, der mit der zweiten Kategorie viel Ähnlichkeit hat, allerdings mit dem Unterschied, daß
bei Anthocyanbildung der Ausfall von C bzw. R gänzliche Farb-
losigkeit bedingt, während in unserem Falle die Abwesenheit von
Y bzw. N nur eine Verminderung des Chlorophyllgehalts von etwa
50 pCt. hervorruft. Möglicherweise ist dies aber gar kein prinzipieller
Unterschied, da das Chlorophyll der *pallida-* und *chlorina-*
Sippen vielleicht gar nicht von Y und N, sondern von andern
bisher unbekannten Faktoren gebildet wird. Vielleicht sind
also Y und N lediglich Gene, die eine gemeinsame Unterlage
geringfügig modifizieren. Der volle Chlorophyllgehalt der dunkelgrünen Rassen entstände dann nur, wenn Y und N auf der gemeinsamen Unterlage zusammenträfen. Das wahrscheinliche Vorkommen der *subchlorina*-Sippe (XXZZyynn), die ja nicht von
chlorina und *pallida* zu unterscheiden ist, stützt diese Erklärung
wesentlich. Mit einem ganz ähnlichen Fall haben wir es vielleicht auch in der Vererbung von bläulicher Aleuronfarbe bei
Mais[2]) zu tun, wo das Zusammenwirken von zwei Genen C und
P blaue Farbe bewirkt, während jeder Faktor allein ganz hellblaue
Farbe hervorruft.

BAUR (1911) hat bei *Antirrhinum* die Bezeichnungen Z, Y
und N für die Chlorophyllfaktoren benutzt. Ich habe diese Bezeichnungen für *Melandrium* übernommen, da gewisse Übereinstimmungen offenbar bestehen; ich will aber damit keineswegs
sagen, daß Y und N bei *Melandrium* mit Y und N bei *Antirrhinum* identisch sind. Es wäre keineswegs ausgeschlossen, daß mein
Y BAURs N entspricht und vice versa. Genetisch läßt sich die

---

1) yyNN = *pallida* = 60 pCt. Chlorophyll (d. i. N = 30 pCt.)
YYnn = *chlorina* = 40 pCt. Chlorophyll (d. i. Y = 20 pCt.)
YyNn = Bastard = 100 pCt Chlorophyll (gefunden); wenn aber N und Y
gleichsinnige Faktoren wären, dann dürfte der Bastard nur 50 pCt. Chlorophyll
haben (d. i. N + Y = 30 + 20 = 50 pCt.).

2) EAST, E. M., und HAYES, H. K., Inheritance in maize. Connecticut
Agr. Exp. Sta. Bull. **167**: S. 142, 1911. Siehe S. (68).

Identität ja nicht beweisen, da eine Bastardierung der zwei in Frage stehenden Spezies unmöglich ist. Nur auf chemischem Wege könnte diese Frage ev. entschieden werden. Wir wollen zunächst ruhig annehmen, daß Z, Y und N bei *Antirrhinum* entsprechend sind mit Z, Y und N bei *Melandrium* und die Verschiedenheiten und Übereinstimmungen kurz betrachten.

In beiden Spezies ist Z der Grundfaktor für Chlorophyllbildung. BAUR ist der Ansicht, daß ZZ oder Zz ohne Y Gelbfärbung bedingen; dagegen glaube ich, daß Z lediglich ein Chlorophyllfaktor ist und keinen Einfluß auf die gelben Blattpigmente ausübt; diese werden ganz unabhängig von Z vererbt.

Antirrhinum und *Melandrium* sind *chlorina*-farben, wenn die Pflanze bei Anwesenheit von Z homozygotisch für Y ist; in beiden Fällen ist *chlorina* rezessiv gegen normaldunkelgrün. Nach BAURs Annahme ist seine *aurea*-Rasse von *Antirrhinum* bei Gegenwart von Z und N heterozygotisch für Y; bei der *aurea*-Rasse handelt es sich demnach um unvollständige Dominanz der Erbeinheit Y. Bei *Melandrium* dagegen haben wir es mit vollkommener Dominanz dieses Faktors zu tun; die Heterozygoten (YyNN) sind von den dunkelgrünen Homozygoten nicht zu unterscheiden.

Der Faktor N bedingt sowohl bei *Antirrhinum* als auch bei *Melandrium* mit ZZ und YY normal dunkelgrüne Blattfarbe. Hier aber hört die Übereinstimmung auf; denn während bei *Antirrhinum* XXZZYyNN die genotypische Formel der *aurea*-Sippe ist, sind *Melandrium*-Pflanzen dieser Kombination dunkelgrün. Ferner erhalten wir bei Abwesenheit von Y die *pallida*-Rasse (XXZZyyNN) von *Melandrium*, während *Antirrhinum* in diesem Falle anscheinend chlorophyllfrei und deswegen nicht selbständig lebensfähig ist.

Es gibt verschiedene Möglichkeiten, diese Verschiedenheiten zwischen *Antirrhinum* und *Melandrium* zu erklären. Wir können z. B. annehmen, daß in beiden Spezies Y und N Ergänzungsfaktoren sind, die, wenn sie zusammentreffen, normal dunkelgrüne Blätter geben, ohne aber gezwungen zu sein, für Y und N immer die gleichen Werte vorauszusetzen. Wir wollen dies an Zahlen illustrieren; so wollen wir für sattgrün den Wert 10 annehmen. Die zwei Ergänzungsfaktoren sollen wechselnde Werte haben, die sich aber jeweils zu 10 ergänzen; also: $YY = 1$, $NN = 9$; $YY = 2$, $NN = 8$; $YY = 3$, $NN = 7$; .... $YY = 9$, $NN = 1$. Wenn nun bei *Antirrhinum* $YY = 9$, $NN = 1$ wären, dann wäre es durchaus möglich, daß bei Abwesenheit von Y ein so geringer Wert N nicht genügend Chlorophyll bilden könnte, damit die Pflanze lebensfähig wäre. Wenn dagegen bei *Melandrium* $YY = 4$, $NN = 6$

wären, dann wäre es nicht unmöglich, daß bei Anwesenheit von
Z schon jeder Faktor allein genug Chlorophyll zum selbständigen
Leben hervorbringen könnte. Wir erhielten so die zwei lebensfähigen *Melandrium*-Sippen *chlorina* und *pallida*. Mit der Annahme
verschiedener Werte für Y und N bei *Antirrhinum* und *Melandrium*
ist es möglich, die Verschiedenheiten zu erklären. Die *aurea*-Sippe
(XXZZYyNN) von *Antirrhinum* hätte nur den Wert 5,5 statt 10
(sattgrün), der grüne (× *chlorina*) Heterozygot (XXZZYyNN) von
Melandrium aber den Wert 8 statt 10; die nicht lebensfähige Form
von *Antirrhinum* (XXZZyyNN) hätte den Wert 1 statt 10; die
pallida-Sippe von *Melandrium* (XXZZyyNN) aber 6 statt 10.

Eine andere Erklärung, die vielleicht den Vorteil größerer
Einfachheit hat, ergibt sich aus BAURs ursprünglicher Deutung
des „*aurea*"-Merkmals seiner *Antirrhinum*-Sippe. Er nimmt einen
teilweise dominierenden Hemmungsfaktor H an, der, wenn er homozygotisch vorhanden ist, jede Chlorophyllbildung verhindert; ist H
heterozygotisch, so entsteht der „*aurea*"-Typus (XXZZYYNNHh);
der Widerspruch in der Vererbung der Blattfarbe bei *Melandrium*
und *Antirrhinum* ließe sich so allein auf H zurückführen; Z, Y und
N würden sich dann in beiden Spezies entsprechen.

Es bedarf noch weiterer Versuche mit *Antirrhinum* und *Melandrium*, um die Frage über die grundlegende Übereinstimmung und
Verschiedenheit der Chlorophyllfaktoren endgültig zu entscheiden.

IV. Marmorierte Sippen.

Das Vorkommen verschiedener Unregelmäßigkeiten in der
Verteilung des Chlorophylls auf den Pflanzen, wie Flecken,
Streifen, weiße Blattränder usw., sowie das Vorkommen ganz
weißer ev. gelber Blätter oder Äste, ist eine der verbreitetsten tera-
tologischen Erscheinungen bei den grünen Pflanzen. Wir kennen
verhältnismäßig wenig verschiedene Arten von Panaschierung; dies
mag uns auf den ersten Blick merkwürdig erscheinen, da wir
Panaschierung ja bei beinahe allen Pflanzen finden, weshalb von
Vererbung natürlich kaum die Rede sein kann. Panaschierung
muß also häufig ganz spontan gebildet werden und zwar immer
nur in einer der wenigen Formen. Dies wird uns sofort verständlich, wenn wir berücksichtigen, daß Panaschierung lediglich eine
Zerstörung des bei allen höheren Pflanzen im Prinzip gleichen
Chlorophyllapparates ist.

In der Literatur finden sich viele Stellen über die Vererbung
der Marmorierung oder Panaschierung der Blätter, doch nur die
Arbeiten von CORRENS und BAUR geben eine genügend klare

Übersicht dieser Erscheinungen in dem Lichte der modernen
Vererbungslehre. Dank der Versuche dieser zwei Forscher steht
es heute fest, - daß die Marmorierung sogar bei ein und derselben
Pflanze verschiedener Natur sein kann.

Von der infektiösen Chlorose der Malvaceen usw., die gar
keine erbliche Eigenschaft ist, abgesehen, unterscheidet BAUR[1])
auf Grund des Verhaltens bei Vererbung viererlei verschiedene,
marmorierte Sippen, von denen zwei mendeln und zwei nicht
mendeln. Die mendelnden Sippen sind: a) *variegata*-Sippen von
Mirabilis Jalapa (Correns) und *Aquilegia vulgaris* (Baur); b) eine
albomarginata-Sippe von *Lunaria biennis* (Correns). Die nicht mendelnden sind: c) eine *albomaculata*-Sippe von *Mirabilis Jalapa*, in
der die Buntblättrigkeit nur durch die Mutter vererbt wird, und
zwar ist die Anzahl der buntblättrigen Nachkommen von dem
Grad der Buntheit des Fruchtknotens der Mutterpflanze abhängig
(CORRENS); d) eine *albomarginata*-Sippe von *Pelargonium zonale*, bei
welcher die weißen oder weißrandigen Teile bei Selbstbefruchtung
weiße, die grünen Teile grüne Deszendenz liefern. Wenn aber
diese weißen oder weißrandigen Äste mit rein grünen Pflanzen
oder Pflanzenteilen gekreuzt werden, so ist die Nachkommenschaft
zum weitaus größten Teil rein grün (etwa nur 5,8 pCt. sind marmoriert). Rein weiße Pflanzen traten, wenn auch in sehr kleiner
Zahl (0,2 pCt.), nur dann auf, wenn der Vater weiß oder weiß-
randig war (BAUR).

In meinen Versuchen traten gelegentlich marmorierte Pflanzen
auf und natürlich habe ich ihre Vererbung verfolgt. Einige derartige Versuche blieben erfolglos und einige sind noch nicht abgeschlossen. Im folgenden kann ich deswegen nur einen vorläufigen Bericht über meine noch lückenhaften Beobachtungen
geben. Ich kann mit Sicherheit heute schon drei prinzipiell verschiedene Typen von Marmorierung bei *Melandrium* unterscheiden.
Alle drei gehören zu den nicht mendelnden Sippen und zwar
stimmen zwei von ihnen wenigstens in einigen Punkten mit den
oben beschriebenen Typen (c) und (d) überein. In anderen Punkten
sind sie aber sicher verschieden. Bei der dritten handelt es sich
um einen ganz eigenartigen, neuen Typus.

1. Grün-weiße Chimären. Chlorophyllfreie Gewebe von
verschiedenster Ausdehnung sind bei Blättern von *Melandrium*

---

1) Zeitschr. f. ind. Abstamm. u. Vererb. 4: S. 97, 1910.

sehr häufig. Es ist fast immer leicht zu sehen, daß das ent-
färbte Gewebe einheitlich weiß ist[1]); es mag nun ein ganzer
Sektor der Pflanze sein oder nur ein schmaler Streifen auf
der Blattspreite. Die Grenze zwischen den grünen und weißen
Teilen ist immer scharf gezogen, und es ist wohl richtig, mit
BAUR anzunehmen, daß der ganze weiße Gewebekomplex seinen
Ursprung aus einer einzigen Zelle genommen hat, die ihre
grünen Plastiden ganz oder fast ganz verloren hat, ohne
aber ihrer anderen Eigenschaften, hauptsächlich des Zellteilungs-
vermögens, verlustig gegangen zu sein. Eine solche Pflanze ist
demnach eine Chimäre, deren weißer Teil einer einzigen mehr
oder minder verzweigten Zelllinie entspricht. Mit Rücksicht auf
die Farbe der chlorophyllfreien Teile kann man verschiedene Arten
von Chimären unterscheiden. Die Verschiedenheiten sind nach
meiner Ansicht lediglich durch die Beschaffenheit und Quantität
der gelben Farbstoffe, die ja sonst von den dunkelgrünen Farben
mehr oder weniger verdeckt sind, bedingt.

Von den zahlreichen grün-weißen Chimären, die in meinem
Garten aufgetreten sind, habe ich nur folgende vier auf ihre
Vererbung genauer untersucht:

i) Die merkwürdigste, grün-weiße Pflanze war Nr. 1069(5),
welche 1911 in meinen Kulturen auftrat. Als junger Sämling war
diese Pflanze reingrün, aber schon das dritte Laubblatt zeigte
zwei keilförmige, gelbweiße Felder, die etwa ein Drittel der ganzen
Blattspreite einnahmen. Später wurde die eine Hälfte dieser
Pflanze vollkommen gelbweiß, während die andere Hälfte teils einheitlich grün, teils gestreift war. Einige weiße Blätter hatten in
der Mitte je einen blaßgrünen Fleck, der auf den ersten Blick wie
eine grüne Insel aussah; erst mit der Lupe konnte man sehen,
daß ein grüner Zellstrang diese grüne Insel mit anderen grünen
Teilen der Pflanze verband; die Pflanze war also aus zwei Teilen
zusammengesetzt, von denen nur der eine Chloroplasten ausgebildet
hatte. Ein Querschnitt durch solche Blätter zeigte, daß die grüne
Zellschicht, die nur eine oder höchstens zwei Zellen dick war,
zwischen zwei weißen Schichten, die beide vier, stellenweise aber
auch nur drei Zellen dick waren (inkl. Epidermis), eingebettet lag.
Ich hatte also hier ein gutes Beispiel einer Periklinalchimäre, In

---

1) Das chlorophyllfreie Gewebe ist nie reinweiß, sondern immer mehr
oder weniger gelblich bis intensiv gelb. Aus Bequemlichkeit werde ich das
Wort „weiß" synonymisch für „chlorophyllfrei" gebrauchen.

dem grünen Teil der Pflanze fanden sich ebenso schön ausgebildete Sektorialchimären. Wie sich erwarten ließ, war die Pflanze
bedeutend schwächer als ihre dunkelgrünen Geschwister. Blütenknospen wurden nur spärlich im Spätsommer gebildet, und die auf
den rein weißen Sprossen kamen nicht zur Blüte. Die Pflanze
war weiblich, und deswegen hatte ich gehofft, ihre Vererbung verhältnismäßig leicht studieren zu können. Leider wurde aber nur ein
Fruchtknoten reif, welcher drei scheinbar gut ausgebildete Samen
enthielt. Dieser Fruchtknoten war eine Sektorialchimäre (zu 110⁰
grün, 250⁰ gelbweiß). Es ist aber nicht ausgeschlossen, daß er
gleichzeitig auch eine Periklinalchimäre war. Alle drei Samen
waren gelbweiß und hatten einen Stich ins Rosa. Leider waren alle
drei nicht keimfähig, und deswegen kann ich nicht sagen, ob sie
gelbweiße, chloralbinotische Keimlinge geliefert hätten, was ich
eigentlich sicher annehme.

ıı) Die zweite Chimäre (Nr. 11311(68)), die ich etwas näher
untersucht habe, trat in einem F_1-Bestand einer Kreuzung *Melandrium album × rubrum* auf. Prinzipiell war sie mit i) gleich, aber
sie wich in vielen Einzelheiten von dieser ab. Sie zeigte nur
einen kleinen chlorophyllfreien Sektor (Tafel XXIII, A), der zum
Unterschied von i) nicht gelbweiß sondern gelb war. Mit dem
Farbenkreisel kann man die Farbe des Sektors mit 64 pCt. gelb
und 35 pCt. weiß wiedergeben. Die Pflanze war ebenfalls weiblich; ich habe sie mit zwei verschiedenen männlichen gekreuzt. Die
Blüten der reingrünen Zweige bestäubte ich erstens mit Pollen einer
chlorina-Pflanze (11211(81)) und zweitens mit Pollen, der von
einem chlorophylllosen Ast des weiter unten unter iii) beschriebenen
Individuums (11209(36)) stammte. In beiden Fällen war die Deszendenz durchweg dunkelgrün. Von der ersten Kreuzung zog ich
93, von der zweiten 96 F_1-Pflanzen. Auf dem marmorierten Zweig
konnte ich nur eine Blüte benutzen, die ich mit der schon erwähnten *chlorina*-Pflanze (11211(81)) kreuzte. Ich erhielt zahlreiche,
reingelbe Keimlinge (Saat Nr. 12299), die nur einige Tage am Leben
blieben; nur ein Individuum dieser Aussaat, dessen Kotyledonen
schon gelb und grün waren, bildete Blätter aus, die gelb und
grün gestreift waren. Leider gedieh diese Pflanze schlecht, und
als ich sie Ende Mai ins freie Land auspflanzte, ging sie bald zu
Grunde. Die Blüte der Mutterpflanze dieser Kreuzung hatte einen
fast reingelben Kelch, der Fruchtknoten war gelb und von feinen,
grünen Streifen durchzogen. Natürlich konnte ich die Verteilung
der gelben und grünen Gewebekomplexe am Fruchtknoten nicht
genau feststellen; aber ich zweifle nicht, daß es sich auch hier

um eine Verquickung von Periklinal- und Sektorialchimäre handelte, mit chlorophyllfreien Zellschichten nach innen und außen. Wenn diese Vermutung richtig ist, dann müssen die Eizellen ihren Ursprung im gelben Gewebe haben.

iii) Individuum 11209(36) war eine männliche F_1-Pflanze (*chlorina* × *typica*). Die junge Pflanze war vollkommen dunkelgrün, und die Marmorierung trat erst auf, als ich sie schon ins Freiland ausgepflanzt hatte. Ende Juli 1912 waren einige Blätter der großen Rosette zur Hälfte blaßgelb, zur Hälfte grün, und ein Blatt war ganz chlorophyllfrei. Die ausgewachsene Pflanze hatte mehrere hellgelb und grün gestreifte Äste, die oft reingelbe Seitenäste trugen. Um mit dem Farbenkreisel die Farbe der gelben Teile dieser Pflanze genau wiederzugeben, stelle man auf 59 pCt. gelb und 41 pCt. weiß ein. Den Pollen von Blüten auf reingelben Ästen benutzte ich zu Kreuzungen mit den in Tabelle XI angeführten Pflanzen. Die Resultate sind aus der letzten Spalte dieser Tabelle zu ersehen.

Tabelle XI.

Mutterpflanzen, die mit „gelben" Blüten von 11209 (36) befruchtet wurden	Saat Nr.	Beschaffenheit der Mutter	Beschaffenheit der Nachkommenschaft
11209(1)	12279	Grün (× *chlorina*) Schwesterpflanze	66 grün, 23 *chlorina*
11229(19)	12289	Rein *chlorina*	40 grün, 41 *chlorina*
11324(7)	12318	Rein *pallida*	97 dunkelgrün
11311(68)	12297	Grüner Teil der grünweißen Chimäre oben als ii) beschrieben	96 sämtlich grün
11112(74)	12272	Rein gelbgrüner Teil der ursprünglichen *chlorino-maculata*-Pflanze unten unter 2. beschrieben	Zahlreiche Keimlinge sämtlich hell grüngelb, die alle bald abstarben.
11112(74)	12274	Eine Blüte von 2. deren Kelch zur Hälfte gelbgrün, zur Hälfte grün und gelbgrün gestreift war	12 grün, 14 *chlorino-maculata*; dazu viele chlorophyllfreie Sämlinge
11112(74)	12273	Eine Blüte von 2. deren Kelch jedenfalls rein grün war	78 grün, 1 ?*)

*) Als Sämling hatte diese Pflanze unregelmäßige, gelbgrüne Flecken; ausgewachsen war sie aber rein dunkelgrün.

Die Resultate wären dieselben, wenn eine normal grüne Bruderpflanze zu diesen Kreuzungen verwendet worden wäre. Drei dieser weiblichen Pflanzen (Nrn. 11209(1), 11229(19) und 11112(74)) waren mit Pollen, der von rein grünen Ästen des Individuums 11209(36) stammte, belegt worden, und ich erhielt genau dieselben Resultate wie von den entsprechenden Kreuzungen der Tabelle.

iv) Eine weitere, merkwürdige Chimäre fand ich in einem Bestand von *Lychnis coeli-rosa* Desr. Der obere Teil eines Blütenstengels war zur Hälfte grün bzw. gelbweiß. Ein ganzes Nebenblatt war chlorophyllfrei und der oberständige Kelch und Fruchtknoten am Ende dieses Stengels waren scharf in eine grüne und eine gelbe Hälfte geteilt. Als ich diese auffallende, „halbgelbweiße" Blüte bemerkte, war sie leider aufgeblüht, so daß es keinen Zweck mehr hatte, sie künstlich zu bestäuben. Sie kann aber beinahe nur ausschließlich von normal grünen Pflanzen befruchtet worden sein, erstens, weil keine andere *Lychnis coeli-rosa*-Chimäre in meinem Garten war, und zweitens, weil der Pollen einige Tage eher reif ist als die Narbe und deswegen wohl schon von den Insekten entfernt war, ehe die Blüte befruchtet werden konnte. Der Samen aus diesem Fruchtknoten wurde unter Nr. 11348 ausgesät und lieferte ungefähr 60 rein gelbweiße Sämlinge und nur einen einzigen grünen. Es ist sehr auffallend, daß ein nur zur Hälfte gelbweißer Fruchtknoten fast lauter chlorophyllfreie Nachkommen hat. Es ist also möglich, daß die grüne Hälfte des Fruchtknotens nur äußerlich grün war, und daß er innen mit einer weißen Schicht, aus der sich die Eizellen entwickelt haben, fast gänzlich ausgekleidet war.

Trotz dieser sehr lückenhaften Versuche scheint mir die Folgerung, daß das Fehlen von Chlorophyll in *Melandrium* (auch in *Lychnis coeli-rosa* Desr.) nur durch die Mutter übertragbar sei, gerechtfertigt, daß also die Chlorophyllbeschaffenheit eines beliebigen Sämlings dieselbe sein muß wie die der Eizelle, aus der er entstanden ist. Diese Chimären sind also in ihrem anatomischen Bau mit Baurs *Pelargonium zonale albomarginatum* identisch, in der Vererbungsweise stimmen sie dagegen vielmehr mit Correns' *Mirabilis Jalapa albomarginata* überein. Nur die einzige grün-weiß marmorierte Pflanze der Saat Nr. 12299 (oben unter ii) beschrieben) hatte vielleicht einen Ursprung, welcher dem von Baurs marmorierten *Pelargonium*-Sämlingen entsprechen kann. Es ist aber nicht ausgeschlossen, daß gerade die Eizelle, der diese marmorierte Pflanze entsprungen ist, etwas Chlorophyll führte, da

die Wand des mütterlichen Fruchtknotens teilweise grün gefärbt war.

An dieser Stelle möchte ich nun noch zwei weitere grün-
weiße Chimären erwähnen, weil sie für mich Beweise zu sein
scheinen, daß die gelbe Grundfarbe unabhängig von dem Faktor Z
vererbt wird[1]). Wir haben oben unter ii) gesehen, daß die chlorophyllfreien Teile einer F_1-Pflanze (*M. album × rubrum*) gelb waren
und daß sie entsprechend gelbe Nachkommenschaft lieferten. Im
vergangenen Sommer habe ich in der reziproken Kreuzung ebenfalls eine Sektorialchimäre (12268(1)) mit derselben eigentümlichen,
gelben Farbe beobachtet. Eine Pflanze (12218(71)) aus einem Bestand von reinen *M.-album*-Individuen hatte gelblichweiße („rein
weiße", BAUR[2])) Blätter und Blattteile, und wie wir schon gehört
haben, sind die chlorophyllfreien Keimlinge dieser Sippe ebenfalls
„rein weiß". Leider habe ich von *M. rubrum* noch nie grün-weiße
Chimären oder chloralbinotische Sämlinge gesehen, aber die jungen
Rosettenblätter dieser Rasse haben eine merklich gelbe Nüance, die
meiner Meinung nach auf eine gelbe Grundfarbe schließen läßt.
Sollte diese Vermutung richtig sein, dann könnte die gelbe Grundfarbe der zwei eben erwähnten, reziproken F_1-Pflanzen durch
M. rubrum bedingt sein und zwar durch Eizelle und Sperma-
zelle. Die gelbe Grundfarbe wäre dann ein gewöhnliches, dominierendes Merkmal, über dessen Vererbung ich noch nichts weiteres
aussagen kann.

2. Die *chlorinomaculata*-Sippe. Mit diesem Namen bezeichne ich eine Rasse, die von einer Pflanze (11112(74)) abstammt, die
1912 in einem sonst reingrünen Bestand von mehrfach miteinander
gekreuzten CSH und HARRISBURGschen Pflanzen auftrat. Am
5. Juni 1912, als diese *chlorinomaculata*-Pflanze zum ersten Male als
Neuheit notiert wurde, waren mehrere, sonst dunkelgrüne Blätter der
Rosette gelbgrün gefleckt und gestreift. Manchmal war die Hälfte
eines Blattes gelbgrün, meistens aber waren die Flecken nur klein
und undeutlich. Die ausgewachsene Pflanze war ungefähr zur
einen Hälfte normal dunkelgrün, die andere Hälfte zeigte durchweg eine grün-*chlorina* Marmorierung; die *chlorina*-Farbe trat in
langgezogenen Flecken, Linien und Streifen auf (Tafel XXIII, B).
Einige Äste waren überwiegend grün, andere überwiegend *chlorina*-

---

1) BAUR nimmt an, daß Z ohne die anderen Chlorophyllfaktoren gelbe
Blattfarbe bedingt; dann müßten aber den verschiedenen gelben Grundfärbun-
gen Veränderungen von Z entsprechen. Dies mag ja vielleicht der Fall sein,
ich aber halte es für sehr unwahrscheinlich.

2) Zeitschr. f. ind. Abstamm. u. Vererb. 4: S. 81, 1910.

farben und an den letztgenannten war manchmal ein ganzes Nebenblatt mit dem axelständigen Blütenstengel und Blumenkelch von
reiner *chlorina*-Färbung. Die Form und Anordnung der einzelnen
Farbfelder zeigten deutlich, daß sie nicht aus einer einzigen
ursprünglich modifizierten Zelle durch Folgeteilung entstanden
sein konnten. Die Verlängerung der Flecken dagegen mag auf
Folgeteilung zurückzuführen sein. Es besteht weder zwischen den
beiden grünen und *chlorinomaculata*-Pflanzenhälften noch zwischen
den grünen und *chlorina*-gefärbten Feldern der *chlorinomaculata*-
Hälfte eine scharfe Grenze. Danach ist diese Pflanze keine grün-
chlorina Chimäre, sondern etwas prinzipiell Verschiedenes. Die
Pflanze war weiblich; ich habe mehrere Blüten befruchtet. Die
Kreuzungen und Resultate sind in Tabelle XII zusammengestellt.

Tabelle XII.

Pflanzen, die zur Befruchtung von 11112(74) verwendet wurden	Saat Nr.	Farbe des mütterlichen Kelches	Farbe des väterlichen Kelches	Beschaffenheit der Nachkommenschaft
11112(17) (Geschwister- pflanze)	12270	40 pCt. *chlorina* und grün gestreift. 60 pCt. rein grün	Rein grün	18 rein grün, 20 *chlorinomaculata*, ?? grüngelbe Keim- linge, die starben ohne Laubblätter zu bilden
11106(13) (CSH-Sippe)	12271	Rein grün bis auf eine Stelle, die von schmalen *chlorina*- Streifen durch- zogen war	Rein grün	44 grün, 25 *chlorinomaculata*, 7 (?) gelbgrün, starben ohne Laub- blätter zu bilden
11209(36)	12272	Gänzlich *chlorina*- gefärbt	Chlorophyllfrei	Alle grüngelb; starben ohne Laub- blätter zu bilden
11209(36)	12273	Gänzlich grün	90 pCt. grün 10 pCt. chloro- phyllfrei	79 rein grün, 1 ? *)
11209(36)	12274	50 pCt. *chlorina*, 50 pCt. grün und *chlorina*, fein ge- streift	Chlorophyllfrei	12 rein grün, 14 *chlorinomaculata*, und viele grüngelbe Keimlinge, die alle abstarben
11211(81)	12275	Gänzlich *chlorina*- gefärbt	Rein *chlorina*	Alle grüngelb, starben als Keim- linge
11211(81)	12276	Gänzlich grün	Rein *chlorina*	91 rein grün

*) Als Keimling hatte diese Pflanze undeutliche, gelbgrüne Flecken; die
ausgewachsene Pflanze war sicher rein grün.

Aus den Resultaten dieser Versuchsreihe geht hervor, daß die Deszendenz mit Rücksicht auf die *chlorinomaculata*-Eigenschaft von dem Grade der *chlorina*-Färbung des mütterlichen Kelches (Fruchtknotens) abhängig ist; und daß die Beschaffenheit des väterlichen Kelches (Pollen) ohne Einfluß bleibt. Soweit stimmt die Vererbung des *chlorinomaculata*-Merkmals mit dem überein, was CORRENS[1]) für das *albomaculata*-Merkmal bei *Mirabilis Jalapa* gefunden hat. Ob die *chlorinomaculata*-Eigenschaft durch den Vater vererbt wird, konnte ich noch nicht prüfen, weil ich leider nur eine weibliche Pflanze dieser Sippe verwenden konnte; da aber von den 59 *chlorinomaculata*-Nachkommen dieser Pflanze viele männlich sind, hoffe ich, späterhin auf diese Frage zurückkommen zu können.

Man kann aus den Resultaten dieser Kreuzungen ferner erkennen, daß die Farbe der helleren Teile der *chlorinomaculata*-Pflanzen, obwohl der *chlorina*-Farbe sehr ähnlich, doch nicht mit dieser identisch ist, da die Keimlinge nicht lebensfähig sind, wenn die betreffenden Fruchtknoten der Mutterpflanzen rein *chlorina*-farben waren. Ein weiterer Beweis für die Nichtidentität dieser zwei Färbungen ist die Tatsache, daß infolge andauernder Insolation die hellgrünen Teile der *chlorinomaculata*-Pflanzen vollkommen gebleicht werden, während die *chlorina*-Sippen entschieden lichtbeständiger sind.

3. Die „*aurea*"-Sippen. Ich komme nun zu einer Reihe von buntblättrigen Pflanzen, die eine merkwürdige Herkunft und Vererbungsweise haben. Im Jahre 1911 fiel mir eine Pflanze (10111(54)) einer meiner CSH-Familien auf; die Blätter dieser Pflanze zeigten gelbe Flecken, die meistens klein und rundlich waren; nur vereinzelt war ein halbes Blatt verfärbt. Einige Blütenstengel waren ebenfalls verfärbt und die Blütenkelche an diesen waren, von den Spitzen der Kelchblätter abgesehen, blaßgelb und rosa anstatt grün und dunkelrot. Die Blüten an normalen Stengeln waren purpurrot, ebenso die Blüten an den verfärbten Stengeln; nur eine solche Blüte hatte weißrot gestreifte Blumenblätter. Da ich bisher nur eine einzige, derartige Blüte an „*aurea*"-Pflanzen beobachtet habe, darf man die Streifung wohl nicht mit der „*aurea*"-Eigenschaft in Zusammenhang bringen.

Die gelben Flecken der Blätter waren augenscheinlich von normalem, grünen Gewebe umgeben, und die Kelche an den gelben

---

1) Zeitschr. f. ind. Abstamm. u. Vererb. 1: S. 313. 1909.

Stengeln waren ebenfalls rein gelb bis auf die Spitzen der Kelchblätter, die oft normal dunkelgrün waren. Es waren grüne Gewebe von gelben Geweben ebenso gut wie gelbe von grünen umgeben. Auf dem Querschnitt durch derartige bunte Blätter konnte
man keine scharfe Grenze zwischen den grünen und gelben Blatt-
teilen erkennen; die grünen Chloroplasten werden gegen den
Mittelpunkt des Fleckens zu immer bräunlicher oder gelber und
verschwinden bald ganz. Das Übergangsgewebe ist nur wenige
Zellen dick. Ich kenne die chemische Beschaffenheit dieser bräun-
lichgelben Pigmente nicht, aber ich vermute, daß sie größtenteils
Zersetzungsprodukte des Chlorophylls sind und nicht unabhängige,
unterliegende Färbungen, wie ich das bei den grün-weißen Chimären
annehme. Da diese gelbgefleckte Pflanze (Nr. 10111(54)) männlich
war, bezweifelte ich den Erfolg einer genetischen Untersuchung,
zumal das neue Merkmal so auffällig nur ein lokaler, pathologischer
Zustand der cytoplasmischen Organe zu sein schien. Dennoch
führte ich einige Kreuzungen mit dieser Pflanze aus. Ich bestäubte
je eine *chlorina*- und *pallida*-Pflanze mit Pollen, der von einer
dieser „gelben" Blüten stammte, und außerdem noch zwei *chlorina*-
Pflanzen, mit Pollen von normalen Blüten dieser gescheckten
Pflanze. (Vergleiche Tabelle XIII.)

Tabelle XIII.

♀ Pflanzen, die von 10111(54) befruchtet wurden	Saat Nr.	Beschaffenheit der Eltern		Nachkommen
		Mutter	Kelch des Vaters	
10192(2)	11210	*Chlorina*	Grün	Keine
10195(21)	11217	*Chlorina*	Grün	48 dunkelgrün
10195(21)	11218	*Chlorina*	Gelb	59 grün, 5 „*aurea*"
10208(1)	11851	*Pallida*	Gelb	81 grün, 6 „*aurea*", 2?[*])

*) Diese zwei Pflanzen waren anfangs etwas blasser als ihre normalen
Geschwister; später aber waren sie nicht mehr zu unterscheiden.

Ich gebrauche in dieser Tabelle und weiterhin den Namen
„*aurea*" einheitlich für alle Pflanzen, die von meiner Stammpflanze
10111(54) abstammen und wie diese anormal gefärbte Blätter oder
Äste haben, obschon die Nachkommen in bezug auf diese Eigenschaft sehr verschieden waren und fast nie ihrem Vater auch nur
ähnelten. Die fünf „*aurea*"-Pflanzen von Saat Nr. 11218 sahen
wie folgt aus:

Pflanze 11218(1). Die Kotyledonen waren rein gelb, und
da keine Laubblätter gebildet wurden, verhungerte sie als Keimling.

Pflanze 11218(2). Die ersten zwei Laubblätter hatten rein gelbe Adern und die dazwischenliegenden Blattflächen waren grünlichgelb. Alle Blätter der jungen Rosette waren dunkel grüngelb. Die ausgewachsene Pflanze war einheitlich gelbgrün[1]) (Farbenkreisel: 22,0 pCt. grün, 9,5 pCt. orangegelb, 68,5 pCt. schwarz).

Pflanze 11218(3). Die ersten Blätter waren gelbgrün, die späteren bis auf einzelne, die gelbgrün waren, sattgrün. Zur Zeit der Blüte waren die gelben Blätter ganz verschwunden, und es war dann unmöglich, diese Pflanze von ihren normalen Geschwistern zu unterscheiden (Farbenkreisel: 12,5 pCt. grün, 3,0 pCt. orangegelb, 84,5 pCt. schwarz).

Pflanze 11218(4). Die ersten zwei Blätter waren beide halb sattgrün, halb gelbgrün; die Mittelrippe bildete die Grenzlinie. Die zwei Monate alte Pflanze sah wie eine sattgrün-gelbgrüne Sektorialchimäre aus, in der die hellere Farbe etwa ein Fünftel einnahm. Die ausgewachsene Pflanze war eigentlich vollständig sattgrün.

Pflanze 11218(5). Das eine der ersten beiden Blätter war genau so wie bei der vorhergehenden Pflanze, halb sattgrün, halb gelbgrün; das andere war dunkelgrün bis auf ein schmales, grüngelbes Dreieck. Die ausgewachsene Pflanze war gelbgrün.

Mit Ausnahme dieser fünf „aurea"-Pflanzen war die ganze Aussaat dunkelgrün, wie das ja auch bei einer Kreuzung von chlorina × homozygotisch typica zu erwarten war.

Noch auffallender als bei dieser Kreuzung war der Einfluß der „aurea"-Eigenschaft der väterlichen Pflanze (10111(54)) auf die Deszendenz (Saat Nr. 11351), die sie mit einem pallida-Individuum gekreuzt ergab. Von 89 Pflanzen waren 6 sicher „aurea" (in Saat Nr. 11218 waren von 64 Pflanzen 5 „aurea"). Da ich fürchtete, daß die fünf auffallendsten „aurea"-Keimlinge (A), (B), (C), (D), (E), unter den gewöhnlichen Freilandkulturbedingungen zu Grunde gehen möchten, pflanzte ich sie in die Nähe des Laboratoriums aus, da dort der Boden etwas besser ist; auch konnte ich sie so besser beobachten. Alle fünf hatten grüne Kotyledonen und die ersten Laubblätter waren beinah chlorophyllfrei. Später wurde auch noch Individuum 11351(8) derselben Aussaat zu den „aurea"-

---

[1]) Ich habe mich des MILTON-BRADLEYschen Farbensystems bedient, in dem das Sonnenspektrum in 18 Farbengrade eingeteilt ist. Es fügt zwischen je zwei Hauptfarben zwei weitere Abtönungen ein, z. B. zwischen rot und orangegelb, orangegelbrot und rotorangegelb; zwischen orangegelb und gelb, gelborangegelb und orangegelbgelb; zwischen gelb und grün, grüngelb und gelbgrün usw.

Pflanzen gezählt, während 11351(1) und (2), obwohl als Sämlinge etwas gelblichgrün, unter die normal dunkelgrünen Pflanzen gerechnet wurden, da sie später von diesen nicht mehr sicher unterschieden werden konnten. Im folgenden will ich nun die sechs „aurea"-Pflanzen näher beschreiben.

(A) und (B) waren eigentlich rein weiß mit Ausnahme der blaßgrünen Kotyledonen und einiger der ersten Blätter, die etwas Chlorophyll in den Basen führten; sie lebten etwa zwei Monate anscheinend gesund und bildeten 4—6 kleine, weißliche Blätter, wonach sie eingingen. Die jungen Rosétten von (C), (D) und (E) waren grüngelb; (D) war etwas dunkler grün als (C) und (E); (E) war am hellsten und ihre grüngelben Blätter hatten etwa die Tönung des grüngelben Streifens des Sonnenspektrums; (E) war nicht einheitlich gefärbt, sondern wies undeutlich umgrenzte, dunkler grüne Schattierungen auf. (D) war vollkommen einheitlich in der Farbe, während (C) einige Blätter hatte, die auf der einen Seite der Mittelrippe etwas grüner waren als auf der anderen.

Obwohl (C), (D) und (E) ganz deutlich weniger Chlorophyll besaßen als normale Pflanzen, bildeten sie dennoch sehr üppige Rosetten aus; im Spätsommer trieben (C) und (E) einige Blütenstengel. Wider mein Erwarten überwinterten alle drei sogar ohne irgendwelchen Schutz sehr gut und bildeten im Frühling dieses Jahres (1913) ungewöhnlich große „aurea"-farbene Rosetten.

Die blühenden Pflanzen (C) und (E) waren einander sehr ähnlich; (C) war männlich und (E) weiblich. Sie waren schön marmoriert und sahen auf den ersten Blick dunkelorangegelb bis dunkelgelb aus; bei genauerer Untersuchung waren die Stengel und untersten Blätter entschieden grüner als die übrigen Teile. Manchmal war die grüne Marmorierung willkürlich über die ganze Blattspreite verteilt; doch häufig war die grüne Farbe in einem länglichen, unregelmäßigen Flecken in der Blattmitte angesammelt. Verschiedene Blätter hatten einzelne reingelbe Streifen; das Gelb war etwas dunkler als das des Sonnenspektrums. Da (C) und (E) so weitgehend in ihrer Färbung übereinstimmten, gelten die für (E) gefundenen, kolorimetrischen und Farbenkreisel-Resultate ebenso gut für (C), abgesehen von den unteren schattierten Blättern, die mir bei (E) etwas grüner zu sein schienen als bei (C). Für die untersten Blätter der Pflanze (E) fand ich mit dem Farbenkreisel 45,5 pCt. grün, 19,5 pCt. orangegelb und 35,0 pCt. schwarz. Nach den obersten Blättern zu nimmt das Chlorophyll immer mehr und mehr ab, bis es schließlich scheinbar gänzlich verschwindet, so daß ich für die obersten Blätter 64,0 pCt. gelb,

28,5 pCt. orangegelb und 7,5 pCt. weiß fand. Ich halte es für zweckmäßig, diese Messungen mit den schon angeführten der *pallida*-Mutterpflanzen zu vergleichen (30,5 pCt. grün, 12,0 pCt. orangegelb, 57,5 pCt. schwarz).

Alkoholische Chlorophyllauszüge aus *pallida*-Blättern haben, mit Auszügen aus einem gleichen Gewicht von den grünsten, untersten Blättern von (E) verglichen, genau um die Hälfte mehr Chlorophyll. Da nun ferner (E) in den obersten Blättern überhaupt kein Chlorophyll hat, während *pallida* solches durchweg führt, ist es klar, daß der Gesamtbetrag von Chlorophyll in *pallida*-Pflanzen vielmal größer ist als in (E) und (C). Trotzdem waren (E) und (C) üppiger als *pallida* und selbst als tiefgrüne Sippen es gewöhnlich sind[1]). Soll man daraus schließen, daß normale, grüne Pflanzen stets ein Übermaß von Chlorophyll haben? Oder soll man annehmen, daß die gelben Farbstoffe dieser „*aurea*"-Pflanzen CO_2 zu assimilieren vermögen? Die zweite Vermutung gewinnt an Wahrscheinlichkeit, wenn man mit mir der Ansicht ist, daß die gelben Pigmente in diesem Falle Zersetzungsprodukte des Chlorophylls sind.

Obschon (D) als junge Pflanze grüner war als (C) und (E), wurde sie in diesem Frühjahr merklich gelber als diese, und Anfang Juni war sie bis auf einige untere Blätter, die grüngelb waren, scheinbar chlorophyllfrei (eines der untersten Blätter war zur Hälfte dunkelgrün). Die Stengel, die bei (C) und (E) blaßgrün waren, waren bei (D) schwach gelb. Bis Mitte Juni wuchs (D) fast so schnell wie (C) und (E), aber dann hörte sie auf weiter zu wachsen, und ein Blatt nach dem anderen begann schwarz zu werden und einzuschrumpfen, wohl infolge der stärkeren Insolation. Einige Wochen später war die ganze Pflanze abgestorben, ohne geblüht zu haben.

Die Pflanze 11351(8) schien anfangs vollkommen normal; dies änderte sich erst, nachdem sie ausgepflanzt worden war. Anfang August war die auffallend große Rosette bedeutend heller als die der normalen Geschwisterpflanzen (Farbenkreisel: 17 pCt. grün, 6 pCt. orangegelb, 77 pCt. schwarz); einige Rosettenblätter waren gelb (56,5 pCt. gelb, 19,0 pCt. orangegelb, 24,5 pCt. weiß). Diese Pflanze trieb im ersten Sommer keine Stengel. Sie wurde nicht überwintert.

---

1) Der bessere Boden, in dem diese Pflanzen wuchsen, mag etwas mit dem üppigen Wachstum zu tun haben; allerdings habe ich auch andere normale *Melandrium*-Sippen in diesem Boden gezogen, und auch mit diesen verglichen, waren die „*aurea*"-Pflanzen üppiger.

Ich habe diese „*aurea*"-Pflanzen so ausführlich beschrieben, um die Ungleichheit mit ihrem gelbgefleckten Vater und die Verschiedenheit der „*aurea*"-Eigenschaft zu betonen.

Wie schon erwähnt, kamen die wenigen „*aurea*"-Pflanzen im Sommer 1912 gar nicht oder nur spät zur Blüte, weshalb ich natürlich nur wenige Kreuzungen ausführen konnte (Tabelle XIV).

Tabelle XIV.

Eltern	Saat Nr.	Beschaffenheit der Eltern	Beschaffenheit der Nachkommen
11218(3) ✕ (2)	12282	„*aurea*"(*chlorina*)*) ✕ „*aurea*" (*chlorina*)	23 dunkelgrün, 46 „*aurea*"; von den letzten waren 12 hellgelb und anscheinend chlorophyllfrei
11218(3) ✕ 212(7b)	12283	„*aurea*" (*chlorina*) ✕ *chlorina*	44 dunkelgrün, 49 „*aurea*" bis *chlorina*, meistens sicher , *aurea*"
11229(19) ✕ 218(2)	12293	*chlorina* ✕ „*aurea*" (*chlorina*)	24 dunkelgrün, 46 „*aurea*" bis *chlorina*, meistens „*aurea*"
11218(8) ✕ 324(84)	12284	„*aurea*" (*chlorina*) ✕ *pallida*	62 dunkelgrün, 6 als Keimlinge undeutlich gescheckt, später dunkelgrün
11824(7) ✕ 218(2)	12320	*pallida* ✕ „*aurea*" (*chlorina*)	56 dunkelgrün, 44 „*aurea*"
11229(19) ✕ 351(C)	12296	*chlorina* ✕ „*aurea*" (*pallida*)	68 dunkelgrün, 18 „*aurea*"
11324(7) ✕ 351(C)	12324	*pallida* ✕ „*aurea*" (*pallida*)	41 dunkelgrün, 47 „*aurea*" bis *pallida*, von diesen waren 38 sicher „*aurea*"
11351(E) ✕ (C)	12327	„*aurea*" (*pallida*) ✕ „*aurea*" (*pallida*)	1 dunkelgrün, 24 gleichgefärbt grün, fast so hell wie *pallida*, 33 „*aurea*" (von diesen waren 10 rein orangegelb, die aber mehrere Laubblätter erzeugten
11351(53) ✕ (C)	12328	grün (*pallida*) ✕ „*aurea*" (*pallida*)	40 dunkelgrün, 21 gelblich grün („*aurea*"? und *pallida*), und 35 sicher „*aurea*"

*) Die großväterliche Pflanze ist meine ursprüngliche „*aurea*"-Pflanze (10111(54)); die Beschaffenheit der großmütterlichen Pflanze ist jeweils in Klammern hinter „*aurea*" zugefügt.

In Tabelle XIV sind nur die Nachkommenschaften zusammengestellt, deren einer Elter bezw. beide „*aurea*"-Eigenschaft hatten.

In der folgenden Tabelle sind noch weitere 6 Familien angeführt. Die Eltern hatten keine „aurea"-Färbung, aber als Großvater diente Pollen der „gelben" Blüten von der ursprünglichen „aurea"-Pflanze (10111(54)). Wenn das „aurea"-Merkmal latent oder rezessiv unter der grünen Farbe des Heterozygoten verborgen wäre, dann müßten diese Kreuzungen ebenfalls „aurea"-Pflanzen liefern; aber wie aus Tabelle XV zu ersehen ist, waren alle 523 Nachkommen rein grün oder *pallida*, was sich aus anderen Gründen erklärt.

Tabelle XV.

Eltern	Saat Nr.	Beschaffenheit der Eltern	Beschaffenheit der Nachkommen
11322(51) × 351(30)	12315	grün (*pallida* × *chlorina*)*) × grün (*pallida* × „*aurea*")	50 tiefgrün 17 *pallida*
11324(7) × 351(49)	12325	*pallida* × grün (*pallida* × „*aurea*")	38 dunkelgrün 12 ein wenig heller (unvollkommene Dominanz?) 47 *pallida*
11351(53) × (30)	12329	grün (*pallida* × „*aurea*") × grün (*pallida* × „*aurea*")	63 dunkelgrün 4 intermediär 23 *pallida*
11351(53) × 211(81)	12330	grün (*pallida* × „*aurea*") × *chlorina*	97 dunkelgrün
11351(53) × 321(4)	12331	grün (*pallida* × „*aurea*") × grün (*pallida* × *chlorina*)	55 dunkelgrün 5 intermediär 80 *pallida*
11351(53) × 324(34)	12332	grün (*pallida* × „*aurea*") × *pallida*	42 dunkelgrün 11 intermediär 29 *pallida*

*) Wenn die Beschaffenheit der großelterlichen Pflanzen nicht mit der der Eltern übereinstimmt, so ist sie in Klammern beigefügt.

Aus den zwei letzten Tabellen ersehen wir, daß die „aurea"-Eigenschaft scheinbar „dominiert", und daß sie nur auftritt, wenn wenigstens der eine Elter eine „aurea"-Pflanze war. Die in Tabelle XV angeführten Resultate entsprechen der Erwartung vollkommen, wenn man von der Voraussetzung ausgeht, daß die große Mehrzahl der Spermazellen der chlorophyllfreien Blüten der ursprünglichen „aurea"-Pflanze (10111(54)) mit allen Genen (XZYN) ausgestattet waren, die zur Hervorbringung von tiefgrüner Farbe notwendig sind, daß sie aber nichts, was das „dominierende" „aurea"-Merkmal erzeugt, führten.

Was nun das Aussehen der mehr als 250 F_2-„*aurea*"-Pflanzen
betrifft (Tabelle XIV), so sei nur kurz gesagt, daß diese in bezug
auf die „*aurea*"-Eigenschaft sehr stark variierten, wie. dies ja, aus
der oben geschilderten Verschiedenheit der vorhergehenden Generation nicht anders zu erwarten war. Nur zwei Individuen
(12296(45)) und (12328(32)) hatten ungefähr die gleiche, eigentümliche Scheckung ihres Großvaters, — also isolierte gelbe Flecken
auf mehr oder weniger tiefgrünem Grunde. Im folgenden will ich
einige der auffallendsten „*aurea*"-Variationen kurz beschreiben.
Eine Klassifizierung der Pflanzen in verschiedene „*aurea*"-Typen
war vollkommen ausgeschlossen.

Über die grünlichgelben Keimlinge, die ohne Blätter zu bilden
abstarben, ist nichts weiter zu sagen. Außer diesen waren die meisten
„*aurea*"-Sämlinge gelbgrün bis grüngelb, häufig einfarbig; aber wohl
noch häufiger gescheckt (grüne Flecken und Streifen auf gelbem
oder orangegelbem Grund) (Tafel XXIII, C). Zum Teil waren die
ausgewachsenen Pflanzen einheitlich blaßgrün, gelbgrün oder orangegelb, zum Teil waren sie gescheckt. Im letzteren Falle waren
tiefgrüne Flecken und unregelmäßige Streifen auf rein orangegelbem, gelblichem oder hellgrünem Grunde unregelmäßig zerstreut;
während bei den meisten Pflanzen die Flecken anscheinend direkt
unter der Epidermis lagen und infolgedessen intensiv grün waren,
zeigte eine einzige Pflanze verschwommene, grüne Flecken. Ich
nehme an, daß in diesem Falle das grüne Gewebe zwischen gelb-
weißen Zellschichten eingebettet lag. Die Marmorierung der Blätter
war ebenfalls sehr verschieden. Ich will nur einige anführen:
Längliche, grüne Flecken mitten auf der Spreite; verschieden
intensiv gelbgefärbte Blatthälften; verschieden stark gelb ge-
ränderte, sattgrüne Blätter usw. Des öfteren zeigte eine Pflanze
auf verschiedenen Zweigen verschiedene Marmorierung. (Tafel
XXIII, D). Zuweilen sah dann wohl eine derartige Pflanze wie eine
Sektorialchimäre aus, aber die Grenzen waren niemals scharf
gezogen.

Was ist nun diese „*aurea*"-Eigenschaft? Diese Frage kann
ich noch nicht mit Sicherheit beantworten, aber ich halte es für
nicht unwahrscheinlich, daß wir es hier mit einem Fall von infektiöser Chlorose zu tun haben. Wenn sich meine Vermutung als
richtig erweisen sollte, dann wäre diese Chlorose von den uns bekannten im Prinzip insofern verschieden als in diesem Falle, die
Buntblättrigkeit sowohl durch die Eizellen als auch durch die
Spermazellen auf einen Teil der Deszendenz übertragbar ist. Die
Nachkommen von chlorotischen Individuen von *Abutilon* und

anderen Malvaceen, sowie von *Ligustrum*, sind immer rein grün (BAUR)[1]. Wenn man auf eine für Chlorose empfindliche, grüne Unterlage einen chlorotischen Ast pfropft, so wird die ganze Pflanze infiziert. Dies gilt natürlich auch für die umgekehrte Pfropfung.

Leider habe ich mit der „*aurea*"-Sippe von *Melandrium* noch keine Pfropfungsversuche ausgeführt. Mehrere Versuche, die wachsenden Teile grüner Individuen mit dem ausgepreßten Saft einer „*aurea*"-Pflanze zu infizieren, blieben erfolglos. Die Blätter, die nach der Einspritzung gebildet worden waren, waren rein grün. Ich habe folgende Gründe, um trotzdem an eine Infektionserscheinung zu glauben:

1. Die runden Flecken der ursprünglichen „*aurea*"-Pflanze sind in ihrer Mitte rein gelb, und nach dem Rande zu werden sie immer grüner, so daß ein allmählicher Übergang von dem gelben zu dem normalgrünen Gewebe stattfindet. Dies spricht für ein „Virus" oder dergleichen, das sich von einer Zelle aus exzentrisch ausbreitet. Vielleicht können nur junge Zellen vergiftet werden, da sich die Flecken in einer ausgewachsenen Pflanze nicht vergrößern.

2. Die vielen verschiedenen Formen, in denen wir der „*aurea*"-Farbe nicht nur bei verschiedenen Pflanzen, sondern häufig auch bei ein und derselben Pflanze begegnen, ist ebenfalls mit der Annahme einer Infektion leichter zu erklären.

3. Die für die „*aurea*"-Sippe charakteristischen gelben und braunen Farbstoffe sind aller Wahrscheinlichkeit nach Zersetzungsprodukte des Chlorophylls und keine selbständigen Pigmente.

Wenn aber die „*aurea*"-Eigenschaft keine Infektionserscheinung sein sollte, sondern richtig vererbt wird, dann würde die Vererbungsweise noch am ersten an BAURs weißrandiges *Pelargonium zonale* erinnern. In beiden Fällen geben Kreuzungen zwischen normalen und anormalen Blüten einen Teil rein grüne und einen Teil marmorierte Nachkommen. Von *Pelargonium* waren alle Nachkommen „rein weiß", wenn beide elterlichen Keimzellen aus rein weißem Gewebe entstanden waren; bei *Melandrium* dagegen war die Deszendenz nur zum Teil chlorophyllfrei, wenn beide Keimzellen

---

1) Zur Ätiologie der infektiösen Panaschierung. Ber. d. Deutsch. Bot. Gesell., **22**: S. 453—460, 1904.

Über die infektiöse Chlorose der Malvaceen. Sitz.-Ber. Kgl. Preuß. Akad. d. Wiss., **1**: S. 11—29, 1906.

Über infektiöse Chlorosen bei *Ligustrum, Laburnum, Fraxinus, Sorbus* und *Ptelea*. Ber. d. Deutsch. Bot. Gesell., **25**: S. 410—413, 1907.

von „*aurea*"-farbenen Blüten stammten; sie waren niemals chloralbinotisch, wenn nur der eine Elter gescheckt war.

Ich glaube, daß wir es bei den grün-weißen Chimären und bei den Marmorierungen von *chlorinomaculata-* und „*aurea*"-Sippen nur mit pathologischen Erscheinungen zu tun haben, und daß es sich in diesen Fällen um gar keine wirkliche Vererbung handelt; allerdings erschwert diese Annahme die Definition des Begriffs „Vererbung". Vorerst wissen wir auch noch nicht genau was „pathologisch" und was „normal" ist.

Zusammenfassung.

Die Anwesenheit der zuerst von BAUR nachgewiesenen Erbeinheit Z, die für „Chlorophyllbildung überhaupt" notwendig ist wird hier völlig bestätigt. Ohne diesen Faktor ist die Pflanze gänzlich chlorophyllfrei und muß als Keimling verhungern.

Die chloralbinotischen Formen von *M. album* sind fast rein weiß, während die von anderen Sippen mehr oder weniger intensiv gelb sind. Ferner sind die chlorophyllfreien Teile der Sektorial- und Periklinalchimären von *M. album* weißlich, während die entsprechenden Teile der F_1-Bastarde (*M. album* × *M. rubrum* und reziprok) gelb sind. Diese Tatsachen sprechen gegen BAURs Vermutung, daß die gelben Blattpigmente von dem Gen Z hervorgebracht werden. Vielmehr werden die gelben Farbstoffe unabhängig von Z gebildet. In normalen Blättern sind sie durch das Chlorophyll verdeckt, bei dessen Verminderung sie erst zum Vorschein kommen.

Zwei verschiedene, blaßgrüne Sippen von *Melandrium* — „*chlorina*" und „*pallida*" — sind beide rezessiv gegen die dunkelgrünen „*typica*"-Sippen. Kreuzungen zwischen *chlorina* und *pallida* geben eine einheitlich dunkelgrüne F_1-Generation. In F_2 erhält man eine Aufspaltung von ungefähr 9 dunkelgrün zu 7 hellgrün. Unter den hellgrünen Pflanzen kann man deutlich *pallida-* und *chlorina*-Individuen erkennen. Daraus folgt, daß die normale Chlorophyllmenge außer von Z von noch mindestens zwei weiteren Faktoren abhängt, von denen die *chlorina*-Sippe den einen und die *pallida*-Sippe den anderen führt. Für *chlorina* haben wir dann die Erbformel XXZZYYnn, für *pallida* XXZZyyNN und für *typica* XXZZYYNN anzunehmen.

In dieser Arbeit werden ferner drei verschiedene, nichtmendelnde Fälle von Buntblättrigkeit beschrieben, und es wird ein vorläufiger Bericht über ihre Vererbung gegeben. Es handelt sich um folgende drei Sippen:

1. Grün-weiße Chimären. Die Chimären sind aus einem dunkelgrünen und einem chlorophyllfreien Teil zusammengesetzt, nur die Mutterpflanze hat einen Einfluß auf die Nachkommen, der merkwürdig ist. Die Samen von chlorophyllfreien Ästen geben chlorophyllfreie Sämlinge; die Beschaffenheit des Vaters bleibt ohne Einfluß. Von Blüten an grünen Ästen erhält man nur grüne Sämlinge.

2. *Chlorinomaculata.* Die Pflanzen sind grün und *chlorina*-farben marmoriert, die Grenze zwischen den grünen und *chlorina*-Teilen ist nicht scharf gezogen; sie sind also keine Chimären. Ich habe bisher nur die Nachkommenschaft von einer weiblichen *chlorinomaculata*-Pflanze ziehen können und erhielt folgende Resultate: Die Deszendenz von Blüten an marmorierten Stengeln war zusammengesetzt aus grünen, marmorierten und chlorophyllfreien Pflanzen. Die Blüten an grünen Zweigen gaben nur grüne, die an *chlorina*-farbenen Zweigen nur chlorophyllfreie Sämlinge, die nicht lebensfähig waren. Ob diese Eigenschaft durch den Vater vererbt wird, konnte noch nicht geprüft werden.

3. *Aurea.* Die Pflanzen waren auffallend kräftig, obwohl sie nur gelbgrün, gelb oder orangegelb waren. Sie wiesen häufig eine sehr eigenartige Marmorierung auf. Sie stammten alle von einer dunkelgrünen, männlichen Pflanze ab, die mehrere kleine, rundliche, gelbe Flecken auf den Blättern hatte. Ich vermute, daß es sich hier um einen neuen allerdings in bezug auf Vererbung prinzipiell verschiedenen Fall von infektiöser Chlorose handelt. Während die Chlorose von *Abutilon* und anderen Malvaceen usw. weder durch die Eizellen noch durch die Spermazellen vererbt wird, wird diese „*aurea*"-Eigenschaft durch beide Keimzellen auf einen Teil der Nachkommenschaft übertragen.

Für die Liebenswürdigkeit, mit der Herr RICHARD FREUDENBERG sich um die Verbesserung des Manuskripts und die Korrekturen bemüht hat, spreche ich ihm meinen herzlichsten Dank aus.

Station for Experimental Evolution, of the Carnegie Institution, Cold Spring Harbor, Long Island, N. Y.

Anhang.

Herr Prof. Dr. MARCHLEWSKI hatte sich in freundlichster Weise erboten, Blätter meiner verschiedenen *Melandrium*-Sippen auf ihren Gehalt an Neo- und Allochlorophyll zu prüfen. Ich schickte ihm Blätter, die sorgfältig im Vakuum über KOH getrocknet

worden waren. Vor einigen Tagen teilte er mir die Resultate mit,
die ich weiter unten vollständig wiedergebe. Die Resultate über-
raschten mich sehr; ich hatte es nämlich für möglich gehalten, daß
z. B. das Chlorophyll der *chlorina*-Sippe chemisch verschieden von
dem Chlorophyll der *pallida*-Sippe oder dem der normal grünen
Sippen sei; oder aber, daß wenigstens in den verschiedenen Rassen
ein Unterschied im Verhältnis von Allo- zu Neochlorophyll bestände. MARCHLEWSKIs Resultate sprechen aber ganz deutlich
gegen eine solche Vermutung; denn sie zeigen, daß das Verhältnis
von Allo- zu Neochlorophyll in allen untersuchten *Melandrium*-
Blättern ziemlich konstant ist. Wir haben also wohl anzunehmen,
daß die Verschiedenheit der Blattfarbe lediglich durch die Quantität und nicht durch die Qualität des Chlorophylls verursacht
wird. Herr Prof. Dr. MARCHLEWSKI hat die Methode von
JACOBSON und MARCHLEWSKI benutzt; er gibt den Versuchsfehler auf etwa $\pm$ 2 pCt. an.

Stammbuch-Nummern	Beschaffenheit der Pflanze	Prozent-Gehalt von	
		Neo-chlorophyll	Allo-chlorophyll
12249(35)	*M. album*	72	28
12263(43)	*M. album* × *rubrum* F$_1$	72	28
12337(6)	CSH-Sippe	70	30
12290(31)	*chlorina*	74	26
12317(2)	*pallida*	74	26
12319(7)	*pallida* × *chlorina* F$_1$	68	32
12285(41)	*pallida* × *chlorina* F$_2$ (grün)	68	32
12285(42)	*pallida* × *chlorina* F$_2$ (*chlorina*)	68	32
12285(77)	*pallida* × *chlorina* F$_2$ (*pallida*)	74	26
123 40(58)	„*aurea*"	70	30

Literaturverzeichnis.

BAUR, E., Zur Aetiologie der infektiösen Panachierung. Ber. d. Deutsch. Bot.
Gesell., **22**: S. 453—460, 1904.
— Über die infektiöse Chlorose der Malvaceen. Sitz.-Ber. d. Kgl. Preuß.
Akad. d. Wiss, **1**: S. 11—29, 1906.
— Über infektiöse Chlorosen bei *Ligustrum, Laburnum, Fraxinus, Sorbus*
und *Ptelea*. Ber. d. Deutsch. Bot. Gesell., **25**: S. 410—413, 1907.
— Untersuchungen über die Erblichkeitsverhältnisse einer nur in Bastard-
form lebensfähigen Sippe von *Antirrhinum majus*. Ber. d. Deutsch. Bot.
Gesell., **25**: S. 442—454, 1907.
— Das Wesen und die Erblichkeitsverhältnisse der „Varietates albomargi-
natae Hort." von *Pelargonium zonale*. Zeitschr. f. ind. Abstamm. u.
Vererb. **1**: 330—351, 1909.
— Vererbungs- und Bastardierungsversuche mit *Antirrhinum*. Zeitschr. f.
ind. Abstamm. u. Vererb. **3**: S. 34—98, 1910.

BAUR, E., Untersuchungen über die Vererbung von Chromatophorenmerkmalen bei *Melandrium, Antirrhinum* und *Aquilegia.* Zeitschr. f. ind. Abstamm. u. Vererb. 4: S. 81—102, 1910.

— Einführung in die experimentelle Vererbungslehre. S. 293, 1911. Berlin: Gebr. BORNTRAEGER.

— Vererbungs- und Bastardierungsversuche mit *Antirrhinum.* II. Faktoren-kopplung. Zeitschr. f. ind. Abstamm. u. Vererb. 6: S. 201—216, 1912.

CORRENS, C., Über Bastardierungsversuche mit *Mirabilis*-Sippen. Ber. d. Deutsch. Bot. Gesell., 20: S. 594 - 608, 1902.

— Über die dominierenden Merkmale der Bastarde. Ber. d. Deutsch. Bot Gesell., 21: 133—147, 1903.

— Vererbungsversuche mit blaß(gelb)grünen und buntblättrigen Sippen bei *Mirabilis Jalapa, Urtica pilulifera* und *Lunaria annua.* Zeitschr. f. ind. Abstamm. u. Vererb. 1: S. 291—329, 1909.

— Zur Kenntnis der Rolle von Kern und Plasma bei der Vererbung. Zeitschr. f. ind. Abstamm. u. Vererb. 2: S. 331—340, 1909.

— Der Übergang aus dem homozygotischen in einen heterozygotischen Zustand im selben Individuum bei buntblättrigen und gestreiftblühenden *Mirabilis*-Sippen. Ber. d. Deutsch. Bot. Gesell., 28: S. 418 - 484,1910.

EAST, E. M., A Mendelian interpretation of variation that is apparently continuous. Amer. Nat. 44: S. 65—82, 1910.

EAST, E. M., und HAYES, H. K., Inheritance in maize. Conn. Agr. Exp. Sta. Bull 167. S. 142, 1911.

EMERSON, R. A., The inheritance of certain forms of chlorophyll reduction in corn leaves. Ann. rep. Nebraska Agr Exp. Sta. 25: S. 89 - 105, 1912.

GERNERT, W. B., The analysis of characters in corn and their behavior in transmission. S. 58, 1912. Herausgegeben von dem Verfasser, Champaign, Illinois.

JACOBSON, C. A., und MARCHLEWSKI, L., On the duality of chlorophyll and the variable ratio of the two constituents. Bull. de l'Acad. Sci. de Cracovie, Serie A, S. 28—40. 1912.

JOHANNSEN, W., Elemente der exakten Erblichkeitslehre. I. Auflage pp. VI u. 516, 1909. II. Aufl. pp. XI u. 724, 1913. Jena: GUSTAV FISCHER.

MARCHLEWSKI, L., Die Chemie der Chlorophylle und ihre Beziehung zur Chemie des Blutfarbstoffs. S. 187, 1909, Braunschweig, FRIEDRICH VIEWEG & SOHN.

NILSSON-EHLE, H., Kreuzungsuntersuchungen an Hafer und Weizen. LUNDS Universitets Årsskrift, N. F., Afd. 2, Bd. 5, Nr. 2, S. 122, 1909.

— Einige Beobachtungen über erbliche Variationen der Chlorophylleigenschaft bei den Getreidearten. Zeitschr. f. ind. Abstamm. u. Vererb. 9: S. 289—300, 1913.

PRICE, H. L., und DRINKARD, A. W., Jr., Inheritance in tomato hybrids. Virginia Agr. Exp. Sta. Bull. Nr. 177, S. 17—53, 1908.

SORBY, H. C., On comparative vegetable chromatology. Proc. Roy. Soc. London, 21: S. 442—483, 1873.

STOKES, G. G., On the supposed identity of biliverdin with chlorophyll, with remarks on the constitution of chlorophyll. Proc. Roy. Soc. London, 13: S. 144, 1864.

Erklärung der Doppeltafel XXIII.

A. Grün-weiße Chimäre (Nr. 11811(68)) von *Melandrium album* ✕ *rubrum* F_1. Das chlorophyllfreie Gewebe ist gelb.

B. *Chlorinomaculata*-Pflanze Nr. 12270(9). Die hellen Streifen und Flecken sind *chlorina*farben.

C. Grün und „*aurea*" Nachkommen einer *pallida*-Mutter und eines „*aurea*"-Vaters (Saat Nr. 12320).

D. „*Aurea*-Pflanze mit verschieden marmorierten Blättern.

9l. Johannes Buder: Chloronium mirabile.

(Eingegangen am 17. Februar 1914.)

(Mit Tafel XXIV.)

I. Einleitung.

Mit dem Namen *Chloronium mirabile* will ich einen eigenartigen Organismus bezeichnen, den ich bei einer systematischen Durchforschung der Mikroflora in den Wasserbehältern des Leipziger Botanischen Gartens entdeckte und im Laufe des Jahres an mehreren anderen geeigneten Standorten wiederfand. Ich habe ihn nunmehr über ein Jahr in Rohkulturen, in größeren Standzylindern wie in Objektträgerkulturen, beobachtet und gebe in folgendem einen ersten kurzen Bericht über die wichtigsten Ergebnisse der bisherigen Untersuchung.

II. Habitus.

Die kleinen, grüngefärbten Wesen erinnern den Beobachter, der sie zuerst unter dem Mikroskope mit den üblichen starken Trockensystemen erblickt, an die kleineren *Chromatium*-Formen (vom Typus des *Chromatium minus* und *vinosum*), in deren Gesellschaft sie sich oft befinden. Diese äußere Ähnlichkeit fiel bisher allen Botanikern auf, denen ich die Organismen zu zeigen Gelegenheit hatte. Sie wird im wesentlichen durch folgende Züge bedingt.

Die Gestalt der Chloronien ist wie bei jenen ein ziemlich dicker, an den Enden abgerundeter Zylinder, der gelegentlich auch eine leichte Krümmung aufweisen kann. Ganz wie bei den Chromatien wird sie besonders bei längeren und in Teilung befindlichen Exemplaren deutlich, ist aber immerhin viel seltener als bei jenen. Die Länge eines Exemplars von mittlerer Größe ist 5 μ, seine Breite 2—2,5 μ, der ganze Organismus also sehr unscheinbar. Es versteht sich, daß man mit Trockensystemen nur wenig Einzelheiten erkennen kann. Immerhin wird an längeren Exemplaren häufig eine leichte Einschnürung in der Mitte erkennbar, die sich auch als eine hellere Querlinie abhebt und auf eine beginnende Teilung deutet. Nicht selten findet man auch Teilhälften, die zwar schon deutlich auseinandergerückt sind, aber noch in einem gewissen Zusammenhange stehen.

Eine weitere Ähnlichkeit mit den von Schwefelkörnchen erfüllten Chromatien liegt in der körnigen Beschaffenheit des ganzen Körpers und vor allem in der Art der Bewegung. Diese geschieht in der Längsrichtung unter steter Drehung um die Achse, ein Vorgang, der — so gewöhnlich er an sich ist — hier wie dort durch die granulöse Struktur[1]) ein besonderes Gepräge erhält und die Aufmerksamkeit auf sich zieht. Die Bewegung ist meist etwas langsamer und plumper als bei den behenden Chromatien, oft sogar auffallend unbeholfen und schwerfällig, kann aber andrerseits auch zu ganz ansehnlicher Geschwindigkeit anwachsen.

Dabei bleibt bisweilen die Körperachse genau in der Bewegungsbahn, oder es findet ein Hin- und Heroscillieren statt, das durch eine leichte Körperkrümmung oder dadurch bedingt werden kann, daß die Achse des ganz geraden Körpers einen Kegelmantel beschreibt. So kommt jene eigenartige Bewegung zustande, die als das „Wackeln durch das Gesichtsfeld" allgemein bekannt ist. Außerdem beobachtet man auch Schreckbewegungen und zwar ganz ähnlich denen, die von den Chromatien her geläufig sind. Der Organismus bewegt sich plötzlich mit einem Rucke mehrere Körperlängen rückwärts, wobei also das bisherige Hinterende zum Vorderende wird, dann richtet er sich senkrecht auf, während die Rotation um die Achse beibehalten wird, verharrt einen Augenblick in dieser Stellung, um schließlich wieder, mit dem ursprünglichen Vorderende voran, weiterzuschwimmen[2]).

------

1). Es sei dieser Ausdruck als tertium comparationis für die körnige Beschaffenheit der Chloronien einerseits, den Schwefelgehalt der Chromatien andrerseits, gestattet.

2) Dies ist wenigstens die häufigste Art [der] Schreckbewegung. Sie kann aber in einzelnen Phasen auch anders verlaufen, z. B. der Organismus nach dem Zurückfahren noch eine kurze oder längere Zeit, gleichsam wie gelähmt, am Orte verharren.

·Analogien zu den Chromatien finden sich noch mehr; wie
bei diesen können·· auch bei den Chloronien Lichtreize zur Auslösung der Schreckbewegung führen. Während aber die Chro-·
matien ·auf Verdunkelung reagieren, geschieht es bei den Chloronien, wenn überhaupt, nur auf plötzliche starke Beleuchtung.

III. Befunde der genaueren. Untersuchung.

a) Im Hellfelde.

Ist hiermit . schon ein Unterschied zu den bisher heran-
gezogenen Vergleichsobjekten gegeben, so erweist sich beim
Studium der Organismen mit stärkeren Systemen überhaupt der
ganze erste Eindruck 'einer Chromatienähnlichkeit als vollkommen.
trügerisch. Wenn ich ihn hier dennoch schilderte, so geschah es
einmal deswegen, um überhaupt einen Anknüpfungspunkt zu
haben und das Wiederfinden der Chloronien von anderen Beobachtern zu erleichtern, dann aber vor allem, um von vornherein
das durchaus einheitliche Verhalten des Organismus gebührend
zu betonen. Es verdient deswegen hervorgehoben zu werden, weil
er, wie wir bald sehen werden, aus zwei ganz heterogenen Komponenten zusammengesetzt ist.

Bei der Anwendung stärkerer Objektive (Immersion $1/_{12}$ Zoll
und Apochrom. 2 mm) fällt zunächst der Mangel einer den ganzen
Organismus abgrenzenden Membran auf. Man erblickt nichts als
eine Anzahl meist in Reihen geordneter, locker zusammenhängender Körnchen von hellgrüner Farbe, die sich aber von dem freu-
digen Grün der Euglenen und Chlamydomonaden durch einen
etwas fahleren Ton und einen Stich ins Gelbliche unterscheidet,
was natürlich am meisten bei gleichzeitiger Beobachtung im selben
Gesichtsfelde auffällt.

Die Körnchen sind bald klein und dann rundlich, etwa von
einem 0,75 μ betragenden Durchmesser, bald größer und· dann
mehr stäbchenförmig, etwa 1—2 μ lang und 0,7—1 μ breit. Je
nach der Größe des ganzen Organismus und ihren eigenen Ab-
messungen schwankt ihre Zahl von etwa 10 bis über· 30. Fast
stets aber zeigen sie eine deutliche Anordnung in 4—6 Längs-
reihen· und berühren sich dann beinahe unmittelbar sowohl mit
den Seiten als den Enden. Die Reihen liegen peripher, bilden
also einen Hohlzylinder, was besonders deutlich wird, wenn man
auf den Organismus von oben heraufsieht. Dazu ist des öfteren
Gelegenheit, da die beweglichen Exemplare hin und wieder mit
dem einen Pole (dem Geißelpole, wie sich später zeigen wird) am

Objektträger haften und sich senkrecht aufrichten. Weiteres ist an den intakten Chloronien auf diesem Wege zunächst nicht mehr zu entdecken. Man erkennt zwar, daß der von den grünen Stäbchen umschlossene zentrale Raum nicht leer ist, kann aber, durch jene gehindert, nichts näheres über seinen Inhalt aussagen. Von den grünen Stäbchen zeigen besonders die größeren eine ganz scharf umgrenzte Kontur und lassen gar nicht selten auch Teilungsstadien erkennen. Man erblickt dann eine mittlere, leichte Einschnürung und in vereinzelten Fällen auch eine feine Trennungslinie, die sich quer durch das Stäbchen hinzieht. Wieder häufiger sind Fälle, wo die Situation der ganzen Umgebung die Annahme einer vor kurzem geschehenen Trennung solcher Hälften nahelegt. Es sind also ganz ähnliche Bilder, wie sie uns von den Chlorophyllkörnern oder noch besser von kurzen Bakterien geläufig sind.

Bei manchen in Ruhe befindlichen Exemplaren schließen die Körnchen nicht überall unmittelbar aneinander an, sondern erscheinen durch helle Zwischenräume getrennt. Dann ist auch die reihenweise Lagerung meist mehr oder weniger gestört. Das Ganze macht dann den Eindruck einer von durchsichtigen Gallert- oder Schleimmassen zusammengehaltenen Kolonie von stäbchenförmigen grünen Zellen. Wollte man aber diese Deutung auch auf die beweglichen Exemplare übertragen, so stoßen sofort Schwierigkeiten auf. Die ganze Art der Bewegung gleicht so typisch der von polar begeißelten Organismen (Chromatien), daß man auch hier von vornherein endständige Geißeln vermutet. Wo sollte man nun deren Insertion erwarten? Auch jene schon erwähnten Teilungsstadien des ganzen Organismus wären mit bekannten Teilungserscheinungen von Kolonien beweglicher Organismen nicht in Parallele zu stellen, erinnern vielmehr an die Teilungsvorgänge von Einzelformen.

All diese Schwierigkeiten wurden gelöst durch Zuhilfenahme von Dunkelfeldbeleuchtung und Färbungsmethoden.

b) Befunde im Dunkelfelde.

Die Dunkelfeldbeleuchtung wurde mittelst eines Paraboloidkondensors und einer mit ca. 15 Amp. brennenden Bogenlampe bewerkstelligt, deren Licht durch eine Linse von 7 cm Brennweite parallel gemacht und durch ein ca. 35 cm langes Kühlgefäß und eine $FeSO_4$-Küvette zur Absorption der Wärmestrahlen geleitet wurde. Ganz intakte Exemplare der Chloronien ließen auch hier zunächst nicht wesentlich mehr erkennen als im Hellfelde. Die grünen Stäbchen erwiesen sich als völlig homogen und frei von Einschlüssen, optisch fast leer und von ganz scharfen

Konturen begrenzt. Auffallend war der deutlich blaue Ton der Farbe
im Gegensatz zu der gelblichen Färbung im durchfallenden Lichte.

Beobachtet wurde mit einem ZEISSschen Apochromat 4 mm
und Komp.-Okular 8 und 18 (oder LEITZ 8 mit Okular 5). Zweimal gelang es mir, an Exemplaren, die offenbar eben zur Ruhe
gekommen waren, Geißeln zu beobachten. Sie waren von außerordentlicher Feinheit und recht schwer zu sehen. Wie nach dem
Bewegungsmodus erwartet, war nur eine polare Geißel vorhanden.
Ihre Anheftungsstelle war zwar an diesen Exemplaren nicht mit
aller Deutlichkeit zu erkennen; doch ließen weitere Beobachtungen
über den einzig möglichen Ort ihrer Insertion keinen Zweifel.
Durch den Druck des Deckglases, der während der Beobachtung
allmählich durch geringe Verdunstung der schon von vornherein äußerst dünnen Wasserschicht verstärkt wurde, wichen
die grünen Stäbchen auseinander. Das gleiche Resultat hatte
eine durch Fortnahme der $FeSO_4$-Küvette bewirkte geringe Erwärmung des Präparates. (Dabei hatten die Strahlen noch die
35 cm lange Wasserschicht des Kühlgefäßes zu durchsetzen.)
Es war ein eigenartiges Schauspiel, die grünen Stäbchen
sich ganz langsam unter BROWNscher Molekurbewegung voneinander trennen und von dem Organismus gewissermaßen abbröckeln
zu sehen. Auch jetzt war von einer Membran oder irgendeinem
andern sie umgebenden Medium nicht die Spur zu sehen, wohl
aber wurde der Inhalt des von ihnen ursprünglich gebildeten
Hohlzylinders sichtbar. Zu meinem nicht geringen Erstaunen entpuppte er sich als ein mit deutlicher Membrankontur versehenes
farbloses Stäbchen von spindelförmiger Gestalt, das bisweilen ein
oder zwei leuchtende Punkte in seinem Inneren aufwies. Zeigten
die Exemplare der Chloronien in intaktem Zustande Teilungs-
symptome, so waren auch jene Stäbchen in Teilung begriffen.
Irgendwelche Andeutung von einem die grünen und das weiße
Stäbchen bergenden gemeinsamen Medium fehlte. Sie hoben sich
scharf und klar von dem völlig dunklen Untergrunde ab. Nun
war auch der Ort der Geißelinsertion klar: Wenn auch die
Geißel selbst bei diesen Beobachtungen nie sichtbar wurde, so
konnte sie nach Lage der Dinge nicht gut an eine andere Stelle
als an das Ende der zentralen Stäbchen verlegt werden.

c) Befunde an gefärbten Exemplaren.

Mit diesen Ergebnissen stimmten die Beobachtungen an gefärbten Präparaten völlig überein. Sie wurden auf verschiedenem
Wege hergestellt.

1. Ein Tropfen der chlronienhaltigen Flüssigkeit wurde auf einem mit einer ganz dünnen Schicht von Eiweißglyzerin bestrichenen Objektträger ausgebreitet und ein Tröpfchen FLEMMINGscher Lösung zugesetzt. Die Organismen sinken in kurzer Zeit zu Boden und viele von ihnen haften dann so fest an der Objektträgerfläche, daß man die weiteren Handgriffe des Auswaschens und Färbens bei genügender Vorsicht ohne großen Materialverlust durchführen kann. Gefärbt wurde teils nach HEIDENHAIN mit Eisenhämatoxylin, teils mit Fuchsin.

2. Es wurden ferner auch gewöhnliche Ausstrichpräparate (auf Deckgläsern) hergestellt und mit Säurefuchsin oder Methylenblau gefärbt.

3. Schließlich wurden Geißelfärbungen nach der LÖFFLERschen Methode in Anlehnung an die dafür von A. MEYER gegebene Vorschrift durchgeführt.

Für die uns hier zunächst interessierenden Fragen leisteten alle Methoden das gleiche. Die zarten Geißeln gelangten natürlich nur im dritten Verfahren zur Darstellung. Auf einzelne Unterschiede der Präparate wird weiter unten noch kurz zurückgekommen werden.

Die mit Hilfe der bakteriologischen Fixierungs- und Färbemethoden gewonnenen Bilder gleichen auffallend gewissen Stadien der soeben beschriebenen Zerfallserscheinungen im Dunkelfelde. Bei dem Antrocknen auf dem Deckglase spielen sich also offenbar ähnliche Vorgänge des Auseinanderweichens ab wie dort. Man erblickt überall in den Präparaten statt der erwarteten einheitlichen Chlronien außerordentlich charakteristische Gruppen von Kurzstäbchen, die in einigem Abstande voneinander liegen und in deren Mitte das spindelförmige Stäbchen, oft in der Teilung begriffen, liegt. (Vgl. Fig. 8—12.) Figur 10—12 zeigen auch, daß die Geißel tatsächlich am zentralen Stäbchen sitzt. Sie ist an allen Stellen gleich dick und erreicht eine beträchtliche Länge, die den Körper um das 3—4fache übertreffen kann.

Stets liegen die peripheren Stäbchen völlig frei daneben, sind aber bisweilen, wie in Figur 12, ziemlich weit vom Zentralstäbchen abgeschwommen. Seltener fand ich die ganze Gruppe auf einem ganz schwach gefärbten, ziemlich homogenen Felde, das kaum anders als eine zarte, angetrocknete Gallert- oder Schleimschicht gedeutet werden kann.

Daß solche in der Tat vorhanden sein können, zeigte auch die Beobachtung lebender Chlronien in Tusche. Während bei den lebhaft beweglichen Exemplaren die Tuschepartikel bis unmittelbar

an die grünen Stäbchen heranreichten (Figur 13), erschienen die
ruhenden von einem meist ganz schmalen, gelegentlich aber auch
recht ansehnlichen hellen Saume umgeben. (Fig. 14.) Hier ist
dann auch die sonst vorhandene Regelmäßigkeit in der Anordnung
der grünen Stäbchen meist gestört.

IV. Deutung des Organismus als ein Konsortium.

Aus der Gesamtheit der bisher geschilderten Befunde läßt
sich mit Sicherheit der Schluß ziehen: Die als Chloronien
bezeichneten, wohlcharakterisierten Organismen sind
nicht einzellige, sondern mehrzellige Wesen. Sie bestehen
aus einer farblosen zentralen, polar begeißelten und zahlreichen grünen peripheren Zellen.

Es erhebt sich zugleich die Frage, ob wir die Zellen als
verschieden differenzierte Organe einer systematischen Einheit
aufzufassen haben, oder ob sie als artverschieden anzusehen sind.
Für die erste Annahme spricht nichts. Keine einzige Beobachtung,
die die Möglichkeit einer Entstehung der einen aus der anderen
Zellart oder einen gemeinsamen Ursprung beider nahelegte, konnte
beigebracht werden. Auch in Anbetracht dessen, daß unter den
überhaupt in Frage kommenden Organismenklassen eine ähnliche
Differenzierung in „Assimilatoren" und „Lokomotoren" gänzlich
unbekannt ist, scheint die zweite Auffassung von vornherein als
wahrscheinlicher. Demnach hätten wir es mit einer Verkettung
von artverschiedenen Zellen zu tun und ich stehe nicht an, für
den Gesamtorganismus den Begriff des Konsortiums anzuwenden.
Das gegenseitige Verhältnis der Komponenten wäre also eine
Symbiose.

Über die Umgrenzung des Begriffes Symbiose herrscht bekanntlich keine Einigkeit. Jedenfalls ist aber das eine klar, daß
die enge räumliche Verknüpfung zweier Komponenten zu
einer höheren Einheit die Voraussetzung für die Anwendung
dieses Begriffes ist. Sie involviert ohne weiteres das Bestehen
irgendwelcher engerer physiologischer Beziehungen. Welcher Art
diese aber jeweils sind, ist in den Fällen, die gemeinhin als Sym-
biosen gelten, nur ausnahmsweise ganz sicher ermittelt. Für die
Pfropfsymbiosen im weitesten Sinne läßt sich ein rein mutualistisches
Verhalten wohl ohne weiteres behaupten, schon für die Flechten
aber wird der Grad der „Gegenseitigkeit" fraglich. Noch schwieriger ist ein Urteil über manche der Mykorrhizapilze zu fällen,
kann man doch eine fast kontinuierliche Reihe von Übergängen
zwischen vermutlich mutualistischem bis zum offensichtlich antago-

nistischem Verhältnis in dem Zusammenleben von Pilzen mit höheren Pflanzen konstruieren.

Diese Bemerkungen sollten nur dazu dienen, daran zu erinnern, daß die Grundlage für den Begriff der Symbiose ein morphologisches Moment ist, eben die räumliche Zusammengehörigkeit der Komponenten. Von diesem Gesichtspunkte aus ist es berechtigt, den neuen Organismus als ein Konsortium anzusprechen, ohne über die Art und Weise der „Symbiose", also über die Art und den Wert der vorhandenen trophischen oder sonstigen Beziehungen etwas Sicheres zu wissen oder Bestimmtes anzunehmen.

Der klarste morphologische Ausdruck der symbiontischen Verkettung der beiden Partner des beschriebenen Organismus ist seine gleichförmige und einheitliche Gestaltung, von der ja bereits im Abschnitt II ausführlich die Rede war. Sie wird dadurch gewährleistet, daß die Wachstums- und Teilungsgeschwindigkeiten der beiden Partner genau aufeinander abgestimmt sind, wenigstens unter den für das normale Wachstum der Chloronien günstigen Bedingungen. Dieses Schritthalten bewirkt die Regelmäßigkeit, mit der die grünen Stäbchen das zentrale völlig und gleichartig umschließen. Es hat aber auf der anderen Seite auch den Erfolg, daß der Anschluß der peripheren Komponenten aneinander in der Längsrichtung sich dann lockert, wenn durch die Teilung des zentralen Stäbchens die Teilung des ganzen Konsortiums angestrebt wird.

V. Näheres über die Komponenten.

a) Die peripheren Symbionten.

Wenn der Gesamtorganismus unter dem Gesichtspunkte des Konsortiums betrachtet wird, muß natürlich die Frage nach dem Wesen und der systematischen Zuordnung der Komponenten aufgeworfen werden. Beginnen wir mit den peripheren grünen Zellen! Ihre Kleinheit erlaubt es auch bei den stärksten Vergrößerungen nicht, Einzelheiten ihres Baues deutlich zu erkennen. Auch aus den gefärbten Präparaten läßt sich nicht allzuviel schließen.

Mit einiger Sicherheit kann eine gesonderte Membran angenommen werden, woraus sie aber besteht, muß einstweilen dahingestellt bleiben. Mit Jod und Schwefelsäure oder Chlorzinkjod gelang es nicht, eine Zellulosereaktion zu erhalten.

Der Zellraum erscheint meist ganz homogen in der geschilderten Farbe Bisweilen ist jedoch in der Mitte des Stäbchens eine hellere Zone bemerkbar, vielleicht eine Vakuole. Meist aber, vor allem bei den kleineren Exemplaren ist davon nichts zu sehen.

Von großem Interesse mußte es sein, über den Farbstoff einiges in Erfahrung zu bringen, da hieraus wertvolle Anhalts- punkte für die Zuordnung zu irgendeiner Organismengruppe zu gewinnen wären. Die hierauf gerichteten Untersuchungen sind noch nicht zum Abschlusse gelangt. Mit Sicherheit ist aber eine Komponente des Pigmentes Chlorophyll.

Die grüne Farbe bleibt im kochenden Wasser erhalten, ver- schwindet aber im Alkohol. Die Chlorophyllreaktion von MOLISCH mit konzentrierter Kalilauge gelingt stets gut. Auf Chlorophyll läßt auch das optische Verhalten schließen. Untersucht man Klümpchen von ruhenden Chloronien mit dem Mikrospektralokular, so ist freilich mit Sicherheit nur eine Endapsorption am violetten und roten Ende zu konstatieren. Sie ist besonders stark für die Stelle im Rot, in der das Chlorophyllband liegt, doch wird auch der darüber hinausreichende Teil des Rot absorbiert. Dies spricht aber natürlich nicht gegen die Anwesenheit von Chlorophyll, sondern vielmehr für die Anwesenheit anderer Komponenten, viel- leicht Phycocyan. Jedenfalls zeigen gewisse hellgrüne Oscillarien, die oft mit den Chloronien vergesellschaftet sind und den gleichen Farbton besitzen, ein ganz ähnliches Spektrum. Mit solchen Cyanophyceen stimmt auch eine andere Seite ihres optischen Ver- haltens überein.

Es gelingt bekanntlich, durch starke Bestrahlung mit ultra- violettem Lichte zahlreiche Körper zu charakteristischer Fluores- cenz zu bringen. Schickt man die Strahlen einer mit Eisenkohlen brennenden Bogenlampe durch ein LEHMANNsches Filter, das nur die Wellenlängen von ca. 400 bis 300 μ hindurchläßt, und konzen- triert sie durch Quarzlinsen und einen geeigneten Quarzkondensor auf das (auf einem Quarzobjektträger liegende) Präparat, so kann man auch die Fluorescenz mikroskopischer Objekte untersuchen. Die Chloroplasten der höheren Pflanzen bis zu den Chlorophyceen herab erstrahlen dann in einem prachtvoll rotem Lichte, auch Diatomeen, sowie manche Cyanophyceen zeigen eine starke Chloro- phyll-Fluorescenz, während sie bei den genannten Oscillarien so schwach ist, daß sie nur unter besonderen Vorsichtsmaßregeln als schwacher Schimmer zu beobachten ist[1]). Ganz so verhalten sich

---

1) Ich fasse mich hier über diesen Punkt kurz, da ich über die Fluores- cenz-Erscheinungen pflanzlicher Objekte in einem anderen Zusammenhange ausführlicher berichten werde.

auch die grünen Komponenten der Chloronien und mit ihnen ein bestimmter unter den gleichen oder ähnlichen Vegetationsbedingungen lebender Formenkreis von winzigen kokken- und stäbchenförmigen grünen Organismen, von der Größenordnung typischer Bakterien, bei denen es schwer fällt zu entscheiden, ob man sie als farbige Bakterien oder bakteroide Cyanophyceen ansprechen soll. Die Wuchsformen der zirka 6—8 Arten, die ich im Laufe des Jahres verfolgte, sind die typischer Bakterien: Zoogloeen von Stäbchen und Kokken, ganz lockere, fadenartige Verbände von Stäbchen, aber auch netzförmige Kolonien, die auffallend an das *Thiodyctium* WINOGRADSKYS erinnern. Über all diese Organismen ist, soweit ich die Literatur verfolgt habe, so gut wie gar nichts bekannt. Es ist natürlich notwendig, diesen ganzen Formenkreis näher zu studieren: es unterliegt für mich keinem Zweifel, daß die peripheren Komponenten der Chloronien zu ihm gehören. Auch die Mehrzahl der bereits beobachteten aber durchweg nur ganz unzureichend untersuchten „grünen Bakterien" wird hierher zu stellen sein. Erst nach dem Abschluß dieser Untersuchungen wird sich ein begründetes Urteil darüber fällen lassen, ob es angebracht ist, die genannten Organismen unter den Bakterien zu belassen und eine besondere Gruppe der „Chlorophyllbakterien" daraus zu machen, wie es manche Autoren [1]) tun, oder ob außer der Ähnlichkeit der Färbung auch noch andere Momente dafür sprechen, sie den Cyanophyceen anzugliedern.

Ausdrücklich sei hervorgehoben, daß in all den genannten Formen nie das Bakteriochlorin MOLISCHs, die grüne Farbkomponente der Purpurbakterien, vorhanden ist. Dieser Farbstoff ist durch sein Absorptionsband in der Nähe der D-Linie so gut charakterisiert, daß man ihn an Flöckchen auch ganz blasser Purpurbakterien mit Hilfe eines Mikrospektralokulares leicht nachweisen kann. Bei den fraglichen Organismen war davon nie etwas zu sehen.

Daß es sich bei den peripheren Komponenten der Chloronien um primitive oder stark reduzierte Formen der Chlorophyceenreihe handeln könnte, erscheint mir nach meinen Befunden für ganz unwahrscheinlich. Vor allem ist das optische Verhalten ihrer Farbstoffe wesentlich verschieden, dann stehen sie ja auch durch den Besitz einer Zellulosemembran, eines differenzierten Chloroplasten und eines ziemlich leicht nachweisbaren Kernes und der als Assimilationsprodukt auftretenden Stärke auf einer ganz anderen Orga-

---

[1]) W. KRUSE, Allgemeine Mikrobiologie, Leipzig 1910, p. 1160.

nisationshöhe. Auch ein weiteres Moment, das zwar mehr äußer-
licher Natur ist, aber nicht unterschätzt werden darf, spricht dagegen: die wesentlich andere Größenordnung. Auch die kleinsten
bekannten Chlorophyceen, also etwa *Stichococcus* und Verwandte
sind noch Riesen gegen unsere Formen, deren Durchmesser 1 μ
selten erreicht, und deren Länge 1—1,5 μ auch in günstigen Fällen
kaum übersteigt.

b) Der zentrale Symbiont.

Noch weniger als über die peripheren läßt sich einstweilen
über den zentralen Symbionten aussagen. Er ist, wie bereits oben
erwähnt, und aus den Figuren der Tafel erhellt, ein ganz zartes,
hyalines, spindelförmiges Stäbchen mit einer polaren Geißel. Im
lebenden Zustande ist das Gebilde bei Hellfeldbeleuchtung in
intakten Chloronien überhaupt nicht, bei den im Zerfall begriffenen
auch nur nach einiger Übung sichtbar, und es ist mir nie gelungen, Einzelheiten seines Baues mit Sicherheit zu konstatieren.
Das Dunkelfeldbild zeigt eine verhältnismäßig scharfe Kontur und
bisweilen ein bis zwei helle Körnchen im mittleren Teile. Die
Länge des Stäbchens, an gefärbten Präparaten gemessen, beträgt
ungefähr 3 μ, seine Breite etwa 0,8 μ. In den durch Antrocknen
und nachfolgende Beizung gewonnenen Präparaten ist die Breite
in der Mitte etwas größer, was auf die mit diesem Verfahren verbundenen Deformationen des zarten Stäbchens zurückzuführen ist.

Auch mit den bisher angewandten Färbungsmethoden ließen
sich bei der Kleinheit des Organismus nicht viel Einzelheiten
erkennen. Die Färbung des ganzen Stäbchens blieb sowohl bei
Anwendung von Hämatoxylin-, wie Fuchsin- und Methylenblaulösungen an Intensität stets hinter den peripheren Zellen zurück.
Nach Behandlung mit LÖFFLERscher Beize (für Geißelfärbung)
wurde dieser Unterschied recht gering oder verschwand ganz.
Gelegentlich waren die im Dunkelfeld beobachteten Körnchen im
Farbpräparate als dunkle Punkte sichtbar. Bisweilen waren auch
mittlere Partien blasser gefärbt als der Rand, doch läßt sich mit
diesen Beobachtungen zunächst nicht viel beginnen, und ich
möchte mich nicht auf die Seite derer stellen, die ohne weiteres
jedes distinkt gefärbte Körnchen als Kern verehren. Die Teilung
der Stäbchen erfolgt in der Querrichtung. Gleichzeitig mit einer
deutlich differenzierten Trennungslinie der Tochterzellen macht
sich eine leichte Einschnürung bemerkbar. In diesen Stadien erhalten die Stäbchen besonders in den durch Antrocknen am Deckgläschen gewonnenen Präparaten ein recht charakteristisches Aus-

sehen ·infolge der spindelförmigen Zuspitzung der Enden. Dies
Bild verdankt zu einem Teile sein Zustandekommen gewissen Deformationen, denen das Stäbchen beim Antrocknen unterworfen ist.
Die spindelförmige Zuspitzung sowohl als die mittlere Einschnürung
werden dadurch, daß die dazwischen· liegenden Teile des Stäbchens
sich stärker abflachen können, natürlich besonders betont.

Die Querteilung und das sonstige Verhalten des zentralen
Stäbchens lassen für seine systematische Zuordnung zunächst an
die Bakterien denken, unter die ja zurzeit· noch sehr heterogene
Wesen subsumiert werden. So trage ich auch keine Bedenken, es
einstweilen zu ihnen zu stellen, zumal sich für eine Zugehörigkeit
zu den Flagellaten, die man ja auch in Erwägung ziehen wird,
bisher keinerlei sichere Anhaltspunkte ergeben haben. Die Querteilung spräche ja sogar dagegen.

VI. Möglichkeit einer selbständigen Existenz der Kompo-
nenten. Ihre mutmasslichen Beziehungen im Konsortium.

Wird über die im vorigen Abschnitt behandelten Fragen
schließlich erst eine dauernde Kultur des Konsortiums und seiner
Komponenten ein weiteres Urteil erlauben, so gilt dies in noch
höherem Maße für die Klarstellung der gegenseitigen physiologischen
Beziehungen, die zwischen räumlich so eng verknüpften Organismen
bestehen müssen.

Am erfreulichsten wäre es natürlich, wenn es gelänge, Reinkulturen der beiden Partner zu erhalten und dann das Konsortium
synthetisch herzustellen. Doch möchte ich den Versuch, einen Einblick in die Beziehungen der Symbionten zu erlangen, nicht nur
ausschließlich von dem fürs erste jedenfalls zweifelhaften Gelingen
der Reinkultur abhängig machen. Man sollte nicht vergessen, daß
unter Umständen auch ohne sie schon wertvolle Ergebnisse über
den Haushalt von Mikroorganismen gewonnen wurden. Ich erinnere
nur an WINOGRADSKYs Arbeiten über die Schwefel- und Eisen-
bakterien.

Reinkulturen zu erlangen, habe ich bisher nur in bescheide-
nem Umfange vorgenommen. Sie haben auch bis jetzt noch keinen
endgültigen Erfolg gehabt. Hingegen führte die ständige Beobachtung von Objektträgerkulturen zu dem bemerkenswerten Resultate, daß die grünen Symbionten dauernd, die zentralen zum
mindesten vorübergehend unabhängig voneinander zu leben vermögen.

Zur Herstellung dieser Kulturen wurde auf einem Objektträger ein kleines Schlammpröbchen, das ruhende und bewegliche

Exemplare enthielt, gebracht, vorsichtig mit dem Deckglas bedeckt
und mit einem Gemisch von Paraffin und weißer Vaseline[1]), das
mir für derartige Zwecke gute Dienste leistet, abgeschlossen.
Beobachtet wurde dann, um das lästige Entfernen des Immersions-
öles zu umgehen, mit einer Wasserimmersion von ZEISS. So konnte
verfolgt werden, wie in einzelnen der zur Ruhe gekommenen
Chloronien im Laufe weniger Tage sich hie und da grüne Zellen
lösten und in einiger Entfernung nun selbständig weiterwuchsen,
sich teilten und kurze fadenartige Verbände lieferten. Nicht
selten sah ich auch junge „Kolonien" der grünen Komponenten in
einer Lage, die ihre Entstehung aus einem Chloronium noch mehr
oder weniger deutlich erkennen läßt (Fig. 15, 16). Da die Zellen
Chlorophyll enthalten, dürften sie wenigstens einen Teil ihres C-
Bedarfes durch Assimilation der stets reichlich vorhandenen CO_2
decken. Fraglos stehen ihnen ja in ihrer Umgebung auch fertige
organische Körper zur Verfügung, doch bleibt einstweilen ganz
unentschieden, ob und in welchem Maße sie verwertet werden
können. Im Lichte erfolgt jedenfalls eine O_2-Produktion, die sich
mit der ENGELMANNschen Bakterienmethode nachweisen ließ. Zu
diesem Zwecke wurde ein Flöckchen ruhender Chloronien, das
unter dem Mikroskope auf möglichste Freiheit von anderen Organismen untersucht wurde, auf einen neuen Objektträger mit einer
Aufschwemmung der Indikatorbakterien zusammengebracht, das
Flöckchen durch den Druck des aufgelegten Deckglases in einzelne
Fragmente zerlegt und nun das Präparat mit dem Paraffin-Vase-
line-Gemisch abgedichtet. Nun wurde ein von fremden chlorophyll-
haltigen Organismen ganz freies Stückchen aufgesucht und dann
das Präparat verdunkelt, bis die Indikatorbakterien zur Ruhe gekommen waren. Mit der einsetzenden Beleuchtung gewannen sie
ihre Beweglichkeit wieder zurück.

Auch für die zentralen Komponenten der Chloronien scheint
mir die Möglichkeit einer selbständigen freien Existenz gesichert.
Bisweilen lassen sich „unvollständige" Chloronien beobachten, bei
denen der Mantel der peripheren grünen Zellen durch zahlreiche
Lücken unterbrochen ist. Dessenungeachtet können die Konsortien
eine lebhafte Bewegung zeigen. Exemplare mit 4—5 peripheren
Zellen habe ich oft gesehen, solche mit nur zweien oder dreien
wenigstens 15—20mal. Einige Male kamen mir auch bewegliche

1) Paraffin vom Schmelzpunkt 45° und weiße Vaseline in ungefähr
gleichen Volumteilen. Das Gemisch wird in einem Gefäß gelinde erwärmt
und flüssig mit einem Röhrchen auf den Rand des Deckglases so aufgetragen,
als ob man einen Lack- oder Balsamring herstellen wollte.

Exemplare mit nur einer grünen Zelle ins Gesichtsfeld. Schon daraus dürfte man wohl auf die Existenz ganz isolierter Zentral-stäbchen durch Extrapolation schließen. Ich habe auch einige Male am Rande von Flöckchen und Lagern mit zahlreichen, ruhenden Exemplaren, die z. T. ein sehr lockeres Gefüge besaßen, solche isolierten Stäbchen beobachten können. Doch bedarf dieser Punkt noch weiterer Prüfung, da im letzten Falle die Möglichkeit einer Verwechslung mit gleichgestalteten fremden Bakterien, wenn auch nicht wahrscheinlich, so doch nicht völlig ausgeschlossen ist. In den gefärbten Präparaten habe ich isolierte Zentralstäbchen auch vereinzelt beobachtet. Besonders in den zur Geißelfärbung her-gerichteten Präparaten ist die Form der aufgetrockneten Stäbchen so charakteristisch, daß ihre morphologische Identität mit den Zentralstäbchen zweifelsfrei festgestellt werden kann. Doch bleibt hier wieder die Möglichkeit offen, daß durch unkontrollierbare Zufälle bei der Präparation die ursprünglich vorhandenen peripheren Komponenten verloren gegangen seien.

Über all diese Fragen werden weitere Kulturversuche Aus-kunft zu geben haben. Dabei wird vor allem auch die Entwick-lungsgeschichte der soeben genannten Phasen genauer zu ver-folgen sein.

Eine erfolgreiche Diskussion über die im Konsortium herr-schenden gegenseitigen Beziehungen zwischen den Komponenten kann erst recht nur auf Grund eines viel ausgiebigeren Beobach-tungsmateriales durchgeführt werden. Hier will ich mich deshalb nur auf einige Andeutungen beschränken, auf welche Punkte dabei vor allem zu achten sein wird.

Am nächsten läge ja wohl, den grünen Komponenten eine ähnliche Rolle zuzuweisen wie den Flechtengonidien. Es ist aber auch an eine andere Möglichkeit zu denken. Die Standorte der Chloronien in der Natur zeichnen sich durch eine geringe Sauer-stofftension aus, worauf am Schluß noch einmal zurückgekommen wird. Da nun die grünen Symbionten bei Beleuchtung Sauerstoff produzieren, so wäre vielleicht auch noch unter solchen Um-ständen eine ausreichende Versorgung des ganzen Konsortiums er-möglicht, die dem zentralen Stäbchen allein nicht zusagen würden. Für einzelne Glieder der Organismen-Gesellschaft, in der sich die Chloronien in der Natur befinden, Schwefel-bakterien u. a., ist ja eine bestimmte obere und untere Grenze für den Sauerstoffgehalt des Mediums nachgewiesen, für andere wahr-scheinlich. So könnte man wohl die Annahme machen, daß ähn-liches auch für unsere Organismen gilt. Dann würde also der

Vorteil, den das zentrale Stäbchen von der Symbiose hat, auch
darin liegen, daß es durch den Besitz von Sauerstoffproduzenten
noch Regionen, die ihm sonst versagt wären, aufsuchen und ihre
Nährstoffe ausnützen könnte [1]).

Dieser Gesichtspunkt der Sauerstoffproduktion im Lichte
könnte auch für das Verständnis der Schreckbewegungen infolge
plötzlicher starker Beleuchtung eine Rolle spielen. Die Zahl der
ganz farblosen Organismen, die deutliche Lichtreaktionen zeigen,
ist ja recht gering. Vor allem ist, soweit ich sehe, niemals ein
farbloses Bakterium oder bakterienähnliches Wesen gefunden worden,
das mit Schreckbewegungen auf Lichtreize reagierte. MOLISCH
macht sogar gelegentlich darauf aufmerksam, daß die Lichtreaktion
(auf Verdunkelung) sogar als ein Indizium für den Besitz von
den Farbstoffen der Purpurbakterien angesehen werden kann, auch
wenn die einzelnen Stäbchen und Spirillen usw. so blaß sind, daß
die Färbung im isolierten Exemplare leicht übersehen werden
kann. Nun könnte ja auch irgendein Pigment in ähnlich minimalen Mengen vorhanden sein, doch fehlt jeder Anhaltspunkt
hierfür, und die Farbe der Zentralstäbchen ist sowohl im Dunkel-
wie im Hellfelde rein weiß. So müssen wir also die Perzeption
des Lichtreizes entweder den pigmentfreien Zentralstäbchen zugestehen, oder aber sie auf die gefärbten, jedoch selbst nicht
bewegungsfähigen peripheren Komponenten verlegen. Die Schwierigkeit der Annahme einer Reiztransmission von ihnen zur loko-
motorischen Zelle ist bei näherem Zusehen gar nicht so groß, als
es im ersten Augenblicke erscheint: Es könnte sich dabei um die
plötzliche Produktion von Sauerstoff handeln, und die „Photo-
kinesis" des Konsortiums wäre damit auf die „Chemokinesis" seines
zentralen Symbionten zurückgeführt. Damit stünde auch die Beobachtung im schönsten Einklange, daß die Reaktion meist nicht in
unmittelbarer Folge auf die Beleuchtung eintritt (also nicht „im selben
Momente"), sondern eine deutlich meßbare Zeitspanne, manchmal
fast eine Sekunde, vergeht, ehe sie reagieren. So lange „Reaktionszeiten" sind für einen frei beweglichen Organismus sehr bemerkenswert. Sie würden sich, falls die angedeutete Erklärung zutrifft,
ungezwungen als Folge der Diffusion des Sauerstoffes durch die
Zellwände ergeben. Natürlich könnten auch Gründe anderer Art
diese Verzögerung der Reaktion hervorrufen!

---

1) Auf eine vermutlich ähnliche ökologische Rolle des Chlorophylls bei
bestimmten Algen habe ich an anderer Stelle hingewiesen. (Aufsatz im
Biologenkalender 1914, S. 93.)

Lassen sich, wie die vorigen Abschnitte zeigen, auf Grund der Assimilationsfähigkeit der peripheren Komponenten mannig-fache Konjekturen über die ökologischen Vorteile dieser Symbiose für den zentralen Partner aufstellen, so fehlen für etwaige „Gegen-leistungen" von seiner Seite — ohne jede Kenntnis seines Stoff-wechsels — zunächst alle Anhaltspunkte. Der einzige, der sich natürlich ohne weiteres ergibt, bezieht sich auf die Vorteile, die die Lebensweise eines frei beweglichen Organismus vor dem un-beweglichen voraus hat.

Wir hätten es dann hier also mit ähnlichen Verhältnissen zu tun, wie sie bei den mit Zoochlorellen ausgestatteten Infusorien realisiert sind. Nur stehen bei den Chloronien die grünen Orga-nismen schon infolge ihrer peripheren Lage in einer viel geringeren Abhängigkeit von dem farblosen. Der Zusammenhalt wird ver-mutlich lediglich durch eine Adhäsion, ein „Aneinanderkleben", gewährleistet. Dabei werden fraglos wohl dünne Schleim- oder Gallertschichten eine Rolle spielen, deren Anwesenheit wenigstens um den zentralen Partner sich auch auf Grund solcher Bilder, wie sie z. B. die Fig. 13 gibt (in Tuschelösung), natürlich nicht in Abrede stellen lassen.

Dadurch, daß durch den Zusammentritt der Symbionten eine neue charakteristische morphologische Einheit geschaffen wird, ent-fernen sich die Chloronien von den soeben zum Vergleich heran-gezogenen Infusorien beträchtlich und lassen höchstens die Flechten als eine Parallele für dies Verhalten erscheinen. Sie repräsen-tieren einen neuen Typus symbiontischer Vereinigung.

VII. Vorkommen und Verbreitung.

Um das Lebensbild der Chloronien zu vervollständigen, sei noch zum Schlusse kurz auf ihre Standorte hingewiesen. Das erste Mal, als sie mir entgegentraten, stammten sie aus einem flachen Eisenbecken, auf dessen Grunde stets moderndes Laub und andere Pflanzenreste liegen. Es ist eine Fundgrube für die mannigfachsten Mikroorganismen und gibt durch die langsame Ent-wicklung von H_2S an seinem Grunde auch für Schwefelbakterien günstige Lebensbedingungen ab. In der Folge fand ich ihn auch im großen Freilandbassin des Leipziger Gartens an einer Stelle, die ebenfalls Schwefelbakterien enthielt. Ich untersuchte nun auch in der Umgebung Leipzigs Tümpel mit Schwefelbakterien auf Chloronien. Zu meiner großen Überraschung habe ich sie in keiner Probe, die ich überhaupt mit nach Hause nahm, vermißt.

So habe ich sie bisher an fast 10 Lokalitäten gefunden. Von einer brachte mir Herr Dr. FRITZ MÜLLER Material, an einen anderen ausgezeichneten Standort für Schwefelbakterien hatte Herr Professor MIEHE die Liebenswürdigkeit, mich zu führen, wofür ich auch an dieser Stelle danken möchte.

Meist finden sich neben den schwärmenden Exemplaren (ganz ähnlich, wie wir dies von den Chromatien her kennen) auch ruhende. Sie sind oft zu Hunderten in kleinen Flöckchen und Lagern vereinigt, die meist irgendwelchen verrotteten Pflanzenpartikeln anhängen. Sie kommen nur gelegentlich fast ganz rein vor. Meist befinden sie sich in einer nicht nur „bunten", sondern sogar farbenprächtigen Gesellschaft von gelb- und blaugrünen Cyanophyceen, braunen Diatomeen und mannigfachen Formen der roten Schwefelbakterien, die vom leuchtenden Purpurrot bis zum schmutzigen Violett in allen Übergängen schimmern.

Die Glieder dieser Gesellschaft finden sich auch meist an allen Standorten vollzählig oder fast vollzählig wieder ein; da ich einzelne der Cyanophyceen, Diatomeen und Flagellaten noch nicht bestimmt habe, verzichte ich aber an dieser Stelle auf eine ausführliche Liste.

An den geeigneten Standorten ist also unser *Chloronium* gar kein seltener Gast, und es ist fast auffällig, daß es bisher so im Verborgenen bleiben konnte. Fraglos wird es ja zahlreichen Forschern beim Studium der Schwefelbakterien begegnet sein. Vielleicht ist einer der Organismen, die ENGELMANN gelegentlich als *Bacterium chlorinum* oder *Bacterium viride* (ohne nähere Beschreibung) anführt, damit identisch. Meist wird man aber beim Anblick der unscheinbaren grünen Wesen sich mit der Annahme begnügt haben, daß es sich um kleine Algen oder auch jene „grünen Bakterien" handle, auf die WINOGRADSKY bereits als die ständigen Gesellschafter der Schwefelbakterien hinwies.

———

Erklärung der Tafel XXIV.

Die Figuren sind nach Skizzen ausgeführt, die meist mit einem ABBE-schen Zeichenapparate bei Apochromat 2 mm (ZEISS) und Komp.-Ok. 18 in der Ebene des Arbeitstisches entworfen wurden. Die Vergrößerung ist in allen Figuren annähernd 8000 : 1 (also entsprechen 3 mm einem μ).

Fig. 1—4. Lebende Chloronien.

Fig. 1. Mittelgroßes Exemplar mit wenigen größeren grünen Stäbchen.

a) Dasselbe Exemplar, von einem Pole aus gesehen.

Fig. 2. Größeres Exemplar mit zahlreichen kleinen grünen Stäbchen und Körnchen.

Fig. 8. Exemplar mit deutlichen Teilungssymptomen.

Fig. 4. Zwei Tochterexemplare noch in lockerem Verbande.

Fig. 5—6. Chloronien im Dunkelfelde.

Fig. 5. Intaktes, soeben zur Ruhe gekommenes Exemplar, die zarte, lange Geißel zeigend.

Fig. 6. Während der Beobachtung in seine Komponenten zerfallenes Exemplar.

Fig. 7—9. Mit Fuchsin gefärbte Chloronien.

Fig. 7. Exemplar, das seinen Zusammenhalt gewahrt hat.

Fig. 8 u. 9. Exemplare, bei denen sich die peripheren Komponenten vom Zentralstäbchen gelöst haben. Zentralstäbchen in Fig. 9 im Beginne der Teilung.

Fig. 10—12. Geißelpräparate (nach LÖFFLER).

Fig. 10. Zahlreiche periphere Komponenten sind in Teilung begriffen, das Zentralstäbchen ungeteilt.

Fig. 11. Zentralstäbchen in Teilung begriffen, die peripheren Komponenten durch die Präparation etwas von ihm entfernt.

Fig. 12. Die peripheren Komponenten noch weiter entfernt.

Fig. 13—14. Chloronien in Tusche.

Fig. 13. Bewegliches Exemplar ohne erkennbare Schleim- oder Gallerthülle

Fig. 14. Ruhendes Exemplar mit starker Gallerthülle. Die regelmäßige Anordnung der Stäbchen gestört.

Fig. 15—16. Exemplar mit auswachsenden grünen Komponenten. Näheres im Text.

Fig. 17. Zentralstäbchen mit nur drei peripheren Komponenten. Näheres im Text.

Fig. 18 u. 19. Zum Vergleiche der Größe.

Fig. 18. *Chromatium vinosum.*

Fig. 19. *Chromatium Okenii*, mittelgroßes Exemplar.

Nachrufe.

Gustav Herpell.
Von
P. MAGNUS.

Am 22. Juli 1912 starb in seinem Wohnorte St. Goar am Rhein GUSTAV JACOB HERPELL, der sich durch die Erforschung der Moose und der Hutpilze des Niederrheins große Verdienste um die Botanik erworben hat. Für die freundliche Mitteilung der Lebensdaten desselben bin ich Herrn FERDINAND WIRTGEN in Bonn zu Dank verpflichtet. Von Herrn WIRTGEN selbst erscheint ein bereits vor längerer Zeit eingereichter Nachruf in den Berichten des Botanischen und Zoologischen Vereins für Rheinlande und Westfalen.

G. HERPELL wurde in St. Goar am 31. Oktober 1828 geboren. Seine Schulbildung erhielt er auf der höheren Bürgerschule zu Neuwied. Er widmete sich sodann dem Berufe des Apothekers. Er absolvierte zunächst seine Lehrzeit in einer Apotheke in Neuwied, konditionierte darauf an verschiedenen Orten. Er studierte die Pharmazie in Berlin und bestand daselbst die staatliche Prüfung als Apotheker. Da er sich damals keiner festen Gesundheit erfreute, gab er im Jahre 1858 die weitere Tätigkeit als Apotheker auf und nahm seinen Wohnsitz in St. Goar, seiner Vaterstadt, in der er bis an sein Lebensende in Gemeinschaft mit seiner Schwester lebte.

Schon früh hatte HERPELL eine große Neigung zur Botanik, der er sich jetzt ganz widmete. Spezieller studierte er namentlich, wie schon gesagt, die Moose und die Hymenomyceten. Er studierte zunächst besonders die Moose der Umgebung seines Wohnortes, des Mittelrheingebietes, und legte eine schöne sorgfältig präparierte Sammlung derselben an. Die Resultate seiner genauen Studien veröffentlichte er in der Arbeit „Die Laub- und Lebermoose in der Umgegend von St. Goar" in den Verhandlungen des Naturhistorischen Vereins für Rheinlande und Westfalen. Bd. XXVII,

1870, S. 133—157. Die Sammlung schenkte er etwa 1905 dem Botanischen Museum der Universität Berlin in Dahlem bei Berlin, wo sie einen wichtigen Teil der Vertreter der deutschen Mooswelt bildet.

Er wandte sich nunmehr dem Studium der Hymenomyceten, besonders der fleischigen Agaricineen zu. Auch bei diesen erstrebte er eine schön präparierte Sammlung für das Herbarium anzulegen. Sein Streben war vor allen Dingen darauf gerichtet, die fleischigen schwer zu konservierenden Hutpilze so als Herbarpflanzen zu erhalten, daß sie als solche noch auf ihre spezifischen Charaktere untersucht und verglichen werden können. Er arbeitete zu diesem Zwecke ausdauernd an der geeignetsten Methode zum Präparieren und Einlegen der Hutpilze für das Herbar, worüber er von Zeit zu Zeit berichtete. Seine erste diesbezügliche Veröffentlichung erschien 1877 in den Verhandlungen des Naturhistorischen Vereins für Rheinlande und Westfalen, Bd. XXXIV, Sitzungsber. S. 332 unter dem Titel: Verfahren zum Trocknen von Fleischpilzen. Ebenda in dem Sitzungsber. S. 382 erschien auch 1877 von ihm eine Mitteilung über das Auftreten der *Puccinia Malvacearum* bei St. Goar, dieser durch ihre Einwanderung aus Chile so interessanten Art, die zuerst im April 1873 aus Europa von Bordeaux in Frankreich bekannt wurde[1]). HERPELL hat damit einen Beitrag zur Geschichte ihrer Verbreitung in Europa geliefert.

Im Jahre 1880 veröffentlichte er in ausführlicher Darstellung in den Verhandl. d. naturhist. Vereins der preußischen Rheinlande und Westfalens Bd. XXXVII, S. 99—156, seine Methode und Erfahrungen über das Präparieren und Einlegen der Hutpilze. Er behandelte dort auch ausführlich die Herstellung der Sporenpräparate, indem er die Vorzüge der verschiedenen Papiersorten zum Auffangen der Sporen und die verschiedenen Fixierungsmittel zum Festliegen derselben auf dem Papiere eingehend schildert und bespricht. Auf 2 Tafeln sind präparierte Hutpilze in farbiger Darstellung und Sporenpräparate abgebildet; sie legen schön den Wert

---

1) In England wurde sie im Juni und Juli 1873 beobachtet cf. Grevillea Vol. II (1873) S. 47. — In Rabenhorst Fungi Europaei Nr. 1774 ist sie aus Castelserás in Spanien 1869 von LOSCOS gesammelt ausgegeben, doch erschien diese Centurie erst 1874 gleichzeitig mit den von SCHROETER im Oktober und November 1873 bei Rastatt gesammelten Exemplaren. Berücksichtigt man ihre so schnelle Ausbreitung in Europa im Jahre 1873 und daß ihr Auftreten vor dieser Zeit in Europa absolut unbekannt war, wie DURIEU DE MAISONNEUVE mit Recht in den Actes de la Société Linnéenne de Bordeaux A. XXIX. 2e livr. 1873 hervorhebt, so erscheint es als wahrscheinlich, daß die Angabe 1869 auf einem Irrtum beruht.

der ausgearbeiteten Methode dar. Noch schöner und überzeugen-
der geschah das durch die Herausgabe der Sammlung präparierter
Hutpilze, von der, soviel ich weiß, sechs Lieferungen von 1880
bis 1892 erschienen sind. Sie enthalten 135 schön präparierte
Arten; von jeder Art ist die Seitenansicht des halbierten Hutes
mit dessen Oberfläche, der Längsschnitt des Hutes, der genau den
Verlauf und Ansatz der Lamellen, sowie die Verhältnisse des
Stieles und der Hülle (vagina, velum, annulus) zeigt und das
Sporenpräparat zum mindesten ausgegeben. Häufig sind auch
Präparate von Entwicklungsstadien, Varietäten und Formen beigefügt. Diese instruktive Sammlung hat allgemein Anerkennung
gefunden und ist weit verbreitet. Eine Sammlung ist als sehr instruktive Schausammlung im Berliner Botanischen Museum aufgestellt. Er war fortwährend bemüht, seine Methode zu verbessern
und zu vereinfachen und gab seine Resultate, wie schon im allgemeinen erwähnt, von Zeit zu Zeit heraus. So brachte er 1881
und 1885 Mitteilungen in den Verhandlungen des Botanischen
Vereins der Provinz Brandenburg. Zur Verbreitung der Kenntnis
seiner Methode unter Pilzfreunden veröffentlichte er eine Darstellung derselben in der Zeitschrift für Pilzfreunde. Bd. II, 1885,
S. 211 u. 228. Im Jahre 1888 gab er einen Nachtrag zu der 1880
in den Verhandl. des Naturh. Vereins d. preuß. Rheinl. und Westfalens, Bd. XLV, S. 112 fg. heraus. Gleichzeitig erschien die
zweite Ausgabe dieser Arbeit vermehrt um den Nachtrag im Buch-
handel bei R. FRIEDLÄNDER und Sohn in Berlin. 1893 veröffentlichte er in der Hedwigia, Bd. 32, S. 38—43 seine Erfahrungen bei
den verschiedenen Pilzarten über die von ihm nach seiner Methode
hergestellten Präparate. Seine letzte auf die Präparation der Hutpilze bezügliche Veröffentlichung möchten die Ergänzungen sein,
die er 1909 in der Hedwigia, Bd. 49, S. 129—133 in Beiträge zur
Kenntnis der Hutpilze in den Rheinlanden angegeben hat. Ich
habe schon oben erwähnt, daß er zur Ausbildung dieser Methode
geführt wurde durch sein Studium der Arten der Hutpilze und
das Bedürfnis, die im durchforschten Gebiete auftretenden Formen
miteinander vergleichen zu können.

Mit rastlosem Eifer studierte er die in den Rheinlanden auftretenden Hymenomyceten, die er genau bestimmte. Er präparierte
sie nach seiner Methode und verwahrte sie in seinem Herbar mit
eingehenden beschreibenden und vergleichenden Notizen.

Die Resultate dieser Studien veröffentlichte er 1909 in der
Hedwigia Bd. 49, S. 128—212 in seiner Arbeit: Beitrag zur Kenntnis der Hutpilze in den Rheinlanden und einige Ergänzungen zu

meiner im Jahre 1880 erschienenen Methode „Das Präparieren und
Einlegen der Hutpilze für das Herbarium".

Letzteren Teil habe ich bereits oben erwähnt und kurz besprochen. Danach bespricht der Vf. zunächst kurz das Florengebiet,
wobei er das pflanzengeographisch interessante Auftreten einiger in
Frankreich und Belgien vorkommender Arten in den Rheinlanden
hervorhebt. Es folgt nun die Aufzählung der Arten und Varietäten
der Hymenomyceten, von denen er über 1100 aufzählt, während
FUCKEL, der seine Studien mehr den mikroskopischen Pilzen zugewandt hat, in seinen Symbolae mycologicae nur relativ wenige
Hymenomyceten aus den Rheinlanden angibt. So gibt z. B. FUCKEL
nur 30 Agaricineen an, während HERPELL 938 Agaricineen im
Gebiete beobachtet hat, wobei noch zu bemerken ist, daß er in
dieser Arbeit noch nicht die von ihm als neu angesprochenen
Arten aufzählt, die er später in der Hedwigia 1912 beschrieben
hat. Um einen Begriff des Reichtums der von ihm beobachteten
Arten zu geben, sei hier erwähnt, daß er von *Tricholoma* 54 Arten,
von *Collybia* 42 Arten, von *Mycena* 41 Arten, von *Cortinarius* im
weiteren Sinne (d. h. mit Einschluß der FRIESschen Subgenera)
154 Arten, von *Lactarius* 47 Arten, von *Russula* 51 Arten, von
Boletus 33 Arten im Gebiete beobachtet hat. Bei jeder Art sind
die beobachteten Standorte und die Jahreszeit ihres dortigen Auf-
tretens genau angegeben und häufig beschreibende und vergleichende
Bemerkungen beigefügt, sowie namentlich die genauen Maße der
Sporen.

Wie schon erwähnt, hat er die von ihm als neu bestimmten
Arten beschrieben in der in seinem Todesjahre 1912 in der Hedwigia,
Bd. 52, S. 364—392 erschienenen Arbeit: Beitrag zur Kenntnis
der zu den Hymenomyceten gehörigen Hutpilze in den Rheinlanden.
Eine Ergänzung der im Bande 49, Seite 128, unter diesem Titel
enthaltenen Veröffentlichung, mit Beifügung der Beschreibungen
der von mir bestimmten neuen Arten.

In dieser Arbeit teilt er den Standort von weiteren 151 in
den Rheinlanden von ihm beobachteten Arten mit, von denen 78
als neue Arten aufgestellt und beschrieben werden. Unter diesen
151 Arten befinden sich 31 Cortinarien, so daß HERPELL im
ganzen 185 Arten aus der Gattung *Cortinarius* in den Rheinlanden
festgestellt hat. Mit Recht hebt HERPELL schon 1909 in der
Hedwigia S. 128 in der Einleitung hervor, daß ebenso LASCH in
der Provinz Brandenburg und BRITZELMAYR in Südbayern eine
große Anzahl neuer Hymenomyceten, namentlich Agaricineen,
nachgewiesen haben.

Sein reiches Privatherbar, das, abgesehen von der Schönheit der präparierten Pilzexemplare, durch die Originalexemplare der neuen Arten, durch die Belegsexemplare der beobachteten Arten, durch die Sporenpräparate und die Präparate vieler Entwickelungsstadien von besonderem wissenschaftlichen Werte ist, hat er dem Berliner Botanischen Museum vermacht, wo sie der wissenschaftlichen Benutzung stets zugänglich bleiben.

Durch die Ausbildung der Präparationsmethode der fleischigen Hymenomyceten und die so sorgfältige und genaue Erforschung der Hymenomyceten der Rheinlande hat er sich bleibende große Verdienste um unsere Wissenschaft erworben.

Paul Ascherson.

Von
L. Wittmack.
(Mit Bildnistafel[1]).)

Schon hatten die Freunde Aschersons zu Anfang des Jahres 1913 beraten, in welcher Weise sein ins Jahr 1914 fallender 80. Geburtstag am würdigsten gefeiert werden könnte, da trat der Todesengel ihnen entgegen und entriß uns den weltberühmten, so hoch verdienten Forscher nach kurzem Krankenlager am 6. März 1913. — Ein Jahr ist seitdem vergangen und immer deutlicher tritt der Nachwelt die Wahrheit des Spruches entgegen: „Das Verlieren ist noch nicht so schlimm als das Vermissen." — Ja! Wir alle vermissen den treuen Freund, den weisen Berater, den großen Kenner der Pflanzenwelt. Wir wollen aber sein Bild im Geiste festhalten und uns seinen Werdegang noch einmal vor Augen führen.

Sein Leben ist in der Festschrift, die zu seinem 70. Geburtstage erschien[2]), von Ignaz Urban kurz und treffend geschildert;

---

1) Das Klischee wurde mir freundlichst vom Bot. Verein der Provinz Brandenburg überlassen.

2) Festschrift zur Feier des 70. Geburtstages des Hrn. Prof. Dr. Paul Ascherson (4. Juni 1904), verfaßt von Freunden und Schülern. Herausgegeben von Ign. Urban und P. Graebner. Mit dem Bildnis Aschersons in Photogravüre, 1 Taf. und 28 Abb. im Text. Leipzig, Verlag von Gebr. Borntraeger. 1904. Gr.-8°. 568 S.

ebenso sind bei den Trauerfeiern vom Pfarrer D. Dr. P. KIRMS und den Herren JAHN, TORNIER, LINDAU und dem Schreiber dieses[1]) die vielen Verdienste des Entschlafenen, vor allem auch sein edler Charakter, hervorgehoben worden, endlich hat er selbst in verschiedenen Lexika die wichtigsten Daten seines Lebens an= gegeben, so daß es nicht schwer fiele, ein abgeschlossenes Bild bieten zu können. Nur die Fülle des Stoffes bereitet Schwierig-keit. In letzterer Beziehung sei darauf hingewiesen, daß in der erwähnten Festschrift K. W. VON DALLA TORRE sich die un-endliche Mühe gegeben hat, ein ganz genaues Verzeichnis der Veröffentlichungen ASCHERSONs zusammenzustellen. Sie sind daselbst zwar nicht nummeriert, aber ihre Zahl ist auf etwa 1500 zu schätzen.

PAUL FRIEDRICH AUGUST ASCHERSON, Dr. med. und Dr. phil. h. c., ordentlicher Honorarprofessor an der Universität Berlin, Geh. Regierungsrat, war ein echtes Berliner Kind. Er wurde geboren am 4. Juni 1834 als Sohn des 1879 als Geh. Sanitätsrat verstorbenen Arztes Dr. FERDINAND MORITZ ASCHERSON und dessen Gemahlin HENRIETTE geb. ODENHEIMER. Schon als Knabe muß A. sozusagen ein Wunderkind gewesen sein: Nachdem er erst die MARGGRAFFsche Knabenschule und dann das FRIEDRICH-WERDERsche Gymnasium besucht, verließ er das letztere bereits vor dem vollendeten 16. Jahre, Ostern 1850, mit dem Zeugnis der Reife und bezog die Universität Berlin, um auf Wunsch seines Vaters Medizin zu studieren. Im Jahre 1852 aber war ALEXANDER BRAUN aus Gießen nach Berlin berufen, und dieser sowie dessen späterer Schwiegersohn ROB. CASPARY und N. PRINGSHEIM zogen den von Jugend auf der Flora seiner Heimat Ergebenen so an, daß er sich immer mehr der Botanik zuwandte und bei seiner Promotion am 4. Januar 1855 kein medizinisches Thema, sondern ein pflanzengeographisches als Dissertation vorlegte: „Studiorum phytographicorum de Marchia Brandenburgensi specimen, continens florae Marchicae cum adjacentibus comparationem", abgedruckt in Linnaea XXVI (1855), p. 385—451.

Aber schon vorher hatte er als Student zwei Aufsätze in der Zeitschrift f. d. ges. Naturwissenschaften veröffentlicht; 1853: „Nachträgliche Bemerkungen zur Flora von Magdeburg" und 1854: „Die verwilderten Pflanzen in der Mark Brandenburg. Ein Bei-

1) Die meisten Reden sind abgedruckt in Verhandlungen der Bot. Ver. d. Prov. Brandenburg. LV. 1913, S. (1)—(14) mit ASCHERSONs Bildnis. — Siehe auch meinen Nekrolog in Gartenflora 1913, S. 180 mit A.s Bildnis.

trag zur Geschichte der Pflanzen." — Ja, das Studium der Ge-
schichte der Pflanzen und der Bedeutung ihrer Namen ist bis
an das Lebensende ihm eine Lieblingsbeschäftigung gewesen; das
hat auch mich mit ihm, der mir oft Rat erteilte, so nah» zusammen-
geführt. — Nachdem er im Winter 1855/56 die medizinische
Staatsprüfung abgelegt hatte, war er einige Jahre als praktischer
Arzt tätig; aber die Botanik wurde ihm immer mehr Hauptsache.
Kein Geringerer als ALEX. BRAUN hatte ihn, den 21jährigen
Jüngling, schon 1855 aufgefordert, eine neue Flora der Mark
Brandenburg zu schreiben und das ward nun sein nächstes Ziel.
Er setzte sich mit zahlreichen Floristen in Verbindung, durch-
wanderte selbst die Mark nach allen Richtungen, lernte dabei
Land und Leute, deren Geschichte und Gebräuche kennen, studierte
zu dem Zwecke sogar Wendisch und wurde sozusagen der „botanische FONTANE". Wie FONTANE liebte er seine Mark; wie dieser
kannte er sie in geographischer, historischer und folkloristischer[1])
Hinsicht, aber eins hatte er vor FONTANE noch voraus: Er kannte
ihre Pflanzen in geradezu staunenerregender Weise. Trotzdem er
von Jugend auf kurzsichtig war, sah er mehr als viele andere.
Er sah sich die Pflanzen an Ort und Stelle an; er war der erste,
der die scharfe Unterscheidung der Arten nach ihren Standorten und der Verbreitung betonte (siehe auch seine Pflanzengeographie in Leunis Synopsis, 3. Aufl., 1. Bd.).

So entstand von 1859 bis 1864 seine klassische „Flora der
Provinz Brandenburg". Berlin. Verlag von A. HIRSCHWALD.
Wegen des kleinen Formats wurde das Buch 1034 Seiten stark,
und die Studierenden nannten es später oft scherzhafterweise
„der würfelförmige ASCHERSON". Bezüglich des Formats hatte A.
sich übrigens wohl die „Flora marchica" von ALBERT DIETRICH,
Berlin 1841, zum Muster genommen, diese zählt auch schon
820' Seiten.

ASCHERSONs Flora der Prov. Brandenburg ist geradezu ver-
bildlich geworden für alle folgenden, und wenn wir heute fordern:
„mehr Biologie, mehr Ökologie": in ASCHERSONs Flora war
schon ein guter Anfang gemacht. Peinliche Sorgfalt bei der
Unterscheidung der Arten verknüpft sich in ihr mit einer ausgezeichneten Morphologie, mit der Lebensgeschichte der Pflanzen,
der Bedeutung ihrer Namen, den volkstümlichen Benennungen, den

---

1) Das Wort „Folklore" ist, wie ich einem Aufsatz „Väter von Wörtern"
von „Dr. M. P." in der Vossischen Zeitung Nr. 13, 1914, entnehme, 1846 von
WILLIAM THOMAS aus dem Angelsächsischen gebildet.

an die Pflanzen geknüpften Gebräuchen (Folklore) usw. — Was
sie aber noch ganz besonders wertvoll macht und ihr eine allgemeine Bedeutung verleiht, ist der Umstand, daß in ihr auch
eine Übersicht des natürlichen Pflanzensystems nach
ALEXANDER BRAUN gegeben ist, welches dieser selbst nie veröffentlicht hat.

In demselben Jahre, als der 1. Teil der Flora erschien, 1859,
wurde auch auf Anregung ALEX. BRAUNs und ASCHERSONs zu
Eberswalde der „botanische Verein der Provinz Brandenburg" begründet. Der junge ASCHERSON wurde der erste Schriftführer; er blieb es 36 Jahre lang und hat als Redakteur der „Verhandlungen" diese zu einer hoch angesehenen Zeitschrift gemacht.
Gar manchen Aufsatz hat er ergänzt, und hier wie bei vielen
anderen Veröffentlichungen seiner Freunde und Schüler sein eigenes
Wissen mit hineingelegt; alle Artikel arbeitete er selbst durch
und viele auch in anderen Zeitschriften erschienenen haben ihren
Wert nur durch A. erhalten. Aus regellosen Notizen u. dgl.
machte er eine „Flora" oder Florula, ohne daß sein Name genannt
wurde. Als er das Amt aufgab, ernannte ihn der Verein 1896 zu
seinem Ehrenpräsidenten, wie auch die deutsche Gartenbau-Gesellschaft ihn zum Ehrenmitgliede erwählte.

Gewissermaßen eine zweite Auflage der Flora, aber in er-
weitertem Sinne, bildet die mit seinem Schüler und Freunde PAUL
GRAEBNER herausgegebene „Flora des nordostdeutschen
Flachlandes". Berlin 1898—99. 8°. 875 S (seltsamerweise
mit Ausschluß von Ostpreußen). In dieser werden auch viele
kultivierte Pflanzen behandelt. Einen Auszug daraus bildet die
„Norddeutsche Schulflora" von ASCHERSON, GRAEBNER und
BEYER.

Von Jugend auf reiselustig und in der Geographie durch
K. RITTER trefflich ausgebildet, suchte A. auch andere Floren-
gebiete zu erforschen. Mit OTTO REINHARDT besuchte er 1863
Sardinien und Italien, 1864 mit ENGLER, M. KUHN u. a die
Karpathen, 1865 Ungarn, 1867 Dalmatien, 1870 Paris, 1871, 1900
und 1902 England, 1883, 1885 Oberitalien, 1895 mit GRAEBNER
wiederum Oberitalien, 1896 mit GRAEBNER Norwegen und noch
einmal, 1901, zog es ihn nach Italien.

Außerdem benutzte er auf den Reisen, die er nach Ägypten
unternahm, die Gelegenheit, unterwegs zu botanisieren, so 1879
n Südfrankreich, 1880 bei Athen, 1887 bei Konstantinopel.

Immer und immer zog es ASCHERSON nach den Ländern des
Mittelmeeres, besonders aber nach Ägypten, dessen Flora er durch

Schweinfurths Sammlungen kennen gelernt und in die er sich
schon früh hineingearbeitet hatte. Infolgedessen erhielt er den
ehrenvollen Auftrag, Gerhard Rohlfs während des Winters
1873/74 auf seiner Expedition in die libysche Wüste zu begleiten.
Über die Ergebnisse erstattete er einen vorläufigen Bericht in der
Bot. Zeitg. 1874 Sp. 593 ff. und gab 1875 Ausführlicheres in
Rohlfs': Quer durch Afrika II und in Rohlfs': Drei Monate in
der libyschen Wüste.

Gleich im nächsten Jahre, 1875, reiste er noch einmal in die
libysche Wüste, nach der „Kleinen Oase", von welcher eine genaue
Karte angefertigt wurde. Es folgte die dritte Reise nach Ägypten
1879—80, eine vierte, 1887, hauptsächlich um das Küstengebiet von
Alexandrien bis nach El-Arisch Kalaat an der Grenze von Palästina zu erforschen, und endlich, mehr der Erholung wegen, eine
fünfte bis Unternubien im Winter 1902/03. Viele dieser Reisen
machte er in Gemeinschaft mit seinem Freunde Schweinfurth
und mit diesem zusammen gab er 1887 die Illustration de la Flore
d'Egypte und 1889 ein Supplément dazu heraus.

Von 1860—1876 war A. Assistent bei der Direktion des Botanischen Gartens, 1865 wurde er zugleich erster Assistent am
Kgl. Herbarium und 1871 zweiter Kustos desselben, trat aber 1884
von diesem Amte zurück. Seine großen floristischen Verdienste
erkannte besonders auch Röper in Rostock, und dieser veranlaßte, daß die dortige Universität ihn 1863 zum Dr. phil. honoris
causa ernannte. Nun konnte sich Ascherson in der philosophischen Fakultät der Berliner Universität habilitieren und begann im
April 1863 seine Vorlesungen über spezielle Botanik und Pflanzengeographie, wobei er besonders die Nilländer berücksichtigte. Im
Jahre 1873 wurde er außerordentlicher Professor, 1908 ordentlicher
Honorarprofessor, 1904 hatte er den Titel Geh. Regierungsrat erhalten.

Vor längeren Jahren war er zum ordentlichen Professor
(Cathedratico) an der Universität Cordoba in Argentinien ernannt,
lehnte aber nachträglich ab und F. Kurtz trat an seine Stelle.

Ascherson hatte zahlreiche Schüler, Schüler, die nicht der
Not gehorchend, sondern dem eigenen Triebe, dem großen Meister
wissensdurstig folgten. Vor allem nahmen viele auch an seinen
botanischen Exkursionen teil, die er im amtlichen Auftrage fast
jeden Sonntag im Sommersemester ausführte und die er am Ende
des Semesters meistens mit einer mehrtägigen Exkursion beschloß,
unter denen die nach Helgoland besonders beliebt war.

Durch eigene Anschauung der Pflanzen im lebenden Zustande
wie durch das Studium im eigenen reichen Herbarium und in

allen größeren Herbarien Europas hatte A. eine solche gründliche Kenntnis erworben, daß er den Plan faßte, eine Synopsis der mitteleuropäischen Flora zu schreiben. Aber da er immer fast zu bereitwillig anderen half, kam er lange nicht dazu. Erst 1894 begann er die Ausführung in Gemeinschaft mit seinem Schüler PAUL GRAEBNER. Leider hat er die Vollendung des Werkes nicht mehr erlebt; aber 7 Bände sind noch unter ihm erschienen, davon der erste schon wenige Jahre nach der Veröffentlichung in zweiter Auflage. ASCHERSON und GRAEBNERs Synopsis ist aber auch ein Werk, das einen Triumph der deutschen Wissenschaft darstellt, ebenso reich an kritisch gesichtetem floristischen und systematischen Detail wie an morphologischen und ökologischen, an geschichtlichen und linguistischen Darlegungen, wird es, einem Scheinwerfer gleich, auf viele, viele Jahre hinaus den Forschern den Weg erhellen.

ASCHERSON war aber nicht nur Botaniker, er war auch Geograph, vor allem Pflanzengeograph. Größere zusammenfassende Werke hat er darüber zwar nicht veröffentlicht, sondern viele einzelne Abhandlungen; als zusammenfassend ist aber sein Abriß der Pflanzengeographie in LEUNIS Synopsis, 3. Aufl., 1. Bd. zu erwähnen. Er war ferner Ethnograph, Historiker und Linguist, kurz, er war ein „lebendiges Wörterbuch", zumal er ein ganz ausgezeichnetes Gedächtnis besaß. Sein geschichtlicher Sinn bewog ihn auch, dahingeschiedenen Botanikern gern einen Nekrolog zu widmen, wovon die Verhandlungen des bot. Vereins der Provinz Brandenburg wie unsere Berichte vielfach Zeugnis ablegen.

Große Verdienste hat A. sich auch um die Deutsche botanische Gesellschaft erworben. Zwar war er, als es sich bei ihrer Gründung (1882) darum handelte, den botanischen Verein der Provinz Brandenburg in der Deutschen botanischen Gesellschaft aufgehen zu lassen, ein Gegner dieses Antrages[1]), aber er hat treu sowohl der einen wie der anderen Gesellschaft seine Kräfte ge-

---

1) Siehe die ausführlichen Mitteilungen hierüber von G. VOLKENS, Die Geschichte des bot. Ver. der Prov. Brandenburg 1859—1909 in Verhandl. des Bot. Ver. LI., 1909. S. (27) ff. Sie enthält zugleich die Gründungsgeschichte der Deutsch. bot. Gesellsch. Ich selbst hatte als damaliger Vorsitzender des Bot. Vereins einen schweren Stand. Jetzt muß auch ich, der ich mit EICHLER, FRANK, KNY, KOEHNE, PRINGSHEIM, SCHWENDENER, STRASBURGER, TSCHIRCH, VOLKENS, URBAN u. a. für Auflösung des Vereins war, bekennen, daß beide Vereinigungen sehr gut nebeneinander bestanden haben und auch gewiß ferner bestehen werden. L. W.

liehen. Auf sein Betreiben wurde in § 6 der Satzungen der
Deutschen botanischen Gesellschaft Absatz 2 insbesondere auch
die Erforschung der Flora von Deutschland als eine Aufgabe der
Gesellschaft hingestellt. Ein eigenes Statut regelt die Tätigkeit
der zu diesem Zwecke eingesetzten Kommission für die Flora
von Deutschland. (Diese Berichte Jahrgang I, 1883, S. III.)
ASCHERSON ward schon 1883 der Obmann dieser Kommission
und ist es bis zu seinem Tode geblieben. Zahlreiche eingehende
Berichte legen Zeugnis von der vielseitigen Tätigkeit der Kommission ab, ASCHERSON gebührt aber sicherlich der Löwenanteil
daran. Auch in den Sitzungen der Deutschen botanischen Gesellschaft war er fast regelmäßig anwesend, wie er überhaupt für
alles Vereinsleben ein reges Interesse zeigte.

Galt auch seine Haupttätigkeit den beiden genannten Gesellschaften, so war er doch nicht minder eifriger Teilnehmer an den
Versammlungen der Gesellschaft naturforschender Freunde
zu Berlin, zu deren ordentlichen Mitgliedern er gehörte (ihre Zahl
betrug über ein Jahrhundert lang nur 12, jetzt ist sie auf 20 erhöht), ferner der Gesellschaft für Erdkunde zu Berlin, der
Berliner anthropologischen Gesellschaft, des Vereins für
die Geschichte Berlins usw. Zahlreiche Gesellschaften er-
nannten ihn zum Ehren- bzw. korrespondierenden Mitgliede, und
überall, wo er konnte, beteiligte er sich durch wissenschaftliche
Abhandlungen oder durch tätiges Eingreifen bei den Besprechungen
der Vorträge. Auch das Besprechen von Büchern machte ihm
besondere Freude; aber er hatte nicht umsonst als Mediziner gelernt, die Sonde anzulegen, er übte oft scharfe Kritik, wie er überhaupt kritisch veranlagt war. Er wollte die Wahrheit, und er
sprach sie aus ohne Rücksicht auf sich selbst, noch auf andere.

So steht er vor uns, der große Pflanzenkenner, ein LINNÉ
unserer Zeit. So wollen wir sein Bild festhalten.

ASCHERSON war unverheiratet. Nach dem Tode seiner Eltern
führte er eine eigene Wirtschaft, der in den letzten Jahren als
Hausdame Fräulein KITTEL vorstand. Sie hat es verstanden, ihm
sein Heim so recht behaglich zu gestalten, und sie hat ihn treu
bis zu seinem Tode gepflegt. Einen schönen Familienanschluß
aber fand er, der Einsame und doch die Geselligkeit so Liebende,
neben dem innigen Verkehr mit seinem ältesten Freunde SCHWEIN-
FURTH (zwischen beiden gab es keine Geheimnisse) im Hause
seines Freundes PAUL GRAEBNER und in dessen Verwandtschaft.

An einem Donnerstage war A. entschlafen, am nächsten
Sonntage, dem 9. März, fand in seiner Wohnung, Bülowstraße 50,

eine erhebende Trauerfeier statt, an der etwa zweihundert Personen teilnahmen. Die Universität war durch den Rektor, Seine Magnifizenz Graf VON BAUDISSIN, vertreten, die Deutsche bot. Gesellschaft und der Bot. Verein der Prov. Brandenburg durch die in Berlin anwesenden Vorstandsmitglieder SCHWENDENER, HABERLANDT, JAHN, KOEHNE, LINDAU usw. und viele andere Mitglieder, desgl. die Gesellschaft naturforschender Freunde und viele andere, insbesondere auch sein langjähriger Freund Prof. Dr. ED. HAHN mit Schwester. Chargierte des Mathematischen Vereins an der Universität und des Akademischen Vereins für Astronomie und Physik hielten mit umflorten Bannern die Ehrenwache in dem schwarz drapierten Zimmer. Ergreifend war die Rede des Pfarrers D. Dr. KIRMS; ihr folgten Ansprachen des Vertreters der Deutsch. bot. Ges. (der Schreiber dieses), des Vorsitzenden des Bot. Vereins der Prov. Brandenburg, Prof. Dr. JAHN, und des Vorsitzenden der Gesellschaft naturforschender Freunde, Prof. Dr. TORNIER.

Am folgenden Tage fand die Einäscherung der Leiche im städtischen Krematorium in der Gerichtstraße statt. Die Aschenreste wurden auf dem Lichterfelder Parkfriedhof beigesetzt, und inzwischen ist von einigen Freunden die Büste des Dahingeschiedenen daselbst aufgestellt worden, ihm zum Gedächtnis, uns zur Nacheiferung.

Kleinere Veröffentlichungen Aschersons in den letzten Jahren.

(Die Veröffentlichungen ASCHERSONS bis zum Jahre 1904 sind in der Festschrift zu P. ASCHERSONS 70. Geburtstage von K. W. VON DALLE TORRE genau aufgeführt. Eine Ergänzung findet man im Verzeichnis der in den Verhandlungen des Bot. Ver. d. Prov. Brandenburg. Bd. XXXI—L enthaltenen Arbeiten und Mitteilungen, zusammengestellt von O. SCHUSTER. Beilage zu Bd. LI der Verhandlungen des Bot. Ver. d. Prov. Brandenburg. — Das Verzeichnis geht bis einschließlich 1908.)

1909. Nekrolog auf H. LINDEMUTH, Berichte der Dtsch. Bot. Ges. 1909. Bd. 27, S. (43).

Ansprache beim 50. Stiftungsfest und Überreichung der Adresse der Naturforschenden Gesellschaft in Danzig und des dem Bot. Ver. f. d. Prov. Brandenburg gewidmeten 31. Berichts des Westpreuß. Bot. zool. Vereins. — Verhandlungen d. Bot. Ver. d. Prov. Brandenburg LI (96). Festrede ebenda (109).

Über die Heimat der *Reseda* ebenda LI (129).

Nachruf auf O. HOFFMANN LI (153).

Zusatz zu dem Nachruf auf BARNEWITZ LI (159).

1910. Ansprache in Sperenberg ebenda LII (2).
    Neue Getreideart *(Panicum exile)* aus Afrika LII (34).
    Standort und Nomenklatur der *Betula humilis* LII (85).
    Besprechung der Arbeit von M. RACIBORSKI, *Azalea Pontica* im San-
        domierer Walde und ihre Parasiten LII (86).
    Nachruf auf W. RETZDORFF LII (46).
    Nachruf auf F. PAESKE LII (65).
    Zusätze zu dem Aufsatz von H. ARDRES (über die Pirolaceen des
        ASCHERSONschen Herbars).
    Ein neues Vorkommen der *Betula humilis* in d. Prov. Brandenburg LII, 151.

1911. Ansprache: Über die bot. Erforschung von Havelberg ebenda LIII (3).
    Über *Sophora* LIII (24).
    Unterirdische Ausläufer bei *Cnidium venosum* LIII (25).
    Nachruf auf KARL SCHEPPIG LIII (45).
    Nachruf auf PETER PRAHL LIII (48).

1912. Über die historische Erforschung des Joachimsthaler Gebietes ebenda
    LIV (7).
    Vorlage der von P. DECKER-FORST gesammelten f. d. Prov. Brandenburg
        neuen *Calamagrostis*formen LIV (20).
    Nachruf auf EMIL LEVIER LIV (60).

Zum Gedächtnis an den Verstorbenen sind bisher erschienen:

1913. Gedenkblatt für PAUL ASCHERSON (Todesanzeige) ebenda LV S. III.
    Trauerfeier an P. ASCHERSONs Sarge LV (1).
    Trauerfeier zum Gedächtnis unseres Ehrenpräsidenten P. ASCHERSON
        in der Sitzung d. Bot. Ver. d. Prov. Brandenburg v. 20. März 1918
        LV (10).
    L. WITTMACK, Nekrolog in Gartenflora 1918, S. 180, mit A.s Bildnis.

Alfred Fischer.

Von

J. BEHRENS[1]).

Tief erschüttert wurden Freunde und Fachgenossen, als sie
erfuhren, daß ALFRED FISCHER am 27. März 1913 freiwillig aus
dem Leben geschieden ist.

A. FISCHER war geboren zu Meißen am 17. Dezember 1858
als Sohn des Kaufmanns FISCHER. Er besuchte zunächst die
I. Bürgerschule seiner Vaterstadt und vom 12. Lebensjahre ab die
Annen-Realschule zu Dresden, die er nach bestandener Abschluß-
prüfung 1876 verließ. Er widmete sich dem Studium der Naturwissenschaften zunächst in Leipzig, von Ostern 1877 ab in Würzburg und vom Herbst 1878 ab bis Herbst 1879 in Jena. Seine
botanischen Lehrer waren demnach während der eigentlichen Studien-
zeit besonders A. SCHENK, J. SACHS und STRASBURGER. Eine Frucht
seiner Tätigkeit im STRASBURGERschen Institut war die Arbeit
über die Embryosackentwickelung einiger Angiospermen, auf Grund
deren A. FISCHER im November 1879 in Jena zum Doktor der
Philosophie promoviert wurde. Nach der Promotion begab er sich
zu DE BARY nach Straßburg, in dessen Laboratorium er bis zum
Herbst 1881 arbeitete, worauf er nach Leipzig übersiedelte. Nachdem
er sich im Juni 1882 am Kgl. Gymnasium einer Nachprüfung in
Latein, Griechisch und Geschichte unterzogen hatte, habilitierte
er sich im Herbst 1882 (25. Oktober) als Privatdozent für
Botanik an der Universität. 1889 wurde er zum außerordentlichen Professor ernannt. Im Jahre 1902 folgte er einem Rufe als
ordentlicher Professor und Direktor des botanischen Gartens an
die Universität Basel. Leider vermochte er dort nicht heimisch
zu werden. Nervöses Leiden beeinträchtigte in den letzten fünf
Jahren mehr und mehr das, was ihn früher stets aufgerichtet hatte:
das Interesse und die Freude an der Arbeit, die er immer wieder
aufzunehmen versuchte. Schließlich legte er im Herbst 1912 seine
Professur nieder und kehrte nach Leipzig zurück, wo er indessen

---

[1]) Zahlreiche Einzelheiten aus dem Lebensgang A. FISCHERs verdanke
ich der Schwester des Verewigten, Frau Landgerichtsrat H. HERBIG in
Dresden - Loschwitz. Auch seinem langjährigen Freunde, Herrn Professor
Dr. H. HELD in Leipzig, bin ich zu besonderem Danke verbunden.

die von seinen Freunden erhoffte Erholung von schwerer seelischer
Depression nicht fand. Das Bewußtsein der Arbeitsunfähigkeit
und die Furcht vor geistiger Umnachtung haben dann schließlich
zur Katastrophe geführt.

Die Dissertation A. FISCHERs behandelt, im Anschluß an
STRASBURGERs eben erschienene Untersuchungen über „Die Angiospermen und Gymnospermen" (Jena 1879) und in gleichem Sinne
wie die gleichzeitig ebenfalls auf STRASBURGERs Anregung und
in STRASBURGERs Laboratorium ausgeführte Arbeit JÖNSSONs, die
Embryosackentwickelung einiger Angiospermen. Während JÖNSSON[1])
eine Anzahl gamopetaler Dikotylen untersuchte, bestätigte A. FISCHER
für eine große Zahl von Monokotylen und dialypetalen Dikotylen
das von STRASBURGER zuerst erkannte Schema der Entstehung
des Embryosacks, wobei allerdings Unterschiede sekundärer Natur
keineswegs fehlten. Auf die Einzelheiten einzugehen, ist hier nicht
der Ort.

Unter dem Einfluß DE BARYs, jedenfalls in dessen Labora-
torium in Straßburg, beschäftigte sich A. FISCHER dann mit den
Algen und Pilzen. Während DE BARY die Morphologie und
Entwickelungsgeschichte der Saprolegniaceen bearbeitete, löste
A. FISCHER in zwei exakten und mustergültigen Arbeiten die
Rätsel, welche die in den verschiedensten Teilen der Saprolegnien
vorkommenden Stachelkugeln schon früheren Beobachtern auf-
gegeben hatten. A. FISCHER zeigte, daß die früher meist als
Organe der Saprolegnien gedeuteten Gebilde, mit denen sich schon
sein erster Lehrer SCHENK beschäftigt hatte, in der Tat Chytri-
dineen angehören, die in den Saprolegnien parasitieren und in
bezug auf ihre Wirte außerordentlich spezialisiert sind. Die
Stachelkugeln der Saprolegnien sind die Sporangien von zwei
Arten der Gattung *Olpidiopsis* Cornu (Olpidiaceen), *Rozella*
Cornu und *Woronina* Cornu (Synchytriaceen). Auf *Achlya* und
Saprolegnia kommen verschiedene Arten von *Olpidiopsis* und
Rozella vor. Eine Infektion des einen Wirtes mit Parasiten des
anderen Wirtes gelang nicht, und da auch *Aphanomyces* weder
von *Olpidiopsis Saprolegniae* noch von *O. fusiformis* (auf *Achlya*)
befallen wurde, so dürfte auch die von Cornu auf *Aphanomyces*
gefundene *Olpidiopsis* eine eigene Art sein.

Eine besonders dankenswerte Frucht von A. FISCHERs Arbeiten
auf dem Gebiete der Mycologie bildet seine außerordentlich

---

1) Om embryosackens utveckling hos Angiospermerna. Acta Universi-
titis Lundensis. Bd. 16.

kritische und sorgfältige Bearbeitung der Phycomyceten in RABEN-
HORST-WINTERs Kryptogamenflora.

Auch die Untersuchungen über die Conjugaten knüpfen an
DE BARYs Untersuchungen über diese Familie an. Die Studien
über die Zellteilung der Closterien bringen Aufschlüsse insbesondere
über die Art und Weise, wie die Tochterindividuen durch entsprechendes Wachstum sich wieder zu einem in der Gestalt der
Mutter gleichenden Individuum ergänzen, und über die eigen-
(schachtel-)artige Struktur der Zellwand. Die Untersuchungen
über das Vorkommen von Gipskristallen beziehen sich keineswegs allein auf diese, die auf eine Anzahl von Desmidiaceen beschränkt sind, sondern berücksichtigen auch andere Bestandteile
der Zelle, besonders allerdings ähnliche tote (Oxalatkristalle
eiweißartige Zersetzungskörper).

Danach wandte sich A. FISCHER einem ganz anderen Gebiete
zu, der Stoffwanderung. Zunächst widmete er sich eingehend der
Erforschung des Siebröhrensystems, dem bezüglich der Wanderung
der organischen Stoffe schon SACHS eine wichtige Rolle zugeschrieben hatte. Durch sorgfältige und langwierige anatomische
Untersuchungen über den Verlauf und den Inhalt der Siebröhren
schuf A. FISCHER zum Teil die Grundlagen für ganz neue Anschauungen auf diesem Gebiete und hellte insbesondere auch das
Zustandekommen der Eiweißpfröpfe an den Siebplatten auf, indem
er zeigte, daß es sich hier um Kunstprodukte handelt, die infolge der Verletzung des Siebröhrensystems auftreten. Durch seine
Untersuchungen über die Physiologie der Holzgewächse wurde
sichergestellt, daß die Reservestärke in Rinde und Holz unter
dem Einfluß des Temperaturwechsels im Laufe des Winters eine
mehr oder weniger vollständige Umwandlung (in Glykose oder in
Öl) erleidet, daß aber bei einbrechender Vegetation diese Umwandlung rückläufig wird, und daß dann der aus der Stärke entstehende
Zucker wesentlich mit dem Wasserstrom in den Gefäßen den Ver-
brauchsorten zuströmt. Ob der daraus gezogene Schluß, daß die
aufsteigenden Nährstoffe im Holzkörper, die absteigenden im Weich-
bast, beide streng geschieden, wandern, durchaus richtig ist, wird
allerdings wohl meist bezweifelt, schon mit Rücksicht darauf,
daß in den Gefäßen der krautigen Pflanzen der Zuckergehalt stets
sehr gering ist. Indessen wird auch in Holzpflanzen der Zuckergehalt des in den Gefäßen aufsteigenden Wassers nach oben hin
um so geringer, je näher die Stätten des Verbrauches liegen. Bei
Krautpflanzen, wo die Speicherstätten den Stellen des Verbrauches
außerordentlich nahe liegen, spricht daher der geringe Zucker-

gehalt des Blutungssaftes noch keineswegs unzweideutig dagegen, daß der Zucker wesentlich in den Gefäßen emporsteigt.

Nur in zwei Arbeiten hat A. FISCHER das Gebiet der Kraftwechselphysiologie betreten. Eine außerordentlich wertvolle, zu neuen Auffassungen und neuen Fragestellungen Veranlassung gebende Arbeit ist seine Untersuchung über den Einfluß der Schwerkraft auf die Schlafbewegungen der Blätter, durch die A. FISCHER dazu geführt wurde, zweierlei Typen von Pflanzen, soweit sie Blätter mit Schlafbewegungen besitzen, zu unterscheiden, auto- und geonyktitropische (oder besser — nastische), je nachdem die Schlafbewegungen bei Ausschluß der Schwerewirkung (auf dem Klinostaten) fortdauern oder aufhören. Es ist hier nicht der Ort, auf die inzwischen gegen A. FISCHERs Deutung erhobenen Einwände seiner Versuchsergebnisse einzugehen, zumal die Frage erneuter Untersuchung dringend bedürftig ist. Jedenfalls erschien seinerzeit das gewonnene Ergebnis einwandfrei, und es gebührt A. FISCHER das Verdienst, gemäß dem damaligen Stande unserer Kenntnisse in die kausalen Zusammenhänge tief eingedrungen zu sein und die Bahn für neue Fragestellungen gebrochen zu haben.

Die zweite derartige Arbeit, die letzte, die wir A. FISCHER verdanken, ist ein Torso geblieben; sie beschäftigt sich mit der Wirkung der Wasserstoff- und Hydroxylionen auf die ausgereiften Samen der *Sagittaria sagittifolia* und einer Anzahl anderer Wasserpflanzen, bei denen die Keimung sowohl durch Wasserstoff- wie durch Hydroxylionen ausgelöst oder wenigstens ungemein gefördert wird, aber nicht in gleicher Weise, sondern derart, daß nach Einwirkung von Wasserstoffionen die Keimung in anderer Art erfolgt als nach Einwirkung von Hydroxylionen. Eine Fortsetzung ist der vorläufigen Mitteilung leider nicht mehr gefolgt.

Seit dem Ende der 80er Jahre widmete A. FISCHER seine hervorragende Arbeitskraft in erster Linie der Erforschung der Organisation der Bakterien und im Zusammenhange damit einiger, wenn auch vielleicht nicht gerade verwandter, so doch gemeiniglich in ihre Nähe gestellter, zum Teil ähnlich organisierter Lebewesen (Flagellaten, Spaltalgen). Ihm gebührt das Verdienst, klar hervorgehoben zu haben, daß die Bakterienzelle ein ähnliches osmotisches System darstellt wie die behäutete Pflanzenzelle; er zog daraus die entsprechenden Folgerungen für die Deutung älterer und neuerer Beobachtungen über die Widerstandsfähigkeit der Bakterien bei Übertragung in neue Nährmedien, in Salzlösungen usw., sowie für die Beurteilung der in der Bakteriologie üblichen Präparations- und Fixierungsmethoden. Mag er auch vielfach über das

Ziel hinausgeschossen haben, wenn er die Abtötung der Bakterien
in baktericiden Sera u. dgl., die von der medizinischen Bakteriologie so vielfach auf eigene, mit mehr oder minder komplizierten
Eigenschaften ausgestattete, mehr oder minder spezialisierte baktericide Stoffe verschiedenster Nomenklatur zurückgeführt wird,
als Zerstörung des osmotischen Systems, das die Bakterienzelle
eben ist, zu erklären suchte: jedenfalls hat A. FISCHER die Aufmerksamkeit auf diese verhältnismäßig klaren, durchaus nicht hypothetischen Eigenschaften und Tatsachen gelenkt und gezeigt, daß
sie gewiß in manchen Fällen durchaus zur Erklärung des Beobachteten genügen würden. Auch einzelne wirkliche Irrtümer, wie
die ursprüngliche Erklärung der Plasmoptyse (des Platzens der
Zellen bei Übertragung in hypertonische Lösungen), ändern an diesem
Verdienste nichts. Daß seine Untersuchungen unsere Kenntnisse
über den inneren Bau der Bakterien und der Cyanophyceen und
über die Geißeln jener und der Flagellaten außerordentlich gefördert
haben, soll hier nur kurz erwähnt werden. A. FISCHER war daher auch der gegebene Mann, als es sich darum handelte, an
Stelle des klassischen, aber veralteten Werkes von DE BARY eine
neue botanische Übersicht über die Bakterien zu geben. Seine
Vorlesungen über Bakterien, deren letzte (II.) Auflage leider schon
1903 erschienen ist, sprechen für sich selbst.

Schon bei seinen Untersuchungen über die Siebröhren war
A. FISCHER darauf aufmerksam geworden, wie leicht und gründlich anscheinend harmlose und fast unvermeidliche Eingriffe den
Zellinhalt verändern können. Dasselbe bestätigten ihm seine Untersuchungen über die Bakterien, und so kann es nicht auffallen,
wenn er seine Erfahrungen auf diesem beschränkten Gebiet dann
auf das Gebiet der Protoplasmaforschung anwandte, die üblichen
Methoden der Fixierung und Färbung des Protoplasmas kritisch
prüfte. Das Ergebnis ist hauptsächlich niedergelegt in der 1899
erschienenen Schrift: Fixierung, Färbung und Bau des Protoplasmas,
die den Nachweis lieferte und vertiefte, daß man mit der Übertragung von Beobachtungen an fixiertem Material auf den lebenden Zustand nicht vorsichtig genug sein kann, daß jedenfalls auf
diesem Gebiete Täuschungen außerordentlich leicht möglich sind.
Auch hier ist A. FISCHER vielleicht in seinen Forderungen zu
weit gegangen. Die Zukunft wird darüber entscheiden. Schon
heute aber ist darüber gar kein Zweifel möglich, daß eine Reaktion
gegen die bisher fast allein übliche Untersuchung fixierter Präparate durchaus notwendig und in ihren Folgen außerordentlich
wohltuend und heilsam war.

In den letzten Jahren seines Lebens nahm die Arbeitskraft, nicht aber der Arbeitseifer A. FISCHERs ab. Zahlreiche aus seinem Institut hervorgegangene Arbeiten von Schülern legen bis in die letzte Zeit Zeugnis von dem Schaffenseifer ab, der in dem ihm unterstellten Institute herrschte, zum großen Teil auch von A. FISCHERs anregender und helfender Mitwirkung[1]).

Es ist eine müßige Frage, ob unter anderen Verhältnissen A. FISCHER, dessen ernstes und schwermütiges Wesen nur unvollkommen durch Neigung zu sarkastischem Witz und Ironie verhüllt wurde, noch länger hätte arbeitsfähig bleiben können und seine Verdienste um die Förderung der botanischen Wissenschaft noch vermehrt und vertieft haben würde: Das Schicksal hat es anders gewollt. In frühem Tode fand A. FISCHER die Erlösung von schwerem Leiden. Jeder aber, der dem Verstorbenen einmal nahe treten und seines Wesens echte Güte, seine Liebenswürdigkeit und seinen Ernst erkennen durfte, wird seiner hochbefähigten, gemütstiefen und charakterfesten Persönlichkeit, der, wie es in der Leichenrede seines Freundes Prof. Dr. HELD treffend heißt, die Natur Witz, Humor, Neigung zur Ironie und feinem Sarkasmus als prächtiges Gewand um den schwermütigen Kern seines Wesens gelegt hatte, auch menschlich ein herzliches und wehmütiges Andenken bewahren.

Verzeichnis der Arbeiten A. Fischers.

Zur Embryosackentwicklung einiger Angiospermen. Jenaische Ztschr. f. Naturwiss., 1880, Bd. XIV, S. 90.

Über die Stachelkugeln in Saprolegniaschläuchen. Bot. Ztg. 1880 Nr. 41 ff, S. 689.

Untersuchungen über die Parasiten der Saprolegnieen (Habilitationsschr.). Jahrb. f. wiss. Bot. 1882, Bd. 13, S. 286.

Über die Zellteilung der Closterien. Bot. Ztg. 1883, Nr. 15—18, S. 225 ff.

Über das Vorkommen von Gipskristallen bei den Desmidieen. Jahrb. f. wiss. Bot. 1883, Bd. 14, S. 133.

Das Siebröhrensystem der Cucurbitaceen. Vorl. Mitteilung. Ber. d. Deutsch. bot. Ges. 1883, Bd. I, S. 276.

Untersuchungen über das Siebröhrensystem der Cucurbitaceen. Ein Beitrag zur vergleichenden Anatomie der Pflanzen. Berlin 1884.

Über den Inhalt der Siebröhren in der unverletzten Pflanze. Ber. d. Deutsch. bot. Ges. 1885, Bd III, S. 230.

---

1) Vgl. insbesondere FRÖHLICH, Jahrb. f. wissensch. Bot. 1908, Bd. 45, S. 256; FLURI, Flora 1909, Bd. 99, S. 81; STAHEL, Jahrb. f. wissensch. Bot. 1911, Bd. 49, S. 579; CH TERNETZ, ebenda, 1912, Bd. 51, S. 435; BASSALIK, ebenda, 1913, Bd. 53, S. 255; Zeitschr. f. Gärungsphysiologie 1913, Bd. 2, S. 1, Bd. 3, S. 15.

Über ein abnormes Voikommen von Stärkekörnern in Gefäßen. Bot. Ztg. 1885, S. 89.

Studien über die Siebröhren der Dicotylenblätter. Ber. d. Kgl. Sächs. Ges. d. Wiss. Math.-physik. Cl. 1885, Bd. 37, S. 244.

Neue Beiträge zur Kenntnis der Siebröhren. Ber. d. Kgl. Sächs. Ges. d. Wiss. Math.-physik. Cl. 1886, S. 291.

Neue Beobachtungen über Stärke in Gefäßen. Ber. d. Deutsch. bot. Ges. 1886, Bd. 4, S. XCVII.

Zur Eiweißreaktion der Zellmembran. Ber. d. Deutsch. bct. Ges. 1887, Bd. 5. S. 428.

Zur Eiweißreaktion der Membran. Ber. d. Deutsch. bot. Ges. 1888, Bd. 6, S. 113.

Glykose als Reservestoff der Laubhölzer. Bot. Ztg. 1888, S. 405.

Beiträge zur Physiologie der Holzgewächse. Jahrb. f. wiss. Bot 1890. Bd. 22, S. 78.

Über den Einfluß der Schwerkraft auf die Schlafbewegungen der Blätter. Bot. Ztg. 1890, Bd. 48, S. 673.

Die Plasmolyse der Bakterien. Bericht über die Verhandlungen der Kgl. Sächs. Ges. d. Wiss. zu Leipzig. Math.-physik. Klasse. 1891, Bd. I, S. 52.

Phycomyceten. RABENHORST-WINTER, Kryptogamenflora von Deutschland, Österreich und der Schweiz. Bd. I, IV. Abt., Lieferung 45 bis 52. Leipzig 1892. 505 S.

Über die Geißeln einiger Flagellaten. Jahrb. f. wiss. Bot. 1894, Bd. 26, S. 187.

Zur Kritik der Fixierungsmethoden und der Granula. Anatom. Anzeiger 1894, Bd. 9, S. 678.

Neue Beiträge zur Kritik von Fixierungsmethoden. Anatom. Anzeiger 1895, Bd. 10, S. 769.

Untersuchungen über den Bau der Cyanophyceen und Bakterien. Jena 1897.

Vorlesungen über Bakterien. Jena 1897; II. Aufl. Jena 1903. Engl. Übersetzung: The structure and function of bacteria Translated by A.C.JONES, London 1900. Russische Übersetzung von RASKINOJ. St. Petersburg 1906.

Untersuchungen über Bakterien. Jahrb. f. wiss. Bot. 1898, Bd. 27, S. 1.

BRUCKE, Pflanzenphysiologische Abhandlungen. Herausgegeben von A. F. OSTWALDs Klassiker der exakten Wissenschaften. Nr. 95. Leipz'g 1898.

Die Bakterienkrankheiten der Pflanzen. Antwort an Herrn Dr. E. F. SMITH. Centralbl. f. Bakteriol usw. II. 1899, Bd. V, S. 279.

Fixierung, Färbung und Bau des Protoplasmas. Jena 1899.

Die Empfindlichkeit der Bakterienzelle und das baktericide Serum. Zeitschr. f. Hygiene. 1900, Bd. 35, S. 1.

Über Plasmastruktur. Antwort an O. BÜTSCHLI. Archiv für Entwickelungsmechanik. 1901, Bd. 13, S. 1.

Die Zelle der Cyanophyceen. Bot. Ztg. 1905, Bd 58, S. 51.

Über Plasmoptyse der Bakterien. Ber. d. Deutschen bot. Ges. 1906, Bd. 24, S. 55.

Erklärung. Ebenda. 1907, Bd. 25, S. 22

Wasserstoff- und Hydroxylionen als Keimungsreize. Ebenda. 1907, Bd. 25, S. 108.

Bengt Lidforss.

Von
OTTO ROSENBERG.

———

Am 23. September 1913 ist BENGT LIDFORSS, Professor an der Universität Lund, gestorben. Er hatte während der letzten Monate an einer schweren Brustkrankheit gelitten, die jedoch nicht im geringsten seine geistige Tätigkeit beeinträchtigte. Noch am selben Tage hatte er im botanischen Institut die Arbeiten der Studierenden geleitet, und am Abend starb er still und ruhig — ein Mann von hervorragender Begabung, von welchem die botanische Wissenschaft, seinen ideenreichen Werken nach zu urteilen, noch bedeutende Förderung hätte erwarten dürfen; zugleich ein Mann mit vielseitigen, literarischen und sozialen Interessen, eine fesselnde, interessante Persönlichkeit, die einen starken Einfluß auf seine Umgebung, Schüler und Freunde, ausgeübt hat. Einem solchen Manne in einem kurzen Nachrufe gerecht zu werden, ist eine schwierige Aufgabe; die folgenden Zeilen wollen denn auch weiter nichts, als in flüchtigen Zügen die hervorragendsten Seiten von LIDFORSS' wissenschaftlicher Tätigkeit andeuten.

BENGT LIDFORSS wurde am 15. September 1868 in Lund geboren als Sohn des hervorragenden Philologen V. E. LIDFORSS, Professor an der Universität Lund. Im Juni 1885 machte er das Abiturientenexamen; im September desselben Jahres wurde er an der Universität Lund immatrikuliert. Das Kandidatexamen absolvierte er im Jahre 1888, das Lizentiatexamen 1892. Er disputierte für den Doktorgrad am 15. März 1893 und wurde im selben Jahre promoviert. 1897 habilitierte er sich als Privatdozent für Botanik in Lund. Als Assistent am pflanzenphysiologischen Institut leitete er die anatomischen und physiologischen Arbeiten der Doktoranden in Lund, bis er im Januar 1910 zum Professor für Botanik an der Universität Uppsala ernannt wurde. Hier hatte er indessen nur $1^1/_2$ Jahre gewirkt, als er im Mai 1911 als Nachfolger BENGT JÖNSSONs an die Universität seiner Vaterstadt Lund berufen wurde.

BENGT LIDFORSS' Studienjahre fielen in eine Zeit, wo F. W. C. ARESCHOUG Vorstand des botanischen Instituts in Lund war. ARESCHOUGs Persönlichkeit hat sicherlich bestimmenden Einfluß auf LIDFORSS' botauische Entwicklung gehabt. Nicht so jedoch, daß er sich den pflanzenanatomischen Studien, die damals in Lund mit Vorliebe getrieben wurden, in besonders hohem Grade widmete. Aber die Anregungen, die ARESCHOUG in so eminentem Grade seinen begabteren Schülern zu geben verstand, lassen sich klar in der Forschungsart LIDFORSS' verspüren. LIDFORSS selbst hat in einem Nekrolog über ARESCHOUG hervorgehoben, daß dieser stets seinen Schülern nachdrücklich einschärfte, wie wichtig gründliche chemische und physikalische Kenntnisse für eine moderne pflanzenphysiologische Forschung sind.

Während des Sommersemesters 1892 hat er in Tübingen unter der Leitung von Dr. ALBRECHT ZIMMERMANN die moderne Mikrotechnik näher studiert und dabei seine schon 1890 begonnenen Studien über die sog. Elaiosphären im Mesophyll der Blätter ausgearbeitet. Diese in schwedischer Sprache geschriebene Abhandlung wurde zugleich seine Doktorarbeit. Er gibt hier eine eingehende Charakteristik der von ihm als Elaiosphären bezeichneten eigentümlichen Ölkörper der Blattzellen zahlreicher Pflanzen. Die Elaiosphären unterscheiden sich bestimmt von den sog. Elaioplasten (Ölkörper mit plasmatischer Unterlage) und sind in physiologischer Hinsicht als Exkret zu charakterisieren. Schon diese Arbeit zeichnet sich durch die klare Disposition und kritische Behandlung des aufgestellten Problems aus, die für die Arbeiten LIDFORSS' so kennzeichnend sind. In einigen späteren Abhandlungen hat er einige speziell zytologische Probleme behandelt, so 1897 die um diese Zeit viel diskutierte Frage nach der Chromatophilie der Sexualkerne. Seine wichtigste zytologische Arbeit ist ohne Zweifel diejenige über kinoplasmatische Verbindungsfäden zwischen Zellkern und Chromatophoren. LIDFORSS hat für diese Untersuchung eine besondere Methode ausgearbeitet, wodurch es ihm gelungen ist, faserige Strukturen im Zytoplasma festzustellen, welche direkte Fortsätze der Kernmembran darstellen und andererseits gegen die Chloroplasten hin ausstrahlen. Bei Anwendung der gewöhnlichen in der Mikrotomtechnik benutzten Methoden bleiben die genannten Fäden nur sehr schlecht, wenn überhaupt erhalten. Daß es LIDFORSS gelungen ist, diese für das Verständnis der Beziehungen zwischen Kern und Zytoplasma bzw. Chromatophoren sicher sehr wichtige Entdeckung zu machen, beruht wohl in nicht geringem Grade darauf, daß er zu den nicht gerade zahlreichen Zytologen gehörte, die nicht ausschließlich mit dem Mikrotom arbeiteten.

Während der Jahre 1893—1896 hat LIDFORSS die botanischen Institute in Berlin, Leipzig und Jena besucht, um dort pflanzenphysiologische Studien zu machen. Der Aufenthalt an den deutschen Instituten ist sicher von ungemeiner Bedeutung für seine wissenschaftliche Entwicklung gewesen. In Leipzig unter PFEFFER, in Jena unter STAHL hat er die pflanzenphysiologischen Methoden gründlich studiert und vielerlei Anregungen von diesen Forschern empfangen, die er weiter selbständig, nach seiner Eigenart, ausgebaut hat. So zum Beispiel in seinen wichtigen Untersuchungen über die Reizbewegungen der Pollenschläuche und Spermatozoiden. Seine Methoden zur Ausschaltung der hier so reichlich vorhandenen Fehlerquellen sind sehr sinnreich ausgedacht, und die Diskussion und Behandlung des Problems ist stets klar und distinkt. Schon früher hat MOLISCH und nach ihm MIYOSHI das Vorhandensein einer chemotropischen, und zwar saccharo-chemotropischen Reizbarkeit bei den Pollenschläuchen festgestellt, außerdem auch einen negativen Aërotropismus. LIDFORSS suchte nun die Mechanik dieser Reizbewegung näher zu beleuchten, er konnte durch zahlreiche Experimente nachweisen, daß auch eine große Anzahl proteinartiger Stoffe einen Reiz auf die Pollenschläuche ausübt, und daß eine chemotropische Reizbarkeit gegenüber diesen Stoffen eine den Pollenschläuchen der Angiospermen allgemein zukommende Eigenschaft darstellt. Da aber diese Stoffe gerade zu den besten Nährstoffen der Pflanze gehören, so geben diese Untersuchungen eine schöne Bestätigung der Annahme STRASBURGERs, nach welcher der Pollenschlauch auf seinem Wege nach der Mikropyle durch Trophotropismus geleitet wird.

Ein besonderes Interesse hat LIDFORSS der Pollenbiologie und verwandten Fragen gewidmet, so vor allem in den 1896 und 1899 in den Jahrbüchern für wissenschaftliche Botanik erschienenen Arbeiten. Auf Grund sehr genau ausgeführter Experimente konnte er nachweisen, daß die besonders von KERNER vertretene Ansicht von der unbedingt schädlichen Einwirkung des Wassers auf den Pollen keineswegs allgemeine Gültigkeit hat; in chemisch reinem Wasser, also auch im Regenwasser keimen die Pollenkörner zahlreicher Pflanzen ebensogut wie in Zuckerlösungen; es sind eben die im Leitungswasser vorhandenen Mineralsalze, die das Absterben der Pollenzellen bewirken. Ökologisch interessant ist die Beobachtung, daß gegen Benetzung resistente Pollenzellen vorwiegend bei solchen Pflanzen zu finden sind, die offen exponierte, gegen Niederschläge ungeschützte Sexualorgane besitzen. Ausnahmen von dieser Regel kommen zwar auch vor. — exponierte

Sexualorgane und regenempfindliche Pollenzellen —, aber hier werden die Nachteile der mangelnden Pollenresistenz durch besondere Verhältnisse kompensiert, z. B. durch eine Vermehrung des Pollens, der auf viele, zu verschiedenen Zeiten aufgehende Blüten verteilt wird. Durch die Untersuchungen von NÄGELI, ELFVING und vor allem MOLISCH wissen wir, daß das Vorkommen von Stärke im Pollen keineswegs eine seltene Erscheinung ist. Sehr interessant ist nun LIDFORSS' Beobachtung, daß von etwa 140 untersuchten, in Skandinavien einheimischen Windblütlern alle einen sehr stärkereichen Pollen führen. LIDFORSS sieht hierin eine ökonomische Anpassung; die Anemophilen produzieren eine übermäßig große Anzahl Pollenkörner im Verhältnis zu ihren assimilierenden Blattflächen, und eine Materialersparung ist daher notwendig, die dadurch realisiert wird, daß die Stärke in den Pollenzellen vorläufig nicht in Öl übergeführt wird, bei welchem Prozeß ja Energie gebunden wird.

Von ganz spezieller Bedeutung für LIDFORSS sind jedoch die Anregungen, die er von seinem Lehrer in Jena, ERNST STAHL, erhalten hat. Einige seiner wichtigsten Arbeiten bewegen sich auch in derselben physiologisch-biologischen Richtung, wie sio für den genannten hervorragenden Forscher so charakteristisch ist. Sprach er doch immer mit besonderer Vorliebe von den in Jena zugebrachten Jahren. Hier hat er seine wichtigen Untersuchungen über die wintergrüne Flora begonnen, auf welche Frage er während der folgenden Jahre immer wieder zurückkommt. Diese Untersuchungen, die erst 1907 unter dem Titel „Die wintergrüne Flora, eine biologische Untersuchung" zu einem gewissen Abschluß kamen, bilden wohl die wichtigste Forschungsarbeit von LIDFORSS. Die Disposition dieser Arbeit ist geradezu musterhaft, die Problemstellung ist kurz und bestimmt, und die vorliegenden Fragen werden in einer einfachen und überaus klaren Weise behandelt. Ausgangspunkt seiner Betrachtungen sind u. a. die Beobachtungen, die KJELLMANN in den arktischen Gegenden gemacht hat, daß die dort lebenden Pflanzen mit äußeren Schutzmitteln gegen Kälte in sehr geringem Grade ausgerüstet sind, weshalb der hauptsächliche Kälteschutz wahrscheinlich im Plasma selbst zu suchen sei.

Indessen ist es LIDFORSS aufgefallen, daß die Blätter zahlreicher wintergrüner Pflanzen unseres Klimas während des Winters in einem anscheinend lebenskräftigen Zustande sich befinden, so daß dieselben Blätter beim Eintritt des Frühlings wieder anfangen zu assimilieren. Andererseits sieht man oft, wie eben solche Pflanzen, deren Blätter die Winterkälte gut vertragen haben, im

Frühling oft bei relativ niedriger Temperatur absterben. Als Hauptthema seiner Arbeit bot sich ihm demnach die Frage: worauf beruht es, daß gewisse Pflanzen vollständig gefrieren können, ohne ihre Vitalität zu verlieren, während andere auch bei sehr geringer Eisbildung zugrunde gehen?

Als erstes wichtiges Resultat seiner Untersuchung fand nun LIDFORSS, daß die Blätter der betreffenden Pflanzen während der kalten Jahreszeit durchgängig stärkefrei, aber zuckerreich sind; also ungefähr dasselbe Resultat, wie es MÜLLER-THURGAU, FISCHER u. a. früher an anderen Pflanzenorganen gefunden hatten. Über die eventuelle Bedeutung dieser Stoffmetamorphosen als Kälteschutz haben jedoch diese und andere Forscher, die das gleiche Thema behandelt haben, keine Ansicht ausgesprochen. Im Anschluß an die von STAHL aufgestellte Unterscheidung der Blätter, von physiologischem Gesichtspunkt aus, in Stärkeblätter und Zuckerblätter, von denen jene für die besonders kräftig transpirierenden, diese aber für die schwach transpirierenden Pflanzen charakteristisch sind, untersuchte LIDFORSS die Frage, ob die Blätter der wintergrünen Pflanzen, die im Winter auf einem physiologisch sehr trockenen Substrat wachsen, vielleicht eigentlich den saccharophyllen Typen angehören. Durch Heranziehung eines umfassenden Untersuchungsmaterials kam er zu dem Schluß, daß bei den untersuchten Pflanzen, die dem skandinavischen und norddeutschen Florengebiet angehören, eine Art Saison-Chemismus vorliegt. Im Winter 1897-98 unternahm LIDFORSS eine Reise nach Ober-Italien, um die wintergrüne Vegetation eines südlicher gelegenen Florengebietes zu untersuchen. Es zeigte sich, daß auch in diesem Gebiete mit so mildem Winterklima ganz analoge Stoffumwandlungen sich vollziehen. Auch die submerse Flora hat er in bezug auf die nämlichen Verhältnisse untersucht. In den konstant submersen Pflanzen, wie *Elodea, Stratiotes* u. a., wird die aufgespeicherte Stärke im Winter, wo das Wasser in tieferen Schichten normal nicht gefriert, nicht aufgelöst, während in den gewissermaßen amphibischen Wasserpflanzen, wie *Ranunculus Lingua*, welche im Frühjahr normale Luftsprosse entwickeln, bei andauernder Kälte die Blattstärke in Zucker umgewandelt wird.

Um nun die biologische Bedeutung der winterlichen Zuckeranhäufung zu erklären, geht LIDFORSS von einer Beobachtung, die oft gemacht werden kann, aus, daß nämlich im zeitigen Frühjahr, wenn die Sonne die Pflanzen zu erwärmen beginnt, viele Pflanzen, die die Winterkälte gut vertragen haben, jetzt von den Nacht-

frösten stark geschädigt werden. LIDFORSS zeigt, daß nicht die
Erwärmung an und für sich die Schuld an dieser größeren Kälte⁻
empfindlichkeit trägt, denn Zweige, die im Dezember mehrere
Wochen in geheiztem Zimmer wuchsen, erwiesen sich ungefähr
ebenso unempfindlich gegen Kälte wie sonst. Im Dezember findet
aber bei Erwärmung noch keinerlei Stärkeregeneration statt, im
Frühjahr dagegen, wenn die Sonnenstrahlen die Blätter erwärmen,
öffnen sich die Spaltöffnungen, die Stärke wird regeneriert, und
nun ist die Kälteresistenz erheblich geschwächt. Diese Beobachtungen führen nun LIDFORSS zu dem Schluß, daß die gelösten
Kohlehydrate eine gewisse Schutzwirkung gegen die nachteiligen
Folgen der Kälte ausüben. Durch sinnreiche Versuche ist es ihm
gelungen, die Richtigkeit dieser Schlußfolgerung zu beweisen; so
z. B. zeigten Blätter, die auf künstlichem Wege Zuckerlösungen
aufgespeichert hatten, eine erheblich größere Kälteresistenz als die
Kontrollblätter.

Die nächste Frage war die, in welcher Weise der durch
Zucker bewirkte Kälteschutz zustande kommt. Im allgemeinen
wird, wie LIDFORSS mit GORKE (1906) annimmt, das Erfrieren
der Pflanzen durch eine Ausfällung von Eiweißstoffen veranlaßt,
die von den Mineralsalzen der Zelle herbeigeführt wird, wenn der
Zellsaft eine gewisse Konzentration erreicht. Eine solche Konzentration tritt aber ein, wenn bei der Abkühlung Wasser aus der
Zelle herausfriert. Auf Grund der Resultate einiger Versuche mit
Erfrieren salzhaltiger Eiweißsubstanzen mit und ohne Zusatz von
Zucker kommt LIDFORSS endlich zu dem interessanten Schluß,
daß der Zucker das Plasma gegen Erfrieren schützt, indem er die
sonst beim Gefrieren eintretende Denaturierung der im Plasma
erhaltenen Eiweißkörper verhindert.

In einer kleineren Arbeit über den biologischen Effekt des
Anthocyans hat er einen Fall geschildert, der eine sehr schöne
Bestätigung seiner Anschauungen liefert: eine rotblätterige Form
von *Veronica hederaefolia* hatte im Frühling, als kalte Nächte auf
warme Tage folgten, sehr durch die Kälte gelitten, während die
grüne Normalform gut aushielt. Durch das Anthocyan tritt eine
starke Erwärmung der Blätter ein, dadurch wird die Stärkeregeneration gefördert, und durch den so auftretenden Zuckerverlust
nimmt die Widerstandsfähigkeit gegen Kälte ab. Seine Experimente haben diese Annahme auch bestätigt. Dies hindert nicht,
daß in anderen Fällen das Anthocyan als wärmeabsorbierendes
Mittel im Sinne STAHLs eine große Bedeutung erlangen kann,

weil die Pflanzen dadurch in den Stand gesetzt werden, noch bei
Temperaturen zu assimilieren, bei denen die grünblätterigen Formen
dies nicht mehr tun können.

Der physiologischen Natur der von VÖCHTING zuerst beobachteten sogenannten psychroklinischen Bewegungen hat LIDFORSS
in einigen Arbeiten 1901, 1902 und 1908 eingehende Untersuchungen gewidmet. LIDFORSS gebührt das Verdienst, die experimentelle Analyse dieser biologisch sehr interessanten Phänomene
geliefert zu haben. Er kommt zu dem Schluß, das die psychro-
klinisch reagierenden Sprosse bei niederen Temperaturen diageo-
tropisch, bei höheren dagegen negativ geotropisch reagieren; zugleich tritt, aber nur am Licht, eine starke Epinastie auf. Unter
der Bezeichnung Psychroklinie werden, wie LIDFORSS zeigt, sehr
verschiedenartige Phänomene zusammengefaßt, die durchaus nicht
physiologisch gleichwertig sind. Eine anatomische Untersuchung
lehrt, daß auch hier bewegliche Stärke vorkommt, ganz den Anforderungen der NĚMEC-HABERLANDTschen Statolithentheorie entsprechend.

Schon als junger Student interessierte sich LIDFORSS für das
Studium der polymorphen Gattung *Rubus*, zuerst nur von rein
floristischem Gesichtspunkt aus. Aber bald hat er mit experimentellen Kulturen von *Rubus*-Arten angefangen, in der Absicht,
die Verwandtschaft der zahllosen Formen zu erforschen. Auch
Kreuzungsversuche wurden gemacht und die Nachkommen der
Bastarde genau verfolgt. 1905 wurden die ersten Resultate seiner
Erblichkeitsforschungen publiziert, und im Jahre 1907 ist ein ausführlicher Bericht der bis dahin gewonnenen Resultate erschienen.
Wenn man bedenkt, daß bei *Rubus* eine Generation mindestens
drei Jahre dauert, daß LIDFORSS unter sehr ungünstigen Verhältnissen arbeitete, daß seine Kulturen aus Mangel an einem
geeigneten Versuchsgarten nur in kleinem Maßstabe ausgeführt
werden konnten und daher nur langsam fortgeschritten sind, und
viele Kulturen außerdem sehr schlecht gediehen und ausstarben,
so muß man die zielbewußte Energie und die Geduld LIDFORSS'
bewundern. Glücklicherweise hat LIDFORSS vor seinem Tode ein
Manuskript über die neuesten Resultate seiner wichtigen *Rubus*-
Forschungen zum Abschluß bringen können, das wohl über diese
während mehr als 15 Jahre genau verfolgten Versuche näheren
Aufschluß bringen wird. In dem Folgenden sollen nun in aller Kürze
die wichtigsten Resultate von LIDFORSS' *Rubus*-Untersuchungen
angeführt werden. Zuerst kann er konstatieren, daß eine große
Anzahl von *Rubus*-Arten sich in einem Stadium der Mutation

befinden, in Analogie mit den von DE VRIES bei *Oenothera* gefundenen Verhältnissen. Ganz besonders unter den Bastarden treten neue Merkmale auf, die als Bastardmutationen gedeutet werden. Sehr interessant sind die Angaben über das Vorkommen von „falschen Hybriden". Bemerkenswert ist, daß er bei der Kombination *R. caesius* und *R. polyanthemos* niemals echte Bastarde erhielt, dagegen über hundert „falsche Bastarde". Da die *Rubus*-Arten ohne Bestäubung nie Samen bilden können, so ist es nicht möglich, diese Bildung von mutterähnlichen Bastarden einfach als durch Apogamie hervorgerufen zu erklären. Am wahrscheinlichsten ist die Erklärung, nach LIDFORSS, daß diese „falschen Bastarde" aus einer Art Pseudogamie hervorgegangen sind, die durch den Reiz der Pollenschläuche ausgelöst wird. Er wollte selbst diese Frage durch zytologische Untersuchungen näher beleuchten, aber der Tod hat es ihm nicht vergönnt.

Wenn man jetzt, nach den neuen Erfahrungen auf dem Erblichkeitsgebiet, die Resultate seiner vieljährigen *Rubus*-Untersuchungen überblickt, so ist wohl nicht ganz außer Frage zu lassen, daß viele seiner als Mutanten beschriebenen Formen vielleicht als Neukombinationen bei Bastardspaltungen zu deuten sind. Sicher werden die nachgelassenen Aufzeichnungen LIDFORSS', die schon in Korrektur vorliegen, hierüber nähere Auskunft geben.

In einer Darstellung der wissenschaftlichen Bedeutung LIDFORSS' darf eine andere Seite seiner schriftstellerischen Tätigkeit nicht vergessen werden, nämlich seine ausgezeichneten populärwissenschaftlichen Schriften. In seinen in schwedischer Sprache geschriebenen Naturwissenschaftlichen Plaudereien, „Naturvetenskapliga kåserier", hat er den skandinavischen Ländern einen wirklichen Schatz von überaus schön und klar geschriebenen Schilderungen der neueren Fortschritte der biologischen Wissenschaften, und ganz besonders der Botanik, hinterlassen. Seine Schilderungen sind stets frei von den leider allzu oft in dergleichen Schriften vorkommenden pathetischen Phrasen über die Wunder und Schönheiten der Natur, klar und distinkt und dennoch fesselnd geschrieben. Dazu trägt wohl auch eine andere Seite seiner reichen Begabung bei, die hier nur angedeutet werden soll, nämlich sein in bestem Sinne journalistischer Stil, welcher zusammen mit einer stets gewahrten Achtung vor wissenschaftlicher Exaktheit seinen Schilderungen einen eigenartigen Reiz verlieh.

Botanische Veröffentlichungen.

1885. Några växtlokaler till Skånes Flora. Botaniska Notiser. Lund.
1890. Växternas skyddsmedel emot yttervärlden. Verdandis Småskrifter. Uppsala.
1892. Über die Wirkungssphäre der Glukose- und Gerbstoffreagentien. K. Fysiografiska Sällskapets Handlingar, Bd. 4. Lund.
1893. Studier öfver elaiosferer i örtbladens mesofyll och epidermis. Ibid. Bd. 4.
1896. Zur Biologie des Pollens. Jahrb. f. wissensch. Botanik, Bd. XXIX.
— Zur Physiologie und Biologie der wintergrünen Flora. Vorl. Mitteilung. Botan. Centralbl., Bd. LXVIII.
1897. Zur Physiologie des pflanzlichen Zellkernes. K. Fysiogr. Sallsk. Handl., Bd. 7. Mit 1 Tafel.
1898. Über eigenartige Inhaltskörper bei Potamogeton praelongus. Botan. Centralbl., Bd. LXXXIV.
1899. Weitere Beiträge zur Biologie des Pollens. Jahrb. f. wiss. Botanik, Bd. XXXIII.
— Batologiska iakttagelser. Öfversigt K. Vet. Akademiens Handl. 1899, Nr. 1, Stockholm.
— Über den Chemotropismus der Pollenschläuche. Vorl. Mitteilung. Ber. d. deutsch. bot. Gesellsch., Bd. XVII.
1901. Några fall af psykroklini. Bot. Notiser. Lund.
— Batologiska iakttagelser. II. Öfversigt K. Vet. Akad. Handl. Stockholm
— Studier öfver pollenslangarnes irritationsrörelser I. K. Fysiogr. Sällska. Handl. Bd. 12, Nr. 4. Lund.
1902. Über den Geotropismus einiger Frühjahrspflanzen. Jahrb. f. wiss. Botanik. Bd. XXXVIII. Mit 8 Tafeln.
1904. Über die Reizbewegungen der Marchantiaspermatozoiden. Jahrb. f. wiss. Botanik, Bd. XLI.
1905. Studier öfver artbildningen hos släktet Rubus. K. Vetensk. Akademiens Arkiv f. bot. Bd. 4. Stockholm.
— Über die Chemotaxis der Equisetumspermatozoiden. Ber. d. deutsch. bot. Gesellsch. Bd. 28.
1906. Studier öfver pollenslangarnes irritationsrörelser II. K. Fysiogr. Sällskapets Handl. Bd. 16, Nr. 6. Lund.
1907. Studier öfver artbildningen hos släktet Rubus II. K. Vet. Akademiens Arkiv f. bot. Stockholm. Mit 16 Tafeln.
— Die wintergrüne Flora. Eine biologische Untersuchung. K. Fysiogr. Sällsk. Handlingar N. F. Bd. 2. Lund. Mit 4 Tafeln.
— Über das Studium polymorpher Gattungen. Bot. Notiser Lund.
1908. Über kinoplasmatische Verbindungsfäden zwischen Zellkern und Chromatophoren. K. Fysiogr. Sällsk. Handl. N. F. Bd. 19. Lund. Mit 2 Tafeln.
— Weitere Beiträge zur Kenntnis der Psychroklinie. Ibidem, N. F. Bd. 19. Lund.
— Untersuchungen über die Reizbewegungen der Pollenschläuche. I. Der Chemotropismus. Zeitschr. f. Botanik. Bd. 1. Mit 1 Tafel.
1909. Über den biologischen Effekt des Anthocyans. Bot. Notiser. Lund.
1911. BENGT JÖNSSON. Nachruf. Ber. d. deutsch. bot. Gesellsch., Bd. XXIX.
1912. Über die Chemotaxis eines Thiospirillum. Ber. d. deutsch. bot. Gesellsch., Bd. XXX.

H. Potonié.

Von

W. GOTHAN.

(Mit Bildnis.)

———

Am 28. Oktober 1913 starb in Lichterfelde bei Berlin der
Königl. Landesgeologe Prof. HENRY POTONIÉ nach langem
schweren Krankenlager. Er war am 16. November 1857 in Berlin
geboren, wo sein Vater, der auch als Schriftsteller hervorgetreten

ist, die Vertretung einer größeren Pariser Firma hatte. Jedoch
bereits in seinem fünften Jahre kam er zur weiteren Erziehung
nach Paris. Seine Familie war französisch, und er wurde nun zunächst ganz als Franzose erzogen und besaß auch die französische
Nationalität. Jedoch währte der Aufenthalt in Paris nicht allzu
lange, denn bald nach dem Ende des deutsch - österreichischen
Krieges 1866 schickte sein Vater die Familie wieder nach Berlin,
in der Voraussicht des kommenden deutsch-französischen Krieges,
und weil er Berlin „für den sichersten Platz der Welt" hielt.
Seitdem hat H. POTONIÉ Deutschland nie mehr auf längere Zeit
verlassen und erlangte auch die deutsche Nationalität. Schon früh

befaßte er sich mit den Naturwissenschaften und speziell mit der
Botanik, in der ihn zunächst am meisten die Floristik anzog. So
wandte er sich dann nach der Absolvierung der Schulzeit der Botanik als Fachstudium zu und studierte von 1878 – 1881 in Berlin
besonders Botanik. Bereits 1880 wurde er zweiter Assistent am
Königl. Botanischen Garten in Berlin unter EICHLER und blieb
dort bis gegen Ende 1883. Seine Promotion fällt in das Jahr 1884.
Er kam mit der Königl. Geologischen Landesanstalt in Fühling,
trat bald ganz zu dieser über und widmete sich von der Zeit an
dem Studium der fossilen Pflanzen, dem er in erster Linie seinen
Ruf verdankt. 1891 wurde er Dozent für Paläobotanik an der
Königl. Bergakademie und 1898 Bezirksgeologe. Bald darauf (1900)
erhielt er den Professortitel und 1901 habilitierte er sich für Paläobotanik an der Universität auf Wunsch der philosophischen Fakultät. In demselben Jahre wurde er Königl. Landesgeologe.
Noch während seines Krankenlagers, im Sommer 1913, erfolgte
seine Ernennung zum Geheimen Bergrat. Der Deutschen botanischen Gesellschaft gehörte er seit der Zeit ihrer Gründung an.
Wie sich aus dem Vorigen ergibt, war die erste Periode seiner
wissenschaftlichen Tätigkeit etwa bis zum Jahre 1890 durch die
Beschäftigung mit der Botanik ausgefüllt. Seine Dissertation beschäftigt sich mit der Anatomie der Leitbündel der Farne, also
mit den Gewächsen, die ihn durch ihre fossilen Vertreter sein
ganzes Leben hindurch intensiv interessiert haben. Außer kleinen Veröffentlichungen, die wir hier nicht weiter nennen wollen,
fällt in diese Periode das Erscheinen seiner auf Veranlassung
EICHLERs verfaßten „Illustrierten Flora von Nord- und Mittel-
deutschland", deren erste Auflage 1885 erschien und die in ziemlich kurzen Zeiträumen vier Auflagen erlebte; nach längerer Pause
konnte er sie dann in neuem Gewande in der fünften und noch
auf dem Krankenbette in der sechsten Auflage bearbeiten. Seinerzeit ebenfalls ziemlich bekannt waren seine Elemente der Botanik,
die von 1889 bis 1894 in drei Auflagen erschienen.

Suchen wir nunmehr einen Überblick über seine weit be-
kannteren paläobotanischen Leistungen und Veröffentlichungen zu
gewinnen. Als Botaniker mußten ihn naturgemäß die fossilen
Pflanzen als Vorgänger der heutigen Pflanzenwelt besonders interessieren, und dies um so mehr, als bei ihm eine ausgesprochene
philosophische Veranlagung hinzukam, die ihn befähigte und bestimmte, große Züge in der Entwicklung der Pflanzenwelt zu
erfassen und in phylogenetischem und morphogenetischem Sinne
zu erkennen und zu verwerten. Er verstand es wie selten einer,

diese großen Zusammenhänge zu übersehen und mit prinzipiellen Gedanken zu durchtränken. Auf diesen Zweig seiner Tätigkeit hat er selbst stets den größten Wert gelegt. Seine Anschauungen über die Herkunft der höheren Pflanzen von wasserbewohnenden Gabel-algen hat er in zahlreichen kleineren Aufsätzen niedergelegt, von denen die wichtigsten sind: „Ein Blick in die Geschichte der bo-tanischen Morphologie und die Perikaulomtheorie", 1903 und „Die Grundlinien der Pflanzen-Morphologie", 1912. Er nahm an, daß die Entwöhnung der als Gabelalgen von *Fucus*-Charakter gedachten Primitiv-Pflanzen an das Landleben die Umwälzungen allmählich hervorgerufen habe, die zum Aufstieg der Pflanzenwelt zu den späteren Höhepunkten führte. Die GOETHE-BRAUNsche Morpho-logie, die Stengel und Blatt als etwas Konträres auffaßte, verwarf er und leitete den beblätterten Sproß ab von den genannten Gabel-stücken durch sukzessive Übergipfelung von Gabelteilstücken, wo-durch dem übergipfelnden Teil Achsennatur, dem übergipfelten Teil Blattnatur zugewiesen wurden. Den Stengel der höheren Pflanzen dachte er sich entstanden durch Verwachsung der Blatt-basen, die den Urstengel, das „Urcaulom", umgaben; hierher rührt der Name Perikaulomtheorie. Als besonders wichtige Stützen er-schienen ihm hier die Stämme der carbonischen Lepidophyten, die Lepidodendren und Sigillarien, bei denen man das von ihm ange-nommene Verhältnis noch deutlich ausgeprägt sieht.

Seine eigentliche paläobotanische Tätigkeit konzentrierte sich in erster Linie auf die Steinkohlen-Flora, mit der er sich als Be-amter der geologischen Landes-Anstalt eines der kohlenreichsten Länder auch aus praktischen Gründen, nämlich zur Gewinnung einer horizontierenden Vergleichung der verschiedenen Kohlen-becken bewogen sah. Seine Veröffentlichungen über die Stein-kohlenpflanzen sind sehr zahlreich, und ein Teil davon ist in dem hinten folgenden Schriftenverzeichnis aufgeführt. Am wichtigsten und bekanntesten sind seine „Flora des Rotliegenden von Thü-ringen", 1893, seine „Silur- und Kulmflora des Harzes und des Magdeburgischen" 1901, dann die von ihm begonnenen (1903) und bis jetzt in 9 Lieferungen erschienenen „Abbildungen und Be-schreibungen fossiler Pflanzenreste", 1903—13. Eine Frucht seiner Tätigkeit für die Zwecke der Geologie ist seine „Floristische Glie-derung des deutschen Carbons und Perms", 1896. Auch sein „Lehr-buch der Pflanzen-Paläontologie", 1897—1899, beschäftigt sich zum weitaus größten Teile mit den Steinkohlenpflanzen, während die Pflanzen der übrigen Perioden ihm ferner lagen, wiewohl er auch über mesozoische und tertiäre Flora einiges veröffentlicht

hat. Unter den Steinkohlenpflanzen selbst lagen ihm, wie schon
vorn bemerkt, in erster Linie die Farne (einschließlich der heute
als Pteridospermen bezeichneten) am Herzen, die deswegen auch
in seinem Lehrbuch einen außerordentlich breiten Raum einnehmen. Auch sonst hat er über sie in Spezial-Abhandlungen eingehendere Studien veröffentlicht.

Die häufige Beschäftigung mit den Steinkohlenfloren führte
POTONIÉ zu einem weiteren Hauptzweig seiner wissenschaftlichen
Tätigkeit, zu der Beschäftigung mit dem Problem des wertvollsten
Produktes, das uns die fossilen Floren und speziell die Steinkohlen-
flora hinterlassen haben, nämlich mit den Kohlen. Die Entstehungsweise der Stein- und Braunkohlen von geologisch-biologischem
Standpunkt aus hat POTONIÉ über ein Vierteljahrhundert beschäftigt,
und seine Erfolge auf diesem Gebiete haben ihn auch in rein geologischen Kreisen noch bekannter gemacht, als dies seine paläobotanische Tätigkeit vermocht hat. Insbesondere war es die noch
im letzten Viertel des vorigen Jahrhunderts recht unklare Frage
von der Autochthonie und Allochthonie der Kohlenlager, die vorher durch die Arbeiten der französischen Forscher, namentlich
FAYOLs und GRAND' EURYs, in den Vordergrund des Interesses
gerückt war. POTONIÉ hat selbst unter Führung der beiden
Genannten das von FAYOL als Modell eines Kohlenbeckens mit
allochthonen Kohlenlagern bearbeitete Vorkommen von Commentry
besucht, ohne sich mit den Anschauungen der Franzosen identifizieren zu können. Vielmehr war ihm schon damals — worauf
allerdings schon längere oder kürzere Zeit vor ihm Männer wie
BEROLDINGEN, BRONGNIART, GÖPPERT und GÜMBEL hingewiesen
hatten — klar geworden, daß wenigstens die Überzahl der fossilen
Kohlenlager mit den heutigen Torfmooren zu vergleichen sei und
deswegen autochthonen Ursprungs seien. Die erste bemerkenswerte
Arbeit auf diesem Gebiet, betitelt: Über Autochthonie von Carbonkohlenflözen und des Senftenberger Braunkohlenflözes (1896; eine
kleinere Arbeit darüber schon 1893) führte einerseits für die bekannten Senftenberger Braunkohlenflöze mit ihren aufrechten
Stammstümpfen, andererseits für Steinkohlenflöze, besonders Ober-
schlesiens, den Beweis der Autochthonie. Bei den genannten
Braunkohlenvorkommen stützte er sich auf die offensichtlich in
situ befindlichen Braunkohlenstämme, bei den Steinkohlenflözen in
erster Linie auf den regelmäßig an vielen Stellen im Liegenden
der Flöze nachweisbaren Stigmarienboden (Underclay), auf dessen
Bedeutung in Amerika schon LOGAN und ROGERS hingewiesen

hätten. Er betonte besonders unter Zuhilfenahme der Anatomie
der Stigmarien, daß diese Stigmarienböden unmöglich anders als
autochthon aufgefaßt werden könnten, und daß nach Analogie
unserer Torflager, die ebenfalls über autochthonen Wurzelböden
liegen, die überlagernden Flöze ebenfalls autochthon sein müßten.
    Mit der Zeit erweiterte er seine Studien auf die brennbaren
organogenen Gesteine überhaupt, die er unter dem Namen Kaustobiolithe zusammenfaßte. Hierzu gehören außer den Torflagern,
mit denen er sich als den lebenden Analoga der fossilen Kohlenlager schon früh eingehender befaßte, zunächst die verschiedenen
Arten der Braunkohlen, ferner gewisse Abarten der Steinkohlen
(Kannel- und Bogheadkohlen) auch die bituminösen Gesteine im
weitesten Sinne, z. B. der tertiäre Dysodil, die bituminösen Kalke
und Schiefer und auch die Diatomeenerden. Das wichtigste Ergebnis der auf alle diese Bildungen bezüglichen Studien ist seine
Klassifikation der Kaustobiolithe, die er in die drei Hauptgruppen der
1. Sapropelite (Faulschlammgesteine), 2. Humusgesteine und 3.
Liptobiolithe einteilte. Zu den Sapropeliten wurde er zunächst
durch Studien an ganz jungem Material geführt; er erkannte, daß
die durch das öl- und fettreiche Pflanzen- und Tierplankton ge-
lieferten schlammigen Ablagerungen, die auch oft mit Mineralsub-
stanz gemischt auftreten, sich von den Torfen, also Humusgesteinen,
in ähnlicher Weise unterscheiden wie die bituminösen Gesteine
und die Kannel- und Bogheadkohlen einerseits von den Humus-
kohlen andererseits. Erleichtert wurden ihm diese Arbeiten allerdings bedeutend durch die früheren Untersuchungen BERTRANDs
und RENAULTs über die Bogheads. Die Liptobiolithe schließlich
umfassen die besonders harz- und wachsreichen Kohlen und Gesteine, meist jüngeren Alters. Der Name bedeutet: zurückgelassene
Gesteine, wobei POTONIÉ die Anschauung vorschwebte, daß durch
Aufbereitungs- und Verwitterungs-Prozesse in den betreffenden
Kohlen der Harz- und Wachsgehalt angereichert wurde. Seine
Untersuchungen über die Kaustobiolithe hat er in dem vor einigen
Jahren (1910) in 5. Auflage erschienenen Werk „Die Entstehung
der Steinkohle" zusammengefaßt. Seine gerade in den letzten
Jahren mit doppeltem Eifer betriebenen Studien über die Moore
und jüngeren Humuslagerstätten überhaupt hat er in einem dreibändigen Werk veröffentlicht „Die rezenten Kaustobiolithe und
ihre Lagerstätten" 1907 bis 1912. Bei den Mooruntersuchungen
legte er das Schwergewicht auf die biologische Seite und hat außer
den bisher unterschiedenen Hoch-, Zwischen- und Flachmooren

noch Unterstadien der Flach- und Hochmoore unterschieden. Ein
näheres Eingehen auf diese Punkte müssen wir uns leider ver-
sagen. Wie sehr ihm durch seine Studien die Moore lieb geworden
waren, zeigt er auch durch seine Bemühungen, diese so arg ge-
fährdeten und gegen äußere Einflüsse so empfindlichen Pflanzen-
formationen zu schützen. So ist er stets energisch für die Erhaltung der kleinen Moore im Grunewald bei Berlin eingetreten,
was allerdings bei der fortwährenden Ausbreitung der Riesenstadt
von vornherein eine verlorene Sache war. Dagegen hat in erster
Linie auf sein Betreiben das Landwirtschafts-Ministerium die Erhaltung des riesigen Zehlau-Moores in Ostpreußen wenigstens bis
auf weiteres zugesagt. In dieser Provinz bewegten sich in den
letzten Jahren seine Studien mit Vorliebe, da hier an verschiedenen
Stellen die ursprüngliche Moorvegetation sich noch am wenigsten
verändert erwies. Leider scheint es, als ob diese Moorstudien mit
den Keim zu seinem frühen Ende gelegt haben. Er zog sich dabei Malaria zu, die er, rücksichtslos gegen sich selbst, wie er war,
vernachlässigte, und die schließlich in unheilbare Leukämie aus-
artete, die ihn so lange auf ein qualvolles Krankenlager fesselte.
So ist ihm leider auch das Schicksal nicht erspart geblieben, daß
er an so manchem Naturforscher bedauerte, nämlich durch seine
eigenen Studien selbst an der Gesundheit geschädigt zu werden.

Das Feld der Tätigkeit dieses ungewöhnlich vielseitigen und
rastlos tätigen Mannes ist damit nicht erschöpft. Gerade in weiteren
Kreisen ist er durch seine populär wissenschaftliche Tätigkeit vielleicht noch bekannter denn als eigentlicher Gelehrter. Im Jahre
1888 gründete er die seitdem von ihm geleitete „Naturwissenschaft-
liche Wochenschrift" die zuletzt im Verlage von GUSTAV FISCHER in
Jena erschien. Zahllos sind die populären Artikel aus seinem
Forschungsgebiet, die er selbst in dieser Zeitschrift veröffentlicht
hat, die sie zu hohem Ansehen gebracht hat. Außerdem erschienen
von ihm früher auch einzelne populäre Sonderschriften, wie in
BERNSTEINs Volksbüchern u. a. m. Schließlich dürfen wir nicht
seiner philosophischen Tätigkeit und der dahin gehörigen Schriften
vergessen, auf die er selbst immer großen Wert gelegt hat. Wir
hatten vorn schon auf seine philosophische Veranlagung hingewiesen, die sich bereits in der letzten Zeit seiner Schulzeit bei ihm
zeigte. Seine philosophischen Schriften beschränkten sich im allgemeinen auf kürzere im Plauderton gehaltene, nichtsdestoweniger
sehr gehaltvolle Essays, die meist in der naturwissenschaftlichen
Wochenschrift erschienen. Schon lange hatte er diese Plaudereien

sammeln wollen, jedoch erst während seines Krankenlagers ist er dazu gekommen, diese zu einem bei FISCHER in Jena erschienenen Buche zusammenzustellen. Als Philosoph bekannte er sich zur positivistischen Richtung, und besonders AVENARIUS und seine Schule zählten ihn zu seinen Anhängern. Noch vor kurzem beteiligte er sich an der Gründung der „Gesellschaft für positivistische Philosophie", deren Vorstand er angehörte.

Am Schluß sei hier ein Verzeichnis der wichtigsten Schriften H. POTONIÉs in chronologischer Reihenfolge gegeben.

1880. Über die Bedeutung der Steinkörper im Fruchtfleisch der Birnen und der Pomaceen überhaupt. Kosmos.

1881. Anatomie der Lenticellen der Marättiaceen. Jahrb. Kgl. Bot. Mus. Berlin

1883. Über die Zusammensetzung der Gefäßbündel bei den Gefäßkryptogamen. Jahrh. Kgl. Bot. Garten u. Museum. Bd. II, S. 1.–46, t. VIII. Zugleich Dissertation.)

1885. Illustrierte Flora von Nord- und Mittel-Deutschland mit einer Einführung in die Botanik. 1.—4. Auflage bei J. SPRINGER, Berlin. 5. u. 6. Aufl. (1910 u. 1918) bei G. FISCHER in Jena mit getrenntem Text und Atlas.

1886. Die Entwickelung der Pflanzenwelt Norddeutschlands in den verschiedenen Zeitepochen, besonders seit der Eiszeit. Slg. gemeinverst. wissensch. Vortr. von VIRCHOW & HOLTZENDORF. N. F. H. 11. Hamburg, J. F. RICHTER.

1887. Aus der Anatomie lebender Pteridophyten und von Cycas revoluta. Abhandl. Kgl. Pr. Geol. Landesanstalt., 1887, p. 296—322, t. XVI—XXI.

1888. Über die fossile Pflanzengattung Tylodendron. Jahrb. Kgl. Preuß. Geol. Landesanst. für 1887 (1888), p. 811—331, t. XII—XIIIa.

1890. Der im Lichthof der Kgl. Geolog. Landesanstalt und Bergakademie aufgestellte Baumstumpf mit Wurzeln aus dem Karbon. Jahrb. Kgl. Preuß. Geolog. Landesanst. für 1889, p 246—257. t. XIX—XXII, 1890.

1890—1893. Über einige Karbonfarne. I—IV. Jahrbuch Kgl. Preuß. Geol. Landesanst. für 1889, p 21—27, t. II—V, 1890 (Teil I). Ebenda für 1890, p. 11—89, t. VII—IX, 1891 (Teil II). Ebenda für 1891 (1892), p. 1—36, t. I—IV (Teil III). Ebenda für 1892 (1893), p. 1—11, t. I--III (Teil IV).

1892. Der äußere Bau der Blätter von Annularia stellata (Schloth.) Wood mit Ausblicken auf Equisetites zeaeformis (Schloth.) Andrae und auf die Blätter von Calamites varians Sternberg. Ber. Deutsch. Bot. Ges., Bd. X, p. 561—568. (Über denselben Gegenstand auch an anderen Stellen.)

1898. Anatomie der beiden „Male" auf dem unteren Wangenpaar und der beiden Seitennärbchen der Blattnarbe des Lepidodendreen-Blattpolsters. Ber. Deutsch. Bot. Ges.. Bd. XI, p. 319—326, t. XIV. (Auch an anderer Stelle über dasselbe.)

— Die Flora des Rotliegenden von Thüringen. Abhandl. Kgl. Preuß. Geol. Landesanst. N. F., H. 9, T. II.

— Die Zugehörigkeit von Halonia. Ber. Deutsch. Bot. Ges. Bd. XI, p. 485—493, T. XXIII z. T.

— *Folliculites kaltennordheimensis* und *F. carinatus*. Neues Jahrb. Min. Geol. Pal. 1898, II, p. 86—113, t. V—VI.

1894. Die Wechselzonenbildung bei Sipillarien, Jahrb. Kgl. Preuß. Geolog. Landesanst. für 1893, p. 24—67, t. III—V, Berlin 1894.

— Über die Stellung der Sphenophyllaceen im System. Ber. Deutsch. Bot. Ges, Bd. XII, H. 4, 1894, p. 97—100.

1895. Die Beziehungen zwischen dem echt gabeligen und dem fiedrigen Wedelaufbau der Farne. Ber. Deutsch. Bot. Gesellsch. Bd. XIII, p. 244—257.

1896. Die Beziehung der Sphenophyllaceen zu den Calamariaceen. N. Jahrb. Min. Geol. Palaeont. 1896, II, p. 141—156.

— Über Autochthonie von Carbonkohlenflözen und der Senftenberger Braunkohlenflöze. Jahrb. Kgl. Preuß. Geol. Landesanst. für 1895, p. 1—31, t. III u. IV, Berlin 1896.

— Die floristische Gliederung des Deutschen Carbons und Perms. Abhandl. Kgl. Preuß. Geol. Landesanst. N. F., H. 21.

1897—1899. Lehrbuch der Pflanzenpalaeontologie. DÜMMLERs Verlag, Berlin.

1897. Die Metamorphose der Pflanzen im Lichte palaeontologischer Tatsachen. Naturwiss. Wochenschr. Bd. 12, p. 608—615; auch Separat.

— Die Pflanzenwelt unserer Heimat sonst und jetzt. BERNSTEINs naturwiss. Volksbücher. 5. Aufl. 1898.

1899. Eine Landschaft der Steinkohlenzeit. Mit Text. GEBR. BORNTRAEGER, Leipzig.

— Abstammungslehre und Darwinismus. (BERNSTEINs naturwiss. Volksbücher. 18). Berlin, FERD. DÜMMLER.

1900. Fossile Pflanzen aus Deutsch- und Portugiesisch-Ostafrika. In: BORNHARDT, Zur Oberflächengestaltung und Geologie von Deutsch-Ostafrika, p. 1—19.

1901. Die von den fossilen Pflanzen gebotenen Daten für die Annahme einer allmählichen Entwickelung vom Einfachen zum Verwickelteren. Naturwiss. Wochenschr. N. F., Bd. I, p. 4—8 (auch Separat). (Zugleich Habilitationsvorlesung.)

— Die Silur- und Culmflora des Harzes und des Magdeburgischen. Abhandl. Kgl. Preuß. Geolog. Landesanst. Berlin, N. F., H. 36.

— Bearbeitung der fossilen Farne, Cycadofilices, Lepidophyten usw. in ENGLER-PRANTL, Die natürlichen Pflanzenfamilien, Teil I, Bd. 4.

1902. Die Art der Untersuchung von Carbonbohrkernen auf Pflanzenreste. 1902. Naturwiss. Wochenschr., N. F., Bd. I, p. 265—270. Auch Separat. Jena 1902.

— Erwiderung auf Prof. WESTERMAIERs Besprechung meiner Rede über die von fossilen Pflanzen gebotenen Daten usw. N. Jahrb. Min. Geol. Pal. 1902, Bd. II, p. 97—111.

— Die Pericaulomtheorie. Ber. Deutsch. Bot. Ges., Bd. XX, p. 502—520.

1903. Ein Blick in die Geschichte der botanischen Morphologie und die Pericaulomtheorie. Naturwiss. Wochenschr., N. F., Bd. II, S. 3—8, 13—15. Auch Separat. Jena 1903.

— Pflanzenreste aus der Juraformation. In: FUTTERER, Durch Asien, Bd. 3, Lief. 3, Berlin 1908.

— Zur Physiologie und Morphologie der fossilen Farn-Aphlebien. Ber. Deutsch. Bot. Ges., Bd. XXI, p. 152—165, t. VIII.

1903—1913. Abbildungen und Beschreibungen fossiler Pflanzenreste. Lief. I—IX. Herausgegeben von der Kgl. Preuß. Geol. Landesanstalt. Unter Mitwirkung von GOTHAN, FISCHER, KOEHNE, HÖRICH, FRANKE, HUTH u. a.

1904. Eine rezente organogene Schlammbildung von Cannelkohlentypus. Jahrb. Kgl. Preuß. Geol. Landesanstalt, Bd. XXIV, H. 3, p. 405—409.

— Flore Dévonienne de l'Etage H^{1a} de Barrande. (Mit BERNARD).

1905. Zur Frage nach den Urmaterialien des Petrolea. Jahrb. Kgl. Preuß. Geol. Landesanstalt, Bd. XXV, H. 2, p. 342—368.

— Die Entstehung der Steinkohle und verwandter Bildungen einschl. des Petroleums. GEBR. BORNTRAEGER, Berlin. — 5. Aufl., sehr erweitert 1910 unter dem Titel: Die Entsteh der Steink. und der Kaustobiolithe überhaupt. Ebenda. (Außerdem Einzelschriften darüber.)

1906. Klassifikation und Terminologie der rezenten brennbaren Biolithe und ihrer Lagerstätten. Abh. Kgl. Preuß. Geol. Landesanst., N. F., H. 49.

1906—1912. Vegetationsbilder der Jetzt- und Vorzeit. (Mit GOTHAN). J. F. SCHREIBER in Eßlingen. Bisher 5 Tafeln mit Text.

1906. Die Entwickelung der Pflanzenwelt. In: Weltall und Menschheit, p. 341—408. BONG & CIE., Berlin.

1907. Entstehung und Klassifikation der Tertiärkohlen. In: Handbuch für den Deutschen Braunkohlenbergbau von G. KLEIN, 1. Aufl. 1907, p. 1—17, 2. Aufl. 1912, p. 1—22.

1908—1912. Die rezenten Kaustobiolithe und ihre Lagerstätten. Bd. I: Die Sapropelite. 1908. Bd. II: Die Humusbildungen. 1911. Bd. III: Die Humusbildungen (Schluß) und die Liptobiolithe. 1912. Abhandl. Kgl. Preuß, Geol. Landesanst, N. F., H. 55, T. I—III. (Außerdem Einzelschriften darüber.)

1908. Zur Genesis der Braunkohlenlager der südlichen Provinz Sachsen. |Jahrb. Kgl. Preuß. Geol. Landesanst. für 1908, Bd. XXIX, T. I, H. 3, p. 539—550.

1909. Die Bildung der Moore. Zeitschr. Ges. f. Erdkunde, Berlin 1909, p. 817—831.

— Die Tropen-Sumpfflachmoor-Natur der Moore des produktiven Carbons, Jahrb. Kgl. Preuß. Geol. Landesanst., Bd. XXX, T. I, H. 3, p. 389—443.

1910. s. unter 1905
— Kaustobiolithe. Geolog. Rundschau 1910, Bd. I, H. 6, p. 327—336.

1911. Eine im Ögelsee (Prov. Brandenburg) plötzlich entstandene Insel. Jahrb.
Kgl. Preuß. Geol. Landesanst., Bd. XXXII, T. I, H 2, p. 187—218

1912. Grundlinien der Pflanzenmorphologie. Jena, G. FISCHER.
— Der Grunewald bei Berlin, seine Geologie, Flora und Fauna. (Mit
WAHNSCHAFFE, GRÄBNER, HANSTEIN) 2. Aufl. 1912. (Jena). 1. Aufl.
1907.
— Gründung der Palaeobot. Zeitschr.

1913. Palaeobotanisches Praktikum. (Mit GOTHAN.) Berlin, GEBR. BORN-
TRAEGER.
— Naturphilosophische Plaudereien. Jena, GUSTAV FISCHER. (Meist vor-
her in der Naturwiss. Wochenschr. erschienen.)

Verzeichnis der Pflanzennamen

Mitgliederliste.

(Abgeschlossen am 9. März 1914.)

Ehrenpräsident.

S. Schwendener, Geheimer Regierungsrat, Professor der Botanik und Mitglied der Akademie der Wissenschaften, in **Berlin W 10,** Matthäikirchstraße 28.

Ehrenmitglieder.

Bower, F. O., Professor der Botanik an der Universität in **Glasgow,** 1. Hillhead, St. Johns Terrace. Erwählt am 12. September 1907.

Famincyn, A., emer. Professor der Botanik, Mitglied der Kaiserlichen Akademie der Wissenschaften in **St. Petersburg,** Wassiliew Ostrow, 7te Linie 2. Erwählt am 1. Dezember 1903.

Nathorst, Dr. Alfred G., Professor und Direktor des Phytopaläontologischen Museums, Mitglied der Kgl. Schwed. Akademie der Wissenschaften in **Stockholm,** C. Drottninggatan 96. Erwählt am 12. September 1907.

Nawashin, Dr. S., Professor der Botanik in **Swjatoschino,** Gouv. Kiew. Erwählt am 12. September 1907.

Prain, Dr. David, Direktor der Botanischen Gärten in **Kew** bei London. Erwählt am 12. September 1907.

Thaxter, Dr. Roland, Professor der Botanik an der Harvard-Universität in **Cambridge,** Mass. (U. S. A.), 7 Scott-Str. Erwählt am 12. September 1907.

Van Tieghem, Ph., Professor der Botanik, Mitglied des Institut de France in **Paris,** 16 rue Vauquelin. Erwählt am 12. September 1907.

de Vries, Dr. Hugo, Professor der Botanik an der Universität in **Amsterdam,** Parklaan 9. Erwählt am 24. September 1891.

Warming, Dr. Eug., Professor der Botanik und Direktor des Botanischen Museums, Mitglied der Königl. Akademie der Wissenschaften in **Kopenhagen.** Erwählt am 24. September 1891.

Winogradsky, Dr. **Sergius,** in **St. Petersburg,** Kaiserl. Institut für experimentelle Medizin. Erwählt am 12. September 1907.

Wittrock, Dr. **V. B.,** Professor der Botanik, Mitglied der Königl. Akademie der Wissenschaften in **Bergielund,** Albano bei Stockholm. Erwählt am 7. August 1908.

Korrespondierende Mitglieder.

Andersson, Dr. **Gunnar,** Professor in **Djursholm** bei Stockholm.

Balfour, J. Bailey, Professor der Botanik an der Universität in **Edinburg.**

Beccari, Odoardo, vordem Direktor des Botanischen Gartens und Botanischen Museums in Florenz, z. Z. in **Baudino** bei Florenz, Villa Beccari.

Beijerinck, Dr. **M. W.,** Professor am Polytechnikum in **Delft** (Holland).

Bonnier, Dr. **Gaston,** Mitglied des Institut de France, Professor der Botanik an der Universität in **Paris,** Rue d'Estrapade 15.

Briquet, Dr. **John,** Direktor des Botanischen Gartens in **Genf.**

Brotherus, Dr. **Viktor Ferdinand,** Professor in **Helsingfors.**

de Candolle, Casimir, in **Genf.**

Cavara, Dr. **Fr.,** Professor der Botanik und Direktor des Botanischen Gartens in **Neapel.**

Chodat, Dr. **Robert,** Professor der Botanik an der Universität in **Genf.**

Christ, Dr. **Hermann,** Oberlandesgerichtsrat in **Riehen** bei Basel, Burgstraße 110.

Darwin, Francis, M. B., F. R. S., F. L. S. in **Cambridge** (England), 13 Madingley Road.

Elfving, Dr. **Fredrik,** Professor an der Universität und Direktor des Botanischen Gartens in **Helsingfors.**

Farlow, Dr. **W. G.,** Professor der Botanik an der Universität in **Cambridge,** Mass. (U. S. A.).

Flahault, Dr. **Charles,** Professor an der Universität, Direktor des Botanischen Instituts in **Montpellier.**

Guignard, Dr. **Léon,** Professor der Botanik an der École supérieure de pharmacie, Mitglied des Institut de France in **Paris,** I rue des Feuillantines.

Harper, R. A., Professor an der Columbia-Universität in **New York** (U. S. A.).

Hemsley, W. B., F. R. S., F. L. S. in **Kew** bei London.

Henriques, Dr. **J. A ,** Professor der Botanik und Direktor des Botanischen Gartens in **Coimbra** (Portugal).

Ikeno, Dr. S., Professor an der Universität in **Tokio.**

Johannsen, Dr. W., Professor der Pflanzenphysiologie an der Universität in **Kopenhagen.**

v. Lagerheim, Dr. G., Mitglied der Kgl. Schwedischen Akademie der Wissenschaften, Professor an der Universität, Direktor des Botanischen Instituts in **Stockholm.**

Lecomte, Dr., Professor in **Paris.**

Mangin, Dr., Professor in **Paris.**

Massart, Dr. J., Professor an der Universität in **Brüssel.**

Matsumura, Dr. J., Professor an der Universität, Direktor des Botanischen Gartens in **Tokio.**

Miyoshi, Dr. Manabu, Professor an der Universität in **Tokio.**

Oliver, Daniel, Professor der Botanik, Mitglied der Royal Society in **Kew** bei London.

Oliver, F. W., Professor der Botanik am University College in London 1 the Vale, **Chelsea** bei London SW.

Palladin, Dr. Wl. J., Professor an der Universität in **St. Petersburg.**

Penzig, Dr. Otto, Professor der Botanik und Direktor des Botanischen Gartens in **Genua.**

Reiche, Dr. Karl, Professor der Botanik an der Universität Mexico (Escuela de Altos Estudios) und Sektionschef am Instituto Médico Nacional in **Mexico,** D. F. Apartado 656.

Ridley, H. N., M. A., Direktor des Botanischen Gartens in **Singapore.**

Robinson, Dr. B. L., Professor an der Universität und Kurator des Gray-Herbariums in **Cambridge,** Mass. (U. S. A.).

Rothert, Dr. Wl., früher Professor an der Universität in Odessa, in **Krakau,** Slowackiallee 1.

Saccardo, Dr. P. A., Professor der Botanik und Direktor des Botanischen Gartens an der Universität in **Padua.**

Scott, Dr. D. H., in **East Oakley House,** Oakley, Hants (England).

Seward, A. C., Professor in **Cambridge,** Huntingdon Road (England).

Stapf, Dr. Otto, Keeper of Herbarium and Library in **Kew** bei London.

Trelease, William, Professor an der University of Illinois in **Urbana** (Illinois U. S. A.)

Went, Dr. F. C., Professor der Botanik in **Utrecht** (Holland).

Wildeman, Dr. Em. de, Professor in **Brüssel.**

Wille, Dr. J. N. F., Professor an der Universität, Direktor des Botanischen Gartens in **Christiania.**

Willis, John Chr., M. A., Direktor des Botanischen Gartens in **Rio de Janeiro.**

Mitglieder.

Abranowicz, Dr. Erna, in **Wien IX,** Berggasse 29.

Abromeit, Dr. Johannes, Professor, Privatdozent der Botanik an der Universität, Assistent am Botan. Garten in **Königsberg i. Pr.,** Tragheimer Kirchenstraße 30.

Allen, Dr. Charles E., Professor of Botany in the University of Wisconsin in **Madison,** Wis. (U. S. A.), 2014 Chamberlain Avenue.

Ambronn, Dr. H., Professor und Direktor des Instituts für Mikroskopie an der Universität in **Jena,** Goethestraße 18.

Anders, Gustav, Lehrer in **Charlottenburg,** Königin Elisabeth-Str. 50.

Anderson, Dr. Alexander P., 5558 Everett Avenue, American Cereal Co., in **Chicago,** Ill. (U. S. A.).

Andrée, Ad., Apothekenbesitzer in **Hannover,** Schiffgraben 36.

Andres, Heinrich, Lehrer in **Bonn,** Argelanderstr. 124.

Andrews, Dr. Frank, Marion, Associate Professor of Botany an der Indiana University in **Bloomington,** Indiana (U. S. A.), 901 East 10th Street.

Anisits, Daniel, Professor, in **Berlin-Steglitz,** Zimmermannstr. 2, III.

Appel, Dr. Otto, Geh. Regierungsrat, Mitglied der Kaiserl. Biologischen Anstalt für Land- und Forstwirtschaft in **Berlin-Dahlem.**

Arcangeli, Dr. Giov., Professor der Botanik und Direktor des Botanischen Gartens in **Pisa,** Via S. Maria.

Arnoldi, Dr. Wladimir, Professor der Botanik an der Universität in **Charkow,** Botanischer Universitätsgarten, Klotschkowskaja 52.

Artari, Dr. A., Privatdozent in **Moskau,** Botan. Laborator. d. Kaiserl. Techn. Hochschule.

Arthur, J. C., Professor der Botanik an der Purdue University in **Lafayette,** Indiana (U. S. A.).

Babiy, Dr. Johanna, in **Mödling** bei Wien, Schrannenplatz 3.

Baccarini, Dr. Pasquale, Professor und Direktor des Reale Orto botanico in **Florenz,** Via Lamarmora Nr. 6 bis.

Bachmann, Dr. E., Studienrat, Professor, Konrektor am Realgymnasium in **Plauen** im Voigtlande, Leißnerstr. 1.

Bachmann, Dr. Hans, Professor in **Luzern,** Brambergstr. 5a.

Baesecke, Dr. P., Apotheker in **Braunschweig,** Eiermarkt 1.

Ball, Dr. O. Melville, Professor der Biologie in **College Station,** Texas (U. S. A.).

Bally, Dr. Walter, Privatdozent der Botanik, Assistent am Botan. Institut der Universität in **Bonn,** Kurfürstenstr. 11.

Bartke, R., Professor an der Städtischen Realschule in **Kottbus,** Turnstr. 7, pt.

Baur, Dr. Erwin, Professor der Botanik und Direktor des Botanischen Instituts an der Landwirtschaftlichen Hochschule in **Berlin N,** Invalidenstr. 42. Wohnung: Friedrichshagen bei Berlin.

Beck, Dr. Günther, Ritter von Mannagetta und Lerchenau, Professor der Botanik und Direktor des Botanischen Gartens und Instituts der Deutschen Universität in **Prag II,** Weinberggasse 3 a.

Becker, H., Dr. med. in **Grahamstown** (Südafrika), Die Duveneck.

Behrens, Dr. Joh., Geh. Regierungsrat, Professor, Direktor der Kaiserl. Biologischen Anstalt für Land- und Forstwirtschaft in **Berlin-Dahlem.**

Belajeff, Dr. W., Kurator der Volksaufklärung in **Warschau,** Krakauer Vorstadt 28 (Rußland).

Benecke, Dr. W., Professor der Botanik an der Universität in **Berlin-Dahlem,** Pflanzenphys. Institut, Königin-Luise-Str. 1.

Berthold, Dr. G., Geh. Regierungsrat, Professor der Botanik und Direktor des Pflanzenphysiologischen Instituts in **Göttingen.**

Bessey, Dr. Ernst A., B. Sc., M. A., Professor of Botany am Michigan Agricultural College in **East Lansing,** Michigan (U. S. A.).

Beyer, R., Professor, Oberlehrer in **Berlin O,** Raupachstr. 13, I.

Bitter, Dr. Georg, Direktor des Botanischen Gartens in **Bremen.**

Bode, Dr., Assistent am Institut für Gärungsgewerbe in Berlin N, Seestr. 61, in **Hermsdorf** bei Berlin.

Bœrgesen, Dr. Fr., Bibliothekar am Botanischen Museum in **Kopenhagen,** Östbanegade 7.

Bogen, Alfred, Lehrer in **Berlin O,** Eldenaer Str. 20.

Bohlin, Dr. Knut, Lektor, Privatdozent der Botanik an der Universität in **Stockholm,** Asögatan 79.

Bohutinský, Gustav, Professor in **Agram** (Kroatien), Regierungsgebäude.

Boresch, Dr. Karl, Assistent am Pflanzenphysiologischen Institut der Deutschen Universität in **Prag II,** Weinberggasse 3a.

Borzi, A., Professor der Botanik und Direktor des Botanischen Gartens und des Pflanzenphysiologischen Instituts der Universität in **Palermo.**

Brand, Dr. Friedrich, in **München,** Liebigstr. 3.

Brandes, W., Medizinalrat, Apotheker in **Hannover,** Maschstr. 3a.

Braungart, Dr. R., Professor in **München,** Fürstenstr. 18, I.

Bredemann, Dr. G., Landwirtschaftlicher Sachverständiger beim Kaiserl. Gouvernement, Leiter des landwirtschaftlichen Laboratoriums in **Rabaul,** Deutsch-Neuguinea.

Bremekamp, Dr. **C. E. B.** in **Dordrecht,** Steegoversloot 16 (Holland).

Brendel, R., Fabrikant botanischer Modelle in **Berlin-Grunewald,** Bismarckallee 37.

Brenner, Dr. **W.** in **Basel,** Grenzacher Str. 71.

Brick, Dr. **C.,** Professor, Assistent am Botanischen Museum, Leiter der Station für Pflanzenschutz in **Hamburg V,** St.-Georgs-Kirchhof 6, I.

Briosi, Dr. **Giovanni,** Professor der Botanik an der Universität und Direktor des Laboratorio crittogamico in **Pavia** (Italien).

Broili, Dr. **Joseph,** Regierungsrat, Mitglied der Kais. Biologischen Anstalt für Land- und Forstwirtschaft in **Berlin-Dahlem.**

Bruck, Dr. **Werner Friedrich,** a. o. Professor an der Universität in **Gießen.**

Brunn, Dr. **Julius,** in .Kiel, Kirchhofallee 96.

Brunnkow, Reinhardt in **Stettin.**

Brunnthaler, Josef, Konservator am Botan. Institut der Universität, Generalsekretär der k. k. Zool.-botan. Gesellschaft in **Wien III,** Stanislausgasse 5.

Bubák, Dr. **Franz,** Professor der Botanik und der Pflanzenkrankheiten an der Landwirtschaftlichen Akademie in **Tábor** (Böhmen).

Bucherer, Dr. **Emil,** in **Basel,** Jurastr. 54.

Buchwald, Dr. **Johannes,** Professor, Wissenschaftlicher Direktor der Versuchsanstalt für Getreideverarbeitung in **Berlin NW 23'** Klopstockstr. 49.

Buder, Dr. **Johannes,** Privatdozent an der Universität in **Leipzig,** Botanisches Institut, Linnéstr. 1.

Bücher, Dr. **Hermann,** Versuchsanstalt für Landeskultur in **Victoria** (Kamerun), z. Z. Buea (Kamerun).

Burchard, Dr. **O.,** in **Puerto de Orotava,** Teneriffa, Kanarische Inseln La Paz. Adr. für Paketsendungen: Kais. Deutsches Konsulat, Santa Cruz de Tenerife, Canarias, via Hamburg p. Wörmann-Linie.

Burgeff, Dr. **Hans,** in **Geisenheim a. Rh.**

Burgerstein, Dr. **Alfred,** k. k. Regierungsrat, a. o. Professor an der Universität in **Wien II/1,** Karmeliterplatz 5.

Burret, Dr., Assistent am Botanischen Institut der Landwirtschaftlichen Hochschule in **Berlin N 4,** Invalidenstr. 42.

Buscalioni, Dr. **Luigi,** Professor der Botanik und Direktor des Botanischen Gartens in **Catania** (Sizilien).

Büsgen, Dr. **M.,** Professor der Botanik an der Forstakademie in **Hann.-Münden,** Bismarckstr. 606a.

Busse, Dr. **Walter,** Geh. Reg.-Rat, Vortragender Rat im Reichskolonialamt, in **Berlin-Wilmersdorf,** Hildegardstr. 2.

Campbell, Dr. **Douglas H.,** Professor der Botanik an der Stanford University in **Palo Alto,** Kalifornien (U. S. A.).

Cavara, Dr., **Fridiano,** Professor der Botanik und Direktor des Reale Orto botanico in **Neapel.**

Cĕlakovsky, Dr. **Ladislav,** Professor der Botanik an der Böhmischen Technischen Hochschule in **Prag,** Kgl. Weinberge, Villa Gröbe.

Chamberlain, Dr. **Charles,** Associate Professor of Botany, in **Chicago,** Ill. (U. S. A.), University, Dpt. of Botany.

Chodat, Dr. **R.,** Professor der Botanik an der Universität in **Genf.**

Christensen, Carl, mag. scient. in **Kopenhagen,** Skaanesgade 6.

Claußen, Dr. **Peter,** Professor, Privatdozent an der Universität Berlin, in **Berlin-Steglitz,** Rothenburgstr. 41, III.

Conwentz, Dr. **H.,** Geh. Regierungsrat, Professor, Leiter der Staatlichen Stelle für Naturdenkmalpflege in Preußen, in **Berlin W 57,** Elßholzstr. 13, II.

Correns, Dr. **Carl E.,** Professor der Botanik, Direktor des Botanischen Gartens und des Botanischen Instituts der Universität in **Münster i. W.,** Schloßgarten.

Cuboni, Dr., Professor, Direktor der Stazione di Patologia vegetale in **Rom,** Via St. Susanna.

Czapek, Dr. **Friedrich,** Professor der Botanik an der k. k. Deutschen Universität in **Prag II,** Pflanzenphysiologisches Institut der Universität, Weinberggasse 3 a.

Dalmer, Dr. **Moritz,** Gymnasialoberlehrer in **Tannenfeld** bei Möbdenitz (Sachsen-Altenburg).

Damm, Dr. **Otto,** ordentlicher Lehrer an der höheren Mädchenschule in **Charlottenburg 5,** Windscheidstr. 25.

Darbishire, Dr. **O. V.,** in **Bristol,** Universität.

Davis, Dr. **Bradley Moore,** Professor in **Philadelphia,** Pa. (U. S. A.), University of Pennsylvania, Botanical Laboratory.

v. Degen, Dr. **Arpad,** Direktor der Samenkontrollstation in **Budapest II,** Kis-Rokus-Gasse 15.

Deleano, Dr. **Nicolas C.,** in Cotročeni-**Bukarest,** Laborat. für Anatomie und Physiol. der Pflanzen.

Dengler, Dr., Kgl. Oberförster in **Reinhausen,** Kr. Göttingen, Oberförsterei.

Dennert, Dr. **E.,** Professor, wissenschaftlicher Direktor des Keplerbundes in **Godesberg a. Rhein,** Römerstr. 23.

Derschau, Dr. **Max von,** in **Auerbach** an der Bergstraße (Hessen).

Detmer, Dr. **W.,** Professor der Botanik an der Universität in **Jena,** Sonnenbergstr. 1a.

Diels, Dr. **L.,** Professor der Botanik in **Marburg a. d. Lahn,** Bismarck - straße 32.

Dietel, Dr. **P.,** Oberlehrer in **Zwickau,** Carolastr. 21.

Dingler, Dr. **Hermann,** Professor der Botanik in **Aschaffenburg** (Bayern), Grünewaldstr. 15.

Dittrich, Dr. **Gustav,** Gymnasialoberlehrer in **Breslau XVI,** Uferzeile 14.

Docters van Leeuwen, Dr. **W.,** in **Samarang** (Java).

Dohrn, Dr. **Reinhard,** Direktor der Zoologischen Station in **Neapel.**

Doposcheg-Uhlâr, Dr. **J.,** k. k. Hauptmann a. D. in **München,** Ohmstr. 15.

Drude, Dr. **Oskar,** Geh. Hofrat, Professor der Botanik an der Technischen Hochschule und Direktor des Botanischen Gartens in **Dresden,** Botanischer Garten.

Duggar, Dr. **Benjamin M.,** Professor der Pflanzenphysiologie am Missouri Botanical Garden in **St. Louis,** Miss. (U. S. A.).

Dunzinger, Dr. **Gustav,** Assistent am Botanischen Institut der Technischen Hochschule in **München,** Agnesstr. 4.

Dusén, Dr. **P.,** in **Berg** bei Vreta Kloster, Östergotland in Schweden, z. Z. p. Adr. Dr. Vestermann in Curityba, Estado do Parona (Brasilien).

Duysen, Dr. **Franz,** Assistent an der vegetabilischen Abteilung der Kgl. Landwirtschaftl. Hochschule in **Berlin NW 23,** Altonaer Str. 10.

East, Dr. **Edward Murray,** Professor of Experimental Plant Morphologie an der Harvard University in Cambridge, Bussey Institution, **Forest Hills,** Mass. (U. S. A.).

Engler, Dr. **A.,** Geheimer Oberregierungsrat, Professor der Botanik und Direktor des Botanischen Gartens und Museums, Mitglied der Akademie der Wissenschaften, in **Berlin-Dahlem.**

Engler, Dr. **V.,** in **Breslau,** Botan. Institut d. Universität.

Ernst, Dr. **Alfred,** Professor der Botanik und Direktor des Instituts für allgemeine Botanik (Biologiegebäude der Universität, Künstlergasse 16, Zürich I) in **Zürich VI,** Frohburgstraße 70.

Esser, P. **HJ.** (S. V. D.), Professor der Anatomie und Physiologie der Pflanzen in **St. Gabriel** bei Mödling-Wien.

Esser, Dr. **P.,** Direktor des Botanischen Gartens in **Cöln a. Rh.**

Ewert, Dr., Professor, Lehrer der Botanik und Leiter der botanischen Abteilung der Versuchsstation des Pomologischen Instituts in **Proskau** (Oberschlesien).

Faber, Dr. **F. C. von,** Vorsteher der Botanischen Laboratorien s' Lands Plantentuin in **Buitenzorg** (Java).

Falkenberg, Dr. **Paul,** Geh. Hofrat, Professor der Botanik und Direktor des Botan. Gartens und des Botanischen Instituts in **Rostock i. M.**

Farenholtz, Dr. **H.,** Hilfsassistent am Botan. Garten der Universität in **Münster i. W.,** Nordplatz 3.

Farlow, Dr. **W. G.,** Professor der Botanik an der Universität in **Cambridge,** Mass. (U. S. A.), Quincy Street 24.

Farmer, J. B., M. A., Professor der Botanik in **London W,** South Park, Gerrards Cross, Bucks.

Fedde, Dr. **Friedrich,** Professor, Oberlehrer, Herausgeber von Just's Botanischem Jahresberichte und des Repertorium specierum novarum in **Dahlem,** Post Berlin-Lichterfelde, Fabeckstr. 49.

Fedtschenko, Boris von, Oberbotaniker am Botanischen Garten in **St. Petersburg.**

Feldbausch, Dr. **Karl,** in **Landau** (Pfalz), Xylanderstr. 1.

Figdor, Dr. **W.,** Professor an der Universität in **Wien III,** Metternichgasse 4.

Finn, Vladimir, Konservator am Botan. Garten, Bot. Kabinett der K. Universität in **Kiew.**

Fischer, Dr. **Ed.,** Professor der Botanik in **Bern,** Kirchenfeldstr. 14.

Fischer, Dr. **Hugo,** Privatdozent der Botanik, wissenschaftlicher Mitarbeiter der Deutschen Gartenbau-Gesellschaft, Schriftleiter der Gartenflora in **Berlin-Friedenau,** Goßlerstr. 5.

Fischer von Waldheim, Dr. **Alexander,** Kais. russischer Geheimer Rat, Exzellenz, emerit. ordentl. Professor der Botanik, Direktor des Kaiserlichen Botanischen Gartens in **St. Petersburg.**

Fitting, Dr. **Hans,** Professor der Botanik, Direktor des Botan. Instituts in **Bonn a. Rh.,** Poppelsdorfer Schloß.

Flahault, Dr. **Charles,** Professor an der Universität, Direktor des Botanischen Instituts in **Montpellier.**

Focke, Dr. **W. O.,** Medizinalrat in **Bremen,** Beim Steinernen Kreuz 5.

Forenbacher, Dr. **Aurel,** Professor, Adjunkt am Botanisch-physiologischen Institut der Universität in **Agram** (Zagreb), Primorska ut. 28.

Forti, Dr. **Achille,** in **Verona,** Via St. Eufemia.

Fries, Dr. **Rob. E.,** Privatdozent an der Universität in **Uppsala.**

Fritsch, Dr. **Karl,** Professor der Botanik und Direktor des Botanischen Gartens der Universität in **Graz** (Steiermark), Albertstraße 19.

Fritsch, Dr. **F. E.**, Professor der Botanik am East London College (University of London) in **London NW**, Brondesbury, 77 Chatsworth Road.

Fuchs, Dr. **J.**, Assistent am Botan. Institut der Forstakademie in **Tharandt**.

Fünfstück, Dr. **Moritz**, Professor der Botanik an der Technischen Hochschule in **Stuttgart**, Ameisenbergstr. 7.

Funk, Dr. **Georg** in **Neapel**, Zoolog. Station.

Furlani, Dr. **Hans**, Professor am Staatsgymnasium in **Wien VII**, Kandlgasse 39.

Fürnrohr, Dr. **Heinrich**, Hofrat, Vorstand der Botanischen Gesellschaft in **Regensburg**.

Fujii, Dr. **K.**, Professor der Botanik in **Tokio**, Botanisches Institut und Botanischer Garten der Universität.

Gassner, Dr. **Gustav**, Professor, Privatdozent an der Universität in **Rostock i. M.**, Johann-Albrecht-Str. 15.

Gatin, Dr. **C. L.**, Préparateur de botanique à la Sorbonne in **Versailles** (Seine et Oise), 13 rue Jacques Boyceau.

Gehrmann, Dr. **K.**, Leiter des Botanischen Gartens in **Rabaul** auf Neu-Guinea.

Geisenheyner, **L.**, Gymnasialoberlehrer in **Kreuznach**.

Gickelhorn, **Joseph**, Assistent am Pflanzenphysiol. Institut der Universität in **Wien I**, Franzensring.

Giesenhagen, Dr. **Karl**, Professor d. Botanik, Vorstand des Botanischen Instituts der Technischen Hochschule in **München**, Schackstr. 2, II.

Giessler, Dr. **Rudolf**, Kustos am Bot. Institut in **Leipzig**, Sidonienstr. 19.

Gilbert, **Edward**, **M.**, Assistant Professor of Botany, the University of Wisconsin in **Madison** (U. S. A.).

Gilg, Dr. **Ernst**, Professor der Botanik an der Universität, Kustos am Botan. Museum in **Berlin-Steglitz**, Grenzburgstr. 5.

Gjurašin, Dr. **Stjepan**, Prof. a. Mädchenlyzeum in **Agram** (Kroatien), Pantoviac 80.

Glück, Dr. **Hugo**, Professor der Botanik in **Heidelberg**, Brückenstr. 18, I.

Gobi, Dr. **Chr.**, Exzellenz, Professor der Botanik an der Universität in **St. Petersburg**, Wassilii Ostrow, 9. Linie, 46, Qu. 34.

Goebel, Dr. **K. von**, Geh. Hofrat, Professor der Botanik und Direktor des Botanischen Gartens und des Pflanzenphysiologischen Instituts in **München**, Menzinger Str. 25.

Goethart, Dr. **J. W. Chr.**, Konservator am Reichsherbarium in **Leiden** (Niederlande), Rijn-Schickade 78.

Graebner, Dr. **P.,** Professor, Kustos am Botanischen. Garten in Dahlem, in **Berlin-Lichterfelde,** Viktoriastr. 8.

Grafe, Dr. **Victor,** Professor der Botanik an der Universität in **Wien VIII,** Hamerlingplatz 9.

Gran, Dr. **H.,** Professor der Botanik an der Universität.in **Christiania,** Botanisches Institut.

Grosser, Dr. **Wilhelm,** Direktor der Agrikulturbotanischen Versuchsstation in **Breslau X,** Matthiasplatz 1.

Grün; Dr. **Carl,** in **Biersdorf** b. Betzdorf a. d. Sieg.

Grüß, Dr. **J.,** Professor, Oberlehrer in **Friedrichshagen** bei Berlin, Königstr. 5.

Günthart, Dr. **August,** Wissenschaftl. Mitarbeiter der naturw. Abteilung von B. G. Teubners Verlag in **Leipzig-Gohlis,** Beaumontstraße 11.

Guttenberg, Dr. **Hermann Ritter von,** Professor, Privatdozent für allgemeine Botanik, Assistent am Pflanzenphysiol. Institut der Universität in **Berlin-Dahlem,** Königin-Luise-Straße 1.

Gwynne-Vaughan, D. J., M. A., Professor der Botanik an der Universität in **Belfast,** Irland. ·

Haacke, Dr. **Otto,** Professor, Realgymnasialoberlehrer in **Plauen i. V.,** Streits Berg.

Haase-Bessell, Gertrud, Frau verw. Dr. med. in **Dresden-N. 6,** Hospitalstr. 3, II.

Haberlandt, Dr. **G.,** Geh. Reg.-Rat, Professor der Botanik und Direktor des Pflanzenphysiol. Instituts der Universität Berlin, Mitglied der Akademie 'der Wissenschaften, in **Berlin-Dahlem,** Königin-Luise-Straße 1.

Hagem, Oscar, cand. real., Stipendiat der Botanik in **Bergen** (Norwegen), Botanisches Institut des Museums.

Hagen, Dr. **J.,** Bezirksarzt in **Trondhjem** (Norwegen).

Hämmerle, Dr. **J.,** Oberlehrer an der höheren Staatsschule in Döse bei Cuxhaven, in **Cuxhaven,** Süderwisch 14 c.

Häuser, Robert, Kand. d. höheren Lehramts in **Saarbrücken 2,** Trierer Str. 11.

Hanausek, Dr. **T. F.,** k. k. Regierungsrat, Professor in **Wien VII/3,** Schottenfeldgasse 82.

Hannig, Dr. **E.,** Prof. der Botanik an der Universität in **Straßburg i. E.,** Botanisches Institut.

Hansen, Dr. **Adolf,** Geh. Hofrat, Professor der Botanik, Direktor des Botanischen Gartens in **Gießen,** Leberstr. 21.

Hansteen, Dr. B., Professor an der Landwirtschaftlichen Hochschule in **Aas** bei Christiania (Norwegen).

Harder, Dr. Richard, Assistent am Bot. Institut der Universität in **Kiel.**

Harms, Dr. H., Professor, wissenschaftlicher Beamter der Königlichen Akademie der Wissenschaften, in **Berlin-Friedenau**, Ringstr. 44.

Harper, R. A., Professor an der Columbia University New York City in **New York** (U. S. A.).

Harster, Richard, Assistent am Botan. Institut der Technischen Hochschule in **München.**

Hartmann, Dr. Max, Professor, Privatdozent der Zoologie an der Universität Berlin, in **Frohnau** (Mark), Maximiliankorso.

Hartwich, Dr. C., Professor der Pharmakognosie an d. Eidg. Technischen Hochschule in **Zürich**, Freie Straße 76.

Haupt, Dr. Hugo, in **Bautzen**, Muettigstr. 35.

Hausrath, Dr. Hans, Professor an der Technischen Hochschule in **Karlsruhe**, Kaiserstr. 12.

Hecke, Dr. Ludwig, Professor an der Hochschule für Bodenkultur in **Wien XVIII**, Hochschulstr. 17.

Heering, Dr. W., in **Hamburg 37**, Isestr. 27, III.

Hegi, Dr. Gustav, Professor, Privatdozent der Botanik an der Universität in **München**, Richard-Wagner-Str. 27, III.

Heiden, Dr. H., in **Rostock i. Mcklbg.**, Prinz-Friedrich-Karl-Straße 2.

Heidmann, Anton in **Wien III**, Neulinggasse 24.

Heilbronn, Dr. Alfred, Privatdozent, Assistent am Botan. Institut der Universität in **Münster i. W.**

Heinricher, Dr. E., Professor der Botanik und Direktor des Botanischen Gartens der Universität in **Innsbruck.**

Heinsius, Dr. H. W., in **Amsterdam**, P. C. Hooftstraat 144.

Hergt, B., Professor in **Weimar**, Cranachstr. 8.

Hering, Dr. Georg, Realgymnasiallehrer in **Dresden-Blasewitz**, Realgymnasium, Kyffhäuserstr. 23.

Herrig, Dr. Friedrich, Assistent am Pflanzenphysiol. Institut der Universität Berlin, in **Charlottenburg**, Philippstr. 6.

Herrmann, E., Königl. Regierungs- und Forstrat in **Langfuhr** bei Danzig, Kastanienweg 8.

Herter, Dr. W., Professor in **Berlin-Steglitz**, Mittelstraße 27.

Heukels, H., Lehrer an der Realschule in **Amsterdam**, Weesperzijde 81.

Hieronymus, Dr. Georg, Professor, Kustos am Botanischen Museum zu Dahlem, in **Berlin-Steglitz**, Grunewaldstr. 27.

Hildebrand, Dr. F., Geh. Hofrat, Professor der Botanik in **Freiburg i. B.**, Karlstr. 65.

Hill, A. W., M. A., Assistant-Director an Royal Botanic. Gardens in **Kew**, Branstone Road 4.

Hill, T. G., A. R. C. S., Assistant-Professor of Botany in **London WC**, University College.

Hillmann, Dr. P., Privatdozent a. d. Landw. Hochschule, Geschäftsführer der Saatzuchtstelle der Deutschen Landwirtschafts-Gesellschaft in **Berlin SW 11**, Dessauer Straße 14.

Hils, Dr. Ernst, Oberlehrer in **Berlin-Halensee**, Katharinenstr. 21.

Hiltner, Dr., Professor, Regierungsrat, Direktor der Agrikulturbotanischen Versuchsanstalt in **München-Schwabing**, Osterwaldstraße 9.

Hinneberg, Dr. P., in **Altona-Ottensen**, Flottbeker Chaussee 29.

Hinze, Dr. G., in **Zerbst**, Friedrichsholzallee 42.

Höck, Dr. Fernando, früher Professor am Realgymnasium zu Perleberg, in **Berlin-Steglitz**, Düppelstr. 3 a, I, r.

Höhnel, Dr. Fr., Ritter von, Hofrat, Professor an der Technischen Hochschule in **Wien IV**, Karlsplatz 13.

Höstermann, Dr. G., Vorstand der pflanzenphysiologischen Abteilung und Lehrer an der K. Gärtner-Lehranstalt zu Dahlem, in **Berlin-Steglitz**, Schloßstr. 32.

Hoffmann, Dr. Ferd., Professor, Oberlehrer in **Charlottenburg**, Kaiser-Friedrich-Straße 58.

Hoffmeister, Dr. Camill, Professor an der k. k. Gewerbeschule in **Bielitz** (Österreich.-Schlesien).

Hollrung, Dr. M., Professor, Lektor für Pflanzenpathologie an der Universität in **Halle a. S.**, Dorotheenstr. 18, II.

Holtermann, Dr. Carl, Professor, Privatdozent der Botanik in **Berlin-Schlachtensee**, Elisabethstr. 6.

Horn, Paul, Apotheker in **Waren** (Mecklenburg).

Houtermans, Elsa, in **Wien I**, Börseplatz 6.

Hunger, Dr. F. W. T., Direktor der Algemeen Proefstation, **Salatiga** (Java), z. Z. Adr. Amsterdam, Van-Eeghen-Straat 52.

Iltis, Dr. Hugo, Privatdozent an der Franz-Josef-Technischen Hochschule in **Brünn**, Schmerlinggasse 28.

Irmscher, Dr. E., Assistent am K. Botan. Museum in **Berlin-Dahlem.**

Issatschenko, Boris, Hofrat, Privatdozent der Botanik an der Universität, Vorsteher der Samenprüfungsstation in **St. Petersburg**, Kaiserl. Botanischer Garten.

Istvánffi, Dr. Gyula von, Professor an der Universität, Direktor der Ungarischen Ampelologischen Zentralanstalt, in **Budapest II**, Debröi-Út 15.

Ivanow, Sergius, Magister der Botanik, Assistent in **Moskau,** Rasumowskoje C. X. U.
Iwanowski, Dr. Dimitri, Professor der Pflanzenphysiologie an der Universität in **Warschau,** Nowogrodzkastr. 60.

Jaap, Otto, Privatgelehrter in **Hamburg 25,** Burggarten 3.
Jaccard, Dr. Paul, Professor d. Botanik am Eidgen. Polytechnikum in **Zürich,** Konkordiastr. 12.
Jahn, Dr. Eduard, Professor, Oberlehrer in **Charlottenburg 5,** Witzlebenstr. 41.
Jakowatz, Dr. A., Professor an der Landwirtschaftlichen Akademie in **Tetschen-Liebwerd** (Böhmen).
Janzen, Nikolaus, stud. phil. in **Zürich IV,** Kinkelstr. 70.
Jensen, Hjalmar, Direkteur van Proefstation voor Vorstenlandsche tabak in **Wedi, Klaten** (Java).
Johannsen, Dr. W., Professor der Pflanzenphysiologie an der Universität in **Kopenhagen,** Botanischer Garten, Gothersgade 140.
Johnson, Dr. T., F. L. S., Professor der Botanik am Royal College of Science und Kustos der botanischen Sammlungen des Nationalmuseums in **Dublin.**
Jongmans, Dr. Wilhelm, Konservator am Reichsherbarium in **Leiden** (Holland), Breetstraat 137.
Jost, Dr. Ludwig, Professor der Botanik in **Straßburg i. E.,** Botan. Institut der Universität.
Junk, W., in **Berlin W 15,** Sächsische Str. 68.

Kabát, Jos. Em., emeritierter Zuckerfabrikdirektor in **Turnau 544** (Böhmen).
Kamerling, Dr. Z. in **Leiden** (Holland), Witte Rozenstraat 31.
Karsten, Dr. George, Professor der Botanik und Direktor des Botan. Gartens in **Halle a. S.,** Botan. Institut.
Kasanowski, Victor, Privatdozent für Botanik an der K. Universität in **Kiew,** Funduktejevskaja 46.
Katić, Dr. Danilo, Professor am III. Gymnasium in **Belgrad** (Serbien).
Kegel, Dr. Werner, in **Bremen,** Braunschweiger Straße 5.
Keller, Dr. Robert, Gymnasialrektor in **Winterthur,** Trollstr. 32.
Kienitz-Gerloff, Dr. F., Professor, Direktor der Landwirtschaftsschule in **Weilburg,** Reg.-Bez. Wiesbaden.
Killian, Dr. Karl, in **Proskau** (O. Schl.) Botan. Versuchsstation.
Kirchner, Dr. O. von, Geh. Hofrat, Professor der Botanik an der Landwirtschaftlichen Hochschule in **Hohenheim** bei Stuttgart.

Klebahn, Dr. **H.,** Professor in **Hamburg 30,** Curschmannstr. 27.

Klebs, Dr. **Georg,** Geh. Hofrat, Professor der Botanik und Direktor des Botanischen Gartens in **Heidelberg.**

Klein, Dr. **Edmund,** Professor in **Luxemburg,** Äußerer Ring 20.

Klein, Gustav, Demonstrator am k. k. Pflanzenphysiol. Institut in **Wien XVII,** Geblergasse. 55.

Klein, Dr. **Jul.,** Professor der Botanik am k. ungar. Josephs-Polytechnikum in **Budapest I,** Polytechnikum.

Klein, Dr. **Ludwig,** Geh. Hofrat, Professor der Botanik und Direktor des Botanischen Gartens an der Technischen Hochschule in **Karlsruhe** in Baden, Kaiserstr. 2, Botanisches Institut.

Klein, Richard, stud. phil. in **Wien II,** Negerlegasse 4.

Klemt, Dr. **F.,** Oberlehrer in **Berlin-Lichtenberg,** Rathausstr. 7, II.

Klenke, Dr. **Heinrich,** Kand. des höheren Lehramts, Assistent am Botan. Institut der Universität in **Freiburg i. B.**

Kluyver, A. J., Dipl.-Ingenieur in **Delft** (Holland), Laan van Overvest 52.

Kneucker, A., Redakteur der Allgemeinen botanischen Zeitschrift in **Karlsruhe** in Baden, Werderplatz 48.

Kniep, Dr. **Hans,** Professor der Botanik in **Straßburg i. E.,** Cunitzstr. 2, vom 1. IV. 14 in **Würzburg,** Seelbergstr. 2, II.

Knischewsky, Dr. **Olga,** in **Flörsheim a. M.,** Chem. Fabrik Nördlinger.

Knoll, Dr. **F.,** Privatdozent, Assistent am Botan. Institut der Universität in **Wien III,** Rennweg 14.

Knudson, Dr. **Lewis,** Assistant Professor of Plant Physiology an dem New York State College of Agriculture der Cornell University in **Ithaca** N. Y. (U. S. A.)

Knuth, Dr. **Reinhard,** Oberlehrer in **Berlin-Wilmersdorf,** Wilhelms-aue 12, IV.

Kny, Dr. **L.,** Geheimer Regierungsrat, ord. Honorar-Professor der Botanik a. d. Universität Berlin, früher Direktor d. Pflanzen-physiologischen Instituts und etatmäßiger Professor a. d. Landw. Hochschule, in **Berlin-Wilmersdorf,** Kaiserallee 186/187.

Koch, Dr. **Alfred,** Professor, Direktor des Landwirtschaftlich-bakterio-logischen Instituts an der Universität Göttingen, Herausgeber des Jahresberichtes über die Fortschritte in der Lehre von den Gärungsorganismen, in **Göttingen,** Hainholzweg 20.

Koch, Dr. **L.,** Professor der Botanik an der Universität in **Heidelberg,** Sophienstr. 25.

Koehne, Dr. **E.,** Professor in **Berlin-Friedenau,** Wiesbadener Str. 84, II.

Koernicke, Dr. Max, Professor der Botanik an der Landwirtschaftl. Akademie in Poppelsdorf und der Universität in **Bonn,** Bonner Talweg 45.

Kolkwitz, Dr. Richard, Professor, Privatdozent der Botanik an der Universität und an der Landwirtschaftlichen Hochschule .zu Berlin, wissenschaftliches Mitglied der Kgl. Landesanstalt für Wasserhygiene in **Berlin-Steglitz,** Rothenburgstr. 30.

Koriba, Dr. K., in **Tokio,** Botan. Institut der Universität.

Kornauth, Dr., Regierungsrat, Vorstand der k. k. Landwirtschaftlich-bakteriologischen und Pflanzenschutzstation in **Wien II/I,** Trummerstr. 1.

Korschelt, Dr. P., Professor, Oberlehrer am Königl. Realgymnasium in **Zittau i. S.,** Königsstr. 21.

Krasser, Dr. Fridolin, o. Professor für Botanik, Warenkunde und technische Mikroskopie an der k. k. Deutschen Technischen Hochschule in **Prag I,** Hußgasse 5.

Kratzmann, Ernst, stud. phil. in **Wien VII,** Neubaugürtel 22.

Kraus, Dr. C., Geh. Hofrat, Professor an der Technischen Hochschule in **München,** Luisenstr. 24, II.

Kraus, Dr. Gregor, o. Professor der Botanik und Pharmakognosie in **Würzburg,** Keesburgstr. 22.

Krause, Dr. Kurt, Assistent am Königl. Botanischen Museum in **Berlin-Dahlem.**

Kroemer, Dr. Karl, Professor, Vorstand der Pflanzenphysiologischen Versuchsstation der Lehranstalt für Wein-, Obst- und Garten-bau in **Geisenheim a. Rh.**

Krüger, Dr. Friedrich, Professor, Kaiserl. Technischer Rat und Ständiger Mitarbeiter an der Kaiserl. Biologischen Anstalt zu Dahlem, in **Berlin-Lichterfelde-Ost,** Hobrechtstr. 10.

Krull, Rudolph, Apotheker in **Breslau X,** Rosenthaler Straße 45.

Kubart, Dr. Bruno, Privatdozent für Botanik und Assistent am In-stitut für systematische Botanik in **Graz.**

Kuckuck, Dr. Paul, Professor, Kustos für Botanik an der Biologischen Anstalt auf **Helgoland.**

Kumm, Dr., Professor, Direktor des Westpreußischen Provinzial-Museums in **Danzig,** Langemarkt 24.

Kuntzen, Dr. Heinrich, Assistent am Zoolog. Museum zu Berlin, in **Karlshorst,** Treskowallee 57A.

Kurssanow, L., Privatdozent in **Moskau,** Universität, Botan. Institut.

Kurtz, Dr. Fritz, Professor der Botanik, Direktor des Botanischen Museums an der Universität und Mitglied der Academia nacional de ciencias in **Córdoba** (Argentinische Republik).

Küster, Dr. **Ernst,** Professor der Botanik an d. Universität, Herausgeber der „Zeitschrift für wissenschaftliche Mikroskopie" in **Bonn a. Rh.,** Endenicher Allee 28.

Lafar, Dr. **Franz,** Professor der Gärungsphysiologie und Bakteriologie an der Technischen Hochschule in **Wien IV,** 1, Karlsplatz 13

La Garde, Dr. **Roland,** in **Smichow** bei Prag 197, Kreuzherrengasse 7.

Lagerheim, Dr. **G. von,** Mitglied der Kgl. Schwedischen Akademie der Wissenschaften, Professor der Botanik an der Universität und Direktor des Botanischen Instituts in **Stockholm N,** Stockholms Högskola.

Laibach, Dr. **Fr.,** Oberlehrer in **Frankfurt a. M.,** Lindenstr. 10.

Lakon, Dr. **G.,** Abteilungsvorsteher an der Samenprüfungsanstalt der Kgl. Landw. Hochschule in **Hohenheim** b. Stuttgart.

Lakowitz, Dr. **C.,** Professor, Oberlehrer in **Danzig,** Frauengasse 26.

Land, Dr. **W. J. G.,** Assistant Professor of Botany an der Universität in **Chicago,** Deptm. of Botany.

Lande, Max, Verlagsbuchhändler in **Berlin-Steglitz,** Schloßstr. 53.

Langer, Professor in **Posen,** W. 3, Helmholtzstr. 10.

Lauterbach, Dr. **C.,** Rittergutsbesitzer auf **Stabelwitz** bei Deutsch-Lissa.

Lehmann, Dr. **Ernst,** Professor für angew. Botanik und Assistent am Botan. Institut der Universität in **Tübingen,** Lustnauer Allee.

Leininger, Dr. **Hermann,** Lehramtspraktikant in **Heidelberg,** Ladenburger Straße 23.

Leisering, Dr. **Bruno,** in **Berlin NO 55,** Braunsberger Str. 15.

Lemcke, Dr. **Alfred,** Vorsteher des Samenuntersuchungsamtes und der Pflanzenschutzstelle der Landwirtschaftskammer für die Provinz Ostpreußen in **Königsberg i. Pr.,** Köttelstr. 11.

Lemmermann, Dr. **E.,** Assistent für Botanik am Städtischen Museum für Natur-, Völker- und Handelskunde in **Bremen,** Celler Straße 41.

Lepeschkin, Dr. **W. Wlad.,** Professor der Botanik, Direktor des Botan. Laboratoriums und Gartens der Universität in **Kasan,** Privatadresse: Ljadskaja d. Molotkowa.

Lesage, Dr. **Pierre,** Professeur à la Faculté des Sciences in **Rennes.**

Lewitzki, Gregorius, Assistent am Botan. Laboratorium des Polytechnikums in **Kiew.**

Liebenberg, Dr. **Ad.** Ritter **von,** k. k. Hofrat, Professor an der Hochschule für Bodenkultur in **Wien XVIII,** Hochschulstraße 17.

Lieske, Dr. **Rudolf,** Privatdozent, Assistent am Botan. Institut der Universität in Heidelberg

Lindau, Dr. Gustav, Professor, Privatdozent der Botanik, Kustos am Botanischen Museum zu Dahlem, in **Berlin-Lichterfelde,** Moltkestraße 3.

Lindner, Dr. Paul, Professor in **Berlin N 65,** Seestraße 4, Institut für Gärungsgewerbe.

Linhart, Dr. Georg, Kgl. Rat, Professor an der Ungarischen Landwirtschaftlichen Akademie in **Ungarisch-Altenburg** (Magyar Ovar).

Linsbauer, Dr. Karl, Professor an der Universität in **Graz,** Pflanzenphys. Institut.

Lloyd, L. G., The Lloyd Library, **Cincinnati,** O. (U. S. A.), 309 West Court Street.

Löffler, Bruno, stud. rer. nat. in **Innsbruck,** Untere Feldgasse 5 a, I.

Loesener, Dr. Th., Professor, Kustos am Botanischen Museum zu Dahlem, in **Berlin-Steglitz,** Humboldtstr. 28.

Lopriore, Dr. Giuseppe, Professor der Botanik an der Universität und Direktor der Regia Stazione Sperimentale Agraria zu Modena, Herausgeber der „Stazioni Sperimentali Agrarie Italiane" in **Modena.**

Ludwig, Dr. Alfred, Oberlehrer in **Forbach** (Lothr.), Schloßbergstr. 11.

Ludwigs, Dr. Karl, in **Victoria** (Kamerun), Bot. Garten.

Luerssen, Dr. Chr., Geh. Reg.-Rat, Professor in **Zoppot,** Königstr. 4 I.

Mac Kenney, Dr. Randolph E. B., Professor, Expert im Bureau of Plant Industry, U. S. Department of Agriculture. Adr. für Postsendungen: Cosmos Club, **Washington,** D. C. (U. S. A.).

Mac-Leod, Professor der Botanik und Direktor des Botan. Gartens in **Gent** (Belgien).

Magnus, Dr. P., Geh. Regierungsrat, Professor der Botanik an der Universität in **Berlin W,** Blumes Hof 15.

Magnus, Dr. Werner, Professor, Privatdozent der Botanik an der Universität und an der Landwirtschaftlichen Hochschule in **Berlin W,** Friedrich-Wilhelm-Straße 26.

Mágocsy-Dietz, Dr. Sándor, Professor der Botanik an der Universität und Direktor des Bot. Gartens in **Budapest VIII,** Illésu 25.

Maire, Dr. R., Professor an der „Faculté des Sciences de l'Université" in **Algier.**

Marloth, Dr. Rudolf, in **Kapstadt** (Süd-Afrika), P. O. box 359.

Mattirolo, Dr. O., Professor der Botanik und Direktor des Botanischen Gartens in **Turin,** Valentino.

Mäule, Dr. C., Professor am Gymnasium in **Cannstatt-Stuttgart,** Ludwigstraße 17.

Maurizio, Dr. **A.,** Professor an der k. k. Technischen Hochschule in **Lemberg,** Botan. Institut.

Menzel, Dr. **Paul,** Sanitätsrat in **Dresden,** Mathildenstr. 46, I.

Meyer, Dr. **Arthur,** Professor der Botanik und Direktor des Botanischen Gartens in **Marburg a. d. L.,** Botanisches Institut.

Meyer, K., Assistent am Botan. Institut der Universität in **Moskau.**

Mez, Dr. **C.,** Professor der Botanik in **Königsberg i. Pr.,** Botanisches Institut.

Miehe, Dr. **Hugo,** Professor der Botanik an der Universität in **Leipzig,** Marienstr. 11 a.

Migula, Dr. **W.,** Professor der Botanik an der Forstlehranstalt in **Eisenach,** Richard-Wagner-Str. 3.

Mikosch, Dr. **C.,** Professor an der Technischen Hochschule in **Brünn.**

Mildbraed, Dr. **K.,** Kustos am Botanischen Museum in **Berlin-Dahlem.**

Miliarakis, Dr. **S.,** Professor an der Universität in **Athen,** Rue Didot 12 A.

Minder, Dr. **F.,** in **Brake** (Oldenburg).

Miyake, Dr. **Kiichi,** Professor der Botanik, Botan. Institut d. Agricultur College d. Universität in **Tokio,** Japan.

Miyoshi, Dr. **Manabu,** Professor der Botanik an der Universität in **Tokio,** Botanisches Institut der Universität.

Möbius, Dr. **M.,** Professor, Direktor des Botanischen Gartens in **Frankfurt a. M.,** Königsteiner Str. 52.

Möller, Dr. **Alfred,** Professor, Oberforstmeister, Direktor der Forstakademie in **Eberswalde.**

Moeller, Dr. **Herm.,** Professor, Privatgelehrter in **Göttingen,** Friedländer Weg 28.

Moewes, Dr. **Franz** in **Berlin SW 47,** Hornstr. 19.

Molisch, Dr. **Hans,** wirkl. Mitglied der Kais. Wiener Akademie der Wissenschaft., Professor der Anatomie und Physiologie der Pflanzen und Direktor des Pflanzenphysiologischen Instituts an der Universität in **Wien VIII,** Zeltgasse 2.

Mrazek, Dr. **August,** in **Zwittau** in Mähren.

Mücke, Dr. **Manfred,** in **Erfurt,** Wilhelmstr. 36, I.)

Müller, Dr. **Arno,** Mitarbeiter im Kaiserl. Gesundheitsamt in **Berlin-Friedenau,** Wiesbadener Str. 11.

Müller, Dr. **Clemens** in **Bonn,** Bot. Institut.

Müller, Dr. **H. C.,** Professor, Direktor der Versuchsstation für Pflanzenkrankheiten der Landwirtschaftskammer für die Provinz Sachsen in **Halle a. S.,** Karlstraße 10.

Müller, Dr. **Karl,** wissenschaftl. Hilfsarbeiter, zweiter Beamter an der Großherzogl. Bad. Landw. Versuchsanstalt in **Augustenberg** bei Durlach, Baden.

Müller, Dr. **Otto,** Professor in **Charlottenburg 2,** Goethestraße 1.

Müller, Dr. **Rudolf,** Professor für Pharmakognosie an der Universität in **Graz** (Steiermark), Universitätsplatz 4.

Müller-Thurgau, Dr. **Herm.,** Professor und Direktor der Deutsch-schweizerischen Versuchsanstalt für Obst-, Wein- und Gartenbau in **Wädenswil** bei Zürich.

Munk, Dr. **Max,** in **Leipzig,** Kurprinzenstr. 9, III.

Murinoff, Alexander, Assistent am Agronomischen Laboratorium der Universität in **St. Petersburg,** Fontanka 162.

Muschler, Dr. **R.,** Assistent am Botan. Museum in **Berlin-Dahlem.**

Muth, Dr. **F.,** Professor in **Oppenheim a. Rh.**

Nahmmacher, Dr. **O.,** Oberlehrer in **Berlin S,** Camphausenstr. 8, I.

Nathansohn, Dr. **Alexander,** Professor der Botanik an der Universität in **Leipzig,** Auenstr. 5, II.

Naumann, Dr. **Arno,** Professor, Dozent für Botanik an der Tierärztlichen Hochschule, Assistent am Kgl. Botanischen Garten und Lehrer für Botanik an der Gartenbauschule in **Dresden-A.,** Borsbergstr. 26, I.

Neger, Dr. **F. W.,** Professor der Botanik an der Forstakademie in **Tharandt,** Sachsen.

Němec, Dr. **Bohumil,** Professor der Botanik an der Böhmischen Universität in **Prag V,** Slupy 433.

Nestler, Dr. **A.,** k. k. Regierungsrat, Professor der Botanik, Vorstand der Untersuchungsanstalt für Lebensmittel an der Deutschen Universität in **Prag II,** Sluper Gründe.

Neumann, Dr. **M. P.,** Vorstand der chemischen Abteilung der Versuchsanstalt für Getreideverwertung in **Berlin N 65,** Seestraße 4a.

Nevinny, Dr. **Joseph,** Professor in **Innsbruck,** k. k. Pharmakol. Institut, Anatomiestr. 1.

Niedenzu, Dr. **F.,** Geh. Reg.-Rat, Professor am Lycéum Hosianum in **Braunsberg** (Ostpreußen).

Niemann, Gustav, Mittelschullehrer in **Magdeburg-N.,** Augustastraße 18.

Nienburg, Dr. **Wilhelm,** in **Frohnau** (Mark), Alemannenstraße.

Nilsson, Dr. **Hjalmar,** Professor in **Svalöf** (Schweden).

Nilsson-Ehle, Dr. **H.,** Dozent an der Universität Lund, in **Svalöf** (Schwed.).

Noack, Dr. **Konrad,** Assistent am Botan. Institut der Universität in **Gießen,** Gartenstr. 19.

Noack, Dr. **Kurt,** Assistent am Botan. Institut der Universität in **Straßburg i. E.**

Nordhausen, Dr. **Max,** Professor, Privatdozent der Botanik in **Kiel,** Botanisches Institut, Caprivistr. 12 a.

Nordstedt, Dr. **O.,** Professor in **Lund,** Kraftstorg 10.

Nothmann-Zuckerkandl, Dr. **Helene,** in **Prag II,** Pflanzenphysiol. Institut der Deutschen Universität, Weinbergsgasse 3 a.

Oliver, Francis Wall, Professor der Botanik an dem University College in **London,** W. C., Gower Street.

Oltmanns, Dr. **Friedrich,** Geh. Hofrat, Professor der Botanik, Direktor der Botanischen Anstalten, Redakteur der „Zeitschrift für Botanik", in **Freiburg i. B.,** Jakobistraße 23.

Orth, Dr. **A.,** Geheimer Regierungsrat, Professor und Direktor des Agronomisch-pedologischen Institutes der Landwirtschaftlichen Hochschule, in **Berlin W,** Ziethenstraße 6 b.

Ostenfeld, Dr. **C. H.,** Inspektor des Botanischen Museums in **Kopenhagen O,** Sortedams Dossering 63 A.

Osterwald, Carl, Professor am Lessinggymnasium in **Berlin NW 52,** Spenerstraße 35.

Overton, Dr. **J. B.,** Professor am Botanical Department der Universität von Wisconsin in **Madison,** Wisc. (U. S. A.), Science Building.

Paeckelmann, Wolfgang, Oberlehrer am Gymnasium in **Barmen** Mozartstr. 7.

Palla, Dr. **Eduard,** Professor an der Universität in **Graz,** Schubertstraße 51, Botanisches Institut.

Pammel, L. H., Ph. D., Professor der Botanik an dem Jowa State College of Agriculture in **Ames,** Jowa (U. S. A.).

Pantanelli, Dr. **Enrico,** Privatdozent der Pflanzenphysiologie an der Universität und 1. Assistent am Botan. Institut der Universität in **Neapel** (R. Orto Botanico).

Pascher, Dr. **A.,** Professor, Privatdozent für Botanik an der Deutschen Universität in **Prag II,** Weinbergsgasse 3 a.

Paul, Dr. **Hermann,** Assessor der Kgl. Bayerischen Moorkulturanstalt in **München,** Königinstr. 3.

Pax, Dr. **Ferdinand,** Geh. Regierungsrat, Professor der Botanik an der Universität und Direktor des Botanischen Gartens in **Breslau IX,** Göppertstr. 2.

Pazschke, Dr. **O.,** in **Dresden-N.,** Forststr. 29, I.

Pechl,. Kuno, stud. phil. in **Wien VII,** Neustiftgasse 71/15.

Peirce, Dr. George James, Professor of Botany and Plant Physiology an der **Leland Stanford Junior University,** Kalifornien (U. S. A.).

Peklo, Dr. O. Jaroslav, Privatdozent an der Böhmischen Universität in **Prag VI,** Slupy 433.

Perkins, Dr. Janet, in **Berlin-Dahlem,** Königin-Luise-Straße 6—8. Botanisches Museum. Wohnung: Berlin W, Fasanenstr. 61. III.

Peter, Dr. A., Geh. Regierungsrat, Professor der Botanik an der Universität und Direktor des Botanischen Gartens in **Göttingen,** Wilhelm-Weber-Str. 2.

Peters, Dr. Leo, Kaiserl. Technischer Rat, Ständiger Mitarbeiter an der Kaiserl. Biologischen Anstalt für Land- und Forstwirtschaft zu Dahlem, in **Berlin-Steglitz,** Schloßstraße 41.

Pfeffer, Dr. W., Geh. Rat, Professor der Botanik an der Universität und Direktor des Botanischen Instituts und Botan. Gartens in **Leipzig.**

Pfeiffer, Gustav, cand. phil., Assistent am Botan. Institut der Universität in **Innsbruck.**

Philipps, W. Reginald, M. A., D. Sc., Professor am University College in **Bangor** (Wales), England.

Pietsch, Dr. Wilh., Assistent an der Kais. Biolog. Anstalt für Land- und Forstwirtschaft zu Berlin-Dahlem in **Berlin-Steglitz,** Mittelstraße 1, II.

Pilger, Dr. R., Professor, Kustos am Botan. Garten, Privatdozent an der Universität und Dozent für Botanik an der Techn. Hochschule zu Charlottenburg, in **Berlin-Steglitz,** Ahornstr. 25.

Pirotta, Dr. R., Professor der Botanik an der Universität und Direktor des Botanischen Instituts in **Rom,** Via Panisperna 89 B.

Plümecke, Dr. Otto, Direktor des Lyzeums in **Berlin-Neukölln,** Berliner Straße 83.

Plaut, Dr. Menko, Assistent a. d. Landw. Hochschule in **Hohenheim.**

Polowzow, Dr. Warwara von, in **Odessa,** Botan. Laborat. d. Kais. Universität, z. Z. Bonn a. Rh., Rheinwerft 11.

Pomorski, J., Professor der Agrikulturchemie, Direktor der Landwirtschaftlichen Versuchsstation in **Dublany** bei Lemberg.

Porodko, Dr. Th., Privatdozent in **Odessa,** Bot. Institut der Universität.

Porsch, Dr. Otto, Professor an der k. k. Universität in **Czernowitz,** Botan. Institut.

Portheim, Leopold, Ritter von, Leiter der Biologischen Versuchsanstalt der Kais. Akad. der Wissensch. in **Wien II,** k. k. Prater, Hauptallee.

Potter, M. C., M. A., Professor der Botanik am Durham College of Science in **Newcastle upon Tyne,** 14 Highbury, West Jesmond.

Poulsen, Dr. Viggo A., Professor für pharmazeutische Botanik an der Universität in **Kopenhagen V,** Rosenvængets Hovedvej 29.

Pringsheim, Dr. Ernst, Privatdozent in **Halle a. S.,** Tiergartenstr. 10.

Pritzel, Dr. Ernst, Oberlehrer am Gymnasium in **Berlin-Lichterfelde,** Hans-Sachs-Straße 4.

Puriewitsch, Dr. Konstantin, Professor der Botanik an der Universität in **Kiew,** Botanisches Institut, Reiterska 28.

Raatz, Dr. Wilhelm, Botaniker an der Zuckerfabrik **Klein-Wanzleben** bei Magdeburg.

Rabbas, Dr. P., Assistent an der Pflanzenphysiol. Versuchsstation der K. Gärtner-Lehranstalt zu Dahlem in **Berlin-Steglitz,** Holsteinische Straße 64.

Raciborski, Dr. M. von, Professor der Botanik und Direktor des Botanischen Gartens in **Krakau.**

Radlkofer, Dr. L., Geh. Hofrat, Professor der Botanik an der Universität, Direktor des Botanischen Museums (Herbariums), Mitglied der Akademie der Wissenschaften in **München,** Sonnenstraße 7, I.

Rawitscher, Dr. F., in **Frankfurt a. M.,** Palmstr. 10.

Rehder, Alfred, Assistent am Arnold-Arboretum in **Jamaica Plain,** Mass. (U. S. A.), 62 Orchard Str.

Rehsteiner, Dr. Hugo, Apotheker in **St. Gallen.**

Reiche, Dr. Karl, Professor der Botanik an der Universität Mexico (Escuela de Altos Estudios) und Sektionschef am Instituto Médico Nacional in **Mexico,** D. F. Apartado 656.

Reinhardt, Dr. M. Otto, Professor, Privatdozent der Botanik in **Berlin W 50,** Augsburger Str. 9.

Reinisch, Olga, in **Prag II,** Heinrichgasse 3.

Reinitzer, Friedrich, Professor an der Technischen Hochschule in **Graz** (Steiermark).

Reinke, Dr. Joh., Geheimer Regierungsrat, Professor der Botanik und Direktor des Botanischen Gartens in **Kiel,** Düsternbrook 17.

Reitler, Dr. Josef, in **Hamm,** Post **Conz** (Rheinland).

Remer, Dr. Wilhelm, in **Bunzlau** in Schlesien.

Renner, Dr. Otto, a. o. Professor an der Universität in **München,** Herrenstr. 8.

Richter, Emil, in **Loschwitz** bei Dresden, Robert-Dietz-Straße 9.

Richter, Dr. Oswald, Professor für Anatomie und Physiologie der Pflanzen an der Universität in **Wien XVIII,** Hofstattgasse 15.

Richter, Dr. P., Professor an der Paul-Gerhardt-Schule in **Lübben** in der Lausitz.

Riehm, Dr. Eduard, wissenschaftlicher Hilfsarbeiter an der Kaiserl. Biologischen Anstalt für Land- und Forstwirtschaft zu Dahlem, in **Berlin-Lichterfelde,** Ringstraße 8.

Rikli, Dr. Martin, Professor, Dozent und Konservator der botanischen Sammlungen am Eidgenössischen Polytechnikum in **Zürich II,** Brandschenkesteig 12.

Rimbach, Dr. A., Professor der Botanik am Instituto de Agronomía in **Montevideo** (Uruguay).

Rippel, Dr. August, Assistent an der Großherzogl. Badischen Landw. Versuchsanstalt in **Augustenberg** bei Durlach.

Riß, Dr. Marie Marthe, in **Straßburg i. E.,** Vogesenstr. 47, II.

Robertson, A. R., Lecturer in Botany an der Universität in **St. Andrews,** Schottland.

Rodewald, Dr. Herm., Professor und Direktor des Landwirtschaftlichen Instituts in **Kiel,** Bartelsallee 20.

Rompel, Dr. Josef, S. J., Professor der Naturgeschichte am Jesuitengymnasium zu **Feldkirch** (Vorarlberg).

Rosen, Dr. Felix, Professor der Botanik an der Universität in **Breslau XVI,** Tiergartenstr. 30.

Rosenberg, Dr. O., Professor der Botanik an der Universität in **Stockholm,** Tegnérlunden 4.

Roshardt, Dr. P. A., Gymnasiallehrer in **Stans** (Schweiz).

Ross, Dr. H., Konservator am Botanischen Museum in **München,** Richard-Wagner-Straße 18, IV.

Rößler, Dr. Wilhelm, Professor, Oberlehrer in **Charlottenburg,** Spreestraße 15, IV.

Roth, Dr. Ernst, Professor, Oberbibliothekar der Universitätsbibliothek in **Halle a. d. S.,** Hohenzollernstraße 13.|

Roth, Dr. Franz, in **Godesberg** b. Bonn, Rungsdorfer Str. 17.

Rothert, Dr. Wladislaw, früher Professor der Botanik an der Universität Odessa, in **Krakau,** Slowackiallee 1.

Rübel, Dr. E., in **Zürich V,** Zürichbergstr. 30.

Rudolph, Dr. Karl, Assistent am Pflanzenphysiologischen Institut der Deutschen Universität in **Prag II,** Weinbergsgasse 3a.

Ruhland, Dr. W., Professor der Botanik an der Universität in **Halle a. S.,** Schillerstr. 54.

Ruttner, Dr. **Franz,** Assistent an der Biologischen Station in **Lunz** (Nieder-Österreich).

Rywosch, Dr. **S.,** in **Straßburg i. E.,** Gustav-Klotz-Str. 1.

Saccardo, Dr. **P. A.,** Professor der Botanik und Direktor des Botanischen Gartens an der Universität in **Padua.**

Saida, Dr. **Kotaro,** Professor der Botanik in **Tokio** (Japan), Koisnikawa Doshinmashi Nr. 1.

Saito, Dr. **K.,** in **Dairen** (Dalny), Manchuria, the central laboratory of the South Manchuria Railway Co.

Saupe, Dr. **A.,** in **Dresden,** Kyffhäuserstraße 17.

Schaffnit, Dr. **E.,** Vorsteher des Instituts für Pflanzenschutz an der Kgl. Landwirtsch. Akademie in **Bonn-Poppelsdorf,** Nußallee 7.

Schander, Dr. **R.,** Professor, Vorstand der Abteilung für Pflanzenkrankheiten des Kaiser-Wilhelm-Instituts für Landwirtschaft in **Bromberg.**

Schellenberg, Dr. **H. C.,** Professor a. d. Eidgen. Technischen Hochschule in **Zürich V,** Hofstraße 63.

Schenck, Dr. **Heinrich,** Geh. Hofrat, Professor der Botanik an der Technischen Hochschule und Direktor des Botanischen Gartens in **Darmstadt,** Nikolaiweg 6.

Scherffel, Aladár, in **Igló,** Zips, Ober-Ungarn.

Schiemann, Dr. **Elisabeth** in **Berlin,** Tauentzienstr. 7b.

Schikorra, Dr. **Georg,** Ständiges Mitglied des städtischen Untersuchungsamts für hygienische und gewerbliche Zwecke, in **Berlin-Wilmersdorf,** Wilhelmsaue 18, II.

Schikorra, Dr. **W.,** Assistent am Kaiser-Wilhelm-Institut für Landwirtschaft in **Bromberg.**

Schilling, Dr. **Aug. Jg.,** Oberlehrer, Privatdozent an der Technischen Hochschule in **Darmstadt,** Roßdörfer Str. 74, II.

Schilling, Ernst, cand. rer. nat. in **Münster i. W.,** Schloßgartenrestaurant.

Schindler, Dr. **Bruno** in **Grünberg** i. Schl.

Schinz, Dr. **Hans,** Professor der Botanik an der Universität und Direktor des Botanischen Gartens und des Botanischen Museums der Universität in **Zürich V,** Seefeldstraße 12.

Schlicke, Dr. **A.,** in **Berlin-Niederschöneweide,** Berliner Str. 23.

Schlumberger, Dr. **O.,** Assistent an der Kaiserl. Biolog. Anstalt für Land- und Forstwirtschaft in **Berlin-Dahlem.**

Schmid, Dr. **Günther,** Assistent am Botan. Institut der Universität in **Jena,** Kasernenweg 11.

Schmidle, W., Professor, Direktor der Oberrealschule in **Konstanz i. B.,** Waldstr. 15.

Schneider, Dr. Fritz, in **Klein-Wanzleben** b. Magdeburg, Zuckerfabrik.

Schneider, Dr. J. M., in **Altstaetten,** Kt. St. Gallen, Schweiz.

Schober, Dr. Alfred, Professor, Schulrat für das höhere Schulwesen in **Hamburg 23,** Richardstraße 86.

Schönau, Dr. Karl von, in **München,** Lachnerstr. 2, I, r.

Schönland, Dr. S., Curator of the Albany Museum in **Grahamstown,** Südafrika (Kapkolonie).

Schorler, Dr. Bernhard, Professor, Oberlehrer und Kustos des Herbariums der Technischen Hochschule in **Dresden-A.,** Krenkelstr. 34.

Schottländer, Dr. Paul, Rittergutsbesitzer in **Wessig** bei Klettendorf.

Schrenk, Hermann von, B. S., A. M., Ph. D., Botanical Garden in **St. Louis,** Mo. (U. S. A.).

Schröder, Dr. Bruno, Lehrer in **Breslau,** Sadowastraße 88, II.

Schroeder, Dr. Dominicus, Assistent an der Versuchsstation für Pflanzenschutz in **Halle a. H.,** Goethestr. 21.

Schroeder, Dr. Henry, Professor an der Universität, Abteilungsvorsteher am Botanischen Institut in **Kiel,** Niemannsweg 61.

Schrodt, Dr. Jul., Professor, Direktor der VII. Realschule in **Berlin SO 26,** Mariannenstraße 47, II.

Schröter, Dr. C., Professor der Botanik an der Eidgen. Technischen Hochschule in **Zürich V,** Merkurstraße 70.

Schube, Dr. Theodor, Professor, Oberlehrer in **Breslau VIII,** Forckenbeckstraße 10.

Schubert, Dr. O., Assistent der Rebenveredelungsstation in **Geisenheim** a. Rh.

Schulow, Dr. Iwan, Professor in **Moskau,** Landwirtsch. Institut.

Schultz, Richard, Oberlehrer in **Sommerfeld,** Reg.-Bez. Frankfurt a. O., Pförtner Straße 13.

Schulz, Dr. A., Professor, Privatdozent der Botanik in **Halle a. S.,** Albrechtstraße 10.

Schulz, Hermann, Lehrer in **Kassel,** Rothenditmolder Str. 14.

Schulze, Max, Professor in **Jena,** Marienstraße 3.

Schütt, Dr. Franz, Professor der Botanik an der Universität und Direktor des Botanischen Gartens und Museums in **Greifswald.**

Schwarz, Dr. Frank, Professor der Botanik an der Forstakademie in **Eberswalde,** Neue Schweizer Straße 21.

Schwede, Dr. Rudolf, Privatdozent, Assistent am Botanischen Laboratorium der Kgl. Technischen Hochschule in **Dresden-A.,** Gutzkowstr. 28.

Schweinfurth, Dr. Georg, Professor in **Berlin-Schöneberg,** Kaiser-Friedrich-Straße 8.

Schwendener, Dr. S., Geheimer Regierungsrat, Professor der Botanik, Mitglied der Akademie der Wissenschaften, in **Berlin W 10,** Matthäikirchstraße 28.

Seckt, Dr. Hans, Profesor del Instituto Nacional del Profesorado Secundario in **Buenos Aires** (Argentinien), Belgrano, Superí 1830.

Seeger, Dr. Rudolf, in **Innsbruck,** Bot. Institut der Universität.

Seeländer, Dr. Karl, in **Berlin-Wilmersdorf,** Brabanter Platz 2, II.

Seeliger, Dr. Rud., Assistent a. d. Kais. Biol. Anstalt für Land- und Forstwirtschaft in **Berlin-Dahlem,** Königin-Luise-Str. 19.

Senn, Dr. Gustav, Professor der Botanik und Direktor des Botan. Gartens in **Basel,** Schönbeinstr. 6.

Sernander, Dr. Rutger, Professor der Botanik in **Uppsala.**

Seydel, Dr. Richard, auf Farm **Nudis** bei Kubas (Deutsch-Südwestafrika).

Shibata, Dr. K., Professor in **Tokio** (Japan) Koishikawa, Kobinata-daimachi I, 1.

Shull, Dr. Geo. H., Leiter der botanischen Arbeiten an der Station für experimentelle Entwickelungslehre, Carnegie Institution of Washington, **Cold Spring Harbour,** Long Island, N. Y. (U. S. A.), z. Z. **Berlin-Wilmersdorf,** Nassauische Str. 26.

Sieben, Hubert, Techniker am Botan. Institut der Universität in **Bonn.**

Sierp, Dr. Hermann, Assistent am Botan. Institut in **Tübingen,** Oesterbergstr. 2.

Simon, Dr. Friedrich, Professor, Oberlehrer in **Frankfurt a. M.,** Günthersburgallee 79.

Simon, Dr. Joseph, 1. Assistent am K. Botan. Garten in **Dresden-A.,** Stübelallee 2.

Simon, Dr. Siegfried, Privatdozent für Botanik in **Göttingen,** Nikolausberger Weg 53.

Singer, Dr. Max, Professor am Deutschen Staats-Gymnasium in **Prag,** Königliche Weinberge.

Skene, Macgregor, B. Sc., Botanical Department the University in **Aberdeen,** Schottland.

Snell, Dr. Karl, Société khed. d'Agric. à Bahtim in **Matarich** (Kairo), Ägypten.

Solereder, Dr. Hans, Professor der Botanik an der Universität und Direktor des Botanischen Instituts in **Erlangen,** Botan. Garten.

Solms-Laubach, Dr. H. Graf zu, Professor der Botanik an der Universität, Redakteur der „Zeitschrift für Botanik", in **Straßburg i. Els.,** Goethestr. 27.

Sonder, Dr. **Chr.,** Apothekenbesitzer in **Oldesloe** (Holstein).

Sonntag, Dr. **P.,** Professor, Oberlehrer an der Oberrealschule St. Petri und Pauli, in **Saspe-Neufahrwasser** bei Danzig, Villa Mövenblick.

Sorauer, Dr. **Paul,** Geh. Reg.-Rat, Professor, Privatdozent der Botanik an der Universität, Redakteur der „Zeitschrift für Pflanzenkrankheiten", in **Berlin-Schöneberg,** Martin-Luther-Str. 68.

Späth, Dr. **Hellmut,** Baumschulenbesitzer in **Berlin-Baumschulenweg,** Späthstr. 1.

Sperlich, Dr. **Adolf,** Professor an der k. k. Lehrerbildungsanstalt und Privatdozent der Botanik an der Universität in **Innsbruck,** Maximilianstr. 23.

Spieckermann, Dr. **A.,** Professor, Vorsteher der Bakteriologischen Abteilung der Versuchsstation in **Münster i. W.,** Plöniesstr. 5, I.

Spisar, Dr. **Karl,** Direktor der Landw. Landesversuchsanstalt in **Brünn** (Mähren).

Stahl, Dr. **Ernst,** Professor der Botanik an der Universität und Direktor des Botanischen Gartens in **Jena.**

Stameroff, Dr. **Kyriak,** Dozent der Botanik an der Universität zu **Odessa,** Puschkinskajastr. 8, Wohnung 15.

Steinbrinck, Dr. **C.,** Professor am Realgymnasium in **Lippstadt.**

Steiner, Rudolf, k. k. Gymnasialprofessor in **Prag II,** Stephansgasse 20.

Steyer, Dr. **Karl,** Oberlehrer, Leiter der Staatlichen Pflanzenschutzstelle und Konservator des Naturhist. Museums in **Lübeck,** Huextertorallee 23.

Stiefelhagen, Dr. **Heinz,** in **Weißenburg i. E.**

Stoklasa, Dr. **Julius,** Hofrat, Professor und Direktor der Chemischphysiologischen Versuchsstation der Böhmischen Technischen Hochschule in **Prag,** Villa Gröbe.

Stoppel, Dr. **Rose,** in **Basel,** Hebelstr. 26.

Strauß, H. C., Obergärtner am Botanischen Garten in **Berlin-Dahlem.**

Strigl, Dr. **Max,** in **Urfahr** bei Linz a. D., Oberösterreich, Collegium Petrinum.

Svedelius, Dr. **Nils Eberhard,** Professor der Botanik an der Universität in **Uppsala** (Schweden), Botan. Institut.

Szücs, Dr. **Joseph,** in **Magiar - Ovar** (Ungarn), Pflanzenphysiolog. Versuchsanstalt.

Tahara, Dr. **M.,** in **Tokio,** Botanisches Institut der Universität.

Tanaka, Dr. **Ch.,** Professor der Botanik an der Hochschule für Seidenbau und Spinnerei in **Uyeda,** Schinano (Japan).

Ternetz, Dr. **Charlotte,** in **Basel,** Feldbergstr. 118.

Tessendorff, Ferdinand, Oberlehrer am Helmholtz-Realgymnasium zu Schöneberg, in **Berlin-Steglitz,** Grillparzerstraße 16.

Thomas, Dr. Fr., Professor, emerit. Oberlehrer am Gymnasium Gleichense in **Ohrdruf,** Hohenlohestr. 14.

Thoms, Dr. Hermann, Geh. Regierungsrat, Professor, Direktor des Pharmazeutischen Instituts der Universität zu Berlin, in **Berlin-Steglitz,** Hohenzollernstr. 6.

Thost, Dr. R., in **Berlin-Lichterfelde-Ost,** Wilhelmstr. 27.

Thum, Dr. Emil, k. k. Realschulprofessor in **Reichenberg** (Böhmen), Sperlgasse 7.

Tiesenhausen, Dr. Manfred, Freiherr von, Assistent am Kaiser-Wilhelms-Institut in **Bromberg.**

Tiegs, Dr. E., in **Berlin-Steglitz,** Bismarckstr. 66.

Timpe, Dr. H., Oberlehrer in **Hamburg-Eimsbüttel,** Am Weiher 29.

Tischler, Dr. Georg, Professor der Botanik und Direktor d. Botan. Instituts und Gartens an der Technischen Hochschule in **Braunschweig,** Bodestr. 46.

Tjebbes, Dr. K., in **Hilleshögs Nygård** b. Landskrona (Schweden).

Tobler, Dr. Friedrich, a. o. Professor der Botanik und Abteilungsvorsteher am Botanischen Institut der Universität in **Münster i. W.,** Langenstraße 17.

Tobler-Wolff, Dr. Gertrud, in **Münster i. W.,** Langenstr. 17.

Toni, Dr. G. B. de, Professor der Botanik und Direktor des Botanischen Gartens, Lauréat de l'Institut de France, Herausgeber der „Nuova Notarisia", in **Modena.**

Tröndle, Dr. Artur, Privatdozent und 1. Assistent am Botanischen Institut in **Freiburg i. B.,** Deutschordenstr. 7.

Trow, Dr. A. H., Professor der Botanik am University College of South-Wales and Monmouthshire in **Penarth,** Cardiff, 50 Clive Place.

Tschermak, Dr. Erich, Edler v. Seysenegg, Professor der Pflanzenzüchtung an der Hochschule für Bodenkultur in **Wien XVIII,** Hochschulstr. 17.

Tschirch, Dr. Alexander, Professor der Pharmakognosie, pharmazeutischen und gerichtlichen Chemie, Direktor des Pharmazeutischen Instituts der Universität in **Bern.**

Tswett, Dr. Michael, Professor am Polytechnischen Institut in **Warschau,** Mokotowska 9.

Tubeuf, Dr. Carl, Freiherr von, Regierungsrat, Professor der Anatomie, Physiologie und Pathologie der Pflanzen an der Universität in **München,** Habsburger Str. 1.

Tunmann, Dr. Otto, Privatdozent der Pharmakognosie in **Bern,** Beundenfeldstr. 3.

Ubisch, Dr. **Gerta von,** in **Berlin-Lichterfelde,** Marienstr. 7a, vom 1. IV. 14 an in **Münster i. W.,** Bot. Institut der Universität.

Uhlworm, Dr. **Oskar,** Geh. Regierungsrat, Professor, Leiter des deutschen Bureaus der Internationalen Bibliographie der Naturwissenschaften, Redakteur der „Beihefte zum Botanischen Centralblatt", Chefredakteur des „Centralblatts für Bakteriologie, Parasitenkunde und Infektionskrankheiten", in **Berlin W 15,** Hohenzollerndamm 4.

Ulbrich, Dr. **E.,** Assistent am Kgl. Botanischen Museum zu Dahlem, in **Berlin-Steglitz,** Schützenstr. 41, III.

Ule, Ernst, Botanischer Forschungsreisender. Bot. Museum in **Berlin-Dahlem.**

Urban, Dr. **Ign.,** Geh. Regierungsrat, Professor, in **Berlin-Gr.-Lichterfelde-W,** Asternplatz 2.

Ursprung, Dr. **Alfred,** Professor der Botanik an der Universität in **Freiburg** (Schweiz), Botanisches Institut.

Vöchting, Dr. **H. von,** Professor der Botanik an der Universität und Direktor des Botanischen Gartens in **Tübingen.**

Voigt, Dr. **Alfred,** Professor, Direktor des Instituts für angewandte Botanik in **Hamburg VII,** Wandsbeker Stieg 13.

Volkart, Dr. **A.,** Assistent an der Eidgenössischen Samenkontrollstation in **Zürich IV,** Frohburgstraße.

Volkens, Dr. **Georg,** Professor, Kustos am Botanischen Museum zu Dahlem, in **Berlin W 57,** Goebenstr. 12.

Voß, Dr. **W.,** Oberlehrer in **Itzehoe** (Holstein), Friedrichstr. 45.

Votsch, Dr. **Wilhelm,** Oberlehrer in **Delitzsch,** Eilenburger Str. 58.

Vouk, Dr. **Valentin,** Adjunkt am bot.-physiol. Institut der Universität in **Agram** (Zagreb), Kroatien.

Wächter, Dr. **Wilhelm,** Sekretär der Deutschen Botanischen Gesellschaft, in **Berlin-Steglitz,** Düntherstr. 5, p.

Wager, Harold, Inspector of Science Schools for the Science and Art Department in London, in **Leeds** (England), Horsforth Lane, Far Headingley.

Wagner, Dr. **Adolf,** Professor der Botanik an der Universität in **Innsbruck,** Feldgasse 14.

Wahl, Dr. **Carl von,** Großherzogl. Bad. Versuchsanstalt Augustenberg bei **Durlach** (Baden), Moltkestr. 9.

Wangerin, Dr. in **Danzig-Langfuhr,** Kastanienweg.

Warburg, Dr. O., Professor, Privatdozent der Botanik an der Universität, Lehrer am Orientalischen Seminar, in **Berlin W,** Uhlandstraße 175.

Weber, Dr. C. A., in **Bremen,** Friedrich-Wilhelm-Str. 24.

Weber, Dr. Friedrich, Assistent am Botanischen Institut in **Graz.**

Wehmer, Dr. C., Professor, Dozent an der Technischen Hochschule, Vorstand der Bakteriologischen Abteilung des Technisch-chemischen Instituts der Kgl. Technischen Hochschule, Herausgeber des „Mycologischen Centralblattes", in **Hannover,** Alleestraße 35.

Wehrhahn, W., Lehrer in **Hannover,** Im Moore 26.

Weis, Dr. Fr., Professor der Botanik an der Landwirtschaftl. Hochschule in **Kopenhagen.**

Weiß, Dr. Fr. E., Professor der Botanik und Direktor des Botanical Laboratory of the Owens College in **Manchester.**

Weiße, Dr. Arthur, Professor, Gymnasialoberlehrer in **Zehlendorf** (Wannseebahn) bei Berlin, Annastr. 11.

Went, Dr. F. A. F. C., Professor der Botanik und Direktor des Botan. Gartens in **Utrecht** (Holland).

Werth, Dr. Emil, wissensch. Hilfsarbeiter a. d. Kais. Biolog. Anstalt für Land- und Forstwirtschaft zu Dahlem in **Berlin-Wilmersdorf,** Binger Str. 17.

Wettstein, Dr. Richard, Ritter von Westerheim, Hofrat, Professor und Direktor des Botan. Gartens und Museums der Universität Wien, Mitglied der Akademie der Wissenschaften, Herausgeber der Österreichischen botan. Zeitschrift, in **Wien III,** Rennweg 14.

Wiedersheim, Dr. Walther, in **Hemigkofen-Nonnenbach** a. Bodensee (Württemberg).

Wieler, Dr. A., Professor, Dozent für Botanik an der Technischen Hochschule in **Aachen,** Nizza-Allee 71.

Wiesner, Dr. Jul., Ritter von, k. k. Hofrat, emer. Professor der Anatomie und Physiologie der Pflanzen, Direktor des Pflanzenphysiologischen Instituts der Universität, Mitglied der Akademie der Wissenschaften, in **Wien IX,** Liechtensteinstr. 12.

Wilhelm, Dr. K., Professor der Botanik an der Hochschule für Bodenkultur, in **Wien XVIII,** Hochschulstr. 17 (Türkenschanze).

Willis, John C., Direktor des Bot. Gartens in **Rio de Janeiro.**

Wilson, William Powell, Direktor of the Philadelphia Commercial Museum in **Philadelphia** (U. S. A.).

Winkelmann, Dr. J., Professor, in **Stettin,** Pölitzer Straße 85, III.

Winkler, Dr. Hans, Professor, Direktor des Botan. Gartens und des Instituts für allgemeine Botanik, in **Hamburg,** Woldsenweg 12.

Winkler, Dr. **Hubert,** Professor, Privatdozent der Botanik an der Universität, Assistent am Botanischen Garten in **Breslau.**

Wirtgen, Ferd., Rentner in **Bonn,** Niebuhrstr. 55.

Wislouch, Dr., Privatdozent der Botanik an der Medizinischen Frauenhochschule in **St. Petersburg.**

Wißmann, Apotheker in **Geisenheim** (Rheingau), Landstr. 47.

Wittmack, Dr. **L.,** Geheimer Regierungsrat, Professor an der Universität, in **Berlin NW,** Platz am Neuen Tor 1.

Włodek, Dr. **Johann von,** in **Krakau** (Galizien), Pedzichów-boczna 5.

Wollenweber, Dr. **W.,** in **Washington** (U. S. A.), Dep. of Agr. Lab. of Plant Industry.

Wortmann, Dr. **J.,** Geh. Reg.-Rat, Professor, Direktor der Versuchs- und Lehranstalt für Obst-, Wein- und Gartenbau zu **Geisenheim a. Rh.**

Wulff, Dr. **Eugen,** in **Moskau,** Sretenka. M. Golowin pereulok 5.

Yamanouchi, Dr. **Shigeo,** Prof. of Botany, the University of **Chicago** Ill. (U. S. A.)

Yapp, R. H., Professor am University College in **Aberystwyth** (Wales).

Zahlbruckner, Dr. **A.,** Leiter der Botanischen Abteilung des Naturhistor. Hofmuseums in **Wien I,** Burgring 7.

Zander, A., Professor, Oberlehrer am Bismarck-Gymnasium in **Berlin-Halensee,** Westfälische Straße 59, III.

Zeijlstra, Dr. **Fzn. H. H.,** in **Amsterdam,** Hendrik-Jacob-Straat 2, hoek Koninginnenweg.

Zikes, Dr. **Heinrich,** Privatdozent an der Universität und Direktorstellvertreter der Österr. Versuchsstation für Brauindustrie in **Wien XVIII/I,** Abt-Karl-Str. 25.

Zimmermann, Dr. **Albrecht,** Professor, Botaniker an der Biologischen Station **Amani,** Poststation Tanga (Deutsch-Ostafrika).

Verstorben.

Ascherson, Dr. **Paul,** Geh. Regierungsrat, Professor der Botanik an der Universität in **Berlin.** Verstarb am 6. März 1913.

Fischer, Dr. **Alfred,** Professor der Botanik in **Leipzig.** Verstarb am 27. März 1913.

Fries, Dr. **Th. M.,** em. Professor der Botanik an der Universität in **Uppsala.** Verstarb am 29. März 1913.

Sommerstorff, Dr. **Hermann,** Assistent am Bot. Garten und Institut der k. k. Universität in **Wien.** Verstarb am 27. Mai 1913.

Richter, Paul, Oberlehrer in **Leipzig.** Verstarb am 19. Juli 1913.

Lidforss, Dr. **Bengt,** Professor der Botanik an der Universität in **Lund.** Verstarb am 23. September 1913.

Potonié, Dr. **Henry,** Geh. Bergrat, Professor, Landesgeologe, Redakteur der „Naturwissenschaftlichen Wochenschrift". in **Berlin-Lichterfelde.** Verstarb am 28. Oktober 1913.

Reinsch, Dr. **P. F.,** Professor in **Erlangen.** Verstarb am 31. Januar 1914.

Register zu Band XXXI.

I. Geschäftliche Mitteilungen.

2. Nachrufe.

3. Wissenschaftliche Mitteilungen.

Verzeichnis der Tafeln.

Übersicht der Hefte.

Heft 1 (S. 1—72), ausgegeben am 27. Februar 1913.
Heft 2 (S. 73—94), ausgegeben am 27. März 1913.
Heft 3 (S. 95—172), ausgegeben am 24. April 1913.
Heft 4 (S. 173—230), ausgegeben am 29. Mai 1913.
Heft 5 (S. 231—274), ausgegeben am 26. Juni 1913.
Heft 6 (S. 275—318), ausgegeben am 24. Juli 1913.
Heft 7 (S. 319—368), ausgegeben am 10. September 1913.
Heft 8 (S. 369—516), ausgegeben am 27. November 1913.
Heft 9 (S. 517—556), ausgegeben am 29. Dezember 1913.
Heft 10 (S. 557—620), ausgegeben am 29. Januar 1914.

Generalversammlungsheft [S. (1)—(189)], ausgegeben am 25. März 1914.

Berichtigungen.

S. 85 Zeile 3 von unten in der Anmerkung lies statt „*silvatica*" — „*Geranii silvatici*".

S. 450 Zeile 16 lies „makroskoskopische" statt „mikroskopische".

S. 533 Zeile 23 lies „Wölbung" statt „Wirkung".

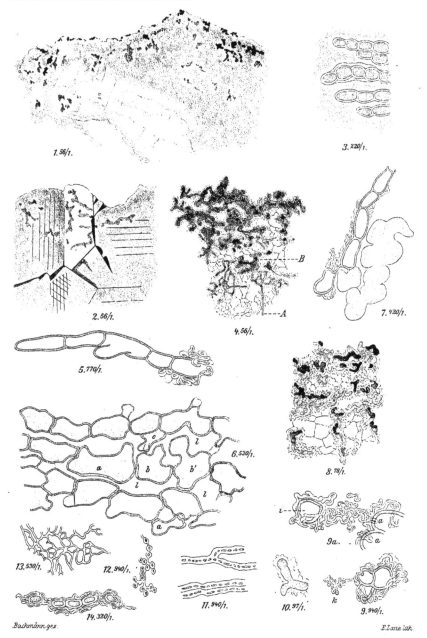

1. 56/1.

2. 56/1.

3. 220/1.

4. 56/1.

5. 770/1.

6. 530/1.

7. 420/1.

8. 78/1.

9a.

9. 940/1.

10. 97/1.

11. 940/1.

12. 940/1.

13. 530/1.

14. 320/1.

Bachmann ges.   *E.Lane lith.*

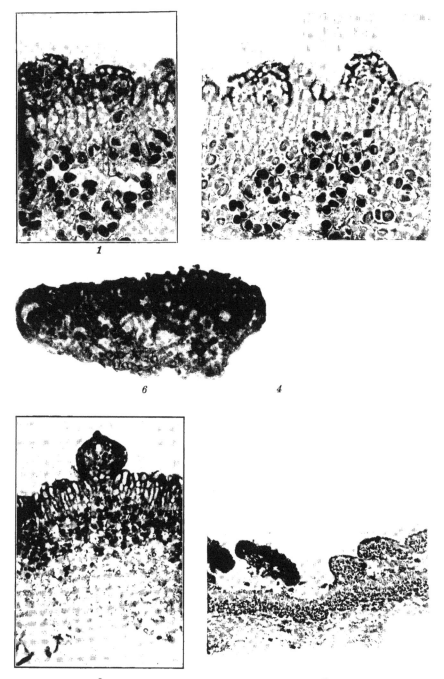

1

6   4

3   5

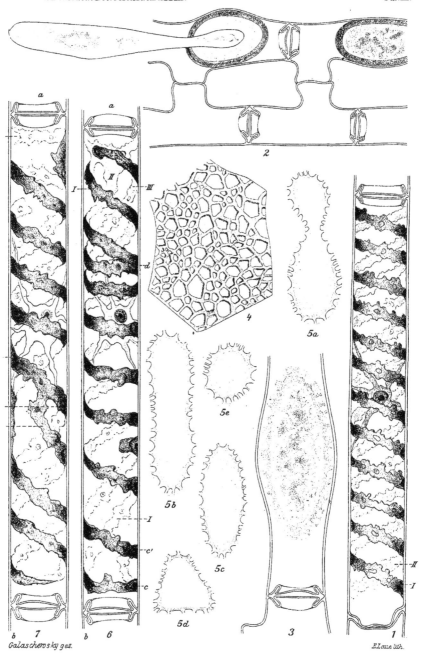

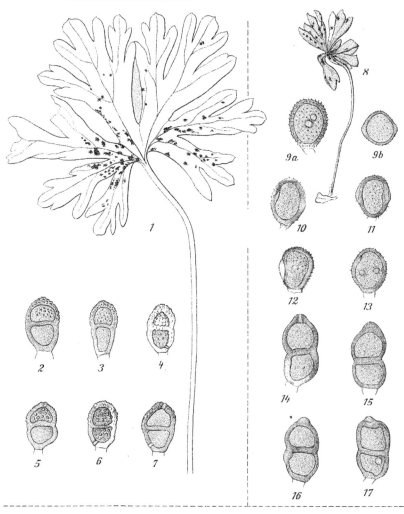

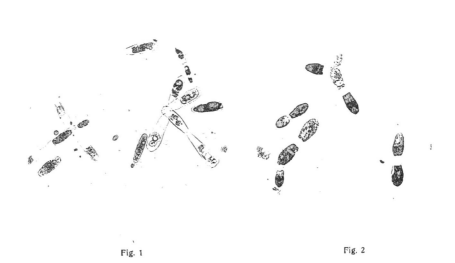

Fig. 1   Fig. 2

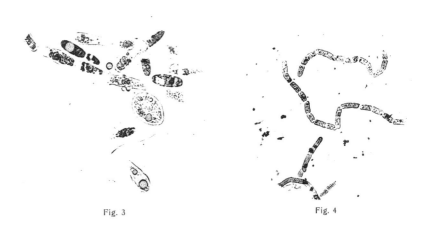

Fig. 3   Fig. 4

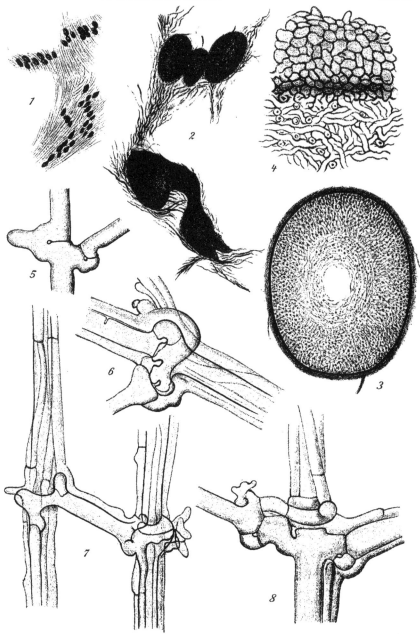

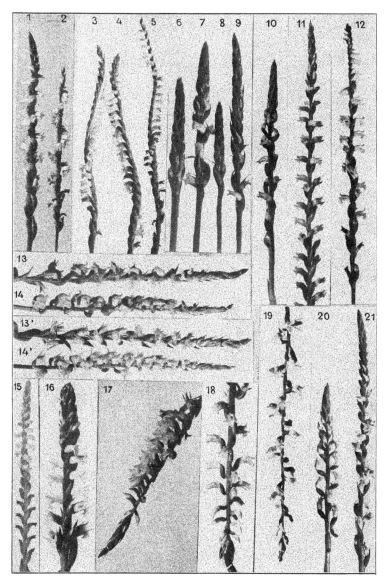

K. Koriba phot.

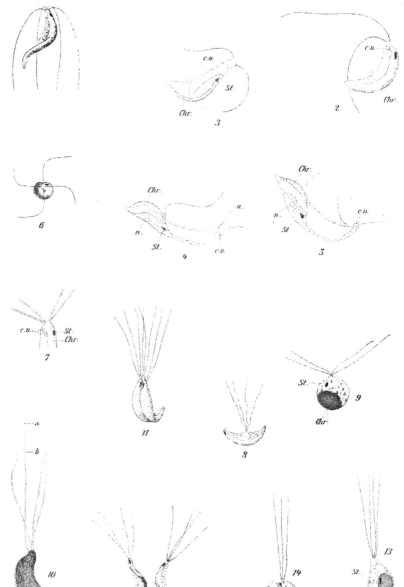

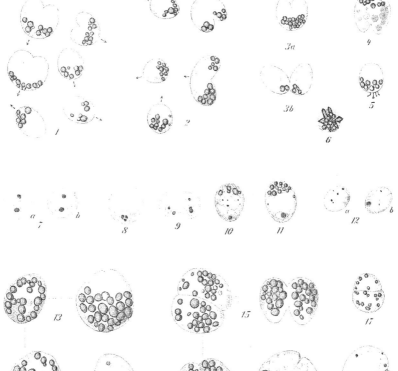

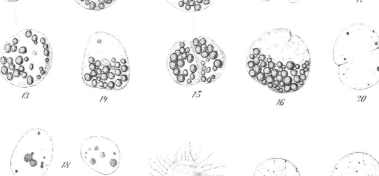

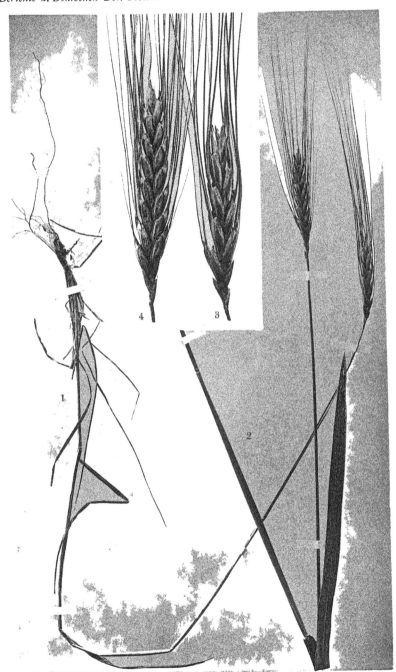

Fig. 1

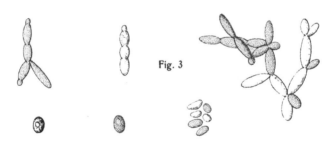

Fig. 3

Fig. 2

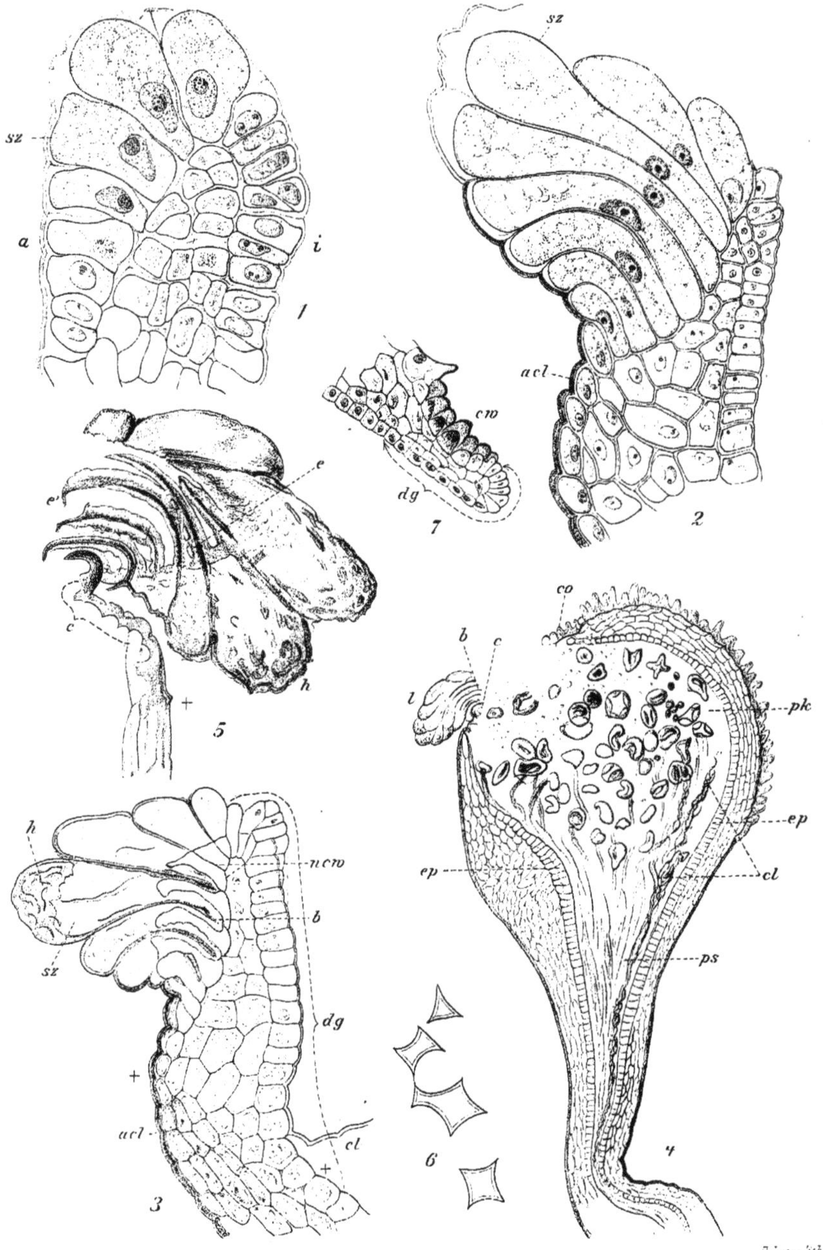

R. Lange gez. E. Laue lith.

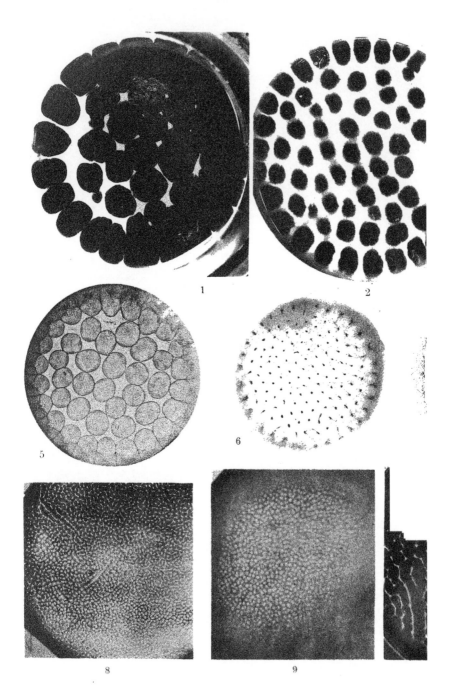

1 2

5 6

8 9

W. Magnus, phot.

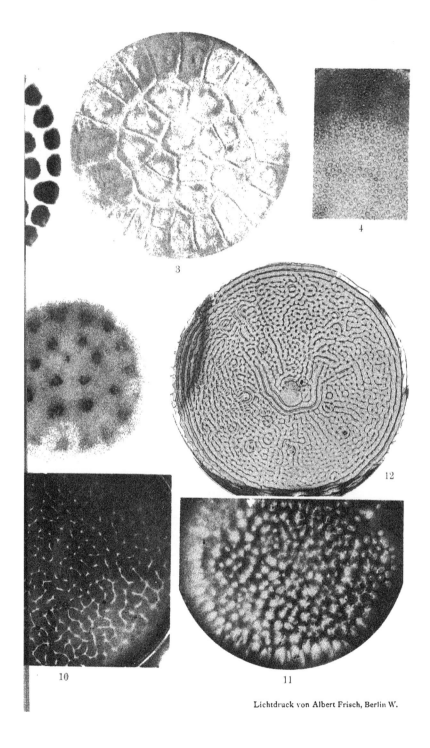

3

4

12

10

11

Lichtdruck von Albert Frisch, Berlin W.

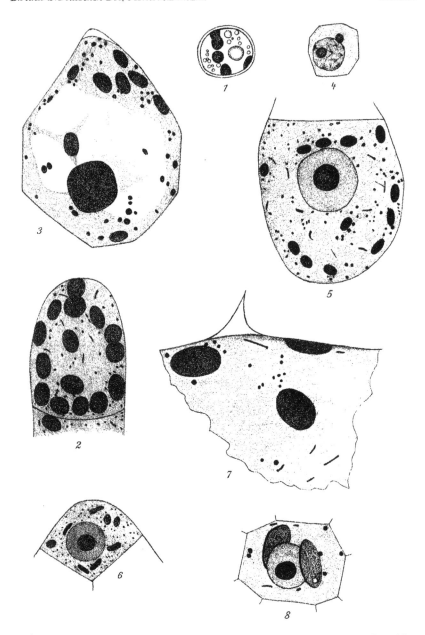

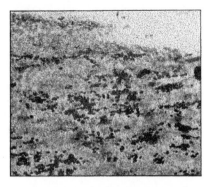

bb. 1. Mit Jod behandelte Teehaut. (Kurland.)
Hefennester im Bakterienschleim. 125 fach.

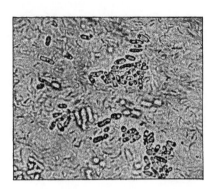

Abb. 2. Dasselbe ungefärbt. *Bacterium xylinum* und *Mycoderma*. 500 fach.

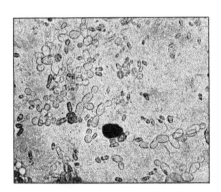

bb. 3. Aus einem 24 Std alten Vaselin-
nschlußpräparat einer Teehaut in Bierwürze.
. *xylinum Mycoderma, Torula-* und elliptische
Hefen in Sprossung. 500 fach.

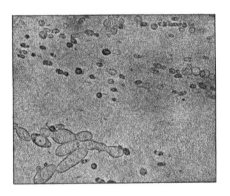

Abb. 4. Dasselbe. Links unten noch
Saccharomycodes Ludwigii. 500 fach.
Oben *exiguus*artige Formen.

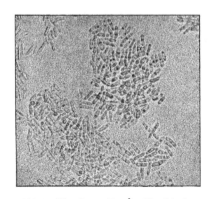

Abb. 5. *Mycoderma*-Insel auf der frischen
B. xylinum-Haut. 500 fach. $^1/_{30}$ Sekunde.

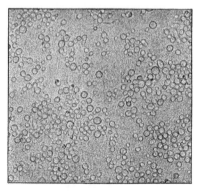

Abb. 6. Auf dem Bodensatz eines meh-
rere Tage alten geimpften Teeaufgusses.
Vorwiegend *Torula*-Hefe. 500 fach.
$^1/_3$, Sekunde.

7. Geimpfter Teeaufguß. (Kur-
) Vom 15.--23. Juli hat sich eine
nsichtige Schleimhaut von *Bacte-
xylinum* gebildet, die stellen-
von *Mycoderma*-Inseln überdeckt
In der Mitte ein Metallplättchen
der Bakterienhaut aufliegend.
$^1/_3$ nat. Gr.

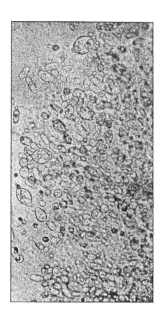

Abb. 8. Hefennest aus einer
Teehaut (Berlin). *S. Ludwigii*
mit Sporen. *Torula, Mycoderma*
500 fach. $^1/_{30}$ Sekunde.

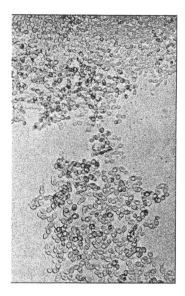

. 9. Aus einer Tröpfchenkultur
der Berliner Teehaut. Oben:
ptische Hefe, unten: *Saccharomy-
s Ludwigii*. 250 fach. $^1/_{90}$ Sekunde.

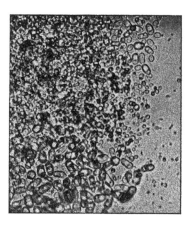

Abb. 10. Aus einer Tröpfchenkultur
von der Berliner Teehaut. *Torula*-
Kolonie zwischen zwei *Mycoderma*-
Kolonien. 500 fach. $^1/_{30}$ Sek.